生态环境科技蓝皮书2021

中国环境科学研究院

# 面向国家“十四五”生态环境保护需求的重点领域环境科技发展战略研究报告

## Strategic Research Report on the Development of Environmental Science and Technology in Key Areas of Ecology and Environmental Protection for the 14th Five-Year Plan

主编◎李海生

中国环境出版集团 · 北京

**图书在版编目（CIP）数据**

面向国家“十四五”生态环境保护需求的重点领域环境科技发展战略研究报告 / 李海生主编 . —北京：中国环境出版集团，2021.12

（生态环境科技蓝皮书 . 2021）

ISBN 978-7-5111-4957-2

Ⅰ. ①面⋯ Ⅱ. ①李⋯ Ⅲ. ①生态环境—环境保护—发展战略—研究报告—中国 Ⅳ. ① X321.2

中国版本图书馆 CIP 数据核字（2021）第 221207 号

**出 版 人** 武德凯
**责任编辑** 田 怡
**责任校对** 任 丽
**封面设计** 光大印艺

---

**出版发行** 中国环境出版集团
（100062 北京市东城区广渠门内大街 16 号）
网 址：http：//www.cesp.com.cn.
电子邮箱：bjgl@cesp.com.cn.
联系电话：010-67112765（编辑管理部）
发行热线：010-67125803，010-67113405（传真）
**印 刷** 玖龙（天津）印刷有限公司
**经 销** 各地新华书店
**版 次** 2021 年 12 月第 1 版
**印 次** 2021 年 12 月第 1 次印刷
**开 本** 787 × 1092 1/16
**印 张** 27.25
**字 数** 500 千字
**定 价** 1280.00 元（全八册）

---

# 丛书编写委员会

# 编写人员

## 0 绪 论

李海生

## 1 大气环境科学与技术

| | | | | |
|---|---|---|---|---|
| 张文杰 | 高庆先 | 胡京南 | 高 健 | 陈建华 |
| 段菁春 | 王 凡 | 薛志钢 | 徐 峻 | 李 红 |
| 陈义珍 | 张新民 | 杨小阳 | 褚旸晰 | 付加锋 |
| 邓 双 | 程苗苗 | 易 鹏 | 杜谨宏 | 黄家玉 |
| 唐 伟 | 李燕丽 | 石应杰 | 杨 欣 | 陈卓罔 |

## 2 移动源污染排放控制与模拟

| | | | | |
|---|---|---|---|---|
| 王运静 | 付明亮 | 王军方 | 郝春晓 | 王燕军 |
| 吴 晛 | 杨新平 | 张鹤丰 | 尹 航 | |

## 3　水生态环境

| | | | | |
|---|---|---|---|---|
| 许其功 | 苏　婧 | 姜永海 | 夏　瑞 | 赵　健 |
| 段　亮 | 刘瑞志 | 秦延文 | 周俊丽 | 黄国鲜 |
| 刘录三 | 田自强 | 刘巧娜 | 杨　昱 | 丁　森 |
| 刘泉利 | 王丽平 | 雷　坤 | 马淑芹 | 籍　瑶 |
| 张志超 | 孟庆佳 | 张晓娇 | | |

## 4　湖泊生态环境与饮用水水源安全

| | | | | |
|---|---|---|---|---|
| 叶　春 | 牛　远 | 昌　盛 | 李春华 | 储昭升 |
| 王书航 | 卢少勇 | 姜　霞 | 谢自建 | 庞　燕 |
| 王昊男 | 郑朔方 | | | |

## 5　流域水环境污染综合治理与管理

| | | | | |
|---|---|---|---|---|
| 高红杰 | 刘瑞霞 | 于会彬 | 刘晓玲 | 袁　鹏 |
| 柏杨巍 | 张秋英 | 冯慧娟 | 常　明 | 苏　洁 |

## 6　污染控制

| | | | | |
|---|---|---|---|---|
| 年跃刚 | 许春莲 | 王海燕 | 孟凡生 | 沈志强 |
| 王之晖 | 王　月 | 宋玉栋 | 吴昌永 | 蒋进元 |

## 7　固体废物利用处置科学与技术

| | | | | |
|---|---|---|---|---|
| 迭庆杞 | 黄启飞 | 姚光远 | 龚天成 | 马福俊 |

## 8　生态学

李岱青　孟晓杰　高艳妮　计　伟　宋　婷
王世曦　刘丽香　朱彦鹏　任月恒　王　伟
杜加强　盛芝露　何　萍　马俊勇　齐　月
郑志荣　赵彩云　王金洲　黄盼盼　吕凤春
戴　霞　蔡　譞

## 9　生态文明理论与实践路径

张惠远　郝海广　刘煜杰　张　超　王宝良
张　哲　吕文魁　虞慧怡　李　田　酆婧轩

## 10　环境与健康学

徐　建　樊境朴　吴荣山　吕占禄

## 11　清洁生产与循环经济

王　璠　傅泽强　阮久莉　李艳萍　潘涔轩
傅　尧　孙晓明　邬　娜　白　璐　姚　扬
党春阁　胡冬雪

## 12　环境基准与风险评估

霍守亮　赵晓丽　时　迪　汪　霞

## 13　生态环境与绿色发展标准

王海燕　张国宁　周羽化　朱　静　刘　琰

李　敏　　王宗爽　　雷　晶　　谭玉菲　　张　虞
武亚凤　　王　晟

## 14　碳中和领域

李艳萍　　张　昕　　赵亚洲　　吕连宏　　马占云
阳平坚

## 15　环境监测技术

何连生　　张亚辉　　杨　文　　王晓伟　　王一喆
孟　睿　　王宏亮

## 16　环境信息科学与技术

刘军会　　王　维　　王　永　　张志苗　　康玉麟
屠星月　　孙彩萍　　张责研　　刘孝富　　王　莹
郑颖娟　　周甲男

## 17　环境影响评价

李小敏　　赵玉婷　　詹丽雯　　李亚飞　　许亚宣
董林艳　　姚懿函　　李林子　　赵　果　　田　健
王　凯

## 18　我国生态环境科技发展对策与展望

李海生

# 目录

# 绪　论

Introduction

生态环境科技是研究人类社会与环境协同演化、绿色持续发展的科学技术，包括探索全球范围内环境演化规律、分析人类活动对自然环境的影响以及环境变化对人类的影响。生态环境科技是一门既重视系统理论研究、又重视应用效果的综合型科学与技术，具有交叉性、综合性特点。交叉性是指其涉及自然、社会、经济、法律、工程技术等多学科；综合性是指生态环境科技的研究对象综合，包含从地下到空中环境介质的全要素，涉及从地球生态环境系统认知到污染防治技术应用的全链条，覆盖从法规标准政策制定到环境监管执法的全方位.生态环境科技为我国经济发展和生态保护提供重要的技术支撑。

科学技术推动了全球工业革命，快速提高了人类社会生产力，但也极大地改变了地球环境。2021 年联合国环境署发布的《与自然和平相处》报告显示，地球正面临应对气候变化、生物多样性破坏和环境污染三大危机。生态灾难、环境污染已成为新的时代难题。中国作为最大的发展中国家，工业化、信息化、城镇化以及农业现代化四化“并联式”复合压缩发展，用 40 多年时间走完了发达国家 200 多年的工业化历程，面临的人口—资源—环境问题极为复杂，污染治理任务艰巨。近年来，随着生态文明建设的逐步推进，在保持经济中高速增长态势下，我国生态环境质量状况得到显著改善，但生态环境保护结构性、根源性、趋势性压力总体上未得到根本缓解。习近平总书记在全国科技创新大会上指出，“生态文明发展面临日益严峻的环境污染，需要依靠环境科技持续创新建设天蓝、地绿、水清的‘美丽中国’”。在我国生态环境保护发生历史性转变背景下，回顾我国生态环境科技的发展历程及取得的重大成果，分析当前生态环境科技面临的挑战与需求，提出我国生态环境科技 2.0 时代的发展对策与展望，对以生态环境科技创新引领带动全社会各领域产业绿色可持续发展具有重大的理论和实践指导意义。

## 0.1 我国生态环境科技发展历程

从全球“八大公害事件”（1930—1968 年）到《寂静的春天》（1962 年）出版，唤醒了全人类的环境意识，环境科学在 20 世纪 60 年代成为一门新的学科。1972 年，我国政府派代表团参加在斯德哥尔摩召开的联合国人类环境会议。1973 年，国务院召开第一次全国环境保护会议，标志着我国生态环境保护事业正式起步。我国的生态环境科技伴随着国家和社会发展的需要应运而生，大体可分为开拓期、发展期、新时期 3 个主要阶段（见图 1）。

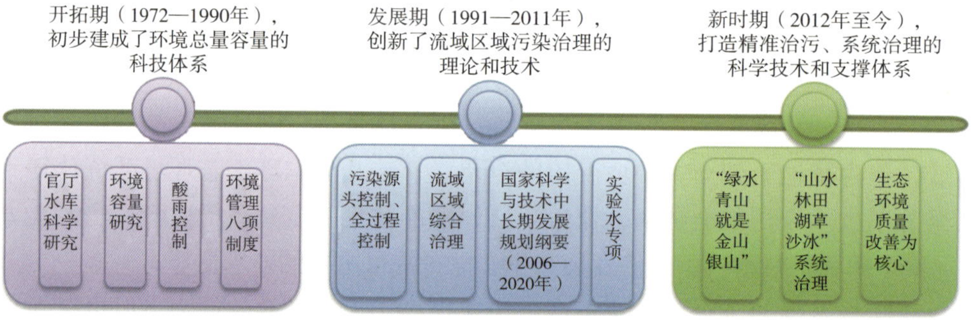


图 1　我国生态环境科技发展的 3 个主要阶段

### 0.1.1 开拓期（1972—1990 年）：初步建成环境总量容量的科技体系

1972 年，官厅水库发生严重污染问题和死鱼事件，国务院组成官厅水源保护领导小组，深入开展调查、研究，这是我国首次进行大规模环境科学研究和综合治理工作，标志着我国生态环境科技发展的起航。在“六五”“七五”期间，国家相继启动了“京津唐地区环境保护与生态平衡问题”研究，以及大气环境容量、水环境容量、环境背景值、西南地区酸雨等攻关项目。这段时期，我国探索形成了环境保护目标责任制、排污许可证制度、环境影响评价制度、“三同时”制度、排污收费制度等八项环境管理制度。相关科研成果为国家酸雨控制、大气光化学污染控制、污染物总量控制等政策制订提供了重要科技支撑。

### 0.1.2 发展期（1991—2011 年）：创新了流域区域污染治理的理论和技术

从 20 世纪 90 年代开始，我国污染治理理念逐步从末端治理向全过程控制转变、从点源治理向流域区域综合治理转变。“八五”至“十五”期间，国家启动了湖泊富营养化、持久性有机污染物环境安全、典型地区土壤与大气环境质量变化等重大基础研究。2006 年，《国家科学与技术中长期发展规划纲要（2006—2020 年）》发布，首次将“环境”列入重点领域及优先主题。“十一五”至“十二五”期间，组织实施了“水污染控制与治理科技重大专项”（简称“水专项”），开展全球变化与区域响应、区域环境质量演变和污染控制等多个领域研究，获得了一大批基础研究和关键技术成果。这段时期，我国大力推进可持续发展战略，相关科研成果为完善国家环境治理技术体系、环境标准体系、环境技术管理体系做出了重要贡献，提高了重点区域流域环境污染控制能力。

### 0.1.3 新时期（2012 年至今）：打造精准治污、系统治理的科技支撑体系

党的十八大以来，在以习近平同志为核心的党中央坚强领导下，我国生态文明建设从认识到实践发生了历史性、转折性、全局性变化。天蓝地绿水清是民生福祉，“绿水青山就是金山银山”的可持续发展理念深入人心。“十三五”期间，在持续推进水专项等科技重大专项的同时，又系统实施了大气污染成因与控制技术、典型脆弱生态修复与保护、生物安全等 10 多个国家重点研发计划项目。这段时期，我国“山水林田湖草沙冰”的系统保护战略逐步形成，“十三五”规划将 $PM_{2.5}$ 等 9 项环境指标纳入约束性控制，环境保护的思路由过去强调总量控制，转变为以生态环境质量改善为核心。相关科研成果为实施我国大气、水、土壤“三个十条”和打好打赢污染防治攻坚战提供了重要支撑。

## 0.2 我国生态环境科技发展取得的重大成果

进入 21 世纪以来，特别是随着国家中长期科技规划的实施，我国生态环境

科学研究得到了全面深化发展，科技水平不断提升。仅“十三五”时期，生态环境领域中央财政科技投入约 197 亿元，国家科技计划在水、大气、土壤、固废、生态等领域布局了重大专项和重点研发专项，突破了一批基础理论和核心技术。进入中国特色社会主义新时代，以生态文明建设为核心，生态环境科技从认识到实践有了根本性的变革。

根据科技部组织的第六次国家技术预测结果，“十三五”期间，我国生态环境科技水平与发达国家的整体差距明显缩短，由过去的 10～15 年缩短为 5～10 年。我国的部分行业科技实力从起跑、跟跑发展到了并跑，已跻身国际先进行列，部分技术已达到国际领先水平，为我国生态环境整体改善做出了重大贡献，有效支撑了国家生态文明建设和绿色发展战略，也为全球环境治理提供了重要成功范例。

### 0.2.1 水环境科技成果支撑了重点流域区域的水污染防治

水是国之命脉，治水就是治国，科技支撑是决定性力量。例如，在滇池蓝藻水华治理初期，主要靠人工打捞蓝藻，不断上演“人藻大战”。通过对蓝藻水华的暴发机理系统解析，治理策略从原来的水上人工捞藻，逐步转向水陆统筹的系统防治，在滇池蓝藻水华治理中发挥了关键作用。

水专项经过 3 个五年实施取得了系列研究成果。突破了一批“控源减排、减负修复、综合调控”关键技术，研发了一批关键设备和成套装备，形成了流域水污染治理、流域水环境管理和饮用水安全保障三大技术体系（见图 2），产出了“重点行业水污染全过程控制技术与应用”等八大标志性成果，有效支撑了太湖、滇池、淮河、辽河等流域，以及京津冀区域水污染治理和水环境质量改善，全面带动了我国治污的理念创新、技术创新和制度创新。

为贯彻习近平总书记推动长江经济带发展的重要讲话精神，发挥科技利器作用，生态环境部组建国家长江生态环境保护修复联合研究中心。一期研究取得积极进展，系统把脉问诊识别长江水环境、水生态、水资源、水风险“病因”；支撑“三磷”整治，实现流域磷负荷削减 1/3 以上；开展技术帮扶，对 58 个驻点城市“送科技，解难题”，取得显著成效；实现数据资源—智慧知识—责任任务—考核评估—方法质控—联防联控“六个方面”有序协同，推动了长江生态环境协同治理能力提升，助力打好长江保护修复攻坚战。

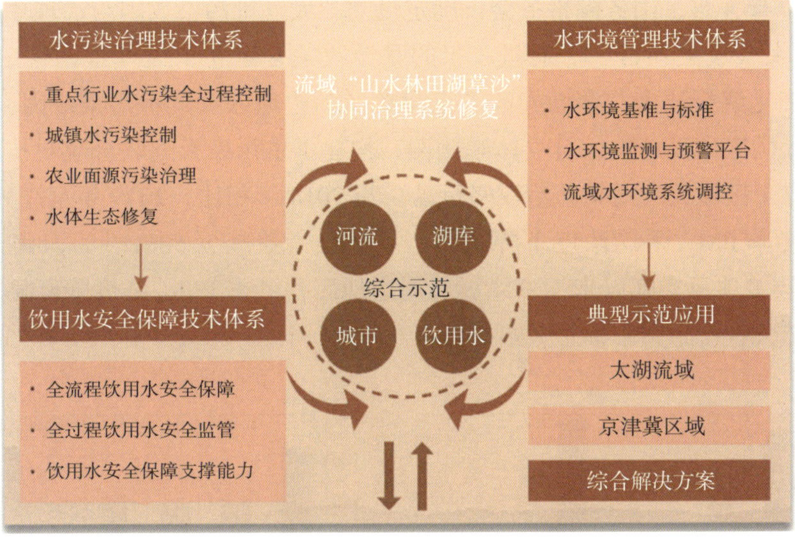


图 2　水专项三大技术体系及综合示范应用

## 0.2.2 大气污染治理研究成果支撑了重点区域大气环境质量的显著提升

蓝天白云是民生呼唤。党中央国务院设立了一批重点专项项目、总理基金项目等，在大气污染健康效应、重点源污染治理技术、区域联防联控、空气质量管理、预警预报技术等方面均取得重要进展，为国家、重点地区和城市大气污染防治工作提供了理论和技术基础，不仅对大幅削减二氧化硫、氮氧化物的排放起到了至关重要的作用，而且推动了火电等传统“三高”行业（即高耗能、高排放、高污染行业）的快速绿色转型。

“十三五”期间，国家重点研发计划“大气污染成因与控制技术研究”重点专项共发布 6 批指南，部署 148 个项目，总经费超过 24 亿元。主要在大气二次污染监测预警预报、雾霾和臭氧复合污染成因机制、固定源和移动源深度净化及多污染物协同控制、大气污染健康影响评估关键技术、我国新形势下空气质量管理转型技术、区域污染防治和重点产业园区全过程控制技术等方面取得一系列成果，为 2019 年“一带一路”国际合作高峰论坛、新中国成立 70 周年阅兵、第七届世界军运会、历次上海进口博览会等重大活动的空气质量保障提供了关键科技支撑。

2017 年 4 月，国务院常务会议确定设立“大气重污染成因与治理攻关项目”（简称“大气攻关项目”）。通过 3 年的联合攻关，建立了大气重污染成因定量化、精细化解析技术，全面弄清了京津冀及周边地区大气重污染成因，建立了国内最大的区域天地空综合立体观测网，构建了重污染天气联合应对技术体系，有力支撑了区域大气污染防治攻坚行动。与 2016 年相比，2019 年京津冀及周边地区秋冬季 $PM_{2.5}$ 平均浓度下降 33%，重污染天数减少 60%[10]，如图 3 所示，2017 年攻关项目实施以来，京津冀及周边地区秋冬季 $PM_{2.5}$ 浓度降幅显著提升，公众的蓝天获得感和幸福感大幅提升。

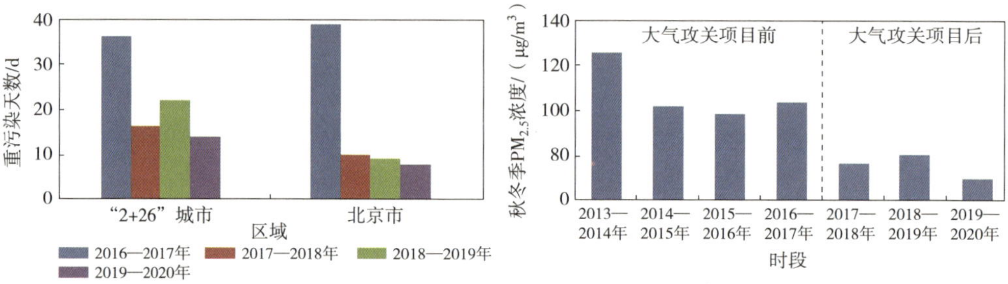

（a）秋冬季重污染天数变化　　（b）京津冀及周边地区秋冬季$PM_{2.5}$浓度

图 3　大气攻关项目治理成效

大气攻关项目的组织经验也得到国际社会的关注 . 联合国前秘书长潘基文评价：“中国环境空气治理值得他国学习”。韩国政府借鉴我国大气攻关中心组织运行模式的成功经验，于 2019 年 12 月成立国家颗粒物信息中心，负责评估颗粒物政策实施效果，解析颗粒物污染成因，搭建颗粒物相关信息共享平台，大大促进了韩国秋冬季空气质量改善。

### 0.2.3　土壤污染调查、风险管控及修复技术体系逐步完善

我国是农业大国，土地是农民安身立命之本。我国土壤环境科技起步晚，但近年来集中攻坚，形成了一批土壤环境风险评价、重金属污染修复、持久性有机物控制等关键技术。

2017 年，国家启动全国土壤污染状况详查工作，融合信息化大数据技术，获取近 1 400 万条数据，建成了我国土壤污染状况详查数据库与信息管理平台；构建了污染详查网格单元，并开展“点—地块—流域—区域—全国”的多尺度土壤污染分层调查技术评估体系（见图 4），支撑了土壤污染风险管理和净土保卫战。

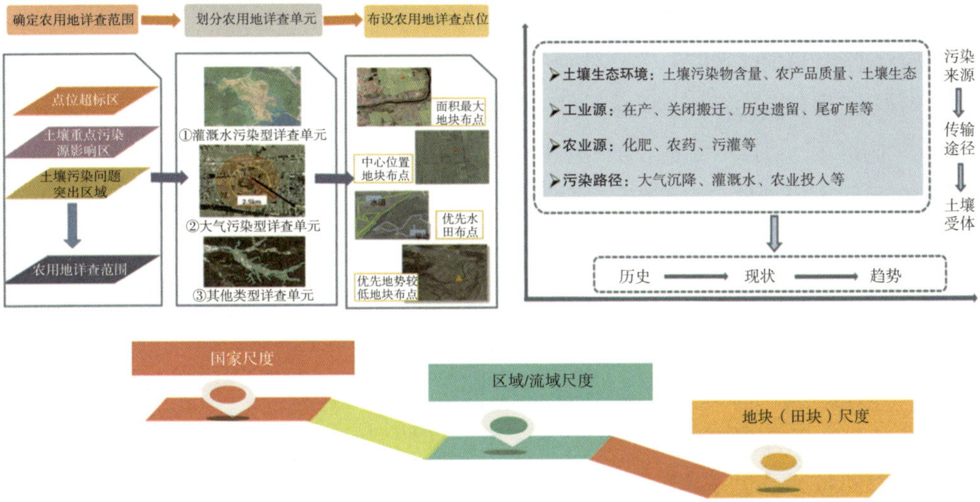


图 4　多尺度土壤污染分层调查评估技术体系

### 0.2.4　固体废物处理处置与资源化关键技术实现突破

我国固体废物存量、增量均居世界首位，污染形势复杂，越来越多的城市面临“垃圾围城”之痛。近年来，按照“减量化、无害化、资源化”原则，我国在固废资源化研究方面，构建了固废循环利用和污染控制理论体系，突破了一批垃圾资源化利用技术。

科技进步推动了固废的资源化循环利用。2019 年，我国 196 个大中城市一般工业固体废物产生量为 13.8 亿吨，综合利用量达到 8.5 亿吨，将垃圾变为城市矿产，为“无废城市”建设提供了重要支撑。厨余垃圾的资源化利用技术逐步推广。我国餐厨垃圾占比很大，这些直接或间接来自土壤的有机废物，最好的处置方式是使其回归土壤。目前我国研发了餐厨垃圾生物处理技术，可以快速将餐厨等有机物变成腐殖酸肥料，实现资源循环利用。

### 0.2.5　生态保护修复和监管技术取得新进展

我国幅员辽阔，生态系统结构与功能差异性显著，生态保护工作同样有区域性特点。通过科学研究，建立了不同生态系统生物多样性调查监测与评估方法，揭示了全国不同区域生物多样性和生态系统格局、质量、服务功能和演变规律；研发了不同类型退化生态系统的恢复技术和模式，并得到广泛推广应用，助力了全国生态状况的整体改善。

生态监管方面，研发“卫星遥感—无人机—移动监管系统”立体化监管技术，对长江经济带、秦岭区域共120处国家级自然保护区保护与管理状况进行评估，支撑了长江大保护的政策实施和国家公园体制试点区建设。研究建立的审核评估方法和标准规范，支撑了一批生态文明示范区、“两山”示范基地建设。

### 0.2.6 环境标准基准夯实了生态环境保护的科学基础

环境标准是衡量排污状况和环境质量状况的主要尺度，我国现行国家生态环境标准总数已超过2 170项。我国环境标准的研究与时俱进，不断创新标准制定的理论和技术方法，形成了中国特色的生态环境标准体系。环境标准不仅是生态环境管理的重要依据，而且发挥倒逼作用，促进了重点行业产业结构的优化升级。例如，2012年原环境保护部发布的GB 3095—2012《环境空气质量标准》，针对大气污染突出问题，增加了$PM_{2.5}$的控制要求，规范了全国大气污染防治工作，推动了相关行业大气污染治理技术升级。在一些特殊时期，环境标准的快速制定起到了至关重要的作用。例如，2019年新冠肺炎疫情暴发时，生态环境部快速响应，第一时间印发新冠疫情医疗废物、废水的应急处置、监测等一系列指南规范，为控制疫情可能带来的次生污染筑牢了防线。

基准是标准制定的科学依据。基准研究耗时长、工作量大，是一项复杂系统研究。我国生态环境基准体系建设起步较晚，标准制定主要参考国外基准标准。研究制定符合我国生态环境特征的生态环境基准，是构建国家生态环境风险防范体系的重要基石。生态环境部2017年发布了《国家环境基准管理办法（试行）》，2020年发布了首批国家生态环境基准，初步形成顶层设计、技术规范、基准值有序衔接的生态环境基准管理链条，“十四五”我国将全面推动国家生态环境基准体系建设。

### 0.2.7 环保产业创新能力明显提升

2016—2019年，我国环保产业规模快速增长，年均增长率达到15.9%，环保产业对国民经济直接贡献率从2004年的0.3%升至2019年的3.1%。环保产业创新能力提升较快，我国环保技术装备专利数量位列全球第一，据科技部评估显示，约10%的环保装备实现国际领跑。燃煤电厂、工业炉窑、机动车、船舶等污染源全过程控制技术取得突破，实现了多污染物排放协同控制；污水处理新技术和新工艺取得进展，并在新一轮城市生活污水厂提标改造中得到应用。我国建成了世界上规模最大、设施最先进的现代化膜产业基地，打破了长期以来依赖进口的不利局面。火电行业从 1950 年到 2020 年大幅增加，钢铁行业年产量从 1950 年的 61 万吨到 2020 年突破 10 亿吨，行业规模增大的同时，污染治理技术不断提升，其中超低排放、脱硫脱硝技术世界领先。

## 0.3 我国生态环境科技发展面临的挑战与需求

“十四五”时期，我国将开启全面建设社会主义现代化国家新征程，进入新发展阶段，贯彻新发展理念，构建新发展格局。因此，对加强生态文明建设提出了新的更高要求。到 2035 年，我国人均 GDP 要达到中等发达国家水平，GDP 仍将高速增长。如何在资源、环境的巨大压力下实现绿色低碳可持续发展是需要深入思考的科学命题。深刻理解新形势下生态文明建设的重大内涵，紧跟国家发展战略和方向，按照习近平总书记提出的“四个面向”要求，提出我国生态环境科技的新要求、新任务和新挑战。

### 0.3.1 新时代生态文明建设对科技创新提出了更高要求

生态文明建设是中国共产党以马克思主义为指导、孕育在中国传统文化思想下的伟大创造，是一场生产生活方式的根本变革，更是一场思想观念的彻底革命，蕴含的思想博大精深。关于未来生态环境科技创新，笔者研究认为可分为 3 个阶段：近期仍然以污染治理、生态修复为主，实现生态环境质量根本好转；中期进入低碳发展阶段，实现发展方式的根本转变，显著降低发展对环境的压力；长期以构建人与自然生命共同体目标为主，实现人与自然和谐共生。

生态文明建设本质上是一场世界级的科技竞争，同时也是经济、政治、文化、制度竞争，是一场全方位的世纪性文明竞争。科技兴则民族兴，科技强则国家强。建设生态文明为我国生态环境科技发展提供了新方向、新机遇。在生态文明建设实现新进步的大旗下，坚持习近平生态文明思想，坚持科技创新的核心地位，强化科技创新在高质量发展中的核心作用。通过科学研究，既要创新生态环境保护与修复的理论、方法和技术，用最小的经济代价实现最大的治理效果，也要创新管理体制机制，提升生态环境治理的能力、效率和水平。发挥科技引领作用，加强对环境问题的超前预判。在生态环境领域，实现高水平的科技自立自强。

### 0.3.2 把握全球生态环境科技发展脉搏

当今世界，绿色经济、绿色新政已经成为各国发展战略的核心内容和发展潮流，以信息技术、绿色技术为代表的新技术革命，正在改变着世界发展格局。全球范围内，生态环境科技发展的趋势是：研究思路由单要素、单介质、单目标治理，向多要素、跨介质、多目标协同防治转变，更加注重大气、水、土壤全要素精细化环境综合治理；研究目标更加关注人群健康和生态环境风险防控，绿色替代技术成为国际研究热点；研究尺度向更大、更广、更深入延展，更加注重解决全球与区域生态环境治理的关联性；研究手段上，多学科交叉融合特征明显，环境治理向智能化和精准化发展，更加注重人工智能、新材料、新型生物等技术的应用。

### 0.3.3 “双碳”时代给生态环境科技带来了新的机遇和挑战

“碳达峰、碳中和”首次写入我国政府工作报告，中国将力争在2030年前实现碳达峰、2060年前实现碳中和，“双碳”时代下生态环境科技面临三方面的机遇和挑战。

一是能源的绿色革命。化石能源等不可再生能源将被淘汰，光伏、风能、核能等清洁能源在能源中的占比将大幅提高，在化石能源时代的环境科技将不再有用武之地。例如，新能源汽车的发展将彻底改变当下机动车污染治理技术。随着氢能等清洁能源汽车技术逐渐成熟，机动车排放造成的污染问题将彻底解决。

二是产业的绿色革命。“双碳”时代是传统产业的危机，同时也是机遇，传统产业必须以节能减排、提质增效为主要目标，进行生态化和绿色化的改造提升。当前，我国制造业能源利用效率仅相当于美国、日本和德国的68%、50%和48%，产业结构升级空间巨大。碳中和产业、节能环保产业将成为我国经济发展新动能。同时，“双碳”时代将激活很多新技术领域，资源变成废物的生产模式将成为历史，废物变为资源的经济理念将成为主流，废弃物再利用技术发展前景广阔。目前我国六大行业（石油加工、化工、黑色金属冶炼、非金属产品生产、电力热力供应、交通运输）排放的二氧化碳占总排放量的88%，达到

84 亿吨。这些行业如果能够实现清洁生产，达到国际上发达国家水平，则可大幅消减二氧化碳排放。

三是治理理念的绿色革命。当前，我国正在进行一场大幅度提高资源能源效率、节能降耗、减污降碳、低碳增长、绿色发展的科技革命。作为“世界工厂”，我国更需在资源节约和环境友好的绿色科技上发力，在科技创新和思想观念上彻底转变。污染治理将更加注重源头控制与全过程治理、多污染物协同治理，更加关注新污染物（如微塑料、持久性有机污染物）的控制。环保策略将由超低排放改造向开发新能源、采用非化石能源过渡，改善生态环境质量转向更加注重源头预防和全过程治理。

此外，“双碳”时代带来诸多新问题，例如，新能源汽车电池的处置、废弃光伏板的回收利用、核废料 / 核废水的处理、新型污染物对人体健康的风险控制、绿色金融体系如何推动绿色科技全面发展、绿色“一带一路”如何引领全新生态环保产业输出等，面对新的挑战，生态环境科技需要寻求新的突破。

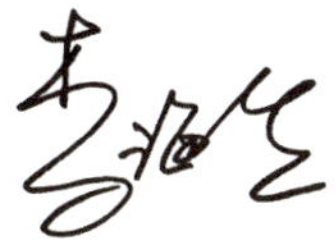

# 重点领域 1

Key Area 1

# 大气污染防治领域

Air Pollution Prevention and Control

# 1 大气环境科学与技术

党中央、国务院高度重视生态环境保护和气候变化应对工作。习近平总书记多次强调，生态文明建设是关系中华民族永续发展的根本大计，他还强调，生态环境是关系党的使命宗旨的重大政治问题，也是关系民生的重大社会问题。为落实党中央、国务院对细颗粒物（$PM_{2.5}$）和臭氧（$O_3$）协同控制与减污降碳协同增效的重大战略部署，大气环境科研人员基于我国大气污染防治形势和空气质量改善需求分析，积极开展前瞻性、战略性和系统性的基础科学与应用技术研究，为国家、重点区域和城市大气环境持续改善提供坚实的科技支撑。

## 1.1 需求分析

我国经济发展已由高速增长阶段转向高质量发展阶段，生态环境保护是高质量发展的重要抓手。党的十八大以来，以习近平同志为核心的党中央大力推进生态文明建设，深入实施大气、水、土壤污染防治三大行动计划，推动我国生态环境质量持续改善。

“十四五”时期，在统筹推进经济社会高质量发展和生态环境高水平保护前提下，我国大气 $PM_{2.5}$ 和 $O_3$ 协同控制、减污降碳协同增效面临重大机遇和挑战。《中共中央关于制定国民经济和社会发展第十四个五年规划和二〇三五年远景目标的建议》中提出，需要“强化多污染物协同控制和区域协同治理，加强细颗粒物和臭氧协同控制，基本消除重污染天气”。《中华人民共和国国民经济和社会发展第十四个五年规划和2035年远景目标纲要》提出“碳排放达峰后稳中有降，生态环境根本好转，美丽中国建设目标基本实现”，表明我国生态文明建设进入推动减污降碳协同增效、促进经济社会发展全面绿色转型、实现生态环境质量改善由量变到质变的关键时期。2030年前实现碳达峰、2060年前实现碳中和的宏伟目标更成为我国未来40年经济社会、能源产业结构等发生革命性变化的转折点，温室气体减排面临巨大压力。

大气污染物与温室气体协同治理的关键在于：亟须提升大气污染物和温室气体综合观测能力，建立大气污染物与温室气体融合的一体化排放清单，针对气态污染物、颗粒物、短寿命气候污染物等进行长期、系统、高质量的科学观测和排放表征，获取大气环境科学研究的原始资料和基础数据，为大气污染与气候变化协同应对提供科技支撑。同时，随着环境监测技术发展，重点区域已经建立天地空综合观测网，可为污染成因和溯源提供海量基础数据，但目前大数据分析手段仍相对滞后，需要研发大气多要素观测数据综合分析技术体系，持续深化大气复合污染成因与作用机理等科学研究，满足新时期$PM_{2.5}$和$O_3$污染协同防控与精准治污的工作需求。针对“十四五”期间“基本消除重污染天气”目标，要继续深入开展重污染天气应对技术和区域联防联控体制机制研究，提升重污染过程预警应急和区域联动的精准性，强化应急管控措施效果的科学评估。

综上，“十四五”期间，大气环境科学与技术发展要以“协同治理”和“精准治污”为需求导向，围绕$PM_{2.5}$与$O_3$污染协同控制、大气污染物与温室气体协同治理和“问题精准、时间精准、区位精准、对象精准、措施精准”等深入开展科研攻关，为减污降碳协同增效提供坚实的科技支撑。

## 1.2 现状与趋势

“十三五”期间，我国生态环境质量总体改善，污染防治攻坚战阶段性目标任务圆满完成，重点区域大气$PM_{2.5}$浓度大幅降低，重污染天气发生频次和强度均显著下降。2020年，全国337个地级及以上城市平均优良天数比例为87.0%，比2015年上升10.3个百分点。以$PM_{2.5}$为首要污染物的超标天数占比减少20%左右，高浓度$PM_{2.5}$污染导致的重污染频次下降约40%，$PM_{2.5}$超过300 $\mu g/m^3$的天数下降约60%。

但是，我国生态环境结构性、根源性压力尚未缓解，生态环境质量从量变到质变的拐点尚未到来。我国 $PM_{2.5}$ 年均浓度标准（35 μg/m³）仅为世界卫生组织第一阶段过渡值，远高于发达国家的标准，且目前还有约 40% 的城市年均浓度超标，$PM_{2.5}$ 治理依然任重道远。在当前污染物排放水平下，秋冬季受不利气象条件影响，重点区域重污染天气仍时有发生。同时，夏季 $O_3$ 污染问题日益凸显，已成为制约空气质量持续改善的一个关键因素，$PM_{2.5}$ 和 $O_3$ 协同控制更加紧迫。“十三五”期间开展的大气重污染成因与治理攻关和国家重点研发计划“大气污染成因与控制技术研究”重点专项，在大气重污染成因来源、空气质量监测预报技术、非电行业和柴油车污染治理技术、综合科学决策支持等方面开展了一系列研究，有力支撑了《大气污染防治行动计划》《打赢蓝天保卫战三年行动计划》的实施，在打好污染防治攻坚战工作中发挥了关键科技支撑作用。

“十四五”期间，既要实现 $PM_{2.5}$ 浓度持续下降、基本消除重污染天气，又要扭转 $O_3$ 污染升高态势，是我国空气质量持续改善、加快建设“美丽中国”的关键和困难期。要实现以上目标，在复合污染精准溯源、科学防控、智慧监管、大气污染物与温室气体协同治理等关键科学问题及核心技术自主研发等方面，对科技支撑提出了更高要求。目前面临的主要问题包括：一是复合污染成因解析和精准溯源能力难以全面支撑 $PM_{2.5}$ 和 $O_3$ 协同防控；二是挥发性有机物（VOCs）和氮氧化物（$NO_x$）等主要前体物的关键治理技术存在技术“瓶颈”，尚未形成全流程减排技术体系；三是生态环境保护和经济社会发展统筹研究不足，联防联控技术体系未充分考虑区域发展不平衡，监管技术手段难以有效支撑精准治污；四是大气污染物和温室气体协同治理机制、技术和管理等亟待加强。

以下从大气环境综合观测与成因分析、大气污染源排放表征与治理、区域和城市空气质量管理三个方面分别阐述学科发展现状及趋势。

## 1.2.1 大气环境综合观测与成因分析

### 1.2.1.1 大气环境观测

在外场观测方面，截至 2020 年，我国国控城市监测站点规模达到 1 436 个，还建立了 16 个国家空气质量背景站、96 个空气质量区域站（含农村站），已初步形成了一个由背景站、区域站和城市站相结合的环境空气质量监测网络。

2016年11月，由环境保护部组建的国家大气颗粒物组分网正式启动。至2019年年底，组分网监测点位覆盖了京津冀及周边、汾渭平原和长三角地区共83个城市，有94个手工监测点位和74个自动监测点位。近年来，我国各地方政府、高校和科研院所开展了多项与颗粒物组分相关的监测工作，如中科院大气物理研究所组建的CARE网，在全国不同区域共布设36个监测点位；此外，北京、上海、浙江、广东、山东、河北、河南、福建等省（市）也正建设一批包括颗粒物组分监测在内的大气综合观测站（超级站）。

#### 1.2.1.2　污染生成机理模拟

在大气污染生成机理模拟方面，大气光化学烟雾箱模拟实验系统被世界上很多国家的科研机构广泛应用。加利福尼亚大学利用新一代环境舱研究了VOCs和大气颗粒物在大气中的化学反应机制；美国应用FORD烟雾箱开展了机动车尾气排放对光化学污染影响方面的研究工作；欧洲采用光化学反应烟雾箱，在充分模拟大气环境条件下，研究了大气中典型VOCs（如烯烃、芳香烃等）的大气光化学氧化机制。国内基于室内外光化学烟雾箱反应手段的研究工作进展也较为显著，极大地促进了对灰霾机理等方面的认识。结合我国特有的复杂污染状况，复杂大气环境条件下（高温、低温、高湿、多种有机污染物共存、多种无机气体共存等）VOCs的光化学反应机理、反应动力学、$O_3$及二次有机气溶胶的生成潜势、颗粒物的理化特性等将是今后的研究方向。

#### 1.2.1.3　复合污染成因研究

在$PM_{2.5}$与$O_3$复合污染成因研究方面，目前国内外对$PM_{2.5}$二次无机离子的成因基本达成共识，对$PM_{2.5}$中二次有机气溶胶组分尚未完全弄清其形成机制。虽然已有很多关于环境空气中$O_3$污染形成机理的研究，但是基于前体物（如VOCs）组成的复杂性及现有监测分析技术的限制，目前还不能完全厘清$O_3$污染的成因。为此，基于精细化环境空气质量管理的迫切需求，如何在$O_3$污染控制的科学认知基础上，进一步深化$PM_{2.5}$与$O_3$协同污染成因研究，尚需大量实践。

同时，近年来我国研发了大气污染成因分析指标体系，集成空气质量监测、颗粒物和VOCs组分网监测、气象要素观测、卫星遥感等多源动态数据，应用大数据分析方法建立区域性污染过程识别和特征定量指标，以及制定涵盖污染排放—化学转化—气象条件—区域传输的秋冬季$PM_{2.5}$重污染解析技术路线，在秋冬季区域内历次重污染过程应对和国家重大活动空气质量保障工作中得到应用。

## 1.2.2 大气污染源排放表征与治理

### 1.2.2.1 污染物排放清单

欧美一些国家和地区早在 20 世纪八九十年代就建立了较为完善的大气污染物排放清单编制技术体系，美国国家环境保护局（USEPA）于 1993 年制定了排放清单改进计划（Emission Inventory Improvement Program，EIIP），在此框架下统筹各级排放清单的编制工作，建立了全国性的大气污染源排放清单。欧盟于 1990 年发布了第 1 版《大气污染物排放清单指南》（以下简称《指南》），作为各成员国建立排放清单的技术导则，并依据《指南》建立了覆盖欧洲 30 多个国家的大气污染源排放清单。法国等更是将大气污染源排放清单和温室气体清单完全融合。2007 年日本国立环境研究所开发了亚洲地区排放清单 REAS 1980—2020，韩国国立环境科学院建立了国家大气污染源排放清单技术系统，每年对外发布国家大气污染源排放清单。

我国的大气污染源排放清单工作始于 20 世纪 80 年代。北京、上海和珠三角地区在 2000 年前后通过借鉴欧美等国经验并结合我国实际，编制了源类和物种较为齐全的源排放清单。2014 年，环境保护部发布了一系列大气污染源排放清单编制技术指南，我国大气污染源排放清单工作得到迅速发展。清华大学依托“863”项目，开发了中国多尺度排放清单模型（MEIC），在国内外大气环境研究中得到广泛应用。“十三五”期间，中国环境科学研究院建立了结合网格化管理和区县乡镇调研的高分辨率大气污染源排放清单编制技术，开发了“2+26”城市高时空分辨率大气污染源排放清单，并将该技术推广到汾渭平原 11 个城市和苏皖鲁豫交界地区。我国温室气体清单编制始于我国履约行动，在联合国开发计划署 / 全球环境基金（UNDP/GEF）资助下，由国家发改委组织发改委能源研究所、清华大学、中国科学院、中国农业科学院、中国林业科学研究院和中国环境科学研究院，基于联合国政府间气候变化专门委员会（IPCC）指南，先后编制完成相关报告，并向联合国提交了 3 次国家信息通报（NC）和 2 次两年更新报（BUR）。2010 年国家发改委选择了陕西、浙江、湖北、云南、辽宁、广东和天津作为省级温室气体清单编制的 7 个试点地区，开展地方温室气体清单编制试点工作，编制出版了《省级温室气体清单编制指南》（试行），指导省级温室气体排放清单的编制；国家发改委还组织编写了24个行业温室气体核算方法和报告指南，为企业开展温室气体的核算提供了技术支撑。

#### 1.2.2.2 大气污染治理技术

在大气污染控制技术方面，欧美一些发达国家先后经历了常规污染物（颗粒物、$SO_2$、$NO_x$）从低效控制到高效控制、从单一污染物控制到全过程多污染物控制阶段。标志性的技术有20世纪七八十年代美国、德国、日本等发达国家研发的湿法脱硫技术、干法/半干法烟气脱硫技术、高效电除尘与袋式除尘技术、非选择性催化还原（SNCR）与选择性催化还原（SCR）脱硝技术、基于蓄热式热力燃烧（RTO）/蓄热式催化燃烧（RCO）的VOCs控制技术、碳捕集/利用/封存（CCUS）技术。除了不断提升的治理技术，欧美发达国家通过实施各种计划及执行日趋严格和完善的环境标准体系、排污许可证制度及重点行业BAT技术制度，辅以灵活的经济措施，使能源结构逐步趋于清洁化，工业结构逐步优化。经过几十年治理，欧美国家城市大气$SO_2$污染和颗粒物污染得到解决，进入$O_3$污染防治以及应对气候变化的碳协同减排阶段，传统的冶金、水泥、玻璃等高污染、高能耗工业已大部分转移到国外生产，这些行业的大气污染治理技术水平已落后于我国。但在$O_3$污染关键前体物$NO_x$和VOCs控制技术、碳减排关键技术方面，我国与欧美发达国家仍有差距。

在大气污染控制技术方面，我国通过引进国外先进的烟气除尘、脱硫、脱硝技术及装备，突破了一批核心技术，相关专利申请数量大幅增加，显著缩小了与国际先进水平的差距。“十三五”期间，我国火电、钢铁等重点行业治理技术取得明显进展，火电行业基本实现了超低排放，并已形成较成熟的超低排放技术路线；钢铁行业正在实施全面超低排放改造，在源头减排技术、工艺减排技术、有组织排放末端治理技术、无组织排放智能化管理技术等方面取得了重大突破；石油化工等行业通过源头控制、过程管理和末端治理，实现了VOCs全过程控制。目前，我国的大气污染控制技术已经从单一污染物控制逐步向多种污染物协同综合控制、从常规污染物（颗粒物、$SO_2$、$NO_x$等）向非常规污染物协同控制、从单一末端治理技术逐步向源头减排—过程控制—末端治理的全过程综合控制发展。大气污染控制技术进步支撑了重点行业污染物减排，推动了行业绿色高质量发展和我国环保产业发展壮大。

## 1.2.3 区域和城市空气质量管理

### 1.2.3.1 重污染天气应对

美国在其《国家环境空气质量标准》的“空气污染应急事件”一节中，给出了重污染预警指标体系的划分依据以及建议控制措施。欧盟的空气污染事件的污染物指标及预警信息发布在 2008/50/EC 指令中，提出了预警的指标污染物及预警启动条件。为减缓污染程度、保障公众健康、有效应对重污染天气，2013 年以来，我国陆续修订了《大气污染防治行动计划》《城市大气重污染应急预案编制指南》等一系列政策法规，明确要求建立重污染天气监测预警体系，并将重污染天气应急响应纳入地方人民政府突发事件应急管理体系。2013—2015 年，我国各级环境监测部门积极开展环境空气质量预报预警工作建设。2015 年年底，我国大部分省（自治区、直辖市）、省会城市和计划单列市逐步开展了环境空气质量预报业务。2016 年，京津冀三地统一了重污染预警分级标准，2017 年，对“2+26”城市统一了预警要求，2018 年，生态环境部对全国统一了预警要求。近年来，中国环境科学研究院依托大气攻关课题，经过科学研究、管理决策与实践应用的有机结合，建立了“监测预报—会商分析—预警应急—跟踪评估—舆情引导”全流程的重污染天气应对技术体系，形成了“事前研判—事中跟踪—事后评估”的全过程技术支撑模式。

### 1.2.3.2 空气质量管理决策支持

在管理决策支持方面，欧美发达国家大气环境管理以空气质量标准或浓度限值建立了全过程管理技术法规支撑体系，提出了环境空气质量模型法规化体系，有力推动和支撑了环境空气质量评价规范化以及以排污许可为核心的污染源管理体系发展，通过情景设计或优化方法定量研究实现空气质量改善目标的技术路线图，为中长期空气质量管理政策的制定提供科学依据和技术支撑。目前我国大气环境管理也进入精准化、定量化和系统化新阶段，亟须参考欧美国家已有实践经验，构建大气污染精细化应对体系，形成“研判—决策—实施—评估—优化”的决策支持体系和空气质量改善路线图。

### 1.2.3.3 区域联防联控和“一市一策”

在联防联控实践方面，区域空气质量管理在国内外均有先例可循。比较成功的例子有美国的旧金山湾区和我国的珠三角区域等，而联合国欧洲经济委员会签署的《长程越境大气污染公约》在更大的区域内（欧洲和北美）协调空气污染物的越境传输。我国于2007年提出了"区域联防联控"的治理模式，为确保我国成功举办2008年奥运会做出了突出的贡献。近年来，我国在京津冀及周边地区、长三角和珠三角等区域进一步开展了联防联控的研究与实践，亟待对其中总结的实践经验进行整合提炼，通过国内外对比研究形成国家层面的区域污染联防联控示范案例。

"一市一策"跟踪研究形成"边研究、边产出、边应用、边反馈、边完善"的科研模式，把科技成果与地方需求紧密对接，见效迅速。提出"问题诊断—发展预测—会商决策—落实执行—跟踪评估"五步法的城市空气质量管理思路。从"现状—排放—来源—成因"等方面诊断城市空气质量改善所面临的主要问题和挑战；从城市、区域、国家等层面，分析未来产业结构、能源结构的发展趋势，以及可能采取的调控政策，预测未来发展的趋势和压力；根据国家、区域及城市对空气质量改善的要求，提出符合当地污染特征、产业和能源结构的大气污染防治综合解决方案；建立"空气质量改善效果评估—大气污染防治措施评估—大气污染防治措施减排成效"的评估方法技术体系，跟踪评估大气污染防治方案实施效果，为完善城市大气污染防治方案提出建议。"一市一策"跟踪研究推动了区域和城市空气质量显著改善，已经成为落实国家精准、科学、依法治污要求和构建服务型生态环境科技创新体系的重要举措。

## 1.3 亟须突破的重点领域和技术

我国大气治理相关核心技术相比美欧日等发达国家和地区仍存在一定差距，在多个方面仍存在核心技术"瓶颈"——因为有很多大气问题在美欧日等国家可能并不存在，或不突出，相关技术有可能就没有，需要我们自己研发。不能笼统地说我们比美欧日等落后5～10年。有差距的地方是那些共有的环境问题。大量重要设备和关键部件、材料仍严重依赖进口，也缺乏技术创新与核心技术工程化应用的机制和平台，大气污染治理方面技术成果的转化力度不足，与国内紧迫的大气污染和碳协同治理的减排需求存在巨大差距。

因此，我国亟须破解大气污染防治领域"卡脖子"理论、方法、技术，通过关键技术突破和集成创新，彻底改变核心技术和设备长期依赖国外的被动局面。

## 1.3.1 重点领域

### 1.3.1.1 $PM_{2.5}$ 与 $O_3$ 复合污染成因和协同防控

在复合污染成因协同分析与协同防控机制方面，亟须攻克在中、微观时空尺度上 $PM_{2.5}$ 和 $O_3$ 复合污染的成因与来源，以便构建有效的 $PM_{2.5}$ 和 $O_3$ 复合污染协同防控机制；在协同防控思路方面，需要考虑环境、经济、社会、健康和生态等综合防控体系；在协同防控技术路径方面，重点构建行业和领域 VOCs 与 $NO_x$ 的有效治理技术体系。

### 1.3.1.2 大气污染物和温室气体协同控制

加强减污降碳协同控制理论与机制研究，揭示减污与降碳的关联性和相互影响机理；评估典型区域、重点行业、关键企业协同减排产生与发展的阶段特征，模拟协同减排对区域—产业—企业减排绩效改善的作用；建立大气污染物和温室气体协同减排决策支持管理体系，动态模拟各种政策的长期效果，分析协同减排模式下资源优化配置和协同治理策略，形成减污降碳协同控制制度体系。

## 1.3.2 亟须突破的重点技术

### 1.3.2.1 大气环境综合立体观测技术

在大气环境综合观测技术方面，我国高精度大气环境观测技术和设备的进口依赖程度高，如激光雷达主动遥感观测、微波被动观测及 $O_3$ 污染关键前体物 VOCs 等的在线监测、离线分析和检出技术还不够完善，红外激光光源、探测器、光谱核心器件等有“卡脖子”风险，观测的持续稳定性无法得到保障。在利用卫星和地基遥感观测手段进行大气污染溯源方面，卫星观测、无人机航测、地基雷达观测和边界层参数廓线等多源数据也亟须有效融合。

### 1.3.2.2 大气污染物与温室气体清单编制和测试关键技术

突破多源数据耦合的排放清单多维校核和不确定分析评估技术；突破复杂烟气中特征污染物和温室气体排放测试技术、污染物组分快速测试技术；突破大气污染物与温室气体融合排放清单编制体系、系数库、源成分谱库建设的关键技术。

#### 1.3.2.3 多污染物全流程高效协同治理与资源化技术

重点突破冶金、建材等非电行业 $NO_x$ 超低排放控制技术，研发中低温脱硝关键技术与催化材料；突破石化、化工等行业 VOCs 全流程减排技术；构建冶金建材等非电行业多污染物源头减量—过程控制—末端治理全流程高效协同治理与资源化耦合技术体系；突破多环节、多工序重点行业多污染物高效净化及资源化利用技术，研发成套装备和高值化产品；构建多污染物低成本超低排放与温室气体协同减排技术体系，研发污染与温室气体协同减排等关键技术和智能化装备。

#### 1.3.2.4 涉气企业全覆盖差异化分级管控及评估技术

“十三五”期间，在管控措施方面，基于环境影响、管理水平、工艺先进性等特点，提出重点行业差异化分级管理指标，实现了通过短期“治标”倒逼长期“治本”，为大幅减少重污染天气提供了重要支撑。“十四五”期间，应在此基础上进一步扩大行业覆盖面，实现涉气企业全面覆盖，研究构建以差异化环境效应（$PM_{2.5}$、$O_3$ 协同效应）为目标、以费效分析为基础的差异化分级管控及评估技术体系。

#### 1.3.2.5 法规空气质量模型遴选评估标准与准入机制

从区域空气质量模型的科学性、准确性和性能等方面进行比较研究，比较和改进模型的气相、液相和气溶胶化学反应机理、大气边界层、云、干湿沉降等物理化学选项；构建我国法规空气质量模型遴选评估标准与准入机制，开展不同类型空气质量模型长期评估和重污染案例的系统验证评估；遴选并推荐法规空气质量模型；建立包括基础输入数据、技术指南、模型软件的法规模型遴选、发展和应用技术支持体系。

#### 1.3.2.6 工程化的大气污染协同防控科技支撑系统

针对我国 $PM_{2.5}$ 和 $O_3$ 协同防控的科技支撑体系未实现系统化、工程化应用的问题，深化数据共享机制，研发融合经济社会、能源、环境、气象、污染源等多源大数据的方法，开发大数据分析的指标体系、算法和模式，构建工程化的大气复合污染“成因—溯源—科学决策—深度治理—智慧监管—跟踪评估”科技支撑系统，实现业务化应用，为大气污染协同防控提供全过程、系统化的科技支撑。

## 1.4 展望

我国当前面临深入打好污染防治攻坚战、实现绿色低碳发展的重要任务，需要做好大气污染防治和气候变化应对工作，以实现减污降碳协同增效。大气环境科学与技术学科将对标“十四五”生态环保科技规划，形成一套以科技创新支撑管理决策的综合技术体系，在大气环境综合观测与成因分析、大气污染源排放表征与治理、区域和城市空气质量管理三大领域构建基于观测、清单、治理、管理技术的四轮驱动模式，推动优势学科、潜力学科和新兴学科的建设与发展，提升学术影响力，打造学科标志性成果和拳头产品。

### 1.4.1 大气环境综合观测与成因分析

“十四五”期间，大气环境综合观测与成因分析将以“问题精准、时间精准、区位精准、对象精准”为出发点，快速支持大气污染攻坚行动效果评估、污染天气应对和重大活动空气质量保障，支撑我国大气 $PM_{2.5}$ 和 $O_3$ 协同防治、减污降碳协同治理。未来将结合外场观测—实验室分析—数值模拟等研究手段，开展区域大气污染物跨界输送、空气污染与气候气象相互影响等前沿性、创新性研究，提升碳排放观测水平，开展碳排放观测与业务融合，进行重点区域大气污染与气候变化双向反馈机制研究，为大气污染与气候变化协同应对提供科学支撑。

同时，将继续丰富大气污染特征和成因分析的指标体系，完善污染成因动态解析平台功能，最终实现业务化应用。建立我国特定大气环境条件下光化学污染特征、$O_3$ 和二次有机气溶胶（SOA）形成光化学反应机理、大气复合污染成因分析的实验室模拟和观测平台，建设我国大气环境下光化学反应机理动力学参数库，为 $PM_{2.5}$ 和 $O_3$ 污染协同控制提供基础支持；构建“问题诊断—成因机理—来源解析—控制对策”的研究体系，建立、优化、完善 $O_3$、二次颗粒物和 VOCs 污染准确溯源技术方法体系，为 $PM_{2.5}$ 和 $O_3$ 污染精准控制提供技术支持。

### 1.4.2 大气污染源排放表征与治理

“十四五”期间，针对 $PM_{2.5}$ 和 $O_3$ 污染协同控制、减污降碳协同增效的新需求，污染物与温室气体排放清单融合技术、非电行业 $NO_x$ 和 VOCs 高效控制技术以及多污染物与碳协同减排关键技术正在积极研发和突破，构建具有中国特色的减污降碳协同增效技术体系成为趋势。

在碳达峰、碳中和目标背景下，以 $PM_{2.5}$ 和 $O_3$ 协同控制为导向，常规污染物和 VOCs 协同治理技术研发与实践、污染物和温室气体协同减排及控制技术研发与实践是未来发展的重点。未来将围绕大气污染物和温室气体协同开展研究，建立基于多源大数据的高精度动态化污染物和温室气体相融合的排放清单技术及配套的大数据平台，开展减污降碳协同治理研究。

### 1.4.3 区域和城市空气质量管理

以“减污降碳”为抓手，构建大气污染和气候变化协同应对决策支持管理系统，从数据可视化、过程动态化、时空一体化视角为管理者展现空气质量改善和温室气体减排的变化过程和规律，通过设置和选择不同情景直观并准确地把握温室气体排放路径、发展趋势和影响因素，协同推进大气环境治理与应对气候变化，促进经济社会发展全面绿色转型。

在重污染应对方面，实现从重污染应对向污染应对的转变，一方面实现“基本消除重污染天气”，另一方面努力提高空气质量优良天数比例。依据 $PM_{2.5}$ 和 $O_3$ 污染在前体物、生成机制、气象背景等方面的差异性和协同性，研究针对性的污染动态差异化应对技术，构建基于环境费效分析的差异化应急管控技术指标体系，实现涉气工业排放源的全覆盖。

空气质量模型模拟是研究大气污染来源与成因并进行污染源精准管控，达到 $PM_{2.5}$ 和 $O_3$ 协同控制的重要手段，利用人工智能深度学习技术，对历史空气质量、气象数据、排放数据和模拟数据进行智能分析，进行更精准的空气质量模拟和污染来源与成因分析。进一步完善我国空气质量模型准入体系管理规范和技术要求，构建法规空气质量模型技术支撑平台，形成有关空气质量方面的法规，使其成为国家和地方大气环境管理领域的遴选标准以及各种大气环境相关政策的支撑体系。

编写人员：张文杰　高庆先　胡京南　高　健　陈建华
段菁春　王　凡　薛志钢　徐　峻　李　红
陈义珍　张新民　杨小阳　褚旸晰　付加锋
邓　双　程苗苗　易　鹏　杜谨宏　黄家玉
唐　伟　李燕丽　石应杰　杨　欣　陈卓阿

# 2　移动源污染排放控制与模拟

## 2.1　需求分析

“十三五”期间，全国空气质量明显改善，$PM_{2.5}$浓度下降 28.3%。但仍有 1/3 左右的城市尚未达标，且$PM_{2.5}$浓度下降的同时$O_3$浓度呈波动上升趋势。“十四五”期间，深入打好污染防治攻坚战将聚焦$PM_{2.5}$和$O_3$污染协同控制。移动源$NO_x$和 VOCs 排放量大，是制约$PM_{2.5}$和$O_3$污染协同控制成效的关键。此外，交通运输行业温室气体排放约占全国温室气体排放总量的 6.7%，是力争 2030 年前实现碳达峰、2060 年前实现碳中和需要关注的关键领域之一。

“十四五”期间，国家生态环境保护工作对移动源$NO_x$和 VOCs 协同减排、污染物与温室气体协同控制提出了新的要求。《空气质量全面改善行动计划（2021—2025）（征求意见稿）》提出移动源污染物减排要持续深化运输结构调整、大力推广新能源车船、积极推动车船升级优化和强化移动源治理监管；《“十四五”生态环境监测规划（征求意见稿）》要求移动源领域开展城市道路、港口、机场等交通基础设施周边环境空气质量监测工作，评估移动源排放对大气环境质量的影响；《“十四五”应对气候变化规划（征求意见稿）》要求优化调整交通运输结构、持续降低汽车碳排放强度、加快推动船舶电动化和构建绿色低碳出行体系。

“十四五”期间，空气质量持续改善和应对气候变化对移动源减污降碳提出更高要求，移动源污染排放控制与模拟学科研究将紧密结合上述规划需求，聚焦柴油车和非道路移动机械，以大幅度削减污染物和构建完善的协同减排技术支撑体系为目标，加强顶层设计和减排路线图研究，完成深度减排体系设计；完善移动源动态排放清单研究，构建与 $O_3$ 生成潜势相关的 VOCs 组分清单和管控措施体系；研究能够大幅度降低 $NO_x$ 和 VOCs 排放的技术措施和综合策略；研究能够科学量化评估移动源减排措施效果的评价机制和方法；构建移动源减污降碳协同控制策略和技术支撑体系。

## 2.2 现状与趋势

### 2.2.1 我国移动源排放管控现状

#### 2.2.1.1 监管技术不断升级，控制效果初显

“十三五”期间，我国逐步建成事前信息公开、事中达标监管、事后环保召回的新车达标监管体系和以在用车年检为主、抽检和遥感监测为辅的在用车排放监控系统，逐步推进重型柴油车和非道路移动机械远程在线监控系统建设，并连续开展了油品质量抽检专项行动，机动车排放达标率和车用油品合格率不断提升。目前，我国在用汽油车和柴油车尾气首检合格率均超过 95%，加油站油品抽检合格率达 98%，柴油车油箱和黑加油站抽检合格率也明显上升，移动源环境管理与控制效果初显。

#### 2.2.1.2 新车控制技术达到先进水平，减排进入深水期

近年来，我国汽车排放控制标准不断升级，目前执行的轻型汽车、重型柴油车国六排放标准已达到国际先进水平，汽车、柴油车分别经历了“三元催化转换器—三元催化转换器 + 汽油机颗粒捕集器”（TWC—TWC+GPF）、“氧化催化器—选择性催化还原器 / 柴油机颗粒捕集器—选择性催化还原器 + 柴油机颗粒捕集器”（DOC—SCR/DPF—SCR+DPF）等阶段的控制历程后，形成了集成后处理高效净化和车载诊断系统的智能控制体系。此外，汽车（近）零排放控制技术初步发展，新能源汽车保有量不断提升。“十三五”期间，移动源 $NO_x$ 排放量仍然处于高位，后期虽略有下降，但较其他污染物削减程度明显不足，特别是缺乏针对上亿辆在用车和非道路机械的监管和减排治理有效手段。因此，

“十四五”期间，移动源 $NO_x$ 和 VOCs 协同减排需求高、压力大，逐步进入减排主战场和深水期。

### 2.2.2 移动源污染排放控制与模拟学科发展趋势、热点

利用“Web of Science”数据库对 *Nature*、*Nature Communication*、*Nature Climate Change* 等 *Nature* 期刊系列，*Science* 及其系列期刊，*Energy & Environmental Science*、*Environmental Science & Technology*、*Fuel*、*Energy & Fuels*、*Science of the Total Environment*、*Environmental Pollution*、*Journal of Environmental Science*、*Journal of Environmental Management* 等 31 个顶级期刊用“mobile source，vehicle，emission factor，emission inventory，control technology and policy，greenhouse gas，low carbon fuel，monitoring，assessment and management”作为主题词检索 2010—2021 年相关论文千余篇；在移动源领域四大国际知名机构（EPA、CARB、JRC、ICCT）官网利用相同主题词检索 2010—2021 年相关文献近 500 份；利用智慧芽全球专利数据库和知网数据库检索 2016—2021 年相关专利 300 余项进行分析统计。在数量上，国内外学术界在移动源方面的研究成果总体呈持续上升趋势，顶级期刊上的论文约以 16.8% 的年均速度增长，专利约以 34.9% 的年均速度增长，四大官网上的文献增长速度相对稍缓；在内容上，科技论文主要集中于机动车排放、替代燃料和电动车对排放影响、移动源排放的环境和健康效益评估，专利更侧重排放检测、监测、监管执法技术和设备研发；引用上，VOCs 组分及 $O_3$ 生成潜势、氨逃逸、电动车及温室气体、柴油车颗粒物排放及二次有机气溶胶、空气质量影响和健康效应等被引均较多（图 2-1、图 2-2）。

结合之前的学科发展情况调研，总结近 20 年来国内外移动源污染排放控制与模拟学科研究，大致可分为三个阶段：一是 2010 年以前，主要针对实验室法规工况下机动车或发动机排放进行分析，注重常规条件下常规污染物排放因子、排放特征、“自上而下”的移动源排放清单技术方法等宏观层面的基础研究；二是 2010—2015 年，研究对象逐步扩展到机动车实际道路排放微观层面（冷启动等）特征，“自上而下”的移动源排放清单技术方法向“自下而上”不断转换，移动源排放逐步向 VOCs 组分、$NH_3$ 等非常规污染物以及温室气体过渡；三是 2016—2021 年，移动源污染物排放及温室气体排放协同控制策略、电动车及替代燃料（氢燃料）、（近）零排放控制技术、基于大数据的动态排放清单技术、污染物组分特征及对 $O_3$ 和二次有机气溶胶的影响机制和健康效用评估逐渐成为研究热点（表 2-1）。

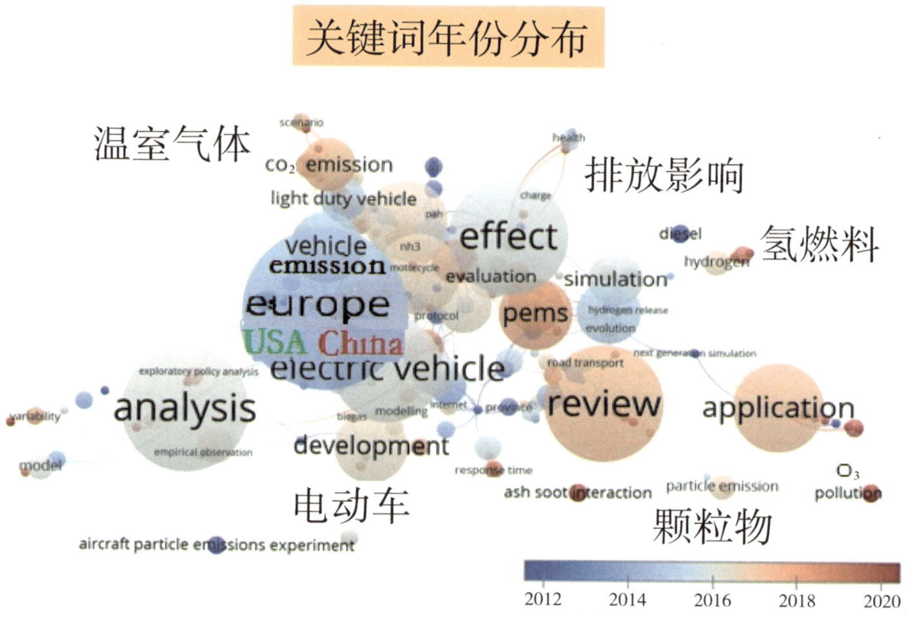


图 2-1　移动源污染排放控制与模拟学科部分科技论文关键词年份分布

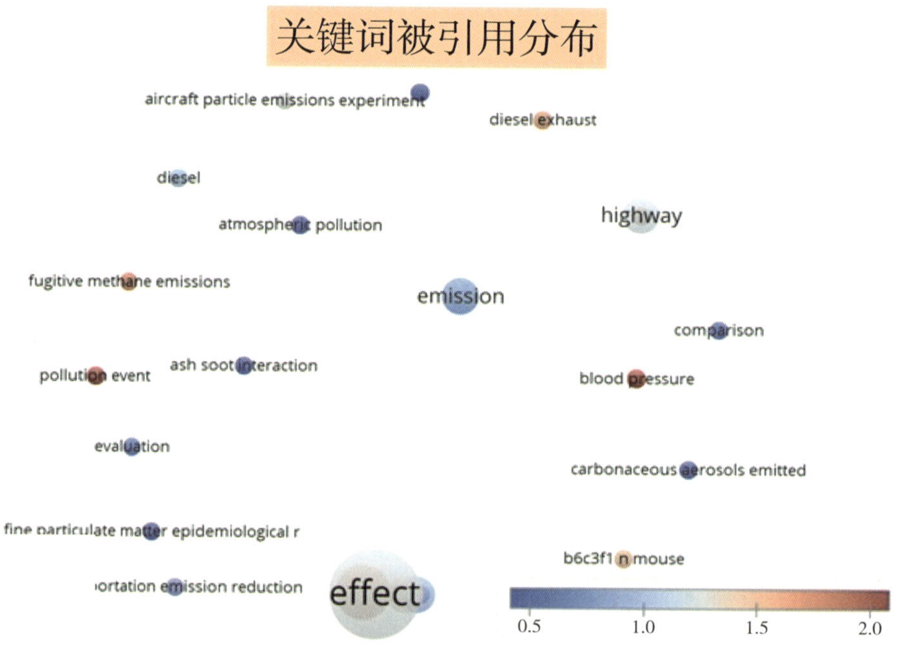


图 2-2　移动源污染排放控制与模拟学科部分科技论文关键词被引用分布

表 2-1 国内外移动源污染排放控制与模拟领域研究重点

| 排序 | 2010 年以前 | 2010—2015 年 | 2016—2021 年 |
|---|---|---|---|
| 1 | 宏观研究 | 冷启动等微观层面 | 综合控制策略 |
| 2 | 发动机排放、实验室工况 | 实际道路排放、非道路 | 组分特征 |
| 3 | 常规排放因子、排放特征 | VOCs、$NH_3$、温室气体 | 环境影响和健康效用评估 |
| 4 | 排放清单技术方法初步构建 | 排放清单技术方法不断完善 | 动态排放清单技术方法逐步成熟 |

注：基于部分顶级期刊科技论文及 EPA、CARB、JRC、ICCT 等国际知名机构相关文献调研结果。

#### 2.2.2.1 移动源减污降碳协同控制综合策略研究

在移动源污染物和温室气体协同减排方面，欧美日等发达国家和地区开展了车辆（效率和电动化）、燃料（降低碳强度、通过政策激励减少化石燃料的使用）和机动性（减少行车里程数、建造基础设施）等方面的大量协同减排研究。我国针对移动源 $NO_x$ 和 VOCs 排放总量大、新增排放量控制难度大等突出问题，从源头削减、“车油路”协同、末端治理和结构调整等方面深挖减排潜力，升级、加严排放控制标准，不断完善移动源减污降碳协同顶层设计。随着“双碳”目标的提出，开展交通领域减污降碳顶层设计、碳达峰行动计划研究与污染物综合减排策略已成为时下热点。

#### 2.2.2.2 （近）零排放控制技术和评价研究

在污染物和温室气体协同减排的双重压力下，美国加利福尼亚州（加州）空气资源委员会率先通过了全球首个针对中重型卡车的强制性零排放法规。同时，欧盟各国、日本、中国等国家的知名研究机构、整车厂也积极开展了汽车零排放和近零排放控制及评价技术研究，包括氢燃料电池汽车及制储运氢，氢燃料发动机，锂电池和悬链线驱动的电动卡车，电池储能，$NO_x$ 超低排放控制，低负荷控制和测试，冷启动控制和测量，发动机与高效后处理系统的深度耦合、标定以及测试监控等关键技术和设备。我国新能源汽车发展走在世界前列，在技术研发、推广路径与全生命周期评价等方面已经开展了大量研究。

#### 2.2.2.3 移动源燃料清洁化、低碳化技术研究

目前，我国移动源能源仍然以化石燃料中的汽油、柴油为主，以天然气、电能、氢能以及生物燃料为辅。国际上，燃料发展主要有两大方向：一是针对现有能源，进一步提高燃料减排潜势。清洁汽油的发展趋势是低硫、低苯、低芳烃和低烯烃化；清洁柴油的发展趋势则是低硫、低多环芳烃和高十六烷值。调控应从炼油机制出发，降低燃料重质芳烃、烯烃等物质含量，精细化调控蒸气压指标，添加有效的燃油清净剂，实现碳排放和污染物排放双重下降。二是针对新的移动源供能能源，开展能源的低碳转型，开发可再生合成燃料。目前，欧美国家已经有了初步的研究基础，我国作为世界上最大的能源消费国和$CO_2$排放国，面临自身发展需求和国际减排压力的双重挑战，移动源燃料清洁化、低碳化技术研究向着新能源、低碳、零碳和碳中性技术的研发方向发展。

#### 2.2.2.4 大数据溯源和评估技术开发

随着移动源排放问题日益凸显，高排放车辆识别成为世界各国的难题，大数据在排放溯源和监管方面的应用研究越来越深入。人工智能、机器学习和大数据云计算技术，联合城市路网拓扑结构和交通流轨迹信息不断促进移动源排放清单的多尺度、高时空分辨率的动态化发展。加之国六重型柴油车远程在线监控技术的发展，使移动源排放清单的多层级、多粒度时空序列瞬时表征与高排放车辆及车队识别成为现实。此外，许多学者还开展了基于动态排放清单、空气质量观测和 WRF 等数值模型模拟移动源排放与空气质量响应关系研究，评估了其对大气污染的贡献及实施不同政策措施的环境效益。

#### 2.2.2.5 排放检测、监测、监管执法技术和设备研发

近年来，随着排放控制手段和技术的提升，超低排放对检测、监测技术的发展提出了新的要求，世界各国越来越注重运用技术手段加强移动源排放检测、监测与监管。一是检测技术不断多样化。除实验室检测手段外，用于实际道路排放测试的便携式排放测试技术或简易便携式排放测试设备不断发展。随着自由加速法、双怠速法、简易工况法、加载减速法等的发展，定期排放检验方法不断完善。二是快速检测技术日趋成熟。针对尾气 $NO_x$、车用燃料和车用尿素质量抽测的快速检测技术和设备不断涌现。三是监测技术越来越多。以 OBD 远程在线监控技术、遥感监测、跟车测试为主的非接触式监测技术以及以快速、

自动为核心的 $NO_x$、VOCs、$CO_2$ 等传感器在线监测技术不断发展。四是日本、新西兰、美国等国家，以及我国北京、上海、成都等城市纷纷建立道路、机场、港口等交通基础设施周边环境空气质量监测系统，精准识别移动源带来的环境空气质量变化。

## 2.3 亟须突破的重点领域和技术

### 2.3.1 重点领域

#### 2.3.1.1 移动源 VOCs 排放对 $O_3$ 生成影响

目前，针对 VOCs 排放特征的研究尚处于起步阶段，尚未制定移动源 VOCs 排放的标准限值和测量方法，仅通过机动车污染物排放限值中的碳氢化合物（HC）进行间接管控，而以 HC 排放限值为指标无法满足当前的 VOCs 管控需求。不同环境条件、不同排放标准和不同技术路线车辆的 VOCs 成分谱和排放占比不同，影响了 VOCs 排放清单的准确性。同时移动源排放 VOCs 中不同组分的 $O_3$ 生成潜势和二次有机气溶胶生成潜势具有较大差异。对 $O_3$ 生成潜势影响较大的关键组分的理化性质认识不足和相关排放因子库的缺失，导致空气质量改善预测、健康收益评估等工作缺乏有效数据支撑。控制 VOCs 中关键组分排放是实现 $O_3$ 和 $PM_{2.5}$ 协同控制的重要抓手，VOCs 排放源成分谱的缺失和排放特征不清导致现有蒸发和尾气控制技术对关键组分的选择性不强，其未来优化方向也不明确，技术升级路径无章可循。

#### 2.3.1.2 移动源排放对环境和人体健康的影响

目前，移动源排放的研究主要集中在从发动机到尾气口的环节。移动源污染物排放到大气环境并经过一系列物理化学反应后，对空气质量及人体健康影响的定量评估体系尚未完全建立，缺乏移动源污染物及其环境健康效应之间的动态响应关系的定量描述，导致移动源污染物的危害程度无法得到综合评价。因此，亟须构建移动源污染物环境和健康效应的定量评估体系，进而精准识别移动源排放生成的二次污染敏感物种和人体健康敏感物种，进一步推动国家移动源排放精准防控。

#### 2.3.1.3 移动源协同控制技术支撑体系

目前，交通源 $CO_2$ 排放清单主要采用基于燃料消耗量的宏观测算方法，但我国尚未建立全面的交通燃料统计制度，燃料消耗总量和 $CO_2$ 测算数值偏低。另外，我国移动源领域尚未制定针对 $CO_2$ 等温室气体的标准限值和测量方法，因此缺少权威的 $CO_2$ 排放因子库。此外，甲烷（$CH_4$）、氧化亚氮（$N_2O$）以及氢氟碳化合物等其他种类的温室气体仍处于监管盲区。在乘用车燃料消耗量评价中，新能源汽车的油耗为零，但是新能源汽车的材料存在温室气体排放，导致新能源汽车全生命周期温室气体排放被低估。此外，可再生合成燃料作为潜在的碳中和燃料，针对其理论和技术的研究还处于起步阶段，相关制造、性能、应用可行性等仍需大量科学研究进行验证。因此，目前的油耗管控方法难以全面地评估温室气体排放水平，无法完全满足交通源实现“双碳”目标的迫切需求。

### 2.3.2 亟须突破的重点技术

移动源排放 VOCs 涉及“车、油、路”全链条及“人、车、路、环境”等交通要素构成的复杂动态系统。目前国内移动源排放 VOCs 底数不清、组分不明，现有组分谱研究尚不够全面、科学、系统，亟须建立涵盖移动源全部微观排放过程及主要影响因素（排放标准、控制技术、油品组分、运行条件、环境条件等）的 VOCs 组分源谱库，精准识别基于 $O_3$ 生成潜势和 SOA 生成潜势的移动源排放 VOCs 关键活性物种，突破基于移动源排放 VOCs 组分源谱的关键活性物种控制技术“瓶颈”。

## 2.4 展望

### 2.4.1 “十四五”“升级版”柴油货车污染治理攻坚战科技支撑

“十四五”移动源领域排放控制发展聚焦减污降碳协同增效，按照源头减排、结构调整、过程控制以及治理减排的思路，一是减少公路客货运需求，从降低重型商用车使用出发，推动货运轨道化；二是通过对使用过程的零排放、运输工具的电动化，分步推进电动化；三是加强燃油车机清洁低碳控制，推动移动源车队清洁化，持续支撑打好“升级版”柴油货车污染治理攻坚战。

#### 2.4.1.1 轨道化

深度推进运输结构调整。“十四五”期间着重从货运规划、运能供给匹配等方面提升和实施，建立国家货运的追踪系统，分析不同运输方式的物资供给需求和货运需求、流向，提出更有针对性的交通结构调整目标、方向等，力争大幅提升铁路货运量。此外，持续推进城际客运轨道化，让公路客运成为特定场景或特定应用途径的补充。

#### 2.4.1.2 电动化

加速汽车电动化进程。“十四五”期间加大对充电站、加氢站、换电站等基础设施的投入，通过电池技术革新和财政补贴、免限行、差异化收费等激励措施以及用车大户绩效分级引导等手段，提升运输工具电动化水平。尤其是建立商用车电动化推动体系，加速商用车电动化进程，提升公交、环卫、出租以及公务用车新能源使用比例。

#### 2.4.1.3 清洁化

推动标准升级和老旧车淘汰。实施轻型车和重型车国六排放标准、非道路第四阶段标准及船舶第二阶段标准，提升车队结构；通过经济激励、科学划定限行区域、强化监管等方式，推动老旧车辆的淘汰；重点做好重型车 $NO_x$ 和汽油车、摩托车 VOCs 的控制与监管工作，协同减排 $NO_x$ 和 VOCs。

### 2.4.2 “十四五”移动源污染排放控制与模拟学科发展路径规划

“十四五”期间，移动源污染排放控制与模拟学科发展将面向世界科技前沿、面向经济主战场、面向国家重大需求、面向人民生命健康，聚焦“减污降碳”总要求，落实精准、科学、依法三个治污工作方针，解决移动源污染物排放与温室气体排放协同控制及 $NO_x$ 与 VOCs 协同控制技术、理论、方法、装备等方面的关键科学问题，助力推动移动源领域“双碳”目标的实现，支撑移动源领域国家环境管理与地方环境治理。

#### 2.4.2.1 移动源“双协同”综合减排策略和顶层设计研究

一是从源头削减、结构调整、末端治理和“车油路”协同等方面深挖减排潜力，形成移动源 $NO_x$ 和 VOCs 协同减排方案。二是基于 2030 年交通领域碳达峰行动计划研究，针对不同层面，开展国家、区域、城市移动源领域污染物与温室气体排放协同管控措施、管理体系与运行机制研究。三是完善移动源污染物法规标准体系，制定并修订目前短缺或落后的非道路机械、船舶排放标准；设计移动源温室气体排放标准体系并完成关键排放标准制定。四是建立不同政策措施、标准法规的实施效果评估体系，研究不同移动源减排措施和工程的“双协同”减排总量核算和效果评估方法及细则。五是开展国家货运战略研究，建立涵盖生产、运输、使用等全链条的全国大宗货物追踪体系，搭建大宗货物运输动态监测平台，研究提出国家中长期货运调整规划。

#### 2.4.2.2 移动源低碳技术和发展路线研究

以商用车、非道路移动机械、低碳燃料为研究重点开展以下两项研究：一是零排放商用车和非道路移动机械推广路线研究。以混合动力、纯电动、氢燃料电池汽车为研究主体，分车型、分应用场景、分技术手段进行多角度研究，开展清洁能源导入对环境影响的评估，构建全国中长期新能源汽车 / 机械推广路线图。二是“双减”燃料研发与推广。一方面研发燃料组分调控技术，通过降低燃料重质芳烃、烯烃等物质含量，精细化调控蒸气压指标，添加有效的燃油清净剂，降低碳排放和污染排放；另一方面开展基于固体氧化物电解池 $CO_2$ 电解制取液体可再生合成燃料关键技术研究，突破高稳定性、高效能的合成燃料关键器件和系统核心技术，进行合成燃料规模化示范应用。

#### 2.4.2.3 多维度动态排放清单和大数据应用研究

研发在线监测、卫星遥感、交通流量、船舶 AIS 等多源数据融合的数智化移动源动态排放清单技术。完善移动源非常规污染物和温室气体分析测试方法，构建基于各类型移动源不同行驶工况下的 $NH_3$ 和 $CO_2$ 动态排放因子库、VOCs 关键化学组分图谱库及更新机制。开发温室气体排放因子库和清单计算模型。引入基于机器学习的大数据云计算技术，实现移动源动态排放清单的多层级、多粒度时空序列预测。开发远程监控大数据处理技术，形成成熟的数智化监管产品，实现高排放车辆和企业识别及溯源。

#### 2.4.2.4 高排放移动源识别技术及快速检测装备研发

重点开展高排放移动源识别技术、快速检测和监测技术研发及设备国产化工作，加大高排放移动源识别技术及监管技术和设备的研发力度，包括非接触式机动车和非道路移动机械排放监测、车用燃料和车用尿素多组分快速检测技术，污染物监控浓度传感器和车载数据采集装置，构建较为完善且有效的监管、执法技术体系。

编写人员：王运静　付明亮　王军方　郝春晓　王燕军
吴　晛　杨新平　张鹤丰　尹　航

# 重点领域 2

Key Area 2

# 水污染防治领域

Water Pollution Prevention and Control

# 3 水生态环境

## 3.1 需求分析

水生态环境保护与修复是生态环境保护的核心内容。我国正处于生态文明建设新时期，对水生态环境质量管理提出了更高要求，需要在深入打好污染防治攻坚战过程中，不断提高精准治污、依法治污和科学治污水平。目前，水生态环境保护的研究和治理工作都在不断加强，逐步在地表水与地下水统筹、陆域与海域统筹、城市与农村统筹，协同降碳等多个角度做好科技支撑和储备。

在当前自然生态空间遭受挤占、生态退化严重的形势下，需要进一步研发生态保护与修复创新性和实用性技术。坚持“三水”融合，是支撑水生态环境质量改善治理和管理技术体系的主要内容。针对生态环境监测、污染源监控和生态监管等综合监测能力提升需求，建立多介质、多因子、全过程“天地空”一体化立体监测体系，形成系统的污染源现场监测质控技术。水生态环境保护领域需求主要体现在以下方面。

### 3.1.1 国家战略需求对水生态环境保护修复提出要求

长江、黄河等重点流域生态系统保护已上升为国家战略。《中华人民共和国长江保护法》于 2021 年 3 月 1 日起施行，明确要求开展长江水生态监测评价与保护修复。2021 年 10 月国务院常务会议通过了《中华人民共和国黄河保护法（草案）》。2020 年，生态环境部重点流域水生态环境保护“十四五”规划增加了水生态考核要求，转向水资源、水环境和水生态的“三水”统筹管理。“十四五”期间，我国将坚持山水林田湖草是一个生命共同体的科学理念，系统推进工业、农业、生活、航运污染治理，河湖生态流量保障，生态系统保护修复和风险预警防控等任务。

### 3.1.2　迫切需要研发污水深度处理和再生水回用关键技术与装备

“十四五”期间将逐步建立健全环境治理体系，不断改善水环境质量。我国水环境治理的标准更高、投入更大，水环境治理将逐步由“综合治理”走向“生态修复”，对标“清水绿岸、鱼翔浅底”的治理目标，发展适合我国国情的水处理新技术和新装备，突破污水资源化与水质保障技术“瓶颈”，开发水环境整治与修复技术，研发适合我国国情的有毒有害污染物控制关键技术与装备，建立水环境修复技术验证与推广平台，为我国水环境保护与治理工作提供技术支撑。

### 3.1.3　农业面源污染的精准核算、防控和监管提上日程

第二次全国污染源普查数据显示，我国种植业总氮和总磷排放均占全国水体污染总排放量的 24% 左右。党中央、国务院高度重视面源污染防治工作。2015 年以来，国家相关部委密集出台了《农业部关于打好农业面源污染防治攻坚战的实施意见》《农业农村污染治理攻坚战行动计划》等一系列规划和文件，打响了农业面源污染防治攻坚战。2021 年 3 月，生态环境部、农业农村部联合印发了《农业面源污染治理与监督指导实施方案（试行）》，深入推进农业面源污染防治工作。亟待开展流域面源污染防控研究，为流域水环境保护、农业农村污染治理攻坚战行动计划和“乡村振兴战略”的实施提供支撑。

### 3.1.4　地下水源头预防、管控修复和协同治理管理要求

地表水和地下水之间存在密切水力联系，将两者割裂地进行治理和保护，难以达到对水环境系统保护的目的。“十四五”期间，国家在推进地下水生态环境保护方面，以保护和改善地下水环境质量为核心，按照“强基础、建体系、

控风险、保安全”的思路，开展“双源”地下水生态环境状况调查评估，切实保障地下水型饮用水水源环境安全，实施地下水重点污染源的源头预防和管控修复工程，积极探索保护依赖地下水的生态系统，实现区域的分区管理、分类防控、协同治理，遏制地下水污染。为实现“十四五”规划目标，开展科技攻关，突破“双源”污染精准识别—系统防控—监控预警关键技术，并构建完善的法规标准体系。

## 3.2 现状与趋势

### 3.2.1 学科研究进展与热点

#### 3.2.1.1 论文发表和研究热点分析

水环境领域的基础研究受到国际和国内的持续关注。SCIE 数据库由科睿唯安开发，收录来自全球的 9 200 多种期刊的论文和引文数据。当前，SCIE 论文的发文情况已经成为科研评价中基础研究的重要指标。通过检索 SCIE 数据库并进行分析，1996—2020 年国际水环境领域 SCI 论文共有 46 万多篇，基本呈逐年递增趋势，年产出论文数量由 1996 年的 5 000 多篇增长到 2020 年的 4 万多篇，论文规模扩大了 7 倍多，年均增长率为 14.6%，研究热度持续上升，受到越来越多科研工作者的关注（图 3-1）。

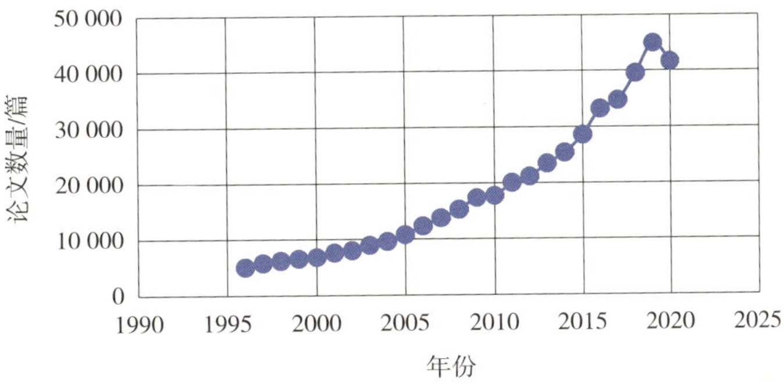


图 3-1　1996—2020 年国际水环境领域 SCI 论文变化趋势

1996—2020 年，我国水环境领域 SCI 论文共有 10 万多篇，位列全球第一，变化趋势如图 3-2 所示。年产出论文数量由 1996 年的不足 100 篇到 2020 年的 1.6 万多篇，论文规模扩大上百倍。2008 年之后我国水环境领域 SCI 论文增速有所加快，超过同时期的国际水环境领域 SCI 论文增速。一方面，随着我国经济的快速增长，水污染问题逐渐成为制约社会经济发展的关键问题，从而促进了该领域的研究；另一方面，水专项从 2007 年开始分“控源减排”“减负修复”“综合调控”三个阶段进行组织实施，对我国水环境领域各个方面的发展具有促进作用。

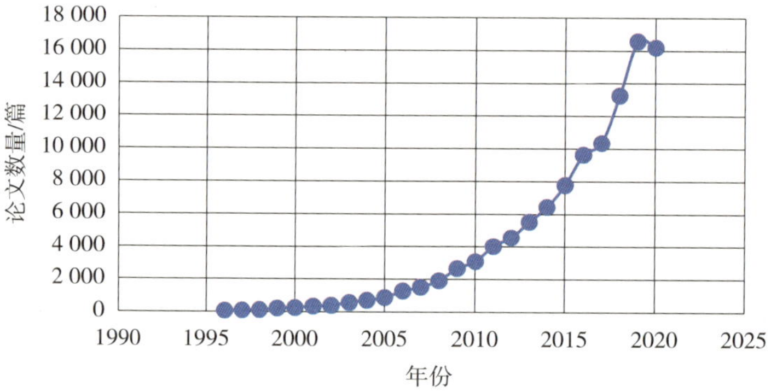


图 3-2　1996—2020 年中国水环境领域 SCI 论文变化趋势

中国科技论文与引文数据库（CSTPCD）收录期刊称为中国科技论文统计源期刊，即中国科技核心期刊。通过检索 CSTPCD，结果显示 1996—2019 年，我国水环境领域中文核心论文共有 51 801 篇。1996—2007 年，我国水环境领域中文核心论文数为 15 696 篇，占论文总数的 30.3%；2008—2019 年，我国水环境领域中文核心论文数为 36 105 篇，占论文总数的 69.7%。2008—2019 年我国水环境领域论文的数量为 1996—2007 年论文数量的 2.3 倍，大体呈上升趋势（图 3-3）。其中，2005 年、2008 年和 2011 年三年的论文数量增长较为明显，表明我国在水环境领域的研究热度上升，且在某些年有突出表现。

用知识图谱可视化软件 VOSviewer 进行数据分析，图中每个点代表一个高频关键词，点的大小反映词频，不同的关键词集代表了不同的聚类，即不同的热点研究方向。从重要期刊的研究来看，我国水环境领域主要有五大热点（图 3-4），分别为吸附材料及机理研究、湖泊富营养化、生物处理技术、生态风险研究和工业废水与城镇污水处理。

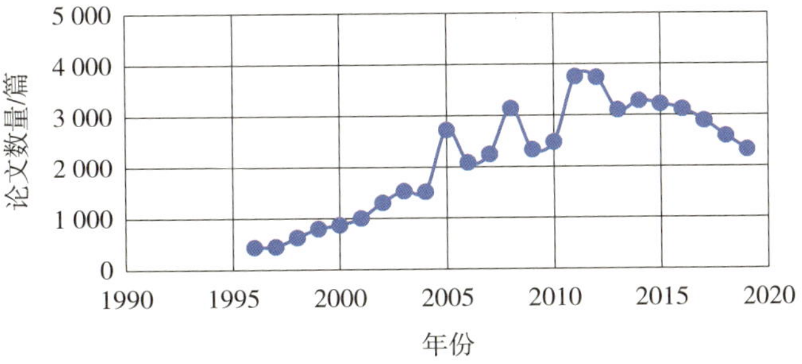


图 3-3　1996—2019 年中国水环境领域国内核心论文年度变化趋势

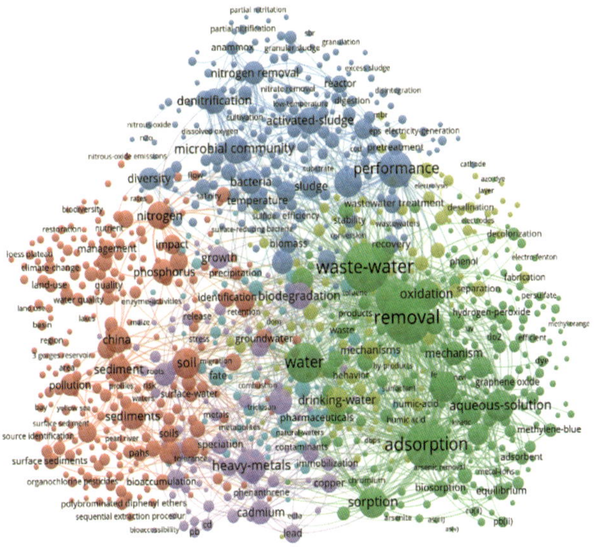


图 3-4　水环境领域关键词聚类

2008—2019 年，全球工业和城镇污水处理热点领域的代表性研究论文为 15 352 篇，占全球水环境论文总数的 14.21%；水生态环境风险热点领域的代表性研究论文为 14 071 篇，占全球水环境论文总数的 13.02%；全球湖泊富营养化热点领域的代表性研究论文为 9 182 篇，占全球水环境论文总数的 8.5%。国内工业和城镇污水处理热点领域的代表性研究论文为 3 755 篇，占国内水环境论文总数的 10.59%；水生态环境风险热点领域的代表性研究论文为 3 037 篇，占国内水环境论文总数的 8.57%；湖泊富营养化热点领域的代表性研究论文为 2 772 篇，占国内水环境论文总数的 7.82%。这表明国际和国内水环境相关研究聚焦水生态风险评估与生态修复、工业城镇污水处理和湖泊富营养化等热点领域，重点支撑水环境质量绿色发展和整体生态环境质量的提高。

#### 3.2.1.2 专利发表和研究热点分析

专利是应用研究的主要产出形式，与技术创新密切相关。DWPI（Derwent World Patents Index）数据覆盖全球100余个国家和地区的专利文献。对DWPI专利数据库进行检索分析，2001—2020年，国际上有20 797件水相关的发明专利，主要由日本、美国、德国、韩国等专利权人申请。我国有55 784件发明专利。

采用对标分析的方法，以“中国产出有效发明数据集（55 784项）”表征国内技术水平，以“国际产出有效发明数据集（20 797项）”表征国际技术水平，通过项均被引次数、项均科学关联度、项均同族专利数量等进行比较。由表3-1可知，在被引次数、科学关联度、同族专利数量三个维度，国际专利水平远高于国内专利技术水平。我国水领域专利应逐步由“重数量”转到“重质量”，产出更多高质量专利。

表3-1 国际和国内专利效果评估

单位：项

| | 被引次数 | 科学关联度 | 同族专利数量 |
|---|---|---|---|
| 国内 | 0.197 | 0.521 | 1.48 |
| 国际 | 1.197 | 1.109 | 5.16 |

全球水污染治理与防治相关的技术专利，可以划分到7个技术领域：农业面源，吸附处理，生物处理，电解处理，水净化仪器装备，催化、氧化和供排水管网（图3-5）。

其中农业面源代表性子领域为土壤肥料改善、绿色技术、无机氮去除等；吸附处理代表性子领域为吸附阻垢、重金属吸附处理、膨胀剂、絮凝剂、离子交换树脂、磁性树脂、纳米薄膜等；生物处理代表性子领域为生物降解、臭氧氧化、臭氧生物活性炭、离子交换、压力过滤；催化、氧化代表性子领域为化学工程、催化剂生产、催化剂活化、催化氧化还原、臭氧催化氧化。

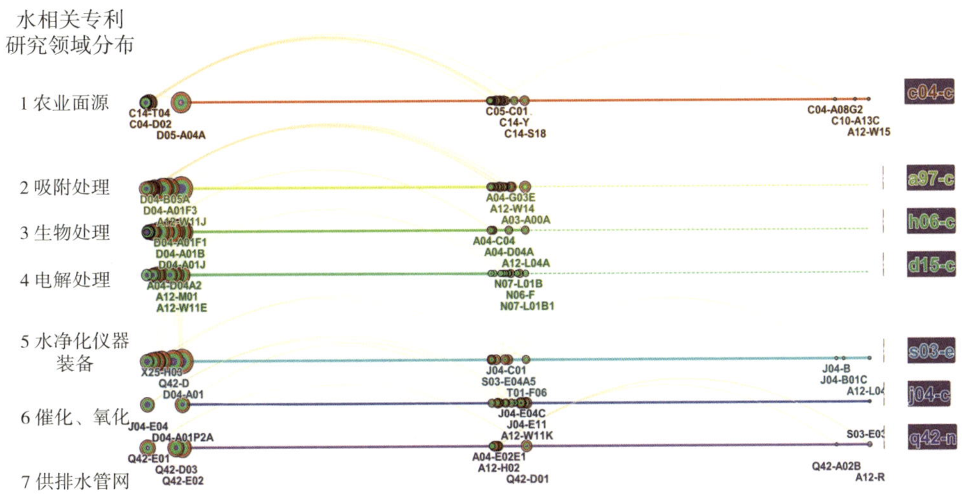


图 3-5　全球水污染治理与防治的技术领域分布

我国水相关的专利研究重点关注净化水的方法，如生物法、絮凝法、活性炭吸附、氧化 / 曝气法、化学法等；同时还关注净化水的功能，如腐蚀预防、供水等（图 3-6）。

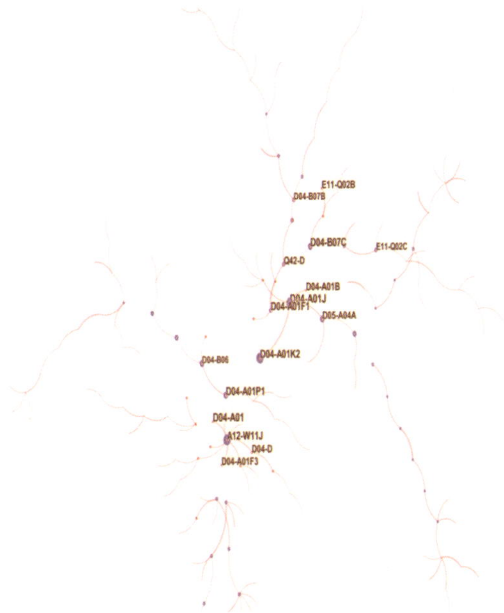


| 序号 | 子领域 | 数量 / 个 |
|---|---|---|
| 1 | 生物法净化水 | 3 089 |
| 2 | 净化水（通用方法） | 2 900 |
| 3 | 无机氮化合物去除 | 2 761 |
| 4 | 腐蚀预防 | 2 746 |
| 5 | 氧化 / 曝气法净化水 | 2 736 |
| 6 | 活性炭吸附净化水 | 2 662 |
| 7 | 化学法净化水 | 2 452 |
| 8 | 沉淀、絮凝法净化水 | 2 394 |
| 9 | 环保水处理 | 2 165 |
| 10 | 供水 | 2 120 |

图 3-6　中国水相关专利研究

### 3.2.2 学科发展现状与趋势

目前，我国正处于水生态环境治理的攻坚期和转型期，流域复合污染问题日益凸显，水环境污染与生态破坏已从河流蔓延到近海，从城市转移到农村，从地表延伸到地下，从一般污染物扩展到有毒有害污染物，从水质恶化发展到水生态健康危机，形成了点源与面源污染共存、生活和工业排放叠加、新老污染与二次污染复合、水环境恶化与水生态破坏交织的态势。特别是近年来气候变化、水资源与水环境相互割裂、城市水环境基础薄弱等问题日益突出，加大了我国水生态环境改善的难度。总体而言，当前我国水污染治理仍然以源头控制和末端治理为主，无法根本解决我国水污染与水生态退化问题。水生态环境保护本质上是“人—水—生态系统”耦合协同调控问题，构建跨部门、跨学科的智慧水系统，实施整体调控、综合管理是支撑水生态环境质量全面改善、实现水生态系统良性循环的必由之路。

#### 3.2.2.1 由传统的水污染治理向水生态健康保护转变

目前我国的水生态监测和模拟主要依靠人工，缺乏自主研发的水生态高效监测手段、科学的评价指标和标准、准确的生态系统模拟模型等，尚不能针对水生态受损问题实施精准调控和系统修复。

因此，亟须建立快速、准确的水生态监测技术体系。首先，我国在水生态监测（尤其是水生生物监测）领域基础较弱，在现有能力基础上支撑管理需求，需要在水生生物监测技术快速化、准确化、标准化以及监测设备研制等方面重点攻关。其次，需加快建立全国区域差异化的水生态评价体系。由于生态系统具有动态性、非线性、不确定性等变化特征，科学地开展水生态评价与考核，需要在水生态系统响应机制、评价指标适用性评估、评价标准制定等方向加强研究。最后，需要开展水生态模拟管控与溯源研究。水生态系统管控与修复是一个重要科技难题，水生态变化过程难以准确模拟和预测，保护和修复涉及多学科交叉与复杂系统问题，包含空间管控、水资源调度、污染治理与生态系统修复等多手段，涉及社会经济、自然环境等多系统，实施精准的系统调控与修复是亟待解决的难题。

#### 3.2.2.2 废水深度处理及有毒有害污染物风险防控亟须突破

经过“十三五”时期的系统治理，我国水生态环境状况持续好转，但水体污染负荷超过受纳水体环境容量和自净能力，导致水生态系统结构被破坏的现象仍然广泛存在，开展污水资源化与水质保障、有毒有害污染物风险控制和环境整治与修复技术研究是破解这个难题的有效方法。

针对重污染行业的典型有毒有害污染物控制，亟须开展有毒有害污染物风险控制技术研究，形成流域有毒有害污染物毒性评估技术和方法，研发包括吸附、生物强化技术、高级氧化技术、膜处理技术等一系列有毒有害污染物削减和资源化的关键技术及装备，提出典型行业有毒有害污染物防控对策，有效降低有毒有害污染物对水体环境的危害。

针对非常规水源补给导致的城镇水生态退化问题，需要开发污水资源回收与污染物协同削减技术、再生水水质提升及优化调控技术、基于再生水补给的城镇水体功能恢复技术，协同解决非常规水源补给带来的水质问题，为我国城镇水资源循环与水质保障提供良好的技术支持。

### 3.2.2.3 面源污染溯源识别、污染成因分析、环境监管是后续工作重点

面源污染具有分散性、不确定性和滞后性等特点，还具有涉及范围广、污染类型多、污染物输送及迁移方式复杂等特点。目前我国流域面源监测体系尚未建立，治理技术与管理政策标准等亟待完善，难以满足流域面源污染精准防控的需求。

首先，需要构建流域面源污染监测网络。面源监测不同于传统的断面水质浓度监测，应充分考虑流域汇水关系，开展水质水量同步监测，精准评估面源污染对水环境的影响。其次，需要建立针对区域面源污染责任主体的“溯源追踪”技术方法。由于面源污染具有分布范围广、影响因子多和监测难等特点，要实现污染精准溯源，为污染源头治理和厘清污染责任主体提供技术支持，需综合运用同位素、光谱指纹及分子生物学手段，结合模型精准研究污染物迁移行为、降解机理和来源贡献。再次，研发适合我国面源污染特点的大尺度流域模型是面源监管的必要工具。目前国内面源污染的负荷定量化与污染控制研究大多采用国外商业模型，空间上缺乏全流域、时间上缺乏长序列等尺度研究，如何针对面源污染防控决策需求，研发基于通量监测和精准溯源的大尺度流域模型仍是研究重点。最后，需要进一步开展流域面源污染防治管理模式和政策制度研究。我国在农业面源污染治理的政策体系研究方面刚刚起步，缺乏强制监管措施且经济激励机制不完善，亟须建立多方参与的流域面源污染防控制度

标准体系，制定考核评估方法，确定责任区域和部门在流域面源污染防控中的职责，推动流域水环境质量改善与区域高质量发展。

#### 3.2.2.4 地表水—土壤—地下水联合防控、修复、监管

2019 年，生态环境部联合多部门印发了《地下水污染防治实施方案》，强调推进地下水污染防治工作，对地表水与地下水、土壤与地下水、区域与场地实施协同管理。一方面，亟须开展水土共治的修复材料、技术和装备研发。鉴于污染场地的复杂性以及水土协同共治的需求，未来修复技术的研发将集中在水土协同处置技术以及多技术组合修复的研发与应用推广。另一方面，需要进行污染溯源及监控预警技术构建。基于“预防为主”的防控路线，突破实时、高效、精准的地下水污染溯源预警技术“瓶颈”，研发集成高效的地下水污染监控—溯源—预警技术。

## 3.3 亟须解决的重要技术和问题

### 3.3.1 水生态监测与模拟技术

传统水生生物监测依赖人工鉴定，耗时费力。基于 eDNA 的水生生物监测技术发展迅速，实验分析流程成熟，未来在水生态监测领域潜力巨大。目前美国已研制环境样品处理器（Environmental Sample Processor，ESP），可实现水样采集、生物样品过滤浓缩、注射、测试分析、数据与图像储存等多种功能于一体，目前国内售价很高，难以大范围推广。我国在 eDNA 方面处于初步探索阶段，尚未解决物种信息库、生物个体数量定量分析、监测流程标准化、现场快速或在线监测设备使用推广等一系列问题，因此上述技术点已成为 eDNA 技术应用的“卡脖子”环节。

目前，我国水生态系统模拟仍处于起步阶段，水生态模拟预测聚焦河湖富营养化模拟，水生生物模拟以藻类和叶绿素模拟预测为主，难以真实反映流域水生态系统演变。传统机理模型数据需求高、计算成本大、通用性差，近年来机器学习手段在水生态模拟预测中得到快速发展，亟须结合新型大数据观测技术手段，耦合机理模型和大数据人工智能技术，实现水文—水动力—水质—水生生物多过程、多尺度、全要素的水生态系统模拟。

### 3.3.2 工业废水超低排放处理与资源化技术

工业废水中非常规污染物研究较少，工业废水回用普遍性不足，如何在成本、技术水平和环境效益方面优化是一个难题。因此，亟须研究典型行业废水毒性排放规律，建立以生物毒性及特征污染物控制为目标的工业废水排放标准体系。发展难降解有机物强化氧化技术与绿色分离装备，开发废水源头减排、资源回收、能源利用与毒性削减多目标协同的处理技术。开发低成本、零排放的处理技术与装备，创新废盐资源化利用途径。针对不同类型工业园区，建立工厂废水与园区综合废水协同处理和高效回用新模式。

### 3.3.3 城镇污水资源化及水环境协同治理

城镇污水处理是高能耗行业，同时，污水中潜在能量巨大，有待开发。基于前期经验，低碳污水处理技术（包括节能降耗运行优化与高效控制技术以及节能降耗新设备的应用）和污水处理能源开发技术（包括污水能源与污泥能源开发技术）将成为未来研究重点。在提标改造的基础上，以高效厌氧消化等成熟技术进行能量回收，我国污水处理能源自给率就可达到 60% 以上，有的污水处理厂甚至可实现完全能源自给。

污水处理资源回收技术包括聚羟基脂肪酸酯（PHA）生物塑料回收技术和磷回收技术，是今后发展的重点。城镇污水处理将成为资源循环利用的重要载体，除水资源循环利用外，污水处理过程还可实现有机质及磷等资源的循环利用。特别是全球磷资源稀缺，我国的储量也只能有效供给 20～50 年。因此，构建磷素的持续循环体系迫在眉睫，而城镇污水处理将是实现磷循环的重要途径。

### 3.3.4 地表水与地下水环境协同保护修复技术

近年来，地下水领域研究主要集中在地下水污染物去除技术开发与应用、地下水开采利用及其水化学循环效应、地下水水质调查与风险评估、地下水及污染物迁移转化数值模拟与预测四个方面。尽管地下水相关的研究报道数量众多，但仍缺乏基于地表水—土壤—地下水协同治理策略的研究。地表水、地下水及土壤关系密切，三者相互依存，共同构成了地球表层水化学循环的重要载体与参与者。结合协同防治地下水污染的策略和前人研究基础，地表水—土壤—地下水联合防控、修复、监管是未来研究及发展趋势，重点从评价体系、理论探究、技术开发、装备应用四个角度解决地表水—土壤—地下水协同治理存在的科学问题。首先，应开发完善基于地表水—土壤—地下水系统的环境质量评价体系。其次，应注重污染物在地表水—土壤—地下水体系中的迁移转化过程，并从系统角度深入探讨其机理。再次，应充分理解三者的关系，并挖掘各自在降解污染物上的潜在优势，开发基于这些优势的污染物强化去除技术。最后，应加强地下环境污染物原位监测与去除的装备开发和应用。

### 3.3.5 农业面源污染防治模式与技术

对农业面源污染的基础情况不清、监管手段不明确是制约水体水质全面提升的重要因素。因此，亟须在科学解析污染物多介质、多界面的迁移转化过程的基础上，建立农业面源氮磷流失量快速核算方法，形成基于全国一张图的面源氮磷流失系数和入河系数数据库。当前农业面源污染防治同质化现象较为严重，需针对区域差异特征，因地制宜开发全过程防控技术，形成有区域特色的面源污染最佳治理技术模式，为流域面源污染防控提供支撑。另外，由于我国面源污染监测体系和防控体系不健全，流域面源污染治理评估及管理制度等缺乏有效技术支撑，亟须探索建立以环境质量改善为目标的面源污染评估体系，构建分区分类、量质“双控”和多元共治的流域面源污染防治管理模式，制定流域面源管理相关政策、制度和标准。

### 3.3.6 多尺度区域水环境模拟与智慧管控技术

水环境数据的智慧管控已经逐步展开，但是与大数据分析方法结合得不够紧密。在水生态环境监测方面，随着新材料、大数据、人工智能等新领域的技术发展，需要加快与新领域技术的融合，形成国际前沿的水环境监测、反演和预测技术与装备。突破低功耗、高灵敏传感器制造技术，开发高风险污染物、生物毒性等快速检测技术与设备，为建立全覆盖的低成本绿色水质监测网络提供科技支撑；开发基于在线监测数据的城市水环境模拟系统，建立集供水、排水和水环境于一体的绿色水系统管理平台；研究气候变化与人类活动等因素对区域或流域水环境的影响过程和机制，开发时空多尺度水环境生态系统全过程仿真平台，实现区域水生态环境复杂过程的动态模拟，构建区域水环境综合管控范式。

### 3.3.7 开展陆海统筹技术探索

陆海统筹技术涉及多学科交叉，目前我国的研究基础薄弱。面向国家在陆海统筹环境管理、海洋环境保护和生态安全方面的重大需求，遵循陆海统筹的理念，以多学科交叉为基础，开展自然变化和人类活动对海洋生态系统的影响、海洋环境管理技术的基础研究。开展基于陆海统筹的入海污染物分析解析技术方法研究，研究人类开发活动对典型海洋生态系统的影响和作用机理，揭示重点湾区及海区对人类开发活动的响应与效应。构建精细化海洋水动力模型，研发海上突发溢油、危化品等事故的跟踪监测方法和预测模拟技术。开展海洋生态灾害发生机制、预测预警与处置技术研究、海洋珍稀濒危物种保护与海洋外来生物防治技术研究；开展海洋生态修复关键技术研究。开展海洋塑料、微塑料等新型污染物来源、通量监测，评估海洋塑料、微塑料时空变化趋势与生态环境风险，研发污染控制关键技术。在环渤海、长江口、杭州湾、北部湾等重点湾区及海区，开展海洋环境与生态安全保障研究，开展近海海域重要湿地生态系统保护修复和海洋综合治理工程示范。

### 3.3.8 海洋生态系统保护修复与固碳增汇的协同增效技术

据不完全统计，近 10 年来，科技部、生态环境部、中科院、国家自然科学基金委员会等先后开展了 30 多个涉及蓝碳的科研项目，蓝碳研究取得了系列成就，产生出一批较高水平的科研成果。国家实施的“南红北柳”“蓝色海湾”“一带一路”等工程，为推动蓝碳发展积累了丰富经验。随着陆海统筹重点海域污染综合治理、海洋生态系统保护及碳达峰、碳中和工作的推进，亟须在调研和梳理海洋生态系统碳库规模与效益评估相关研究成果的基础上，构建和发展海洋生态系统固碳增汇的基础理论，研发红树林、盐沼地、海草床等典型海岸带生态系统的增汇措施与关键技术，探索兼顾生态系统保护修复与固碳增汇的协同增效途径。

## 3.4 展望

随着物质科学、生命科学、信息科学、电子科学等领域的技术进步，近十年国际上水污染防治科技发展以复合水污染及风险控制为重心，针对水中低剂量有毒有害污染物，构建了复合污染及其生态和健康效应的评价方法、水质基准、标准体系和调控策略，建立了以生态完整性为目标的流域管理理论与方法，发展了面向清洁生产与循环经济的城市污水资源再生与循环利用技术和工艺，提出了有效减缓和应对气候变化的水系统构建原理与模式，形成了多学科原理和技术融合的颠覆性水科技研发模式和前瞻方向，推动了水管理向健康循环方向发展。展望未来，需要在基础研究、工程开发、应用推广等方面继续开展相应的工作。

### 3.4.1 继续完善我国水质目标管理与监测预警技术

在前期已经建立的流域水质目标管理技术的基础上，进一步围绕水生态保护要求，针对不同下垫面类型和河流水文特征，加强环境水力学、生态水文学、环境生物学的交叉、融合，开展河湖生态水量（水位）、水质目标和水生生物完整性目标确定技术方法研究。将河流生态廊道作为一个包括陆地、植物、动物及内部河流网络的复杂生态系统，围绕河流生态廊道构建，综合采用景观生态学、环境科学的理论和方法，研究河流四维连通性、生态系统完整性，以及各种自然和社会服务功能保护的关键技术问题，将微观技术和宏观总体设计相结合，开展河流生态廊道构建技术和方法研究。

针对流域“社会—环境—经济”复合生态系统，采用系统动力学模型、多主体模型等手段，开展水环境系统模拟、水环境承载力评估技术、基于水环境约束的产业结构调整和布局优化，以及进行相关政策制度研究。

### 3.4.2 开展污水资源回收与污染物协同削减、再生水水质提升及优化调控研究

“十四五”期间，水环境治理领域仍然以城市水系治理为核心，围绕厌氧消化液中总氮和总磷去除、痕量和超痕量的有毒有害污染物去除、污水零排放等目前亟须解决的科学问题，持续开展技术攻关，持续推进水环境治理技术研究。研发构建微生物燃料电池耦合 MAP 同步回收污水处理厂厌氧消化液中氮磷、金属—有机框架材料（MOFs）以及正渗透技术，从根本上解决水生生态系统结构被破坏的问题。

### 3.4.3 建成水生态模拟器

水生态模拟预测是开展河流生态健康诊断评估、重大生态安全风险预警、

河流生态修复等前瞻性科学研究不可缺少的手段，是新时期国家水生态文明建设、水环境治理体系和治理能力现代化建设的重大需求。

以感知河流复杂生态环境系统、真实重现河流生态演变过程、精细描述和预测河流物理化学及水生生物过程等为目标，建设集“空—地—水—生”智能感知、野外半受控物理模型、室内中宇宙河流生态模型、河流生态数值模拟与智慧云系统为一体的河流生态模拟器重大基础研究装置。该设施建成后，将极大提升我国地球系统模拟的整体科学水平、重大河流生态安全风险的预测预警水平和大江大河的生态保护修复国家级决策支撑能力。

### 3.4.4 实现地表水—土壤—地下水联合防控、修复、监管

水环境的保护与利用、污染控制与管理不能将地表和地下分开考虑，水环境质量的彻底改善亟须统筹考虑地表水和地下水的交互影响，从水循环角度出发，系统开展水环境保护工作，重视地表水、地下水及水土一体化的污染防治问题。

亟待开发的主要方面如下：首先，耦合污染源汇的大数据特征及污染路径的生物地球化学过程，从区域及场地尺度科学、高效识别典型污染组分的来源和传输路径；其次，亟须识别不同水文地质等场地条件下多介质相互作用，以及对于典型污染组分长期衰减能力及风险水平的影响；再次，亟须研发典型多孔介质污染场地的包气带、饱和带有机污染物多相分配—传输—反应耦合传输扩散数学模型构建技术；最后，在地表地下水联防联控方面，亟须开展不同类型污染场地土壤地下水复合污染协同高效修复技术研发，以及与修复技术配套的、具有自主知识产权的修复装备研发。

### 3.4.5 开展面源污染溯源、成因分析、环境监管分析

“十四五”期间，流域面源污染防控领域将围绕面源污染综合防控、长效监管、健全标准体系等问题开展攻关。研究构建主要污染源空间全覆盖、“源头削减、过程控制、末端处理”等关键节点全过程防控的流域面源污染控制技术模式，研究流域面源污染长效监管技术体系，研发面源污染负荷核算模型系统，搭建信息化、智能化和业务化的天地协同监测预警信息平台、数字化监管平台，建立现代化农业农村面源污染治理体系，在典型流域区域开展集成应用并推广，

从根本上解决区域人居生态环境污染问题。

### 3.4.6 积极开展陆海统筹系统治理与保护，实现海洋生态系统保护与减污增汇协同统一

“十四五”期间，海洋生态保护将更加突出深入和精准，以寿光市农业面源污染治理为示范基地，边研究、边转化、边治理、边产出，逐步解决沿海城市的面源污染治理难题，聚焦突出问题、关键领域和关键指标，力求打通大气、水、固体废物领域壁垒，实现重点海域的系统治理与整体保护。

基于海洋生态系统碳库规模与效益评估，以生态系统保护为核心，开展蓝碳增汇技术研究，为引导沿海地方保护，恢复海岸带红树林、海草床、滨海沼泽、海藻场等蓝碳生态系统，提高沿海地区减缓和适应气候变化能力，以及加强海洋生态系统保护提供重要的技术支撑，实现生态系统保护与减污增汇协同统一。

编写人员：许其功　苏　婧　姜永海　夏　瑞　赵　健　段　亮
刘瑞志　秦延文　周俊丽　黄国鲜　刘录三　田自强
刘巧娜　杨　昱　丁　森　刘泉利　王丽平　雷　坤
马淑芹　籍　瑶　张志超　孟庆佳　张晓娇

# 4 湖泊生态环境与饮用水水源安全

## 4.1 需求分析

湖泊作为地表水的重要组成部分和地球表层四大圈层相互作用的重要联结点，不但支撑了我国县级以上城市 1/3 的饮用水，同时兼具调节河川径流、改善生态、灌溉航运等多种功能。

“十四五”规划建议将碳排放达峰后稳中有降，生态环境根本好转，美丽中国建设目标基本实现纳入中国未来 15 年的主要发展目标。实现碳达峰、碳中和中长期目标，既是我国积极应对气候变化、推动构建人类命运共同体的责任担当，也是我国贯彻新发展理念、推动经济绿色低碳转型和可持续高质量发展的必然要求。除了前端减排降碳的能源结构调整、能源利用效率提升、产业结构转型以外，自然循环端的增加生态碳汇，加强生态保护修复，增强草原、绿地、湖泊、湿地等自然生态系统固碳能力，研发推广低碳技术也是碳达峰、碳中和的主要途径。

《中共中央关于制定国民经济和社会发展第十四个五年规划和 2035 年远景目标纲要》明确指出深入打好污染防治攻坚战，要加强重要湖泊湿地生态保护治理，开展城市饮用水水源地规范化建设。习近平总书记就曾多次强调要持续改善湖泊生态环境质量，保护好水源地，不能把饮水不安全问题带入小康社会。习近平总书记针对洱海、内蒙古“一湖两海”、青海湖、洞庭湖、白洋淀、丹江口水库等重点湖库的保护工作也多次做出指示和批示，要求统筹推进山水林田湖草沙冰系统治理。湖泊是山水林田湖草沙冰生命共同体中的重要一环，由于其低位、缓流静水等自然禀赋特征，易受人类活动影响导致污染和富营养化等现象的发生，因此湖泊保护既是政治需求也是技术难点和重点。

近年来，湖泊生态环境的保护形势严峻，对湖泊治理与生态修复的技术需求旺盛。主要体现在以下几个方面：一是湖泊水质尚未根本好转，新型污染物风险显现。湖泊是陆域污染的“汇”，且受流域外源和湖体内源影响较大，水质改善需要的周期相对较长，且波动较大。“十三五”期间，242 个国家重点湖（库）断面中，Ⅰ～Ⅲ类水断面比例由 2016 年的 53.3% 提高到 2020 年的 53.7%，仅提高了 0.4 个百分点。在湖泊流域工业、城镇点源污染逐步得到控制后，城乡面源污染防治面临“瓶颈”，污水处理厂排放标准与湖泊水质标准不衔接问题尤其突出，湖体内源问题日益突出，新污染物赋存规律的识别及其控制的需求迫切。二是部分湖泊水华暴发常态化，水生态退化现象较为普遍。“十三五”期间，开展营养状态监测的湖（库）中，富营养状态的湖（库）比例不降反升，由 2016 年的 23.1% 上升至 2020 年的 29.0%。以“老三湖”为代表的湖泊蓝藻水华暴发频次 / 面积居高不下，部分湖泊因破坏性捕捞、湖滨缓冲带等敏感生态空间受侵占等原因，水生态系统受损严重。湖泊生态修复已经成为生态环境部的年度重点工作，技术支撑的需求迫切。三是湖泊水生态监管能力薄弱，信息化水平不高。“十四五”期间的湖泊生态环境保护工作，按照“山水林田湖草是一个生命共同体”的科学理念，进一步统筹水资源利用、水生态保护和水环境治理。然而，目前我国湖泊的水生态监测能力相对薄弱，系统性、长时间、大尺度的生态系统状况调查、评估工作严重滞后。湖泊生态环境管理的信息化水平不高，长期积累起来的监测数据、治理技术数据、效益评估数据等大数据资源还不能有效利用，湖（库）生态环境保护修复虚拟仿真模拟对确定最优化技术参数，支撑湖泊生态环境的保护修复、治理与管理等方面的需求还远远不能满足。信息化服务能力和创新应用能力有待进一步提升。

在饮用水水源地保护方面，过去 10 多年来，依托国家重大水专项等研究，我国水源地环境保护法规体系建设日趋完善，在饮用水水源地水量水质调控保障、水质治理与修复、污染源解析、保护区划分、规范化建设技术方面取得了积极进展，为“十三五”水源地保护攻坚战提供了积极的科技支撑。但随着社会经济高质量发展和老百姓对美好生态环境需求的提升，饮用水水源地存在水质达标保障能力不足、有毒有害污染物出现频次与浓度总体呈增加趋势，风险防控能力不足的双重压力。“十四五”期间，生态环境部提出“坚持依法行政、实事求是和维护群众利益有机结合，持续推动水源保护工作。持续开展规范化建设，巩固提升县级及以上城市集中式饮用水水源安全保障水平。推进乡镇级集中式饮用水水源保护区划定工作”的要求。

“十四五”期间，饮用水水源地安全保障方面的科技需求主要表现在以下几个方面：一是建立分类分区的水源地规范化建设技术体系。结合我国不同层级、不同类型、不同区域的水源地水质、环境状况和技术经济条件，针对性地制定水质评价考核、保护区划分、污染源治理、生态修复技术，提升水源精准科学管理水平。二是加快构建农村水源保护技术体系，补足短板。针对农村水源特点，抓住主要问题和关键环节，建立农村水源长效保护机制。三是建立完善的水源地风险管控技术体系。以水质健康安全为核心，开展常规污染物和新污染物的系统调查分析，明晰超标成因和健康风险水平，制定适应我国国情的饮用水水源水质标准和管理体系。强化地表水型水源地预警监控技术研究，开发水源地风险源名录制定方法，研发风险防控与应急处置对策，推动水源环境风险管控由“被动应对”向“主动防御”转变，切实实现水源地“长治久安”。

“十四五”期间，国家重点研发计划“长江黄河等重点流域水资源与水环境综合治理”重点专项，也提出了流域水系统健康诊断与病因识别、流域水环境质量改善与综合治理、水源水质风险阻断与饮用水安全供给等几个重大战略需求。因此，流域面源与湖泊内源污染防治、湖泊水生态系统保护与修复、基于“三水统筹”的湖泊综合调控与信息化监管技术研发、饮用水水源地优控污染物清单制定和风险管控技术是“十四五”时期国家湖泊和饮用水水源地生态环境保护的几项重大需求。

## 4.2 现状与趋势

湖泊生态环境研究所作为湖泊水污染治理与生态修复技术国家工程实验室的主要支撑部门，研究方向以评估、治理和管理方面的技术研究为主，定位侧重于解决湖泊生态环境问题，保障饮用水水源安全。基于对“湖泊生态环境保护修复与饮用水水源安全保障”学科的需求分析，确定了湖泊生态环境研究所的六大研究方向，包括外源污染过程及其控制、湖滨缓冲带生态修复、底泥环保疏浚、湖泊蓝藻水华与水生态、湖泊流域综合调控和饮用水水源地安全保障。以下按照这六个方向分析技术现状和发展趋势。

## 4.2.1 基于文献计量学的研究热点分析

### 4.2.1.1 湖泊水污染治理与生态修复

（1）发文量数据统计分析

本报告检索的时间跨度为 1991—2021 年，以“TS=（water pollution control OR Ecologidal restoration）AND TS=（lake）”为检索条件进行高级检索，共获取文献 437 篇。

以 Web of Science 数据库中导出的 1991—2021 年湖泊的水污染治理与生态修复领域相关的英文文献为研究对象，文献的发表情况如图 4-1 所示。1991—2021 年，论文发表数量逐年增长，其中 1991—2010 年的发文量为 77 篇，论文数量的增长趋势较为缓慢。2011—2021 年的发文量为 360 篇，发文数量增幅明显。这说明近 10 年来湖泊水污染治理与生态修复研究得到越来越多科研工作者的关注，所取得的论文成果也显著增加。

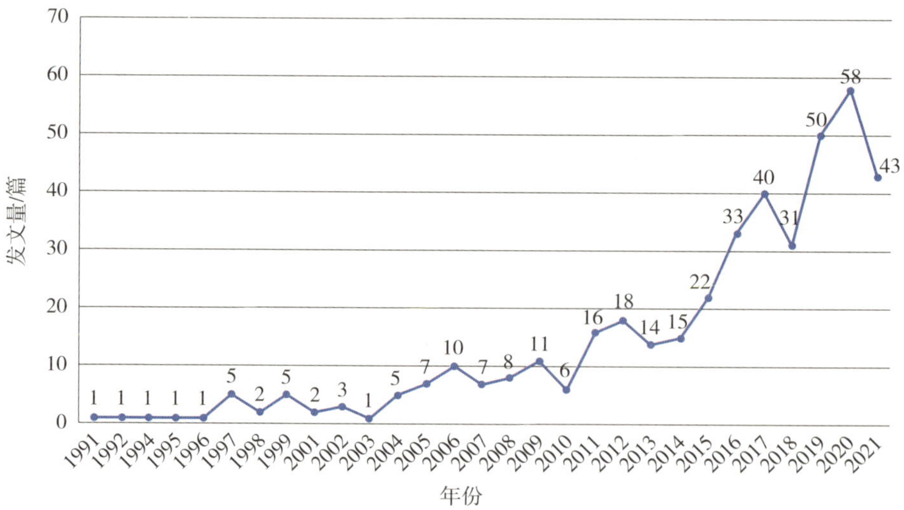


图 4-1　1991—2021 年论文发表数量变化情况

（2）研究热点的分析

结合关键词分类的知识图谱（图 4-2）和热点词统计列表（表 4-1）可以看出，湖泊的水污染治理与生态修复领域的研究热点。在排除检索关键词后，其余均代表了该领域的研究对象。目前，该领域的研究主要集中在富营养化的问题上，其中关于磷的研究要多于氮。湿地作为高频关键词，代表了目前主流的生态恢复手段是采用湿地。浅水湖泊和中国则是代表目前在湖泊水污染治理与生态修复领域的研究主要集中在中国且研究对象多为浅水湖泊。

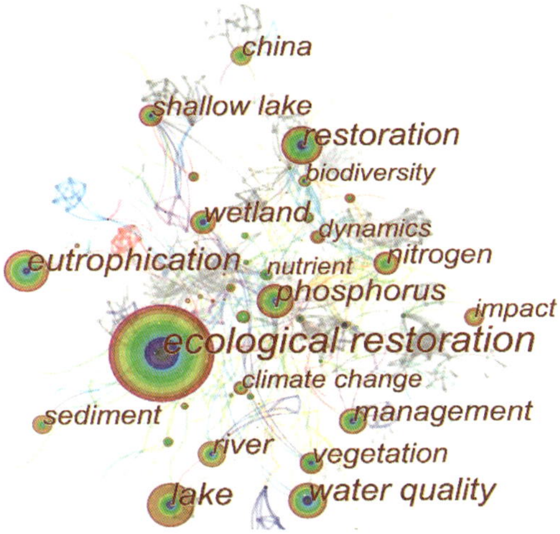


图 4-2　湖泊的水污染治理与生态修复领域研究热点知识图谱

表 4-1　湖泊水污染治理与生态修复领域出现频次最高的排名前 20 关键词

| 热点词 | 频次 | 热点词 | 频次 |
|---|---|---|---|
| ecological restoration（生态修复） | 119 | China（中国） | 31 |
| eutrophication（富营养化） | 57 | vegetation（植被） | 31 |
| lake（湖） | 56 | nitrogen（氮） | 31 |
| water quality（水质） | 51 | sediment（沉积物） | 29 |
| restoration（恢复） | 51 | impact（影响） | 24 |
| phosphorus（磷） | 46 | climate change（气候变化） | 23 |
| management（管理） | 37 | dynamics（动力学） | 22 |
| river（河） | 37 | nutrient（养分） | 19 |
| wetland（湿地） | 36 | biodiversity（生物多样性） | 19 |
| shallow lake（浅水湖泊） | 32 | growth（生长） | 18 |

#### 4.2.1.2 饮用水水源地安全保障

（1）发文量数据统计分析

本报告检索的时间跨度为2003—2021年，以“TS=（security assurance OR security OR safety guarantee）AND TS=（drinking water source OR potable water sources OR drinking water）”为检索条件进行高级检索，共获取文献566篇。

以Web of Science数据库中导出的2003—2021年饮用水水源地安全保障领域相关的英文文献为研究对象，文献的发表情况如图4-3所示。2003—2021年，论文数量发表数量逐年增长，其中2003—2012年的发文量为112篇，论文数量的增长趋势较缓慢。2013—2021年的发文量为454篇，发文数量增幅明显。这一现象说明近年来饮用水水源地安全保障研究同样得到越来越多科研工作者的关注，所取得的成果也显著增加。

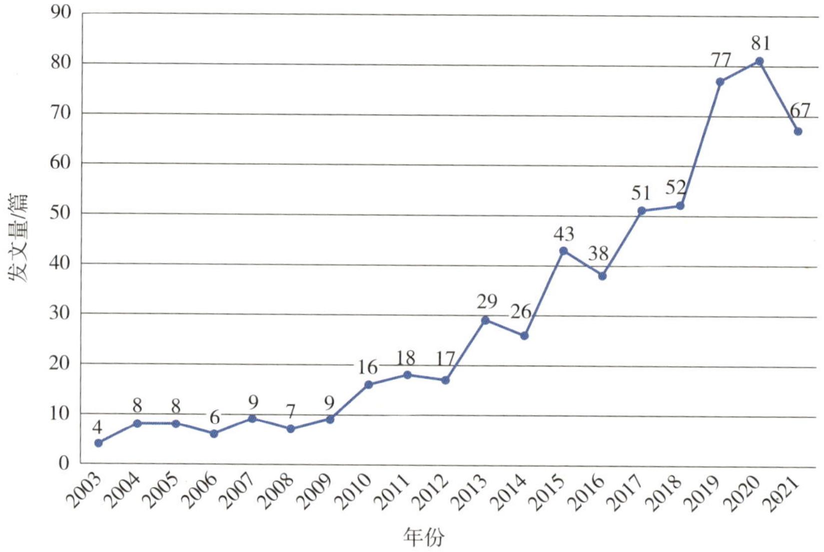


图4-3 2003—2021年论文发表数量变化情况

（2）研究热点的分析

结合图4-4和表4-2可以看出，饮用水水源地安全保障领域研究中，气候变化代表目前研究最多的是气候变化对饮用水水源地安全保障的影响。该领域中对于地下水的研究也多于地表水。模型代表目前针对饮用水水源地安全保障的研究许多是基于模型模拟的。

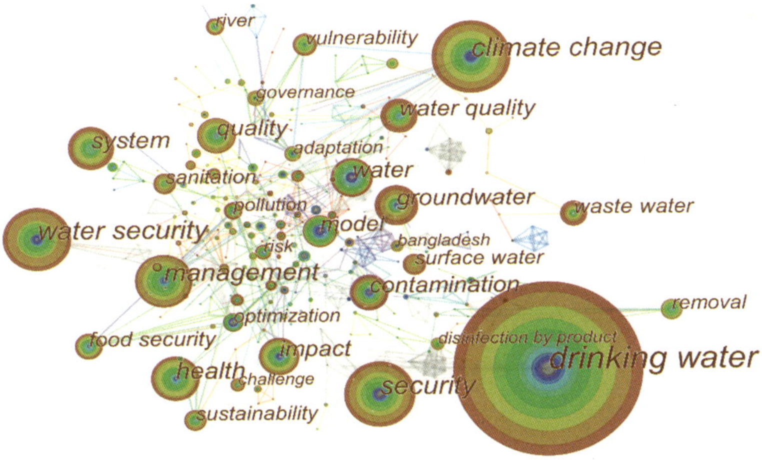


图 4-4　饮用水水源地安全保障领域研究热点知识图谱

表 4-2　饮用水水源地安全保障领域出现频次最高的排名前 20 关键词

| 热点词 | 频次 | 热点词 | 频次 |
|---|---|---|---|
| drinking water（饮用水） | 156 | quality（质量） | 34 |
| climate change（气候变化） | 67 | contamination（污染） | 33 |
| security（安全） | 60 | water quality（水质） | 32 |
| water security（水安全） | 59 | model（模型） | 30 |
| management（管理） | 49 | food security（食品安全） | 25 |
| health（健康） | 41 | waste water（废水） | 24 |
| system（系统） | 40 | vulnerability（脆弱性） | 21 |
| groundwater（地下水） | 37 | sanitation（环境卫生） | 20 |
| water（水） | 36 | surface water（地表水） | 20 |
| impact（影响） | 35 | sustainability（可持续性） | 20 |

## 4.2.2　外源污染过程及其控制

湖泊接纳过量氮、磷等营养物是造成湖泊富营养化的根本原因，我国对湖泊污染源的治理和控制最早从点源治理开始，经过 30 多年的发展，借鉴国外先进的点源治理技术经验，我国在入湖点源污染治理方面基本形成较为完备的技术措施；此外，由于我国农村农田面源涉及面广，农业面源污染成为一些湖泊的入湖负荷量的重要贡献源，对其控制成为10多年来湖泊污染源控制的重点之一。

在“十一五”和“十二五”水专项期间，在湖泊主题所涉及的太湖、滇池、巢湖、洱海、三峡、博斯腾湖、西湖、东昌湖等典型湖泊，开展了外源污染的系统性调查、研究与工程示范，形成了创新性的外源污染控制技术，多项示范工程成为水专项的标志性成果，在湖泊水质改善方面取得较好的成效。构建了先进高效的工业点源控制集成技术，有力削减了工业废水污染，保障工业废水达标排放；研发了污水除磷脱氮和有机污染物去除的集成技术，通过对污水的深度净化与资源化、土地处理等手段，有效控制生活污水对受纳水体的污染；研发了系列农村生活污水处理技术、污水处理厂出水的生态化处理技术、农业径流处理技术、暴雨流处理技术、低污染水处理技术等，为我国湖泊流域外源污染控制提供了良好的技术支撑。

我国在入湖点源污染治理方面基本形成较为完备的技术措施，但尚存在如下问题：一是污水处理排放标准值与水环境质量标准不衔接，使外源处理后排放尾水仍造成污染，因此需开展农业径流、污水处理厂、污染河水等低污染水的深度水质改善工作。二是污水高效氮磷强化去除问题，在污水高效氮磷强化去除及新污染物的同步去除的材料开发和产业化方面亟待开拓。三是分散污水处理的工艺与设备及工程化薄弱，我国在分散式污水处理回用系统的研究上起步较晚，系统性不足，且工艺以传统方法组合为主。四是污染及控制过程中如何实现低碳及资源化，是系统长效性的重要保障，是外源污染控制系统面临的新挑战。

### 4.2.3 湖滨缓冲带生态修复

通过“863”科技重大专项、国家水专项等重大项目的实施，我国已经基本构建了湖滨生态缓冲带基本理论体系，即阐明了湖滨带、湖泊缓冲带的含义、功能及结构，明确了不同类型湖滨带及湖泊缓冲带的定义和范围划定方法，研发了湖滨缓冲带生态健康评价技术，提出了湖滨缓冲带生态退化驱动因子识别的偏相关系数及多元线性拟合的统计方法，以上理论探索为湖滨缓冲带分类治理、生态恢复设计提供了科学依据。

“十二五”“十三五”期间，太湖、巢湖、洱海、博斯腾湖等都开展了一系列的技术研发与工程示范，突破了一系列关键技术并形成成套技术：研发了半系列及全系列湖滨带水生植物配置技术、湖滨带消浪技术、湖滨带基底改善及地形构建技术、多种类型湖滨带生态修复成套技术、湖滨带食物网模型建立及生态调控技术，湖滨缓冲带维护管理技术等，这些成套技术为我国湖滨缓冲带生态修复大规模推广应用提供了坚实基础。

湖滨缓冲带生态修复研究方兴未艾，《水污染防治行动计划》《重点流域水生态环境保护“十四五”规划编制技术大纲》中都将湖滨缓冲带生态保护修复作为重点任务。湖滨缓冲带生态修复的技术参数标准化、工程材料的模块化、实施效果的模型预测是未来重要的研究与发展方向。

### 4.2.4 底泥环保疏浚

近年来，随着我国对湖泊（水库）治理力度的加大，在外源污染得到逐渐控制或局部控制情况下，以底泥释放为代表的内源污染治理日显重要，并已成为目前我国湖泊富营养化治理与生态修复的重要内容。以底泥环保疏浚技术为代表的异位处理技术是我国最早研究的污染底泥处理技术之一，因其可以快速、有效地去除水体内源污染从而被广泛应用于水污染治理的工程实践。通过底泥疏浚，清除湖泊污染底泥，改善湖泊（水库）底质环境，清除泥—水界面聚集的藻种，修复水生植物的基底条件，改善工程区水质并控制水华发生，有助于底栖生物的自我恢复和群落多样性的发展。

我国底泥环保疏浚的发展大致可以分为以下三个阶段：一是引进、学习和尝试阶段。“八五”“九五”时期环保疏浚的理念被引入我国，是环保疏浚技术发展的起步阶段。二是环保疏浚体系初步形成阶段。“十五”“863”科技重大专项太湖课题提出了生态疏浚的概念和指标，初步构建了底泥疏浚范围、深度、精确疏浚等一系列的技术体系，并在五里湖实施了以底泥环保疏浚为主要的综合整治工程。三是环保疏浚成套技术快速发展阶段。在“十五”时期，各地区环保疏浚的经验和教训之上，“十一五”至“十三五”期间逐步形成了勘测鉴别、疏浚输送、脱水干化、处理处置以及资源化的有机结合的成套技术体系。

目前，对重金属及有毒有害有机物底泥污染等级划分、深度确定、范围确定与原异位的协同布局等治理方案的关键问题的研究还不深入，疏浚后污染底泥的处理、处置和资源化还处于小规模的示范性阶段，大规模的市场化应用技术还不成熟。“十四五”时期应在重金属分区、分类环保疏浚及处理处置、底泥原位微生物修复、环保疏浚—浚后干化—处理处置—资源化集成以及全过程监管评估等方面开展深入研究及推广应用。

### 4.2.5 湖泊蓝藻水华与水生态

氮磷营养盐是影响蓝藻水华暴发的关键因素，我国重点湖泊总氮、总磷浓度均处于较高水平，均超过了蓝藻水华暴发的氮磷浓度阈值，氮磷高位运行为蓝藻水华暴发提供了充足的物质基础。在全球气候变暖的大背景下，湖泊中浮游植物群落结构正朝着蓝藻占优的方向发展；全球气候变化还将造成暴雨、干旱等极端天气增多，使得流域内入湖营养盐增加，最终将促进蓝藻水华暴发。另外，调水、入湖水量变化等水文水动力条件改变会通过影响水力停留时间、底泥沉积物氮磷释放进而影响蓝藻水华暴发。

水生植被退化是湖泊生态系统退化的核心问题，辨识水生植被退化的驱动因子是目前研究的重点。水位高低和水文节律变化是导致江湖阻隔型湖泊水生植被退化的关键因子。此外，湖内养殖导致鱼类牧食水生植被，围垦活动占据湖滨生态空间，进一步加剧沉水植被退化。

近年来，湖泊水生态修复技术取得阶段性进展。针对蓝藻水华规模化控制能力不足和打捞效率低的问题，研究开发仿生过滤、磁分离、深井压力灭藻等技术，改善湖泊生境。针对水生植被退化的难题，研究开发近岸敞水区水生植被规模化扩增技术，通过生态控藻改善水体透明度，促进沉水植被发育与恢复。针对水生态系统调控不确定性大的问题，研究开发经典食物网调控技术，优化湖泊食物网结构，增强食物网碳氮磷周转和生态系统恢复力。针对清水稳态恢复边界条件不清的问题，研究开发清水稳态构建与维持技术，明确清水稳态构建和维持的环境条件，稳定实现由藻型浊水态向草型清水态的转换。

### 4.2.6 湖泊流域综合调控

我国湖泊流域治理理论的发展经历了从“六五”“七五”时期的富营养化调查诊断、水环境容量计算，到“八五”“九五”时期以控源治污、总量控制为主，再到“十五”“十一五”时期的控源与生态修复相结合，生态修复“三圈”理论，以及“分区、分期、分类控制”总体思路。“十二五”以来，初步形成了湖泊流域山水林田湖草综合治理与保护的理论体系，陆续提出了“绿色流域建设 + 流域清水产流机制修复 + 湖泊水体生境改善”的思路、“一湖四圈”生态修复理念、“流域综合调控—陆域控源减排—流域生态修复—湖泊生境改善—流域生态管理”的全过程湖泊富营养化治理路线等。

湖泊流域水环境承载力和富营养化过程模拟研究是经济、高效地开展湖泊流域综合调控的关键，也是研究热点之一。水环境承载力概念大致可分为狭义和广义。狭义水环境承载力主要利用水质或水环境容量进行阐释。基于水质、水环境容量的狭义水环境承载力在应用上具有明确、简单、易于计算的特点，目前已经在各个地区形成较为完善的管理体系。广义的水环境承载力指在一定时空状态下，水环境系统所能承受的人类各种经济社会活动的能力，是伴随着水资源承载力发展起来的。湖泊富营养化过程模拟是流域综合调控的重要工具。一般将湖泊流域过程模拟划分为流域污染过程与湖泊水环境过程模拟。在湖泊水环境过程模拟方面，水动力输运过程中水动力参数的获取、水质组分动力反应关系以及生物与水质组分间相互作用关系的模拟是河湖水环境过程模拟的重点和难点。结合环境监测大数据挖掘的机器学习方法的研究将是今后的重点研究方向。水环境过程模拟越来越注重流域的整体性和系统性。模型逐步从单一过程走向多过程的综合，从单一学科扩展到多学科的交叉，从局部小尺度过渡到流域系统尺度的研究。

### 4.2.7 饮用水水源地安全保障

饮用水水源地安全保障技术日趋成熟，但水质健康风险评估与风险防控技术仍存短板。

面向国家饮用水水源地保护和环境管理的重大需求，“十一五”至“十三五”期间，系统研究了饮用水水源地水质风险评估技术、水源地污染风险防控技术、环境保护与管理技术，基本建立了“污染源解析—风险评估—保护区划分—规范化建设”的饮用水水源地环境保护技术方法体系，明确了饮用水水源地环境管理的指标体系，解决了饮用水水源环境管理“管什么、怎么管和管成什么样”的难题，有效支撑国家和地方饮用水水源地环境管理。

进入“十四五”后，国家将进一步实施深入打好水源地保护攻坚战的战略，结合“十四五”国家水源环境管理的总体思路，饮用水水源地安全保障的技术发展方向主要在如下几个方面：一是流域区域差异大，面源污染与新污染物健康风险问题日益凸显，亟须完善饮用水水源水质标准，提升精准科学监管水平；二是农村水源量大面广、基础资料薄弱，需进一步系统开展乡镇级以上饮用水水源水质污染特征调查，以便全面识别我国各类别水源水质特征，为制定针对性强且有效的污染防治措施提供依据；三是水源突发污染事件和蓝藻水华频发，风险与应急防控技术水平与管理要求不适应，亟待建立科学的风险评估技术体系和应急防控方案。

## 4.3 亟须突破的重点领域和技术

### 4.3.1 基于专利查新的技术发展趋势分析

借助智慧芽专利数据库开展专利信息检索分析，以“湖泊”作为主要关键词进行检索，对近 20 年湖泊领域专利申请数据进行分析，并结合我国五年规划时间线，深入分析湖泊领域过去到现阶段技术特点。检索数据时间为 2001—2020 年，由于发明专利申请存在 18 个月的公开滞后期，专利申请数据公布存在一定滞后期，因此文中 2020 年的专利数据并不完整。

#### 4.3.1.1 专利数量及趋势分析

如图 4-5 所示，湖泊学科领域相关专利 6 171 件，其中发明专利占比最高，为 57%；其次为实用新型专利，占比为 39%，外观设计专利占比为 4%。专利申请趋势于 2006 年开始增长，且增速呈上升趋势直至 2017 年达峰。近三年内湖泊方面专利申请趋势比较稳定，约 700 件 / 年。

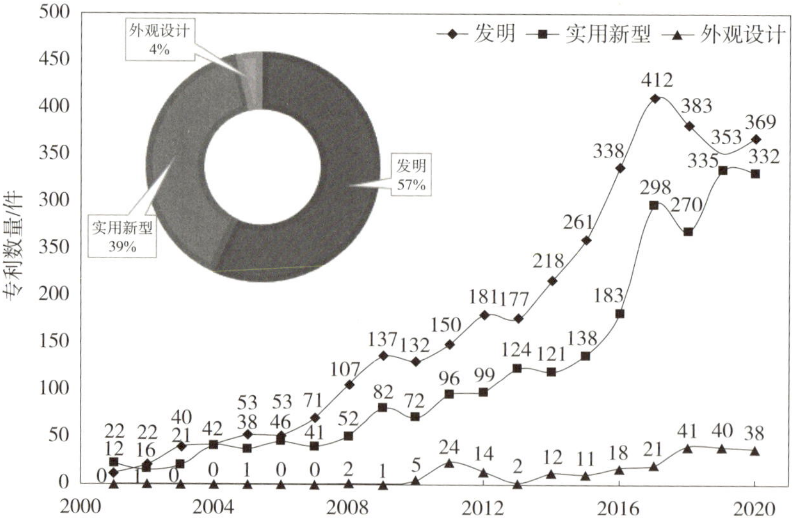

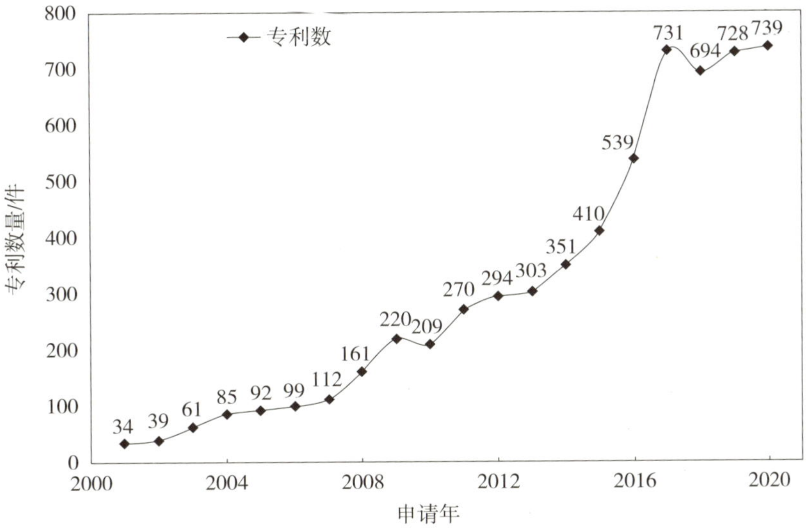


图 4-5 湖泊学科领域近 20 年（2001—2020 年）专利申请数量趋势

#### 4.3.1.2 湖泊领域专利技术特点

专利技术特点分析采取《国际专利分类表》IPC 分类，是唯一国际通用的专利文献分类检索工具。

通过 IPC 分类方法对湖泊学科领域主要技术进行统计，发现占比最多的为 C02F 水、废水、污水或污泥的处理相关的专利（38.81%），其次为 G01N 与测量分析相关的专利（15.56%），之后为水利工程、船类和疏浚相关的工程类专利。湖泊领域 IPC 分类详情见表 4-3。

表 4-3 湖泊学科领域主要技术研究分布列

| IPC 分类号（小类） | 技术领域 | 专利数量 / 件 | 占比 / % |
|---|---|---|---|
| C02F | 水、废水、污水或污泥的处理（通过在物质中产生化学变化使有害的化学物质无害或降低危害的方法入 A62D3/00；分离、沉淀箱或过滤设备入 B01D；有关处理水、废水或污水生产装置的水运容器的特殊设备，例如用于制备淡水入 B63J；为防止水的腐蚀所用的添加物质入 C23F；放射性废液的处理入 G21F9/04） | 1 247 | 38.81 |

| IPC 分类号（小类） | 技术领域 | 专利数量 / 件 | 占比 / % |
|---|---|---|---|
| G01N | 借助于测定材料的化学或物理性质来测试或分析材料（除免疫测定法以外包括酶或微生物的测量或试验入 C12M，C12Q） | 500 | 15.56 |
| E02B | 水利工程（提升船舶入 E02C；疏浚入 E02F） | 445 | 13.85 |
| B63B | 船舶或其他水上船只；船用设备（船用通风，加热，冷却或空气调节装置入 B63J2/00；用作挖掘机或疏浚机支撑的浮动结构入 E02F9/06） | 276 | 8.59 |
| A01K | 畜牧业；养鸟业；养蜂业；养鱼业；捕鱼业；饲养或养殖其他类不包含的动物；动物的新品种 | 226 | 7.03 |
| A01G | 园艺；蔬菜、花卉、稻、果树、葡萄、啤酒花或海菜的栽培；林业；浇水（水果、蔬菜、啤酒花等类植物的采摘入 A01D46/00；繁殖单细胞藻类入 C12N1/12） | 199 | 6.19 |
| B01D | 分离（用湿法从固体中分离固体入 B03B、B03D，用风力跳汰机或摇床入 B03B，用其他干法入 B07；固体物料从固体物料或流体中的磁或静电分离，利用高压电场的分离入 B03C；离心机、涡旋装置入 B04B；涡旋装置入 B04C；用于从含液物料中挤出液体的压力机本身入 B30B9/02） | 93 | 2.89 |
| E02F | 挖掘；疏浚（泥炭的开采入 E21C49/00） | 89 | 2.77 |
| E02D | 基础；挖方；填方（专用于水利工程的入 E02B）；地下或水下结构物 | 70 | 2.18 |
| G01F | 容积、流量、质量流量或液位的测量；按容积进行测量 | 68 | 2.12 |

#### 4.3.1.3　湖泊领域专利技术特点趋势变化分析

通过对湖泊学科领域“十五”至“十三五”时期专利技术研究热点进行分析，发现水体富营养化是湖泊学科专利技术研究的热点，近 20 年来，专利研究从“十五”“十一五”期间的以装置研发为主发展为以底泥、水生植物等生态修复技术研究为主。

“十五”期间，湖泊学科领域申请的专利总量为 311 件，研究热点主要集中在富营养化、新型结构、曝气机、生物技术等领域，技术研究主题以设备类为主，包括曝气设备、辅助设备、自动化检测等（图 4-6）。

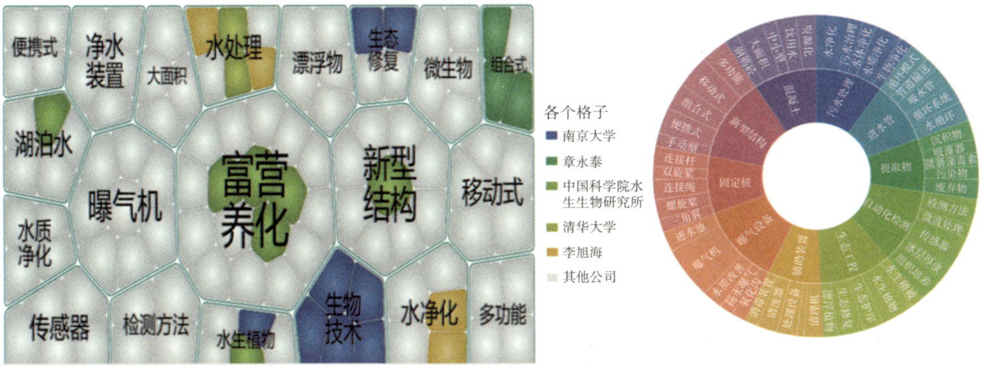


图 4-6　湖泊学科领域“十五”期间（2001—2005 年）研究热点布局及热门词层级拆分

“十一五”期间，湖泊学科领域申请的专利总量为 801 件，研究热点主要集中在富营养化、生态修复、污染物和沉水植物等领域。技术研究主题主要包括设备类（如潜水泵、发电装置等）、材料类（如絮凝剂、功能高分子等）和污染修复技术类（如水体修复、内源污染修复、生态修复型技术等）（图 4-7）。

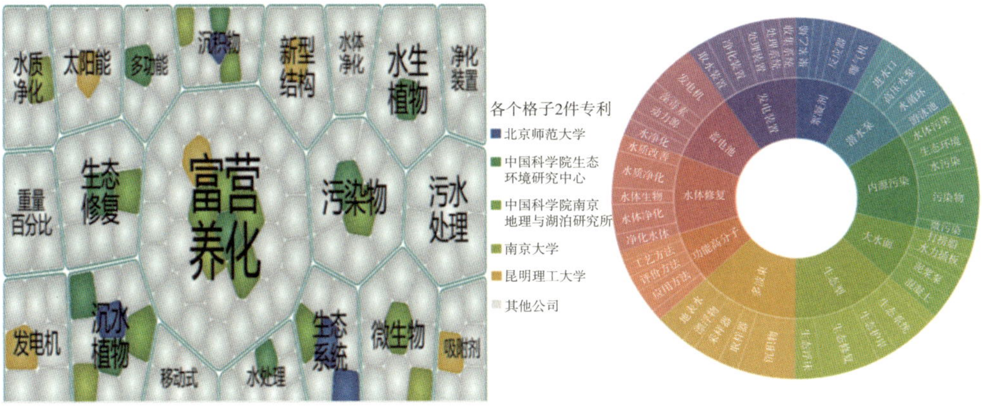


图 4-7　湖泊学科领域“十一五”期间（2006—2010 年）研究热点布局及热门词层级拆分

“十二五”期间，湖泊学科领域申请的专利总量为 1 628 件，研究热点主要集中在富营养化、沉积物和水生（沉水）植物等领域。技术研究主题主要包括设备类（如潜水泵、净水器、采样装置等）和污染修复技术类（如水处理、污染底泥修复、生态修复型技术等）（图 4-8）。

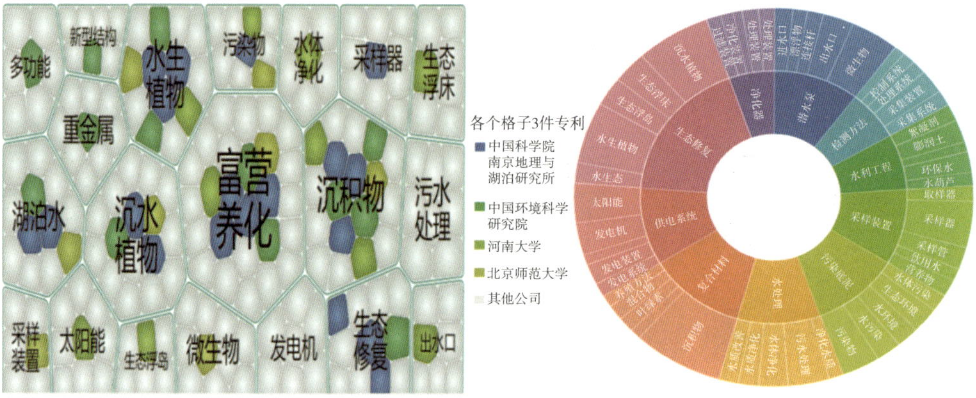


图 4-8　湖泊学科领域“十二五”期间（2011—2015 年）研究热点布局及热门词层级拆分

“十三五”期间，湖泊学科领域申请的专利总量为 3 431 件，研究热点主要集中在富营养化、生态、水生（沉水）植物和沉积物（污染底泥）等领域。技术研究主题主要包括设备类（如控制系统、处理装置、采样装置等）和污染修复技术类（如水体修复、污染底泥修复、生态修复型技术等）（图 4-9）。

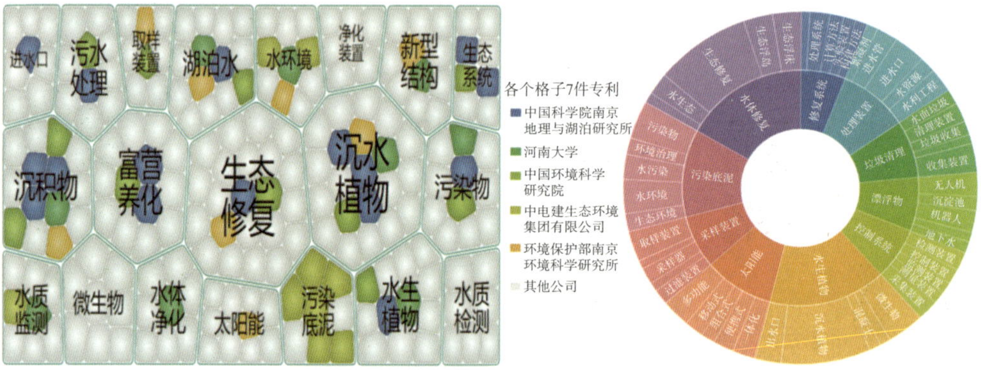


图 4-9　湖泊学科领域“十三五”期间（2016—2020 年）研究热点布局及热门词层级拆分

#### 4.3.1.4　总结及未来趋势展望

借助智慧芽专利数据库，以湖泊为关键词，对近 20 年专利进行检索，主要得出以下结论：

湖泊方面的专利发展伴随“十一五”国家“水专项”的开展，开始迅速增长，并于“十三五”期间达峰，现阶段正处于专利申请数的高点，也代表了近年湖泊研究和水治理的重要性。未来对湖泊方面的科研将稳定处于高点，直至彻底根除我国的水污染问题。

湖泊专利的技术特点在近 20 年内由对富营养化的研究，伴随新型结构、生物技术、曝气机、净水装置、传感器等工程解决方案，转变为富营养化、沉水植物和沉积物的方向，再到近期以生态修复为主要技术特点。转变方向证明了对湖泊研究由最开始的富营养化等机理问题及物理清淤、净水的方法，到转变为治理湖泊内源沉积物和沉水植物的影响，再到以生态修复为主的方向。科研方向由了解湖泊问题、解决现存湖泊问题，最后到从生态修复的角度彻底根除湖泊问题。因此对未来湖泊专利技术特点的展望将仅贴合于以生态修复为主的环境生态治理方案。

## 4.3.2 科学问题

### 4.3.2.1 流域污染过程及湖泊水华暴发机制

湖泊流域水环境、水资源、水生态复杂相互作用机制；湖泊流域污染物发生、输移、降解、转化机理；湖泊水环境、湖泊水生生物演变对沉积物—水界面特征及界面过程的影响机制；富营养化与极端气候变化双重压力蓝藻水华暴发机理等。

### 4.3.2.2 湖泊生态系统稳态演替与良性生态系统维持机制

湖泊流域水文地理、水质、水生生物之间复杂的相互作用，在人类活动压力驱动或治理保护过程中，生态系统物质循环和能量流动发生变化，驱使生态系统不断由量变到质变，朝着一定方向演替的过程机理。湖泊流域健康生态系统结构和功能特征，维持生态系统良性循环的食物网结构及其对碳、氮、磷的周转机制。

### 4.3.2.3 饮用水水源地水质演变机理与环境风险诱发形成机制

探析水源地污染成因和水质演变机理，精准识别主要污染源产业类型、关键空间污染区域，辨识污染物质的水文地球化学循环机理；高风险有毒有害污染物产生、排放特征，在多相环境介质中的迁移转化路径和生物累积机制及其环境健康效应。水源地点源、面源、移动源等风险源识别及风险定量评估。

### 4.3.3 亟须突破的重点技术

#### 4.3.3.1 生态类控源系统的构建与长效运行技术

典型外源污染（初期雨水径流、农业径流、污染河水与污水处理厂出水）的控制需要面临三个“卡脖子”问题：一是面源污染来水不均且悬浮颗粒物含量高极易导致人工湿地等生态类控源系统堵塞，如何科学地延长人工湿地等生态类控源系统的寿命并依据区域特征、污染源特征、系统构型等预测系统的寿命；二是冬季由于植物枯萎、微生物活性下降导致生态类控源系统污染物去除效果不理想，尤其在北方冬季效果甚至为零，如何实现冬季生态类控源系统的高效运行是生态类控源系统建设面临的又一技术“瓶颈”；三是已有及新建生态类控源系统如何实现长效化，需要开展调查评估、优化关键参数，开拓多要素资源化路径。

#### 4.3.3.2 强化修复的湖滨带生态系统维护与稳态调控技术

人工强化修复的湖滨带生态系统，在修复初期还处于很不稳定的状态，修复工程的成败很大程度上依赖于修复后湖滨带生态系统的维护管理，目前的工程后期维护由于科学依据不足具有滞后性、随意性。厘清湖滨带内外物质及能量流，对湖滨带生态修复系统进行健康评估，研发以半开放水体为约束条件的食物网为基础的生态模型，预测生态系统的演化趋势和状态变化，研发湖滨带生态系统的稳态调控技术和腐屑食物链调控技术，提出维护预案，使湖滨带快速进入自维持或免维护状态是目前亟待解决的问题，也是亟须突破的“卡脖子”技术。

#### 4.3.3.3 底泥处理、处置与资源化技术

疏浚后污染底泥的处理、处置和资源化技术“瓶颈”体现在：底泥原位修复工程菌剂的筛选、驯化、扩繁、定向培养等成套技术；低成本疏浚后污染底泥无害化、稳定化、资源化技术；底泥疏浚与生态修复一体化设计技术体系。

#### 4.3.3.4 敞水区水生植被规模化恢复生境条件的确定与构建技术

现阶段水生植被恢复工作主要在部分湖湾及少数重污染湖泊开展，缺乏恢复条件的系统性研究，特别是敞水区水生植被规模化恢复的生境条件和关键参数缺乏，亟须探明局部区域水生植被已恢复状态向全湖水生植被规模化恢复状态自然演替的边界条件和技术手段。

#### 4.3.3.5 食物网调控技术

食物网结构与湖泊生产力周转密切相关，特别是氮、磷周转途径和周转环节以及碳循环过程相关。研究食物网结构与周转路径、周转平衡的关系，探究氮磷失衡的机理过程和关键环节，是食物网调控技术的难点。

#### 4.3.3.6 多尺度融合的湖泊流域精准调控模型构建技术

湖泊流域精准治理以“工程—子流域—排口—河道—湖体”的水质响应关系评估为基础，为流域调控提供系统、精确、动态和科学的决策支撑。模型体系主要包括城市排水系统模型、陆域污染物负荷迁移模型、河流水动力—水质模型、湖泊水动力—水质—生态模型和流域决策优化模型等。各类模型彼此之间及其内部存在时空尺度不一致的问题。将不同空间（工程—子流域—河流—湖泊—流域）和时间（分—时—天—月—年）尺度的模型在时空尺度上进行融合，综合评估从治理工程到湖体的多级响应关系，利用长期积累的大数据，建立与湖泊环境治理、生态保护修复和生态环境管理之间的关系，进行方案建议和决策支持，是目前面临的挑战之一。

#### 4.3.3.7 饮用水水源地环境风险评估与管控技术

农业面源输入引发的污染风险和新污染物引发的健康风险是水源地安全保障今后一段时期需要解决的难题。由于我国非点源风险评估模型和水质标准一直使用国外软件和数据，创新研发受到严重制约。研发水源地污染负荷动态精准估算方法、攻克农业面源污染负荷估算模型、建立饮用水水源地优控污染物清单筛选方法与水质标准制值确定技术是开展风险管控的关键突破点。

## 4.4 展望

湖泊生态环境领域将由被动式满足湖泊断面水环境质量达标向基于承载力计算的水环境质量达标、水生态系统健康及水生态安全保障并重转变，由水环境治理逐渐向“三水”统筹转变，更加重视湖泊污染防治、生态修复、流域管理、安全保障技术应用的精细化、精准化和工程效益的长效维持，采取“双结合三治污”实现“三降低三提升”，即碳氮磷污染防治与新污染物污染防治有机结合、工程全流程管理与效果评估相结合，依法精准科学治污，降低湖泊水质超标率、降低湖泊富营养化水平、降低湖泊藻华发生风险，提升碳汇功能、提升水生态安全水平、提升全国湖泊信息汇集与应用能力。

湖泊生态环境保护修复与饮用水水源安全保障的技术市场前景非常广阔，湖泊富营养化防治与水生态安全保障，亟须编制科学方案、突破技术体系、夯实湖泊标准规范的技术基础。一是编制湖泊水质超标、湖泊水体异味、湖泊水色异常、湖泊水生植物退化与成灾、湖泊藻华暴发等的成因诊断与科学解决方案，湖泊水生态状况识别及水生态健康提升方案，饮用水水源地的安全状况识别及安全保障方案。二是构建快速见效与长期有效的多类型技术体系：工农业清洁生产，畜禽养殖污染治理，面源污染治理，污水处理厂、污染河水及农业径流水质净化与资源化利用，底泥污染治理及资源化利用，湖滨缓冲带生态修复，藻华发生原因诊断及处理处置；基于湖泊生态承载力、湖泊流域水环境过程模拟、数字湖泊信息系统构建等方面的创新性研究，形成涵盖污染治理、社会经济与水土资源调控、生态圈层修复的湖泊流域山水林田湖草综合治理、修复与调控的理论与技术体系；基于优化水源地规范化建设与评估技术体系、饮用水水源地风险管理与防控技术研究、气候变化条件下水源环境响应机制与适应策略研究等方面的创新研究，完善构建饮用水水源安全风险防控技术体系。三是夯实湖泊标准规范的技术基础，基于基础性技术和技术机理研究，推动湖泊标准规范战略的实现。在部、院人财物及体制机制的支持下，培养出一批水环境、水生态方面老中青结构合理的高水平领军人才，5 年内新增 1 ～ 2 名国家级人才、1 ～ 2 名青年英才，湖泊环境科学与工程领域人在祖国大地上科学精准绘制美丽湖泊画卷，产出若干标志性成果，5 年内获得若干国家级、省部级奖，建设系列湖泊治理与修复精品工程，打造产学研用有机结合的国际一流学科。

编写人员：叶　春　牛　远　昌　盛　李春华
储昭升　王书航　卢少勇　姜　霞
谢自建　庞　燕　王昊男　郑朔方

# 5 流域水环境污染综合治理与管理

## 5.1 需求分析

“十四五”阶段我国水环境保护形势依然严峻，流域水环境治理思路正在由污染治理向水资源、水生态、水环境等要素的系统治理、统筹推进转变，流域水生态环境提升，面临着成因多元化、响应过程复杂化、治理措施零碎化等难题。如何打好“升级版”水污染防治攻坚战，迫切需要全方位的科技支撑，同时，急需满足地方政府对环境管理的科学决策、精准施策，用最小的经济代价实现最大的水环境改善效果的科技需求。

### 5.1.1 生态文明和美丽中国建设战略部署

党的十八大以来，以习近平同志为核心的党中央高度重视生态文明建设，要求把生态文明建设放在突出地位，融入经济建设、政治建设、文化建设、社会建设各方面和全过程，努力建设美丽中国，实现中华民族永续发展，到 2035 年生态环境根本好转。其中流域水环境质量改善、黑臭水体消除，将是实现美丽中国的重要指标之一。

### 5.1.2 我国流域水环境治理进入生态修复阶段

2020 年年初，生态环境部《重点流域水生态环境保护“十四五”规划编制技术大纲》中明确提出了水生态目标管理要求，这标志着“十四五”期间我国流域水环境治理进入河湖生态修复阶段，“十四五”将拉开我国流域水生态系统保护修复的序幕，进行开篇布局，建章立制，将引领未来我国流域水生态修复行业发展，将为水生态监测、水生态评价、水生态修复、水生态风险管控等产业提供发展机遇。

### 5.1.3 黑臭水体治理仍是“十四五”重点任务

2020年年初，生态环境部《重点流域水生态环境保护“十四五”规划编制技术大纲》中提出开展县级市黑臭水体治理；2019年7月，生态环境部等三部委联合印发了《关于推进农村黑臭水体治理工作的指导意见》，明确提出到2025年，形成一批可复制、可推广的农村黑臭水体治理模式。如何进一步扎实推进城市黑臭水体治理工作，强化城市黑臭水体监管、巩固近年来治理成果、保障地级市城市黑臭水体长治久清，开展县级市和农村黑臭水体治理，是“十四五”水生态环境管理重大需求之一。

“十四五”期间，科技创新在国家产业转型中的地位日益重要，国家日益重视对实际问题的科技解决和“卡脖子”技术的解决，“唯论文”的片面观念将得到扭转。因此，围绕“流域水环境污染综合治理与管理研究”学科，如何聚焦重点、找准定位、做好布局，形成一系列科技成果，在流域污染综合治理过程中，坚持协同推进、精准施治，进一步支撑打好“升级版”水污染防治攻坚战，是本学科下一步发展的重点和关键。

## 5.2 现状与趋势

### 5.2.1 学科总体发展趋势分析

2015年，国家“水十条”颁布实施，我国流域水环境治理进入新的阶段。根据国家生态文明建设战略要求，同时有效配合落实“水十条”行动，2016年，环境保护部提出流域环境管理将从水污染负荷削减转为水体环境质量改善，这标志着我国水环境管理制度进入水质目标管理（以改善为主）阶段。近年来开展的城市黑臭水体治理攻坚战，充分体现了水质目标管理的内涵，通过以DO、透明度、氨氮为主要控制指标，倒逼各地环境基础设施普遍完善，污水收集处理能力得到提升，截至 2019 年年底，地级城市建成区黑臭水体消除比例达到 86.7%。然而，目前我国流域水环境质量依然低下，流域“低污染水”现象突出，尤其是汛期水体水质极易出现恶化，暴雨径流污染冲击现象突出。如何确保消除黑臭的水体及河流长治久清，这是“十四五”期间必须解决的重大问题。

尽管我国流域水环境在“十三五”期间基本完成了第一阶段的治理，即基本消除了污水直排、垃圾入河等现象；但是，控源截污不够精细化，河流水生态系统脆弱，监管能力不足，已成为制约河流水质稳定达标的关键问题，亟须科技支撑。将国家水环境管理需求和流域水环境污染综合治理与管理研究学科研究现状相结合，采用文献计量学和专利查新手段，对学科的研究热点、技术现状以及发展趋势进行了分析。

### 5.2.1.1 基于文献计量学的研究热点分析

以“( TS=basin ) OR TS= ( watershed ) AND TS= ( water environment treatment )”为检索条件在 Web of Science 数据库进行高级检索，1991—2021 年，共检索到 3 654 篇文献。

如图 5-1 所示，1990—2021 年，论文发表数量逐年增长，其中 1991—2004 年发文量比较稳定，每年发文量保持在 30 篇左右。自 2005 年以来，发文量呈逐年上涨趋势，尤其是 2010 年之后，发文量保持在每年 100 篇以上。这表明近 10 年来流域水环境污染综合治理研究受到越来越多科研工作者的关注，所取得的论文成果也显著增加。

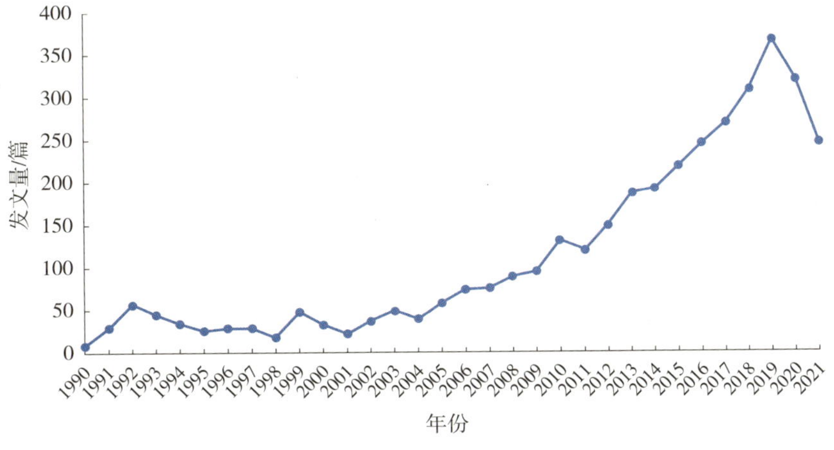


图 5-1　1990—2021 年论文发表数量变化情况

结合文献检索的研究方向，可以看出流域水环境治理主要集中在生态学、农业、水资源等方面，说明流域水环境多关注在生态治理 / 修复，农业面源治理等领域（图 5-2）。

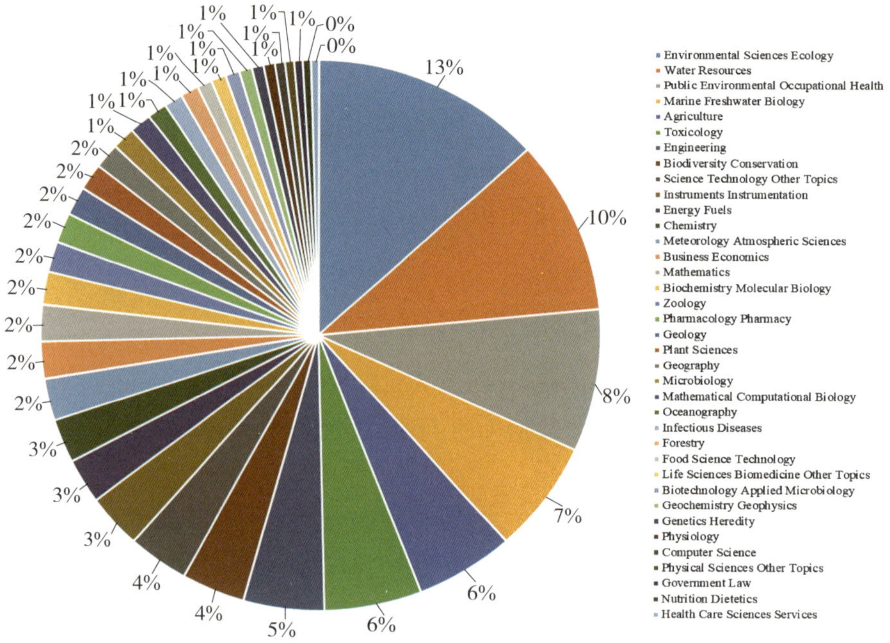


图 5-2　流域水环境污染综合治理研究方向分布

#### 5.2.1.2　基于专利查新的技术发展趋势分析

借助智慧芽专利数据库开展专利信息检索分析，以“TA_all:（流域）AND TA_all:（治理）”作为检索词，分析近 20 年流域治理领域专利申请趋势、申请人分布及主要技术研究领域。检索数据时间为 2000—2020 年，由于发明专利申请存在 18 个月的公开滞后期，专利申请数据公布存在一定滞后期，因此文中 2020 年的专利数据并不完整。

（1）专利申请数量

以“TA_all:（流域）AND TA_all:（治理）”作为检索词，共检索出流域治理领域相关专利 326 件，其中发明专利 240 件，实用新型专利 83 件，外观设计专利 3 件。自 2015 年以来，流域治理领域专利申请数量呈快速增长趋势

（图 5-3），这与国家 2015 年发布的《水污染防治行动计划》强调流域污染防治紧密相关。

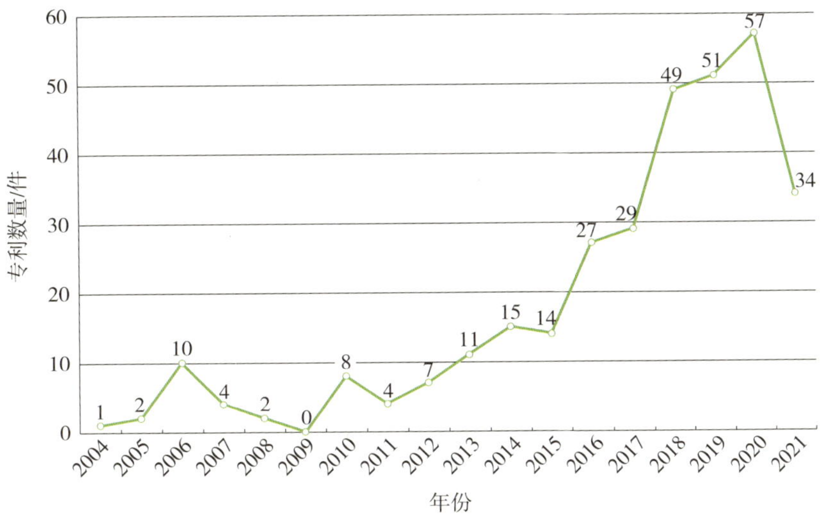


图 5-3　流域治理领域近 20 年（2000—2020 年）专利申请数量趋势

（2）专利申请人分布

当前，流域治理领域排名前十位申请人（单位）主要集中在水利水电、环境科学领域的科研院所及企业（图 5-4），申请专利数量占总申请数量的 20.6%。其中中国水利水电科学研究院和四川捷途环保服务有限公司申请数量达到 10 件及以上，表明流域治理主体的多元性，需要政府—高校—科研院所—企业共同参与。

（3）专利申请分类分布

专利申请分类采取 CPC 分类方法，通过 CPC 分类方法对流域治理领域主要研究技术进行趋势分析，其中水、废水或污水的生物处理（Y02W10/10）申请相关专利数量最多，占总申请数量的 8.3%。此外，受污染的开放水道、河流、湖泊或池塘（C02F2103/007）和河道修复（Y02A20/402）领域申请数量也较多，分别占总申请数量的 5.5% 和 4%。流域治理领域 CPC 分类详情如图 5-5 所示。

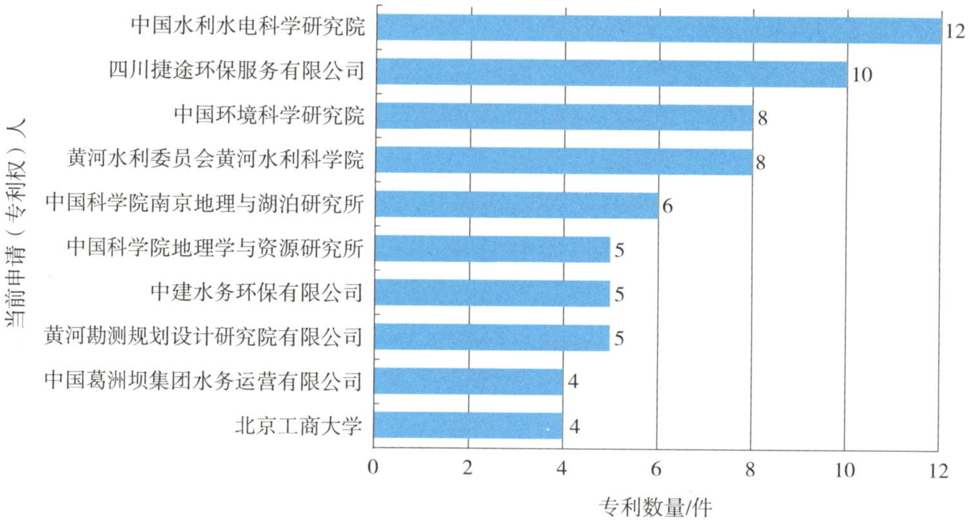


图 5-4　流域治理领域专利申请人（单位）前十名分布

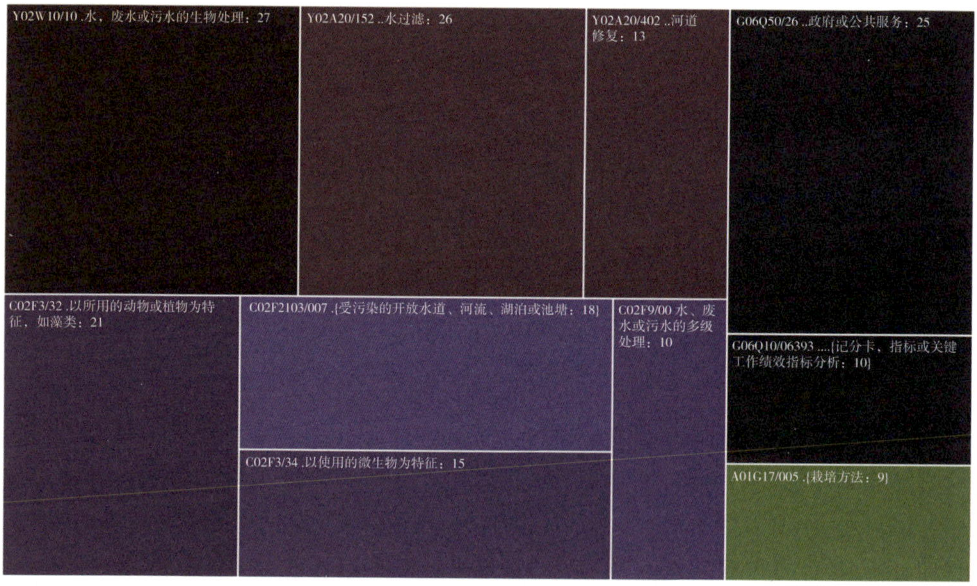


图 5-5　流域治理领域主要技术研究分布

（4）专利特点趋势变化分析

通过对流域治理领域“十一五”至“十三五”期间专利申请技术热点进行

分析可知，流域治理领域从早期的“就水治水”逐步转向陆水统筹、生态治理，尤其近 5 年面源污染、农村污水治理和模型是流域治理领域的热点，共申请专利 101 件。专利技术热点变化趋势如图 5-6～图 5-8 所示。

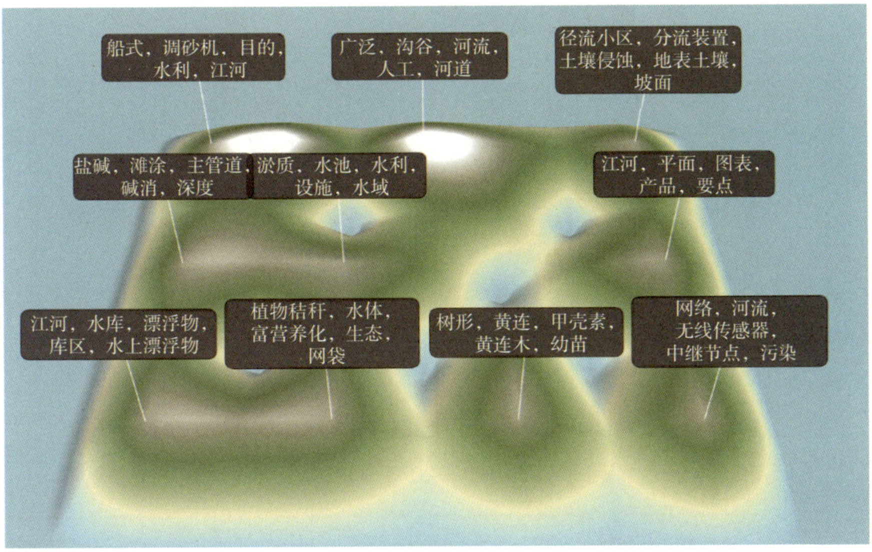


图 5-6 “十一五”期间（2006—2010 年）流域治理领域研究热点布局

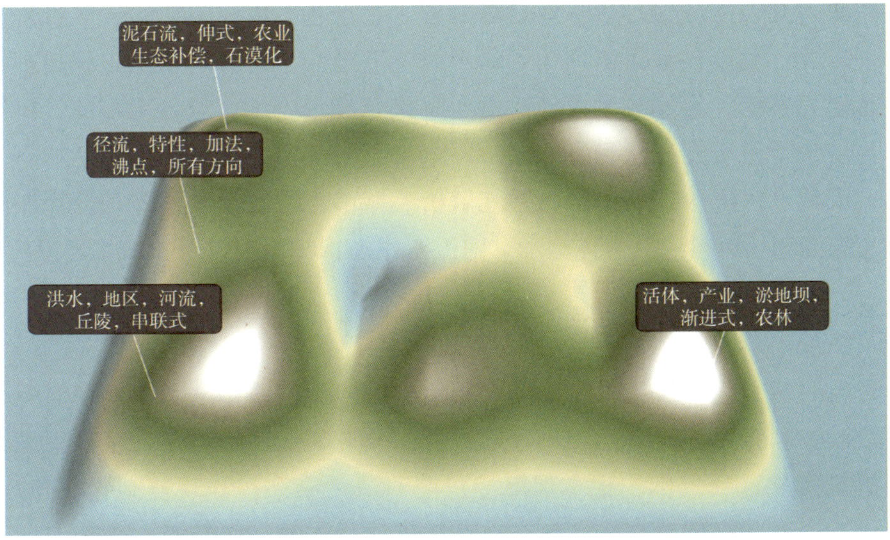


图 5-7 “十二五”期间（2011—2015 年）流域治理领域研究热点布局

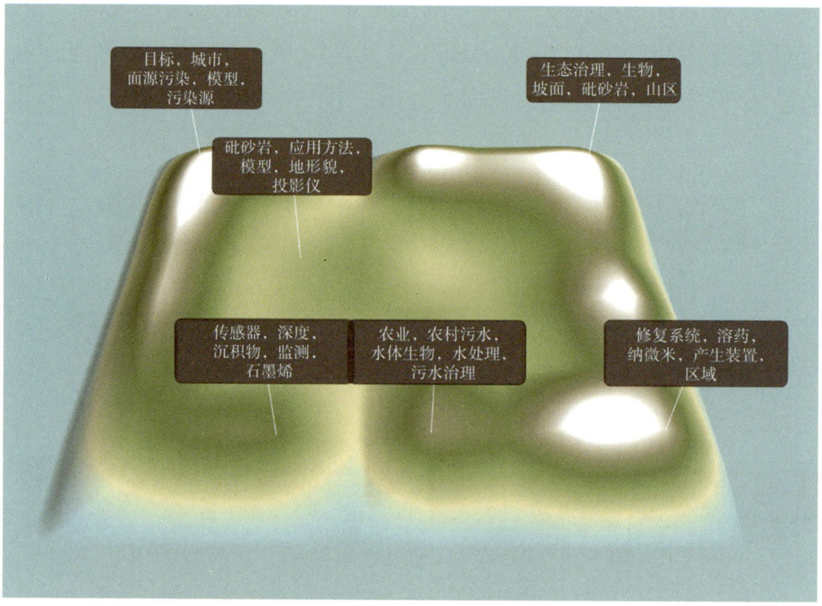


图 5-8 “十三五”期间（2016—2020 年）流域治理领域研究热点布局

### 5.2.1.3 未来学科发展

基于近 20 年流域治理与管理领域的文献计量学热点分析和专利查新的技术发展趋势可知，流域治理逐步从“单要素、单过程”向“多要素、多过程”协同治理转变，从单一水体治理向“陆水统筹”延伸，治理思路从工程治理逐步向生态优先转变，治理技术更加注重生态修复技术。结合流域水环境污染综合治理与管理学科研究现状和发展趋势，未来学科的发展方向主要包括如下几个方面：流域水污染源精准识别与智能解析、城市合流制溢流污染和分流制初期雨水污染控制、农村黑臭水体治理、河流水生态保护修复以及流域水环境监管。

## 5.2.2 流域水污染源精准识别与智能解析

流域的精细化管理是当前我国水环境管理工作的重中之重。实现对污染源的有效监控和管理是流域精细化管理重要的基础，而对污染源的精准识别与智能解析是实现这一目标的根本保障。目前河流污染来源呈现复杂化、碎片化、时段化特点，现有技术方法还存在精准度低、操作复杂等缺点，无法实现对污染源的精准、快速、便捷识别，尚未形成水环境污染来源精准识别技术体系，不能支撑地方在水环境治理过程准确把握污染来源，不满足精准治污、科学治污基本要求，导致出现“有想法没办法”或“底数不清方法多、情况不明决心大”等现象。因此，基于目前的形势与未来发展的趋势要求，迫切需要研发出能够精准、快速识别可能的污染原因和综合影响因素的关键技术，亟须建立污染源的精准识别与智能解析技术体系。在当今万物互联的发展前景下，水环境监管方式也应紧扣时代发展的脉搏，将水源地—监测手段—监管部门—解决方案形成一条线，从技术到设备层面需要有所突破。

在技术层面，研究光谱指纹—水质指标联合污染溯源技术，对水质考察指标实时预警—事前预警，预警超标时使用三维荧光光谱信息结合人工智能技术实现基于光谱指纹污染物的快速、精准溯源，分析当地污染源占比情况及响应关系。研发横向断面污染溯源和纵向上下游污染溯源技术，运用智能反演算法，解释氮磷污染时空分异规律。研发多模多级、优化迭代和协同比选的同位素示踪污染溯源技术，基于氢、氧、碳、氮等稳定同位素示踪技术，结合同位素代谢速率和同位素混合模型，识别面源污染类别。使用氨基酸和 DNA 识别技术，对污染源进行生物分子化学解析，为面源源头科学管控模式提供重要技术支撑。根据上述技术制定精确的治理和监控措施，实现对污染源的有效管理，最终实现流域环境保护目标。

在设备层面，研发便携式光谱指纹采集分析仪，解决原有数据采集模式效率低的问题，从采集地—留样—实验室—数据库的采集模式到采集地—数据库点对点采集模式的升级，生成全国范围内的水污染三维荧光指纹数据库。

### 5.2.3 城市合流制溢流污染和分流制初期雨水污染管控

随着黑臭水体治理进入“深水区”，城市合流制溢流污染和分流制初期雨水污染问题逐渐凸显，成为“牛鼻子”问题。初期雨水污染发生在城市分流制管网排水区域。初期雨水是指降雨初期的雨水溶解了空气中酸性气体、工厂废气、汽车尾气等污染性气体，降落后冲刷屋面、城市道路等，使晴天时沉积在屋面道路表面上的污染物和冲刷而出的自身材料混合到雨水中，形成有机物、重金属、氮、磷浓度高于城市生活污水的雨水。溢流污染发生在城市管网合流制排水区域。溢流污染是指在降水径流形成时，合流制排水系统存在流量超过管道截留能力，导致管道部分雨污混合污水通过溢流排入受纳水体，形成的瞬时污染源。

溢流污染和初期雨水的污染主要有三大特征。一是污染物浓度高，化学需氧量、悬浮物、氨氮、总磷等指标远高于城镇污水处理厂进水平均浓度。二是溢流污染发生频率高，据报道，很多城市单次降水量超过 10 mm 时就会发生溢流，尤其是南方城市，溢流发生次数可占到全年降水次数的 70%～80%。三是排入水体的污染物总量大，年降水量超过 800 mm 的部分城市每年因降雨径流和冲刷进入水体的污染物量与污水处理厂年污染物去除量基本相当，而排入水体的污泥量甚至超过污水处理厂污泥总产生量。降雨带来的初期雨水污染和溢流污染，导致雨后河道容易返黑返臭，造成水体富营养化，破坏水体生态结构，影响受纳水体的观赏价值，危害公共健康，部分区域甚至影响城市下游水质考核断面的稳定达标。

发达国家在 20 世纪 90 年代就已经重视溢流污染和初期雨水污染问题，通过制定规划指南、排放标准，采取源头控制等措施，减少溢流污染和初期雨水污染。目前，我国的溢流污水和初期雨水污染底数不清、研究基础薄弱、污染物排放标准缺失、缺少治理技术和模式、管理机制不畅等问题急需科技支撑。针对这些问题，未来需要摸清污染底数，开展溢流污水及初期雨水控制技术和装备研发，总结形成治理模式，建立溢流污水及初期雨水的排放标准体系，明确控制性污染物指标及限值，建立溢流污水及初期雨水精细化管理制度体系。

### 5.2.4 农村黑臭水体治理

农村黑臭水体治理是农业农村污染防治攻坚战的重要内容之一。2018 年 2 月，中共中央办公厅、国务院办公厅印发了《农村人居环境整治三年行动方案》，指出以房前屋后河塘沟渠为重点实施清淤疏浚，采取综合措施恢复水生态，逐步消除农村黑臭水体。2019 年 7 月，生态环境部等三部委联合印发了《关于推进农村黑臭水体治理工作的指导意见》，明确提出到 2025 年，形成一批可复制、可推广的农村黑臭水体治理模式。不同于城市黑臭水体，农村黑臭水体具有鲜明的特点，包括水体分散、分布面广、形成机理复杂、影响因素众多、污染源不清、治理体制机制不完善等。农村黑臭水体治理工作的推进需充分考虑水体显著差异的特点，因循就势、因地制宜、分类分区治理。

目前，已形成全国农村黑臭水体清单。但农村黑臭水体治理还处于起步阶段，治理技术、装备和模式严重匮乏，已成为制约农村黑臭水体治理工作推进的“卡脖子”问题。我国农村黑臭水体治理技术发展仍较为缓慢，分析原因有三：一是农村黑臭水体治理技术碎片化严重，缺少核心适用技术的系列化和规范化，严重制约了技术的推广应用。二是现有技术与目前农村黑臭水体污染特点的匹配度不强，我国地域东西南北差异较大，这造成农村地区的水污染特征具有明显的区域性，如何在现有的农村黑臭水体治理技术分析基础上，结合农村绿色发展的特点，提高黑臭水体治理技术的实用性，建立科学合理的分区绿色农村黑臭水体治理技术及模式，是推进绿色农村建设的关键。三是农村黑臭水体治理技术参差不齐，治理效果差异显著，工艺及设备耗能高，这就需要转变治理模式，结合农村黑臭水体实际特点，研发低耗、无动力、低产泥量等新型高效绿色黑臭水体治理关键技术及设备，满足绿色农村建设与发展的战略需求。

因此，针对农村黑臭水体的污染特点、技术应用“瓶颈”问题，探索基于区域差异化的分区分类绿色农村黑臭水体治理关键技术、治理模式及解决方案，研究农村黑臭水体与生活污水协同治理技术、生活污水分质处理及资源化回用技术，是未来该领域发展的主要方向。

### 5.2.5 河流水生态保护修复

河流综合治理与生态修复，是国家“山水林田湖草”生态保护修复的主要内容。近年来，随着国家和各地方对生态环境保护的重视与污染防治攻坚战的实施，河流水质提升取得阶段进展，但是与“山水林田湖草是一个生命共同体”理念要求仍存在较大差距。河流缓冲带是河流生态系统的重要载体，开展河流缓冲带划定与生态修复是贯彻落实《中华人民共和国水污染防治法》《水污染防治行动计划》和《关于创新生态环境保护体制机制推进长江经济带“三水共治”的工作方案》的重要举措。同时，开展河流缓冲带划定与生态修复是降低面源污染的有效途径，也是提高水环境承载力的有效手段，对推进水环境质量改善、推动治水工作“长治久清”具有重要意义。

目前，我国部分河流存在“破坏性治污、敏感生态空间受侵占”等现象，造成河流生态系统结构和功能受损严重。尤其是部分城市黑臭水体，虽已消除黑臭现象，但距离“清水绿岸、鱼翔浅底”仍有较大差距，通过调查 54 个城市的 415 个黑臭水体 1 243 千米河道硬化情况发现，黑臭水体河段两岸硬化率为 45.1%；底部硬化率为 11.1%，部分水体富营养化问题突出。建立统一的水生态监测与评价标准及有效的生态修复技术路径和模式，急需技术支撑。未来，如何以水功能区划、流域综合规划、流域控制单元等为基础，综合分析，优化水生态空间保护和利用格局，科学开展河流生态缓冲带划定与生态修复和管控是亟待解决的科技问题。

### 5.2.6 流域水环境监管

近年来，生态环境部推动实施了一系列的监测、督查、监管等工作，在黑臭水体治理攻坚战中，集成信息报送、信息发布、公众参与、督查自查报告及1个微信公众号于一体的黑臭水体智能化监管平台，实现了全国城市黑臭水体监管的精准化和可视化。在黑臭水体整治专项行动中，应用卫星遥感识别技术，有效地提高了工作效率和覆盖面；应用手机拍照识别黑臭水体技术，为全民参与黑臭水体监管提供了便捷有效的技术手段，推动黑臭水体治理取得显著成效。但相对来说，在推进相关监测、监管工作中，仍然存在监管技术手段缺失问题，主要包括以下几点：一是城市环境卫生监管不到位，导致旱季藏污纳垢、汛期零存整取现象较为普遍。二是汛后下游国控断面污染峰值监测和监管方法缺失，导致下游国控断面污染物浓度值升高，断面稳定达标存在困难。三是工业企业实时污染物排放监测手段有待加强，目前仍存在部分污染企业雨季偷排漏排未被及时发现的情况。四是亟须研发出适应现代化的快速水质监测仪器设备，改变传统水质监测方法费时费力、分析结果滞后于实际水质变动情况。

## 5.3 亟须突破的重点领域和技术

流域水环境污染综合治理与管理研究学科将以国家水环境保护重大战略需求和地方需求为导向，开展应用技术和设备研发，攻克技术“瓶颈”，探索科学问题，提高本学科在流域水环境领域的技术支撑能力和管理支撑能力。主要的科学问题与“卡脖子”技术如下：

### 5.3.1 流域水环境污染溯源技术

针对流域水环境污染来源多、污染过程复杂、治理重点不明、治理成效低等问题，开展流域水环境污染溯源研究，研发污染溯源技术，解析主要污染来源，为流域污染靶向治理、提质增效提供大力支撑。主要包括以下几点：一是多组分污染源混合条件下，基于三维荧光光谱的污染源定性半定量溯源原理分析；二是基于氨基酸、DNA 注释校验技术进行流域水环境污染源分类与快速定位，揭示不同种类、企业与行业排放驱动下流域复合污染机制；三是不同时空尺度和下垫面条件下，流域污染产—汇—输移规律及断面水质响应机理；四是基于源强和输移过程的污染关键源区识别技术；五是基于光谱指纹的特征峰筛选技术；六是光谱指纹与氨基酸—DNA 联用特征污染物精准注释技术；七是河流、湖库污染物迁移模拟与污染负荷核算技术。

### 5.3.2 区域差异化的绿色农村黑臭水体治理与管理技术

通过研究我国农村黑臭水体水质水量特点、污染特征、污染成因，突破低耗、无动力、低产泥量等新型高效绿色农村黑臭水体治理关键技术和治理模式，建立农村黑臭水体治理技术评估指标体系及方法，建立农村污染物资源化主要途径及技术体系，开发农村生活污水冬季稳定达标排放技术和建立智能化分区农村黑臭水体治理管理模式。这些技术主要包括集成分区分类农村黑臭水体治理技术；绿色低碳的农村黑臭水体治理模式；农村生活污水处理冬季稳定运行及强化脱氮除磷关键技术；农村生活污水及灰水资源化利用关键技术。

### 5.3.3 合流制溢流污染和分流制初期雨水污染控制技术

针对我国城市面源污染监管体系缺失、标准规范指导不到位、系统性和创新性污染控制研究缺失等问题，开展城镇面源污染监测与评估，建立多情景模拟城镇面源通量估算方法，探索制定流域城镇面源污染物排放标准，建立“源头—过程—末端”的城市面源雨污水全过程控制技术体系，提高城镇面源污染控制能力，有效削减城镇考核断面汛期污染物峰值。主要包括以下几点：一是流域尺度产流机制及多介质污染迁移特征及规律。主要技术难点在于如何界定初期雨水及面源污染监测方案设计。二是城镇面源污染通量估算技术方法。主要技术难点在于污染源分析及时空尺度上降雨地表径流和溢流污水流量监测。三是初期雨水和溢流污染物排放阈值确定技术方法。主要技术难点在于初期雨水弃流量和溢流负荷确定，构建城市管网模型以及流域面源污染模型。四是基于“源头—过程—末端”的城市面源雨污水协同控制技术。技术难点在于核算源头控制技术、过程控制技术和末端控制技术在实际运行时对污染物处理的贡献率。

### 5.3.4 流域水生态保护修复技术

开展河流生态缓冲带修复与监管技术及示范研究，按照山水林田湖系统保护要求，结合流域控制单元水质与水功能定位，综合考虑河流上下游、左右岸、水域以及水源涵养等陆域生态空间保护的关系，因地制宜，因河施策，科学确定河流缓冲带与生态修复范围。未来，如何以水功能区划、流域综合规划、流域控制单元等为基础，综合分析，优化水生态空间保护和利用格局，科学开展河流生态缓冲带划定与生态修复和管控是亟待解决的科技问题。主要包括以下几点：一是河流植被缓冲带功能与污染物净化机制；二是模型计算与实测结合的河流缓冲带划定技术方法；三是河流缓冲带生态修复模式与技术路线；四是河流缓冲带生态修复效益评估技术方法；五是河流缓冲带监管技术。

## 5.4 展望

“十四五”期间，流域水环境污染综合治理与管理研究学科将继续聚焦黑臭水体治理，以部重点工作为依托，持续深化学科发展，在环境科学院水环境领域总体发展定位下，为国家水生态环境管理提供科技支撑，为地方流域生态环境规划、综合治理与智慧管理提供技术服务。

### 5.4.1 学科发展与技术研发

持续深化发展流域水环境污染综合治理与管理研究学科，围绕水环境污染源解析、黑臭等重污染水体治理、河流水生态保护与修复、流域综合调控与监管等重点工作开展技术研发。培育流域水环境污染控制与生态修复技术研究、流域水环境综合调控与管理技术研究两个优势研究方向，进一步提升流域水环境演变及监测预警技术研究方向的行业影响力。

#### 5.4.1.1 流域水环境污染控制与生态修复技术研究

（1）发展目标

以流域水环境污染控制和生态修复为目标，以黑臭水体治理为重点，建立农村生活污水等黑臭水体污染源治理技术体系，开展面源污染阻控、河流水生态修复、河流缓冲带保护修复等技术研究，构建由“水域到岸边到陆域”的流域水生态环境治理技术体系，技术支撑生态环境部农村黑臭水体治理和河流缓冲带保护修复管理工作，为流域水生态环境综合治理提供技术服务、解决方案及工程咨询等。

（2）未来任务

立足农村黑臭水体治理及防控，研发农村生活污水等治理装置 / 设备，形成农村黑臭水体治理技术装备和模式，围绕城市面源污染，开展溢流污染和初期雨水的控制技术研究，深化河流缓冲带划定和修复技术研究、河流生态修复技术研究，评估集成流域水体富营养化控制技术，研发流域水体的富营养化控制系列产品，构建具有区域特色的农村水生态环境污染控制及预防体系，建立有效的水生态修复技术路径和模式，提高水环境领域的工程咨询能力、技术支撑与管理支撑水平，加强技术推广或产品化，提升工程解决能力。

#### 5.4.1.2　流域水环境综合调控与管理技术研究

（1）发展目标

流域治理遵循问题诊断、方案优化、保护修复、监督管理思路，重点围绕流域水环境综合调控与管理技术开展研究，持续支撑生态环境部城市、农村黑臭水体攻坚战重点工作，为国家水生态环境管理提供科技支撑，为地方流域生态环境规划、综合治理与智慧管理提供技术服务。

（2）未来任务

开展流域水环境问题系统解决方案、监管技术研究，围绕城市面源污染，开展监测和评估技术方法、管控模式和机制研究，重点攻克城市合流制管网溢流污染控制标准及风险管控、分流制管网初雨污染精准管控技术，建立不同区域差异化的“风险源—污染途径—受体”全过程污染分级分类指标及分区、分期的差异化管控决策体系，形成流域水环境调查评估、黑臭水体整治、长效精准管控的闭环流程。

#### 5.4.1.3　流域水环境演变及监测预警技术研究

（1）发展目标

以流域水生态环境整体规划为主线，以流域为载体，按照“一点两线”“三水统筹”“四个在哪里”总体思路，开展流域水生态环境问题诊断、症结分析、解决措施、精准施治等工作。结合“十四五”时期流域规划、水环境承载力及农村黑臭水体等支撑工作，开展流域水环境模拟研究，研发流域水环境演变及监测预警技术，形成流域污染溯源、监测预警及水环境演变的丰富学科体系。

（2）未来任务

集成流域水环境演变及监测预警技术体系。研发水质条形码技术对水环境污染源进行初步判别、基于光谱指纹技术进行快速溯源、基于同位素技术进行校验修正，集成水环境污染精准溯源技术体系；研发基于在线监测加云端计算的水质异预警技术，对河流水质异常进行事前和事中预警，进行污染溯源，做到查、测、溯、治；基于流域污染解析、溯源等研究，诊断流域水环境，并对水环境发展趋势进行模拟和研判。

## 5.4.2 “升级版”污染防治攻坚战管理支撑

“十四五”期间，重点开展“升级版”黑臭水体治理攻坚战管理支撑，根据“十四五”黑臭水体治理工作任务总体部署安排，按照“横向扩展、纵向深入”的思路，做好黑臭水体治理管理支撑。

### 5.4.2.1 技术支撑巩固地级及以上城市黑臭水体治理成果

依托合流制溢流污染与分流制初期雨水污染控制标准与技术研究、河流缓冲带划定和修复技术研究、河流生态修复技术研究等成果，持续解决城市黑臭水体治理面临的溢流污染、生态脆弱等问题，支撑城市黑臭水体治理向纵深发展，为实现水体“长治久清”，初步实现“有水有鱼”“有河有草”“人水和谐”治理目标提供有效技术支撑。

### 5.4.2.2 技术支撑开展县级市和农村黑臭水体治理

依托黑臭水体快速识别、监管、治理等技术研究成果，技术支撑开展县级市建成区黑臭水体排查、治理工作，农村黑臭水体治理试点示范工作，形成可推广、可复制的农村黑臭水体治理技术和模式，为实现2025年基本消除县级市建成区黑臭水体、消除一定比例农村黑臭水体提供技术支撑。

编写人员：高红杰　刘瑞霞　于会彬　刘晓玲　袁　鹏
柏杨巍　张秋英　冯慧娟　常　明　苏　洁

# 6 污染控制

## 6.1 需求分析

### 6.1.1 工业废水污染控制与资源化

《水污染防治行动计划》（以下简称“水十条”）明确要求，狠抓工业污染防治，取缔“十小”企业，专项整治重点行业，集中治理工业集聚区水污染，优化产业空间布局，推动污染企业退出城市建成区，加强工业水循环利用，鼓励钢铁、纺织印染、造纸、石油石化、化工、制革等高耗水企业废水深度处理回用，全面推行排污许可，禁止无证排污或不按许可证规定排污行为。

“水十条”实施以来，工业“退城入园”工作不断推进，排污许可制度全面实施，工业园区综合污水处理厂逐渐成为工业废水末端处理与排放的主体，工业废水治理监管进一步严格。石化、化工、钢铁、有色、印染、造纸、农副食品加工等主要排水行业的污水排放标准和污水资源化需求不断提高，对水污染控制提出了更高要求。“十一五”以来，水污染全过程控制理念在重点行业逐步得到推广，通过清洁生产和废水预处理，有毒及难降解污染物的源头控制水平不断提高，臭氧催化氧化等高级氧化技术在污水深度处理中得到推广应用，难降解有机物去除率显著提高；双膜法等污水深度处理回用技术大规模推广应用，工业废水再生利用率不断提高，废水处理产生废气、污泥的处理处置水平不断提高，污水处理成本和能耗水平大幅提高。

工业园区污水处理厂废水来源多，差异性大，造成进水水质水量波动大，有毒及难降解有机物冲击明显，直接影响出水水质稳定达标和回用，现有常规指标的在线监测难以有效识别有毒及难降解有机物冲击，急需研发快速有效识别有毒及难降解有机物冲击的水质预警技术与设备，并实现与水质预警设备的联动优化运行和智能化控制。

综合污水处理厂深度处理单元建设投资大、运行成本高和能耗高，已成为节能降耗和降低碳排放水平的重点。需进一步挖掘废水深度处理的节能降耗潜力，降低碳排放水平。

### 6.1.2　农村污染综合治理与环境修复

随着农村厕所革命的推进和农村居民生活水平的提高，农村生活污水和垃圾治理需求显著提高。2018 年 2 月，中共中央办公厅、国务院办公厅印发了《农村人居环境整治三年行动方案》，提出开展厕所粪污治理，梯次推进农村生活污水治理。2019 年中央农办、农业农村部等九部门联合印发《关于推进农村生活污水治理的指导意见》，要求合理选择农村生活污水治理技术模式，因地制宜地采用污染治理与资源利用相结合、工程措施与生态措施相结合、集中与分散相结合的建设模式和处理工艺，并鼓励采用人工湿地、氧化塘等生态处理模式。从此，国内农村污水治理进入新阶段。随后，各省（区、市）相继颁布了农村生活污水的地方排放标准，农村生活污水污染控制要求进一步提高。2021 年 6 月 1 日，《中华人民共和国乡村振兴促进法》开始实施，要求加快农业农村现代化、推进城乡融合发展，充分发挥乡村在保障农产品供给和粮食安全、保护生态环境、传承发展中华民族优秀传统文化等方面的特有能力。

### 6.1.3　氮磷污染防控及资源化

一方面，氮磷会引发水体富营养化，进而危害水体中鱼类和水生态系统健康，“水十条”要求深化重点流域污染防治，对化学需氧量、氨氮、总磷、重金属及其他影响人体健康的污染物采取针对性措施，加大整治力度，汇入富营养化湖库的河流应实施总氮排放控制。环境容量较小、生态环境脆弱，环境风险高的地区，应执行水污染物特别排放限值。加强近岸海域环境保护，沿海地级及以上城市实施总氮排放总量控制。另一方面，氮磷是重要的农业资源，是种植业的重要肥料，因此氮磷污染防控与资源化对生态环境保护和农业可持续发展都具有重要意义。

### 6.1.4 污水资源化

2021 年国家发展改革委发布《关于推进污水资源化利用的指导意见》（发改环资〔2021〕13 号）（以下简称《指导意见》），强调在工业、城镇和农业农村等领域系统开展污水资源化利用，并指出到 2025 年，全国地级及以上缺水城市再生水利用率达到 25% 以上，京津冀地区达到 35% 以上；工业用水重复利用、畜禽粪污和渔业养殖尾水资源化利用水平显著提升；污水资源化利用政策体系和市场机制基本建立。“十四五”时期，推进重点领域污水资源化利用及工程示范，将再生水纳入水资源统一配置，替代常规水资源，用于工业生产、市政杂用、生态补水等，既可提高水资源的供给能力、缓解供需矛盾，又可保护水生态安全，对于推进生态文明建设，实现高质量发展具有重要的意义。依据《指导意见》，国家将推动将污水资源化关键技术攻关纳入国家中长期科技发展规划、“十四五”生态环境科技创新专项规划，部署相关重点专项开展污水资源化科技创新。重点突破污水深度处理、污泥资源化利用共性和关键技术装备。

### 6.1.5 河流水生态完整性评价及生态恢复

近年来，我国重点流域水环境质量逐年向好，但流域生态功能退化形势依然严峻，仅靠常规的水质监测评价难以全面反映流域水生态健康状况。同时，以往的截污和水质改善措施也无法全面适应未来水生态保护修复的管理需求。为此，国家在重点流域水生态环境保护“十四五”规划编制中，明确要求加强水生态保护，并将水生生物完整性指数纳入目标指标体系。这一政策的实施是国家在水生态环境管理中由水质管理向水生态管理转变的重要标志。

针对当前水生态环境质量评价及保护修复的政策转变及技术需求，构建物理、化学、生物完整性评价指标体系，进行水生态完整性评价，识别水生态退化机制，诊断水生态退化原因，进而提出精准的水生态修复策略和方案是当前急需开展的研究工作。

### 6.1.6 污染场地风险评估与修复治理

在重污染企业“退城入园”等过程中，企业搬迁后原有土地通常受到较重污染，必须进行修复治理后才能作为城市建设用地进行开发。因此，污染场地风险评估和修复治理在近年来表现出很大的需求。例如，我国大型石化化工企业数量众多、分布广，其中长江经济带分布有化工企业 14 813 家，主要集中在 158 家省级以上化工园区和上千家市级园区，目前，我国 90% 以上大型石化场地存在不同程度的污染，泄漏率高，地下水中有机污染物检出率高。因此，污染场地的土壤和地下水污染修复是当前美丽中国建设和生态环境保护的迫切需求。

### 6.1.7 环境应急

生态环境安全是国家安全的重要组成部分，是经济社会持续健康发展的重要保障。党中央、国务院和生态环境部高度重视突发环境事件的防范和应急处置工作，党的十九届五中全会对“完善国家应急管理体系，加强应急物资保障体系建设”“统筹发展和安全，建设更高水平的平安中国”有着明确的要求。“水十条”明确要求，严格环境风险控制，稳妥处置突发水环境污染事件；攻关研发前瞻技术，其中包括危险化学品事故和水上溢油应急处置等技术。

目前，突发环境事件的风险防控、应急准备、应急处置和事后恢复等方面还存在不少短板和技术难题。“十三五”以来，各地区和各级生态环境部门及时、科学、妥善处置各类突发环境事件，各项工作取得显著进展。但是我国以重化工为主体的产业结构和以公路运输为主的运输结构没有发生根本改变，突发环境事件的高发态势没有根本扭转，随着对突发环境事件应急处置要求的不断提高，相关技术和物资储备以及技术支撑能力还有待进一步加强。

### 6.1.8 环境技术评估与工程诊断

环境技术评价制度是我国环境技术管理体系的重要组成部分。提高环境保护技术创新发展水平和与成果转化应用进程，需要充分发挥污染防治技术成果评价的“指挥棒”作用，通过科学、客观、公正地建立评价标准和质量控制体系等，准确反映环保科技成果的创新水平、应用绩效和对污染防治的实际贡献。“水十条”要求，完善环保技术评价体系，加强国家环保科技成果共享平台建设，推动技术成果共享与转化。

污水处理厂等污染防治工程是支持我国生态文明建设和改善水环境质量的

重要基础设施，随着环保投入的不断加大，我国污染防治工程的数量和处理能力都有了极大的提高。以污水处理厂为例，根据《第二次全国污染源普查公报》，2017 年，我国城镇污水处理厂 8 969 个，工业污水集中处理厂 1 520 个，农村集中式污水处理设施 66 612 个，其他污水处理设施 947 个，污水年处理总量 652.14 亿 $m^3$。污水处理厂单元多、影响因素多，稳定高效运行难度大，再加上许多污水处理厂的管理和运行较粗放，工作人员专业性差，运行不正常、出水不能稳定达标的现象依然严峻。对标新时代新要求，全面进入从“粗放式发展”到“高质量发展”，从“传统模式驱动”到“创新模式驱动”的变革期。因此对污水处理厂进行运行诊断和精细化监管十分必要和关键。

## 6.2 现状与趋势

### 6.2.1 工业废水污染控制与资源化

针对工业园区综合污水处理厂的常规监测预警设备，主要是 COD 在线检测仪、溯源仪等。COD 在线检测仪仅能体现有机物浓度变化，难以反映有毒难降解有机物对生物处理系统的影响。溯源仪主要响应某类污染物或废水的来源，同样难以反映有毒难降解有机物对生物处理系统的影响。如何构建有毒难降解有机物对生物处理系统的响应关系成为确保综合污水处理厂稳定运行的关键因素之一。

石化、化工行业等工业废水通常含有有毒有机物，源头预处理是这类废水的必然选择。由于有机物浓度高、毒性大，通常需采用高级氧化、还原等物化方法。这类方法普遍存在针对性较差、成本高等问题。生物法是处理有机污染废水的常用且经济的方法。生物法中的水解酸化工艺对有毒有机物具有明显的削减毒性能力，是一种有潜力的含有毒有机物废水的脱毒工艺。

“十二五”末到“十三五”末，臭氧催化氧化成为难降解有机废水的深度处理工艺首选，臭氧催化剂是深度处理方面有效且高效进行的关键材料，可有效降低化学反应的活化能，促进反应快速进行，通过载体和活性组分有机组合可选择性去除不同结构特性的难降解有机物。

### 6.2.2 农村污染综合治理与环境修复

农业农村水污染的特点是排放源分散，收集和稳定达标处理难，亟须采用污水分散处理与就地资源化技术，在治理污水的同时，实现人居环境的整体提升和改善。分散农户家庭污水污染控制包括厨房污水治理和厕所污水治理与回用。如何将化粪池建设、厕所污水净化除臭与农田回用、厨房污水除油净化与农田回用、厨余垃圾发酵农田利用等方面有机结合，形成农村散户水污染控制的技术模式是当下农村污染治理的发展趋势。此外，解决垃圾围村、乱堆乱放等现象也是目前农村污染综合治理、人居环境提升亟须解决的重要问题。

### 6.2.3 氮磷污染防控及资源化

氮磷污染防控及其资源化技术一直以来是国内外的研究热点，近年来氮磷污染深度净化技术、低碳氮比污废水净化及资源化技术、磷回收及其资源化技术、控氮磷污泥减量化技术、水体氮磷强化净化技术、氮磷污染防控及其资源化集成技术等是国内外学者关注的重点，尤其是上述集成技术中强化脱氮除磷及资源化材料和设备单元的开发；“乡村振兴”和农业面源污染防治是“十四五”环保工作的重点工作，农村污水脱氮除磷及资源化、农业面源氮磷污染防控集成技术也是未来关注的重点。

在强化脱氮除磷及资源化材料和设备单元开发方面，针对低碳氮比污水处理，甲醇、乙醇、乙酸、乙酸钠、葡萄糖等可溶性碳源存在成本较高、投加量难以控制、污泥量较高、易造成二次污染等问题；而固体碳源中的人工合成可降解的聚合物（聚羟基丁酸酯、聚羟基脂肪酸酯、聚己内酯等）存在价格偏高（5 万～6 万元 /t）的问题；但农业废弃物等天然纤维素类物质由于其木质纤维素结构复杂而具有缓释性，同时具有来源广泛、低价易得和比表面积大的优点，但木质纤维素结构也导致反硝化速率较低，同时起始阶段可溶性小分子有机碳大量释放会导致二次污染，这些弊端限制了其实际应用。如何围绕天然纤维素类物质开发强化脱氮除磷及资源化材料是未来的研究热点。相关材料研发出来后，如何使材料发挥最大效益，配套设备单元的开发也亟须开展。

### 6.2.4 污水资源化

我国污水资源化利用尚处于起步阶段，发展不充分，利用水平不高。目前城镇污水排放量每年约 750 亿 $m^3$，再生水利用量不足 100 亿 $m^3$。城市人口增长带来了巨大的用水需求，华北地区由于长期过度采掘地下水导致地面沉降现象严重，此时将污水资源化后进行生态补水可以有效缓解水资源短缺问题。

现阶段我国再生水主要用于景观环境用水及工业用水领域，污水回用重点行业包括钢铁、火力发电、化工、印染、造纸等。污水资源化通常需要在生物处理基础上进一步开展深度处理，常用深度处理技术包括混凝沉淀、过滤、活性炭吸附、曝气生物滤池、高级氧化、膜分离及消毒等。

污水资源化利用主要存在问题：①标准体系不健全。再生水利用水质标准覆盖面不全；污水处理厂排放标准、水环境质量标准和再生水生态环境利用水质标准之间缺统筹、欠协同；缺少污水资源化利用效益评价标准、生态环境风险管理标准、技术工艺标准、装备标准和服务与监管标准等。②污水资源化利用技术效能有待提高。

### 6.2.5 河流水生态完整性评价及生态恢复

近 30 年来，国际水环境管理理念已逐步从水质管理转向水生态健康管理，美国、欧盟等国家及地区已经建立了成熟的水生态完整性监测与评价体系，并已应用于水环境管理。我国流域水生态完整性评价及保护修复研究工作起步较晚，理论及实践研究相对滞后，还停留在局部区域的研究性工作层面，在管理中尚未建立正式的技术框架或规范，无法指导各个流域开展相关工作。

目前多个国家已在战略相关文件中明确保护修复水生态作为目标实施水环境、水生态管理，并更加注重在顶层设计中考虑各生态环境要素的关联性与系统性，水生态完整性评价及恢复技术可以满足水生态管理中对各个关联要素的统筹考虑，可以说开展基于水生态完整性评价的生态环境管理是世界水生态管理的发展趋势。

### 6.2.6 污染场地风险评估与修复治理

我国引入污染场地风险评估至今已有 20 多年。目前，我国基本上形成了基于风险的污染场地环境管理技术体系，“十三五”期间取得了较大进展，2019 年 12 月，生态环境部发布《建设用地土壤污染风险评估技术导则》（HJ 25.3—2019）替代《污染场地风险评估技术导则》（HJ 25.3—2014），这是我国针对风险评估发布的最新技术规范。但由于我国的风险评估规范主要是引进发达国家早期的风险评估方法，在实际应用中存在过于保守的情况。因此，开展基于土壤污染物形态归趋等方面的精细化风险评估理论与方法研究，研究制定基于不同形态的土壤污染物风险筛选值和修复目标值，以解决目前因评估结果过于保守而导致过度修复的问题，对我国污染场地治理工作具有重要意义。

目前，我国已初步建立了包括风险评估—应急准备—应急处置—损害评估在内的环境应急管理体系，生态环境部相继发布了《国家突发环境事件应急预案》《关于建立跨省流域上下游突发水污染事件联防联控机制的指导意见》《集中式地表水饮用水水源地突发环境事件应急预案编制指南（试行）》《行政区域突发环境事件风险评估推荐方法》《企业突发环境事件风险分级方法》（HJ 941—2018）、《建设项目环境风险评价技术导则》（HJ/T 169—2018）、《企业事业单位突发环境事件应急预案评审工作指南（试行）》《企业突发环境事件隐患排查和治理工作指南（试行）》《突发生态环境事件应急处置阶段直接经济损失评估工作程序规定》《突发环境事件应急监测技术规范》（HJ 589—2010），企业和地方政府的环境应急意识明显提高，突发环境事件的预防准备工作得到有效加强，应急处置专家团队、监测力量、处置能力得到有效提升。

对河流突发水污染事件应急处置、自来水厂应急处理供水、火灾爆炸事故污水产生污水应急处置均积累了大量实战经验，初步形成较完备的应急处置技术库。在突发水污染事件应急处置方面，通过长期实践形成了南阳实践模式，按照“空间换时间”的原理，通过找空间—定方案—抓演练，将有效提升地方的水污染应急处置能力建设。

在技术评估方面，“十三五”期间开展了验证评价方法与综合评价方法的研究。开发了验证评价指标遴选、验证测试、评价方法优化等关键技术，构建基于不同技术特点的污水生物处理技术、分散型污水处理技术领域的验证评价方法。设计由环境效果指标、工艺运行指标、维护管理指标、技术经济指标等构成的分层次分领域的环境技术验证评价指标清单；结合技术创新点和技术自我声明、环境保护需求等，建立了常规指标、特征指标、综合评价指标的遴选原则和优化方法；基于不同技术特点及 ETV 可持续发展需求，建立测试周期、采样频率、采样点确定原则和方法；在传统测试方法基础上，构建复杂现场条件、复杂工况条件下的关键运行指标采集匹配方法，提高验证数据可靠性、验证评价结果科学性。

在综合评价方面，建立了基于环境、经济、技术的三维评价指标体系及层次分析法、标杆法、技术就绪度法相结合的评价指标体系，结合水专项成果在城市污水、农业面源、水体修复等技术领域开展了综合评估。发布了《环境管理　环境技术验证》（GB/T 24034—2019）、《农村生活污水处理技术验证评价规范》（T/CSES 19—2021）、《污水生物处理技术验证评价规范》（T/CSES 20—2021）、《水污染治理技术综合评估导则》（T/CSES 26—2021）等技术评价方面的国家标准及团体标准。随着技术评价领域的增加，评价方法的多元化及评价标准的规范化将是今后的发展趋势。

在工程诊断方面，“十三五”期间，随着我国数字化、网络化、智能化的高速发展，大中型水务企业纷纷提升产业集中度和专业度，加快水务行业软硬件平台、设备制造、解决方案的研发与推广，智慧水务成为水务行业的热点领域。深圳水务集团的数字化工厂，在净水厂采用神经元网络算法建立数学模型，实现精准控制碱铝投加量。工艺智能算法使加药系统初步具备自学习能力，显著降低水厂生产药耗。北控水务通过智慧水务云平台提升故障诊断与运营能力。随着在线监测技术的发展和智能控制技术的成熟，以及智慧水务的高速发展，为“知识综合法”“数学模拟诊断法”“统计学诊断法”等污水处理设施的故障诊断方法提供更多途径，也为以“大数据”为基础的“人工智能诊断法”提供不断优化的数据基础。

## 6.3　亟须突破的重点领域和技术

### 6.3.1　工业废水污染控制与资源化

基于微生物燃料电池的传感器可实现有毒有机物对电信号的快速响应，但是传感器本身的稳定性、操作运行的简便性仍需突破，而且产电菌的电信号与综合污水处理系统微生物的运行性能的相关性也需突破及进行系统的研究。

石化、化工行业等工业废水通常含有有毒有机物，源头预处理是这类废水的必然选择。由于有机物浓度高、毒性大，通常需采用高级氧化、还原等物化方法。这类方法普遍存在针对性较差、成本高等问题。生物法是处理有机污染废水的常用且经济的方法。生物法中的水解酸化工艺是去除石化、化工行业等工业废水中有毒有机物的常用工艺，而有毒有机物的转化去除与微生物的降解特性及有毒有机物的结构都有明显关系，而且微氧、零价铁、电化学等耦合方法也对强化水解酸化有协同作用。水解酸化微生物的脱毒机制以及与不同耦合工艺的协同作用机制是关键科学问题。

随着废水中污染物向结构复杂、低浓度难降解趋势发展，以悬浮性填料和催化剂等为内容的水环境治理材料应用成为限制处理水平的关键。但是针对不同类型废水材料开发效率较低、人工耗费较大、适用精准性较低等特点，而目前人工智能方法以数据驱动的模型替代传统研究中的数学模型，直接由高维、高通量数据建立变量间的复杂关系，捕捉传统材料研究方法难以发现的规律，在复杂系统的分析、预测、优化方面拥有优势。而通过人工智能来寻求环境污染治理材料中传统研究方法所面临难题的新的解决方案，目前已成为研究领域的发展趋势。

### 6.3.2 农村污染综合治理与环境修复

（1）农村生活污水是一类重要的污染源

农村地区人口密度小、居住分散，使农村生活污水具有产生量小、水质与水量波动大、收集与处理难等特点，加之污水往往与雨水混合，污染物浓度低，因此，在处理技术上的要求不同于城市生活污水。农村治污不能走城市集中处理的老路，必须代之以分散处理、分散利用，就地资源化、能源化的新路。

（2）厕所革命实现“人性化、无害化、资源化”

人性化和无害化是指公共厕所的舒适度提高，为大家提供更好的卫生条件，旅游景区内的公共厕所更加便利，同时具备景观特色。实现厕所中资源再利用，特别是黄、灰、黑水都找到资源化的出路。

（3）在农村生活垃圾治理方面

引导村户垃圾分类，提升垃圾资源化利用水平，开发厨余垃圾发酵农田利用等关键技术，对于现存农村非规垃圾填埋场，进行精准调查监测、科学评估指导、经济有效治理，降低垃圾堆放对周边环境污染的风险。

### 6.3.3 氮磷污染防控及资源化

开发集成经济高效的低碳氮比、高碳磷污废水治理及资源化集成技术、控氮磷污泥减量化集成技术、水体缓冲带、人工湿地等氮磷污染防控生态修复集成技术等是氮磷污染防控及资源化领域中亟待解决的科学问题，此外，如何在实现氮磷污染防控及资源化过程中减少 $N_2O$ 排放也是应该关注的科学问题。

### 6.3.4 污水资源化

高效利用并推广污水资源化及工业水回用工艺技术，可以提高工业用水效率，保障工业水回用行业的可持续发展，为提升我国水环境与水生态高质量发展和加快水生态文明建设提供支撑，并为我国环保企业"走出去"和增强我国环保企业国际话语权做出贡献。

标准化及工程应用的核心问题是如何根据工业水回用行业、服务对象、特定污染物指标等建立工业水回用的综合评价方法，探索工业水回用技术减排降碳实用技术组合，通过关键技术筛选、工艺技术集成以及技术评估等过程研究，构建统一的工业水回用技术准入要求，促进工业水回用科技创新成果产业化推广和工程应用。

### 6.3.5 河流水生态完整性评价及生态恢复

通过综合调查水生态各要素指标进而评价水生态完整性，识别水生态退化原因并提出有针对性的保护修复方案是全面认识和掌握水生态状况及变化趋势，实施水生态保护与修复成效的基本手段和工具。但在实际水生态保护与管理中尚未应用与推广，制约其应用与推广的原因之一是人类活动影响对水生态系统退化的耦合关系尚待揭示。我国不同区域、流域自然禀赋各有特点，社会经济发展水平千差万别，人类活动干扰程度差异明显，水生态完整性评价在指标筛选、权重确定、评价标准设置等方面尚未达成统一的技术体系。更无法照搬欧美发达国家采用的方法，甚至国内某一流域的评价指标、权重和标准也不能直接推广至其他流域。

### 6.3.6 污染场地风险评估与修复治理

（1）参数和模型均借鉴国外研究成果

尽管我国土壤相关技术导则陆续出台，但基础研究比较薄弱，参数与评估模型多借鉴国外的研究成果，从而造成了我国土壤风险评估的技术局限性。例如，导则中的污染物性质参数推荐值大量源于美国国家环境保护局。我国污染场地土壤风险评估的相关参数需要进行大量的基础调查研究，建立符合我国国情的人群暴露参数资料库。

（2）评估参数不完整

当前我国颁布的风险评估导则，评估参数的完整性有待进一步完善，实际工作中往往存在因污染物的毒理学和理化性质参数的缺乏而使风险评估无法继续开展。

（3）现有模型对污染场地刻画不够精确

目前基于风险的污染场地调查、评估与修复管理技术体系主要建立在以下两个假设的基础上：①场地土壤和地下水介质是均质的；②场地风险主要取决于污染物总量。但复杂场地的土壤和地下水介质往往非均质，场地风险不仅与污染物的密度相关，而且与污染物在场地中的形态归趋密切相关。

由于污水处理工程中较常应用的生物处理技术、化学氧化技术在河流水体中会造成新的污染或生态破坏，因此，目前河流突发水污染事件中溶解性难化学沉淀污染物的应急处置仍存在技术“瓶颈”，例如，氨氮以及挥发酚等造成的突发水污染事件，仍主要依赖调水稀释的方法，急需研发在河道中能够应用的技术。

### 6.3.7 环境技术评估与工程诊断

（1）环境技术评估方面

评估理论和方法研究尚存在不足，技术手段相对落后，大数据、人工智能、信息化评价工具手段运用不足。政府、社会、企业、融资机构等参与的多元评价体系尚未建立，制约了污染防治技术创新链条中技术评估的作用。随着技术评估案例的积累、对技术评估认知水平的不断提升、技术评估领域的拓展，已经发布的技术标准会存在支撑能力不足、与环保形势脱节等问题。需要通过政府、联盟单位及市场的共同推动，适时更新标准，以适应新的环境保护发展形势。

（2）工程设施诊断方面

现有的智慧水务系统虽然在应用层面发展很快，然而在污水处理设施运行的实际应用中，与真正的智能化控制与故障诊断差距还很大。很多诊断方法或诊断系统只能停留在建模、小试系统应用与优化的层面，无法在实际污水处理过程中进行优化与完善。同时，污水处理的应用场景多，水质、水量、工艺类型的不同组合，也使故障诊断很难实现标准化和完全智能化。现有的诊断方法或者诊断系统也基本集中在对某种处理工艺、单一的故障诊断问题等，对于多种处理工艺都通用的诊断系统和多方位故障诊断还比较缺乏。

## 6.4 展望

### 6.4.1 工业废水污染控制与资源化

综合污水厂的稳定运行是影响其稳定达标以及节能降耗的关键。高效灵敏的毒性冲击预警传感器可以有效地规避这种风险，在易发生毒性冲击的工业园区具有广阔的应用前景。

水解酸化脱毒工艺不仅可以低成本地实现含有毒有机物的转化与去除，而且组合成甲烷工艺还可回收甲烷，实现节能降碳，未来将有较为广阔的应用前景。

环境污染治理材料学科立足环境工程，围绕环境污染治理材料研发交叉学科做出探索性研究，选择环境污染治理工程和环境修复过程中广泛使用的环境污染治理材料和药剂，开发出一系列以氧化、吸附、絮凝等为主要功能，以水环境污染防治为核心的高性能碳基吸附剂、生物降解复合薄膜等创新性成果，促进了生态学和材料化学等学科的交叉融合，为我国生态环境绿色高质量发展研究与实践做出有益探索。

### 6.4.2 农村污染综合治理与环境修复

（1）在农村生活污水处理技术集成方面

在农村生活污水治理技术评估基础上，结合村镇生活污水营养物质利用率低、系统性治理模式匮乏等问题，结合“厕所革命”，开展技术集成，研发污水分质处理与回用技术装备，以新型曝气生物净化塘为核心，开展集中式农村生活污水净化、循环利用和水环境修复技术研究，因地制宜地推动农村生活污水的资源化利用。

（2）在非正规垃圾填埋场及污染场地修复方面

开展场地污染调查、风险评估、治理修复全过程技术研发与集成，以系统论为基础形成分类、分区、分层的污染修复模式，建立污染场地全面调查与风险评估技术方法，研发垃圾堆体稳定化程度评价系统、多介质环境影响评估方法以及污染场地高效稳定修复模式等关键技术，形成“调查—评估—应用”全链条技术体系。结合场地特点及污染特征，提出具有针对性、可行性及科学性的场地修复治理措施，有力地支撑污染场地治理及“土十条”等相关政策的实施。

### 6.4.3 氮磷污染防控及资源化

在“十四五”碳达峰、碳中和大背景下，开展氮污染防控过程中 $N_2O$ 减排机理，并在实际技术实施过程中得以应用将成为新的研究热点。

针对氮磷成为河湖重点流域（区域）主要污染物、亟须进行污染防控的科技需求，集成氮磷控源全过程防控及资源化技术体系并推广应用。逐步构建氮磷污染防控及资源化技术应用平台，近期研究氮污染防控及资源化过程中 $N_2O$ 减排机理及过程；开发低碳氮比污废水净化及资源化实验和分析平台，实现低碳氮比污废水净化及资源化，实现脱氮除磷及资源化机理原理突破，研发关键填料、材料及设备；并逐步构建高碳磷污废水治理及资源化集成技术、控氮磷污泥减量化集成技术、水体缓冲带、人工湿地等氮磷污染防控生态修复集成技术转化平台。

### 6.4.4 污水资源化

结合“十四五”时期，重污染行业水污染减排管理以及区域再生水综合利用技术需求，筛选评估出一批能够满足污染去除效率、运行能耗低、药剂消耗少，易于维护管理的工艺技术和装备，通过多种工艺技术比选，构建污水处理设施标准化体系，形成工艺设计、设备选型、装备加工、安装、运行维护一整套标准体系，保证工艺设计、设备选型与实际运行相符；开展污水处理技术与装备关键工艺与设备的模块化、系列化和标准化制造研究，引导研发技术的市场化转化与应用，带动相关领域新技术、新设备研究，促进重污染行业水污染治理实用技术的产业化推广与工程应用，研发“高效、节能与紧凑化”的污水强化处理设备。“十四五”时期污染物处理与资源化方面鼓励因地制宜地开展再生水利用、资源化利用、氮磷等物质提取和能量资源回收等技术的发展与试点示范，形成可复制、可推广的污水资源化利用模式。

### 6.4.5 河流水生态完整性评价及生态恢复

（1）水生态完整性评价方法构建

筛选不同区域、不同水体类型的指示水生生物类群、水质指标及生境指标，建立统筹水环境、水资源和水生态的，涵盖物理生境、水生生物、水体理化等要素，具有我国特色的流域水生态完整性评价指标体系、参照体系及综合评价模型，掌握水生态系统完整性演变趋势，为国家在“十四五”期间水生态保护与管理提供技术支撑。

（2）水生态系统退化原因诊断及修复技术集成

识别水生态系统完整性退化特征与关键影响因子，厘清水生态系统完整性退化与流域开发、土地利用、污染物排放、水质变化、生境衰退等自然变化和人类活动的内在关系，集成水生态修复技术，支撑流域水生态保护、修复和恢复。

### 6.4.6 污染场地风险评估与修复治理

（1）完善风险评估体系

首先，借鉴发达国家开拓的技术领域，重点填补基于污染物人体可给性、生物有效性的风险评估方法。其次，建立基于我国国情的基于多证据的场地土壤恢复性有机物风险评估方法、土壤—生态—地下水一体化的层次多证据风险评估方法、概率风险评估技术等多层次、精细化的风险评估技术体系。最后，完善导则评估参数，建立我国人群暴露参数资料库。

（2）精准化调查技术

场地调查的不确定性主要源于场地土壤和地下水的非均质性，高密度的精细化采样是克服场地介质非均质性导致污染物空间分布不确定性的有效方法之一。现场快速连续采样检测与探测等技术的发展，可快速获得厘米至米级尺度上地块的水文地质参数与污染物空间分布等信息，使得场地高分辨率测试分析成为可能。

（3）精细化风险评估技术

在传统风险评估方法基础上，向概率风险评估法、基于形态归趋—有效剂量—健康效应的风险评估方法和多证据分析方法发展。

（4）挥发类有机物污染场地修复治理

在挥发类（挥发和半挥发性）有机物污染场地修复治理方面，以污染场地风险精准评估技术、地下水污染源系统识别及风险评估技术、高级催化氧化修复技术、土壤气相抽提技术等为基础，开展污染场地环境风险、生态风险、健康风险精准评估和修复治理技术研究，创建污染场地风险评估技术方法，提出污染场地风险精准评估模型，开发污染治理技术与成套设备，形成污染治理技术体系，解决我国污染场地风险评估技术精准性不足、污染场地修复技术效率低等问题。

伴随着我国社会经济的高速运转，在未来较长时期，预防风险仍是生态环境保护的核心工作之一，如何更好地评估和预防风险，如何采取更高效、更安全、更经济的突发事件应急处置措施，如何更好地提升企业和地方的应急处置能力，仍面临大量的技术需求，也为环境应急学科的发展提供了发展机遇。未来将结合突发环境事件特点研发事件应急处置过程中所需要的技术与材料。

### 6.4.7 环境技术评估与工程诊断

针对科技成果具有多元价值的特点，持续深入开展污染防治技术评价方法的研究，科学确定评价标准，开展多层次差别化评价，提高成果评价的标准化、规范化水平，解决分类评价体系不健全、评价成果应用不规范等问题。

"十四五"期间，污水处理设施故障诊断与控制技术还将高速发展，亟须研究适应性更强、全污水厂逐级分布式的故障诊断系统。

编写人员：年跃刚　许春莲　王海燕　孟凡生　沈志强
王之晖　王　月　宋玉栋　吴昌永　蒋进元

# 重点领域 3

Key Area 3

# 土壤与固体废物污染防治领域

Soil and Solid Waste Pollution Prevention and Control

# 7 固体废物利用处置科学与技术

## 7.1 需求分析

### 7.1.1 “十四五”国家生态环境保护政策

党的十九届五中全会发布《中共中央关于制定国民经济和社会发展第十四个五年规划和二〇三五年远景目标的建议》（以下简称《建议》），对生态文明建设和生态环境保护做出重大战略安排，在统筹国内、国际两个大局的基础上，聚焦突出问题和明显短板，提出了 2035 年“美丽中国建设目标基本实现”的远景目标和“生态文明建设实现新进步”的新目标、新任务，并就“推动绿色发展，促进人与自然和谐共生”进行了明确部署。

《建议》要求，推动绿色发展，促进人与自然和谐共生。坚持“绿水青山就是金山银山”理念，坚持尊重自然、顺应自然、保护自然，坚持节约优先、保护优先、自然恢复为主，守住自然生态安全边界。深入实施可持续发展战略，完善生态文明领域统筹协调机制，构建生态文明体系，促进经济社会发展全面绿色转型，建设人与自然和谐共生的现代化。加快推动绿色低碳发展，持续改善环境质量，提升生态系统质量和稳定性，全面提高资源利用效率。

近年来，我国生态环境质量持续好转，呈稳中向好趋势，但成效并不稳固，生态文明建设需要长效机制，生态环境治理能力与治理体系现代化仍存在短板与挑战，亟待在“十四五”时期通过政策改革与技术创新予以解决。

“十四五”时期，推动产业结构、能源结构、运输结构和用地结构调整是生态环境保护工作的重心，政策重心进一步从污染治理末端的污染防治向污染治理前端的发展源头调整，更加突出绿色发展和生态环境保护工作的深度融合。同时，政策改革重点集中在生态环境质量目标管理、生态环境治理体系、全球环境治理等环境政策领域。“十四五”期间的技术创新需要面向国家生态环境管理工作中的实际需求，寻求在重点领域实现引领和突破，在前沿基础科学方面完成一批满足国家战略需求、以应用为导向的基性重大科学发现成果，突破关键核心技术“瓶颈”并形成理论基础。

### 7.1.2 学科发展需求分析

我国每年固体废物产生量超过 100 亿 t，其中工业固体废物超过 33 亿 t（历年堆存约 600 亿 t），有机固体废物超 60 亿 t。但固体废物的综合利用效果尚不理想：工业固体废物综合利用率仅在 70% 左右，建筑垃圾资源化率不到 10%，农膜回收率不足 80%，畜禽粪污有效处理率不到 75%。固体废物资源化利用途径有限，不当利用处置和非法倾倒引发的重大环境污染事故频发，环境风险管控薄弱。

习近平总书记多次就国内国际“双循环”、全周期管理、补齐固体废物处置短板等做出重要批示，党中央持续部署固体废物污染防治、生活垃圾分类和无废城市建设等战略任务。固体废物资源化利用是解决全周期固废污染的根本之策，亟须新理论、新技术、新装备予以支撑引领。

新一轮科技革命和循环产业变革与我国加快转变经济发展方式形成历史性交汇，“碳达峰”“碳中和”对固体废物综合利用和处理处置技术提出了新的更高的要求，亟须聚焦制造业绿色转型升级、重大产品绿色循环利用、废物绿色环境过程调控等核心领域，通过全链条科技创新与全景式布局，构建重点产品、产业链条、特殊场景、战略区域高效绿色循环发展体系，形成全周期协同参与减量减害和物尽其用的无废社会长效发展机制，取得全球绿色可持续发展的引领地位。

当前，我国固体废物精细管控机制仍不健全，固体废物全周期减量减害变革性技术尚未突破，生活垃圾等有机固体废物高标准分类利用与污染风险精准管控体系亟待形成，有机固体废物利用处置过程关键材料、智能器件及控制软件自主供给严重不足，已成为制约我国有机固废治理体系和循环能力现代化的关键壁垒。

针对上述科技需求，需要重点突破固体废物的高质综合利用技术、全过程污染风险和环境效应产生与控制机理、区域环境风险联合调控原理等重大科学问题，形成基于固体废物属性与利用处置场景的风险管控基础理论，研发危险废物快速精准检测识别、智慧监管等关键技术与装备，开展重点战略区域固体废物环境风险综合管控模式研究，形成重点行业固体废物利用处置精细化管控标准体系。

## 7.2 现状与趋势

### 7.2.1 学科领域现状

“十三五”期间，我国持续加大对固体废物领域科技发展的支持力度，以污染减排和风险控制为目标，在应用基础研究、关键技术研发、平台能力建设和创新人才培养等方面，部署实施了一系列重大任务和科技工程，科技体制改革不断深化，有力支撑了《国家环境保护“十三五”科技发展规划纲要》的实施，取得了显著成效。固体废物利用处置基础研究、关键技术与成套装备取得新突破，科技成果转化应用得到进一步增强，为污染防治攻坚战提供了强有力的科技支撑。

（1）固体废物利用处置国际研究进展

利用“Web of Science”数据库进行检索分析，用“solid waste”“utilization or disposal”作为主题词进行检索，文章类型限定为“article”和“review”，语言仅限英语，检索时间为2001—2021年，共检索出47 965条文献信息。整体上看，国际学术界对固体废物利用处置方向的研究成果数量总体呈持续上升趋势（图7-1）。研究成果主要来自152个国家和地区的23 724个研究机构，其中，我国发表的成果数最多，约占总文献数量的19%，美国其次，约占总文献数量的11%，印度占总文献数量的8.7%，西班牙约占总文献数量的6.0%。

对这些文献按研究方向展开统计分析结果如图7-2所示。固体废物利用处置方向相关研究方向主要集中在工程学、环境科学与生态学、化学、能源与燃料、材料科学和农学等学科。表明固体废物利用处置研究不仅涉及环境科学方面的内容，还与工程学、化学、能源与燃料、材料科学等其他学科密切相关。其中，工程学和环境科学与生态学两个学科方向的文献数量约占40%，表明固体废物的利用处置与工程学和环境科学与生态学的研究具有非常密切的关系。

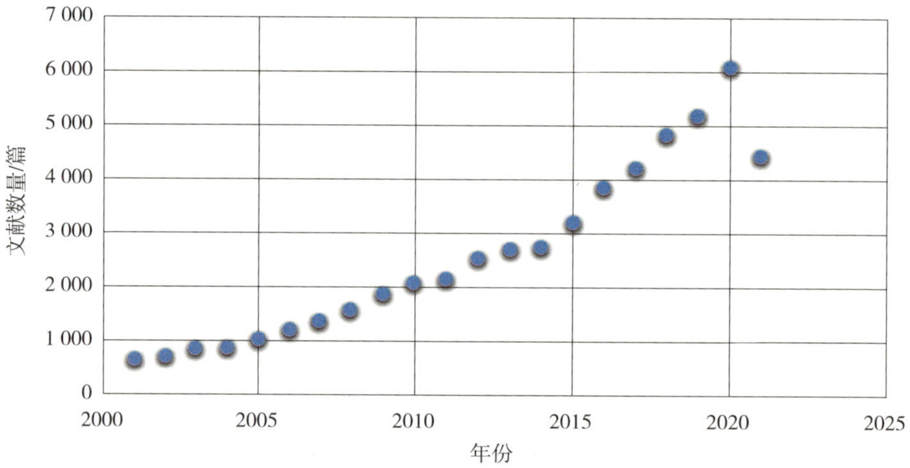


图 7-1　固体废物利用处置方向国际研究成果数量分布

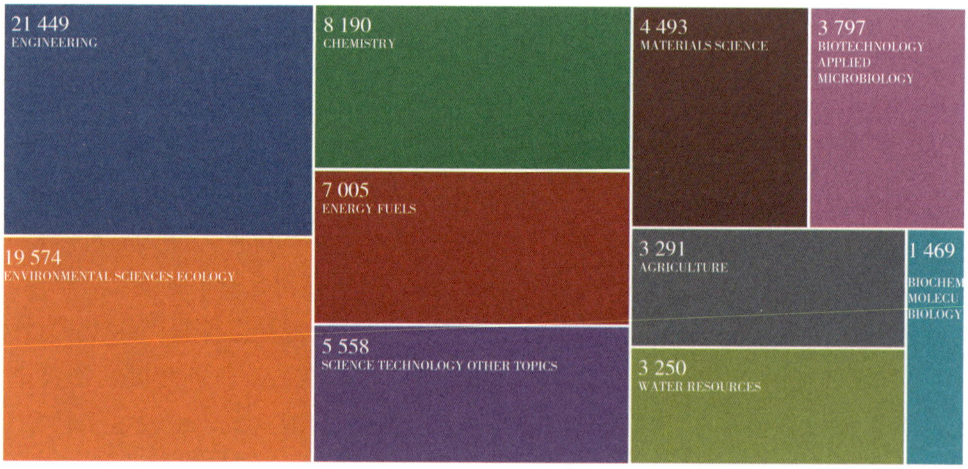


图 7-2　固体废物利用处置技术研究方向的分布

（2）我国固体废物利用处置学科发展情况

利用中国知网文献检索功能，对近几十年内约 5 000 篇固体废物利用处置领域文献检索结果进行文献计量学分析发现，我国固体废物利用处置研究经历了三个阶段，即 2001 年前的缓慢增长阶段，2001—2007 年的快速增长阶段，2007 年至今的波动上升阶段（图 7-3）。

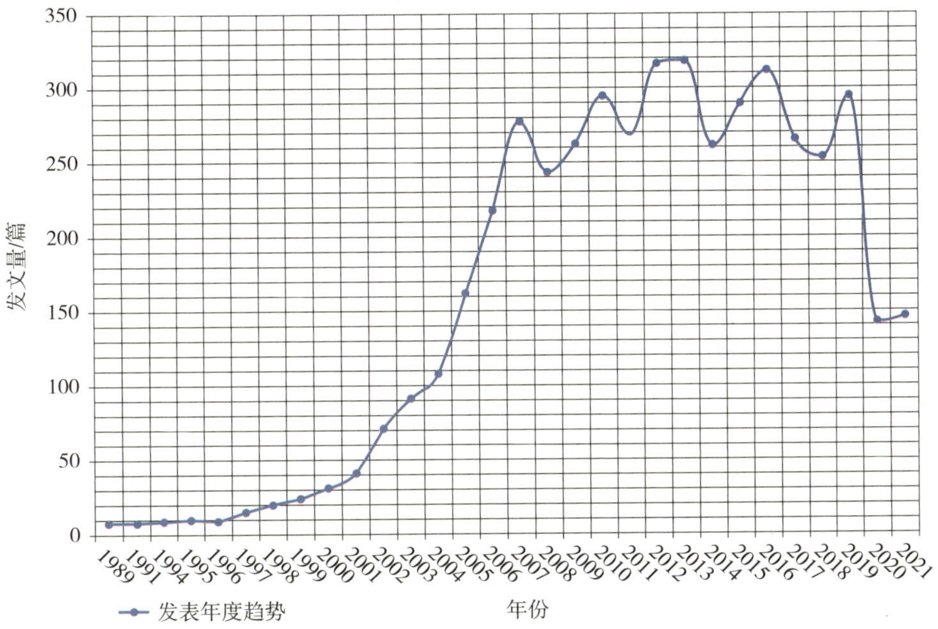


图 7-3　我国固体废物利用处置方向研究成果数量分布

其中，涉及的学科主要分布在环境科学与资源利用、冶金工程、无机化工、建筑科学与工程、矿业工程等领域，表明这几类领域中的固体废物呈现突出性问题，其利用处置属于热点研究领域。而对核心关键词的分析结果表明，生活垃圾、工业固体废物（粉煤灰和高炉渣等）、危险废物等废物类型是主要的研究对象，固体废物利用处置的研究热点也多集中于这几类。循环利用、资源化、水泥窑协同处置是固体废物利用处置学科的重要研究内容（图 7-4）。

对有关固体废物利用处置技术相关专利申请信息分析结果表明，焚烧、水泥窑、等离子体气化、有机废物堆肥、好氧发酵、粉煤灰、建筑材料等相关专利是近年来的研究热点领域（图 7-5）。

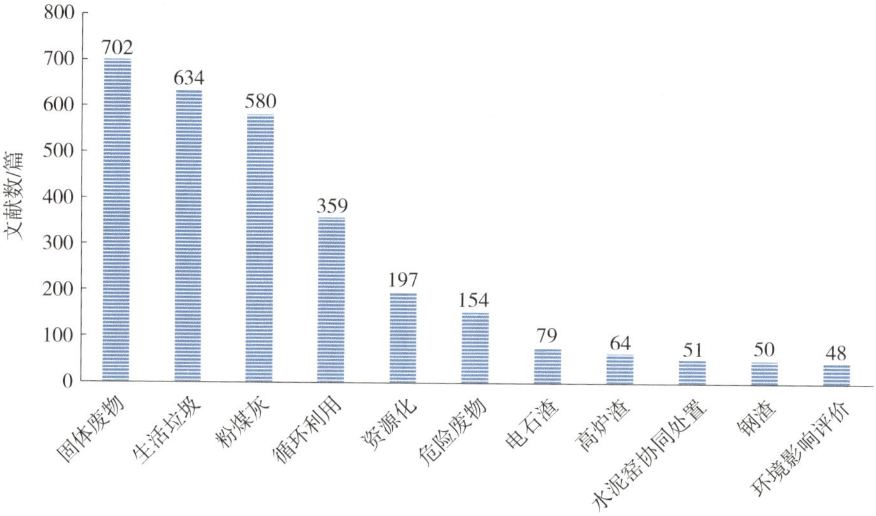


图 7-4　固体废物利用处置技术文献计量学分析

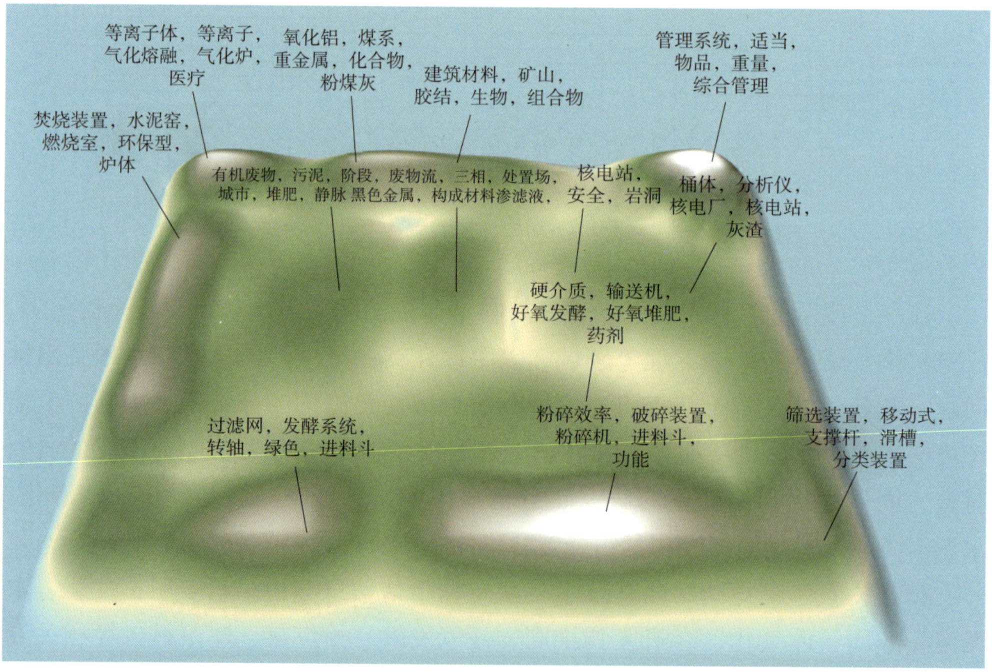


图 7-5　固体废物利用处置技术相关专利情况分析

“十三五”期间，在工业固体废物利用处置领域，大宗工业固体废物建材化利用、重金属固体废物安全处置等方面取得了一批关键技术突破，带动了固体废物循环利用产业的发展。尾矿胶结充填技术、钢渣有压热闷技术、铅锌共生氧化矿和锌浸渣强化熔炼技术与设备、工业副产石膏生产建筑石膏和纸面石膏板装备、工业固体废物生产新型墙材成套装备等一大批成熟先进的技术装备不断涌现。“十三五”期间，累计综合利用各类大宗固体废物约 130 亿 t，减少占用土地超过 100 万亩，提供了大量资源综合利用产品，促进了煤炭、化工、电力、钢铁、建材等行业高质量发展，资源环境和经济效益显著，对缓解我国部分原材料紧缺、改善生态环境质量发挥了重要作用。“固体废物资源化”重点专项面向国家重大战略需求，研究适应我国固体废物特征的循环利用和污染协同控制理论体系，着力攻克整装成套的固体废物资源化利用技术，相关研究成果为国家固体废物环境管理决策和“无废城市”的建设提供了重要的技术支持。

在危险废物领域，我国不断加大对危险废物科技的支持力度，部署实施了一系列重大任务和科技工程，系统深入研究重点行业危险废物的产生特性、污染特性及处置利用特性，支撑修订《国家危险废物名录》《危险废物鉴别技术规范》等标准文件。针对电镀污泥、煤化工残渣、无机化工废渣、废催化剂、废有机溶剂和废矿物油等重点类型危险废物，揭示其产生、污染和处置特性，构建了典型危险废物环境风险评估模型与方法。在危险废物资源化风险控制方面，以水泥窑协同处置为典型资源化技术，开展了氰化尾渣、铬渣等危险废物的资源化风险控制理论研究，并形成国家标准。通过部署固体废物资源化重点研发计划，在重金属固化 / 稳定化、含重金属危险废物安全处置、废杂金属清洁再生处理等方面取得一批关键技术突破和科技创新成果，技术装备水平得到大幅提升。经过长期技术攻关，当前我国危险废物焚烧、填埋、固化 / 稳定化等技术已经基本成熟，并处于国际先进水平。

有机固体废物处理行业随着“无废城市”“垃圾分类”等一系列政策的推动迎来了快速发展。在农业源有机固体废物方面，以秸秆、畜禽粪污治理为主的农业源有机固体废物资源化收集、处理项目纷纷出现；城市有机固体废物则随着全面推广垃圾分类、系统化推进城市固体废物收运体系建设，有机固体废物处理行业迎来了快速发展。但是当前我国有机固体废物资源化技术整体仍处于初始及发展初期，机遇与挑战并存。

“十三五”期间，我国土壤污染防治攻坚战在《土壤污染防治行动计划》及

《中华人民共和国土壤污染防治法》的部署和保障下，各项任务有序推进，土壤环境基础调查基本完成、土壤污染防治制度体系建设不断优化，污染源头防控成效显著，风险管控和修复工程试点成效较为显著，受污染耕地安全利率达到 90% 左右，污染地块安全利用率达到 90% 以上，两个核心目标如期实现。国家重点研发计划“场地土壤污染成因与治理技术”重点专项启动，该项目结合《土壤污染防治行动计划》的目标和任务，紧紧围绕国家场地土壤污染防治的重大科技需求，重点在场地土壤污染形成机制、监测预警、风险管控、治理修复、安全利用等方面的支持技术、材料和装备的创新研发与典型示范，形成土壤污染防控与修复系统解决技术方案与产业化模式，为行业发展提供重大科技支撑。

### 7.2.2 学科发展趋势

当今世界，绿色经济已经成为发达国家发展战略的核心内容和发展潮流，以信息技术、绿色技术为代表的新技术革命，正深刻改变着世界发展格局。

（1）实施减污降碳协同治理，能够更好地推动环境治理从注重末端治理向更加注重源头预防和源头治理有效转变。党的十九届五中全会做出“深入打好污染防治攻坚战”“能源资源配置更加合理，利用效率大幅提高，主要污染物排放总量持续减少，生态环境持续改善”的决策部署；“十四五”规划和远景目标提出要“加强大宗固体废物综合利用”“全面提高资源利用效率”。近年来，相关技术研究热点集中在固体废物产生、组成、回收全链条处置技术等方面。研发秸秆、餐厨垃圾、园林绿化垃圾、禽畜粪便等生物质固体废物协同资源化利用关键技术和设备，研发低成本、低能耗、易维护、环境风险可控的村镇生活垃圾处理与资源化利用技术和环境风险可控的生活垃圾焚烧或协同焚烧技术，研究固体废物资源化、能源化利用过程及其产品中污染物的迁移转化规律等。

（2）固体废物污染防治的目标更加关注人群健康和生态环境风险防控。随着公众对环境质量要求日趋提高，人群健康风险、生态安全等成为研究重点。2020 年新修订的《中华人民共和国固体废物污染环境防治法》（以下简称《固废法》）中明确提出，《固废法》的首要目的是“保护和改善生态环境”“保障公众健康”“推进生态文明建设”。坚持以改善生态环境质量为核心，推动固体废物综合治理、系统治理、源头治理。在固体废物的环境风险防控方面，构建全过程、多层级的防控体系，建设化学品环境风险防控立法和产品有害物质环境风险防控标准规范体系，合理划分各部门、各企业单位的职责，完善各环节制度规范，提升风险防控基础能力，系统构建事前严防、事中严管、事后处置的全过程、多层级风险防范体系，牢守安全底线，多维度防控有害化学物质、重金属、危险废物、利用产品等领域的环境风险。

（3）固体废物污染防治研究尺度向更广、更深入延展，更加注重区域的关联性。目前，固体废物在产业间、区域间的协同治理体系尚未建立。亟须开展区域固体废物联合治理计划，在京津冀、长三角、珠三角等区域开展固体废物协同处置，解决固体废物产生和利用处置能力分配不匹配的问题。解决区域环境问题的技术方案日益向交叉化、区域化、体系化、制度化发展，成为重要的战略研究方向。

（4）研究手段呈现多学科交叉融合特征，环境治理向智能化和精准化发展。生物、化学、材料、信息等学科与环境学科交叉融合速度加快。随着大数据、云计算、5G、信息技术、卫星遥感、人工智能等多种新兴技术手段飞速发展，发达国家利用多学科推动环境科技进步，在环境监测、智慧城市、生态保护和气候变化等方面得到广泛应用，固体废物的资源化利用向高精度、动态化、智能化、高值化发展，环保装备向智能化、模块化、无人化转变，生产制造和运营过程向自动化、智能化方向发展。

## 7.3 亟须突破的重点领域和技术

我国环境保护工作思路是坚持以改善环境质量为核心，以解决生态环境领域突出问题为重点，“十四五”时期，固体废物环境利用处置技术发展在大宗固体废物资源化利用技术、危险废物环境风险评估理论与方法、典型危险废物（化工废物等）利用处置技术、区域固体废物环境风险调控理论与方法、固体废物智慧监管、场地污染土壤综合治理新模式等方面仍然存在短板。随着污染防治攻坚战深入推进，生态环境保护、治理、修复等领域面临许多“硬骨头”，需要科技创新攻克关键技术，提供科学解决方案。要强化科技创新和产业链供应链韧性，加强基础研究，推动应用研究，开展补链强链专项行动，加快解决“卡脖子”难题。

突破固体废物利用处置技术难题，需要源头上的基础理论创新。解析固体废物基础属性，创新精细分类基础理论，构建固体废物基础数据库，形成国家固体废物分类目录。开展基于资源属性与环境效应的固体废物精细管控技术研究，形成分类风险管控技术体系，突破重点区域固体废物协同管控技术。阐明固体废物贮存、填埋、焚烧等多场景下污染物的释放机理，构建成套污染物释放定量评估模型和参数；研究建立分场景的固体废物污染物标准化表征方法（浸出方法）体系，实现固体废物中污染物释放的精细化表征。

面对“碳达峰”和“碳中和”的目标，固体废物行业最核心的任务是提升废物资源综合利用水平，其中最难啃的“硬骨头”是大宗工业固体废物的处理这一世界性难题。破解这一难题的关键在于固体废物资源化利用的提质增效和资源化利用过程中的污染防控。尾矿、粉煤灰、锅炉渣、高炉渣、钢渣、煤矸石等固体废物占工业固体废物总量的60%～80%，因此，钢铁、水泥、有色等重点行业是实现碳达峰目标的重要制约因素。“十四五”期间，需要聚焦重点行业，开展赤泥、尾矿、粉煤灰、磷石膏等重点品种综合利用基础研究和技术成果转化，开展固体废物减量化、高值化利用，关键元素在线快速精准监测，资源环境智能管控，工艺和设备研发制造等关键技术集成应用示范，实现“以废治废、变废为宝”，加大资源回收循环利用力度。

提升危险废物环境监管能力、利用处置能力和环境风险防范能力是加强生态文明建设和改善环境质量的关键。识别有色冶炼、化工、基础化学原料制造、电镀等重点行业危险废物污染特性与环境效应，是解决危险废物利用处置和风险防控“卡脖子”的技术难题的重要研究基础。“十四五”期间，应重点开展危险废物资源化利用环境风险评估体系研究，研究危险废物资源化利用后产物，在不同应用场景下的特征污染物释放、迁移规律及环境效应，形成危险废物资源化利用环境风险评估方法体系。研究危险废物污染防控与循环利用过程资源环境组分智能管控、数据信息化标准体系。研发典型危险废物毒害组分高效分离与区域循环利用技术，突破疫情、自然灾害等重大突发事件产生危险废物应急处置技术以及不同类型危险废物的系统识别、快速检测、精细分选、污染控制等协同处置关键技术。

协同增效、减污降碳，多源有机固体废物安全处置和协同分质高值化利用也是实现“双碳”目标的另一项重要举措。有机固体废物资源循环利用是破解其污染环境、浪费资源的重要途径之一。发挥有机固体废物的绿色低碳属性，建立以垃圾焚烧发电、厌氧发酵、好氧堆肥、饲料化等协同高值化处置方式，安全利用有机固体废物，加强清洁热解关键技术与装备研发，实现有机固体废物能源化低碳协同利用。但有机固体废物来源和种类多样，如厨余垃圾、秸秆、畜禽粪便等，其含水率、生化与热化学特性差异明显，有机固体废物资源化利用率低、生化与热解转化装备效率低等问题，固体废物资源化效率低、产品品质差，传统技术已不能满足多源生物质资源化利用需求。如何加强固体废物分质利用与提质增效已成为未来技术发展方向之一。由于有机固体废物中富含了大量的营养元素，如碳、氮、磷等，具有资源回收与能源化潜力，未来以碳结构重排、氮定向转化、磷分离回收为目标，开发功能菌剂和催化剂、高效转化化学品、多相态产物协同利用等技术。

研发固体废物填埋污染泄漏高精度定位监测技术是实现固体废物生态环境风险防控的关键科学问题。“十三五”期间，我国已经开展复杂填埋堆体风险源泄漏无损检测技术、大型风险源泄漏无损监测技术研究，但在填埋场垂直防渗系统 HDPE 膜有效性评估技术、现有填埋场污染扩散快速识别技术，填埋场淤堵成因识别及其控制技术、填埋堆体稳定性控制技术等技术方面仍然存在难点和弱点。除此之外，固体废物填埋场寿命到期后，填埋废物的后续处理处置问题，将是未来固体废物利用处置领域的技术难题之一，亟须开展前瞻性的基础研究和技术。

污染场地土壤的修复和处理处置是实现生态环境进一步改善的重要任务和切入点。当前，农田土壤修复缺乏重金属污染农用地修复效果评价标准。主要结合农用地重金属污染暴露途径和人体健康风险对污染农用地修复效果进行评价，具体包括农产品安全达标率、作物产量、土壤中重金属有效性或含量降低程度等指标。但在实际农用地环境中，土壤理化性质差异大、重金属有效态浸提剂不同、土壤中重金属有效态含量与农产品污染程度非简单的对应关系等因素，使得我国重金属污染农用地修复效果评价标准混乱，并出现农用地修复项目难以达到修复目标的困境。因此，有必要研究制定重金属污染农用地修复效果评价标准，进一步建立基于风险管控的农用地土壤环境质量评估与管理体系。

识别固体废物利用处置过程的污染特性、评估复合污染的生态环境效应、阐明区域环境风险调控原理等是固体废物污染环境防治领域的重大科学问题。破解这一难题需要以区域污染形成过程—转移转化—环境风险—综合调控为主线，识别固体废物高效安全利用、促进区域社会经济高质量发展的限制性因素，系统评估固体废物资源属性与污染特征，提出固体废物区域循环风险调控技术方案。应围绕长江经济带、粤港澳大湾区等重点区域，开展固体废物区域风险溯源、多维协同调控、资源环境智能管控技术集成应用示范，推动固体废物安全循环利用与社会经济高质量发展深度融合。

## 7.4 展望

“十四五”时期是建设生态文明、践行“绿水青山就是金山银山”的全面落实期，也是推进固体废物领域治理体系和治理技术发展的关键期。固体废物领域科技工作应坚持问题导向，聚焦构建生态环境质量改善、风险防控、智慧监管三大技术体系，以及完善激发创新活力提升创新效能的能力支撑体系，从基础研究—技术研发—方法体系—应用示范—创新能力—成果转化六大方面设置系统化、全链条任务体系，并在国家重大战略区和生态环境保护重点区域、推动实施一批重大科技行动，确保各项任务落地见效。

随着我国污染治理的深入和生态环境质量的持续改善，固体废物的管理将由以污染减排和质量管理为主要目标的阶段，向质量管理兼顾风险防控为主要目标的阶段过渡，更加突出生态环境智慧监管的科技支撑。固体废物环境利用与处置技术学科总体发展定位要面向国家固体废物全过程管理重大需求，开展基础理论研究和重点突破重大工程技术，提升固体废物利用处置能力和环境风险防范能力。

一是固体废物环境风险控制原理和方法研究。开展多源固体废物产生、污染和利用处置特性研究，研究建立基于资源环境属性的固体废物分类方法。开展多源固体废物循环过程的污染源分类解析研究，构建固体废物利用处置共性节点污染源排放模型和系数。开展固体废物在堆存、利用和处置多场景下污染物的释放、转化、传输机制及环境效应研究，建立多源固体废物多场景下风险表征模型与方法，构建固体废物风险评估平台与大数据库。

二是固体废物全过程环境风险控制应用研究。基于固体废物全过程环境风险基础理论研究，开展《国家危险废物名录》制定修订方法学、固体废物和危险废物鉴别技术方法研究，完善我国危险废物鉴别标准体系。开展固体废物填埋、焚烧和工业窑炉协同处置等通用处置技术的二次污染控制关键技术及装备研发，研发废盐、飞灰、铝渣、抗生素等高风险固体废物专项利用处置技术，初步建立固体废物利用处置国家污染控制标准和规范体系。揭示固体废物有害组分对工业窑炉运行和污染控制的影响机制，建立有毒有害物质迁移量化分析模型，研发工业窑炉协同处置城市固体废物高适性调质、智能配伍、靶向投加、精准耦合运行调控、深度高效二次污染控制技术、装备，建设示范工程，构建技术工艺和全过程污染控制标准体系，建立商业推广创新模式。

三是有机固体废物生化与热化学清洁转化研究。研发基于生物转化、热化学循环利用的有机固体废物生物强化转化、高效热解资源化与能源化关键技术与装备，提高有机固体废物转化效率，形成生物发酵、热解气化和炭化高值资源化产品与实用装备；探明易腐有机固体废物生物转化、热化学转化过程中物质流与能量输运定向优化调控、物质结构与转化环境的耦合机制，通过添加菌剂、材料改性等手段制备新型资源化产品，拓宽应用途径，形成可市场推广的多功能复合环境修复材料。以市场需求为导向，研发多源固体废物协同热解小型化移动式处置设备、有机固体废物定向生物转化利用整装成套技术和装备。

四是污染场地管控与修复技术研究。在工业污染场地管控与修复技术方面，热修复、化学氧化和固化/稳定化仍将是土壤修复的三大主流技术。土壤淋洗、常温解吸、水泥窑协同处置等将作为辅助技术服务于污染场地治理工作。技术的耦合应用将更普遍，针对复杂场地采用多元化修复技术将成为主流修复方式。如原位热修复与微生物修复、化学氧化耦合修复技术，土壤淋洗与热脱附联用等。地下水环境监管难度较高。针对地下水污染的防控、预警和长期监控技术会有所发展。随着检测技术、传感器技术和物探技术的发展，现场污染物快速筛查和地层刻画等精准调查技术将得到推广应用，污染源—地层—地下水的精细三维识别技术和与之对应的大数据分析技术，将为场地修复和风险管控的设计施工提供助力。随着《中华人民共和国土壤污染防治法》的实施，在产企业修复将成为行业新热点，风险管控技术及配套的监测管理技术将成为行业研发重点。

编写人员：迭庆杞　黄启飞　姚光远　龚天成　马福俊

# 重点领域 4

Key Area 4

# 生态领域

Ecology Field

# 8 生态学

## 8.1 需求分析

### 8.1.1 生态产品总值核算与生态产品价值实现

牢固树立和践行“绿水青山就是金山银山”理念是建设生态文明和美丽中国、实现人与自然和谐共生的必由之路。开展生态产品总值核算、促进生态产品价值实现是摸清“绿水青山”家底，推动“绿水青山”向“金山银山”转化的重要举措，是实现生态保护者受益、生态享用者付费、生态破坏者赔偿的重要前提，是推进经济社会发展全面绿色转型、加快生态文明制度体系建设、完善生态文明领域统筹协调机制的重要基础。

### 8.1.2 区域生态质量监测与评估

“十四五”规划和2035年远景目标纲要提出要提升生态系统质量和稳定性，对生态环境管理提出了新任务、新要求。生态环境部承担“对生态环境质量状况进行调查评价、预警预测”的职责。为贯彻习近平生态文明思想、面向美丽中国建设目标、服务生态监管工作需求，亟须从国家层面开展区域生态质量监测与评价技术体系研究。

### 8.1.3 城市生态学

国家生态文明建设示范市县和“绿水青山就是金山银山”实践创新基地建设，是生态环境部贯彻落实习近平生态文明思想和党中央、国务院关于生态文明建设决策部署的重要举措和抓手，为各地生态文明建设提供了有益示范。2017 年至今，262 个生态文明示范市县和 87 个“两山”实践创新基地获得命名。随着示范创建工作的逐步展开，副省级城市和城市群的示范创建工作也即将开展。这为城市生态学提出了新的问题，在单个城市中获得的研究发现在更大或者更复合的空间上是否成立，跨越尺度的城市生态研究是今后城市生态学的研究重点。

### 8.1.4 生物多样性保护与可持续利用

《国民经济和社会发展第十四个五年规划和 2035 年远景目标纲要》提出“推动绿色发展，促进人与自然和谐共生”的目标，指明了中国生物多样性保护行动的重要方向：“我国将构筑生物多样性保护网络，加强国家重点保护和珍稀濒危野生动植物及其栖息地的保护修复，守住自然生态的安全边界，促进自然生态系统质量整体改善。”“十四五”期间，应加快完善生物多样性保护相关政策法规，持续优化生物多样性保护空间网络，构建完备的生物多样性保护监测体系，着力提升生物安全管理水平，创新生物多样性可持续利用机制，深化国际合作交流和全面推进生物多样性保护，引导公众积极参与。

### 8.1.5 自然保护地生物多样性保护与可持续发展

建立以国家公园为主体的自然保护地体系，是贯彻习近平生态文明思想的重大举措，是党的十九大提出的重大改革任务。生态环境部组织制定了《自然保护地生态环境监管工作暂行办法》并于 2020 年 12 月发布施行，要求在自然保护地监测、评估、考核、执法、监督等方面，建立一整套体系完善、监管有力的监督管理制度和标准规范。“十四五”时期是加快构建以国家公园为主体的自然保护体系的关键时期，要进一步强化自然保护地生态环境监管体系，完善自然保护地相关监管制度，开展生态环境保护成效评估，加强自然保护地生态系统保护修复。

### 8.1.6 区域生态

在区域生态安全格局构建方面，需要深化认识和理解区域复合生态系统演变时空特征及其影响因子，并定量化影响因子相对作用 / 重要性 / 贡献的基础上，探讨区域生态问题形成过程、机制，构建区域生态安全格局的技术框架和方法体系，包括生态廊道的设置、生态基质阈值的设立、人类活动影响范围与强度的界定，以及生态要素与人文要素之间的时空配置等。

在生态系统服务功能的评估、预测与调控方面，生态系统的固碳、气候调节、水分调节等功能是积极应对气候变化、实现全球可持续发展目标、实现碳中和等国际履约工作的基础，其相关参数的监测、功能评估与预测，以及区域生态系统服务功能提升的技术方法十分重要。

### 8.1.7 生态工程与技术

“十四五”时期，我国进一步强调要持续改善生态环境质量，持续加强山水林田湖草系统保护。针对单一的生态修复目标我国已经开展了大量工作并取得了治理成效，但是通过生态修复工程实现生态修复目标并兼顾提升生态系统功能方面尚待深入开展研究与实践。基于以往有关生态修复技术研究与应用的基础上，需重点开展生态修复监管研究，研究不同尺度下生态系统演变的驱动力因素，开展生态系统健康状况评估；基于“山水林田湖草”体系开展监测、预警、监管、修复关键技术研究；构建生态修复成效评估指标体系，分析生物多样性对生态修复效果的影响，开展不同尺度生态修复管理策略研究和修复成效评估等工作；依托野外台站，继续定点监测草原、湿地、沙地等典型生态系统植被—土壤结构、功能及生物多样性等动态变化，并以林草交错区为典型研究区，探讨不同保护利用方式下，草原和湿地生态系统碳储量的动态变化、影响因素及管理策略，探讨碳中和背景下矿区草原生态系统碳源 / 汇及减排对策，同时利用野外站 10 多年积累的研究成果，积极探索与地方政府和管理部门的合作，加大科技成果的应用与转化，提升野外站的科技创新活力、科技支撑能力和科技示范与服务水平。

### 8.1.8 生物安全

2020年颁布的《中华人民共和国生物安全法》特别指出“加强对外来物种入侵的防范和应对，保护生物多样性”,《国民经济和社会发展第十四个五年规划和2035年远景目标纲要》中明确提出“加强外来物种管控”提出“防控外来入侵物种”的目标，五部委联合发布的《进一步加强外来物种入侵防控工作方案》指明了中国外来物种防控的重要方向：“开展外来入侵物种普查和监测预警，加强森林草原湿地等区域外来入侵物种治理，加强科技攻关”等。“十四五”期间，应加快完善外来入侵物种普查，持续开展对生物多样性优先区外来入侵物种的监测，加强外来入侵物种防控技术研发，加大宣传力度，着力提升生物安全管理水平，推动公众参与。

### 8.1.9 生物多样性评估与国际履约

在全面建设美丽中国的背景下，我国将生物多样性保护作为生态文明建设的重要内容，全面提升生物多样性保护水平，积极参与全球生物多样性治理。《国民经济和社会发展第十四个五年规划和2035年远景目标纲要》提出，要推动绿色发展，促进人与自然和谐共生；实施生物多样性保护重大工程，构筑生物多样性保护网络，开展生态系统保护成效监测评估；坚持多边主义，共同应对全球性挑战。

“十四五”期间，在我国举办的《生物多样性公约》缔约方大会第十五次会议（COP15）制定了《2020年后全球生物多样性框架》（简称《框架》），提出未来10年全球生物多样性治理的规划。《框架》通过后，各国将组织开展生物多样性评估，并报告国家生物多样性现状及保护进展。作为生物多样性大国，我国生物多样性履约一直备受国际社会关注，这也要求我们做好国内生物多样性的现状评估和动态预测，提出针对性的政策建议。

## 8.2 现状与趋势

### 8.2.1 生态产品总值核算与生态产品价值实现领域

我国政府高度重视生态产品总值（GEP）核算与生态产品价值实现工作。

在 GEP 核算方面，2016 年 8 月中办、国办印发的《国家生态文明试验区（福建）实施方案》中提出，要在厦门市和武夷山市开展生态系统价值核算试点工作。2019 年 8 月中办、国办印发的《中共中央 国务院关于支持深圳建设中国特色社会主义先行示范区的意见》中要求，深圳要“探索实施生态系统服务价值核算制度”。当前，我国在国家、省、市、县（区）层面，森林、海洋、荒漠等要素均发布了 GEP 核算技术规范、指南等，并形成了一批专利技术。在生态产品价值核算方面，2021 年 4 月中办、国办印发的《关于建立健全生态产品价值实现机制的意见》提出，要建立包括生态产品价值评价机制在内的“1+6”机制框架，在 2025 年有效解决生态产品“难度量、难抵押、难交易、难变现”等问题，2035 年全面形成具有中国特色的生态文明建设新模式和绿色生产生活方式。2021 年 9 月中办、国办印发的《关于深化生态保护补偿制度改革的意见》，对生态产品价值实现的重要路径之一生态保护补偿又提出了明确的目标任务。

### 8.2.2 区域生态质量监测与评估

生态质量是指一定时空范围内生态系统要素、结构和功能的综合特征，具体表现为生态系统的状况、生产能力、结构和功能的稳定性、抗外界干扰能力和恢复能力。区域生态质量评价的目的，是通过对所在区域生态系统条件、面临的压力以及环境暴露、反映的综合分析，来揭示区域生态系统健康状况，找出区域生态系统中的脆弱区域或因子，为生态环境保护与生态恢复提供决策支持。

国内外的许多生态质量监测与评价项目都建立了较为完善的生态综合监测技术体系。其中生态监测网络包括美国长期生态研究网络（US-LTER）、英国环境变化网络（ECN）、日本长期生态研究网络（JaLTER）、中国生态系统研究网络（CERN）等；区域生态评价项目包括联合国千年生态系统评估（MA）、美国国家生态指标研究报告（NRC 报告）、美国生态系统状态报告（Heinz’s 报告）、美国国家环境保护局的环境报告（EPA 报告）、中国的生态环境十年变化（2000—2010 年）调查评估等。以上项目建立的生态监测评估指标体系和监测技术方法均得到了广泛的应用。

在生态环境部每年公布的《中国生态环境状况公报》中，根据《生态环境状况评价技术规范》（HJ 192—2015）计算的生态环境状况指数（EI）用于反映县域尺度的生态质量状况。由环境保护部和中国科学院联合开展的“全国生态环境十年变化（2000—2010 年）调查评估”工作总结了一套从生态系统格局、生态系统质量、生态服务功能、生态环境问题、生态环境胁迫等方面评估全国生态系统状况的方法。也有科研人员从遥感影像中提取绿度、湿度、热度、干度指标，通过计算遥感生态指数（RSEI）用于监测和评价区域生态质量。针对生态保护红线监管和全国生态状况调查的需求，生态环境部在"十三五"期间制定并发布了《生态保护红线监管技术规范生态状况监测（试行）》（HJ 1141—2020）、《全国生态状况调查评估技术规范—生态系统质量评估》（HJ 1172—2021）等一系列标准。同时，林业、农业、水利、气象等部门也针对各自业务工作需要发布了生态监测和评价相关的标准和规范。

以"生态监测"或"生态评价""生态评估"为关键词，在中国知网（CNKI）的中国知识资源总库中检索得到期刊论文833篇，其中"十三五"期间（2016—2020年）发表论文220篇。论文发表数量自2000年以来快速增加，至2010年趋于稳定；主要研究内容包括生态监测/评价的指标和指标体系、生物多样性、生态承载力、自然保护区等；学科分布以环境科学与资源利用方向为主，其次为林业、农业经济和生物学（图8-1）。

生态监测和评价的技术体系研究是该领域的研究热点和难点，特别是监测和评价指标体系的构建，需要在考虑生态系统综合性和完整性的基础上，从区域生态特征和技术可行性出发，提出一套适用的指标体系。区域生态质量的监测和评价既需要反映生态系统内部和生态系统类型间的状况和质量水平，也需要研究区域内部各生态环境要素及社会人文要素之间的关系特征。生态系统尺度的生态质量监测需要基于野外台站进行生态要素、生物多样性和生态功能的观测；区域尺度的生态质量监测一方面需要以台站监测为基础，研究单一生态系统内指标由点至面的监测技术方法，另一方面更需要考虑区域内存在森林、草地、农田、荒漠、湿地等不同生态系统类型时，生态质量综合监测指标体系和技术规范的构建方法。

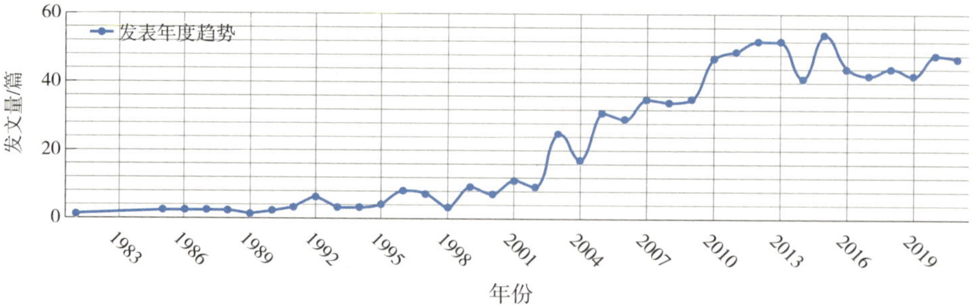


（a）发文量

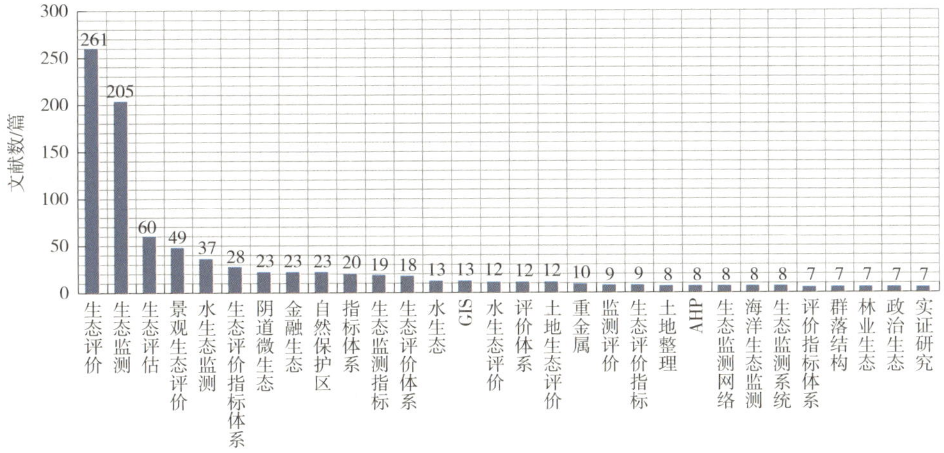


（b）主要主题分布

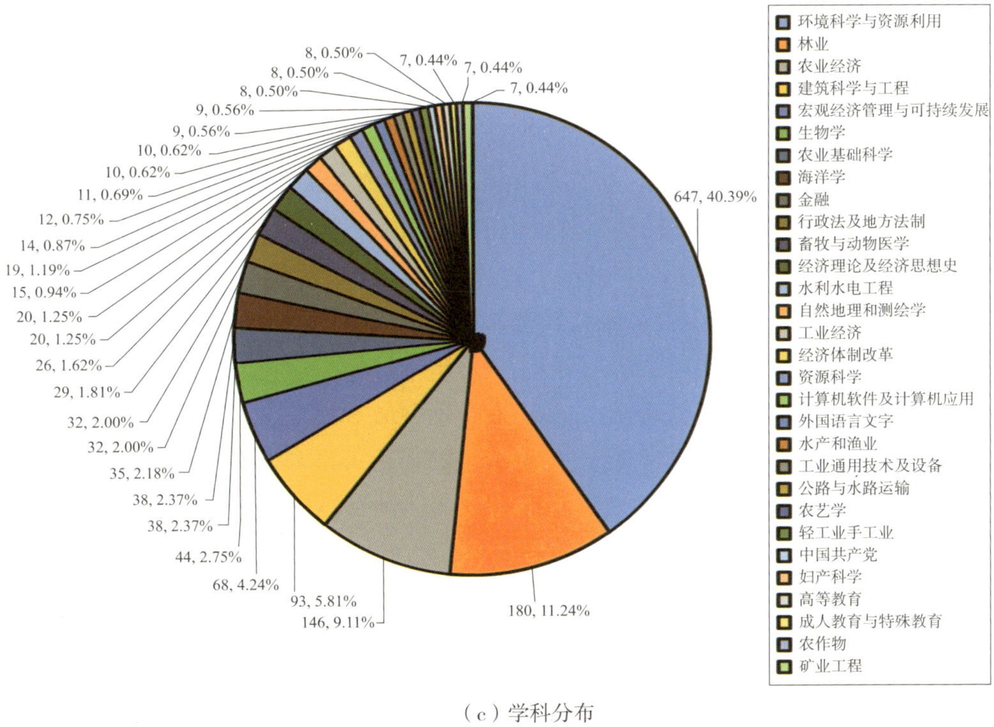


（c）学科分布

图 8-1　文献计量可视化分析

### 8.2.3 城市生态学

当前，可持续发展已经成为国际社会共同关注的核心问题，而城市能否实现可持续发展关系着全球可持续发展的实现，城市生态学对城市发展的支撑作用越来越重要。城市生态学的研究重点正逐渐从关注城市内部生态系统成分的结构和动态变化，转向关注构成城市的社会经济系统和自然生态系统在跨时空尺度上的相互作用转化，及城市生态学对城市规划和管理的支撑服务方面。

（1）基本情况

用文献计量学方法，评价了国内外主要技术的发展状况。文献计量学是集数学、统计学、文献学为一体，以经验统计规律为核心，通过核心文献、评价出版物、文献利用率等参数考察，实现对学科或技术体系等综合性知识体系的量化与系统分析。各子领域从国内外技术发展对比、技术发展阶段及差距、领先国家和不同群体水平等方面进行考察。期刊文献数据分析基于 ISI Web of Science 的 Science Citation Index Expanded（SCI-EXPANDED）、SSCI、EI、A&HCI、CPCI-S、CPCI-SSH、CCR-EXPANDED、IC 和 CNKI（中国知网）等数据库。专利部分数据来自智慧芽专利检索数据库。

城市生态学近些年受到世界各国的广泛和持续关注。2000 年以来，针对该领域的论文数目逐年增长，专利数量也有所增加，这主要得益于世界各国城市化进程加快，在城市化过程中出现了各种各样的问题，使得各国政府必须向该领域倾斜大量政策和投入大量研究经费，在 Web of Science 核心合集和 CNKI 数据库中检索 2000—2020 年每年论文发表数量，结果如下所示。

从图 8-2、图 8-3 可以看出，城市生态学领域 SCI 发文量从 2000 年开始呈整体上升趋势，增长率为 1 460 篇 / 年，特别是 2001 年以来，发文量大大增加且持续稳定上升。CNKI 发文量整体呈稳定增加趋势，增长率为 817 篇 / 年，2007 年发文量最少。我国城市生态学 CNKI 发文量较高，但是 SCI 发文量居世界第二位。综上，无论是 SCI 还是 CNKI 数据库，城市生态学自进入 21 世纪以来，研究热度都很高，我国发文量增加较快，表明我国在 2000 年后城市生态学领域受到越来越多科研工作者的重视。

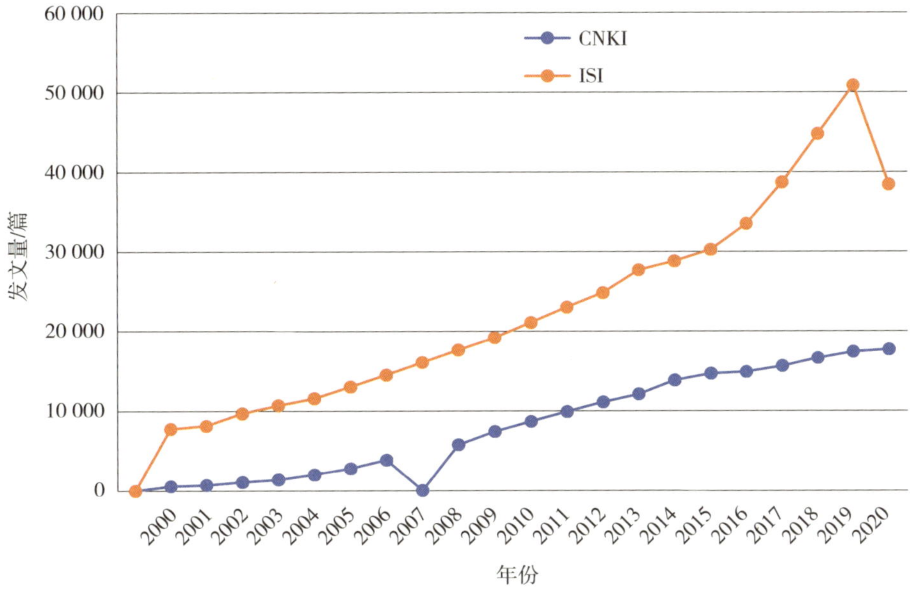


图 8-2　城市生态学领域发文总体情况

图 8-3　SCI 发文国家总体情况

与此同时，在智慧芽搜索数据库中检索同时期与城市生态学相关的专利技术（以专利申请数据为准），检索结果如图 8-4 所示，显示出中国和全球总量城市生态学领域的专利数量变化趋势。世界和中国专利自 2000 年开始逐渐增多，2020 年较 2019 年有所下降。中国专利在世界专利中所占比重为 32%～97%，表明我国在近年内有较大幅度的进展，城市生态学领域正处于研究的上升阶段。

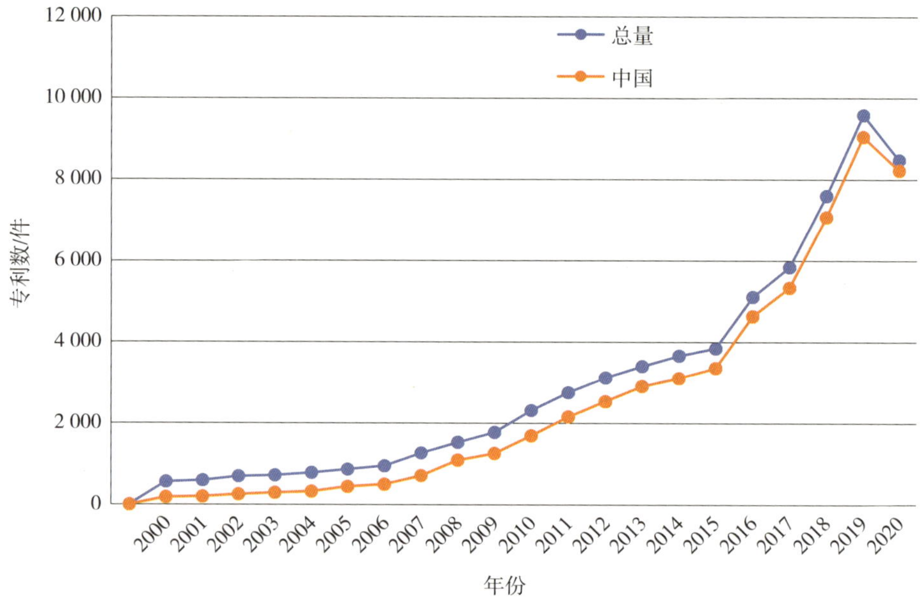


图 8-4　城市生态学领域专利数量变化情况

（2）主要研究热点和趋势

将检索到的英文文献和中文文献依据其学科分类，分析城市生态学的学科分布及重点领域如图 8-5、图 8-6 所示。城市生态学研究主要集中在环境科学与生态、公共环境与职业健康、工程学、城市研究、保健科学、心理学、社会学等领域，并且跨越了理、工、管理等多个学科。从城市生态学领域的各研究方向所发表的论文数量来看，环境科学与生态方面所发表的论文数量最多，其研究论文发表数量占总论文发表数的 50%。

城市生态学主要渗透到环境科学与生态领域，呈现出多学科渗透和典型的剪刀叉发展态势，即在工程和环境科学与生态领域，城市生态学研究快速发展，所占比重快速增加，说明在环境学科领域的研究过程中，城市生态学引起越来越多科研工作者的重视。

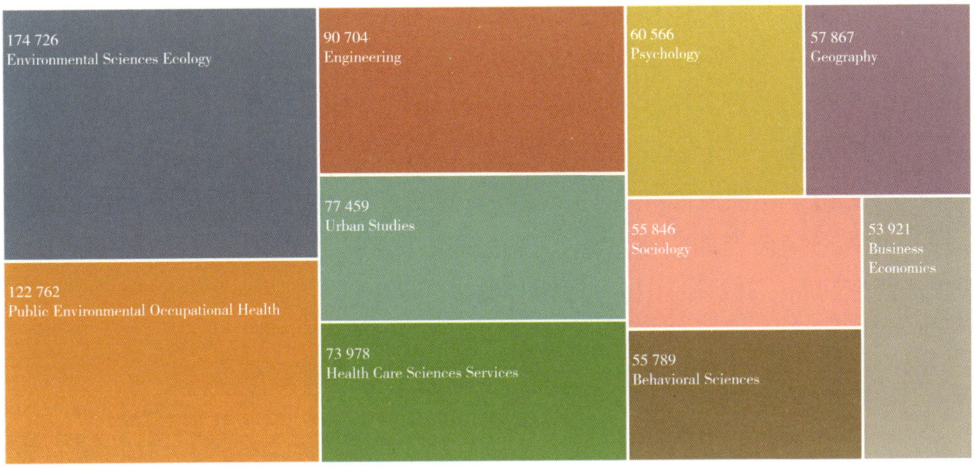


图 8-5　城市生态学领域各研究方向英文文献发文数量

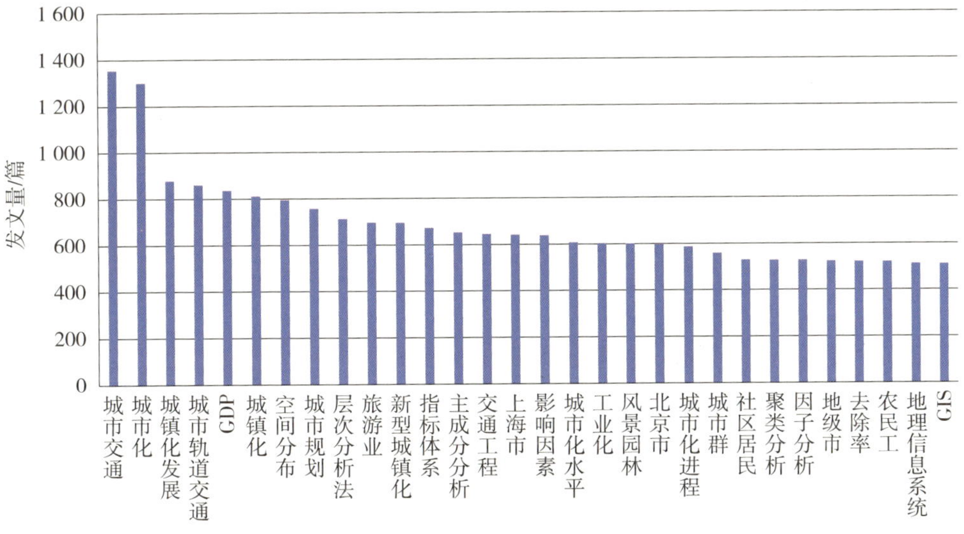


图 8-6　城市生态学领域各研究方向中文文献发文数量

### 8.2.4 生物多样性保护与可持续利用

根据在中国知网上的检索结果，目前以生物多样性为主题的中文论文超过了 6 万篇，涵盖了生物多样性的各个层次（图 8-7）。近年来，在生物多样性编目，生物多样性的起源、演化和地理格局，生物多样性维持及与生态系统功能和服务的关系，生物多样性的威胁因素及对全球变化的响应，生物多样性保护对策，生物多样性与生态安全，生物多样性研究平台建设等方面的研究进展显著，但在生物多样性概念和理论方面突破较少，在生物多样性科学与生物多样性保护实践的结合方面仍需加强，需重视交叉学科的研究，创新采用新技术、新方法研究问题，并进一步扩大国际合作（图 8-8）。

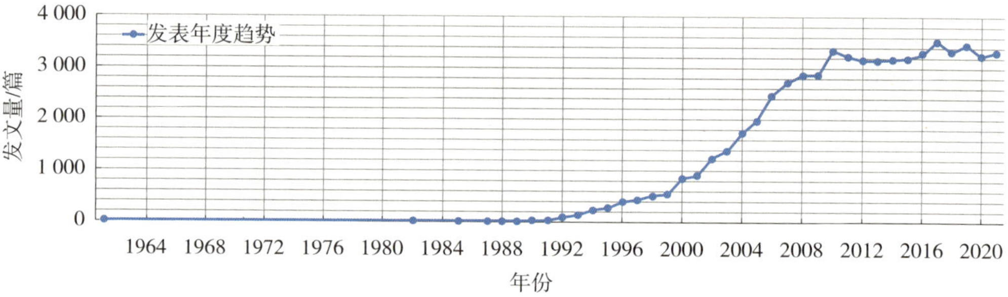


图 8-7　以生物多样性为主题的中文论文发表情况

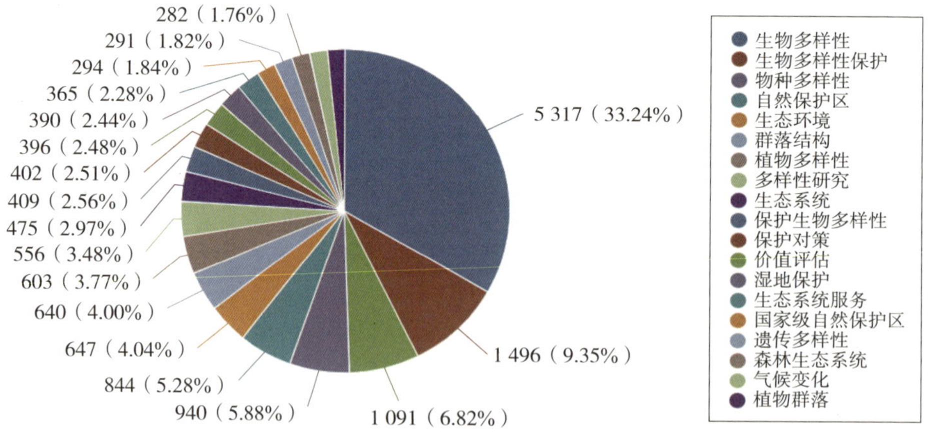


图 8-8　以生物多样性为主题的中文论文主要主题分布

根据专利检索结果，关于生物多样性的发明专利共有 5 000 余项（已授权或在实质审查中的专利），集中在生物多样性恢复、生物多样性调查技术、生物多样性评估、生物多样性热点区域识别、生物多样性变化模拟预测等方面。其中，在不同的空间尺度和不同的生态系统中，提出生物多样性保护价值和受损的评估方法，以及以保护生物多样性为目的的生态修复方法，是近年来专利申请的热点领域。

近年来，生态所在生物多样性研究方面成果频出，相继在生物多样性评估、生物多样性保护热点区识别与保护规划、生物多样性对气候变化的响应、生物多样性调查监测、生物多样性传统知识保护等方面，发表文章或专利。

### 8.2.5 自然保护地生物多样性保护与可持续发展

“十三五”时期，党中央高度重视自然保护地工作，多次做出重要批示，推动查处自然保护地突出生态环境问题，“绿盾”自然保护地强化监督阶段性目标任务圆满完成，问题整改取得显著成效，在保护生物多样性、保存自然遗产方面发挥了重要作用。

自然保护地是生物多样性保护最关键的基础。中国已建立了 11 800 多个自然保护地，约占陆域国土面积的 18%，占海域面积的 4.1%。总体来看，自然保护区作为中国自然保护地体系的基础，保护了超过 80% 的自然植被群落以及 85% 以上的野生动植物，特别是对兰科植物和哺乳动物的覆盖程度较好。

从相关文献计量分析来看（图 8-9），相关领域主要集中在自然保护地建设与管理、自然保护地内外人地耦合生态系统，以及自然保护地与生态文明建设的关系等方面。按照 2020 年全球“爱知目标”对自然保护地建设与管理的要求（目标 11），主要包含面积、代表性（representativeness）和有效性（effectiveness）等方面，从而判断是否公平有效地管理自然保护地，并形成有效的自然保护地网络。此外，自然保护地研究领域还特别关注与可持续发展目标的协同增效方面，即自然保护地在改善关键生态系统服务、恢复退化生态环境的同时，能否为推动农村生计及可持续发展提供有效保障。

从学科发展来看，自然保护地在生物多样性保护和可持续发展之间仍然存在着不平衡的情况，自然保护地可持续性仍有待提升。中国自然保护地空间布局仍不足以满足生物多样性保护和提供生态系统服务的需求，从空间布局来看，自然保护地在东部和南部地区还存在空缺，海洋自然保护地的面积比例不足；从物种类群来看，已建的自然保护区对于濒危植物、两栖动物和爬行动物的栖息地保护仍然不足；从生态系统服务来看，关键生态系统服务（水源涵养、土壤保持、防风固沙、碳汇）的重要区域还存在较大的保护空缺。从自然保护地对自然生态系统的保护成效来看，自然保护地对减缓森林丧失起到较为积极的作用，而对于湿地生态系统的保护效果有待提升；草地、荒漠、海洋等生态系统的保护成效仍有待进一步查明。从自然保护地对野生动植物物种的保护成效来看，除受关注较多的物种（如大熊猫、朱鹮等）以外，许多物种其数量、分布、受威胁程度及保护成效仍不清楚。此外，自然保护地还普遍存在资金投入不足、管理机构不健全、专业技术人员缺乏、动态监测不足、开发建设活动影响等方面的问题。

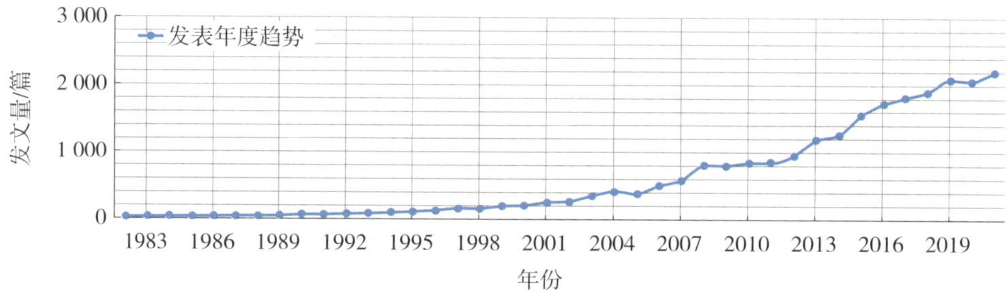


（a）自然保护地相关发文数量年际变化

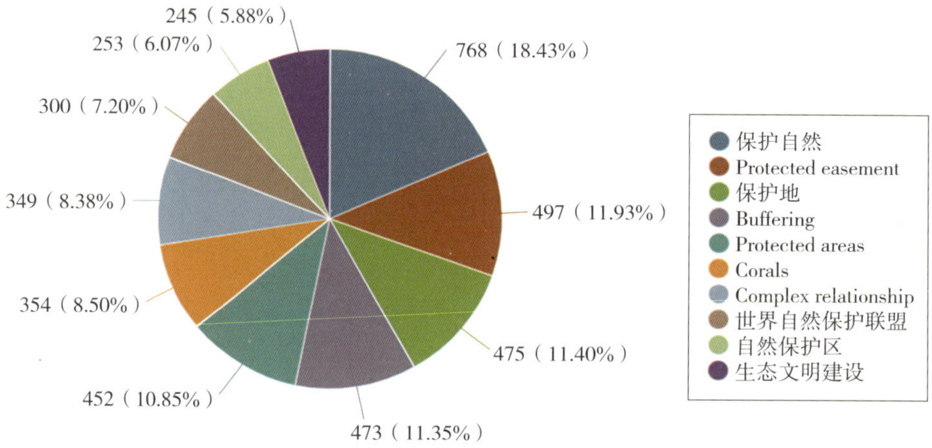


（b）相关领域主要研究热点

图 8-9　自然保护地相关领域文献计量分析

### 8.2.6 区域生态

（1）国际方面

利用“Web of Science”数据库的检索进行分析，用“regional ecological”作为主题词进行检索，文章类型限定为“article”和“review”，语言仅限英语；截至 2020 年，对检索出的 872 个条目整理分析后结果表明，研究成果主要来自 24 个国家和地区的 771 个研究机构，除个别年份略有减少外，国际学术界对环境影响评价的研究成果数量总体呈持续上升趋势（图 8-10）。从对开展区域生态研究国家的分布上，中国约占 60%，美国约占 11%，欧洲国家约占 9%（图 8-11）。

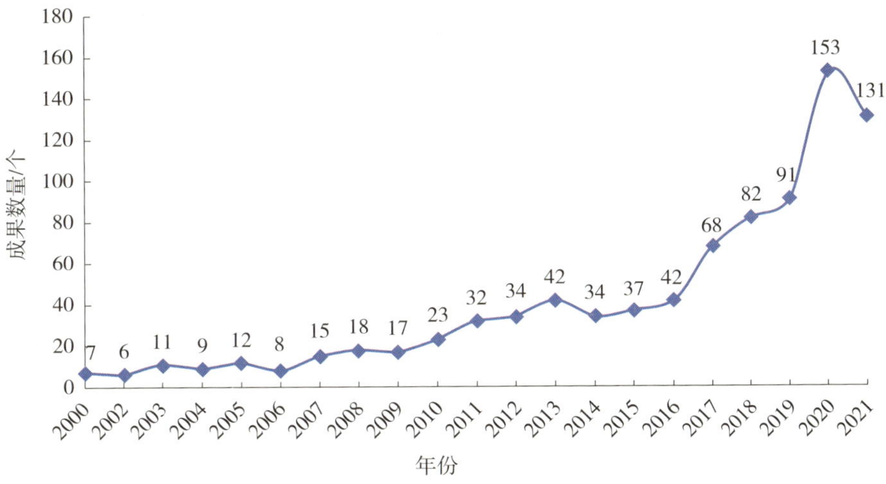


图 8-10　区域生态研究成果数量分布

（Web of Science 核心数据库统计结果 2001—2021 年）

在 Web of Science 数据库，以主题为检索项，以“Regional ecological monitoring（区域生态监测）”“Regional ecological quality（区域生态质量）”“Regional ecological assessment（区域生态评估）”为检索词，检索范围为核心期刊，检索时间为全部时间，共检索出 554 篇文献。运用 VOSviewer 软件对文献数据进行可视化分析，直观展现区域生态学总体研究方向、热点等。

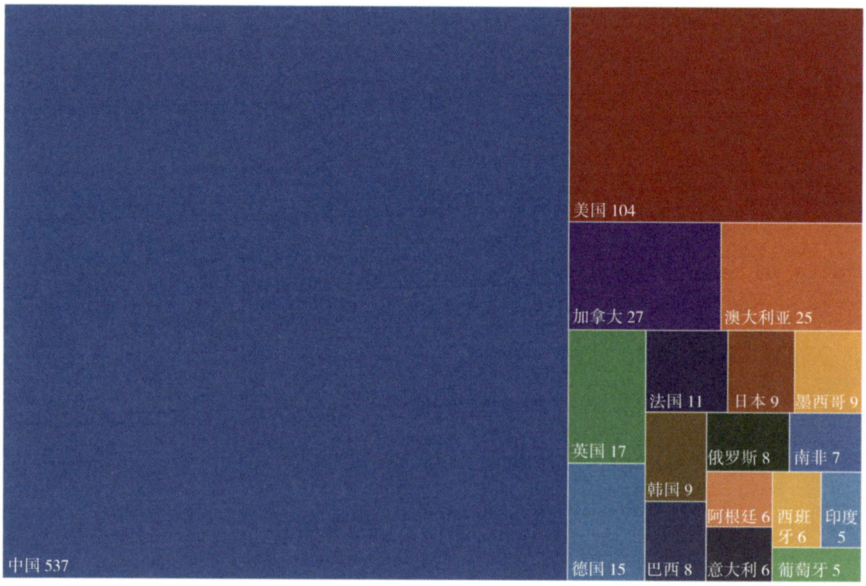


图 8-11　区域生态研究成果数量国家分布

（Web of Science 核心数据库统计结果 2001—2021 年）

从图 8-12 可知，节点圆圈越大，表示其关键词词频越大，即为热点研究内容；节点圆圈位置越接近中心，表示其所代表的关键词重要性越强，即为该领域的重要概念；节点圆圈之间越接近，说明两者共同出现在同一篇文献中的次数越多；同一种颜色的节点表示同一个聚类，即同一类研究主题。从图中可以明显看出，节点“concentration”“environmental monitoring”“pollution”无论是大小还是位置，都具有突出优势，说明是本领域的重要概念。“区域生态系统质量评估”“区域生态系统污染监测”“与遥感大数据结合”“长时间序列观测”等是本研究领域热点或重要的研究方向。

（2）国内方面

通过对 CNKI 中国知网中的文献库进行研究回顾，检索词为“区域生态”，检索方式为篇名和关键词检索，截至 2021 年 9 月，对检索出的 364 个条目整理分析后结果表明，总结出我国环评研究发展特征如下。

相关法律与制度制定一定程度促进与激励了学术研究。经分析，2003—2011 年区域生态研究稳定发展并达到了峰值，2012—2016 年研究减少但趋于稳定，2017 年为区域生态研究成果最丰富的一年，2017—2020 年逐渐减少。其中

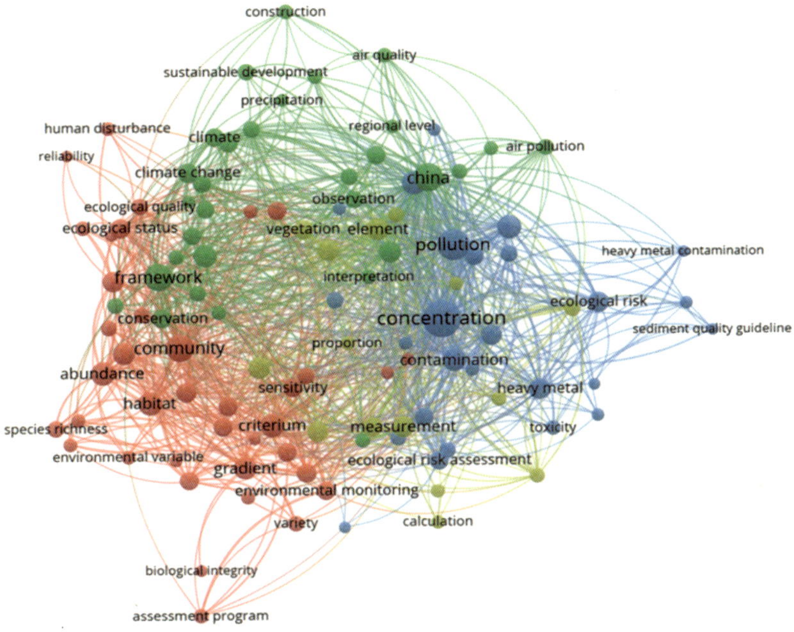


图 8-12　区域生态研究热点分布

（数据来源 Web of Science 数据库）

有两次较为快速的增长阶段，第一次是 2011 年，第二次是 2016 年（图 8-13）。2015 年年底，为加强重点区域自然生态保护、优化国土空间开发、保护和扩大生态空间的要求，环境保护部印发《全国生态功能区规划（修编版）》，进一步强化生态系统服务功能保护的重要性，一定程度上促进了学术界研究与实践上升与下降。研究主题基本分布均匀，其中生态治理、生态文明建设、生态补偿、区域可持续发展等主题占比较大（图 8-14）。

“十三五”期间，生态系统服务功能评估从过去的纯粹的功能分类评估逐步过渡到各种服务功能的变化、驱动分析，以及各类服务功能之间的权衡 / 协同。尤其是生态系统服务的权衡 / 协同方面，在过去 5 年得到广泛的研究和应用，为未来开展集中提升某类生态系统服务功能并统筹兼顾其他生态系统服务功能的生态恢复与建设工作提供了可能和基础。

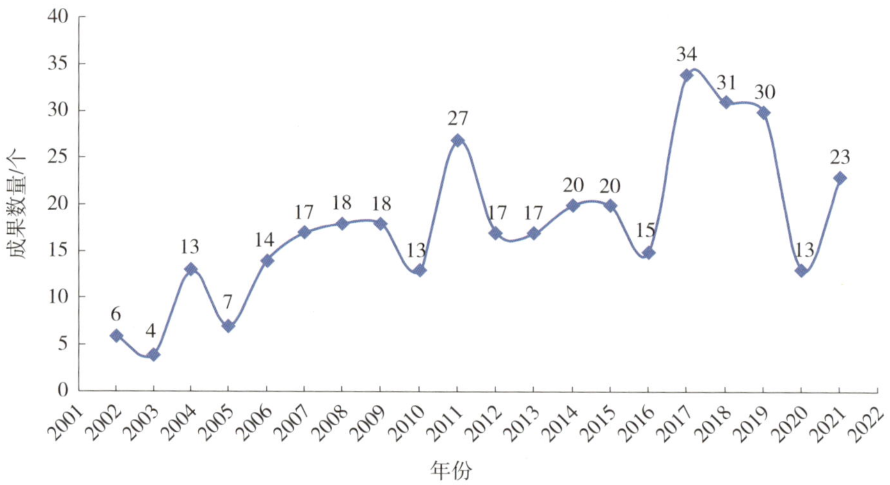


图 8-13　区域生态研究成果数量分布

（CNKI 中国知网统计结果 2001—2021 年）

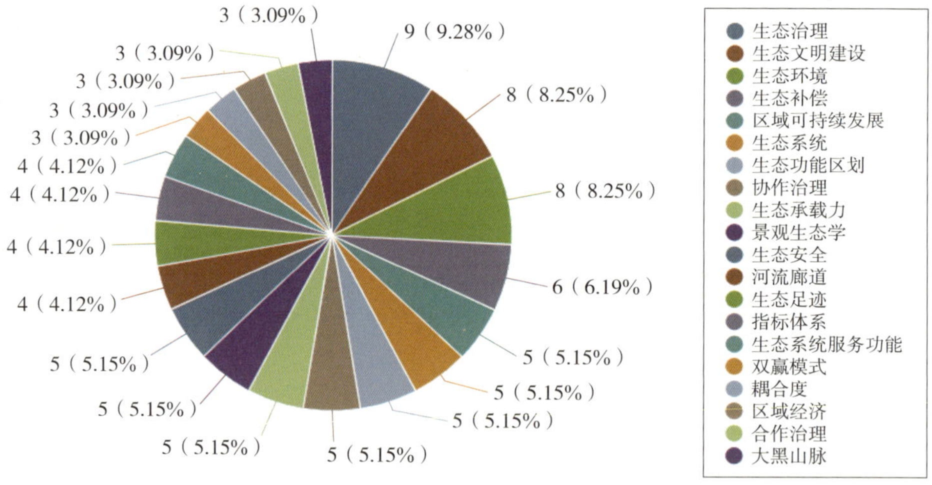


图 8-14　区域生态研究方向分布

（CNKI 中国知网统计结果 2001—2021 年）

在评估方法和精度上，大数据应用方兴未艾，基于长时间序列、高时间密度的精准数据，分析生态系统演变过程及其影响因子，大大地提高了生态评估的精度，更好地刻画了生态系统演变的时空动态过程和格局。同时，生态系统历史演变过程更加清晰，当前状况评估更加准确，发展趋势、发展规律更为明确，以及智能算法大量应用的基础上，使得生态变化驱动力分析从过往的定性识别哪些因素具有显著影响，逐渐转变到当前开始尝试定量评估影响因子的相对贡献率，增强了研究结论的现实指导意义。

无人机作业如图 8-15 所示。

图 8-15　无人机作业

因此，长时间序列、高时间密度的遥感大数据和长期地面实测数据的累积，以及 GEE 等云计算平台的兴起，更多智能算法、深度学习的应用，使得研究者将有能力将更多的数据甚至是全部数据统筹进行深度应用，这将成为生态过程与服务功能评估、驱动力分析研究等领域未来的发展趋势，并有望通过大数据、云计算等技术方法促进研究模式的更新、升级和创新。

无人船测量海拉尔河水质分布渲染如图 8-16 所示。

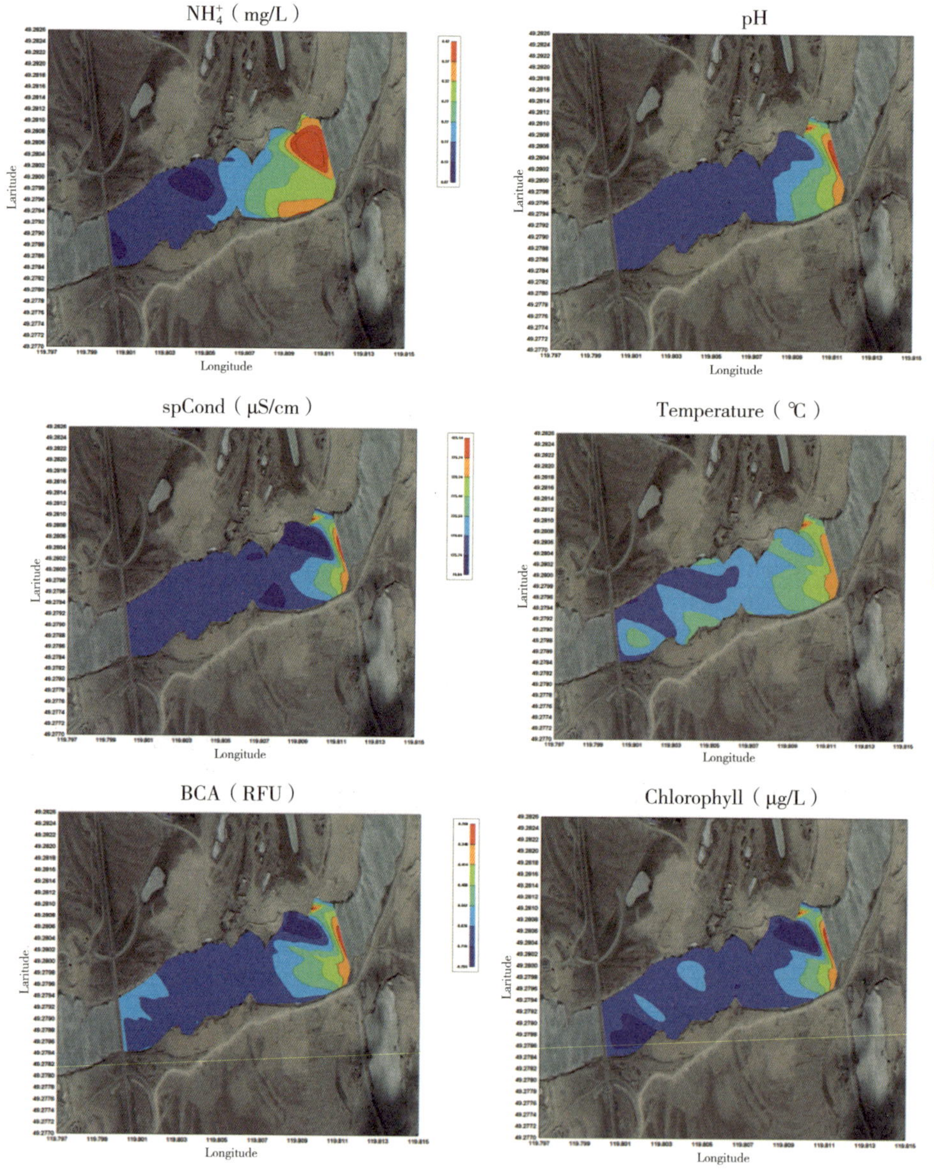


图 8-16　无人船测量海拉尔河水质分布渲染

## 8.2.7 生态工程与技术

"十三五"期间，生态修复技术研究在国内外迅速发展，物理修复技术、生物修复技术、复合修复技术等均取得成果，在生态修复工程中被广泛应用。如在我国北方草原沙尘源地识别与生态修复治理中取得诸多成绩，针对北方草原区沙尘暴频发，在呼伦贝尔、科尔沁、锡林郭勒、阴山北麓、鄂尔多斯 5 大草原区重点开展了沙尘源地识别，沙尘环境暴露水平估算，空间优化管控体系构建，集成沙源地生态恢复技术，实现北方草原区沙尘源地识别及量化分级、沙尘暴特征污染物及其暴露水平精细化评估、沙源地植被恢复技术等成果。同时，为了实现 2021—2030 年联合国生态系统修复的十年目标，更好地提升生态修复工程成效，开展生态修复工程成效评估工作也亟待加强；构建水陆统筹的流域环境综合治理技术体系，该技术方案大幅改善洋水河流域水质，出境断面总磷由 1.61 mg/L 降至≤0.2 mg/L，使洋水河历经 60 多年来首次稳定达到我国地表水Ⅲ类标准。构建了北方高寒区露天矿排土场生态修复技术体系，技术体系以"自然恢复为主、人工修复为辅"，修复区逐步形成"自维持免维护"的近自然生态系统，周边区域生态环境质量不断提升，生态系统服务能力持续加强。然而，针对不同类型的生态修复区域其修复过程监管及成效评估的研究相对薄弱，缺乏适宜我国实际的生态修复监管方法体系，基于"山水林田湖草"体系开展监测、预警、监管、修复关键技术研究和基于生态系统服务价值和服务能力的生态修复成效评估体系研究具有重要意义。但目前生态质量监测、评估、预警、修复等关键技术研究还难以支撑生态环境部的主要职责，亟待深入开展相关研究。

## 8.2.8 生物安全

"十三五"期间，围绕外来入侵物种防控管理，在西南地区开展了外来入侵物种调查和监测，掌握了大量的自然保护区外来入侵物种数据；在广西、江苏等地开展了典型外来入侵物种（如互花米草、飞机草等）防控技术研发及示范研究，初步研发出地上地下与生态修复相结合的防控技术，防控成效显著；运用分子技术研究中国豚草、互花米草不同种群的遗传多样性，初步揭示表型可塑性和遗传分化这两个有意引入和无意引入外来入侵物种环境适应中的差异，描绘豚草多次引入的扩散路径。

多物种互作网络及其级联效应影响重大外来入侵物种暴发和成功入侵。尽管越来越多的研究在群落层面探讨了生物入侵对当地生物多样性的影响机制，但多聚焦于成对物种互作，忽略了3个或更多物种之间交互作用带来的影响。探索复杂多物种互作网络的结构和功能属性有助于揭示外来物种如何成功入侵本地群落。例如，入侵物种从原产地到入侵地，其植食昆虫和传粉昆虫多样性和种类都会发生改变，入侵物种和本地物种形成全新的互作网络既可能促进也可能抑制入侵物种的入侵性，还可能成为迫使外来入侵物种产生适应性进化的驱动力。然而，已有的研究往往关注复杂互作网络的改变，而网络结构特征对不同繁殖策略外来种成功入侵的影响及机制、决定网络稳定性的关键物种或者核心环节以及网络互作过程中的级联效应目前均不清楚，制约了多物种互作网络调控技术在入侵防控中的应用。

### 8.2.9 生物多样性评估与国际履约

（1）学科发展动态

开展生物多样性和生态系统服务评估，提出适应性管理对策，对于提升生态系统服务能力极为重要。目前，全球层面开展了两次重要评估。其一是2001—2005年开展的千年生态系统评估。这次评估明确了生态系统状况与人类福祉的关系，提出了多尺度综合评估两者关系的框架和方法，揭示了各类生态系统的历史动态、未来趋势及应对策略，极大推动了全球生态学的发展，也为我国生态系统保护修复提供了重要的理论和方法参考。其二是2019年发布生物多样性和生态系统服务政府间科学政策平台（IPBES）全球评估报告。该报告对全球生物多样性和生态系统服务的现状和趋势、生物多样性丧失的直接和间接驱动力以及应采取的行动等进行了评估分析和建议，为正在制定的“2020年后全球生物多样性框架”提供了重要参考。目前，生物多样性和生态系统服务评估已成为生态学领域的研究热点，相关研究论文数量呈快速增加之势（图8-17）。

生物多样性和生态系统服务评估是《生物多样性公约》（以下简称《公约》）国家履约进展报告的重要内容。截至2021年，缔约方已先后6次开展国家生物多样性评估并提交国家报告。其中，196个缔约方中，192个提交了第五次国家报告，103个提交了第六次国家报告。国家报告的内容已由重点物种的动态评估转向包括物种、生态系统和生态系统服务在内的更加综合的生态系统评估。我国已于2020年向《生物多样性公约》秘书处提交了第六次国家报告，并于

2021 年发布《中国的生物多样性保护》白皮书，系统展示生物多样性保护的成就、行动和未来努力方向。

我国科学家在生物多样性和生态系统服务评估方面已开展了卓有成效的工作，相关 SCI 研究论文居于全球第四位（图 8-18）。然而，在全球、区域和国家生物多样性评估方面，欧美国家仍然占主导地位，我国科学家的参与度还有待提高。

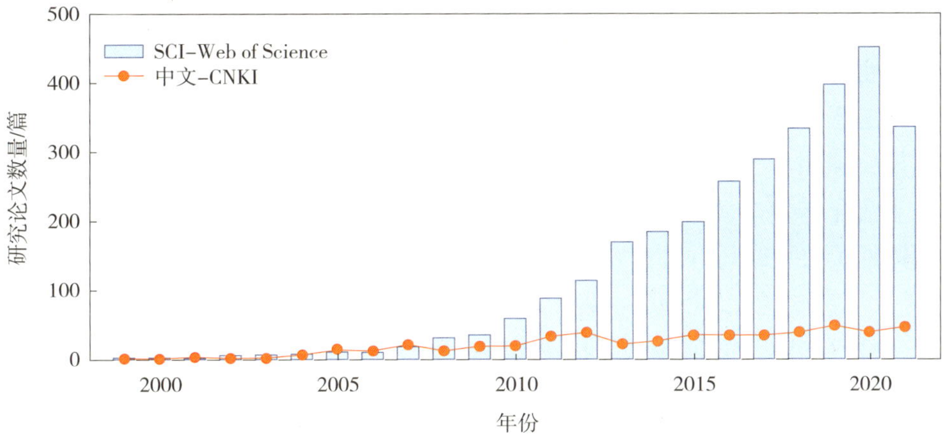


图 8-17　生物多样性和生态系统服务评估研究论文数量年际动态
（基于 Web of Science 核心数据库和 CNKI 中文核心统计结果，
检索词：生物多样性、生态系统服务、评估）

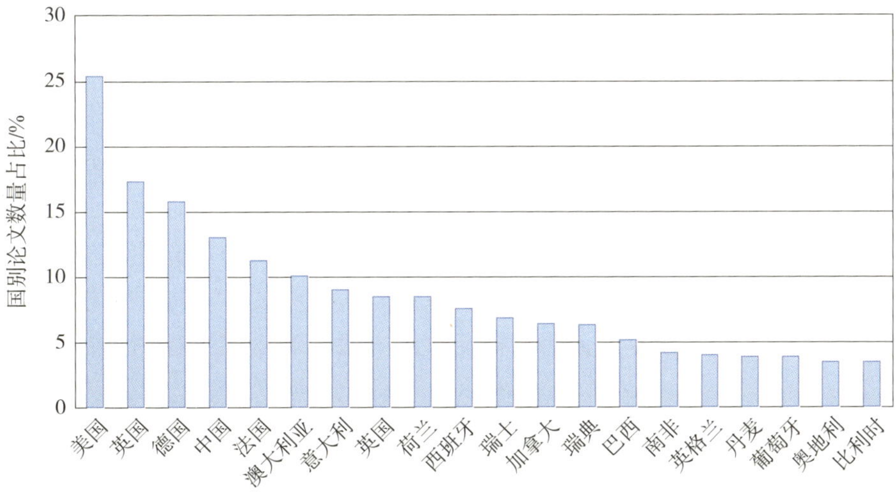


图 8-18　生物多样性和生态系统服务评估研究论文的数量国别占比

（2）全球生物多样性评估需求

生物多样性和生态系统服务政府间科学政策平台（IPBES）全球评估表明，全球正面临着史无前例的大自然衰退和物种加速灭绝率的局面，至2020年，《2011—2020年生物多样性战略计划》未能实现，20个“爱知目标”中仅有6个目标部分实现；为保护和恢复自然，扭转生物多样性丧失趋势，亟须一场“变革性转变”，解决生物多样性丧失的直接和间接驱动因素，协同实现可持续发展目标、应对气候变化和扭转生物多样性丧失等多重目标。在我国昆明举办的《生物多样性公约》缔约方大会第十五次会议为中国深度参与全球生物多样性和生态系统服务进展评估提供了良好契机。制定的“2020年后全球生物多样性框架”涵盖了土地利用变化、生态保护与恢复、应对气候变化、生物多样性价值主流化等多个领域。各国将根据“2020年后全球生物多样性框架”更新生物多样性国家战略与行动计划（NBSAP），定期评估NBSAP执行进展。

（3）我国生物多样性保护现状与决策需求

《中国生物多样性保护战略与行动计划》（2011—2030年）自2011年实施以来，3项“爱知目标”已实现并超越，13项“爱知目标”取得良好进展。在自然资本核算和生态系统服务估价等方面开展了一系列探索，如在广西和贵州开展了“自然资本核算和生态系统服务估价”项目试点，在深圳探索实施生态系统服务价值核算制度等。

然而，我国生物多样性政策实施效果的评估技术体系还不健全。1970年以来，我国实施了一系列生态保护与恢复工程，这些工程极大地推动了我国退化生态系统的恢复与重建，并成为我国履行国际环境公约的标志性行动。但我国生态效益评估起步较晚，已开展的评估工作，如西藏生态安全屏障与建设成效评估、黄土高原生态工程的生态成效评估、“三北”防护林体系建设40年综合评价报告等，往往聚焦于生态系统类型与面积变化、植物覆盖度与生产力，以及水土保持、水质水量调节、防风固沙等功能，而对生物多样性的一些重要要素，如栖息地质量（连通性、完整性）以及野生物种的丰富度、种群数量、遗传多样性变化等鲜有涉及，无法直接反映现有政策和生态工程的生物多样性保护成效。

（4）丰富和发展基于情景模型的决策支持系统

为了配合NBSAP评估，学术界正积极研究土地利用和气候变化情景下生物多样性和生态系统服务的格局和变化趋势，开发相应的评估和预测模型，如基于统计和生态过程的生物多样性和生态系统服务情景模型。此类模型可以对未来气候变化和各类政策情景下的生物多样性和生态系统服务的变化轨迹做出预测，为生物多样性保护和恢复的路径选择等提供决策支持。模型通常以气候、土地利用、植被覆盖、大气氮沉降、基础设施和生境破碎度等作为驱动力，综合考虑生态保护与恢复政策、人为管理等情景，以物种丰富度、生态系统范围、生产力、碳氮水等物质和能量动态作为输出指标。然而，现有模型往往是对大尺度生态过程的简化描述，存在普适性和精确性的权衡，导致模拟结果的不确定性偏大。需要基于本地观测数据，阐明关键驱动因子的作用机理及其与生物多样性和生态系统服务的定量关系，修正和丰富模型的关键生态过程模块或参数，以提高模型预测精度和决策支持能力。

## 8.3 亟须突破的重点领域和技术

### 8.3.1 生态产品总值核算与生态产品价值实现方面

一是关于生态产品的评估方法与价值体系没有形成共识。已经市场化的生态产品的价格，由于非完全竞争无法反映其真实价值。没有完全市场化的生态产品主要通过逆向的恢复替代成本或正向的生态服务价值进行评估。二是生态产品的管理机制缺乏统筹。从管理机制看，生态产品的监管和开发利用分属自然资源（林草）、生态环境、文化旅游、农业农村等部门，需要进一步统筹。三是生态产品价值实现保障机制尚未建立。生态资源产权不明晰，调查监测评价、监管制度尚不健全，导致生态产品的家底不清。生态产品交易的市场设置、经营权许可、市场准入退出机制和分配方式等市场建设的保障机制没有完全建立，生态产品市场交易管理办法、交易总量设定、流转规则和配额分配方案等具体措施亟待填补空白。

### 8.3.2 区域生态质量监测与评估

我国生态环境部门的监测体系大多是在环境监测，特别是环境污染监测的基础上增加了生物相关的内容扩展而来，难以综合反映生态系统的状态和变化；现有生态监测技术规范由环境、林业、农业、气象、水利等多个行业部门分别制定，在指标体系、技术手段和数据规范等多方面存在显著差异，缺乏统一的生态监测网络和从站点到区域的综合观测技术，难以准确监测和及时评估我国重要生态区域生态状况及其变化。

（1）缺乏全面反映生态系统格局、功能和过程特征的区域生态质量综合监测技术体系

目前已有生态质量监测和评价的技术方法中，监测的指标体系主要针对单一生态系统类型或生态要素，没有从生态系统的整体性和系统性出发，缺乏生物多样性相关内容。

（2）缺乏生态遥感数据产品的地面验证技术

区域尺度的生态质量监测以遥感技术为主，包括植被指数、净初级生产力、叶面积指数等，数据产品缺乏地面监测的验证和补充。

（3）区域生态质量综合监测地面站点和样地布设技术

对于生态监测站点的布局、生态监测样地和调查点位的布设，也需要从区域整体特征出发，考虑如何构建能全面地反映区域综合生态质量水平。

### 8.3.3 生物多样性保护与可持续利用

目前，生态环境部在履行组织协调生物多样性保护工作、监督生物多样性保护工作中，尚缺少足够有力的抓手，面临着生物多样性本底数据、监测评估技术缺乏等问题，难以支撑生物多样性保护与监管。

生物多样性数据缺乏或难融合。生物多样性数据规模庞大、异构性和动态性高，不完整性和不确定性强的特点，为数据的分析处理工作提出了巨大的挑战。经过多年的调查和研究工作，积累的生物多样性分布数据格式和精度不一，难以融合，并且无论是在生物类群尺度还是空间尺度，仍存在数据覆盖空缺。

生物多样性评估技术方法有待突破。目前国内外已有多套生物多样性评估指标体系得到实践应用，但仍然存在不足以体现保护效果或破坏程度、数据不易获取等问题，难以为管理部门提供有效的决策支撑。

生物多样性监管缺少技术支撑。目前我国生物多样性保护相关管理工作的主体是国家林业和草原局、农业农村部等其他部门，生态环境部对生物多样性进行监管，除了对相关部门履职情况进行监督，也需要在现有的属于生态环境部职能的相关机制中，寻求纳入生物多样性相关要求的突破口。

### 8.3.4 自然保护地生物多样性保护与可持续发展

（1）自然保护地生态环境监管标准体系。环境质量标准中对相应功能区的规定未能全面覆盖自然保护地的类型。从标准的级别和数量分布上看，生态环境部在自然保护地监管领域的标准规范十分缺乏，标准体系尚未形成。

（2）自然保护地生态环境监测评估技术。长期以来，自然保护地内的生态环境监测技术还存在明显短板，自然保护地生态环境监测的实时性和大数据分析能力仍亟待提升，尚未形成全天候、全要素、全覆盖的自然保护地生态环境监测体系。

（3）自然保护地可持续性。目前关于自然保护地可持续性方面的研究主要关注生态系统服务、生态补偿和生态旅游促进可持续发展，较少关注自然保护地内外社会—生态系统的变化过程及当前所处的状态，特别是自然保护地保护成效与区域社会—生态系统可持续性的关系这一核心问题仍然不明确。如何在提升或维持自然保护地保护成效的前提下，促进自然保护地内及周边区域探索人地和谐的可持续发展模式，不断改善自然保护地可持续性，已成为自然保护地相关领域的一个关键科学问题。

### 8.3.5 区域生态过程与服务

（1）生态系统演变过程及其驱动力分析技术尚待突破

生态系统本身的复杂性、动态性、区域性以及影响因素的多样性、同时性、叠加性等特征，使得准确、精细地刻画生态系统演变过程，以及分离气候变化和人类活动的影响变得十分困难。厘清区域生态系统时空变化特征及驱动机制，可协同优化多种服务，避免在提高一种服务的同时损害其他服务，对促进区域生态系统可持续管理、指导自然资源的合理开发、提高人类福祉具有重要意义。

（2）新技术新方法的跟踪、应用和拓展水平仍亟待提升

随着大数据、云计算、遥感云等新兴技术快速发展，区域生态过程与服务领域也急需应用新技术、新方法解决存在的“瓶颈”和障碍。遥感长时间序列数据、历史地面调查数据的空间尺度差异、时间匹配等集成技术方法，是充分利用现有各种生态数据的前提和基础之一。GEE、大数据分析和挖掘技术、无人机 + 传感器、物联网、人工智能等新兴技术的深度应用及联合分析、算法实现得到飞速发展，如何将这些技术和方法更有效地引入、融合区域生态过程与

服务研究，是迫切需要提升的领域之一（图 8-19）。

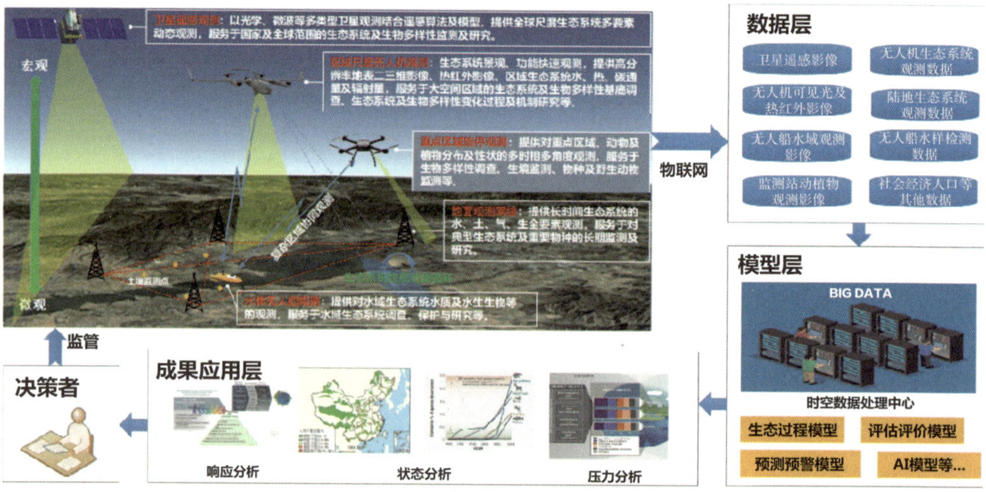


图 8-19　空天地一体化系统监测展示

（3）复合系统模型的构建与优化技术路径有待提升

当前大多数生态系统服务和过程模型多来自国外，模型指标、默认参数多以国外研究为基础，在国内应用的适宜性存在一定的不确定性。因此，体现本土化、区域特色参数、指标的生态模拟评估系统，及其联合生态系统与气候、社会经济系统的高精复合模型，是短缺技术之一。

（4）适合监管需求的生态阈值界定与标准制定尚缺乏技术体系和研究范式

相较于环境质量、污染排放领域，生态领域标准规范较少且尚未形成完整的标准类别体系。我国生态系统类型丰富多样、空间异质性强，受人类社会经济活动影响和对气候变化响应的敏感程度不同，生态系统类型及其特性阈值的时空特定性、非线性以及动态发展性都对生态阈值与标准制定提出了更高的要求。

## 8.3.6　缺乏生物多样性保护与碳协同保护策略与技术

为实现生物多样性与缓解气候变化协同保护目标、落实《生物多样性公约》国际履约责任，应确定生物多样性和碳储量协同增效区域，将物种保护与碳释放减缓相结合，提出生物多样性—碳协同保护的双赢策略。

### 8.3.7 受损生态的系统保护修复及修复监管技术体系亟待完善制定

一是关于受损生态的系统保护修复。国内有关生态修复的理论方法研究、技术及工程实践方面更多聚焦于单一目标或特定环境，包括土壤污染生态修复、河流湖泊生态修复、森林植被生态修复、水土保持生态修复、海岸湿地生态修复、工矿废弃地生态修复等，然而基于山水林田湖草沙生态系统保护修复更加强调生态系统的完整性、系统性以及协调性，亟待加强融合生态要素耦合机理、空间优化的复合技术体系等研究。二是关于生态保护修复监管技术体系构建。我国针对不同生态系统类型、修复对象均实施了保护与修复工程，为实践与不断完善监督技术规范体系提供了应用平台，然而基于生态保护修复实践，缺乏生态保护与修复监管规范、标准体系，难以科学地监管评估生态保护修复过程，不利于提升生态保护修复成效。

### 8.3.8 缺乏多物种入侵的机制和防控技术研究

外来入侵物种多物种入侵现象比较常见，一种外来物种的引入可能促进另外一种外来物种的入侵，且外来入侵物种与外来入侵物种之间、外来入侵物种与本地物种之间形成复杂的互作网络关系，然而目前国内研究多关注单一物种的入侵机制和防控技术研发，多物种入侵机制和防控技术还很薄弱，导致目前防控成效不显著，二次入侵时有发生，基于生态系统理念开展多物种防控机制和技术研发亟待加强。

### 8.3.9 生物多样性评估与国际履约

亟须解决的几个科学问题包括不同尺度生物多样性及生态系统服务的现状及变化趋势？生物多样性及生态系统服务的关键驱动因子及其协同作用机制？我国生物多样性保护与恢复的政策成效及改进方向？

亟须突破的“卡脖子”技术包括生物多样性和生态系统服务监测与评估指标体系；多尺度生物多样性和生态系统服务模型的本地化与验证；基于多利益攸关方和成本—收益的生物多样性保护与恢复政策评价技术。

## 8.4 展望

### 8.4.1 生态产品总值核算与生态产品价值实现

结合“十四五”规划，重点围绕“减污、降碳、强生态”的新要求，继续加强生态产品总值核算技术体系研究，加快构建生态产品价值实现机制。一是充分借鉴国内外生态产品价值实现最新研究成果，选取试点地区或试点要素开展生态产品价值实现研究，提出分类目录，优化完善技术体系，强化生态产品价值实现模式创新和路径设计。二是持续提供制度供给，推动建立健全生态产品价值实现政策体系，完善考核机制，发挥政府在制度设计、经济补偿、绩效考核和营造社会氛围等方面的主导作用。三是激发市场活力，促进健全生态产品经营开发机制，激发企业活力，突出市场在优化资源配置中的决定性作用。四是强化示范引领，探索建立生态产品价值实现推进机制，发布生态产品价值实现指导意见和路径指南。

### 8.4.2 区域生态学

“十四五”期间，生态系统服务功能评估的规范性、准确性、及时性的要求将越来越迫切，评估水平也将进一步快速提升。实现快速生态评估与模拟，是“十四五”时期的重点工作之一。

准确、全面地掌握流域生态质量状况和变化趋势依赖于长期稳定的生态系统监测和调查。特别是生物多样性保护相关研究工作，亟须在国家公园、自然保护区、重点生态功能区等范围内优先开展重点物种的定期调查和长期监测，及时更新物种及种群基础数据库，为合理评价生物多样性价值、深入分析生物多样性的胁迫因素等研究提供支撑。研究构建区域生态质量综合监测网络，一方面，将遥感监测、无人机调查、地面定位站点长期观测及典型地区实地调查结合起来，开展监测指标作用机理、基值和变化临界值确定以及监测调查数据质量控制等方面的研究，是区域生态质量监测未来的研究方向之一；另一方面，当区域内存在森林、草地、农田、荒漠、湿地等不同生态系统类型时，如何确定生态质量监测站点、样地、样方的空间布设方案，也是构建区域生态质量综合监测网络亟须解决的问题。

进一步提升生态系统过程模拟的精细度和生态系统服务评估的精准度。充分利用遥感云、人工智能和大数据计算能力，依托长期累积的各类型遥感数据和分散性、非连续性的实地观测数据，建立相对统一可比的长时间序列、多时间节点、高空间分辨率的数据集，是下一步研究的重点。

### 8.4.3 城市生态学

城市生态学正在经历第三次研究范式的改变，认识构成城市的社会系统和自然系统在时间和空间上跨尺度的相互作用，为城市可持续发展提供理论基础和解决方案是城市生态学未来的研究重点。城市生态学成果与城市生态文明建设有机结合，切实指导城市可持续发展将是城市生态学的重要应用方向。

### 8.4.4 生物多样性保护与可持续利用

（1）生物多样性相关政策标准

梳理现有相关体制机制、政策法规，识别和生态环境部职能相关的内容，找出空缺；研究履行生物多样性保护相关职责时的优势和不足之处，从环境影响评价等切入点，强化生物多样性保护。

（2）生物多样性基础数据收集和分析

继续对生物多样性优先区域等重点区域持续开展调查，对现有生物多样性数据不足区域开展补充调查，继续收集已有的文献、标本、公众等多来源的数据，并按照统一的格式进行处理。从生物多样性保护热点区与保护空缺、生物多样性在时空尺度的变化及其驱动因素等不同角度进行分析研究。

（3）生物多样性评估

在现有陆域生物多样性综合评估指标体系等研究成果的基础上进一步优化提升，建立生物多样性评估指标库，并实践评估效果。研究更加客观、科学的生物多样性价值估算方法。

（4）生物多样性可持续利用机制

开展交叉学科的研究，综合运用生态学科与人文社会学科，研究生物多样性与经济发展的协调机制、生物多样性可持续利用的实现机制等。

### 8.4.5 自然保护地保护与监管

（1）完善自然保护地生态环境保护成效评估监管体系

通过开展系统调研，对正式设立的国家公园和具有代表性的自然公园的管理和生态环境保护情况进行调研；研究“自然保护地生态环境保护成效评估规程”“自然保护地生态环境保护成效评估工作规划”等政策性文件；开展国家公园生态环境成效评估先行先试，探索国家级自然公园第三方评估机制，不断完善自然保护地生态环境保护成效评估监管体系。

（2）完善长期监测体系，为自然保护地保护成效评估提供数据支撑

围绕不同类型自然保护地长期动态变化的趋势，以保护成效评判为目标，建立完善的监测体系和数据共享机制，为定期量化评估自然保护地保护成效提供数据支撑。建立生态大数据库，为生态环境部履行自然保护地相关监管职能提供决策参考；研究提出自然保护地生态监测网络布局与优化技术方案；围绕重点区域、重点流域、重点海域，持续开展自然保护地保护成效评估。

（3）开展自然保护地可持续生态学研究

针对自然保护地独特的自然生态与人类社会耦合系统，研究气候变化背景下自然保护地生态保护与区域可持续发展之间的问题，提出有效的可持续发展对策，解决区域自然保护地的生态保护与可持续发展之间的问题。

### 8.4.6 生态工程与技术

为履行生态环境部指导协调和监督生态保护修复工作的职责，需重点推进构建较为完善的受损生态系统评估体系、建立整套的生态修复技术体系并开展长期野外定位监测。

（1）开展可持续的生态修复模式研究。基于现有生态修复工程针对生态破坏或环境污染治理为主要修复目标，从修复方案制定、工程实施及后期成效评估等多个层面逐步深入开展可持续的生态修复模式研究，以实现生态修复后生态系统功能提升及生态系统健康可持续发展。

（2）构建完善的生态系统修复评估体系。开展生态修复前受损评估，生态修复工程实施中的监管以及生态修复后的生态系统健康和服务效应评估。重点形成以煤矿、有色金属矿产开采地区、草原、湿地为代表的受损生态系统评估体系，逐步形成完善的矿产资源开发、污染以及受自然因素影响的生态系统风险评估体系。

（3）建立整套的生态修复技术体系。形成资源开发、污染等不同生态破坏类型的成因识别模型体系，打造煤矿、有色金属矿产开采地区受损生态系统修复技术拳头产品；逐步开发退化草地、湿地、森林、石漠化等不同生态系统类

型的修复技术体系；构建生态修复效应评估模型。

（4）不断完善野外观测研究站功能。依托野外科学观测研究站长期生态环境观测数据积累，继续开展野外观测实验，并作为野外实验平台重点支撑开展可持续的生态修复模式研究、生态系统修复评估体系构建及生态系统修复技术体系整装研究，提升生态环境科技服务支撑能力，不断完善野外观测研究站的综合支撑功能，服务国家生态建设需求。

## 8.4.7 生物安全

（1）外来入侵物种调查

继续开展对生物多样性保护优先区、国家级自然保护区外来入侵物种调查，跟踪文献数据，收集整理并完善已有的外来入侵物种数据库。

（2）外来入侵物种分布格局研究

开展全国尺度、区域尺度、保护区尺度等不同尺度外来入侵物种分布格局研究，结合达尔文归化假说和生物多样性阻抗假说，深入阐释不同尺度外来入侵物种分布格局成因。

（3）典型外来入侵物种入侵机制研究

通过野外控制实验、温室控制实验，从功能性状、生理特征、微生物群落等方面研究多个外来入侵物种与本地近缘种的竞争机制，揭示多个外来入侵物种的入侵机制，阐明入侵崩溃或入侵促进假说在多物种成功入侵中的作用。

（4）多物种入侵网络防控技术研究

开展交叉学科的研究，综合运用分子生态学、植物生态学、系统发育生物学等理论，研究外来入侵物种与入侵地的多物种网络互作关系，研发多物种入侵网络防控技术。

## 8.4.8 生物多样性评估与国际履约

生物多样性和生态系统服务评估关系到国家生态保护与恢复的政策成败和努力方向，是今后一个时期内生物多样性治理的重点工作之一。对此，我们结合学科发展，提出以下发展方向：一是聚焦生物多样性和生态系统服务评估，理解生物多样性、生态系统服务、气候变化等与人类福祉之间的关系，构建不同尺度的生物多样性评估指标体系；二是基于全球环境综合评估模型（IMAGE）、土地利用模型（CLUMondo）、全球生物多样性评估模型（GLOBIO）等，改进和验证生物多样性综合评估模型，结合 IPCC、IPBES 和《全球环境展望》等建立的情景模式，构建情景分析方法；三是开发国家履约政策成效评估技术，基于多利益攸关方识别与分析，构建成本—效益综合评估体系，评估现有政策成效，提出政策改进建议，为生物多样性履约提供技术支撑。

编写人员：李岱青　孟晓杰　高艳妮　计　伟　宋　婷
王世曦　刘丽香　朱彦鹏　任月恒　王　伟
杜加强　盛芝露　何　萍　马俊勇　齐　月
郑志荣　赵彩云　王金洲　黄盼盼　吕凤春
戴　霞　蔡　譞

# 9　生态文明理论与实践路径

生态文明是整个社会在思想、行动、生活方式、生产方式等方面转向人与自然和谐共生的一种文明形态，强调在尊重自然、顺应自然、保护自然的基础上，用系统思维、整体观念、综合方法解决可持续发展面临的问题，推进民生福祉的改善和社会的发展进步。生态文明建设是一个系统工程，涉及经济社会发展的各领域和各环节，需要融入经济建设、政治建设、文化建设、社会建设各方面和全过程。生态文明研究涉及生态学、地理学、环境学、经济学、社会学、资源科学等多个学科领域，需要跨学科的思维，集成多学科研究成果，解决生态文明建设中面临的实际问题。

## 9.1　需求分析

“十三五”时期，党中央、国务院大力推进生态文明建设和生态环境保护，重点解决资源约束、环境污染、生态退化等突出问题，从源头上扭转生态环境质量的恶化趋势，成为生态环境质量改善成效最大、生态环境保护事业发展最好的五年，人民群众生态环境获得感、幸福感和安全感不断地增强。

“十四五”时期是我国深入推进生态环境改善、实现生态文明建设新进步的关键时期。党的十九届五中全会提出“十四五”时期实现“生产生活方式绿色转型成效显著，能源资源配置更加合理、利用效率大幅提高，主要污染物排放总量持续减少，生态环境质量持续改善，生态安全屏障更加牢固，城乡人居环境明显改善”的目标，对生态文明理论与实践路径、生态环境管理研究领域提出了新的要求。

### 9.1.1 推进人与自然和谐共生

实现人与自然和谐共生是当今世界共同面临的重要课题。工业革命以来，人类社会在取得巨大的社会经济发展成就的同时，人与自然关系在全球及局部地区出现不同程度的紧张局面。气候变化和生物多样性丧失成为人类社会面临的两大问题，对人类健康、安全和福祉构成明显的危险。更严峻的是，已有研究表明气候变化存在加剧生物多样性丧失风险。解决上述问题的关键在于转变人与自然的关系，学会与自然和谐相处。生态文明理论与实践路径研究领域作为最直接相关的学科，要从机理、方法、路径等角度出发为协调人与自然关系提供理论依据与技术支撑。

### 9.1.2 持续推动生态环境改善

“十三五”时期，我国生态环境质量总体改善。但我国生态环境从量变到质变的拐点尚未到来，生态环境保护仍面临着严峻的形势，主要表现在“三个没有根本改变”：一是以重化工为主的产业结构、以煤为主的能源结构、以公路为主的运输结构没有根本改变；二是环境污染和生态环境保护的严峻形势没有根本改变；三是生态环境事件多发、频发的高风险态势没有根本改变。“十四五”时期，我国生态文明建设进入以降碳为重点战略方向、推动减污降碳协同增效、促进经济社会发展全面绿色转型、实现生态环境质量改善由量变到质变的关键时期。

### 9.1.3 助力绿色发展

“绿水青山就是金山银山”理念是习近平生态文明思想的重要组成部分。实现绿色发展能够提高资源利用效率，有利于从源头上减少污染物排放总量，降低经济活动对生态环境的干扰。目前关于绿色发展的内涵概念、评价、效率、生态承载力和生态足迹的研究相对较多，对于绿色发展的机制、机理与实现路径的研究较少，特别是对于实现产业生态化和生态产业化实践路径的研究较少，已有理论技术研究对各地、各行业实践行动的支撑还不够。“十四五”期间，如何利用好生态资源，协同实现生态环境高水平保护与社会经济高质量发展，是从事生态文明理论与实践路径研究科技工作者亟待回答的重大现实问题。

### 9.1.4 支撑生态保护修复与生态安全屏障建设

生态系统保护修复是国际社会面临的共同问题。联合国制定了“联合国生态恢复十年计划”，将从 2021—2030 年，用 10 年的时间大规模恢复退化和破坏的生态系统，作为应对气候危机、供水和粮食安全以及生物多样性的有效措施。中国提出通过整体保护、系统修复、综合治理全面推进生态保护修复工作，“十三五”期间，在全国推动 3 批 25 个地区开展山水林田湖草生态保护修复试点工程。但是当前在开展山水林田湖草沙一体化生态保护修复过程中，还面临着关键要素难以识别、系统性治理模式缺失、实施成效难考核等问题，影响了生态系统保护修复管理工作的开展。需要从宏观角度对上述问题进行思考，为相关问题解决提供思路与标准。

### 9.1.5 实现从监督管理向共同参与转变

“十三五”以来，我国生态文明建设和生态环境管理的一项重要变化是参与主体从政府一元转向政府、企业、公众等多元参与。多元共治成为推进生态文明建设和生态环境保护工作，解决当前生态环境问题的重要手段。《中共中央关于制定国民经济和社会发展第十三个五年规划的建议》中提出“以提升环境质量为核心，实行最严格的环境保护制度，形成政府、企业、公众共治的环境治理体系”。2020 年 3 月中办、国办印发《关于构建现代环境治理体系的指导意见》，对构建“党委领导、政府主导、企业主体、社会组织和公众共同参与的现代环境治理体系”进行部署。公众满意度、公众参与度成为生态文明建设的重要指标。但当前多元参与生态环境治理仍面临着参与方式不清晰、参与主体职责不明确、参与激励机制不健全等问题，公众参与的方式仍仅限于投诉举报，部分地区生态环境治理仍然仅依靠政府。

## 9.2 现状与趋势

### 9.2.1 基于文献计量学的学科研究进展

（1）国际生态文明研究进展

利用“Web of Science”数据库进行检索分析，用“ecological civilization”作为主题词进行检索，文章类型限定为“article”和“review”，语言仅限英语，检索时间为2010—2020年，共检索出756个条目。整体上看，国际学术界对生态文明的研究成果数量总体呈持续上升趋势（图9-1）

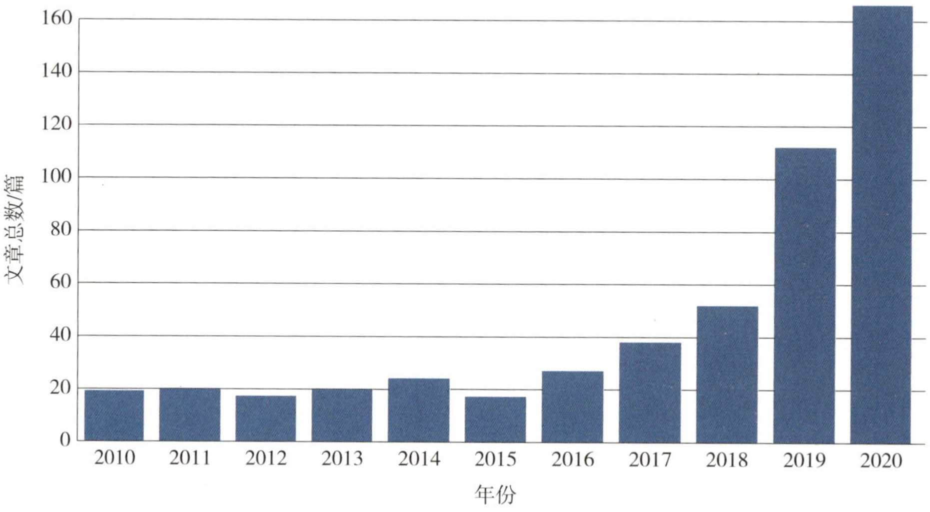


图9-1　国际学术界生态文明研究发文量

从被引用排名前10的科研机构来看，中国科学院在生态文明研究领域影响较大，其次是剑桥大学、北京师范大学、浙江大学、四川大学、四川农业大学、福州大学，挪威的奥斯陆大学、美国的亚利桑那州立大学和印度的巴纳拉斯大学大学也具有一定的影响力（图9-2）。

（2）我国生态文明研究进展

通过借助“CNKI中国知网”中的文献库进行检索，回顾我国生态文明与生态环境管理领域发展动态。利用CNKI数据库进行检索分析，用“生态文明”“生态环境管理”作为主题词进行检索，检索方式为篇名和关键词检索，检索时间为 2000—2020 年，为提高结果准确性，在以上检索结果中再次进行检索，主题词为制度，共检索出 6 860 个条目。

| 机构名 | 文章总数 | 总被引用次数 | 平均被引次数 | 一作总数 | 一作被引次数 | 一作平均被引 |
|---|---|---|---|---|---|---|
| Chinese Acad Sci | 91 | 53 | 0.58 | 35 | 11 | 0.31 |
| Univ Cambridge | 17 | 31 | 1.82 | 6 | 5 | 0.83 |
| Beijing Normal Univ | 31 | 22 | 0.71 | 12 | 8 | 0.67 |
| Zhejiang Univ | 9 | 19 | 2.11 | 4 | 2 | 0.50 |
| Sichuan Univ | 6 | 18 | 3.00 | 2 | 1 | 0.50 |
| Sichuan Agr Univ | 2 | 16 | 8.00 | 2 | 16 | 8.00 |
| Fuzhou Univ | 6 | 16 | 2.67 | 2 | 0 | 0.00 |
| Univ Oslo | 2 | 15 | 7.50 | 2 | 15 | 7.50 |
| Arizona State Univ | 15 | 14 | 0.93 | 1 | 1 | 1.00 |
| Banaras Hindu Univ | 6 | 13 | 2.17 | 1 | 0 | 0.00 |

图 9-2　生态文明研究被引用排名前十的机构

从发文量看，我国生态文明与生态环境管理研究呈现出整体上升、间断波动的特征。从波动性看，可将生态文明与生态环境管理研究划分为萌芽发展阶段（2000—2006 年）、激增发展阶段（2007—2014 年）和稳定发展阶段（2015—2020 年）。在萌芽发展阶段，共计发表文献 46 篇，年均发文量约为 6 篇。进入激增发展阶段后，发文量迅速增多，共计发表文献 2 795 篇，年均发文量约为 349 篇，2007—2014 年研究保持稳定增长并达到了峰值。在稳定发展阶段中，共计发表文献 4 559 篇，年均发文量约为 651 篇（图 9-3）。

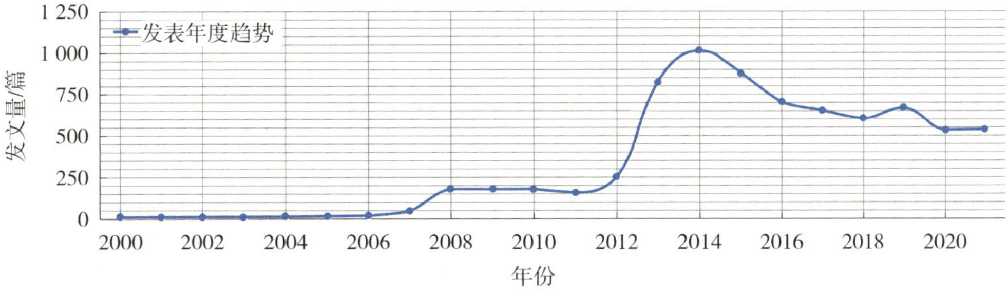


图 9-3　我国生态文明与生态环境管理研究成果数量分布

2007 年，党的十七大将“建设生态文明”作为实现全面建设小康社会奋斗目标的新要求，这一时代背景标志着生态文明建设问题的现实思考和探索研究进入全新阶段，也成为生态文明研究成果激增的黄金时期。2012 年，党的十八大首次提出“美丽中国”建设，将生态文明纳入中国特色社会主义总体布局，2013 年，党的十八届三中全会通过《中共中央关于全面深化改革若干重大问题的决定》对改革生态环境保护管理体制做出了具体部署，由此引发了学术界对生态文明与生态环境管理主题的极大关注。随后党和国家对生态环境的持续高度重视，尤其 2017 年党的十九大报告指出要加快生态文明体制改革，成就了学科研究的稳定发展。

（3）专利技术研发进展

智慧芽全球专利数据库覆盖 116 个国家和地区，有超过 1.4 亿的全球专利数据，每周更新，提供精准、多维度、可视化的专利分析。本研究运用智慧芽专利检索数据库，以“生态文明”“生态环境管理”“资源环境管理”“生态系统评估”为搜索关键词，对 2000—2020 年相关专利进行检索。为提高靶向目标精确度，通过人工识别筛选后得到 37 个专利（技术说明书明确与生态文明、生态环境管理工作有关），运用专利分析方法对相关数据进行整理与分析，总结出我国生态文明与生态环境管理专利技术发展特征如下：

我国生态文明与生态环境管理专利相比其他学科偏少，但涉及多个方向，包括水资源和海域等的评价方法和指数、自然保护区等植被评价方法、生态保护管理平台和评估指标、湿地管理系统和程序、生态护岸、生态文明宣传教育等，如图 9-4 所示。利用专利申请量与专利申请人数量随时间的推移而变化来辅助分析当前技术领域生命周期所处阶段，从图 9-5 可以看出，当前生态文明与生态环境管理领域的专利申请人与专利数量都在急剧上升过程中，生态文明与生态环境领域正处于技术成长期，技术有了突破进展，并逐步建立规范化的评估与管理体系，后劲十足。

### 9.2.2 主要成果与发展趋势

中国环境科学研究院生态文明理论研究中心成立于 2013 年，围绕国家生态文明建设需求和国际可持续发展前沿，将理论技术研究与实践探索紧密结合，开展生态文明理论、战略、政策、制度以及相关技术研究，并将研究成果转化为国家战略、政策制度和地方实践，为国家和地方生态文明建设和生态环境保护提供了重要支撑。

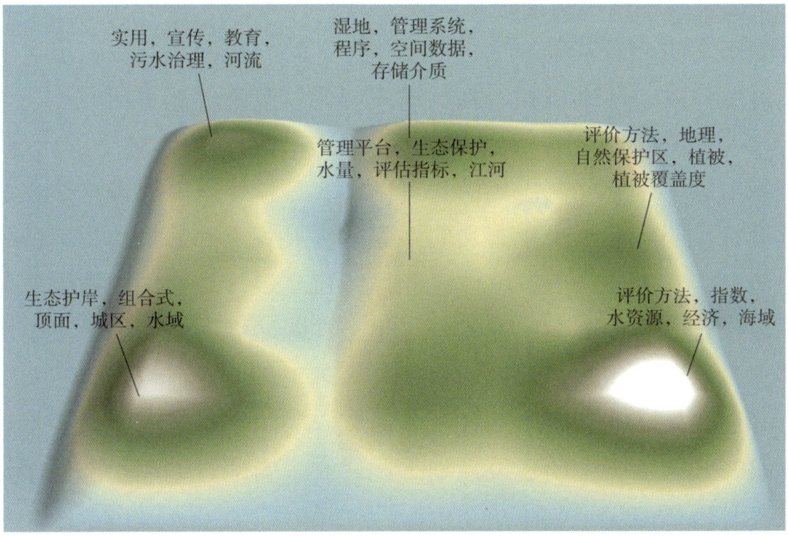


图 9-4　2000—2020 年生态文明与生态环境管理专利地图

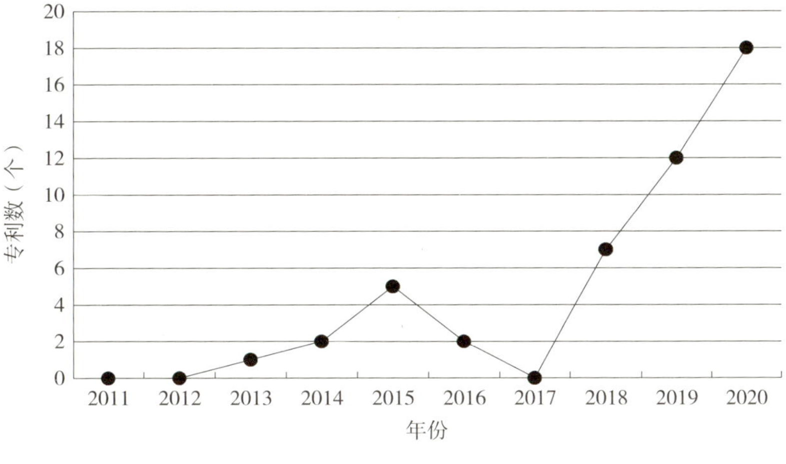


图 9-5　2000—2020 年生态文明与生态环境管理专利数量

经过近 10 年的发展，生态文明理论研究中心逐步明确了面向生态环境综合管理的生态文明战略研究与咨询平台、国内外生态文明研究与交流重要平台、重要的生态环境管理学科基地和产业孵化平台的三大定位，围绕生态文明战略与生态环境管理、资源生态环境效应与管理、生态资产与绿色产业技术和生态环境系统模拟与调控四个研究方向，形成了加强基础研究和技术研发、提升决策支撑水平、服务地方实践探索“三位一体”的发展体系。

（1）生态文明理论与实践研究

围绕生态文明建设基础理论、目标指标、动力机制，开展生态文明建设目标指标、制度体系、体制机制、路径模式与调控政策等相关研究。一方面，不断丰富生态文明理论研究成果。对生态文明基础理论整体脉络进行细致梳理，进一步阐释习近平生态文明思想的深刻内涵，分析生态文明理论体系及实践路径的战略要义，明确习近平生态文明思想的主要观点和演进历程。着眼于生态文明战略研究，对生态文明制度体系和体制机制展开探索，支撑国家和区域生态文明顶层设计。另一方面，深入开展生态文明区域实践研究。主要面向国家生态文明建设示范区申报、评选、考核与管理工作，研究构建生态文明建设评估体系，开展成效评估和实践路径探索研究，为国家生态文明建设管理工作提供技术支撑。开展生态文明建设规划编制研究，为地方编制生态文明建设规划提供决策咨询。

近年来，依托生态文明建设理论与实践研究，在生态文明建设规划、评估、体制机制等方面的研究成果，支撑了《国家生态文明建设示范市县建设指标》《国家生态文明建设示范市县管理规程》《“绿水青山就是金山银山”实践创新基地管理规程》《国家生态文明建设规划编制指南》等重要政策技术文件的编制，为国家生态文明建设示范区和“两山”基地评选、复核及成效评估等方面提供了技术支撑，在国内形成了一定影响力。

（2）资源环境效应与管理体制机制研究

资源环境效应与管理体制机制研究是推进生态环境监管工作的基础。当前研究主要集中在两个方面：一是资源环境效应评估保护监管研究。围绕自然资源和生态环境保护监管，开展资源生态环境红线管控研究与实践，研究资源环境承载力评价预警和空间布局的技术体系、调控机制，开展国家和区域（流域）重大规划、战略、政策的生态环境效应及机理研究，支撑国家和地方资源环境风险预警、调控的政策制定、应急管理。研究推进自然资源保护与周边协调发展、环保扶贫、生物多样性减贫的路径模式与支撑政策。二是生态环境综合管理体制机制研究。主要是探索创新生态环境综合管理体制机制，以完善生态环境系统治理，提升生态环境系统治理能力为出发点，围绕生态环境保护、生态环境监管、生态环境损害赔偿、生态环境损害责任追究等开展研究。资源环境效应与管理体制机制相关研究成果为国家划定并严守生态保护红线、生态保护监管体制改革、资源环境风险预警调控与监管等提供了重要支撑。

（3）生态产品价值实现与乡村绿色振兴研究

推进生态产品价值实现是践行“绿水青山就是金山银山”理念的重要途径，也是推动实现绿色低碳发展的重要手段。生态产品价值实现与乡村绿色振兴研究立足“两山”理论和绿色产业技术政策，开展生态环境保护导向下的区域经济产业发展、生态产品价值实现、生态环保扶贫、绿色乡村振兴等研究。一是开展生态产品价值与“两山”转化路径研究。探索构建生态产品价值核算方法体系并开展案例研究，研究生态资产核算、资源有偿使用、生态环境损害赔偿、自然资源资产负债表等自然资源资产化管理的技术方法。二是乡村振兴与绿色产业技术研究。积极探索“绿水青山就是金山银山”实践路径，研究乡村生态经济转化模式、生态扶贫与乡村振兴有效衔接的实现路径、生态价值实现的市场化机制，为国家和地方提供生态产业化、产业生态化决策支撑和咨询服务。相关研究较好地为“绿水青山就是金山银山”实践创新基地管理、生态环保扶贫与乡村振兴提供技术和政策支持。

（4）生态环境系统评估与经济政策研究

重点围绕生态系统服务功能、生物多样性、区域生态环境变化等议题，发展生态系统模拟与评估的理论和方法，研究解决区域生态环境问题的生态系统管理与恢复的技术措施和综合对策，探索基于市场的生态环境系统保护与修复政策机制，为区域的可持续发展和生态环境保护修复提供理论、方法与途径。一是开展生态环境系统评估研究。综合运用野外调查、系统模拟、遥感与地理信息系统等技术，开展生态系统与人类社会交互关系的评估框架及相关理论研究、生态系统评估指标和方法体系构建、观测技术方法集成和数据同化、时空尺度选择和确定等研究，为推动生态系统综合管理提供研究基础。开展生态系统服务功能重要性评估和生态系统敏感性评估，突出生态功能重要区域和生态脆弱敏感区域。开展“从山岭到水体”的区域整体片区划分研究，全面提升国家和区域生态安全屏障质量、促进生态系统良性循环和永续利用。二是开展生态环境经济政策研究。探索基于市场的生态环境系统保护与修复方法。研究市场化、多元化生态补偿机制的关键技术、路径模式与制度政策，服务国家和地方生态经济政策制定。研究生态银行等绿色金融政策机制，提供生态环境保护多元化投融资解决方案。近年来，生态环境系统评估与经济政策研究方向围绕国家生态文明建设的重大需求，在生态保护红线、山水林田湖草生态保护与修复等方面做了探索性的工作，为相关国家重大生态保护政策的制定与实施提供重要科技支撑。

（5）生态文明与社会治理研究

为全面贯彻落实习近平生态文明思想和党中央关于生态文明建设的决策部署，落实各类主体责任，提高市场主体和公众参与生态文明建设的积极性，重点开展生态文明与绿色发展的监测评估、市场化社会化生态文明的路径模式、生态环境产品价值及绿色行为评估认证、生态文明信息化智慧化服务研究，着力打造生态文明与社会治理实验室，并将其建设为生态文明融入经济社会的“接口”，社会公众参与生态文明治理的“入口”，科技创新和交流合作的“窗口”，为推动政府、企业、居民、学校、社区等不同主体开展绿色生产和参与绿色生活创建提供研究基础与技术支撑。

中心近几年承办生态文明贵阳国际论坛主题论坛，2021 年承办《生物多样性公约》缔约方大会第十五次会议（COP15）平行活动—生态文明论坛，协助举办国家生态文明建设示范区及“绿水青山就是金山银山”实践创新基地授牌仪式，生态环境系统扶贫和对口支援论坛、会议等，加强与各地、企业和社会公众的交流宣传，发挥了应有的作用。

## 9.3 亟待深入探索的科学技术问题

“十四五”时期，生态文明建设对基础理论方法技术的需求进一步增加。在生态文明建设和生态环境管理过程中，还面临着基础研究的广度和深度不够，对相关机理、机制的剖析不够，对实践指导作用不强，跨学科综合性、集成性解决问题的能力不强等问题，理论—决策—实践路径有待进一步打通，多学科集成与多领域协同技术有待完善。

### 9.3.1 生态文明建设理论研究体系构建

生态文明建设事关全球未来。党的十八大以来，以习近平同志为核心的党中央站在全人类的战略高度提出了习近平生态文明思想，系统回答了“为什么建设生态文明、建设什么样的生态文明、怎样建设生态文明”等重大理论和实践问题。全面系统、准确完整地贯彻落实习近平生态文明思想需要加强基础研究构建一套生态文明建设理论研究体系作为支撑，系统剖析人与自然关系演进机理、生态文明建设的理论内涵与哲学基础、生态文明建设体系内在逻辑与相互作用、全球生态转型等相关问题，完善生态文明建设研究学术体系，提升生态文明建设的国际影响力。

### 9.3.2 进一步发挥生态文明建设示范引领作用

生态文明示范建设是贯彻落实习近平生态文明思想、全面推进生态文明建设的重要举措。进入新发展阶段，党中央、国务院对生态文明建设提出更高要求，人民群众对生态文明建设提出更高期盼。需要进一步发挥生态文明示范建设引领作用，完善生态文明建设示范体系，完善示范建设激励和约束机制，推动形成系统集成、协同高效的示范建设工作体系，促进示范建设地区经济社会发展全面绿色转型，有力助推人与自然和谐共生的现代化建设。

### 9.3.3 把碳达峰与碳中和纳入生态文明建设

实现碳达峰、碳中和是一场广泛而深刻的经济社会系统性变革。把碳达峰与碳中和纳入生态文明建设需要从宏观层面研究构建三大体系：一是健全“双碳”纳入生态文明建设的责任体系。研究构建各层级、各部门、各行业、各主体，全方位、全地域、全过程的责任体系，领导推进与监管考核机制，全面对接生态文明建设整体布局。二是建立系统化“双碳”政策体系。加速建立并完善碳交易、绿色金融等市场机制，开展政策效应评价研究，系统全面分析碳交易对国家与地方经济、企业发展乃至消费者产生的各种影响，推动政府、市场、社会等多元主体协调联动。三是建立完善碳核算体系和技术支撑体系，研究建立各行业、各领域、各地方、全生命周期的碳核算体系和技术支撑体系，以更加精确地计算碳排放量供分析和交易使用。

### 9.3.4 行业生态文明建设研究

生态文明建设的一项重要任务就是协调经济发展与环境保护之间的关系，形成绿色低碳循环可持续的产业体系。各行业是生态文明建设的重要内容和关键领域。开发区、产业园是我国拉动经济发展的强大引擎和各类产业发展的主阵地，对于推动和示范引领全国行业生态文明建设具有重要作用。如何构建以产业园区为核心的绿色低碳示范建设体系，推动重点行业全面绿色低碳转型，实现资源高效利用、生态环境保护和温室气体减排，协同推进“双碳”目标和绿色低碳高质量发展需要进一步研究。

### 9.3.5 完善生态保护管理体制体系

生态保护监管涉及森林、草原、湿地、荒漠和海洋等各生态系统类型，生态过程联系密切且较为复杂，同时监管涉及自然资源、林草、水利和农业等多个部门，统筹协调难度大。目前，生态保护监管法律法规和标准规范不够健全，源头预防、过程严管、后果严惩的全过程监管制度体系尚未建立，生态保护红线、自然保护地、生物多样性保护等重点监管领域的法规制度和标准体系亟待完善。生态保护监管手段依然单一，主要以遥感手段为主，监测评估和预警体系尚不完善，重点区域生态系统状况本底不清，生态保护监管智能化、信息化水平有待提升。生态保护监管工作依然存在多头管理和监管空白现象，部门间的协同联动、案件转送移交机制缺乏，生态保护监管全过程链条亟待完善，政府、企业和社会公众多元共治的生态保护监管格局有待强化。

## 9.4 展望

“十四五”时期，生态文明理论与实践研究应立足生态文明建设和生态环境管理科技需求，围绕亟待深入探索的科学技术问题，开展基础研究和能力建设，推动研究成果转化，强化在国家和地方生态文明建设中的作用。

一是瞄准国家生态文明建设的战略需求和生态环境综合管理的学科前沿，开展生态文明理论体系与实践路径、生态产品价值实现机制与生态环境资产化管理、人与自然耦合调控机制与区域生态环境综合管理、“双碳”目标实现与行业生态文明建设、人类活动生态环境效应及其风险防范的基础理论和关键技术研究。着力打造集理论研究、科技创新、决策支撑、人才培养和国际合作为一体的高水平科研平台和支撑生态文明建设实践的学科基地。

二是聚焦生态文明与绿色发展的监测评估、生态文明建设路径模式、生态产品价值实现机制、生态产业技术政策、生态环境系统评估技术、山水林田湖草沙保护修复与监管技术、生物多样性保护管理政策等。加强科研投入力度，打造“拳头产品”，突破生态文明建设“瓶颈”。

三是支撑国家和区域生态文明顶层设计，服务国家和地方生态文明实践探索与相关生态文明示范建设管理；支持重点区域、流域、行业生态文明建设与环境治理；推动生态保护红线生态功能评价与绩效考核、生态破坏事件分级判定、生物多样性保护、自然保护地公众监督及山水林田湖草沙系统治理等相关政策建议和标准规范制定。

编写人员：张惠远　郝海广　刘煜杰　张　超　王宝良
张　哲　吕文魁　虞慧怡　李　田　酆婧轩

# 重点领域 5

Key Area 5

# 环境与健康领域

Environment and Health

# 10 环境与健康学

## 10.1 需求分析

生态环境与健康关乎人民群众切身利益和生命安全，切实落实生态环境与健康工作，科学防控影响群众健康的生态环境危险因素，强化生态环境与健康全方位工作开展力度，有效提升生态环境质量，是社会主要矛盾变化对提升生态环境管理能力和水平提出的必然要求，需要各级政府、科研工作者及社会民众共同关注和努力。

当前，我国改革开放 40 多年来快速发展积累下来的生态环境问题日益显现，严重威胁着人民群众的身体健康，引发了大量矛盾和冲突。保障公众健康一直以来都是我国生态环境保护的根本目的，但现有的以常规污染物为主的污染治理和达标排放的环境管理模式不足以消除环境污染导致的人群健康风险，当前的生态环境治理水平和治理能力并不能满足新形势下保障公众健康的迫切需要。而随着社会发展和人民生活水平不断提高，公众的环境保护意识也随之进一步增强，对政府切实保障公民的环境权益和健康权益提出了更高要求。

党的十八大以来，以习近平同志为核心的党中央把生态文明建设作为统筹推进“五位一体”总体布局和协调推进“四个全面”战略布局的重要内容，同时把人民健康放在优先发展的战略地位，提出建设“美丽中国”与“健康中国”的宏伟目标，这是党和国家对人民的庄严承诺。“十四五”阶段，环境与健康工作同时作为“美丽中国”和“健康中国”的重要内容，肩负着双重历史使命。

“十三五”期间，“健康中国”和“美丽中国”建设协同推进，生态环境与健康工作顺利完成了规划目标，管理体制机制初步形成，掌握了我国重点地区、重点行业主要污染物人群暴露水平和健康影响基本情况；政策环境逐渐成熟，初步建成生态环境与健康风险管理制度框架体系，环境健康风险评估与日常生态环境管理相结合逐步落地落实；社会支持氛围基本形成，公众对环境与健康的认识不断加深，参与并支持环境与健康工作的积极性得到提高。然而，随着我国生态文明建设持续深化，社会经济高质量发展、人民生活高品质提升对环境与健康提出了更高的要求，现阶段的环境与健康工作能力距离“美丽中国”和“健康中国”提出的目标还有一定差距。

“十四五”阶段，生态环境与健康工作处于新的历史起点，人与自然和谐共生的美丽中国迫切需要释放生态环境与健康工作的潜力、活力、创造力，推动生态环境治理从“治已病”向“治未病”转变，给生态环境与健康工作提出了三方面的要求：

一是管理制度体系有待完善。生态环境健康风险防范管理制度尚未有效融入生态环境治理体系，还有待进一步的完善和推广。生态环境与健康调查、暴露评估、风险监测与风险评估技术标准体系仍不完善，环境健康风险源精准识别、分级分区技术及环境健康风险监测体系有待构建。

二是科技支撑能力有待加强。基础科学研究不足，环境与健康相关指标检测技术有待进一步发展，环境污染致人体健康损害的机理机制研究仍需加强。我国人群暴露参数、生态环境与健康调查监测和风险评估、污染物毒性等基础数据尚不完善，数据共享机制仍未形成。

三是公众环境与健康认知有待提高。首次居民生态环境与健康素养调查发现，全国公民生态环境与健康素养总体水平较低，各省市地区居民生态环境与健康认知不平衡，距《健康中国行动（2019—2030 年）》目标仍有差距。亟须建立环境与健康素养监测工作机制和监测网络，测评工作仍需持续推进。科普宣传力度有待提升，公众对生态环境与健康的认知能力需要强化。生态环境与健康热点问题追踪掌握能力有待提高，环境健康风险交流仍需加强。

# 10.2 现状与趋势

## 10.2.1 环境与健康工作方面

“十三五”期间，生态文明建设进入快车道，“美丽中国”和“健康中国”建设协同推进，生态环境与健康工作进一步深化，发展基础日益巩固，科技支撑能力显著增强，管理体制机制优化创新，环境决策水平持续提升，初步形成公众参与的良好氛围。

掌握我国重点地区、重点行业主要污染物人群暴露水平和健康影响基本情况，完成 23 个重点地区、6 个典型地区、1 个重点流域、17 个重点行业小类的环境与健康调查，在 16 个重点地区实施环境健康风险监测，明确了具有高环境健康风险的行业和有毒有害污染物，为实施重点管控提供了科学依据。

政策环境逐渐成熟，制度体系建设迈出新步伐。环境与健康制度建设纳入健康中国建设重点任务，印发管理办法 1 份、环境与健康标准和技术规范 12 项，建立环境与健康综合管理信息系统 1 个，初步建成生态环境与健康风险管理制度框架体系。在 6 个地区开展国家生态环境与健康管理试点工作，环境健康风险评估与日常生态环境管理相结合逐步落地落实。

社会公众支持氛围基本形成。组织完成首次居民生态环境与健康素养调查，摸清基线水平，将“居民生态环境与健康素养水平”纳入健康中国行动目标，发布《中国公民生态环境与健康素养》和《居民生态环境与健康素养提升行动方案（2020—2022 年）》。举办“大学生在行动”“环保科普作品征集”“进学校”“进社区”等活动，助力提升公民生态环境与健康素养水平，累积受众上百万人，形成全民共建良好生态环境，积极推进“美丽中国”建设的良好氛围。

## 10.2.2 文献计量学分析

为便于更准确地了解本领域学科热点和未来趋势情况、有针对性地布局“十四五”学科发展方向，开展重点学科方向的文献计量学研究。基于环境与健康学科发展方向重点领域（环境健康风险评估体系、环境与健康监测体系、新污染物健康效应基础研究、$O_3$ 颗粒物协同污染健康风险控制、人群暴露参数更新、环境与健康指标研究以及环境与健康素养宣教）开展检索。选用“Web of

Science”（WoS）、CNKI 中外文权威数据库对环境与健康学科相关研究的文献进行较为全面系统的检索。为能够较为准确地反映“十三五”期间的环境与健康学科研究领域，文献检索的时间跨度为 2016—2021 年。纳入的文献为研究性质及综述类文献，排除述评、书评、广告、要闻报道、人物访谈、摘要、转载及简讯等各类型的文献。CNKI 数据库使用的检索策略为 SU=（风险评估 + 环境监测 + 新污染物 + 臭氧 + 暴露参数 + 健康指标 + 健康素养）AND SU=（环境）AND SU=（健康），最终纳入符合入选标准的中文文献 1 380 篇。WOB 数据库使用的检索策略为 TS= [（risk assessment）OR（emerging contaminants）OR（ozone）OR（population exposure parameter）OR（health indicators）OR（health literacy）] AND（environment）AND（Health），最终纳入符合入选标准的英文文献 17 957 篇。基于文献计量学方法，使用文献管理软件 NoteExpress、可视化分析软件 Citespace 对文献进行合并、去重和分析。

通过对关键词进行统计分析重点学科的研究热点。通过 Citespace 软件计算，得到中文文献 293 个关键词，按关键词的出现频次排序，中文关键词前 10 位依次为风险评估（155）、重金属（139）、健康风险（120）、环境监测（62）、土壤（62）、多环芳烃（45）、污染特征（37）、地下水（28）、臭氧（28）和暴露参数（28）。英文文献方面，共计得到 901 个关键词，按关键词的出现频次排序，英文关键词前 10 位依次为 Health（1 838）、Exposure（1 766）、Impact（1 055）、Risk（1 046）、Environment（1 026）、Pollution（881）、Association（833）、Risk assessment（823）、Mortality（749）、Model（707）。国内外研究文献的关键词频次表见表 10-1，关键词共现图谱如图 10-1 和图 10-2 所示。

表 10-1　国内外研究文献的关键词频次位列前 20 排序

| 关键词 | 词频 | 中心度 | 关键词 | 词频 | 中心度 |
|---|---|---|---|---|---|
| CNKI | | | | | |
| 风险评估 | 155 | 0.28 | 监测 | 26 | 0.14 |
| 重金属 | 139 | 0.09 | 污染场地 | 24 | 0.12 |
| 健康风险 | 120 | 0.14 | 风险评价 | 23 | 0.08 |
| 环境监测 | 62 | 0.18 | 空气污染 | 22 | 0.13 |
| 土壤 | 62 | 0.12 | 风险管理 | 21 | 0.16 |
| 多环芳烃 | 45 | 0.08 | 大气污染 | 21 | 0.04 |
| 污染特征 | 37 | 0.09 | 健康 | 19 | 0.08 |

| 关键词 | 词频 | 中心度 | 关键词 | 词频 | 中心度 |
| --- | --- | --- | --- | --- | --- |
| 地下水 | 28 | 0.09 | $PM_{2.5}$ | 19 | 0.07 |
| 臭氧 | 28 | 0.05 | 环境污染 | 18 | 0.09 |
| 暴露参数 | 28 | 0.09 | 健康素养 | 17 | 0.08 |
| Web of Science | | | | | |
| Health | 1 838 | 0.0 | Ozone | 689 | 0.01 |
| Exposure | 1 766 | 0.02 | Air pollution | 689 | 0.0 |
| Impact | 1 055 | 0.01 | Quality | 640 | 0.0 |
| Risk | 1 046 | 0.0 | Children | 591 | 0.0 |
| Environment | 1 026 | 0.0 | Heavy metal | 568 | 0.01 |
| Pollution | 881 | 0.01 | Particulate matter | 562 | 0.01 |
| Association | 833 | 0.01 | Population | 541 | 0.0 |
| Risk assessment | 823 | 0.0 | Disease | 512 | 0.0 |
| Mortality | 749 | 0.01 | Prevalence | 485 | 0.01 |
| Model | 707 | 0.0 | Contamination | 480 | 0.02 |

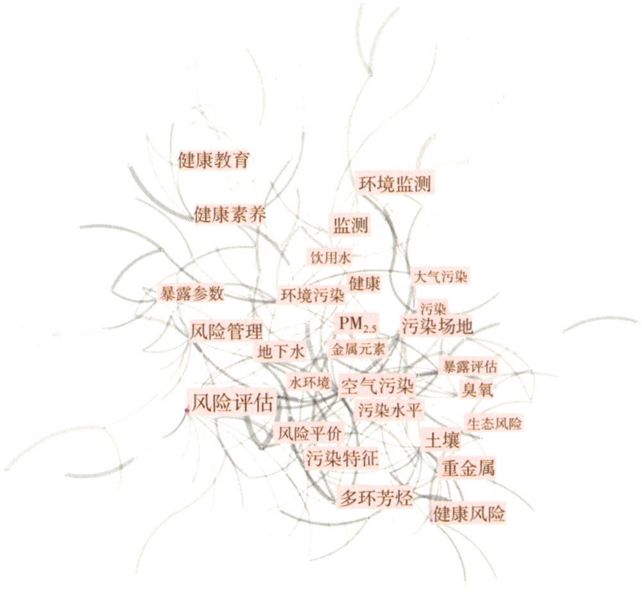


图 10-1　国内研究文献的关键词共现图谱

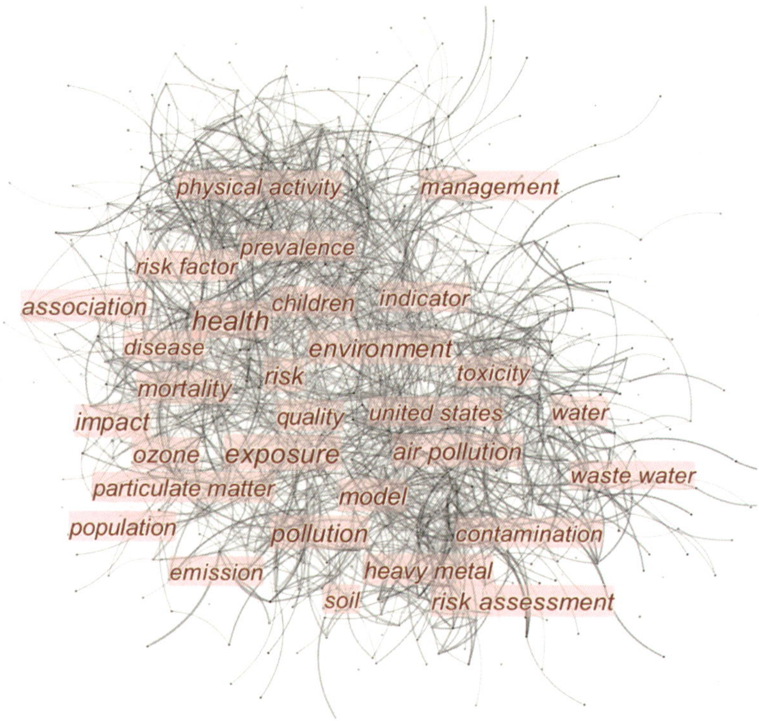


图 10-2 国外研究文献的关键词共现图谱

对关键词进行聚类分析，中文文献共计形成 12 个聚类标签，分别是多环芳烃、风险评估、环境监测、土壤、健康教育、监测、暴露参数、健康风险、空气污染、水环境、物联网和公众健康。英文文献共计形成 11 个聚类标签，分别是 physical activity、air pollution、air quality、pharmaceuticals、oxidative stress、heavy metals、sustainability、antimicrobial resistance、diet、poly-brominated diphenyl ether 和 population pharmacokinetics。国内外研究文献的关键词聚类标签图谱如图 10-3 和图 10-4 所示。

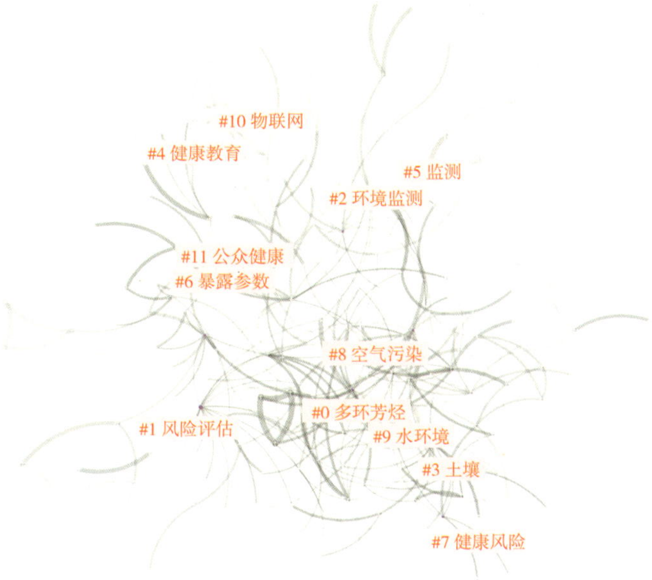


图 10-3　国内研究文献的关键词聚类标签图谱

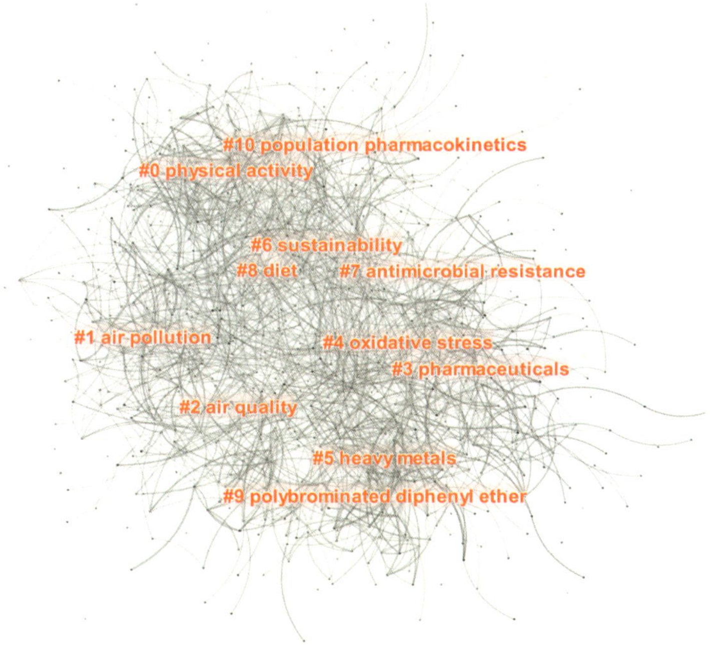


图 10-4　国外研究文献的关键词聚类标签图谱

### 10.2.3 重点领域技术专利查新

目前环境与健康领域主要发展方向为环境与健康管理能力的提升，相关技术专利较少，选用智慧芽平台对环境与健康领域（环境健康风险评估方面）开展专利查新，检索策略为 TA：[（环境健康 OR “环境健康效应” OR “environmental health”）AND（风险评估 OR “risk assessment” OR “risk analysis” OR “risk evaluation”）]，最终纳入符合入选标准的 17 项专利均为发明专利。具体专利申请趋势、技术构成如图 10-5 和图 10-6 所示，环境与健康领域在环境健康风险评估方面相关专利尚处于起步阶段，具有较大的布局空间。

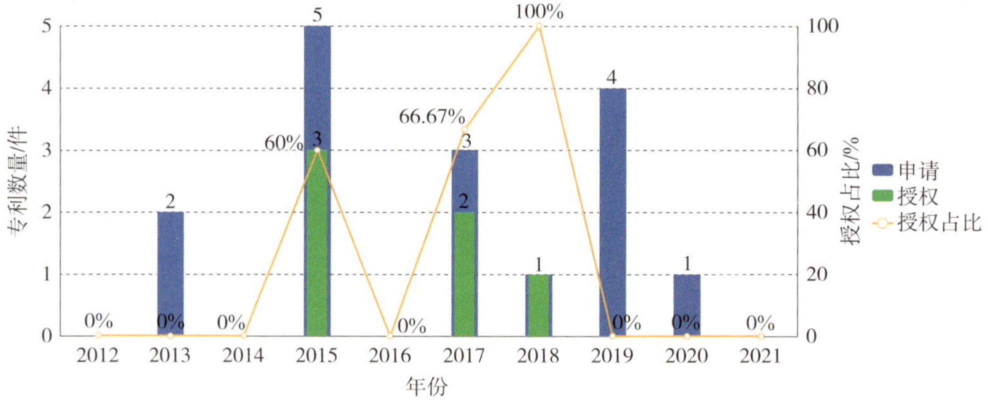


图 10-5　专利申请趋势

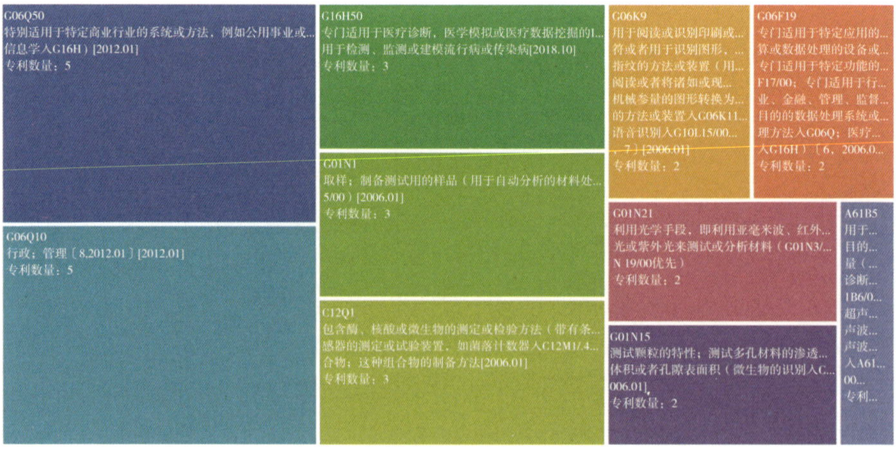


图 10-6　专利技术构成

# 10.3 亟须突破的重点领域和技术

## 10.3.1 管理制度体系方面

### 10.3.1.1 环境健康风险评估体系无法满足使用需求

生态环境部根据管理需求编制了《生态环境健康风险评估技术指南 总纲》（HJ 1111—2020），并制定了《人体健康水质基准制定技术指南》（HJ 837—2017）、《污染场地风险评估技术导则》（HJ 25.3—2014）、《环境污染物人群暴露评估技术指南》（HJ 875—2017）、《暴露参数调查技术规范》（HJ 877—2017）、《新化学物质危害评估导则》（HJ/T 154—2004）等规范，在环境健康风险评估制度方面做了一定的工作，然而通过分析发达国家和地区环境健康风险评估技术规范体系以及我国环境风险管理需求，我国环境健康风险评估技术规范体系仍存在诸多不足，主要表现在三个方面。一是技术规范体系不完善。目前，已经发布或正在制定的技术规范无论是从数量还是从质量上，都不足以为环境健康风险管理提供支撑。二是缺乏理论和基础储备。与发达国家和地区相比，我国目前的技术规范主要是在具体应用领域（如污染场地风险评估）引进国外技术规范，基础方法类技术规范，尤其是危害识别和危害评估等关键环节的技术规范基本处于空白。三是目前健康风险评估技术规范主要集中在毒理学试验方法和评价程序方面，对于如何应用流行病学和毒理学研究开展危害识别和危害表征工作目前缺乏系统详细的规定。目前需要进一步补充基础性技术指南，参照如 EPA 多种毒性风险评估指南等先进经验，完善危害识别和评估等技术规范体系关键环节。

### 10.3.1.2 环境与健康监测体系不完善

生态环境与健康监测是生态环境与健康工作的基础环节，通过对环境污染下人群的暴露范围、暴露强度、暴露途径进行动态监测，掌握重点地区环境污染源和健康风险源的布局基本情况，是开展生态环境与健康工作的前提和依据。2018 年出台的《国家环境保护环境与健康工作办法（试行）》对环境与健康风险管理工作做出了原则性的指导和规范，将环境与健康监测推进了有法可依的实施轨道。近年来，我国启动了一系列大型的环境与健康的监测、调查工作，针对水、气、土壤等不同环境要素的污染与健康建立了系列监测体系，然而由于起步较晚，目前对于健康效应的监测还停留在入院率和死亡等较为基础的层面，缺少基于生物标志物等的精细化监测。此外，目前的环境与健康监测缺少顶层设计，水、气、土等环境与健康监测体系往往是各自为政，难以形成合力，所得监测数据难以应用于环境健康风险评估。我国目前急需形成一套成熟的环境与健康监测体系，现阶段工作应从两方面开展：一是编制环境健康风险监测体系建设方案，建立环境健康风险监测技术方法体系，指导环境健康风险监测；二是开展环境健康风险监测试点建设，选取典型地区、典型行业，系统开展环境健康风险监测，定期评估污染物环境暴露剂量与健康风险水平，推动环境健康风险监测纳入国家生态环境监测方案。

### 10.3.2 科技支撑能力方面

新污染物健康效应基础研究薄弱。随着大量人工合成的化学品的广泛使用，越来越多的新兴污染物（内分泌干扰物、抗生素、微塑料、纳米材料等）带来了新的环境污染问题。环境中的新污染物不同于传统污染物，一般具有较高的生物活性，难以降解并易于在生态系统中富集，由此威胁着人民群众的身体健康安全。自习近平总书记 2018 年在全国生态环境保护大会上指出，要重点解决损害群众健康的突出环境问题，并要求对新的污染物治理开展专项研究和前瞻研究；2020 年 10 月，党的十九届五中全会明确提出“重视新污染物治理”。至今，我国的新污染物风险防范工作已经在制度建设、管理体制机制、监测评估、科学研究等方面取得一系列进展。

但由于我国新污染物治理起步较晚，仍存在一系列新污染物健康危害的技术问题亟须攻关。一是保障人群健康的新污染物风险防范相关法律法规尚不完善，我国最新制定和修订的关于防治大气、水和土壤污染的法律中无新污染物风险防范相关条款；二是评估监测水平有待进一步提高，我国尚未建立新污染物评估框架体系，对新污染物的筛查和风险评估技术标准规范仍相对薄弱；三是科学研究有待进一步加强，传统的理论模型难以预测或解释其环境行为，亟须寻找方法学与理论的创新，加强新污染物环境健康风险评估基础研究；四是体制机制有待进一步健全，目前流域生态环境监督等管理机构和区域生态环境治理机构仍未全面将新污染物作为监管对象，在风险防范政策措施方面的研究相对欠缺。为此，新污染物健康效应基础研究仍是“十四五”期间的环境与健康工作的重要战略任务之一。在此阶段，应开展新污染物生态环境健康风险筛查与评估，探索建立新污染物筛查和评估技术标准规范，推动设立重大科技专项，加强新污染物环境健康风险评估基础研究。

$O_3$ 颗粒物协同污染健康风险控制能力不足。随着《大气污染防治行动计划》《打赢蓝天保卫战三年行动计划》的深入实施，中国 $PM_{2.5}$ 污染整体减轻，但同时 $O_3$ 污染逐渐显现，并呈现污染程度加重、影响范围扩大、污染季延长的演变态势。欧美发达国家经验表明，$O_3$ 和 $PM_{2.5}$ 污染协同防控是一个长期和复杂的系统工程，我国以 $PM_{2.5}$ 防控为重心的减排措施所导致的污染源排放结构的变化，可能是我国 $O_3$ 背景浓度逐年上升的重要原因。大气污染对人群健康的影响广泛而深远，因此如何推进 $O_3$ 和 $PM_{2.5}$ 协同防控保护人体健康，是下阶段我国环境健康工作面临的中心问题之一。

虽然我国开展 $PM_{2.5}$ 污染和 $O_3$ 污染暴露与人体健康关系已经取得了广泛的认识，但如何在此基础上深入开展两者协同效应目前仍缺乏具体证据和明确的科学工具。我国大气污染与人体健康的研究起步较晚，与国际先进水平还有一定差距。其中既有研究仍未完全阐明 $PM_{2.5}$ 与 $O_3$ 协同暴露对人体健康的相互作用机制，未全面厘清两者的潜在暴露途径对人体健康的贡献率，使得制定大气污染暴露相关健康防治措施缺乏充分的科学依据。现有的科研成果对实际大气污染防治的指导性还有待加强，对于大气污染的健康风险交流和政策转化仍较为薄弱，亟须制定基于人体健康的评估技术规范，但我国尚缺少开展前瞻性队列研究来完善我国制定环境空气质量和开展健康风险评估与风险预警。此外，$PM_{2.5}$ 与 $O_3$ 协同暴露评估方法有待进一步开发和创新，直接利用环境监测站的大气污染物数据反映人群暴露值会带来的明显测量误差，如何建立和融合新方法和新技术为 $PM_{2.5}$ 与 $O_3$ 协同暴露评估工作带来新的机遇和挑战。加强与实时监测技术、大数据分析技术、遥感技术和信息技术等学科的交叉和融合，是未来精确反映大气污染暴露的可靠手段之一。

人群暴露参数亟待更新。暴露评估是环境健康风险评估的重要组成部分，其中基于我国人群特色的暴露参数是确保精准评估的前提。环境保护部先后于 2014 年和 2016 年发布了《中国人群暴露参数手册（成人卷）》《中国人群暴露参数手册（儿童卷：0—5 岁）》和《中国人群暴露参数手册（儿童卷：6—17 岁）》，对每类暴露参数的方法进行了简要介绍，为我国环境健康风险评估的暴露评价提供了数据依据。在目前国家环境保护标准体系中，《污染场地风险评估技术导则》（HJ 25.3—2014）、《环境与健康现场调查技术规范　横断面调查》（HJ 839—2017）以及《环境污染物人群暴露评价技术指南》（HJ 875—2017）中均对涉及人群暴露参数的应用提出了需求。此外，《儿童土壤摄入量调查技术规范　示综元素法》（HJ 876—2017）、《暴露参数调查技术规范》（HJ 877—2017）和《暴露参数调查基本数据集》（HJ 968—2019）对不断拓展人群暴露参数调查提供技术支撑。

然而，随着科学技术的发展和环境与健康业务需求的提升，对暴露参数的科学性、准确性和可靠性提出了更高的要求。尤其是在我国环境健康风险评估工作不断加深的现状下，早期阶段在人群暴露途径、损害机理认知尚浅的背景下获取的人群暴露参数数据及种类无法适应需求，因此对基础暴露参数数据的获取和技术方法的更新提出了更高的要求。此外，在现有的暴露参数调查中，由于不同区域和流域健康风险涉及介质多、影响范围广，不同人群暴露行为模式特征可能存在较大差异，仍需进一步对人群暴露参数的调查制定系统和地区差异化的规范和要求，做到科学准确地评估和防范健康风险。在“十四五”阶段，应依据我国人群环境暴露行为特征，分析暴露典型情景，编制符合我国国情的暴露参数更新方案。鼓励地方因地制宜地开展暴露参数调查，整合数据资源，修订我国典型暴露情景人群暴露参数手册，切实支撑环境健康风险管理。

环境与健康指标研究相对落后。目前，许多发达国家已经开展了环境健康指标研究，并形成了各国的生态环境健康指标体系，世界卫生组织（WHO）《环境健康指标：框架与方法》报告指出，监测不同地区相同环境健康指标的变化趋势，可以帮助识别和比较不同地区的潜在健康风险，并为制定有地区针对性的环境健康预防政策提供依据。而我国目前在此方面的工作十分匮乏，导致环境健康的指标体系仍不健全。虽然我国已开展了多项生态环境监测与健康监测工作，已拥有的监测指标种类丰富，数据体量大，但是各地区的指标种类存在差异，数据集尺度、收集和整理标准不同造成各数据集难以整合，指标标准化难以统一；且指标数据来源涉及部门较多，部门间相互独立，对指标体系研究仍无法达成长效的合作机制。此外，现阶段生态环境与健康调查多采用描述流行病学调查方法，缺乏长期、固定的跟踪研究，底数不清成为制约量化环境污染所致人体健康的归因危险度的问题之一，在与健康指标建立因果关系方面缺乏足够的、有说服力的数据。且目前仍缺乏关键性、普适性和统一性的指标数据的获取，针对与人体健康密切相关的特征污染物多缺乏成熟、灵敏、可靠的检测技术，测定环境介质、暴露介质及人体中的相关指标存在困难，虽然“十三五”阶段生态环境部牵头成立了 3 个国家级重点实验室，但环境与健康相关的实验室力量仍较为薄弱，所能支持开展的科学研究范围和内容较为局限，无法为深入开展我国生态环境与健康研究提供充足的基础，制约了我国环境健康指标体系的完善。

### 10.3.3 公众认知方面

环境与健康素养宣教有待加强。2013 年 9 月环境保护部发布了《中国公民环境与健康素养（试行）》，首次提出环境与健康素养的概念和定义，将环境与健康素养引入环境与健康工作。然而，2018 年，首次居民生态环境与健康素养调查发现，全国公民生态环境与健康素养总体水平较低，为 12.5%，各省市地区居民生态环境与健康认知不平衡，距《健康中国行动（2019—2030 年）》到 2022 年和 2030 年我国居民环境与健康素养水平分别为 15% 和 25% 的目标仍有差距。

目前我国的环境与健康素养研究尚处于起步阶段，缺乏环境与健康素养监测工作机制和监测网络、公民生态环境与健康素养测评方案和相关技术规范，实现居民环境与健康素养的提升任重道远。居民的总体环境与健康素养水平仍处于较低水平，反映出公众的生态价值观仍比较淡薄，保护环境的参与度不高，生态环境与健康素养相关的教育传播少、覆盖面低等现实问题；而且个体间、城市与农村间环境与健康素养存在很大差异，极大地阻碍了从减少环境风险、维护公众健康角度推动环境治理工作。现阶段，应在借鉴国外相关环境健康素养的经验与做法的基础上，在我国积极开展环境与健康素养宣教工作，建立动态稳定的国家级生态环境与健康素养测评网络，编制环境与健康素养测评工具及技术规范，提升科普宣传力度，加强环境健康风险交流。

## 10.4 展望

基于“十三五”阶段总结评估发现的问题，“十四五”时期应继续坚持以人民为中心的发展思想，坚持人与自然和谐共生，面向人民生命健康，牢固树立健康优先、生态优先的发展理念，进一步在以下几个方面加强环境与健康工作管理能力。

### 10.4.1 管理制度体系方面

#### 10.4.1.1 建立环境健康风险评估制度

加快建立我国环境健康风险评估技术体系，吸取国际先进经验，在《生态环境健康风险评估技术指南　总纲》（HJ 1111—2020）的基础上，制定发布建设项目、污染场地、化学物质、区域、行业等不同应用领域的环境健康风险评估技术导则，不断完善技术体系框架。开展区域、流域环境健康风险评估，综合考虑行业类型、污染物排放、人口、土地利用等方面信息，在不同尺度上开展区域环境健康风险评估及环境健康风险源识别，研究风险分区分级方法，绘制环境健康风险地图，为后续开展针对性的管理措施提供依据和目标。

#### 10.4.1.2 建立国家环境健康风险监测体系

从顶层设计出发，编制环境健康风险监测体系建设方案，建立环境健康风险监测技术方法体系，探索开展以健康为导向的环境监测，在充分利用现有环境监测网络、监测工作和监测力量的基础上，进一步优化和增加监测点位布设和监测指标，针对与健康密切相关的污染物来源及主要环境影响和人群暴露途径开展监测，形成国家环境健康风险监测网络，持续、系统地收集风险信息并以此开展风险评估。

### 10.4.2 科技支撑能力方面

#### 10.4.2.1 开展新污染物生态环境健康风险筛查与评估

在重点区域、流域和行业，率先开展社会关注度高的新污染物调查评价，筛选高生态环境健康风险污染物并建立清单，确定优先控制新污染物。探索建立新污染物筛查和评估技术标准规范，推动设立重大科技专项，厘清新污染物协同效应与跨介质转化驱动机制，加强新污染物环境健康风险评估基础研究。

#### 10.4.2.2 开展大气 $PM_{2.5}$ 和 $O_3$ 协同防控健康效应评估

加强大气污染健康效应基础研究，识别不同大气细颗粒污染物和暴露途径造成的人群健康危害，探索建立大气 $PM_{2.5}$ 与 $O_3$ 协同暴露评估方法，评价生态环境健康效应。研究大气 $PM_{2.5}$ 与 $O_3$ 的生态环境健康风险阈值，编制 $PM_{2.5}$ 与

$O_3$ 生态环境健康风险评估技术规范。

#### 10.4.2.3 集成并动态更新我国人群暴露参数

全面梳理和评估现有暴露参数应用情况，统筹各相关单位管理、科研、风险评价等业务需求，确定暴露参数更新方向。依据我国人群环境暴露行为特征，分析暴露典型情景，编制符合我国国情的暴露参数更新方案。鼓励地方因地制宜开展暴露参数调查，拓宽数据获取渠道，整合数据资源，修订我国典型暴露情景人群暴露参数手册。研究数据共享及发布机制和信息反馈渠道，扩展暴露参数的服务范围，切实支撑环境健康风险管理。

#### 10.4.2.4 梳理我国已有环境与健康指标数据

制定各项环境健康指标数据收集、整理的统一标准和技术规范，搭建各部门之间合作平台，建立共享机制，编制公开目录，初步建立标准化环境与健康指标数据库，完善关键性指标的更新，丰富数据资源，加强环境与健康指标基础研究，初步形成我国环境健康指标体系。

### 10.4.3 公众认知方面

着力提升居民环境与健康素养。推进环境与健康科普宣教，开展生态环境与健康素养测评对接健康中国行动目标，推进生态环境与健康素养相关工作。完善公民生态环境与健康素养测评方案和相关技术规范。建立动态稳定的国家级生态环境与健康素养测评网络，推进建设公民生态环境与健康素养测评网络直报系统。持续开发生态环境与健康科普宣传产品，大力开展生态环境与健康主题答题竞赛、讲座培训、参观交流、作品征集等活动，打造公众参与性强、影响力大的活动品牌，不断提升生态环境与健康素养水平。

编写人员：徐　建　樊境朴　吴荣山　吕占禄

# 重点领域 6

Key Area 6

# 清洁生产领域

Cleaner Production

# 11　清洁生产与循环经济

## 11.1　需求分析

### 11.1.1　循环经济学科

#### 11.1.1.1　循环经济战略研究方向

发展循环经济是我国经济社会发展的一项重大战略。国家高度重视循环经济推进工作，党的十九届五中全会提出“要加快推动绿色低碳发展”“全面提高资源利用效率”“推行垃圾分类和减量化、资源化”“加快构建废旧物资循环利用体系”，并被写入《中华人民共和国国民经济和社会发展第十四个五年规划和2035年远景目标纲要》,《国务院关于建立健全绿色低碳循环发展经济体系的指导意见》（国发〔2021〕4号）要求“加快建立健全绿色低碳循环发展的经济体系，以促进经济社会发展全面绿色转型”，提出了2025年、2035年的具体任务。

“十四五”末，要实现生产生活方式绿色转型成效显著，能源利用效率大幅提高，主要污染物排放总量持续减少，碳排放强度明显降低，生态环境持续改善，就需要生产生活方式的根本转变，需要构建更加完善的市场导向的绿色技术创新体系，需要在生产、流通、消费等各领域发力，初步形成绿色低碳循环发展的生产体系、流通体系、消费体系。

#### 11.1.1.2 资源再生技术研究方向

光伏发电作为可再生能源的主力军，在“3060”目标中发挥着重要的作用。2020 年，我国光伏装机容量 48.2 GW，累计装机容量达 253 GW，全年光伏发电量 2 605 亿 kW · h，同比增长 16.2%，占我国全年总发电量的 3.5%，同比提高 0.4 个百分点。光伏组件的寿命一般为 25 年，巨大的光伏装机容量背后隐藏着大量潜在的固体废物。2 月 22 日，国务院发布了《关于加快建立健全绿色低碳循环发展经济体系的指导意见》（国发〔2021〕4 号），提出到 2025 年初步形成绿色低碳循环发展的生产体系、流通体系、消费体系。7 月 7 日，国家发展改革委印发的《“十四五”循环经济发展规划》提出，我国循环经济发展仍面临重点行业资源产出效率不高，再生资源回收利用规范化水平偏低，回收设施缺乏用地保障，低值可回收物回收利用难，大宗固废产生强度高、利用不充分。其中，特别提出对退役光伏组件开展分类利用和集中处置，引导再生资源加工利用项目集聚发展。因此，报废光伏组件的处理处置及相应的环境管理需要引起足够的重视。

### 11.1.2 清洁生产学科

#### 11.1.2.1 清洁生产战略研究方向

习近平总书记在第七十五届联合国大会和气候雄心峰会上郑重宣示我国碳达峰目标和碳中和愿景。党的十九届五中全会和中央经济工作会议又做出更加明确的部署和安排，实现 2030 年碳达峰和 2060 年碳中和，需要在推进经济结构、能源结构和产业结构低碳转型、提高能效水平等方面持续发力，“十四五”时期，我国生态环境保护将进入减污降碳协同治理的新阶段。清洁生产通过源头预防、过程控制和末端治理的全过程控制理念与实践，可实现“节能、节水、减污、降碳、降耗”，是已被证明行之有效的法律和政策工具，是持续实现节能减排、减污降碳可信赖的重要措施之一。如何运用清洁生产理念，立足以前的研究基础，集合新的环保形势，有效支撑碳达峰和碳中和战略还是一个值得深入探讨的话题。在清洁生产支撑碳达峰和碳中和的研究方面，目前还缺乏相关的理论基础和应用研究，难以支撑碳达峰和碳中和的应用实践。研究室将进一步将清洁生产理论与碳达峰和碳中和理念起来，用好清洁生产手段，为国家“减污降碳协同”发展贡献科学力量。

### 11.1.2.2 清洁生产产业研究方向

党的十九大报告中指出“壮大节能环保产业、清洁生产产业、清洁能源产业”，这是党和国家重要文件中首次提出“清洁生产产业”的概念和明确要求，充分体现了推动形成绿色发展方式、加快改善环境质量的意志和决心。随着生态文明建设的不断推进和逐步深入，“绿水青山就是金山银山”的理念日益深入人心，清洁生产产业已成为践行绿色发展理念，推动工业绿色转型的重要抓手，也必将在“十四五”及未来中长期我国推进绿色、低碳、可持续发展过程中提供强有力的产业支撑。

### 11.1.2.3 清洁生产应用研究方向

党的十九大报告提出，到 2035 年生态环境根本好转，美丽中国目标基本实现的总体要求。经过全国生态环保工作者的不懈奋战，污染防治攻坚战已取得良好成效，但生态环境改善从量变到质变的拐点还没有到来，需要在“十四五”时期继续努力。近年来，人们已经充分认识到，传统的末端治理模式无法再适应当前复杂的环境形势，只有将源头削减、过程控制、末端治理相结合才能充分体现清洁生产的真正成效。而清洁生产审核作为工业污染防治的重要制度手段之一，有效推动了污染防治从末端治理向全过程控制转变，是落实绿色发展方式的重要途径。

《中华人民共和国国民经济和社会发展第十四个五年规划和 2035 年远景目标纲要》中指出，要深入打好污染防治攻坚战，建立健全环境治理体系，推进精准、科学、依法、系统治污，协同推进减污降碳。根据有关数据显示，2019 年世界碳排放总量为 342 亿 t，我国碳排放总量为 98.3 亿 t，占比约为 28.7%。2020 年我国通过开展清洁生产相关工作，减少二氧化碳排放量 9.05 亿 t，折合减少碳排放 2.47 亿 t，实现碳排放同比较少 2.51%。在当前“双碳”目标背景下，通过开展重点行业清洁生产相关工作既是重点行业绿色、低碳发展的内在要求，又是工业领域建设生态文明、打好污染防治攻坚战的重要抓手，也是实现“减污降碳”协同效应的重要途径。

### 11.1.3 生态工业学科

#### 11.1.3.1 绿色发展与节能环保方向

在"双碳"目标背景下，减污降碳协同成为当前我国生态文明建设，行业企业绿色发展的重点。长期以来，我国在以煤炭、电力、钢铁、建材、石化等重工业为主的产业发展过程中，尽管生产技术不断革新，环境监管不断严格，超低排放改造为主的污染治理不断深化，带来了生态环境质量的不断改善，但普遍存在企业设计建设与生产过程环境管理相脱节、以煤为主的能源结构和以末端为主的治理方式仍然没有发生根本改变。

同时，传统的环境管理模式存在着水、气、声、固体废物等要素环境管理相对分散，重末端轻源头，清洁生产全过程理念以及绿色制造体系、循环经济、绿色矿山等绿色低碳循环的内容未能形成合力。这些决定了"十四五"时期我国生态环境保护在减污降碳协同方面还有很大的空间，特别是在污染源头治理、资源能源高效利用以及通过全过程全要素环境管理实现节能降碳与污染物减排、改善生态环境质量协同增效等方面，还有诸多系统性手段尚未发挥作用。

#### 11.1.3.2 涉重金属行业绿色发展研究方向

"十四五"时期，我国的生态环境保护工作坚持以绿色发展为引领，坚持以改善生态环境质量为核心，推动生态环境源头治理、系统治理、整体治理。实现改善环境质量从注重末端治理向更加注重源头预防和治理有效传导，突出精准治污、科学治污、依法治污，以生态环境高水平保护促进经济高质量发展。清洁生产是将整体预防的思想应用于环境污染治理的创新性思维，推行实施清洁生产，研发推广清洁生产技术，是实现污染物源头防控、过程管理，实现精准治污、科学治污的有效且重要手段。

有色行业是我国重金属污染防控的主战场，重金属污染具有毒性强、难降解、治理难度大、风险高、危害大等特点，一直是我国重大科技难题。近年来，随着国家环保政策的日趋严格和污染治理技术的快速发展，有色行业的重金属污染问题有了很大改善。但有色金属产量大、企业多，重金属污染排放总量大，给末端治理带来很大压力，特别是危险固体废物，一直是有色行业存在的老大难问题。通过开展深入调研，厘清导致严重重金属污染的根源，并开展清洁生产技术研发，科学指导、精准控制生产过程，追求生产过程的资源利用最大化和污染物产生最小化，是实现重金属污染物的源头削减、降低有色行业生态环境风险、推动行业高质量发展的必然需求。

#### 11.1.3.3 污染源管理方向

当前我国生态文明建设仍处于压力叠加、负重前行的关键期，保护与发展长期矛盾和短期问题交织，生态环境保护结构性、根源性、趋势性压力总体上尚未得到根本缓解。“以重化工为主的产业结构、以煤为主的能源结构和以公路货运为主的运输结构没有根本改变，污染排放和生态破坏的严峻形势没有根本改变，生态环境事件多发频发的高风险态势没有根本改变。”这“三个没有根本改变”，决定了“十四五”时期我国生态环境保护在深入打好污染防治攻坚战还有很大的空间，特别是在污染源头治理，实现降碳与污染物减排、改善生态环境质量协同增效等方面，还有诸多科学问题尚未有效解决。

总体来看，“十四五”时期深入打好污染防治攻坚战，更加注重综合治理、系统治理、源头治理，对污染源的精准、科学、依法治理也提出更高要求。在精准治污方面，问题、时间、区域、对象、措施“五个精准”的有效支撑手段还缺乏量化研究，此外，对于“实现减污降碳协同效应”的总要求，也缺乏协同激励机制及量化手段的研究。

## 11.2 现状与趋势

### 11.2.1 循环经济学科

利用“Science Direct”数据库进行检索分析，用“Circular Economy”作为主题词进行检索，文章类型限定为“article”，语言仅限英语，检索时间为2000—2020年，共检索出27 884个条目。整体上看，国际学术界对循环经济的研究成果数量总体呈持续上升趋势，尤其在2015年之后，研究成果数量呈爆发性增长（图11-1）。

“十三五”以来，我国循环经济发展取得积极成效。宏观来看，一是循环经济法规标准体系逐步完善。《中华人民共和国循环经济促进法》在2018年根据我国社会和经济的发展情况进行了修订。二是中国特色循环经济发展模式基本形成。我国持续开展循环经济各类示范试点，在钢铁、电力、煤炭、建材、农业等重点行业以及园区、再生资源回收体系、“城市矿产”基地、再制造等重点领域探索形成循环经济发展模式。三是循环型产业体系初步构建。通过推行循环型生产方式，初步构建形成以工业领域企业循环式生产、园区循环式发展、产业循环式组合发展，农业领域以农林牧渔多业共生、农工社产业复合发展循环型农业，服务业领域以服务主体绿色化、服务过程清洁化促进服务业与其他产业融合发展的循环型产业体系。

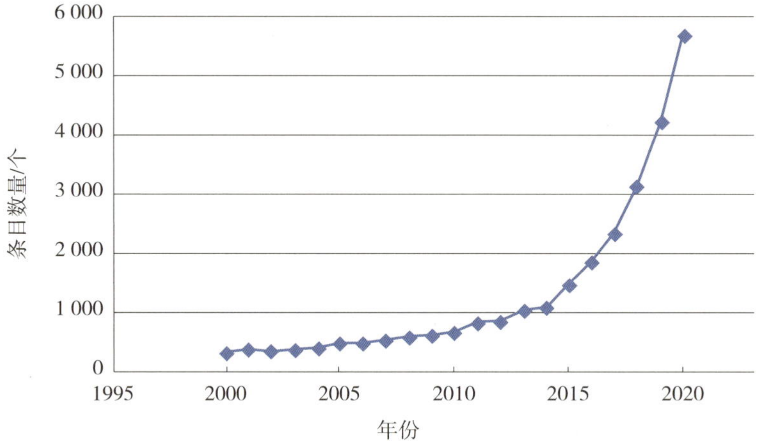


图 11-1　循环经济研究成果检索条目数量

微观来看，我国已将“减量化、再利用、资源化”理念贯彻到资源开采加工、产品生产制造、商品流通消费、废物循环处置各环节。资源利用效率明显提升，2020 年主要资源产出率比 2015 年提高了约 26%。综合利用水平持续提高，2020 年大宗固体废物综合利用率达 56%。再生资源利用能力显著增强，废钢利用量约 2.6 亿 t，相当于替代 62% 品位铁精矿约 4.1 亿 t①。

以光伏废弃物资源回收为例，我国光伏组件市场爆发始于 2000 年前后，至此我国的光伏组件装机容量突飞猛进，已经连续多年居全球第一。《中国 2050 年光伏发展展望》报告中指出，到 2050 年，我国累计装机容量将达到 5 000 GW，光伏发电将成为中国第一大电源，约占当年全国用电量的 40%。

根据我国历年的光伏装机容量，利用寿命分布模型推测得知，在 2025 年之

① 数据源于《国家发展改革委关于印发“十四五”循环经济发展规划的通知》（发改环资〔2021〕969 号），2021 年 7 月 1 日 . https：//www.ndrc.gov.cn/xxgk/zcfb/ghwb/202107/t20210707_1285527.html?code=&state=123.

后，光伏组件开始出现大批量失效，2035 年的报废量预估为 16.83 GW，2050 年的组件报废量预估达到 60.22 GW。对于累计报废量，2035 年累计报废量预估为 110 GW 左右，到 2050 年的累计报废量预估高达 672.98 GW。报废的光伏组件处理处置已经成为亟须解决的重要问题。

目前，我国光伏组件大多数为晶硅光伏组件，主要由钢化玻璃、铝边框、硅电池、封装胶膜 EVA、背板、银、接线盒、铅、铜等材料组成。其中玻璃比重占光伏组件的 74%，铝边框占 10.3%，封装胶膜 EVA 占 6.55%，电池片占 3.35%，背板占 3.6% 左右，银镜占 0.17%。按照 1 MW 的光伏组件回收重量来计算，其中玻璃的回收重量为 39.22 t，回收总价为 1.96 万元，铝边框的回收重量为 5.46 t，回收总价为 8.41 万元，电池片的回收重量为 1.78 t，回收价值为 4.45 万元，银的回收重量为 0.09 t，回收价格为 4.72 万元。1 MW 组件的材料完全分离回收，回收材料的总价值为 23.52 万元，目前组件的价格为 1.76 元 /W，组件回收价值占比为 7.8%。到 2035 年累计报废量达到 110 GW 时，光伏组件的市场规模达 250 亿元，具有较大的市场潜力。

随着我国进入新的发展阶段，循环经济领域的新问题、新需求、新技术不断涌现。未来在国家政策的引导下，循环经济模式的构建与评价、提升资源产出率的理论和途径、资源环境效率评价方法及理论、提高大宗固体废物综合利用水平的理论和技术研发、装备制造、有色金属综合利用水平的提高途径、行业的循环利用关键技术创新、如何构建再生资源回收利用体系等都将成为该领域的研究热点和实践重点。

在废弃光伏组件资源回收领域，国际上对光伏组件资源化回收技术主要有物理法、化学法、热处理法以及联合处理法等。目前，国内外学术界对报废光伏组件回收处理技术的研究方向主要为物理法和热处理法。在实验室中，热处理法和物理法均可以对组件进行拆解和资源化分离。物理法存在对物料的分离不彻底，降低了再生资源的价值等问题；热处理法可以将组件中所有的组分分离，但温度较高，会产生大量 VOCs。这两种大类技术目前均处于示范阶段，尚未开展大规模的推广应用。

### 11.2.2 清洁生产学科

利用“Science Direct”数据库进行检索分析，用“Cleaner Production”作为主题词进行检索，文章类型限定为“article”，语言仅限英语，检索时间为

2000—2020 年，共检索出 74 009 个条目。整体上看，国际学术界对清洁生产的研究成果数量总体呈持续上升趋势，尤其在 2010 年之后，清洁生产已成为全球研究的热点，成果数量迅速增长（图 11-2）。

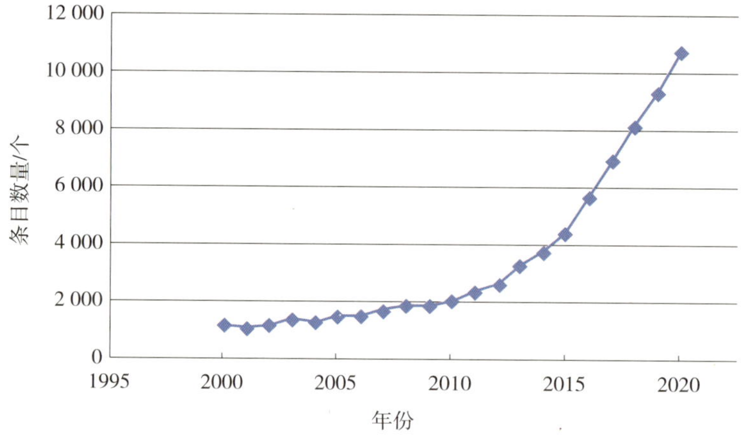


图 11-2　清洁生产研究成果检索条目数量

### 11.2.2.1　清洁生产战略研究方向

清洁生产从源头削减污染、提高资源利用效率、减少或者避免污染物的产生，是实现减污降碳、落实低碳经济转型的重要途径。“十三五”期间，通过工业行业清洁生产，促使产业结构绿色低碳转型，促进清洁能源利用和降低能耗强度，促进了行业的减污降碳协同效应。

截至目前，我国共发布钢铁、火电等 51 项清洁生产评价指标体系，钢铁、有色等 34 个重点行业的清洁生产技术推行方案，涵盖 310 项行业关键共性技术。通过上述标准、推行方案的实施应用，有力推进了我国产业结构优化提升。据相关行业协会统计数据显示，截至目前，钢铁行业 100 t 以上转炉产能占比约达 63%、水泥行业新型干法工艺占比约达 95%，以及高毒农药基本实现低毒替代。2016—2019 年，全国超过 2 万家企业开展了强制性清洁生产审核，涉及钢铁、石化等 20 余个行业，通过实施清洁生产累计削减化学需氧量 23.5 万 t、氨氮 3.34 万 t、二氧化硫 48.7 万 t、氮氧化物 37.6 万 t，节水 47 亿 t。另据相关研究显示，近几十年来，火电行业通过清洁生产促进行业能源消耗强度大幅削减的同时，对污染物源头削减的贡献日益凸显，其中对二氧化硫和氮氧化物的减排贡献率分别达到 50% 和 70% 以上。

“十四五”时期，我国经济高质量发展逐步进入快车道，但是发展不平衡、不充分问题仍然突出，特别是在资源环境领域表现得尤为突出。随着污染防治攻坚战向纵深推进，环境治理向源头预防、全过程控制、末端一体化协同治理转变，清洁生产将迎来新的战略性机遇。“十四五”期间，将继续抓好工业领域清洁生产，大力推行农业、建筑业、服务业的清洁生产工作，探索推进清洁生产区域协同发展机制，并深化清洁生产体制机制创新模式。

#### 11.2.2.2 清洁生产应用研究方向

近年来，国家相关政策、规划、计划等文件对区域清洁生产与行业治理工作提出了新的任务和要求：2018 年 6 月，《中共中央　国务院关于全面加强生态环境保护　坚决打好污染防治攻坚战的意见》中提出，在能源、冶金、建材、有色、化工、电镀、造纸、印染、农副食品加工等行业，全面推进清洁生产改造或清洁化改造；2018 年 9 月，生态环境部印发的《关于生态环境领域进一步深化“放管服”改革，推动经济高质量发展的指导意见》中提出，强化清洁生产审核机制，推行绿色供应链建设；2020 年 3 月，中共中央办公厅、国务院办公厅印发的《关于构建现代环境治理体系的指导意见》中提出，加大清洁生产推行力度，加强全过程管理，减少污染物排放；2020 年 6 月，生态环境部印发的《2020 年挥发性有机物治理攻坚方案》中提出，以石化、化工、工业涂装、包装印刷等为重点领域，全面加强对光化学反应活性强的 VOCs 物质控制，强化源头、过程、末端全流程控制，引导企业自觉守法、减污增效；2020 年 10 月，生态环境部印发的《关于深入推进重点行业清洁生产审核工作的通知》，聚焦污染防治攻坚战涉及的重点行业，并提出鼓励探索简易清洁生产审核和行业、园区（企业集群）及区域清洁生产审核创新模式。《“十四五”全国清洁生产推行方案（送审稿）》强调了清洁生产服务于“双碳”目标和“两高”行业改造，提出推动重点行业“一行一策”绿色转型升级，加快存量企业及园区实施涵盖节能、节水、节材、减污、降碳等的系统性清洁生产改造，开展行业、园区和产业集群整体审核试点。

当前，国家和地方层面已逐渐认识到清洁生产审核在支撑工业污染源依法、精准和科学治理方面的重要作用，探索研究涵盖生产源头替代、过程控制和末端治理在内的全过程污染治理方案。在“十四五”升级版污染防治攻坚战和

“双碳”目标下，充分发挥清洁生产在区域环境与行业治理方面的作用，探索开展多维度清洁生产审核模式创新研究、“一行一策”模式效果强化研究、清洁生产技术推广研究、行业全过程减污降碳协同数字绩效研究，成为区域清洁生产与行业治理学科的重点研究方向。

#### 11.2.2.3 清洁生产产业研究方向

我国清洁生产工作起步较早，在技术研发、标准制定、环境咨询、能力建设等方面做了一定工作，但由于长期以来缺少对产业范围的界定，产业更多是随着我国节能环保产业发展而发展。2021 年 7 月 6 日国家统计局第 12 次常务会议通过了《节能环保清洁产业统计分类（2021）》，其中首次对清洁生产产业做出了明确定义：“清洁生产产业是指为企业在生产经营活动中提供清洁生产技术、装备和服务的产业，包括提供清洁生产技术服务的、生产低毒低害或无毒无害原辅材料的、为企业生产过程提供过程减排技术与装备的及末端废物资源化利用的产业。该产业包括清洁生产原料制造业、清洁生产设备制造和设施建设业、清洁生产技术服务业等三大领域。”随着生态文明的理念日益深入人心，产业结构优化和调整的力度将进一步加大，清洁生产产业作为源头削减和过程控制的重要着力点，势必有更大的发展空间。

### 11.2.3 生态工业学科

利用“Science Direct”数据库进行检索分析，用“Eco-industry”作为主题词进行检索，文章类型限定为“article”，语言仅限英语，检索时间为 2000—2020 年，共检索出 67 171 个条目。整体上看，国际学术界对生态工业的研究成果数量总体呈持续上升趋势，尤其在 2010 年之后，生态工业逐步成为研究热点，成果数量迅速增长（图 11-3）。

清洁生产与循环经济研究中心多年来从事生态工业领域的研究工作，主要体现在以下几个方面：

（1）学术领先

清洁生产与循环经济研究中心作为我国最早开展生态工业研究的科研机构之一，在多年的生态工业园区建设模式、规划技术、管理机制等方面理论和实践研究的基础上，不断探索工业园区绿色发展理论和技术的创新。多年来发表产业生态学领域高质量学术论文近百篇，在国内处于学术领先地位，在国际上也具有较大学术影响力。

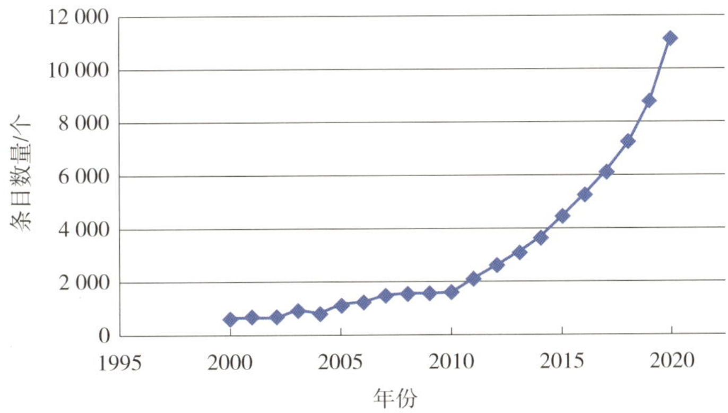


图 11-3　生态工业研究成果检索条目数量

（2）支撑领先

清洁生产与循环经济研究中心长期承担了生态环境部、商务部和科技部开展国家生态工业示范园区常规的技术支撑工作，在完善国家生态工业示范园区管理体系方面开展了大量的研究。完成多项国家生态工业示范园区标准等管理技术文件的编制，奠定了环境规则院在生态工业园区领域的突出技术地位。

（3）实践领先

清洁生产与循环经济研究中心多年来开展了多项地方委托的生态工业园区规划、回顾性评估和园区循环化改造实施方案研究。在实践研究中，注重总结园区建设模式，创新园区建设机制，丰富园区规划技术，项目成果受到地方工业园区管理部门的一致好评。在取得了项目成果和良好绩效的同时，也为工业园区生态化和循环经济理论研究奠定了坚实的基础。同时，通过规划和回顾性评估研究，与地方的工业园区管理部门建立了良好的关系，为将来的进一步合作打下基础的同时，也树立了专业严谨的科研实力。

### 11.2.3.1　绿色发展与节能环保方向

我国工业行业种类繁多、生产运营全过程工艺环节复杂，污染物产排量以及资源能源消耗大，部分行业兼具生态破坏影响，是我国生态环境监管的重点对象。“十三五”以来，国家生态环境部门通过严格执法、中央生态环保督查、专项监督帮扶、严格标准等措施取得了较大成效，也为企业的全过程环境管理提供了方向和指导。国家发展改革委以及工信部门分别从行业企业的资源能源循环利用、绿色设计、节能管理等方面提供了要求和方向性指引。

在上述要求下，学科以煤炭行业环保竣工验收、环境污染溯源、环境风险诊断、“一企一策”以及环保管家服务等为主要形式，开展了全方位的环境管理体系研究，为解决地方和企业科学管理需求提供了支撑。并以安阳汽车钣喷绿色示范园区为试点，初步探索形成了清洁生产与绿色制造模式，进行集约化治理与全过程环境管理。

“十四五”时期深入推进减污降碳协同发展，将更加注重综合治理、系统治理、源头治理，对全行业企业的精准、科学、依法治污也提出更高要求。此外，国家发展改革委提出的“十四五”循环经济规划、自然资源部推进的绿色矿山、工信部正在开展的绿色制造体系，均是未来绿色发展的重点内容，迫切需要通过生态环保的综合管理手段发挥合力。对此，本学科结合清洁生产与循环经济理念，系统研究构建现代化环境管理模式，科学精准介入企业建设前、运营中环境管理和节能降碳，能够为实现减污降碳协同目标提供巨大助力。

#### 11.2.3.2 污染源管理方向

工业污染源因行业种类繁多、产排污环节复杂、污染物排放量集中、环境危害大等特点，是我国环境管理和污染防治的重点对象。长期以来，生态环境部门通过执行各项环境监管措施积累了大量的工业污染源生产运行和产排污情况的信息，这些丰富的信息也为污染源管理提供了重要的基础。以工业污染源为例，污染源基本数据主要包括污染源的位置、所属行业门类、主要生产原料、产品、工艺、产能、污染治理技术及产排污量等基础信息。此外，污染源管理数据则是依据生态环境部门相关职责，执行各项环境监管措施产生或应用的数据及成果，如排污许可证及相关数据，环境监测数据等。工业污染源数据的开发利用，对摸清我国生态环境污染底数，预测研判污染变化趋势，加强污染防治及生态环境宏观决策等具有重要意义。

目前，工业污染源数据主要用于生态环境管理日常决策支持。基于区域产业、经济、社会发展条件，通过对不同区域工业污染源产生排放的污染物种类、数量、行业、污染治理及投资情况等信息进行统计分析，一是在宏观层面，为环境保护规划和污染防治行动计划编制、总量控制考核、开展生态环境形势分析等提供决策依据；二是在中观层面，为区域 / 流域 / 城市等尺度产业结构调整和布局、编制大气和水污染源清单，环境风险源排查等提供支持；三是在微观层面，可用于开展园区 / 企业污染源精准管控、清洁生产推进等。

#### 11.2.3.3 涉重金属行业绿色发展研究方向

近年来，有色金属单位产品污染物排放量呈下降趋势，但有色金属产量大，污染物排放总量依旧可观，导致重金属污染仍呈现严重状态。而在重金属污染治理的技术研发方面，更多的是末端治理技术的研究，深入生产过程中的污染防控技术研发仍旧偏少，企业整体清洁生产水平偏低。

当前我国正处于生态文明、绿色发展国家战略实践的重要机遇期，实施清洁生产技术研发，从源头削减污染物产生量的重要性日益凸显，清洁生产技术在重金属污染防控方面的作用也逐渐被社会各界广泛认知，积极推动清洁生产技术、装备的研发，通过精准调控生产工艺过程，在工业生产中减少重金属污染物的产生量、提高资源能源的利用效率日渐成为污染治理的主流。

## 11.3 亟须突破的重点领域和技术

### 11.3.1 循环经济学科

#### 11.3.1.1 循环经济战略研究方向

在推动循环经济发展中，仍面临许多困难和问题：第一，我国循环经济发展仍面临重点行业资源产出效率不高，再生资源回收利用规范化水平低的问题；第二，大宗固废产生强度高、利用不充分、综合利用产品附加值低也是突出问题；第三，我国单位 GDP 能源消耗、用水量仍大幅高于世界平均水平，铜、铝、铅等大宗金属再生利用仍以中低端资源化为主。此外，我国循环经济统计评价体系仍然不完善，缺乏重要资源消耗量、回收利用量等重要统计指标，不利于促进资源效率的提升。因此，未来亟须突破大宗固废综合利用技术、大宗金属再生利用技术以及完善循环经济统计评价技术体系等关键技术。

#### 11.3.1.2 资源再生研究方向

在国家碳中和目标下，报废光伏组件的资源回收是可再生能源与循环经济协同发展的重要手段。完成组件的资源化回收，不仅减少了固体废物的产生，更能从根本上降低产业对矿产开采资源的依赖性，提高资源的重复利用率，促进可再生能源产业真正的绿色低碳发展。

报废光伏组件的资源回收技术在实验室及中试阶段均取得了部分成果，资源回收率达 90% 以上，然而也存在一定的问题。首先，在热法技术中，实验室与中试过程焦油状态不同，需要进一步开展研究；物理法中胶膜与电池尚不能完全分离，降低了物料的价值。其次，晶体硅的回收在晶体硅生产过程中所能掺杂的比例尚未可知，有待进一步研究。最后，实验室或者中试中的实验对象均为定制小组件，与市场上应用的大组件有一定的差距，对装备及场地要求较高。

## 11.3.2 清洁生产学科

### 11.3.2.1 清洁生产战略研究方向

由于目前清洁生产自身及配套法律法规政策体系不完善、不协调，与现有绿色低碳发展政策导向不完全匹配，全社会清洁生产水平总体偏低，清洁生产工作推进政策机制刚性约束不足等诸多原因，导致其在减污降碳协同控制方面的作用发挥不够，潜力还未完全发挥。2012 年颁布实施的《中华人民共和国清洁生产促进法》立法宗旨仅局限在资源能源高效利用和污染物减排防控上，缺少对清洁生产促进产业和能源结构优化、低碳产业发展、涵盖低碳指标约束的清洁生产评价指标体系建设等方面要求，难以从法律法规、制度机制和技术标准层面为清洁生产支撑碳达峰与碳中和新形势和新任务提供政策保障。目前的清洁生产工作重点仅局限在自身工作领域，未与环保的精准治污、重污染应急绩效评级、差异化环境税收和环境督查等减污降碳协同，很大程度上限制了清洁生产的作用。

目前，我国资源能源节约、污染防治管理、绿色制造相关要求分散于国家多个部门，未能在减污降碳协同方面发挥合力，企业在生产运营期经常出现因项目设计不科学、环境管理不到位，而导致后期工艺设备和污染防治设施重复投资，以及环境管理运营成本过高、能耗过高等问题。

对此，基于国家减污降碳协同发展的需求，以实现资源能源高效利用、污染物最大减排以及企业绿色发展为目标，对于拟新建企业，融合清洁生产和绿色制造要求，研究探索能够将环境标准、碳减排要求、绿色制造标准、低碳建筑、全工序环境管理和能源管理等要求全面融入项目建设前期的可研设计、规划、环境影响评价、设备招标等环节以及建设运营全过程的清洁生产与绿色制造模式，通过进一步辅以现代化环境管理模式，为科学、精准实现行业企业全过程减排，降低运营过程重复投资和环境管理成本提供支撑。

#### 11.3.2.2 清洁生产应用研究方向

（1）开展清洁生产审核模式创新

传统的清洁生产审核方法学，要求按照 7 个阶段 35 个步骤实施清洁生产审核，整个审核过程大约需要 8 个月，甚至 1 年时间。随着审核工作的深入推进，特别是清洁生产审核工具的不断开发和完善，为快速清洁生产审核提供了技术支撑。很多企业因为生产规模、技术水平和环境影响程度等方面的不同，也提出了差异化的审核需求。在“十四五”新形势下，清洁生产审核能够切实为企业、园区、地方政府提供诊断服务。

（2）行业全过程治理提升

当前我国大部分行业正在推行全球更严格的污染物排放标准，企业为了实现超低排放，在末端治理投入了大量资金，取得了初步成效。单纯的末端治理虽然在局部降低了污染物的排放，但从全生命周期考虑，无论是动力消耗还是药剂消耗都间接增加了碳和其他污染物的排放。比如采用 SCR 技术处理氮氧化物，该技术需要进行喷氨反应，而生产 1 t 氨会产生二氧化碳 1.940 t，1 t 氮氧化物需要消耗 2 t 氨水，0.5～0.6 t 的氨逃逸，这也是为什么雾霾中含有较高氨气溶胶的原因；再如采用湿法（碳酸钙）处理 1 t 二氧化硫，会产生 0.69 t 二氧化碳，同时产生固体废物 1.875 t。随着时间的推移、工业化进程的加速以及“双碳”目标的提出，末端治理的局限性也日益显露，因此急需从全过程治理提升诊断入手。

（3）清洁生产技术储备与应用

工业行业在我国减污降碳协同工作中承担着重大责任。随着行业技术的不断进步，以往形成的一批清洁生产技术已不再具备先进性，无法满足当前产业发展和减污降碳协同的需求。与此相对，受工艺技术的匹配性、投资成本、无空间就地改造等问题限制，先进的清洁生产技术研究与产业化应用步伐缓慢，需求侧下各行业绿色化改造需求得不到充分的挖掘、引导和满足。例如，钢铁行业的高炉炉顶均压煤气回收技术，以 3 200 $m^3$ 高炉为例，可降低年粉尘排放量 247 t、二氧化碳排放量 3.7 万 t，但该技术实际应用率不足 15%。再如，以氢冶金、焦炉煤气直接还原等清洁低碳冶炼技术具有明显的减污降碳协同效果，但目前在国内鲜有应用。

#### 11.3.2.3 清洁生产产业研究方向

（1）产业发展缺乏系统规划

2021 年，清洁生产产业作为新的产业类别首次列入节能环保清洁产业统计分类，未来将在国家统计局国民经济分类中体现。然而目前产业缺乏总体科学规划，与钢铁、电力、石化等传统产业相比，缺少相关顶层设计，“十四五”期间，对产业重点领域、发展方向也缺少研判，尚未形成完整的产业格局。

（2）产业发展标准体系建设有待完善

目前我国环境保护的重点工作中，特别是在大气、水、土壤污染防治行动计划，化肥、农药使用量零增长行动方案，以及排污许可证管理中均强调了清洁生产，但缺乏量化指标要求。同时，目前已有的清洁生产评价指标体系、清洁生产审核指南体系、清洁生产技术绩效评估指南体系等更新周期较长，已滞后于产业发展需求。

（3）产业发展技术支撑不足

促进清洁生产产业高质量发展的理论、方法、政策和实践研究不足，以企业为主体的清洁生产技术创新体系不完善，产学研用结合不够紧密，导致企业清洁生产技术改造方案实施率不高，清洁生产效益难以体现，又反过来影响企业对清洁生产技术研发和应用的积极性，制约了产业技术创新体系和服务体系的发展。

### 11.3.3 生态工业学科

区域绿色发展技术集成与评估的内容包括绿色生态化发展技术评估模型，区域废物绿色生态化发展系统诊断工具，区域典型废物绿色生态化集成处理技术和模式。

工业园区绿色发展管理机制的内容包括工业园区生态化发展的设计和跟踪方法，园区工业生态化属性数据库、园区生态化发展的代谢机制；典型园区生态化实践监测网络和模块、生态工业技术集成与评估；工业园区生态化推进模式和创新政策。

#### 11.3.3.1 绿色发展与节能环保方向

全过程—全要素的现代化环境管理体系研究。从国家环境管理需求看，当前环境管理侧重末端治理，生态环境主管部门对水、气、固等要素管理也过于分散，高昂的末端治理投资和重复的监督管理对企业正常生产带来极大的影响。对此，基于国家生态环境管理要求，结合生态环保督查、监督帮扶要求，以国家环境管理需求为导向，研究并形成能够全面覆盖环评管理、排污许可管理、清洁生产管理、碳排放管理、环境应急、生态保护等要求，系统考虑水、气、声、固体废物、生态管理，全面体现中央生态环保督查要求的现代化生态环境管理体系，为系统解决企业生产运行全过程涉及的水、气、声、固体废物、生态等全要素环境管理提供支撑。

从“碳中和”背景下的现代化企业管理需求看，国内大部分企业仍不具备科学精准的环境管理能力，企业运行过程的环境管理仍然比较粗放，现有的第三方环境管理水平普遍较差，多数存在在线监测运维造假、现场管理混乱等情况，给企业正常生产带来了较大的负面影响。对此，基于现代化企业绿色低碳需求，选择典型行业企业，研究建立适用企业绿色发展的现代化环境管理与能源管理综合体系，随着该体系模式的进一步完善，可推广至其他所有行业企业。

#### 11.3.3.2 污染源管理方向

（1）多维度—多污染物—多尺度的减污降碳协同控制机制研究。“十四五”时期，我国生态环境保护进入减污降碳协同治理的新阶段，我国的高化石能源结构和高耗能产业结构，决定了二氧化碳等温室气体排放与大气污染物排放具有同根同源性，在碳达峰与碳中和目标下，以及 $PM_{2.5}$ 和 $O_3$ 协同控制要求背景下，工业污染源协同管控面临新的挑战。工业污染源数据包含了各类大气污染物（如 $SO_2$、$NO_x$、$PM_{10}/PM_{2.5}$、VOCs 等）以及温室气体的产排量和活动水平信息（如生产工艺、治理技术等），不仅可用于精准识别重点产排污环节，更是开展减污降碳协同效应定量研究的重要数据基础。通过深入挖掘工业污染源数据，可实现源头削减—过程控制—末端治理全过程协同、大气污染物与温室气体的多污染物协同以及碳减排与污染治理政策之间的协同。

（2）面向精准科学治污的工业污染源实时动态数据获取方法与手段。掌握污染源的实时动态变化是精准、科学治污的前提之一。工信部最新数据显示，我国已连续 11 年位居世界第一制造业大国，工业生产和管理水平变化日新月异。以合成氨生产为例，受原料、工艺路线的改进升级影响，2017年采用烟煤、加压气化制氨工艺生产合成氨，每吨合成氨石油类产生量相比2007年下降了82.3%。一些季节性生产特征明显的行业，例如，农药产品上半年产量大、产污量高，矿采选行业雨季污染物流失量大，而一些涉及炉窑等装备工艺的行业“开机—检修—停机”“正常工况—非正常工况”的产排污量差异较大。要制定“分区、分级、分时段”的精细化管控方案，势必要求污染源数据不仅能够体现工艺原料革新等对污染物产排量的动态影响，还要能够精准反映不同时间段或状态的产排污规律，才能应对夏季 $O_3$、秋冬季 $PM_{2.5}$ 以及气候变化等诸多挑战所提出的高时间精度数据需求。

面向大数据开发的多源数据融合与深度挖掘。党的十九届五中全会提出绿色低碳发展，工业绿色发展是我国绿色发展的排头兵，工业污染源数据对区域和工业绿色发展水平及趋势的评估具有巨大价值。目前，环境质量、水文、地质、气象、企业分布和污染排放达标情况等与工业污染源相关的环保数据源于不同管理平台，比较分散，并且缺乏对这些数据的综合分析和应用，难以支撑绿色发展水平的客观评估需求。历史上，由于缺少先进的数据挖掘技术，我国工业污染源追踪统计过程中，长期积累的大量面板数据缺乏系统性的开发利用，导致其潜在价值被埋没。这些数据类型多样、规模庞大、信息海量、动态变化，具有典型的大数据特征。而大数据和AI技术的日益成熟和快速发展，为工业污染源数据的潜力挖掘和集成应用找到新方向。

#### 11.3.3.3 涉重金属行业绿色发展方向

有色行业是流程性行业，且生产过程为快速连续式多单元反应，对生产过程缺乏科学、有效的指导，导致重金属污染物伴随着生产过程产生，同时降低了资源能源利用效率，加重了末端水处理负荷，加大了环境风险和污染控制成本。严格生产过程控制是提升产品质量、减少污染物产生及降低生产成本的一个重要环节。然而传统离线和在线的监测分析方法用时长，难以实时掌握各生产单元的原料品质、反应效率及物料流失状况等过程细节，无法实现对反应过程的实时干预和精细化调控，是造成主成分利用率低、副产物产生量大的主要原因。因此，结合生产工艺，借助物质流分析等手段，通过开展实验研究，明确关键环节和关键因素，撇开复杂背景环境的影响，研发快速、准确、高浓度的在线监测技术，强化生产过程控制是该领域重点研究的技术。

### 11.3.4 亟须突破的重点领域和技术

清洁生产绩效核算方法。我国在 2002 年已开始实施清洁生产审核制度，全国各地每年根据工业行业产排污情况公布需开展清洁生产审核的企业名单。据统计，“十三五”时期，全国有 2 万多家工业企业开展了清洁生产审核工作，理论测算累计削减化学需氧量产生量 23.5 万 t、二氧化硫产生量 48.7 万 t、氮氧化物产生量 37.6 万 t，但此绩效并未得到社会各界的普遍认可。清洁生产绩效的核算方法的研究工作已开展近 10 年时间，目前通过清洁生产减少废水、废气排放量而获得的绩效相对明显，但在众多的情况下，清洁生产通过减少污染物的产生量而使得废水、废气中的污染物浓度降低，这部分环境绩效牵扯多种因素，包括末端治理设施负荷下降、能耗降低、药剂投放量减少、污泥废渣等二次污染物减少等，因此由清洁生产带来的环境绩效核算非常繁杂，至今尚无统一的核算方法。由于缺乏较为科学的清洁生产绩效核算方法，各工序采用清洁生产技术的实际绩效数据无法实现精准和系统的表达，影响了社会各界及环境管理部门对清洁生产成效的认可，导致清洁生产工作绩效无法与污染防治攻坚工作的成效有效关联，影响了管理部门和企业通过清洁生产手段开展绿色化改造的积极性。

## 11.4 展望

### 11.4.1 循环经济学科

#### 11.4.1.1 循环经济领域“十四五”发展展望

基于国家对循环发展的相关要求，以及循环经济发展存在的问题，“十四五”期间，循环经济领域将重点围绕提高资源利用效率、加强资源综合利用、构建循环产业体系等重点难点问题进行突破。“十四五”期间，将重点聚焦工业、社会生活、农业三大领域。在工业领域，将通过推行重点产品绿色设计、推进园区循环化发展、加强资源综合利用等构建资源循环型产业体系；在社会生活领域，通过完善废旧物资回收网络、提升再生资源加工利用水平、促进再制造产业高质量发展，构建废旧物资循环利用体系，建设资源循环型社会；在农业领域，通过加强农林废弃物资源化利用、加强废旧农用物资回收利用、推行循环型农业发展模式，深化农业循环经济发展，建立循环型农业生产方式。

#### 11.4.1.2 学科领域“十四五”发展展望

根据未来循环经济领域的发展方向和重点任务，“十四五”期间，将重点从以下几个方面推进本学科的发展。一是拓展学科领域。紧紧围绕经济社会系统与资源环境系统相互作用关系的主线，重点在区域循环经济，绿色发展的战略、模式、评价、政策与管理等领域开展研究，进一步探索资源、环境效率评价方法及理论、循环经济统计评价体系的研究。积极申报国家、省部级研究项目，结合横向项目推进循环经济领域理论与实践的结合，进一步发挥学科领域对中心发展的支撑作用。二是提升科技创新能力。紧紧围绕国家绿色、低碳、循环发展的战略和打好污染防治攻坚战的核心任务，主动对接相关业务领域，提高成果产出水平，多产出科技专报、政策建议、标准以及高质量文章，加强综合性、区域性战略研究，为提升中心整体的科技支撑和创新能力贡献力量。三是打造一流团队。围绕本学科的研究领域和方向，带领团队人员加强业务知识和基本技能的学习，积极参加各类学术培训，提升团队的科研素养、科技攻关和创新水平，打造一支能吃苦、有干劲、有韧劲、有闯劲的研究团队。

### 11.4.2 资源再生研究方向

“十四五”期间是我国碳达峰的重要阶段，也是光伏行业快速发展的阶段，报废光伏组件的环境问题将会更多地暴露在公众面前，因此报废光伏组件的资源回收已经成为迫在眉睫的事情。“十四五”期间，应尽快开展热法中热解油的处理处置问题研究，开展大组件热解及尾气处理的成套装备制造；开展物理法光伏组件高效分离技术研究，集成相应的成套系列装备，进一步推广技术应用。

### 11.4.3 清洁生产战略研究方向

“十四五”期间，应充分利用好清洁生产这项战略性工具手段，从倒逼产业结构绿色低碳转型、强化与节能减排政策的协调一致、分领域分行业开展减污降碳协同清洁生产试点示范、多部门多措并举联合推动清洁生产技术创新等方面入手，深入推进清洁生产，促进减污降碳协同增效，助力碳达峰与碳中和目标如期实现。

（1）扎实基础研究，深化学科方向。以碳达峰碳中和、清洁生产理论学习和研究为学科的主要发展方向，构建区域碳达峰、碳中和实现路径的研究方法体系，并在重点区域、重点领域开展应用研究，为清洁生产有效支撑碳达峰、碳中和提供技术支撑。

（2）运用清洁生产标准体系，促进减污降碳协同。落实习近平总书记把碳达峰、碳中和纳入生态文明建设整体布局的重要指示精神，根据国家发展改革委、生态环境部“十四五”期间统筹和加强应对气候变化与生态环境保护相关工作部署，重点围绕推动清洁生产评价指标体系支撑工业行业绿色制造转型，实现减污降碳协同增效开展研究。制定清洁生产促进法实施和配套政策完善，加快构建和实施清洁生产水平分级评价和认证制度，充分发挥市场激励和刺激机制，将评价和认证结果作为资源能源消耗阶梯价格、绿色信贷、环境税收、重污染应急、环保督查等差异化政策制定和实施的重要依据，推动清洁生产与节能减排的工作机制的协同配合，刺激和激励重点领域与行业积极主动开展清洁生产减污降碳协同治理。

（3）开展重点区域、流域和领域减污降碳清洁生产试点示范，全面提升绿色低碳水平。针对京津冀及周边、汾渭平原、长江经济带、黄河流域等重点区域和流域，重点针对钢铁、建材、有色、石化、化工、电力等行业企业和工业园区开展减污降碳清洁生产的“一企一策”“一行一策”“一园一策”试点示范工作，并将碳排放绩效纳入清洁生产审核，全力推进上述重点区域、流域和领域的清洁生产碳核查，倒逼行业、工业园区、区域、流域绿色低碳水平的全面提升。

### 11.4.4 清洁生产应用研究方向

（1）开展多维度清洁生产审核模式创新研究。建立健全系统规范的清洁生产技术指标体系，开展重点行业节能减排和节水技术改造，推动行业能耗、水耗、清洁生产等标准的出台，提升重点行业、工业园区清洁生产水平，提高工业集约用地水平。根据各地方、各行业企业的生产工艺情况、技术装备水平、能源资源消耗状况和环境影响程度的不同，创新差别化清洁生产审核模式；推进行业、工业园区和企业集群整体审核模式，提升行业、工业园区和企业集群整体清洁生产水平。

（2）“一行一策”模式效果强化研究。依据相关法律、法规和标准，借鉴清洁生产理念与方法学，结合行业及不同子行业的生产工艺和产排污特征，进行“源头—过程—末端”全过程精准排查，进而从源头削减、过程控制、污染物收集、污染物治理、环境管理等方面研究提出具有针对性和可操作性的行业生产全过程污染防治技术要求和技术指导方案，并对行业及子行业提出量化分级分类管控标准，依据企业规模、工艺特点、原辅材料、治污水平等差别化要求，实施分类指导，精准管理。推动企业根据全过程单元对标逐项整改，推动企业积极采取全过程清洁生产水平提升措施。

（3）清洁生产技术推广研究。研究构建清洁生产技术服务平台，储备一批从工业行业绿色物料、绿色设计、绿色生产、回收再利用及处置的全链条环节研发清洁生产先进技术；建立各行业清洁生产技术的评价指标体系，针对技术、经济和环境指标等，开展清洁生产技术评估与认证；开展《行业清洁生产技术推行方案》《重点行业清洁生产先进技术目录》的制定和修订；对于推广基础成熟的技术，制订技术推广应用计划，着重打通技术梗阻和信息壁垒，组织企业全面实施，提升绿色生产水平。

（4）行业全过程减污降碳协同数字绩效研究。依托第二次全国污染源普查数据、物料衡算和实时监测等手段，开展工业行业各工序清洁生产技术实际减污量基础数据统计；构建全工序清洁生产绩效评价方法，有效评价清洁生产技术对降低工业企业能耗、物耗、水耗及污染物的实际贡献值，认证行业企业清洁生产水平；依托大数据、云计算、物联网等信息化手段，探索实行“互联网 + 清洁生产认证绩效”监控系统，逐步构建“技术减污 + 管理减排”的有效监管体系，不断引导企业精准、科学地开展绿色化改造，提升绿色发展水平。

### 11.4.5 清洁生产产业研究方向

（1）强化顶层设计，提升清洁生产产业对污染减排的支撑作用。建议强化顶层设计，围绕污染防治重点工作，尽快编制清洁生产产业发展规划，促进形成科学有序的产业格局；同时，进一步加大财政资金支持力度，构建基于清洁生产水平差异化金融服务体系。从政策和资金两方面夯实产业发展基础，加速培育壮大，强化清洁生产产业在污染减排和环境质量改善中的支撑地位。

（2）注重标准战略，规范和引领清洁生产产业发展。突出清洁生产产业标准体系的规范和引领作用，全力推进清洁生产评价指标体系、清洁生产审核指南体系、清洁生产技术绩效评估指南体系、清洁生产服务体系、清洁生产培训体系和清洁生产产品等相关标准的发布和实施，实现清洁生产产业的科学化、标准化和有序化发展。

（3）推动科技创新，加强清洁生产技术的研发和成果转化。建议在国家重点研发计划中设立清洁生产重大专项，开展提升清洁生产水平的技术研究工作。通过产学研用合作和产业创新联盟形式，鼓励以企业为主体开展技术创新，争取重大关键技术突破。建立清洁生产技术推广应用平台，积极推进清洁生产产业重点领域并行工程，促进清洁生产技术装备的应用推广。

### 11.4.6 生态工业方向

对“升级版”污染防治攻坚战等提供管理支撑。支撑国家和地方生态工业园区运行管理，建立生态工业园区长效管理机制，实现园区管理精细化。一是开展国家生态工业示范园区激励政策机制研究，增强园区建设的内生动力。二是完善园区管理机制，加强风险防控，使国家生态工业示范园区的管理工作进一步科学和规范。三是建立健全信息公开和公众监督机制。依托现有的工业园区网络信息平台，建立生态工业园区工作信息公开机制，定期公开园区建设工作和相关指标。

以工业园区污染源管理、水生态风险防控、固废信息化管理、VOCs 集中整治等主要管理需求为重点，加强国家生态工业示范园区规划与管理工作信息化和智慧化建设，组织编制园区行业资源利用和污染物处理及回用标准规范，提高行业污染防治水平，为产业转型升级提供技术支撑。

开展工业园区生态化、循环化和绿色化项目研究，为园区产业升级和绿色发展提供支撑。

### 11.4.7 绿色发展与节能环保方向

（1）加快建立基于减污降碳协同控制的全过程现代化环境管理体系规范或指南。以减污降碳协同为目标，加强综合环境管理体系研究，针对全要素管理分散、环境管理重末端轻源头和过程控制的难点，借助清洁生产全过程管控理念，以排污许可管理、环境影响评价、清洁生产审核等制度的模块化研究为基础，融合形成水、气、固体废物、生态、碳排放管理等全要素环境管理的现代化环境管理模式，逐步形成综合环境管理体系下的全过程管理规范或指南，为行业企业“减污降碳协同”需求下的综合环境管理提供技术支撑。

（2）深化绿色设计和环保管家工作机制。通过绿色发展与节能环保探索企业清洁生产与绿色制造模式，完善第三方环保管家与节能降碳管家模式，探索形成环保督查替代新方式。改变现有企业环境管理模式，并为地方、行业打造科学、精准治污方式提供样板和示范，是科学、系统地解决当前国内企业的设计环节未能体现绿色低碳理念，运营环节环境管理水平不足的关键。因此，在机制上，未来需要多部门系统推进生态环境管理、节能低碳与绿色设计的衔接工作，逐步加强和规范对第三方环保和能源管家服务监督管理。

（3）加快建设清洁生产绿色制造智慧大平台。依托环境大数据、移动式环境检测设备，打造以绿色发展与清洁生产为核心的，天空地人全方面环境监管与清洁生产服务智慧平台。平台应充分体现全过程、全要素的现代化环境管理要求。

### 11.4.8 污染源管理方向

（1）加强基于工业代谢的减污降碳协同控制基础研究。加强工业代谢的基础性研究，特别是针对现有协同关系研究中缺乏 VOCs 等 $O_3$ 前体物的考虑，以及 VOCs 在产生来源方面与以燃烧源为主要来源的 $SO_2$、$NO_x$ 和温室气体之间不完全一致性的难点，借助工业代谢分析等手段厘清工业生产中不同大气污染物及温室气体的产生环节或源项，开展不同原料—生产工艺—产品以及治理技术的多污染物协同控制机理研究。在协同减排方案的政策研究中引入产品、原料、工艺，以及具体的污染治理技术等关键影响因素和成本效益分析，并对协同减排方案管控措施的近期、中远期生态环境效应开展评估和预测，提升管控措施的可行性。

（2）完善工业污染源数据更新机制。工业污染源数据的动态性和实时性主要是通过数据的实时更新能力建设实现。建议加大污染源监测数据的覆盖面，丰富监测指标的多样性，提升对工业污染源动态变化的追踪能力。针对需要采用产排污系数获取企业污染物产排量的情况，建议尽快建立系数制定、修订和动态更新机制，不断完善和发布最新系数，为排污许可、环境统计等制度提供实时准确的核算工具，使污染源数据得到及时更新。

（3）加快工业污染源大数据和 AI 技术的应用。构建以多源数据融合为核心的固定污染源数据共享机制，按污染源企业从建设、投产、运行、监管、关停产的发展时间线，集成汇总环境管理业务数据，构筑污染企业全生命周期管理的“数据仓库”。利用数据画像技术，建立污染企业典型特征标签体系，实现工业污染源的典型特征和相关环境管理信息的快速提取与表征。结合大数据、云计算、物联网、人工智能 AI 等现代信息技术方法，从海量异构数据中挖掘出系统性规律，模拟污染物产生机理和治理效果，为政策和规划制定提供技术支撑。

### 11.4.9 涉重金属行业绿色发展研究方向

（1）“十四五”发展方向。随着科学技术的快速发展和多学科知识的融合，将污染治理过程与生产过程相结合，将污染物产生量的减少与资源能源利用效率提高及产品品质提升相结合，将治污流程缩短、成本下降与生产过程集约化水平和企业经济效率提高相结合，是有色行业污染治理未来发展的方向。

（2）学科“十四五”发展方向。围绕重金属污染源头减排、过程控制，继续开展有色行业重金属污染物源头削减清洁生产技术和装备研发工作。积极承担并做好国家科技专项等科研项目，深入开展重金属污染源削减清洁生产技术研发工作，为深入打好污染防治攻坚战提供清洁生产技术支撑。

围绕典型行业对废水及固体废物源头削减技术的需求，积极开展基础理论突破和清洁生产技术研发工作，形成具有不同功能特点、不同行业工艺特色的“源削减技术装备”系列成果，推动产业化推广和技术服务支撑。

不断激发科研人员的科技创新活力，积极与地方高校建立形成稳定的硕、博研究生培养渠道，做好团队及创新人才的培养工作。

编写人员：王　播　傅泽强　阮久莉　李艳萍
潘涔轩　傅　尧　孙晓明　邬　娜
白　璐　姚　扬　党春阁　胡冬雪

# 重点领域 7

Key Area 7

# 环境基准与标准领域

Environmental Criteria and Standards

# 12　环境基准与风险评估

生态环境基准是国家制定和修订环境标准的科学依据，是国家环境保护、环境管理政策与法律制定的科学基础。环境安全与风险评估是以环境化学与环境生物学为理论基础的对人群健康和生态安全影响的研判和预测。随着中国经济社会的快速发展，由于人口增多、城市化进程加快、资源和能源消耗增长，人民群众对生态环境改善的诉求增强，中国将面临更为严重的环境挑战。我国环境基准研究的长期滞后性已成为制约我国环境标准科学性、环境管理部门制定行之有效的应对行动的一个问题。如何满足国家环境保护的重大科技需求，进而有效地为环保科技创新和环境管理提供技术支撑，已成为环境基准与风险评估学科重要的发展方向。

环境基准与风险评估学科针对国家环境管理和污染控制的重大科技需求，瞄准“科学确定基准”的国家目标和国际科学前沿，开展环境基准和风险评估领域的基础、应用基础和基础性研究工作，建立适合我国生态环境特征和污染控制需要的国家环境基准和风险评估理论、技术和方法体系，促进国际环境基准和风险评估领域的发展，为我国环境质量标准制定和修订、保护生态环境与人体健康的重大决策及环境管理提供科技支撑。学科工作围绕三个研究方向展开：环境质量演变与污染成因、环境基准与标准、环境风险评估与污染防治。

## 12.1 需求分析

近年来，随着我国社会经济的持续快速发展，环境污染问题日益突出，生态环境压力增大，环境风险增高，环境问题已成为制约我国社会经济可持续发展的重大因素。在短短的几十年里，我国生态环境污染已由新型有毒有害污染物转变为持久性有毒有害污染物，由单一的污染物转变为复杂的复合污染，人口健康也由传染性疾病向慢性病转变等。目前，我国已进入环境高风险期、污染事件多发期。例如，我国局部区域污染严重，水体富营养化问题突出，已由地表水污染发展到地下水污染，生态环境质量退化，环境污染突发事故频发，人体健康和生态安全受到严重威胁，污染治理和生态环境保护任务十分繁重。随着我国环境保护事业的发展，环境管理理念发生了由污染控制向风险管理的重要转折，由浓度控制和目标总量控制向容量总量控制方向转变，从化学指标控制向生态健康管理方向转变。在应对重大环境污染事件时，也已明显显露出我国对环境基准基础理论研究的薄弱。

目前，我国环境科学基础研究仍然滞后于环境保护和污染治理，大量科学基础研究又与环境保护和管理相脱节，迫切需要依据环境基准与风险评估基础科学研究对污染态势、生态环境影响、人体健康保护和应急事故处置做出科学准确的判断并制定相应的控制对策。因此，亟须从国家层面加强我国环境管理和环境保护工作的基础理论和综合集成研究，重点开展环境基准的基础研究，为我国环境标准制定和修订、环境质量评价、环境安全、人体健康，以及环境风险管理的决策提供长期、良好的知识储备和科学依据。它既是我国环境保护科技发展的一项重要任务，又对实现国家环境管理战略目标和科技创新有十分重要的意义，对实现国家环境安全和人体健康目标具有战略性、全局性和长远性的意义。

### 12.1.1 环境质量标准制定和修订

中国环境管理体系经过 30 多年的发展，建立了一系列较为完整的水、土壤和空气环境标准体系，并形成了包括环境影响评价、环境容量与污染物总量控制、排污许可证制度等在内的环境政策和法规体系，在我国环境保护工作中起着极其重要的作用。环境基准是环境质量标准、相关环境管理与政策法规的理论依据。受以往经济和社会条件的制约，目前我国环境标准的科学研究基础——环境基准研究几近空白，因而在环境标准制定过程中大多参考和借鉴国外环境基准或环境标准，而其适用性未经严格的验证。环境基准的研究远远落后于环境标准的制定和修订工作。

建立反映我国区域环境特点、适合我国国情和管理需要的环境基准体系将能够使国家摆脱照搬照抄国外环境基准或标准的现状，夯实我国环境标准的根基，从而更好地适应中国的国情、社会经济条件和污染控制需要。因而，国家基准体系是国家环境标准体系的科学基础。要针对环保标准发展的需要，加强对环境基准相关问题的科学研究工作，提高相关研究工作的针对性、适用性和有效性，使环境基准研究成果能够真正服务于环境标准工作，满足环境标准工作的需要，以进一步夯实环境标准工作发展的基础。

### 12.1.2 环境质量评价

环境质量评价是对环境质量的好坏做出定量或半定量分析、描绘或鉴定，是对环境质量优与劣的评定过程。环境质量评价的目的在于，揭示特定地区或区域环境质量的水平和差异，阐明影响环境质量的原因和有可能采取的种种措施。面对环境污染日益严重的态势，国家环境保护部门则依据环境质量评价的结果确定不同环境介质的污染程度，对环境质量进行等级评估，进而制定区域污染物生产、使用和排放标准。可以说，环境质量评价是环境保护和环境治理的前提，也是国家环境规划的前提和依据。

总之，依据环境基准获得污染物的一系列阈值浓度为环境质量评价提供直接可供利用的指标和参数，进而对环境中的污染物进行环境质量评价，为建立“以人为本”和“环境友好”的环境质量评价体系和管理制度、保持我国社会可持续经济发展提供了技术支持。

### 12.1.3 保护环境安全和人体健康

在应对重大环境污染事件时，已明显暴露出我国在环境标准及环境管理基础理论研究方面的薄弱。与发达国家相比，我国水生态系统结构和特征、大气污染特征、人群生活方式和易感性均有很大不同。因此，迫切需要加强对环境基准与风险评估领域的基础综合研究，依据相关研究对污染态势、生态环境影响、人体健康保护和应急事故处置做出科学准确的判断并制定相应的控制对策。这些研究可为深入剖析中国与发达国家在人体健康和生态环境方面的差异，以便积极采取应对对策，为环境安全保护与人体健康提供有效的科技支撑。

### 12.1.4 环境风险管理

近年来，随着保护生物多样性和环境管理的强化，我国环境风险管理理念正在发生重要的战略转折，容量总量控制将逐渐取代目标总量控制和浓度控制，从化学指标控制逐渐向生态健康管理方向转变。基于污染物毒性分析和生态健康评价的环境基准研究将成为污染控制的发展趋势。基于污染物毒性分析和人体健康评价的环境基准研究，将实现从“控制排放、降低环境污染物浓度”为主要目标的环境管理方式向在一定风险度范围内以“降低环境和公众健康风险”为目标的科学管理模式过渡，并最终建立以“减少重大环境安全隐患、降低公众与环境污染相关慢性疾病的发病率”为目标的环境风险管理体系，只有在环境基准研究的基础上，才能有效评价不同污染物和有害化学物质对环境和人体健康的环境危害，并最终为污染物的环境风险管理提供依据。

## 12.2 现状与趋势

环境基准与风险评估学科以现代环境科学与工程理论和技术为手段，系统开展重点区域 / 流域生态环境质量演变与分区研究，开展我国特征污染物的环境暴露、毒理与生态效应及基准推导等方面的综合研究，开展生态与健康风险评估的新理论与新方法研究，构建适合我国区域特征和环境管理需要的国家环境基准体系，推动国际环境基准与风险评估研究领域的发展，为国家环境管理和环境保护工作提供科学依据。

为探究与了解环境基准与风险评估学科领域的研究现状、热点及研究趋势，对基于 Web of Science 核心数据库收录的 2011—2021 年相关文献进行了统计分析。采用主题词“Environmental Criteria”和“Risk Assessment”，文献语言为英语，检索到相关文献（Article / Review）共 4 992 篇。

分析发文量随年份的变化，可在一定程度上了解环境基准与风险评估学科领域的发展。如图 12-1 所示，环境基准与风险评估学科的研究成果总体呈持续上升趋势，文章被引用频次迅速增长，表明环境基准与风险评估研究已逐渐成为当下全球关注的重点。

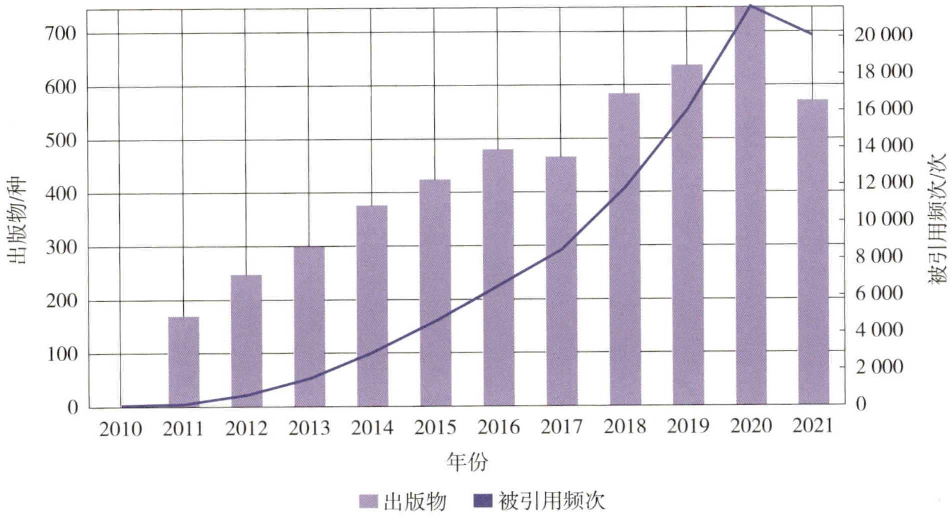


图 12-1　环境基准与风险评估学科研究的出版量及被引用频次

关键词以简洁的形式清晰地反映了文章的核心内容，通过对高频关键词分析能准确地揭示该领域的研究热点和整体发展趋势。利用 VOSviewer 软件共收集到 22 670 个关键词，对使用频率在 50 次以上的 141 个关键词进行共现聚类分析，其网络可视化图谱如图 12-2 所示。这些关键词被划分为 5 个不同聚类，代表几个不同的主要研究领域。紫色聚类包括水质基准、毒性、鱼类、地表水、化学品、杀虫剂、物种敏感度分布等，关键词主要围绕淡水水生生物的基准值研究。红色聚类主要围绕风险评估、管理、基准、模型、框架等，表现了基准与风险评估研究对环境管理的支撑作用。蓝色聚类主要包括水、废水、饮用水、去除、降解等，主要集中在环境介质和去除途径等研究。绿色聚类包括重金属、污染、沉积物、多环芳烃、源解析等，体现了持久性污染物仍然是领域关注的重点方向。黄色聚类包括暴露、空气污染、儿童、健康、颗粒物、疾病等环境暴露与人体健康研究相关的关键词。

通过观察不同时期高频关键词的变化，可以得出该领域研究热点的变化趋势。从图 12-3 可知，环境基准与风险评估学科初期研究主要围绕沉积物、基准、鱼类、多环芳烃、环境等关键词，随后风险评估、毒性、暴露逐渐成为新的热点，以水体、土壤、饮用水等环境介质为主的关键词开始频繁出现，近年来模型、源解析、空气污染等研究关键词受到国内外学者的广泛关注。

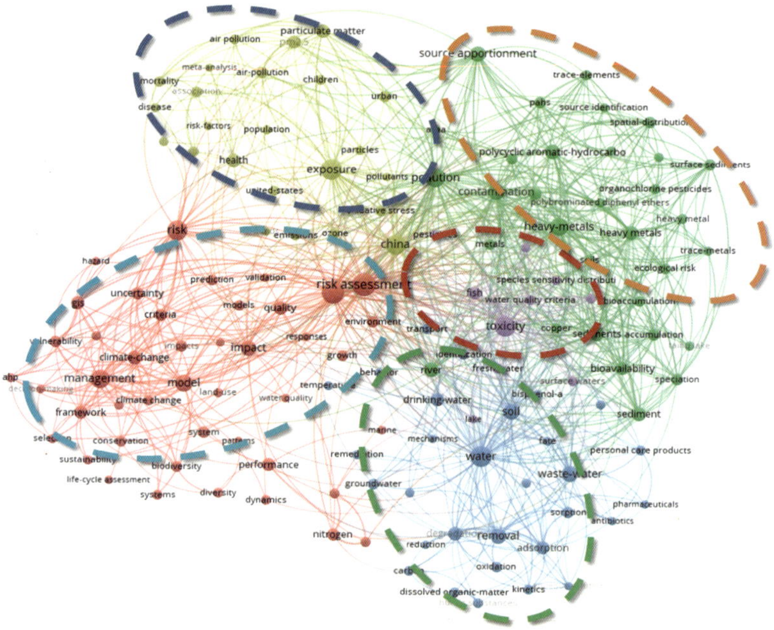


图 12-2　环境基准与风险评估研究关键词的共现网络可视化图谱

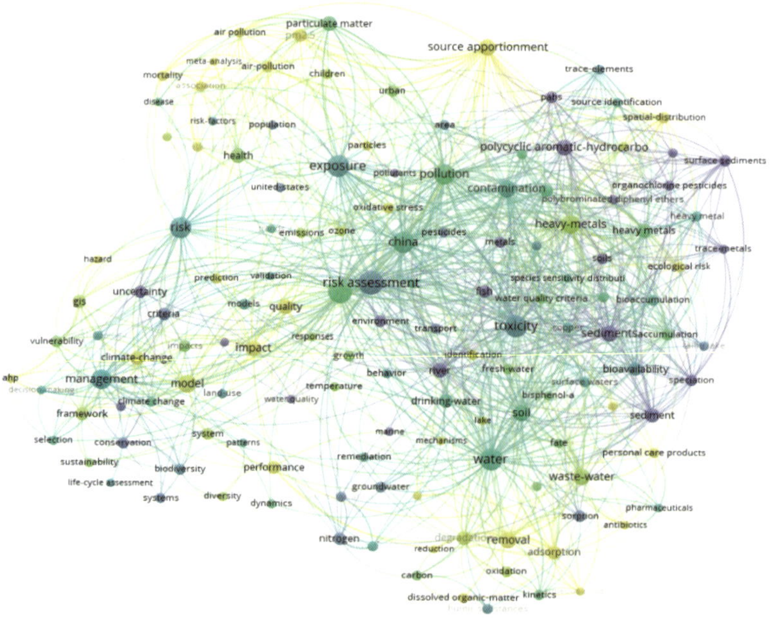


图 12-3　环境基准与风险评估研究关键词的叠加可视化图谱

## 12.3 学科发展现状

### 12.3.1 构建符合中国国情和区域特征的国家环境基准体系

构建符合中国国情和区域特征的国家环境基准体系是环境基准研究的科技目标，通过这一体系的构建，从而为我国的环境保护和环境管理工作提供全面有效的科技支撑。

完全照搬国外的基准体系进行本国基准的研究，很难为我国的生态系统和人体健康提供全面的保护；而完全依靠本国自己的力量重新探索基准研究的方法也非明智之举。因此，中国环境基准的发展之路必须充分借鉴国外的成熟经验，结合我国的区域特征和实际国情，开展环境基准的系统研究，构建“中国制造”的国家环境基准体系。

目前，具有我国特色的基准理论方法学已初步形成，通过开展环境基准基本参数中国化研究，为制定国家生态环境基准提供理论依据。我国环境基准理论体系构建经历了引进吸收、消化创新和逐步成熟三个阶段。在引进吸收阶段主要是大量学习、分析和借鉴发达国家，特别是欧美国家的经验。在消化创新阶段，主要是结合我国气候特征、生物区系、人种差异、生活方式等对国外环境基准基础数据进行改造升级，使其适合我国的区域特征。在逐步成熟阶段，逐步形成适合我国区域特征和国情，与国际接轨的环境基准理论体系，为发布我国统一的环境基准制定技术提供支撑。

### 12.3.2 环境基准研究提高环境标准科学性

尽管我国在环境标准体系方面已开展了大量工作，在我国环境保护的许多领域（如环境规划、环境评价、环境监测、污染治理以及为保护人群健康和社会福利所进行的各项环境管理和卫生监督）中被广泛采用，但我国目前的标准基本上是参照发达国家的基准或者标准制定的，仍缺乏一定的科学性。因此，进行我国环境基准的系统深入研究，不仅为环境标准的制定和修订提供了基本的科学数据，而且也是提高环境标准科学性的必由之路。

### 12.3.3 环境基准与风险评估是环境管理的重大需求

以环境暴露、环境毒理与风险评估为核心内容的环境基准体系是环境质量评价、环境风险控制及整个环境管理体系的科学基础。在制定科学标准的基础上，可以建立以科学的排放标准、环境容量与污染物总量控制、环境影响评价与排污许可制度等为内容的环境管理体系。

环境基准与风险评估研究涉及多个前沿学科领域，是对大量科研成果的综合集成，反映了一个国家的科学技术水平，是环境保护科技创新支撑能力的重要标志，对推动我国环境保护事业的发展，保障我国社会经济的科学发展将产生重大而深远的影响。

生态环境部法规司组织、编制的《“国家环境基准”管理项目总体工作方案（2016—2020）》中明确了国家环境基准工作思路、工作原则、工作目标和工作任务。提出根据环境管理科学化、精细化和系统化要求，在充分借鉴、参照、吸收国际经验、数据和方法基础上，结合我国国情、环境管理需求和环境基准科学研究进展，建立符合我国实际情况的环境基准体系，夯实我国环境管理的科学基础，支撑环境管理战略转型和生态文明建设。

### 12.3.4 环境基准与风险评估理论与方法学研究是科学基础

环境基准与风险评估研究需要系统完善的方法学作为保障。然而，发达国家目前流行的基准推导方法已发布多年，甚至数十年，虽本身有所不足，但与基准相关的生物学、毒理与生态效应、环境化学和风险评价等各学科都已有了较大的发展。因此，迫切需要开展基准推导的方法学研究，构建具有中国区域特点和污染控制需要的环境基准与风险评估理论和方法体系，可以更好地为环境管理提供理论依据，这也是未来环境基准与风险评估研究领域的发展趋势。

### 12.3.5 化学品和新型污染物的环境基准研究逐渐成为热点

随着我国工业化进程的加快，环境污染物的种类（项目）日趋增多，对这类物质的风险管理、控制和危害评价等环境问题急需环境基准及相关研究支撑。我国目前对新型污染物的环境监管和控制技术储备不足，基础研究工作较为薄弱。因此，不断运用新技术和新方法深入开展这些新型污染物的环境行为、生态毒理效应和风险评估的原创性研究，发展环境基准的新理论和新方法，是国内该领域的重要研究内容和发展趋势。

### 12.3.6 多学科、多手段的综合研究是学科研究的主要手段

环境基准研究必须针对主要生态系统开展不同生物受体特别是关键物种的敏感性筛选，以确定具有生态关联性的物种为主要研究对象；针对典型物种，在分子和细胞水平上研究环境污染致毒机理，建立死亡率、生长发育、生殖等多终点指标体系；同时在个体水平上的环境污染效应和健康效应的研究，系统开展混合污染的独立效应和联合作用机制研究；针对污染物环境中的生物代谢、生物富集与放大以及生态毒理效应，系统开展有毒污染物对生物体间相互作用的模式及其机理研究。运用多种手段，在多学科最新研究成果的基础上系统开展环境基准与风险评估学科研究是制定科学合理的环境基准的主要手段。

### 12.3.7 基础性研究和技术支撑平台的建设是学科研究的基石

建立适合区域特点的环境基准的前提是必须建立适合本国的环境风险、环境暴露和生物富集评价的模型和毒性数据库。目前我国开展的研究在很大程度上还依赖于发达国家和组织的毒性数据库，如美国和欧盟等。适合我国区域特点和污染物特征的相关基础数据和技术仍旧缺乏，因此基于我国人群活动特点和生活方式的污染物暴露参数的调查与获取，仍是当前和未来一段时期内我国环境基准与风险评估学科研究工作的重点。

## 12.4 亟须突破的重点领域和技术

近年来，在科技部、基金委和生态环境部等多部委的支持下，设立了多个环境基准研究项目，经过前期研究系统梳理了环境基准的理论与方法学，开展了适合我国国情的理论和技术研究；初步提出了一批重要特征污染物环境基准值，形成了以国家 / 部级重点实验室和国家重点学科工程中心为核心的科技创新平台，培养了一批经验丰富的高水平人才队伍。但同时面对我国目前严峻的污染态势，环境基准工作的科技支撑能力亟须加强，迫切需要全面提升我国环境标准科学性、质量评价、考核、监管和治理综合支撑能力。

对中国社会发展和科技发展驱动的科技需求分析，适应当前国际环境基准的科学前沿，提出以下环境基准与风险评估学科的重点研究方向。

### 12.4.1 环境基准的理论与方法学研究

目前，环境基准的方法学和框架体系尚未完善，适合我国物种特点的数据库仍旧缺乏，污染物毒性数据的获取基本是通过国外的数据库以及文献数据资料来获得，仍旧没有建立我国自己的毒性数据库平台。基于目前我国环境基准的研究现状和存在的问题，未来我国环境基准的工作需要从环境基准理论与方法学体系研究、污染物特定受体和毒性终点的筛选及将毒性预测模型纳入基准研究展开。

### 12.4.2 环境基准基础数据调查与整编

目前，环境基准基础数据的调查和整编尚处于起步阶段，关于水环境基准研究中物种调查、典型污染物的环境行为、毒性数据等数据资料是环境基准研究中的基础和关键，而这些资料的编辑和整理目前基本处于空白。我国过去开展了大量的环境科学方面的相关研究，文献资料也相对丰富，但缺乏系统的收集和整理。

开展环境基准基础数据的调查和整编工作，是解决制约水环境基准研究的方法，是提高我国水环境基准科学性的必然选择。未来将主要围绕重点流域生物区系基础数据，典型水体基本物理、化学和生物数据，典型污染物含量分布、化学和环境行为数据，污染物水生生物毒理数据开展相关研究工作。

### 12.4.3 生态功能分区体系与技术研究

目前，以淡水生态系统为对象的水生态区划方法较为成熟，全球应用最为广泛。而有关土壤生态分区的研究刚刚起步，大部分研究是将土壤融入陆地系统，与淡水、沿海大陆架和海洋一起进行生态分区研究。下一步研究工作将从水生态空间格局与驱动机制研究、水生态系统尺度效应研究、水生态系统健康与水生态功能评估及其退化机制研究、水生态功能分区理论体系与分区技术方法研究、基于分区的水生态保护目标制定研究、根据土壤生态分区目的及对土壤环境的认识构建土壤生态分区框架研究、土壤生态分区的理论研究、土壤生态分区的分区指标分区技术方法研究、强化土壤生态分区体系与管理评价等方向的交叉研究等方面展开。

### 12.4.4 水体营养物基准研究

我国在水体污染控制与治理科技重大专项的支持下，开展了基于区域特征差异的湖泊营养物基准制定方法学研究，并取得系列研究成果。未来将重点开展我国河流、湿地、近海海域、河口生态系统区域差异性和营养物基准制定关键技术研究，开展河流、湿地、近海海域、河口区营养物浓度与生物之间的响应机制研究，构建我国完善的营养物基准制定技术方法体系。

### 12.4.5 人体暴露评价理论与相关技术研究

在过去的 20 年中，无论是在研究方法还是在研究内容方面，暴露评价都取得了巨大进展。未来人体暴露评价将进一步向以下四个方面发展：①暴露定量的准确性；②暴露评价时间范围的延伸；③暴露评价空间范围的拓展；④暴露评价应用领域的拓宽。人体暴露评价除在环境健康风险评价和流行病学研究外，将逐渐在有毒有害化学品的安全性评价、突发性环境污染事故和自然灾害应急过程工作中发挥更为重要的作用。

### 12.4.6 污染物风险评估技术及其方法学研究

重点研究典型和新型污染物的人群暴露评估模型与暴露评估技术，建立典型区域污染物多介质归趋模型；筛选典型和新型污染物的早期诊断指标（如生物标志物），建立相应指标的监测分析方法，构建多水平（基因、分子、细胞、组织、个体、种群和群落等水平）、多指标（死亡率、生长发育、生殖等毒性终点）和多效应（不同的靶标器官和毒理效应）的毒性指标体系。

### 12.4.7 环境安全与风险评估

环境安全与风险评估以环境化学与环境生物学为理论基础，围绕国家环境保护的重大科技需求，主要开展环境污染化学物质的生态安全基准阈值及相关风险评估方法技术研究，着重探索环境介质中污染物的生态毒理学机制及相关环境安全风险评估方法技术，为环保科技创新和环境管理提供技术支撑。

### 12.4.8 纳米材料环境与健康风险评估

纳米材料环境与健康风险评估围绕限制纳米材料风险评估的关键问题，明确规定纳米材料和纳米产品的定义，构建纳米材料特殊物理化学性质与环境行为和毒性效应关系模型，制定纳米材料环境健康风险评估标准。全面分析全球背景下纳米材料和纳米产业的环境和生物安全研究现状，提出科学合理的纳米管控政策，为有序推进我国纳米行业的健康可持续发展提供参考建议。

### 12.4.9 海洋生态环境基准研究

当前水质基准研究大多仍集中于淡水领域，尽管相应的理论与方法也适用海水环境，但鉴于基于海水物种毒性数据的有限性、淡水与海水物种的敏感性差异和海水环境的复杂性等因素，海水水质基准研究仍有诸多方面需要深入研究及方法学上的完善。未来我国海洋生态环境基准的研究需要从以下几方面展开：①海水水生生物基准理论与方法学框架体系研究；②我国海洋优先控制污染物筛选；③建立我国海洋生态毒理学数据库；④海水水生生物基准关键技术研究。

### 12.4.10 环境基准与标准转化技术及其对环境管理支撑技术研究

长期以来，我国环境标准主要借鉴发达国家的环境基准进行制定和修订，国内虽有零星的环境基准相关研究，但缺乏综合协调与系统整合，环境基准的研究和应用未能真正纳入我国环境管理体系，亟待开展基于我国国情的环境基准向环境标准转化技术及其环境管理支撑技术研究。

## 12.5 展望

环境基准与风险评估是国际环境科学领域的热点和发展前沿。实验室在该领域有较明显的学科优势和特色，经过长期的积累和近年的不懈努力，在环境质量演变与污染成因、环境基准与标准、环境风险评估与污染防治等研究方面取得了一系列重要创新成果，在国内外有重要的影响。研究团队是我国环境基准与风险评估基础和应用基础研究的中坚力量，是国家水质基准研究的创新团队，引领我国本领域的科技方向。初步形成“基础—应用基础—基础性工作—应用”的链条创新体系，通过技术规范 / 标准、条例等实现推广应用，提高标准、风险管控科学性，促进国家环境保护科技进步。在国内独具特色，在国际上有重要影响，在我国环境保护科学研究领域发挥着不可替代的重要作用。

未来中国的环境基准与风险评估研究发展趋势将围绕环境管理和环境保护的科技需求，以关键科学问题为导向，明确环境基准研究的科技目标、必由之路、根本途径、主体思路、热点和基石，有计划、分阶段地在典型地区系统开展基准示范性研究，逐步与我国的环境管理和环境保护工作接轨，为更好地保护人体健康和环境资源、维护生态安全，加强环境保护和降低环境风险提供科学和技术支持。

为支撑新时期生态文明建设和打好污染防治攻坚战的升级版，学科未来的研究尺度向更广、更深入延展，将更加注重解决全球与区域生态环境治理的关联性，研究目标更加关注人群健康和生态环境风险防控，运用更精准的暴露评价模型，系统性地建立污染物（化学品）急性、慢性暴露与人群健康损害的暴露反应关系，为制定更加科学合理的环境质量基准与标准提供依据；研究手段上多学科交叉融合特征明显，生态环境治理向智能化和精准化发展。环境基准与风险评估学科面临着很好的历史机遇，加强科研攻关，为国家生态环境保护精准化管理和生态环境风险管控提供科技支撑。2020 年政府工作报告中再次明确提出要“加快建设国家实验室，重组国家重点实验室体系”，国家重点实验室也面临优化重组，在重组过程中，围绕国家重大需求，将国家重点实验室做大、做强、做优，是重点实验室面临的主要挑战。

编写人员：霍守亮　赵晓丽　时　迪　汪　霞

# 13 生态环境与绿色发展标准

## 13.1 需求分析

我国生态环境标准工作是与生态环境保护事业同步发展起来的。自 1973 年第一个生态环境标准《工业三废排放试行标准》（GBJ 4—1973）发布以来，我国就有目的、有组织地开展了生态环境标准体系建设，经过近 50 年的发展，已形成了“两级六类”较为科学系统的生态环境标准体系，包括国家和地方两级，其中国家生态环境标准包括国家生态环境质量标准、国家生态环境风险管控标准、国家污染物排放标准、国家生态环境监测标准、国家生态环境基础标准和国家生态环境管理技术规范六类。截至目前，现行国家生态环境标准数量已达到 2 100 多项，覆盖了地表水、地下水、海洋、大气、噪声与振动、土壤、固体废物与化学品、生态、核与辐射、监测、健康等领域，有力支撑了污染防治攻坚战与环境管理各项工作。

“十四五”时期是我国全面建成小康社会、实现第一个百年奋斗目标之后，乘势而上开启全面建设社会主义现代化国家新征程、向第二个百年奋斗目标进军的第一个五年。党的十九大报告、《中华人民共和国国民经济和社会发展第十四个五年规划和 2035 年远景目标纲要》和《关于全面加强生态环境保护 坚决打好污染防治攻坚战的意见》等党中央、国务院文件、近期修订发布的环境保护法律法规，以及当前面临的环境保护形势，对“十四五”、2035 年乃至 2050 年的生态环境保护工作提出了新目标、新任务、新要求，需要有效利用生态环境标准的手段，实现生态文明建设和生态环境领域国家治理体系和治理能力现代化取得新进步。

## 13.1.1 水生态环境标准需求

### 13.1.1.1 水生态环境评价标准

完整的水生态环境系统包括水质、水生生物和沉积物，单纯的水质评价难以客观、真实地反映水生态环境状况。我国现已由单纯的水体化学污染控制向水生态系统环境控制方面逐步发展。“十四五”期间，我国针对流域水生态环境提出要统筹考虑水环境、水资源和水生态，更加注重对水生态系统的保护。水生态系统可提供水源供给、水力发电等直接功能及水土保持、生物多样性等的间接功能。《中华人民共和国长江保护法》提出，建立长江流域水生生物完整性指数评价体系，组织开展长江流域水生生物完整性评价，并将结果作为评估长江流域生态系统总体状况的重要依据；长江流域水生生物完整性指数应当与长江流域水环境质量标准相衔接。因此，应在现行水质评价标准的基础上，进一步补充水生生物评价标准及沉积物评价标准。

此外，近岸海域因其兼具河流与海洋的共同特征而在水质分析及评价上具有特殊的需求，为科学评价近岸海域的水生态环境状况，需进一步完善相应的评价标准及评价方法。

### 13.1.1.2 水污染物排放标准

工业生产是环境的主要污染源之一，工业生产含有多种有毒有害物质，其对环境的污染更加严重。为防范环境风险，需要针对有毒有害物质开展优控污染物筛选研究，为识别管理重点，确定标准中的管控项目提供依据。同时，对工业企业排放污水中所有的有毒有害物质进行检测并制定标准是不现实的，有必要在水污染物排放标准中增加综合毒性指标来管控污水的生态环境风险。

工业园区是我国工业集约化的体现，对于经济发展有巨大贡献，但工业园区内部企业集中，水环境问题突出。针对我国工业企业园区化发展趋势，做好园区水污染防治体系工作越发重要。工业园区的工业项目集聚，污染物排放种类繁多，排放量巨大，污染排放问题给园区发展带来了巨大挑战。现行排放标准中对园区内企业的间接排放控制要求主要基于排入城镇污水处理厂的情形而制定，存在排入园区污水处理厂时不适用的问题，不利于专业化污水处理。因此，有必要针对排入园区污水处理厂的情况，开展间接排放控制要求研究。

我国幅员辽阔，不同区域经济社会发展水平、水资源禀赋、产业结构及特色产业、面临的突出水环境问题、水环境管理目标不同，需要精准治污、科学治污。《中华人民共和国长江保护法》提出了分区管控要求，也要求针对长江流域特色产业、特有污染物制定排放标准。因此，“十四五”期间，应在科学识别区域性环境问题和管理需求的基础上，结合区域经济社会发展水平，大力推进流域生态环境标准的制定和修订工作，特别是流域分区差别化管控的水污染物排放标准制定工作。

随着污水处理厂不断建设，点源污染得到很大控制，而城市雨水径流等面源污染在 COD 排放总量中所占比重越来越大，亟须解决雨水带来的面源污染。目前对雨水排放管控比较薄弱，特别是工业企业受污染雨水和雨污合流制溢流污水。化学工业园区在雨水管理方面所依据与执行的法律标准由不同行业或部门颁发，在日常管理运营中可能会存在标准解读与实施差异。“十四五”期间，亟须在识别雨水污染特征、评估雨水污染程度、分析雨水管控技术经济可行性的基础上，出台污染雨水管控标准、技术导则等，为推进初期雨水治理、加强雨水污染管控提供支撑。

#### 13.1.1.3 再生水环境风险管控标准

我国水资源严重缺乏，全国多个城市缺水，地表水也遭受污染，水资源短缺与水体污染抑制了社会的可持续发展。再生水循环利用在水资源匮乏地区具有迫切需求，对优化供水结构、增加水资源供给、缓解供需矛盾和减少水污染、保障水生态安全具有重要意义。其中再生水回灌地下水对实现污水资源化、含水层恢复、缓解环境污染态势具有重要意义。目前，我国再生水循环利用尚处于起步阶段，发展不充分，利用水平不高，与建设美丽中国的需要还存在不小差距。根据发改委等 10 个部门联合发布的《关于推进污水资源化利用的指导意见》，我国将大力推进城镇生活污水、工业废水和农业农村污水的资源化利用，并开展相关工程建设。因此，“十四五”期间，为防控环境风险，应针对不同类型污水特点，根据利用需求和潜在风险特征，提出再生水循环利用的生态环境风险管控标准和处理技术规范。

## 13.1.2 大气生态环境标准需求

### 13.1.2.1 环境空气质量标准

《中华人民共和国大气污染防治法》规定，制定大气环境质量标准，应当以保障公众健康和保护生态环境为宗旨，与经济社会发展相适应，做到科学合理。《环境空气质量标准》（GB 3095—2012）在当前的蓝天保卫战中发挥了重要作用，通过设立 $PM_{2.5}$ 年均浓度、优良天数等指标，要求各地落实能源结构、产业结构、运输结构、用地结构调整等措施，使环境保护深入融合进各地经济社会发展大局，推动了经济社会转型与高质量发展。

进入“十四五”时期，持续改善生态环境质量，需要继续按照与经济社会发展相适应的原则，对《环境空气质量标准》（GB 3095—2012）进行更新完善，回答我国开启全面建设社会主义现代化国家新征程后，需要什么样的环境空气质量标准以及如何制定符合时代要求的环境质量标准的问题。

### 13.1.2.2 大气污染物排放标准

“十四五”时期，深入打好污染防治攻坚战，需要进一步削减 $PM_{2.5}$ 浓度，遏制并降低 $O_3$ 浓度，为此应进一步加大污染物减排力度，严格控制大气污染物排放标准，在典型行业推动超低排放标准。同时，补齐固定源排放标准体系中的 VOCs 排放标准短板，加快制定典型行业（汽车涂装、家具、印刷）VOCs 排放标准；补齐移动源排放标准体系中的非道路移动源排放标准短板，加快制定典型非道路移动源（船舶、铁路内燃机车等）排放标准。

加强对大气排放源重金属、POPs、Ⅰ类致癌物等高毒害污染物的环境风险管控，开展大气排放标准优控污染物名录与风险评估推荐值研究，明确排放标准管控项目边界与合理限值水平。

推动《恶臭污染物排放标准》（GB 14554—1993）修订，通过完善标准体系、推动 VOCs 综合治理、氨减排协同开展恶臭整治、提升监管水平、加强协调合作等方式，逐步建立完善恶臭管理体系。

构建基于我国暴露参数和可接受健康风险水平的企业边界环境空气有害污染物限值计算模型，并提出符合我国国情的企业边界有害大气污染物项目名录及浓度限值。

积极应对重污染天气，更加科学、精准地制定应急减排措施，制定发布重点行业绩效分级及减排措施技术指南系列标准，规定重点工业企业的绩效分级、重污染天气减排措施与核查要求。

#### 13.1.2.3 应对气候变化标准

习近平总书记在第七十五届联合国大会一般性辩论上郑重宣布，“中国将提高国家自主贡献力度，采取更加有力的政策和措施，二氧化碳排放力争2030年前达到峰值，努力争取2060年前实现碳中和”。这一重要宣示为我国应对气候变化、绿色低碳发展提供了方向指引、擘画了宏伟蓝图。

当前应对气候变化标准还较为零散、系统性差，特别是面对我国“碳达峰、碳中和”宣示后的新发展形势，标准已不适应当前的环境管理和社会发展需要，需要重新谋划、推进应对气候变化相关标准工作。

### 13.1.3 土壤、地下水和固体废物环境标准需求

#### 13.1.3.1 土壤污染防治标准

《中华人民共和国土壤污染防治法》是我国土壤污染防治的主要法律依据，其中第十二条规定“国务院生态环境主管部门根据土壤污染状况、公众健康风险、生态风险和科学技术水平，并按照土地用途，制定国家土壤污染风险管控标准，加强土壤污染防治标准体系建设”。目前我国已发布《土壤环境质量 农用地土壤污染风险管控标准（试行）》（GB 15618—2018）和《土壤环境质量 建设用地土壤污染风险管控标准（试行）》（GB 36600—2018），但针对土壤生态风险管控、土壤背景值、林地与未利用土地等方面的土壤污染防治标准体系还有很大缺口。

#### 13.1.3.2 地下水污染防治标准

《中华人民共和国环境保护法》《中华人民共和国水污染防治法》《中华人民共和国土壤污染防治法》等环境保护法律中均涉及地下水保护问题，但缺乏系统的地下水污染防治法律法规要求和标准规范体系，不能满足当前环境管理需要。长期以来，我国地下水管理体制和运行机制缺乏统一协调，相关环境基础数据缺乏，科学研究和治理工程相对滞后，地下水污染防治对策措施不完善，地下水环境监测、预警与应急机制不健全，地下水污染健康风险评估、风险管控与修复等技术标准体系尚未建立，难以满足地下水污染防治工作的需要。

#### 13.1.3.3 固体废物污染控制标准

《中华人民共和国固体废物污染环境防治法》是我国固体废物污染环境防治的主要法律依据，要求国务院生态环境主管部门制定国家固体废物污染环境防治技术标准、国务院标准化主管部门制定固体废物综合利用标准。在固体废物全过程管理的六个环节（产生、收集、贮存、运输、利用、处置）中，综合利用环节标准缺口大，不能满足当前环境管理和无废城市建设需要，应加快制定固体废物综合利用标准，以及综合利用过程的污染防治技术标准。

### 13.1.4 生态环境标准实施评估需求

生态环境标准是生态环境法律法规体系的重要组成部分，标准实施评估是标准制定与实施的重要环节。《中华人民共和国大气污染防治法》《中华人民共和国土壤污染防治法》等环保法律要求对标准执行情况定期进行评估。

《生态环境标准管理办法》（生态环境部令第 17 号）提出“为掌握生态环境标准实际执行情况及存在的问题，提升生态环境标准科学性、系统性、适用性，标准制定机关应当根据生态环境和经济社会发展形势，结合相关科学技术进展和实际工作需要，组织评估生态环境标准实施情况，并根据评估结果对标准适时进行修订”，明确了标准实施评估工作要求。

虽然我国生态环境标准经过近 50 年的发展，在标准制度、理论、体系等方面取得了长足进步，但从现实情况看，“十四五”时期，我国生态环境保护形势依然严峻，仍不能满足新形势对标准的需求。当前我国生态文明建设仍处于压力叠加、负重前行的关键期，保护与发展长期矛盾和短期问题交织，生态环境保护结构性、根源性、趋势性压力总体上尚未得到根本缓解，最突出的是“三个没有根本改变”，即以重化工为主的产业结构、以煤为主的能源结构、以公路货运为主的运输结构没有根本改变，环境污染和生态保护的严峻形势没有根本改变，生态环境事件多发频发的高风险态势没有根本改变。需要生态环境标准在经济结构优化、环境质量改善、污染排放削减、环境风险防控、生态系统保护等方面持续发挥更大的作用。

2021 年 4 月 30 日，习近平总书记在主持中共中央政治局第二十九次集体学习时强调，“十四五”时期，我国生态文明建设进入了以降碳为重点战略方向、推动减污降碳协同增效、促进经济社会发展全面绿色转型、实现生态环境质量改善由量变到质变的关键时期。为此，需要构建符合新时代特征的生态环境与绿色发展标准体系，开展标准战略、体系与理论方法研究，优化标准技术内容和制定方法，为精准治污、科学治污、依法治污，实现“十四五”环境质量改善发生质变和2035年美丽中国建设目标，提供强大标准支撑。

## 13.2 现状与趋势

### 13.2.1 水生态环境标准体系现状与发展趋势

#### 13.2.1.1 体系现状

截至目前，现行有效国家水生态环境标准共865项，其中，水环境质量标准5项、水污染物排放标准65项、水生态环境基础标准37项、水生态环境监测标准405项、水生态环境管理技术规范353项；现行有效的地方水生态环境标准共188项，其中水生态环境质量标准1项、水污染物排放标准119项、水生态环境管理技术规范68项。

“十三五”期间，为支撑打好碧水保卫战，围绕《水污染防治行动计划》中十大重点行业和重金属污染防治等工作，落实精准治污、科学治污和依法治污要求，以改善水生态环境质量为核心，开展了电子、农药、酒类制造等排放标准制定和修订工作。发布了《电子工业水污染物排放标准》（GB 39731—2020）、《船舶水污染物排放控制标准》（GB 3552—2018）、《饮用水水源保护区划分技术规范》（HJ 388—2018）、《污水监测技术规范》（HJ 91.1—2019）、《地表水自动监测技术规范（试行）》（HJ 915—2017）等40余项涉水生态环境标准，有力支撑了环渤海区域污染治理、饮用水水源地保护等攻坚战。

“十三五”以来，开展水污染物排放标准制定方法基础性标准研究工作，制定发布了《国家水污染物排放标准制订技术导则》（HJ 945.2—2018）、《流域水污染物排放标准制订技术导则》（HJ 945.3—2020），对指导和规范国家、流域排放标准制定和修订，提高标准科学性、适用性具有重要作用。

#### 13.2.1.2 发展趋势

《中华人民共和国环境保护法》提出建立跨行政区域的重点区域、流域环境污染和生态破坏联合防治协调机制，实现统一标准。《中华人民共和国长江保护法》提出制定长江流域水环境质量标准。未来我国水环境质量标准将在“两级”的基础上拓展为“三级”，即由国家、地方（省级）两级变为国家、流域、地方（省级）三级。

在水环境状况评价方面，以水质评价为基础，更加突出水生态环境的完整性，增加水生生物评价和沉积物评价。

现行水污染物排放标准，对有毒污染物的风险管控还存在漏洞，一些废水毒性较强的行业，如煤化工、染料等，尚无行业专项排放标准，采用污水综合排放标准进行管理不能满足行业风险管控需要；还有一些行业排放标准管控的有毒污染物项目不全面，如缺少铊、POPs 物质等，需要补齐漏项；同时，还需根据最新环境管理要求，补充废水综合毒性指标，提高风险管控能力。

此外，针对当前环境管理中的薄弱环节，如工业企业及园区内雨水的管控、雨污合流情况下污水处理厂溢流管控，以及再生水环境风险控制等，在“十四五”期间也需进一步加强管理。

## 13.2.2 大气生态环境标准体系现状与发展趋势

### 13.2.2.1 体系现状

现行大气环境保护标准共 454 项，其中大气环境质量标准 3 项，大气污染物排放标准 77 项，大气环境监测标准 259 项，基础标准 4 项，管理技术规范 111 项。

“十三五”期间，围绕打赢蓝天保卫战，开展涉 VOCs 等重点行业排放标准制定，全过程加强了 VOCs 排放管控，推进 $PM_{2.5}$ 与 $O_3$ 协同控制，发布了《挥发性有机物无组织排放控制标准》（GB 37822—2019）、《制药工业大气污染物排放标准》（GB 37823—2019）、《农药制造工业大气污染物排放标准》（GB 39727—2020）、《涂料、油墨及胶粘剂工业大气污染物排放标准》（GB 37824—2019）、《陆上石油天然气开采工业大气污染物排放标准》（GB 39728—2020）、《烧碱、聚氯乙烯工业污染物排放标准》（GB 15581—2016）、《铸造工业大气污染物排放标准》（GB 39726—2020）、《储油库大气污染物排放标准》（GB 20950—2020）、《油品运输大气污染物排放标准》（GB 20951—2020）、《加油站大气污染物排放标准》（GB 20952—2020）10 项固定源大气污染物排放标准。为打好柴油货车污染治理攻坚战，加强移动源大气污染物排放控制，先后出台轻型汽车（国六）、重型柴油车（国六）、非道路柴油移动机械、在用汽油车及柴油车等13项移动源相关环保标准。同时，为落实国务院《打赢蓝天保卫战三年行动计划》，发布《环境空气质量标准》修改单，实现了与国际接轨。

为加强重点区域大气污染控制力度，促进区域产业结构与布局调整，在目前49项固定源排放标准中，31项标准规定了特别排放限值或无组织排放特别控制要求，涉及火电、钢铁、有色、建材、石化、化工六大行业以及燃煤锅炉项目。国家先后两次发布公告（环境保护部公告2013年第14号、2018年第9号），在“三区十群”47个地级以上城市，以及京津冀及周边大气污染传输通道“2+26”城市实施较其他地区更加严格的特别排放限值。特别排放限值的制定是基于当前最先进的污染控制技术，实现了与国际先进排放标准相当的排放控制水平，部分指标领先于国际水平。

#### 13.2.2.2 发展趋势

为实现“十四五”以及2035年远景目标，需要继续强化环境质量标准的目标引领作用，优化$PM_{2.5}$、$O_3$目标值设立和评价方法，开展分区管控可行性研究。研究温室气体与大气污染物协同控制要求，以生态环境高水平保护，促进高质量发展和新发展格局的形成。

大气污染物排放标准，固定源针对颗粒物、$SO_2$、$NO_x$等常规污染的管控，移动源针对道路车辆的管控较为完备，但短板也很明显：一是对于目前污染较突出的$O_3$问题，需要加强VOCs有组织与无组织排放管控，当前针对典型VOCs排放行业的排放标准还有很多空白；二是对非道路移动源的管控还较为薄弱，需要加强排放标准覆盖面和控制力度。

### 13.2.3 土壤、地下水与固体废物生态环境标准体系现状与发展趋势

#### 13.2.3.1 土壤生态环境标准体系现状与发展趋势

目前生态环境保护标准涉及土壤的现行标准共计103项，包括土壤风险管控标准2项，土壤风险评估技术规范系列标准6项（包括地下水1项），土壤分析方法标准79项，土壤基础标准2项，土壤样品标准4项，农田灌溉水质标准1项，农用地污染管控标准9项。

“十三五”时期，我国加快推进土壤污染防治标准体系建设，发布了《土壤环境质量　农用地土壤污染风险管控标准（试行）》（GB 15618—2018）和《土壤环境质量　建设用地土壤污染风险管控标准（试行）》（GB 36600—2018），修订完善了 HJ 25 系列标准，建立起以 GB 15618 和 GB 36600 为依据，以土壤污染状况调查、风险评估、风险管控、土壤修复、地下水修复、修复效果评估为支撑的较完整的土壤污染风险管控标准体系。“十四五”时期，将对土壤生态风险管控、土壤背景值等方面开展标准研究与制定工作。

#### 13.2.3.2　地下水生态环境标准体系现状与发展趋势

目前，生态环境保护标准涉及地下水的标准共计 10 项，其中质量标准 1 项，风险评估标准 5 项，技术导则 2 项，技术规范 1 项，基础类标准 1 项。地下水环境标准目前较为零散、不成体系，“十三五”期间修订发布了《地下水质量标准》（GB/T 14848—2017）和《地下水环境监测技术规范》（HJ 164—2020），应借鉴土壤污染风险管控的思路，开展地下水风险管控相关标准的研究制定。

#### 13.2.3.3　固体废物生态环境标准现状与发展趋势

目前，生态环境保护标准涉及固体废物的现行标准共计 127 项，包括固废污染控制标准 13 项，固废鉴别标准 13 项，技术规范标准 40 项（其中排污许可 5 项），固废分析方法标准 57 项，固废基础标准 2 项，固废样品标准 2 项。

“十三五”期间，固体废物环境标准体系进一步更新完善，制定和修订了固体废物鉴别、危险废物鉴别、危废填埋、危废焚烧、一般工业固体废物贮存和填埋、医疗废物、含多氯联苯废物等国家污染控制标准，以及黄金行业氰渣、砷渣稳定化、生活垃圾焚烧飞灰、固体废物再生利用等生态环境标准，固体废物全过程管理得到加强。但面对固体废物综合利用、无废城市建设的需求，相关标准还有较大差距。

### 13.2.4　生态环境标准实施评估现状与发展趋势

“十三五”时期是开展生态环境标准实施评估的起步期，这一阶段生态环境部组织开展了钢铁、火电、水泥、纺织等 34 项标准实施评估项目，目前已完成 24 项，在研项目 10 项，完成科技专报 1 篇。此外，为规范指导标准实施评估工作，2016 年发布了《国家污染物排放标准实施评估工作指南（试行）》，对国家污染物排放标准实施评估的技术路线、评估内容等进行了较为详细的规定。

在生态环境标准实施评估方法研究方面，"十三五"时期，着重构建了水污染物排放达标判定方法及环境监测方法标准适用性评估方法，主要进展如下。

#### 13.2.4.1 水污染物排放达标判定方法

基于大数据统计学理论，构建了反映各类因素影响及排放波动变化规律等统计学特征的水污染物排放限值确定方法体系，提出了达标判定统计模型，将不同取值时间与排放限值建立了关联，保证采用不同取值时间的排放限值进行达标判定的科学统一。在达标判定方法学研究成果方面，发表 SCI 收录论文 2 篇，软件著作 4 项，科技专报 2 期。

#### 13.2.4.2 环境监测分析方法标准适用性评估研究

修订完成了《环境监测分析方法标准制订技术导则》（HJ 168—2020），首次明确不同监测分析方法比对的程序及质控要求，细化了方法标准实验室验证中样品覆盖的行业工艺类型、规模大小、样品数量等基本要求，为开展监测分析方法标准适用性评估提供了技术基础。

针对目前环境监测标准与环境质量标准、污染物排放标准实施不匹配的问题，组织开展了水、大气、土壤等不同领域监测方法标准与管理需求的适用性研究项目，相关成果在环境管理中得到应用。

## 13.3 科学问题与"卡脖子"技术

### 13.3.1 水与海洋生态环境标准

当前在水与海洋生态环境标准研究领域，亟待解决的科学问题和关键技术主要包括：

#### 13.3.1.1 水环境质量标准修订研究

"十四五"流域水环境管理提出了水资源、水环境、水生态"三水"统筹的要求，然而由于我国不同区域水体理化性质及水动力条件差异巨大，不同流域水生态本底差异也大，亟须基于上述差异研究建立水生态健康的评价指标体系和评价标准。在海洋生态环境保护方面，"十四五"提出了"美丽海湾"的建设目标，由于近岸海域水体特征介于地表水与海水之间，对水质分析方法提出了较高的要求，如何基于近岸海域的水质特征研究建立科学的近海海域水质评价方法成为亟待解决的关键问题。

#### 13.3.1.2 流域、海域水质目标管理与分区管控标准

结合长江保护区分区管控要求，以及“十四五”时期水环境分区管控工作思路，针对流域、海域不同空间位置、作用功能、水环境质量改善需求、污染源分布特点、环境承载力和目标敏感性等因素，开展流域、海域水质目标管理与分区管控标准研究，设定阶段性、区域性水质目标与分区管控要求，支撑精准治污、科学治污。

#### 13.3.1.3 园区水污染治理模式与企业间接排放标准

近年来，我国工业园区 / 产业集聚区蓬勃发展，越来越多的工业企业通过间接排放的方式向环境水体排污，集中污水处理设施在污染物减排中的作用凸显。为真正发挥集中污水处理设施的减排作用，需要确定不同行业、不同性质园区、不同水污染治理模式的间接排放管理方式，设定科学合理的间排限值，科学评价不同污水处理工艺对不同类型污水中污染物的可处理性，这些是间排限值管理亟待解决的关键问题。

#### 13.3.1.4 废水风险防控与综合毒性标准

针对污水中有毒有害物质众多的问题，为防范环境风险，既需要在水污染物排放标准中规定特征污染物要求，也需要提高环境管理效率，在标准中增加综合毒性指标。然而，如何根据有毒有害物质对风险受体的影响，选择综合毒性测试方法，以及如何根据风险的可接受程度，建立综合毒性的评价标准，成为将综合毒性指标纳入标准体系亟待解决的核心问题。

#### 13.3.1.5 水污染物排放标准中减污降碳协同问题

在污水处理中，提高污染物的去除效果，必定会导致药剂增加、电量增加等能源消耗，从而导致碳排放增加。如何基于不同的处理工艺、不同效率要求计算碳排放量，并根据当前的经济技术条件，确定减污和降碳的协同控制目标，合理制定水污染物排放标准，成为“十四五”期间实现减污降碳协同增效的关键问题。

#### 13.3.1.6 雨水排放控制

针对当前雨水污染控制较为薄弱的情况，亟须开展雨水污染特征研究，在分析降水量、降水时间与雨水水质相关关系的基础上，评估雨水的污染途径和污染程度，为科学制定雨水污染控制标准提供依据。

#### 13.3.1.7 再生水利用环境风险管控

为有效控制再生水利用环境风险，需要在识别再生水不同来源水质特征的基础上，科学评估不同污水处理工艺对再生水中高风险物质的去除情况，再结合再生水的不同利用途径和可接受风险水平，开展再生水利用的环境风险评估，为科学确定再生水利用环境风险管控标准提供技术支撑。

### 13.3.2 大气与应对气候变化生态环境标准

在大气环境管理、应对气候变化生态环境标准工作中，需要解决以下科学问题和关键技术：

#### 13.3.2.1 优化环境空气质量标准

根据经济社会发展阶段的变化，适时启动环境空气质量标准修订研究工作。跟踪《环境空气质量标准》（GB 3095—2012）实施情况，研究各污染物浓度限值之间的匹配性及与生态文明建设要求的协调性，研究增加 $PM_{2.5}$、$O_3$ 等关键因子分区域分阶段管控目标值的可行性、合理性。修订环境空气质量功能区划分技术方法，支持地方合理划分环境空气质量功能区，推动分区差异化管理。

#### 13.3.2.2 大气污染物和温室气体协同控制标准

温室气体排放与大气污染物排放具有同根、同源、同过程的特点，使得协同控制具有必要性和可行性。我国在煤炭、石油、天然气等化石能源的燃烧和加工利用方面，已经制定了较为完善的大气污染物排放标准，形成了完整的体系。当前针对碳达峰与碳中和目标，围绕“减污降碳、协同增效”，应探索制定大气污染物减排与温室气体协同控制标准，在大力推进大气污染物减排的同时，协同推动碳排放强度下降。

#### 13.3.2.3 温室气体排放绩效限额与核算、核查标准

目前，国家仅对电力等重点行业采取温室气体排放配额管理手段，这在一

定程度上实现了碳排放的降低。对于大部分未纳入配额管理的行业，研究制定温室气体排放限额标准，明确要求其碳排放达到一定的控制水平，规范企业温室气体排放行为。同时配套制定温室气体排放核算、核查标准，保障碳排放基础数据的可信性，避免出现尺度不一、核算的排放量差异较大等问题。

#### 13.3.2.4　低碳评价类标准

“十四五”期间，我国将在钢铁、建材、有色、炼油石化、煤化工等行业及能源、建筑、交通等领域，推广应用相对成熟的绿色低碳技术和低碳产品。为促进绿色低碳循环发展，开展不同区域 / 领域、不同层次的碳减排成效评价，引导和调动各方面力量积极实施碳减排战略，需要制定低碳评价标准，评比出标杆性的低碳省区 / 城市（镇）/ 社区、低碳项目 / 企业 / 园区 / 供应链、低碳建筑等，发挥示范引领作用，促进各地区、各行业在生产、生活、消费过程中向绿色低碳方向发展，推动全社会形成绿色低碳的生产生活方式。

### 13.3.3　土壤、地下水与固体废物生态环境标准

在土壤、地下水、固体废物生态环境标准领域，存在的科学问题和关键技术如下：

#### 13.3.3.1　土壤污染风险管控标准

基于人体健康的土壤污染风险管控标准体系已基本建立，但是标准限值大多参照国外相关研究成果提供的数据，因此土壤污染风险评估模型所需的各种参数亟须“国产化”。基于生态安全的土壤污染风险管控标准体系还未建立，亟须开展标准制定所需的生态环境安全的各类参数研究，例如生态环境基准、区域之间各种生态指标的差异性及表达，不同土地利用情况下的生态安全基准和标准限值确定等。

农业面源污染影响广泛，工业废水经处理达标后进行土地灌溉、畜禽养殖产生的固体废物制成肥料施用于土壤、水产养殖尾水排放环境水体等对地表水、地下水、土壤等的影响，都是“十四五”期间亟待解决的问题。上述问题在相关生态环境标准制定过程中都遇到了基础研究薄弱、污染控制技术缺乏、土地利用有限等问题，是相关污染控制标准制定的“瓶颈”，亟须开展相关科学研究。

#### 13.3.3.2 地下水环境风险管控标准

基于人体健康和保护土壤安全的地下水污染风险管控标准体系还未建立。由于地下水水质受地质成因、地表沉降、土壤渗透、地形地貌、人为因素等多重影响，地下水具有区域性强的特点，需开展地下水分区研究。在地下水分区的基础上，开展地下水风险评估与评价标准制定工作。

#### 13.3.3.3 无废城市与固体废物资源化利用标准

对固体废物资源化利用过程及其形成的产品，需重点识别对公众健康和生态环境的影响。根据环境风险评估结果，对利用过程的污染控制、风险防控提出要求，对资源化利用产品中的有害物质含量提出限制，亟须开展固体废物资源化利用的环境风险研究，形成标准、规范，指导相关标准制定。结合“无废城市”建设工作，研究“无废城市”评价标准。

### 13.3.4 生态环境标准实施评估

在生态环境标准实施评估工作中，需要解决以下科学问题和关键技术：

#### 13.3.4.1 污染物排放达标判定方法

基于对污染物排放监测大数据分析，亟须进一步研究污染物排放受各类因素影响及排放波动变化规律等统计学特征，构建常规污染物、有毒有害污染物等排放限值推导模型及达标率统计模型，研究提出各类污染物不同时段排放标准的达标判定方法。开展重点行业水污染物和大气污染物排放达标评估应用研究，为国家和地方生态环境标准实施评估提供理论及技术支撑。

#### 13.3.4.2 环境监测方法标准适用性评估技术方法

需要进一步研究制定环境监测分析方法标准适用性评估技术导则，规范评估技术流程与方法。开展重点行业水污染物和大气污染物相关环境监测方法标准适用性评估，为生态环境标准体系的科学适用提供理论及技术支撑。

#### 13.3.4.3 污染物排放标准的经济社会适应性评估方法

现行《国家污染物排放标准实施评估工作指南（试行）》提出了国家污染物排放标准实施评估的评估内容和技术路线，但该指南主要针对行业型国家污染物排放标准的实施评估，侧重于标准达标情况、达标技术及标准实施对行业发展的影响等，对区域流域经济社会发展、环境质量改善等更加宏观层面的影响评价尚显不足。

亟须研究构建生态环境标准的经济社会发展适应性评估方法与评估框架，从区域流域社会经济发展、产业布局变化、环境质量变化、污染物排放情况、污染治理成本、环保产业发展等因素构建多级评估指标体系，开展标准实施对区域流域的经济社会发展相互作用的定性定量分析。

#### 13.3.4.4 规范污染物排放标准的费用效益分析方法

在污染物排放标准制定和修订与实施评估中，环境经济效益评估是标准限值确定与技术内容可行性的重要依据。《国家大气污染物排放标准制订技术导则》（HJ 945.1—2018）、《国家大气、水污染物排放标准制定导则》（HJ 945.2—2018）以及《国家污染物排放标准实施评估工作指南（试行）》对标准的经济可行性、经济效益和环境效益测算等提出了原则性要求，但缺少对环境经济效益评估的总体框架、评估方法等方面的详细阐述，需要构建适用于我国污染物排放标准制定和修订与实施评估的“费用—效益”分析方法，完善环境保护标准制定和修订及实施评估技术方法体系。

## 13.4 展望

展望“十四五”时期生态环境标准工作，除继续在改善质量、减污降碳、防控风险等方面发挥作用外，还将更深入地融入经济发展和社会生活，成为协调生态环境保护与经济社会发展关系、促进经济结构优化调整与生产生活方式转变、构建新发展格局、实现高质量发展的重要抓手。

### 13.4.1 水与海洋生态环境标准

“十四五”期间，水与海洋生态环境标准将进一步向广度和深度拓展。从广度上，水污染物排放标准涉及的行业将进一步完善，标准项目将进一步优化；水生态环境标准包括的要素将从水质向水生态、沉积物进一步拓展。从深度上，围绕减污降碳及区域生态环境管理需求，标准体系和管控目标将进一步精细化。

### 13.4.2 大气与应对气候变化生态环境标准

“十四五”时期，以改善生态环境质量为核心，持续推动经济社会绿色低碳转型，大气生态环境标准体系将进一步优化，应对气候变化生态环境标准体系将逐步形成、完善。

在大气与应对气候变化生态环境标准制定方面，进一步修订完善《环境空气质量标准》（GB 3095—2012），环境质量控制要求与生态文明建设要求相协调；制定发布应对气候变化工作急需的大气污染物减排与温室气体协同控制标准、温室气体排放限额与核算标准、低碳评价标准等，服务于全国碳排放管理，实现全社会碳排放强度的降低。

### 13.4.3 土壤、地下水与固体废物生态环境标准

“十四五”期间，主要针对不同保护对象、不同用地性质、不同功能用途和不同土壤类型，进一步完善土壤污染风险管控标准体系，如建设用地土壤污染预警、土壤修复与管控后期管理、在产企业土壤污染防治、林地和未利用土地生态环境保护标准制定等。在地下水标准方面，建立保护人体健康和保护土壤安全的地下水风险管控标准体系。

在固体废物生态环境标准方面，一是针对危险废物豁免管理，目前国家危险废物名录中明确了某类废物的某个环节（处置、运输、利用等）可以豁免，不按危险废物进行管理，但目前尚不能满足社会需要。“十四五”期间，将建立系统化的危险废物豁免标准体系，包括豁免程序、技术方法、全过程风险评估等相关标准。二是固体废物资源化利用过程及其产品的风险评估标准，“十四五”期间，将对重点行业产生的大宗、危险性大、关注度高的固体废物，建立固体废物资源化利用标准体系，制定和修订相关标准。三是为支持国家“无废城市”的建设，“十四五”期间，将开展“无废城市”标准体系研究与建立，适时推动相关标准制定和修订工作。

### 13.4.4 生态环境标准实施评估

“十四五”期间，着重开展污染物排放标准实施评估、环境监测标准适用性评估、地方生态环境标准实施评估、生态环境标准实施评估方法学研究等工作。

开展重点行业排放标准实施评估工作，每个行业周期 2 年，滚动实施；开

展地方标准体系评估研究，探索研究地方生态环境标准促进区域、流域绿色发展评价技术方法等。

开展环境监测方法标准适用性评估技术方法体系构建研究，开展重点行业水污染物和大气污染物相关环境监测方法标准适用性评估，每个行业周期 2 年，滚动实施。

进一步完善生态环境标准实施评估方法学，构建污染物排放标准的经济社会发展适应性评估方法以及污染物排放标准的“费用—效益”分析方法。

编写人员：王海燕　张国宁　周羽化　朱　静
刘　琰　李　敏　王宗爽　雷　晶
谭玉菲　张　虞　武亚凤　王　晟

重点领域 8

Key Area 8

# 碳达峰与碳中和领域

Carbon Peak & Carbon Neutrality

# 14 碳中和领域

## 14.1 需求分析

气候变化是当今人类面临的重大全球性挑战。2020 年 9 月，习近平主席在第 75 届联合国大会一般性辩论上宣布中国碳排放力争于 2030 年前达到峰值、2060 年前实现碳中和。积极应对气候变化是我国实现可持续发展的内在要求，是加强生态文明建设、实现美丽中国目标的重要抓手，是我国履行负责任大国责任、推动构建人类命运共同体的重大历史担当。

自改革开放以来，中国经济取得了令世界瞩目的成就，一跃成为世界第二大经济体，在经济快速发展过程中，中国已成为世界碳排放主要贡献国之一。2020 年 12 月 12 日，国家主席习近平在气候雄心峰会上通过视频发表题为《继往开来，开启全球应对气候变化新征程》的重要讲话，提出“力争 2030 年前二氧化碳排放达到峰值，努力争取 2060 年前实现碳中和”，标志着我国各行业绿色转型有了指导依据。2021 年 9 月 25 日，在“2021 全球能源转型高层论坛”上，黄润秋表示将“实现碳排放强度与总量‘双控’，将‘十四五’碳强度下降 18% 的约束性目标分解到地方并加以落实”。党的十九大以来，我国提出经济绿色低碳高质量发展目标，如何实现能源结构、产业结构、交通结构和用地结构的重大变革和优化调整，积极应对全球气候变化并实现“2030 年碳达峰，2060 年碳中和”“双碳”目标，将成为“十四五”期间乃至未来 40 年科学谋划和系统推进的重大科学问题和社会发展问题。

## 14.2 现状与趋势

碳中和领域主要研究方向包括政策法律制度和标准研究、温室气体排放清单核算研究、碳市场（碳交易、碳配额、碳审计、碳税、碳核查、碳金融等）研究、碳中和技术研究（非化石能源技术开发、储能技术、节能降碳技术、CCUS/CCS 等）、不同主体（国家、城市、领域、行业和企业等）碳达峰与碳中和技术路径研究、减污降碳协同控制研究、碳汇领域研究以及应对气候变化国际合作机制等研究领域。以下按照这 8 个方向分析研究现状、热点及研究发展趋势。

### 14.2.1 基于文献计量学的研究热点分析

#### 14.2.1.1 碳中和政策法律制度和标准研究

（1）发文量数据统计分析

本报告检索的时间跨度为 2011—2021 年，以“Carbon neutral policy，legal system and standards”为检索条件进行高级检索，共获取文献 3 059 篇。

以 Science Direct 数据库中导出的 2011—2021 年碳中和政策法律制度和标准领域相关的英文文献为研究对象，文献的发表情况如图 14-1 所示。2011—2021 年，论文发表数量逐年增长，其中 2011—2017 年的发文量为 1 472 篇，论文数量的增长趋势相对缓慢。2018—2021 年的发文量为 1 587 篇，发文数量增幅明显。这说明近 4 年来碳中和相关政策法律制度和标准研究同样得到越来越多科研工作者的关注，论文成果也显著增加。

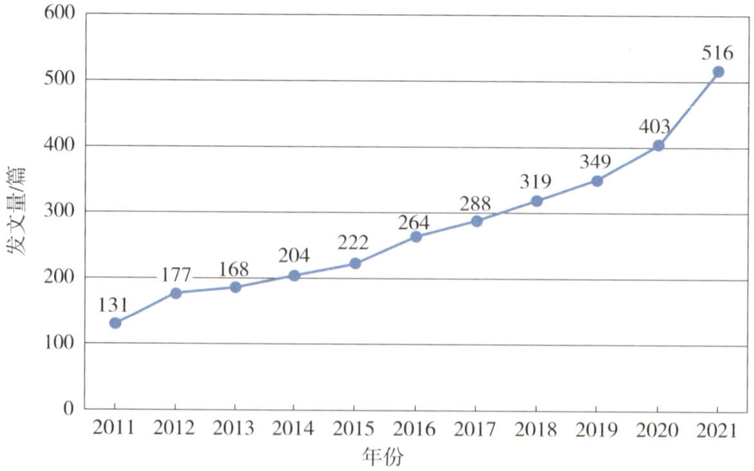


图 14-1　2011—2021 年碳中和政策法律制度和标准领域发文数量变化情况

（2）研究热点的分析

目前，碳中和政策法律制度和标准领域的研究主要集中在低碳能源、低碳产业、碳减排技术、能效标准等方面，此外，与其他国家相比，我国碳减排相关政策的研究较多。

### 14.2.1.2 温室气体排放清单核算研究

（1）发文量数据统计分析

本报告检索的时间跨度为2011—2021年，以“Greenhouse gas emission inventory and Accounting”为检索条件进行高级检索，共获取文献19 440篇。

以Science Direct数据库中导出的2011—2021年温室气体排放清单核算相关的英文文献为研究对象，文献的发表情况如图14-2所示。2011—2021年，论文发表数量逐年增长，其中2011年发文量为883篇，2021年发文量为2 879篇，发文数量增加了2.3倍。这一现象说明近年来温室气体排放清单核算相关研究得到越来越多科研工作者的关注，所取得的成果也显著增加。

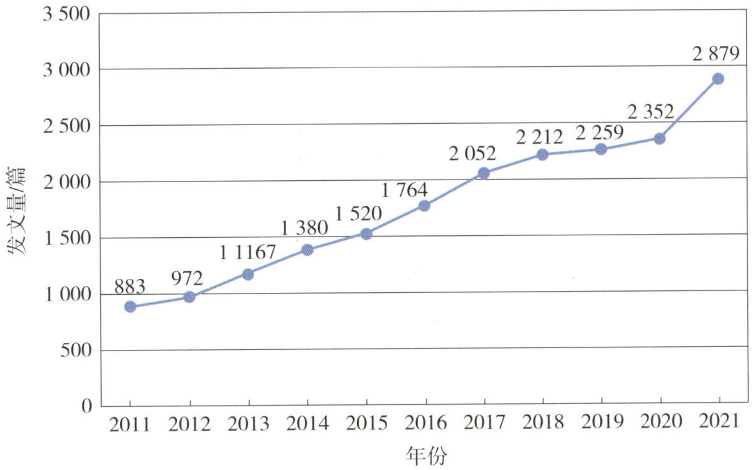


图14-2 2011—2021年温室气体排放清单核算研究领域发文数量变化情况

（2）研究热点的分析

目前，温室气体排放清单核算研究主要集中在能源活动、工业生产、农业、土地利用变化和林业、废弃物处理等过程活动水平的选取和排放因子的确定方法上。

### 14.2.1.3 碳市场研究

（1）发文量数据统计分析

本报告检索的时间跨度为 2011—2021 年，以“Carbon market”为检索条件进行高级检索，共获取文献 173 897 篇。

以 Science Direct 数据库中导出的 2011—2021 年碳市场领域相关的英文文献为研究对象，文献的发表情况如图 14-3 所示。2011—2021 年，论文发表数量逐年增长，其中 2011 年发文量为 7 593 篇，2021 年发文量为 28 884 篇，发文数量增加了 2.8 倍。这一现象说明近年来碳市场研究同样得到越来越多科研工作者的关注，所取得的成果也显著增加。

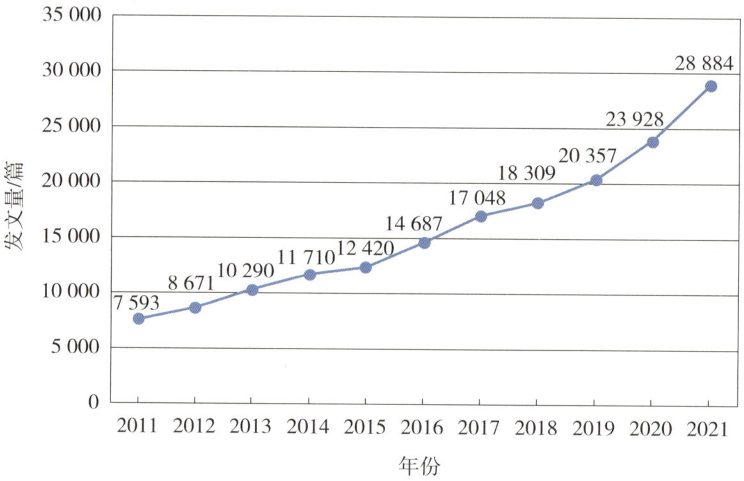


图 14-3 2011—2021 年碳市场研究领域发文数量分布情况

（2）研究热点的分析

目前，碳市场领域的研究主要集中在碳价、碳金融、碳交易、碳配额等方面，国内外相关学者主要从碳市场减排机制角度分析碳市场如何支撑碳达峰、碳中和的目标。

### 14.2.1.4 碳中和技术研究

（1）发文量数据统计分析

本报告检索的时间跨度为 2011—2021 年，以“Low-carbon technology or Carbon reduction technology or Carbon negative technology or Zero carbon technology or Carbon sequestration technology”为检索条件进行高级检索，共获取文献 5 480 篇。

以 Science Direct 数据库中导出的 2011—2021 年碳中和技术领域相关的英文文献为研究对象，文献的发表情况如图 14-4 所示。2011—2021 年，论文发表数量呈增长趋势，其中 2011 年发文量为 236 篇，2021 年发文量为 1 068 篇，发文数量增加了 3.5 倍。这一现象说明近年来碳中和技术相关研究同样得到越来越多科研工作者的关注，所取得的成果也显著增加。

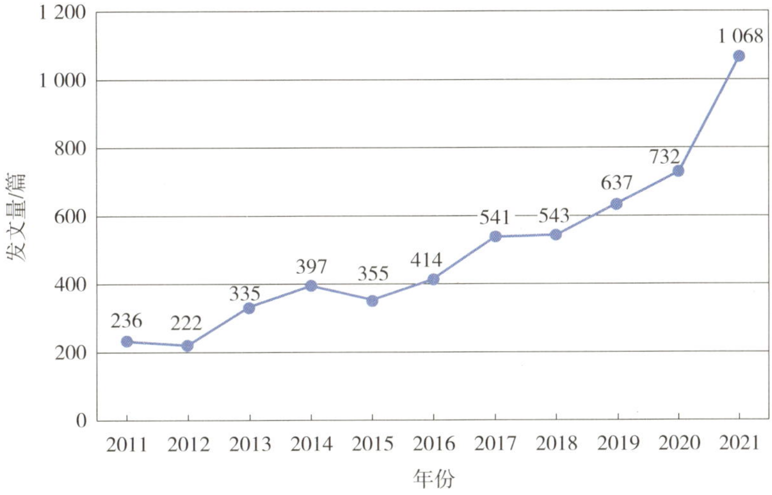


图 14-4　2011—2021 年碳中和技术研究领域发文数量分布情况

（2）研究热点的分析

目前，碳中和技术领域的研究主要集中在低碳技术（工业领域节能降碳等技术）、减碳技术（CCS、CCUS 技术等）、负碳技术（DAC、BECCS 技术等）、零碳技术（光伏、风电、核电技术等）等方面。

### 14.2.1.5　不同主体碳达峰与碳中和技术路径研究

（1）发文量数据统计分析

本报告检索的时间跨度为 2011—2021 年，以“Carbon peak path or Carbon neutral path”为检索条件进行高级检索，共获取文献 5 480 篇。

以 Science Direct 数据库中导出的 2011—2021 年碳达峰与碳中和技术路径研究领域相关的英文文献为研究对象，文献的发表情况如图 14-5 所示。2011—

2021 年，论文发表数量逐年增加，其中 2011 年发文量为 920 篇，2021 年发文量为 3 565 篇，发文数量增加了 2.9 倍。这一现象说明近年来碳达峰与碳中和技术路径相关研究同样得到越来越多科研工作者的关注，所取得的成果也显著增加。

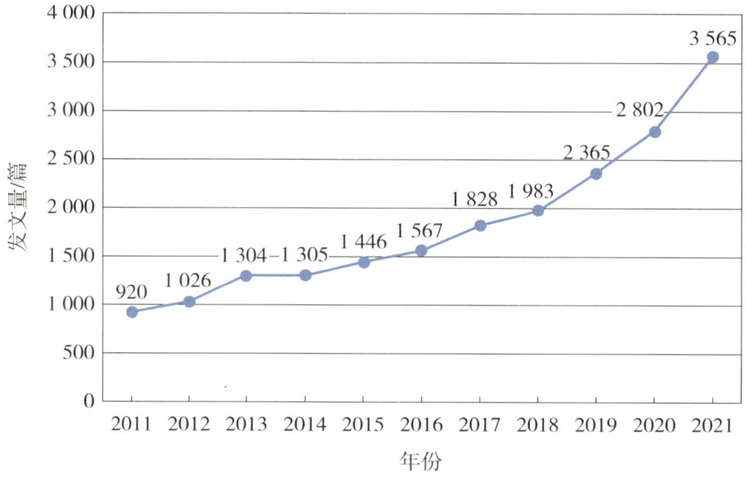


图 14-5　2011—2021 年碳达峰与碳中和技术路径研究领域发文数量分布情况

（2）研究热点的分析

碳达峰与碳中和技术路径的研究主要集中在国家、城市、重点领域（建筑、交通等）、重点行业（有色、钢铁、电力等）等不同主体的实施路径。

### 14.2.1.6　减污降碳协同控制研究

（1）发文量数据统计分析

本报告检索的时间跨度为 2011—2021 年，以“Pollution Reduction and Carbon Reduction and Cooperative Control”为检索条件进行高级检索，共获取文献 5 740 篇。

以 Science Direct 数据库中导出的 2011—2021 年减污降碳协同控制领域相关的英文文献为研究对象，文献的发表情况如图 14-6 所示。2011—2021 年，论文发表数量呈增加趋势，其中 2011 年发文量为 215 篇，2021 年发文量为 1 229 篇，发文数量增加了 4.7 倍。这一现象说明近年来减污降碳协同控制相关研究同样得到越来越多科研工作者的关注，所取得的成果也显著增加。

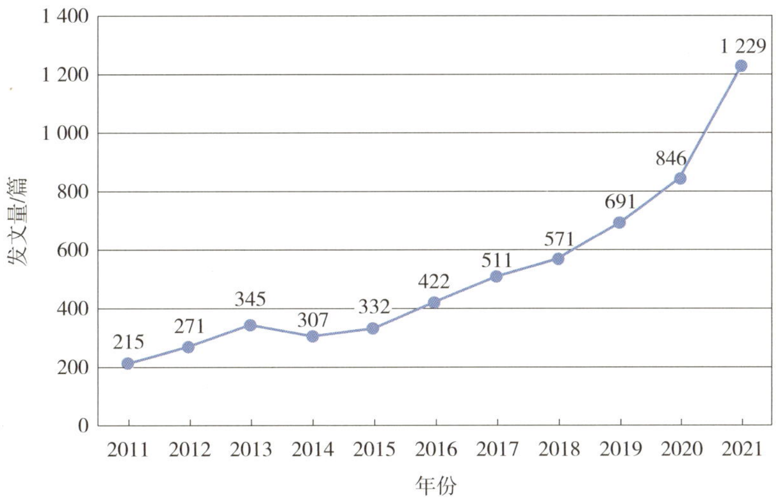


图 14-6　2011—2021 年减污降碳协同控制研究领域发文数量分布情况

（2）研究热点的分析

减污降碳协同控制的研究主要集中在协同机理、协同路径、协同效益及成本等方面。

### 14.2.1.7　碳汇领域研究

（1）发文量数据统计分析

本报告检索的时间跨度为 2011—2021 年，以“Carbon sink”为检索条件进行高级检索，共获取文献 72 428 篇。

以 Science Direct 数据库中导出的 2011—2021 年碳汇领域相关的英文文献为研究对象，文献的发表情况如图 14-7 所示。2011—2021 年，论文发表数量逐年增加，其中 2011 年发文量为 3 842 篇，2021 年发文量为 10 397 篇，发文数量增加了 1.7 倍。这一现象说明近年来碳汇领域相关研究同样得到越来越多科研工作者的关注，所取得的成果也显著增加。

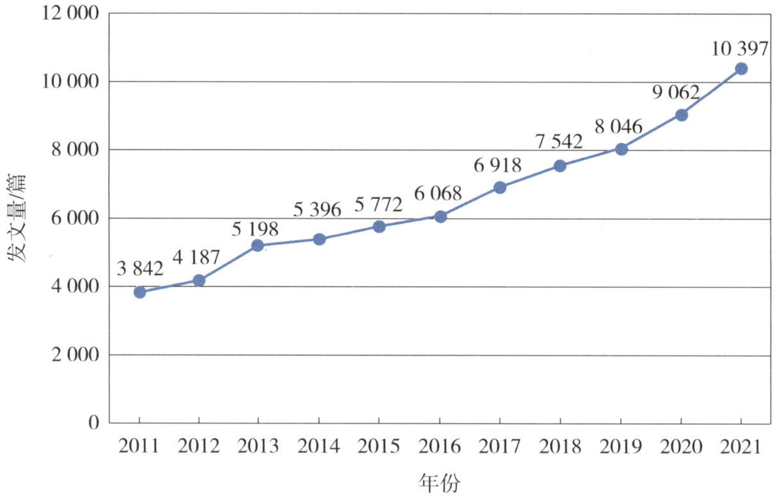


图 14-7　2011—2021 年碳汇领域研究发文数量分布情况

（2）研究热点的分析

碳汇领域的研究主要集中在森林、草地、湿地、海洋等碳汇提质增效机理及路径方面。

### 14.2.1.8　应对气候变化国际合作机制研究

（1）发文量数据统计分析

本报告检索的时间跨度为 2011—2021 年，以“Climate change and International cooperation”为检索条件进行高级检索，共获取文献 32 101 篇。

以 Science Direct 数据库中导出的 2011—2021 年应对气候变化国际合作领域相关的英文文献为研究对象，文献的发表情况如图 14-8 所示。2011—2021 年，论文发表数量逐年增加，其中 2011 年发文量为 1 576 篇，2021 年发文量为 4 922 篇，发文数量增加了 2.1 倍。这一现象说明近年来应对气候变化国际合作领域相关研究同样得到越来越多科研工作者的关注，所取得的成果也显著增加。

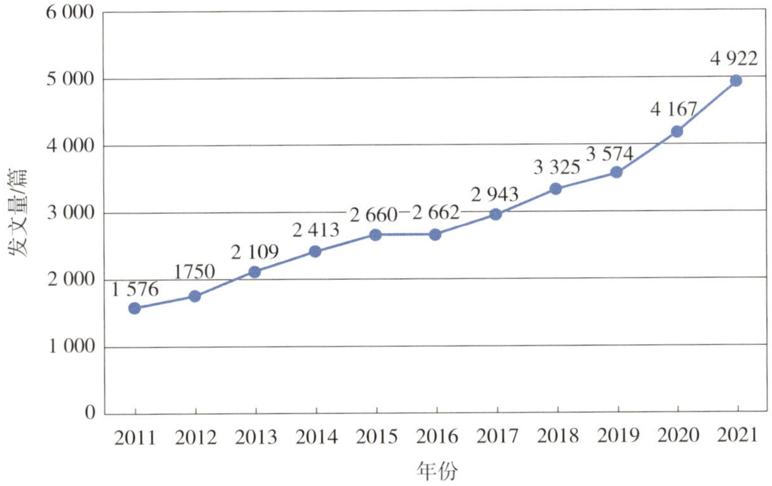


图 14-8　2011—2021 年应对气候变化国际合作领域发文数量分布情况

（2）研究热点的分析

应对气候变化国际合作领域的研究主要集中在应对气候变化及碳中和国际合作模式、机制等方面。

## 14.2.2　基于专利查新的技术发展趋势分析

借助“中国知网”开展专利信息检索分析，以“固碳”OR“减碳”作为主要关键词进行检索，对近 10 年“碳减排和固碳”相关专利进行检索。检索时间为 2011—2021 年，通过对相关专利涉及主题和学科的分析，总结我国减碳和固碳相关技术的发展趋势。

### 14.2.2.1　专利数量及趋势分析

如图 14-9 所示，2011—2021 年，输入关键词“固碳”OR“减碳”相关专利 727 件，其中“发明公开”占比 71.4%，“实用新型”占比 19.8%，外观设计 4 件，发明授权 60 件。2011—2021 年专利申请数量呈增加趋势，其中发明公开专利增长数量远远大于实用新型专利数量，近 3 年内“减碳和固碳”相关专利申请约为每年 100 件。

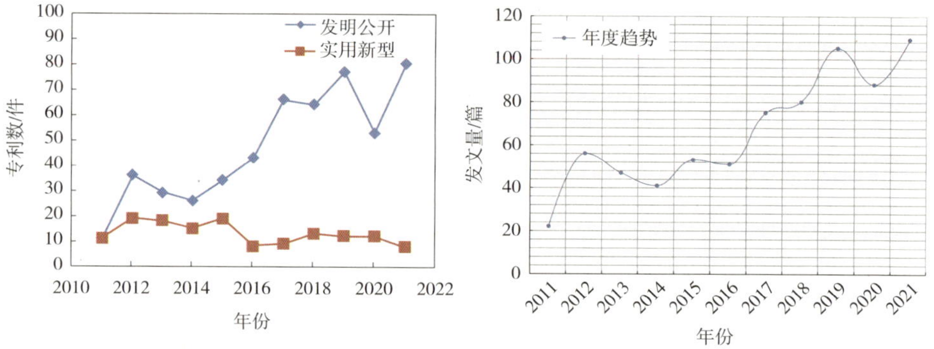


图 14-9　近 10 年（2011—2021 年）减碳领域专利申请数量趋势图

### 14.2.2.2　专利申请相关主题

碳中和是一个交叉学科，涉及能源、工业、建筑、交通、生活、农业、林业等各个领域。如图 14-10 所示，“减碳和固碳”相关专利主要申请人为一些高校、环保公司等，内容涉及节能减碳的各个领域，分开来看，“固碳”相关专利数量约为“减碳”相关专利数量的 3 倍。从 2011—2021 年申请的“碳减排”专利的主题来看，主要集中在生物固碳、减碳的方法和装置，节能减排等方向。

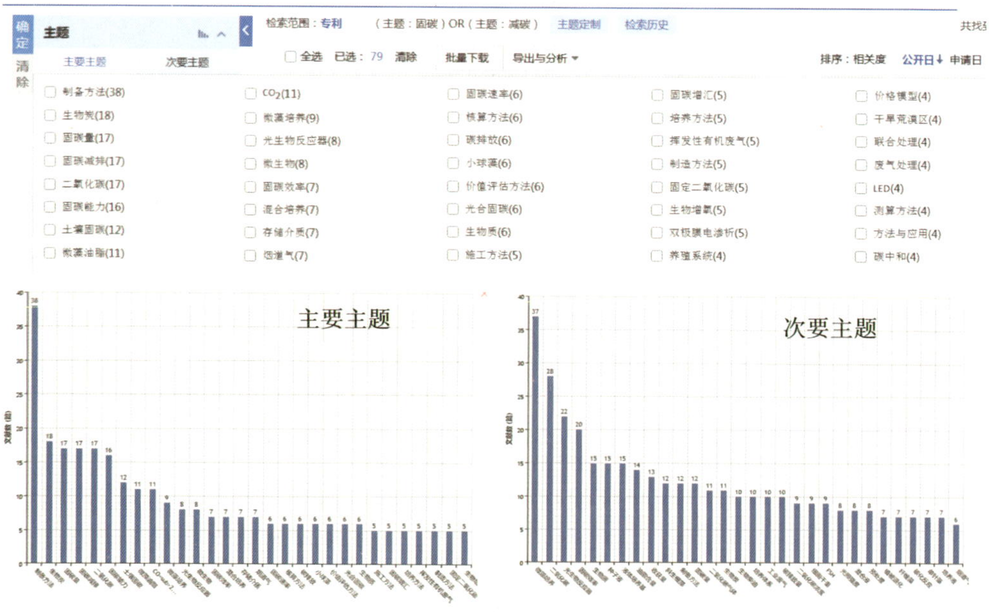


图 14-10　“碳减排”领域专利主要主题及次要主题分析

从“碳减和固碳”专利涉及的学科来看，专利分布在化工、计算机、电力、材料、林业等多个学科方向（图 14-11）。

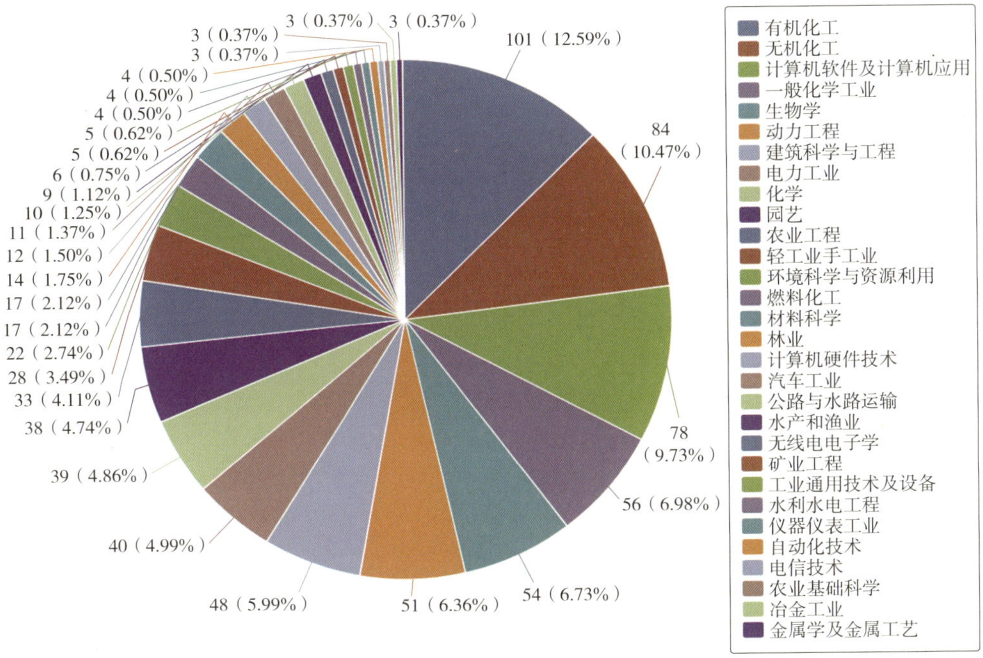


图 14-11 “碳减排”专利涉及学科分析

“固碳”专利较多，主要分布在生物固碳、林业固碳、工业固碳反映材料等方向；电力行业“减碳”专利主要为一些电力设备（配电箱、电路开关、整流器、变压器等）的一些节能或者减碳改造；化工领域主要为一些废气处理设施的工艺；交通领域涉及一些材料和施工方法改进；其他领域多为一些节能的装置、设备或者方法。

### 14.2.2.3 碳中和相关专利重要性分析

该领域引用次数较高的文献见表 14-1，碳中和领域相关减碳、固碳技术的引用较高的多为技术研发类，近些年关于碳捕集碳封存等固碳技术的发展越来越受到重视，引用次数较高。从引用次数可以看出，碳捕集装置、零碳方法、碳监测系统、碳测算方法越来越受到人们的关注。

表 14-1　碳中和领域高频引用专利分布列表

| 专利号 | 引用次数 | 专利名称 | 申请（权利）人 |
|---|---|---|---|
| CN101549274A | 41 | 一种超重力旋转床装置及在二氧化碳捕集纯化工艺的应用 | 北京化工大学<br>北京中超海奇科技有限公司 |
| CN101914572A | 39 | 二氧化碳零排放型有机废弃物能源化利用的方法 | 中国科学院广州能源研究所 |
| CN101719555A | 38 | 双室藻类微生物燃料电池及其处理废水实现零碳排放的方法 | 哈尔滨工业大学 |
| CN102591351A | 36 | 基于遥感、卫星定位导航和无人机的三维空间碳排放监测系统 | 北京航天慧海系统仿真科技有限公司<br>曾安里<br>高雨青 |
| CN103752142A | 31 | 一种太阳能辅助二氧化碳捕集集成系统 | 天津大学 |
| CN101716458A | 31 | 燃煤电厂烟气中二氧化碳捕集系统及处理方法 | 中电投远达环保工程有限公司 |
| CN101920258A | 30 | 二氧化碳零排放型有机废弃物能源化利用的系统 | 中国科学院广州能源研究所 |
| CN103544541A | 30 | 智能配用电系统碳减排评价与测算方法 | 国网江西省电力有限公司电力科学研究院<br>国家电网公司 |
| CN103229653A | 28 | 速生植物种植、成型、固碳封存与综合利用的方法 | 雷学军<br>雷训 |
| CN103372371A | 25 | 太阳能有机朗肯循环辅助燃煤发电进行碳捕集的系统装置 | 天津大学 |
| CN103920391A | 24 | 一种二氧化碳捕集剂及其制备方法 | 内蒙古光捕碳农业科技有限公司 |
| CN103155776A | 24 | 通过速生草本植物的种植、收割和填埋实现固碳的方法 | 湖南绿心科技有限公司 |
| CN106316685A | 24 | 一种稳产固碳的土壤结构调理剂及其制备方法与应用 | 仲元（北京）绿色生物技术开发有限公司<br>仲元（北京）土壤改良技术研究所<br>中国农业科学院农业环境与可持续发展研究所 |

| 专利号 | 引用次数 | 专利名称 | 申请（权利）人 |
|---|---|---|---|
| CN101654313A | 24 | 利用高级氧化对污水进行预处理培养工程微藻进行污水深度处理和二氧化碳减排的方法 | 哈尔滨工业大学水资源国家工程研究中心有限公司 |
| CN102349420A | 20 | 毛竹林碳汇能力的测定与提高碳汇能力的配肥方法 | 浙江农林大学 |
| CN101362596A | 20 | 生态型碳减排的系统化方法 | 梁知维 |
| CN103148862A | 20 | 污水处理碳减排气升环流微藻自养—异养耦合光生物反应器 | 同济大学 |
| CN103111186A | 19 | 一种强化钢渣矿化固定二氧化碳的方法 | 中国科学院过程工程研究所 |
| CN105483013A | 19 | 一种利用微藻同步产油、固碳、脱硫、除硝的方法和装置 | 中国科学院武汉植物园 |
| CN102775201A | 17 | 一种固碳高活性微生物有机肥及其制作方法 | 海若斯（北京）环境科技有限公司 |
| CN102986435A | 17 | 一种利用根茎萌蘖提高干旱荒漠区固碳的方法 | 中国科学院新疆生态与地理研究所 |
| CN104154521A | 17 | 一种太阳能辅助二氧化碳捕集与供热的集成系统及其方法 | 天津大学 |
| CN103109675A | 16 | 狼尾草和象草的速生丰产与高效捕碳栽培方法 | 雷学军 |
| CN103657381A | 16 | 烟气的预处理及二氧化碳捕集纯化回收装置 | 中石化石油工程技术服务有限公司<br>中石化石油工程设计有限公司 |
| CN102808000A | 15 | 城市生活垃圾资源化分级利用及固碳处理方法 | 辽宁科技大学 |
| CN103961979A | 15 | 一种多级分流再生的二氧化碳捕集系统与工艺 | 中国华能集团清洁能源技术研究院有限公司 |
| CN101792716A | 14 | 规模化培养葛仙米耦合固碳减排的方法和培养系统 | 张懋 |
| CN103215206A | 14 | 一种蓝藻—水稻复合经营的固氮与固碳的方法 | 上海交通大学 |

| 专利号 | 引用次数 | 专利名称 | 申请（权利）人 |
|---|---|---|---|
| CN101898087A | 14 | 二氧化碳转化吸收及钢铁熔渣余热综合利用方法和装置 | 北京大学 |
| CN101224464A | 13 | 利用生物质进行地下固碳的方法 | 许晓春 |
| CN102550162A | 13 | 一种增加干旱荒漠区土壤固碳能力的快速方法 | 中国科学院新疆生态与地理研究所 |
| CN201826979U | 13 | 液氧固碳零排放内燃机 | 清华大学 |
| CN107012072A | 11 | 一种光生物膜反应器及在污水处理、固碳和微藻采收中的应用 | 南昌大学 |
| CN103540331A | 11 | 一种利用城市污泥与作物秸秆联合固碳的方法 | 广东省生态环境与土壤研究所 |
| CN1491894A | 11 | 一种利用工业烟气湿式固碳法生产微细碳酸钙的方法 | 北京科技大学 |
| CN104709876A | 11 | 利用零碳或负碳排放系统制备合成气的工艺方法 | 中国科学院上海高等研究院<br>山西潞安环保能源开发股份有限公司 |
| CN102635469A | 10 | 一种内燃机富氧燃烧与液氧固碳系统及其工作方法 | 北京建筑大学 |

#### 14.2.2.4 碳中和技术研究进展与展望

借助知网专利数据库，以“减碳”OR“固碳”为关键词，对近 10 年相关专利进行检索，主要得出以下结论：

碳中和领域近些年专利数量不断上升，“发明公开”专利的数量大幅上升，专利内容涉及能源、工业、交通、建筑、碳监测、固碳技术、碳交易等多个方面，以及化学、生物、电力、林业等多个学科。

生物固碳以及生态系统固碳的专利目前是碳中和领域专利类型最多的。随着碳达峰和碳中和概念的兴起，“减碳固碳”专利的内容逐渐多元化，工业领域碳捕集碳封存、建筑领域节能减碳、交通领域减碳装置以及一些碳监测碳排放测算方法的专利越来越多。碳中和是个新兴领域，我国要实现碳中和还面临着巨大挑战，还需要一些关键技术的突破。相关专利数量会在未来 10～20 年大幅上升，其涉及的内容也将越来越丰富，涵盖产生温室气体的各个领域，近期内专利仍以发明专利为主，主要涉及一些减碳装置，解决碳中和的“卡脖子”问题，远期实用新型专利数量会大幅增加，将方法学应用到实际产品端，实现国家碳中和。

## 14.2.3 碳中和法律法规政策标准体系研究

力争 2030 年前实现碳达峰、2060 年前实现碳中和，是党和国家的重大战略部署。当前我国仍处于工业化和城镇化快速发展时期，尽管在绿色发展和生态文明建设方面取得了重大进展，但生态形势仍较严峻，高碳排放的产业没有根本改变，仍然是全球最大碳排放国，要统筹用好法制、行政、经济、市场、社会和国际合作 6 大政策工具，把节能贯穿经济社会发展的全过程和各领域，推进钢铁、石化、建材等产业优化升级和绿色低碳转型，加快发展碳中和产业、加强碳中和产业模式创新与技术研发，实现高质量低碳发展。

### 14.2.3.1 碳达峰与碳中和法律法规政策体系研究

中国提出“双碳”战略目标后，“双碳”已成为现代化建设的核心议题，各部门各领域均为实现“双碳”目标陆续推出相关政策和制度。碳中和政策发展趋势导向明显，一是能源结构优化，产业升级需求加速。我国煤炭、原油类能源碳排放占比较高，能源结构有待进一步优化。短期内，节能减排减碳仍是碳中和政策的重点。二是低碳技术市场需求继续加大。实现碳中和目标，不仅需要能源产业结构调整，也需要消费端的技术突破。工业、建筑、交通等传统高碳排行业是额外减排贡献的重点潜在来源，仅供给端的清洁化发展无法直接实现净零碳排放，必须配合消费端通过低碳技术脱碳。

### 14.2.3.2 碳市场政策机制研究

正如黄润秋部长所说：“碳达峰与碳中和是一场广泛而深刻的社会系统变革，对经济结构、能源结构、交通运输结构和生产生活方式都将产生深远的影响。”我国生态环境问题，本质上是高碳的能源结构和高耗能、高碳的产业结构问题，在减污降碳协同增效的目标导向下，为应对气候变化、降低碳排放，我国应进一步发挥市场在资源配置中的决定性作用，以生态环境保护约束倒逼经济结构、产业结构加快转型升级，深入打好污染防治攻坚战，持续改善生态环境质量，助推经济社会发展全面绿色转型，实现“2030 年碳达峰，2060 年碳中和”“双碳”目标，建设美丽中国。

目前，在我国，消费已成为拉动经济增长的主要动力，并正处于从温饱型向全面小康型升级转型的窗口期，推动形成绿色消费模式迎来机遇期。消费领域的资源环境负荷增大，部分抵消了生产领域资源环境绩效的提升，拖慢了整个经济系统的绿色转型进程。目前研究主要集中在污染排放的经济因素探究等方面，忽略了对污染物排放机理以及市场失灵导致的排放过度问题。从环境经济学来看，污染防治攻坚战阶段命令控制手段的环境效果明显，具有合理性，相关研究主要集中在“控制手段”的能源效率分析和环境管理分析上。“十四五”时期，为顺利实现“2030 年碳达峰，2060 年碳中和”“双碳”目标，应加大对用能权、排污权碳、碳排放权、碳交易、绿色信贷、绿色保险等制度的研究。

#### 14.2.3.3 碳中和产业支撑政策研究

近年来，我国碳中和产业正逐渐成为新经济常态下的新亮点、新支柱。低碳节能环保技术装备迅速升级，技术水平不断提升。但与新时代生态文明建设目标和经济高质量发展要求相比仍然存在一定差距，面临产业集中度低、污染治理任务重、商业模式创新不足、资金短缺、科技创新动力不强等一系列突出问题。在此基础上，结合“十四五”时期作为我国深入推进生态文明建设的关键期、以生态环境高水平保护促进经济高质量发展的攻坚期、持续打好污染防治攻坚战的窗口期，特别是“双碳”战略下，低碳和零碳能源产业体系构建、节能减污降碳的产业转型和升级、零碳产业以及固碳和负碳产业的孵化和培育，推进碳中和产业链以及产业集群的政策、机制、标准等相关产业政策的系统研究，将成为今后碳中和重要研究领域之一。

### 14.2.4 温室气体排放核算与审计

温室气体清单是科学测算碳达峰、碳中和时间表，并制定路线图和施工图的重要基石。《京都议定书》规定控制的人为活动温室气体种类有二氧化碳（$CO_2$）、甲烷（$CH_4$）、氧化亚氮（$N_2O$）、氢氟碳化物（HFCs）、全氟化碳（PFCs）和六氟化硫（$SF_6$）。《多哈修正案》将三氟化氮（$NF_3$）纳入管控范围，使受管控的温室气体达到 7 种。从我国履行国际公约要求来看，在《联合国气候变化框架公约》及《巴黎协定》下，各缔约方需要定期根据 IPCC 清单指南向国际社会报告温室气体排放源 / 汇清单。根据《巴黎协定》实施细则要求，2024 年起我国履约报告中的国家温室气体清单要按照《IPCC 2006 清单指南》编制，该指南鼓励将大气温室气体浓度监测数据反演排放量作为校验清单核算的一个手段。

温室气体排放清单审计有利于对本地区温室气体排放进行全面掌握摸底与有效管理，对于确认减排机会及应对气候变化决策提供技术支持和重要参考作用，同时为参与国内自愿减排交易做准备，为政府制定减排政策及推动碳交易提供保障。

### 14.2.5 碳中和路径研究

为解决各国碳中和共同问题以实现可持续发展，各国所关注的焦点已从单一能源问题转向多个重点领域（能源经济、能源环境、能源技术等），国家、城市、领域、行业、企业等不同领域的碳达峰、碳中和技术路径研究，将成为实现碳中和战略的重要和核心科学问题之一。

碳中和路径核心是如何以最小的经济代价实现最大的环境和经济效益，主要涉及的领域涵盖能源、经济与环境三大系统。能源—环境—经济复合模型逐渐发展并成熟。按照建模方法分类可将典型能源—环境—经济模型分为三类：自顶向下模型（Top-Down Model）、自底向上模型（Bottom-Up Model）、混合能源模型（Mixed Energy Model）。自顶向下模型是以经济学基本理论为出发点，以能源价格和经济弹性为主要的经济指数，展现社会经济发展与能源供给与需求之间的动态关系，主要用于宏观经济分析与能源政策规划方面。自底向上模型是以工程技术模型为出发点，对以能源需求和供给中所使用的技术为基础进行详细的描述和仿真，从而对能源消费、环境影响进行分析。混合能源模型既包含自顶向下宏观模型又包含自底向上能源供给与需求模型，通过系统仿真预测未来能源、环境、经济之间的平衡关系，为国家宏观战略提供支持。

### 14.2.6 碳中和技术体系研究

2021 年 3 月，习近平总书记在主持召开中央财经委员会第九次会议时进一步要求，推动绿色低碳技术实现重大突破，抓紧部署关键核心技术研究，加快推广应用减污降碳技术，建立完善绿色低碳技术评估、交易体系和科技创新服务平台。推动关键核心技术研发和应用是行业深度脱碳，实现我国碳达峰与碳中和目标的必由之路。

碳中和技术研究主要涵盖“减排”和“增汇”两大领域技术创新和进步的协同发力。根据欧洲专利局与国际能源署相关研究，实现碳中和目标的技术有75%尚不成熟。欧盟、美国、日本等发达国家已规划部署低碳前沿技术的研发及配套财政支持。2019年欧盟发布的《欧洲绿色新政》中提出能源、工业等7个重点领域的关键政策、核心技术和实施计划；美国拜登政府将气候变化作为四大优先事项之一，强调将加大对零碳电力、零碳交通、零碳制造、零碳建筑等领域的技术创新投入；日本则在《绿色增长战略》中明确提出海上风力发电、电动车、氢能源等14个重点领域的深度减排路线图。

据测算，2020年中国碳排放中发电和工业生产分别占到45%和39%，其中20%～25%是隐含的碳排放，即产品制造在中国而消费在国外。根据联合国对现代工业体系的分类，我国工业体系100%覆盖了39个工业大类、191个中类、525个小类，中国已经成为世界上拥有最完整工业体系的国家。据清华大学测算，为达到符合《巴黎协定》的减排量，我国的排放量需在2030年前达到峰值，然后以8%～10%的速度迅速下降，受限于我国以煤为主的能源结构、复杂的产业类型和现有的产业水平，这也导致了我国碳排放呈现“体量大、任务重、减排难”三大特点。据测算，2060年碳中和目标要求未来能效提高、结构调整等措施对减排的贡献将逐步递减，而技术减排贡献将从2030年前的40%～43%逐步上升至50%以上。因此，低碳技术突破将成为我国碳中和目标乃至世界碳中和战略目标实现的核心驱动力。

### 14.2.7 应对气候变化履约对策及透明度研究

《巴黎协定》明确要求建立一个“增强的透明度框架”，并在同年通过的决议中授权各方就其通用的模式、程序和指南展开谈判。2020年后国际报告与审评制度正式建立，其“通用＋灵活性”的模式、程序和指南，对我国履约工作提出了新的要求。围绕《巴黎协定》增强透明度框架新要求，识别中国加强温室气体排放数据管理透明度能力建设需求，在国家、地方、企业三个层面开展透明度相关方法学研究、制度设计、数据平台集成和能力建设，并完善集成国家温室气体信息及排放数据管理平台，以更好地支撑国内低碳发展目标的制定和高水平履行《巴黎协定》。《巴黎协定》增强透明度框架新要求，

"强化"的透明度规则对各方报告和审评的要求均有提高新规则，明确要求包括我国在内的所有国家不晚于 2024 年提交第一次透明度双年报，随后每两年提交一次，内容包括年度国家温室气体清单、国家自主贡献进展追踪、气候适应、提供和收到的支持信息等内容，并需接受国际专家审评和促进性多边审议。

## 14.3 亟须突破的重点领域和技术

### 14.3.1 温室气体的排放因子本地化

开展温室气体排放因子中国本地化研究，是建立健全温室气体排放核算的质量控制与不确定性分析和透明度技术体系的基石。新规则对我国清单编制和履约报告机制带来较大挑战，这是因为国家温室气体清单编制工作量显著提高。我国自 2024 年起需提交年度国家温室气体清单报告，无论是报告频率还是详细程度，相比现行做法均有大幅提高。

我国在积极应对气候变化的同时，温室气体清单编制工作却依然存在诸多问题，主要包括：①本地化排放因子欠缺，大部分排放因子选取默认值，清单结果不能完全反映实际排放水平。②温室气体清单编制标准欠缺，无法满足核查业务需求。目前，仅发布了 13 项国标以及 24 项技术指南，城市层面和大部分行业尚未发布相关核算标准。③清单活动水平数据统计覆盖不全，能源统计数据覆盖不全，自下而上统计报送数据仅仅涵盖规模以上工业能耗。能源统计数据质量有待提升。以 2019 年能源统计数据为例，全国能源消费总量 447 597 万 t 标准煤，而各省能源消费总量加和为 489 327 万 t 标准煤，比全国多出 9.3%。④清单编制缺乏审核与公开机制，碳排放量核算不规范、不准确、不可比等问题突出，无法满足管理需求。⑤尚未建立专门的编制机构和稳定的财政经费渠道，缺少相关部委间常态化数据收集、共享机制以及应对气候变化国际支持信息统计体系。这些问题极大地影响和限制了精准核算和评估我国温室气体排放现状、特征以及存在的问题，也直接影响"双碳"战略路径实施的"一表两图"的科学制定和系统部署。

## 14.3.2 碳中和技术研发与创新研究

### 14.3.2.1 零碳能源和零碳材料关键技术基础研发亟待强化

根据国际能源署预测，2050 年实现碳中和所需技术有 50% 的仍处于示范或原型期，同时这些技术研发主要集中在欧美发达国家，我国尚处于起步甚至空白状态。虽然我国风、光、水、核等非化石能源技术整体处于国际领先水平，但近期迫切需求的碳基能源催化转化反应途径、催化剂及工艺开发、煤炭分级分质转化利用等传统能源系统的低碳排放转型技术尚处于起步阶段，可再生能源电解制氢技术、先进裂变堆研发及聚变堆实验技术、新型电化学储能技术、多能融合等技术等零碳技术总体成熟度偏低。据测算，我国氢产能不足零碳排放氢需求的 30%，特别受技术成熟度和技术成本影响，零碳制氢的电解制氢产量占比不足 4%。

### 14.3.2.2 低碳产业转型关键技术亟待突破

据国际能源署测算，碳中和目标下 2030 年产业领域碳排放需下降 20%，2050 年则需下降 90%，而低碳产业转型关键技术持续创新和推广应用是实现上述目标的重要抓手。该类技术主要包括氢能炼钢等低 / 零碳燃料技术、石灰石的零碳替代技术等低 / 零碳原料替代技术、电动水泥窑等低 / 零碳生产工艺技术、废弃物及废水处理甲烷等非二碳减排技术等，其中仅原材料替代技术可实现约 1.7 Gt 二氧化碳减排。由于针对产业低碳发展政策和约束性指标要求相对滞后，同时受新技术经济成本等因素影响，低碳产业转型关键技术仍有 60% 处于不成熟阶段。

### 14.3.2.3 固碳和负碳关键技术系统推进尚待完善

固碳和负碳技术是有效推进碳汇领域实现碳中和的有力支撑，据估算，中国每年碳捕集需求将达到 26 亿～33 亿 t。目前固碳和负碳技术创新领域主要包括了生态环境保护修复及协同增汇技术、基于天基卫星观测的生态碳储量核算评估技术、CCUS 与新能源体系的耦合技术、化学链捕集技术、低成本及低能耗的 CCUS 技术、直接空气碳捕集（DAC）和碳循环利用技术等。受技术成熟度、经济成本以及技术次生效益等影响，固碳和负碳关键技术系统推进尚待完善，如 CCUS 技术实施，运输和封存环节碳泄漏可能导致人体中毒、海水酸化、土壤污染、地下水污染等。以燃煤电厂 CCUS 为例，燃烧后碳捕集成本为 29～51 美元 /t，发电效率损失 20%～30%，成本增加为 0.26～0.4 元 /（kW・h），总水耗量增加近 49.6%。

### 14.3.2.4 温室气体排放监测技术

温室气体监测在我国现有核算体系中也已有所体现。为服务于碳市场企业排放报告以及温室气体自愿减排等工作需要，我国发布了 24 个行业企业温室气体排放核算方法与报告指南，先后分 12 批共备案 200 个基于项目碳减排核算方法学，涵盖工业、电力、能源、建筑、农业等多个重点行业和领域。上述核算方法学中部分排放源采用监测方法，如煤矿井工开采抽放和通风系统的 $CH_4$ 逃逸量、HFC-23 废气焚烧的减排量、硝酸或己内酰胺生产尾气中 $N_2O$ 的催化分解量以及工业废水处理过程中温室气体减排等均采用连续或间歇监测方法。核算方法学明确给出了监测参数、监测程序、监测设备、监测职责和使用的质量保证 / 质量控制程序，同时对仪表的安装、维护和校准标准也提出了要求。此外，国内部分行业自发开展温室气体连续在线监测探索，但实测结果和碳平衡核算结果相差较大。

在温室气体监测方面，当前我国大气温室气体浓度监测分散在多个部门，在地面浓度监测中，除了中国气象局的 8 个全球 / 区域大气本底站实现了主要温室气体浓度的在线监测外，生态环境部的 11 个国家大气背景站也开展了温室气体监测工作。在无人机遥感中，生态环境部卫星环境应用中心采用无人机遥感，围绕重点生态环境问题，开展小范围温室气体监测工作，监测城市区域或重点工业园区的浓度和排放通量。在卫星遥感监测中，生态环境部作为牵头用户的 4 颗卫星可实现 2～3 天 / 次的温室气体卫星遥感探测，科技部碳卫星和气象局风云三号也具备温室气体监测能力，初步建立了地面、高空和空间“三位一体”的立体温室气体监测网络。但部门间缺乏有效的统筹协调，数据之间未实现有效共享。温室气体浓度模式反演排放源多处于研究阶段，尚未形成成熟的业务体系。

温室气体排放监测技术研究领域重点跟踪煤炭和废弃物处理等重点排放点源开展试点监测，基于已有领域积累并深入分析研究，制定行业温室气体核算报告相关监测标准和技术规范。探索 $CH_4$、$N_2O$、HFCs、$SF_6$、PFCs 等非二氧化碳温室气体排放监测，整合院内资源开展浓度反演技术和模型的研究与应用。

### 14.3.3 碳中和路径模型研究方向

碳中和路径模型研究方向要进一步向碳中和路径模型的深度和广度方向发展，主要体现在：①开发综合评价模型，综合考虑不同部门之间的连接关系，形成综合评价模型，以加快绿色低碳发展转型；②深化对关键影响因素的理解与模型，目前大部分实用模型对关键因素的处理上还过于简单，很大程度上无法满足当前实际需要，需结合相关性分析以及敏感性分析方法深度研究碳中和路径的影响因素、影响程度以及相互作用；③细化各行业以及各规模的模型模拟研究，各行业的能源消费、污染物排放以及碳排放强度均有不同，在减污降碳协同增效目标下，以重点行业着手优化模型系统，确定未来能源结构转变、技术效率提升对减污降碳目标的定量影响。

### 14.3.4 碳中和政策及其评估研究方向

#### 14.3.4.1 碳中和政策

在发挥市场在资源配置中的决定性作用方面，仍面临许多困难和问题：第一，我国现有的经济手段的效率和效果亟须探究，经济手段内部及其与外部的管制手段的关系还未厘清；第二，碳中和的政策研究需进一步加深，以探究“双碳”目标倒逼和推动经济结构绿色转型，加快形成绿色生产方式和生活方式，助推经济高质量发展的重要作用。

在国家碳达峰与碳中和目标下，完善与建立生态环境治理体系与治理能力现代化的重要性更为凸显，目前相关理论研究已取得一定的进展，然而也存在一定的问题。一方面是对于绿色低碳循环发展的经济体系的研究需进一步加深，探究倒逼经济高质量发展和生态环境高水平保护之间的关系，努力趋向碳达峰和碳中和愿景；另一方面，对农村生态环境保护的治理模式和管理制度，有待进一步研究。

基于 2030 年碳达峰目标，根据我国 31 个省（区、市）经济发展、能源消耗、产业结构、产业水平、产业布局等要素开展低碳产业发展现状水平评估，识别和评估低全国、长江流域、黄河流域、京津冀、长三角、珠三角、成渝等重点区域以及发电、石化、化工、建材、钢铁、有色金属、造纸重点行业的低碳零碳产业发展的政策基础、政策“瓶颈”及产业发展政策诉求，从区域绿色发展政策（产业结构、产业类型、产业准入等）、环保的“三线一单”、差异化监管（环评、排污许可、重污染应急、减污降碳协同等）以及绿色金融扶持政策（低碳零碳绿色信贷、碳交易、碳核查、碳审计、碳税等）完成碳达峰目标下全国、重点流域、重点区域、重点行业的低碳零碳产业发展的环保和经济政策体系设计。

#### 14.3.4.2　碳中和产业政策研究方向

重点针对碳中和产业的培育孵化、产业评估筛选、产业链搭建、产业区域布局、产业绩效评估优化、产业技术创新等相关政策体系需要发展开展研究，重点围绕减污降碳协同控制减碳产业体系、碳捕集与封存的固碳产业体系、碳普及封存利用的碳循环经济产业体系、零碳能源消耗产业体系、森林、海洋、农田、林草等碳汇产业体系、碳金融产业、碳信息化产业等碳中和产业的环保和经济政策、产业发展规划、产业低碳零碳技术标准和指南、产业大数据库和智慧化、低碳零碳产业技术政策及推广机制平台建设等开展相关研究。

以污染源及其关键污染物控制为主线，结合外场观测、在线分析和理论模拟，重点针对能源和原料消耗排碳（发电、石化、化工、建材、钢铁、有色金属、造纸）、生产工艺过程产碳排碳的重点行业开展碳排放因子本地化研究，构建全国工业领域本地化碳排放清单；结合行业低碳零碳技术发展，完成重点行业的低碳零碳技术、减污降碳协同控制技术清单的筛选技术和技术清单的构建；基于大数据库完成低碳零碳技术和减污降碳协同控制技术的评估、筛选、推广应用的技术平台的研究，完成多源异构大数据融合应用方法和数据共享机制1套；建成时空动态化、业务精细化、决策科学化的减污降碳协同治理科技支撑平台。

## 14.4　展望

### 14.4.1　碳中和法律法规标准体系建设

#### 14.4.1.1　碳中和政策框架体系设计

为实现“双碳”目标，中共中央已经成立了碳达峰、碳中和工作领导小组，国家发展改革委正会同有关部门制定碳达峰、碳中和顶层设计文件，抓紧编制

2030年前碳达峰行动方案和分领域分行业实施方案，谋划金融、价格、财税、土地、政府采购、标准等保障方案，构建碳达峰与碳中和“1+N”政策体系，目前尚未形成统一规范的碳中和政策体系。因此，如何在国家“双碳”背景下探索建立，包括法律依据、实施主体、政策工具、资金保障、配置规则等要素在内的统一规范的政策框架是近期研究的重要方向。

#### 14.4.1.2　碳中和政策绩效评估

从全球、国家、区域、行业、企业五个维度出发，构建碳中和政策绩效评估模拟模型，重点评估碳税、碳市场、能源效率、环境税、资源税、气候变化、劳动力转移、交通运输预测、双多边贸易等因素对经济、社会与环境的影响。通过设置不同的情景模式研判目前政策对碳中和目标实现的效果分析，对政策实施效益以及政策及时制定和修订提供技术支撑。

#### 14.4.1.3　碳中和产业政策发展方向

未来碳中和产业政策可以重点关注以下两个方向：一是针对传统行业能耗“双控”的产业政策，政策目标或将加速淘汰落后产能、化解过剩产能、“双高”项目、优化存量产能，严格控制高耗能行业新增产能，推动钢铁、石化、化工等传统高耗能行业转型升级；二是针对新能源产业的鼓励政策，比如风电、光伏以及新能源汽车的补贴政策。

### 14.4.2　碳排放特别是非 $CO_2$ 排放清单排放因子动态评估和更新研究

围绕落实碳达峰目标与碳中和愿景，立足国家应对气候变化工作需求，聚焦碳排放核算和审计评估，跟踪监测的支撑和服务作用，协同推进减污降碳，促进绿色低碳发展，加强体制机制和能力建设，大力支持科技创新和重大项目建设，逐步构建科学独立、通行可比、覆盖全面、互联互通、系统综合、国际领先的温室气体排放核算和监测及审计评估体系。我国目前已初步建立了清单编制工作机制和应对气候变化统计报告体系，清单编制质量总体较高，在第一次技术分析中得到了国际专家的认可，但在清单和履约报告编写的工作机制上，与发达国家和主要发展中国家有一定差距。缺少类似《中华人民共和国应对气候变化法》的上位法，从法律制度层面规范履约活动，明确相关部门和单位的权责，保障清单数据及履约报告信息的通畅，亟须进行相关研究工作。

在基础领域开展温室气体排放因子中国本地化研究，建立健全温室气体排放核算的质量控制与不确定性分析和透明度技术体系。深入推进各领域各行业二氧化碳排放因子的动态化评估和更新研究，同时开展研究 $CH_4$、$N_2O$、含氟其他等非 $CO_2$ 类温室气体排放因子，确定监测排放因子所需的能力建设与技术研发，建立不同排放因子的影响因素，开展温室气体能力验证与准确度审核，评估各类温室气体监测及核算的准确度。

### 14.4.3 碳中和技术研发、集成和绩效评估

推动和依靠低碳技术创新，作为共同的战略选择实现碳中和目标已成为世界各国的共识。欧盟、美国、日本等发达国家已规划部署低碳前沿技术的研发及配套财政支持。2019 年欧盟发布的《欧洲绿色新政》中提出能源、工业等 7 个重点领域的关键政策、核心技术和实施计划；美国拜登政府将气候变化作为四大优先事项之一，强调将加大对零碳电力、零碳交通、零碳制造、零碳建筑等领域的技术创新投入；日本则在《绿色增长战略》中明确提出海上风力发电、电动车、氢能源等 14 个重点领域的深度减排路线图。

据测算，2020 年中国碳排放中发电和工业生产分别占 45% 和 39%，其中工业领域有 20%～25% 的隐含碳排放。同时，我国工业体系 100% 覆盖了联合国对现代工业体系的 39 个工业大类、191 个中类、525 个小类，已成为世界上最完整的工业体系国家。为达到符合《巴黎协定》的减排量，中国碳排放量将以每年 8%～10% 的速度下降。受限于我国以煤为主的能源结构、复杂的产业体系及现有的产业水平，我国碳排放呈现“体量大、任务重、减排难”三大特点。据测算，2060 年碳中和目标要求未来能效提高、结构调整等措施对减排的贡献将逐步递减，而技术减排贡献将从 2030 年前的 40%～43% 逐步上升至 50% 以上。因此，低碳技术突破将成为我国碳中和目标乃至世界碳中和战略目标实现的核心驱动力。因此，尽快开展碳中和技术研发、集成和绩效评估能够为上述管理和实践应用提供重要的技术支撑。

### 14.4.4 碳中和优化路径研究

基于国家新发展理念，继续以习近平生态文明思想为指导，坚持生态优先、绿色发展，以实现减污降碳协同增效为总抓手，一体推进“减污、降碳、强生

态”。逐渐扭转当前高碳能源结构，优化产业结构，“十四五”期间实现煤炭消费总量达峰，将“十四五”碳强度下降18%，“十五五”期间逐渐降低煤炭消费。进一步以我国当前政策为导向，构建和完善适合中国经济社会发展状态的本土化碳中和路径模型，找寻最优碳中和路径，为实现2035年美丽中国目标奠定理论基础。聚焦于碳中和政策及其评估研究，为构建符合中国国情的减污降碳协同增效顶层设计和政策措施提供助力。进一步推动碳中和产业发展，加快理论成果转化速度，推动重点行业转型升级实现资源节约与环境保护，构建独创性碳中和路径模型，基于当前中国发展现状，开展减污降碳协同增效理论研究，进一步探索各领域各区域不同规模不同情景的碳中和路径，积极与地方政府、大型企业展开研究合作，推动模型系统优化与应用。紧紧围绕国家当前绿色低碳发展转型政策，积极探索适合中国国情的企业转型路径，不断提升理论成果产出质量。

### 14.4.5 气候适应体系研究

为积极应对气候变化构建气候适应体系，建议今后重点围绕如下几个方面开展工作：①围绕“三水”统筹，针对水资源集约节约利用技术、水资源优化配置、河湖保护治理能力与水资源涵养修复技术等领域研究，开展自然生态领域适应气候变化能力提升路径和技术方案研究。②围绕陆地生态系统保护工作，重点开展构建陆地生态系统综合监测体系、陆地生态系统保护与管理技术、典型生态系统保护与退化生态系统恢复技术研究等提升陆地生态系统气候适应能力建设。③围绕陆海统筹、河海兼顾、系统治理，系统开展近岸海域减污降碳协同控制技术研究，为海洋生态系统质量提升以及稳定性及气候韧性提供技术支撑。④围绕京津冀、长江经济带、粤港澳、长三角、黄河流域重点区域，开展适应气候适应机制体系下的区域协调发展战略、机制和模式研究。

编写人员：李艳萍　张　昕　赵亚洲
吕连宏　马占云　阳平坚

# 重点领域 9

Key Area 9

# 环境监测与大数据领域

Environmental Monitoring & Big data Technology

# 15 环境监测技术

## 15.1 需求分析

### 15.1.1 “十四五”环境监测领域政策解析

环境监测是环境管理和科学决策的重要基础，是评价考核各级政府改善环境质量、治理环境污染成效的重要依据，是生态文明建设的重要支撑。党的十八大以来，党中央、国务院高度重视生态环境监测工作，将生态环境监测纳入生态文明改革大局统筹推进，取得了前所未有的显著成效。

2021 年 5 月，生态环境部生态环境监测司表示，“十四五”生态环境监测规划总体概括为“四个提升”，一是提升整体性，构建“大监测”格局；二是提升系统性，建立“全覆盖”网络；三是提升协同性，加快“高质量”转型；四是提升创新性，夯实“现代化”能力。“十四五”期间，将加快推进监测体系与监测能力现代化建设，着眼“提气、降碳、强生态，增水、固土、防风险”，统一规划建设环境质量、生态质量、污染源监测全覆盖的生态环境监测“一张网”。

目前，“十四五”时期，国家环境空气、地表水、地下水、海洋、土壤等监测网络已完成优化调整并有序运行，正在重点推进生态质量监测网络建设和碳监测试点工作。通过运用天地一体化技术手段，大力提升监测网络感知能力、技术实验能力、质量管理能力和智慧分析应用能力，推进监测产学研用创新体系建设，实施一批重点工程项目，加快推进监测体系与监测能力现代化。

### 15.1.2 环境监测领域需求分析

随着2018年“环境保护部”更名为“生态环境部”，职能的调整也逐渐反映到生态环境监测的各个方面，“环境监测”也逐渐向“生态环境监测”开始转变，随之需要对生态环境进行全要素的监测和评价。

环境检测与实验中心以环境监测技术研究为一级学科，设有环境监测技术研发、环境检测技术应用研究、产品环境效能评估、环境风险与损害鉴定评估研究、实验室管理技术5个研究方向。其中环境监测技术研发为检测中心优势学科和基础支撑学科，环境检测技术应用研究为中心潜力学科。“十四五”期间，环境监测技术研发将聚焦于环境中新污染物的检测方法、$PM_{2.5}$和VOCs监测技术和质控技术，监测方法标准化以及监测人才培养工作。

环境监测技术研发方面着重解决新污染物精准检测和传统污染物高通量检测方法。需要系统开发内分泌干扰物（EDCs）、药品与个人护理用品（PPCPs）、全氟化合物（PFCs）、溴代阻燃剂（BRPs）、饮用水消毒副产物（DBPs）、纳米材料、微塑料等新型污染物定性定量精准监测方法，包括前处理技术和配套的检测技术，以及对工业过程和全国水土生物等新污染物的调查，并形成配套的监管要求。需要开发地表水、地下水、土壤常规污染物自动采样、全自动高通量分析技术。

在环境检测技术应用方面，需要解决大气$PM_{2.5}$和VOCs的在线监测数据质控和数据决策支撑。大气环境监测需求日益复杂，大气复合污染综合监测站（简称“超站”）发展迅速。超站观测仪器种类多，精密复杂，对运维操作人员的专业技术素质要求较高，亟须发布针对大气超站国家级的质量管理标准，与超站监测仪器质控运维管理规范，有效支撑地方环保部门的迫切需要。此外，VOCs是“十四五”时期空气质量改善目标之一。提升化工企业的自动化监测管理水平和园区智能化管理手段，建立化工园区有毒有害气体环境风险预警体系，是化工园区大气监测的重点任务之一。

环境效能评估是提升我国环保产品质量、推动环保产业发展的重要手段。我国以专家评审为主的产品环境效能验证评估，存在数据量少、环保产品未经系统及科学的实验验证、数据未经第三方认可缺少公正性等问题，亟须建立一套完整的产品环保性能验证评估体系，以支持创新型国家建设及科技评价制度改革。引进技术把关，有助于促使我国环保产品更加规范化、标准化，同时为企业改进产品运行技术参数等提供技术支持及指导，促进其环保技术清晰化发展，从而提升我国环保企业的国际竞争力。

基于 BIM 技术的场景重现和在线监控预警是我国环境风险防控的发展需求。我国环境风险事前防范、事中应急、事后处置的全过程防控技术体系缺乏，管理上重应急轻防范，管理模式上尚未实现向以风险控制为目标导向的环境管理模式的转变，亟须加快构建环境风险防范体系，强化环境风险防范的针对性与主动性，建立健全环境风险预测预警体系，构建基于快速 BIM 技术、在线监测和事故模型融合的风险防范监控技术体系。

随着生态环境保护工作信息化、数据化程度的加深，提升实验室信息化系统技术能力建设成为重中之重。为促进实验室科学化、规范化、精细化、专业化管理，打造生态环境领域现代化、制度化、标准化、智能化科学技术实验平台，为“十四五”重点生态环境保护需求科研任务提供支撑，迫切需要构建实验室综合智慧信息管理技术体系，通过大数据分析共享、人工智能决策辅助等新技术，实现对传统实验室管理的信息化数字化转型和数据安全要求。

## 15.2 现状与趋势

### 15.2.1 现状分析

#### 15.2.1.1 国际环境监测技术研究进展

利用“Web of Science”数据库进行检索分析，用“environment monitoring”或“Ecological environment monitoring”作为主题词进行检索，文章类型限定为“article”和“review”，语言仅限英语，检索时间为 2000—2020 年，共检索出 70 010 个条目。采用 CiteSpace 软件进行科学计量与可视化分析、技术主题研究。整体上看，国际学术界对环境监测的研究成果数量总体呈持续上升趋势（图 15-1），研究成果主要来自 177 个国家和地区，其中美国成果数 17 586 个，约占总成果数的 25.1%；中国成果数 9 925 个，约占总成果数的 14.2%；英国成果数 5 656 个，约占总成果数的 8.1%；意大利成果数 4 641 个，约占总成果数的 6.6%（图 15-2）。

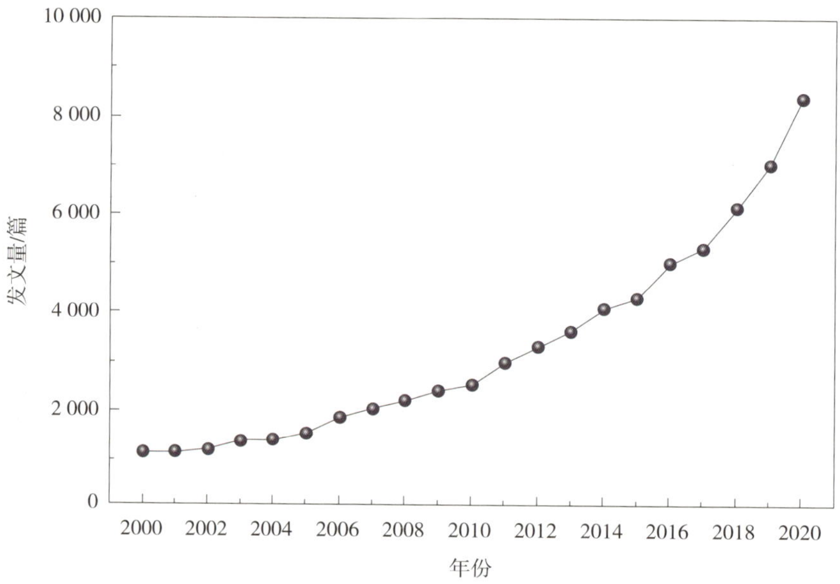


图 15-1　国际环境监测研究成果数量分布

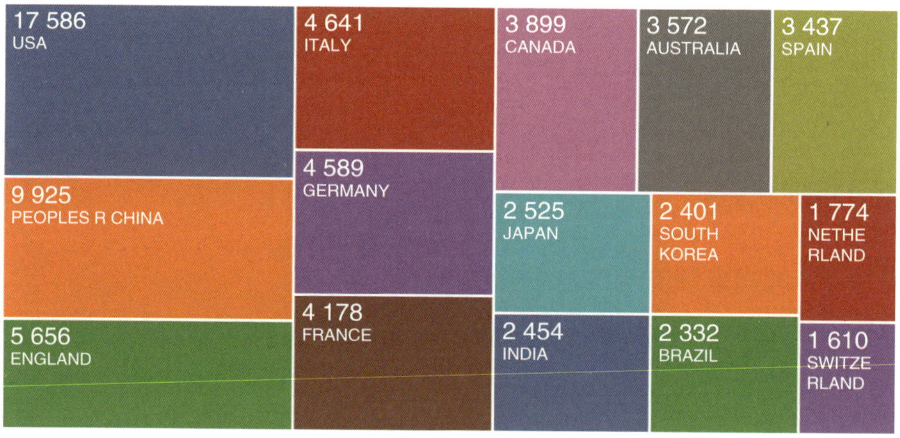


图 15-2　国际环境监测研究成果数量国家分布

将国外近 20 年研究成果按关键词频度占比展开分析，2000 年以来，环境监测技术研究成果的关键词总体上变化不大，水体、土壤、模型、管理等方面一直是主要研究热点，其中土壤是 2000 年关注的热点，2015 年土壤监测的研究占比有所下降。2015—2020 年以来气候变化等全球性环境问题，出现在环境监测的主要词频中，环境仪器（传感器）开发、健康等方向的环境监测技术的研究关键词频度占比也逐渐提高。

### 15.2.1.2 我国环境监测研究技术发展情况

通过对“CNKI 中国知网”中的文献库、专利数据平台（智慧芽 patsnap）进行检索，开展我国生态环境监测领域研究热点与技术发展趋势的分析。

利用 CNKI 数据库进行检索分析，用“环境监测”“生态环境监测”作为主题词进行全文检索，为提高检索的精确度，参考文献，检索来源精确限定为《中文核心期刊要目总览（2017 年版）》中的 27 种环境科学类核心期刊。检索时间范围为 2000 年 1 月 1 日至 2020 年 12 月 31 日，共检索到 17 692 篇文献（图 15-3）。同上采用 CiteSpace 软件进行数据分析。

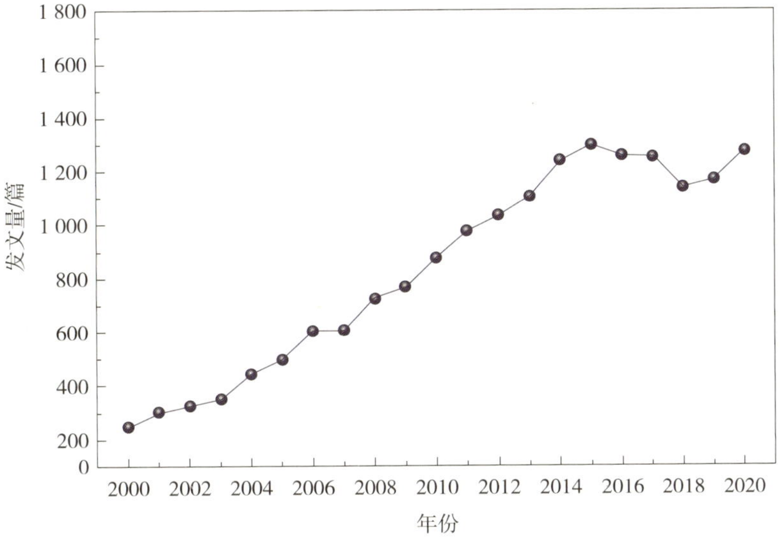


图 15-3 我国环境监测研究成果数量分布

重金属、$PM_{2.5}$、土壤 3 个关键词以及其衍生的关键词为我国环境监测研究领域的主要部分。从关键词词频占比统计结果来看，重金属、$PM_{2.5}$、土壤、污染特征占比分别为 6.38%、3.28%、3.21%、2.55%。通过对环境监测文献中关键词共现网络（图 15-4）分析也可以看出，高中介中心性的关键词为重金属、$PM_{2.5}$、土壤、污染特征等。此外，生态风险、来源分析、污染物的时空分布等检索词是以生态环境监测数据为数据基础开展研究的。

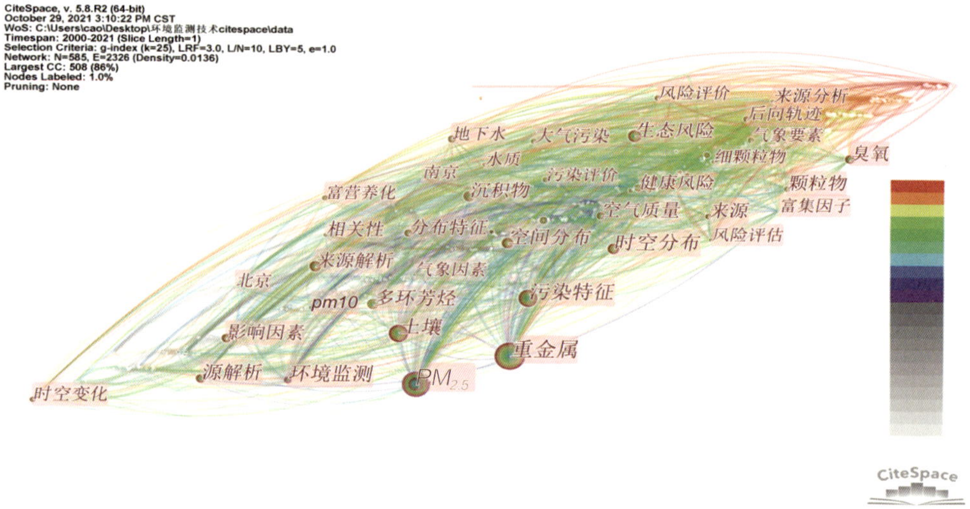


图 15-4　环境监测的关键词共现图

## 15.2.2　学科发展趋势

“十三五”期间，生态环境监测的认识高度、推进力度前所未有，各项工作取得了明显进展。

无组织排放一直是环境监控的弱项。无组织排放复杂，具有不定时、量化难的特点。很多大企业真的很无辜，管理良好，排放量小，却被作为环保升级改造的重点对象，苦不堪言，反而部分生产条件差，间断生产（偷偷生产）的小企业成为监控盲区。开展 LDAR 技术和 SOF、DIAL 技术的检定校准比对工作，为无组织排放监测提供技术手段。

新型污染物（EDCs、PPCPs、PFCs、BRPs、DBPs、纳米材料、微塑料等）监测和监管要求：一是建立“摸清底数、完善名录、分类管理、重点治污”的支撑体系。完善成效评估，进一步加强已有框架下调查、评价和治理的技术支撑体系；建立污染物趋势动态评估机制，调整约束性标准，适时将新污染物治理纳入现有监控体系；建立基于调查性监测、国际动态跟踪、定期文献调研的优先评估、控制污染物候选名录方法学。二是构建包括组织架构和工作机制、5 年及中长期行动计划及重大工程在内的新污染物环境调查监测工作框架。三是构建新污染物环境赋存状况调查监测技术体系。建立基于现代质谱技术的靶标、非靶标筛选方法和生物筛选方法；完善、补充现有方法标准，制定环境多介质中化学物质调查、监测技术规定；建立重点区域及行业新污染物调查方法学等污染物环境赋存状况调查监测技术体系。四是持续开展年度新污染物环境赋存状况调查。

### 15.2.2.1 大气环境监测方面

国家和地方两级的环境空气质量监测网络逐步完善。自《环境空气质量标准》（GB 3095—2012）颁布实施以来，全国 338 个地级及以上城市已建成 1 436 个国家城市环境空气自动监测站，实现了环境监测数据一点多发（城市、省、国家）、实时传输，实时向社会公开发布。监测项目包括 $SO_2$、$NO_2$、CO、$O_3$、$PM_{10}$、$PM_{2.5}$ 6 项指标。此外，大部分省（区、市）也建有地方环境空气自动监测站，形成了国家和地方两级的环境空气质量监测网络，为考核地方环境空气质量、大气污染治理成效提供了重要依据。

“十三五”期间，我国的自动监测站点数量明显增加，针对环境监测和运维机构在国家和地方环境空气质量自动监测运维管理工作中存在的问题，环境保护部专门印发《关于加强环境空气自动监测质量管理的工作方案》，目的是为全面提升环境空气质量自动监测和质控水平提供保障。

随着环境管理需求的提高，大气复合污染综合监测站（简称“超站”）发展迅速。随着环境监测需求日益复杂，常规监测站点已经无法满足环境空气质量管理的需要，因此能够监测更多参数指标的大气复合污染综合监测站逐渐被各省（区、市）生态环境部门重视。目前我国已经建成投入使用的超站超过 60 个，由于超站观测仪器种类繁多且更加精密复杂，对运维操作人员的专业技术素质要求较高，但目前我国并没有针对超站发布国家级的质量管理标准，故导致部分超站监测结果误差较大，无法准确地为生态环境管理部门提供有效支撑，因此专业及时的超站监测仪器质控运维管理已经成为地方生态环境部门的迫切需要和今后的重点任务。

化工园区是未来大气污染源监测和管控的重点。“十四五”期间，VOCs 已经被设置为空气质量改善目标之一，化工企业是 VOCs 的重要来源。随着全国各地化工企业“退城入园”行动的开展，“十三五”期间，我国化工园区规模效应明显，全国已形成石油和化学工业产值超过千亿元的超大型园区 17 家，产值在 500 亿～1 000 亿元的大型园区 35 家，100 亿～500 亿元的中型园区 219 家，产值小于100亿元的小型园区345家，其中超大型和大型园区产值占比超过化工园区总产值的50%。2012年起，环境保护部先后批复6省（区）8个化工园区作为预警体系建设试点园区，各试点园区在建设期间积累了许多经验，但同时也遇到一些问题。由于目前化工园区的建设及监管标准不完善，化工园区仍然是危险化学品、有毒有害物质的最主要聚集地，环境污染重、环境风险高等问题较为突出。我国人口数量多、密度大决定了化工园区周边人口相对密集，一旦发生突发环境事件（特别是有毒有害气体突发环境事件）将对人民群众的生命财产安全造成严重威胁。2019年3月21日，响水生态化工园区的爆炸，一家化工企业爆炸造成整个园区关闭，园区内57家化工企业一起关闭迁转，可谓代价巨大，因此，提升化工企业的自动化监测管理水平和园区智能化管理手段，建立化工园区有毒有害气体环境风险预警，势在必行。

#### 15.2.2.2 水环境监测方面

伴随着“十三五”的收官，黑臭水体在线监测系统占比大幅提升。以往黑臭水体监测都是采取人工采样、实验室化验分析的方式进行，随着监管需求的提升，向在线化监测趋势发展，水质自动监测系统的辅助装置出现了多种多样的定制化需求。

（1）小型水质监测站应用不断丰富

随着微型部件、高精度定量、低试剂分析方法研究的不断成熟，水质监测分析仪外形体积大幅缩小，试剂消耗量大幅降低。

水质环境监测系统由原来标准机柜式集成方式，发展成小型站（占地面积7 $m^2$左右）、微型站/户外小型站（占地面积小于2 $m^2$）、浮船监测站等方式。系统均配置完备的采样预处理单元、质控单元、试剂冷藏单元、电控单元，以及相应的空调系统。采用低电压和低功耗的设计，依靠太阳能供电方式进行连续监测。

（2）新技术不断在水质在线监测中得到应用

以质谱检测器（MS）或者氢火焰离子检测器（FID）为主的水中VOCs在线监测仪，以X射线荧光光谱（XRF）、等离子体-质谱（ICP-MS）为检测方法的水质重金属或水质溯源监测设备逐渐在市场上崭露头角。水环境在线连续监测仪器大多采用化学+光电检测技术，在仪器技术和应用方面还存在待解决问题：①仪器可靠性偏低，维护工作量大；②水质在线监测非实时工作；③水质在线设备无法实现源头质控；④水质在线监测无法实现断面通量监测。

（3）前处理技术不断获得进展，为新污染物检测提供便利

近年来，新的提取技术不断出现，如液相微提取（LPME）、分散液液微萃取（DLLME）、单滴微萃取（SDME）、中空纤维液相微萃取（HF-LPME）和固化悬浮有机液滴微萃取（SFOME）。这些技术作为液液萃取的替代手段，克服了液液萃取提取过程中费时费力、需大量有机溶剂的缺点，回收率较高（可达 90% 以上），目标物得到有效的提取与分离，减少了仪器分析过程中的基质效应，都是快速、简便、高效的提取技术。但其不足之处在于，为了获得满意的提取效果，需要极其复杂的优化过程。为了克服固相萃取需要使用大量有机溶剂的缺点，衍生出一系列无须有机溶剂或只需少量有机溶剂的提取技术，如填充吸附微量萃取（MEPS）、基质固相分散萃取（MSPD）、磁性固相基质分散萃取（MMSPD）、搅拌棒吸附萃取（SBSE）和固相微萃取（SPME），但这些技术也存在成本高、易交叉污染等缺点。样品的净化处理过程直接影响分析的准确度和灵敏度。进一步的净化步骤可利用多层复合层分析柱相合或固相萃取柱加以解决。

### 15.2.2.3 产品环保性能验证评估

1995 年，环境技术验证制度在美国建立，随后被引进到其他国家，包括加拿大、日本、韩国、菲律宾和一些欧盟成员国。许多环境技术的绩效已在这些国家或国际环境技术验证中得到验证。2017 年，为了加快环境技术验证的国际整合和互认，建立了 ISO/ETV 标准，对环境技术验证过程进行标准化验证，在世界范围内建立了统一、可信、坚实的环境技术验证程序的适当道路。

中国环境科学研究院编制了产品环境效能验证评估规范、补充说明等文件，该规范尤其适用于那些无法用当前标准评估其创新特性和绩效的环保产品。通过一系列客观验证，包括现场采样及制定实验室小试、中试及现场示范相结合的方法，定量挖掘该产品的环保性能，使产品环保性能更加清晰化。并且，基于可靠测试数据为产品的环保性能提供独立而公正的验证，加强新的创新技术的可信度。

### 15.2.2.4 环境风险预警方面

我国出台的《中华人民共和国环境保护法》《中华人民共和国突发环境事件应对法》《中华人民共和国大气污染防治法》《中华人民共和国水污染防治法》

《中华人民共和国固体污染防治法》《中华人民共和国海洋污染防治法》等环境保护法律中已明确引入防范环境风险的原则。《国民经济和社会发展第十三个五年规划纲要》和《“十三五”生态环境保护规划》也提出了实施环境风险全过程管理，系统构建事前严防、事中严管、事后处置的全过程、多层级风险防范体系。

我国从 20 世纪 90 年代初开始了环境预测预警方面的研究，并结合地方建设进行了大量的实践。20 世纪 90 年代中期，已经在广西桂江、汉江、黄河、长江三峡库首等建成了水质预警系统。环境保护部自 2012 年开展了化工园区有毒有害气体环境风险预警体系建设试点工作，其中广东南沙小虎化工园区、青海西宁经济开发区甘河工业园区预警体系建设项目被列入“工业园区环境污染第三方治理典型案例”。为规范和指导预警体系建设，生态环境部发布了《有毒有害大气污染物名录（2018 年）》，并制定《有毒有害气体环境风险预警体系建设技术导则（征求意见稿）》，山东省也于 2019 年发布了《化工园区大气环境风险监控预警系统技术指南（试行）》。

### 15.2.2.5 实验室管理技术

近年来，随着现代信息技术的不断发展，特别是互联网、物联网等技术的迅猛发展，以及 RFID、BIM 等前沿技术的不断推广应用，智慧实验室应运兴起。国内高校和科研院所的实验室依托信息化技术，为实验室管理、环境控制、教学和科研活动提供自动化、智能化服务。

实验室智能化管理包括三个层次。第一个层次是实验室信息层面的智能化，主要载体为实验室信息管理系统（LIMS）。主要从业务流程管理、质量控制管理、实验数据管理、实验室资源管理四个维度，解决实验室数据共享、流程合规、自动生成报告等问题。该系统在国内外各类实验室得到一定的应用。第二个层次是实验室环境层面的智能化，主要载体为实验室环境管理系统（LEMS）。通过对实验室环境参数的实时监控和采集，寻求实验室环境控制与安全、能效的最优化解决方案。该项技术在实验室环境中的应用还属于创新阶段。第三个层次是基于物联网技术，将采集的数据上传至数据平台进行优化与智能决策。该层次为实验室运行层面的智能化，可以使实验室的运行过程具备实验项目与设备自组织、实验顺序与能耗自优化、实验资源自匹配等功能，实现了真正意义上的智能化实验室。

实验室综合智慧信息管理技术将检测技术、物联网技术、三维仿真技术以及大数据技术结合起来，使得人员、仪器与环境设施之间互联互通成为可能，为实验室实施智能化管理奠定了基础。

整体上来说，我国不断加大对于环境问题的重视程度，国家环境监测机制逐渐完善。由于我国环境监测发展时间相对较短，尽管近些年已经取得阶段性成果，但与其他发达国家相比还有很大差距。面对不断升级的环境问题，我国必须合理认识自身在环境监测方面的发展现状，全面剖析其中存在的诸多问题，进而更好地完成环境管理与规划工作。综上，随着政府和企业越来越重视环保监测和检测领域，未来环境监测行业比重将保持上升趋势。

## 15.3 亟须突破的重点领域和技术

随着污染防治攻坚战深入推进，生态环境保护、治理、修复等领域面临许多“硬骨头”，需要科技创新攻克关键技术，提供科学解决方案。这要求环境监测学科建设，既要提升硬实力，又要建设软能力。

### 15.3.1 突发污染事故快速鉴别的监测仪器

“十四五”期间，对生态环境监测设备的鉴别速度、监测种类和监测准度提出了更高的要求。尤其是在应对突发性环境污染事故时，“需要环境监测设备能快速鉴别种类，准确测定污染物浓度、范围，对全面科学预警评估提出了重大挑战”。针对突发污染事故的现场操作、快速鉴别、准确监测需求，需要开发在复杂环境下交叉干扰的光谱反演监测技术，该技术可以覆盖 300 余种 VOCs、有毒有害气体、恶臭气体等气体组分，实现快速、高灵敏探测。建成集光学遥测、原位探测一体的多平台、立体走航监测技术系统，实现污染气段的分布特征、扩散态势和排放通量的准确识别。

### 15.3.2 综合监测站建设和数据质控与决策支撑

为实现环境空气质量管控的科学问诊，需要全面系统且科学的大气环境监测及数据应用。“十四五”是我国环境空气管理由粗放式转向依法、科学和精准治污的重要阶段，常规污染物的监测已经无法完全满足污染成因的溯源分析，大气复合污染综合监测站的建设为科学问诊灰霾成因、实现城市环境空气质量精细化预报管控提供了技术支撑。目前，超站主要配置颗粒物浓度及组分监测、$O_3$ 及前体物监测、气象因子及辐射参数监测、站房及辅助设备、数据采集分析系统。超站可实现的主要目标：①提供一站式大气复合污染监测、分析，能实时、准确、连续、立体地反映环境空气质量的变化；②实现大气污染的实时监测、特征分析、机理研究、源解析等，以期提高颗粒物和 VOCs 减排以及 $O_3$ 消减。由于超站监测设备种类繁多，对运维操作人员的专业技术素质要求较高，因此，实现科学、专业、及时的超级站监测仪器质控运维管理是大气超站亟须解决的问题。

### 15.3.3　设备 + 平台 + 制度“三位一体”的 VOCs 监测预警技术

生态环境部应急中心组织研究编制了《有毒有害气体环境风险预警体系建设技术导则（征求意见稿）》，该技术导则的发布为落实化工园区企事业单位环境风险预警的主体责任，提高环境风险预警能力，规范和指导有毒有害气体环境风险预警体系建设行为提供了技术参考和依据。化工园区 VOCs 监测的工作重点在于构建 VOCs 监测预警体系，难点在于如何保证监测预警体系取得数据的有效性和代表性，因此，化工园区 VOCs 监测预警体系建设及运维仍然面临巨大挑战。需要坚持源头防控的原则，以企业边界点位布设为重点，科学构建覆盖园区企业重点风险源、企业厂界、园区边界、区域大尺度等不同范围的预警监测网络，形成设备 + 平台 + 制度“三位一体”的 VOCs 监测预警体系。

## 15.4　展望

生态环境监测是客观评价生态环境质量状况、反映污染治理成效、实施生态环境管理与决策的基本依据，环境监测质量管理是环境监测工作的生命线。“十三五”期间，我国环境监测质量管理工作取得长足的进步，但监测制度不健全，标准体系不完善，规范制度执行不到位等，制约了环境监测质量管理的深入开展。“十四五”期间，生态环境监测需要精准支撑污染防治攻坚，当前正处于污染防治“三期叠加”的重要阶段，要实现 2035 年生态环境质量根本好转的目标，需要加快推进生态环境监测业务拓展、在线监测仪器研发、监测标准规范制定、信息集成与数据分析，对进一步提升监测与技术支撑的及时性、前瞻性、精准性提出了更高要求。

在环境在线监测设备的研发领域，针对水、土壤、大气、有机污染现场快速检测需求，开发移动式、现场实时检测设备，实现水、土壤、大气等环境介质中的有机污染物的快速定性与定量分析。建设环境监测网络，监测数据科学管理方面，将结合现有监测网络基础、监测设备、监测数据情况，整合建设天空地一体化的环境监测监管系统，统筹现有检测设备，组建自动化、智能化环境检测实验室，并有针对性地开发检测与样品前处理设备。

在人才队伍建设方面，亟须大力培养检测 / 监测设备开发应用方面人才，提高现有监测人员能力尤其是第三方监测人员的技术水平，提升新兴有机污染物检测能力，提升数据分析与数据挖掘能力。

编写人员：何连生　张亚辉　杨　文　王晓伟
王一喆　孟　睿　王宏亮

# 16 环境信息科学与技术

随着信息化技术的日益发展和新时代生态环境治理体系对信息化管理决策的迫切需求，生态环境信息化建设已日益成熟，并进入以多源数据采集、环境信息系统集成、深度挖掘和融合应用为主要特征的智能化阶段。围绕深入打好污染防治攻坚战的需求，国家和地方持续加强环境信息化平台建设，利用信息化手段为大气污染防治攻坚战、长江保护修复攻坚战、土壤污染状况详查、生态保护红线监管等重点工作助力，提供生态环境大数据共享和知识服务，积极探索生态环境数据同化与深度学习大数据挖掘技术，发挥信息化智慧管理的支撑作用以及科研信息化引航作用。

## 16.1 需求分析

### 16.1.1 现代生态环境治理体系对信息化建设提出更高要求

《中华人民共和国国民经济和社会发展第十四个五年规划和2035年远景目标纲要》提出，推进数据跨部门、跨层级、跨地区汇聚融合和深度利用。通过建立健全环境治理体系，推进精准、科学、依法、系统治污，协同推进减污降碳，不断改善空气、水环境质量，有效管控土壤污染风险。

中共中央、国务院印发的《关于全面加强生态环境保护 坚决打好污染防治攻坚战的意见》提出，完善生态环境监管体系，建立独立、权威、高效的生态环境监测体系，构建天地一体化的生态环境监测网络；建立生态环境保护综合监控平台。强化生态环境保护能力保障体系，开展大数据应用和环境承载力监测预警。

生态环境部印发的《生态环境监测规划纲要（2020—2035 年）》提出，全面推进环境质量监测、污染源监测和生态状况监测，系统提升生态环境监测现代化能力，为生态环境治理能力与治理体系现代化奠定基础。在 2021 年全国生态环境保护工作会议上，黄润秋部长指出，制定生态环境监测大数据平台建设方案。加快推进生态环境综合管理信息化平台建设，初步构建“一张图”大数据信息系统。

“十四五”期间，生态环境系统将深入贯彻落实习近平生态文明思想，有力、有效推进生态环境治理体系和治理能力现代化向纵深发展，为深入打好污染防治攻坚战、持续推动生态环境质量改善、建设美丽中国做出新的更大贡献。这对进一步推动互联网、大数据、人工智能等信息技术与生态环境业务深度融合，不断提升生态环境数字化、智能化水平提出了更高要求。

### 16.1.2 环境信息科学与技术学科发展面临多重挑战

从技术上看，环境信息领域尚未形成完整的环境科研大数据技术体系，环境大数据基础理论研究仍处于萌芽期，环境数据共享和数据标准化治理等基础仍然薄弱。环境信息科学与技术学科发展的支撑体系仍需完善、基础依然薄弱，在技术创新能力、数据共享和治理、业务信息化的深层次应用等方面有待提升，核心竞争力不突出；数据挖掘和信息集成技术突破不够，生态环境信息化产品特色不明显；在 AI 技术和新型传感器技术应用等方面相对滞后。大数据、人工智能、云计算、物联网、区块链、数字孪生等新一代信息技术为生态环境智慧精控管理提供新的有效手段，必须加快推动环境信息科学与技术学科高质量跨越式发展。

在实际应用层面，传统的信息化平台建设模式已不适用业务深度融合、智能化综合决策的管理需求，为信息化科研带来了新的挑战。当前，环境科研信息处于分头采集、分散管理阶段，为环境信息资源整合与融合应用带来了很大难度。此外，虽然已初步建立数据汇聚共享的相关标准和管理规范，但信息化项目统筹管理的运行机制还需进一步完善。

# 16.2 现状与趋势

## 16.2.1 学科研究进展与热点

### 16.2.1.1 国际研究进展

利用“Web of Science”数据库进行检索分析，检索“environment”和“ecology”关键词下包含“informatization”“data mining”或“big data”的文章，文章类型限定为“article”，检索时间为2000—2020年，共检索出34 974个条目。搜索结果表明，国际学术界对相关研究的成果数量总体呈明显上升趋势（图16-1）。研究成果主要来自119个国家和地区（图16-2），其中中国研究成果最多，约占总研究成果的20%；美国约占总研究成果的15%，英国约占总研究成果的6%。排名靠前的资助机构分别为中国国家自然科学基金（4 014篇）、欧盟委员会（1 503篇）和美国国立卫生研究院及美国卫生和公共服务部（1 901篇）。

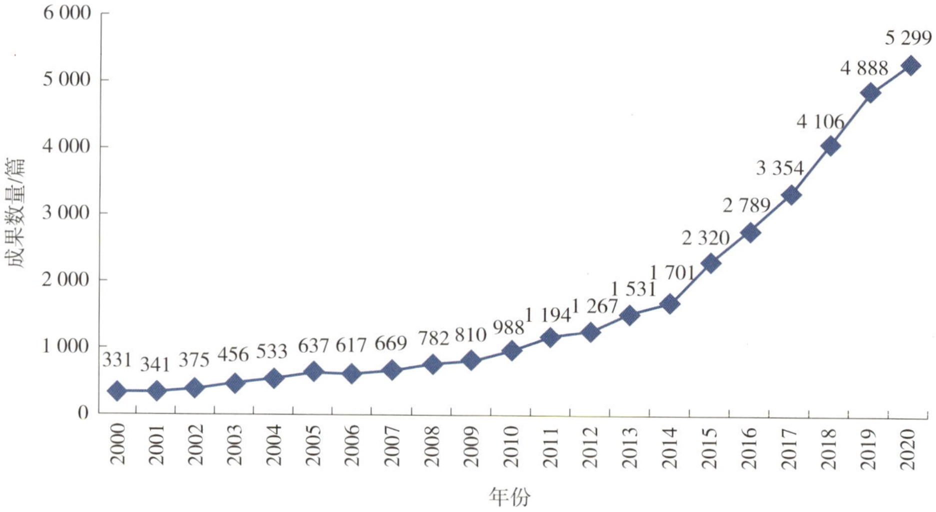


图16-1 国际环境信息及大数据挖掘研究成果逐年数量分布

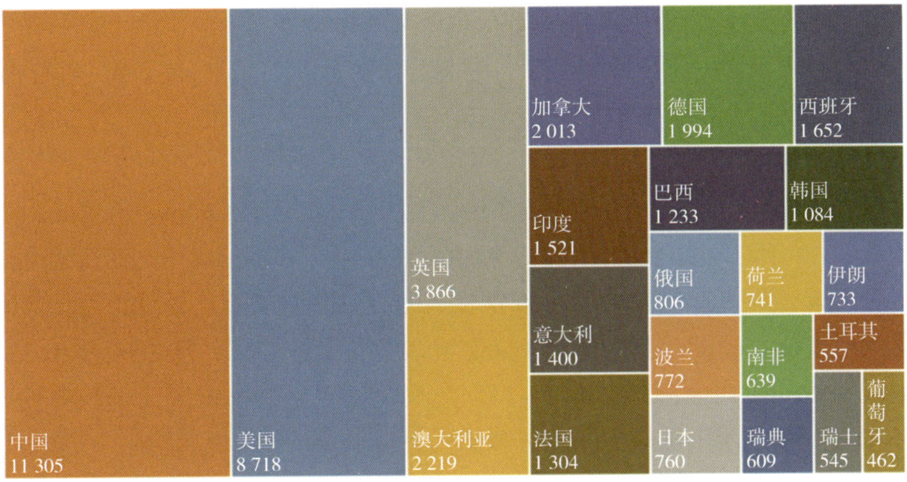


图 16-2 国际环境信息及大数据挖掘研究成果国家分布

从研究方向看（图 16-3），约 48% 的研究方向为环境科学和生态学，其余研究方向广泛涉及采矿矿业加工、农业、地理地质、大气科学和生命科学等领域。相关研究也大部分同时涉及计算机科学、工程学以及数学等方向。

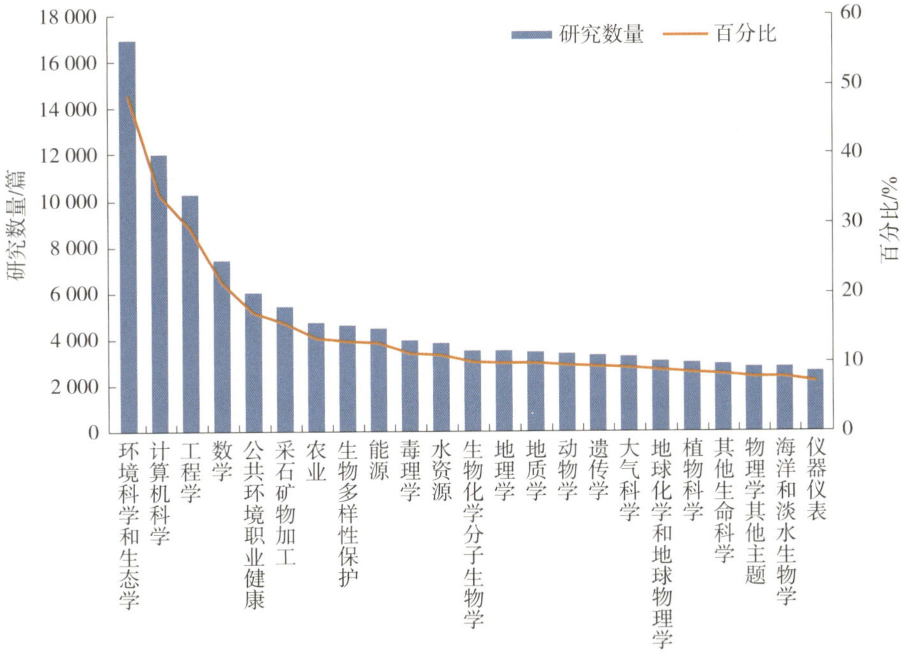


图 16-3 国际环境信息及大数据挖掘主要涉及研究方向数量及占比

#### 16.2.1.2 我国发展情况

借助“中国知网”中的文献库、专利数据平台（智慧芽 patsnap）进行检索，回顾我国环境信息科学与技术发展动态。

（1）文献检索分析

以“环境”“信息”为主题关键字，在 CNKI 数据库（https：//kns.cnki.net/）中检索 2020 年前发表的期刊论文，在搜索结果中筛选环境科学与资源利用学科的相关文章，共搜索到 1982—2020 年发表的 20 303 篇文章。总体上看，2000 年前文献数量增长较缓，其后的相关文献发表数量急速增长，从 2000 年的 232 篇增加至 2020 年的 1 924 篇（图 16-4）。文献数量变化与国家层面重视程度不断上升有关，2000 年国务院发布了《全国生态环境保护纲要》，强调了落实环境保护基本国策，同时也带动了环境信息理论和技术的迅速发展。

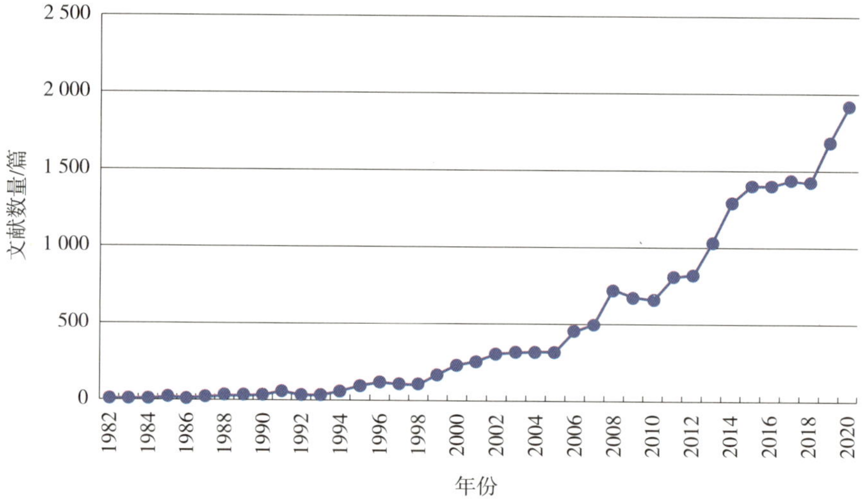


图 16-4　我国环境信息逐年发表文献数量

从相关文献涉及的主题来看（图 16-5），环境监测、公众参与、环境影响评价、地理信息系统（GIS）为该领域的主题，涉及此类主题的文献数量分别为 1 047 篇、815 篇、531 篇和 506 篇。可见，环境监测依然是环境信息化研究的基础和热点，公众参与和环境影响评价是环境信息化的主要目标，而 GIS 技术的迅速发展为环境信息化提供了重要工具。

对环境信息采集、集成和挖掘三个环境信息化的重要领域进行研究趋势分析。分别以“环境、信息、采集”“环境、信息、集成”“环境、信息、

图 16-5 环境信息文献主要主题分布

挖掘"为主题关键字，在知网中检索2000—2020年发表的期刊文献，并从中剔除企业经济、工业经济等相关性较弱学科的文章。分别获得环境信息采集、集成和挖掘领域的相关文献18 066篇、12 653篇、7 577篇（图16-6）。从图16-6可知，环境信息采集相关研究数量增幅最大，由2000年的84篇增加到2020年的1 812篇，这主要得益于环境监测技术的迅速发展，信息获取数量也随之增长。环境信息挖掘整体也呈增长趋势，由2000年的23篇增加至2020年的663篇，但相关文献总数为三者中最少。整体上看，虽然环境信息采集和集成的技术已得到长足发展，但环境信息挖掘起步较晚，发展也较为缓慢，亟待更多学者参与和探索。

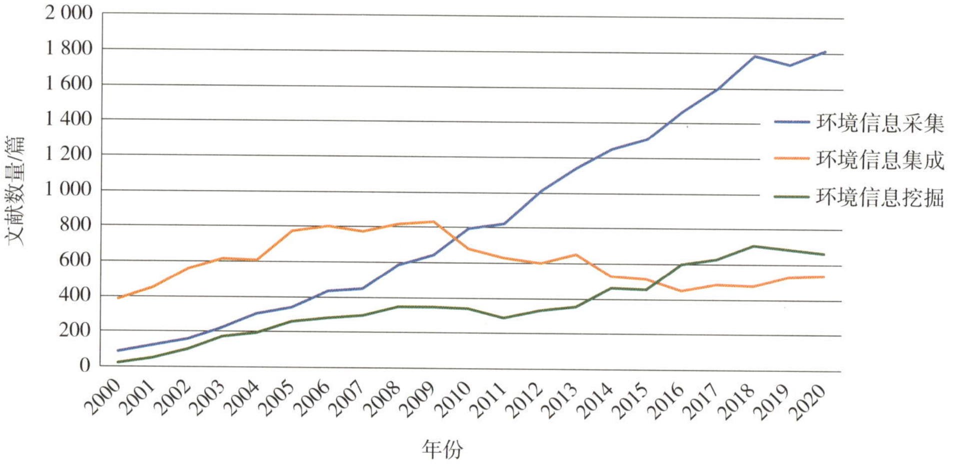


图16-6　环境信息采集、集成和挖掘逐年发表文献数量

从文献涉及的主题来看，环境信息采集领域的研究主题主要包含物联网、大数据、数据采集系统、信息采集和监控系统，涉及此类主题的文献分别为822篇、502篇、467篇、400篇和378篇（图16-7），物联网、大数据和监控系统已成为环境信息采集的主要硬件基础和技术手段。在环境信息集成领域，GIS、信息集成和数据集成等，涉及此类主题的文献分别为390篇、390篇和289篇（图16-8），可见应用GIS技术实现多源数据的集成融合与可视化，依然是环境信息集成的重要途径。在环境信息挖掘领域，大数据、数据挖掘、云计算、数据仓库、关联规则是具体主题中较为突出的几类，涉及此类主题的文献分别为806篇、574篇、176篇、148篇和144篇（图16-9），统计结果体现了云计

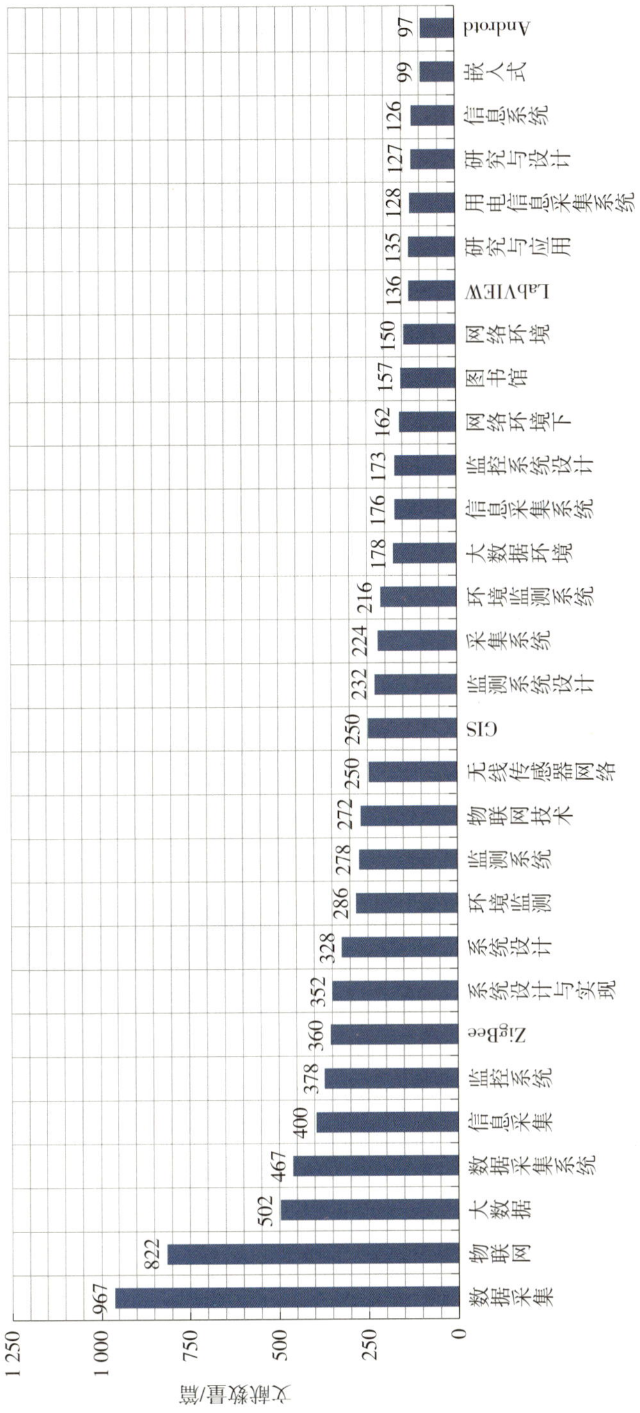


图 16-7 环境信息采集涉及的主题

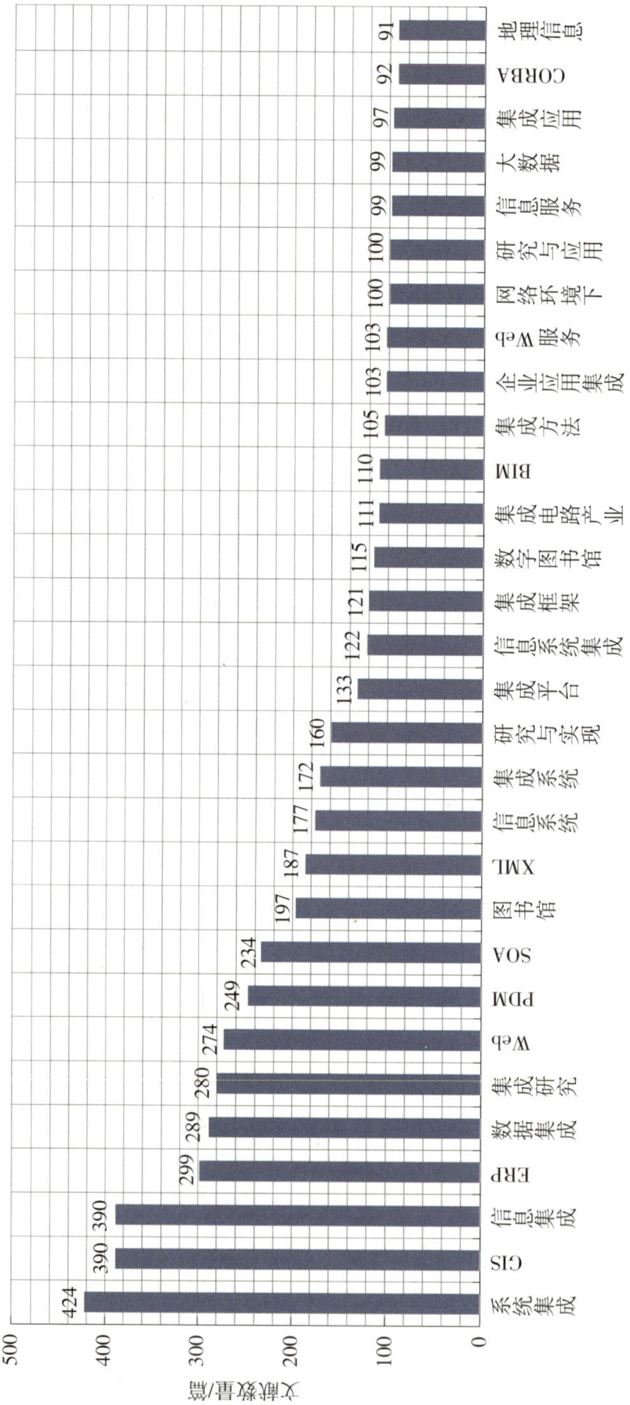


图 16-8 环境信息集成涉及的主题

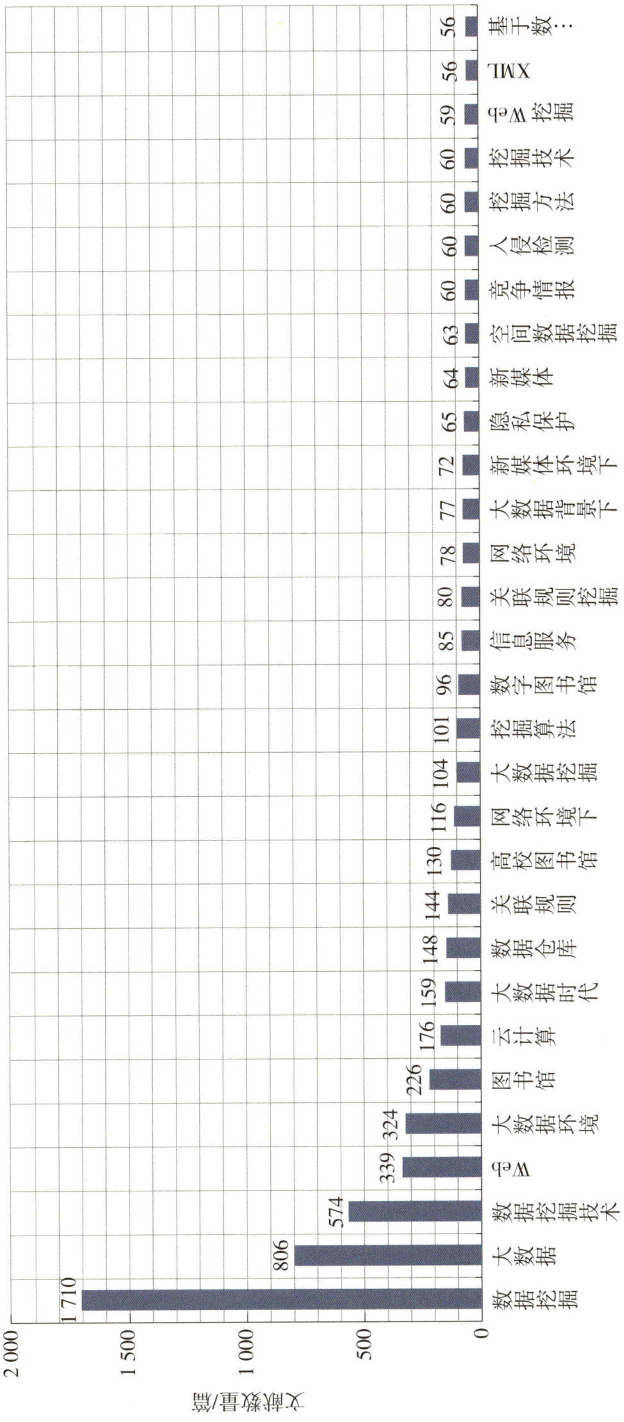


图 16-9 环境信息挖掘涉及的主题

算和数据仓库是环境信息挖掘中的重要基础，大数据挖掘和关联规则是环境信息挖掘的主要途径和方法。

（2）专利申请分析

智慧芽全球专利数据库（https：//www.zhihuiya.com/，patsnap）覆盖116个国家和地区，纳入超过1.4亿的全球专利数据进行分析，其数据更新周期较短，可对专利发表情况提供精确、全面、有效的统计分析。在智慧芽专利检索数据库，以“环境信息化”“环境信息集成”“环境数据采集”“环境信息挖掘”“环境大数据”为搜索关键词，对2011—2021年相关专利进行全面检索，先对检索后结果进行人工二次审核，剔除不相关结果与错误匹配结果；再对清洗后数据进行合并、整理、分析，并总结出我国关于环境信息化技术的专利发展特征。

从专利申请趋势上看，我国环境信息化领域相关专利申请量位列全球第一，占比均大于90%。当限定搜索词为“信息化”AND（“生态环境”OR“环境资源”OR“环境生态”OR“资源环境”）时，近10年国内专利申请数量为1 888件，国际13件。当限定搜索词为（“信息集成”OR“集成信息”）AND（“生态环境”OR“环境资源”OR“环境生态”OR“资源环境”）时，搜索到中国专利223件，其他国家专利1件。当限定搜索词为（“采集数据”OR“数据采集”）AND（“生态环境”OR“环境资源”OR“环境生态”OR“资源环境”），搜索到我国专利6 056件，其他国家专利51件。当限定搜索词为（“信息挖掘”OR“挖掘信息”）AND（“生态环境”OR“环境资源”OR“环境生态”OR“资源环境”）时，搜索到我国专利41件，其他国家专利0件。当限定搜索词为（“大数据”）AND（“生态环境”OR“环境资源”OR“环境生态”OR“资源环境”）时，搜索到我国专利2 259件，其余国家专利38件。

从申请专利数量来看（表16-1），环境信息采集领域数量最大（6 056件），占全部相关领域数量的50%以上；环境大数据领域和信息化领域紧随其后，均接近2 000件；而环境信息集成和环境信息挖掘专利水平均较低，有待突破。

表 16-1　相关领域 2011—2021 年中国专利申请数量　单位：件

| 领域 | 数量 |
| --- | --- |
| 环境信息化 | 1 888 |
| 环境信息集成 | 233 |
| 环境信息采集 | 6 056 |
| 环境信息挖掘 | 41 |
| 环境大数据 | 2 259 |
| 总计 | 10 477 |

## 16.2.2　学科发展研究基础与趋势

### 16.2.2.1　环境科学数据采集

（1）研究基础

“十三五”期间，环境科学数据的采集经历了明显的发展，基础调查信息的采集由传统的纸质表单向电子化表格转变，环境监测数据的采集逐渐由传统的采样化验流程向自动监测能力提升，互联网的发展也带来了新的多媒体信息的数据采集模式的多样化。在生态环境领域，通过开展全国土壤详查、污染地块管理、生态文明示范区管理、大气数据采集与共享平台、长江平台建设等环境信息化相关工作，积累了涉及水、大气、土壤、生态等多领域的科学数据。依托数据机房、云平台等硬件基础，搭建起数据资源池，持续提升互联网模式下环境科学及管理数据采集的支撑能力。

（2）发展趋势

智慧监测数据的支撑效能逐渐提高。随着物联网、云计算等信息技术的发展，微型化、智能化环境监测传感器的普及，互联网 + 环境多元感知监测体系为生态环境要素的全面监测与精细化管理提供了全新的技术框架，为生态环境多要素、区域性、立体性、动态性的监测提供了通用的技术保障，通过数字环保监测、智慧环保监测的发展，不断创新环境管理模式，提升环境精细化管理水平。

高时空卫星遥感动态监测能力持续增强。近年来，随着卫星遥感及空间信息服务行业需求的增长和鼓励政策的不断落地，国内遥感卫星的发射数量逐年增加，海量、多源、异构数据的，也带动了遥感分析方法和技术的进步。遥感立体协同观测、地表要素高精度反演、多时空尺度遥感动态监测与模拟预测技术等，在大气、水、固体废物、生态等生态环境领域动态监测、业务化应用中具有广阔的应用前景。

互联网信息采集能力稳定提升。数据采集终端正在向轻量化、便携式、快筛类发展，依托移动互联网技术，开展图像、声音、视频等多媒体信息的采集，通过多信息综合处理，构建实时交互、多维感知的环境要素实体。应用网络爬虫技术，构建网络数据多源采集模式，整合非结构化、半结构化数据，持续提升环境信息采集能力。

### 16.2.2.2　环境信息集成

（1）研究基础

随着云计算、人工智能等技术的迅猛发展及大数据领域的关键技术突破，全国各类生态环境应用系统进入以大数据作为支撑技术的高速建设发展期。目前生态环境信息集成技术主要集中在基于多源异构数据融合支撑业务应用，应用云数据库、云平台等云架构技术构建系统，数据资源共享与交互规范化应用，新型微服务架构技术的部署应用，基于 Hadoop 框架的大数据平台建设等，为污染防治攻坚战提供有力的信息化支撑。

围绕大气、水、土壤、生态环境管理等业务需求，中国环科院环境信息研究所研发了多源异构数据融合及数据标准化治理技术、算法集成共享技术、基于环境知识图谱的自动标引与智能搜索技术、虚拟可视化技术等，建立了全国土壤污染状况详查数据库与信息管理平台、长江生态环境保护修复智慧决策平台、大气攻关项目数据采集与共享平台、中国工程院环境专业知识分中心、国家生态文明建设示范区管理信息平台等，初步实现了国家尺度、重点区域、重点流域的数据采集多样化、环境问题诊断精准化、管理响应自动化、决策会商便利化和生态环境要素可视化。

（2）发展趋势

①功能智能化。环境信息集成平台正在从传统的业务流程向智能化综合决策转变，通过监测数据整合和多维计算模型融合，实现污染成因精准画像、污染过程模拟和精准溯源；依托人工智能（AI）技术，不断优化提升环境质量预测精度，实现环境风险预警，为环境管理提供科学依据和智慧化决策支撑。

②三维可视化。伴随着物联感知、新型测绘、BIM/CIM 建模、数字孪生等技术逐步成熟，生态环境信息的可视化展示不断从单一向综合、二维向三维转

变，三维可视化技术在生态环境要素数字化信息模型表达、大数据可视化渲染、虚实融合互动、模拟仿真推演、自学习自优化、增强空间分析能力等方面应用不断深入。

③计算集群化。随着海量信息增长，各单位加强了对自有数据的知识产权保护，数据共享意愿小，数据孤岛现象凸显。未来，如何避免数据传输拥堵、数据泄露等风险，在保护数据持有方的隐私性与独立性的基础上，将计算方式由汇总中心型计算演变为分布集群化计算将成为发展趋势。采用非对称加密技术、通信协议，对数据进行初步保密，通过传递模型参数而非数据本身，基于区块链技术保障各方贡献，使计算模型分布化、结构分布化、结果集群化，是目前计算方式及计算架构的发展趋势。

### 16.2.2.3 环境信息挖掘

（1）研究基础

当前深度学习、大数据分析已成为解决生态环境问题的重要技术手段，但目前尚没有能普遍适用生态环境各要素的技术。

在水生态环境领域，运用数据分析校正与融合处理方法，建立了污染物排放自动计算模型；开展了基于机器学习的国控监测断面水质预测预警模型和污染路径识别模型研究以及水质成因大数据分析，实现对流域污染排放情况的估算和趋势分析。

在大气环境领域，研发基于时序变化的数值相似度算法、网格化污染源汇算法、阻力面溯源等算法，识别大气污染传输路径。融合大气环境监测站点数据与数值模型，利用最优插值算法、集合卡尔曼滤波算法，开展多源大气环境监测数据同化技术研究，提高了大气污染状况模拟精度。

在自然生态领域，开展高时空卫星遥感监测技术应用，研究面向对象的卷积神经网络深度学习模型，提取 NDVI 时空序列数据集，实现生态环境要素高时空分辨率产品的定制生产，地表时敏要素高可信变化监测准确率大幅提升，助推生态环境要素监测向高分辨率、精细化、动态化监测转变。

（2）发展趋势

在大数据挖掘技术方向，国内外学者正在逐渐通过机器学习、深度学习的方法，不断地“学习”和“训练”从海量数据中提取需要的信息，从文本识别到视觉 AI 学习，呈现出惊人的发展速度。海量、多源、异构多尺度的环境大数据为传统的环境信息数理统计和数值模拟技术带来了挑战。综合利用机器学习、深度学习等技术，挖掘环境、气象、地理、能源、社会经济等多维度特征，建立面向问题的生态环境大数据挖掘体系，揭示大尺度的生态环境的演变规律和驱动机制，提升精细尺度的污染预警准确度，实现精细尺度污染溯源和本地 / 外来污染源解析是环境信息挖掘的热点趋势。

在数据同化技术方向，国际数据同化领域的研究前沿集中在输入误差协方差矩阵研究、质量控制和模型偏差等方面。在国内生态环境领域，生态环境数据同化中的误差估计与处理方法研究起步相对较晚，又有自身独特的性质。"十四五"期间，针对环境监测数据维度时空不连续的问题，发挥数据平台优势，建立融合模型模拟与站点观测两种基本手段的生态环境数据同化技术体系，利用集合卡尔曼滤波算法等有效降低数据同化中的误差估计，提高全国或重点区域污染物浓度或生态演变模拟精度和预报准确性，有效支撑生态环境管理决策。

## 16.3 亟须突破的重点领域和技术

### 16.3.1 生态环境数据智慧化感知技术

打好污染防治攻坚战，离不开精准治污、科学治污、依法治污，需要构建实时、准确、全面的生态环境数据采集技术体系作为保障，需要结合无人机遥感技术、移动监测、物联网等技术实现高精度、立体化，以及多元尺度的全面感知和动态监控，实时感知环境变化，采集更真实、准确的环境数据。在智慧化感知数据采集方面主要存在两个方面的问题：一是构建满足时效性、多样化负载、自动化、应用业务操控多样性的无人机巡检技术；二是构建高灵敏性传感器技术，结合纳米孔、级联扩大装置等技术，精确探测大气、水中污染物成分变化，实时、高效、快速地将组分数据上传至数据终端。

### 16.3.2 生态环境数据同化技术

随着数据同化理论与实践研究的发展，同化系统中的不确定性和误差估计、处理逐渐成为制约数据同化系统发展的因素。数据同化系统中的误差来源主要包括模型误差、观测误差和算法误差等。在生态环境数据同化过程中，结合数据的独特性，利用乘数放大法、附加放大法和松弛先验法等误差处理方法，减少各类误差对同化系统的影响，有效提升重大污染过程和生态演变规律的模拟精度和预测预警能力。

精准的数据同化依赖于对数值模拟模型原理的熟练把握，同化技术依赖于模型参数的选取。通过清洗实测数据、特异性结构化多模态数据，将多源异构数据进行有效融合，通过融合后结果对数值模拟模型参数进行二次调优，一方面使模型达到更高精度、更高特异性；另一方面二次调优模型结果可辅助融合数据进行广度扩展。如何衔接各数据技术，对不同数据进行有效同化，是目前亟待解决的“卡脖子”问题。

## 16.4 展望

### 16.4.1 环境科学数据采集

逐步构建基于效益的环境科学数据整合共享机制，实现数据的有效汇交和有效共享，依托于数据自动化采集及系统性存储技术，逐步降低资源信息转化的周期和门槛，为科研工作提供时效性更高、更海量、更稳定的数据，促进科研成本进一步降低，科研能力进一步提高。

推动天空地一体化多源卫星遥感数据的协同应用，开展生态环境信息遥感探测机理研究及高时空卫星遥感监测技术应用示范，构建生态环境时空数据模型与业务模型，促进高光谱、高时空分辨率卫星遥感影像在水、大气、土壤、生态等环境要素的采集、调查、监测、评估以及生态保护与修复等领域的示范应用，推动生态环境监管向精细化、动态化、实时化转变。

### 16.4.2 环境信息集成

面向“十四五”时期大气、水、土壤、生态等生态环境业务精准化、智能化的需求，构建规范化的生态环境信息集成通用技术框架，数据共享向以实现算力、算法共享的智慧中台转型。基于大数据、云计算、物联网、3S、数字孪生等技术，在数据建模、数据治理、知识服务、软件平台研发、可视化等方面形成一系列技术组件和工程应用级别的生产套件，推进环境信息集成应用平台化、自动化、智能化。

（1）推动水环境大数据平台应用智能化。构建跨部门、跨行业的水生态环境大数据共享交互体系，集成水质监测、水利水电、国土开发、污染源监控等多个系统平台，融合多源卫星遥感、无人机监测、视频监控、水生生物监测、生态环境风险排查等数据，形成生态环境综合数据湖。建立基于标准化流程的生态环境数据治理技术，实现核心数据的自动动态更新功能。

（2）推动大气数据平台应用智能化。面向"十四五"大气精细化管理、精准化支撑业务需求，开发低时延、高可靠、具有物联网接入、AI 模拟、空间污染溯源服务能力的业务中台；持续在数据多维融合、多源治理、标准化业务建模、云计算应用等基础领域进行深入探索，奠定环保智慧中台大数据标准化服务能力。

（3）推动数字孪生技术应用。应用 GIS 技术、数字孪生可视化技术等，整合高分辨率遥测数据，构建典型区域高精度、二三维一体、实时感知生态环境变化的可视化引擎和可视化场景，开展大尺度精细化场景的建模，实现数字化和可视化渲染。推动三维可视化技术在水、大气、生态等不同领域的业务化应用，实现环境现实、模拟预测趋势的可视化表达。

### 16.4.3 环境信息挖掘

面向减污降碳协同治理的总目标，应用时空动态模拟、机器学习和深度学习神经网络等方法，综合地面观测、卫星遥感、能源活动、社会经济等跨领域的多源异构数据，深度挖掘环境污染、能源消耗、碳源碳汇等的时空动态、复杂驱动机制和影响效应，为环境污染预测预警、形势研判、应急处置、污染溯源、生态监管、干扰识别提供精准化、智能化、自动化的决策支持。

在水生态环境领域，将系统架构、边缘计算、云计算、超算等技术与水环境预测预警、污染溯源等业务结合，建设 AI 人工智能水环境大数据挖掘分析方法。采取统计、机器学习、计算机视觉等技术，构建水环境质量动态模拟和预测系统体系，应用基于雷达图谱的水质可视化和问题自动诊断技术，以及基于 TAMS 模型的水质预报预警技术，开展水质预报与临界超标预警，识别污染风险区和关键点，实现对水环境状况及演变趋势的精准预判，推动水环境风险由人工识别向机器智能识别转变。开展基于机器学习的水质污染路径识别技术研究，构建水质成因模型，基于 SC-GIC 模型的污染溯源技术准确找到造成污染的区域、行业、企业，实现从数据采集展示到水质预测预警，再到污染源溯源、政策导向支撑的水环境综合管理闭环。

在大气环境领域，针对高精度空气质量模拟和预测的基础数据需求，开展集成遥感、模式和地面多源大气环境数据同化技术和系统研究，提升大气环境监测数据同化精度，建立精细化、不同尺度的空气污染主题网格图。针对污染源清单动态更新技术的迫切需求，重点研究基于深度学习和高分辨率卫星遥感影像的污染源排口识别技术。基于遥感卫星影像、污染源清单和污染源排口信息，应用面向对象的遥感影像分类算法与深度学习的目标检测算法，形成自动化和自适应的污染源排口目标识别技术。立足系统观，高度综合多维数据（如气象、生态、人群健康、能源活动等），深度挖掘其与大气环境演化的复杂关系，提升大气污染预测与溯源的精度；模拟和预测其对人群健康、碳源碳汇的定量影响，为系统性的生态文明建设提供科学依据。

在自然生态领域，针对区域和全球尺度上海量的遥感数据、网络观测数据、实验数据等，利用全球变化控制实验的整合分析、基于机器学习与深度学习的观测数据挖掘和数据—模型融合等技术途径，开展生态大数据整合研究，推动生态学实现从观测到预测的跨越，支撑生物多样性调查与评估、生态保护红线监管、自然保护地监管、全国生态状况调查与评估等生态环境部重点工作。

编写人员：刘军会　王　维　王　永　张志苗
康玉麟　屠星月　孙彩萍　张责研
刘孝富　王　莹　郑颖娟　周甲男

# 重点领域 10

Key Area 10

# 环境管理领域

Environmental Management

# 17 环境影响评价

## 17.1 需求分析

### 17.1.1 内涵与外延

环境影响评价是 20 世纪 60 年代发展起来的新兴学科。它既是一门自然与社会科学交叉、管理与实践相结合的综合性学科，又是我国生态环境治理体系的一项基础性制度，也是世界各国为适应社会发展和可持续资源利用的需要而普遍设立的一种法律制度。环境影响评价（以下简称“环评”）是指对规划和建设项目实施后可能造成的环境影响进行分析、预测和评估，提出预防或者减轻不良环境影响的对策和措施，进行跟踪监测的方法与制度。在我国，为满足环评工作需要，其外延可延伸到包括环评文件技术评估在内的广义环评体系，通过环评文件技术评估进一步保障环评结果的科学、客观、有效。

### 17.1.2 地位与作用

环评是守住绿水青山的第一道防线，是从决策源头控制污染的重要抓手，是优化国土空间开发与保护的重要基础，是推动产业转型和结构升级的重要手段，是推进经济高质量发展的重要制度保障。实践表明，作为环境管理最基本的制度之一，环评从源头预防了环境污染和生态破坏，优布局、控规模、调结构、促转型，在协调发展、优化决策、联通管理、约束准入等方面发挥着重要作用。“十四五”时期，生态环境部门将持续健全以环评制度为主体的源头预防体系，构建以排污许可制为核心的固定污染源监管制度体系，推动构建区域环评（“三线一单”）、规划环评、项目环评、排污许可、监督执法、督察问责“六位一体”的生态环境管理体系。

### 17.1.3 新时代对学科发展的国家需求

“十四五”时期是深入打好污染防治攻坚战的决胜期，是构建生态环境现代化治理体系的关键期。充分利用环评源头预防作用，发挥其引导和约束经济社会活动环境准入的保障作用，对于推动建设美丽中国目标实现、落实“双循环”战略部署和实现“双碳”战略目标，推进深入打好污染防治攻坚战将发挥重要支撑作用。

#### 17.1.3.1 协同推进高质量发展和高水平保护要求赋予环境影响评价新使命

我国当前经济发展已由高速增长阶段转向高质量发展阶段，推动绿色发展方式和绿色生活方式的转变。经济发展和环境保护相辅相成，相互转化。实现美丽中国建设目标既要高质量发展又要高水平保护。环评是协同推进高质量发展和高水平保护的重要抓手。新时期随着生态环境保护在国家重大战略部署中的地位日益重要，参与宏观经济决策话语权越来越大，需更好地发挥环评在“优布局、调结构、控规模、保红线、防风险”上的作用，应对国家规划体系的重大调整与变革，优化自然、生产、生活“三类空间”，推进产业、能源、交通、用地“四大结构”调整的作用。

#### 17.1.3.2 构建“双循环”格局和实现“双碳”目标对环境影响评价提出新要求

我国当前积极应对严峻复杂的国际环境、克服新冠疫情不利影响，加快构建以国内“大循环”为主体、国内国际“双循环”相互促进的新发展格局是党中央做出的重大战略抉择。国内经济“大循环”并不是传统制造业的大发展，而是加强供给侧结构性改革，提升产业技术水平，提高资源利用效率，构建产业链闭环的发展模式；实现“双碳”目标关键是用绿色技术替代传统技术，用可再生能源替代传统能源，实现产业、技术、发展方式的系统性变革，推进我国走上绿色发展之路。发挥环评与经济发展联系最紧密的前瞻性源头预防制度优势，利用好环评的引导功能，约束好能源领域、“两高”行业的准入，处理好经济社会发展、能源需求增长和减污降碳协同关系，最大限度地降低碳排放，确保发展中不走老路。

##### 17.1.3.3 生态文明思想与生态文明建设给予环境影响评价新启示、新指引

习近平总书记对加强生态文明建设提出了必须坚持的六项原则，即坚持人与自然和谐共生、绿水青山就是金山银山、良好生态环境是最普惠的民生福祉、山水林田湖草是生命共同体、用最严格制度和最严密法治保护生态环境、共谋全球生态文明建设。这六项基本原则为推进环评理论与制度的完善和发展提供了基本遵循。按照生态文明建设需要，深化环评体制改革、推动环评管理转型。要求环评在过去 40 余年实践经验基础上，落实以“人与自然和谐共生”为最终目标，以尊重自然客观规律为基本前提，以资源环境承载力为基础，把握经济社会快速发展与维持自然生态良好的平衡，对照人民群众日益增长的美好生活需要，用最严格的制度“加快制度创新，增加制度供给，完善制度配套，强化制度执行，让制度成为刚性的约束和不可触碰的高压线”，从更加积极主动的姿态融入生态文明建设过程，实现理论提升与制度完善，为科学决策保驾护航。

##### 17.1.3.4 深入打好污染防治攻坚战要求环境影响评价实现新突破、新提升

“十四五”规划纲要提出加快推动绿色低碳发展、持续改善环境质量、生态系统质量和稳定性提升，全面提高资源利用效率等，对环境管理领域不断拓展、环境污染治理精准提升都提出了更高的需求。当前环境治理进入深水区，区域性、结构性环境问题依然突出，问题是棘手的、复杂的、敏感的，需要多目标、多要素、多主体协同治理。以环境质量是否达标判断政策、规划、项目可行性的评价理念已不能支撑绿色发展的需要。环评涉及多项环境要素管理，可实现对复合问题的源头统筹，对接系统治理要求，在关键领域、关键指标的协同控制上等需实现新突破，需深入开展温室气体排放、多污染物协同、生物多样性、累积性影响、人群健康等环评技术方法研究。

## 17.2 学科研究的现状与趋势

### 17.2.1 学科研究进展及热点

科技论文、专利的发表申请情况是学科发展现状最直接的体现。了解国内外环评相关研究进展，就国内外环评的发展布局和发展趋势进行对比分析。

#### 17.2.1.1 国际环境影响评价研究进展

利用“Web of Science”数据库进行检索分析，用“environmental impact assessment”作为主题词进行检索，文章类型限定为“article”和“review”，语言仅限英语，检索时间为 2004—2020 年，共检索出 1 233 个条目。

（1）研究趋势

国际环评研究总体数量呈持续上升趋势。国际上近 20 年来环评领域研究是不断发展的，研究成果数量基本呈逐年增加趋势（图 17-1）。研究成果主要来自 112 个国家和地区的 537 个研究机构，在主要国家或地区排名中，英国、美国、中国、澳大利亚、加拿大排名前五位。

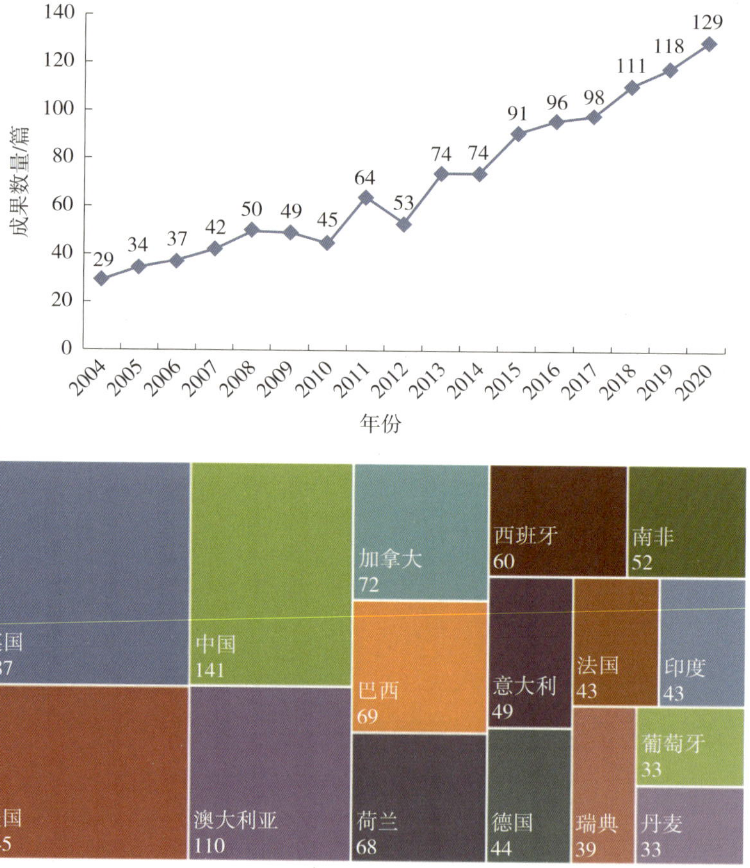


图 17-1 国际环境影响评价研究成果发展趋势及国家分布

（2）研究热点与演变趋势

国际环评研究已聚焦气候变化在环评中的实践与环评自身作用效果的评估。将国际近 20 年研究按关键词频度占比展开分析，整体呈现从起初注重研究方法指标、制度建设等基础研究，转变到广泛开展应用研究与实践探索，再到近年来聚焦气候变化等全球问题环评技术研究及探索环评作用效果研究的研究趋势（表 17-1）。

表 17-1　不同时期国际环境影响评价的研究重点

| 排序 | 2004—2009 年 | 2010—2014 年 | 2015—2020 年 |
|---|---|---|---|
| 1 | 方法指标 | 应用研究 | 方法指标 |
| 2 | 公众参与 | 生态环境系统 | 制度建设 |
| 3 | 制度建设 | 规划环评 | 气候变化 |
| 4 | 生态环境系统 | 方法指标 | 作用效果 |

### 17.2.1.2　我国环境影响评价发展情况

借助文献数据服务平台（CNKI 中国知网）、专利数据平台（智慧芽 patsnap）进行检索，总结我国环评领域研究进展与技术发展动态。

（1）研究进展分析

利用 CNKI 数据库进行检索分析，用“环境影响评价”“环境评价”“环评”作为主题词进行检索，检索方式为篇名和关键词检索，检索时间为 2000—2020 年，为增加结果准确性，在以上检索结果中再次进行检索，主题词为战略、政策、规划、项目，共检索出 4 520 个条目。

①研究趋势与归因分析

我国环评研究整体呈波动下降趋势，且研究侧重点具有明显的制度引导型特征。经分析，2000—2006 年为环评研究的快速发展期，2007—2015 年研究保持稳定并达到峰值，2016—2020 年逐渐减少。其中有两次较为快速的增长阶段，一次是 2003—2007 年，另一次是 2012—2014 年。2003 年 9 月起施行《中华人民共和国环境影响评价法》、2014 年修订《中华人民共和国环境保护法》、2016 年新《中华人民共和国环境影响评价法》实施，弱化了项目环评行政审批要求，不再作为前置条件等改革举措配套的法律法规制定，一定程度上促进了学术界研究与实践的上升和下降。

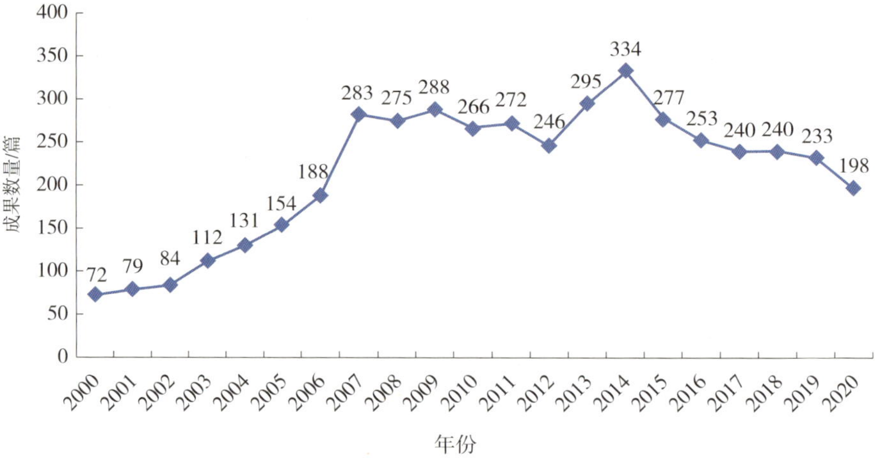


图 17-2 我国环境影响评价研究成果数量分布情况

②研究热点与演变趋势

战略环评、规划环评、项目环评三个领域占据了我国环评研究领域的半壁江山。从关键词词频占比统计结果来看，规划环评、项目环评、战略环评、政策环评研究占比分别为 25%、13%、11%、1%。通过对环评文献中关键词共现网络（图 17-3）也可以看出，高中介中心性[①]的关键词为战略环境评价、规划环境影响评价、建设项目、指标体系等。其中，战略环评研究侧重在概念内涵、研究进展、工作程序、应用现状、实践总结，与其他环评的区别，我国与他国研究异同等角度；规划环评研究侧重围绕着不同类型规划，尤其土地利用规划、城市总体规划等涉及空间开发利用的规划环评是学者们研究重点，研究频率较高；项目环评研究在我国应用需求高，相关研究从 20 世纪 80 年代开始一直延续到当前，2015 年新《中华人民共和国环境保护法》实施，进一步强化了规划环评和项目环评的关系，"十三五"之后，针对建设项目环评研究多围绕如何在规划环评框架下开展工作，以及后评价、技术评估研究。这三个领域一直是环评研究的主流方向，不同时期侧重点不同，研究热度交替上升（表 17-2）。

① 共被引网中的关键节点的确定就是基于中介中心性，一个具有高中介中心性的可能对应的是一个变革性的科学发现，连接不同的主题结构的关键节点很可能就是知识转折点或知识拐点。——《转折点 创造性本质》陈超美著。

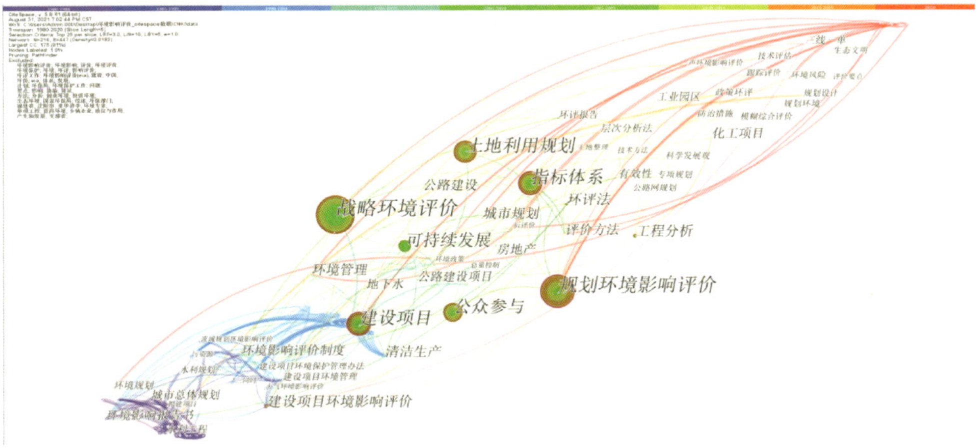


图 17-3 环境影响评价研究关键词共现图

表 17-2 不同时期我国环境影响评价的研究重点

| 排序 | 2000—2004 年 | 2005—2009 年 | 2010—2014 年 | 2015—2020 年 |
|---|---|---|---|---|
| 1 | 可持续发展 | 方法指标 | 规划环评 | 规划环评 |
| 2 | 方法指标 | 规划环评 | 作用效果 | 作用效果 |
| 3 | 战略环评 | 战略环评 | 政策环评 | 项目环评 |
| 4 | 制度建设 | 项目环评 | 生态环境系统 | 三线一单 |

③启示与思考

国内外环评研究方向差异对我国环评发展方向的启示。将国内外环评的研究重点进行对比（图 17-4），可得到以下五点启示：①国际学术界对处于影响决策源头的政策环评研究的重视程度整体高于国内；②国际学术界注重环评基础理论研究，对基础理论、制度建设方面研究较多；③国际学术界对可持续发展、生物多样性、气候变化在环评中的融合研究重视程度整体高于国内；④我国较为独特的研究领域是生态文明对环评的指引研究；⑤当前国内外学者对环评作用效果开展了一定探讨与反思。

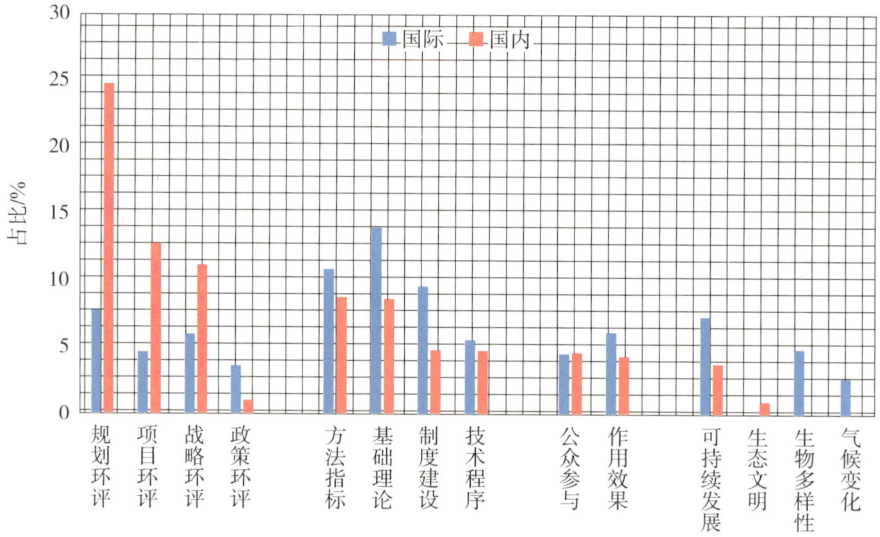


图 17-4 国内外环境影响评价研究重点对比

（2）专利申请分析

运用智慧芽专利检索数据库，以"环境影响评价""环境评价""环评""环境影响评估""环境评估"为搜索关键词，对 2002—2020 年相关专利进行检索，为提高靶向目标精确度，通过人工识别筛选后得到 322 个专利（技术说明书明确与环评工作有关），运用专利分析方法对相关数据进行整理与分析，总结出我国环评专利技术发展情况如下：

①发展趋势与发展特征

我国环评领域专利申请正处于技术成长期。我国环评相关专利申请量位列全球第一，占比达 81.06%，其次是日本、韩国、俄罗斯和美国，如图 17-5（a）所示。2016 年以前，我国专利申请一直保持年申请数量不到 10 个的水平。2016 年生态环境大数据实施方案印发，提出"创新生态环境监管模式，推动环评统一监管，统筹建设大数据平台"，环评领域内各项技术、方法、手段等研究投入的人员和产出均有了质的提升，2017 年开始，环评专利技术数量呈现大幅增加。从图 17-5（b）可以看出，当前环评领域的专利申请人与专利数量都在急剧上升过程，介入机构增多，技术市场扩大，正处于技术成长期。

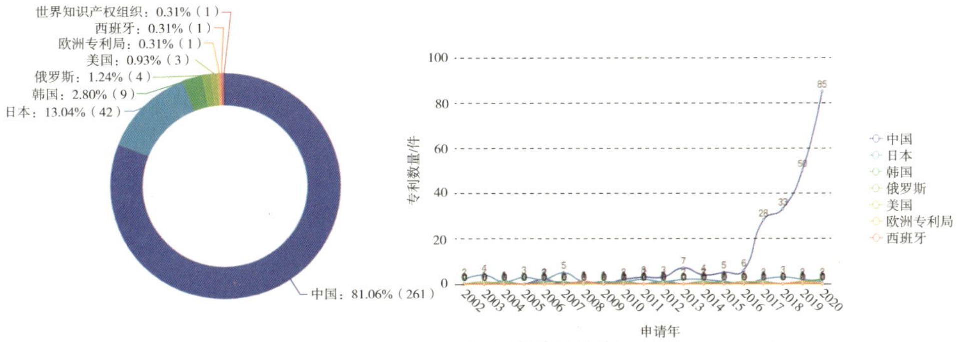


（a）申请量分布

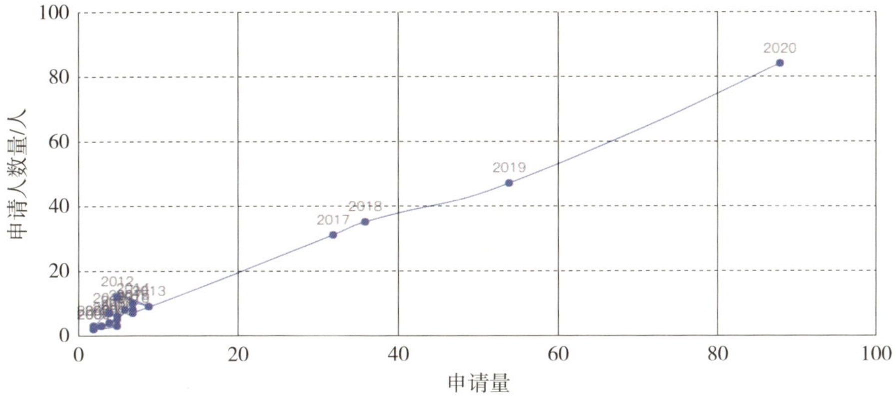


（b）申请趋势曲线

图 17-5　2002—2020 年环境影响评价领域专利申请国家、数量、专利技术生命周期趋势

②发展特征与归因分析

大数据技术全方位激发了环评领域专利技术探索。当前科技创新取得历史性成就，环评领域技术提升具备了良好的发展基础和条件，生态环境部提出大数据建设要先在环评、环境信息服务等方面实现突破。近几年环评专利申请领域不仅注重在环境评价、评估方法体系优化，更趋向于信息处理和存储、应用软件开发等方面结合，反映了现代新技术的引入满足环评预测技术和业务管理需求的现象。通过对热门技术词拆分可以反映上述趋势，在环评分析方法和定量评估（包括评价、判定及预测方法、构建评价模型及指标等）的优化完善方面占 34%，在计算机和电子系统（包括数据库、管理系统、遥感影像辅助）的建设方面占 16%（图 17-6）。

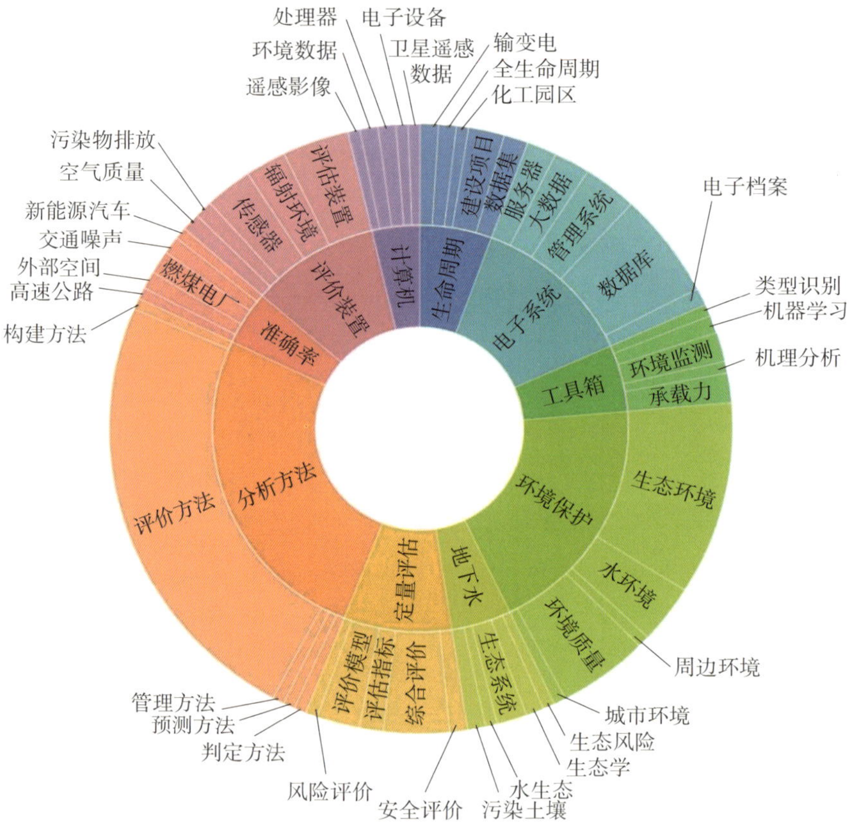


图 17-6　环境影响评价领域专利技术焦点布局

## 17.2.2　学科发展成就与趋势

近年来，环评逐渐成为协调社会经济与环境的重要手段，"健全源头预防、过程控制、损害赔偿、责任追究的生态环境保护体系"重要组成，逐渐由单一的管理手段转变为单一项目管理到区域协同管控，单一制度向多制度协调的综合决策工具。

### 17.2.2.1　基于"一法两条例"法律法规框架的环评制度体系正不断完善

2002 年《中华人民共和国环境影响评价法》审议通过，开启了环评新纪元，形成了"一法两条例"（《中华人民共和国环境影响评价法》《规划环境影响评价条例》《建设项目环境保护管理条例》）的法律法规体系，构建了由基本制度

（包括分级、分类、监管、信息公开、公众参与等）、行业制度（专项规划、行业环评、重大变动清单等）、区域制度（重点区域、流域的环评政策或管理要求）、技术体系（技术导则和标准）的系统管理制度体系。

#### 17.2.2.2 战略环评开展与政策环评试点推动环评进一步向决策源头延伸

“十三五”以来，国家开展了多轮大区域战略环评以及围绕城镇化、钢铁行业、能源等重点领域的政策环评试点研究，区域、流域、专项规划环评等成果对宏观经济决策应用也逐步形成共识、得到认可，进一步突破项目环评无法解决的区域性、累积性环境污染的难题。环评主要任务和作用已经从单纯防治建设项目环境污染、加强区域（开发区）环境管理，上升到参与发展与保护综合决策、源头防控环境风险、促进绿色高质量发展的高度。

#### 17.2.2.3 “三线一单”开展推动环境管控从要素管控向空间管控与准入发展

为顺应精细化环境管理需求，“三线一单”应运而生。“三线一单”以改善生态环境质量为核心，以解决区域突出生态环境问题为目标，框定了生态环境分区管控格局，形成了生态环境管控要求的“整装成套”。“三线一单”自身技术逻辑的系统性、综合性、整体性以及成果显著的集成化、空间化、信息化特征，可不受开发活动的约束，将对决策的环境管理进一步向源头延长，保证了成果的前瞻性与科学性，提升了生态环境准入要求的针对性与可操作性。

#### 17.2.2.4 应对新型、复合、综合环境问题的技术方法体系探索实践正不断深入

立足“双碳”目标，生态环境部门正推进“三线一单”、规划环评、项目环评不同层级的碳排放影响评价试点工作；落实环保法等法律法规要求，政策环评试点正在稳步推进。当前环评技术体系正呈现由单目标向多目标决策、单环境要素向复合环境要素协同治理（如减污降碳协同增效、$PM_{2.5}$ 与 $O_3$ 协同、土壤—地下水协同）、常规污染物向特征污染物、新型污染物防控、生态环境影响向生态安全格局等实现技术突破的趋势。

## 17.3 关键科学问题与支撑技术

### 17.3.1 关键科学问题

（1）环评理论研究长期缺位，理论支撑不足

基础理论研究决定了学科运行和发展方向，是灵魂所在，解释这个学科“从哪里来，往哪里去”的问题，即开展环评目的或目标、意义或必要性，理论研究不可缺失。整体上，当前我国环评研究多围绕技术化、制度化延伸开展，相关理论基础研究不足。当前是环评改革、重构制度体系的机遇期，生态文明思想、绿色低碳发展为环评理论注入了新的活力，亟待开展基于生态学、管理学、经济学、社会学等理论交叉融合的环评系统理论研究，坚持学习国际经验与自我创新相结合，实现对环评价值判断的科学界定，加强环评自然科学与社会科学属性的协调统一，拓宽环评的广度与深度，构建创新中国特色的环评理论体系。

（2）如何科学判定环评有效性，更好实现环评价值，亟待开展研究

环评发展至今取得了成绩但也存在着问题，纵观环评历次改革，主旨本质上都是为了使环评工作更加有效。如何界定环评有效性的概念，科学、客观地判定环评有效性，国内学术界尚未对环评有效性的评价和优化开展系统、深入的研究。亟待构建科学的针对环评有效性的技术评估框架，分析环评未达到“为决策者提供支持，降低决策风险，最终优化决策方案”目标的原因；探讨影响环评有效性的因素以及不同因素间的影响机理；建立科学的、动态的、差异化的环评有效性评估的指标计算模型和测度体系等。

（3）回答适应新发展阶段、新发展理念、新发展格局的中国的理想环评体系，明确实现框架与战略路线图

结合我国国情和发展需求，明确环评领域近期、中期、长期的发展需求与目标，开展环评发展战略路线图设计，回答理想的中国环评体系“评什么、怎么评、如何用”等关键问题，明确环评（理论、技术、管理、制度）体系创新方向，从阶段目标、关键技术、关键项目、优先研究领域、关键市场以及政策、人才等保障措施形成学科发展战略路线图。

### 17.3.2 关键支撑技术

（1）结合环评自身技术的提升需求，发挥环评技术实效，结合国际先进技术本土化，解决长期没有解决或难以落实的环评关键技术问题，实现技术体系提升。

针对当前环评中“对人群健康长远影响进行分析、预测和评估”多数关注突发性环境事故，对于常规污染物、特征污染物长期累积排放的健康风险考虑不足的问题，面向人民生命健康，践行“生态文明的本质属性是人民性”，基于流行病学调查、人群暴露—计量效应监测监控数据发展，探索环评开展人群健康评价的范围和方法；管理需求是学科发展的原动力，人民需求是学科发展的推动力，研究公众参与与信息公开的有效方式，确保程序合法性、形式有效性、对象代表性、结果真实性；针对当前环评中生物多样性现状调查时间长、调查费用高，生物多样性影响预测难以界定，生物多样性长期监测计划缺乏可操作性等问题，面向世界科技前沿，基于生物多样监测网络与生态补偿制度的完善，探索明确生物多样性纳入环评体系中的侧重点与实现路径。

（2）满足新发展阶段的发展需求，重点围绕“十四五”深入打好污染防治攻坚战工作任务，融合院内跨学科技术，满足环境污染治理进入深水区要求的关键技术体系提升。

围绕“提气、降碳、强生态，增水、固土、防风险”整体目标，衔接强化“源头治理、系统治理、整体治理”总体要求，将大气治理强调减污降碳协同，水环境治理强调“三水统筹”，生态环境治理强调“生态系统整体性和流域系统性、守住生态安全边界”等涉及的评价目标、指标、措施等要求纳入环评技术体系；研究将温室气体排放评价纳入政策环评、区域环评、规划环评、项目环评不同层级的技术框架、管理支撑及实现路径；开展政策环评理论研究和实践探索，明确政策环评应用对象、范围、内容、方法等。

（3）围绕“数据强国”等国家战略，挖掘关联领域前沿技术，依靠生态环境大数据建设研究实现“用数据辅助决策”到“用数据决策”的环评云平台综合决策系统。

当今已进入全球化、系统化和信息化的大数据时代，在数字化技术指数级增长、数字化信息的广泛化和组合式创新的共同推动下，推进环评管理规范化、精细化、结构化、智能化已是大势所趋。运用大数据、云计算、自然语义识别、人工智能等现代信息技术手段，开展多源、异构、海量数据实时智能处理计算以及复杂系统模拟，实现在各个治理层之间以及与所有相关参与者之间适当地交流环评信息，支撑环境政策措施制定、环境形势综合研判、环境风险预测预警、跨区域环境问题会商、智能环评复核等，研究构建适合我国国情的环评综合决策系统，实现“用数据辅助决策”到“用数据决策”的转变。

## 17.4 总结与展望

回顾历史，我国环评发展过程中经历学习外国经验并逐渐本土化的模仿阶段，经历了夯实理论、方法、制度的探索阶段。我国是全世界唯一拥有联合国产业分类中全部工业门类的国家，区域性、整体性、系统性发展问题解决与污染治理经验丰富，大区域、多层次、多行业的环评实践经验丰富；立足当下，我国已经进入自我反思、二次创新、实现重构的觉醒阶段。当前我国处于第二次工业革命尚未完成、第三次工业革命起航，抢占第四次工业革命的关键时期，不同社会经济发展阶段赋予生态环境的价值也不一样，用于指导和评价环境影响的原则和标准不断提高，新形势、新阶段、新需求下环境影响评价研究机遇与挑战并存；展望未来，作为生态环境与经济社会发展领域最密切的制度之一，落实“双循环”格局和实现“双碳”目标，切实提高环评协同推进经济高质量发展和环境高水平保护的能力，突出我国环评研究的“继承性、时代性、系统性、专业性”，加强环评与其他学科之间的互相融合、促进，在融合中创新，实现国际先进技术本土化，从跟跑者向领跑者转变，实现“决策科学、执行有力、良性互动”的局面，不断创新形成具有“中国特色、世界一流”的环境影响评价体系。

编写人员：李小敏　赵玉婷　詹丽雯　李亚飞
许亚宣　董林艳　姚懿函　李林子
赵　果　田　健　王　凯

# 展　望

Prospect

# 18 我国生态环境科技发展对策与展望

## 18.1 我国生态环境科技发展 2.0 时代展望

如果把过去以解决污染问题为核心的环境治理，称作生态环境科技 1.0 时代，那么进入新发展阶段，以环境科技进步引领带动全社会各领域产业绿色可持续发展的阶段，可称为生态环境科技 2.0 时代。

我国的生态环境问题，根本上还是高碳的能源结构和高耗能、高碳的产业结构的问题。笔者认为，生态环境科技 2.0 时代的核心理念、目标、策略需要发生重大转变（见表 18-1）。在治理理念上，从原来的末端治理污染，转变为调整产业结构、能源结构，从而减少污染物的产生，从源头消除污染。例如，绿色化肥、农药的研制和使用，将解决面源污染问题；水溶性漆和绿色涂料的使用将解决 VOC 和 $O_3$ 的问题。在监管方式上，从原来的被动监管，转变为采用物联网、大数据、5G 等高新技术实现主动管理。在治理模式上，从原来的政府主导为主的污染治理，转变为政府、企业、社会组织、公众共同参与的多元共治体系，更加强调市场激励机制的运用。在此背景下，将催生一大批新兴技术领域，开启绿色技术革命，如智慧监管、生物技术、物质循环再生利用、生物多样性、自然修复等技术瓶颈被突破，产业结构优化，绿色产业占比显著增加。随着生态文明建设和创新驱动发展战略的全面推进，生态环境科技将成为引领我国绿色发展的新引擎。

表 18-1　不同时期生态环境科技的治理理念及模式

| 治理理念及模式 | 生态环境科技 | |
|---|---|---|
| | 1.0 时代 | 2.0 时代 |
| 治理理念 | 解决问题 | 消除问题 |
| 产业结构 | 资源依赖型 | 绿色低碳型 |
| 碳排放 | 高碳 | 低碳、零碳 |
| 能源 | 化石能源 | 清洁能源 |
| 监管方式 | 被动监管 | 主动管理 |
| 治理模式 | 政府主导 | 多元共治 |
| 资金 | 政府财政投入 | 科创 + 金融体系 |

## 18.2　我国生态环境科技发展对策

"十四五"期间，应按照生态环境部深入打好污染防治攻坚战的部署和要求，在战略和战术两个层面，推动减污降碳协同增效，更加突出综合治理、系统治理、源头治理，统筹"减污、降碳、强生态"，充分发挥生态环境科技的支撑作用。围绕"坚持四个面向、协同三个系统、实现五大创新"，打造我国生态环境科技 2.0 时代，推动形成科学治污新格局（见图 18-1）。

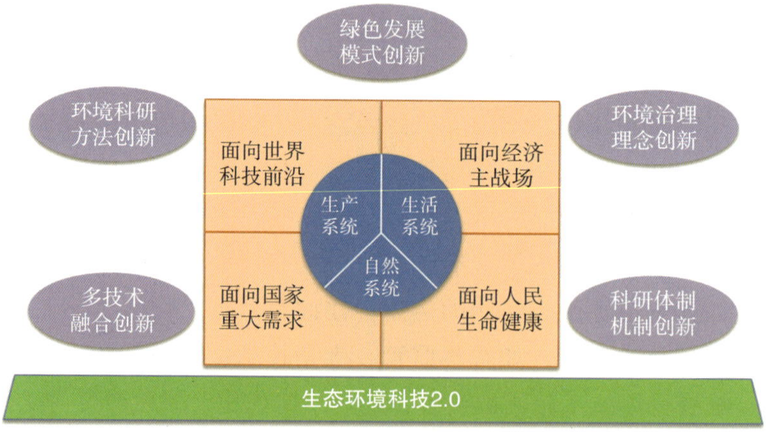


图 18-1　生态环境科技 2.0 的科学治污格局

## 18.2.1 坚持“四个面向”

新时代，应坚持以习近平总书记“四个面向”作为方向指引，强化科技创新能力，以丰富的科研成果，支撑和引领生态环境保护工作长效发展，助力建设生态文明和“美丽中国”。

一是面向世界科技前沿，夯实生态环境科研基础。加强生态环境领域国家战略科技力量建设，积极推进生态环境领域的国家实验室、国家技术创新中心建设，构建创新平台体系，开展原创性、系统性科学研究，解决“卡脖子”关键技术问题，引领我国生态环境科技发展。加大生态环境基础研究的稳定投入，建立多元投入机制，鼓励社会资本加入。开展高水平对外开放与合作，深度参与全球环境治理。

二是面向经济主战场，促进生态环境科技成果转化。从源头提升生态环境科技成果供给质量，推进政产学研用深度融合。深化驻点跟踪研究模式，深入开展百城千县万名科技人员的科技帮扶行动，打通科技成果转化的“最后一公里”。构建完善技术转移服务体系、环境科技金融体系、科技成果转化评价体系，推动落实科技成果转化政策。

三是面向国家重大需求，开展生态环境领域集智攻关。紧密围绕黄河流域生态保护和高质量发展、京津冀协同发展、长江经济带发展等国家战略，聚焦国家生态环保的科技支撑需求，继续完善“1+X”协同攻关模式，完善和推广生态环境领域的集中攻关新型举国体制机制，推动重大区域、流域污染协同治理。

四是面向人民生命健康，牢牢把握“环保科技的人民性”。建立以问题为导向的科研体制，以人民为中心，实实在在解决老百姓身边的环境问题，研发有用、能用、管用的环境健康创新成果。良好生态环境是最普惠的民生福祉，要让生态环境科技发展成为名副其实的“国之大者”。

## 18.2.2 协同三个系统

党的十九届五中全会明确把“坚持系统观念”作为“十四五”时期我国经济社会发展必须遵循的原则之一。生态环境是一个复杂巨系统，其中自然、生产、生活三个系统是相互联系的有机整体。在这一复合系统中，自然系统对生产和生活系统具有支撑和制约作用，而生活和生产系统又反作用于自然系统。在生态环境保护过程中，要协同好自然、生产、生活三个系统，坚定不移走

"生产发展、生活富裕、生态良好"的"三生"共赢发展之路。

一是自然系统。要顺应自然规律，研究清楚污染物在自然系统中的迁移转化规律，科学利用自然自身的修复能力，从根源上解决生态环境问题，达到标本兼治的效果，守住自然系统生态安全边界。

二是生产系统。要强化科技创新驱动，以生态环境保护倒逼高质量发展，推动产业生态化、能源绿色化，促进生产系统的绿色循环，形成经济增长的绿色新动能。

三是生活系统。要开展绿色产品、绿色消费研究创新，强化生态保护与资源节约意识，建立激励机制，推动绿色生活转型，培育生活系统的绿色模式。

### 18.2.3 实现五个创新

要实现"五个创新"，打造多元创新、全面发展的新一代 2.0 版的生态环境科技。

一是实现绿色发展模式创新。生态环境保护和经济发展是辩证统一、相辅相成的。要在发展中减少污染产生，用最小的经济代价治理更多的污染。要通过创新为绿色经济发展注入新的驱动力。要探索绿色发展模式，走产业生态化和生态产业化的高质量发展之路。

二是实现环境治理理念创新。"以自然恢复为主"的理念逐渐成为共识，主张基于自然的生物修复，避免过多的人为干预。同时，环境治理涉及经济社会运行的各个方面，其本质是一个复杂的社会管理过程，要运用社会学的理论方法，加大社会动员，强化激励机制、约束机制，推动形成多元共治的生态环境协同治理体系。理念的创新，必将给生态环境科技发展带来深刻的变革。

三是实现环境科研方法创新。综合运用系统工程、协同学等理论方法，坚持系统治理与协同治理。目前各要素领域内的协同控制研究已经开始，例如，大气领域 $PM_{2.5}$ 和 $O_3$ 的协同控制，但距离真正认识整个生态环境巨系统还有很大差距，要用系统的、多要素相互联系和相互作用的观点去研究、认识生态系统，进一步推进源头治理、系统治理、整体治理、协同治理。

四是实现多技术融合创新。要与现代高新技术深度融合，如利用同位素技术来识别农业面源污染问题，利用环境 DNA 技术实现污染源的精准溯源，利用大数据、人工智能等信息技术，提升生态环境智能监管能力，解决流域监管人手不足的问题。

五是实现体制机制的创新。创新需要科技创新、体制创新的“双轮驱动”。党中央、国务院出台了一系列有利于科技创新的制度措施，需认真落地见效。应构建和壮大立体化的生态环境科技创新力量，应加大生态环境公益性科研的稳定投入。要培育一支稳定的、立体化的生态环境科研队伍，努力形成生态环境科技“全国一盘棋”的良好格局。

# 参考文献

## 绪　论


［1］左玉辉 . 环境学：第二版［M］. 北京：高等教育出版社，2010.

［2］方淑荣 . 环境科学概论［M］. 北京：清华大学出版社，2011.

［3］中共中央文献研究室 . 习近平关于社会主义经济建设论述摘编［M］. 北京：中央文献出版社，2017.

［4］生态环境部 . 生态环境部部长黄润秋在 2021 年全国生态环境保护工作会议上的工作报告［EB/OL］.（2021-02-01）［2021-08-29］. http://www.mee.gov.cn/xxgk2018/xxgk/xxgk15/202102/t20210201_819774.html.

［5］刘永，阳平坚，盛虎 . 滇池流域水污染防治规划与富营养化控制战略研究［J］. 环境科学学报，2012，32（8）：1962-1972.

［6］郭怀成，王心宇，伊璇 . 基于滇池水生态系统演替的富营养化控制策略［J］. 地理研究，2013，32（6）：998-1006.

［7］水专项总体组 . 水体污染控制与治理科技重大专项实施情况报告［R］. 北京：水专项总体组，2020.

［8］李海生，王丽婧，张泽乾，等 . 长江生态环境协同治理的理论思考与实践［J］. 环境工程技术学报，2021，11（3）：409-417.

［9］孙婷婷，项衍，罗宇涵，等 . 基于综合立体观测网的京津冀地区污染过程分析［J］. 环境科学研究，2021，34（1）：20-27.

［10］国家大气污染防治攻关联合中心 . 大气重污染成因与治理攻关项目研究报告［R］. 北京：科学出版社，2021.

［11］生态环境部 . 2020 年全国大、中城市固体废物污染环境防治年报［EB/OL］.（2020-12-28）［2021-08-29］. http://www.mee.gov.cn/hjzl/sthjzk/gtfwwrfz/.

［12］许晓锋，林琦 . 我国餐厨垃圾资源化处理技术现状及建议措施［J］. 环境与发展，2020，32（11）：73-74.

［13］陈章，罗遵兰，史娜娜 . 区域生物多样性调查的空间样点设置方法及应用［J］. 内蒙古大学学报（自然科学版），2021，52（1）：33-34.

［14］刘亚群，吕昌河，傅伯杰，等 . 中国陆地生态系统分类识别及其近 20 年的时空变化［J］. 生态学报，2021，41（10）：3975-3987.

［15］侯鹏，高吉喜，万华伟，等 . 陆地生态系统保护修复成效评估研究进展及主要

科学问题［J］. 环境生态学，2021，3（4）：1-7.
［16］生态环境部. 生态环境部组织完成长江经济带120处国家级自然保护区管理评估［EB/OL］.（2019-08-23）［2021-08-29］. http://www.mee.gov.cn/xxgk2018/xxgk/xxgk15/201908/t20190823_729839.html.
［17］生态环境部. 专家解答《淡水水生生物水质基准—镉》（2020年版）有关问题［EB/OL］.（2020-03-03）［2021-08-29］. http://www.mee.gov.cn/xxgk2018/xxgk/xxgk15/202003/t20200303_767018.html.
［18］生态环境部. 生态环境部6月例行新闻发布会实录［EB/OL］.（2020-06-30）［2021-08-29］. http://www.mee.gov.cn/xxgk2018/xxgk/xxgk15/202006/t20200630_786801.html.
［19］生态环境部. 2020中国环保产业发展状况报告［R/OL］.［2021-08-31］. http://www.mee.gov.cn/ywgz/kjycw/tzyjszd/hbcy/202011/P020201106355662242838.pdf.
［20］国家统计局. 中华人民共和国2020年国民经济和社会发展统计公报［R/OL］.（2021-02-28）［2021-08-29］. http://www.stats.gov.cn/tjsj/zxfb/202102/t20210227_1814154.html.
［21］国务院办公厅. 中华人民共和国国民经济和社会发展第十四个五年规划和2035年远景目标纲要［EB/OL］.（2020-03-03）［2021-08-29］. http://www.gov.cn/xinwen/2021-03/13/content_5592681.htm.

## 1 大气环境科学与技术

［1］邵平，辛金元，安俊琳，等. 长三角工业区夏季近地层臭氧和颗粒物污染相互关系研究［J］. 大气科学，2017，41（3）：618-628.
［2］李红，彭良，毕方，等. 我国$PM_{2.5}$与臭氧污染协同控制策略研究［J］. 环境科学研究，2019，32（10）：1763-1778.
［3］唐孝炎，张远航，邵敏. 大气环境化学［M］. 北京：高等教育出版社，2006.
［4］段菁春，胡京南，谭吉华，等. 特征雷达图的设计及其在大气污染成因分析中的应用［J］. 环境科学研究，2018，31（8）：1329-1336.
［5］胡京南，柴发合，段菁春，等. 京津冀及周边地区秋冬季$PM_{2.5}$爆发式增长成因与应急管控对策［J］. 环境科学研究，2019，32（10）：1704-1712.
［6］郭云，蒋玉丹，黄炳昭，等. 我国大气$PM_{2.5}$及$O_3$导致健康效益现状分析及未来10年预测［J］. 环境科学研究，2021，34（4）：1023-1032.

［7］姜华，常宏咪．我国臭氧污染形势分析及成因初探［J］．环境科学研究，2021，34（7）：1576-1582.
［8］曾佩生，朱蓉，范广洲，等．京津冀地区低层局地大气环流的气候特征研究［J］．气象，2019，45（3）：381-394.
［9］张强，耿冠楠．中国清洁空气行动对 $PM_{2.5}$ 污染的影响［J］．中国科学：地球科学，2020，50（4）：439-440.
［10］耿冠楠，肖清扬，郑逸璇，等．实施《大气污染防治行动计划》对中国东部地区 $PM_{2.5}$ 化学成分的影响［J］．中国科学：地球科学，2020，50（4）：469-482.
［11］徐冉，张恒德，杨孝文，等．北京地区秋冬季大气污染特征及成因分析［J］．环境科学，2019，40（8）：3405-3414.
［12］赵妤希，陈义珍，杨欣，等．2018 年 3 月两会期间北京重污染过程边界层气象的演变分析［J］．环境科学研究，2019，9（32）：1492-1499.
［13］杨欣，陈义珍，赵妤希，等．2014—2017 年北京城区霾污染态势及潜在来源［J］．中国环境科学，2018，38（9）：3232-3239.
［14］秦孝良，高健，王永敏，等．传感器技术在环境空气监测与污染治理中的应用现状、问题与展望［J］．中国环境监测，2019，35（4）：162-172.
［15］孟凡胜，王飞，殷宝辉，等．京津冀中部夏季大气颗粒物空间分布特征［J］．环境科学研究，2018，31（5）：814-822.
［16］潘玉瑾，李媛，陈军辉，等．基于交通流的成都市高分辨率机动车排放清单建立［J］．环境科学，2020，41（8）：3581-3590.
［17］韩贝，王伯槐．基于物联网的气象探测无人机研究［J］．物联网技术，2021（3）：18-21.
［18］马建光，姜巍．大数据的概念、特征及其应用［J］．国防科技，2013，34（2）：10-17.
［19］张鸿宇，王媛，卢亚灵，等．我国臭氧污染控制分区及其控制类型识别［J］．中国环境科学：2021，41（9）：4051-4059.
［20］石耀鹏，褚旸晰，段菁春，等．区域大气重污染过程识别指标及算法研究［J］．中国环境监测，2021，37（4）：32-39.
［21］柴发合．“十五”科技攻关计划课题报告：区域大气污染物总量控制技术与示范研究［R］．北京：中国环境科学研究院，2006.
［22］大气重污染成因与治理攻关项目报告：“2+26”城市大气污染源排放清单研究［R］．北京：中国环境科学研究院，2020.

[23] 薛志钢，杜谨宏，任岩军，等 . 我国大气污染源排放清单发展历程和对策建议[J]. 环境科学研究，2019，261（10）：66-74.

[24] 国家发展和改革委员会应对气候变化司 . 第二次国家信息通报[M]. 北京：中国经济出版社，2013.

[25] 国家发展和改革委员会应对气候变化司 . 2005 中国温室气体清单研究[M]. 北京：中国环境出版社，2013.

[26] 国家发展和改革委员会应对气候变化司 . 2008 中国温室气体清单研究[M]. 北京：中国环境出版社，2013.

[27] IPCC 第五次评估报告第一工作组报告 . 气候变化的物理基础[M]. 北京：剑桥出版社，2013.

[28] 修光利，吴应，王芳芳，等 . 我国固定源挥发性有机物污染管控的现状与挑战[J]. 环境科学研究，2020，33（9）：2048-2060.

[29] 易兰，赵万里，杨历 . 大气污染与气候变化协同治理机制创新[J]. 科研管理，2020，41（10）：134-144.

[30] 郦建国，朱法华，孙雪丽 . 中国火电大气污染防治现状及挑战[J]. 中国电力，2018，51（6）：2-10.

[31] 于勇，朱廷钰，刘霄龙 . 中国钢铁行业重点工序烟气超低排放技术进展[J]. 钢铁，2019，54（9）：2-11.

[32] 刘怀平，尹海滨，熊尚超，等 . 水泥炉窑中低温催化脱硝技术中试性能[J]. 中国环境科学，2021，41（7）：3169-3175.

[33] 胡文硕，邹任智，董毅，等 . 钒钨铈催化剂的低温 SCR 反应机理研究[J]. 工程热物理学报，2021，42（1）：239-245.

[34] 闫文娟，牛皓 . 石化行业挥发性有机物管控体系存在的问题及优化建议[J]. 环境影响评价，2021，43（3）：35-37，54.

[35] 张益兰，肖高飞，李剑晗，等 . 钒基催化剂同步去除燃煤烟气中甲苯与 $NO_x$ 研究[J]. 中国环境科学，2021，41（8）：3546-3554.

[36] 高玉冰，邢有凯，何峰，等 . 中国钢铁行业节能减排措施的协同控制效应评估研究[J]. 气候变化研究进展，2021，17（4）：388-399.

[37] 胡翠娟，丁峰，李时蓓，等 . 国内外环境空气质量模型法规化现状与对比研究[J]. 环境工程，2015，33（1）：132-136.

[38] 胡翠娟，丁峰，伯鑫，等 . 美国环境空气质量模型法规化建设经验与借鉴[J]. 生态经济，2014，30（5）：186-189.

［39］王自发，谢付莹，王喜全，等. 嵌套网格空气质量预报模式系统的发展与应用［J］. 大气科学，2006，30（5）：778-790.

［40］伯鑫，王刚，田军，等. AERMOD 模型地表参数标准化集成系统研究［J］. 中国环境科学，2015，35（9）：2570-2575.

［41］杨景朝，马振峰，伯鑫，等. 地面气象观测资料在空气法规模型的标准化研究［J］. 中国环境科学，2015，35（10）：2950-2957.

［42］丁峰，李时蓓，伯鑫，等. 我国环境质量法规模型体系建设对策与建议［J］. 环境影响评价，2015，37（4）：44-46.

［43］柴发合，王淑兰，王锷一. 中国城市空气质量分级管理战略探讨［J］. 环境与可持续发展，2011，36（5）：5-7.

［44］李培，王新，柴发合. 我国城市大气污染控制综合管理对策［J］. 环境与可持续发展，2011，36（5）：8-14.

［45］柴发合. 贯彻《大气污染防治行动计划》力促环境空气质量改善［J］. 环境与可持续发展，2013，38（6）：5-8.

［46］柴发合，云雅如，王淑兰. 关于我国落实区域大气联防联控机制的深度思考［J］. 环境与可持续发展，2013，38（4）：5-9.

［47］王淑兰，柴发合，高健. 我国中长期 $PM_{2.5}$ 污染控制战略及对策［J］. 环境与可持续发展，2013，38（4）：10-13.

［48］高健，王淑兰，柴发合. 我国大气灰霾污染特征及污染控制建议［J］. 环境与可持续发展，2013，38（4）：14-16.

［49］王文兴，柴发合，任阵海，等. 新中国成立 70 年来我国大气污染防治历程、成就与经验［J］. 环境科学研究，2019，32（10）：1621-1635.

［50］郝吉明，李海生，徐祥德，等. 大气重污染成因与治理攻关项目研究报告［M］. 北京：科学出版社，2021.

［51］李海生，陈斌. 污染防治攻坚战科技支撑与创新［M］. 北京：中国环境出版集团，2021.

［52］刘文雯，段菁春，胡京南，等. 基于环境监测数据的大气重污染应急减排措施效果评估［J］. 环境科学研究，2019（5）：734-741.

［53］吴文景，常兴，邢佳，等. 京津冀地区主要排放源减排对 $PM_{2.5}$ 污染改善贡献评估［J］. 环境科学，2017，38（3）：867-875.

［54］胡丙鑫，段菁春，刘世杰，等. 2018 年春节期间京津冀及周边地区烟花禁放效果评估［J］. 环境科学研究，2019，32（2）：203-211.

[ 55 ] 生态环境部 . 关于加强重污染天气应对夯实应急减排措施的指导意见 [ Z ] . 2019-07-26.

[ 56 ] 生态环境部 . 重污染天气重点行业应急减排措施制定技术指南（2021 年修订版）[ Z ] . 2021-08.

[ 57 ] Xu J，Zhang Y H；Zheng S Q，et al. Aerosol effects on ozone concentrations in Beijing：A model sensitivity study [ J ] . Journal of Environmental Sciences，2012，24（4）：645-656.

[ 58 ] Lou S，Liao H，Zhu B. Impacts of aerosols on surface-layer ozone concentrations in China through heterogeneous reactions and changes in photolysis rates [ J ] . Atmospheric Environment，2014（85）：123-138.

[ 59 ] Du H，Li J，Chen X，et al. Modeling of aerosol property evolution during winter haze episodes over a megacity cluster in northern China：roles of regional transport and heterogeneous reactions of $SO_2$ [ J ] . Atmos Chem Phys，2019，19（14）：9351-9370.

[ 60 ] Fuzzi S，Baltensperger U，Carslaw K，et al. Particulate matter，air quality and climate：Lessons learned and future needs [ J ] . Atmospheric Chemistry and Physics，2015，15（14）：8217-8299.

[ 61 ] Sato K. A study of volatility by composition，heating，and dilution measurements of secondary organic aerosol from 1,3,5-trimethylbenzene [ J ] . Atmospheric Chemistry and Physics，2019，14901-14915.

[ 62 ] Lim，Y B，Ziemann P J. Effects of molecular structure on aerosol yields from OH radical-initiated reactions of linear，branched，and cyclic alkanes in the presence of $NO_x$ [ J ] . Environ. Sci. Technol. 2009（43）：2328-2334.

[ 63 ] Liu C. Enhancement of secondary organic aerosol formation and its oxidation state by $SO_2$ during photooxidation of 2-methoxyphenol [ J ] . Atmospheric Chemistry and Physics，2019，2687-2700.

[ 64 ] Li J. Optical properties of secondary organic aerosols derived from long-chain alkanes under various $NO_x$ and seed conditions [ J ] . Science of The Total Environment，2017，1699-1705.

[ 65 ] Ma P，Zhang P，Shu J，et al. Characterization of secondary organic aerosol from photo-oxidation of gasoline exhaust and specific sources of major components [ J ] . Environmental pollution，2018，65-72.

［66］Junling Li，Hong Li，Kun Li，et al. Enhanced secondary organic aerosol formation from the photo-oxidation of mixed anthropogenic volatile organic compounds［J］. Atmospheric Chemistry and Physics，2021（21）：7773-7789.

［67］Li M，Wang L，Liu J，et al. Exploring the regional pollution characteristics and meteorological formation mechanism of $PM_{2.5}$ in North China during 2013—2017［J］. Environment International，2020（134）：105-283.

［68］Qu L，Liu S，Ma L，et al. Evaluating the meteorological normalized $PM_{2.5}$ trend（2014—2019）in the “2+26” region of China using an ensemble learning technique［J］. Environmental Pollution，2020，266（3），115-346.

［69］Yao X，Ge B，Yang W，et al. Affinity zone identification approach for joint control of $PM_{2.5}$ pollution over China［J］. Environmental Pollution，2020，265（B），115086.

［70］Bright R M，Lund M T. $CO_2$-equivalence metrics for surface albedo change based on the radiative forcing concept：A critical review［J］. Atmospheric Chemistry and Physics，2021（21）：9887-9907.

［71］Favez O，Weber S，Petit J E，et al. Overview of the french operational network for in situ observation of PM chemical composition and sources in urban environments（CARA Program）［J］. Atmosphere，2021，12（2）：207.

［72］Liu Z，Xue W，Ni X，et al. Fund gap to high air quality in China：A cost evaluation for $PM_{2.5}$ abatement based on the Air Pollution Prevention and control Action Plan［J］. Journal of Cleaner Production，2021（319）：128715.

［73］Li W，Liu L，Zhang J，et al. Microscopic evidence for phase separation of organic species and inorganic salts in fine ambient aerosol particles［J］. Environmental Science and Technology，2021，55.

［74］Wu T，Boor B E. Urban aerosol size distributions：A global perspective［J］. Atmospheric Chemistry and Physics，2021，21（11）：8883-8914.

［75］Wang M，Zheng N，Zhao D，et al. Using Micro-raman spectroscopy to investigate chemical composition，mixing states，and heterogeneous reactions of individual atmospheric particles［J］. Environmental Science and Technology，2021，55（15）：10243-10254.

［76］Zhu Y，Shen Y，Li K，et al. Investigation of particle number concentrations and new particle formation with largely reduced air pollutant emissions at a coastal semi-urban site in northern China［J］. Journal of Geophysical Research：Atmospheres，2021，126.

［77］Hu S，Zhao G，Tan T，et al. Current challenges of improving visibility due to increasing nitrate fraction in $PM_{2.5}$ during the haze days in Beijing，China［J］. Environmental Pollution，2021（290）：118032.

［78］Ren C，Huang X，Wang Z，et al. Nonlinear response of nitrate to $NO_x$ reduction in China during the COVID-19 pandemic［J］. Atmospheric Environment，2021.118715.

［79］Sun Shida，Sun Luna，Liu Geng，et al. Developing a vehicle emission inventory with high temporal-spatial resolution in Tianjin，China［J］. Science of The Total Environment，2021（776）.

［80］Bigazzi A Y，Mohamed A. Motivation and implementation of traffic management strategies to reduce motor vehicle emissions in Canadian cities［J］. Canadian Journal of Civil Engineering，2018，45（4）：241-247.

［81］Gtab H，Yl C，Jz D，et al. Bypassing the $NO_x$ titration trap in ozone pollution control in Beijing［J］. Atmospheric Research，2020，249.

［82］Liu L，Zhang X，Xu W，et al. Reviewing global estimates of surface reactive nitrogen concentration and deposition using satellite retrievals［J］. Atmospheric Chemistry and Physics，2020（20）：8641-8658.

［83］Huang X，Ding A，Wang Z，et al. Amplified transboundary transport of haze by aerosol-boundary layer interaction in China［J］. Nature Geoscience，2020（13）：428-434.

［84］Fu X，Wang T，Gao J，et al. Persistent heavy winter nitrate pollution driven by increased photochemical oxidants in northern China［J］. Environmental Science and Technology，2020，54（7）：3881-3889.

［85］David J Miller，Blake Actkinson，Lauren Padilla，et al. Characterizing elevated urban air pollutant spatial patterns with mobile monitoring in Houston，texas［J］. Environmental Science and Technology，2020，54（7）：2133-2142.

［86］Ma S. Sensitivity of $PM_{2.5}$ and $O_3$ pollution episodes to meteorological factors over the North China Plain［J］. Sci Total Environ，2021（792）：148-474.

［87］Morgan J L L. Quantifying the deposition of airborne particulate matter pollution on skin using elemental markers［J］. Environ Sci Technol，2020，54（24）：15958-

15967.

[88] Tian Y. Size distributions of source-specific risks of atmospheric heavy metals: An advanced method to quantify source contributions to size-segregated respiratory exposure [J]. J Hazard Mater, 2021 (407): 124-355.

[89] Wang H. Mortality risk associated with short-term exposure to particulate matter in China: Estimating error and implication [J]. Environ Sci Technol, 2021, 55 (2): 1110-1121.

[90] Wang P. Responses of $PM_{2.5}$ and $O_3$ concentrations to changes of meteorology and emissions in China [J]. Sci Total Environ, 2019 (662): 297-306.

[91] Wang S. Size-fractionated particulate elements in an inland city of China: Deposition flux in human respiratory, health risks, source apportionment, and dry deposition [J]. Environmental Pollution, 2019 (247): 515-523.

[92] Wu B. The multifractal evaluation of $PM_{2.5}$-$O_3$ coordinated control capability in China [J]. Ecological Indicators, 2021, 129.

[93] Zeng J. Relationships between chemical elements of $PM_{2.5}$ and $O_3$ in Shanghai atmosphere based on the 1-year monitoring observation [J]. J Environ Sci (China), 2020 (95): 49-57.

[94] Junting Zhong. Feedback effects of boundary-layer meteorological factors on cumulative explosive growth of $PM_{2.5}$ during winter heavy pollution episodes in Beijing from 2013 to 2016 [J]. Atmospheric Chemistry and Physics, 2018 (18): 247-258.

[95] Ji D. The carbonaceous aerosol levels still remain a challenge in the Beijing-Tianjin-Hebei region of China: Insights from continuous high temporal resolution measurements in multiple cities [J]. Environ Int, 2019 (126): 171-183.

[96] Ji D. Impact of air pollution control measures and regional transport on carbonaceous aerosols in fine particulate matter in urban Beijing, China: Insights gained from long-term measurement [J]. Atmospheric Chemistry and Physics, 2019, 19 (13): 8569-8590.

[97] Pan Y, Tian S, Zhao Y, et al. Identifying ammonia hotspots in China using a national observation network [J]. Environmental Science and Technology, 2018, 52 (7): 3926-3934.

[98] Tao J, Zhang L, Cao J, et al. A review of current knowledge concerning $PM_{2.5}$

chemical composition，aerosol optical properties and their relationships across China［J］. Atmospheric Chemistry and Physics，2017（17）：9485-9518.

［99］Can-Terzi B. Fine and coarse particulate matter，trace element content，and associated health risks considering respiratory deposition for Ergene Basin，Thrace［J］. Sci Total Environ，2021（754）：142026.

［100］Cheng Y. Decreasing concentrations of carbonaceous aerosols in China from 2003 to 2013［J］. Sci Rep，2021，11（1）：5352.

［101］Eastern Research Group Inc. Introduction to the emission inventory improvement program［EB/OL］. Washington DC：US Environmental Protection Agency，1997-07-01［2019-08-10］.

［102］EMEP/EEA air pollutant emission inventory guidebook［EB/OL］Copenhagen：European Environment Agency，2016-09-27［2016-09-30］.

［103］IPCC. Summary for policymakers of climate change 2007：The physical science basis. Contribution of working group I to the fourth assessment report of the intergovernmental panel on climate change［M］. Cambridge：Cambridge University Press，2007.

［104］IPCC. Summary for policymakers of climate change 2007：Climate change impacts，adaptation and vulnerability. Contribution of working group II to the fourth assessment report of the intergovernmental panel on climate change［M］. Brussels，2007.

［105］IPCC. Revised 1996 IPCC guidelines for national greenhouse gas inventory，IGES，Japan，1996.

［106］IPCC. Good practice guidance and uncertainty management in national greenhouse gas inventory，IGES，Japan，2000.

［107］IPCC. Good practice guidance for land use，land-use change and forestry，IGES，Japan，2000.

［108］IPCC. Climate change 2001：Mitigation，contribution of working group III to the third assessment report of IPCC，chapter 1,2,7，and 8，Cambridge University Press，2001.

［109］IPCC. 2006 IPCC guidelines for national greenhouse gas inventory，IGES，Japan，2006.

［110］GHG inventories（Annex I）-national inventory submissions，http：//unfccc.int/

ghg_data/items/3800.php.

［111］Fang P，Tang Z，Xiao X，et al. Using sewage sludge as a flue gas denitration agent for the cement industry：Factor assessment and feasibility［J］. Journal of Cleaner Production，2019，224：292-303.

［112］Botheju D，Glarborg P，Tokheim L. $NO_x$ reduction using amine reclaimer wastes（ARW）generated in post combustion $CO_2$ capture［J］. International Journal of Greenhouse Gas Control，2012（10）：33-45.

［113］Chen R，Zhang T，Wang J，et al. Recent advances in simultaneous removal of $SO_2$ and $NO_x$ from exhaust gases：Removal process，mechanism and kinetics［J］. Chemical Engineering Journal，2020：127588.

［114］Wang D，Chen Q，Zhang X，et al. Multipollutant Control（MPC）of flue gas from stationary sources using SCR technology：A critical review［J］. Environmental Science and Technology，2021，55（7）.

［115］Li H，Huang J，Yang J，et al. Reduction of oxidized mercury over $NO_x$ selective catalytic reduction catalysts：A review［J］. Chemical Engineering Journal，2020，421（7）：127745.

［116］Zhao K，Sun X，Wang C，et al. Supported catalysts for simultaneous removal of $SO_2$，$NO_x$，and $Hg^0$ from industrial exhaust gases：A review［J］. Chinese Chemical Letters，2021.

［117］Aermod：Description of model formulation，EPA-454/R-03-004，September 2004.

［118］A user's guide for the CALPUFF dispersion model（Version5），Joseph S. Scire，David G. Strimaitis，Robert J. Yamartino，earth tech，Inc. January 2000.

［119］Carruthers D J，McKeown A M，Hall D J，et al. Validation of ADMS against wind tunnel data of dispersion from chemical warehouse fires［J］. Environment，1999（33）：1937-1953.

［120］Byun D W，Ching J K S. Science algorithms the EPA，Model-3 community multiscale air quality（CMAQ）modeling system. 1999.

［121］Yu S C，Bhave P V，Dennis R L，et al. Seasonal and regional variations of primary and secondary organic aerosols over the Continental United States：Semi-empirical estimates and model evaluation［J］. Environ. Sci.& Tech.，2007，41（13）：4690-4697.

[122] Yu S C, Mathur R, Sarwar G, et al. Eta-CMAQ air quality forecasts for $O_3$ and related species using three different photochemical mechanisms (CB4, CB05, SAPRC-99): Comparisons with measurements during the 2004 ICARTT study. Atmos [J]. Chem. Phys., 2010, 10 (6): 3001-3025.

[123] Yu S C, Mathur R, Pleim J, et al. Aerosol indirect effect on the grid-scale clouds in the two-way coupled WRF-CMAQ: Model description, development, evaluation and regional analysis [J]. Atmos. Chem. Phys, 2014, 14 (20): 11247-11285.

[124] Abadi M, Agarwal A, Barham P, et al. TensorFlow: Large-scale machine learning on heterogeneous systems [DB/OL]. Software available from tensorflow. org. 2015.

[125] Bachman P, Precup D. Variational generative stochastic networks with collaborative shaping [C]. Lille: The 32nd International Conference on Machine Learning, ICML, 2015: 1964-1972.

[126] Bishop C M. Pattern Recognition and Machine Learning [M]. Springer, 2006.

[127] Bordes A, Glorot X, Weston J, et al. A semantic matching energy function for learning with multi-relational data [J]. Machine Learning: Special Issue on Learning Semantics, 2013 (94): 233-259.

[128] Bottou L. From machine learning to machine reasoning [J/OL]. Technical report, arXiv.1102.1808. 2011.

[129] Chen T, Du Z, Sun N, et al. DianNao: A small-footprint high-throughput accelerator for ubiquitous machine-learning [C]. Salt Lake City : The 19th international conference on Architectural support for programming languages and operating systems, ACM, 2014a: 269-284.

[130] Chen Y, Luo T, Liu S, et al. DaDianNao: A machine-learning supercomputer. In Microarchitecture (MICRO) [C]. 47th Annual IEEE/ACM International Symposium on, IEEE, 2014: 609-622.

[131] Collobert R. Large Scale Machine Learning [D]. Ph.D. thesis, Université de Paris VI, LIP6. 2004.

[132] Collobert R, Kavukcuoglu K, Farabet C. Torch7: A Matlab-like environment for machine learning [DB/OL]. In BigLearn, NIPS Workshop. 2011b.

[133] Marlin B, Swersky K, Chen B, et al. Inductive principles for restricted Boltzmann

machine learning [C]. In Proceedings of The Thirteenth International Conference on Artificial Intelligence and Statistics (AISTATS'10), 2010 (9): 509-516.

[134] Murphy K P. Machine Learning: a Probabilistic Perspective [M]. MIT Press, Cambridge, MA, USA. 2012.

[135] Steinkrau D, Simard P Y, Buck I. Using GPUs for machine learning algorithms [C]. 8th International Conference on Document Analysis and Recognition, 2005: 1115-1119.

[136] Xi Lu, Shaojun Zhang. Progress of air pollution control in China and its challenges and opportunities in the ecological civilization era [J]. Engineering, 2020 (6): 1423-1431.

[137] Bo Zheng, Dan Tong. Trends in China's anthropogenic emissions since 2010 as the consequence of clean air actions [J]. Atmos. Chem. Phys, 2018 (18): 14095-14111.

[138] Ying Zhou, Yufang Jiao. Improved estimation of air pollutant emissions from landing and take off cycles of civil aircraft in China [J]. Environmental Pollution, 2019 (249): 463-471.

## 2 移动源污染排放控制与模拟

[1] Alanen J, Isotalo M, Kuittinen N, et al. Physical characteristics of particle emissions from a medium speed ship engine fueled with natural gas and low-sulfur liquid fuels [J]. Environmental Science and Technology, 2020, 54 (9): 5376-5384.

[2] Anenberg S C, Miller J, Minjares R, et al. Impacts and mitigation of excess diesel-related $NO_x$ emissions in 11 major vehicle markets [J]. Nature, 2017, 545 (7655): 467-471.

[3] Anh Binh N, Thanh Huyen V, Atia H, et al. Effect of formaldehyde in selective catalytic reduction of $NO_x$ by ammonia ($NH_3$-SCR) on a commercial $V_2O_5$-$WO_3$/$TiO_2$ catalyst under model conditions [J]. Environmental Science and Technology, 2020, 54 (19): 11753-11761.

[4] Axsen J, Plötz P, Wolinetz M. Crafting strong, integrated policy mixes for deep $CO_2$ mitigation in road transport [J]. Nature Climate Change, 2020, 10 (9): 809-818.

[5] Banitalebi E, Hosseini V. Development of hot exhaust emission factors for iranian-

made euro-2 certified light-duty vehicles [ J ] . Environmental Science and Technology, 2016, 50 ( 1 ): 279-284.

[ 6 ] Bishop G A, Stedman D H, Burgard D A, et al. High-mileage light-duty fleet vehicle emissions: Their potentially overlooked importance [ J ] . Environmental Science and Technology, 2016, 50 ( 10 ): 5405-5411.

[ 7 ] Chen Y, Borken-Kleefeld J. $NO_x$ emissions from diesel passenger cars worsen with age [ J ] . Environmental science and technology, 2016, 50 ( 7 ): 3327-3332.

[ 8 ] Dale Hall, Nikita Pavlenko, Nic Lutsey. Beyond road vehicles: survey of zero-emission technology options across the transport sector [ R ] . New York: International Council on Clean Transportation, 2018.

[ 9 ] Davison J, Rose R A, Farren N J, et al. Verification of a national emission inventory and influence of on-road vehicle manufacturer-level emissions [ J ] . Environmental Science and Technology, 2021, 55 ( 8 ): 4452-4461.

[ 10 ] Deutz S, Bongartz D, Heuser B, et al. Cleaner production of cleaner fuels: Wind-to-wheel-environmental assessment of $CO_2$-based oxymethylene ether as a drop-in fuel [ J ] . Energy and Environmental Science, 2018, 11 ( 2 ): 331-343.

[ 11 ] Drew R. Gentner, Shantanu H. Jathar, Timothy·D. Gordon, et al. Review of urban secondary organic aerosol formation from gasoline and diesel motor vehicle Emissions [ J ] . Environmental Science and Technology, 2017, 51: 1074-1093.

[ 12 ] Drozd G T, Zhao Y, Saliba G, et al. Detailed speciation of intermediate volatility and semi volatile organic compound emissions from gasoline vehicles: Effects of cold-starts and implications for secondary organic aerosol formation [ J ] . Environmental Science and Technology, 2019, 53 ( 3 ): 1706-1714.

[ 13 ] Drozd G T, Zhao Y, Saliba G, et al. Time resolved measurements of speciated tailpipe emissions from motor vehicles: Trends with emission control technology, cold start effects, and speciation [ J ] . Environmental Science and Technology, 2016, 50 ( 24 ): 13592-13599.

[ 14 ] Durdina L, Brem B T, Setyan A, et al. Assessment of particle pollution from jetliners: From smoke visibility to nanoparticle counting [ J ] . Environmental Science and Technology, 2017, 51 ( 6 ): 3534-3541.

[ 15 ] Elgowainy A, Han J, Ward J, et al. Current and future United States light-duty vehicle pathways: Cradle-to-grave lifecycle greenhouse gas emissions and economic

assessment [ J ] . Environmental Science and Technology, 2018, 52 ( 4 ): 2392-2399.

[ 16 ] Fan Q, Zhang Y, Ma W, et al. Spatial and seasonal dynamics of ship emissions over the Yangtze River delta and East China Sea and their potential environmental influence [ J ] . Environmental Science and Technology, 2016, 50 ( 3 ): 1322-1329.

[ 17 ] Farren N J, Davison J, Rose R A, et al. Underestimated ammonia emissions from road vehicles [ J ] . Environmental Science and Technology, 2020, 54 ( 24 ): 15689-15697.

[ 18 ] Franco V, Zacharopoulou T, Hammer J, et al. Evaluation of exhaust emissions from three diesel-hybrid cars and simulation of after-treatment systems for ultralow real-world $NO_x$ emissions [ J ] . Environmental Science and Technology, 2016, 50 ( 23 ): 13151-13159.

[ 19 ] Gai Y, Wang A, Pereira L, et al. Marginal greenhouse gas emissions of Ontario's electricity system and the implications of electric vehicle charging [ J ] . Environmental Science and Technology, 2019, 53 ( 13 ): 7903-7912.

[ 20 ] Gan Y, Lu Z, He X, et al. Provincial greenhouse gas emissions of gasoline and plug-in electric vehicles in China: Comparison from the consumption-based electricity perspective [ J ] . Environmental Science and Technology, 2021, 55 ( 10 ): 6944-6956.

[ 21 ] Gawron J H, Keoleian G A, De Kleine R D, et al. Life cycle assessment of connected and automated vehicles: sensing and computing subsystem and vehicle level effects [ J ] . Environmental Science and Technology, 2018, 52 ( 5 ): 3249-3256.

[ 22 ] Gomez C D, Gonzalez C M, Osses M, et al. Spatial and temporal disaggregation of the on-road vehicle emission inventory in a medium-sized Andean city. Comparison of GIS-based top down methodologies [ J ] . Atmospheric Environment, 2018, 179: 142-155.

[ 23 ] Grange S K, Lewis A C, Moller S J, et al. Lower vehicular primary emissions of $NO_2$ in Europe than assumed in policy projections [ J ] . Nature Geoscience, 2017, 10 ( 12 ): 914-918.

[ 24 ] Graver B M, Frey H C, Hu J. Effect of biodiesel fuels on real-world emissions of passenger locomotives [ J ] . Environmental Science and Technology, 2016, 50

(21): 12030-12039.

[25] Gysel N R, Welch W A, Johnson K, et al. Detailed analysis of criteria and particle emissions from a very large crude carrier using a novel ECA fuel[J]. Environmental Science and Technology, 2017, 51 (3): 1868-1875.

[26] Haugen M J, Bishop G A. Repeat fuel specific emission measurements on two California heavy-duty truck fleets[J]. Environmental Science and Technology, 2017, 51 (7): 4100-4107.

[27] Huang C, Hu Q, Li Y, et al. Intermediate volatility organic compound emissions from a large cargo vessel operated under real-world conditions[J]. Environmental Science and Technology, 2018, 52 (21): 12934-12942.

[28] Huang C, Hu Q, Lou S, et al. Ammonia emission measurements for light-duty gasoline vehicles in China and implications for emission modeling[J]. Environmental Science and Technology, 2018, 52 (19): 11223-11231.

[29] Hudda N, Simon M C, Zamore W, et al. Aviation emissions impact ambient ultrafine particle concentrations in the greater boston Area[J]. Environmental Science and Technology, 2016, 50 (16): 8514-8521.

[30] Jathar S H, Friedman B, Galang A A, et al. Linking load, fuel, and emission controls to photochemical production of secondary organic aerosol from a diesel engine[J]. Environmental Science and Technology, 2017, 51 (3): 1377-1386.

[31] Jenn A, Azevedo I M L, Michalek J J. Alternative fuel vehicle adoption increases fleet gasoline consumption and greenhouse gas emissions under United States corporate average fuel economy policy and greenhouse gas emissions standards[J]. Environmental Science and Technology, 2016, 50 (5): 2165-2174.

[32] Jiang Jingjing, Ye Bin, Shao Shuai, et al. Two-Tier synergic governance of greenhouse gas emissions and air pollution in China's megacity, Shenzhen: impact evaluation and policy implication[J]. Environmental Science and Technology, 2021, 55: 7225-7236.

[33] Jonson J E, Borken-Kleefeld J, Simpson D, et al. Impact of excess $NO_x$ emissions from diesel cars on air quality, public health and eutrophication in Europe[J]. Environmental Research Letters, 2017, 12: 094017.

[34] Karjalainen P, Ntziachristos L, Murtonen T, et al. Heavy duty diesel exhaust particles during engine motoring formed by lube oil consumption[J]. Environmental Science

(12): 1102-1107.

[56] Minet L, Wang A, Hatzopoulou M. Health and climate incentives for the deployment of cleaner on-road vehicle technologies [J]. Environmental Science and Technology, 2021, 55 (10): 6602-6612.

[57] Miotti M, Supran G J, Kim E J, et al. Personal vehicles evaluated against climate change mitigation targets [J]. Environmental Science and Technology, 2016, 50 (20): 10795-10804.

[58] Misra C, Ruehl C, Collins J, et al. In-use $NO_x$ emissions from diesel and liquefied natural gas refuse trucks equipped with SCR and TWC, respectively [J]. Environmental Science and Technology, 2017, 51 (12): 6981-6989.

[59] Morganti K, Al-Abdullah M, Alzubail A, et al. Synergistic engine-fuel technologies for light-duty vehicles: Fuel economy and Greenhouse Gas Emissions [J]. Applied Energy, 2017 (208): 1538-1561.

[60] Munoz M, Haag R, Zeyer K, et al. Effects of four prototype gasoline particle filters (GPFs) on nanoparticle and genotoxic PAH emissions of a gasoline direct injection (GDI) vehicle [J]. Environmental Science and Technology, 2018, 52 (18): 10709-10718.

[61] Munoz M, Heeb N V, Haag R, et al. Bioethanol blending reduces nanoparticle, PAH, and Alkyl- and Nitro-PAH Emissions and the genotoxic potential of exhaust from a gasoline direct injection flex-fuel vehicle [J]. Environmental Science and Technology, 2016, 50 (21): 11853-11861.

[62] Nogueira T, Kamigauti L Y, Pereira G M, et al. Evolution of vehicle emission factors in a megacity affected by extensive biofuel use: Results of tunnel measurements in São Paulo, Brazil [J]. Environmental Science and Technology, 2021, 55 (10): 6677-6687.

[63] Nopmongcol U, Grant J, Knipping E, et al. Air quality impacts of electrifying vehicles and equipment across the United States [J]. Environmental Science and Technology, 2017, 51 (5): 2830-2837.

[64] Ogbunuzor C C, Hellier P R, Talibi M, et al. In-cylinder polycyclic aromatic hydrocarbons sampled during diesel engine combustion [J]. Environmental Science and Technology, 2021, 55 (1): 571-580.

[65] Pereira K L, Dunmore R, Whitehead J, et al. Technical note: Use of an atmospheric

simulation chamber to investigate the effect of different engine conditions on unregulated VOC-IVOC diesel exhaust emissions [ J ] . Atmospheric Chemistry and Physics, 2018, 18 ( 15 ): 11073-11096.

[ 66 ] Pieber S M, Kumar N K, Klein F, et al. Gas-phase composition and secondary organic aerosol formation from standard and particle filter-retrofitted gasoline direct injection vehicles investigated in a batch and flow reactor [ J ] . Atmospheric Chemistry and Physics, 2018 ( 18 ): 9929-9954.

[ 67 ] Pirjola L, Dittrich A, Niemi J V, et al. Physical and chemical characterization of real-world particle number and mass emissions from city buses in finland [ J ] . Environmental Science and Technology, 2016, 50 ( 1 ): 294-304.

[ 68 ] Preble C V, Cados T E, Harley R A, et al. In-use performance and durability of particle filters on heavy-duty diesel trucks [ J ] . Environmental Science and Technology, 2018, 52 ( 20 ): 11913-11921.

[ 69 ] Qi L, Liu H, Shen X E, et al. Intermediate-volatility organic compound emissions from nonroad construction machinery under different operation modes [ J ] . Environmental Science and Technology, 2019, 53 ( 23 ): 13832-13840.

[ 70 ] Qiao Q, Zhao F, Liu Z, et al. Cradle-to-gate greenhouse gas emissions of battery electric and internal combustion engine vehicles in China [ J ] . Applied Energy, 2017, 204: 1399-1411.

[ 71 ] Roth P, Yang J, Fofie E, et al. Catalyzed gasoline particulate filters reduce secondary organic aerosol production from gasoline direct injection vehicles [ J ] . Environmental Science and Technology, 2019, 53 ( 6 ): 3037-3047.

[ 72 ] Roy A, Sonntag D, Cook R, et al. Effect of ambient temperature on total organic gas speciation profiles from light-duty gasoline vehicle exhaust [ J ] . Environmental Science and Technology, 2016, 50 ( 12 ): 6565-6573.

[ 73 ] Saliba G, Saleh R, Zhao Y, et al. Comparison of gasoline direct-injection ( GDI ) and port fuel injection ( PFI ) vehicle emissions: Emission certification standards, cold-start, secondary organic aerosol formation potential, and potential climate impacts [ J ] . Environmental Science and Technology, 2017, 51 ( 11 ): 6542-6552.

[ 74 ] Samuelsen S, Zhu S, Mac Kinnon M, et al. An episodic assessment of vehicle emission regulations on saving lives in california [ J ] . Environmental Science and Technology, 2021, 55 ( 1 ): 547-552.

[ 75 ] Shen W, Han W, Wallington T J, et al. China electricity generation greenhouse gas emission intensity in 2030: implications for electric vehicles [ J ] . Environmental Science and Technology, 2019, 53 ( 10 ): 6063-6072.

[ 76 ] Sheppard C J R, Jenn A T, Greenblatt J B, et al. Private versus shared, automated electric vehicles for US personal mobility: Energy use, greenhouse gas emissions, grid integration, and cost impacts [ J ] . Environmental science and technology, 2021, 55 ( 5 ): 3229-3239.

[ 77 ] Sims R. Climate change 2014: Mitigation of climate change [ R ] . IPCC, Cambridge University Press, 2014.

[ 78 ] Smit R, Keramydas C, Ntziachristos L, et al. Evaluation of real-world gaseous emissions performance of selective catalytic reduction and diesel particulate filter bus retrofits [ J ] . Environmental Science and Technology, 2019, 53 ( 8 ): 4440-4449.

[ 79 ] Stettler M E J, Midgley W J B, Swanson J J, et al. Greenhouse gas and noxious emissions from dual fuel diesel and natural gas heavy goods vehicles [ J ] . Environmental Science and Technology, 2016, 50 ( 4 ): 2018-2026.

[ 80 ] Tan Y, Henderick P, Yoon S, et al. On-board sensor-based $NO_x$ emissions from heavy-duty diesel vehicles [ J ] . Environmental Science and Technology, 2019, 53 ( 9 ): 5504-5511.

[ 81 ] Tang R, Lu Q, Guo S, et al. Measurement report: Distinct emissions and volatility distribution of intermediate-volatility organic compounds from on-road Chinese gasoline vehicles: Implication of high secondary organic aerosol formation potential [ J ] . Atmospheric Chemistry and Physics, 2021, 21 ( 4 ): 2569-2583.

[ 82 ] Tessum M W, Larson T, Gould T R, et al. Mobile and fixed-site measurements to identify spatial distributions of traffic-related pollution sources in Los Angeles [ J ] . Environmental Science and Technology, 2018, 52 ( 5 ): 2844-2853.

[ 83 ] Vu D, Short D, Karavalakis G, et al. Will aerosol hygroscopicity change with biodiesel, renewable diesel fuels and emission control technologies? [ J ] . Environmental Science and Technology, 2017, 51 ( 3 ): 1580-1586.

[ 84 ] Wang J M, Jeong C-H, Zimmerman N, et al. Real-world emission of particles from vehicles: Volatility and the effects of ambient temperature [ J ] . Environmental Science and Technology, 2017, 51 ( 7 ): 4081-4090.

[ 85 ] Wang S, Tarroja B, Schell L S, et al. Prioritizing among the end uses of excess renewable energy for cost-effective greenhouse gas emission reductions [ J ] . Applied Energy, 2019, 235: 284-298.

[ 86 ] Wang T, Quiros D C, Thiruvengadam A, et al. Total particle number emissions from modern diesel, natural gas, and hybrid heavy-duty vehicles during on-road operation [ J ] . Environmental Science and Technology, 2017, 51 ( 12 ): 6990-6998.

[ 87 ] Watne A K, Psichoudaki M, Ljungstrom E, et al. Fresh and oxidized emissions from in-use transit buses running on diesel, biodiesel, and CNG [ J ] . Environmental Science and Technology, 2018, 52 ( 14 ): 7720-7728.

[ 88 ] Wolfram P, Hertwich E G. Potential climate impact variations due to fueling behavior of plug-in hybrid vehicle owners in the US [ J ] . Environmental Science and Technology, 2021, 55 ( 1 ): 65-72.

[ 89 ] Wu D, Li Q, Ding X, et al. Primary particulate matter emitted from heavy fuel and diesel oil combustion in a typical container ship: characteristics and toxicity [ J ] . Environmental Science and Technology, 2018, 52 ( 21 ): 12943-12951.

[ 90 ] Wu Ye, Zhang Shaojun, Hao Jiming, et al. On-road vehicle emissions and their control in China: A review and outlook [ J ] . Science of the Total Environment, 2017, 574: 332-349.

[ 91 ] Xing J, Lu X, Wang S, et al. The quest for improved air quality may push China to continue its $CO_2$ reduction beyond the Paris commitment [ J ] . Proceedings of the National Academy of Sciences, 2020, 117 ( 47 ): 29535-29542.

[ 92 ] Yamada H, Inomata S, Tanimoto H. Mechanisms of increased particle and VOC emissions during DPF active regeneration and practical emissions considering regeneration [ J ] . Environmental Science and Technology, 2017, 51 ( 5 ): 2914-2923.

[ 93 ] Yang J, Roth P, Durbin T D, et al. Gasoline particulate filters as an effective tool to reduce particulate and polycyclic aromatic hydrocarbon emissions from gasoline direct injection ( GDI ) vehicles: A case study with two GDI vehicles [ J ] . Environmental Science and Technology, 2018, 52 ( 5 ): 3275-3284.

[ 94 ] Yu K A, McDonald B C, Harley R A. Evaluation of nitrogen oxide emission inventories and trends for on-road gasoline and diesel vehicles [ J ] . Environmental

Science and Technology, 2021, 55 (10): 6655-6664.

[95] Yu Q, Li T, Li H. Improving urban bus emission and fuel consumption modeling by incorporating passenger load factor for real world driving [J]. Applied Energy, 2016, 161: 101-111.

[96] Yuan Z, Ou X, Peng T, et al. Life cycle greenhouse gas emissions of multi-pathways natural gas vehicles in china considering methane leakage [J]. Applied Energy, 2019, 253.

[97] Zeng Y, Tan X, Gu B, et al. Greenhouse gas emissions of motor vehicles in Chinese cities and the implication for China's mitigation targets [J]. Applied Energy, 2016, 184: 1016-1025.

[98] Zhang F, Chen Y, Chen Q, et al. Real-world emission factors of gaseous and particulate pollutants from marine fishing boats and their total emissions in China [J]. Environmental Science and Technology, 2018, 52 (8): 4910-4919.

[99] Zhang S, Wu Y, Huang R, et al. High-resolution simulation of link-level vehicle emissions and concentrations for air pollutants in a traffic-populated eastern Asian city [J]. Atmospheric Chemistry and Physics, 2016, 16 (15): 9965-9981.

[100] Zhao Y, Lambe A T, Saleh R, et al. Secondary organic aerosol production from gasoline vehicle exhaust: Effects of engine technology, cold Start, and emission certification standard [J]. Environmental Science and Technology, 2018, 52 (3): 1253-1261.

[101] Zhao Y, Nguyen N T, Presto A A, et al. Intermediate volatility organic compound emissions from on-road gasoline vehicles and small off-road gasoline engines [J]. Environmental Science and Technology, 2016, 50 (8): 4554-4563.

[102] Zhu M, Dong H, Yu F, et al. A new portable instrument for online measurements of formaldehyde: from ambient to mobile emission sources [J]. Environmental Science and Technology Letters, 2020, 7 (5): 292-297.

[103] Zimmerman N, Wang J M, Jeong C H, et al. Assessing the climate trade-offs of gasoline direct injection Engines [J]. Environmental Science and Technology, 2016, 50 (15): 8385-8392.

[104] Zimmerman N, Wang J M, Jeong C H, et al. Field measurements of gasoline direct injection emission factors: Spatial and seasonal variability [J]. Environmental Science and Technology, 2016, 50 (4): 2035-2043.

［105］包一沛，杨宏举，周智溢，等．基于大数据的车辆排放监测方法、设备、存储介质及装置［P］．中国专利：CN111524344A，2020-08-11.

［106］曹洋，康宇，许镇义，等．一种基于深度排放因子修正的移动源污染预测方法［P］．中国专利：CN113159375A，2021-07-23.

［107］丁焰．移动源污染防治的重要性日益凸显［N］．2020-07-03（003）.

［108］多米尼克·梅鲁，江臻，付岩．实时排放估计和监测［P］．中国专利：CN111489547A，2020-08-04.

［109］工业和信息化部装备工业一司．回眸“十三五”我国新能源汽车产业发展迈入新段［工业和信息化部信息中心官方账号 / 工信微报］．https：//www.miit.gov.cn/ztzl/rdzt/sswgyhxxhfzhm/xyzl/art/2020/art_ead16645b99a4e82ac3e93a2d6c008cc.html，2020-10-22/2021-08-02.

［110］贺克斌，杨复沫，段凤魁，等．大气颗粒物与区域复合污染［M］．北京：科学出版社，2011.

［111］蒋美青，陆克定，苏榕，等．我国典型城市群 $O_3$ 污染成因和关键 VOCs 活性解析［J］．科学通报，2018，63：1130-1141.

［112］孔徐，李源．天津市臭氧污染特征及来源解析研究［J］．环境污染与防治，2019，41（6）：647-651.

［113］李剑．一种用于车辆污染物排放值的监测终端及系统［P］．中国专利：CN212058872U，2020-12-01.

［114］李银芳．一种汽车氮氧化物尾气排放监测装置［P］．中国专利：CN211819604U，2020-10-30.

［115］李泽瑞，康宇，吕文君，等．一种道路高排放源识别模型更新方法、终端及存储介质［P］．中国专利：CN112991765A，2021-06-18.

［116］李长平，李成，姚楠，等．实时交通大气污染排放清单计算方法以及决策辅助方法［P］．中国专利：CN113222442A，2021-08-06.

［117］彭剑飞，张进生，佟惠，等．反应器、快检尾气二次气溶胶生成因子的系统及方法［P］．中国专利：CN113134331A，2021-07-20.

［118］钱坤，陈聪，戴关林，等．一种用于车辆的 OBD 故障报警方法、报警系统及车辆［P］．中国专利：CN113002454A，2021-06-22.

［119］邱梦春，陶波，王超，等．一种机动车排放动态监测方法、设备及系统［P］．中国专利：CN113313080A，2021-08-27.

［120］生态环境部．2020 中国生态环境状况公报［R］．北京，2021.

［121］生态环境部．中国移动源环境管理年报［R］．北京，2021.
［122］宋敬浩，黄河，朱海音．便携式移动源废气监测装置［P］．中国专利：CN211669169U，2020-10-13.
［123］王红丽．上海市光化学污染期间挥发性有机物的组成特征及其对臭氧生成的影响研究［J］．环境科学学报，2015，35（6）：1603-1611.
［124］王计广，周华，李菁元，等．一种基于工况选择的大规模筛查重型柴油车高 $NO_x$ 排放方法［P］．中国专利：CN112730748A，2021-04-30.
［125］许镇义，康宇，曹洋，等．高分辨率城市移动源污染时空预测方法、系统及存储介质［P］．中国专利：CN112819218A，2021-05-18.
［126］杨富强，吴迪．“十四五”时期我国能源转型实现碳达峰的路径建议［J］．可持续发展经济导刊，2021（Z2）：21-22.
［127］尹黛霖，谭建伟，郝利君，等．一种移动源颗粒物智能监测系统及方法［P］．中国专利：CN112945821A，2021-06-11.
［128］郑君瑜，廖松地，余飞，等．一种基于车联网的机动车尾气排放测试管理系统及智能诊断方法［P］．中国专利：CN113295826A，2021-08-24.
［129］周胜．珠三角城市群 $PM_{2.5}$ 和 $O_3$ 污染特征及 VOCs 组分敏感性分析［J］．环境工程，2020，38（1）：42-47.

## 3 水生态环境

［1］朱滨，邓燕青，胡俊，等．对长江流域水生态监测评估的思考［J］．人民长江，2018，49（18）：6-9.
［2］Kuehne L M，Olden J D，Strecker A L，et al. Past，present，and future of ecological integrity assessment for fresh water［J］. Frontiers in Ecology and the Environment，2017，15（4）：197-205.
［3］Weigand H，Beermann A，Ciampor F，et al. DNA barcode reference libraries for the monitoring of aquatic biota in Europe：Gap-analysis and recommendations for future work［J］. Science of the Total Environment，2019（678）：499-524.
［4］Scholin C A，Birch J，Jensen S，et al. The quest to develop ecogenomic sensors：A 25-Year history of the Environmental Sample Processor（ESP）as a case study［J］. Oceanography，2018，30（4）：100-113.
［5］李飞龙，杨江华，杨雅楠，等．环境 DNA 宏条形码监测水生态系统变化与健康

状态［J］. 中国环境监测，2018，34（6）：37-46.

［6］Wang Y，Jiang Y，Liao W，et al. 3-D hydro-environmental simulation of Miyun reservoir，Beijin［J］. Journal of Hydro-environment Research，2014，8（4）：383-395.

［7］Kim J，Lee T，Seo D. Algal bloom prediction of the lower Han River，Korea using the EFDC hydrodynamic and water quality model［J］. Ecological Modelling，2017：27-36.

［8］Ester，Torres，Laura，et al. Oxycline formation induced by Fe（Ⅱ）oxidation in a water reservoir affected by acid mine drainage modeled using a 2D hydrodynamic and water quality model—CE-QUAL-W2［J］. Science of the Total Environment，2016：1-12.

［9］Zhang Z，Sun B，Johnson B E. Integration of a benthic sediment diagenesis module into the two dimensional hydrodynamic and water quality model–CE-QUAL-W2［J］. Ecological Modelling，2015（297）：213-231.

［10］Bracht-Flyr B，Fritz S C. Combining lake core records with the limnologic model DYRESM-CAEDYM to evaluate lake response during the Little Ice Age and Medieval Climate Anomaly［J］. Journal of Paleolimnology，2016，56（1）：79-92.

［11］Schlabing D，Rassl M A，Eder M M，et al. Use of a weather generator for simulating climate change effects on ecosystems：A case study on Lake Constance［J］. Environmental Modelling and Software，2014（61）：326-338.

［12］Trolle D，Elliott J A，Mooij W M，et al. Advancing projections of phytoplankton responses to climate change through ensemble modelling［J］. Environmental Modelling and Software，2014（61）：371-379.

［13］Hernandez Suarez J S，Nejadhashemi A P. A review of macroinvertebrateand fish-based stream health modeling techniques［J］. Ecohydrology，2018，11（8）.

［14］Kiesel J，Schmalz B，Brown G L，et al. Application of a hydrological-hydraulic modelling cascade in lowlands for investigating water and sediment fluxes in catchment，channel and reach［J］. Journal of Hydrology and Hydromechanics，2013，61（4）：334-346.

［15］Bjrn A，Guse. Eco-hydrologic model cascades：Simulating land use and climate change impacts on hydrology，hydraulics and habitats for fish and macroinvertebrates [ J ] . Science of the Total Environment, 2015 ( 533 ): 542-556.

[ 16 ] Couture R M, Moe S J, Yan L, et al. Simulating water quality and ecological status of Lake Vansjø, Norway, under land-use and climate change by linking process-oriented models with a Bayesian network [ J ] . Science of the Total Environment, 2017: 621-713.

[ 17 ] Matiatos I, Paraskevopoulou V, Lazogiannis K, et al. Surface-ground water interactions and hydrogeochemical evolution in a fluvio-deltaic setting: The case study of the Pinios River delta [ J ] . Journal of Hydrology, 2018: 561.

[ 18 ] Winter T C. Recent advances in understanding the interaction of groundwater and surfacewater [ J ] . Review of Geophysics, 1995, 33 ( S2 ): 985-994.

[ 19 ] 刘东升，赵坚，吕辉 . 大坝下游傍河冬夏季水热交换特征对比 [ J ] . 水科学进展，2017，28 ( 1 ): 124-132.

[ 20 ] 闫雅妮，马腾，张俊文，等 . 地下水与地表水相互作用下硝态氮的迁移转化实验 [ J ] . 地球科学，2017，42 ( 5 ): 783-792.

[ 21 ] 杨平恒，张宇，王建力，等 . 水位变化影响下的河水—地下水侧向交互带地球化学动态 [ J ] . 水科学进展，2017，28 ( 2 ): 293-301.

[ 22 ] Jannis E, Peter H, Dirk R, et al. Spatiotemporal scales of river-groundwater interaction-The role of local interaction processes and regional groundwater regimes [ J ] .Science of the Total Environment, 2018 ( 618 ): 1224-1243.

[ 23 ] 黄俊霖，郑明霞，苏婧，等 . 奎河河水入渗对傍河地下水氨氮和硝酸盐氮浓度的影响 [ J ] . 环境科学研究，2020，33 ( 2 ): 421-430.

[ 24 ] Marie-Jose D-O, Vincent W, Michel C D C, et al. Do thermal infrared ( TIR ) remote sensing and direct hyporheic measurements ( DHM ) similarly detect river-groundwater exchanges?study along a 40 km-section of the Ain River ( France ) [ J ] . Science of the Total Environment, 2019 ( 646 ): 1097-1110.

[ 25 ] Michael M, Andre M, David P, et al. River recharge versus $O_2$ supply from the unsaturated zone in shallow riparian groundwater: A case study from the Selke River ( Germany ) [ J ] . Science of the Total Environment, 2018 ( 634 ): 374-381.

[ 26 ] Brunner P, Therrien R, Renard P, et al. Advances in understanding river-groundwater interactions [ J ] . Rev. Geophys, 2017 ( 55 ): 818-854.

[ 27 ] Du Y，Deng Y，Ma T，et al. Enrichment of geogenic ammonium in quaternary alluvial-lacustrine aquifer systems：Evidence from carbon isotopes and DOM Characteristics [ J ] . Environ. Sci. Technol，2020，54 ( 10 )：6104-6114.

[ 28 ] Luo Z，Yong C，Fan J，et al. Precipitation recharges the shallow groundwater of check dams in the loessial hilly and gully region of China [ J ] . Sci. Total Environ.，2020 ( 742 )：140625.

[ 29 ] Sakizadeh M，Chua L. Environmental impact of Karkheh Dam in the southern part of Iran on groundwater quality by intervention and trend analysis [ J ] . Environ. Monit. Assess.，2020，192 ( 11 )：683.

[ 30 ] Zhang N，Bu X，Li Y，et al. Water table fluctuations regulate hydrogen peroxide production and distribution in unconfined aquifers [ J ] . Environ. Sci. Technol.，2020 ( 54 )：4942-4951.

[ 31 ] 闫聪，林斯杰，邓泽政，等 . 一种基于污染风险的地下水监测井网多目标优化方法 [ J ] . 安全与环境工程，2021，28 ( 3 )：240-248.

[ 32 ] 田志仁，李名升，夏新，等 . 我国地下水环境监测现状和工作建议 [ J ] . 环境监控与预警，2020，12 ( 6 )：1-6.

[ 33 ] Jian S A，Yun Y B，Gan C A，et al. Surrogate assisted multi-objective robust optimization for groundwater monitoring network design [ J ] . Journal of Hydrology，2019 ( 577 )：123994.

[ 34 ] Ohmer M，Liesch T，Goldscheider N. On the optimal spatial design for groundwater level monitoring networks [ J ] . Water Resources Research，2019.

[ 35 ] 钱振洁 . 区域地下水环境监测与未来发展的思考 [ J ] . 资源节约与环保，2020 ( 8 )：44.

[ 36 ] 刘军，杨正标，刘宁 . 关于“十四五”期间地下水环境监测能力建设的几点思考 [ J ] . 环境与发展，2020，32 ( 5 )：157，159.

[ 37 ] 张双圣，刘汉湖，强静，等 . 地下水污染监测井优化设计及污染源识别 [ J ] . 湖南大学学报 ( 自然科学版 )，2019，46 ( 6 )：120-132.

[ 38 ] 严洋，蔡紫昊 . 地下水环境监测技术探究 [ J ] . 环境与发展，2018，30 ( 9 )：158，160.

[ 39 ] 韩冰 . 地下水环境监测技术分析 [ J ] . 农村经济与科技，2018，29 ( 4 )：6-7.

[ 40 ] 魏明海，刘伟江，白福高，等 . 国内外地下水环境监测工作研究进展 [ J ] . 环境保护科学，2016，42 ( 5 )：15-18.

［41］魏萍．地下水环境监测技术探讨［J］．科技展望，2016，26（15）：106.

［42］叶超，郭高轩．区域地下水环境监测与未来发展的思考［J］．城市地质，2016，11（1）：4-9.

［43］赵微，林健，郭高轩，等．北京市地下水环境分层监测和专项监控网的建立［J］．南水北调与水利科技，2012，10（2）：83-87.

［44］关琴，柳浩然，马雪莹，等．地下水监测预警综合信息平台建设研究［J］．绿色科技，2020（20）：200-204.

［45］王嘉瑜，蒲生彦，胡玥，等．地下水污染风险预警等级及阈值确定方法研究综述［J］．水文地质工程地质，2020，47（2）：43-50.

［46］马晋，何鹏，杨庆，等．基于回归分析的地下水污染预警模型［J］．环境工程，2019，37（10）：211-215.

［47］蒲生彦，马晋，杨庆，等．地下水污染预警指标体系构建方法研究进展［J］．环境科学与技术，2019，42（3）：191-197.

［48］王志刚．地下水污染的监测与预警［J］．内蒙古水利，2018（11）：32-33.

［49］姜琦．密怀顺水源区突发性地下水污染事故预警模型与应急措施研究［D］．邯郸：河北工程大学，2016.

［50］郭永丽，姜光辉，郭芳，等．地下水污染预警研究进展［J］．水文，2015，35（6）：11-18，36.

［51］张伟红．地下水污染预警研究［D］．长春：吉林大学，2007.

［52］Li Y，Yang R，Qu X，et al. Study on the risk assessment and forewarning model of groundwater pollution［J］. Arabian Journal of Geosciences，2020.

［53］Evans P J，Dugan P，Nguyen D，et al. Slow-release permanganate versus unactivated persulfate for long-term in situ chemical oxidation of 1,4-dioxane and chlorinated solvents［J］. Chemosphere，2019（221）：802-811.

［54］Connor D O’，Hou D，Ok Y S，et al. Sustainable in situ remediation of recalcitrant organic pollutants in groundwater with controlled release materials：A review［J］. J Control Release，2018（283）：200-213.

［55］Chen S，Yang M，Ba C，et al. Preparation and characterization of slow-release fertilizer encapsulated by biochar-based waterborne copolymers［J］. Sci Total Environ，2018（615）：431-437.

［56］Kambhu A，Gren M，Tang W，et al.Remediating 1,4-dioxane-contaminated water with slow-release persulfate and zerovalent iron［J］. Chemosphere，2017（175）：

170-177.

［57］Yao G，Bliss K M，Crimi M，et al. Radial basis function simulation of slow-release permanganate for groundwater remediation via oxidation［J］. Journal of Computational and Applied Mathematics，2016（307）：235-247.

［58］Lee B S，Lee J M，Lee K，et al. Nitrate-N removal using slowly released molasses barrier in a shallow aquifer：Obstacles from lab/pilot-scale results to field application［J］. KSCE Journal of Civil Engineering，2016（21）：1096-1101.

［59］Huang G，Liu F，Yang Y，et al. Removal of ammonium-nitrogen from groundwater using a fully passive permeable reactive barrier with oxygen-releasing compound and clinoptilolite［J］. J Environ Manage，2015（154）：1-7.

［60］Tsai T T，Liu J K，Chang Y M，et al. Application of polycolloid-releasing substrate to remediate trichloroethylene-contaminated groundwater：A pilot-scale study［J］. J Hazard Mater，2014（268）：92-101.

［61］Liang S H，Chen K F，Wu C S，et al. Development of $KMnO_4$-releasing composites for in situ chemical oxidation of TCE-contaminated groundwater［J］. Water Res，2014（54）：149-158.

［62］Lee E S，Olson P R，Gupta N，et al.Permanganate gel（PG）for groundwater remediation：Compatibility，gelation，and release characteristics［J］. Chemosphere，2014（97）：140-145.

［63］Lee E S，Gupta N. Development and characterization of colloidal silica-based slow-release permanganate gel（SRP-G）：laboratory investigations［J］. Chemosphere，2014（109）：195-201.

［64］Lee B S，Lee K，Um J Y，et al. Slowly released molasses barrier system for controlling nitrate plumes in groundwater：A pilot-scale tank study［J］. Chemosphere，2014（97）：135-139.

［65］Liang S H，Kuo Y C，Chen S H，et al. Development of a slow polycolloid-releasing substrate（SPRS）biobarrier to remediate TCE-contaminated aquifers［J］. J Hazard Mater，2013（254-255）：107-115.

［66］Yuan B，Chen Y，Fu M-L. Degradation efficiencies and mechanisms of trichloroethylene（TCE）by controlled-release permanganate（CRP）oxidation［J］. Chemical Engineering Journal，2012（192）：276-283.

［67］Rusevova K，Kopinke F D，Georgi A. Stabilization of potassium permanganate particles with manganese dioxide [J]. Chemosphere, 2012 (86): 783-788.

[68] Rauscher L, Sakulthaew C, Comfort S. Using slow-release permanganate candles to remediate PAH-contaminated water [J]. J Hazard Mater, 2012 (241-242): 441-449.

[69] Kambhu A, Comfort S, Chokejaroenrat C, et al. Developing slow-release persulfate candles to treat BTEX contaminated groundwater [J]. Chemosphere, 2012 (89): 656-664.

[70] Christenson M D, Kambhu A, Comfort S D. Using slow-release permanganate candles to remove TCE from a low permeable aquifer at a former landfill [J]. Chemosphere, 2012 (89): 680-687.

[71] Liang S H, Kao C M, Kuo Y C, et al. In situ oxidation of petroleum-hydrocarbon contaminated groundwater using passive ISCO system [J]. Water Res, 2011 (45): 2496-2506.

[72] Liang S H, Kao C M, Kuo Y C, et al. Application of persulfate-releasing barrier to remediate MTBE and benzene contaminated groundwater [J]. J Hazard Mater, 2011 (185): 1162-1168.

[73] Mohamed M M A, Saleh N E, Sherif M M. Modeling in situ benzene bioremediation in the contaminated Liwa aquifer (UAE) using the slow-release oxygen source technique [J]. Environmental Earth Sciences, 2010 (61): 1385-1399.

[74] Luster-Teasley S, Onochie P, Shirley V. Encapsulation of potassium permanganate oxidant in biodegradable polymers to develop a novel form of controlled-release remediation [J]. Emerging Environmental Technologies, 2010 (2): 39-55.

[75] Lee B S, Kim J H, Lee K C, et al. Efficacy of controlled-release $KMnO_4$ (CRP) for controlling dissolved TCE plume in groundwater: A large flow-tank study [J]. Chemosphere, 2009 (74): 745-750.

[76] Lee E S, Woo N C, Schwartz F W, et al. Characterization of controlled-release $KMnO_4$ (CRP) barrier system for groundwater remediation: A pilot-scale flow-tank study [J]. Chemosphere, 2008 (71): 902-910.

[77] Lee E S, Liu G, Schwartz F W, et al. Model-based evaluation of controlled-release systems in the remediation of dissolved plumes in groundwater [J]. Chemosphere, 2008 (72): 165-173.

[78] Lee E S, Schwartz F W. Characterization and optimization of long-term controlled release system for groundwater remediation: A generalized modeling approach [J]. Chemosphere, 2007 (69): 247-253.

[79] Lee E S, Schwartz F W. Characteristics and applications of controlled-release $KMnO_4$ for groundwater remediation [J]. Chemosphere, 2007 (66): 2058-2066.

[80] Jia Y F, Xi B D, Jiang Y H, et al.Distribution, formation and human-induced evolution of geogenic contaminated groundwater in China: A review [J]. Science of the Total Environment, 2018 (643): 967-993.

[81] Xu T, Gomez-hernandez J J.Joint identification of contaminant source location, initial release time and initial soluteconcentration in an aquifer viaensemble Kalman filtering [J].Water Resources Research, 2016, 52 (8): 6587-6595.

[82] 席北斗，李娟，汪洋，等.京津冀地区地下水污染防治现状、问题及科技发展对策 [J].环境科学研究，2019，32 (1): 1-9.

[83] Nisi B, Raco B, Dotsika E.Groundwater contamination studies by environmental isotopes: a review [J]. Threats to the Quality of Groundwater Resources, 2016 (40): 115-150.

[84] 龙玉桥，崔婷婷，李伟，等.地下水污染物溯源的数学模拟方法研究进展 [J].地下水，2017，39 (1): 1-7.

[85] 林斯杰，齐永强，杨梦曦，等.基于 PCA-SOM 的北京市平谷区地下水污染溯源 [J].环境科学研究，2020，33 (6): 1337-1344.

[86] Long Y Q, Cui T T, Li W, et al.A geostatistical approach to groundwater pollution source identification considering first-order reaction [J]. Desalination and Water Treatment, 2018 (123): 35-40.

[87] Glassmeyer S T, Furlong E T, Kolpin D W, et al.Nationwide reconnaissance of contaminants of emerging concern in source and treated drinking waters of the United States [J]. Science of the Total Environment, 2017 (581-582): 909-922.

[88] Kendall C, Mcdonnell J J. Isotope tracers in catchment hydrology [M]. Amsterdam: Elsevier Science Ltd, 1999.

[89] Burri N M, Weatherl R, Moeck C, et al.A review of threats to groundwater quality in the anthropocene [J]. Science of the Total Environment, 2019 (684): 136-154.

［90］Mclay C D A，Dragten R，Sparling G，et al.Predicting groundwater nitrate concentrations in a region of mixed agricultural land use：A comparison of three approaches［J］. Environmental Pollution，2001（115）：91-204.
［91］叶匡旻，孟凡生，张铃松，等.松花江流域氮时空分布特征及源解析研究［J］. 环境科学研究，2020，33（4）：901-910.
［92］Vitòria L，Soler A，Canals À，et al.Environmental isotopes（N，S，C，O，D）to determine natural attenuation processes in nitrate contaminated waters：Example of Osona（NE Spain）［J］. Applied Geochemistry，2008，23（12）：3597-3611.
［93］Gutiérrez M，Biagioni R N，Alarcón-herrera M T，et al.An overview of nitrate sources and operating processes in arid and semiarid aquifer systems［J］. Science of the Total Environment，2018（624）：1513-1522.
［94］Kim H，Kaown D，Mayer B，et al.Identifying the sources of nitrate contamination of groundwater in an agricultural area（Haean basin，Korea）using isotope and microbial community analyses［J］. Science of the Total Environment，2015（533）：566-575.
［95］Kendall C，Elliott E M，Wankel S D.Tracing anthropogenic inputs of nitrogen to ecosystems［M］. 2nd ed. Blackwell：Scientific Press，2007.
［96］Aravena R，Mayer B.Isotopes and processes in the nitrogen and sulfur cycles［M］. New York：CRC Press，2009.
［97］Böhlke J K，Denver J M. Combined use of groundwater dating，chemical，and isotopic analyses to resolve the history and fate of nitrate contamination in two agricultural watersheds，Atlantic Coastal Plain，Maryland［J］.Water Resources Research，1995，31（9）：2319-2339.
［98］Mariotti A，Landreau A，Simon B.15N isotope biochemistry and natural denitrification process in groundwater：application to the chalk aquifer of northern France［J］. Geochimica et Cosmochimica Acta，1998（52）：549-555.
［99］Clark I，Fritz P.Environmental isotopes in hydrogeology［M］. 1st ed.New York：CRC Press，1997.
［100］Kaown D，Koh D C，Mayer B，et al.Identification of nitrate and sulphate sources in groundwater using dual stable isotope approaches for an agricultural area with different land use（Chuncheon，mid-eastern Korea）［J］. Agric Ecosyst Environ.，2009，132（3/4）：223-231.

[ 101 ] Aravena R, Mayer B.Isotopes and Processes in the Nitrogen and Sulfur Cycles [ M ] . New York: CRC Press, 2009.

[ 102 ] Stempvoort D R V, Roy J W, Brown S J, et al.Artificial sweeteners as potential tracers in groundwater in urban environments [ J ] . 2011, 401 ( 1/2 ): 126-133.

[ 103 ] Koh E H, Kaown D, Mayer B, et al. Hydrogeochemistry and isotopic tracing of nitrate contamination of two aquifer systems on Jeju Island, Korea [ J ] .Journal of Environmental Quality, 2012, 41 ( 6 ): 1835.

[ 104 ] Moore B K, Ekwurzel B, Bradley K E, et al. Sources of groundwater nitrate revealed using residence time and isotope methods [ J ] . Applied Geochemistry, 2006 ( 21 ): 1016-1029.

[ 105 ] Wassenaar L I. Evaluation of the origin and fate of nitrate in the Abbotsford aquifer using the isotopes of $^{15}N$ and $^{18}O$ in $NO_3$ [ J ] . Applied Geochemistry, 1995 ( 10 ): 391-405.

[ 106 ] Diédhiou M, Cissé Faye S, Diouf O C, et al.Tracing groundwater nitrate sources in the Dakar suburban area: An isotopic multi-tracer approach [ J ] . Hydrological Processes, 2011, 26 ( 5 ): 760-770.

[ 107 ] Mayer B, Bollwerk S M, Mansfeldt T, et al. The oxygen isotope composition of nitrate generated by nitrification in acid forest floors [ J ] . Geochim.Cosmochim. Acta, 2001, 65 ( 16 ): 2743-2756.

[ 108 ] Singleton M J, Esser B K, Moran J E, et al.Saturated zone denitrification: Potential for natural attenuation of nitrate contamination in shallow groundwater under dairy operations [ J ] . Environmental Science and Technology, 2007 ( 41 ): 759-765.

[ 109 ] Spoelstra J, Schiff S L, Hazlett P W, et al. The isotopic composition of nitrate produced from nitrification in a hardwood forest floor [ J ] . Geochimica et Cosmochimica Acta, 2007, 71 ( 15 ): 3757-3771.

[ 110 ] Xue D, Botte J, De baets B, et al. Present limitations and future prospects of stable isotope methods for nitrate source identification in surface and groundwater [ J ] . Water Research, 2009 ( 43 ): 1159-1170.

[ 111 ] Böttcher J, Strebel O, Voerkelius S, et al. Using isotope fractionation of nitrate-nitrogen and nitrate-oxygen for evaluation of microbial denitrification in a sandy aquifer [ J ] . Journal of Hydrology, 1990, 114 ( 3/4 ): 413-424.

[112] Fukada T, Hiscock K M, Dennis P F, et al. A dual isotope approach to identify denitrification in groundwater at a river-bank infiltration site [J]. 2003, 37 (13): 3070-3078.

[113] Cao X, Wu P, Zhou S, et al. Tracing the origin and geochemical processes of dissolved sulphate in a karst-dominated wetland catchment using stable isotope indicators [J]. Journal of Hydrology, 2018 (562): 210-222.

[114] Bottrell S, Tellam J, Bartlett R, et al. Isotopic composition of sulfate as a tracer of natural and anthropogenic influences on groundwater geochemistry in an urban sandstone aquifer, Birmingham, UK [J]. Applied Geochemistry, 2008, 23 (8): 2382-2394.

[115] Mayer B, Feger K H, Giesemann A, et al.Interpretation of sulfur cycling in two catchments in the Black Forest (Germany) using stable sulfur and oxygen isotope data [J]. 1995, 30 (1): 31-58.

[116] Chalk P M, Inrÿcio C T, Chen D J S B, et al. Tracing S dynamics in agro-ecosystems using 34 S [J]. Soil Biology and Biochemistry, 2017 (114): 295-308.

[117] Jakóbczyk-karpierz S, Sabina S, Jakobsen R, et al. Geochemical and isotopic study to determine sources and processes affecting nitrate and sulphate in groundwater influenced by intensive human activity-carbonate aquifer Gliwice (southern Poland) [J]. Applied Geochemistry, 2016 (76): 168-181.

[118] Strebel O, Böttcher J, Fritz P. Use of isotope fractionation of sulfate-sulfur and sulfate-oxygen to assess bacterial desulfurication in a sandy aquifer [J]. Journal of Hydrology, 1990, 121 (1/2/3/4): 155-172.

[119] Krouse H R, Mayer B. Sulfur and oxygen isotopes in sulfate [M]. Boston: Kluwer Academic Press, 2000.

[120] Urresti-estala B, Vadillo-pérez I, Jiménez-gavilán P, et al.Application of stable isotopes (δ34S-SO4, δ18O-SO4, δ15N-$NO_3$, δ18O-$NO_3$) to determine natural background and contamination sources in the Guadalhorce River Basin (southern Spain) [J]. Science of the Total Environment, 2015 (506/507): 46-57.

[121] Hosono T, Wang C H, Umezawa Y, et al. Multiple isotope (H, O, N, S and Sr) approach elucidates complex pollution causes in the shallow groundwaters of the Taipei urban area [J]. Journal of Hydrology, 2011, 397 (1/2): 23-36.

[ 122 ] Ren K, Pan X, Zeng J, et al. Distribution and source identification of dissolved sulfate by dual isotopes in waters of the Babu subterranean river basin, SW China [ J ] . Journal of Radioanalytical and Nuclear Chemistry, 2017, 312 ( 2 ): 317-328.

[ 123 ] Xiao J, Xiao Y K, Jin Z D, et al. Boron isotope variations and its geochemical application in nature [ J ] . Australian Journal of Earth Science, 2013, 60 ( 4 ): 431-447.

[ 124 ] Schreiber I M, Mitch W A. Occurrence and fate of nitrosamines and nitrosamine precursors in wastewater-impacted surface waters using boron As a conservative tracer [ J ] . Environmental Science and Technology, 2006, 40 ( 10 ): 3203-3210.

[ 125 ] Nigro A, Sappa G, Barbieri M. Application of boron and tritium isotopes for tracing landfill contamination in groundwater [ J ] .Journal of Geochemical Exploration, 2017 ( 172 ): 101-108.

[ 126 ] Tirez K, Brusten W, Widory D, et al. Boron isotope ratio ( delta B-11 ) measurements in Water Framework Directive monitoring programs: Comparison between double focusing sector field ICP and thermal ionization mass spectrometry [ J ] . Journal of Analytical Atomic Spectrometry, 2010, 25 ( 7 ): 964-974.

[ 127 ] Barth S. Application of boron isotopes for tracing sources of anthropogenic contamination in groundwater [ J ] . Water Research, 1998, 32 ( 3 ): 685-690.

[ 128 ] Barth S R. Boron isotopic compositions of near-surface fluids: A tracer for identification of natural and anthropogenic contaminant sources [ J ] . Water Air Soil Pollut, 2000 ( 124 ): 49-60.

[ 129 ] Vengosh A, Heumann K G, Juraske S, et al. Boron isotope application for tracing sources of contamination in groundwater [ J ] . Environmental Science and Technology, 1994, 28 ( 11 ): 1968-1974.

[ 130 ] Cheng H F, Hu Y N. Lead ( Pb ) isotopic fingerprinting and its applications in lead pollution studies in China: a review [ J ] . Environmental Pollution, 2010, 158 ( 5 ): 1134-1146.

[ 131 ] Grezzi G, Ayuso R A, Vivo B D, et al. Lead isotopes in soils and groundwaters as tracers of the impact of human activities on the surface environment: The Domizio-Flegreo Littoral ( Italy ) case study [ J ] . Fuel and Energy Abstracts,

2011，109（1-3）：51-58.

［132］Kanagaraj G，Elango L. Chromium and fluoride contamination in groundwater around leather tanning industries in southern India：Implications from stable isotopes δ53Cr/δ52Cr，geochemical and geostatistical modelling［J］. Chemosphere，2018（220）：943-953.

［133］Boyd T J，Osburn C L，Johnson K J，et al. Compound-specific isotope analysis coupled with multivariate statistics to source-apportion hydrocarbon mixtures［J］. Environmental Science and Technology，2006，40（6），1916-1924.

［134］Elsner M，Imfeld G. Compound-specific isotope analysis（CSIA）of micropollutants in the environment-current developments and future challenges［J］. Current Opinion in Biotechnology，2016（41）：60-72.

［135］Davis S N，Whittemore D O，Fabryka-martin J. Uses of chloride/bromide ratios in studies of potable water［J］. Ground Water，2010，36（2）：338-350.

［136］Davis S N，Fabryka-martin J T，Wolfsberg L E. Variations of bromide in potable ground water in the United States［J］. Ground Water，2010，42（6-7）：902-909.

［137］Vengosh A，Pankratov I J G W. Chloride/bromide and chloride/fluoride ratios of domestic sewage effluents and associated contaminated ground water［J］. Ground Water，1998，36（5）：815-824.

［138］Panno S V，Hackley K C，Hwang H H，et al. Characterization and identification of Na-Cl sources in groundwater［J］. Ground Water，2006，44（2）：176-187.

［139］Nigro A，Giuseppe S，Maurizio B，et al.Boron isotopes and rare earth elements in the groundwater of a landfill site［J］. Journal of Geochemical Exploration，2018（190）：200-206.

［140］Möller P，Dulski P，Bau M，et al. Anthropogenic gadolinium as a conservative tracer in hydrology［J］. Journal of Geochemical Exploration，2000，69-70（9）：409-414.

［141］Bau M，Dulski P. Anthropogenic origin of positive gadolinium anomalies in river waters［J］. Earth and Planetary Science Letters，1996，143（1）：245-255.

［142］Möller P，Morteani G，Dulski P. Anomalous gadolinium，cerium，and yttrium contents in the Adige and Isarco river waters and in the water of their tributaries（Provinces Trento and Bolzano/Bozen，NE Italy）［J］. CLEAN-Soil，Air，

Water, 2003 ( 31 ): 225-239.

[ 143 ] Verplanck P L, Taylor H E, Nordstrom D K, et al.Aqueous stability of gadolinium in surface waters receiving sewage treatment plant effluent, Boulder Creek, Colorado [ J ] . Environmental Science and Technology, 2005 ( 39 ): 6923-6929.

[ 144 ] Möller P, Paces T, Dulski P, et al. Anthropogenic Gd in surface water, drainage system, and the water supply of the city of Prague, Czech Republic [ J ] . Environmental Science and Technology, 2002 ( 36 ): 2387-2394.

[ 145 ] Kulaksz S, Bau M. Rare earth elements in the Rhine River, Germany: First case of anthropogenic lanthanum as a dissolved microcontaminant in the hydrosphere [ J ] . Environment International, 2011, 37 ( 5 ): 973-979.

[ 146 ] Conant B, Cherry J A, Gillham R W. A PCE groundwater plume discharging to a river: Influence of the streambed and near-river zone on contaminant distributions [ J ] . Journal of Contaminant Hydrology, 2004, 73 ( 1/4 ): 249-279.

[ 147 ] Hunkeler D, Chollet N, Pittet X, et al. Effect of source variability and transport processes on carbon isotope ratios of TCE and PCE in two sandy aquifers [ J ] . Journal of Contaminant Hydrology, 2004, 74 ( 1/4 ): 265-282.

[ 148 ] Moeck C, Radny D, Popp A, et al. Characterization of a managed aquifer recharge system using multiple tracers [ J ] . Science of the Total Environment, 2017 ( 609 ): 701-714.

[ 149 ] Mccance W, Jones O A H, Edwards M, et al.Contaminants of emerging concern as novel groundwater tracers for delineating wastewater impacts in urban and peri-urban areas [ J ] . Water Research, 2018 ( 146 ): 118-133.

[ 150 ] Warner W, Licha T, Ndler K. Qualitative and quantitative use of micropollutants as source and process indicators.A review [ J ] . Science of the Total Environment, 2019: 686.

[ 151 ] Rabiet M, Brissaud F O, Seidel J L, et al. Deciphering the presence of wastewater in a medium-sized Mediterranean catchment using a multitracer approach [ J ] . Applied Geochemistry, 2005, 20 ( 8 ): 1587-1596.

[ 152 ] Stempvoort D R V, Roy J W, Grabuski J, et al. An artificial sweetener and pharmaceutical compounds as co-tracers of urban wastewater in groundwater [ J ] . Science of the Total Environment, 2013, 461-462 ( sep.1 ): 348-359.

[ 153 ] Buerge I J, Buser H-R, Kahle M, et al. Ubiquitous occurrence of the artificial

sweetener acesulfame in the aquatic environment: An ideal chemical marker of domestic wastewater in groundwater [J]. Environmental Science and Technology, 43 (12): 4381-4385.

[154] Ying G G, Kookana R S, Kolpin D W.Occurrence and removal of pharmaceutically active compounds in sewage treatment plants with different technologies [J]. Journal of Environmental Monitoring, 2009, 11 (8): 1498-1505.

[155] Müller B, Scheytt T, Asbrand M, et al. Pharmaceuticals as indictors of sewage-influenced groundwater [J]. Hydrogeology Journal, 2012, 20 (6): 1117-1129.

[156] Okuda T, Kobayashi Y, Nagao R, et al. Removal efficiency of 66 pharmaceuticals during wastewater treatment process in Japan [J]. Water Science and Technology, 2008, 57 (1): 65-71.

[157] Kuroda K, Murakami M, Oguma K, et al. Assessment of groundwater pollution in Tokyo using PPCPs as sewage markers [J]. Environmental Science and Technology, 2012, 46 (3): 1455-1464.

[158] Nakada N, Kiri K, Shinohara H, et al. Evaluation of pharmaceuticals and personal care products as water-soluble molecular markers of sewage [J].Environmental Science and Technology, 2008, 42 (17): 6347-6353.

[159] Dong M M, Trenholm R, Rosario-ortiz F L. Photochemical degradation of atenolol, carbamazepine, meprobamate, phenytoin and primidone in wastewater effluents [J]. Journal of Hazardous Materials, 2015 (282): 216-223.

[160] Kasprzyk-hordern B, Dinsdale R M, Guwy A J. The removal of pharmaceuticals, personal care products, endocrine disruptors and illicit drugs during wastewater treatment and its impact on the quality of receiving waters [J].Water Research, 2009, 43 (2): 363-380.

[161] Yang X, Flowers R C, Weinberg H S, et al. Occurrence and removal of pharmaceuticals and personal care products (PPCPs) in an advanced wastewater reclamation plant [J]. Water Research, 2011, 45 (16): 5218-5228.

[162] Subedi B, Codru N, Dziewulski D M, et al. A pilot study on the assessment of trace organic contaminants including pharmaceuticals and personal care products from on-site wastewater treatment systems along Skaneateles Lake in New York State, USA [J]. Water Research, 2015 (72): 28-39.

［163］Buerge I J，Poiger T，Müller markus D，et al. Caffeine，an anthropogenic marker for wastewater contamination of surface waters［J］.Environmental Technology，2003，37（4）：691.

［164］Tran N H，Hu J，Ong S L. Simultaneous determination of PPCPs，EDCs，and artificial sweeteners in environmental water samples using a single-step SPE coupled with HPLC-MS/MS and isotope dilution［J］. Talanta，2013（113）：82-92.

［165］Cardenas M A R，Ali I，Lai F Y，et al. Removal of micropollutants through a biological wastewater treatment plant in a subtropical climate，Queensland-Australia［J］. Journal of Environmental Health Science and Engineering，2016，14（1）：14.

［166］Wolf L，Zwiener C，Zemann M. Tracking artificial sweeteners and pharmaceuticals introduced into urban groundwater by leaking sewer networks［J］. Science of the Total Environment，2012（430）：8-19.

［167］Li A J，Schmitz O J，Stephan S，et al. Photocatalytic transformation of acesulfame：Transformation products identification and embryotoxicity study［J］. Water Research，2016（89）：68-75.

［168］Currens B J，Hall A M，Brion G M，et al. Use of acetaminophen and sucralose as Co-analytes to differentiate sources of human excreta in surface waters［J］. Water Research，2019，157（JUN.15）：1-7.

［169］Lydon A，Meehan B J，Jones O A H. Regulated and emerging disinfection by-products in recycled waters［J］. Science of the Total Environment，2018，s 637-638（OCT.1）：1607-1616.

［170］Cantwell M G，Katz D R，Sullivan J，et al. Evaluation of the artificial sweetener sucralose as a sanitary wastewater tracer in Narragansett Bay，Rhode Island，USA［J］. Marine Pollution Bulletin，2019（146）：711-717.

［171］Mccance W，Jones O A H，Cendón D I，et al. Combining environmental isotopes with Contaminants of Emerging Concern（CECs）to characterise wastewater derived impacts on groundwater quality［J］. Water Research，2020（182）：116036.

［172］Glassmeyer S T，Furlong E T，Kolpin D W，et al. Transport of chemical and microbial compounds from known wastewater discharges：Potential for use as indicators of human fecal contamination [J]. Environmental Science and Technology, 2005, 39 (14): 5157.

[173] Clara M, Strenn B, Kreuzinger N. Carbamazepine as a possible anthropogenic marker in the aquatic environment: Investigations on the behaviour of Carbamazepine in wastewater treatment and during groundwater infiltration [J]. Water Research, 2004, 38 (4): 947-954.

[174] Nakada N, Tanishima T, Shinohara H, et al. Pharmaceutical chemicals and endocrine disrupters in municipal wastewater in Tokyo and their removal during activated sludge treatment [J]. Water Research, 2006, 40 (17): 3297-3303.

[175] Sauve S, Aboulfadl K, Dorner S. Fecal coliforms, caffeine and carbamazepine in stormwater collection systems in a large urban area [J].Chemosphere, 2012 (86): 118-123.

[176] Buerge I, Poiger T, Muller M D, et al. Combined sewer overflows to surface waters detected by the anthropogenic marker caffeine [J].Environmental Science and Technology, 2006, 40 (13): 4096-4102.

[177] Kurissery S, Kanavillil N, Verenitch S, et al.Caffeine as an anthropogenic marker of domestic waste: A study from Lake Simcoe watershed [J]. Ecological Indicators, 2012 (23): 501-508.

[178] Barber L B, Keefe S H, Leblanc D R, et al. Fate of Sulfamethoxazole, 4-Nonylphenol, and 17β-Estradiol in Groundwater Contaminated by Wastewater Treatment Plant Effluent [J]. Environmental Science and Technology, 2009, 43 (13): 4843-4850.

[179] Robertson W D, Van Stempvoort D R, Solomond K, et al. Persistence of artificial sweeteners in a 15-year-old septic system plume [J]. Journal of Hydrology, 2013 (477): 43-54.

[180] Scheurer M, Brauch H J, Lange F T. Analysis and occurrence of seven artificial sweeteners in German waste water and surface water and in soil aquifer treatment (SAT) [J]. Analytical and Bioanalytical Chemistry, 2009, 394 (6): 1585-1594.

[181] Lange F T, Scheurer M, Brauch H J. Artificial sweeteners—a recently recognized class of emerging environmental contaminants: A review [J]. Analytical and Bioanalytical Chemistry, 2012, 403 (9): 2503-2518.

［182］Tran N H，Hu J Y，Li J H，et al. Suitability of artificial sweeteners as indicators of raw wastewater contamination in surface water and groundwater［J］.Water Research，2014（48）：443-456.

［183］Buerge I J，Keller M，Buser H R，et al. Saccharin and other artificial sweeteners in soils：Estimated inputs from agriculture and households，degradation，and leaching to groundwater［J］. Environmental Science and Technology，2011，45（2）：615-621.

［184］Robertson W D，Van Stempvoort D R，Spoelstra J，et al. Degradation of sucralose in groundwater and implications for age dating contaminated groundwater［J］. Water Research，2016（88）：653-660.

［185］Roy J W，Van Stempvoort D R，Bickerton G. Artificial sweeteners as potential tracers of municipal landfill leachate［J］. Environmental Pollution，2014（184）：89-93.

［186］Jurado A，Vàzquez-suñé E，Soler A，et al. Application of multi-isotope data（O，D，C and S）to quantify redox processes in urban groundwater［J］. Applied Geochemistry，2013（34）：114-125.

［187］Koh D C，Mayer B，Lee K S，et al. Land-use controls on sources and fate of nitrate in shallow groundwater of an agricultural area revealed by multiple environmental tracers［J］. Journal of Contaminant Hydrology，2010，118（1-2）：62-78.

［188］Otero N，Soler A，Canals A. Controls of d 34 S and d 18 O in dissolved sulphate：Learning from a detailed survey in the Llobregat River（Spain）［J］. Appl Geochem，2008，23（5）：1166-1185.

［189］Rivett M O，Buss S R，Morgan P，et al. Nitrate attenuation in groundwater：A review of biogeochemical controlling processes［J］. Water Research，42（16）：4215-4232.

［190］Bassett R L，Buszka P M，Davidson G R，et al. Identification of groundwater solute sources using boron isotopic composition［J］. Environmental Science and Technology，1995，29（12）：2915-2922.

［191］Seiler R L. Combined use of $^{15}N$ and $^{18}O$ of nitrate and $^{11}B$ to evaluate nitrate contamination in groundwater［J］. Applied Geochemistry，2005，20（9）：1626-1636.

［192］Sacchi E，Acutis M，Bartoli M，et al. Origin and fate of nitrates in groundwater from the central Po plain: Insights from isotopic investigations [J]. Applied Geochemistry, 2013 (34): 164-180.

[193] Widory D, Petelet-giraud E, Négrel P, et al. Tracking the sources of nitrate in groundwater using coupled nitrogen and boron isotopes: A synthesis [J]. Environmental Science and Technology, 2005, 39 (2): 539-548.

[194] Daneshvar A, Aboulfadl K, Viglino L, et al. Evaluating pharmaceuticals and caffeine as indicators of fecal contamination in drinking water sources of the Greater Montreal region [J]. Chemosphere, 2012, 88 (1): 131-139.

[195] Pasten-zapata E, Ledesma-ruiz R, Harter T, et al. Assessment of sources and fate of nitrate in shallow groundwater of an agricultural area by using a multi-tracer approach [J]. Science of the Total Environment, 2014, 470-471 (2): 855-864.

[196] Guérineau H, Dorner S, Carrière A, et al. Source tracking of leaky sewers: A novel approach combining fecal indicators in water and sediments [J]. Water Research, 2014 (58): 50-61.

[197] Richards S, Withers P J A, Paterson E, et al. Potential tracers for tracking septic tank effluent discharges in watercourses [J]. Environmental Pollution, 2017 (228): 245-255.

[198] James C A, Miller-schulze J P, Ultican S, et al. Evaluating contaminants of emerging concern as tracers of wastewater from septic systems [J]. Water Research, 2016 (101): 241-251.

[199] Oppenheimer J, Eaton A, Badruzzaman M, et al. Occurrence and suitability of sucralose as an indicator compound of wastewater loading to surface waters in urbanized regions [J]. Water Research, 2011, 45 (13): 4019-4027.

[200] Cary L, Casanova J, Gaaloul N, et al. Combining boron isotopes and carbamazepine to trace sewage in salinized groundwater: A case study in Cap Bon, Tunisia [J]. Applied Geochemistry, 2013 (34): 126-139.

[201] Rona M, Gasser G, Negev I, et al. A 3-D hydrologic transport model of a water recharge system using carbamazepine and chloride as tracers [J]. Water Resources Research, 2014, 50 (5): 4220-4241.

[202] Stefania G A, Rotiroti M, Buerge I J, et al. Identification of groundwater pollution sources in a landfill site using artificial sweeteners, multivariate analysis and

transport modeling [ J ] . Waste Management，2019（95）：116-128.

[203] Tran N H，Gin K Y-H，Ngo H H. Fecal pollution source tracking toolbox for identification，evaluation and characterization of fecal contamination in receiving urban surface waters and groundwater [ J ] . Science of the Total Environment，2015（538）：38-57.

[204] Preziosi E，Frollini E，Zoppini A，et al. Disentangling natural and anthropogenic impacts on groundwater by hydrogeochemical，isotopic and microbiological data：Hints from a municipal solid waste landfill [ J ] . Waste Management，2019，84（FEB.）：245-255.

[205] 中华人民共和国环境保护部，中华人民共和国国家统计局，中华人民共和国农业部. 第一次全国污染源普查公报 [ R ] . 2010.

[206] 中华人民共和国环境保护部，中华人民共和国国家统计局，中华人民共和国农业部. 第二次全国污染源普查公报 [ R ] . 2020.

[207] 国家统计局农村社会经济调查司. 中国农村统计年鉴 [ M ] . 北京：中国统计出版社，2020.

[208] 张亦涛，王洪媛，刘申，等. 氮肥农学效应与环境效应国际研究发展态势 [ J ] . 生态学报，2016，36（15）：4594-4608.

[209] Shen Z Y，Chen L，Liao Q，et al. A comprehensive study of the effect of GIS data on hydrology and non-point source pollution modeling [ J ] . Agricultural Water Management，2013（118）：93-102.

[210] Ishida T，Uehara Y，Iwata T，et al. Identification of phosphorus sources in a watershed using a Phosphate Oxygen Isoscape approach [ J ] . Environmental Science and Technology，2019，53（9）：4707-4716.

[211] Ma L，Bu Z H，Wu Y H，et al. An integrated quantitative method to simultaneously monitor soil erosion and non-point source pollution in an intensive agricultural area [ J ] . Pedosphere，2014，24（5）：674-682.

[212] Lou H Z，Yang S T，Zhao C S，et al. Using a nitrogen-phosphorus ratio to identify phosphorus risk factors and their spatial heterogeneity in an intensive agricultural area [ J ] . Catena，2017（149）：426-436.

[213] Tong S L，Cui C F，Bai Y L，et al. Long-term remote monitoring the effects of rainfall and agricultural non-point sources pollution on the surface waters quality in lake Taihu [ J ] . Journal of Marine Science and Technology-Taiwan，2018，26

（2）：251-257.
［214］Strehmel A，Schmalz B，Fohrer N. Evaluation of land use，land management and soil conservation strategies to reduce non-point source pollution loads in the Three Gorges Region，China［J］. Environmental Management，2016，58（5）：906-921.
［215］杨林章，吴永红．农业面源污染防控与水环境保护［J］. 中国科学院院刊，2018，33（2）：168-176.
［216］王姗娜，梁涛．区域尺度农田氮磷非点源污染与模型应用分析［J］. 地球信息科学，2005，7（4）：107-112.
［217］陶春，高明，徐畅，等．农业面源污染影响因子及控制技术的研究现状与展望［J］. 土壤，2010，42（3）：336-343.
［218］吴浩玮，孙小淇，梁博文，等．我国畜禽粪便污染现状及处理与资源化利用分析［J］. 农业环境科学学报，2020，39（6）：1168-1176.
［219］夏小江，胡清宇，朱利群，等．太湖地区稻田田面水氮磷动态特征及径流流失研究［J］. 水土保持学报，2011，25（4）：21-25.
［220］华玲玲，李文超，翟丽梅，等．三峡库区古夫河小流域氮磷排放特征［J］. 环境科学，2017，38（1）：138-146.
［221］全为民，严力蛟．农业面源污染对水体富营养化的影响及其防治措施［J］. 生态学报，2002，22（3）：291-299.
［222］连慧姝，刘宏斌，李旭东，等．太湖蠡河小流域水质的空间变化特征及污染物源解析［J］. 环境科学，2017（9）：3657-3665.
［223］张维理，武淑霞，冀宏杰，等．中国农业面源污染形势估计及控制对策 I. 21 世纪初期中国农业面源污染的形势估计［J］. 中国农业科学，2004（7）：76-85.
［224］杨林章，施卫明，薛利红，等．农村面源污染治理的“4R”理论与工程实践——总体思路与“4R”治理技术［J］. 农业环境科学学报，2013，32（1）：1-8.
［225］李志博，王起超，陈静．农业生态系统的氮素循环研究进展［J］. 土壤与环境，2002，11（4）：417-421.
［226］Sharpley A，Meyer M. Minimizing agricultural nonpoint-source impacts：A symposium overview［J］. Journal of Environmental Quality，1994，23（1）.
［227］Carpenter S R，Caraco N F，Correll D L. Nonpoint pollution of surface waters

with phosphorus and nitrogen [ J ] . Ecological Applications，1998，8 ( 3 )：559-568.

[ 228 ] Udawatta R P，Motavalli P P，Garrett H E. Nitrogen losses in runoff from three adjacent agricultural watersheds with claypan soils [ J ] . Agriculture Ecosystems & Environment，2006，117 ( 1 )：39-48.

[ 229 ] Gentry L E，David M B，Royer T V. Phosphorus transport pathways to streams in tile-drained agricultural watersheds [ J ] . Journal of Environmental Quality，2007，36 ( 2 ).

[ 230 ] Owusu G，Owusu A B，Amankwaa E F，et al. Analyses of freshwater stress with a couple ground and surface water model in the Pra Basin，Ghana [ J ] . Applied Water Science，2017，7 ( 1 )：137-153.

[ 231 ] Rong Q Q，Cai Y P，Chen B，et al. Field management of a drinking water reservoir basin based on the investigation of multiple agricultural nonpoint source pollution indicators in north China [ J ] . Ecological Indicators，2018 ( 92 )：113-123.

[ 232 ] 杨丽霞，杨桂山，苑韶峰，等. 影响土壤氮素径流流失的因素探析 [ J ] . 中国生态农业学报，2007，15 ( 6 )：190-194.

[ 233 ] 陈利顶，傅伯杰. 农田生态系统管理与非点源污染控制 [ J ] . 环境科学，2000，21 ( 2 )：98-100.

[ 234 ] 李书田，刘荣乐. 国内外关于有机肥料中重金属安全限量标准的现状与分析 [ J ] . 农业环境科学学报，2006，25 ( S1 )：777-782.

[ 235 ] 谢文凤，吴彤，石岳骄，等. 国内外有机肥标准对比及风险评价 [ J ] . 中国生态农业学报 ( 中英文 )，2020，28 ( 12 )：1958-1968.

[ 236 ] 中华人民共和国农业部. NY/T 1334—2007 畜禽粪便安全使用准则 [ S ] . 北京：中国农业出版社，2007.

[ 237 ] 闫瑞，闫胜军，赵富才，等. 农业非点源氮污染研究进展分析 [ J ] . 环境保护科学，2014 ( 4 )：49-55.

[ 238 ] 娄和震，吴习锦，郝芳华，等. 近三十年中国非点源污染研究现状与未来发展方向探讨 [ J ] . 环境科学学报，2020，40 ( 5 )：1535-1549.

[ 239 ] 黄俊，张旭，彭炯，等. 暴雨径流污染负荷的时空分布与输移特性研究 [ J ] . 农业环境科学学报，2004 ( 2 )：255-258.

## 4 湖泊生态环境与饮用水水源安全

[1] 董先锋，王涛，卢少勇，等 . 污染浓度对多级人工湿地—塘系统处理微污染河水中 COD 的影响［J］. 环境科学学报，2021，41（9）：3563-3577.

[2] Fink G，Alcamo J，Flörke M，et al. Phosphorus loadings to the world's largest lakes：sources and trends［J］. Global Biogeochemical Cycles，2018，32（4）：617-634.

[3] 国晓春，韩镇阳，卢少勇，等 . 太湖流域工业点源排污许可管理技术集成与应用研究［J］. 华东师范大学学报（自然科学版），2021（4）：39-45.

[4] 何源，吕锡武，郑向群，等 . 巢湖地区农村生活污水产排污调研方法及实证［J/OL］. 天津：农业资源与环境学报 .2021.［2021-09-27］. https：//doi.org/10.13254/j.jare.2021.0131.

[5] 金相灿 . 湖泊富营养化控制理论、方法与实践［M］. 北京：科学出版社，2013.

[6] 李琳琳，卢少勇，孟伟，等 . 长江流域重点湖泊的富营养化及防治［J］. 科技导报，2017，35（9）：13-22.

[7] 李荣涛，杨萍果，李琳琳，等 . 潮汐流与曝气人工湿地对低污染水中氮去除的研究进展［J］. 生态与农村环境学报，2021，37（8）：962-971.

[8] 梁新强，杨姣，何霜，等 . 关于长江三角洲地区推进稻田退水零直排工程建设的建议［J］. 中国科学院院刊，2021，36（7）：814-822.

[9] 林泳峰，阮挺，江桂斌 . 发现新型化学污染物的技术途径［J］. 中国科学：化学，2018，48（10）：1151-1162.

[10] 刘福兴，陈桂发，付子轼，等 . 不同构造生态沟渠的农田面源污染物处理能力及实际应用效果［J］. 生态与农村环境学报，2019，35（6）：787-794.

[11] Lu H B，Xiao L P，Wang T，et al. The application of steel slag in a multistage pond constructed wetland to purify low-phosphorus polluted river water［J］. Journal of Environmental Management，2021，292（15）：112578.

[12] 卢少勇，张彭义，余刚，等 . 人工湿地处理农业径流的研究进展［J］. 生态学报，2007（6）：2627-2635.

[13] 潘伟亮，李果，秦宇，等 . 厌氧反应器 / 生态滤池处理农村生活灰水效果分析［J］. 中国给水排水，2016，32（11）：25-28.

[14] 王洪媛，李俊改，樊秉乾，等 . 中国北方主要农区农田氮磷淋溶特征与时空规律［J］. 中国生态农业学报，2021，29（1）：11-18.

[15] 王圣瑞，倪兆奎，席海燕.我国湖泊富营养化治理历程及策略[J].环境保护，2016，44(18)：15-19.

[16] 王欣宇，邢德峰，任南琪.碳源对生物阴极降解对硝基苯酚效能及生物阴极群落结构分析[J].环境科学学报，2020，40(10)：3703-3709.

[17] 万正芬，卢少勇，金相灿，等.洱海缓冲带模式识别与不同模式下入湖河流缓冲带段水质[J].环境工程技术学报，2018，8(5)：475-480.

[18] 吴蕾，彭永臻，李凌云.污水处理厂PPCPs的污染现状与去除技术[J].安全与环境工程，2021，28(1)：179-190.

[19] 许国栋，张婧怡，陈珺，等.城市污水处理微污染物的挑战与对策[J].给水排水，2016，52(9)：40-44.

[20] 张俊朋，陆轶峰，国晓春，等.表面流湿地去除洱海缓冲带低污染水氮模拟研究[J].环境工程技术学报，2018，8(5)：488-494.

[21] 张全兴，李爱民，潘丙才.离子交换与吸附树脂的发展及在工业废水处理与资源化中的应用[J].高分子通报，2015(9)：21-43.

[22] 张荣社，周琪，史云鹏，等.滇池流域农业区的暴雨径流特征研究[J].中国给水排水，2003(2)：13-16.

[23] 郑伟，邓晓莉，翟俊，等.重庆市农村生活污水处理经济适用技术探讨[J].三峡环境与生态，2011，33(2)：43-46.

[24] 朱广伟，许海，朱梦圆，等.三十年来长江中下游湖泊富营养化状况变迁及其影响因素[J].湖泊科学，2019，31(6)：1510-1524.

[25] 李春华，叶春，刘福兴，等.浙江省湖库生态缓冲带划定与生态修复技术指南(试行)解读[J].环境工程技术学报，2021，11(1)：6-13，1.

[26] 李春华，叶春，高尚超，等.关于在长江经济带布局以水质改善为目标的流域生态缓冲体系的思考[J].环境科学研究，2020，33(5)：1206-1213.

[27] 叶春，李春华.太湖湖滨带现状与生态修复[M].北京：科学出版社，2014.

[28] 叶春，李春华，邓婷婷.湖泊缓冲带功能、建设与管理[J].环境科学研究，2013，26(12)：1283-1289.

[29] 叶春，李春华，邓婷婷.论湖滨带的结构与生态功能[J].环境科学研究，2015，28(2)：171-181.

[30] 文宇立，马乐宽，赵越，等.河湖生态缓冲带政策框架设计研究[J].人民长江，2019，50(11)：18-23.

[31] Li Chun-hua，Wang Ya-kong，Ye Chun，et al. A proposed delineation method for

lake buffer zones in watersheds dominated by non-point source pollution [ J ] . Science of the Total Environment，2019（660）：32-39.

[ 32 ] 叶春，李春华，陈小刚，等 . 太湖湖滨带类型划分及生态修复模式研究 [ J ] . 湖泊科学，2012，24（6）：822-828.

[ 33 ] 金相灿，稻森悠平，朴俊大，等 . 湖泊和湿地水环境生态修复技术与管理指南 [ M ] . 北京：科学出版社，2007.

[ 34 ] 颜昌宙，金相灿，赵景柱，等 . 湖滨带退化生态系统的恢复与重建 [ J ] . 应用生态学报，2005（2）：360-364.

[ 35 ] Smith V H. Eutrophication of freshwater and coastal marine ecosystems：a global problem [ J ] . Environ Sci Pollut Res Int，2003，10（2）：126-139.

[ 36 ] United States Office of Water Environmental Protection Agency（USEPA）. Nutrient criteria technical guidance manual-lakes and reservoirs [ EB/OL ] . Washington DC：US EPA，2000. https：//www.epa.gov/nutrient-policy-data/nutrient-criteria-development-document-lakes-and-reservoirs.

[ 37 ] 杨柳燕，杨欣妍，任丽曼，等 . 太湖蓝藻水华暴发机制与控制对策 [ J ] . 湖泊科学，2019，31（1）：18-27.

[ 38 ] Woolway R I，Kraemer B M，Lenters J D，et al. Global lake responses to climate change [ J ] . Nature Reviews Earth and Environment，2020，14（1）：388-403.

[ 39 ] 张运林，张毅博，秦伯强，等 . 长江中下游湖泊生他空间演变过程及影响因素 [ J ] . 环境与可持续发展，2019，44（5）：33-36.

[ 40 ] 毛志刚，谷孝鸿，曾庆飞，等 . 太湖渔业资源现状（2009—2010 年）及与水体富营养化关系浅析 [ J ] . 湖泊科学，2011，23（6）：967-973.

[ 41 ] 李文朝，杨清心，潘继征，等 . 大型仿生式水面蓝藻清除设备 [ P ] . 中国专利：CN200910026679.0.2011.

[ 42 ] 倪其军，眭爱国，吴建华 . 藻水絮凝装置 [ P ] . 中国专利：CN200710191927.8，2008.

[ 43 ] 史春琼，黄光团，周鼎 . 磁化处理对水中藻类的去除效果研究 [ J ] . 净水技术，2009，28（6）：54-57.

[ 44 ] 鄢琪 . 深水井循环处理对养殖水体蓝藻控制及对水质的改善 [ D ] . 扬州：扬州大学，2017.

[ 45 ] Bai Guoliang，Zhang Yi，Yan Pan，et al. Spatial and seasonal variation of water parameters，sediment properties，and submerged macrophytes after ecological

restoration in a long-term（6 year）study in Hangzhou West Lake in China：submerged macrophyte distribution influenced by environmental variables［J］. Water Research，2020，186（11）：116379

［46］Wu H，Wu X，Yang T，et al. Feedback regulation of surface scum formation and persistence by self-shading of Microcystis colonies：Numerical simulations and laboratory experiments［J］. Water Research，2021，194（4）：116908.

［47］夏斌 . 草鲢复合养殖池塘主要营养要素生物学循环过程的研究［D］. 青岛：中国海洋大学，2013.

［48］余辉，逄勇，徐军，等 . 太湖流域水污染及富营养化综合控制研究［M］. 北京：科学出版社，2014.

［49］唐剑武，郭怀成 . 环境承载力及其在环境规划中的初步应用［J］. 中国环境科学，1997，17（1）：6-9.

［50］唐剑武，叶文虎 . 环境承载力的本质及其定量化初步研究［J］. 中国环境科学，1998，18（3）：227-230.

［51］罗缙，逄勇，罗清吉，等 . 太湖流域平原河网区往复流河道水环境容量研究［J］. 河海大学学报：自然科学版，2004，32（2）：144-146.

［52］刘兰芬，张祥伟，夏军 . 河流水环境容量预测方法研究［J］. 水利学报，1998，29（7）：16-20.

［53］董飞，刘晓波，彭文启，等 . 地表水水环境容量计算方法回顾与展望［J］. 水科学进展，2014，25（3）：451-463.

［54］徐贵泉，褚君达，吴祖扬，等 . 感潮河网水环境容量数值计算［J］. 环境科学学报，2000，20（3）：263-268.

［55］Wang X，Li R，Tian Y，et al. Watershed-scale water environmental capacity estimation assisted by machine learning［J］. Journal of Hydrology，2021（597）：126310.

［56］Feng L，Li Q，Zhang L，et al. Exploring the effect of floodgates operation systems on water environmental capacity in a regulated river network of Wuxi，China［J］. Journal of Cleaner Production，2021（299）：126743.

［57］Fan C，Chen K H，Huang Y Z. Model-based carrying capacity investigation and its application to total maximum daily load（TMDL）establishment for river water quality management：A case study in Taiwan［J］. Journal of Cleaner Production，2021（291）：125251.

[58] 曾维华，王华东，薛纪渝，等．人口，资源与环境协调发展关键问题之一：环境承载力研究［J］．中国人口·资源与环境，1991（2）：33-37.

[59] Fu J，Zang C，Zhang J. Economic and resource and environmental carrying capacity trade-off analysis in the Haihe River basin in China［J］. Journal of Cleaner Production，2020（270）：122271.

[60] Wang Z G，Luo Y Z，Zhang M H，et al. Quantitative evaluation of sustainable development and eco-environmental carrying capacity in water-deficient regions：A case study in the Haihe River basin，China［J］. Journal of Integrative Agriculture，2014，13（1）：195-206.

[61] Liao X，Ren Y，Shen L，et al. A “carrier-load” perspective method for investigating regional water resource carrying capacity［J］. Journal of Cleaner Production，2020（269）：122043.

[62] Bu J，Li C，Wang X，et al. Assessment and prediction of the water ecological carrying capacity in Changzhou city，China［J］. Journal of Cleaner Production，2020（277）：123988.

[63] Zhou X Y，Lei K，Meng W，et al. Industrial structural upgrading and spatial optimization based on water environment carrying capacity［J］. Journal of Cleaner Production，2017（165）：1462-1472.

[64] 赖锡军．流域水环境过程综合模拟研究进展［J］．地理科学进展，2019，38（8）：15-27.

[65] 夏军，翟晓燕，张永勇．水环境非点源污染模型研究进展［J］．地理科学进展，2012，31（7）：941-952.

[66] Fu B，Merritt W S，Croke B F W，et al. A review of catchment- scale water quality and erosion models and a synthesis of future prospects［J］. Environmental Modelling and Software，2019（114）：75-97.

[67] 李一平，施媛媛，姜龙，等．地表水环境数学模型研究进展［J］．水资源保护，2019（4）：1-8.

[68] Jørgensen S E，Fath B D. Fundamentals of ecological modelling：Applications in environmental management and research［M］. Amsterdam，Netherland：Elsevier，2011.

[69] 傅伯杰．新时代自然地理学发展的思考［J］．地理科学进展，2018，37（1）：1-7.

［70］刘永，蒋青松，梁中耀，等．湖泊富营养化响应与流域优化调控决策的模型研究进展［J］．湖泊科学，2020，33（1）：49-63.

## 5 流域水环境污染综合治理与管理

［1］张福锁．加强农业面源污染防治 推进农业绿色发展［N］．中国环境报，2021-03-31（3）.

［2］陶园，徐静，任贺靖，等．黄河流域农业面源污染时空变化及因素分析［J］．农业工程学报，2021，37（4）：257-264.

［3］Kumwimba M N，Meng F F，Iseyemi O，et al. Removal of non-point source pollutants from domestic sewage and agricultural runoff by vegetated drainage ditches（VDDs）：Design，mechanism，management strategies，and future directions［J］. Science of the Total Environment，2018（639）：742-759.

［4］Zheng Y L，Wang H Y，Qin Q Q，et al. Effect of plant hedgerows on agricultural non-point source pollution：A meta-analysis［J］. Environmental Science and Pollution Research，2020，27（20）：24831-24847.

［5］Hou X K，Zhan X Y，Zhou F，et al. Detection and attribution of nitrogen runoff trend in China's croplands［J］. Environmental Pollution，2018（234）：270-278.

［6］李红娜，姜凯阳，徐海圣，等．养殖业污染防控技术研究态势的文献计量分析［J］．农业环境科学学报，2021，40（6）：1314-1325.

［7］俞映倞，杨林章，李红娜，等．种植业面源污染防控技术发展历程分析及趋势预测［J］．环境科学，2020，41（8）：3870-3878.

［8］Wang F F，Wang Y H，Cai Z C，et al. Environmental losses and driving forces of nitrogen flow in two agricultural towns of Hebei province during 1997—2017［J］. Environmental Pollution，2020（264）：114636.

［9］娄和震，吴习锦，郝芳华，等．近三十年中国非点源污染研究现状与未来发展方向探讨［J］．环境科学学报，2020（40）：1535-1549.

［10］Guidelines for Preparation of the Comprehensive State Water Quality Assessments（305b Reports）and Electronic Updates. US EPA［EB/OL］.［2021-09-19］. https：//www.epa.gov/waterdata/guidelines-preparation-comprehensive-state-water-quality-assessments-305b-reports-and.

［11］Consolidated Assessment and Listing Methodology-Toward a Compendium of Best

Practices. US EPA [ EB/OL ] . [ 2021-09-19 ] . https：//www.epa.gov/watersense/best-management-practices.

[ 12 ] 王宠，王泽俊，张怀成 . 美国 EPA 地表水质监测与评估的点位设计介绍 [ J ] . 中国环境监测，2013（29）：124-128.

[ 13 ] Alilou H，Nia A M，Keshtkar H，et al. A cost-effective and efficient framework to determine water quality monitoring network locations [ J ] . Science of the Total Environment，2018（624）：283-293.

[ 14 ] 环境质量 地表水水质月报 . 中华人民共和国生态环境部 [ EB/OL ] . [ 2021-09-19 ] . https：//www.mee.gov.cn/hjzl/shj/dbsszyb/.

[ 15 ] 全国面源污染监测技术成果落地 . 中华人民共和国农业农村部 [ EB/OL ] . [ 2021-09-19 ] . http：//www.kjs.moa.gov.cn/hbny/201904/t20190418_6185487.htm.

[ 16 ] Carrey L，Raúl C L，Elisenda B P，et al. Combining multi-isotopic and molecular source tracking methods to identify nitrate pollution sources in surface and groundwater [ J ] . Water Research，2021，188（1）：116537-116525.

[ 17 ] Jafari T，Kiem A S，Javadi S，et al. Using insights from water isotopes to improve simulation of surface water-groundwater interactions [ J ] . Science of the Total Environment，2021（798）：149253.

[ 18 ] Zhang Q Q，Wan H W，Lu C，et al. Tracing sulfate origin and transformation in an area with multiple sources of pollution in northern China by using environmental isotopes and Bayesian isotope mixing model [ J ] . Environmental Pollution，2020（265）：115105-115114.

[ 19 ] Salim I，Sajjad R U，Paule-Mercadoa M C，et al. Comparison of two receptor models PCA-MLR and PMF for source identification and apportionment of pollution carried by runoff from catchment and sub-watershed areas with mixed land cover in South Korea [ J ] . Science of the Total Environment，2019（663）：764-775.

[ 20 ] Kim E，Hopke P K，Larson T V，et al. Covert analysis of ambient particle size distributions using unmix and positive matrix factorization [ J ] . Environmental Science and Technology，2004（38）：202-209.

[ 21 ] Kohl D H，Shearer G B，Commoner B，et al. Fertilizer nitrogen：Contribution to nitrate in surface water in a corn belt watershed [ J ] . Science，1971，174（4016）：1331-1334.

[22] Simpson J M, Domingo J W S, Reasoner D J, et al. Microbial source tracking: State of the science [J]. Environmental Science Technology, 2002, 36 (24): 5279-5288.

[23] Yamashita Y, Jaffe R. Characterizing the interactions between trace metals and dissolved organic matter using dissolved organic matter using excitation-emission matrix and parallel factor analysis [J]. Environmental Science Technology, 2008 (42): 7374-7379.

[24] Arnold J G, Moriasi D N, PW Gassman, et al. Swat: model use, calibration, and validation [J]. Transactions of the ASABE, 2012, 55 (4): 1491-1508.

[25] Hou C Y, Chu M L, Botero-Acosta A, et al. Modeling field scale nitrogen non-point source pollution (NPS) fate and transport: Influences from land management practices and climate [J]. Science of the Total Environment, 2021 (759): 143502.

[26] Wang G Q, Li J W, Sun W C, et al. Non-point source pollution risks in a drinking water protection zone based on remote sensing data embedded within a nutrient budget model [J]. Water Research, 2019 (157): 238-246.

[27] Ouyang W, Yang W X, Tysklind M, et al. Using river sediments to analyze the driving force difference for non-point source pollution dynamics between two scales of watersheds [J]. Water Research, 2018 (139): 311-320.

[28] Shen Z Y, Zhong Y C, Huang Q, et al. Identifying non-point source priority management areas in watersheds with multiple functional zones [J]. Water Research, 2015 (68): 563-571.

[29] Chen M, Chen J, Sun F. Estimating nutrient releases from agriculture in China: An extended substance flow analysis framework and a modeling tool [J]. Science of the Total Environment, 2010, 408 (21): 5123-5136.

[30] Zuo D P, Xu Z X, Yao W Y, et al. Assessing the effects of changes in land use and climate on runoff and sediment yields from a watershed in the Loess Plateau of China [J]. Science of the Total Environment, 2016 (544): 238-250.

[31] Huang G X, Falconer R A, Lin B L. Evaluation of E.coli losses in a tidal river network using a refined 1-D numerical model [J]. Environmental Modelling and Software, 2018 (108): 91-101.

[32] Liu C M, Yang S T, Wen Z Q, et al. Development of ecohydrological assessment

tool and its application [ J ] . Science in China Series E: Technological Sciences, 2009 ( 52 ): 1947-1957.

[ 33 ] 鱼京善，金惠淑，姚晓磊，等 . BNU-SWAT 模型应用工具开发 [ J ] . 北京师范大学学报（自然科学版），2012，48（5）：550-553.

[ 34 ] Guidance Manual for Developing Best Management Practices ( BMP ) . US EPA [ EB/OL ] . [ 2021-09-19 ] . https://nepis.epa.gov/Exe/ZyPURL.cgi?Dockey=20004ARJ.txt.

[ 35 ] Malik W, Jimenez-Aguirre M T, Dechmi F. Coupled DSSAT-SWAT models to reduce off-site N pollution in Mediterranean irrigated watershed [ J ] . Science of the Total Environment, 2020 ( 745 ): 141000.

[ 36 ] Geng R, Sharpley A N. A novel spatial optimization model for achieve the trad-offs placement of best management practices for agricultural non-point source pollution control at multi-spatial scales [ J ] . Journal of Cleaner Production, 2019 ( 234 ), 1023-1032.

[ 37 ] Martin A R, Ahiablame L M, Engel B A. Modeling low impact development in two Chicago communities [ J ] . Environmental Science: Water Research and Technology, 2015 ( 1 ): 855-864.

[ 38 ] 杨林章，施卫明，薛利红，等 . 农村面源污染治理的“4R”理论与工程实践——总体思路与“4R”治理技术 [ J ] . 农业环境科学学报，2013，32（1）：1-8.

[ 39 ] Yang X T, Geng B, Zhu C X, et al. Fermentation performance optimization in an ectopic fermentation system [ J ] . Bioresource Technology, 2018 ( 260 ): 329-337.

[ 40 ] Wang Z B, Qi F, Liu L Y, et al. How do urban rainfall-runoff pollution control technologies develop in China? A systematic review based on bibliometric analysis and literature summary [ J ] . Science of the Total Environment, 2021 ( 789 ): 148045.

[ 41 ] National Management Measures to Control Nonpoint Source Pollution from Agriculture |US EPA [ EB/OL ] . [ 2021-09-19 ] . https://www.epa.gov/nps/national-management-measures-control-nonpoint-source-pollution-agriculture.

[ 42 ] Grant Program for States and Territories |US EPA [ EB/OL ] . [ 2021-09-19 ] . https://www.epa.gov/nps/319-grant-program-states-and-territories.

[ 43 ] 柯强，赵静，王少平，等 . 最大日负荷总量（TMDL）技术在农业面源污染控制与管理中的应用与发展趋势 [ J ] . 生态与农村环境学报，2009，25（1）：85-

91，111.

［44］程鹏，李明远，楼凯，等．深圳河湾流域溢流污染规律及其对海湾水质影响［J］．北京大学学报（自然科学版），2021，57（1）：132-142.

［45］车伍，张鹍，张伟，等．初期雨水与径流总量控制的关系及其应用分析［J］．中国给水排水，2016，32（6）：9-14.

［46］黄国如，聂铁锋．广州城区雨水径流非点源污染特性及污染负荷［J］．华南理工大学学报（自然科学版），2012，40（2）：142-148.

［47］蒋海涛，丁丹丹，韩润平．城市初期雨水径流治理现状及对策［J］．水资源保护，2009，25（3）：33-36.

［48］傅大放，石峻青，李贺．高速公路雨水径流重金属污染初期效应［J］．环境科学学报，2009，29（8）：1672-1677.

［49］杨勇，张宏伟，王媛，等．天津市非点源污染现状研究［J］．江苏环境科技，2007（3）：1-4.

［50］刘鹏，赵昕．国家体育场初期雨水弃流方式的比较与选择［J］．给水排水，2004（7）：82-84.

［51］徐祖信，黄沈发，鄢忠纯．上海市非点源污染负荷研究［J］．上海环境科学，2003（z1）：112-116.

［52］Alves A，Sanchez A，Vojinovic Z，et al. Evolutionary and holistic assessment of green-grey infrastructure for CSO reduction［J］. Water，2016，8（9）：402-417.

［53］Boenne W，Desmet N，Van Looy S. Use of online water quality monitoring for assessing the effects of WWTP overflows in rivers［J］. Environmental Science-processes and Impacts，2014，16（6）：1510-1518.

［54］Chen S，Qin H，Zheng Y，et al. Spatial variations of pollutants from sewer interception system overflow［J］. Journal of Environmental Management，2019（233）：748-756.

［55］Chow M F，Yusop Z，Toriman M E. Modelling runoff quantity and quality in tropical urban catchments using storm water management model［J］. International Journal of Environmental Science and Technology，2012，9（4）：737-748.

［56］Carmen Corada-Fernández，Lucila Candela，Nivis Torres-Fuentes，et al. Effects of extreme rainfall events on the distribution of selected emerging contaminants in surface and groundwater：the Guadalete River basin（SW，Spain）［J］. Science of the Total Environment，2017（605）：770-783.

[57] Gooré Bi E, Monette F, Gasperi J. Analysis of the influence of rainfall variables on urban effluents concentrations and fluxes in wet weather [J]. Journal of Hydrology, 2015 (523): 320-332.

[58] Gooré Bi E G, Monette F, Gachon P, Gasperi J, et al. Quantitative and qualitative assessment of the impact of climate change on a combined sewer overflow and its receiving water body [J]. Environ Sci Pollut Res Int, 2015, 22 (15): 11905-11921.

[59] Madoux-Humery AS, Dorner S M, Sauve S, et al. Temporal analysis of *E. coli*, TSS and wastewater micropollutant loads from combined sewer overflows: Implications for management [J]. Environ Sci Process Impacts, 2015, 17 (5): 965-974.

[60] Gregory W, Characklis. Particles, metals, and water quality in runoff from large Urban watershed [J]. Journal of Environmental Engineering, 1997, 123: 753-759.

[61] Jennifer McGehee Marsh. Assessment of nonpoint source pollution in stormwater runoff in Louisville, (Jefferson County) Kentucky, USA [J]. Archives of Environmental Contamination and Toxicology, 1993 (25): 446-455.

[62] John J Sansalone, Chad M Cristina. First flush concepts for suspended and dissolved solids in small impervious watersheds [J]. Journal of Environmental Engineering, 2004, 130 (11): 1301-1014.

[63] John J Sansalone. Physical characteristics of urban roadway solids transported during rain events [J]. Journal of Environmental Engineering, 1998, 124 (5): 427-440.

[64] Marie-ÈveJean, Sophie Duchesne, Geneviève Pelletier, et al. Selection of rainfall information as input data for the design of combined sewer overflow solutions [J]. Journal of Hydrology, 2018 (565): 559-569.

[65] Passerat J, Ouattara N K, Mouchel J-M, et al. Impact of an intense combined sewer overflow event on the microbiological water quality of the Seine River [J]. Water Res, 2011, 45 (2): 893-903.

[66] Semadeni-Davies A, Hernebring C, Svensson G, et al. The impacts of climate change and urbanisation on drainage in Helsingborg, Sweden: Combined sewer system [J]. Journal of Hydrology, 2008, 350 (1-2): 100-113.

[67] Yazdanfar Z, Sharma A. Urban drainage system planning and design-challenges with

climate change and urbanization：a review［J］. Water Science and Technology，2015，72（2）：165-179.

［68］高伟 . 某国外项目淹没式初期雨水管道系统设计［J］. 化工设计通讯，2021，47（8）：101，174.

［69］薛英文，吴铭轩，肖云龙，等 . 生物炭改良土壤对初期雨水径流污染物去除实验研究［J］. 中国农村水利水电，2021（8）：1-8，13.

［70］杨旭亮，李炳阳，张振昌 . 海绵城市理念下的初期雨水治污技术研究［J］. 水利科技与经济，2021，27（7）：82-85，110.

［71］罗海平，何志文，胡学英 . 城镇化对种植业面源污染影响的中介效应分析［J］. 中国生态农业学报（中英文），2021，29（9）：1625-1635.

［72］栾健，韩一军 . 城镇化会加剧化肥面源污染吗——基于门槛效应与空间溢出的双重视角［J］. 中国农业大学学报，2020，25（5）：174-186.

［73］陈铁，孙飞云，杨淑芳，等 . 基于 SWAT 模型的观澜河流域城市面源污染负荷量化及影响效应评估［J］. 环境工程学报，2020，14（10）：2866-2875.

［74］薛蕾，廖祖君，王理 . 城镇化与农业面源污染改善——基于农民收入结构调节作用的空间异质性分析［J］. 农村经济，2019（7）：55-63.

［75］金珊，李祖华，宋播艺 . 秦皇岛市面源污染的分析与治理［J］. 水资源开发与管理，2018（10）：44-48.

［76］廖炜，李璐，杨伟，等 . 城镇化过程中的流域面源污染时空变化［J］. 长江流域资源与环境，2018，27（8）：1776-1783.

［77］王军霞，罗彬，陈敏敏，等 . 城市面源污染特征及排放负荷研究——以内江市为例［J］. 生态环境学报，2014，23（1）：151-156.

［78］周淑春，陈蓓，程川 . 三峡库区小城镇面源污染现状与应对措施探讨——以万州区分水镇为例［J］. 农业环境科学学报，2006（S2）：665-669.

［79］李恒鹏，黄文钰，杨桂山，等 . 太湖上游典型城镇地表径流面源污染特征［J］. 农业环境科学学报，2006（6）：1598-1602.

［80］陶红艳，魏巍 . 城镇饮用水水源地泥沙和面源污染控制［J］. 安徽农学通报，2006（11）：88-89.

［81］刘自强 . 一种基于海绵城市的雨水收集装置［P］. 中国专利：CN214033882U，2021-08-24.

［82］杜元亮，卢海舰，林燕军，等 . 一种雨污分流排水系统［P］. 中国专利：CN214005885U，2021-08-20.

[83] 许利，何鹏，肖杰，等. 一种分时段收集初期雨水的采样器装置［P］. 中国专利：CN214010838U，2021-08-20.
[84] 张静文，邵叶，潘斐. 基于雨污分流市政道路初期雨水收集装置［P］. 中国专利：CN113215916A，2021-08-06.
[85] 田猛. 一种城市道路雨水初期自动弃流结构［P］. 中国专利：CN213868182U，2021-08-03.
[86] 陈振义，梁军，龚婕. 一种容积式雨水弃流装置［P］. 中国专利：CN213868220U，2021-08-03.
[87] 马自力，卢晓云，黄鹤，等. 基于雨污分流市政道路初期雨水收集装置［P］. 中国专利：CN113187067A，2021-07-30.
[88] 黄廷林，胡瑞柱，魏佳欣. 一种初期雨水高效处理系统［P］. 中国专利：CN113149268A，2021-07-23.
[89] 陆婷，陆晓明，那燕红，等. 市政道路初期雨水收集装置［P］. 中国专利：CN113149274A，2021-07-23.
[90] 李强标，李昊凌. 一种初期雨水自动化监测与处理装置［P］. 中国专利：CN113155539A，2021-07-23.
[91] 石加林. 一种雨水弃流收集与清洗装置［P］. 中国专利：CN213741339U，2021-07-20.
[92] 谢毅，王金鑫，王雄，等. 一种初期污染雨水分离井系统［P］. 中国专利：CN213709776U，2021-07-16.
[93] 张胜杰. 一种增强初期雨水收集的雨水口［P］. 中国专利：CN213682300U，2021-07-13.
[94] 柴宏祥，刘佳龙，於文萱，等. 一种初期雨水自动分流装置［P］. 中国专利：CN113073719A，2021-07-06.
[95] 澹台建礼，侯连龙，贾少伟，等. 海绵城市用初期雨水自动弃流装置［P］. 中国专利：CN213625951U，2021-07-06.
[96] 肖博达，李福豪，崔通，等. 居民住宅小区雨水污水综合和利用系统［P］. 中国专利：CN213595919U，2021-07-02.
[97] 陈亮，朱皓，张丽. 基于雨污分流市政道路初期雨水收集装置［P］. 中国专利：CN113026917A，2021-06-25.
[98] 陆保东，陈玉玉，李雪宁. 海绵城市用雨水再利用系统［P］. 中国专利：CN113006233A，2021-06-22.

[ 99 ] 王鑫，朱琳，杨雯雯，等 . 一种庭院式屋顶雨水收集与利用装置［P］. 中国专利：CN112962878A，2021-06-15.

[ 100 ] 杨虹，任亮，丁毅，等 . 一种初期雨水与后期雨水分离处理的雨污分流系统［P］. 中国专利：CN111705888B，2021-06-01.

[ 101 ] 李广胜，王志刚，王正阳，等 . 一种削减城镇面源污染入河的系统［P］. 中国专利：CN201920460437.1，2020-03-17.

[ 102 ] 梁英，陈肖，魏良良，等 . 一种复合污染型断头支浜综合治理系统［P］. 中国专利：CN201811643554.8，2019-06-07.

[ 103 ] 单保庆，周烁磊，刘冬，等 . 一种多功能生态梯级排水沟［P］. 中国专利：CN202023073387.3，2021-06-15.

[ 104 ] 吴丽，余海静，万祥云，等 . 一种低影响开发下雨水分质处理及回用系统［P］. 中国专利：CN202010492173.5，2020-08-28.

[ 105 ] 卢信，冯紫艳，商景阁，等 . 不同有机基质诱发的水体黑臭及主要致臭物（VOSCs）产生机制研究［J］. 环境科学，2012，33（9）：3152-3159.

[ 106 ] 罗家海 . 影响珠江广州河段局部水体黑臭的主要原因剖析［J］. 广州环境科学，2001（2）：10-13.

[ 107 ] Ajioka J，Swindle J. Effects of sludge dredging on the prevention and control of algae-caused black bloom in Taihu Lake，China［J］. Journal of Environmental Sciences，2013，25（3）：430-440.

[ 108 ] Shen Q，Liu C，Zhou Q，et al. Effects of physical and chemical characteristics of surface sediments in the formation of shallow lake algae-induced black bloom［J］. Journal of Environmental Sciences，2013，25（12）：2353-2360.

[ 109 ] Muezzinoglu A. A study of volatile organic sulfur emissions causing urban odors［J］. Chemosphere，2003，51（4）：245-252.

[ 110 ] 于玉彬，黄勇 . 城市河流黑臭原因及机理的研究进展［J］. 环境科技，2010，23（s2）：111-114.

[ 111 ] 常胜昆，周丹，马洪涛，等 . 厦门浯溪黑臭水体合流制溢流污染控制技术［J］. 中国给水排水，2021，37（6）：1-5.

[ 112 ] 郑全兴，赵学军 . 农村水环境污染分析及治理对策探讨［J］. 城镇供水，2020（5）：76-80，95.

[ 113 ] 赵寅成，李为实 . 安徽省农村黑臭水体成因及治理研究［J］. 环境与可持续发展，2020，45（2）：154-157.

［114］朱韻洁，李国文，张列宇，等．黑臭水体治理思路与技术措施［J］．环境工程技术学报，2018，8（5）：495-501.
［115］陈杰民，郑国辉．珠三角某镇农村内河涌污染现状及控制策略［J］．环境工程，2016，34（S1）：262-265.
［116］熊亭亭，王丽，何成勇，等．成都市温江区农村污水治理模式与技术研究［J］．环境与发展，2020，32（4）：44-47.
［117］迟娟，姜勇，袁训珂，等．福创溪—大排沟黑臭水体一河一策治理工程［J］．环境工程学报，2019，13（2）：496-504.
［118］刘晓静，刘晓晓，汪佳慧，等．氧化深塘和潜流湿地组合技术在农村河道水质净化应用［J］．环境工程学报，2019，13（7）：1759-1765.
［119］郭晓娅，王思宇，冯慧娟，等．一种用于农村黑臭水体修复的原位水体生态修复系统［P］．中国专利：CN113354073A，2021-09-07.
［120］高红杰，冯慧娟，郭晓娅，等．一种农村黑臭水体治理装置及治理方法［P］．中国专利：CN113354089A，2021-09-07.
［121］王思宇，冯慧娟，郭晓娅，等．一种农村黑臭水体修复用深度可调的人工生态浮床［P］．中国专利：CN113354090A，2021-09-07.
［122］王思宇，高红杰，郭晓娅，等．一种农村黑臭水体修复用增强水体循环流动充氧的生态塘［P］．中国专利：CN113321309A，2021-08-31.
［123］刘传鑫，刘喆，李爽，等．一种基于煤矸石来治理农村黑臭水体的生态沟渠［P］．中国专利：CN213834972U，2021-07-30.
［124］魏春晓，刘喆，李爽，等．一种用于农村污水或黑臭水体处理及回用的装置［P］．中国专利：CN213803411U，2021-07-27.
［125］王旭光，何良勇，肖鑫，等．一种用于农村黑臭水的新型污水处理设备［P］．中国专利：CN213569941U，2021-06-29.
［126］汪小祥，叶树香．一种农村黑臭污水处理设备［P］．中国专利：CN213416608U，2021-06-11.
［127］李斌．一种农村黑臭水体处理装置［P］．中国专利：CN213101008U，2021-05-04.
［128］魏春晓，刘喆，李爽，等．一种用于农村污水或黑臭水体处理及回用的系统及方法［P］．中国专利：CN112299671A，2021-02-02.
［129］顾文柳，吴明洲，叶庆，等．一种联合处理农村黑臭河道中污水和底泥的装置［P］．中国专利：CN212403760U，2021-01-26.

［130］张先起，张自由．一种提升农村污水处理的方法［P］．中国专利：CN111977898A，2020-11-24.

［131］张先起，张自由．一种改进河道污水处理的方法［P］．中国专利：CN111960570A，2020-11-20.

［132］钟乃聪．一种农村黑臭污水、垃圾渗滤液用膜处理系统［P］．中国专利：CN111777228A，2020-10-16.

［133］马广玉，魏东洋，卿野，等．一种农村黑臭水体底泥处理系统及方法［P］．中国专利：CN111333282A，2020-06-26.

［134］钟乃聪．一种农村黑臭污水、垃圾渗滤液用膜处理系统［P］．中国专利：CN111777228A，2020-10-16.

［135］赵天亮，罗惠云，张玲．农村黑臭水体识别与判定方法［P］．中国专利：CN111008910A，2020-04-14.

［136］蒋志军，杨勇维．一种农村黑臭水治理用防臭沟渠盖板［P］．中国专利：CN210315931U，2020-04-14.

［137］张玲，罗惠云，赵天亮．农村黑臭水体整治方法［P］．中国专利：CN110969558A，2020-04-07.

［138］汪深．一种农村黑臭水体和粪污的治理系统及方法［P］．中国专利：CN108975498A，2018-12-11.

［139］张敦兰．一种农村黑臭水体中黑臭淤泥的处理工艺［P］．中国专利：CN108840533A，2018-11-20.

［140］王士满，李伟斯，刘健．一种农村河流生态治理方法［P］．中国专利：CN108623006A，2018-10-09.

［141］庄绪亮，徐圣君，吴尚华，等．用于消除农村型黑臭水体的治理方法［P］．中国专利：CN106836114A，2017-06-13.

［142］庄绪亮，徐圣君，吴尚华，等．一种消除河流型黑臭水体的方法［P］．中国专利：CN106630509A，2017-05-10.

［143］庄绪亮，徐圣君，吴尚华，等．用于消除湖库型黑臭水体的治理方法［P］．中国专利：CN106600506A，2017-04-26.

［144］蔡鲁祥，沙昊雷，章黎笋，等．一种河水净化装置［P］．中国专利：CN205821003U，2016-12-21.

［145］范小华，谢德体，魏朝富，等．河岸带生态系统管理模型研究进展［J］．中国农学通报，2006，22（1）：277-282.

［146］Clerici N，Paracchini M L，Maes J. Land-cover change dynamics and insights into ecosystem services in European stream riparian zones［J］. Ecohydrology and Hydrobiology，2014，14（2）：107-120.

［147］Laura L D S，Glanville H C，Marshall M R，et al. Delineating and mapping riparian areas for ecosystem service assessment［J］. Ecohydrology，2018：e1928.

［148］Forest Service，Southern Research Station. Conservation buffers：design guidelines for buffers，corridors，and greenways［J］. Washington DC：United States Department of Agriculture，2008.

［149］左俊杰．平原河网地区河岸植被缓冲带定量规划研究［D］．上海：华东师范大学，2011.

［150］夏继红，鞠蕾，林俊强，等．河岸带适宜宽度要求与确定方法［J］．河海大学学报（自然科学版），2013，41（3）：229-234.

［151］汤家喜，孙丽娜，孙铁珩，等．河岸缓冲带对氮磷的截留转化及其生态恢复研究进展［J］. 生态环境学报，2012，21（8）：1514-1520.

［152］侯利萍，何萍，钱金平，等．河岸缓冲带宽度确定方法研究综述［J］．湿地科学，2012，10（4）：500-506.

［153］Congrong Y，Bin G，Rafael M C，et al. A laboratory study olloid and solute transport in surface runoff on saturated soil［J］. Journal of Hydrology，2011，402（1/2）：159-164.

［154］Chen H，Grieneisen M L，Zhang M. Predicting pesticide removal efficacy of vegetated filter strips：A meta-regression analysis［J］. Science of the Total Environment，2016（548-549）：122-130.

［155］李冉．浅层地下水对植生滤带削减面源氮磷污染物的影响及 VFSMOD-W 模型模拟研究［D］．武汉：中国地质大学，2019.

［156］李怀恩，邓娜，杨寅群，等．植被过滤带对地表径流中污染物的净化效果［J］．农业工程学报，2010，26（7）：81-86.

［157］Kapil Arora，Steven K Mickelson，Matthew J Helmers，et al. Review of pesticide retention processes occurring in buffer strips receiving agricultural runoff1［J］. Journal of the American Water Resources Association，2010，46（3）：618-647.

［158］Bhattarai R，Kalita P K，Patel M K. Nutrient transport through a vegetative filter strip with subsurface drainage［J］. J Environ Manage，2009，90（5）：1868-

1876.
[ 159 ] Cardoso F, Shelton D, Sadeghi A, et al. Effectiveness of vegetated filter strips in retention of Escherichia coli and Salmonella from swine manure slurry [ J ] . J Environ Manage, 2012 ( 110 ): 1-7.
[ 160 ] Lambrechts T, de Braekeleer C, Fautsth V, et al. Can vegetative filter strips efficiently trap trace elements during water erosion events? A flume experiment with contaminated sediments [ J ] . Ecological Engineering, 2014 ( 68 ): 60-64.
[ 161 ] Yu Congrong, Gao Bin, Rafael Muñoz-Carpena, et al. A laboratory study of colloid and solute transport in surface runoff on saturated soil [ J ] . Journal of Hydrology, 2011, 402 ( 1-2 ): 159-164.
[ 162 ] Olilo C O, Onyando J O, Moturi W N, et al. Effect of vegetated filter strips on transport and deposition rates of Escherichia coli in overland flow in the eastern escarpments of the Mau Forest, Njoro River Watershed, Kenya [ J ] . Energy Ecol Environ, 2016, 1 ( 3 ): 157-182.
[ 163 ] Dosskey M G, Helmers M J, Eisenhauer D E. A design aid for sizing filter strips using buffer area ratio [ J ] . Journal of Soil and Water Conservation, 2011, 66 ( 1 ): 29-39.
[ 164 ] Munoz-Carpena R, Parsons J E, Gilliam J W. Modeling hydrology and sediment transport in vegetative filter strips [ J ] . Journal of Hydrology, 1999, 214 ( 1-4 ): 111-129.
[ 165 ] Lim K J, Park Y S, Kim M K, et al. Design of vegetative filter strip using web-based system with groundwater table and pesticide degradation analysis modules [ J ] . Journal of Hydrologic Engineering, 2018, 23 ( 2 ): 10.
[ 166 ] Darch T, Carswell A, Blackwell M S A, et al. Dissolved phosphorus retention in buffer strips: Influence of slope and soil type [ J ] . Journal of Environmental Quality, 2015, 44 ( 4 ): 1216-1224.
[ 167 ] Yang Fangshe, Yang Yinqun, Li Huaien, et al. Removal efficiencies of vegetation-specific filter strips on nonpoint source pollutants [ J ] . Ecological Engineering, 2015 ( 82 ): 145-158.
[ 168 ] Miller J J, Curtis T, Chanasyk D S, et al. Effectiveness of soil in vegetated buffers to retain nutrients and sediment transported by concentrated runoff through deep gullies [ J ] . Canadian Journal of Soil Science, 2016, 96 ( 2 ): 154-168.

［169］R Daren Harmel，Rehanon Pampell，Terry Gentry，et al. Vegetated treatment area（VTAs）efficiencies for E. coli and nutrient removal on small-scale swine operations［J］. International Soil and Water Conservation Research，2018，6（2）：153-164.

［170］Prosser R S，Hoekstra P F，Gene S，et al. A review of the effectiveness of vegetated buffers to mitigate pesticide and nutrient transport into surface waters from agricultural areas［J］. J Environ Manage，2020（261）：110210.

［171］刘翔．城市水环境整治水体修复技术的发展与实践［J］．给水排水，2015，51（5）：1-5.

［172］李新贵，孙亚月，黄美荣．城市水环境的修复与综合治理［J］．上海城市管理，2017，26（4）：12-18.

［173］金树权，周金波，包薇红，等．5 种沉水植物的氮、磷吸收和水质净化能力比较［J］．环境科学，2017，38（1）：156-161.

［174］刘凯辉，张松贺，吕小央，等．南京花神湖 3 种沉水植物表面附着微生物群落特征［J］．湖泊科学，2015，27（1）：103-112.

［175］洪永花．一种用于海绵城市基建的具有分流结构的配套植被缓冲带［P］．中国专利：CN112352587A，2021-02-12.

［176］赵清贺，徐珊珊，丁圣彦，等．基于最优植被格局的河岸缓冲带水土保持调控方法［P］．中国专利：CN112347659A，2021-02-09.

［177］朱歆华，胡优华，朱利芳．一种具有固堤护岸性能的河岸植被缓冲带栽植结构［P］．中国专利：CN112273124A，2021-01-29.

［178］于田田，苏畅，郑泽铭．一种河道旁侧生态净化系统［P］．中国专利：CN212246700U，2020-12-29.

［179］金雅琴，史莹，常俊丽，等．一种湖滨湿地植被缓冲带配置结构［P］．中国专利：CN212248061U，2020-12-29.

［180］张忠辉，何怀江，张大伟，等．一种河岸植被缓冲带及构建方法［P］．中国专利：CN112088708A，2020-12-18.

［181］张水锋，张金池．一种小流域水土保持植被缓冲带优化方法及系统［P］．中国专利：CN112001083A，2020-11-27.

［182］金恩升．海绵城市的配套植被缓冲带［P］．中国专利：CN111945852A，2020-11-17.

［183］金雅琴，史莹，常俊丽，等．一种湖滨湿地植被缓冲带配置结构与构建方法

［P］. 中国专利：CN111809559A，2020-10-23.
［184］于田田，苏畅，郑泽铭．一种河道旁侧生态净化系统［P］. 中国专利：CN111807645A，2020-10-23.
［185］金恩升．海绵城市的配套植被缓冲带［P］. 中国专利：CN109295924B，2020-10-20.
［186］徐岿，朱杰远．一种湖泊岸线径流污染生态拦截系统［P］. 中国专利：CN211690173U，2020-10-16.
［187］许明修，刘建东，宋桥，等．一种基于海绵城市的山体类绿地建造方法［P］. 中国专利：CN109083250B，2020-06-23.
［188］杜丽英．一种海绵城市道路［P］. 中国专利：CN210596885U，2020-05-22.
［189］张展羽，盛丽婷，夏继江，等．一种河湖滨岸带径流污染物复合拦截系统［P］. 中国专利：CN108218120B，2020-05-22.
［190］段腾腾．一种河道驳岸上拦截面源污染的系统［P］. 中国专利：CN210214936U，2020-03-31.
［191］王云琦，付婧，王震，等．水流路径优化的植被缓冲带与建造方法［P］. 中国专利：CN110731238A，2020-01-31.
［192］张丽娜，甘亚曼，董江朝，等．海绵城市配套的植被缓冲带结构［P］. 中国专利：CN209330789U，2019-09-03.
［193］金恩升．海绵城市的配套植被缓冲带［P］. 中国专利：CN109295924A，2019-02-01.
［194］王云琦，付婧，梁丹，等．用于研究不同坡度植被缓冲带构建最佳方式的实验装置和方法［P］. 中国专利：CN108375667A，2018-08-07.
［195］冯天时，庞治国，江威，等．高光谱遥感技术及其水利应用进展［J］. 地球信息科学学报，2021，23（9）：1646-1661.
［196］石林，彭浩，聂小东，等．基于知识图谱的河湖管理中 3S 技术应用研究进展［J］. 人民长江，2021，52（8）：1-9.
［197］谭碧华，李源媛．环境监测中地表水监测现状分析探讨［J］. 资源节约与环保，2021（8）：62-63.
［198］张慧妍，王小艺，王立，等．基于隐马尔科夫模型的农业灌溉水质动态评价方法［P］. 中国专利：CN109284921B，2021-08-24.
［199］常春英，曹浩轩，陶亮，等．固化 / 稳定化修复后土壤重金属稳定性及再活化研究进展［J］. 土壤，2021，53（4）：682-691.

[200] 刘明君，刘海涵，余游，等 . 水环境大数据监控系统及方法 [P]. 中国专利：CN112541028B，2021-08-13.

[201] 曾维华，胡官正，陈异辉 . 基于“水陆统筹”的入河排污口监管体制研究 [J]. 环境保护，2021，49（15）：37-41.

[202] 朱义，王莹，吴槿，等 . 面向公众满意度提升的公园水域质量调查及智能化途径 [J]. 园林，2021，38（8）：13-19.

[203] 李淑云，谢帆，刘顺明 . 济宁市以湖长制推动南四湖生态保护的实践 [J]. 山东水利，2021（7）：62-63，68.

[204] 孙德成 . 基于河流生态健康评价与治理对策研究——以碧流河为例 [J]. 水利科学与寒区工程，2021，4（4）：175-178.

[205] 王丽娇，徐家栋，李天河，等 . 永宁江存在的问题及解决对策 [J]. 资源节约与环保，2021（7）：16-17.

[206] 韩少强，杨璟爱，孙猛，等 . 浅谈天津市入河排污口现状及监管建议思考 [J]. 资源节约与环保，2021（7）：120-121.

[207] 国晓春，韩镇阳，卢少勇，等 . 太湖流域工业点源排污许可管理技术集成与应用研究 [J]. 华东师范大学学报（自然科学版），2021（4）：39-45.

[208] 魏宁 . 以河长制为抓手切实推进水利工程长效管理 [J]. 珠江水运，2021（13）：86-87.

[209] 刘传旸，柴一荻，徐宪根，等 . 南方某河水质荧光指纹特征及污染溯源 [J]. 光谱学与光谱分析，2021，41（7）：2142-2147.

[210] 王强 . 一种全时空水环境监测平台 [P]. 中国专利：CN113108765A，2021-07-13.

[211] 王强 . 基于物联网和大数据的工业零星废水全过程监管系统 [P]. 中国专利：CN113108861A，2021-07-13.

[212] 唐平花，瞿锋，顾浩，等 . 全过程工艺监管控制系统 [P]. 中国专利：CN113060875A，2021-07-02.

[213] 朱明龙 . 三河流域智慧管理系统建设构想 [J]. 智能建筑与智慧城市，2021（6）：152-153.

[214] 徐益强，吴昌子，郁洪江，等 . 一种水环境大数据清洗方法 [P]. 中国专利：CN113010505A，2021-06-22.

[215] 张洋 . 海委统一业务门户建设探索 [J]. 海河水利，2021（3）：122-124.

[216] 魏建勋，张楠 . 基于物联网和大数据技术的立体化水环境监管系统建设 [J].

环境保护与循环经济，2021，41（6）：86-88，92.
［217］祖丽德孜·努兰，沈鉴，冷晓婷，等．硫胺素-三维荧光法测定水中汞离子的研究［J］．光谱学与光谱分析，2021，41（6）：1846-1851.
［218］王歆晖，巩彩兰，胡勇，等．水质参数遥感反演光谱特征构建与敏感性分析［J］．光谱学与光谱分析，2021，41（6）：1880-1885.
［219］吴宸晖，姜翠玲，鞠茂森．河长制水生态环境修复监控管理平台的探讨［J］．中国农村水利水电，2021（6）：38-41，48.
［220］顾家富．肥东县小水库水环境存在问题及对策［J］．安徽水利水电职业技术学院学报，2021，21（2）：34-36.
［221］徐洁，徐明力，张蕊．基于组件化技术搭建太湖流域监管平台［J］．中国生态文明，2021（3）：80-84.
［222］张彦．基于物联网的工业园区上下游一体化智能管控技术分析［J］．给水排水，2021，57（6）：144-147，154.
［223］韩士磊．小型水质监测站检测过程自主诊断方法及关键技术研究［D］．北京：北方工业大学，2021.
［224］申云帆．云监测："慧"治理 更美丽［J］．当代贵州，2021（22）：19.
［225］张轶慧．建筑垃圾再生骨料应用于海绵城市设施控污效能研究［D］．北京：北京建筑大学，2021.
［226］吕言成．基于神经网络降维聚类的水质点位优化系统设计与实现［D］．北京：中国科学院大学（中国科学院沈阳计算技术研究所），2021.
［227］倪静．制浆造纸废水处理工艺研究与实践［D］．扬州：扬州大学，2021.
［228］赵壮．河长制下的河道治理策略研究［J］．黑龙江水利科技，2021，49（5）：164-166.
［229］河长制词语释义及基本原则［J］．水利科技与经济，2019（2）：46.
［230］赵伟．河北省一河（湖）一策方案绩效评估［J］．中国水利，2021（10）：15-18.
［231］殷伟庆．梅雨季节京杭运河镇江段水体污染影响研究［J］．环境监控与预警，2021，13（3）：55-58.
［232］张雨，张云生．黄河省级流域机构信息化"十四五"规划思路探析［A］．河海大学、山东省水利科学研究院、山东水利学会.2021（第九届）中国水利信息化技术论坛论文集［C］．河海大学、山东省水利科学研究院、山东水利学会、北京沃特咨询有限公司，2021：10.

[233] 安慧强 . 基于大数据在互联网 + 水源保护和环境改善示范建设项目水资源论证探析 [J]. 农业工程技术，2021，41（15）：52-54.
[234] 王茂君 . 海上溢油防控和应急的现状及完善路径——基于北海海域海洋石油勘探开发企业海上溢油应急能力调研 [J]. 中华环境，2021（5）：44-48.
[235] 苏聪文，邓宗兵，李莉萍，等 . 中国水生态文明发展水平的空间格局及收敛性 [J]. 自然资源学报，2021，36（5）：1282-1301.
[236] 崔凡，寇馨月，冯佑斌，等 . 粤港澳大湾区重要饮用水水源地监督性监测技术体系 [J]. 人民珠江，2021，42（5）：1-8.
[237] 刘莹莹 . 废水处理技术与水环境保护措施探讨 [J]. 当代化工研究，2021（9）：112-113.
[238] 金娜 . 基于 BN 的水库运行期水生态影响分析研究 [D]. 大连：大连理工大学，2021.
[239] 邱晓玉 . 南通市海门区农村人居环境整治问题研究 [D]. 扬州：扬州大学，2021.
[240] 人工巡查 1 年　遥感监测 15 天　水环境遥感助力黑臭水体整治 [J]. 高科技与产业化，2021，27（4）：82.
[241] 周琴娅 . 某城区河流水质污染现状及防治措施研究 [J]. 低碳世界，2021，11（4）：45-46.
[242] 唐根 . 浏阳河河长制实施情况遥感监测 [J]. 新型工业化，2021，11（4）：207-210.
[243] 包振虎，温伟，邢增招，等 . 城市智慧水务管理信息系统的设计与实现 [J]. 四川水利，2021，42（2）：145-150.

## 7　固体废物利用处置科学与技术

[1] 董战峰，葛察忠，郝春旭，等 . 中国环境经济政策发展报告 [M]. 北京：中国环境出版集团，2019.
[2] 董战峰，葛察忠，贾真，等 . 国家“十四五”生态环境政策改革重点与创新路径研究 [J]. 生态经济，2020，36（8）：13-19.
[3] 王之超 . 块状建材中多环芳烃释放特征研究 [D]. 北京：中国环境科学研究院，2020.
[4] 赵丽娜，姚芝茂，武雪芳，等 . 我国工业固体废物的产生特征及控制对策 [J].

环境工程，2013，31（S1）：464-469.

［5］欧任泽，刘伟军，林卫星，等．某铜矿尾矿充填工程技术研究［J］．采矿技术，2020，20（5）：13-15.

［6］王会刚，吴龙，彭犇，等．中外钢渣一次处理技术特点及进展［J］．科学技术与工程，2020，20（13）：5025-5031.

［7］保自坤，陈学刚，庄福礼，等．“富氧顶吹熔炼—侧吹还原熔炼直接炼铅工艺”搭配处理低品位铅锌共生氧化矿生产实践［J］．中国有色冶金，2014，43（6）：5-9.

［8］李逸晨．石膏行业的发展现状及趋势［J］．硫酸工业，2019（11）：1-7，13.

［9］关于“十四五”大宗固体废弃物综合利用的指导意见［EB/OL］．发改环资〔2021〕381 号．https：//www.ndrc.gov.cn/ xxgk/zcfb/tz/202103/t20210324_1270286.html?code=&state=123.

［10］刘晓龙，姜玲玲，葛琴，等．“十四五”时期“无废城市”试点建设宏观研究［J］．环境保护，2021，49（1）：37-41.

［11］刘宏博，吴昊，田书磊，等．“十四五”时期危险废物污染防治思路探讨［J］．中国环境管理，2020，12（4）：56-61.

［12］孙宁，张岩坤，刘锋平，等．深入打好“十四五”土壤污染综合防治攻坚战的思考［J］．中国环境管理，2021，13（3）：74-78.

［13］姜华，陈胜，杨鹊平，等．生态环境科技进展与“十四五”展望［J］．中国环境管理，2020，12（4）：29-34.

［14］邓诗琴．固体废物处置及综合利用面临的挑战与对策［J］．资源节约与环保，2021（3）：72-73.

［15］胡华龙，温雪峰，李秀金，等．固体废物管理与技术发展研究报告［A］．中国环境科学学会．2006—2007 环境科学技术学科发展报告［C］．浙江省科学技术协会，2006：26.

［16］杨徐烽．浅谈固废处置现状及处理技术［J］．资源节约与环保，2020（7）：105-106.

［17］陈剑峰，彭金鑫．危险废物污染防治技术发展趋势与政策分析［J］．资源节约与环保，2020（2）：127.

## 8 生态学

[1] 米湘成，冯刚，张健，等.中国生物多样性科学研究进展评述[J].中国科学院院刊，2021，36(4)：384-398.

[2] 中华人民共和国生态环境部.2019中国生态环境状况公报[R].北京：中华人民共和国生态环境部，2020.

[3] Hampton S E，Strasser C A，Tewksbury J J，et al. Big data and the future of ecology [J]. Frontiers in Ecology and the Environment，2013(11)：156-162.

[4] Costanza R，D'arge R，De Groot R，et al. The value of the world's ecosystem services and natural capital [J]. Nature，1997(387)：253-260.

[5] Costanza R，De Groot R，Braat L，et al. Twenty years of ecosystem services：How far have we come and how far do we still need to go? [J]. Ecosystem Services，2017(28)：1-16.

[6] Daily G C，Söderqvist T，Aniyar S，et al. The value of nature and the nature of value [J]. Science，2000，289(5478)：395-396.

[7] Daily G C，Polasky S，Goldstein J，et al. Ecosystem services in decision making：time to deliver [J]. Frontiers in Ecology and the Environment，2009(7)：21-28.

[8] Fisher B，Turner K，Zylstra M，et al. Ecosystem services and economic theory：Integration for policy-relevant research [J]. Ecological Applications，2008(18)：2050-2067.

[9] Guerry A D，Polasky S，Lubchenco J，et al. Natural capital and ecosystem services informing decisions：From promise to practice [J]. Proceedings of the National Academy of Sciences，2015(112)：7348-7355.

[10] Liu Jianguo，Li Shuxin，Ouyang Zhiyun，et al. Ecological and socioeconomic effects of China's policies for ecosystem services [J]. Proceedings of the National Academy of Sciences，2008(105)：9477-9482.

[11] Millennium Ecosystem Assessment. Ecosystems and human well-being：Synthesis [M]. Washington DC：Island Press，2005.

[12] Olander L，Maltby L. Mainstreaming ecosystem services into decision making [J]. Frontiers in Ecology and the Environment，2014(12)：539.

[13] TEEB (edited by KUMAR P). The economics of ecosystems and biodiversity：Ecological and economic foundations [M]. London：Earthscan Ltd.，2010.

[ 14 ] Department of Economic and Social Affairs, Statistics Division, United Nations. System of Environmental-Economic Accounting—Ecosystem Accounting ( Final Draft ) . 2021.

[ 15 ] 高艳妮，张林波，李凯，等 . 生态系统价值核算指标体系研究 [ J ] . 环境科学研究，2019，32 ( 1 )：58-65.

[ 16 ] 中华人民共和国国家林业局 . LY/T 2006—2012 荒漠生态系统服务评估规范 [ S ] . 北京：中国标准出版社，2012.

[ 17 ] 中华人民共和国国家林业局 . LY/T 2735—2016 自然资源 ( 森林 ) 资产评价技术规范 [ S ] . 北京：中国标准出版社，2017.

[ 18 ] 中华人民共和国国家市场监督管理总局，中国国家标准化管理委员会 . GB/T 38582—2020 森林生态系统服务功能评估规范 [ S ] . 北京：中国标准出版社，2020.

[ 19 ] 中华人民共和国国家质量监督检验检疫总局，中国国家标准化管理委员会 . GB/T 28058—2011 海洋生态资本评估技术导则 [ S ] . 北京：中国标准出版社，2012.

[ 20 ] 刘纪远，邵全琴，丁秀波，等 . 中国陆地生态系统综合监测与评估 [ M ] . 北京：科学出版社，2016.

[ 21 ] 马国霞，於方，王金南，等 . 中国 2015 年陆地生态系统生产总值核算研究 [ J ] . 中国环境科学，2017，37 ( 4 )：1474-1482.

[ 22 ] 欧阳志云，朱春全，杨广斌，等 . 生态系统生产总值核算：概念、核算方法与案例研究 [ J ] . 生态学报，2013，33 ( 21 )：6747-6761.

[ 23 ] 谢高地，张彩霞，张雷明，等 . 基于单位面积价值当量因子的生态系统服务价值化方法改进 [ J ] . 自然资源学报，2015，30 ( 8 )：1243-1254.

[ 24 ] 欧阳志云，王桥，郑华，等 . 全国生态环境十年变化 ( 2000—2010 年 ) 遥感调查评估 [ J ] . 中国科学院院刊，2014，29 ( 4 )：462-466.

[ 25 ] 宋慧敏，薛亮 . 基于遥感生态指数模型的渭南市生态环境质量动态监测与分析 [ J ] . 应用生态学报，2016，27 ( 12 )：3913-3919.

[ 26 ] 王绍强，王军邦，张雷明，等 . 国家重点研发项目：中国陆地生态系统生态质量综合监测技术与规范研究 ( 英文 ) [ J ] . Journal of Resources and Ecology，2019，10 ( 2 )：105-111.

[ 27 ] 王文杰，潘英姿，李雪 . 区域生态质量评价指标选择基础框架及其实现 [ J ] . 中国环境监测，2001 ( 5 )：17-21.

[28] 徐涵秋.区域生态环境变化的遥感评价指数[J].中国环境科学，2013，33(5)：889-897.

[29] 杨江燕，吴田，潘肖燕，等.基于遥感生态指数的雄安新区生态质量评估[J].应用生态学报，2019，30(1)：277-284.

[30]] 梁芳婷，蔡云楠.基于CiteSpace知识图谱分析的国内外生态城市研究进展[J].华中建筑，2021，39(3)：25-29.

[31] 张飞，邵媛，黄晖，等.近20年城市遥感研究现状及其发展趋势[J].生态学报，2021，41(8)：3255-3276.

[32] 陈利顶，孙然好，孙涛，等.城市群生态安全格局构建：概念辨析与理论思考[J].生态学报，2021，41(11)：4251-4258.

[33] 李锋，马远.城市生态系统修复研究进展[J].生态学报，2021，41(23)：1-10.

[34] 鲁敏，李英杰，李萍.城市生态学研究进展[J].山东建筑工程学院学报，2002(4)：42-48.

[35] Frost Carol M，Allen Warwick J，Courchamp Franck，et al. Using network theory to understand and predict biological invasions.[J]. Trends in Ecology and Evolution，2019，34(9)：831-843.

[36] Secretariat of the Convention on Biological Diversity. Global Biodiversity Outlook 4. Secretariat of the Convention on Biological Diversity，Montréal，Canada，2014.

[37] Wu R D，Possingham H P，Yu G Z，et al. Strengthening China's national biodiversity strategy to attain an ecological civilization[J]. Conservation Letters，2019(12)：12660.

[38] Xu W H，Xiao Y，Zhang J J，et al. Strengthening protected areas for biodiversity and ecosystem services in China[J]. Proceedings of the National Academy of Sciences，USA，2017(114)：1601-1606.

[39] Xie J J，Su D R，Lyu S H，et al. Dew formation characteristics of meadow plants canopy at different heights in Hulunbuir grassland，China[J]. Hydrology Research，2021，52(4)：1-13..

[40] He J，Xie J J，Su D R，et al. Organic carbon storage and its influencing factors under climate warming of sediments in steppe wetland，China[J]. Environmental Science and Pollution Research，2020(27)：43-47.

[41] He J，Diao Z Y，Zheng Z R，et al. Laboratory investigation of phosphorus

loss with snowmelt and rainfall runoff from a Steppe wetland catchment [J]. Chemosphere，2019（241）：125137.
[42] 叶生星，丁国栋，刁兆岩，等. 不同利用程度对典型草原植被空间异质性的影响[J]. 干旱区资源与环境，2019，33（3）：158-164.
[43] IPBES Secretariat. Global Assessment Report on Biodiversity and Ecosystem Services of the Intergovernmental Science-Policy Platform on Biodiversity and Ecosystem Services [R]. Bonn，2019. https：//doi.org/10.5281/zenodo.3831673.
[44] SCBD（Secretariat of the Convention on Biological Diversity）.Global Biodiversity Outlook 5 [R]. Montreal，2020.
[45] 中华人民共和国生态环境部. 中国履行《生物多样性公约》第六次国家报告[R]. 北京：中国环境出版集团，2019.
[46] 刘焱序，于丹丹，傅伯杰，等. 生物多样性与生态系统服务情景模拟研究进展[J]. 生态学报，2020，40（17）：5863-5873.
[47] 王小丹，程根伟，赵涛，等. 西藏生态安全屏障保护与建设成效评估[J]. 中国科学院院刊，2017，32（1）：29-34.
[48] 刘国彬，上官周平，姚文艺，等. 黄土高原生态工程的生态成效[J]. 中国科学院院刊，2017，32（1）：11-19.
[49] 于振良，葛剑平，于贵瑞，等. 生态学的现状与发展趋势[M]. 北京：高等教育出版社，2016.
[50] 卫东.2000—2020 年我国深层生态学的发展现状、热点以及发展趋势的可视化研究——基于 Citespace 的文献计量学分析[J]. 黑龙江生态工程职业学院学报，2021，34（3）：4-7，10.
[51] 王晓安. 恢复生态学的理论和发展趋势[J]. 山西农经，2019（9）：21.
[52] 唐立娜，李竞，邱全毅，等. 景感生态学方法与实践综述[J]. 生态学报，2020，40（22）：8015-8021.
[53] 赵钧一. 景观生态学发展史浅析[J]. 中外建筑，2019（7）：89-92.
[54] 李祖政，尤海梅，黎心泽. 景观生态学研究热点与前沿：基于 Citespace 的知识图谱分析[J]. 西北林学院学报，2017，32（3）：295-300，312.
[55] 黄国勤，黄依南. 美国生态学的发展[J]. 生态环境学报，2019，28（7）：1473-1483.
[56] 张玉，冯晓明，陈利顶，等. 区域生态学的国际起源和研究热点[J]. 生态学报，2021，41（8）：3277-3285.

[57] 陈利顶，吕一河，赵文武，等.区域生态学的特点、学科定位及其与相邻学科的关系［J］.生态学报，2019，39（13）：4593-4601.

[58] 于贵瑞，王秋凤，杨萌，等.生态学的科学概念及其演变与当代生态学学科体系之商榷［J］.应用生态学报，2021，32（1）：1-15.

[59] 郭旭东，谢俊奇，李双成，等.土地生态学发展历程及中国土地生态学发展建议［J］.中国土地科学，2015，29（9）：4-10.

[60] 陈利顶，李秀珍，傅伯杰，等.中国景观生态学发展历程与未来研究重点［J］.生态学报，2014，34（12）：3129-3141.

[61] 郭旭东，谢俊奇.新时代中国土地生态学发展的思考［J］.中国土地科学，2018，32（12）：1-6.

[62] 马克平，郭庆华.中国植被生态学研究的进展和趋势［J］.中国科学：生命科学，2021，51（3）：215-218.

[63] Hampton S E，Strasser C A，Tewksbury J J，et al. Big data and the future of ecology［J］. Frontiers in Ecology and the Environment，2013（11）：156-162.

## 9　生态文明理论与实践路径

[1] 习近平.中共中央关于制定国民经济和社会发展第十四个五年规划和二〇三五年远景目标的建议［M］.北京：人民出版社，2020.

[2] Christopher H Trisos，Cory Merow，Alex L Pigot. The projected timing of abrupt ecological disruption from climate change［J］. Nature，2020（580）：496-501.

[3] Independent Group of Scientists Appointed by the Secretary-General，Global Sustainable Development Report 2019：The Future is Now-Science for Achieving Sustainable Development［EB/OL］. https：//sustainabledevelopment.un.org/content/documents/24797GSDR_report_2019.pdf.

[4] United Nations Environment Programme. Making Peace with Nature：A Scientific Blueprint to Tackle the Climate，Biodiversity and Pollution Emergencies［EB/OL］. https：//www.unep.org/resources/making-peace-nature，2021.

[5] 王仁贵.黄润秋：面对艰巨任务“十四五”绿色转型如何布局［N］.《瞭望》新闻周刊，2021-04-07.

[6] 习近平.习近平主持中央政治局第二十九次集体学习并讲话，http：//www.gov.cn/xinwen/2021-05/01/content_5604364.htm，2021.

[7] 胡鞍钢，周绍杰 . 绿色发展：功能界定、机制分析与发展战略 [J]. 中国人口·资源与环境，2014，24（1）：14-20.

[8] 李金昌，史龙梅，徐蔼婷 . 高质量发展评价指标体系探讨 [J]. 统计研究，2019，36（1）：4-14.

[9] 黄跃，李琳 . 中国城市群绿色发展水平综合测度与时空演化 [J]. 地理研究，2017，36（7）：1309-1322.

[10] 杨志江，文超祥 . 中国绿色发展效率的评价与区域差异 [J]. 经济地理，2017，37（3）：10-18.

[11] 车磊，白永平，周亮，等 . 中国绿色发展效率的空间特征及溢出分析 [J]. 地理科学，2018，38（11）：1788-1798.

[12] 封志明，杨艳昭，闫慧敏，等 . 百年来的资源环境承载力研究：从理论到实践 [J]. 资源科学，2017，39（3）：379-395.

[13] Rees W E. The ecology of sustainable development [J]. Ecologist，1990，20（1）：18-23.

[14] Wackeneragel M，Rees W E. Perceptual and structural barriers to investing in natural capital：Economics from an ecological footprint perspective [J]. Ecological Economics，1997，20（1）：3-24.

[15] 彭建，吕丹娜，张甜，等 . 山水林田湖草生态保护修复的系统性认知 [J]. 生态学报，2019，39（23）：8755-8762.

[16] 吴钢，赵萌，王辰星 . 山水林田湖草生态保护修复的理论支撑体系研究 [J]. 生态学报，2019，39（23）：8685-8691.

[17] 罗明，于恩逸，周妍，等 . 山水林田湖草生态保护修复试点工程布局及技术策略 [J]. 生态学报，2019，39（23）：8692-8701.

## 10　环境与健康学

[1] 张衍燊，徐伟攀，只艳，等 . 我国环境健康风险评估技术规范体系初探 [J]. 环境与可持续发展，2019，44（5）：15-17.

[2] 施小明. 我国环境与健康工作主要进展及建议 [J]. 中华疾病控制杂志，2017，21（2）：107-109.

[3] 环境保护部，国土资源部. 全国土壤污染状况调查公报 [R]. 2014.

[4] 杜鹏，李湉湉，施小明 . 建立具有中国特色的环境与健康监测、调查和风险评

估体系［J］. 中华疾病控制杂志，2019，23（7）：758-762.
［5］防范新污染物风险保障生态环境安全和公众健康［J］. 环境保护，2021，49（10）：10.
［6］葛传根. 如何加强新污染物的风险防范与治理［N］. 学习时报，2021-01-06（7）.
［7］张丛林，刘宝印，邹秀萍，等. 我国新污染物治理形势、问题与建议［J］. 环境保护，2021，49（10）：18-22.
［8］李红，鲍捷萌，毕方，等. $PM_{2.5}$ 与臭氧污染协同控制：挑战与应对［J］. 世界环境，2020（5）：24-29.
［9］中国环境科学学会臭氧污染控制专业委员会. 中国大气臭氧污染防治蓝皮书（2020 年）［R］. 2020.
［10］阚海东，施小明. 我国大气污染与人群健康关系研究进展［J］. 中华预防医学杂志，2019（1）：4-9.
［11］杜宗豪，班婕，张翼，等. 我国环境健康综合监测指标体系建立的初步研究［J］. 环境与健康杂志，2016，33（11）：988-992.
［12］韦正峥，张淑杰，邢晶晶，等. 区域环境健康综合风险评价指标体系的构建及应用研究［J］. 中国环境科学，2015，35（11）：3489-3495.
［13］王蒙，杨美娟，黄佳苑，等. 环境与健康素养内涵探析［J］. 医学与哲学（A），2017，38（3）：18-21，40.
［14］孙波，程义斌，王先良，等. 践行健康环境促进行动谱写环境健康工作新篇章［J］. 中华预防医学杂志，2019（12）：1193-1197.

## 13 生态环境与绿色发展标准

［1］阴琨，王业耀. 水生态环境质量评价体系研究［J］. 中国环境监测，2018，34（1）：1-8.
［2］昝欣，张玉玲，贾晓宇，等. 永定河上游流域水生态系统服务价值评估［J］. 自然资源学报，2020，35（6）：1326-1337.
［3］庄汝龙，宓科娜，梁龙武. 中国工业废水排放格局及其驱动因素［J］. 长江流域资源与环境，2018，27（8）：1765-1775.
［4］刘铮，党春阁，李子秀，等. 环保新形势下工业园区推进清洁生产框架思路研究［J］. 环境保护，2017，45（22）：60-65.

[5] 田金平，刘巍，臧娜，等 . 中国生态工业园区发展现状与展望 [J]. 生态学报，2016，36（22）：7323-7334.
[6] 刘洋，李俊奇，车伍，等 . 北京市城区雨水径流污染控制与节能减排 [J]. 环境污染与防治，2008（9）：93-96.
[7] 初晓冶 . 上海化工区雨水污染特征及环境风险防控 [D]. 上海：华东师范大学，2020.
[8] 李昆，魏源送，王健行，等 . 再生水回用的标准比较与技术经济分析 [J]. 环境科学学报，2014，34（7）：1635-1653.
[9] 靳孟贵，罗泽娇，梁杏，等 . 再生水地表回灌补给地下水的水质安全保障体系 [J]. 地球科学（中国地质大学学报），2012，37（2）：238-246.
[10] 新华网 . 习近平出席第七十六届联合国大会一般性辩论并发表重要讲话 [EB/OL]. [2021-10-21]. http：//www.news.cn/politics/leaders/2021-09/22/c_1127886754.htm.（2021-09-22）
[11] 生态环境部 . 生态环境标准管理办法 [CP]. 生态环境部令第 17 号，2020-12-15.
[12] 邹兰，江梅，周扬胜，等 . 对我国大气污染物排放标准制订思路的分析与思考 [J]. 环境保护，2016，44（12）：43-47.
[13] 郦建国，朱法华，孙雪丽 . 中国火电大气污染防治现状及挑战 [J]. 中国电力，2018，51（6）：2-10.
[14] 生态环境部办公厅 . 国家污染物排放标准实施评估工作指南（试行）[CP]. 环办科技〔2016〕94 号，2016-10-08.
[15] Zhou Y H，Lei J，Zhang Y，et al. Relationship between instant sampling and daily average values of COD for urban wastewater treatment plants in China [J]. Water，2019，11（12）：2475.
[16] Zhou Y H，Duan N，Wu X F，et al. COD Discharge limits for urban wastewater treatment plants in China based on statistical methods [J]. Water，2018.
[17] 周羽化，雷晶，武亚凤，等 . 基于统计学的常规水污染物排放限值推导模型系统 V1.0 [DB/OL]. 中国：2020SR0467547，2020-6-8.
[18] 周羽化，雷晶，张虞，等 . 基于统计学的重金属水污染物排放限值推导模型系统 V1.0 [DB]. 中国：2020SR0467528，2020-6-8.
[19] 周羽化，张虞，雷晶，等 . 基于统计学的废水重金属指标达标率推导模型系统 V1.0 [DB]. 中国：2020SR0468114，2020-6-8.

［20］周羽化，雷晶，张虞，等．环境监测分析方法标准适用性评估的建议［R］．北京：中国环境科学研究院，2019.
［21］周羽化，武亚凤，雷晶，等．开展地方水污染物排放标准评估，促进地方生态环境标准体系协调完善［R］．北京：中国环境科学研究院，2020.
［22］中华人民共和国生态环境部．HJ 168—2020. 环境监测分析方法标准制订技术导则［S］．北京：中国环境出版社，2020.

## 14 碳中和领域

［1］毛涛．碳达峰与碳中和背景下工业低碳发展制度研究［J］．广西社会科学，2021（9）：20-28.
［2］王灿，张雅欣．碳中和愿景的实现路径与政策体系［J］．中国环境管理，2020（6）：58-64.
［3］Hoberg G，St-Laurent G P，Schittecatte G，et al. Forest carbon mitigation policy：A policy gap analysis for British Columbia［J］. Forest Policy and Economics，2016（69）：73-82.
［4］Zhao Z Y，Gao L，Zuo J. How national policies facilitate low carbon city development：A China study［J］. Journal of Cleaner Production，2019.
［5］Song Q，Liu T L，Qi Y. Policy innovation in low carbon pilot cities：lessons learned from China［J］. Urban Climate，2021（39）.
［6］单良，骆亚卓，廖翠程，等．国内外碳交易实践及对我国建筑业碳市场建设的启示［J］．建筑经济，2021，42（9）：5-9.
［7］苏玲彦，姚艳霞，胡永飞，等．化工行业碳排放配额分配方法探讨［J］．现代化工，2021.
［8］桂治国．我国碳交易市场发展现状及商业银行对策建议［J］．工程经济，2021，31（8）：50-53.
［9］李坤阳，顾光同．我国碳交易试点地区碳市场—经济增长—环境保护协调发展度研究［J］．林业资源管理，2021（4）：29-37.
［10］Zhao L T，Miao J，Qu S，et al. A multi-factor integrated model for carbon price forecasting：Market interaction promoting carbon emission reduction［J］. Science of the Total Environment，2021，796.
［11］Woo J H，Fatima R，Kibert C J，et al. Applying blockchain technology for

building energy performance measurement, reporting, and verification (MRV) and the carbon credit market: A review of the literature [J]. Building and Environment, 2021, 205.

[12] Li Y, Liu T S, Song Y Z, et al. Could carbon emission control firms achieve an effective financing in the carbon market? A case study of China's emission trading scheme [J]. Journal of Cleaner Production, 2021, 314.

[13] Xu Y Y, Salem S. Explosive behaviors in Chinese carbon markets: Are there price bubbles in eight pilots? [J]. Renewable and Sustainable Energy Reviews, 2021, 145.

[14] Yang L. Idiosyncratic information spillover and connectedness network between the electricity and carbon markets in Europe [J]. Journal of Commodity Markets, 2021.

[15] Dai P F, Xiong X, Huynh T L D, et al. The impact of economic policy uncertainties on the volatility of European carbon market [J]. Journal of Commodity Markets, 2021.

[16] 吴志强. 板式家具设计与制造中的减碳技术与应用[J]. 林产工业, 2020, 57(3): 96-98.

[17] 苍大强. 钢铁工业“碳达峰”“碳中和”及低碳技术的误区及现实路径[J]. 中国冶金, 2021, 31(9): 3-8.

[18] 张毅鹏. 零碳建筑技术在社区服区中心的应用及影响分析[J]. 太原城市职业技术学院学报, 2020(9): 15-17.

[19] 林方醒, 费飞龙, 陈培鑫. 绿色节能一体化轻质内墙体系的减碳技术研究[J]. 广东土木与建筑, 2018, 25(5): 53-55.

[20] 宋晓波, 胡伯. 碳中和背景下煤炭行业低碳发展研究[J]. 中国煤炭, 2021, 41(7): 17-24.

[21] 廖莎, 薛冬, 李晓姝, 等. 微藻固碳技术基础及其生物质应用研究进展[J]. 当代化工, 2020, 49(6): 1175-1179.

[22] 杨晋平, 段星, 施福富. 新型固碳工艺思路及技术研究[J]. 煤化工, 2021, 49(1): 4-8.

[23] Shirmohammadi R, Aslani A, Ghasempour R. Challenges of carbon capture technologies deployment in developing countries [J]. Sustainable Energy Technologies and Assessments, 2021, 42.

[ 24 ] Chen C Y, Yeh K L, Chang H Y, et al. Strategies to improve oil/lipid production of microalgae in outdoor cultivation using vertical tubular-type photobioreactors [ J ] . Energy Procedia, 2014 ( 61 ): 2755-2758.

[ 25 ] 何建坤 . $CO_2$ 排放峰值分析：中国的减排目标与对策 [ J ] . 中国人口·资源与环境，2013，23 ( 12 )：1-9.

[ 26 ] 张立，谢紫璇，曹丽斌，等 . 中国城市碳达峰评估方法初探 [ J ] . 环境工程，2020，38 ( 11 )：1-5.

[ 27 ] 宋晓华 . 基于低碳经济的发电行业节能减排路径研究 [ D ] . 保定：华北电力大学，2012.

[ 28 ] 高树彬 . 基于集成智能算法中国重工业碳排放达峰路径优化研究 [ D ] . 保定：华北电力大学，2019.

[ 29 ] 于孟君 . 中国石化行业二氧化碳排放量因素分解及达峰路径研究 [ D ] . 哈尔滨：哈尔滨理工大学，2020.

[ 30 ] Wu X D, Li C H, Shao L, et al. Is solar power renewable and carbon-neutral: Evidence from a pilot solar tower plant in China under a systems view [ J ] . Renewable and Sustainable Energy Reviews, 2021, 138.

[ 31 ] 上官方钦，刘正东，殷瑞钰 . 钢铁行业“碳达峰”“碳中和”实施路径研究 [ J ] . 中国冶金，2021，31 ( 9 )：15-20.

[ 32 ] Du L L, Zhao H J, Tang H Y, et al. Analysis of the synergistic effects of air pollutant emission reduction and carbon emissions at coal-fired power plants in China [ J ] . Environmental Progress and Sustainable Energy, 2021.

[ 33 ] Chen L, Li X, Yang Y Q, et al. Analyzing the features of energy consumption and carbon emissions in the Upper Yangtze River Economic Zone [ J ] . Greenhouse Gases: Science and Technology, 2021.

[ 34 ] Guo J X. Cleaner technology choice in the synergistic control process for greenhouse gases and air pollutions [ J ] . Journal of Cleaner Production, 2019, 238.

[ 35 ] 伍泽洪，唐志华 . 广元市朝天区碳源碳汇现状评估及预测分析 [ J ] . 陕西农业科学，2011 ( 5 )：213-216.

[ 36 ] 黄利，于焕生，何丹 . 国内碳汇研究进展与前沿动态追踪——基于 CNKI 期刊文献的可视化分析 [ J ] . 林业经济，2020 ( 4 )：46-55.

[ 37 ] 周金杰 . 云南省森林碳汇潜力分析及市场构建研究 [ D ] . 昆明：云南财经大学，2016.

[38] 邱昕晔．中美应对气候变化政策（导向）比较与国际合作前景展望［J］．当代中国与世界，2021（2）：90-99.

[39] Oberlack C，Eisenack K. Alleviating barriers to urban climate change adaptation through international cooperation［J］. Global Environmental Change，2014（24）：349-362.

[40] Liu M S，Lo K. Governing eco-cities in China：Urban climate experimentation，international cooperation，and multilevel governance［J］. Geoforum，2021（121）：12-22.

[41] Bernauer T，Bohmelt T. National climate policies in international comparison：The climate change cooperation index［J］. Environmental Science and Policy，2013（25）：196-206.

## 15 环境监测技术

[1] 徐怡珊，张甫，文小明，等．基于文献计量学的“十三五”生态环境监测研究热点分析［J］．中国环境监测，2021，37（2）：23-32.

[2] 余家燕．大气复合型污染超级监测站建设及实践［D］．重庆：重庆大学，2012.

[3] 车飞，宋英石，高健，等．中国大气超级站发展与展望：基于问卷调研的统计研究［J］．中国环境监测，2017，33（5）：7-14.

[4] 生态环境部．2019 年环境应急管理工作要点［Z］.

[5] 阮君．化工园区挥发性有机物污染治理研究［J］．广东化工，2020，12（47）：147-158.

[6] 唐安中．化工园区挥发性有机物防治现状与对策研究［J］．江西化工，2019（1）：39-41.

[7] 吴剑，张玲玲，章许云，等．化工园区大气监控预警溯源排查一体化监管体系的探索与实践［J］．环境科技，2021，34（1）：46-50.

[8] 钱益斌，钟昌琴，杨安富，等．海南某化工园区大气 VOCs 组成、来源及健康风险［J］．环境科学与技术，2020，43（5）：115-123.

[9] 王亚变，曹兴，廖涵．化工园区有毒有害气体环境风险预警体系建设思路探讨［J］．甘肃科技，2019，35（17）：56-58.

[10] 林桔，黄增威，康世洋．移动监测在化工园区有毒有害气体预警监测布点中的应用［J］．广州化工，2020，48（20）：104-106.

［11］王倩 . 水质环境监测技术和仪器的发展探析［J］. 资源与环境，2017（9）：177.

［12］黄珊珊 . 探究水质环境监测技术和仪器的发展［J］. 科学技术创新，2018（11）：194-195.

［13］孙海林 . 我国水污染源在线监测现状与发展［R］. 北京：中国仪器仪表学会分析仪器分会，2014.

［14］陈惠君，唐允吉 . 广西桂江水质预警预报信息系统的研究［J］. 陕西水力发电，1997，13（2）：50-52.

［15］窦明，李重荣 . 汉江水质预警系统研究［J］. 人民长江，2002，33（11）：38-42.

［16］张丹，崔光佐 .“互联网 + 教育”背景下高校智慧实验室的构建［J］. 现代教育技术，2019，29（6）：122-126

［17］周春月，闫子淇 . 基于物联网技术的智慧实验室架构研究［J］. 实验室研究与探索，2014，33（5）：239-243.

## 16 环境信息科学与技术

［1］中央人民政府 . 中华人民共和国国民经济和社会发展第十四个五年规划和 2035 年远景目标纲要［EB/OL］.（2021-03-13）［2022-01-01］. http：//www.gov.cn/xinwen/2021-03/13/content_5592681.htm.

［2］中国政府网 . 中共中央　国务院关于全面加强生态环境保护　坚决打好污染防治攻坚战的意见［EB/OL］.（2018-06-24）［2022-01-01］. http：//www.gov.cn/zhengce/2018-06/24/content_5300953.htm.

［3］生态环境部 . 生态环境监测规划纲要（2020—2035 年）［Z］. 2020.

［4］牛书丽，王松，汪金松，等 . 大数据时代的整合生态学研究——从观测到预测［J］. 中国科学：地球科学，2020，50（10）：1323-1338.

## 17 环境影响评价

［1］生态环境部 . 关于严惩弄虚作假提高环评质量的意见［EB/OL］.（2020-09-22）［2021-09-26］. https：//www.mee.gov.cn/xxgk2018/xxgk/xxgk03/202009/t20200923_800011.html.

[2] 中国政府网. 中共中央　国务院关于全面加强生态环境保护　坚决打好污染防治攻坚战的意见[EB/OL].(2018-06-16)[2021-09-26]. http://www.gov.cn/zhengce/2018-06/24/content_5300953.htm.

[3] 求是网. 推动我国生态文明建设迈上新台阶[EB/OL].(2019-02-01)[2021-09-26]. http://www.qstheory.cn/dukan/qs/2019-01/31/c_1124054331.htm.

[4] 王亚男，陈颖. 战略环评控制温室气体排放的评价思路与指标体系[J]. 中国人口·资源与环境，2016，26(S1)：37-40.

[5] 吴铁. 构建基于减污降碳协同的温室气体管控体系[N]. 中国环境报，2021-06-17(3).

[6] 李海生，孙启宏，高如泰，等. 基于40年改革开放历程的我国环境科技发展展望[J]. 环境保护，2018，46(23)：7-11.

[7] 李海生. 加强实施《环评法》的技术支撑[J]. 环境影响评价，2013(5)：10-13.

[8] 李彦武，李小敏，杨荣金，等. 西北重点区域发展战略环评实践研究[J]. 环境保护，2013，41(18)：36-39.

[9] 李小敏. 长三角地区战略环境评价研究[M]. 北京：中国环境出版集团，2020.

## 18　我国生态环境科技发展对策与展望

[1] 人民日报. 深入打好污染防治攻坚战，“减污、降碳、强生态”：建设人与自然和谐共生的“美丽中国”[N/OL].(2021-08-19)[2021-08-29]. http://www.gov.cn/xinwen/2021-08/19/content_5631988.htm.

生态环境科技蓝皮书2021

中国环境科学研究院

# “绿水青山就是金山银山”理论与实践

# Theory and Practice of “Lucid Waters and Lush Mountains are Invaluable Assets”

主编◎张惠远　副主编◎刘煜杰　张 超　郝海广

中国环境出版集团 · 北京

**图书在版编目（CIP）数据**

“绿水青山就是金山银山”理论与实践 / 张惠远主编 . —北京：中国环境出版集团，2021.12

（生态环境科技蓝皮书 . 2021）

ISBN 978-7-5111-4957-2

Ⅰ . ①绿… Ⅱ . ①张… Ⅲ . ①生态环境建设—研究报告—中国 Ⅳ . ① X321.2

中国版本图书馆 CIP 数据核字（2021）第 221713 号

**出 版 人** 武德凯
**责任编辑** 田 怡
**责任校对** 任 丽
**封面设计** 光大印艺

---

**出版发行** 中国环境出版集团
（100062 北京市东城区广渠门内大街 16 号）
网 址：http：//www.cesp.com.cn.
电子邮箱：bjgl@cesp.com.cn.
联系电话：010-67112765（编辑管理部）
发行热线：010-67125803，010-67113405（传真）
**印 刷** 玖龙（天津）印刷有限公司
**经 销** 各地新华书店
**版 次** 2021 年 12 月第 1 版
**印 次** 2021 年 12 月第 1 次印刷
**开 本** 787 × 1092 1/16
**印 张** 10.5
**字 数** 140 千字
**定 价** 1280.00 元（全八册）

---

# 丛书编写委员会

# 编委会

# 前言

习近平生态文明思想是新时代生态文明建设的根本遵循和行动指南。“绿水青山就是金山银山”理念作为习近平生态文明思想的标志性观点和代表性论断，是习近平总书记在深入思考发展与保护关系的基础上提出的重大理论创新，是马克思主义中国化的重大理论成果，深刻揭示了人与自然、经济发展与环境保护之间的辩证关系和内在规律，为建设生态文明和美丽中国、实现中华民族永续发展提供了强大的理论支撑和方向指引，具有重大的理论意义、现实意义、历史意义和世界意义。

“绿水青山就是金山银山”理念提出以来，经过不断的丰富和发展，逐渐成为一套体系完整、逻辑严密的科学理论体系，已成为全党全社会的共识和行动。2021 年 4 月，中共中央办公厅、国务院办公厅印发《关于建立健全生态产品价值实现机制的意见》，要求“在严格保护生态环境前提下，鼓励采取多样化模式和路径，科学合理推动生态产品价值实现"。这对深入践行"绿水青山就是金山银山"理念，探索"绿水青山就是金山银山"转化典型路径和模式，建立健全生态产品价值实现机制，提供了新的实践要求和努力方向。

生态环境部坚持以习近平生态文明思想为指引，积极践行"绿水青山就是金山银山"理念，自2017年开展了"绿水青山就是金山银山"实践创新基地建设工作。作为践行习近平生态文明思想的重要举措和实践平台，旨在创新探索"绿水青山就是金山银山"转化的制度实践和行动实践，推动生态环境保护与经济社会发展共赢。截至目前，已命名136个地区，培育了一批践行"绿水青山就是金山银山"理念的生动实践样本，在全国范围内形成典型引领、示范带动、整体提升的良好局面。全国各地积极推进"绿水青山就是金山银山"实践，在生态产品供给、生态产品价值实现、"绿水青山就是金山银山"转化路径模式和长效保障体制机制创新等方面取得了明显进展和显著成效。

当前，绿色发展已成为社会发展的主旋律。为梳理总结全国"绿水青山就是金山银山"实践进展和成果，研究探索"绿水青山就是金山银山"建设成效和水平评估，宣传推广"绿水青山就是金山银山"实践经验和典型案例，编制《"绿水青山就是金山银山"理论与实践》一书。本书主要分析了"绿水青山就是金山银山"理念内涵、形成历程与时代意义，梳理了我国当前"绿水青山就是金山银山"实践进展、成效和转化模式，构建了"绿水青山就是金山银山"建设成效评估方法，并在此基础上筛选了10个具有代表性与推广性的"绿水青山就是金山银山"实践案例。

未来，立足新发展阶段、贯彻新发展理念、服务构建新发展格局，我们将继续加强“绿水青山就是金山银山”实践探索与理论创新，总结凝练“绿水青山就是金山银山”转化路径和模式，逐步开展“绿水青山就是金山银山”指数评估，为实现生态文明建设新进步、建设美丽中国提供支撑。

# 目录

# 1

# 研究背景

Research Background

## 1.1 经济发展与生态环境保护关系日益紧张

### 1.1.1 全球生态环境形势日益严峻

随着全球工业化、城市化进程的推进，人类对自然资源的需求大幅增加，矿产、森林、水体等资源被大规模开发，森林、草原、湿地等自然生态系统遭到严重破坏，大量污染物被排放到环境中，超过了自然的承载能力，导致严重的环境污染，这反过来威胁人类的健康与生存发展。经济发展与生态环境的关系日趋紧张。典型的案例是 20 世纪 30 年代至 60 年代出现的震惊世界的八大公害事件，对生态环境和公众生活造成了巨大影响。

此后，人们开始反思人与自然的关系，但人类活动造成的环境污染、生物多样性丧失和生态破坏等问题依然严重，环境污染、气候变暖和生物多样性丧失成为三大全球性环境问题。经济发展与生态环境保护冲突已经由区域性问题演变为全球性矛盾。

据联合国环境规划署统计，1970—2020年，全球人口增加了1倍，经济总量增长了近5倍，化学制品、垃圾和污染大幅增加，温室气体排放量增加了1倍，全球每年因空气污染造成的死亡人数约700万。联合国政府间气候变化专门委员会（IPCC）的研究显示，因温室气体的排放，2011—2020年，全球地表温度比1850—1900年高1.09℃，已临近全球气温上升幅度控制在1.5℃的临界值。如果这一临界值被打破，北极海冰消失、珊瑚礁大规模灭绝以及富含甲烷的永久冻土融化等现象将更有可能出现，地球生态系统将发生永久性转变。根据世界自然基金会和伦敦动物学会2020年发布的最新评估，1970年以来，野生动物种群数量平均减少了2/3。科学界普遍认为，目前是继6 500万年前恐龙灭绝后最大的一场生物多样性危机，是人类的污染和破坏物种的自然栖息地——生态系统，导致了这样的结果。更严重的是，气候变暖会加剧生物多样性危机，而且其影响会越来越大。

由于经济发展和人口迅速增长的需求，人类依然面临着有限资源被过度消耗带来的生存问题。研究表明，1992—2017年，全世界人均可使用的淡水数量减少了26%；海洋中由于污染和缺氧导致生物无法生存的“死亡区域”增加了75%；为了给农田让路森林面积减少了近3亿英亩；生物多样性降低，哺乳动物、爬行动物、两栖动物、鱼类和鸟类数量总计减少了29%。一项题目为“我们在哪里可以找到完整的生态群落？”的研究表明，地球上的大多数陆地栖息地已经失去了生态完整性，仅有不到3%的区域现存动植物群与人类工业出现之前相同。

### 1.1.2 中国发展过程中也面临严重生态环境问题

随着我国经济社会的发展，我国也面临严峻的生态环境问题，从而开始转向经济与生态环境协同发展的道路。

生态安全方面，根据环境保护部和中国科学院共同开展的“全国生态环境十年变化（2000—2010 年）遥感调查与评估”项目，2000 年以来，我国生态系统格局与生态系统服务功能呈总体改善趋势，但传统的水土流失、石漠化、沙漠化和生态系统质量差等问题依然严重，城镇化与资源开发导致的流域生态退化、城市生态功能退化和人居环境恶化等问题仍在加剧。《“十三五”生态环境保护规划》指出，全国湿地面积近年来每年减少约 510 万亩，900 多种脊椎动物、3 700 多种高等植物生存受到威胁。资源过度开发利用导致生态破坏问题突出，生态空间不断被蚕食，一些地区生态资源破坏严重，系统保护难度加大。

环境污染方面，“十三五”以前，我国化学需氧量、二氧化硫等主要污染物排放量处于 2 000 万 t 左右的高位，环境承载能力接近或超过上限。78.4% 的城市空气质量未达标，公众反映强烈的重度及以上污染天数比例占 3.2%，部分地区冬季空气重污染频发、高发。饮用水水源安全保障水平亟须提升，排污布局与水环境承载能力不匹配，城市建成区黑臭水体大量存在，湖库富营养化问题突出，部分流域水体污染较重。全国土壤点位超标率达 16.1%，耕地土壤点位超标率达 19.4%，工矿废弃地土壤污染问题突出。城乡环境公共服务差距大，治理和改善任务艰巨。

## 1.2 如何协调发展与保护成为全球共同难题

生态环境问题归根结底是发展方式和生活方式问题。美国经济学家 Grossman 和 Krueger 研究了环境质量与经济发展之间的关系，指出当一国经济发展水平较低时，环境污染较轻，但随着人均收入的增加，环境逐渐恶化，当经济发展达到某个临界点后，随着人均收入的增加，环境污染开始逐渐得到改善。但日益凸显的生态环境问题已经证明，将生态环境问题的解决寄托于经济发展水平的提高会付出更大的代价，甚至可能会造成不可逆转的后果。先污染后治理的发展模式已经不能适应当前生态环境问题全球化的现实。

经济发展与生态环境保护是一个问题的两个方面，需要辩证地来看待两者的关系。经济发展过程中资源的不合理、低效利用必然会导致生态环境问题，而生态环境质量的下降又必然反过来影响经济发展水平的提高。单纯考虑生态环境保护或经济发展都不是最好的解决方案。协同推进经济发展与生态环境保护成为解决当前生态环境问题的关键，需要各国的共同努力。联合国环境规划署指出，稳定的气候和健康的生态系统对于各国经济复苏和可持续发展至关重要，各国应优先考虑低碳能源、绿色交通、绿色建筑改造升级和能源效率、自然资本以及绿色技术研发，推动全球绿色复苏。

我国政府也一直重视绿色发展和可持续发展。党的十八大将生态文明建设纳入中国特色社会主义"五位一体"总体布局之中。此后，中共中央、国务院先后印发了《关于加快推进生态文明建设的意见》《生态文明体制改革总体方案》，党的十八届五中全会进一步把绿色发展作为指导我国经济社会发展的"五大发展理念"之一。习近平总书记也多次强调，绿水青山就是金山银山，保护生态环境就是保护生产力。推进绿色发展，建设生态文明，已经成为"十三五"时期乃至更长时期我国经济社会发展的一个基本理念，也是中国特色社会主义现代化建设的重要引领和重大任务。

党的十九大对生态文明建设进行了全面总结和重点部署，将建设生态文明提升为“千年大计”，将“美丽”纳入国家现代化目标之中，将“优质生态产品”纳入民生范畴。党的十九届五中全会专门就推动绿色发展，促进人与自然和谐共生进行了论述，指出要坚持“绿水青山就是金山银山”理念，坚持尊重自然、顺应自然、保护自然，坚持节约优先、保护优先、自然恢复为主，守住自然生态安全边界。深入实施可持续发展战略，完善生态文明领域统筹协调机制，构建生态文明体系，促进经济社会发展全面绿色转型，建设人与自然和谐共生的现代化。

## 1.3 协调经济发展与生态环境保护关系的相关研究

### 1.3.1 可持续发展研究

可持续发展是当前国际社会普遍接受的协调经济、社会、环境三个系统关系的发展模式。1972 年，联合国在瑞典首都斯德哥尔摩召开联合国人类环境会议，发布了《联合国人类环境会议宣言》，呼吁世界各国政府和人民共同努力，维护和改善人类环境，造福全球人民，造福子孙后代，这是人类历史上政府间组织第一次共同讨论环境与发展问题，为可持续发展的提出奠定了基础。

1980 年，联合国环境规划署委托世界自然保护联盟起草的《世界自然保护战略》中首次使用“可持续发展”概念。

1987 年，世界环境与发展委员会向联合国提交了《我们共同的未来》报告，提出要找到一条既满足当代人的需求，又不对后代人满足其需求的能力构成危害，兼顾资源环境保护与经济社会发展的道路，首次提出了可持续发展的定义，并明确给出了可持续发展的原则、要求、目标和策略。

1992年，在巴西里约热内卢召开联合国环境与发展大会并发布《21世纪议程》，指出要彻底改变工业革命以来“高生产、高消费、高污染”的传统发展模式和“先污染、后治理”的思维，走全新的可持续发展道路，标志着可持续发展从理论转向实践。

2002年，在南非约翰内斯堡召开了可持续发展世界首脑会议，包括104个国家元首和政府首脑在内的192个国家代表共商全球未来可持续发展大计，并通过了《约翰内斯堡可持续发展承诺》和《执行计划》，明确了全球未来10～20年保护环境、消除贫困、促进繁荣的世界可持续发展蓝图，在可持续发展的社会经济和环境问题上提出了新的发展目标和实现目标的时间表。

2012年，各国领导人聚集在巴西里约热内卢召开联合国可持续发展大会，主要目的是达成新的可持续发展政治承诺，评估现有承诺进展情况和实施方面的差距，并共同应对新挑战。大会主要围绕绿色经济在可持续发展和消除贫困方面的作用、可持续发展的体制框架进行了讨论，大会对坚持“共同但有区别的责任”原则，发展模式多样化、多方参与、协商一致等基本原则达成了共识，很多国家也提出了设立可持续发展目标，研究设计可持续发展衡量新指标等建议。

2015年，150多位国家元首和政府首脑在纽约联合国总部召开联合国可持续发展峰会，通过《改变我们的世界——2030年可持续发展议程》，呼吁世界各国在人类、地球、繁荣、和平、伙伴5个关键领域采取行动，正式通过17个可持续发展目标（图1-1），旨在2015—2030年以综合方式彻底解决社会、经济和环境3个维度的发展问题，转向可持续发展道路。

图 1-1　联合国可持续发展目标

## 1.3.2　生态经济研究

生态经济是指在生态系统承载能力范围内，运用生态经济学原理和系统工程方法改变生产和消费方式，挖掘一切可以利用的资源潜力，发展一些经济发达、生态高效的产业，建设体制合理、社会和谐的文化以及生态健康、景观适宜的环境。

生态经济源于经济学家关于地球承载极限的思考。20 世纪 60 年代美国经济学家 Boulding 首次提出了宇宙飞船理论，指出生活在宇宙中的人类所赖以生存的地球相当于一艘微不足道的太空船，在这个有限且封闭的系统内，随着人类的经济发展、人口增长以及环境污染的加剧，未来整个生态系统崩溃将是必然趋势。因此，只有运用经济学手段量入为出、构建一个开放循环的生态系统，并使系统内废物的产出与原料的摄取能够有机地结合起来，进而实现人类需求与自然供给的动态均衡，人类才有可能走出未来资源枯竭、环境恶化的危机。经济与环境作用主要模式见图 1-2。

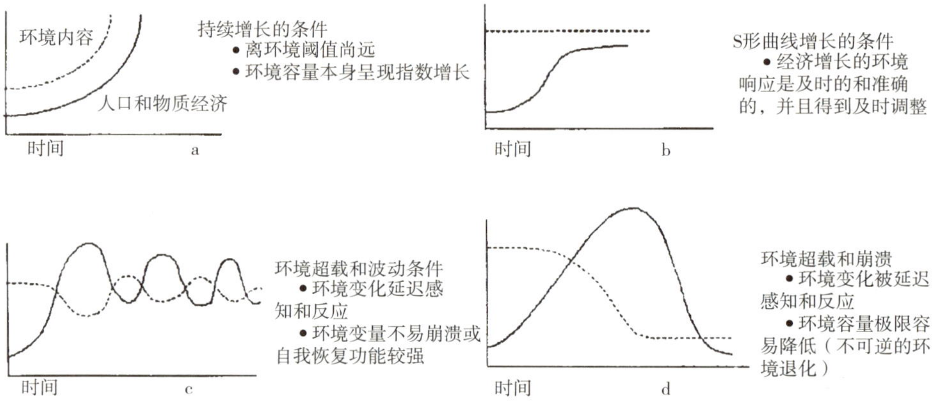


**图 1-2　经济与环境作用主要模式**

资料来源：尤飞等（2003）。

生态经济研究的主要贡献在于：

一是提出了生态经济系统的概念，指出生态经济系统是生态系统和经济系统相互交织、相互作用、相互制约的复合系统，是通过技术中介及人类劳动过程所构成的物质循环、能量转换、价值增值和信息传递的结构单元，每个经济过程都建立在生态系统之上，不能离开生态系统而单独存在，这为协调处理经济与生态环境关系提供了理论支撑。

二是提出了生态承载力和生态足迹概念，并指出经济发展应在生态承载力范围之内。生态承载力研究源于早期环境承载力研究，是对环境承载力的进一步拓展，不但包含环境承载力，还包含资源承载力以及生态系统的自我维持能力。这种承载力主要表现为生态系统的内部调节能力即自我维持能力，以及外部约束能力即系统承压能力两个方面。生态足迹（Ecological Footprint，EF）分析最早由加拿大著名学者 Rees 提出，是指在特定生态系统内部，人类生产和消费活动所需自然环境的支撑与吸纳能力，具体包含资源需求以及废物吸纳两个方面。人类的社会经济活动所形成的城市和工厂等空间遗留物，就如同人类在地球上所留的一个个脚印，既影响生态环境又依赖于生态环境。当理论承载面积大于实际承载水平时，生态处于可持续的盈余状态，反之则处于不可持续的赤字状态。生态承载力和生态足迹的研究为控制经济活动的环境效益提供了技术手段。

三是开展生态成本效益分析，在生态效益评估的基础上，附加考虑成本因素对生态预期净收益水平的影响。核心思想是把项目成本和项目预期收益均折算为相应的货币价值，进而通过计算货币净收益来判断项目的预期利润水平。这能够从定量角度较为直观地为项目执行与否提供依据，不仅能够对外部生态系统进行经济效益研究，还能对系统内部的生态效益进行分析，尤其在解决内部关联程度较高的多维度生态经济问题时，生态成本效益分析优势明显。

### 1.3.3 循环经济研究

循环经济最早由英国环境经济学家戴维·皮尔斯和凯莉·特纳于 1990 年正式提出，是通过减少生产过程中废物产生而降低对环境污染的经济形态，其核心是提高资源循环利用率，依托科技进步促进经济、环境与人类社会协调发展。循环经济把传统经济过程中“自然资源—产品—废物”的流程转化为“自然资源—产品—再生资源”的流程，遵循减量化、再利用和再循环原则，其中：

减量化要求用较少的原料和能源投入来达到既定生产目的或消费目的，通过预防的方式而不是末端治理的方式来控制废弃物的产生。

再利用目的是延长产品和服务的时间强度，尽可能多次或多种方式地使用资源，避免其过早成为垃圾。

再循环化是通过把废弃物再次变成资源以减少最终处理量。

### 1.3.4 低碳经济研究

低碳经济是为了应对全球气候变化而出现的一种经济形态，旨在将温室气体排放量降到一定水平，以避免各国及其国民受到气候变暖的不利影响，并最终保障可持续的全球人居环境。最早在 2003 年 2 月 24 日英国政府发表的《未来能源：创建我们的低碳经济》白皮书中提出，英国要在 2050 年实现与 1990 年相比减少碳排放 60% 左右的目标。低碳经济具有碳排放减少、碳生产效率提高和经济增长并行发展的核心特征，主要通过提升技术效率、优化能源使用结构和产业结构来实现低碳经济，其实质是能源效率和能源结构问题。

低碳经济发展模式就是以低能耗、低污染、低排放和高效能、高效率、高效益（三低三高）为基础，以低碳发展为发展方向，以节能减排为发展方式，以碳中和技术为发展方法的绿色经济发展模式。这种经济模式可以通过市场或行政手段进行调节。行政手段主要是通过法律、向排污者征收税费、为使用清洁能源和低碳技术的企业发放补贴等方式控制温室气体排放；市场化手段主要是通过碳排放权交易，通过市场实现环境资源的最优化配置。

2020 年 9 月 22 日，习近平同志在第七十五届联合国大会一般性辩论上庄严承诺中国将提高国家自主贡献力度，采取更加有力的政策和措施，二氧化碳排放力争于 2030 年前达到峰值，努力争取 2060 年前实现“碳中和”。2021 年 10 月 24 日，印发《中共中央　国务院关于完整准确全面贯彻新发展理念　做好碳达峰碳中和工作的意见》，对我国碳达峰、碳中和作出总体部署。实现经济发展与碳排放脱钩，推动碳达峰、碳中和实现是未来我国社会经济发展面临的重要课题，需要以碳达峰、碳中和工作为契机，推进经济发展与生态环境保护协同发展。

# 2

# 内涵解析

Connotation Analysis

## 2.1 科学内涵

“绿水青山就是金山银山”理念是习近平生态文明思想的重要组成部分。2013 年 9 月，习近平总书记在哈萨克斯坦纳扎尔巴耶夫大学演讲时，对其进行了系统、全面的论述，指出“我们既要绿水青山，也要金山银山。宁要绿水青山，不要金山银山，而且绿水青山就是金山银山”。可以看出，“绿水青山就是金山银山”理念是有三个层次的完整表述，其内涵可以从以下几个方面理解。

### 2.1.1 从辩证法的视角理解

“绿水青山”与“金山银山”是矛盾的两个方面，在实践过程中要充分认识两者之间的辩证统一关系，既要统筹推进，又要抓住重点。“既要绿水青山，也要金山银山”，指出要兼顾生态环境与经济发展，蕴含着辩证法中的两点论思想。片面地、孤立地、静止地看待生态环境保护与经济增长的关系，不但会损害与破坏生态环境，甚至会付出巨大的代价。“宁要绿水青山，不要金山银山”

体现了唯物辩证法的重点论思想。绿水青山与金山银山两者之中，绿水青山是重点，是根本，如果两者只能取其一，我们宁要绿水青山也不要金山银山。“绿水青山就是金山银山”充分体现了矛盾的内在统一性，指出了生态环境保护是经济发展的基础，绿水青山在一定条件下可转化为金山银山，同时金山银山还要反哺生态环境保护。绿水青山与金山银山的辩证统一关系，为正确处理好经济发展同生态环境保护的关系提供了重要的理论支撑。

### 2.1.2 从认识的阶段性理解

对“绿水青山”与“金山银山”关系的认识包含三个阶段。第一个阶段是用绿水青山去换金山银山，不考虑或者很少考虑环境的承载能力，一味地索取资源。第二个阶段是既要金山银山，但是也要保住绿水青山，这时经济发展和资源匮乏、环境恶化之间的矛盾开始凸显出来，人们意识到环境是我们生存发展的根本，要留得青山在，才能有柴烧。第三个阶段是认识到绿水青山可以源源不断地带来金山银山，绿水青山本身就是金山银山，我们种的常青树就是摇钱树，生态优势变成经济优势，形成了浑然一体、和谐统一的关系，这一阶段是一种更高的境界。三个阶段充分反映了发展的价值取向从经济优先到经济发展与生态保护并重，再到生态价值优先、生态环境保护成为经济发展内在变量的变化轨迹，是经济发展与环境保护之间关系不断完善、演进的历史过程。

### 2.1.3 从价值的多元性理解

对于“绿水青山就是金山银山”理念的理解，不应仅限于绿水青山可以带来金山银山的经济财富，也应该看到保护生态环境带来的生态系统健康稳定与生物多样性稳步提升等生态价值，以及生态系统服务增加带来的人民获得感、幸福感提升等社会财富。绿水青山既是自然财富、生态财富，又是经济财富、社会财富。生态环境是人类生存最基础的条件，生态环境没有替代品，用之不觉，失之难存。只有保护好森林、草原、湿地、湖泊、海洋等生态空间和生态资源，才能提供更多清洁的空气、干净的水源、安全的食品等优质生态产品，不断满足人民群众对美好生活的向往。

### 2.1.4 从发展条件的差异性理解

不同区域、不同发展阶段所面临的经济发展与环境保护的关系是不同的，不能片面地追求“绿水青山”向“金山银山”的转化。在条件比较好的地区，要协调好经济发展与环境保护的关系，保护生态环境不是不要发展，而是要更好地发展。生态环境越好，对生产要素的集聚力就越强，就能推动经济社会更好、更快地发展，实现生态环境优势转化为经济社会发展优势。在条件相对较差或生态功能重要的地区，如重点生态功能区、生态环境敏感脆弱地区、经济活动超过生态环境承载力地区，要保持生态文明建设的战略定力，要像保护眼睛一样保护生态环境，像对待生命一样对待生态环境，把保护生态环境摆在更加突出位置，不能因大失小、顾此失彼、寅吃卯粮、急功近利。

## 2.2 形成发展

“绿水青山就是金山银山”理念是习近平总书记基于长期实践经验以及对经济发展与生态环境保护深刻认识的基础上提出的重大理论成果，在河北、福建、浙江等地工作期间，他将自己的思考付诸于地方工作实践，用实际行动带领干部群众一起干，改变过去经济发展的老路，使绿色发展理念深入人心。

在河北工作期间，习近平同志主持制定了《正定县经济、技术、社会发展总体规划》，其中强调：“保护环境，消除污染，治理开发利用资源，保持生态平衡，是现代化建设的重要任务，也是人民生产、生活的迫切要求。”该文件还特别强调：“宁肯不要钱，也不要污染，严格防止污染搬家、污染下乡。”

在福建工作期间，习近平同志就提出了把振兴林业摆上闽东经济发展的战略位置，作为推动闽东经济发展的一个重要载体、抓手，鼓励开创“绿色工程”，提出靠山吃山唱山歌，靠海吃海念海经，并前瞻性地提出建设“生态省”的战略构想，开始了福建省有史以来最大规模的生态保护工程。

在浙江工作期间，习近平同志进一步思考经济发展与生态环境保护关系，形成了很多重要的观点论述，并正式提出了“绿水青山就是金山银山”理念。2002 年 11 月，时任浙江省委书记的习近平带队前往丽水调研时指出：“生态的优势不能丢，这是工业化地区和当时没有注意生态保护的地区，在后工业化时代最感到后悔莫及的事情。千万不要以牺牲环境为代价换取一点经济的利益。”

2003 年 7 月 11 日，在浙江生态省建设动员大会上，习近平同志亲自作动员讲话，“建设生态省，是一项事关全局和长远的战略任务，是一项宏大的系统工程。”“以最小的资源环境代价谋求经济、社会最大限度的发展，以最小的社会、经济成本保护资源和环境，既不为发展而牺牲环境，也不为单纯保护而放弃发展。”

2005 年 8 月 15 日，时任浙江省委书记的习近平在浙江安吉余村考察时，称赞余村人关停矿山是“高明之举”，并正式提出“绿水青山就是金山银山”理念，鼓励余村走好绿色发展道路。调研余村 9 天之后，习近平同志又在《浙江日报》头版的短文专栏“之江新语”栏目中发表《绿水青山也是金山银山》短评，指出“我们追求人与自然的和谐，经济与社会的和谐，通俗地讲，就是既要绿水青山，又要金山银山”。接着他又分析说，“我省‘七山一水两分田’，许多地方‘绿水逶迤去，青山相向开’，拥有良好的生态优势。如果能够把这些生态环境优势转化为生态农业、生态工业、生态旅游等生态经济的优势，那么绿水青山也就变成了金山银山。”最后论述了绿水青山与金山银山的辩证关系：“绿水青山可以带来金山银山，但金山银山却买不到绿水青山。绿水青山与金山银山既会产生矛盾，又可辩证统一。”在鱼和熊掌不可兼得的情况下，我们必须善于选择，学会扬弃，做到有所为、有所不为。在选择之中，创造条件，让绿水青山源源不断地带来金山银山。

2013 年 9 月 7 日，习近平总书记在哈萨克斯坦纳扎尔巴耶夫大学发表演讲回答学生提出的环境保护问题时说：“我们既要绿水青山，也要金山银山。宁要绿水青山，不要金山银山，而且绿水青山就是金山银山。”

2015 年“绿水青山就是金山银山”理念被列入《关于加快推进生态文明建设的意见》，正式写入中央文件。2017 年 10 月，“绿水青山就是金山银山”理念写入党的十九大报告，逐步成为指导全国生态环境保护和社会经济发展的重要指南、推动全国生态文明建设的指导思想。

此后，无论是在一系列有关重大会议上，还是外出考察调研时，习近平总书记多次论及“绿水青山就是金山银山”的道理。“绿水青山就是金山银山”理念极大地影响和改变了我国的发展理念，成为习近平生态文明思想的根本基调和基本内核，已经发展形成了一套系统、科学、完整的理论体系。

## 2.3 重大意义

当今世界，气候变化、环境污染、生物多样性减少成为威胁人类生存发展的重要因素。世界各国纷纷将“实现人与自然和谐共生”作为应对全球生态环境问题的重要目标。联合国启动了“联合国生态系统恢复十年”行动计划，将2021—2030年作为生态修复十年，倡议各相关方参与到保护和修复生态系统的行动中，助力恢复生态系统健康和活力，支持和推动实现可持续发展目标。

习近平生态文明思想及“绿水青山就是金山银山”理念，是对经济发展和生态环境保护关系研究的突破性进展，其理论成果得到了广泛的实践验证，已在中国大地落地生根、开花结果，对解决当前国际社会面临的重大生态环境问题具有重要的指导作用，其时代意义具体体现在以下几个方面。

### 2.3.1 “绿水青山就是金山银山”理念体现了认识论的重大飞跃

习近平总书记指出，绿水青山和金山银山绝不是对立的，保护生态环境就是保护生产力，改善生态环境就是发展生产力。将生态环境保护与经济发展对立起来的认识是造成大气污染、水环境污染、土地荒漠化和沙灾、水土流失、生物多样性破坏等生态环境问题的根源。“绿水青山就是金山银山”理念鲜明地指出生态环境保护与经济发展是辩证统一的关系，存在两者协同共赢的路径，绿水青山就是金山银山。

### 2.3.2 “绿水青山就是金山银山”理念反映了价值论的重大创新

习近平总书记指出，自然生态是有价值的，保护自然就是增值自然价值和自然资本的过程。将自然价值、自然资本转化为经济价值、物质资本，在更高层次上实现发展与保护协同共进，必须不断探索将绿水青山转化为金山银山的路径，建立健全生态产品价值实现机制，使绿水青山持续发挥生态效益、经济效益和社会效益，做到“捧得金山来、留得青山在”。

### 2.3.3 “绿水青山就是金山银山”理念提供了方法论的重大突破

习近平总书记指出，要正确处理好经济发展同生态环境保护的关系，决不以牺牲环境为代价去换取一时的经济增长。当前，经济下行压力持续加大，全球风险挑战明显上升，在国内结构性、体制性、周期性问题交织，又叠加新冠肺炎疫情严重冲击等多重因素影响下，容易出现牺牲生态环境换取经济增长的苗头。“绿水青山就是金山银山”理念为破解当前生态环境问题、协同推进生态环境保护与经济社会发展双赢提供了重要遵循，保障了生态环境保护方向不变、力度不减的战略定力。

### 2.3.4 “绿水青山就是金山银山”理念为全球“绿色治理”提供了中国方案和中国智慧

绿色发展、可持续发展是全球治理的重要内容，是世界各国共同追求的目标和方向。虽然世界可持续发展取得积极进展，但是联合国最新评估报告显示，《2030 年可持续发展议程》中 17 项目标仍面临巨大挑战。“绿水青山就是金山银山”理念所蕴含的“人类命运共同体理念”“人与自然和谐共生”“生态环境与经济发展共赢”等理念，具有重大的理论性、实践性和普适性，为世界环境保护和可持续发展提供了新的可行路径和方案，得到国际社会的广泛认同，必将增益人类福祉。

# 3

# 实践进展

Practice Progress

党的十九大将“增强绿水青山就是金山银山的意识”写入新修订的《中国共产党章程》，把“必须树立和践行绿水青山就是金山银山的理念”作为重要内容写入习近平新时代中国特色社会主义思想，“绿水青山就是金山银山”理念成为我们党的重要执政理念之一，开始全面融入国家顶层设计。

2018 年 4 月，习近平总书记在深入推动长江经济带发展座谈会上明确指出：“积极探索推广绿水青山转化为金山银山的路径，选择具备条件的地区开展生态产品价值实现机制试点，探索政府主导、企业和社会各界参与、市场化运作、可持续的生态产品价值实现路径。”

2018 年 5 月，在全国生态环境保护大会上，习近平总书记指出，坚持绿水青山就是金山银山，贯彻“创新、协调、绿色、开放、共享”的发展理念，加快形成节约资源和保护环境的空间格局、产业结构、生产方式、生活方式，给自然生态留下休养生息的时间和空间。

2018 年 6 月，中共中央、国务院印发《关于全面加强生态环境保护 坚决打好污染防治攻坚战的意见》，明确提出要“推动生态文明示范创建、绿水青山就是金山银山实践创新基地建设活动"以加快构建生态环境治理体系。

2020年11月，习近平总书记在全面推动长江经济带发展座谈会上指出，要加快建立生态产品价值实现机制，让保护修复生态环境获得合理回报，让破坏生态环境付出相应代价。

2021年4月，中共中央办公厅、国务院办公厅印发《关于建立健全生态产品价值实现机制的意见》，将"绿水青山就是金山银山"理念落实到制度安排和实践操作层面，要求在严格保护生态环境的前提下，鼓励采取多样化模式和路径，科学合理推动生态产品价值实现。

2021年10月，中共中央、国务院印发《黄河流域生态保护和高质量发展规划纲要》，要求健全黄河上游地区的生态产品价值实现机制，从重点支流、河湖入手，加快试点试验，完善纵向、横向相协同，市场化为补充的黄河流域生态保护补偿机制。

## 3.1 实践探索

在党中央、国务院的部署下，国家各相关部委以深入践行"绿水青山就是金山银山"理念为着力点，按照职责分工稳步有序推动生态文明建设，在国家和省级层面组织开展"绿水青山就是金山银山"试点示范，出台一系列指导意见、管理规程、技术导则等政策文件、标准规范，引领带动各地积极开展实践探索。

生态环境部2017年开展了"绿水青山就是金山银山"实践创新基地建设工作，制定发布了《"绿水青山就是金山银山"实践创新基地建设管理规程（试行)》等政策文件。作为践行习近平生态文明思想和“绿水青山就是金山银山”理念的平台载体，“绿水青山就是金山银山”实践创新基地旨在创新探索“两山”转化的制度实践和行动实践，总结推广典型经验模式，推动区域绿色发展。截至目前，已命名136个“绿水青山就是金山银山”实践创新基地，在全国范围内培育打造了一批践行“绿水青山就是金山银山”理念的生动实践样本，并在2021年生态文明贵阳国际论坛发布《“绿水青山就是金山银山”实践模式与典型案例（第一批）》，总结凝练形成了“守绿换金、添绿增金、点绿成金、绿色资本”4种典型转化路径和“生态修复、生态农业、生态旅游、生态工业、‘生态+’复合产业、生态市场、生态金融、生态补偿”8种模式，为各地开展“绿水青山就是金山银山”实践提供了良好的参考借鉴和引领带动作用。在《生物多样性公约》缔约方大会第十五次会议（COP15）上，向全球发布首批实践案例英文版“*Lucid Waters and Lush Mountains are Invaluable Assets*” *Practice Modes and Typical Cases*（*Batch 1*），生动地展示了在习近平生态文明思想指引下我国生态文明建设取得的显著成效，为全球生态文明建设提供了中国智慧和中国方案。

**专栏1　“绿水青山就是金山银山”实践创新基地**

“绿水青山就是金山银山”实践创新基地是践行习近平生态文明思想和“绿水青山就是金山银山”理念的实践平台和载体，旨在创新探索“两山”转化的制度实践和行动实践，总结推广典型经验模式。

**申报条件：**

（一）生态环境优良，生态环境保护工作基础扎实；

（二）“两山”转化成效突出，具有以乡镇、村或小流域为单元的“两山”转化典型案例；

（三）具有有效推动"两山"转化的体制机制；

（四）近 3 年中央生态环境保护督察、各类专项督查未发现重大问题，无重大生态环境破坏事件。

**开展情况：**

截至目前，生态环境部已遴选命名 5 批 136 个地区"绿水青山就是金山银山"实践创新基地。

2017 年 9 月命名第一批 13 个地区；

2018 年 12 月命名第二批 16 个地区；

2019 年 11 月命名第三批 23 个地区；

2020 年 10 月命名第四批 35 个地区；

2021 年 10 月命名第五批 49 个地区。

国家发展和改革委员会深入贯彻落实《关于建立健全生态产品价值实现机制的意见》，组织开展生态产品价值实现机制试点示范，针对生态产品价值实现不同路径，在建立核算体系、制定核算规范、推动核算结果应用等方面加大创新力度，有效破解"度量难"问题；围绕推进供需精准对接、拓展价值实现模式、促进价值增值、推动生态资源权益交易等方面加强探索，有效解决"交易难"问题；着力在健全保护补偿机制、完善损害赔偿制度、建立考核机制等方面深化研究，有效解决"变现难"问题；探索引导金融机构开展绿色信贷，创新绿色金融，开辟绿色金融新领域，有效解决"抵押难"问题。推动长江经济带开展绿色发展"5+2"试点示范，初步形成了"护绿为本，厚植绿色发展底色；产业添绿，推进绿色转型升级；科技助绿，培育发展新动能；点绿成金，探索'两山'转化新路径；推陈革绿，强化体制机制创新"等一批典型经验做法。

**专栏 2 《关于建立健全生态产品价值实现机制的意见》**

2021 年，中共中央办公厅、国务院办公厅印发了《关于建立健全生态产品价值实现机制的意见》。这是习近平总书记提出“绿水青山就是金山银山”理念 15 年以来，首个将“两山”理论落实到制度安排和实践操作层面的纲领性文件。

**两个阶段目标：**

到 2025 年，生态产品价值实现的制度框架初步形成，比较科学的生态产品价值核算体系初步建立，生态保护补偿和生态环境损害赔偿政策制度逐步完善，生态产品价值实现的政府考核评估机制初步形成，生态产品“度量难、抵押难、交易难、变现难”等问题得到有效解决，保护生态环境的利益导向机制基本形成，生态优势转化为经济优势的能力明显增强。

到 2035 年，完善的生态产品价值实现机制全面建立，具有中国特色的生态文明建设新模式全面形成，广泛形成绿色生产生活方式，为基本实现美丽中国建设目标提供有力支撑。

**建立健全六项机制：**

（一）建立生态产品调查监测机制：推进自然资源确权登记、开展生态产品信息普查；

（二）建立生态产品价值评价机制：建立生态产品价值评价体系、制定生态产品价值核算规范、推动生态产品价值核算结果应用；

（三）健全生态产品经营开发机制：推进生态产品供需精准对接、拓展生态产品价值实现模式、促进生态产品价值增值、推动生态资源权益交易；

（四）健全生态产品保护补偿机制：完善纵向生态保护补偿制度、建立横向生态保护补偿机制、健全生态环境损害赔偿制度；

（五）健全生态产品价值实现保障机制：建立生态产品价值考核机制、建立生态环境保护利益导向机制、加大绿色金融支持力度；

（六）建立生态产品价值实现推进机制：加强组织领导、推进试点示范、强化智力支撑、推动督促落实。

自然资源部于2020年先后印发《生态产品价值实现典型案例（第一批）》和《生态产品价值实现典型案例（第二批）》共21个国内外生态产品价值实现典型案例，指导各地学习借鉴。2021年，印发《自然资源领域生态产品价值实现机制试点工作指南》，要求以促进生态产品价值实现为主线，引导鼓励地方因地制宜、大胆探索，着力构建自然资源领域生态产品价值实现的理论体系、技术体系和政策体系，探索可复制、可推广的生态产品价值实现路径。

**专栏3　生态产品价值实现典型案例**

2020年4月，自然资源部办公厅印发《生态产品价值实现典型案例（第一批）》，总结了四类生态产品价值实现主要做法，包括生态资源指标及产权交易、生态修复及价值提升、生态产业化经营和生态补偿等；提出了促进生态产品价值实现的5个关键环节，即坚持规划引领、科学合理布局，管控创造需求、培育交易市场，清晰界定产权、促进产权流转，发展生态产业、激发市场活力，制定支持政策、实现价值外溢；推荐了福建省厦门市五缘湾、福建省南平市"森林生态银行"、重庆市拓展地票生态功能等11个典型案例。

2020年10月，自然资源部办公厅印发《生态产品价值实现典型案例（第二批）》，推荐了江苏省苏州市金庭镇发展"生态农文旅"、福建省南平市光泽县"水美经济"、河南省淅川县生态产业发展等10个典型案例。

国家林业和草原局积极践行"绿水青山就是金山银山"理念，推进生态修复和保护，营造绿水青山，加大林草植被恢复和保护力度，确保山更绿、水更清、环境更优美。推进生态惠民和产业发展，打造金山银山，培育新产业、新业态和新的经济增长点，使资源变成资产、资本，使绿水青山和冰天雪地变成金山银山。构建"绿水青山就是金山银山"形成机制，完善林业经营管理体制机制、强林惠林政策制度体系、共建共享参与机制。推广先进典型和生态文化，宣传和推广践行“绿水青山就是金山银山”理念的先进典型，发挥好典型引领示范带动作用。持续推进森林城市、森林乡村建设。《2020年中国国土绿化状况公报》显示，2020年开展国家森林城市建设的城市达441个。

**专栏4 “互联网+全民义务植树”试点**

全民义务植树是新形势下加快国土绿化工作的重要举措，更是践行习近平总书记“绿水青山就是金山银山”理念的具体实践。

1981年，五届全国人大四次会议做出《关于开展全民义务植树运动的决议》，以立法的形式，把公民的植树义务固定下来。党的十八大以来，习近平总书记每年都参加义务植树活动，并多次对植树绿化作出重要指示。2017年，全国绿化委员印发《全民义务植树尽责形式管理办法（试行）》，将尽责形式丰富拓展到造林绿化、抚育管护、自然保护、认种认养等八大类50多种，还规定了细致的折算标准。

2017年9月1日，全国绿化委员会批复北京等四省市为全国首批“互联网+全民义务植树”试点省市，至2020年，全国“互联网+全民义务植树”试点省份达到15个。

近年来，全国绿化委员会创新上线“我为古树名木送温暖”“我为大熊猫种竹子”等一批网络义务植树项目，建立了26个首批国家“互联网+全民义务植树”基地，“随愿植树、随处植树、随时植树”变成了现实。

浙江省在“八八战略”“绿水青山就是金山银山”理念的指引下，不断探索生态省建设、“千村示范、万村整治”工程、全国首个跨省流域生态补偿机制、“河长制”等，2020年成为全国第一个生态省，形成了一批可复制、可推广的“浙江经验”。2019年，浙江省委全面深化改革委员会印发《新时代浙江（安吉）县域践行“两山”理念综合改革创新试验区总体方案》，赋予安吉先行先试新使命，以点带面，打通转化新通道，为美丽中国建设提供浙江方案。作为全国首个生态产品价值实现机制试点市，丽水市围绕生态系统生产总值（GEP）不断改革创新，已实现 GEP 与 GDP 的双增长。

**专栏 5 “八八战略”：面向未来发展的八项举措**

“八八战略”是中共浙江省委在 2003 年 7 月举行第十一届四次全体会议时，时任浙江省委书记的习近平提出的面向未来发展的八项举措，即进一步发挥八个方面的优势、推进八个方面的举措。

**战略内容包括：**

一是进一步发挥浙江的体制机制优势，大力推动以公有制为主体的多种所有制经济共同发展，不断完善社会主义市场经济体制。

二是进一步发挥浙江的区位优势，主动接轨上海、积极参与长江三角洲地区合作与交流，不断提高对内对外开放水平。

三是进一步发挥浙江的块状特色产业优势，加快先进制造业基地建设，走新型工业化道路。

四是进一步发挥浙江的城乡协调发展优势，加快推进城乡一体化。

五是进一步发挥浙江的生态优势，创建生态省，打造“绿色浙江”。

六是进一步发挥浙江的山海资源优势，大力发展海洋经济，推动欠发达地区跨越式发展，努力使海洋经济和欠发达地区的发展成为浙江经济新的增长点。

七是进一步发挥浙江的环境优势，积极推进以“五大百亿”工程为主要内容的重点建设，切实加强法治建设、信用建设和机关效能建设。

八是进一步发挥浙江的人文优势，积极推进科教兴省、人才强省，加快建设文化大省。

在“八八战略”指引下，近年浙江省实现了从经济大省向经济强省、从对内对外开放向深度融入全球、从总体小康向高水平小康的“三个跃变”。

福建省出台《福建省生态文明建设促进条例》，"绿水青山就是金山银山"理念被首次写入福建省立法，贯穿整个条例，成为可操作、可执行的规定。作为全国首个国家生态文明试验区，福建省率先建立党政领导生态环境保护目标责任制，全方位推进环境污染防治、自然保护区建设与管理、造林绿化。2017年印发《福建省重点生态区位商品林赎买等改革试点方案》，南平市作为试点市，全面推进重点生态区位商品林赎买，率先在全国建立"森林生态银行"，让青山进"银行"，使林农变"储户"，助推"绿水青山"向"金山银山"转化。同年印发《福建省林业碳汇交易试点方案》和《福建省绿色金融体系建设实施方案》，努力推动建设"机制活、产业优、百姓富、生态美"的新福建。

**专栏6 "森林生态银行"试点**

为有效破解生态资源的价值实现难题，2018年，福建省南平市选择林业资源丰富但分散化程度高的顺昌县率先开展"森林生态银行"试点工作。由县国有林场控股，组建"森林生态银行"运营机构——绿昌林业资源运营有限公司，下设林权评估、经营、金融服务等2中心3公司。

"森林生态银行"不是金融机构，也非融资平台，而是一个由政府、自然资源运营管理公司、村民及合作社、社会资本方等共同组成的运作体系。借鉴商业银行"分散化输入、整体化输出"的模式，对碎片化的资源进行集中收储和整合优化，形成优质"资产包"委托专业且有实力的产业运营商管理，并通过引入社会资本投资，打通资源变资产、资产变资本的通道，探索了一条把生态资源优势转化为经济发展优势的生态产品价值实现路径。

**主要措施：**

（1）建立"林权存单"机制。利用国家开发银行政策性贷款，在"森林生态银行"开通"林权存单"业务，林农可通过林权抵押贷款、林权转让等模式，实现森林资源直接"变现"。

（2）服务实体经济发展。为木竹加工规模企业提供重资产服务，由“森林生态银行”搭建厂房，企业购买设备即可生产，减轻企业投资负担，大幅缩短项目建设周期。

（3）开展单株林业碳汇建设。对林农“存入”的林木资源实施单株林业碳汇开发，即以单株林木为单位，通过碳汇方法学测算每株树的固碳量，并依据行情评估定价，通过线上平台销售。

## 3.2 主要成效

“绿水青山就是金山银山”理念已成为全党全社会的共识和行动。国家各相关部委和省（区、市）积极践行“绿水青山就是金山银山”理念，深入开展实践探索，在绿水青山保护、金山银山转化、体制机制改革创新和试点示范等方面取得明显成效。特别是生态环境部组织开展的“绿水青山就是金山银山”（以下简称“两山”）实践创新基地建设活动，成为践行“绿水青山就是金山银山”理念，推进绿色发展、建设美丽中国的重要平台和探索生态产品价值实现的重要载体。

一是生态环境保护工作成效突出，生态环境质量优良，筑牢了“绿水青山就是金山银山”转化的基础和根基。把生态环境保护作为“绿水青山就是金山银山”实践创新基地建设条件与要求，推动形成一批生态环境优良、生态资源优势突出的美丽中国样本。“两山”实践创新基地打好污染防治攻坚战，空气、水环境质量均处于所在省、区、市前列，消除劣Ⅴ类水体、黑臭水体，圆满完成优良天数、$PM_{2.5}$、达到或优于Ⅲ类水体等各项目标任务。统筹推进山水林田湖草沙整体保护、系统修复和综合治理，国土空间开发保护格局不断优化，生态系统质量和稳定性不断提升，生态产品供给能力不断提高，生态环境状况指数均达到优良以上，实现生态复绿增绿与生态资产保值增值，持续提升生态产品价值“外溢”。

二是有效推动生态产品价值实现，成功打通“绿水青山就是金山银山”转化路径，推动了地方绿色发展水平显著提升。“两山”实践创新基地围绕自身自然环境特点和生态资源优势，发展特色生态农业、生态旅游、生态工业等，不断延伸上下游产业链条，将生态产品价值附着于农产品、工业产品、服务产品价值中，促进生态产品价值实现，居民人均可支配收入不断提高，民生福祉不断增强；因地制宜地探索“生态产业化、产业生态化”的高质量发展道路，持续推进减污降碳协同增效，单位 GDP 能耗、水耗、二氧化碳排放量不断降低，区域绿色发展水平不断提升，形成一批资源能源消耗持续降低、绿色低碳不断提升、产业逐步优化升级的绿色发展示范样板。

三是推进体制机制创新，确保绿水青山源源不断地带来金山银山，为建设生态文明和美丽中国提供长效保障。把制度改革作为“绿水青山就是金山银山”实践创新基地的创新体现，引导各地在坚持和完善生态文明制度体系、创新探索生态产品价值实现的市场化运作和市场交易体系等方面开展有益实践。通过设置生态公益岗位，开展生态购买，拓宽了生态就业渠道，创新用能权、碳排放权、排污权、水权交易制度、绿色金融体系，增加了生态惠民途径和方式；改革生态产品市场，生态金融产品不断开发，引导和激励利益相关方开展生态产品市场化交易，确保“绿水青山就是金山银山”长效转化。

四是深入推进了“绿水青山就是金山银山”建设实践，形成了一批鲜活实践样板，发挥了典型示范标杆作用。“两山”实践创新基地涵盖山区、平原、林区、海岛等不同资源禀赋，东、中、西不同区位条件，初步形成了一批“靠山吃山唱山歌、靠海吃海念海经”“画好山水画、做好山水文章”“一方水土‘富养’一方人”“一棵树到一片林海”“一任接着一任干，一张蓝图绘到底，久久为功”等具有典型示范推广意义的“绿水青山就是金山银山”转化实践案例和模式，树立了生态文明建设的标杆与样板，代表全国不同发展阶段、不同产业发展模式、不同主体功能定位，为全国“绿水青山就是金山银山”实践提供了可借鉴、可参考的经验做法。

## 3.3 实践模式

综合考虑自然环境、地域特色、生态功能与资源禀赋、建设进展与成效、经验模式代表性与推广性等，结合“绿水青山就是金山银山”转化的典型路径，将“绿水青山就是金山银山”实践模式总结概括为生态修复、生态产业、生态市场、绿色金融 4 种典型模式。

### 3.3.1 生态修复模式

生态修复模式是指以改善生态环境质量、提升生态资产、增值生态资本为主要任务和举措，通过坚持不懈地开展生态保护修复与生态建设工程等生态添绿、增绿、补绿举措，久久为功，厚积薄发，不断夯实绿色可持续发展的生态根基，筑牢经济社会发展的“生态银行”，推动生态资产、绿色资本不断增值、累积和变现，将绿水青山的自然财富、生态财富转变为经济财富、社会财富，实现生态文明建设、脱贫攻坚、乡村振兴和绿色发展的协同推进，这主要适用于生态环境本底较差或生态环境敏感、脆弱的地区。例如，河北塞罕坝机械林场、山西右玉县、内蒙古库布其亿利生态示范区、山东威海华夏城、河南栾川县、甘肃古浪县八步沙林场等地区通过厚植生态本底，将生态资产不断累积变现，深刻诠释了“生态兴则文明兴”的深邃历史观。

### 3.3.2 生态产业模式

根据生态产业类型、区域主导产业和发展特点，将生态产业模式分为生态农业、生态工业、生态旅游业和“生态 +”复合产业 4 种模式，其中：

生态农业模式是指以资源循环利用和生态环境保护为重要前提，依托特色农业资源、农耕文化、人居环境，通过推动农业循环化、特色化、规模化、高端化，大力发展绿色有机农业、特色生态种养殖、生物多样性保护、地道药材种植、生态立体循环农业等，树立和打造特色生态农产品品牌，提高品牌市场竞争力，推动农业振兴和造福百姓，实现生态与农业、农村、农民效益的统一，这主要适用于生态环境良好、以农业为主导功能的地区。例如，浙江省安吉县、安徽省岳西县、山东省蒙阴县、云南省红河州元阳哈尼梯田遗产区等地区依托自身农业资源优势，大力发展生态循环农业、持续提升农业产业化水平、打造特色生态农业品牌，塑造了推进农业生态化的鲜活案例。

生态工业模式是指以扩容提质和转型发展为核心，通过对传统工业进行绿色化改造和升级，做大、做精、做细特色生态工业，培育生态工业集群和区域生态品牌，并以改善生态环境质量为基础，创新驱动和吸引产业、资本、人才、技术等集聚，培育发展资源节约、环境友好的优质产业，推动实现“凤凰涅槃”式的绿色高质量发展，这主要适用于生态环境容量较小、开发强度较高或山水林田湖草等特色资源占比较大的地区。例如，江苏省徐州市贾汪区、云南省华坪县、陕西省平利县、新疆维吾尔自治区霍城县等地区通过推动产业转型促进生态工业发展，不断优化产业发展方向，实现了从牺牲生态到保护生态的转变，生动实践了"绿水青山就是金山银山"的绿色发展观。

生态旅游业模式是指依托良好的自然生态环境和独特的人文生态系统，以可持续发展为理念，以保护生态环境为前提，以统筹人与自然和谐发展为准则，按照以保护促旅游、以旅游促发展、以发展促保护的思路，通过采取生态友好方式，开展生态体验、生态教育和生态认知活动，创新打造生态旅游新模式，塑造特色生态旅游品牌，并充分发挥生态旅游的拉动力及催化集成作用，助力区域内经济社会协调发展，实现旅游产业与生态环境保护共赢，这主要适用于生态环境优良，特色旅游资源丰富的地区。例如，北京市延庆区、湖北省丹江口市、河南省新县、江西省寻乌县、四川省稻城县和九寨沟县等地区依托特色自然和文化资源，积极发展生态旅游产业，变资源优势为经济优势，形成了良好的可复制、可推广的实践经验。

"生态+"复合产业模式是指以产业链条纵向延伸促进生态业态融合发展为目标，把生态发展理念贯穿于产业发展、全域旅游、生态环境治理、科技金融、城乡建设以及乡村振兴等方面，推动大生态与大数据、大农业、大旅游、大健康产业等协同发展，培育"生态+"复合产业融合发展的新业态、新模式，不断延展"生态+"效益，形成产业合力效应，实现新业态多元融合、产业发展转型升级、城乡环境转型升级、生活品质转型升级和城市品位整体提升，这主要适用于生态资源禀赋、产业基础较好、创新要素集聚的地区。例如，贵州省贵阳市乌当区、江西省崇义县和浮梁县等地区以"生态+产业"业态融合发展为目标，推动产业协同发展，培育三产融合的新业态、新模式，形成产业合力效应，为实现经济社会高质量发展和生态惠民、生态利民、生态为民提供了典型经验。

### 3.3.3 生态市场模式

生态市场模式是指以盘活生态资源、推动生态市场交易为主要目标，以构建生态产品及其价值实现的市场化运作和市场交易体系为重点，探索建立以生态系统服务消耗量为依据的生态环境指标及产权交易机制，通过开展用能权、碳排放权、排污权、水权等市场化运作，搭建生态产品市场交易平台，明晰产权责任，实现生态产品供给者和消费者之间的利益平衡，促进生态资源资产化、可量化、可经营，变生态资产为真金白银，这主要适用于生态资源丰富、制度建设完备的地区。例如，浙江省丽水市、安徽省芜湖市湾沚区、福建省永春县等地区围绕生态产品价值实现市场化机制，不断开发、丰富生态产品，探索建立市场化交易平台，提升自然资源要素市场化配置水平，为有效解决生态产品“度量难、抵押难、交易难、变现难”等问题提供了良好的经验借鉴。

### 3.3.4 绿色金融模式

绿色金融模式是指以推进生态效益转化为经济效益、发展绿色金融为主要目标，通过创新绿色金融产品和金融手段将生态资源股权化、证券化、债券化、基金化，构建生态资源融资担保体系，让绿色生态成为“钱袋子”，源源不断地“生金生银”，实现生态环境保护与经济社会的可持续发展，这主要适用于生态环境优良、生态经济发达的地区。例如，浙江省湖州市、衢州市和淳安县通过创新发展绿色金融，不断改善绿色产业和绿色项目的融资环境，拓宽融资渠道助力生态环境保护修复，提供了创新金融产品、服务绿色产业的实践经验。

# 4

# 典型案例

Typical Cases

在实践过程中，全国各地以习近平生态文明思想和“绿水青山就是金山银山”理念为指引，创新探索“绿水青山就是金山银山”转化的路径、模式和生态产品价值实现长效机制，积极引导公众参与共建绿水青山，推动生态惠民，共享金山银山成果，形成了很多实践经验和生动鲜活的典型案例。结合前期的一些工作基础，在实践模式总结分析主要措施的基础上，重点从案例背景、具体做法、主要成效和经验启示等方面进一步丰富与完善、抽丝剥茧、层层展开，形成以下 10 个典型案例供参考。

## 4.1 河南省栾川县推进矿山修复促进绿能转换

### 4.1.1 案例背景

栾川县位于河南省洛阳市西南部，豫西伏牛山腹地，境内大小支流 604 条，地跨黄河、长江两大水系，地貌形态错综交织，山多地少，沟壑纵横，素有

"四河三山两道川，九山半水半分田"之称。栾川自然资源丰富，以奇山、秀水、林茂的自然生态资源为主，森林覆盖率达 82.4%，矿产资源以钼、钨、铁、金、银、铅、锌、萤石为主，其中钼金属储量位居中国第一，被誉为"中国钼都"，钨金属储量位居中国第三，矿产资源开发始于 20 世纪 60 年代，是传统的工矿大县。2008 年以来，栾川县以生态文明建设为引领，确立"生态立县"发展战略，开展矿山修复、生态工业、生态旅游、生态农业和生态环境建设等系列工作，并取得了明显成效。2018 年 12 月 15 日，栾川县被生态环境部命名为全国第二批"绿水青山就是金山银山"实践创新基地。

## 4.1.2 具体做法

### 4.1.2.1 坚持生态环境修复治理

全面推进矿山环境修复，狠抓生态植被恢复工作，先后实施了一批矿山开采场、排渣场、尾矿库植被恢复工程，截至 2017 年完成矿山生态治理面积 76.77 万 $m^2$；投入 1 亿元对全县 91 座无主尾矿库进行了生态治理恢复，尾矿库生态植被恢复面积达 355.5 万 $m^2$。大力实施生态林业建设，累计投入财政资金 11.72 亿元，开展飞播造林、退耕还林、通道绿化、村庄绿化等重大林业生态建设工程，每年绿化面积均在 150 $hm^2$ 以上，森林蓄积量达到 1 100 万 $m^3$，居河南省首位；重点发展生态经济林，构建林业产业体系，通过实施土地流转，形成了绿化彩叶林 3 万亩、通道绿化林和杂果经济林 6.7 万亩，使之真正成为山区人民的"摇钱树、聚财林"。强力实施农村环境综合整治，先后投资 30 余亿元，开展农村生活污水、垃圾，村容村貌整治等系列农村环境综合整治工作，全县 14 个乡镇、1 个管委会均建设了生活污水处理厂，2017 年城镇生活垃圾无害化处理率达到 98%。

▲栾川县全域生态修复工作推进会

图片来源：栾川县自然资源局。

### 4.1.2.2 推进工业经济绿色发展

实施最严格的自然资源开发保护制度，坚持“产业生态化”的原则，强力实施资源整合和矿业秩序整顿，按照全县矿产资源和旅游资源的分布状况，划分矿产资源开发区和生态旅游资源保护区，实现了矿业经济节约、集约的生态化发展。实施工业绿色化改造，开展涉重金属行业专项整治、涉氟涉酸企业专项治理、涉气企业提标治理等工业绿色化改造措施，共关闭拆除小选矿企业93家，整治取缔“散乱污”企业292家，开展清洁生产审核企业38家，大力推广无氰选矿技术和工业废水深度治理与回用工作，对钼钨冶炼企业要求其采用无碳焙烧技术和超低排放治理。优化产业结构，调整优化不符合生态环境功能定位的产业布局、规模和结构，实施产业准入负面清单制度，规划建设栾川县钨钼新材料专业园区。

#### 4.1.2.3 深化生态农业品牌建设

打造“栾川印象”区域农产品品牌，集结12家农产品加工企业，开发高山杂粮、食用菌、特色林果、中药材、果酒饮料、非遗传统类6大系列81款产品，先后在郑州、洛阳等地开设旗舰店18家，建设线上专营店11家，进驻辅助销售平台6个，全面铺开多元化营销体系；叫响君山制药品牌，发挥山茱萸、猪苓、连翘等中药材原产地优势，加大对优良中药材品种的选育和地道药材种植，提升制药品牌影响力，本草堂、沃康产业园等一批科技创新型企业异军突起；构建猕猴桃产业链，洛阳君山红酒业以红色猕猴桃种植为支撑，以猕猴桃深加工为依托，发展综合性农业园区，开发猕猴桃果酒系列产品，猕猴桃及猕猴桃果酒均通过了有机产品认证，种植基地被洛阳市农业部门认定为“一村一品”特色示范园、洛阳市水果（猕猴桃）标准园。

▲栾川印象农产品

图片来源：中国栾川网。

### 4.1.2.4 提升生态旅游支撑作用

栾川县把旅游产业作为县域经济支柱产业来打造，将“旅游富县”作为县域经济发展三大战略之一，首倡“全景栾川”发展方向，提出建设向上向善旅居福地新栾川、打造伊水栾山养生城的总体目标。依托老君山、鸡冠洞、重渡沟、抱犊寨等 8 个 4A 级以上旅游景区，辐射带动周边乡村大力发展旅游经济，按照“旅游景区 + 风情小镇 + 特色农庄”的模式，发展乡村旅游经济，结合“全域绿化”“全域水系”建设，同步实施美丽乡村建设项目 150 个，新培育打造陶湾镇“康养小镇”、秋扒乡“荷香小镇”、拨云岭“岭上人家”、城关镇“大南沟满族风情休闲度假区”等一批乡村旅游示范村，全县 15 个乡镇“一镇一品”格局初步显现；在巩固提升庄子村、养子沟村等首批乡村旅游明星村的基础上，实施 A 级乡村旅游景区创建工程，提升配套设施，打造传统民宿石门土

▲重渡沟生态旅游建设示范区

图片来源：重渡沟管委会。

屋、高端民宿慢居·十三月、静水山居，西溪觅野等民宿品牌，建成摄影赏花、田园乡愁等主题庄园23个，发展特色旅游专业村45个，构建“龙头景区”与“龙头乡村”双向并进的乡村旅游新格局。

#### 4.1.2.5 建立健全“两山”转化体制机制

栾川县出台了《关于优先实施“生态立县”战略加快推进生态文明建设的决定》等相关文件，把“生态立县”战略放在首位，优先实施。成立了县委生态文明建设委员会，由县委书记担任主任，党政相关领导任副主任，负责全县生态文明建设和生态环境保护的总体设计、统筹协调、整体推进、督促落实。栾川县委生态文明建设委员会制定了《中共栾川县委生态文明建设委员会成员单位生态文明建设及环境保护工作责任清单》，明确各单位责任清单和产业发展负面清单，建立健全了生态环保工作例会推动机制、生态环境违法案件多部门

▲栾川县陶湾镇生态种植业

图片来源：栾川县农业农村局。

联动工作机制、生态文明建设督查考核工作机制、生态补偿机制、环保工作专项审计工作机制、生态环境损害责任追究机制 6 项工作机制。栾川县“两山”转化机制体制的建立完善，加快推进了生态环境保护、重大项目落地，实现了“产业生态化，生态产业化”，持续保障生态环境改善、生态经济发展、生态惠民增收，促进绿水青山源源不断地转化为金山银山。

### 4.1.3 主要成效

工矿产业曾长期是栾川县唯一的支柱产业，一度对生态环境造成严重破坏。近年来，栾川县坚决推进绿色转型，以壮士断腕的决心对工矿产业进行绿色化改造，举全县之力恢复生态环境，发展全域旅游，打造“栾川印象”区域品牌，深化生态农业建设。实现了从牺牲生态到保护生态，从“吃山靠开矿”到“吃山靠旅游”，生动实践了“绿水青山就是金山银山”。

#### 4.1.3.1 生态环境质量持续优化

栾川县通过矿山环境修复，有效地改善了山体生态环境。洛阳钼业高度重视环境保护工作，被评为“全国水土保持工作先进生产建设单位”和“中国生态小康示范基地”。工业绿色化改造项目持续实施，近 3 年来，全县削减化学需氧量 849.68 t、氨氮 75.1 t、二氧化硫 196.24 t（冶炼企业除外）、氮氧化物 94.28 t，主要污染物减排效益十分明显，环境空气质量优良天数保持在 320 天以上，生态环境质量指数保持在 80 以上，并逐年升高。

#### 4.1.3.2 村容村貌实现“旧貌”变“新颜”

通过村容村貌整治建设工作，使村落走利用加保护的永续发展之路，坚持开发与保护并重，由未开发乡村旅游之前的20世纪四五十年代的土坯房，到现在村容整洁、污水集中处理、垃圾收运处理体系建立，实现了"旧貌"变"新颜"。

#### 4.1.3.3 生态旅游业发展活力十足

栾川县实现了城市乡村景区化，景区发展全域化，旅居福地品质化。2018年，栾川县旅游业增加值占GDP比重达16.3%，全县接待游客1 487.6万人次，旅游总收入87.4亿元，直接带动1.2万余名贫困群众实现脱贫，人均年增收1.5万元。生态旅游业已真正成为了县域经济的有力支撑，成为了带动群众脱贫的致富产业。

▲美丽的栾川县

图片来源：中国栾川网。

#### 4.1.3.4 特色品牌效应越发突出

通过“栾川印象”的品牌带动，全县共建设生产加工线23条，发展扶贫基地27个，带动1 751户贫困户、5 250人增收致富。君山红酒业通过土地流转、务工就业、免费技术培训、产品回收，带动农户220余户，实现了让农民从“靠矿山吃饭”向“靠农业增收”的转变，走出了一条“绿水青山就是金山银山”的可持续发展之路。

### 4.1.4 经验启示

栾川县实施生态立县战略，扎实推进“两山”基地建设相关工作，努力把新时期中国特色社会主义建设的要求转化为“两山”基地建设的内生动力和具体实践。优化产业结构，进行工业绿色化改造，以全域旅游示范县创建为抓手，持续推进经济社会转型发展，促进农旅融合发展，全域发展理念深入人心，惠民富农成果突出，逐渐形成具有栾川特色的“两山”转化模式，典型经验和成功模式值得在全国推广。

## 4.2 山西省右玉县打造治沙富民新样本

### 4.2.1 案例背景

右玉县地处晋蒙两省（区）的交界，是山西省的北大门，属温带大陆性气候，温度日差大，大风日数多，土壤质地粗，极易发生风蚀、水蚀、沙化等现象。中华人民共和国成立初期，右玉全县仅有残次林8 000亩，森林覆盖率不足0.3%，土地沙化面积占到76%，风沙成患，民不聊生。1949年，第一任县委书记面对风沙成患的贫瘠山川，带领全县人民开始了“植树造林、改造山河”的壮举。此后，历任书记一张蓝图、一个目标，一任接着一任，坚持“功成不必在我”的政绩观，团结带领全县广大干部群众，经过近70年坚持不懈造林治沙、改善生态，大力践行“绿水青山就是金山银山”理念，治理沙化土地200万亩，全县林木绿化率达到56%，昔日的“不毛之地”变成了闻名全国的“塞上绿洲”，孕育形成了宝贵的“全心全意为人民服务，迎难而上、艰苦奋斗，久久为功、利在长远”的右玉精神。

习近平总书记先后五次对右玉精神作出重要指示，指出“右玉精神是宝贵财富，一定要大力学习和弘扬”。右玉县先后获得“三北”防护林建设突出贡献单位、全国绿化先进集体、国家水土保持生态文明县、国家生态文明建设示范县、“绿水青山就是金山银山”实践创新基地、关注森林活动20周年突出贡献单位等荣誉称号。

▲右玉县生态风光

图片来源：右玉县人民政府网。

### 4.2.2 具体做法

#### 4.2.2.1 坚持植树造林，夯实生态环境本底

右玉县坚持工程措施与生物措施相结合，采取宜乔则乔、宜灌则灌、宜草则草、乔灌草相间，有效控制流域范围内水土流失，提高林草覆盖率。针对春季解冻迟、适宜植树时间短的实际，因地制宜推行春秋植树、秋季整地，以专业队、民营户、企业、干部群众义务植树相结合，有效激发生态建设活力。对全县重点造林区全部实行拉网围封，加强对生态林、自然保护区、水源涵养区、重要地质遗迹和生物物种资源的保护，维护生物多样性和植物原生态。

▲苍河滴翠

图片来源：右玉县人民政府网。

#### 4.2.2.2 创新体制机制，筑牢"两山"转化长效保障

右玉县全面深化集体林权制度改革，探索建立绿色发展基金，撬动市场主体投资林业建设的积极性，促进林业产业规模化、集约化发展。严格执行《右玉县环境保护工作职责规定（试行）》，实行环保工作党政"一把手"亲自抓、负总责，严格环保目标督察督办与考核。严格项目环保准入，以发展绿色经济为主题，以产业布局园区化、发展集群化和企业生产清洁化为重点，坚守项目准入门槛。明确建设项目环保审批"六条"红线。严厉打击环境违法行为，特别是强化环保行政执法与司法部门的联动，形成了环保执法监督的强大工作合力。加强生态资源保护，成立森林派出所、组建森林消防专业队和森林资源保护巡查队，建成国家级标准站和中心测报点。

#### 4.2.2.3 发展绿色生态产业，提升"两山"实践内涵

一是大力发展生态种植，推广优种燕麦、油菜、胡麻、藜麦等特色种植，推进中药材规范化种植，建设优质板蓝根、苦参、黄芩三大中药材种植基地。二是全面落实草原生态保护补助奖励政策，构建集饲草种植、规模养殖、屠宰加工于一体的畜牧产业化体系。三是以沙棘产业作为经济林发展的重点，改造低产效沙棘林，引进优种大果沙棘，栽植中华小果沙棘，引进成规模沙棘企业。四是大力发展苗木产业，将苗圃和绿化带、生态园、风景线、示范片区并列为生态建设重点。五是积极开发优势农产品加工体系，立足规模化的生态农业，拓展农产品产业链，大力发展绿色食品加工业。

#### 4.2.2.4 推进区域建设，打造"两山"生态品牌

右玉县把生态文化旅游开发区作为国家全域旅游示范区的核心区，精心布

局，突出右玉丰富的文创艺术氛围，大力发展行画制作和名画创作，着力形成以右卫古城为中心的油画写生、摄影创作、版画制作基地。聘任国内知名专家为右玉绿色发展和开发区建设出谋划策，与浙江省安吉县、陕西省延安市、河北省塞罕坝林场、新疆维吾尔自治区阿克苏市成立“生态文化旅游发展联盟”，共同发表《右玉绿色宣言》，知名度和美誉度显著提升。

▲秋收

图片来源：右玉县人民政府网。

#### 4.2.2.5 统筹城乡发展，改善人居环境质量

全县热电联供、天然气入户、污水处理、垃圾处理、排污管网等一大批市政设施建设运营，基本形成以高速公路和国省道为主干、县乡道等为支线的交通网络。实施农村人居改善工程、农村饮水巩固提升工程，梯次开展农村生活垃圾、污水处理，强力推进闲置凋敝宅基地整治盘活利用试点工作，人居环境得到显著改善。

▲中国最美县域右玉县

图片来源：右玉县人民政府网。

#### 4.2.2.6 培育生态理念，倡导生态道德文化

落实意识形态领域主体责任，切实把习近平生态文明思想融入日常生活和工作的各个领域，发展环保团体、组建绿色志愿者队伍，创作绿色文学、书画、摄影作品，推行义务植树造林活动，建立环保问题公众听证会制度等公众参与活动。加强政策引导，对积极发展绿色、低碳、循环经济的给予配套服务等优惠，形成科学有效的生态文化导向、驱动和约束机制。

### 4.2.3 主要成效

#### 4.2.3.1 植树造林成效

70 多年来全县治理沙化土地 200 万亩，全县林木绿化率达到 56%。目前全县有林面积达到 170 万亩，沙尘暴天气比中华人民共和国成立初期减少 80%，地表径流和河水含沙量比造林前减少 60%，田间林网水分蒸发量比旷野年均减少 8.8%。

#### 4.2.3.2 生态环境改善成效

2018 年，右玉县空气质量优良天数为 292 天，同比增加 9 天；二氧化硫平均浓度为 24 μg/m$^3$，同比下降 45.5%；$PM_{2.5}$ 平均浓度值为 33 μg/m$^3$，同比下降 8.3%；环境空气质量综合指数为 4.51，同比下降 13.9%，位居朔州市第一。

#### 4.2.3.3 绿色产业发展成效

“右玉燕麦米”已申报国家地理标志。目前已改造低产效沙棘林 4 万亩，引进优种大果沙棘 0.43 万亩，栽植中华小果沙棘 2.43 万亩，引进成规模沙棘企业 12 家，年产各类产品 3 万多 t。培育规模苗圃 450 多家，育苗总产值达 2.38 亿元，已形成华北地区最大的樟子松苗木产出基地。

#### 4.2.3.4 生态旅游发展成效

右玉县是全国第一个以县域为单位命名的 4A 级生态景区、第一批国家全域旅游示范区、山西省第一家以生态文化旅游业为发展方向的省级开发区。2019 年，右玉县接待游客 388.3 万人次，实现旅游收入 35.6 亿元，分别同比增长 33.8% 和 31.9%。

#### 4.2.3.5 生态理念发展成效

2019 年通过“树典型、做示范、建机制”活动，累计创建生态文明机关和企事业单位、社区和村镇 230 余家，创建率达 80%，形成了“我在生态中、生态在我心”的良好风尚，公众绿色出行率达到 90%，节能节水器具普及率达到 81%，政府绿色采购比例达到 91%。

▲杀虎口生态旅游

图片来源：右玉县人民政府网。

### 4.2.4 经验启示

右玉县牢固树立对社会主义生态文明观的道路自信、理论自信、制度自信、文化自信，坚持“绿水青山就是金山银山”理念，坚持绿色发展方式和生活方式，努力把新时代中国特色社会主义建设的要求转化为“两山”实践创新基地建设的内生动力和具体行动，在生态环境保护和绿色发展方面逐渐形成具有自身特色的“两山”转化模式——“右玉模式”。从右玉精神的形成脉络可以发现，70年来，尽管发展环境、工作重点、工作方法在不停地变化，但是历届县委班子都认准一个理，即种树是满足人民群众生存发展需要的治本之策，种树就是讲政治，种树就是种民心、聚民心，既是职责也是使命。

#### 4.2.4.1 加强生态保护修复，推动自然资产保值增值

右玉县因地制宜，根据不同时期发展要求提出不同的造林思路，20 世纪 50 年代“哪里有风哪里栽，先让局部绿起来”，拉开植树造林大幕；60 年代“哪里有风哪里栽，要把风沙锁起来”，突出风沙治理；70 年代“哪里有空哪里栽，再把窟窿补起来”，狠抓防护林体系建设；80 年代“适地适树合理栽，再把三松引进来”，进一步提高造林质量；90 年代“乔灌混合合理栽，绿色屏障建起来”，引进立体造林模式；进入 21 世纪，提出“退耕还林连片栽，山川遍地靓起来”的发展理念；如今是“绿水青山秀塞外，金山银山富起来”。在长期绿化实践中，右玉人探索总结出的科学有效的生态治理模式和植树造林方法，不仅显著改善了当地的生态环境，还为高寒干旱地区的生态修复和可持续发展提供了可借鉴的宝贵经验。

#### 4.2.4.2 充分挖掘特色产业，推动实现绿色发展

右玉县结合自身实际，准确分析“两山”理念的科学内涵对区域经济社会发展的现实要求，在林下经济与马产业发展两个方面彰显出“生态右玉”的价值体现。依托丰富的林木资源，解放发展林业生产力，以沙棘产业作为经济林发展的重点，大力发展苗木产业，开发小杂粮、苦荞、沙棘、脱水蔬菜、胡麻等优势农产品加工；培育马产业基地和马业繁殖中心，打造国际赛马公开赛，提升右玉县的国际国内影响力。目前，右玉县已经形成我国最大的马产业基地，集繁育中心、赛事中心、拍卖中心和集训中心于一体，有力地促进了右玉县的生态文化旅游，使生态文化和马产业相互促进、相互依赖，形成了互依共促的发展格局。

#### 4.2.4.3 依托博物馆、展览馆等载体，大力弘扬"右玉精神"

右玉县践行社会主义核心价值观，积极倡导生态文明理念，依托右玉博物馆、右玉精神展览馆、《右玉和她的县委书记们》等载体和新闻媒介，积极宣传弘扬"一任接着一任干、一张蓝图绘到底""共产党人久久为功、利在长远的政绩观"等右玉生态文化思想和右玉精神，引导广大干部群众把生态意识上升为全民意识和全县意识，切实把习近平生态文明思想融入日常工作和生活的各领域、各方面，推动全社会形成人人尊重自然、顺应自然、保护自然的良好社会道德风尚。

## 4.3 江西省寻乌县发挥生态优势全面发展乡村旅游

### 4.3.1 案例背景

江西省赣州市寻乌县是赣江、东江、韩江三江发源地，属于南方生态屏障的重要组成部分和全国重点生态功能区，也是毛泽东同志在1930年开展"寻乌调查"的地方。在第二次国内革命战争时期，毛泽东、朱德、邓小平等老一辈无产阶级革命家在这里从事伟大的革命实践活动。特别是1930年5月，毛泽东在寻乌进行了近一个月的调查，写下了《寻乌调查》和《反对本本主义》两篇光辉著作，提出了"没有调查，没有发言权"等著名论断，寻乌县由此成为我党实事求是思想路线的发源地之一。同时，寻乌是东江源头县，境内东江源流域面积占江西省东江流域面积的56%，生态优势明显。近年来，寻乌县坚持落实"绿水青山就是金山银山"理念，以绿色崛起为前提，充分发挥东江源头生态优势，用好用活“寻乌调查”等红色金字招牌，做到“五个坚持”，实现“四个突破”，推进“红 + 绿”特色旅游的快速发展，实现生态效益和经济效益的“双丰收”。

▲寻乌调查纪念馆

图片来源：寻乌县人民政府网。

## 4.3.2 具体做法

### 4.3.2.1 坚持规划引领，统筹发展格局

寻乌县坚持景区建设遵循先规划后建设的原则，所有项目必须编制好规划设计方案，落实在开发中保护、在保护中开发的要求，提交县规委会讨论和审批，未经批准的项目不得上马。一是放眼全县，把握全局。编制完成《寻乌县全域旅游总体规划》，为乡村旅游发展的整体定位和整体布局提供依据。二是细化到点，按规建设。要求开发企业严格按照景区总规和详规进行开发建设，在

建或已开发运营的旅游项目都需编制总体规划、控制性详细规划等，落实好生态保护措施，确保项目开发建设质量，同时旅游企业根据发展需要进行项目内容调整，必须经报批同意后方可实施，如青龙岩旅游度假区为增加景区吸引力、留住游客，想在丹霞景区新增体验性新业态项目，就必须先通过县相关部门同意后方可实施，确保景区建设保护与开发规范化、秩序化。

#### 4.3.2.2 坚持保护优先，夯实生态本底

一是规范投资商开发行为，在签订相关开发协议时，明确要求投资商严格执行《中华人民共和国环境保护法》《中华人民共和国水污染防治法》《建设项目环境保护管理条例》《中华人民共和国水土保持法实施条例》等法律法规；旅游项目开发建设应当依据规划进行，对景区开发是否通过环境影响评价，是否存在破坏旅游资源和生态环境现象实行实时监管，把对生态资源的保护放在优先位置，避免重复建设和资源破坏性建设。二是坚持双赢开发。在严守资源消耗上限、环境质量底线和生态保护红线的基础上，充分挖掘资源，打造特色旅游，确保旅游资源科学高效开发利用。例如，花开了生态旅游景区，原为废弃果山，通过企业的建设和打造，建成主要以生态休闲、水保示范、科普教育、康体度假为亮点的旅游产品，实现了“废弃果山—苗木园—旅游景区”的转变，达到生态和经济双赢的目标。

#### 4.3.2.3 坚持项目为王，拓展旅游路线

一是明确项目挂点县领导和责任单位，制订年度建设计划和目标，确保项目建设进度。二是加大工作调度力度，通过主动协调相关部门解决建设中出现的问题、定期或不定期实地调查等措施，确保项目顺利建设。三是出台奖励政

策强化保障。出台了《寻乌县推进全域旅游发展奖励办法（试行）》，对用地保障、税费扶持、品牌创建、重点业态、基础设施、市场开拓等方面进行奖励扶持，积极保障旅游产业顺利发展。四是积极建设特色旅游产品。充分利用当地独有的旅游资源，开发出有影响的特色业态，如青龙岩旅游度假区，充分利用磷石背村大石头的优势，打造了灵石温泉项目，吸引了众多游客，同时打造水上精品线路，充分利用寻乌的优质水资源，开发了青龙岩丹霞观光、温泉养生、石崆寨峡谷漂流、斗晏湖水上娱乐等特色项目，得到了游客的充分认可。

▲石崆寨风景区

图片来源：寻乌县人民政府网。

#### 4.3.2.4 坚持资源挖掘，培育旅游品牌

寻乌县加大服务指导力度，定期、不定期实地考察，积极向上推荐创建企

业，落实好品牌奖补措施，提高了旅游企业提升景区质量的积极性，加快推进寻乌旅游品牌创建工作。目前，寻乌县已创建成功国家4A级景区1家（青龙岩旅游度假区），4A级乡村旅游点1家（花开了生态景区）、3A级乡村旅游点3家（石崆寨旅游景区、项山甑度假酒庄、斗晏湖旅游景区），客家美食旗舰店2家（寻乌宾馆、寻乌余香楼）。

▲青龙岩风景区

图片来源：寻乌县人民政府网。

### 4.3.2.5 坚持完善要素，突出特色优势

一是积极挖掘寻乌特色饮食，开发了寻乌客家宴、豆腐宴、全羊宴，其中寻乌宾馆的“寻乌客家宴”获评江西名宴。二是寻乌旅游集散中心已基本建设完成，正在准备安装相关设备。三是以四星级酒店标准建设的青龙岩温泉酒店、东江源温泉酒店、维也纳国际酒店、广寻国际酒店等均已完成主体建设。四是推进民宿建设。根据不同资源，打造不同风格民宿，如青龙岩温泉民宿、花开了园林民宿、金龟谷森林民宿建设。花开了园林民宿分散建于不同的山头和湖畔，最大限度地保持了与景区风景融为一体的风格，在2020年“点赞赣州”活动中，获得“最向往民宿酒店”第一名。五是推进旅游厕所建设，在推进对标建设A级旅游厕所的同时，结合各景区统一风格和地势，构思并设计独具特色的旅游厕所。

▲项山旅游度假区

图片来源：寻乌县人民政府网。

### 4.3.3 主要成效

#### 4.3.3.1 旅游人次实现突破

2019年全县接待旅游人数和旅游收入分别突破200万人次、10亿元，其中接待旅游人数206.77万人次，同比增长94%；实现旅游收入12.82亿元，同比增长189.7%，有效地带动了农村经济发展。

#### 4.3.3.2 品牌创建实现突破

2020年6月，青龙岩旅游度假区成功创建AAAA级景区，填补了寻乌县无AAAA级景区的空白，实现了“零”的突破，也进一步提高了寻乌县的知名度，唱响了寻乌县的东江源头品牌。

#### 4.3.3.3 精品线路打造实现突破

近五年来，寻乌县共引进旅游项目10个，累计完成旅游投资突破100亿元，打造了青龙岩旅游度假区—石崆寨旅游景区—斗晏湖旅游景区—花开了生态景区水上精品旅游环线，同时通过企业的投入，也进一步保护和提升了景区及周边的生态环境。

#### 4.3.3.4 融合发展实现突破

近年来，充分发挥寻乌县生态优势，积极推进旅游+农业、旅游+康养等产业发展，建设了养生健康项目3个，打造了特色农业采摘园约50个，开发了龙脑樟芳香系列产品、百香果干等特色旅游商品，促进农民增收致富。

▲寻乌县东江源生态小镇

图片来源：寻乌县人民政府网

## 4.3.4 经验启示

寻乌县围绕特色亮点做好全域旅游规划，根据发展目标和定位，开发旅游产品，塑造“望得见山、看得见水、记得住乡愁”的乡村旅游形象，打造有亮点、有特色的旅游品牌。把“两山”理念落实到旅游产业的每个环节，依托寻乌县优质自然生态资源和优质农业产业，积极推进农旅融合、文旅融合，将环境视为旅游产品系统的重要组成部分，重视旅游产品的生态因子含量。全面保护好当地的生态环境，充分利用好丰富的森林资源、优质的水资源、良好的生态环境，开发具有当地特色的生态旅游产品，克服旅游发展中忽视环保与生态的短视行为，实现乡村旅游的持续与健康发展。围绕让游客舒心、舒服、满意的目标，切实完成好旅游六要素，做到设施、设备配置合理，提供特色的餐饮、舒适的住宿环境、放心的旅游产品，从而将生态效益转化为经济效益，促进乡村旅游的发展。

## 4.4 河南省新县打造生态产业持续释放绿色动能

### 4.4.1 案例背景

新县地处豫南大别山腹地，地跨长江、淮河两大流域，是潢河、白露河、寨河、竹竿河、倒水河和举水河的发源地，是豫东南地区最重要的生态屏障和国家重点生态功能区，生态地位重要。受战争影响和自然条件制约，新县发展一度落后，是国家扶贫开发工作重点县、大别山集中连片特困地区扶贫攻坚重点县。近年来，新县大力实施生态立县战略，围绕“山水红城、健康新县”的发展定位，树牢“红色引领、绿色发展”理念，倡导“视山如父、视水如母、视林如子”的生态意识，念好“山字经”、唱好“林中戏”、打好“生态牌”、走好“特色路”，持续推动“生态资本”转化为“富民资本”，探索打通“绿水青山就是金山银山”转化通道，取得了显著成效。新县是河南省乡村振兴示范县，获得国家卫生县城“五连冠”、国家园林县城“四连冠”、全国文明城市“三连冠”和国家生态文明建设示范县等10多项国家级荣誉。

▲山水新县

图片来源：新县人民政府网。

## 4.4.2 具体做法

### 4.4.2.1 加强生态环境保护和治理，生态环境常年保持优良

新县着力实施蓝天、碧水和乡村清洁工程，大力推进县乡村三级联动，完成气水土“三级合一”，环境质量持续稳定向好。农村面源污染治理全面推进，土壤污染监管、治理和修复体系逐步建立，化肥和农药实现零排放。大别山（新县）国家公园、香山湖国家水利风景区、香山湖国家湿地公园等“一区六园”保护与建设稳步落实。实行天然林、公益林永久性商业禁采、禁伐、禁改，对山场、河流登记建档，挂牌保护 1 500 棵古树名木，99.1 万亩公益林全部纳入森林保险，连续 40 年无重大森林火灾发生。科学划定生态保护红线，确定“三区三线”，严格界定准入范围。划定 5 个水功能区和 18 个集中式饮用水水源地

保护区，明确畜禽养殖禁养区、限养区、适养区，受保护地区占土地面积比例达 46.3%。

▲香山湖余畈村

图片来源：新县人民政府网。

### 4.4.2.2 推动"两山"转化实践探索，生态产业带动县域全面发展

新县积极发展农产品绿色加工产业，培育省、市级农业产业化龙头企业 30 家，制定 19 个特色农产品地方标准，认证"三品一标"农产品 13 个，面积达 25.7 万亩。以新兴产业为主导的绿色产业快速发展，河南骏通车辆有限公司 2012 年上半年专用汽车出口量货值达 4 453.7 万美元，出口市场也由过去的俄罗斯、中亚等国家和地区向欧洲、南美洲等地中高端市场挺进。万头奶牛示范项目、年轻派天然饮品、功能型果蔬汁饮品综合加工等一大批项目进展顺利。推动煤盐化工等传统工业转型升级，着力打造中原最大的精细化工基地。生态旅游业发展势头强劲，构建了以点带面、辐射全域的"九镇十八湾"乡村旅游

发展格局。共建共享，创业就业路径不断拓宽。设立 1 000 万元改善农村人居环境专项资金，提供保洁员、生态环境维护员等公益岗位 1 723 个、临时岗位 6 000 多个，有效带动了就业增收。坚持融合发展，产业扶贫成效不断扩大。建成了涵盖农业观光、果蔬采摘、美食体验等内容的创业示范基地 86 处，围绕大别山举办了多种文化旅游活动、节庆活动和文艺创作活动，叫响“赏花季”旅游品牌，培育乡村旅游经营单位、旅游民宿、休闲观光园区、乡村旅游特色村 70 多个。

▲西河湾生态旅游景区

图片来源：新县人民政府网。

#### 4.4.2.3 体制机制创新不断加强，“两山”建设能力不断提升

新县县委、县政府成立了“两山”实践创新基地工作指挥部，加强创建工作的组织和协调。坚持每年召开高规格、大规模的生态文明示范县建设工作会议，制定年度实施方案，明确年度目标和任务，签订目标责任书，年终进行考

核；实行环境保护“一票否决制”，定期对创建工作进行督查通报，及时发现问题并督促整改落实；坚决落实生态文明建设“党政同责、一岗双责”，先后制定了新县国家重点生态功能区产业准入负面清单、新县党委政府及有关部门环境保护工作职责、新县党政领导干部生态环境损害责任追究办法（试行）、《林政资源管理三十条》等文件。

#### 4.4.2.4 推动生态惠民共享，人民群众幸福感和获得感不断增强

新县致力于改善人居环境，强化城镇管理，扎实推进全国文明城市创建，开展城区公共秩序综合整治，城市管理工作连续多年排信阳市第一名，入围全国文明城市提名城市。推动城区增绿、庭院补绿和城郊复绿，打造十里滨河景观带，建成休闲公园20余处，打造“城市绿心”，让群众能够推窗见绿、出门赏绿。新县积极实施美丽乡村生态新县建设五年行动计划和美丽乡村建设“双十双百”工程，大力开展“三清、五改”活动，重点整治“八乱”现象，全县主干道两侧基本实现“一眼净”，集镇所在地、旅游景区景点和行政村基本达到“三无一规范”目标。创建省市级生态村106个，所有乡镇均成为省级以上卫生乡镇，改善农村人居环境工作连续多年位居省、市前列。新县不断扩大生态效应，建成产业扶贫示范基地189个，75%的贫困人口与130家龙头企业、新型农业经营主体建立了紧密的利益联结机制，通过入股股金、就业薪金、资产租金收入，每户年均增收3 000多元。新县不断完善生活保障配套政策，扶持力度持续加强，2019年73个贫困村易地扶贫搬迁工作全部完成，成为信阳市率先脱贫摘帽县。

## 4.4.3 主要成效

### 4.4.3.1 生态产业发展成效

打造“全域旅游+产业融合”的生态旅游模式，将全县作为一个大景区来谋划，将乡镇作为一个景点来构图，将村庄作为一个小品来设计，形成“处处是风景、路路是景廊、村村有游客中心”的全域发展态势，被新华社总结为“有景无点、有区无界、有门无票”。“山水红城、健康新县、大别山旅游公园”“九镇十八湾、全域游新县”两大旅游品牌享誉全国。新县建成红色旅游精品工程40余处，5个景点入选全国红色旅游经典景区名录。自新县成立研学旅游委员会以来，开发精品研学线路24条，建成红色教学点39处，叫响“大别红营”研学品牌，以大别山干部学院为代表的29家红色教育培训机构累计培训学员70万人次，大别山红色教育旅游品牌价值达38.62亿元。培育省、市级农业产业化龙头企业30家，发展茶叶30万亩，油茶28万亩，中药材3万亩，用材林30万亩，林业总产值达27.2亿元。6个特色农产品取得美国FDA认证，“新林玉露”被认定为国家驰名商标，“新县将军菜”被评为信阳市第一个农产品地理标志。积极推进茶产业转型升级，有效带动2.2万名群众稳定增收。

▲花海周湾

图片来源：新县人民政府网。

#### 4.4.3.2 生态扶贫成效

新县打造“合作社 + 生态景区 + 惠民”的生态扶贫模式，涌现出田铺大湾、创客小镇等典型案例，坚持不挖山、不填塘、不砍树、不大拆大建，形成了农家乐餐饮、特色民宿、观光体验等多种业态，实现了从美丽乡村到美丽经济的转变。通过农旅融合借绿生金，创建国家乡村旅游重点村 3 个，省级乡村旅游特色村 19 个，打造“新县味”系列农产品品牌 89 个，发展旅游商品 340 种，生态观光、田园采摘、赏花摄影等多元体验相映生辉。古韵民宿留住乡愁，发展精品民宿 119 处、农家乐 720 家，精品民宿宾客盈门。2018 年，新县游客数量超过 630 万人次，通过旅游业带动就业 5 万余人，对全县 GDP 贡献率达到 30%，22 个贫困村、7 683 名贫困群众通过发展旅游实现稳定脱贫。新县成为大别山革命老区首个贫困摘帽区域，贫困发生率从 14.9% 下降到 1.12%，具有典型示范作用。

▲英雄山上桃花开

图片来源：新县人民政府网。

#### 4.4.3.3 美丽乡村建设成效

新县植被覆盖率超过 95%，森林覆盖率达 76.7%，城镇建成区绿化普及率达 100%，人均公共绿地面积达 12.8 $m^2$，年空气优良天数稳定在 300 天以上，化肥、农药施用量实现零增长。全县实施农村公路三年行动计划，推进城乡交通运输一体化工程，打造旅游精品线，开通“九镇十八湾”旅游公交，以文化廊道、生态绿道、休闲漫道、登山步道为主体的旅游风景线串起村村落落。“畅游新县”智慧平台高效便捷，免费 Wi-Fi、5G 网络、分时预约、语音讲解提升游客体验，服务中心、旅游驿站、生态停车场“遍地开花”。新县先后荣获全省“厕所革命”先进单位、农村人居环境整治先进县、首批环境空气质量国家二级标准城市称号。

#### 4.4.3.4 乡村振兴文化发展成效

新县举办首届全国大学生乡村振兴创意大赛，创新创意在绿水青山间奔腾。集体产权制度改革全面完成，宅基地制度改革试点有序推进，闲置资源资产加速激活。实施“999”回归工程，开设“大别山旅游讲堂”，建成信阳市首家“中国淘宝村”，推行“点状供地”，发展“篱笆经济”，推动资源变资产、资金变股金、农民变股东。探索乡村文化合作社新模式，孵化文旅融合新产品，建成覆盖县、乡、村三级的新时代文明实践中心（所、站），定期举办乡村文化节。

▲田铺大塆民宿小巷

图片来源：新县人民政府网。

### 4.4.4 经验启示

近年来，乘着老区全域旅游、乡村振兴发展的春风，新县深入践行“绿水青山就是金山银山”理念，坚持生态文明建设，坚持体制机制创新，坚持生态环境保护。以绿色发展助力乡村振兴，积极探索出了一条“红配绿”的生态扶贫之路，立足“红色沃土”，算好“绿色账”，打好“绿色牌”，走好“绿色路”，推动了文化旅游、教育培训、体育健身、休闲养生等业态融合发展，带动了全县经济发展和生态扶贫，跃上了绿色经济的新高度。

#### 4.4.4.1 坚持生态立县，强化体制机制保障

新县树牢“红色引领、绿色发展”理念，把生态建设、绿色发展作为经济社会发展的重中之重，树牢理念和制度约束两手抓，在全县倡导树立生态意识，厚植生态环保的社会群众基础。新县用制度硬约束，将约 43% 的土地面积纳入

新县创建国家生态文明建设示范县规划的生态红线保护范围，并开展了综合整治行动，严厉打击乱挖、乱建、乱伐、乱采生态“四乱”，让生态“红线”成为“带电高压线”。先后出台了一系列生态保护、生态监管、生态环境损害责任追究办法等管理办法和政策措施，将生态保护和生态文明建设控制性指标写入地方政府工作报告，接受地方人大代表审议，从而使生态文明建设在领导力量、体制机制和目标管理等方面得到了强有力的保证。

#### 4.4.4.2 建管并重，持续提升生态环境质量

新县坚持生态环境保护与修复，努力提升生态环境质量和生态产品供给能力。实施严格的生态环境保护制度，在新县生态环境敏感性较高，生态系统重要性较高，对物种自然繁衍、生物多样性保护、区域生态安全维护具有重要作用的区域划定并严守生态红线，严格限制生态保护红线区域的开发与建设，最大限度地保留原有自然生态系统。实施林业生态提升工程，加强生物多样性保护，推进矿山生态治理，实施大气污染防治行动和水体污染防治行动，开展土壤污染普查。通过一系列生态环境保护和治理工程措施，新县生态环境质量稳步提升，生态保护成效显著。

#### 4.4.4.3 推动生态产业发展，让生态优势持续释放绿色动能

新县明确高质量发展重点方向，狠抓污染防治，做精、做优、做强特色生态产业。近年来，全县强化生态建设，加强大别山水土保持生态功能区保护，在河南省率先实行“林长制”，实施“美化大别·绿满山河”国土绿化三年行动计划，在全域打造城乡绿道、景观通道和生态廊道。生态文明建设在改变新县面貌的同时，也成为县域经济绿色发展的新动能。建立在良好生态环境基础上

的生态旅游、生态农业发展迅速，为新县的绿色发展提供了源源不断的生态动力。全县大力推动"两山"转化实践探索，充分提升生产产品供给能力，积极发展农产品绿色加工，引导新兴产业为主导的绿色产业发展，推动煤盐化工等传统工业转型升级，促进绿色环保与科技创新生态工业融合发展，使生态产业得到快速发展，生态产业活力不断增强。

#### 4.4.4.4 多措并举，积极拓宽生态扶贫方式

依靠大别山厚重的红色历史，新县被红色革命精神滋养着。新县立足自身优势，大力推进生态文明建设，以"红"配"绿"的发展模式搞活了乡村经济，实现了革命老区的亮丽"转身"。新县以"旅游+"为引擎，不断推进产业深度融合，大力发展全域旅游，延伸产业链条；鼓励农民"创客"探索"公司+合作社+农户"的运作模式，打造创客小镇并发展特色民宿，培育开发特色旅游产品，建立创业示范基地；围绕大别山举办多种文化旅游活动、节庆活动和文艺创作活动，打造红色教育培训机构，举办各类体育赛事，高度重视消费扶贫，用互联网平台拓宽特色农产品销售渠道，一系列创新举措"组合拳"助推了新县乡村振兴，带动了群众致富。

## 4.5 江西省浮梁县生态与产业齐飞助推乡村振兴

### 4.5.1 案例背景

浮梁县位于江西省东北部丘陵山区，区位优势明显，地处赣皖交界处，县域面积 2 851 $km^2$，素有"八山半水一分田，半分道路和庄园"之称，生态优势

得天独厚。浮梁县的生态地位突出，是饶河（昌江）的发源地，作为赣东北地区最重要的生态屏障和国家重点生态功能区，承载着整个流域重要的生态屏障功能，同时又地处全国9个生态良好地区和全国35个生物多样性保护优先区中的黄山—怀玉山脉生物多样性保护优先区域。浮梁自古以瓷、茶文化闻名于世，被誉为“世界瓷都之源”“中国名茶之乡”。

浮梁县始终牢固树立“绿水青山就是金山银山”发展理念，认真落实习近平总书记两次视察江西省“高质量发展打造美丽中国‘江西样板’”指示精神，把“山水林田湖草＋人”的生命共同体理念作为浮梁行动纲领，坚定不移地走“生态路”，打“生态牌”，全力做好治山理水、显山露水、“生态＋文化＋发展”三篇文章。浮梁县先后成为国家生态文明建设示范县、全国休闲农业与乡村旅游示范县、全国绿化模范县、全国无公害茶生产示范基地县和全国茶叶标准化示范县，走出了一条生态保护和高质量发展的新路子。

▲水木浮梁（古县衙灯会）

图片来源：浮梁县人民政府网。

## 4.5.2 具体做法

### 4.5.2.1 全面开展生态环境治理，筑牢绿水青山底色

浮梁县统筹实施山水林田湖草系统保护修复，大力推进"天然保护林工程""退耕还林工程""长江防护林工程""公益林保护工程"，在全省最早施行天然阔叶林和公路沿线1 000米以内的林木禁伐政策，筑牢生态安全底线。联动治水、治气、治土、治废，开展"三烟三气四尘"共治，推进中小河流治理、山塘整治、河道清洁专项行动等水环境综合整治，全方位提升环境质量。以城市"双创双修"和美丽乡村建设为抓手，在全省首创第三方购买服务运维的城乡垃圾一体化处理模式，做到垃圾"日产日清""垃圾不落地"。稳步推进海绵城市建设和农村"三清两改"，实施城乡人居环境整治一体化，获评国家卫生县城，不断擦亮绿水青山的底色。

▲臧湾乡史字园新农村

图片来源：浮梁县人民政府网。

### 4.5.2.2 开拓“浮梁茶”的崛起之路，重塑“浮梁茶”品牌

浮梁县大力实施“浮梁茶”品牌战略，坚持绿色生态发展，提升茶业品质、品牌，依托浮梁生态优势提高浮梁茶的核心竞争力，推动浮梁茶崛起。大力推动茶产业发展，培育绿色茶产业，打造30万亩绿色有机茶园基地，推动有机茶生产技术的普及与提升。以“浮梁茶”为主品牌，以有机茶基地建设和“三品一标”认证提升产业品质，推进茶产业纵深发展。创新浮梁有机茶经营模式，促进农业生产经营方式的转变，通过土地入股、资金入股的方式，实施“公司+基地+农户”的经营模式，将山林及茶园划归公司统一经营和管理，实现公司和农户利益共享。“浮梁茶”品牌成为中国茶叶区域公用品牌价值评估中最具品牌资源力的三大品牌之一，荣获第四届亚太茗茶特别金奖，成为首批入驻中国茶叶博物馆的品牌之一，同时荣获国家地理标志保护产品，多次荣获国际和国内金奖。

▲康湾新佳生态有机茶园

图片来源：浮梁县人民政府网。

#### 4.5.2.3 充分挖掘瓷文化内涵，点亮“世界瓷都之源”品牌

浮梁县拥有深厚的陶瓷文化底蕴，位于浮梁县瑶里镇高岭村的高岭景区，是古代景德镇制瓷业最重要的原料产地，也是国际通用黏土矿物学专用名词“高岭土”的命名地。浮梁县深入挖掘浮梁陶瓷文化的深厚内涵，充分结合浮梁的山水优势，推进陶瓷相关生态产业发展。积极做好高岭土、矿坑、窑址等古陶瓷文化遗址的保护利用，通过划定矿山自然保护区、实施矿山环境治理保护和东埠—高岭传统村落保护等项目，让品牌得到更为充分的展示。按照“政府引导、企业参与、市场化运作”的思路，建设“高岭·中国村”项目，深度打造集瓷茶文旅、生态农业、论坛培训、运动康养、旅居文创等功能业态于一体的“三生合一”国家级田园综合体。依托景德镇陶瓷大学等高等院校的研发优势，大力培育陶瓷产业新动能，培育三龙高档建筑陶瓷产业集群和湘湖特种陶瓷产业集群。

#### 4.5.2.4 推动“绿、古、红”“三位一体”融合发展，打造健康旅游目的地品牌

依托浮梁县“绿、古、红”等独具文化生态特色的旅游资源和交通区位优势，围绕“发展全域生态旅游、建设生态旅游胜地”的目标，以“两景区两名村”建设为重点，不断丰富旅游主题和产品，延伸旅游产业链，挖掘旅游激活全局的综合功能。一是“请进来，借势发展”。浮梁县先后引进总投资 10 亿元的蛟潭镇礼芳花千谷乡村旅游项目、江西长运集团投资的沧溪旅游开发项目、投资 3 亿元的经公桥镇红旗峰生态旅游项目、景焦集团总投资 50 亿元的田园综合项目。二是“走出去，唱响品牌”。浮梁县充分利用环鄱阳湖自行车大赛、

全球“绿鞋行动”（大型徒步）平台，开展大型健康徒步、自行车出游等活动，举办漂流节、帐篷节、瓷博会、旅游形象大使选拔赛、“浮红故里·印象严台”古茶园开园活动等大型文化宣传活动，提升浮梁生态旅游品牌的知名度和认知度。

▲江村乡严台村传统古村落

图片来源：浮梁县人民政府网。

## 4.5.3 主要成效

### 4.5.3.1 生态环境质量名列前茅

截至2019年，浮梁县森林覆盖率高达81.4%，天然林保护面积达103万亩，生态环境状况指数始终保持优级，均位居江西省前列，被评为全省造林绿化工程建设通道绿化先进县和森林资源保护先进县，是全国森林可持续经营试点县。2019 年浮梁县环境空气达标天数为 337 天，空气优良率达 92.3%，空气质量持续保持优良。地表水环境质量优良率连续三年保持 100%，地表水水质和集中式饮用水水源地水质总体为优。

#### 4.5.3.2 生态资源优势带来"百姓富"

浮梁县立足生态资源优势，大力发展生态产业，形成了"生态产业为基础、文化产业为灵魂、康养产业为配套、旅游产业为抓手"的发展格局，综合实力稳步提升。浮梁县地区生产总值由 2015 年的 100.1 亿元增至 2019 年的 136.22 亿元；增长了 36%，农村居民人均可支配收入由 2015 年的 12 769 元增至 2019 年的 18 014 元，增长了 41%；城镇居民人均可支配收入由 2015 年的 23 674 元增至 2019 年的 32 708 元，增长了 38%。通过实施"浮梁茶"品牌战略，浮梁县也被评为"全国魅力茶乡""中国名茶之乡"。"浮梁茶"在全国茶叶区域公用品牌评估体系中的品牌评估价值达到 23.76 亿元。2019 年，浮梁县茶园总面积达 19.52 万亩，有机管理标准 6 万亩，有机茶园比例高达 30.7%。茶叶产值大幅提升，由原来的几十元 1 斤卖到 500 元以上 1 斤，2019 年茶叶一产产值达 7.35 亿元，综合产值达 17 亿元，茶农队伍扩大至 6.1 万人，人均涉茶收入达 1.2 万元，初步实现了"生态美"与"百姓富"的统一。

#### 4.5.3.3 "两山"型现代化产业体系初步形成

浮梁县立足茶、瓷、林、田、矿、水、竹、校等资源禀赋，坚持一二三产业融合，生态、生产、生活一体，以瓷茶一体、农林竹水、先进陶瓷材料、绿色矿业、文创产业、康旅产业、通用航空物流和数字经济八大产业为主攻方向，积极发展现代智慧农业、新型绿色工业和现代服务业，初步形成具有浮梁特色的“两山”型现代产业体系，三次产业比例由2015年的13.0：59.6：27.4优化到2019年的14.4：49.5：36.1，服务业对经济的贡献率由22.5%提升到37.1%；高新技术产业增加值占全县生产总值比重提高到7.5%。

▲水木浮梁（古县衙灯会）

图片来源：浮梁县人民政府网。

### 4.5.4 经验启示

浮梁县内化于心、外化于行，把“绿水青山就是金山银山”理论作为推动高质量发展的“定海神针”，立足生态资源优势，发挥区位优势，积极探索绿水青山转化为金山银山的有效途径，大力发展生态产业，把生态价值化为经济价值，坚持历史文化打头、生态空间打底、特色产业打样，推动城乡资源有机融合和乡村振兴绿色发展，呈现出“一户一景点、一村一画面、一路一风景、一镇一天地”的浮梁新貌。浮梁县的“生态与产业融合发展”的振兴模式适用于生态资源丰富的地区，充分发挥生态优势，以生态为抓手，积极探索将生态资源转化为人文资源、产业资源的方法，积极探索"两山"转化模式，推动"转"的通道多起来，使"转"的成效可持续，努力创建"两山"型现代化产业体系，实现生态、生产、生活一体化发展。

## 4.6 浙江省丽水市创新林权改革促生态市场交易

### 4.6.1 案例背景

丽水市地处浙江省西南部，地貌特征为典型的"九山半水半分田"。林地面积约 2 199.19 万亩，森林覆盖率达 81.7%，均位列浙江省第一，素有"浙江绿谷""浙南林海"之称；同时，丽水水系交错，河流众多，境内大小河道近万

▲龙泉市出台惠民政策

图片来源：丽水市人民政府网。

条。丽水市依托生态环境、气候条件、山区资源等天然优势，加强政策创新，“林权改革”“河权到户”等首创性改革获得成功，唤醒了森林、河道等“沉睡资产”，积累了生态资源价值转化的先进经验，成为生动的“绿水青山就是金山银山”金融实践样板。

## 4.6.2 具体做法

### 4.6.2.1 完善配套，为林权改革做好基础保障

在林权改革过程中，针对山区林农抵押难、融资难这一阻碍林业发展的核心问题，丽水市建立健全配套政策和机构平台，提高金融机构参与度，为林权改革做好各项基础保障。制定出台一系列制度文件，形成了覆盖林权确权发证、价值评估、抵押登记、贷款发放、交易流转、司法处置、风险缓释、财政奖励等方面的完善的制度体系。构建起“三中心一机构”的平台体系，即林权管理中心、森林资源收储中心、林权交易中心和森林资源资产调查评估机构，职能覆盖林权评估、抵押登记、流转交易、抵押担保、不良贷款处置等各环节和流程，建立起一套规范高效运行的森林资源流转和林权抵押贷款平台。深入推进林业金融服务扩面增量。丽水市涉农金融机构参与面达100%，国有商业银行、股份制商业银行、城商行等也普遍参与，形成全面参与林权抵押贷款的金融服务体系。

▲景宁大张坑“拥军贷”助力乡村发展

图片来源：丽水市人民政府网。

#### 4.6.2.2 敢为人先，为林权改革插上创新翅膀

从 2006 年开始，丽水市就开始探索林权制度改革，在完善了政策环境和平台框架的基础上，结合林农实践，创新性地推出了林农小额循环贷款、林权直接抵押贷款、森林资源收储中心担保贷款、林地流转经营权抵押贷款、生态公益林补偿收益权质押贷款等多品种林权抵押贷款产品，有效满足了不同经营类型、不同资产状况的贷款主体的资金需求，最大限度实现了金融普惠，并且在这一过程中不断优化流程，化解制度障碍，增强林农获得感。2008 年丽水市庆元县在全国首创推出“统一评估，一户一卡，随用随贷”的林权信息系统（“林权 IC 卡”），随后在丽水市及至浙江省全省推开。作为山林的“电子身份证”，“林权 IC 卡”以“数字档案”记录了林农拥有林权的详细信息及资源资产评估价值，极大地便利了林农贷款，林权抵押贷款办理时间从一周缩短为一天。针对新型林业经营主体权益难保障、流转林地难融资等问题，2013 年，龙泉市在

全国率先将林地使用权分解为林地承包权和林地经营权，为流转林地的经营主体颁发《林地经营权流转证》，并协调金融部门开展《林地经营权流转证》抵押贷款，以此激励林权流转，推动林业产业化经营，实现了“人人有山，不是人人经营山林，但人人都能从中受益”的愿景。针对丽水市公益林面积大、补偿金收益稳定且总额高，但林木资产处置难、缺乏有效开发利用，广大林农难以开展生产和经营活动的具体情况，丽水市积极开展绿色金融创新，建立了公益林补偿收益权证明制度，根据公益林补偿收益权归属和补偿标准，打造了直接质押贷款、收益担保基金贷款和收益权信托等多种公益林补偿收益权质押融资模式。此外，依托林下经济的预期收益，丽水市在全国率先试行林下经济预期收益贷款，为林农拓宽融资渠道提供了新路子。

▲云和雾溪“两山转化”村企合作促进生态产品价值实现

图片来源：丽水市人民政府网。

#### 4.6.2.3 互助担保，为林权改革设置安全防线

森林资产发生不良贷款后不易变现，是制约金融机构向林农提供贷款积极性的重要原因。为此，丽水市在林农互助合作担保方面挖掘潜力，摸索出一套行之有效的贷款风险控制模式，即由农村互助担保组织为农户贷款提供第三方担保。农村互助担保组织由村集体、农民专业合作社自有资金、村股份经济合作社资金、农户入股资金、公益林补偿收益基金等组成，设立农户贷款担保基金。入社社员向金融机构申请借款时，农村互助担保组织为贷款提供担保，而农户以自身相关财产向农村互助担保组织提供反担保，银行则给予一定的利率优惠。社员需要贷款时，由合作社自行组织信贷调查、资产评估和不良贷款处置变现。通过农村互助担保，盘活了农房、承包地、林地等农村产权，从而提高了农民贷款的可获得性和便利性。

#### 4.6.2.4 权责统一，为治河难题寻得新动力

丽水市河道众多，长期面临着河道保洁和管理任务繁重但相关预算却十分有限的难题。在林权改革的基础上，自 2014 年起，丽水市开启了以“河权到户”为主要思路的河权改革，将河道经营收益和河道维护义务统一起来，建立起“以河养河”的长效管理机制。丽水市的“河权改革”，就是把河道经营权像承包田、承包山一样分段承包出去，承包人有权在河道经营特色渔业、乡村休闲旅游，但也要负责河道的日常管护。权责统一的模式变被动治水为主动治水，变政府治水为共同治水，变管理短板为长效样板，实现了“以河护河”的目标。通过承包这种市场化的办法，政府不用再出钱请人就可以保持河道清洁，而经营权承包到村、到户、到人，激发了群众的智慧和创业热情，有助于挖掘出河道资源的潜在价值。

### 4.6.3 主要成效

#### 4.6.3.1 分权、确权的基础性工作成效显著

在林权改革、河权改革中，丽水将“分权、确权”作为建立生态产品价值实现机制重要的基础性工作。例如，积极推进自然资源确权登记，率先在全国试行林地经营权流转证制度，对流转的林地经营权进行确权；全面推进“河权到户”改革，建立了“以河养河”的长效管护机制等。在确权明晰的基础上，对应的权利和义务才会更明确，才能更好地调动群众的积极性，绿色金融的基础也才更牢靠。截至 2019 年 12 月底，丽水市累计完成了 346 条（段）河道的“河权到户”改革，约 1 520 km，覆盖 54 个乡镇、234 个行政村，每千米河道年均增收 8 000 元以上。

#### 4.6.3.2 信息化管理水平全面提升

丽水在全国首创“林权 IC 卡”制度，将每户拥有森林资源的具体信息储存其中：一是简化贷款评估程序，对普遍“散、小、多”的山林，无须再逐个、逐片现场评估，节约了人力、物力，方便了林农贷款；二是规范了林权档案，“图表册”一致的林权地籍信息，为林业信息化原始数据“打了底”，有利于森林经营方案编制、森林采伐管理和资源保护；三是保障了林农权益，解决了林业“三定”中林权四至不清的问题，把山林纠纷的隐患减到最少；四是改善了信用环境，银行对林农授信、信用贷款有了基础信息依据。截至 2020 年 8 月底，丽水市累计发放林权抵押贷款 231 162 笔，合计 281.8 亿元，贷款余额 65.34 亿元。

#### 4.6.3.3 风险控制建设持续提升

通过农村互助担保组织，充分发挥了乡村熟人社会信息优势，填补了第三方中介机构的缺失，化解了涉农资产评估难、林农担保难问题，而且手续简便、融资成本低，同时在很大程度上为银行规避了发生不良贷款时处置森林资产的难题，实现了多方共赢。

▲“街乡共治”开启社区治理新篇章

图片来源：丽水市人民政府网。

### 4.6.4 经验启示

丽水市全面推进集体林权制度改革，探索生态产品价值实现市场化机制，成立林权管理中心、林权交易中心、森林资源评估中心、林权抵押贷款服务中心，建立生态信用体系、生态产品交易体系，在保障农民权益的基础上，引导农民探索林权流转、规模经营新模式，采取转让、分成、租赁、托管、入股、互换等方式进行林权流转，形成了家庭林场型、托管林保姆型、股份合作型、租赁经营型、专业合作型等多种新型林业经营市场主体，破解了盘活森林资源资产、以林权作为抵押物贷款和经营权发证三大难题，唤醒了大山里“沉睡资产”，通过全面提升信息化管理水平，因地制宜地做好风险控制、分权确权等基础性工作，充分调动群众共建共治共享的积极性，让美好生态成为“经济要素”，促使绿色金融的基础更加牢靠。丽水市林权改革新举措，使林权的责、权、利清晰化、稳定化和法律有效化，实现了“山定界，林定权，人定心”“活树变活钱”“生态变资产”，为全国其他地区充分发掘生态资源潜在价值，发挥市场经济配置功能，努力打通“绿水青山”向“金山银山”的转化通道，提供了许多可供参考与借鉴的宝贵经验。

## 4.7 浙江省安吉县“两山银行”助推生态资源变资产、资本

### 4.7.1 案例背景

安吉县位于浙江省西北部，地处长三角地理中心，是黄浦江的源头、杭州都市圈重要的西北节点，县域面积 1 886 $km^2$。境内“七山一水二分田”，层峦叠嶂、翠竹绵延，被誉为“气净、水净、土净”的“三净之地”。安吉县属中亚热带常绿阔叶林北部亚地带，生物种属南北兼蓄，种类繁多，植被覆盖率达 75%，森林覆盖率达 70.1%。2020 年，全县地区生产总值 487.06 亿元，财政总收入首次超过 100 亿元。安吉县是习近平总书记“绿水青山就是金山银山”理念的发源地、中国美丽乡村的发源地，是首批“绿水青山就是金山银山”实践创新基

地，第二批国家生态文明建设示范县，是首批中国生态文明奖、全国首个“联合国人居奖”获得县。

▲绿水青山就是金山银山

图片来源：安吉县人民政府网。

借助独特的资源禀赋和区位条件，多年来安吉县忠实践行“两山”理念，聚焦聚力改革创新，探索走出了一条生态美、产业兴、百姓富的绿色发展之路。2020年，为提高“两山”转化集约化、品牌化程度，打破约束实现高水平“两山”转化的“瓶颈”，安吉县委、县政府经深入研究，在全国率先印发了“两山银行”试点实施方案，积极开展“两山银行”试点，“存入”绿水青山，“取出”金山银山。借鉴商业银行分散化输入、整体化输出的模式，通过搭建政府引导、市场化运作、社会各界参与的生态资源运营服务体系，在全县域推行统一模式下的生态资源储蓄交易，进一步提升生态资源价值，加快构建生态产品价值高水平实现机制，拓宽生态资源变资产、资本的转换途径。

## 4.7.2 具体做法

### 4.7.2.1 政府主导，构建“两山银行”系统运营体系

以安吉县国有公司（城投集团）为主，成立县级生态资源资产经营管理平台公司（以下简称“两山”公司），组建起收储部、数据部、评估部、信用部、交易部、风控部等部门，在确权登记和自然资源“三权分置”改革的基础上，分别行使产权收储和资源提升、资源测量和动态管理、资源价值评估、资源项目增信、资源打包和市场交易、全过程风险控制等功能。

### 4.7.2.2 摸清资源资产，形成一张清单

安吉县借力卫星遥感、区块链等数字化手段开展资源调查，全面摸清生态家底，合理评估生态资源资产价值，加快推进资源资产确权登记，通过数据整合，形成生态资源清单、产权清单，将数据导入“两山银行”平台，加强自然资源资产监测管理。

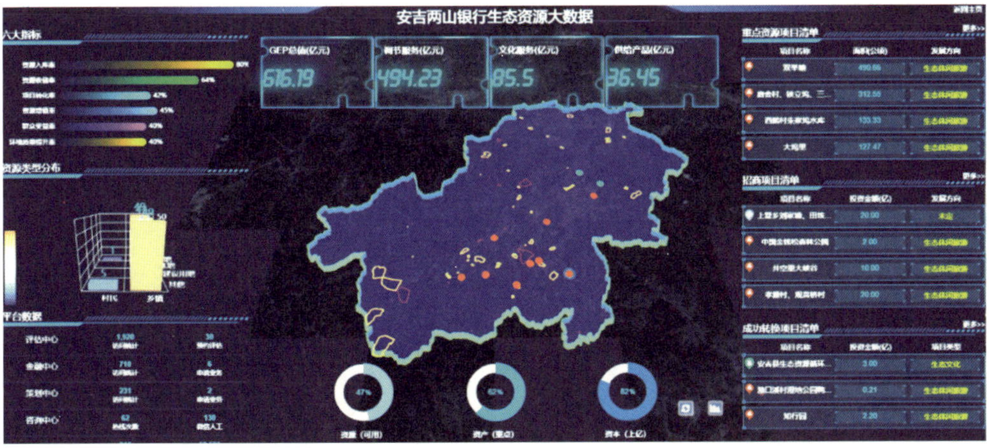


▲安吉“两山银行”生态资源大数据平台

图片来源：安吉县委宣传部。

#### 4.7.2.3 整合提升生态资源，形成自然资源资产项目包

安吉县对闲置资源及低效开发项目，通过采取租赁、入股、托管、赎买等形式集中收储，将资源流转到县“两山银行”平台，由县“两山”经营公司或项目公司对分散资源进行整合提升，形成集中、连片、优质的自然资源资产项目包。同时，安吉县建成项目库，开展项目招引，通过混合所有制、股份合作、委托经营等方式，发展现代农业、乡村旅游、健康养生、文化创意、精品民宿等新产业、新业态，提高资源综合利用效益。

▲“荣耀天空之城”景区

图片来源：安吉县委宣传部。

#### 4.7.2.4 健全服务体系，探索机制创新

安吉县聚焦推进资源变资产、变资本过程中的难点和堵点，着力完善咨询服务机制、项目招引机制、金融保障机制，强化专业咨询服务支撑。健全技术咨询服务购买制度，组建专家委员会，引进高水平专业咨询机构，为生态资产资本化和产业化提供技术支撑。大力引进优质产业投资机构、优秀运营管理团

队开展合作，强化金融保障服务，推动与金融机构合作设立绿色产业、乡村振兴等发展基金，优先支持生态产品价值实现项目。

#### 4.7.2.5 集成改革试点，稳步有序推进

在资产清单的基础上，安吉县深入开展集中调研，选取上墅、天荒坪、孝丰、报福、章村、杭垓、梅溪等乡镇开展试点，在生态资源的评估、流转、交易、经营、管理等方面形成一批典型经验和制度成果。同时，根据实际情况，建立试点动态调整机制，将试点乡镇“两山银行”创建工作纳入考核。聚焦山水林田湖草等生态资源，积极探索推进农村闲置宅基地和闲置农房“三权分置”改革，健全完善农村集体经营性建设用地入市配套制度，全面推进省级山水林田湖草生态修复试点和生态产品价值实现机制试点工作。

▲闲置屋顶变身“阳光存折”

图片来源：安吉县人民政府网。

#### 4.7.2.6 立足合作共赢，探索共治共享机制

探索政府、集体、村民三方共同参与的治理模式，建立完善分级分类的资源资产管理体系，搭建县乡（镇）两级“两山银行”，由金融机构为乡镇银行提

供资金支持、银行运营模式和资源资产管理发布系统等要素保障。同时，完善"企业 + 集体 + 合作社 + 村民"等经营模式，鼓励村集体经济组织入股项目公司，形成企业、集体、村民利益共享机制。初步形成"老百姓创业增收、村集体经营壮大、投资方创收盈利、乡政府实力增强"的四级联动共赢体。

## 4.7.3　主要成效

### 4.7.3.1　搭建了资源向资产和资本转化的平台

"两山银行"通过建立自然资源运营管理平台，从全县域层面，将零散的、散落在各地的生态资源整合转化和提升，并引入社会资本和专业运营商，从而将资源转变成资产和资本，使生态产品有了价值实现的基础和渠道。通过建立生态资源"确权（调查）—分权（发证）—用权（担保）—放权（信贷）—活权（交易）"的权属管理机制，推动了生态资源权益交易，不断健全生态产品经营、开发机制。目前安吉入库县域生态资源转化重点储备项目有 108 个，总计划投资超 200 亿元，包括存量建设用地约 2 000 亩、集体经营性建设用地约 5 000 亩、林地 10 万余亩、水域约 1 $km^2$、闲置农房 200 余幢等。统一招商"两山"项目 24 个、总计划投资达 200 亿元，盘活闲散存量用地 262 亩。

### 4.7.3.2　提高了资源价值和生态产品价值

通过"两山银行"对已验收和往年的垦造耕地项目进行土地管护、地力提升、落实种植等，确保垦造耕地项目长期、有效、稳定地发挥最大效益。第一批重点推进的 23 个抛荒整治示范村建设，涉及 7 个乡镇（街道），已完成一次翻耕面积 5 210 亩，经村集体流转的种植面积达 2 783 亩。通过构建以"'两山'

农品汇”“安吉白茶”等核心品牌为主的地域特色公用品牌体系，强化生态产品质量监管，推动“好生态变成好产品、好产品推动好品牌”，促进了生态产品价值增值。

#### 4.7.3.3 促进了农民就业增收

通过建立“两山银行”、村集体和农户收益共享机制，确保农户共享“两山”转化红利。“两山银行”已与华墅乡上墅村、园林村开展合作，分别收储 302.42 亩和 429.7 亩耕地，承诺每亩每年分红不低于 450 斤稻谷（585 元）。自“两山银行”建设以来成功转化文旅融合、闲置资源盘活等项目 19 个，涉及 10 个乡镇（街道）、19 个村（社区），营业收入 2.25 亿元，村集体经济增收 1 100 余万元，解决群众就业 1 430 余个；同步推进文旅融合、闲置资源盘活、循环经济等项目 18 个，预计建成运营后，年度营收超 3 亿元，村集体经济增收超 1 400 万元，解决群众就业岗位 1 600 余个。

▲梅溪镇小溪口村水产养殖基地

图片来源：安吉县人民政府网。

#### 4.7.3.4 打通了生态产品价值实现的渠道

立足资源禀赋和区位条件，安吉县引进“竹林右转”项目、“天目之麓·亲子研学村”项目、“安吉红蕊天芎药谷”项目、“智慧美丽牧场”项目落户。通过“招项目、引项目、推项目”，不断夯实“两山银行”改革试点要素保障。“两山银行”运行以来，县域生态产品价值翻番，县域生态资源价值转化取得明显成效。2020 年全县村级集体经济总收入同比增长 13.1%，生动诠释“存入绿水青山，取出金山银山”的绿色发展实践。

### 4.7.4 经验启示

安吉县“两山银行”参照商业银行运作模式，将零存整取的概念延伸至生态资产资源开发领域，将碎片化的生态资源进行规模化的收储、专业化的整合、市场化的运作，把生态资源转化为优质的资产包，从而实现“两山”正规优质

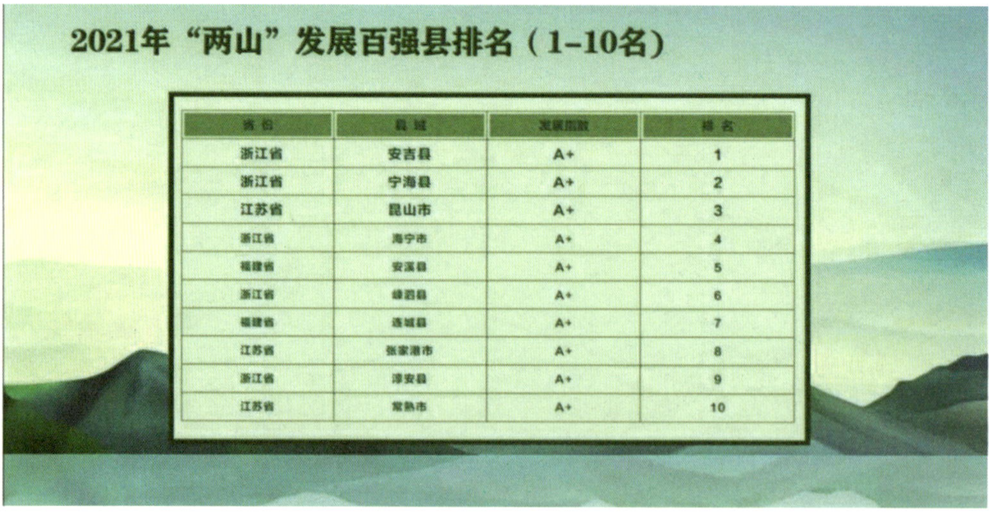


▲安吉连续四年荣登全国“两山”发展百强县榜首

图片来源：安吉县人民政府网。

高效的转化。“两山银行”着力做好资源汇聚、资源流通、资源升值的文章，同时发挥平台功能，形成“生态资源管理、生态资源招商、产业融合发展、生态资源交易、融资担保、生态修复”的功能定位。安吉县创新探索“两山银行”改革试点，推动生态资源向资产资本转化，打通了“绿水青山”向“金山银山”转化的通道，这是安吉县高质量打通“两山”转化新通道的新实践，为助力乡村全面振兴、更好实现共同富裕提供了转化路径和示范样板。

## 4.8 江西省崇义县推动绿色金融改革助力“两山”转化

### 4.8.1 案例背景

崇义县位于江西省西南边缘，总面积 2 206.27 $km^2$，下辖 6 个镇、10 个乡。属中亚热带季风湿润区，常绿阔叶林生物气候带；境内山脉纵横交错，群峰起伏连绵，地势由西南向东北方向倾斜；分布大小河流 83 条；森林资源丰富，有“江西省绿色宝库”之称。崇义县素有“九分山半分田，半分道路、水面和庄园”之称，是全国南方集体林区重点林业县，先后获评全国重点林业县、全国绿化模范县、国家森林城市、国家园林县城、国家卫生县城等称号，是履行《联合国森林文书》示范单位、第二批国家生态文明建设示范县、第三批“绿水青山就是金山银山”实践创新基地。2020 年，崇义县获评第二批国家农村产业融合发展示范园、全国第三批农村创业创新典型县。

▲江西崇义客家梯田

图片来源：崇义县生态环境局。

近年来，崇义县秉持“绿水青山就是金山银山”理念，紧密结合优越的生态优势、独特的环境资源，积极探索绿色金融有效途径，制定了崇义县绿色金融改革试点实施方案；探索建立标准体系、绿色企业库、绿色项目库，并实行动态管理，推动绿色项目建设；加大绿色信贷投放，组建崇义林权收储中心，推广林权抵质押贷款模式，创新特色产业绿色信贷产品，建立绿色贷款风险补偿机制，加大再贷款支持力度，简化绿色信贷审批流程，让绿色金融更好地服务绿色产业。崇义县绿色金融改革的生动实践，打通了“绿水青山”与“金山银山”之间的双向转换通道，让生态资源优势和资本优势更好地衔接与融合，有效推动绿色生态优势向经济发展优势转变，助力县域经济社会高质量发展和生态文明建设双促进，走出了一条绿色金融助推高质量发展的新路子，打造了县域绿色金融改革的“崇义样板”。

## 4.8.2 具体做法

### 4.8.2.1 强化顶层设计，建立完整的绿色金融发展规划

2020 年 9 月崇义县印发《崇义县绿色金融改革试点实施方案》，是江西省唯一的县级绿色金融改革试点实施方案，制定县级绿色金融标准体系，出台《崇义县绿色企业认定方法》《崇义县绿色项目认定方法》等文件，进一步明确绿色金融体系建设与政策支持方式，形成多层次绿色金融组织体系和多层级服务支撑体系，为推进县域绿色金融改革奠定坚实基础。

### 4.8.2.2 优化保障机制，成立绿色金融改革试点工作领导小组

崇义县设立了专门的绿色金融服务办公室，统筹协调推进全县绿色金融改革试点工作。县财政每年统筹安排 200 万元专项支持绿色金融发展，将绿色金融纳入县域高质量发展考核评价体系，对完成指标任务的金融机构给予财政奖励，推动绿色金融改革落地见效。

### 4.8.2.3 优化企业融资平台，推动生态资源资产运营

崇义县创新设立中国银行生态支行，打造生态资源资产运营机构；依托崇义绿色生态板块股权市场服务平台资源，出台了《崇义县加快推进企业股改挂牌上市的实施意见》，建立绿色企业信息共享机制，大力扶持县域绿色企业股改上市。兰洋福苑和田润农业等绿色企业先后完成股改，齐云山食品、力道新能源 2 家绿色企业相继启动股改进程。

### 4.8.2.4 创新开发绿色保险，推动资源优势有效转化

崇义县围绕刺葡萄、高山茶等特色产业，创新开发特色农产品气象指数保

险、产量保险、价格指数保险、收入指数保险等独具特色的保险产品，同步优化县级财政补偿标准。开展环境污染强制责任险和生猪“保险 + 期货”试点，创新生态环保商业保险，推动资源优势向发展强势转化，累计为上堡梯田、阳明山森林公园等核心景区提供 2 700 万元的风险保障金。

#### 4.8.2.5 拓宽绿色信贷渠道，助力绿色经济发展

开展绿色债券、绿色基金等金融服务，创新“政—企—银”对接合作机制，设立“绿色产业融合信贷通”，以“政府 + 龙头企业”的方式共同设立 5 000 万元的风险保证金，撬动 4 亿元银行信贷资金，为绿色融资项目提供全方位、专业化的金融信贷服务。

### 4.8.3 主要成效

#### 4.8.3.1 绿色金融加速产业融合

充分发挥三产融合发展示范园集聚效应，创新设立绿色金融服务中心，成功争取到亚洲开发银行 2 400 万美元、世界银行 3 000 万美元的低息贷款投入绿色产业和项目。借助“信贷通”等绿色金融产品，组建崇天然公司，推动崇义水饺、高山茶、刺葡萄等特色产业融合发展。2020 年，江西章江源旅游发展有限公司推动发行 5 亿元绿色项目收益专项公司债券，崇义县水务集团推行 2 亿元 ABS（Asset Backed Securitization）融资，实现绿色信贷余额 32 亿元，占全县贷款余额的 30%，同比增长 73%。目前，全县 1 家绿色企业挂牌上市，9 家绿色企业完成股改，6 家绿色企业在标准层挂牌，24 家绿色企业在展示层展示。

#### 4.8.3.2 绿色金融助推林业发展

《崇义县绿色金融改革试点实施方案》获批后，崇义县结合林业工作实际，制定出台《崇义县绿色金融助推林业发展的实施方案》《崇义县国有森林资源资产有偿使用办法（试行）》《崇义县绿色金融助推林业发展实施方案》等扶持政策，率先在全市设立“两山银行”，组建林权收储服务中心，设立林权收储“一链式”服务窗口，为林业林权资产资本化铺路搭桥。创新林权抵押担保形式，采取“政府＋协会”合作出资的方式，设立5 000万元林权收储保证金，存入银行作为贷款风险保证金撬动合作银行不低于8倍的贷款，用于从事林业生产活动贷款，加快资源资本化、资本资金化，全面激活林业“沉睡资产”，有效解决了过去“银行机构向林业产业贷款内生动力不足”的问题。

▲赤水仙有机茶园

图片来源：崇义县生态环境局。

#### 4.8.3.3 绿色金融赋能品牌增值

崇义县依托绿色金融支持，在实施生态品牌建设过程中引入绿色众筹、区域共建等创新形式，构建起"1+N"区域公共和企业品牌相结合的"母子"品牌体系，进一步推动生态产品品牌价值有效提升。最新发布的"崇水山田"区域品牌仅一个月的产品销售额就突破1 000万元。2020年，崇义高山茶获中华品牌商标博览会金奖，上堡大米获得第二届江西"生态鄱阳湖 绿色农产品"博览会产品金奖，上堡雪竹春绿茶和华森王生态板2个品牌获评江西名牌产品。

▲君子谷刺葡萄

图片来源：崇义县生态环境局。

#### 4.8.3.4 绿色金融提升绿色生态

崇义县依托绿色金融支持，实施生物多样性保护重大工程，精准提升森林质量，并依托资源禀赋优势，成功创建了全国首批县级国家森林城市、全国森林康养基地试点建设县。目前，崇义县建成商品材基地140万亩，森林经营样板示范林基地51万亩，拥有国家级自然保护区1个、省级自然保护区2个、国家湿地公园1个。成功创建省级生态乡镇10个，省级生态村10个，市级生态村83个，市级以上生态村占全县行政村总数的75%。

▲君子谷野果保护区部分野果集锦

图片来源：崇义县生态环境局。

### 4.8.4 经验启示

崇义县立足资源禀赋，积极探寻新思路、新方法、新机制，优化政策、资源、资金等要素供给，全面夯筑绿色金融发展根基。通过推进绿色金融产品和服务创新，拓宽绿色企业融资渠道，引导更多资金流向实体经济，全面提升了实体经济发展的内生动力，推动生态资源变资产，绿色生态经济贡献率超过60%，为县域经济高质量发展提供了有力支撑，实现了“金山银山”反哺“绿水青山”，打造了县域绿色金融改革的“崇义样板”。崇义县绿色金融改革发展模式适用于生态资源禀赋好、产业基础强、创新要素集聚程度高的地区，以绿色金融助推产业协同发展、品牌增值，打造县域高质量发展的“绿色引擎”。

## 4.9 浙江省衢州市引领绿色金融改革走出绿色发展之路

### 4.9.1 案例背景

衢州市位于长江三角洲地区，浙江省西部，金（华）衢（州）盆地西端，有“四省通衢，五路总头”之称。衢州是一座生态山水美城，因山得名、因水而兴，地处钱塘江源头，全市森林覆盖率为71.5%，是浙江省乃至华东地区重要的生态屏障。但衢州市也是浙江省传统的重化工业基地，形成了以化工、机械、水泥、造纸等为主导产业的重化产业结构，重工业比重达到68%。重化产业结构与生态文明建设的矛盾日益凸显，为保护良好的生态环境，完成省委、省政府交给衢州“确保一江清水送杭城”的政治任务，亟须发展绿色金融，促进传统产业转型升级，助推生态文明建设。

自2017年获批全国首批绿色金融改革创新试验区以来，在中国人民银行指导推动下，衢州市金融机构结合当地实际，秉持“绿色＋特色”理念，积极开展区域绿色金融改革创新实践，努力建设绿色金融的“五个支柱”，有效地推动了地方社会经济的绿色转型和可持续发展，积累了许多宝贵经验。

▲柯城区“衢州有礼”诗画风光带示范段

图片来源：衢州市农业农村局。

### 4.9.2 具体做法

#### 4.9.2.1 建立绿色金融标准体系，打造“衢州样板”

衢州市根据《浙江省绿色金融标准建设方案（2017—2022 年）》，针对化工、造纸等五大传统工业和以畜牧业为重点的传统农业，率先建设绿色企业（项目）评价地方规范，发布了《绿色企业评价规范》和《绿色项目评价规范》，评价结果较好地验证了标准的适用性和对绿色转型的牵引作用。另外，衢州市持续推动金融机构绿色化改造，将“环保一票否决”纳入信贷管理全过程，推广“六单”（单列信贷规模、单列资金价格、单列风险管理指标、单列信贷审批通道、单列绩效考核、单列绿色金融产品）和“四专”（专营机构、专项规模、专有审批、专项考核）绿色管理模式。

#### 4.9.2.2 丰富绿色金融产品，助力传统产业绿色改造转型

衢州市创新排污权质押贷、绿色节能贷、技术升级贷、合同能源管理贷、天然气分布式项目贷、“金屋顶”光伏贷等绿色信贷产品，缓解环保、科技型小微企业融资难问题。创新“安环险”，为传统工业转型升级保驾护航。首创“保险 + 服务”的安全生产和环境污染综合责任保险，形成了生猪统保与无害化处理、安全生产和环境污染综合责任保险等绿色保险产品，运用商业保险机制分担安全环保压力。创新全链条金融服务，支持生猪养殖业绿色转型，形成了“标准化规模养殖、废物综合利用、环境持续改善、产业布局优化”的现代畜牧业发展模式。探索创新“一村万树”绿色期权模式，当地投资主体向村集体认购资产包，享受约定时限期满后的资产处置权，形成了社会力量买林木未来收益、

村集体赢得绿色资本金的模式，有效打通“一村万树”资源、资产、资金通道。

▲柯城区 · 柑橘小镇

图片来源：衢州市农业农村局。

### 4.9.2.3 首创碳账户体系，利用绿色金融推进绿色低碳发展

衢州市依托能源大数据中心“绿能码”数据，探索建立企业碳账户和低碳评价标准，为企业贴上“红、黄、浅绿、深绿”四色标签用以区分碳排放等级，对企业配套差别化的财政金融政策和绿色金融服务，激励传统企业绿色改造转型，并积极推动“衢融通”金融服务平台为金融机构识别绿色低碳企业、创新低碳金融产品和服务提供便利。以传统种植养殖、畜牧业循环利用、肥料使用等作为减排关键点建立农业碳中和账户，对农业碳中和账户评定为“浅绿、中绿、深绿”三个等级的农业主体实行差异化政策扶持，以破解农业减排空间受限难题。在全国首创银行“个人碳账户”体系基础上深化个人碳账户建设，开

拓了 18 类日常场景的支付业务，客户可以通过“个人碳账户积分”线下兑换绿色生活用品、认领有机蔬菜、合作商户消费抵扣等权益，以及转化为对特殊困难群体的公益捐赠，引领居民绿色生活、绿色消费。

#### 4.9.2.4 全面推动“两山银行”改革试点，探索建立绿色金融机制

2020 年，作为国家绿色金融改革创新试验区的衢州，成为全省“两山银行”改革的两个先行试点市之一，常山县、开化县与衢江区陆续启动了试点工作。衢江区为切实做好“两山银行”改革试点工作，制定了《衢江区“两山银行”改革试点实施方案》，指出要通过探索以水权、砂石权、林权、碳汇权和文化 IP 等生态资源资产权益进行抵押融资，探索建立生态产品绿色金融机制，并借力金融机构负责创新绿色金融产品。衢州市“两山银行”的改革聚焦生态资源向资产、资本转化过程中的交易成本高、产业导入难、开发障碍多、融资难度大、生态变现难等“痛点”“难点”，通过打造“两山银行”金融服务建立增信体系，对生态资源主体的经营权、生产资料等有偿取得权项进行金融赋能，通过担保、

▲常山县 · 诗画风光带“十里长风”示范段

图片来源：衢州市农业农村局。

承诺收购、优先处置等形式，激活变现沉淀化资源，促进生态资源与金融产品结合，促进生态资源向生态资产转化，为"绿水青山"转化为"金山银山"提供了通道。

## 4.9.3 主要成效

### 4.9.3.1 从生产端到消费端减少碳排放

截至目前，三大碳账户体系共计覆盖全市 600 余家工业企业、180 余家种养殖大户和 137 万多个个人账户。工业企业碳账户的建设覆盖占规模以上工业产值比重超过 70% 以及碳排比重为 90% 的化工、机械、建材、造纸、黑色金属冶炼及压延、能源等 600 余家衢州市传统行业企业。农业碳中和账户的建设首批覆盖全市 10.7% 的生猪养殖场、20% 粮食种植大户和所有有机肥生产企业。个人碳账户上线以来，配置个人碳账户 529 万个，累计减少碳排放 5 230 t。

### 4.9.3.2 传统产业转型成效明显

2019 年衢州市新增"浙江制造"标准 10 个、"品字标"企业 13 家、省级数字化改造试点示范企业 9 家，新培育"隐形冠军"企业 3 家、"单项冠军"企业 1 家；完成淘汰落后和过剩产能涉及企业 32 家，整治"低散乱"企业（作坊）138 家；淘汰落后产能 70 家，整治"低散乱"企业 431 家，处置"僵尸企业"31 家，盘活工业用地 5 280 亩，规模以上工业亩均税收增长 23.3%，衢州市制造业投资增长 15.2%。2020 年上半年，衢州共有 3 家企业 4 个产品通过"品字标"品牌认证，品牌企业和实施"浙江制造"标准企业销售占比达到 31.3%，比上年度提高了近 4 个百分点。截至 2020 年 7 月末，衢州市共认证"三品一标”农产品 531 个，其中有机农产品 169 个、绿色食品 75 个、无公害农产品 282 个、地理标志农产品 5 个。截至 2021 年 3 月末，衢州全辖绿色信贷余额 1 181.58 亿元，是绿色金融改革前 2016 年年末的近 5 倍，占各项贷款余额的 36.46%，有力支持了地方传统企业的转型升级和绿色发展。

▲龙口茶产业现代农业园

图片来源：衢州市农业农村局。

#### 4.9.3.3 盘活乡村生态资源农民增收致富

常山县“两山银行”于 2020 年 9 月正式挂牌运营，共实现生态转化案例落地 30 个，反哺村集体 176 个，收储投资 3.5 亿元，为 213 户主体授信 1.34 亿元，发放生态贷 1.32 亿元。开化县马金镇花园村 5 244 亩森林资源产生的碳汇价值，作为质押品，获得了开化县农商行 300 万元质押贷款，用作该村油茶基地改造项目的建设启动资金。柯城区“两山银行”通过收储华墅乡园林村近千亩荒地，帮助解决种植和销售问题，收益双方"五五分"，预计村集体和村民每年可增收60万元。衢州市丰富的生态资源，正在"两山银行"推动下变得越来越有价值，并带来了新的发展思路和机会。

▲开化根缘小镇

图片来源：浙江省文化和旅游厅。

## 4.9.4 经验启示

衢州地处钱江源头，既要为全省经济发展增添新动能，又要守护好浙江生态屏障，绿色发展、转型升级是必由之路。因此，衢州市明确以"金融支持传统产业绿色改造转型"为主线，提出打造"无污染、清洁化"的生态工业发展新模式，坚持"绿色+特色"原则，引导金融机构将绿色发展与业务经营有机融合，创新服务模式，努力打造"大花园统领、大平台集聚、大数据支撑、大联动服务"的衢州模式。衢州市的"绿色金改"模式，适用于生态区位重要、生态资源丰富，又有重化产业、涉危化品生产企业的传统重化工业基地，通过绿色金融助推传统产业完成绿色转型，使传统产业迸发出新活力，继而反哺生态，盘活生态资源，促进生态资源的价值转化，破旧立新走出绿色发展之路。

## 4.10 浙江省湖州市打造多样化绿色金融助推高质量发展

### 4.10.1 案例背景

湖州市地处长三角中心区域，交通便利、区位优势明显，是沪、杭、宁三大城市的共同腹地，也是连接长三角南北两翼和东中部地区的节点城市。湖州市辖两区三县，面积5 820 $km^2$，户籍人口265万人，常住人口298万人，2019年生产总值为3 122.4亿元。湖州市人文荟萃、文化底蕴深厚，素有“丝绸之府”“鱼米之乡”“文化之邦”的美誉，山水清丽、生态环境优美。这里是“绿水青山就是金山银山”理念的发源地、中国美丽乡村的发源地、“生态+”的先行地、太湖流域生态涵养地。

近年来，围绕打造“湖州样本、湖州模式”的目标要求，湖州市积极探索、深入实践，将绿色金融与绿色制造、环境治理、普惠金融、乡村振兴、社会治理、金融科技等相结合，开展了一系列富有地方特色的创新与实践。湖州市还先后获得了国家环保模范城市、国家卫生城市、国家园林城市、中国优秀旅游城市、中国魅力城市、全国城市综合实力百强市、国家森林城市、中国最幸福城市等荣誉称号，并成为全国首个地市级生态文明先行示范区。

### 4.10.2 具体做法

#### 4.10.2.1 绿色金融 + 绿色智造，激活产业绿色化的金融引擎

湖州市将绿色金融与绿色智造标准精准衔接，将“345+1.5”、亩均效益等要求纳入绿色金融标准，打造 12 项绿色金融地方标准体系，精准识别融资主体的“绿”与“非绿”以及绿色等级，并与财政贴息、授信利率等政策措施挂钩，引导金融资源向绿色智造领域倾斜。财政贴息方面，按照“深绿”“中绿”“浅绿”等级分别给予绿色企业（项目）基准利率为 12%、9%、6% 的贷款贴息。银行授信方面，创造绿色信贷“六单”专营模式。例如，南浔银行成立全国第一家绿色支行，对绿色贷款执行同类同档下浮 10% 的利率优惠；农业银行湖州分行开发出“绿色企业（项目）系列贷”，对绿色企业最低给予基准利率的优惠贷款，并配备一定比例的信用贷款。

▲定制化金融服务护航安吉白茶

图片来源：湖州市人民政府。

### 4.10.2.2　绿色金融 + 环境治理，构建生态保护监督体系

湖州市推动金融机构全面执行“环保一票否决制”“环保负面清单”等授信管理机制，将资源配置与“能耗”“污染”有机结合，“两高一剩”行业贷款近三年实现三连降。建立多层次环境信息披露机制，发布全国首个金融机构环境信息披露三年规划，引导金融机构切实履行环境保护社会责任。实施挥发性有机物（VOCs）减排金融支持计划，2020 年安排 10 亿元优惠贷款，定向支持企业 VOCs 减排。同时，着力发挥保险在环境治理、监督及风险管理等方面的作用，在全国首创“保险 + 服务 + 监管 + 信贷”环境污染责任保险模式，将保费的 50% 用于环境风险体检，体检结果与环保监管、承保费率、信贷准入挂钩，推动企业提升环境风险管理能力。

▲废弃矿山成景点

图片来源：湖州市人民政府。

### 4.10.2.3　绿色金融 + 普惠金融，找准稳增长与保生态的平衡点

传统小微企业是维持供应链安全不可或缺的一环，为解决小微企业绿色发

展的难题，湖州市创新“园区贷”模式，建立绿色小微园区，引导小微企业集聚入园，园区提供统一的环保和能源基础设施。银行为事先的园区建设、事中的企业入园、事后的企业生产经营等环节提供开发贷款、固定资产购置贷款、经营性流动贷款等全套金融服务。同时，湖州市建立了“绿贷险”“绿贷保”担保体系，创新兜底式信用贷款风险补偿机制，推出30余款“续贷通”贷款周转产品，推动银行对小微企业“敢贷”“快贷”。

▲建筑垃圾变“环保新砖”

图片来源：湖州市人民政府。

### 4.10.2.4 绿色金融+乡村振兴，实施绿美融合的金融滴灌工程

湖州市在浙江省率先创新“绿色农产品价格指数保险”“特色农产品气温指数险”等绿色保险系列产品，运用绿色保险工具补偿农户损失，防止因灾返贫、

服务乡村振兴，还依托自然资源资产负债表开展绿色资产证券化，推动未来收益权、农村“两权”等抵质押业务创新。湖州市立足完善绿色金融引导机制，将绿色金融改革创新与助力乡村振兴、“绿水青山就是金山银山”试验区建设等重大战略紧密结合起来，建立了涵盖200多只信贷产品的金融支持重点领域数据库，创新开发“光伏贷”“农林贷”“民宿贷”等系列金融支农新产品，通过绿色金融的引领和保障，助推各项国家试点建设和重大战略实施。

▲仙潭村的“红色密码”

图片来源：湖州市人民政府。

#### 4.10.2.5 绿色金融 + 社会治理，形成“走在风险前面”的工作方法

湖州市在浙江省率先建立了一套“部门协同、运作顺畅、各司其职”的“5+X”金融联动机制，同时主动打好、坚决打赢互联网金融风险攻坚战。湖州

市率先出台上市公司“纾困9条”政策意见，首创“财政奖励、市场债权、股债组合、金融支持、专班服务、能动司法、拓展融资”七大纾困模式，建立困难企业分类帮扶机制，编制“三张清单”，精准帮扶、分类帮扶，有效地维护银企互信、稳住企业经营。最后，绿色金融纠纷调解中心通过“金融调解＋司法确认”机制，使绿色金融纠纷案件得以高效、低成本解决，实现“政、银、企、法”四方共赢。

#### 4.10.2.6　绿色金融＋金融科技，打造“一站式”金融综合服务平台

湖州市建立湖州绿色金融综合服务平台，为企业提供贷款、股权、担保、政策兑现、绿色认定等“一站式”金融服务，帮助企业像淘宝购物一样，向36家银行精准“网购”贷款，向全国100多家投资机构和投资人网上路演推荐，向湖州市所有政策性担保机构一键申请担保。平台首创抢单服务、限时服务、上门服务“三服务”机制，通过整合共享34家单位、1 000多字段的政务数据，实现企业少跑腿、银行快审批，大大缩短企业等“贷”时间。湖州市还创新运用金融科技，建成全国首个绿色金融信息管理系统和绿色银行评价系统。

### 4.10.3　主要成效

#### 4.10.3.1　绿色发展指数名列前茅

在绿色金融的支撑下，截至2020年底湖州市对绿色企业（项目）已累计贴息1 870.59万元。环境污染责任保险已在湖州市8个重点行业、316家环境高风险企业实现了100%覆盖，通过环境风险体检，共查补环境风险隐患2 590个。小微企业入园后，每年减少污水排放100万t、节电1 300万kW·h、减少烟尘

排放 12.6 万 t。湖州市绿色发展指数连续两年居浙江省第 2 位，高新技术产业、战略性新兴产业和装备制造业三大主导产业工业增加值增速均居浙江省前列。

#### 4.10.3.2 环境资源实现“金融化”

湖州市开发绿色金融创新产品 180 余款。安吉县首推政银农合作共赢的“绿水青山就是金山银山农林贷”模式，以绿色信贷盘活农业生产资源，助力乡村振兴，累计为涉农主体提供资金服务 15.82 亿元，并逐步在浙江省农信系统推广。截至 2020 年 5 月末，湖州市小微企业贷款同比增长 25.29%，增速比浙江省高 6.48 个百分点。湖州市银行机构涉农贷款余额 3 029.29 亿元，同比增长 23.05%，占全部贷款的比重达 54.94%。

#### 4.10.3.3 多种手段打造保障体系

绿色金融综合服务平台上线两年来，累计帮助超 1.6 万家企业获得银行授信 1 792.62 亿元，75 个科创项目获得总计 70.8 亿元融资，有效缓解了企业融资难、融资贵和融资慢等难题。截至 2020 年 5 月末，湖州市银行不良贷款率为 0.5%，信贷资产质量居浙江省第 2 位，其中绿色信贷不良率始终保持在 0.04% 以下的低水平。绿色金融信息管理系统和绿色银行评价系统助力湖州市首次实现绿色信贷数据可溯源、可比较、可计量以及 T+0 报数，实现对银行绿色金融表现线上评、智能评。

### 4.10.4 经验启示

湖州市在发展绿色金融的过程中，坚持以发展“绿色金融 +”为目标，制度和标准先行，营造良好的发展环境，搭建银企对接平台，加强银行间的竞争。

按照标准，湖州市将融资企业和项目进行绿色等级分类，为银行实施贴息补助等绿色金融优惠措施提供参考。同时，加强政银合作，强化绿色金融产品创新力度，及时推出多种绿色金融创新产品，为政府推动绿色发展转型提供支持。湖州市这种创新构筑"绿色动能"的发展模式，适用于生态环境优良、经济发达的地区，在经济建设取得足够成效的前提下，通过金融手段创新发展绿色金融，盘活生态资源，实现绿色生态与经济社会的可持续发展。

# 5

# “两山指数”评估

Evaluation with LLEI

开展“两山”评估研究是推进全国“绿水青山就是金山银山”实践，加强“绿水青山就是金山银山”实践创新基地建设管理，指导、诊断、校准地方“两山”实践与绿色发展的重要措施和现实需要。当前，针对如何科学定量化衡量“两山”建设成效，分析“两山”建设进程与水平，引导推动绿色发展等问题，亟须建立一套科学、合理的评估方法和技术标准。结合“绿水青山就是金山银山”实践创新基地技术支撑工作，在编制《“绿水青山就是金山银山”实践创新基地建设管理规程（试行）》以及评估技术导则的基础上，研究提出“两山指数”评估框架和指标体系，以期对“绿水青山就是金山银山”实践成效进行评估。

## 5.1 “两山指数”构建

“两山指数”（“Lucid Waters and Lush Mountains are Invaluable Assets” Evaluate Index，LLEI）是反映区域生态环境质量与生态资产状况、绿水青山向金山银山转化程度、“两山”保障程度以及“两山”转化路径，量化表征“两山”建设水平和成效，引导推动绿色发展的综合性指数。

### 5.1.1 内在逻辑

一是以"绿水青山就是金山银山"理念为指导，体现经济社会发展和生态环境保护关系演变规律，系统融合生态环境、经济、社会、民生福祉 4 个方面，阐明绿水青山既是自然财富、生态财富，又是社会财富、经济财富，揭示保护生态环境就是保护生产力、改善生态环境就是发展生产力的道理。

二是"两山指数"要定量表达"两山"建设成效，既要能直观地定量表征"两山"建设的转化程度、保障程度以及建设水平和进程，又要统筹考虑"绿水青山就是金山银山"建设的目标任务，通过设置特定指标来持续推进工作。

三是要有助于引导"两山"建设的发展方向和探索"两山"转化路径，既要体现引导绿色发展方向，着力推进发展"生态 + 产业"，推动生态产业化和产业生态化，又要体现生态产品价值实现方式和转化路径，努力把绿水青山的生态环境优势转化为金山银山的经济发展优势。

### 5.1.2 指标筛选

以"两山指数"概念内涵为主要依据，重点围绕"两山"建设的目标、方向与任务，采取自上而下、逐层分解的方法，构建了"两山指数"评估指标体系，系统反映全要素生态价值、多路径转化通道、政府市场并重支撑，可分为"绿水青山"指数、"两山转化"指数和"两山保障"指数，共包括环境质量、生态状况、民生福祉、生态经济、生态补偿、社会效益、制度创新和资金保障 8 项任务 20 个具体指标（图 5-1）。

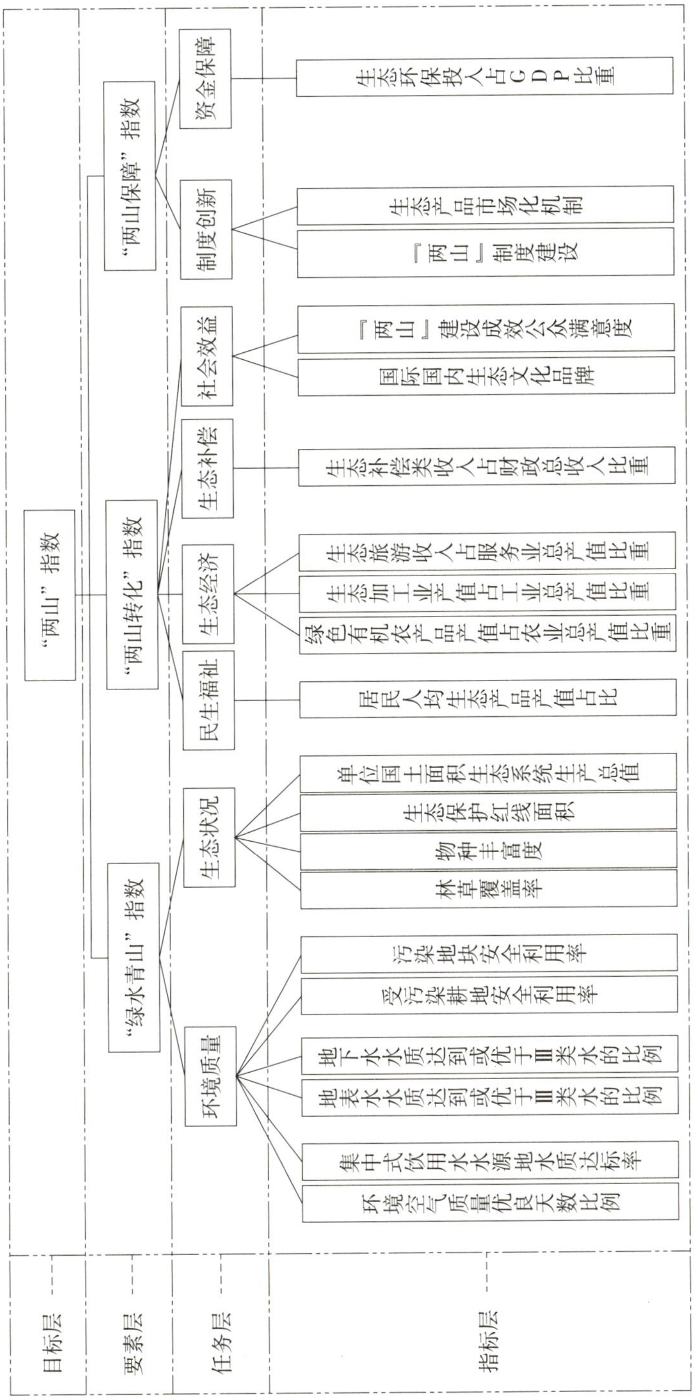


图 5-1 “两山指数”评估指标框架体系

"绿水青山"指数着重考虑区域生态环境优势和生态资产情况，对应守护绿水青山，提高生态产品供给，保值增值自然资本等方面内容。"绿水青山"价值与生态环境相关要素的数量、质量、结构有密切关系，因而在指标选择时，重点考虑了生态状况和环境质量两方面的指标。环境质量指标选取时考虑到覆盖水、气、土全要素，且以质量指标为核心，筛选表征环境质量的关键指标。生态状况指标选取能反映生态系统状况，生态保护的程度、规模，以及生态系统对改善人民生活质量支撑作用的指标。

"两山转化"指数着重考虑"绿水青山"向"金山银山"转化的路径、效益及转化程度，对应绿色发展水平和不同主体福祉的提升，主要包括民生福祉、生态经济、生态补偿、社会效益 4 项任务。在指标选择时，一方面考虑选择体现"两山"转化路径的指标，包括生态农业、生态工业、生态服务业以及生态补偿等；另一方面考虑民生福祉和社会效益，选择反映"两山"转化对公众个体和社会整体的福祉贡献的指标。

"两山保障"指数着重考虑制度创新和资金投入对"绿水青山"保护和"两山转化"的保障程度，主要包括体制机制创新和资金投入两方面，其中体制机制创新考虑了碳排放权、排污权、水权、林权、绿色金融等市场化的"两山"转化机制、生态产品价值实现机制等，资金投入表征了地方政府对生态环境保护的重视程度，体现了金山银山转化对绿水青山保护的反哺。

## 5.2 “两山指数”评估方法

“两山指数”采用加权平均方法进行计算，评价分值高，说明建设水平好，建设成效也更加突出。为了消除指标单位不同对评价结果的影响，采用极值标准化方法对指标进行无量纲化处理，其中，极值既要考虑区域差异，又要考虑建设目标要求，可以结合生态本底特征、资源环境承载力状况、社会经济发展情况及已经发布的政策文件确定。另外，为更好地反映指标间的相对重要关系，指标权重采用层次分析法确定。“两山指数”计算方法如下：

$$\text{“两山指数”(LLEI)}=\sum_{i=1}^{3}\omega_i\cdot Y_i$$

$$=\omega_1\times\sum_{i=1}^{2}\sum_{j=1}^{m}\alpha_{ij}\cdot G_{ij}+\omega_2\times\sum_{i=1}^{4}\sum_{j=1}^{m}\beta_{ij}\cdot T_{ij}+\omega_3\times\sum_{i=1}^{3}\sum_{j=1}^{k}\gamma_{ij}\cdot M_{ij}$$

式中，$\omega_i$ 为“绿水青山”指数、“两山转化”指数和“两山保障”指数的权重，$\alpha_i$ 为环境质量和生态状况 2 项任务的权重，$\alpha_{ij}$ 为 2 项任务下的各指标的权重，$G_i$ 为环境质量和生态状况两项任务的值，$G_{ij}$ 为对应各指标的相对值，$\beta_i$ 为民生福祉、生态经济、生态补偿和社会效益 4 项任务的权重，$\beta_{ij}$ 为 4 项任务下各指标的权重，$T_i$ 为 4 项任务的值，$T_{ij}$ 为 4 项任务下各指标的值，$\gamma_i$ 为制度创新和资金保障 2 项任务的权重，$\gamma_{ij}$ 为 2 项任务下各指标的权重，$M_i$ 为 2 项任务的值，$M_{ij}$ 为 2 项任务下各指标的值。

## 5.3 “两山指数”应用

“两山指数”作为评估、诊断、校准、引导“绿水青山就是金山银山”实践的综合分析工具和"绿水青山就是金山银山"实践创新基地后评估管理的重要参考依据，主要用于引导地方明确建设目标、方向、重点任务和总结凝练转化路径模式，定量化表征建设水平，动态校准建设方向，创新探索转化的制度实践和行动实践。它具体主要体现在以下三个方面。

一是横向比较分析建设成效。根据"两山指数"及三个分指数评估结果，开展不同地方横向间差异、趋同和成效比较分析，客观反映建设成效，并以评估结果为依据，按照相近原则开展归类研究，梳理剖析建设水平、转化路径和经验模式等。同时，可选取评分较高的地方作为典型案例、样板案例，进一步凝练转化的路径模式，总结分析适用范围、转化条件和经验启示等。

二是纵向诊断把脉建设进程。地方可开展建设成效自评估，全面分析"两山指数"以及"绿水青山"指数、"两山转化"指数和"两山保障"指数的年度得分情况，纵向分析年际变化情况，及时发现实践过程中存在的问题和不足，深入剖析变化机制与发展趋势，以评估结果作为动态优化调整的重要依据。

三是科学指导地方实践应用。地方在开展"绿水青山就是金山银山"实践探索，推进"绿水青山就是金山银山"实践创新基地建设以及具体制定实施方案、行动计划、年度工作计划等过程中，可参考"两山指数"，设定特色目标指标，明确绿水青山保护、金山银山转化、长效机制保障、绿色惠民共享等方面任务，引导地方处理好保护与发展的关系，保护经济社会发展潜力和后劲，推动形成绿色发展方式，探索绿色高质量发展道路。

# 5.4 “两山指数”实证分析

## 5.4.1 塞罕坝机械林场

塞罕坝机械林场是 2017 年被命名的首批“绿水青山就是金山银山”实践创新基地，也是首个以林场为主体申报成功的“绿水青山就是金山银山”实践创新基地，具有显著代表性与区域特色。

经核算，塞罕坝机械林场 2017—2019 年“绿水青山就是金山银山”指数（表 5-1、图 5-2）分别为 79.78、82.70、85.62。其中，2017—2019 年绿水青山指数稳定保持在 87.20，金山银山指数分别为 75.60、78.80、82.00，长效保障指数分别为 76.00、82.00、88.00。

表 5-1 塞罕坝机械林场“绿水青山就是金山银山”指数评估结果

| 指数 | 2017 年 | 2018 年 | 2019 年 |
|---|---|---|---|
| 综合指数 | 79.78 | 82.70 | 85.62 |
| 绿水青山指数 | 87.20 | 87.20 | 87.20 |
| 金山银山指数 | 75.60 | 78.80 | 82.00 |
| 长效保障指数 | 76.00 | 82.00 | 88.00 |

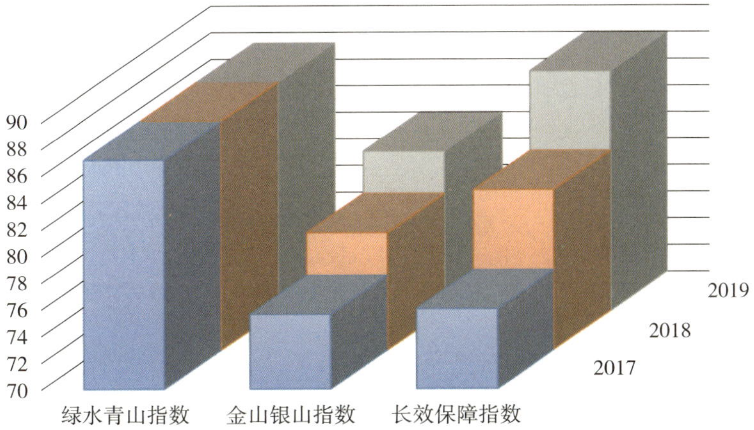


图 5-2 塞罕坝机械林场分指数评估结果

该地区"两山"发展特征如下。

#### 5.4.1.1 自然生态系统稳定，生态状况与环境质量已达到优良水平

塞罕坝林场拥有良好的生态环境、丰富的森林资源，2020年，环境空气质量优良天数比例达到100%，林草覆盖率达到82%，单位国土面积生态系统生产总值达到0.23亿元/$km^2$，空气负离子含量是大中城市平均含量的6倍，每年吸收二氧化硫、氮氧化物1.46万t，滞尘15.64万t，是京津冀重要的生态屏障。优良的生态环境为当地开展"两山"实践探索奠定了较好的基础。

#### 5.4.1.2 生态产业水平较高，发展潜力较大

塞罕坝林场拥有丰富的森林资源，广阔的草原和特有的冷凉资源、冰雪资源、湿地资源，生态旅游产业已成为优势产业，绿化苗木和林业碳汇蓬勃兴起，职工年均收入近10万元，辐射带动周边百姓的农家游、乡村游、手工艺品、采摘业、土特产品加工、养殖业等绿色产业发展，每年可实现社会总收入6亿多元。"两山"转化已取得了良好的经济效益和社会效益。

#### 5.4.1.3 生态文化品牌优势突出，对生态产业发展的促进作用显著

塞罕坝林场国际国内生态文化品牌众多，2017年以来，先后获得联合国环保最高荣誉——"地球卫士奖"，被中央宣传部、中央组织部等九部委授予"最美奋斗者"称号，被全国人大环资委、生态环境部等六部门授予"2018—2019绿色中国年度人物"称号，荣获"全国脱贫攻坚楷模"称号等，知名度与影响力显著提升，创业热情充分激发，生态产业的内生发展动力与外部环境优势叠加，为塞罕坝生态产业发展注入更多动能。

#### 5.4.1.4 长效制度保障大幅提升，生态产品市场化机制探索乘势推进

2017 年，塞罕坝林场造林和营林碳汇项目成为国有林场首个在国家发展改革委注册成功并获得签发的林业碳汇项目；2018 年，塞罕坝林场造林碳汇在北京环境交易所与北京兰诺世纪科技有限公司达成首笔交易 3.6 万 t，实现收入 90 万元；2019 年，与壳牌能源有限公司交易碳汇 2 981 t，实现收入 3.9 万元。新发展阶段，林业碳汇作为“双碳”目标催生的新业态，未来具有很好的交易形式和发展态势。据核算，塞罕坝森林资产总价值达 206 亿元，每年固定二氧化碳 81.41 万 t，“双碳”战略为塞罕坝生态产品市场化机制探索带来前所未有的历史机遇和诸多政策红利，发展潜力巨大。

### 5.4.2 湖州市

湖州市是“绿水青山就是金山银山”理念诞生地、中国美丽乡村的发源地、太湖流域生态涵养地，在推进生态文明建设与践行“绿水青山就是金山银山”理念方面都取得了显著成效，探索走出了一条生态美、产业兴、百姓富的中国特色社会主义生态文明建设之路。

经核算，湖州市 2017—2019 年“绿水青山就是金山银山”指数（表 5-2、图 5-3）分别为 73.18、79.77、85.61。其中，2017—2019 年绿水青山指数稳定保持在 85.60，金山银山指数分别为 68.62、72.03、82.00，长效保障指数分别为 64.00、82.00、88.00。

表 5-2 湖州市"绿水青山就是金山银山"指数评估结果

| 指数 | 2017 年 | 2018 年 | 2019 年 |
|---|---|---|---|
| 综合指数 | 73.18 | 79.77 | 85.61 |
| 绿水青山指数 | 85.60 | 85.60 | 85.60 |
| 金山银山指数 | 68.62 | 72.03 | 82.00 |
| 长效保障指数 | 64.00 | 82.00 | 88.00 |

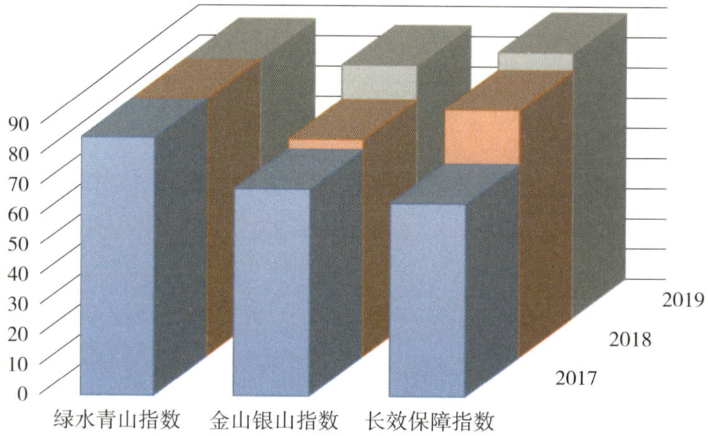


图 5-3 湖州市分指数评估结果

该地区"两山"发展特征如下。

#### 5.4.2.1 生态资源优势突出，生态状况与环境质量稳步提升

湖州市地处杭嘉湖平原，80% 以上的耕地是旱涝保收的高产田，是浙江省和全国的粮食、蚕茧、淡水鱼、毛竹的主要产区和重要生产基地，菱湖区是全国三大淡水鱼养殖基地之一，安吉县居全国十大"毛竹之乡"之首，生态资源具有得天独厚的优势。2017 年以来，地表水水质达到或优于Ⅲ类水的比例保持 100%，环境空气质量优良天数比例从 68.5% 提升至 76.7%，提前完成重金属污染减排目标要求，提前 6 年完成化肥使用量零增长目标。

#### 5.4.2.2 生态产业点上开花，金山银山转化整体水平仍有较大提升空间

湖州市绿色、有机农产品产值占农业总产值比重的60%以上，但居民人均生态产品产值占比、生态加工业产值占工业总产值比重、生态旅游收入占服务业总产值比重均不足20%。生态农业一方独大，体现出生态产业发展尚集中于农村地区，安吉县渔村、长兴龙溪村、南浔荻港村等地区"两山"转化已取得优异成效，但湖州市生态产业整体水平较低，生态产业城乡发展不均衡，产业链延伸、产业融合水平整体水平较低，未能充分激发湖州市生态资源优势潜力，金山银山转化整体水平仍有较大提升空间。

#### 5.4.2.3 制度长效保障有力，"两山"基地制度建设纵深推进

湖州市在生态产品市场化机制方面建立了主要污染物排污权交易制度、用能权交易制度，积极探索绿色金融改革创新；在基地制度建设方面，构建形成立法、标准、机制"三位一体"的制度保障体系，利用"二标准一认证"机制推动产业绿色发展，推动乡村体制机制振兴，长效保障指数处于较好水平的基础上实现大幅提升，"两山"基地制度建设纵深推进与创新探索力度不减，具有先进性与示范性。

# 6

# 展望

Prospect

全国各地积极开展“绿水青山就是金山银山”的制度创新和实践探索，在生态保护修复与生态产品供给、“绿水青山就是金山银山”转化路径、经济转型升级与高质量发展、建立健全生态产品价值实现机制等方面取得了明显进展和显著成效。在实践过程中，各地“绿水青山就是金山银山”转化路径既有交叉组合也有演进更替，充分印证了生态环境保护与经济发展的内在统一、相互促进和协调共生。为进一步明确“两山”转化路径机制、评估“两山”转化成效、形成“两山”转化示范样板、发挥典型引领带动作用，要着重加强以下四个方面研究。

一是加强理论研究，推动科技“助绿”。基于管理和服务决策支撑，加强生态产品价值实现基础理论、评估框架体系、评估方法和指标研究，研究制定生态产品价值核算标准或规范，形成规范、统一的生态产品价值核算方法和标准。针对转化路径不清晰、转化机制不健全、最优路径模式不明确、生态产品价值定量难等问题，设置专项研究攻关计划。鼓励地方、企业、社会力量投入“两山"理论和实践研究，建设一批"两山"实践产学研基地。

二是加强成效评估，引导绿色发展。研究制定评估技术规范，在具体流程、方法、应用上研究提出系统、科学的"两山指数"评估体系，进一步明确规范性引用文件、涉及的术语定义、评估原则、工作程序、评估方法以及技术要求等。加强"两山指数"应用，适时开展成效评估和动态管理，查找问题和不足，横向比较差异、纵向比较进程，动态调整优化建设任务，补足建设短板，共同提升"两山"实践，实现绿色发展目标。

三是加强实践探索，强化示范引领。围绕提高优质生态产品供给能力、创新生态产品价值实现机制、探索"绿水青山就是金山银山"转化路径，促进生态富民为民等方面，打造一批高水平保护和高质量发展协同推进的样板。针对不同资源禀赋、功能定位、发展阶段地区，优化"绿水青山就是金山银山"实践创新基地布局，深化建设目标和任务，强化实践模式和典型案例总结，提供更多可复制、可借鉴、可推广的经验模式。

四是加强激励约束，激发创新活力。结合环境舆情、生态环境监测网络和日常监管工作，以及中央生态环境保护督察等活动，加强日常管理，建立健全监督和退出机制，促进提高示范建设质量。加强国家重点生态功能区转移支付、可再生能源发展基金等政策资金支持，推动各地在生态补偿、转移支付、党政绩效考核等方面给予试点地区倾斜，全面激发创新活力和动能。

# 参考文献


[1] Agrawal A. Studying the commons, governing common-pool resource outcomes: some concluding thoughts [J]. Environmental Science & Policy, 2014, 36 (3): 86-91.

[2] Bagstad K J, Villa F, Batker D, et al.From theoretical to actual ecosystem services: mapping beneficiaries and spatial flows in ecosystem service assessments [J]. Ecology and Society, 2014, 19 (2): 64.

[3] Bagstad K J, Semmens D, Winthrop R, et al. Ecosystem services valuation to support decisionmaking on public lands: A case study of the San Pedro River watershed, Arizona [M]. USA: U.S. Geological Survey, 2012.

[4] Bhattarai U.Impacts of climate change on biodiversity and ecosystem services: direction for future research [J] .Journal of Water, Energy and Environment, 2017, 20: 41-48.

[5] Boumans R, Costanza R, Farley J, et al. Modeling the dynamics of the integrated earth system and the value of global ecosystem services using the GUMBO model [J]. Ecological Economics, 2002, 41: 529-560.

[6] Cardinale B J, Duffy J E, Gonzalez A, et al. Biodiversity loss and its impact on humanity [J]. Nature, 2012, 486: 59-67.

[7] Cavicchioli R., Ripple W.J., Timmis K.N., et al. Scientists' warning to humanity: microorganisms and climate change [J]. Nat Rev Microbiol, 2019, 17: 569-586.

[8] Trisos C H, Merow C, Pigot A. The Projected Timing of Abrupt Ecological Disruption from Climate Change [J]. Nature, 2020, 580: 496-501.

[9] Costanza R, Fisher B, Ali S et al. Quality of life: An approach integrating opportunities, human needs, and subjective well-being [J]. Ecological Economics,

2007，61（2-3）：267-276.

[10] Costanza R，d'Arge R，de Groot R，et al.The value of the world's ecosystem services and natural capital [J] .Nature，1997，387（6630）：253-260.

[11] Daily C.Nature's Services：Societal Dependence on Natural Ecosystems [M] . Washington，DC：Island Press，1997.

[12] Daily G C，Soderqvist T. The Value of Nature and the Nature of Value [J] . Science，2000，289：395-396.

[13] Duraiappah A K. Ecosystem services and human well-being：Do global findings make any sense [J] . BioScience，2011，61（1）：7-8.

[14] Ostrom E. A General Framework for Analyzing Sustainability of Social-Ecological Systems [J] . Science，2009，325：419.

[15] Engelbrecht H J. Natural capital，subJective well-being，and the new welfare economics of sustainability：Some evidence from cross-country regressions [J] . Ecological Economics，2009，69（2）：380-388.

[16] Groom B，Grosjean P，Kontoleon A，et al. Relaxing rural constraints：a 'win-win' policy for poverty and environment in China? [J] . Oxford Economic Papers，2010，62：132–156.

[17] Grossman G M，Krueger A B. Environmental impact of North American free trade agreement，the US Mexico free trade agreement [M] . P Garber，Cambrige，MA：MItPress，1993.

[18] IPCC. Climate Change 2021：The Physical Science Basis [M] . London：Cambrige University Press，2021.

[19] Li C，Zheng H，Li S，et al. Impacts of conservation and human development policy across stakeholders and scales [J] . PNAS，2015，112（24）：7396-7401.

[20] Millennium Ecosystem Assessment. Ecosystems and Human Well-being：Volume 2 Scenarios：Findings of the Scenarios Working Group [M] . Washington DC：

Island Press，2005.

［21］Padilla E. Intergenerational inequality and sustainability［J］. Ecological Economics，2002（41）：69-83.

［22］Pearce D W，Markandye A，Barbier E B. Blueprint for a G reen Economy［M］. Earthscan，London. 1989.

［23］Raudsepp-Hearne C，Peterson G D，Tengö M et al. Untangling the environmentalist's paradox：Why is human well-being increasing as ecosystem services degrade?［J］. Bioscience，2010，60（8）：576-589.

［24］Scholes R J.Climate change and ecosystem services［J］.Climate Change，2016，7（4）：537-550.

［25］Su B W，Heshmati A，Geng Y，et al. A review if the circular economy in China：Moving from rhetoric to implementation［J］. Journal of Cleaner Production，2013，42：215-227.

［26］United Nations Environment Programme（2021）. Making Peace with Nature：A scientific blueprint to tackle the climate，biodiversity and pollution emergencies. Nairobi. https：//www.unep.org/resources/making-peace-nature.

［27］北京大学中国持续发展研究中心．可持续发展之路［M］．北京：北京大学出版社，1994.

［28］陈德敏．循环经济的核心内涵是资源循环利用［J］．中国人口·资源与环境，2004，14（2）：12-15.

［29］陈仲新，张新时．中国生态系统效益的价值［J］．科学通报，2000，45：17-22.

［30］范玉龙，胡楠，丁圣彦，等．陆地生态系统服务与生物多样性研究进展［J］．生态学报，2016，36（15）：4583-4593.

［31］封志明，杨艳昭，闫慧敏，等．百年来的资源环境承载力研究：从理论到实践［J］．资源科学，2017，39（3）：379-395.

［32］傅伯杰，于丹丹，吕楠．中国生物多样性与生态系统服务评估指标体系［J］.

生态学报，2017，37（2）：341-348.
［33］傅伯杰．我国生态系统研究的发展趋势与优先领域［J］．地理研究，2010，29（3）：383-396.
［34］付允，马永欢，刘怡君，等．低碳经济的发展模式研究［J］．中国人口·资源与环境，2008，18（3）：14-19.
［35］郝海广，勾蒙蒙，张惠远，等．基于生态系统服务和农户福祉的生态补偿效果评估研究进展［J］. 生态学报，2018，38（19）.
［36］李繁荣，戎爱萍．生态产品供给的 PPP 模式研究［J］．经济问题，2016（12）：11-16.
［37］李钢．COP15：让全世界形成共识 逆转生物多样性丧失［N/OL］．羊城晚报，2021-10-18. http：//news.youth.cn/hotnews_41880/202110/t20211018_13266360.htm.
［38］马克平．试论生物多样性的概念［J］．生物多样性，1993（1）：20-22.
［39］欧阳志云，朱春全，杨广斌，等．生态系统生产总值核算：概念、核算方法与案例研究［J］．生态学报，2013，33（21）：6747-6761.
［40］欧阳志云．我国生态系统面临的问题与对策［J］．中国国情国力，2017（3）：6-10.
［41］潘家华，庄贵阳，郑燕，等，低碳经济的概念辨识及核心要素分析［J］．国际经济评论，2010，4：88-102.
［42］潘家华，提供生态产品 增值生态红利［N/OL］．经济参考报，2017-10-23，http：//www.jjckb.cn/ 2017-10/23/c_ 136698923.htm.
［43］潘跃．更多优质生态产品如何供给［N］．人民日报，2018-01-31（020）.
［44］齐红倩，王志涛．生态经济学发展的逻辑及其趋势特征［J］．中国人口·资源与环境，2016，26（7）：101-109.
［45］曲格平．发展循环经济是 21 世纪的大趋势［J］．中国环保产业，2001（S1）：4-5.
［46］习近平．推动我国生态文明建设迈上新台阶［J/OL］．求是，2019（3）．http：

//www.qstheory.cn/dukan/qs/2019-01/31/c_1124054331.htm.

[47] 许晓聪，李冰洁，刘小平，等 . 全球 2000—2015 年 30 m 分辨率逐年土地覆盖制图 [J]. 遥感学报，2021，25（9）：1896-1916.

[48] 闫鑫，中国低碳经济的剩余演化趋势及其驱动机理研究 [D]. 中国地质大学（北京），2020.

[49] 尤飞，王传胜 . 生态经济学基础理论、研究方法和学科发展趋势探讨 [J]. 中国软科学，2003，3：131-138.

[50] 张惠远，张强，刘煜杰，等 . 关于深化我国生态保护监管体制改革的思考 [J]. 环境保护，2015，43（18）：51-54.

[51] 张惠远，刘桂环 . 我国流域生态补偿机制设计 [J]. 环境保护，2006，34（19）：49-54.

[52] 张强，刘煜杰，张惠远，等 . 生态文明治理能力建设路径分析 [J]. 环境与可持续发展，2015，40（4）：10-14.

# 附件
# “两山指数”指标及解释

Attachment: Indicators and Its Interpretation of LLEI

“两山指数”评估指标表

| 目标 | 任务 | 序号 | 指标 | 目标参考值 |
|---|---|---|---|---|
| 构筑绿水青山 | 环境质量 | 1 | 环境空气质量优良天数比例 | ＞90% |
| | | 2 | 集中式饮用水水源地水质达标率 | 100% |
| | | 3 | 地表水水质达到或优于 III 类水的比例 | ＞90% |
| | | 4 | 地下水水质达到或优于 III 类水的比例 | 稳定提高 |
| | | 5 | 受污染耕地安全利用率 | ＞95% |
| | | 6 | 污染地块安全利用率 | ＞95% |
| | 生态状况 | 7 | 林草覆盖率 | 山区＞60%<br>丘陵区＞40%<br>平原区＞18% |
| | | 8 | 物种丰富度 | 稳定提高 |
| | | 9 | 生态保护红线面积 | 不减少 |
| | | 10 | 单位国土面积生态系统生产总值 | 稳定提高 |
| 推动“两山”转化 | 民生福祉 | 11 | 居民人均生态产品产值占比 | 稳定提高 |
| | 生态经济 | 12 | 绿色、有机农产品产值占农业总产值比重 | 稳定提高 |
| | | 13 | 生态加工业产值占工业总产值比重 | 稳定提高 |
| | | 14 | 生态旅游收入占服务业总产值比重 | 稳定提高 |
| | 生态补偿 | 15 | 生态补偿类收入占财政总收入比重 | 稳定提高 |
| | 社会效益 | 16 | 国际国内生态文化品牌 | 获得 |
| | | 17 | “两山”建设成效公众满意度 | ＞95% |
| 建立长效机制 | 制度创新 | 18 | “两山”基地制度建设 | 建立实施 |
| | | 19 | 生态产品市场化机制 | 建立实施 |
| | 资金保障 | 20 | 生态环保投入占 GDP 比重 | ＞3% |

指标解释：

环境空气质量优良天数比例

指标解释：指行政区域空气质量达到或优于二级标准的天数占全年有效监测天数的比例。执行《环境空气质量标准》（GB 3095—2012）和《环境空气质量指数（AQI）技术规定（试行）》（HJ 633—2012）。

$$\text{优良天数比例}=\frac{\text{环境空气质量达到或优于二级标准的天数}}{\text{全年有效监测天数}}\times 100\%$$

数据来源：生态环境部门。

集中式饮用水水源地水质达标率

指标解释：指行政区域内集中式饮用水水源地，其地表水水质达到或优于《地表水环境质量标准》（GB 3838—2002）Ⅲ类标准、地下水水质达到或优于《地下水质量标准》（GB/T 14848—2017）Ⅲ类标准的水源地个数占水源地总个数的百分比。

$$\text{集中式饮用水水源地水质达标率}=\frac{\text{地表水水质和地下水水质均达到或优于III类标准的集中式饮用水水源地个数}}{\text{集中式饮用水水源地总个数}}\times 100\%$$

数据来源：生态环境部门。

地表水水质达到或优于Ⅲ类水的比例

指标解释：指行政区域内国控、省控、市控监测断面水质达到或优于Ⅲ类标准的比例，执行《地表水环境质量标准》（GB 3838—2002）。要求行政区域内地表水达到水环境功能区标准，且Ⅰ、Ⅱ类水质比例不降低，过境河流市控以上断面水质不降低。

$$\text{地表水水质达到或优于Ⅲ类水的比例}=\frac{\text{国控、省控、市控监测断面水质达到或优于Ⅲ类标准的数量}}{\text{监测断面总数量}}\times 100\%$$

数据来源：生态环境、水利等部门。

地下水水质达到或优于Ⅲ类水的比例

指标解释：指行政区域内地下水水质达到或优于Ⅲ类标准的监测点位数量占监测点位总数量的比例。地下水质量依据《地下水质量标准》（GB/T 14848—2017）分为五类，确保水质达到或优于Ⅲ类比例稳定或提高，地下水质量整体呈稳定或持续改善趋势。

$$\text{地下水水质达到或优于Ⅲ类水的比例}=\frac{\text{地下水水质达到或优于Ⅲ类标准的监测点位数量}}{\text{监测点位总数量}}\times 100\%$$

数据来源：自然资源、水利、生态环境等部门。

受污染耕地安全利用率

指标解释：指行政区域内受污染耕地安全利用面积占受污染耕地面积的比例，执行《受污染耕地安全利用率核算方法（试行）》。

$$\text{受污染耕地安全利用率}=\frac{\text{受污染耕地安全利用面积}}{\text{受污染耕地总面积}}\times 100\%$$

数据来源：农业农村、生态环境等部门。

污染地块安全利用率

指标解释：指行政区域内符合规划用地土壤环境质量要求的再开发利用污染地块面积占行政区域内全部再开发利用污染地块面积的比例。

$$\text{污染地块安全利用率}=\frac{\text{符合规划用地土壤环境质量要求的再开发利用污染地块面积}}{\text{再开发利用污染地块总面积}}\times 100\%$$

数据来源：生态环境部门。

林草覆盖率

指标解释：指行政区域内森林、草地面积占国土总面积的比例。

$$林草覆盖率（\%）=\frac{森林面积（平方公里）+草地面积（平方公里）}{国土总面积（平方公里）}\times 100\%$$

数据来源：林草、自然资源、农业农村等部门。

物种丰富度

指标解释：指行政区域内物种数目的多少，是反映生物多样性保护情况的重要指标。

数据来源：林草、自然资源、农业农村、生态环境等部门。

生态保护红线面积

指标解释：指在生态空间范围内具有特殊重要生态功能、必须强制性严格保护的区域，是保障和维护国家生态安全的底线和生命线，通常包括具有重要水源涵养、生物多样性维护、水土保持、防风固沙、海洋生态稳定等功能的生态功能重要区域，以及水土流失、土地沙化、石漠化、盐渍化等生态环境敏感脆弱区域。要求建立生态保护红线制度，确保生态保护红线面积不减少，性质不改变，主导生态功能不降低。

数据来源：自然资源、生态环境等部门。

单位国土面积生态系统生产总值

指标解释：指行政区域内单位国土面积生态系统生产总值，是反映区域内生态系统运行状况的重要指标，是绿水青山的重要表征。生态系统生产总值是指生态系统为人类生存与福祉提供的产品与服务的经济价值，主要包括生态系统供给服务价值、生态系统调节服务价值、生态系统支持服务价值和生态系统文化服务价值。

$$单位国土面积生态系统生产总值=\frac{生态系统生产总值}{国土总面积}$$

数据来源：自然资源、发展改革、生态环境等部门。

居民人均生态产品产值占比

指标解释：指行政区域统计口径内，居民人均生态产品价值实现的收入占居民人均总收入的比率，是衡量居民从绿水青山转化成金山银山的获益情况的重要指标，该指标值以统计部门抽样调查或独立调查机构通过抽样问卷调查所获取指标值的平均值为考核依据。该指标生态产品产值指生态系统提供的生态产品能够直接转化的价值，主要包括农、林、畜、水产品、碳汇交易以及农家乐、渔家乐旅游等收入。

$$居民人均生态产品产值占比=\frac{居民人均生态产品价值实现的收入}{居民人均总收入}\times 100\%$$

数据来源：统计、农业农村、林草、文化和旅游等部门或独立调查机构。

绿色、有机农产品产值占农业总产值比重

指标解释：指行政区域内绿色、有机农产品产值对农业总产值的贡献率，是反映绿色、有机农业发展状况的主要指标。绿色、有机农产品按国家有关认证规定执行，产品涵盖种植业、渔业、林下产业及畜牧业等，例如，绿色、有机农产品种植、养殖，中药材种植等。绿色、有机农产品的产地环境状况，应达到《食用农产品产地环境质量评价标准》（HJ/T 332—2006）和《温室蔬菜产地环境质量评价标准》（HJ/T 333—2006）国家环境保护标准和管理规范要求。

$$\begin{matrix}绿色、有机农产品产值\\占农业总产值比重\end{matrix}=\frac{当年绿色、有机农产品产值}{当年农业总产值}\times 100\%$$

数据来源：农业农村、林草、工业和信息化、生态环境、统计、市场监管等部门。

生态加工业产值占工业总产值比重

指标解释：指行政区域内生态加工业产值对工业总产值的贡献率，是反映生态加工业发展状况的主要指标。其中生态加工业主要包括依托生态资源衍生的农副食品加工、食品制造、饮料制造、木材加工、家具制造、矿泉水生产等。

$$\text{生态加工业产值占工业总产值比重}=\frac{\text{当年生态加工业产值}}{\text{当年工业总产值}}\times 100\%$$

数据来源：工业和信息化、发展改革等部门。

生态旅游收入占服务业总产值比重

指标解释：指行政区域内生态旅游收入对服务业总产值的贡献率，是反映生态旅游业发展状况的主要指标。生态旅游是指以可持续发展为理念，以保护生态环境为前提，以统筹人与自然为准则，并依托良好的自然生态环境和独特的人文生态系统，采取生态友好方式，开展生态体验、生态教育、生态认知并获得身心愉悦的旅游方式。

$$\text{生态旅游收入占服务业总产值比重}=\frac{\text{当年生态旅游收入}}{\text{当年服务业总产值}}\times 100\%$$

数据来源：文化和旅游、工业和信息化、发展改革等部门。

生态补偿类收入占财政总收入比重

指标解释：指行政区域内生态补偿类财政收入对财政总收入的贡献率，是反映生态环境保护成效转化的主要指标。生态补偿类财政收入包括中央转移支付、省级转移支付及地区之间横向补偿。

$$\text{生态补偿类收入占财政总收入比重}=\frac{\text{当年生态补偿类财政收入}}{\text{当年财政总收入}}\times 100\%$$

数据来源：财政、生态环境等部门。

国际国内生态文化品牌

指标解释：指行政区域内获得的以环境友好和生态优势为显著特点的，具有生态文化内涵、生态文化影响力及附加吸引力的国际国内品牌识别，主要包括世界文化遗产、世界自然遗产、联合国“地球卫士奖”、国家级非物质文化遗产、全国文明城市、国家生态文明建设示范区、国家森林城市、国家级生态旅游示范区等。

数据来源：工业和信息化、生态环境、农业农村、文化和旅游等部门。

“两山”建设成效公众满意度

指标解释：指行政区域内公众对“两山”建设成效的满意程度。该指标采用“两山”基地建设评估工作组现场随机发放问卷与委托独立的权威民意调查机构抽样调查相结合的方法获取，以现场调查与独立调查机构所获取指标值的平均值为最终结果。现场调查人数不少于行政区域人口的千分之一。调查对象应包括不同年龄、不同学历、不同职业人群，充分体现代表性。

数据来源：问卷调查、独立机构抽样调查。

“两山”基地制度建设

指标解释：指行政区域通过制度建设来推动“两山”基地建设，包括设立组织领导机构，建立运行机制，统筹协调推动基地建设；建立“两山”基地建设目标分解落实制度，明确工作目标、工作任务、时间节点，强化责任意识，保障工作稳步推进。

数据来源：当地政府及各有关部门。

生态产品市场化机制

指标解释：指行政区域内围绕生态产品及其价值市场化交易、运作建立的政策机制。参考《生态文明体制改革总体方案》，生态产品转化市场化机制主要包括用能权和碳排放权交易制度、排污权交易制度、水权交易制度、绿色金融体系等。

数据来源：发展改革、财政、自然资源、生态环境、水利、农业农村、林草等部门。

生态环保投入占 GDP 比重

指标解释：指行政区域内每年生态环境保护、治理或维护的投资额占地区生产总值（GDP）的比重，是反映"两山"基地建设地区对生态环境的重视程度和生态环境治理工作的开展情况最直观的指标。

$$\text{生态环保投入占GDP比重}=\frac{\text{当年生态环境保护、治理或维护的投资额}}{\text{当年地区生产总值}}\times100\%$$

数据来源：发展改革、工业和信息化、自然资源、生态环境、统计等部门。

生态环境科技蓝皮书2021

中国环境科学研究院

# 生态产品价值实现的路径与实践

# Ecological Product Value Realization Path and Practice

主编◎雷 硕

中国环境出版集团·北京

**图书在版编目（CIP）数据**

生态产品价值实现的路径与实践 / 雷硕主编 . —北京：中国环境出版集团，2021.12

（生态环境科技蓝皮书 . 2021）

ISBN 978-7-5111-4957-2

Ⅰ . ①生… Ⅱ . ①雷… Ⅲ . ①生态经济—经济发展—研究报告—中国 Ⅳ . ① F124.5

中国版本图书馆 CIP 数据核字（2021）第 221712 号

**出 版 人** 武德凯
**责任编辑** 田 怡
**责任校对** 任 丽
**封面设计** 光大印艺

---

**出版发行** 中国环境出版集团
（100062 北京市东城区广渠门内大街 16 号）
网 址：http：//www.cesp.com.cn
电子邮箱：bjgl@cesp.com.cn
联系电话：010-67112765（编辑管理部）
发行热线：010-67125803，010-67113405（传真）
**印 刷** 玖龙（天津）印刷有限公司
**经 销** 各地新华书店
**版 次** 2021 年 12 月第 1 版
**印 次** 2021 年 12 月第 1 次印刷
**开 本** 787 × 1092 1/16
**印 张** 10.25
**字 数** 150 千字
**定 价** 1280.00 元（全八册）

---

# 丛书编写委员会

# 编委会

# 前言

生态产品是以自然生态系统产出的生态系统服务为核心、通过凝结人类劳动而形成的产品形式，是适应当前中国生态文明建设和经济高质量发展新阶段应运而生的全新概念。生态产品价值实现是践行“绿水青山就是金山银山”理念的关键路径，是从源头上推动生态环境领域国家治理体系和治理能力现代化的必然要求，对推动经济社会发展全面绿色转型具有重要意义。

党的十八大以来，以习近平同志为核心的党中央把生态产品价值实现作为治国理政的头等大事，基于山水林田湖草沙生命共同体理念，走出了一条中国特色生态产品价值实现之路。党的十九大进一步强调“提供更多优质生态产品以满足人民日益增长的优美生态环境的需要”，十九届五中全会明确要“建立生态产品价值实现机制”。2021年，中共中央办公厅、国务院办公厅印发《关于建立健全生态产品价值实现机制的意见》，从建立生态产品调查监测机制、建立生态产品价值评价机制、健全生态产品经营开发机制、健全生态产品保护补偿机制、健全生态产品价值实现保障机制等六大方面出发，为破解绿水青山转化为金山银山的“瓶颈”，建立生态环境保护者受益、使用者付费、破坏者赔偿的利益导向机制指明了路径。

为系统梳理我国生态产品价值实现机制的路径、模式与发展历程，总结凝练全国各地先进经验和有益实践，促进生态产品价值实现理论与实践研究，特编制本蓝皮书。

# 目录

# 1

# 生态产品价值实现是践行“绿水青山就是金山银山”理念的关键环节

The realization of the value of ecological products is the key link to practice the conviction of “Lucid waters and lush mountains are invaluable assets”

“坚持绿水青山就是金山银山”是习近平生态文明思想的基本原则之一，亦被写入国家“十四五”规划和2035年远景目标，成为党和国家制定国民经济发展和生态保护重大方针政策时的重要指导思想。生态产品是基于“绿水青山”而产出的，通过构建生态产品价值实现机制，推动生态产品使用价值和价值的统一，本质上也是实现“绿水青山”与“金山银山”的统一，体现出人与自然和谐共生的生态自然观，体现出创新、绿色、协调的经济高质量发展观，体现出以人为本、为民造福的民生政绩观，同时也是促进生态文明建设实现新进步、决胜全面建成小康社会的重要推手。

## 1.1 “绿水青山就是金山银山”是习近平生态文明思想的重要组成部分

早在2005年，时任浙江省委书记习近平在视察浙江省安吉县时就首次提出了“绿水青山就是金山银山”的科学论断。时隔一年，习近平总书记在中国人民大学的一次演讲中深入剖析了“绿水青山”与“金山银山”的内在关系，完整地表述了“两山”理论的内容：“在实践中对绿水青山和金山银山这‘两座山’之间关系的认识经历了三个阶段：第一个阶段是用绿水青山去换金山银山，不考虑或者很少考虑环境的承载能力，一味索取资源。第二个阶段是既要金山银山，但是也要保住绿水青山，这时候经济发展和资源匮乏、环境恶化之间的矛盾开始凸显出来，人们意识到环境是我们生存发展的根本，要留得青山在，才能有柴烧。第三个阶段是认识到绿水青山可以源源不断地带来金山银山，绿水青山本身就是金山银山，我们种的常青树就是摇钱树，生态优势变成经济优势，形成了浑然一体、和谐统一的关系，这一阶段是一种更高的境界。”2013 年，习近平总书记在哈萨克斯坦纳扎尔巴耶夫大学发表演讲，提出：“我们既要绿水青山，也要金山银山。宁要绿水青山，不要金山银山，而且绿水青山就是金山银山。”这三句话从不同角度诠释了经济发展与环境保护之间的辩证统一关系，形象地传达了中国的生态文明和绿色发展理念。自此，“两山”理论初步形成，围绕习近平总书记的“绿水青山就是金山银山”科学论断，全国上下开启了探索“绿水青山”与“金山银山”和谐统一的新征程、新道路。

2015 年，中共中央政治局会议审议通过了《关于加快推进生态文明建设的意见》，正式把“坚持绿水青山就是金山银山”的理念写入中央文件。2017 年，党的十九大报告提出“必须树立和践行绿水青山就是金山银山的理念，坚持节约资源和保护环境的基本国策，像对待生命一样对待生态环境”，并将其写入党章。2020 年，党的十九届五中全会提出“坚持绿水青山就是金山银山理念，坚持尊重自然、顺应自然、保护自然，坚持节约优先、保护优先、自然恢复为主，守住自然生态安全边界”，并将其列入《中华人民共和国国民经济和社会发展第十四个五年规划和2035年远景目标纲要》。由此可见，“绿水青山就是金山银山”理念已经成为党和国家制定国民经济发展和生态保护重大方针政策时的重要指导思想，成为各地推进经济发展方式转变、建设生态文明、决胜全面建成小康社会所遵循的重要原则。

## 1.2 “生态产品”是中国特色社会主义背景下应运而生的全新概念

20世纪70年代以来，全球开始致力于以生态系统服务（ecosystem services）为核心的生态治理研究与实践。2003年，联合国千年生态系统评估将生态系统服务定义为人类从生态系统中获得的各种惠益，包括供给服务、调节服务、文化服务和支持服务四种类型。进入21世纪以后，随着中国生态文明建设和“绿水青山就是金山银山”实践的不断深化，中国学者适应现实经济社会发展需要，以习近平“绿水青山就是金山银山”重要理念为指导，在生态系统服务概念的基础上，赋予了“生态产品”（ecological product）更多的内涵和外延，使其成为一个较为典型的中国化概念。从具体形态来看，生态产品既包括有形的产品，也包括无形的服务；既可以是直接消费的最终产品，也可以是间接发挥生产要素作用的中间投入产品；既可以是发挥了巨大正外部性的公共物品，也可以是一般意义上的私人物品。

生态产品依托于生态系统服务而形成，又有着自己的特点：

其一是生态产品除“自然属性”以外，还具有“人为属性”，即优质的生态产品是自然力和人力共同投入和作用的结果，也是为了满足人类的需求而被生产。这既体现出大自然对人类的恩赐，也蕴含着人类社会不同发展阶段的生产力和生产关系调整。中国地大物博，生态资源多样性与脆弱性并存，这就要求在生态产品价值实现过程中，更应注重对大自然的保护和人类主观能动性的充分发挥，充分利用中国以公有制为主体、以人民为中心的制度优势，最大限度地释放治理效能，以积极、主动的姿态调节人与自然的关系，避免走发达国家“先污染，后治理”的老路。

其二是生态产品的“多维价值属性”，即生态产品往往同时具有生态价值和社会经济价值，同时具有存在价值和选择价值，同时具有使用价值和价值。如果人类不加节制地开发与消耗，杀鸡取卵、竭泽而渔，必将遭受大自然的反噬。因此，生态产品价值的实现，并非以牺牲生态价值换取经济价值，或以牺牲经济价值来维护生态价值，而是在科学的方式下，实现其生态价值、经济价值、社会价值的有机统一。

其三是生态产品的“稀缺与交换属性”，即优质的生态产品并非无限供给，在超过了一定的限度之后，其价值和使用价值都将受到损失。基于生态产品的稀缺性，利用市场化机制来实现稀缺资源的优化配置，成为当前各地实践过程中选择的普遍路径。只有通过市场交换兑现其价值，才能真正提高供给效率，实现生态产业化的良性循环。

由此可见，“生态产品”是中国特色社会主义背景下应运而生的新概念，是“绿水青山就是金山银山”理念的物质载体，生态产品价值实现是基于中国现实国情和远景目标的“中国道路”的必然选择。

## 1.3 生态产品价值实现机制是打通生态产品价值实现路径的根本保障

在当前全球严峻的生态环境问题和生态治理问题下，中国作为全球生态文明建设的参与者、贡献者、引领者，以实际行动为推动人与自然和谐共生而不懈努力，生态文明建设取得举世瞩目的成就，为世界贡献出中国方案。这是生态产品价值实现机制生成的现实起点。实际上，实现生态产品的价值，就是要运用多种方式，将生态生产的外部性内部化，实现其使用价值与价值的统一，实现“绿水青山”与“金山银山”的统一。生态产品价值实现机制是“绿水青山就是金山银山”的现实载体，是解决当前人民日益增长的美好生活需要和不平衡不充分的发展之间的社会主要矛盾的关键路径之一，具有前瞻性、全局性、战略性、持续性，必须保持定力，久久为功。

2017 年开始，环境保护部开展了“绿水青山就是金山银山”实践创新基地建设，旨在建设践行“绿水青山就是金山银山”科学理念的实践平台，创新探索“两山”转化的制度实践和行动实践，选取生态环境优良、生态环境保护工作基础扎实、“两山”转化成效突出的地区，形成“两山”转化典型案例、机制、体制、政策、做法等，总结推广典型经验模式。截至 2021 年 11 月，已命名了五批共 136 个“绿水青山就是金山银山”实践创新基地。

2019 年，推动长江经济带发展领导小组办公室正式印发《关于支持浙江丽水开展生态产品价值实现机制试点的意见》，丽水成为全国首个生态产品价值实现机制试点市，通过生态系统生产总值（GEP）核算来引导发展思路转变，重点在生态产品功能拓展、标准创设、机制创新、路径开发等方面先行先试，取得了一系列丰硕成果。

2020年，自然资源部为推进生态产品价值实现机制的理论和实践探索，发挥典型案例的示范作用和指导意义，梳理出两批共21个典型生态产品价值实现案例，持续推进生态产品价值实现机制的理论和实践探索，倡导加快建立政府主导、企业和社会各界参与、市场化运作、可持续的生态产品价值实现机制。自2021年开始，批复设立了多个自然资源领域生态产品价值实现试点，鼓励各地积极探索不同资源禀赋的生态产品价值实现路径。

2015年，国家发展改革委、国家林业局启动了国家公园体制试点，先后建成10处国家公园体制试点。2021年，正式设立三江源、大熊猫、东北虎豹、海南热带雨林、武夷山第一批5个国家公园，这标志着以国家公园为主体的自然保护地体系建设进入了新阶段，同时也意味着要从生态资源挖掘生态产品，构建生态产品的价值转化机制，打通生态保护、生态产业转型和生态富民三大通道，实现生态环境保护、绿色发展、民生问题改善的共赢局面。

2021年4月，在经历了全国上下持续多年的创新与探索后，中共中央办公厅、国务院办公厅印发了《关于建立健全生态产品价值实现机制的意见》，提出要“以习近平新时代中国特色社会主义思想为指导，全面贯彻党的十九大和十九届二中、三中、四中、五中全会精神，深入贯彻习近平生态文明思想，按照党中央、国务院决策部署，统筹推进‘五位一体’总体布局，协调推进‘四个全面’战略布局，立足新发展阶段、贯彻新发展理念、构建新发展格局，坚持绿水青山就是金山银山理念，坚持保护生态环境就是保护生产力、改善生态环境就是发展生产力，以体制机制改革创新为核心，推进生态产业化和产业生态化，加快完善政府主导、企业和社会各界参与、市场化运作、可持续的生态产品价值实现路径，着力构建绿水青山转化为金山银山的政策制度体系，推动形成具有中国特色的生态文明建设新模式"。这标志着我国正式从国家制度层面推进生态产品价值实现机制建立健全。

由此可见，生态产品价值实现机制是"绿水青山就是金山银山"科学理念的现实载体。在当前中国特色社会主义建设新时代，构建生态产品价值实现机制已经成为全国各地转变发展方式，推动质量变革、效率变革、动力变革，构建绿色发展新格局的关键路径。

# 2

# 从生态产品无价供给到价值全面实现的转变

The transition from priceless supply of ecological products to full realization of value

中国幅员辽阔，地大物博，山地、高原和丘陵约占陆地面积的67%，土地类型和生态系统复杂多样，自然资源种类众多，生物多样性丰富。目前，全国共有森林面积2.2亿 $hm^2$，森林蓄积量175.6亿 $m^3$，森林覆盖率为22.96%，水资源总量约3.16万亿 $m^3$，已发现并查明资源量的矿产资源162种，已知物种及种下单元数约12.23万种，其中列入国家重点保护野生动物名录的珍稀濒危野生动物708种、植物246种，有些珍稀动植物，如大熊猫、水杉、银杏等，在世界上其他地区已经灭绝，都是残存于中国的“活化石”[①]。基于中国的自然本底决定了我国的生态产品产出丰富、形式多样，具有巨大的综合价值和挖掘潜力。但与此同时，中国生态系统的特点是复杂性与脆弱性并存，水土流失、土壤沙漠化、生态系统质量差等问题依然严重，由于快速城镇化与资源过度开发导致的水资源短缺、大气污染、农业面源污染、人居环境恶化等问题也在不断暴露，生态保护工作任重而道远。

① 数据来源：第九次全国森林资源清查成果、2020年度《中国水资源公报》、《中国矿产资源报告（2020）》、《中国生态环境状况公报（2020）》。

生态环境没有替代品，用之不觉，失之难存，守护好绿水青山，提升生态产品供给能力，就是保护自然价值和增值自然资本，保护经济社会发展潜力和后劲。追溯我国生态产品开发与利用的发展历程，可以发现，我国的生态产品供给经历了从直接供给向价值全面实现的转变。随着国力的不断增强和人民生态保护意识的提高，生态产品价值实现机制构建的时机逐渐成熟。

## 2.1 生态产品直接开发利用，生态环境资源危机初显

从全球视角来看，在早期，人们认为生态环境和自然资源只有使用价值，而没有价值。西方经济学中将收益定义为土地、劳动力、资本和技术的函数，似乎是默认自然资源取之不尽、用之不竭，像阳光、空气、山川、河流等，人类可以随意取用。实际上，生态系统的确有合理的承载力，在一定的规模和限度下，人类生活生产活动造成的生态破坏和环境污染并未产生严重的后果。然而，进入工业社会以来，社会生产力的发展速度远超以往任何时期，自然资源过度开采、生态环境破坏等一系列问题逐渐显现，自然资源和生态环境的稀缺属性日益增强，生态产品直接开发利用的后果不断加深，生态环境资源危机愈演愈烈。

中华人民共和国成立之初，百废待兴，党和国家的首要任务是恢复和发展国民经济，尽快将我国从西方发达国家的封锁中摆脱出来。至改革开放后，确立了以经济建设为中心的社会主义初级阶段基本路线，着力解决人民日益增长的物质文化需要同落后的社会生产之间的矛盾。在这一阶段，我国主要依靠生产要素的大量投入和扩张来实现经济的粗放型增长，生态产品供给以直接开发取用为主，由此也引发了愈演愈烈的生态与资源危机。

### 2.1.1 森林是人类在不同社会经济发展阶段都必须依赖的生态产品

自中华人民共和国成立以来，林业产业不仅为国家建设和人民生活提供了包括木材、竹材、人造板、木浆、林化产品、木本粮油、食用菌、花卉、桑蚕、药材、森林旅游服务等在内的大量物质产品和非物质服务，而且在促进农村产业结构调整、解决山区农民脱贫致富、提供社会就业机会及维护国家生态安全等方面有着极为重要的作用。20 世纪 50 年代至 70 年代末，我国的林业建设处于以木材利用为中心阶段，森林采运能力得到了快速提高，林业为国民经济恢复、建设和发展做出了重大贡献，同时森林资源消耗和破坏都非常严重。第一次森林资源清查（1973—1976 年）至第三次清查（1984—1988 年）显示全国的活立木蓄积和森林蓄积均几乎没有增长（图 2-1）。20 世纪 80 年代至 90 年代后期，我国林业建设处于木材利用为主兼顾生态建设的发展阶段，林业不仅要满足生产、生活和经济建设对木材的需求，还要肩负生态环境保护的重任。

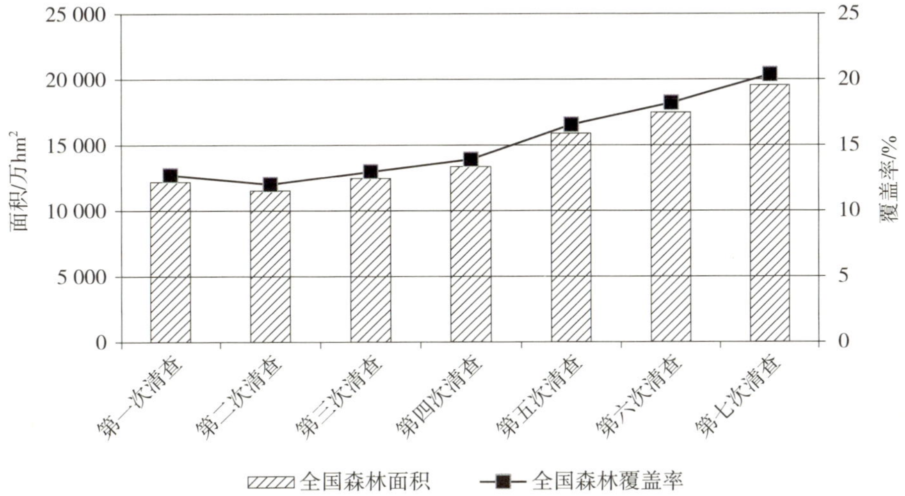


图 2-1 历次森林清查全国森林面积及森林覆盖率

数据来源：历次森林清查数据。

### 2.1.2 水是大自然赋予人类的另一大重要的生态产品

我国是一个干旱缺水严重的国家，全国水资源总量 31 605.2 亿 $m^3$，地表水资源量 30 407.0 亿 $m^3$，地下水资源量 8 553.5 亿 $m^3$，地下水与地表水资源不重复量为 1 198.2 亿 $m^3$①。我国的淡水资源约占全球水资源的 6%，居世界第四位，但从人均水平来看，仅为世界平均水平的 1/4。在早期，全国尚未建立有效的地表水、地下水监测体系，水资源过度消耗问题始终存在。我国最大的淡水湖——鄱阳湖，水域面积从最高 4 000 $km^2$ 减少到不足 50 $km^2$。内蒙古阿拉善盟，由于上游地区过度开发黑河水，进入绿洲的水量由 9 亿 $m^3$ 减少到不足 2 亿 $m^3$，致使东西居延海干枯，数百处湖泊消失。

### 2.1.3 生态系统为人类提供的涵养水源、保持水土、固碳释氧等支持和调节服务，是一类重要的、无形的生态产品

随着对自然资源的简单开发愈演愈烈，开发过程中的生态破坏和环境污染问题在相当长的一段时间内并未得到重视，使得我国面临着严重的生态系统退化问题。全国生态环境高度敏感区域面积 390 万 $km^2$，占国土面积的 40.6%，而生态环境脆弱区面积占国土面积的 60% 以上。全国森林与草地质量低下，生态系统质量为低等级与差等级的面积比例分别占三种类型总面积的 43.7% 和 68.2%。土地退化主要表现为水土流失、沙漠化与石漠化等方面②。受生态系统破坏的影响，生物多样性也正在受到严重威胁。

① 数据来源：2020 年度《中国水资源公报》。

② 数据来源：欧阳志云 . 我国生态系统面临的问题及变化趋势［N/OL］. 中国科学报，2017-07-24（007）. https//news.sciencenet.cn/sbhtmlnews/2017/7/325803. shtm.

### 2.1.4 耕地为人类提供了赖以生存的各种重要的生态产品，农业生态系统退化则危及粮食安全和食品安全基础

我国是世界上人口最多的国家，但人均耕地面积仅占世界平均水平的1/3。我国用占世界7%的耕地，养活了世界22%的人口，这是一个世界瞩目的成就。但与此同时，大化肥、大农药、除草剂、激素、添加剂、农膜等耕作方式，使得土壤板结、环境污染、生物多样性下降、病虫害加剧、产量下降，土地退化严重，耕地肥力出现明显下降。20世纪50年代以来，我国化肥施用量增加了百倍以上，化肥的平均施用量是发达国家化肥安全施用上限的2倍，但平均利用率仅40%左右；我国农药年产约170万t，平均18亿亩[①]农田每亩需要近1 kg；我国每年约有50万t农膜残留于土壤中，残膜率达40%[②]。

由此可见，对生态产品的直接利用，短期内虽然可以带来大量经济效益，但人类却不得不为此承担更大范围、更深程度、更长时间且难以挽回的生态损失，甚至为了弥补这些损失，最终不得不付出更巨大的经济代价。仅仅依靠生态产品的直接供给和简单利用，是无法实现可持续绿色发展的。

## 2.2 生态产品严格保护，生态保护与经济发展矛盾初显

面对日益严峻的生态环境问题和形势，我国在经历了初期以牺牲环境为代价的粗放式经济增长后，开始着力构建以严格保护为主的生态保护体系，生态保护力度空前加强，建立并完善了各级各类自然保护地制度体系，实施了一系

① 1亩≈666.67 $m^2$。

② 数据来源：新华网：http：//news.xinhuanet.com/politics/2011-05/27/c_121464823.htm.

列重大生态保护工程，划定并严守各类保护红线。但由于我国生态资源丰富地区与经济发展落后地区高度重合的客观条件，严格的保护政策也使得当地生态保护与经济发展矛盾逐渐加大。

### 2.2.1 天然林保护工程建设

天然林是中国森林资源的主体，全国林地面积的 64% 是天然林，全国森林蓄积的 83% 以上来自天然林。然而，由于中华人民共和国成立初期对木材需求量较大，天然林面积和质量迅速缩小和降低。2000 年，天然林保护工程正式实施，工程范围初步确定为全国 18 个省（区、市）的重点国有森工企业及长江、黄河中上游等地区生态地位重要的地方森工企业、采育场和以采伐天然林为经济支柱的国有林业局（场）、集体林场。作为中国自然资源保护史上的“天字号”工程，天然林保护工程有效保障了大江大河安澜和国土生态安全，工程区山体滑坡、水土流失、泥石流等地质灾害大为减少。与此同时，天然林禁伐措施也带来了国有林区普遍的经营困难。国有林场作为森林经营的主力，但却因为“不城不乡、不工不农、不事不企”的定位，大多数苦于“找饭吃”，无法将主要精力集中到森林资源保护和培育上来。国有林场大多债务负担沉重，富裕劳动力众多，职工生计难以转型，保护与发展矛盾初显。

### 2.2.2 “三北”防护林体系建设

“三北”工程是在改革开放元年部署实施的国家重大生态工程。工程规划期限为 73 年，分八期工程进行，涉及 13 个省（区、市）的 559 个县（市、旗、区），总面积 406.9 万 $km^2$，占我国陆地面积的 42.4%。到 1995 年，完成人工造林 18.15 万 $km^2$，森林覆盖率由原来的 5.05% 提高到 8.28%，12% 的沙漠化土地得到治理，其中有 4 万多 $km^2$ “不毛之地”变成森海。加强“三北”工程建设，有利于构建北方生态屏障，有利于维护我国国土生态安全，有利于保障和改善民生，有利于培育我国后备森林资源和能源基地，对推进生态文明和美丽中国建设意义深远。与此同时，“三北”防护林体系建设引起的地区发展不平衡问题也初步显现，防护林区做出了艰苦卓绝的努力和巨大的牺牲，使得其他地区生态环境明显改善，发挥了显著的正外部性，但却也因此承担了较多的保护成本。区域保护与发展的矛盾始终存在。

### 2.2.3 退耕还林工程

从 1999 年开始，国家试点推进退耕还林工程，将水土流失严重的耕地，沙化、盐碱化、石漠化严重的耕地以及粮食产量低而不稳的耕地，有计划、有步骤地停止耕种，因地制宜地造林种草，恢复植被。工程建设范围包括 25 个省（区、市）和新疆生产建设兵团，共 1 897 个县（含市、区、旗）。2003 年，《退耕还林条例》正式施行。1999—2004 年，国家共安排退耕还林任务 1 916.55 万 $hm^2$，其中，退耕地造林 788.62 万 $hm^2$，宜林荒山荒地造林 1 127.93 万 $hm^2$。退耕还林工程的实施，改变了农民祖祖辈辈垦荒种粮的传统耕作习惯，实现了由毁林开垦向退耕还林的历史性转变，有效地改善了生态状况，促进了中西部地区“三农”问题的解决，水土流失和土地沙化治理步伐加快，生态状况得到明显改善。退耕还林涉及农户的切身利益，虽然给予了农户相应的补贴，但相较于种植农作物而言，农户的经营自主性受到了很大限制，经营收入也有所降低，特别是种植用材林的农户，其利益难以得到保障。

### 2.2.4 野生动植物保护及自然保护区建设工程

自1956年我国第一个自然保护区——鼎湖山国家级自然保护区建立以来，特别是经过改革开放40多年的快速发展，我国已建立起包括自然保护区、森林公园、湿地公园、地质公园、荒漠公园及自然遗产地等构成的保护地体系。1999年10月国家林业局组织有关部门和专家对今后50年的全国野生动植物及自然保护区建设进行了全面规划和工程建设安排。2001年6月由国家林业局组织编制的《全国野生动植物保护及自然保护区建设工程总体规划》正式获批。然而，自然保护区往往位于“老少边穷”地区，社会经济发展水平相对较低，对自然资源的依赖比较严重。在这样的区域范围内，既要保护生物多样性资源和生态环境，又要保证当地社区群众的生存和发展，在政策上就面临两难的选择。《中华人民共和国自然保护区条例》第二十六条规定：“禁止在自然保护区内进行砍伐、放牧、狩猎、捕捞、采药、开垦、烧荒、开矿、采石、挖沙等活动。”然而，由于历史遗留问题，中国的自然保护区内仍然存在大量的原住民。农户依赖自然资源的生计策略包括薪柴、药材、植物、食物、牲畜饲料、建筑材料的收集等。这与条例相关规定相违背，但却没有得到有效的监管。尽管近年来，原住民对自然资源的依赖呈下降趋势，但保护与发展的总体矛盾仍然存在。

### 2.2.5 严守耕地18亿亩红线

2013年12月，中央农村工作会议提出要确保粮食安全，坚守18亿亩耕地红线，耕地保护日益受到重视。在2019年的红头文件中，党中央明确将18亿亩耕地红线划入了一号文件当中。然而，耕地“谁来种”的问题并未得到彻底解决，中国几亿农民每个人平均只有几亩耕地，在这种分散的、个体的、不成规模的小农经济下，农业生产率相对较低，而且农民财产收入受制于土地流转的慎重，短时间内也难以提升。一边是不容退却的耕地保护红线，一边是涉及民生根本的农业粗放式发展、农民经营意愿不足、农业收入长期得不到提升等问题，保护与发展的矛盾亟须寻求解决出路。

综上所述，在严格的生态保护背景下，我国相继实施了一系列生态保护重大政策和生态工程修复措施，提升生态产品的供给能力。然而，仅仅依靠政府主导和政府单方向的财政投入，仍弥补不了生态保护资金的巨大缺口；由于生态保护而带来的社会经济发展受限问题也仍未得到有效解决。事实证明，“只破坏，不保护”和“只保护，不发展”都是走不通的路子，生态产品的多维价值发挥需要更深入、更高水平的协调机制。

## 2.3 生态产品价值内涵挖掘，试点示范实践成效显著

随着社会经济的不断发展和人们生态意识的逐步提高，人类逐渐从人与自然和谐共生的角度，思考生态产品的多维价值实现路径和模式。在“绿水青山就是金山银山”科学理念指导下，经过多年的发展与实践，我国逐渐找到了“生态资源—生态产品—生态资产”的价值转化逻辑，其关键便是提供优质的生态产品，使生态系统服务的使用价值通过生态产品的形式拥有了价值，进而促进了保护与发展的协调统一，也是“绿水青山”与“金山银山”的统一。生态产品的定义不断完善，价值内涵不断丰富，实现路径体现出鲜明的中国特色。

生态产品价值实现要以其价值判断为前提。通过全国各地的实践，生态产品的价值及其内涵不断丰富。综合而言，生态产品是使用价值和价值的统一体，

具有商品的双重价值属性。从使用价值属性看，生态产品的载体是良好的生态环境和资源，具有多功能、复合型的使用价值，既可以提供各类生产和生活资料，满足人类的物质性需求，又可以提供景观游憩等服务，陶冶情操，满足人类的精神性需求。从价值属性看，当生态要素成为稀缺性资源、成为产业资本投资获利的对象时，它的生产过程必定凝结一般的、无差别的人类劳动，具有商品性质，也就具有了实现使用价值向价值转化的可能。因此，生态系统服务的使用价值通过生态产品的形式拥有了价值，实现生态产品的价值，就是实现生态保护与经济发展的协调统一。

从生态产品价值实现机制设计来看，中国基本构建出政府主导、企业和社会各界参与、市场化运作、可持续的生态产品价值实现路径：

首先，生态产品具有完整性、跨区域性、正外部性等特点，这就要求必须要以政府为主导，从顶层设计宏观把握生态产品价值实现的总体思路。2012 年，党的十八大报告提出，“增强生态产品生产能力”。2017 年，党的十九大报告进一步提出，“既要创造更多物质财富和精神财富以满足人民日益增长的美好生活需要，也要提供更多优质生态产品以满足人民日益增长的优美生态环境需要”。2018 年，在深入推动长江经济带发展座谈会上，习近平总书记明确要求“要积极探索推广绿水青山转化为金山银山的路径，选择具备条件的地区开展生态产品价值实现机制试点，探索政府主导、企业和社会各界参与、市场化运作、可持续的生态产品价值实现路径”，为生态产品价值实现指明了发展方向、路径和具体要求。2020 年，党的十九届五中全会明确提出要“建立生态产品价值实现机制”。2021 年 4 月，中共中央办公厅、国务院办公厅印发了《关于建立健全生态产品价值实现机制的意见》，提出要“以习近平新时代中国特色社会主义思想为指导，全面贯彻党的十九大和十九届二中、三中、四中、五中全会精神，深入贯彻习近平生态文明思想，按照党中央、国务院决策部署，统筹推进‘五位一体’总体布局，协调推进‘四个全面’战略布局，立足新发展阶段、贯彻新发展理念、构建新发展格局，坚持绿水青山就是金山银山理念，坚持保护生态环境就是保护生产力、改善生态环境就是发展生产力，以体制机制改革创新为核心，推进生态产业化和产业生态化，加快完善政府主导、企业和社会各界参与、市场化运作、可持续的生态产品价值实现路径，着力构建绿水青山转化为金山银山的政策制度体系，推动形成具有中国特色的生态文明建设新模式”。

其次，要想实现生态产品的价值转化，应当有相应的市场交易机制和交易平台。科学的价值交易机制对生态产品价值实现至关重要，既能降低交易成本，又能实现生态产品供给双方的平等协商、公平交易，逐步建立生态产品价值交易长效机制。目前，我国针对生态农产品和生态旅游，已经形成了较为完善的市场化机制。此外，大量基于生态系统支持和调节服务的生态产品市场化交易机制也已经在全国多地开展试点实施，并取得了显著成效。充分发挥市场配置资源的决定性作用，成为生态产品价值实现的关键所在。

最后，生态产品价值实现机制在推动全国经济发展转型、生态文明建设方面，已经显现出巨大的引领作用，试点示范实践成效显著。我国生态产品的主要供给方集中在边远山区、乡村地区等，经济欠发达，同时也为生态环境保护做出了巨大的牺牲。从现实情况来看，当地经济发展的利益诉求不容忽视。大量生态产品价值实现机制的实践表明，生态环境要素日益成为生产力发展的重要源泉和保障，依托优良的生态环境产出的生态产品，是最优质的产品，也是未来发展空间最为广阔的产品，通过建立科学合理的生态产品价值转化模式，可以有效提升供给方的积极性，促进保护与发展的协调。从需求视角看，在新时代，我国社会主要矛盾已经发生重大变化，即“我国社会主要矛盾已经转化为人民日益增长的美好生活需要和不平衡不充分的发展之间的矛盾”。人民的物质生活水平有了极大的提升，精神文化和生态需求日益高涨，对优质生态产品的需求也日益高涨。构建生态产品价值转化机制，促进生态产品供需匹配，满足不同人群、不同类型的生态需求，实现生态产品的价值，亦是实现以人民为中心的美好生活，实现人与自然和谐共生的现代化。

由此可见，绿水青山既是自然财富、生态财富，又是社会财富、经济财富，生态产品是维系生态安全、提供良好人居环境的自然要素，是美好生活的需要。基于“绿水青山就是金山银山”科学理念的生态产品价值实现为我们处理经济发展与环境保护之间的关系提供了实践指南，是适应我国社会主要矛盾变化和全面建成小康社会、全面建设社会主义现代化国家的必然要求，是遵循经济规律发展的必然要求，是推动新时代经济高质量发展的最佳路径。站在新的历史起点上，推进生态产品价值实现，是贯彻落实习近平生态文明思想、践行“绿水青山就是金山银山”理念的重要举措，也是绿色发展的内在要求。综合各地实践可以看出，生态产品具有多种多样的表现形态，其价值实现路径和模式也不尽相同。本书根据生态产品本身的性质和特点，结合各地实践试点情况，将生态产品分为物质产品、服务产品、权益产品、金融产品、补偿产品五大类，每类生态产品均有着不同的价值实现路径和模式（图 2-2）。

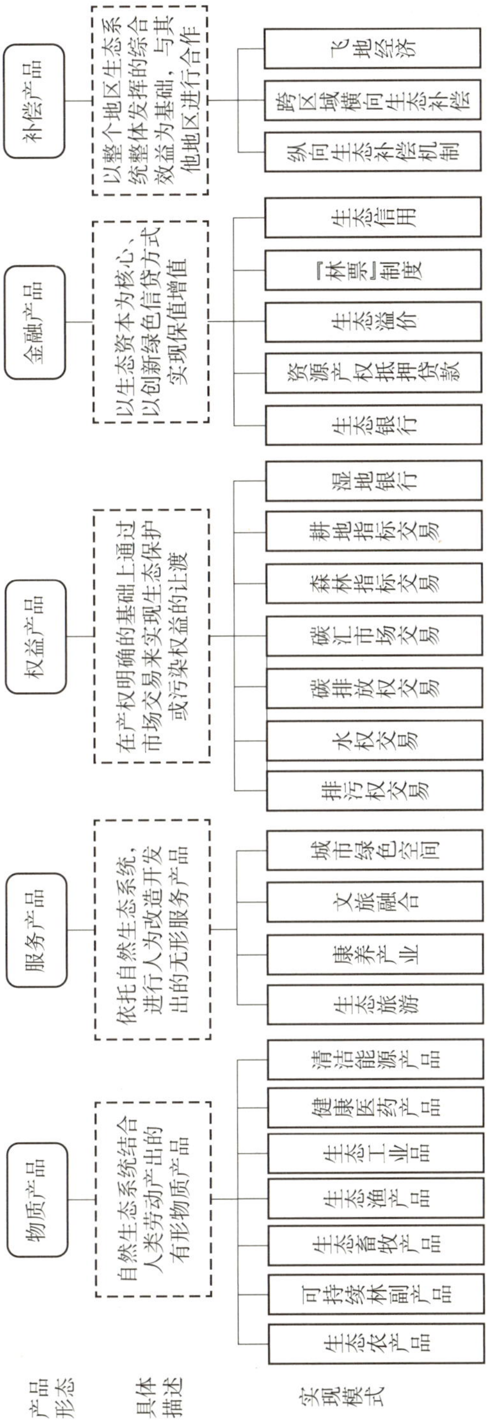


图 2-2 基于不同形态的生态产品分类及实现模式

# 3

# 生态物质产品价值实现的路径与实践

The path and practice of realizing the value of ecological material products

大自然给人类最直接的馈赠，莫过于利用自然生态系统而产出的各类用于满足人类需求的生态物质产品。但并非所有的产品都能实现生态产品多维价值的统一协调。杀鸡取卵、竭泽而渔的生产方式必须被摒弃，取而代之的是生态农产品、林产品、畜牧产品、渔产品、健康医药产品、清洁能源产品等，唯有如此，才能真正实现人与自然的和谐统一。从本质上说，生态产品之所以区别于一般性商品，是因为生态要素作为独立的生产要素纳入到了生产经营过程之中，生态物质产品的价值实现，就是将优质的生态禀赋作为一种特殊的生产要素投入到生产当中，产出绿色、环保、健康的有形物质产品，并通过市场供求机制实现价值转化。为此，需要建立统一、规范、开放的生态产品市场交易平台。在实践中，国内外都有物质类生态产品价值实现的成功经验，相关市场交易机制已经十分成熟。因此，对于这类生态产品的价值实现途径，关键在于如何提高生态要素在产品附加值中所占的比例，提升生态产品的品质，进而扩大其市场认可度，扩宽市场发展前景，使真正优质的生态产品能够转化为相应的经济价值。

## 3.1 生态农产品

农业是生产粮食作物、经济作物、饲料作物和绿肥等农作物的生产活动。然而，要想提供优质的生态农业产品，必须要思考如何在农业最终产品中体现出生态溢价，在不破坏生态环境的前提下，协调发展与环境之间、资源利用与保护之间的矛盾，形成生态与经济的良性循环。农业生态产品价值能否实现，关键是能否在农业生产过程中兼顾经济、生态、社会三大效益的统一。

实施生态产品认证是近年来各地着力促进生态农产品提质增效的重要路径。内蒙古兴安盟*以其特有的生态、自然资源，探寻农业大盟的转型之路，提出组建“兴安盟大米产业联盟”，政府、企业、农民合力打造“兴安盟大米”品牌。在兴安盟水稻种植生产过程中，注重标准化生产、高质量发展，全环节集成绿色高质高效技术，包括整地、播种、管理、收获等各环节。结合测土配方施肥，限量施用化肥、农药，合理补充硫、硅、硒等中微量元素，适期收获，确保了兴安盟稻米品质优良。目前，兴安盟已发展成为内蒙古自治区最重要的水稻主产区，占全区的60%，全盟水稻种植面积达118万亩，水稻总产量达70多万t，兴安盟大米“三品一标”认证企业达到29家，认证品种58个，认证面积61.5万亩。“兴安盟大米”已成功注册中国地理标识推广使用。

陕西洋县**为将良好的生态优势转化为产业发展优势，大力发展有机产业，在生态保护与经济发展之间探索走出了一条产业转型、群众得利、乡村振兴的绿色崛起之路。洋县最广为人知的是国宝朱鹮，1981年5月，世界上仅存的7只野生朱鹮在陕西洋县境内被发现。2018年6月，陕西汉中朱鹮国家级自然

* 案例来源：兴安盟行政公署官方网站（http://www.xam.gov.cn）。

** 案例来源：洋县人民政府官方网站（http://www.yangxian.gov.cn）。

图 3-1　兴安盟稻田

（图片来源：雷硕摄）

保护区管理局等机构共同发起“鹮田一分”项目，在每亩稻田中留出一分给国家一级保护动物朱鹮觅食。为保护朱鹮，“鹮田一分”项目区的稻谷生产都按统一要求进行有机种植。水稻收割后，有机大米在销售平台出售，并将销售收入用于第二年的种植项目，以此形成良性的产业循环，最终实现朱鹮觅食地修复、农民增收、人鸟和谐的共赢目标。经过 40 年的努力，朱鹮种群已有 4 000 余只，不仅为洋县留下了难得的绿水青山，发展有机产业更让洋县的绿水青山变成了富民强县的金山银山。同时，有机产业和朱鹮一样，已成为洋县最闪亮的一张名片。除了有机果蔬，洋县还积极引导群众凭借良好生态大力发展有机米、药、菌、畜等主导产业，累计扶持发展有机生产企业 30 家，认证有机产品 15 大类 81 种 14.29 万亩，总产量 3.69 万 t，实现有机产业总产值 11.07 亿元。在有机示范区内，约 10 万户农民享受着有机产业发展带来的红利，人均纯收入高出全县平均水平 1 500 元以上。

现代农业园区是以技术密集为主要特点，以科技开发、示范、辐射和推广为主要内容，以促进区域农业结构调整和产业升级为目标的新兴组织形式，也是实现生态农产品价值的重要路径。江苏省泗阳县*现代农业产业园是首批国家现代农业产业园，首批国家农村产业融合发展示范园，园区按照功能完善、政策优惠、设施配套、环境优美、管理高效、服务优质的要求，以农业项目为载体，应用现代农业发展新理念，推广研发新品种、新技术，重点打造食品加工、食用菌、设施园艺、休闲观光等主导产业，全力打造台湾农业资本集聚高地、台湾农业技术集成高地和台湾农业模式创新高地。园区围绕“生态、高效、特色、现代”的发展定位，重点打造工厂化食用菌、设施园艺、休闲观光等主导特色产业，通过聚龙头、扩基地、兴产业，园区共入驻蔬菜、桃果、水产等农业龙头企业23家，培育国家高新技术企业2家，建成国家级、省级工程技术研究中心6个，建成省级园艺标准园13个。2016年，园区实现总产值27亿元，其中三大产业产值达18.9亿元。2020年园区总产值超过65亿元，农民人均可支配收入超过全县平均水平40%。

北京市门头沟区**以科技创新服务促都市生态农业发展。门头沟区梁家庄村是典型的深山自然村，位于清水河旁，全村188户，多年前村民大都从事与煤矿产业相关的工作。梁家庄村被划为百花山的生态涵养区后，关停了采煤业，退出养殖业，由于关停煤矿，村民月收入从4 000元下降到2 000元左右，但通过大力发展生态种植项目和特色休闲民宿项目，让这个偏远山村焕发活力，摘掉了“低收入”的帽子。提高产品科技含量，发挥高端精品蔬菜种植潜力。门头沟区通过增加农业科技投入，源头种植上由专家提供技术支持，市场销售环节由公司确定销售渠道，打造高端精品蔬菜种植基地，提高当地村民的收入。

* 案例来源：泗阳县人民政府官方网站（http://www.siyang.gov.cn/）。

** 案例来源：课题组调研资料。

门头沟区梁家庄村在专家的指导下，利用新开发 90 亩土地，投入 334 万元低收入帮扶资金实施芦笋种植项目（图 3-2），采取村企合作模式打造高端精品蔬菜种植基地。农业专家及专业种植公司从土壤监测、项目涉及、种植管理、后期采收各环节进行全过程技术跟踪指导。市场方面，村集体与公司签订收购协议，采取保底价和市场价两种收购方式，可有效避免因市场价格波动带来的损失，确保村集体与农户收益。基地建设中，解决本村及周边村民 60 余人就业，带动 28 户低收入农户就业增收。2019 年年初，芦笋进入初产期，先行试采 7 500 余斤，收入 3 万余元，预计可连续采收 15 年，丰产期可达亩产 3 000 斤，年收入 135 万元。

图 3-2　门头沟区梁家庄村种植的芦笋

（图片来源：北京市农业农村局）

## 3.2　可持续林副产品

从 20 世纪 50 年代起，人们认识到森林生态系统是一个发挥着多功能、多效益的综合体，除取得木材和林副产品等经济效益以外，还发挥着重要的生态功能和社会服务功能。森林的多重自然属性是其多功能利用的基础和条件，因此在森林资源利用过程中必须以森林生态系统的自然演进和系统稳定为前提。林业经营过程中要避免对森林资源和森林生态系统造成破坏，特别是不可逆的负面影响，即进行可持续林业经营，供给优质的生态林副产品。

浙江省安吉县*作为“绿水青山就是金山银山”理念发源地，全县有林地面积203万亩，其中竹林面积101万亩，是中国著名竹乡（图3-3）。围绕一根竹子做足文章，安吉县实现了从卖原竹到进原竹、从用竹竿到用全竹、从物理利用到生化利用、从单纯加工到链式经营的四次跨越，“竹根做根雕、竹竿做地板、竹叶做饮料、竹屑做装饰板”，形成了从竹根到竹叶的系列全产业链发展，形成了八大系列3 000多个品种的产品格局，达到全竹高效利用。安吉县竹产业集群经过近40年的发展，已建成毛竹现代园区26个，各类专业合作社32家，形成了立竹量、商品竹年产量、竹业年产值、竹制品年出口额、竹业

图3-3 安吉竹海

* 案例来源：安吉县人民政府官方网站（http://www.anji.gov.cn）。

经济综合实力等在全国领先的优势地位。截至2019年，全县竹产业营业收入达到250亿元，从业人员近5万人，产业集群增加值20亿元。无论竹林培育、竹产品开发与利用，还是竹旅游资源的开发，都走在全国乃至世界的前列。

林下经济是一种重要的森林生态产品供给模式。林下经济利用森林生态系统形成的良好生态环境及景观资源，通过在林中和林缘地带林地空间、良好的生态环境、系统的多样化资源生产能力，开展与生态保护不矛盾的种植、养殖、采集、景观利用等经营活动，在保证森林经营主体目标的同时，产出其他资源产品及生态服务，提升森林资源经营利用中的综合产出效益，进而减少直接森林资源利用导致的资源和生态破坏。安徽省岳西县*依托森林资源优势，结合千万亩森林增长工程、林业特色产业发展和林业项目工程实施，引导林农、涉林企业和林业经济合作组织大力发展林下经济。据统计，全县林下经济年产值已达10亿元。在林下种植方面，该县重点发展红心猕猴桃、霍山石斛、白芨、油用牡丹等市场热销的特色产品（图3-4）；大力发展苍术、柴胡、金银花、百合等短、平、快草本中药材；同时通过春笋冬出技术，提高竹笋、雷笋产量和附加值；利用岳西地理条件和森林抚育“三剩物”，发展反季节蔬菜和木耳、香菇等食用菌。在林下养殖方面，该县利用树林、竹林、茶园、药园，大力发展有机黑毛猪、土鸡、山羊、林蜂、野猪、大鲵等林下养殖。该县还依托森林旅游延伸产业链，带动和壮大吃、住、购、娱等服务业。目前，全县拥有新型林业经营主体149家，林下经济基地（园、示范点、森林人家等）1 816个，从事林下经济人员3.35万人，经营面积71.2万亩，年产值10.66亿元。

云南省怒江州贡山独龙族怒族自治县**地处祖国西南边陲，是全国唯一的

* 案例来源：岳西县“绿水青山就是金山银山”实践创新基地建设材料。

** 案例来源：贡山县“绿水青山就是金山银山”实践创新基地建设材料。

独龙族聚居区。近年来，贡山县注重扶贫开发与生态系统保护有机融合，坚持保护优先，把群众持续增收的重心聚焦在生态产业上，引导和支持所有有劳动能力的群众发展草果、独龙牛等林下特色种养产业，通过生态系统保护、生态产业和生态补偿“组合拳”，探索出了一条“在保护中发展、在发展中脱贫”

图 3-4　安徽省岳西县毛尖山乡王畈村农民特色种植

（图片来源：岳西县“绿水青山就是金山银山”实践创新基地建设材料）

的生态脱贫之路，实现经济效益、生态效益的协调发展。立足零工业、零污染、高植被的特色产业发展环境，因地制宜，确定以草果为主的林下特色产业，探索并推广“林 +”生产模式，如“林 + 蜂”“林 + 畜禽”“林 + 菌”“林 + 游”，大大提高了林地利用率和产出率（图 3-5）。现今，草果、中华蜂、羊肚菌、中药材和独龙牛、高黎贡山猪、独龙鸡为主的特色生态主导产业不断壮大，2018 年全县草果种植面积 21.9 万亩，产量达到 5 198 t，实现产值 3 989 万元，成为农民增收致富的“金果果”。山药种植 3 376 亩，实现产值 267.2 万元；草莓种植 525 亩，实现产值近 270 万元；羊肚菌产业从无到有，种植面积比 2017 年翻一番；中华蜂数量达 1.155 万群，中草药种植面积达 1.1 万亩。特色生态农业、生态旅游已成为群众脱贫致富的重要渠道，有力地促进了城乡居民收入持续稳定增长，2018 年度农村常住居民人均可支配收入达到 6 291 元，同比增长 10.4%，增速高于全省平均水平。

图 3-5　云南省贡山县其达村草果种植

（图片来源：贡山县“绿水青山就是金山银山”实践创新基地建设材料）

## 3.3　生态畜牧产品

草原生态系统不仅是重要的畜牧业生产基地，而且是重要的生态屏障。草原最大的责任在生态，最大的价值在生态，最大的潜力也在生态。立足生态优先，坚持走绿色发展道路，发展草原生态畜牧业，提供生态畜牧产品，才能实现生态生产生活共赢，实现生态产品的价值。

内蒙古锡林郭勒盟*是一个以畜牧业为主要产业的地区，苏尼特羊是其代表性肉羊品种（图3-6），也是锡林郭勒盟最著名的生态畜产品之一，“吃的是中草药，喝的是矿泉水”，绿色营养、纯天然、无污染，以肉质嫩、口感好而驰名中外。近年来，苏尼特羊的主产区苏尼特右旗以供给侧结构性改革为主线，以农牧民持续快速增收为核心，以特色品种选育和苏尼特羊肉品牌化为抓手，以规模化养殖、组织化推进、标准化生产、精深化加工、品牌化营销为重点，大力优化畜牧业产业结构，加快推进产业转型升级，稳步发展现代畜牧业。2018年，苏尼特右旗巩固和完善了66个种公羊集中管理站点和75个种公羊生产专业户，完成了14.4万只苏尼特羊追溯体系档案建设和7.5万只冬羔补饲提前出栏，苏尼特“熊猫羊”品牌得到进一步推广。同时，抓好苏尼特羊提纯复壮和种公羊集中管理，重点推进苏木镇、嘎查村标准化扩繁场建设，建立健全苏尼特羊地方标准，提升良种繁育体系水平。2019年，苏尼特羊良种场被国家农业农村部认定为国家肉羊核心育种场，建设种羊场47处。开展苏尼特右旗羊肉全产业链追溯体系建设试点工作，10万只羔羊追溯体系工作分别在赛汉塔拉镇、朱日和镇和桑宝拉格苏木的27个嘎查开展。逐步完善企业与农牧户的利益联结机制，充分发挥合作社在利益联结机制中的桥梁纽带作用，鼓励企业和种养户结合，形成“企业+合作社+牧户”“企业+银行+牧户”等生产联合体，让农牧民从产业化中得到更多实惠。2015年，蓝天牧业与700户牧户签订了保价合同，合同保护价高于市场价格1元。内蒙古羊羊牧业公司联手中国银行苏右分行，以建立“企业+银行+牧户（合作社）”的利益联合体产业化经营模式，对该旗的苏尼特羊养殖户给予利益保护。

---

* 案例来源：课题组调研资料。

图 3-6　锡林郭勒盟苏尼特羊

青海省河南县*是全国面积最大的有机畜牧业生产基地，也是青海省生态保护最好的草原，全国三大名马之一的河曲马、青海优良畜禽品种欧拉羊和被誉为“高原之舟”的雪多牦牛三大优良畜种是河南县的优势生态畜牧产品。河南县利用天然草原生态优势和牲畜品种优势，建立了完善的畜牧业产业、生产、经营、质量管理体系，发展有机羊牛肉和乳制品，加强品牌建设，并取得了良好的经济效益，建成了全国面积最大的有机畜产品基地，实现绿色生态、绿色生产和绿色生活的良性循环。河南县依托现代畜牧业示范区和有机畜牧业示范园，不断探索出“园区＋企业＋合作社＋牧户”的产业运作模式，采用直接投资、参股经营或签订长期收购合同等方式，企业与牧民合作社建立产销联合机制，

* 案例来源：课题组调研资料。

以市场价格直接从合作社进行活畜收购，保障畜产品销售渠道（图 3-7）。目前，河南县生态有机产业科技园区已投入使用，青海启龙牧场、三江牧场、青海楠迦生态环境开发有限公司等知名企业已经入园。截至 2018 年 3 月，河南县已组建合作社 130 家，参与牧户 7 773 户，入社人数达 28 146 人次。其中，河南县生态（有机）牧民专业合作社在建设中坚持“示范带动、稳步推进”的思路，遵循“统筹规划、科学打造，先行试点、以点带面，政府引导、牧民参与”的建设方针，取得良好建设效果。近年来，通过探索推进有机畜牧业的产业、规模、品牌效应，河南县生态畜牧产品价值得以初步实现。

图 3-7　青海省河南县牧业合作社

（图片来源：河南县“绿水青山就是金山银山”实践创新基地建设材料）

## 3.4 生态渔产品

河流、湿地、海洋生态系统是人类获取水资源的重要载体，随着资源与环境约束日益加大，“竭泽而渔”必须被摒弃，发展生态渔业，促进生态渔产品的价值实现，是各地践行“绿水青山就是金山银山”理念、以生态产品价值实现引领地区绿色发展的必由之路。必须要坚持绿色发展、合理利用，坚持质量兴渔，促进生态渔产品提质增效，不断延伸产业链，提升价值链。

贵州省*渔业资源禀赋优良，近年来，大力发展生态渔业，将生态渔业作为12大农业特色优势产业之一。“贵水黔鱼”是贵州生态鱼公共品牌，其系列产品上市后，受到省内外群众的高度关注和喜爱，已成为全社会认可的安全放心绿色生态产品。贵州省从保护生态环境角度出发，发展生态渔业、促进产业融合、带动渔民致富、助力乡村振兴，以“放鱼养水、以鱼净水”生态渔业为发展理念，在全省湖库生态渔业重点县采取“整市推进”“整县推进”“一库一策”发展模式发展产业，建立“企业+集体经济+农户”利益联结机制，聚焦湖库大水面养殖、稻渔综合种养、冷水鱼健康养殖、绿色设施渔业，全力打造全域生态鱼产业链，走出了一条以绿色发展为导向的生态渔业高质量发展之路。截至目前，累计发展湖库生态渔业面积33万亩，成立了14家子公司，覆盖9个市（州）20个县（市、区），占全省湖库生态渔业重点县的87%。“贵水黔鱼”系列生态鱼有花鲢、草鱼、鲟鱼等，在深山湖库水源中成长，“人放天养”，自然采食，是绿色、安全、健康的理想食

* 案例来源：贵州日报。

品。相比于普通养殖鱼，“贵水黔鱼”遵循自然规律，不投饵料、不用药，鱼体和水体实现良性物质循环和能量转换，充分激发鱼的原始活力。相对于野生鱼，“贵水黔鱼”又增加了人工检测，确保水质健康、鱼类安全。质量体系建设方面，组织渔业企业入驻农产品质量安全追溯平台，制定稻渔综合种养标准21项，发布鲟鱼养殖标准2项，共创建健康养殖示范场58家等，培育了一批以万峰湖、光照湖、支嘎阿鲁湖为代表的高标准生态渔场。“贵水黔鱼”品牌标识体系已建立，并打通了省内外销售渠道，建立了线上销售平台、线下销售渠道，初步形成了以产定销、订单生产的产品销售格局，开发了省内外销售渠道30个，品牌形象店及专柜40个，在贵阳市、松桃自治县、沿河自治县建成区域性配送中心3个。在黔东南州锦屏县，“稻+渔”的综合模式发展迅速，通过水稻绿色高质高效行动，仅此一项产出的水产品总量达1 825 t以上，产值7 300万元以上，可使村民收益增加500元以上。

图3-8　贵阳市观山湖区百花湖森林公园

（图片来源：观山湖区“绿水青山就是金山银山”实践创新基地建设材料）

我国是海洋大国，海洋渔业是现代农业和海洋经济的重要组成部分。威海*作为海洋经济大市，近年来在加快产业转型升级、推动海洋牧场建设方面进行了大量探索与实践，产业新旧动能转换和三次产业融合步伐不断加快，为实现从海洋经济大市向海洋经济强市转变、开创突破式发展新局面提供了坚实支撑。2016年，威海市出台《关于推进海洋渔业提质增效转型升级的实施意见》（威政办发〔2016〕28号），持续推进海洋渔业提质增效、转型升级，着力打造威海刺参、荣成海带、乳山牡蛎、荣成鲍鱼等“威海八珍”地域品牌群体，使其成为全国知名生态产品品牌。以全国海洋生态文明示范区、全国现代海洋渔业示范区、中国海洋食品名城等招牌为依托，创新宣传推介方式，利用旅游大篷车等载体，借力城市旅游品牌推介行业品牌，突出“威海味”（威海卫），叫响“威海海产，领鲜四海”的创意口号。威海市着力推进海上养殖生态化、景观化，威海海水养殖业创新发展模式，引领全国水产养殖绿色发展新浪潮（图3-9）。2020年，威海市获批首个国家水产养殖绿色发展示范区。积极探索模式创新，综合养殖，精工细作。推广桑沟湾多营养层次综合养殖模式，利用品种互补发展立体养殖，亩产量达到以前的3倍，年固碳11万t，相当于植树造林12万$hm^2$。创新牡蛎生态高效养殖、海参全产业链生态养殖等多元化发展模式，创建省部级健康养殖示范场65家，示范面积超过4.8万$hm^2$，占全市海水养殖总面积的60%，构建起空间布局优化、生产方式低碳、产业结构绿色的海水水产养殖新格局，实现了由粗放养殖向精致渔业的转型。近三年，威海市累计整合各级各类资金13亿元投入海水养殖，带动社会投入超过60亿

* 案例来源：搜狐网（https://www.sohu.com/）。

元，有效激发了发展活力。在全国率先开展海上养殖生态浮漂更新行动，更换 PE 新材料环保浮漂 500 万个，打造海上养殖亮丽风景线。积极推广立体化养殖、工厂化循环水养殖、标准化池塘养殖、底播、深海增养殖，有效地拓展了海水养殖业的发展空间。

图 3-9　威海市发展生态渔业

## 3.5　生态工业品

第二产业通常被视为主要的能耗和污染来源，但如果利用优良的自然生态环境，采用清洁生产方式，产出绿色、无污染的环保型工业产品，也是一种重要的生态产品价值实现模式。

内蒙古阿尔山市*依托优质矿泉资源，大力发展以阿尔山矿泉水为代表的环保型工业，全市 2 家矿泉水企业年生产能力达 40 万 t。目前，“阿尔山矿

* 案例来源：课题组调研资料。

泉”“AER”系列产品已经进入北京、上海、广州、天津、河北、河南等29个省（区、市）市场，并且在北京、上海、广州、天津等城市均有较高的品牌知名度和美誉度。此外，“阿尔山矿泉水”成为习近平总书记参加印尼巴厘岛会、索契冬奥会、荷兰峰会等重大会议上会见各国国家元首的接待专用水，这也成为矿泉水行业的最高荣誉。2019年年底成功引进伊利集团设立矿泉饮品公司，开发了“伊刻活泉”矿泉水品牌。阿尔山的火山低温活泉，经地下深层侏罗系火山岩多年的自然融滤、层层渗透，泉水纯净且矿化度适宜，富含天然有氧活力。水源的冰雪覆盖期长达9个月，水温一年四季始终保持8℃左右，且不冻结。水源地充沛的泉水常年在汩汩涌动，而伊刻活泉的工厂距离取水点仅几百米，进一步保证泉水的纯净。2020年4月，伊刻活泉凭借卓越不凡的品质和水源地质资源优势，获得地质权威杂志社《中国国家地理》的认可，成为中国国家地理科考指定用水。

图 3-10　内蒙古阿尔山自然风光

位于浙江省丽水市*的纳爱斯集团在“绿水青山就是金山银山”理念的指导下，致力于打造全链生态产业体系。以植物绿色成分研制的“淘豆玩国”宠物专用洗护产品被纳爱斯集团刚刚推向市场时，就受到年轻消费者的热捧。据介绍，这是纳爱斯集团提出打造全链生态产业体系目标后，谋求产品跨界延伸的一大举措。2020年年底，纳爱斯集团推出《生态产业集群发展规划纲要》，提出从产品和产业的“两大拓展”推进，实现区域、产业、业态、模式的“四大联动”，打造“区域无限、产业无界、行业无障、模式无定”的全链生态产业体系。从第一产业的原料种植，到第二产业利用全球前沿的生物技术、植物功效成分的应用研究技术等研发的大日化、大健康产品，再到第三产业的旅游观光、休闲康养、美容理疗等，纳爱斯集团将进行全面布局，以平台和“链主”角色，整合国际国内资源，打通第一、第二、第三产业。布局全链生态产业，这为纳爱斯集团原有产业的上下游合作伙伴打开了巨大的合作空间，也向全球更多未来合作伙伴递出了“橄榄枝”。同时，全球化工企业巨头巴斯夫、陶氏化学，世界生物科技巨头诺维信，全球香氛行业巨头瑞士奇华顿，日本高砂等知名企业代表和中国科学院、上海交通大学、浙江大学、江南大学等专家的先后到访，表达了和纳爱斯集团携手打造“事业共同体”的希望，部分战略合作框架已经谈妥。立足生态优势，挖掘生态“富矿”，纳爱斯研发团队近年来加大对丽水特色植物的深度开发，并将其应用到产品中。近一年多来，除了“竹炭·净白”牙膏、活性炭双效消臭等系列植物炭产品，纳爱斯集团还开发了提取茶籽精油的洗发露及茶洁护龈牙膏、抹茶洗洁精等茶系列产品。另外，丽水还有非常丰富的类似植物资源，具备独特的药用、食用价值。对于这些植物功效成分的提

* 案例来源：课题组调研资料。

取、开发及培育改良等技术研发，纳爱斯集团正在进行中，部分提取成分已在产品中得以应用。纳爱斯集团正集中人力、物力，加速推进以生态为核心、科技为支撑、创新为动力的全链生态产业体系早日落地见效。开创生态事业，既是企业对“绿水青山就是金山银山”理念的践行，也是一条引领消费者通往未来美好生活的路径。纳爱斯集团生态绿色发展引领企业转型升级的成功正是与绿水青山这座蕴含量丰富的金山银山的深度结合，从中汲取的生态元素赋予了产品更高的附加值，提升了生态资源的价值总量和含金量，展示了生态资源在工业领域的价值实现典型，在大力推动生态产业价值提升和生态工业发展的同时，实现企业从传统制造业向生态产业转型升级。

## 3.6 健康医药产品

随着经济社会的不断发展，人们物质生活水平不断提高，已经从“温饱”步入了“小康”，对于更高水平的健康需求越来越大，生命健康产业的发展方兴未艾。在以往，人们主要依靠采集自然生态系统天然产出的中草药产品和生物产品来满足消费者的需求，然而，这种不可持续的方式，随着生态环境危机的显现和消费市场的迅速扩大而越发不可持续，生态产品供给与需求之间的矛盾也越发凸显。在不破坏生态环境的前提下，培育和发展生命健康产业，促进生物医药产品的生态价值和经济价值实现，也是当前我国促进生态产品价值实现的重要模式之一。

四川省雅安市*生态资源禀赋独特，是长江上游生态屏障，独具优势的生态

* 案例来源：潇湘晨报。

环境造就了雅安丰富的中药材资源，境内常见的药用植物品种多达 1 200 余种，占四川省已知药用植物种类的 27.58%，具有发展中药材产业的优势，还有华润雅安三九（雅安）药业有限公司、雅安迅康药业有限公司等龙头企业。近年来，雅安市立足生态环境优良、土地资源充裕、药材资源丰富、产品品质优良等有利条件，紧抓国家、省大力扶持中药材产业的历史机遇，建基地、搞加工、创品牌、促融合，推进中药材全产业链发展，助力乡村振兴，成效显著。一是推进基地提质增效。通过推广育苗移栽、合理密植、科学施肥、病虫害综合防治、适时收获等先进实用技术，提高中药材（草本）种植标准化水平。建设川牛膝、黄精、马蓝、重楼标准化示范园 2 000 亩，建设现代农业中药材（草本）标准化基地 2 万亩。二是推进经营主体培育。加强产前、产中、产后服务，帮助企业、合作社解决技术、销售、资金等难题，培育壮大经营主体，增强带动能力。培育省级中药材龙头企业 1 家，市级以上中药材龙头企业 4 家，县级以上中药材企业 11 家，种植康养企业 1 家，农民专合组织 89 家。三是推进繁育体系完善。加强中药材种质资源保护，完善现有中药材（草本）繁育基地基础设施，提高繁育能力和种子种苗质量。目前，雅安市已成功申报“宝兴川牛膝”国家地理标志证明商标认证，“天全川牛膝”“荥经天麻”取得国家农产品地理保护标志产品认定。

贵州省贵阳市乌当区*拥有丰富优质的药用植物资源，已调查有 1 058 种中药材，占贵州省药用植物种类的 1/5，其中野生植物 841 种。近年来，乌当区科学规划、统筹大健康产业布局，推进资源整合和集群发展，形成上游药材种植、中游健康医药生产、下游健康服务的大健康全产业链发展模式。2018 年，全区

* 案例来源：乌当区“绿水青山就是金山银山”实践创新基地建设材料。

健康医药制造业产值 56 亿元，增速 17.7%，2019 年，全区健康医药制造业产值 63.63 亿元，增速 12.9%，2020 年，全区健康医药制造业产值 68.4 亿元，增速 8.1%。大健康产业涉及就业人口约 10 万人。乌当区现有中药材生产种植面积 5.6 万亩，其中人工种植 2.3 万亩，野生抚育 3.4 万亩。乌当区主要种植的中药材有鱼腥草、葛根、铁皮石斛、金银花、太子参、白芨、黄精等，截至 2020 年，乌当区中药材的年产量已达 2.573 万 t，年产值 2.057 亿元。马头村位于乌当区新堡乡，贵州兴黔科技发展有限公司是一家集中药材种植、收购加工、技术研发、生产销售为一体的企业。2013 年，该公司投资 1 000 万元到乌当区新堡乡马头村新寨组，建立铁皮石斛及头花蓼良种繁育基地，采用中药种植企业 + 农户合作模式，农民将土地长期租用给种植基地，同时农户可到种植基地获得长期就业岗位和临时工就业岗位（图 3-11）。目前，公司为马头村提供长期岗位 8 个，铁皮石斛产业每年分红每户 500 元，总共带动农户 211 户。通过多种带动方式平均每户年收入 2 700 元。公司在下坝镇下坝村建立以铁皮石斛为主的下坝旅游康养基地，在下坝镇为下坝村提供长期岗位 10 个，临时用工数 2 650 个，总共带动农户 224 户。在铁皮石斛方面目前公司以企业 + 合作社 + 农户的利益联结机制，由铁皮石斛产业通过土地流转、务工等形式带动的农户有 234 户。乌当区以洛湾云锦医药食品新型工业园、智汇云锦孵化基地、贵阳医疗健康城等为载体，2020 年乌当区拥有景峰制药、健兴药业、千叶药包等医药制造及关联企业 30 余家，其中规模以上医药制造企业 10 家，贵州省领军型龙头企业 3 家，贵州省医药骨干企业 5 家，培育扶持企业上市 6 家，市级以上研发平台 53 个。

图 3-11　乌当区头花蓼良种繁育基地

（图片来源：乌当区“绿水青山就是金山银山”实践创新基地建设材料）

## 3.7　清洁能源产品

能源转型是一个时代命题，发展清洁能源，提供环保、无污染、绿色、可持续的能源生态产品，对能源生产和消费革命的推动具有重大战略意义。长期以来，我国能源产品以化石能源为主，既面临着能源供给不足的困境，也对生态环境造成了巨大的压力。如何更好地供给清洁能源生态产品，促进生态产品价值实现，是各地在实践过程中不断探索的新问题。

青海省 * 光照强、风力大，沙漠、戈壁、荒漠地区是我国风能、太阳能资源富集地区。青海省新能源发展优势显著，可用于光伏发电和风电场建设的荒漠化土地 10 万 $km^2$ 以上，光伏资源理论可开发量 35 亿 kW，风能技术可开发量

* 案例来源：中国环境报。

7 555 万 kW。截至 2021 年 3 月，青海省全网新能源总装机达 2 449 万 kW，占全网总装机容量的 60.8%，新能源装机占比居中国首位。其中，风电总装机 848 万 kW，占新能源总装机的 34.6%。青海省新能源发电量达 13 613 万 kW · h，其中风电发电量 9 318 万 kW · h，新能源及风电发电量均创历史新高。分散式风电是一种靠近负荷中心、就近接入当地电网进行消纳、不需要远距离输送的风电项目，为清洁低碳能源建设。近年来，我国分散式风电进入大规模开发期。分散式风电对风速、占地面积等要求较低，且输送距离较短，减少了线损，节约了成本。由于土地资源稀缺，分散式开发风电的呼声不断高涨。以西宁市为例，2019 年，西宁市分散式风电建设规模达 138 MW，其中湟源县 128 MW，湟中县 10 MW，总投资 9.66 亿元。通过提高分散式风能资源的利用效率，优化风电开发布局，促进西宁市分散式风电发展，通过构建清洁低碳的能源体系，促进经济高质量发展，加快促进绿色发展样板城市建设。

图 3-12　风力发电

江苏省泗洪县*自2015年以来，着力发展新能源产业，逐渐成为泗洪经济发展的新引擎。特别是泗洪县在全国连续建设二期光伏发电领跑基地，成为国内能源界的一匹“黑马”。总装机规模1 708 MW，年发电24亿kW·h，占全社会用电量的95%，非化石能源占全社会用电量比重在江苏省位居第一，居全国前列。2020年，基地“光伏+”出“一地四用”，年光伏发电量约15亿kW·h，风力发电3.5亿kW·h，年实现税收1亿元以上，渔业养殖年收入9 500万元，旅游消费收入4 000万元。同时，每年可节约标准煤52万t，减少二氧化碳排放128万t，实现经济发展、资源节约和环境保护的良性互动。2021年，泗洪县再次完成泗洪光伏发电领跑基地奖励激励项目全容量并网，牧光互补、农光互补、渔光互补模式带来的“光伏羊”“光伏鱼”，不仅为百姓插上致富“充电宝”，更有力打通“两山”转化路径，成为生态泗洪续航的新动能（图3-13）。2020年，在泗洪县高套村，供电公司新建了500 MW的泗洪光伏发电领跑基地奖励激励项目，带动两家大型光伏企业入驻，2 300户村民也全都搬进了镇上的新型农民集中居住区。除了“牧光互补”，“渔光互补”也是泗洪供电助力全县脱贫攻坚的一大特色。尤其逢每年国庆、中秋双节期间，光伏领跑基地的“光伏鱼”供不应求。2018年，泗洪供电完成500 MW光伏应用领跑基地并网发电，该项目主要位于江苏省六大集中连片贫困地区之一的西南岗地区天岗湖乡，项目集光伏发电和特色渔业养殖为一体，完成5 000亩高效渔业养殖示范区建设，成功实施“公司+合作社+贫困户”的运作模式，带动200余户低收入户脱贫，人均增收5 000元以上。2020年，泗洪县全县能源清洁化率达到70%以上，有力促进了当地经济发展、资源节约和环境保护的良性互动，不断提高生态的“含金量”和发展的“含绿量”。

---

* 案例来源：泗洪县人民政府官方网站（http://www.sihong.gov.cn/）。

图 3-13　泗洪县“鱼光互补”

随着互联网的迅速普及，发展数字经济逐渐成为引领未来的新经济形态，既是经济提质增效的新变量，也是经济转型升级的新蓝海，体现了区域生态协同与绿色产业转型的鲜明特点。数字经济的发展除技术与资本投入外，最为重要的是能源特别是电力能源的投入，因此许多清洁能源产量丰富地区，也在逐步探索依托清洁能源，发展环境友好型数字经济，实现生态产品价值。张家口市张北县*在京津冀协同背景下，承接首都互联网产业，按照国际上大数据中心布局的通行惯例，高端数据中心最佳布局点应该距国家级互联网骨干直联点260 km以内的中小城市周边区域，因此张北县是距京最近、最适宜建设超大规模集群式大数据基地的区域。张北县作为京津冀数据综合试验区的特功能区，与雄安新区被列为河北发展的两翼，扎实推进京津冀大数据试验区建设，承接

* 案例来源：课题组调研资料。

云上奥运项目。2012 年张北县开启了以承接数据中心转移为主的信息产业探索。首先，张北新能源产业全国领先，发电、检测、设备制造、科研示范等业态完备，被列入全国六大风电基地之一，是国家可再生能源示范区的核心区。张北县太阳能资源极为丰富，年平均日照时间将近 3 000 h，充足的电能资源完全能满足数据中心的用电需求。目前风电、光伏年发电量可达 100 亿 kW · h。其次，张北县地处北纬 41 度，是国际公认的发展云计算“黄金纬度”地区，风力强劲，年平均气温不到 3℃，这就好比是一个天然散热场，全年好于二级的天数有 346 天，可极大地延长服务器寿命。最后，张北界内有“京—呼—银—兰”“中蒙国际光缆”两条国家骨干网络经过，同时还打通了和北京的三条双路由光纤，实现了近零延时，这意味着在张北和北京发展大数据具有同样的效率。随着张北至张家口京张奥运专线网络接点和北京—怀来—张北网络管道专线通道的建设，张北县将实现“前店后厂”的大数据产业发展战略构想。2014 年，北京市经信委与河北省工信厅签署了《关于张北云计算项目建设的战略合作协议》，将张北云计算产业作为京津冀合作重点项目共同推进，并将北京数据中心的应用需求向张北转移。每年阿里天猫“双 11”活动网购商品的交易数据就会在距离阿里巴巴集团总部 1 500 km 外的河北省张北县聚集、传送，数以亿计的数据流通过张北县这颗“技术心脏”，才会换回消费者青睐已久的商品。以此为契机，以阿里巴巴云项目为龙头，张北县全力打造中国北方“云基地”，以云计算产业园为带动，建设一批公共服务和互联网应用平台、重点行业和企业云计算数据中心和灾备中心。未来，张北云基地数据中心规模至少达到 150 万台服务器，入驻企业 200 家以上，相关产业规模将突破 1 000 亿元。

# 4

# 生态服务产品价值实现的路径与实践

The path and practice of realizing the value of ecological service products

良好的生态环境是最普惠的民生福祉。习近平总书记在党的十九大报告中指出："我们要建设的现代化是人与自然和谐共生的现代化，既要创造更多物质财富和精神财富以满足人民日益增长的美好生活需要，也要提供更多优质生态产品以满足人民日益增长的优美生态环境需要。"随着经济社会的发展，人民的物质生活水平有了巨大的提升，生活方式也发生了重大改变，人们开始追求衣食住行的全面升级，特别是精神文化需求高涨，对美好生活环境和生态文明的生活方式的追求也日益增加。无形的生态系统服务产品越来越受到人们的重视和关注。该类生态产品是指依托良好的生态环境要素，结合一定的人工建筑设施，提供人工服务，发展生态旅游、森林康养、自然教育、体育会展经济等，满足人们追求身心健康、放松游憩、美学享受、精神体验等方面的生态需求。这类生态产品往往附着于相关生态产业，可通过产权明晰、可直接交易的商品服务，以市场供求机制来实现价值转化。目前，各地实践当中，这类生态产品价值转化模式已被证明为是能够充分发挥地区生态环境优势、实现生态产品价值转化的高效路径，能够满足人民对美好生活环境的追求和需要，促进生态福祉的全民共享。因而，全国各地都在积极探索打造“生态 +”产业链，发展新业态、新模式、新路径，创新不同形式的服务类生态产品。

## 4.1 发展壮大生态旅游产业

生态系统服务既包括物质服务，也包括非物质服务；既包括有形服务，也包括无形服务。体验和利用非物质的、无形的文化服务，往往是人们物质生活丰裕之后的必然选择。生态旅游产品的开发就是适应了这一需求的变化。根据世界自然保护联盟（IUCN）1983 年提出的定义，生态旅游是指具有保护自然环境和维护当地人民生活双重责任的旅游活动。如何更好地发展生态旅游，提供优质的生态系统服务产品，既是满足人民美好生活需要的必然要求，也是生态环境自然丰富地区实现生态保护和经济社会协调耦合的必由之路。

天津市蓟州区 * 积极探索高端民宿旅游路径，对传统民宿进行提升改造，注重发挥引领示范作用，通过打造郭家沟、小穿芳峪、毛家峪、常州村、西井峪村等一批可复制、可推广的典型，推出了“公司 + 农户股份”“合作社 + 农户股份”、引入公司管理等模式。在制度保障上，蓟州区先后出台和完善了《蓟州区农家院管理规定》等管理制度保障精品民宿市场健康发展。开展农家院评星，由村支部负责农家院民宿服务的统一监管，保障了精品民宿的健康发展。在资金保障上，蓟州区创新提出了“政府出资 + 土地流转 + 产业信用共

* 案例来源：课题组调研。

同体”三方集资模式，政府先掏钱用于规划设计、宣传推广。土地集中流转的资金，投入基础设施和农家院外立面包装。提供贷款优惠，最长期限五年。在文化意识保障上，精品民宿设计之初的理念就是不搞大拆大建，保留乡愁风貌。精品旅游发展过程中，避免无序扩张，通过村口设置关卡收门票、提高住宿收费水平等要严格控制游客人数不超过生态环境承载力，向高品质要效益。在经营过程中，经营者也逐渐意识到“优美生态环境”是家传宝，是精品民宿发展的原动力。2019 年，蓟州区有农家院 2 583 户，直接从业人员 1.2 万人，开展乡村旅游建设的村庄有 106 个，占蓟州区村庄总数的 11.17%，带动农民就业 6 万人，占蓟州区人口总数的 7%，形成了全域旅游发展的新格局（图 4-1）。

图 4-1 蓟州区精品民宿

（图片来源：叶露锋摄）

北京市密云区 * 依托优良的生态资源，大力发展生态旅游，全力推动乡村旅

* 案例来源：课题组调研。

游“十百千”工程（即利用5年时间，在全区打造10个精品乡村旅游项目，提升改造100个精品乡村酒店，提升发展1 000个精品民俗院落），加大旅游市场推广力度，树立“山水田园，画境密云”形象品牌。以新发展理念为指引，以旅游业供给侧结构性改革为主线，实现密云旅游整个产业的提质升级和绿色发展。在指导精品乡村旅游项目、精品乡村酒店、精品民俗院落建设的过程中，科学布局、优化结构，彻底摒弃“散小低劣”的发展方式，确保密云旅游能够实现绿色化、生态化的建设与发展，同时大力发展乡村旅游助力农民增收致富，共享生态建设成果。其典型代表为密云区古北水镇的建设发展（图4-2）。古北水镇位于北京市密云区古北口镇司马台村，依托司马台遗留的历史文化，进行深度发掘，将9 $km^2$的度假区整体规划为“六区三谷”，集观光游览、休闲度假、商务会展、创意文化等旅游业态于一体，取得了良好的经济效益和社会效益，成为密云旅游业发展的重要引擎之一。截至2019年，古北水镇累计接待游客1 259.97万人，综合收入43.11亿元，纳税3.6亿元。同时，还为古北水镇周边乡村产品提供了新平台。通过古北水镇产业融合发展不断深化，密云有机产品和文化产品的推广与展示不断深入，新城子苹果、穆家峪红香酥梨走进了乌镇互联网大会的餐桌。并且，古北水镇对密云东线民俗旅游产生了巨大的带动效应。在古北水镇的辐射带动下，整个司马台雾灵山沟地域蓬勃发展。截至2018年，古北口镇、新城子镇、太师屯镇共发展民俗户1 339户，较2014年增长了143%；2018年三个镇民俗户共接待游客203万人次，综合收入16 184万元，较2014年也有了大幅增长。

图 4-2　密云区古北水镇

（图片来源：雷硕摄）

内蒙古兴安盟*阿尔山践行“冰天雪地也是金山银山”理念，发展冰雪旅游，结合体育经济、会展经济等，促进旅游产业质效同增。2018 年，阿尔山出台 8 项冬季旅游优惠奖补政策，投资 5 000 余万元，精心打造阿尔山雪村、冰雪雕园、金江沟戏雪乐园等 40 项冬季旅游产品，开发 4 条冬季旅游精品线路，接待游客 50 万人次、旅游收入 3.4 亿元，同比增长 52.3% 和 39.3%，创历史之最。积极探索与大兴安岭旅游有限公司之间的深入合作，在阿尔山兴安杜鹃节、阿尔山国际养生冰雪节期间，免费对外开放各大景区，开展杜鹃摄影展、千人徒步大赛和集赞送门票系列活动；举办“阿尔山徒步挑战赛”“冰雪雕艺术大赛及作品展出”系列比赛（图 4-3）。成功召开首届阿尔山论坛，以旅游业为基

* 案例来源：课题组调研。

础的会展经济蓬勃发展，全年接待游客432万人次，旅游收入实现53亿元，极大地促进了旅游业向全域、全季、高端方向发展，有力推动了粗放旅游向集约旅游转变。深入落实“为旅而为”发展思路，大力发展旅游扶贫，全市60%的建档立卡户依托旅游业实现稳定脱贫。品牌营销亮点纷呈。阿尔山兴安杜鹃节、中俄蒙消夏音乐节、国际养生冰雪节实现常态化举办；与湖南卫视合作拍摄了《亲爱的客栈2》，白狼镇成为凝聚人气的新亮点；在北京市举办阿尔山四季风光摄影作品展、驻华使馆阿尔山风光摄影展等宣传活动，旅游知名度和影响力进一步提升。完成5A级景区木栈道改造、观景平台扩建。奥伦布坎成功晋升4A级景区。阿尔山口岸景区正式开放。启动游客集散中心项目建设。编制了《阿海满三地旅游协同发展行动方案》，区域旅游协作提上发展日程。阿尔山不断提升旅游服务质量，健全完善旅游管理制度，成立旅游警察大队、消费者维权站、景区综治中心、生态旅游检察驿站，“1+3”旅游综合监管体系逐步完善。借助“美好兴安”智慧旅游平台，新增票务、导览等20项系统，智慧景区功能不断完善。

图4-3　阿尔山冬天风景

位于内蒙古西南的鄂尔多斯市[*]的库布其沙漠是中国第七大沙漠，在黄河“几”字内侧北端。这也是离北京最近的沙漠，两者相距800多km。库布其沙漠1.86万$km^2$的土地曾严重荒漠化，腹部地区寸草不生，荒无人烟，被称为“生命禁区、死亡之海”。经过30多年来几代治沙人的努力，库布其沙漠创造了绿进沙退、大漠变绿洲的奇迹，1/3的沙漠得到治理，生态资源逐步恢复。2018年，在“治沙、生态、产业、扶贫”四轮驱动下，库布其沙漠实现了生态效益、经济效益和社会效益的有机统一。除种植业和养殖业外，库布其沙漠还重点发展旅游业，目前有响沙湾、库布其、银肯塔拉、恩格贝、七星湖等旅游区，形成了沙漠产业集群，带动当地百姓就业增收。挖掘生态旅游价值，形成绿色产业链，库布其沙漠带给鄂尔多斯人的不再是灾害。不断向高端、纵深发展的旅游业，已经将库布其沙漠转变为一座饱含“美丽经济”的富矿。响沙湾于1984年1月被开辟为旅游景点，2002年被国家旅游局评定为国家4A级旅游景区，2011年1月被评为国家5A级旅游景区（图4-4）。在“治理沙漠、利用沙漠”的理念下，响沙湾通过建立基础设施，学习国内外旅游景区先进经验，目前实现了经济效益、社会效益与生态环境共同发展。岛上的莲花酒店是一个以佛教文化为主题，目前世界上唯一一处不用砖、瓦、沙、石、水泥、钢筋而建造的绿色建筑，是世界上很好的度假场所，被誉为心灵深处的一片净土。2017年，响沙湾接待游客近百万人次，营业收入达1.8亿元；在旅游旺季，响沙湾职工达1 600余人，同时景区持续打造生态旅游环境，带领低碳旅游，不断努力向综合性休闲旅游度假地发展。

* 案例来源：央广网。

图 4-4　响沙湾旅游度假区

## 4.2　发展壮大森林康养产业

随着“大健康”“大环保”观念的深入人心，康养产业逐步发展壮大，成为具有深度挖掘价值的朝阳产业。森林康养是以森林资源开发为主要内容，融入旅游、休闲、医疗、度假、娱乐、运动、养生、养老等健康服务新理念，形成一个多元组合、产业共融、业态相生的商业综合体，是我国大健康产业的新模式、新业态、新创意，不仅对推进全面经济改革，优化产业结构、扩大内需、增加就业具有重要意义，而且是一种新兴的生态产品价值实现路径和模式。森林康养生态产品通过以丰富的森林景观、沁人心脾的森林空气环境、内涵浓郁的生态文化为主要资源和依托，结合人工设施和服务，能够不同程度地改善人体诸多器官的新陈代谢功能，进而达到调节人体生理、心理的目的，是一种绿色、环保、生态、可持续的生态产品价值实现模式。

福建省三明市*充分发挥森林生态优势，大力培育孵化以森林康养产业为特色的新业态，实现生态产品价值高效转化。2019 年，三明市出台《三明市发展全域森林康养产业的意见》，成为全国首个出台全域森林康养产业发展实施意见的设区市。该意见明确了到 2022 年全市建成运营 5 个森林康养基地、扶持培育市级森林康养龙头企业 3～5 家，逐步实现森林康养产业全域覆盖（图 4-5）。2019 年，三明市被确定为 2019 年全国森林康养基地试点建设市。2020 年三明市全域森林康养产业发展取得突破：一是基地建设取得实效。在全省率先联合出台《三明市森林康养基地评定办法》，编制完成《全域森林康养发展"十四五"规划》。全市建有全国森林康养基地试点单位 29 个、国家森林康养基地 2 个、市级森林康养基地（小镇）12 个，8 个基地对外营业。二是康养产品特色凸显。创新打造出"森林 + 自然疗愈、睡眠康养、温泉疗养、培训研学、观鸟休闲、食疗瘦身、农耕体验"等特色产品。出台《关于促进森林康养消费若干措施》，组建全市森林康养基地"十养"联盟，与福州老年学会、泉州自驾

图 4-5　三明市泰宁县的森林康养基地

（图片来源：黄元摄）

* 案例来源：福建省林业局官方网站（http://lyj.fujian.gov.cn/）。

车协会等10余家单位签订客源招徕协议。2020年全市森林康养基地引入客流达14.5万人次，实现营业额2.81亿元。

四川省巴中市*坚持把绿色生态优势转化为发展优势和产业优势，全力推动森林康养产业健康有序发展。5个县（区）和经开区立足自身森林资源优势、环境承载力、经济社会可持续发展需要，统筹谋划布局，精心编制各县（区）森林康养产业发展规划，提出了相应的森林康养产业发展目标。目前全市基本形成1个全市总规、5个县（区）和巴中经开区规划的“1+6”森林康养产业发展规划体系。南江县依托米仓山国家森林公园核心景区建基地，在米仓山国家森林公园森林康养基地建成具有“通络、回阳、增氧”等九大功能的标准化康养步游道3 km，森林木屋60幢，开发了徒步、滑雪、野营、骑行、摄影、垂钓、太极、写生等一批康养项目。米仓山国家森林公园先后获得“四川省首批国家级森林氧吧”“四川省十佳国家级森林氧吧”“群众喜爱的四川省十佳森林氧吧”等称号，被省林业厅确定为“四川首批十大森林康养试点示范基地”，初步形成森林康养综合体系（图4-6）。平昌县依托农业园区建基地，将农业发展与自然风光、休闲度假、养生养老相融合，创新发展观光农业、休闲农业、体验农业以及保健食品、绿色农产品加工等康养产业，建成佛头山、巴灵台、南天门等5个国家4A级旅游景区。恩阳区制定《关于发展森林康养产业的实施意见》，将全区71.13万亩森林纳入全区总规中布局谋划，按照“全域规划、重点推进、分年建设、整体发展”的思路，发展森林康养食品产业和林下经济产品，延长森林康养全产业链，提升森林生态产品附加值，打造智慧森林康养品牌。加强产业融合。将森林康养产业与巴山新居、产业园区、十园六院、生态

* 案例来源：四川省人民政府官方网站（https://www.sc.gov.cn/）。

旅游等产业融合，建设设施完备、产品丰富、管理有序的森林康养基地，培养一批森林康养骨干人才队伍，发展林下药材、山地水果、食用菌等绿色食品产业，开发绿色生态食品、饮品、纪念品等，完善森林步道、骑行环线等项目，满足多层次市场需求。2019 年，全市生态康养旅游接待游客 1 223.7 万人次，收入 108.4 亿元。

图 4-6　四川森林公园

云南省腾冲市*有 99 座火山，88 处温泉，被誉为云南著名的康养旅游胜地。腾冲市委、市政府立足于自身独有优势和特点，顺势而谋，提出了以“大健康”统领一二三产业，深入推进“健康食品、健康医药、健康运动、健康旅游”四大产业发展，全力实现将腾冲打造成一个世人向往的宜居宜业宜游、健康生活目的地的大发展目标。腾冲火山热海作为腾冲旅游休闲、温泉康养的名片，以其丰富的温泉资源、厚重的康养文化、深厚的技术实力、独特的自然山水，把“大健康”理念融入温泉旅游产业发展中，高标准规划、高起点建设了一批具

* 案例来源：澎湃网（https://www.thepaper.cn）。

有中国水准的温泉康体养生项目（图 4-7）。2004 年，由云南机场集团与当地国资公司出资共同组建成立了云南腾冲火山热海投资开发有限公司，2016 年，火山热海康养中心引入了国际上较为先进的健康检测、干预治疗，研究开发了针对不同体质的中医温泉药包，系统全面提升温泉医疗和疗养功能，构建从温泉健康标准、健康检测、健康指导到中医温泉健康调理、健康跟踪等全过程综合温泉养生和疗养平台。腾冲目前已建成的驰名中外的温泉疗养休闲景区就达数十处，热海温泉、悦椿温泉更是获国家 5 星级温泉荣誉。4 星以上酒店就有 7 家，56 家旅行社、1 100 多名导游（其中英语导游 18 人，日语导游 1 人，泰语导游 1 人）云集腾冲，健康养老、温泉养生、文化体验、户外运动、跨境旅游、商务会展和翡翠品鉴等八大旅游产品，彰显腾冲生态优势，浮现腾冲文化特色。

图 4-7　云南腾冲温泉公园

## 4.3 发展壮大文旅融合产业

自然教育是以自然环境为背景，以人类为媒介，利用科学有效的方法，使儿童融入大自然，通过系统的手段，实现儿童对自然信息的有效采集、整理、编织，形成社会生活有效逻辑思维的教育过程。随着城镇化的快速发展，现代少年儿童走进自然、感受自然的机会越来越少，以自然生态体验为核心的自然教育和研学旅游产品开发，成为近年来新兴的文旅融合业态，许多地区展开了自然教育类生态服务产品的开发设计与价值实现路径探索。

四川省北川县*曾因2008年“5·12”汶川地震而为世人所知，地震造成严重破坏地区约50万 $km^2$，面波震级为8.0级。该地震再次向世人展示了大自然的震撼力量，促使人们重新思考人与自然的关系。经过十多年的灾后重建与发展，北川县深度融合“禹羌文化、红色文化、感恩文化”三大文化，获批首批省级全域旅游示范区，借助四川省大力发展文化旅游新机遇，着力打造文旅发展引领区，积极创建国家全域旅游示范县、天府旅游名县，深度推进“文旅融合”。通过“旅游+文体”“旅游+文创”等举措，北川旅游实现了聚人气、增名气、添财气，通过A级旅游景区带动、村寨推动、特色农产品驱动，进一步巩固脱贫成果。北川共包装文旅综合开发项目120多个，概算总投资达500多亿元。药王谷、文化旅游新技术应用产业园区被纳入全省重点项目。北川文广新旅局组织并配合四川省新华文轩联合开发出北川研学旅行课程，针对不同阶段的儿童，设计地震遗址、“5·12”汶川地震纪念馆、地震科普体验馆、羌族民俗博物馆、北川羌城旅游区等一系列参观体验活动，自开展以来，已与县内

* 案例来源：中国日报网（https://cn.chinadaily.com.cn）。

外多所中小学进行合作，在开阔学生眼界的同时，也弘扬和宣传了生态文化，从而帮助学生全方位地了解、感受生命的长度、宽度、高度内涵，帮助学生树立对生命珍惜、热爱、尊重的意识。

保康县隶属湖北襄阳市*，地处鄂西北，是襄阳市唯一的全山区县、全省脱贫奔小康试点县和秦巴山片区扶贫攻坚重点县。保康县是一个资源型城市，矿藏资源丰富，矿产资源的开发直接改变了土地利用方式，在带来经济效益的同时也对生态系统造成了极大的破坏。为了协调绿色发展和生态系统保护的关系，深入践行“绿水青山就是金山银山”理念，保康县坚持政府主导、市场运作、企业主体、社会参与，构建“旅游县城 + 核心景区 + 风情小镇 + 美丽乡村”金字塔式的全域旅游发展格局。将尧治河村 15 个露天开采矿点、8 家矿粉厂陆续关停，并投入 5 亿多元对矿区进行生态系统修复，同时，在矿区建设景点及配套设施，昔日的矿区华丽变身为国家 4A 级景区。部分矿区和荒草地被改造成生态农业观光园，通过“基地 + 休闲 + 旅游”模式，带动乡村旅游发展，实现了“矿区”变“景区”的绿色蜕变。2018 年，尧治河村启动三界洞天景区规划建设，运用三维激光扫描、7D、VR 等技术，在废弃矿洞中再现盘古开天地、八仙过海、文明始祖等经典神话，并辅以游戏和互动项目，总造价超 2.2 亿元。整个景区矿洞约 18 000 $m^2$，全长 2.7 km，洞内分上中下 3 层，分为天界、地界、人界三大板块。天界从盘古开天地开端，再现了 18 个中国神话故事场景；地界共设置了 32 个场景；人界则用 19 个场景展示了祥和安康、安居乐业、花好月圆、盛世太平的景象（图 4-8）。通过矿区变景区的模式，全面提升了保康县生态系统的服务功能。

* 案例来源：襄阳市人民政府官方网站（http://www.xiangyang.gov.cn/wzsy/）。

图 4-8　保康县山区风光

江西省井冈山市*挖掘红色资源，将“星星之火”升级为“燎原之势”，把丰富的红色资源变成绿色发展优势，推进红色教育培训机构与乡镇场全覆盖结对帮扶，实现以红色教育培训为主要支撑的红色旅游业带动食材、农副产品等富民产业蓬勃发展，实现三产联动，农民脱贫增收。红色旅游业已成为井冈山市的主导产业，占 GDP 的比重超过 50%，成为推动经济发展的强力引擎。井冈山素有“红色摇篮、绿色家园”之美誉，是首批国家级风景名胜区。被先后评为中国旅游胜地四十佳之一、中国优秀旅游城市、全国文明风景名胜区、5A 级旅游景区。1927 年秋，毛泽东、朱德等老一辈无产阶级革命家来到井冈山，创建了第一个农村革命根据地，开辟了具有中国特色的革命胜利之路，培育了凝聚中华民族之魂的井冈精神，被誉为“中华人民共和国的奠基石”。迄今为止，井冈山保存完好的革命旧址遗迹有 100 多处，其中国家级重点文物保护单位 21 处，被誉为“一座没有围墙的革命博物馆”，被列为“首批全国青少年革命传统教育十佳基地”“全国优秀社会教育基地”“全国百个爱国主义教育示范基地”。井冈山旅游经济实现恢复性增长。会议经济、红色培训、休闲度假等旅游

* 案例来源：生态环境部官方网站（https://www.mee.gov.cn/）。

业态持续升温。组建旅游营销公司，实行灵活的门票优惠政策，参加历届“江西 39 风景独好”等旅游推介活动，成功举办第八届国际杜鹃花节等系列节庆活动。完成“智慧井冈山”一期建设，新建改建旅游公厕 55 座，景区服务功能进一步提升。红色培训迅猛发展，来山学员同比增长 50% 以上。荣获首批“中国研学旅游目的地”“江西省旅游强县”“最美旅游名片”称号，龙市镇获“最美休闲旅游乡村（镇）”称号，茅坪村获“中国乡村旅游模范村”称号。“十四五”期间，井冈山将实现红色旅游接待人数突破 2 300 万人次，综合收入 150 亿元以上，直接或间接就业人数 6 万人以上，让红色旅游业为井冈山共同富裕贡献力量（图 4-9）。

图 4-9　江西省井冈山市

## 4.4　建设拓展城市绿色空间

城市生态系统是城市居民与其环境相互作用而形成的统一整体，是人类对自然环境的适应、加工、改造而建设起来的特殊的人工生态系统。在城市生态系统中，人类起着重要的支配作用，这一点与自然生态系统明显不同。在以人类为主体的生态系统中，构建城市绿色空间是人类生活质量提高必不可少的条件之一。但是，在城市生态系统中，由于人口和建筑物密集，生态系统消费者远多于生产者，地表水体、空气和土壤的自净能力无法接纳大量废弃物，从而造成空气、水、土壤等的严重污染。为保持人类生产和生活的持续发展，人类必须在尊重自然规律的前提下发挥主观能动性，保护城市生态环境，构筑一个人与自然和谐相处的生态环境，特别是加强城市生态环境的保护与建设，供给优质生态产品，满足人们对美好生活环境的需要。

北京市通州区台湖万亩游憩园*旨在打造城市副中心西南部区域集中连片的万亩以上大尺度森林景观，形成副中心的“超级氧吧”。台湖万亩游憩园是北京城市二道绿隔郊野公园环上的重要组成部分，位于通州区台湖镇中心区域，与环球影城主题公园、环渤海总部基地相邻。公园的绿化总面积将达到 25 250 亩，相当于 2.5 个奥森公园。其中，一期总面积 5 005 亩，打造公园绿色基底，新植移植乔木灌木 6.4 万株、地被 54.8 万 $m^2$、水生植物 4 364 $m^2$，已完成总体工程量的 97%。台湖游憩园二期绿化面积 9 680 亩，将提供大尺度休闲绿化空间，新植移植乔木灌木 20.3 万株、色带 7.5 万 $m^2$、地被 168 万 $m^2$、水生植物 3.9 万 $m^2$。作为台湖万亩游憩园绿化提升面积最大的工程，二期在建设中突出台湖演艺小镇的“演艺”特色，营造多种形态的演艺空间。滨水是游憩园三期的特色，总面积 7 783 亩，构建蓝绿交织的亲水空间，新植移植乔木灌木 32.5 万株、新植水生植物 6.9 万 $m^2$、地被 14 万 $m^2$，已完成总体工程量的 90%。工程实施范围紧邻凉水河，滨水景观资源丰富，在第一轮平原造林工程的推动下，绿化成果

* 案例来源：课题组调研。

已初步显现。三期还预留空间开发特色项目。四期工程是台湖万亩游憩园的收尾阶段，面积达 2 782 亩，腾退还绿、织补断带，新植乔木灌木 8.4 万株、色带 6 754 $m^2$、地被 41.9 万 $m^2$。在大尺度绿化的基础上，台湖万亩游憩园还围绕台湖演艺小镇的定位，采用“全域景观化、集群式布局”的方式，以森林演艺区为核心，向周边辐射形成多个主题功能区，构成“一心一带十景区”的空间结构，将极大地拓展副中心人民的生态生活空间，满足人们的生态文化需求（图 4-10）。

图 4-10　通州区台湖万亩游憩园

（图片来源：秦悦婷摄）

位于内蒙古锡林浩特盟锡林浩特市 * 的神骏山生态修复及景观项目是矿山修复后打造城市生态景观的典型案例（图 4-11）。神骏山生态修复及景观项目于 2016 年开始实施，位于市区正北侧 5 km 处，总占地 399.6 $hm^2$，计划总投资 18.9 亿元，分为 A、B、C、D 四个功能区，采取 PPP 模式实施。规划设计主要结合成吉思汗文化精神，以蒙古马文化为主题，以生态修复为载体，打造风

* 案例来源：课题组调研。

格独特的 4A 级天骄神骏文化旅游体验区。工程坚持生态效益与景观价值相结合的原则，结合项目区自然条件和场地现状，综合运用生物、工程、化学等措施推进生态建设。在保护山体原有植被的基础上，依山就势砌筑 4.3 km 石头挡墙，种植 510 亩格桑花田，在花田外围，栽植景观效果好、生态价值高，共计 19 类、3.3 万株的树木，同时在树林间种植适应能力强的草花，重建山体植被群落，打造 2 000 多亩乔、灌、草、花相结合的多层次绿化景观。根据山体受损情况，对其中 1 座废弃矿坑采取修坡整形、矿坑回填等工程措施，消除受损山体的安全隐患，在此基础上进行矿坑天池的景观设计，形成花海中的“天池”，利用原有矿坑高差特点，形成跌水瀑布。修复矿坑、恢复植被、引洮入园塑造生态水系，“城市双修”的成果在神骏山一点一滴地呈现着。

图 4-11　锡林浩特市神骏山生态修复后的景观

（图片来源：雷硕摄）

深圳市南山区*构筑绿色宜居生活，提升市民绿色福祉。加快城中村综合整治，通过十大治理行动，对全区 32 个城中村实施“整旧、改破、清脏、治

* 案例来源：深圳市南山区“绿水青山就是金山银山”实践创新基地建设材料。

乱、增美、添绿”改造，目前 15 个城中村高分通过验收，渔二村、南水村整治将文化与民俗深入融合，成为深圳市最具历史文化底蕴的宜居街区；全面释放绿色福利，一张蓝图推进公园体系建设，公园总量达 135 个，加快立体绿化建设，2018 年新增立体绿化面积 6 万 $m^2$ 以上。截至目前，全区每万名常住人口拥有一个公园，绿化覆盖率达 53.03%、森林覆盖率为 35.2%，2017 年人均公共绿地面积达 16.99 $m^2$。在风光迤逦的深圳湾畔建设深圳最美海岸带，打通建设 7.25 km 深圳湾滨海休闲带西段，16.2 km 都市最美海岸线全线贯通，成为深圳市的又一张亮丽的名片（图 4-12）；在后海金融商务总部基地，建设全国首个以人才为主题的公园——深圳人才公园，与 15 km 深圳湾滨海长廊相呼应，组成一幅景观错落有致、层次分明的滨海风景画；构建一廊，在大沙河沿岸建设 13.7 km 的生态长廊，形成一条串联深圳大学城、深圳高新区、深圳湾最美的景观轴。一带、一园、一廊互联互通，串珠成链、珠联璧合，市民休闲空间从公园绿地拓展到湖畔河边，构建山水相依、水城共融的城市特色景观。

图 4-12　深圳湾滨海休闲带西段

（图片来源：深圳市南山区“绿水青山就是金山银山”实践创新基地建设材料）

# 5

# 生态权益产品价值实现的路径与实践

The path and practice of realizing the value of ecological rights and interests products

由于历史和现实的原因，生态产品所依托的生态系统呈现条块分割的破碎化特点，其属地和产权分属于不同类型的利益主体。在生态空间统一确权登记的基础上，针对特定的生态产品，鼓励个人、集体和企业等通过市场配额及交易方式来取得权益指标，达到"谁保护、谁受益，谁污染、谁付费"的目的，可以有效提高生态产品的供给，促进经营者的保护积极性，实现生态产品的价值。与有形和无形的生态系统服务产品不同的是，该类生态产品并非是实体交易，而仅仅是其所包含的产权束的让渡，其服务对象主要是各类企业。在交易市场中，由供给方保护或修复生态系统并出售给其他企业，以帮助后者履行其法定补偿义务的模式，或将法律法规规定的污染配额进行交易，具体包括排污权交易、水权交易、碳排放权交易、碳汇交易、森林指标交易、耕地指标交易、湿地银行等细分类型。目前，部分地区围绕生态产品权益指标交易及政策制度供给等方面进行了有益探索，并取得了一些实践经验，但从总体来看，该类生态产品交易市场发展尚不充分，仍需进一步培育壮大。

## 5.1 探索培育排污权市场交易机制

排污权交易（pollution rights trading）是指在一定区域内，在污染物排放总量不超过允许排放量的前提下，内部各污染源之间通过货币交换的方式相互调剂排污量，从而达到减少排污量、保护环境的目的。它的主要思想就是建立合法的污染物排放权利即排污权（这种权利通常以排污许可证的形式表现），并允许这种权利像商品那样被买入和卖出，以此来进行污染物的排放控制。

2007 年，浙江省嘉兴市*建立国内首个排污权交易平台，在全国率先探索建立排污权交易制度，开启了以经济手段治理污染的“嘉兴模式”。经过多年探索，嘉兴特色的交易体系基本成形，排污权交易促进经济和环境协调发展的作用初露端倪。嘉兴市开展排污权交易工作最早可以追溯到 2002 年 6 月，秀洲区迈出了全市第一步。当时，秀洲区出台了《秀洲区水污染物排放总量控制和排污权有偿使用管理试行办法》（以下简称《试行办法》）。进入“十五”规划以后，秀洲区在经济快速发展的同时，遭遇到了环境容量资源严重不足的问题，尤其是水环境容量已近饱和，水环境质量尚未达标，水污染结构发生变化。于是，秀洲区开始探索市场经济条件下水污染物排放总量控制的新机制，制定了《试行办法》。当年 10 月 9 日，秀洲区首批废水排污权有偿使用启动仪式在区行政中心举行，区内 11 家企业办理了排污权有偿使用手续。这是我国第一个实行环保排污权有偿使用的行政区，标志着排污权有偿使用“秀洲模式”的诞生。2002—2003 年，秀洲区共有 50 家企业购买了排污权，金额达 550 多万元。秀洲区推行排污权有偿使用这一举措是培育和建立环境市场的一种探索。但由于

* 案例来源：九派新闻。

《试行办法》仅是一个规范性文件，没有普遍约束力，如果发生纠纷，于法无据，因此推行难度较大。随着环境资源对嘉兴经济发展的制约进一步加剧，嘉兴市委、市政府提出在全市范围内推行排污权交易制度，用市场的办法和手段实施环境的保护。2007 年 9 月 27 日，《嘉兴市主要污染物排污权交易办法（试行）》由市政府正式印发，成为嘉兴市第一个推动排污权交易的规范性文件。当年 10 月，经市政府批准同意，嘉兴市排污权储备交易中心成立（图 5-1）。11 月，嘉兴市排污权储备交易中心正式揭牌，成为全国首个从事排污权交易的专门机构。当年 11 月 1 日起，嘉兴市全面实行排污权交易制度，以容易突破的新增排污权指标先实施有偿取得为突破口，即从新建、改建、扩建的新增主要污染物指标率先实行排污权交易，直接从两级市场做起，启动实质性的交易。2008 年，排污权交易制度在嘉兴市全面推行，县（市、区）排污权交易分中心实现全覆盖，交易业务不断扩大。推行排污权交易的效果显而易见。2009 年嘉兴市环境质量公报显示，全市劣Ⅴ类水比 2007 年下降了 25%，氨氮、总磷等污染物指数均呈下降趋势。2009 年 6 月，《嘉兴市排污单位主要污染物排污权分配量核定办法》出台。2010 年 5 月 25 日，市政府印发《嘉兴市主要污染物初始排污权有偿使用办法（试行）》。从 7 月 1 日开始，全市全面实施初始排污权有偿使用工作。截至 2010 年 9 月底，市级有 80% 的企业在第一阶段完成了申购，老企业有偿使用工作开局圆满。2007 年 9 月在全国率先建立排污权交易制度，实行总量控制型的排污权有偿使用和交易，截至 2018 年 8 月底，嘉兴市排污权有偿使用及交易累计金额达 19.18 亿元，约占全省的 1/4。嘉兴市通过开展排污权有偿使用和交易工作，建立了市场化激励和约束机制，使“环境容量是稀缺资源，环境资源有价使用”的理念深入人心。

图 5-1 嘉兴城市风光

浙江省湖州市 * 也开展了排污权市场交易试点实践。2013 年，湖州市出台了《湖州市主要污染物排污权有偿使用和交易实施细则（试行）》，企业间交易的二级市场逐步活跃，排污者通过刷卡排污总量申报，将富余排污权以租赁的方式卖给同一区域内有需求的企业。排污权收费，可以促使企业在利益驱动下，珍惜有限的排污权，倒逼企业转型升级减少污染物排放。2008 年以来，湖州市先后出台相关办法推进该项工作。2016 年，全市共受理 1 177 家企业实施了排污权有偿使用和交易，排污权有偿使用和交易金额 2.145 亿元。在一级市场取得成熟经验的前提下，湖州市按照相关规定，积极探索排污权电子竞价机制，全市范围内新增污染物的排污者，将全部通过公开拍卖、挂牌、协议等形式取得。企业刷卡排污是湖州市控制污染总量的有效做法，2016 年，全市已建成刷卡排污系统 157 套，实现市控以上重点源全覆盖。在湖州，排污权不仅可以进行交易，还可以用作抵押贷款，更高效地发挥环境资源的价值。排污权有偿使用和交易的费用纳入各级财政预算，列入环境保护专项资金进行管理，主要用于排

* 案例来源：中国环境报。

污权回购，工业领域污染物减排重大工程建设，重点污染源治理和饮用水水源保护等生态环境保护方面的补助。

图 5-2 浙江省湖州市

## 5.2 探索培育水权市场交易机制

水资源是 21 世纪稀缺的基础自然资源。当前，水资源的供需矛盾制约着社会经济的快速发展，提高水资源的利用效率是当务之急，水权交易市场应运而生。水权交易所发挥的功能，是使水权成为一项具有市场价值的流动性资源，通过市场机制，诱使用水效率低的水权人考虑用水的机会成本而节约用水，并把部分水权转让给用水边际效益大的用水人，使新增或潜在用水人有机会取得所需水资源，从而达到提升社会用水总效率的目的。

江苏省宿迁市* 在全国首推地下水水权交易改革。白酒产业是宿迁市的支柱产业，地下水作为酿酒的必需材料，直接关系到白酒产业的健康稳定发展。针对白酒企业集聚区洋河新区地下水超采、取用受限的现实问题，近年来，宿迁市坚持市场化手段，探索开展地下水水权交易改革，成为全国首家开展地下水取水权交易地区。截至2020年年底，全市共完成地下水水权交易签约44单，转让水权20万 $m^3$。一是畅通水权交易渠道。编制《洋河新区地下水资源调查评价及开发利用规划》，充分发挥市场机制作用，将洋河境内唯一具有出让条件的企业——江苏洋河酒厂股份有限公司作为出让方，由国有水权公司作为收储方，对酒厂节约水量指标进行集中收储，并向符合地下水许可条件的酒企进行销售，打通地下水水权交易渠道堵点，进一步优化区域地下水资源配置。二是规范水权交易流程。由江苏洋河酒厂股份有限公司根据节水投资成本及出让的水权产值进行综合测试，初步提出交易水量和价格；市水利局受省厅委托复核其用水效率和计划执行情况、评估其可交易水量的合法性。通过复核评估后，在中国水权交易所平台，根据市场行情与用水酒企协商确定价格，以不高于收储阶段价格进行交易。交易结束后，在相关官方网站发布成交信息，并向交易主体出具交易鉴定书，由水行政主管部门对交易水量办理相关手续，实现交易闭环，保证交易安全。三是强化水权交易监管。市水利局等相关部门主动靠前服务，指导酒企做好资料申报、许可审批等业务工作，并对取水酒企的用水行为进行严格监管，做好设备安装维护，坚决杜绝超许可、超定额和超计划用水。同时，进一步做好水权交易工作的舆论引导和宣传发动等，努力形成良好社会共识，保证交易平稳有序开展。

* 案例来源：江苏省水利厅（http://jssslt.jiangsu.gov.cn）。

图 5-3 江苏宿迁田园风光

2021 年，常州市 * 首例水权交易在溧阳市完成。11 月，溧阳市水源保护服务中心和溧阳市天目湖水库管理中心正式签订水权交易协议，标志着常州市首例水权交易顺利完成。此次通过中国水权交易所平台将沙河、大溪水库灌区农业节约的 1 500 万 $m^3$ 取水指标进行政府回购，是江苏省内最大单水量的一笔水权交易。为加快水权改革，推进水权交易，溧阳市水利局在省水利厅和常州市局的指导下，结合实际编制了《溧阳市水权交易实施方案》，并通过市政府文件印发。根据水权交易相关要求，溧阳市相关部门委托技术支撑单位补充编制水资源论证报告书，按规定程序抓紧办理取水许可审批手续。围绕服务民生发展，实现优水优用，此次溧阳市水权交易聚焦改革创新，利用市场机制，一方面激发水库灌区农业节水的积极性，促进水库灌区良性运行；另一方面将回购的水库灌区取水指标无偿配置给公共水厂，以满足区域人口增长和集中供水需求，

* 案例来源：常州市人民政府官方网站（http://www.changzhou.gov.cn/）。

促进水资源的节约集约利用，为地方经济社会高质量发展提供保障。

## 5.3 探索培育碳排放权市场交易机制

碳排放权是具有价值的资产，可以作为商品在市场上进行交换——减排困难的企业可以向减排容易的企业购买碳排放权，后者替前者完成减排任务，同时也获得收益。2020 年 12 月，生态环境部发布关于印发《2019—2020 年全国碳排放权交易配额总量设定与分配实施方案（发电行业）》《纳入 2019—2020 年全国碳排放权交易配额管理的重点排放单位名单》并做好发电行业配额预分配工作的通知。2020 年 12 月，生态环境部公布《碳排放权交易管理办法（试行）》，自 2 月 1 日起施行。《碳排放权交易管理办法（试行）》规定，全国碳排放权交易市场的交易产品为碳排放配额，生态环境部可以根据国家有关规定适时增加其他交易产品。交易主体包括重点排放单位以及符合国家有关交易规则的机构和个人。交易方式上，碳排放权交易通过全国碳排放权交易系统进行，可以采取协议转让、单向竞价或者其他符合规定的方式。2021 年 7 月，全国碳排放权交易市场上线，全球规模最大的碳市场就此成立。全国碳市场第一个履约周期为 2021 年全年，纳入发电行业重点排放单位 2 162 家，覆盖约 45 亿 t 二氧化碳排放量。

广东省* 是国家首批低碳试点省，也是国家 7 个碳排放权交易试点之一。深圳则是中国首批低碳试点和碳排放权交易试点城市。绿色低碳发展已经成为广东省产业转型升级的内生动力。经初步测算，广东省完成的碳强度下降指标为

* 案例来源：深圳商报。

22.35%，超额完成国家下达的任务。广东省碳排放交易量及交易额均居全国首位。得益于广东省绿色低碳发展，从“十二五”到“十三五”广东省碳强度累计下降超过40%，2020年碳强度居全国第二低位，仅高于北京市。广东省非石化能源消费持续上升，煤炭消费量占全省能源消费总量比重则从2010年的44.5%下降到2020年的33.5%。同时，广东省大力推动天然气的利用，积极发展非化石能源。广东省2020年核电达到1 614万kW，风电565万kW，光伏797万kW。广东碳排放权交易试点于2012年在全国率先启动建设，2013年12月正式开始运行。2021年，广东省碳市场年度排放配额总量达4亿t左右，配额规模排名全国第一、全球第三（仅次于欧盟、韩国碳市场）。经过六年多的不断探索，广东省逐步将占全省碳排放约65%的钢铁、石化、电力、水泥、航空、造纸六大行业约242家企业纳入碳市场范围，交易量及交易额均居全国七个试点碳市场首位，是法规体系健全完善、监管真实有效、市场主体参与度高的区域碳排放权交易市场。截至2021年7月31日，配额累计成交量达1.96亿t，成交金额达44.5亿元，均居全国各区域碳市场首位。

2021年11月，四川省与重庆市*“云上”签订《关于建立区域环境准入协商机制合作协议》（以下简称《环境准入协议》）、《应对气候变化合作框架协议》（以下简称《气候变化协议》），将探索建立跨区域环评协商机制，推动共建区域性碳排放权交易市场，促进川渝两地生态环境保护再上新台阶。据介绍，《环境准入协议》明确了双方主要在建立跨区域环评协商机制，建立事中、事后联合监管机制，协调开展“三线一单”生态环境分区管控，建立环评和排污许可交流共享机制，推动统一两地生态环境准入要求等方面开展合作。同时还将探索

* 案例来源：重庆日报。

建立邻近区域引入建设项目“白名单”机制，对可能造成相互环境影响的区域，协商建立引入项目“白名单”，该类项目环评可不跨区域征求意见，大大缩短环评审批时间。两地将进一步协调沿江工业空间布局约束，严控重污染企业和项目向川渝地区转移，逐步推动统一川渝两地生态环境准入要求，共同严格“两高”项目环境准入。此次协议，双方将在国家政策允许的条件下，依托双方已有的碳排放权交易体系，共同探索推进川渝两地碳排放权交易市场建设，联合开展碳普惠机制调研，探索相互认可的核证减排量等措施。目前，川渝两地共建共保生态环境的大格局已基本形成。

图 5-4　重庆市嘉陵江

## 5.4　探索培育碳汇市场交易机制

与碳排放权交易相对应的是碳汇交易。碳汇交易是基于《联合国气候变化框架公约》及《京都议定书》对各国分配二氧化碳排放指标的规定，创设出来的一种虚拟交易。即因为发展工业而制造了大量的温室气体的发达国家，在无法通过技术革新降低温室气体排放量达到《联合国气候变化框架公约》及《京都议定书》对该国家规定的碳排放标准时，可以在发展中国家投资造林，以增加碳汇，抵消碳排放，从而降低发达国家本身总的碳排量的目标。2021 年 10 月，中共中央、国务院印发的《关于完整准确全面贯彻新发展理念做好碳达峰碳中和工作的意见》正式发布，提出“将碳汇交易纳入全国碳排放权交易市场，建立健全能够体现碳汇价值的生态保护补偿机制”。

河北省塞罕坝*机械林场（图 5-5）自 2015 年启动实施林业碳汇项目，截至目前，完成造林和森林经营两个碳汇项目 30 年计入期（2005 年 6 月 30 日至 2035 年 6 月 29 日）共 474.851 2 万 t 国家核证减排量在国家发展改革委的备案工作，完成了首批造林碳汇 18.275 万 t 国家核证减排量的签发工作，已完成销售 16.218 1 万 t，实现收入 309.075 3 万元。根据碳交易市场行情和价格走势保守估计，造林碳汇和森林经营碳汇项目可为塞罕坝林场带来超亿元的收入。根据目前北京市碳交易市场每吨二氧化碳当量约 50 元的市场行情估算，这批减排量将给林场带来 900 多万元收入。林场的造林碳汇项目今后将以每 5 年为一个监测期，开展一次核证减排量签发工作。塞罕坝机械林场不断加大造林、营林科技含量，采取多项有效措施科学管护森林资源，提高森林的碳储量。碳汇开发的主体为人工中幼龄林，其中碳汇造林项目主要栽种以落叶松、樟子松、云杉为主的针叶树种。塞罕坝林业碳汇项目的成功探索对推进可持续发展具有重要意义，具体体现在三个方面：一是通过造林活动吸收、固定二氧化碳，产生可测

* 案例来源：课题组调研。

量、可报告、可核查的温室气体排放减排量，发挥碳汇造林项目的试验和示范作用。二是增强项目区森林生态系统的碳汇功能，加快森林恢复进程，控制水土流失，保护生物多样性，减缓全球气候变暖趋势。三是通过森林的生态功能，防风固沙，涵养水土，为项目所在区域的生态恢复和环境承载力改善发挥积极作用。

图 5-5 塞罕坝机械林场

（图片来源：雷硕摄）

龙岩*是我国南方重点集体林区、福建省三大林区之一，具有优越的森林资源禀赋。龙岩市山多林密，推进林业碳汇交易既有自然优势也有先天不足。并非是“所有的森林都可以卖碳汇”，按照碳排放权交易规则，这些森林的固碳量是原本就存在的，不能交易。只有通过按照碳汇项目方法学实施的项目产生

* 案例来源：闽西新闻网（http://www.mxrb.cn/）。

的净碳汇量才能获得国家签发，挂牌交易。按照国家发展改革委公布备案林业碳汇项目方法学，龙岩市林业碳汇项目可分为四类，分别是造林碳汇、森林经营碳汇、竹林经营碳汇和竹子造林经营碳汇。2017年，经过调研估算，龙岩市林业碳汇项目的开发成本并不低，实际增收空间有限，且流程复杂，周期长，开发过程中还存在风险。龙岩市1989年组织开展了“三五七”造林绿化工程，经过三年大规模植树造林，荒山基本消灭，可选择开发生成碳汇造林项目的荒山已经很少，空间有限。2004年龙岩市人工中幼龄林面积约239万亩，森林经营平均固碳水平0.2～0.3 t/（亩·年），全市森林经营碳汇潜在规模48万t/年。2004年龙岩市竹林面积约235万亩，竹林经营平均固碳水平0.2～0.3 t/（亩·年），全市竹林经营碳汇潜在规模59万t/年。2005年以来，全市竹子造林面积5 932亩，规模小，不适于进行碳汇项目开发，鉴于全省竹林已经具有一定规模，省林业厅不提倡再扩大竹林面积，因此也不提倡开发竹子造林碳汇项目。龙岩市林业碳汇项目开发主要潜力在碳汇造林、森林经营碳汇和竹林经营碳汇，合计潜在的理论规模126.2万t/年，按均价15.6元/t，潜在碳汇价值1 968.7万元/年，按照开发强度20%测算，预计碳汇价值393万元/年，按目前的碳价水平，扣除项目开发成本，实际增收空间有限。尽管如此，龙岩市在上杭县、长汀县、连城县、漳平五一国有林场开展林业碳汇项目试点，旨在通过以点带面的形式，引导林业碳汇发展，推进林业碳汇交易。2021年9月，长汀楼子坝国有林场（图5-6）竹林经营碳汇项目经海峡股权交易中心挂网实现首次交易。该项目第一监测期减排量148 993 t，实现总成交金额1 639 708元，是龙岩市首个国有林场竹林经营碳汇成功交易的项目。作为森林覆盖率福建省第一的城市，该项目对于龙岩市林业在新发展阶段，做好碳达峰碳中和工作，加快经济社会发展全面绿色转型，努力争取 2060 年前实现碳中和具有重要意义。

图 5-6　长汀楼子坝国有林场

## 5.5　探索培育森林指标交易机制

随着全国上下践行“绿水青山就是金山银山”活动的不断深入，各地坚持因地制宜、试点先行的原则，探索创新出了许多新的生态产品价值实现路径。其中，以森林覆盖率、造林面积等指标为核心的跨区域交易机制是一种较好的生态产品权益指标交易机制，既实现了保护森林的目标和造林任务，也为部分地区根据实际情况协调林业和经济发展创造了机会，推动了自然资本保值增值。

2018 年，重庆市[*]率先开启了森林覆盖率指标交易。重庆市 2018 年印发了《国土绿化提升行动实施方案（2018—2020 年）》，提出到 2022 年全市森林覆盖率从 45.4% 提升到 55%，2018—2020 年计划完成营造林 1 700 万亩。为了促使各区县切实履行职责，重庆市将森林覆盖率作为约束性指标，对每个区县进行统一考核，明确各地政府的主体责任。同时，考虑到各区县自然条件不同、发展定位各异、部分区县国土绿化空间有限等实际，印发了《重庆市实施横向生态补偿　提高森林覆盖率工作方案（试行）》，对完成森林覆盖率目标确有困难的地区，允许其购买森林面积指标，用于本地区森林覆盖率目标值的计算，让保护生态的地区得补偿、不吃亏，探索建立了基于森林覆盖率指标交易的生态产品价值实现机制。其做法主要包括：首先，将全市 2022 年森林覆盖率达到目标值作为每个区县的统一考核目标，促使各区县政府由被动完成植树造林任务转变为主动加强国土绿化工作，切实履行提高森林覆盖率的主体责任。同时，根据全市的自然条件和主体功能定位，将全市 38 个区县到 2022 年年底的森林覆盖率目标划分为三类：产粮大县或菜油主产区（不包括国家重点生态功能区县）的 9 个区县森林覆盖率目标值不低于 50%；既是产粮大县又是菜油主产区（不包括国家重点生态功能区县）的 6 个区县目标值不低于 45%；其余 23 个区县的目标值不低于 55%。在此基础上，构建平台，自愿交易。构建基于森林覆盖率指标的交易平台，对达到森林覆盖率目标值确有实际困难的区县，允许其在重庆市域内向森林覆盖率已超过目标值的区县购买森林面积指标，计入本区县森林覆盖率；但出售方扣除出售的森林面积后，其森林覆盖率不得低于 60%。需购买森林面积指标的区县与拟出售森林面积指标的区县进行沟通，根据森林

* 案例来源：自然资源部生态产品价值实现案例。

所在位置、质量、造林及管护成本等因素，协商确认森林面积指标价格，原则上不低于 1 000 元 / 亩；同时购买方还需要从购买之时起支付森林管护经费，原则上不低于 100 元 /（亩·年），管护年限原则上不少于 15 年，管护经费可以分年度或分 3～5 次集中支付。交易双方对购买指标的面积、位置、价格、管护及支付进度等达成一致后，在重庆市林业局的见证下签订购买森林面积指标的协议。2019 年 3 月，位于重庆市主城区、绿化空间有限的江北区，为实现森林覆盖率 55% 的目标，与渝东南的酉阳县签订了全国首个“森林覆盖率交易协议”，江北区向酉阳县购买 7.5 万亩森林面积指标，交易金额 1.875 亿元，按照 3∶3∶4 的比例分三年向酉阳县支付指标购买资金，专项用于酉阳县森林资源保护发展工作。2019 年 11 月，渝东北城口县与主城区九龙坡区也签订了交易协议，完成了 1.5 万亩森林面积指标的交易，交易金额 3 750 万元。2019 年

图 5-7　重庆市武隆区

12 月，重庆市南岸区、经开区管委会共同向巫溪县购买 1 万亩森林面积指标，交易金额 2 500 万元。同时，重庆市渝中区与巫溪县等，陆续进行了购买森林面积指标的协商，积极促进生态保护成本共担、生态效益共享，打通了绿水青山向金山银山的转化通道。

## 5.6 探索培育耕地指标交易机制

同森林覆盖率指标交易类似，在占用耕地补偿制度和耕地占补平衡政策下，催生了以耕地指标交易为核心的生态权益产品交易机制。

在占补平衡具体操作中，各地区建立了补充耕地指标库。补充耕地指标在满足本区域耕地占补平衡需求的情况下，可用于跨区域耕地占补平衡调剂。补充耕地指标是指通过实施耕地后备资源开发、高标准农田建设、土地复垦、耕地提质改造、旱地改水田等土地整治项目所形成的，经验收认定并完成项目信息报备后，可用于耕地占补平衡的有效补充耕地指标。目前我国补充耕地指标价格主要以政府确定指导价，通过交易平台公开竞价，参照国家统筹跨省域补充耕地资金标准等方式确定。政府指导价以综合考虑补充耕地成本、资源保护补偿和管护费用、市场供求情况等因素制定。不同地区补充耕地指标交易指导价差异较大。如广西壮族自治区 * 2020 年补充耕地指标交易最低指导价为耕地数量 1.5 万元 / 亩，水田规模 15 万元 / 亩，粮食产能 0.7 万元 / 百公斤。湖南省 2020 年补充耕地指标交易指导价为耕地数量 5.2 万～15 万元 / 亩，水田规模

* 案例来源：搜狐网（https://www.sohu.com/）。

3.5 万～10 万元 / 亩，粮食产能 0.3 万元 / 百公斤。宁波鄞州区* 2020 年补充耕地指标交易指导价为耕地数量 15 万元 / 亩，补充水田 20 万元 / 亩，粮食产能 4 万元 / 百公斤。跨省域补充耕地资金收取标准以占用的耕地类型确定基准价，以损失的耕地粮食产能确定产能价，以基准价和产能价之和乘以省份调节系数确定。对国家重大公益性建设项目，可按规定适当降低收取标准。2021 年，新疆首批挂牌交易的跨县域补充耕地指标成交，涉及耕地面积 10 413.72 亩，总成交金额 4.17 亿元。新疆首批跨县域补充耕地指标挂牌补充耕地项目 43 个、面积 17 401.17 亩，经过增价报价、确定竞得候选人、网上公示等程序，其中 23 个项目、面积 10 413.72 亩，分别被伊宁市、霍尔果斯市、乌鲁木齐市和博乐市竞得。

图 5-8　伊宁农田

* 案例来源：搜狐网（https://www.sohu.com/）。

## 5.7 探索培育湿地银行机制

美国湿地缓解银行是指一块或数块已经恢复、新建、增强功能或受到保护的湿地，是一种市场化的补偿机制，由第三方新建或修复湿地并出售给其他开发者，以帮助后者履行其法定补偿义务，目的是保护湿地、抵消开发活动对自然生态系统的影响。这是一种较为成熟的生态产品价值实现模式，但在中国，鲜有类似模式的实践和尝试。

2021 年，江西省开展了与之类似的湿地银行建设试点工作，鼓励湿地占用主体通过“湿地银行”购买与所占湿地面积和质量等级相当的湿地占补平衡指标。湿地产权主体不仅可以获得指标转让收入，还可以在不改变湿地基本特征和生态功能的前提下，有序发展农牧渔复合经营等湿地生态环境友好型产业。进贤县、都昌县、万年县、南丰县、资溪县、崇义县、上栗县成为全省首批启动“湿地银行”建设试点地区。江西省抚州市南丰县*着力推广政府与社会资本合作，拟以贷款担保、入股、技术合作以及购买、租赁相关权益等方式参与湿地修复投资，鼓励“政银担”“政银保”“银行贷款＋风险保障补偿金”等合作模式，改善湿地修复投融资环境；在国土三调数据库中筛选可通过生态修复等措施变更为湿地的地块作为湿地后备资源入库；科学开展湿地生态修复，通过自主、合作、委托等多种模式，对湿地后备资源进行生态修复。资溪县对接江西省“湿地银行”建设试点，以境内九龙湖国家湿地公园续建为重点，贯穿“创新、协调、绿色、开放、共享”的发展理念，计划利用两年时间，在保护优

* 案例来源：抚州市林业局官方网站（http://lyj.jxfz.gov.cn/）。

先、合理利用上加以完善提升，推行十项规划建设。

图 5-9　江西省湿地景观

# 6

# 生态金融产品价值实现的路径与实践

The path and practice of realizing the value of ecological financial products

良好的生态环境和资源本身就是优质的生态资本。以生态资本化运作来实现生态资产的保值增值，是近年来我国探索出的生态产品价值实现新路径，其核心就是设计可量化、可交易、可抵押、可增值的生态金融产品。“十三五”以来，我国绿色金融改革创新取得了重大历史性进步。然而，与生态产品价值实现以及生态产品市场经营开发主体的迫切要求相比，生态金融类型的生态产品设计及实现机制的构建还有很长的路要走。针对生态金融产品的价值实现路径，福建、浙江、江西等地率先开展了诸多有益的尝试。

## 6.1 “生态银行”/“两山银行”

我国的国情决定了生态资源的产权主体是多种多样的，而广大的乡村集体和乡村农户更是其中最重要的一类利益主体。受限于严格的生态保护政策，乡村农户普遍放弃了自然资源的直接利用，转而以资源作价入股等方式，来共享生态产品价值实现的福祉收益。这一方面有利于从整体上促进生态资源的保护，将碎片化、分散化的资源统一进行整合、优化、合理开发；另一方面也带动了乡村地区增收致富，促进绿色发展和共建共享，推动乡村产业振兴、生态振兴。

福建省南平市*于2018年在全国首创了“生态银行”平台机制，将丰富的自然资源整合利用，把森林、水、矿土、古厝、文物等碎片化、分散化资源规模化收储、整合、优化，再由政府搭台引入有实力、有社会责任感的龙头企业，导入新产业、新项目，搭建资源变资产为资本的转化平台，最终形成顺昌县“森林生态银行”、武夷山市五夫镇“文化生态银行”等多种运作模式，探索出一条生态产业化、产业生态化的绿色发展新路。搭建资源运作新平台，探索“五输入、五输出”的森林资源运营模式，实现“储户”“一键理财”。“五输入”模式指通过林权赎买、林地租赁、林木托管等单一或组合形式，在不改变林地所有权的前提下，将零散化、碎片化林木资源集中储备到“森林生态银行”，然后依托内外部技术力量，推动实现林木质量、规模提升，打包成连片优质高效的资源包。目前，已成立750 $m^2$的“森林生态银行”营业部，开展林权评估收储、转让变更等一站式服务。“五输出”运作资产即通过提供原材料基地服务、金融服务、重资产服务、生态服务和市场服务，引入市场化资金和专业运营商，对森林资源资产包开展项目策划包装、招商推介和开发经营，发展木材经营、竹木加工、林下经济、森林旅游康养等相关产业，丰富林业产业结构。“一键理财”获取资金，即林农、合作社等林业经营主体仅需带上身份证、林权凭证，经“森林生态银行”运作，就可获得相应的服务与收益。通过灵活林权流转、完善金融服务、提升森林质量等举措，让“森林生态银行”运营更加规范有序。目前“森林生态银行”已导入林地林木面积6.26万亩，其中股份合作、林地租

* 案例来源：生态环境部（https://www.mee.gov.cn/）。

赁经营 1.26 万亩，赎买商品林 5 万亩，托管经营 60 亩。成立全省首家“林权 + 金融”模式的“福建省顺昌县绿昌林业融资担保公司”，为“林业 +”产业实体企业、个体林农提供融资担保服务，实现最高 15 倍放大倍数、基准利率放款，“森林生态银行”与商业银行按 8∶2 承担风险，目前已办理担保业务 257 笔，发放贷款 2.25 亿元；同步合作成立“南平市乡村振兴基金”，首期规模 6 亿元，在顺昌县聚焦投资林业质量提升、林下种养、林产加工、林下康养等项目。

江西省资溪县*是全省首个创建“两山银行”的地区，借鉴商业银行“存”“贷”理念，按照“标准化设计、实体化运作、产业化经营”思路打造，集山、水、林、田、湖、草以及其他生态资源收储、评估、交易、运营和金融服务等功能为一体，是以推动“生态产业化、产业生态化”为目的的综合型平台。通过资源整合、资产运营、资本赋能等机制，构建“资源—资产—资本”的内生循环，激活“沉睡”的生态资源，有效提升生态品质，为老百姓增添生态财富，切实打通“两山”转换渠道。2021 年 7 月，由资溪县人民政府牵头，联合抚州市发展和改革委员会、江西省质量和标准化研究院等单位共同制定的江西省地方标准《“两山银行”运行管理规范》（DB 36/T 1403—2021）正式获批发布，为“两山银行”的运行与管理提供规范性参考，为江西省内进一步提高各地“两山银行”运行和管理水平提供技术支持。截至 2020 年年末，生态产品价值实现贷款总额 20.08 亿元，占全县贷款余额的 32.77%，其中实现“两权”抵押贷款余额 8.06 亿元。农业银行在全省率先开展森林赎买抵押贷款，首笔贷款发放 9 800 万元。目前全县森林赎买 9.6 万亩，已完成贷款发放 1.47 亿元。

* 案例来源：国家林业和草原局官方网站（http://www.forestry.gov.cn/）。

2021 年，陕西省留坝县*挂牌成立“两山银行”，通过政府引导、企业和社会参与、市场化运作，借鉴分散式输入、集中式输出的模式，将碎片化的各类生态资源进行规模化收储、专业化整合、市场化运作，从而实现“存入”绿水青山、“取出”金山银山的目标。围绕“四养一林一旅游”的产业发展布局，通过对县域内山、水、林、田、湖、草等自然资源及适合集中经营的农村宅基地、集体经营性用地、农房、古村、古镇、老街、闲置国有资产等资源资产进行摸底及确权评估后，再选择合适资源进行收储，经过整合提升、项目化包装，推向市场，引入社会资本和运营管理方，实现生态资源向资产、资本的高水平转化。该县成立了留坝县两山生态资源资产经营有限公司作为“两山银行”的运营主体，注册资本 1 亿元，负责平台搭建和后期运营，支持和引导村扶贫互助合作社、村股份合作社、农户参与项目的开发、运营。据了解，目前留坝县已经对县域内生态资源资产进行了全面梳理，已梳理闲置国有土地及房产 63 处、闲置集体土地 14 处、农户腾退房 10 处、待开发旅游资源 11 处，并充分运用科技手段，制作了 VR 实景平台，全方位展示资源情况。“两山银行”模式的一个突出特点是：由“两山银行”或项目公司开展项目招引，通过混合所有制、股份合作、委托经营等方式，引入社会资本。在融资方面，由原有的政府融资平台转变为现代化市场主体，通过“两山银行”平台，生态资源持有人和投资人与金融机构的对接渠道将更加畅通。

## 6.2 资源产权抵押贷款

过去多年，受限于中国特殊的土地政策，广大农民因没有确权的抵押物而

* 案例来源：留坝县人民政府官方网站（http://www.liuba.gov.cn/）。

无法获得贷款，坐拥“绿水青山”却无法换来“金山银山”。在广大山区、林区，这样的问题更为突出。在全国集体林权改革之后，集体林区基本完成明晰产权、确权发证，如何使农民手中“沉睡的资源”变为“流动的资本”，就成为各地探索生态产品价值实现过程中需要解决的首要问题。赋予林权抵押、担保功能，既可以拓宽林业融资渠道满足林业扩大再生产对补充资金的需要，也可以增加林权权利人财产性收益，对森林生态产品价值实现也有着重要意义。对此，全国各地展开了多种形式的资源产权抵押贷款试点实践。

浙江省淳安县*山林资源丰富，但绝大多数村集体实力薄弱，单村单户难以发挥资源优势的现状。2017 年，淳安县率先在里商乡石门村开展公益林补偿收益权质押贷款试点工作，利用村集体统管山 30% 公益林补偿收益权作质押，贷款 230 万元用于建设当地宰相源乡村旅游基地，当年就为村集体经济创收 27.6 万元，为全县消薄增收打开了新渠道。在试点成功经验的基础上，按照“整县整合、抱团发展”的思路，整合全县生态公益林资源，以全县 402 个村生态公益林补偿收益权集体留存部分作为授信基数，向淳安县农商银行质押贷款，成功融资 2.5 亿元，由政府国有公司统一代管运作融资所得资金，并最终选定投资资金风险低、收益持续有保障的淳安“飞地经济”西湖区千岛湖智谷项目，2019 年该项目带动村集体增收近 4 000 万元，平均每村增收 10 余万元，有效缓解了项目前期融资和村集体消薄增收“两难”问题，真正达到了资源变资产、资产变资本良性转化目的，有效实现村集体从“输血”到“造血”的可持续发展。

* 案例来源：生态环境部（https://www.mee.gov.cn/）。

图 6-1　淳安县最美公路

（图片来源：生态环境部网站）

福建省三明市*农商行创新村级林业小额担保基金模式，试点推行林业金融新产品“福林贷”，盘活小额林业资产，破解林农贷款难、担保难的“瓶颈”。由村委会牵头设立村级林业担保基金，贷款林农按一定比例缴纳保证金，由林业合作社为林农提供贷款担保，林农以其同等价值的林业资产作为反担保申请贷款。贷款额度按林农出资担保基金最高 10 倍放大，最高可获得 20 万元贷款，一次授信、年限 3 年。贷款月利率由之前的 8‰ 降至 5.9‰，符合林业贴息政策的，实际利率只有约 4‰。“福林贷”已在福建省 40 个重点林业县推广。以建宁县为例，一是制定《建宁县普惠林业金融“福林贷”工作方案》，明确由县林业局负责抓落实。二是确定推广对象。将溪源乡确定为整乡推进“福林贷”业务乡镇，其他乡（镇）要求每个乡（镇）明确 2～3 个行政村为“福林贷”试点村，先行开展“福林贷”贷款业务。其中，濉溪、溪口、里心、均口、黄埠等

* 案例来源：课题组调研资料。

乡（镇）的试点村数量要求不少于 3 个，客坊、黄坊、伊家等乡（镇）试点村数量不少于 2 个。三是明确目标任务。在总结试点村工作经验的基础上，要求每个乡（镇）按照 80% 以上的行政村推广“福林贷”贷款业务，每个村要完成发放贷款 80 万元，全县总任务 5 680 万元。四是开展业务培训。组织各乡（镇）分管林业领导，试点村书记、主任、林业站站长，各乡（镇）农信社主任等 100 余人开展业务培训，提升相关人员业务水平。2017 年 9 月，“福林贷”全市推广 3 个月，授信 96 个村，发放贷款涉及 77 个村、693 户、6 881 万元；2017 年 12 月，推广 6 个月后，授信 13.3 亿元，实际用款 10.9 亿元，惠及 1 373 个村、10 197 户农户。

## 6.3 生态溢价

良好的生态环境可以带来更大的经济效益，但国内鲜少有为良好的生态环境付费的先例。探索如何在经济产出中更好地体现出生态溢价，是促进生态产品价值实现的可行路径之一。

浙江省丽水市*积极创新市场交易制度体系实现生态产品市场有需求，以“生态有价、有偿使用”为原则，构建反映市场供求和资源稀缺程度、体现自然生态价值的市场交易制度，以约束创造市场需求，推动生态产品利用型企业对项目生态溢价付费。2020 年 5 月，由国家电投集团投资 1.7 亿元建设的浙江省丽水市缙云县大洋镇大平山光伏发电“农光互补”项目正式签约落地。协议首次出现了“企业购买生态产品”条款——企业通过向当地生态强村集体经济

* 案例来源：课题组调研资料。

有限公司支付279.28万元，购买项目所在区域的调节服务类GEP，成为丽水市首例基于GEP核算的市场化交易生态产品。大洋镇（图6-2）是丽水市生态产品价值实现机制试点乡镇之一。根据中国科学院生态环境研究中心GEP核算方法，大洋镇GEP达到33亿元。国家电投集团委托相关科研团队对购买的生态调节服务类产品以及生态溢价进行估价，根据《大洋镇生态产品市场化交易暂行办法》，占地800亩的大平山光伏发电项目，以其所在区域GEP的5%和生态溢价价值的12%计算，核算出279.28万元的购买总价。经双方认可，分25年付清，每年支付11万余元。良好的生态环境可以带来更大的经济效益，这成为国家电投集团项目落户大洋镇并且愿意购买生态产品的原因。据了解，大洋镇生态环境优良，空气质量优异，酸雨少，光伏发电板的电池衰减率比雾霾重、酸雨多的地区更低，电池使用寿命可以延长近5年；光照辐射强度大，光伏电池发电效率高，预计项目年发电量将增长超10%，产出更多的生态溢价。

图6-2　浙江省丽水市缙云县大洋镇

（图片来源：缙云县自然资源和规划局）

## 6.4 “林票”制度

生态资源产权证券化是一种创新性的生态产品价值实现模式。2019 年 11 月，福建省三明市 * 利用全国集体林区改革试验区这一政策优势，抓住林业融资这一关键环节，在全国率先开展以林权收益资产证券化为主要目标的“林票”制度改革试点，制定出台了《三明市林票管理办法》和《三明林票基本操作流程》。

“林票”是指国有或国有控股林业企业与村集体、林农合作后，将共有林权份额化、价值化而制发的收益权凭证，并被赋予交易、质押、兑现等权能。“林票”可以在村集体内部交易流转，或作为质押物进行抵押贷款。随着林权制度改革的深化推进，“林票”作为权益类产品，也可在地方权益类交易场所上市流通，但不因流通后份额变化影响国有或国有控股林企的经营权，以保障林业企业通过稳定的规模化、集约化经营提升木材质量，进而提升“林票”收益率。“林票”可流转、可回购、可注销，灵活多样，有效化解了林业发展中的 3 个难题。“林票”制度允许村集体经济组织成员和社会资本将所持有的“林票”挂牌交易，可以向金融机构质押贷款，还可以由国有林业企事业单位兜底回购，流动性强且操作简单，提高了社会资本参与的积极性。与此同时，用于质押贷款的“林票”，一旦持有人贷款出现逾期，国有林业企事业单位有权处置借款人持有的“林票”，将处置款项全额用于代偿贷款本息，大大降低了风险，提高了银行的积极性。“林票”制度能够为林地流转带来两个方面的好处：一是有效地解决了农民让渡了林地经营权而使其失去承包经营权的问题。“林票”制度本质上

* 案例来源：三明市人民政府官方网站（http://www.sm.gov.cn/）。

使用股权的形式确定了农民的林地承包权，这样他就可以把归于其名下的集体林地经营权全部或部分让渡给别人使用，而保证集体林地承包权仍在自己手里。二是拥有“林票”的农民采取集体行动，有助于降低林地经营权流转的交易成本，有助于找到经营能力更强、出价更高的林地经营权的需求者，有助于提高林业的市场竞争力。通过“林票”制度，引入国有林场、专业化林业公司等，将现代林业经营的先进技术和管理理念融入集体林经营，显著提高了集体林业集约化经营水平和集体林质量。目前，全市已在 12 县（市、区）163 个村开展试点，合作面积 7 560.27 $hm^2$，制发“林票”总额 11 220 万元，惠及村民 14 285 户、59 905 人，试点村每年村财政收入可增加 5 万元以上，实现国家、集体、林农三方共赢。

## 6.5 生态信用

2020 年，浙江省丽水市*首推生态信用守信激励、失信惩戒机制，出台《生态信用行为正负面清单》《“绿谷分”（个人积分）管理办法》等 4 项制度，推出个人信用积分“绿谷分”，以生态信用建立人与生态之间的信用关系，创新生态产品价值实现模式。

“绿谷分”是由浙江省自然人公共信用积分和丽水市个人生态信用积分两者相加计算而成（图 6-3）。而个人生态信用积分是从生态环境保护、生态经营、绿色生活、生态文化、社会责任、一票否决项 6 个维度考量，按层次分析法，构建评分模型，最后根据指标细项，加权平均计算而成。具体来讲，丽

* 案例来源：课题组调研资料。

水人要拿到3A级（1 060积分及以上）的信用评级，成为信用极佳的丽水市民，除了没有“老赖”等违反公共信用的行为，还要崇尚绿色生活，注重环境保护，积极参与公益活动。“植树造林、绿色出行、节约水电可加分，滥伐林木、非法采砂要扣分……”生态信用正负面清单涵盖生态保护、生态经营、绿色生活等方面，18条正面清单、30条负面清单均有法律依据。通过生态信用评分，建立相应的激励与惩罚机制。例如，“绿谷分”3A级（1 060积分）、2A级（1 000积分）市民，可享受4A级景区、新能源汽车租赁公司、影院、通信运营商、银行、宾馆饭店等提供的优惠折扣、绿色通道、免押金优惠服务。

图6-3　浙江丽水风光

# 7

# 生态补偿产品价值实现的路径与实践

The path and practice of realizing the value of ecological compensation products

在大多数情况下，生态系统发挥的重要生态服务和功能是全局性、系统性的，其涵养水源、保持水土、净化空气、调节气候等不仅辐射到本地区，更是影响了周边乃至全国、全世界的人民群众，具有典型的公共物品特征。因此，维持良好的生态系统服务，受益者将会是社会全体公众，付费者也应是全体社会公众。由于生态系统服务具有整体性、不可测度性等特点，并在较大的区域尺度内发挥长期的、隐性的作用，既不像生态系统物质服务一样能获得实际物品，又不像文化旅游服务一样可以从中获得旅游享受，所以个人或机构是没有意愿花钱购买的。为此，各级政府作为社会公众的代表，统一行使购买主体的权利，即生态补偿型生态产品。对于这类生态产品的价值实现，传统的路径是中央和地方各级的纵向转移支付，然而这种补偿方式虽然覆盖面广，但标准不高，远低于生态系统本身发挥的巨大价值，即便如此，其面临的资金缺口仍是巨大的。近年来，各地也在逐步探索基于生态系统服务完整性和连通性的跨区域横向生态补偿机制、飞地经济等新型生态补偿产品价值实现路径。

## 7.1 纵向生态补偿机制

生态补偿机制是国家强制性要求对生态资源、环境开发、利用而必须补偿、维护生态平衡的制度体系。2016 年，国务院发布《国务院办公厅关于健全生态保护补偿机制的意见》（国办发〔2016〕31 号），提出“到 2020 年，实现森林、草原、湿地、荒漠、海洋、水流、耕地等重点领域和禁止开发区域、重点生态功能区等重要区域生态保护补偿全覆盖，补偿水平与经济社会发展状况相适应，跨地区、跨流域补偿试点示范取得明显进展，多元化补偿机制初步建立，基本建立符合我国国情的生态保护补偿制度体系，促进形成绿色生产方式和生活方式”。补偿的资金来源主要以中央及各地财政转移支付为主，是一种对生态系统整体产出的各类生态产品而进行的综合性补偿机制。在实践过程中，各类生态补偿标准多以可量化的显性成本为基准计算得出，并未包含生态产品的多维价值，因而可以算作是生态产品价值实现的最低标准。这类补偿对于促进我国生态保护、提高生态产品供给能力发挥了巨大的作用，但也因未能考虑生态产品质量差异等原因，存在补偿标准过低、补偿范围狭隘、占补不平衡、资金到位不及时等现实问题。

表 7-1　中国主要的生态补偿机制

| 类型 | 补偿机制 | 实践现状 |
| --- | --- | --- |
| 森林 | 公益林生态补偿 | 2004 年，中央财政正式建立了森林生态效益补偿基金并逐步提高补偿标准，目前国家级公益林补助标准为每年 15 元 / 亩 |
| | 天然林保护补助 | 自 2011 年起，根据《天然林资源保护工程财政专项资金管理办法》，安排用于天保工程的专项资金，包括森林管护费、中央财政森林生态效益补偿基金、森林抚育补助费、社会保险补助费、政策性社会性支出补助费 |

| 类型 | 补偿机制 | 实践现状 |
| --- | --- | --- |
| 草原 | 退牧还草 | 8 年来累计安排草原围栏建设任务 7.78 亿亩，配套实施重度退化草原补播 1.86 亿亩，中央投入资金 209 亿元，惠及 181 个县（团场）、90 多万农牧户。从 2011 年起，退牧还草饲料粮补助转为禁牧补助和草畜平衡奖励 |
| | 草原生态保护补助奖励 | 自 2011 年起，国家在内蒙古等 8 个主要草原牧区全面实施草原生态保护补助奖励政策，以 5 年为一个实施周期，已实施两轮草原生态保护补助奖励政策。第三轮中央财政按照禁牧补助每亩 7.5 元、草畜平衡奖励每亩 2.5 元的标准进行测算，对农牧民发放补助奖励资金 |
| 湿地 | 退耕还湿和湿地生态效益补偿 | 从 2010 年起，建立完善了湿地补助政策。每年从林业改革发展资金中，安排专门的湿地补助资金，用于支持湿地保护工作。资金支出方向包括对林业系统管理的国际重要湿地、国家重要湿地以及生态区位重要的国家湿地公园、省级以上（含省级）湿地自然保护区开展湿地保护与恢复的相关支出进行补助；对林业系统管理的国际重要湿地、国家级湿地自然保护区、国家重要湿地范围内的省级自然保护区实施退耕还湿进行补助；对候鸟迁飞路线上的林业系统管理的重要湿地因鸟类等野生动物保护造成损失给予补偿。此外，部分省区出台省级湿地生态效益补偿办法 |
| 荒漠 | 沙化土地封禁保护补偿 | 2013 年国家启动实施了沙化土地封禁保护区试点，下达沙化土地封禁保护财政补助资金 3 亿元。2015 年制定了《国家沙化土地封禁保护区管理办法》 |
| 海洋 | 捕捞渔民转产转业补助 | 2002 年，国家颁发《海洋捕捞渔民转产转业专项资金使用管理暂行规定》，按规格确定捕捞渔民减船补助标准，每船 1.5～10 元 |
| 水流 | 集中式饮用水水源地 | 根据《中华人民共和国水污染防治法》《浙江省饮用水水源保护条例》相关规定，县级以上人民政府应当通过设立饮用水水源保护生态补偿专项资金、财政转移支付、区域协作等方式，建立健全饮用水水源生态保护补偿机制，逐步加大对饮用水水源地的经济补偿力度，促进饮用水水源地和其他地区的协调发展 |
| | 水土流失重点预防区和重点治理区 | 2014 年，国家出台《水土保持补偿费征收使用管理办法》，将水土保持补偿为功能补偿，明确了矿产资源生产期从量计征水土保持补偿费，并按 1∶9 比例进行中央分成 |
| | 流域生态补偿 | 福建、江西等地区出台省级流域生态补偿办法，加大重点流域水环境治理和生态保护力度 |

| 类型 | 补偿机制 | 实践现状 |
| --- | --- | --- |
| 耕地 | 耕地保护补偿 | 《中共中央国务院关于加强耕地保护和改进占补平衡的意见》（中发〔2017〕4号）提出，积极推进中央和地方各级涉农资金整合，综合考虑耕地保护面积、耕地质量状况、粮食播种面积、粮食产量和粮食商品率，以及耕地保护任务量等因素，统筹安排资金，按照“谁保护、谁受益”的原则，加大耕地保护补偿力度。目前，全国有1/4的省份在全省推开耕地保护补偿激励工作；近1/4省份开展耕地保护补偿激励试点工作 |
| | 耕地轮作休耕 | 2016年，国家出台《关于印发探索实行耕地轮作休耕制度试点方案的通知》。目前，部分地区根据实际情况对农民进行补偿。一般情况下，休耕补贴标准高于轮作，以贵州地区为例，全年休耕每亩补贴500元；而轮作补贴标准每亩不超过200元 |
| | 退耕还林还草 | 2002年，国家出台《退耕还林工程现金补助资金管理办法》，对退耕还林进行补助。此后，补助标准逐步提高。2020年，长江流域及南方地区每亩退耕地每年补助125元，黄河流域及北方地区每亩退耕地每年补助90元。还生态林补助期限为8年，还经济林补助期限为5年。退耕还林每亩退耕地补助1 200元，5年内分三次下达；退耕还草每亩退耕地补助850元，3年内分两次下达 |
| 重点生态功能区 | 重点生态功能区转移支付机制 | 2019年，国家出台《中央对地方重点生态功能区转移支付办法》，转移支付支持范围包括重点生态县域、包括“三区三州”等深度贫困地区、京津冀（对雄安新区及白洋淀周边区县单列）、海南以及长江经济带等其他生态功能重要区域、国家级禁止开发区域、国家生态文明试验区、国家公园体制试点地区等试点示范和重大生态工程建设地区、选聘建档立卡人员为生态护林员的地区。2021年转移支付资金约870亿元 |
| 自然保护区 | 自然保护区生态补偿 | 目前，部分地区开展自然保护区生态补偿机制。如山东省2016年筹集资金5 000万元，启动省级及以上自然保护区生态补偿，以促进自然保护区可持续发展，进一步发挥自然保护区生态功能 |

## 7.2 跨区域横向生态补偿机制

各地实践表明，仅仅依靠纵向的转移支付是远远不够的。特别是在河流、湖泊等跨行政区域的生态系统补偿方面，由于其本身具有跨区域、整体性、全局性的特点，必须要依靠跨区域横向生态补偿机制来对生态产品的供给者进行补偿。2016 年，国家出台《四部门关于加快建立流域上下游横向生态保护补偿机制的指导意见》（财建〔2016〕928 号），提出“到 2020 年，各省（区、市）行政区域内流域上下游横向生态保护补偿机制基本建立；在具备重要饮用水功能及生态服务价值、受益主体明确、上下游补偿意愿强烈的跨省流域初步建立横向生态保护补偿机制，探索开展跨多个省份流域上下游横向生态保护补偿试点。到 2025 年，跨多个省份的流域上下游横向生态保护补偿试点范围进一步扩大；流域上下游横向生态保护补偿内容更加丰富、方式更加多样、评价方法更加科学合理、机制基本成熟定型，对流域保护和治理的支撑保障作用明显增强”。

2018 年 2 月，云南、贵州、四川三省*人民政府达成共识，签署《赤水河流域横向生态保护补偿协议》，率先在长江流域建立第一个跨省生态补偿机制。主要安排是云南、贵州、四川三省按 1∶5∶4 的比例，共同出资 2 亿元设立赤水河（图 7-1）流域水环境横向补偿资金，建立云、贵、川赤水河流域跨省横向生态补偿机制，搭建合作共治的政策平台，实行流域环境保护统一规划、统一标准、统一环评、统一监测、统一执法，形成赤水河流域上下联动大保护格局，共同提升赤水河流域环境保护整体水平。通过建立赤水河跨省生态补偿机制，云、贵、川三省统一共识，凝聚合力，明确了构建长江上游重要生态屏障

* 案例来源：生态环境部（https://www.mee.gov.cn/）。

为共同目标，有力地推进赤水河流域生态保护，形成成本共担、效益共享、合作共治的流域保护和治理长效机制。2018 年赤水河流域水质总体良好，所有监测断面均达到或优于规定水质类别，出境断面水质稳定达到Ⅱ类，获得“中国好水”优质水源地称号，仁怀市荣获全国“生态文明建设示范区”表彰，赤水市被命名为“绿水青山就是金山银山”创新实践基地。赤水河作为全国首个跨省流域的横向生态补偿机制试点，为全国下一步探索建立多省生态补偿积累了宝贵经验。

图 7-1　赤水河风光

2021 年 4 月，山东省人民政府与河南省人民政府*签订了《黄河流域（豫鲁段）横向生态保护补偿协议》（以下简称《协议》），建立了省际间横向生态补偿机制。经两省协商，将水质基本补偿和水质变化补偿作为补偿标准。水质基本补偿方面，在国家规定Ⅲ类水质标准的基础上，刘庄国控断面水质年均值每

* 案例来源：人民网（http://www.people.com.cn/）。

改善一个水质类别，山东省给予河南省 6 000 万元补偿资金；每恶化一个水质类别，河南省给予山东省 6 000 万元补偿资金。水质变化补偿方面，刘庄国控断面年度关键污染物（化学需氧量、氨氮、总磷）指数每同比下降 1 个百分点，山东省给予河南省 100 万元补偿；每同比上升 1 个百分点，河南省给予山东省 100 万元补偿，这项补偿最高限额 4 000 万元。山东省同河南省建立的黄河流域横向生态补偿机制，将共同推动实现黄河干流跨省界断面（刘庄国控断面）水质稳中向好，化学需氧量、氨氮两项主要污染物排放总量逐步下降的目标。《协议》是黄河流域第一份省际横向生态补偿协议，为豫鲁两省拓展生态领域合作、实现“一河清水出中原，千回百转入齐鲁”目标奠定了基础，对于黄河全流域健全完善“保护责任共担、流域环境共治、生态效益共享”的横向生态补偿机制，探索开展生态产品价值计量，加快探索“绿水青山就是金山银山”的现实转化路径具有示范意义。

图 7-2　黄河风光

## 7.3 飞地经济

“飞地经济”是指两个互相独立、经济发展存在落差的行政地区打破原有行政区划限制，通过跨空间的行政管理和经济开发，实现两地资源互补、经济协调发展的一种区域经济合作模式。近年来，生态资源丰富区与经济社会发达区携手共创飞地经济，为双方发展绿色环保、生态友好型产业提供了广阔空间，是一种新兴的生态产品价值实现模式。

陕西省镇坪县*既是秦巴生物多样性生态功能区、南水北调中线工程重要水源涵养区，也是秦巴山片区贫困县和川陕革命老区，发展需求迫切。近年来，镇坪县确立生态立县、旅游兴县的发展路径，在具备良好开发基础的安康高新区征用土地建设了飞地经济园区，发展“飞地经济”，在“点”上开发、“面”上保护的全域经济发展思路指引下，进入了保护生态与发展经济的良性循环，走出了一条以生态立县为根本的美丽经济之路，实现了生态系统保护与经济发展的互利双赢，成为安康市第一个整县脱贫摘帽县。飞地经济园区实行“飞出地”（镇坪县）与“飞入地”（安康高新区）县区合作共建，“飞出地”负责落实建设用地指标及园区内基础设施建设和招商引资，“飞入地”负责落实园区建设用地报批、征迁，制定落实吸引企业入驻园区的招商引资优惠政策，管理园区涉及的教育、民政、计划生育等社会事务。在利益分配方面，飞地园区的财税收入和经济发展成果由“飞出地”和“飞入地”共享。镇坪县按照“县内建基地、飞地做加工、科研在院校、区域拓市场”的思路，在安康市高新区**规划

* 案例来源：新华网（http://www.xinhuanet.com/）。

** 案例来源：新华网（http://www.xinhuanet.com/）。

建设 1 000 亩镇坪“飞地经济”产业园区，招商引进 3 户龙头企业入驻，累计完成投资 8 亿元，“飞出了”限制开发县域推进工业化发展的一片新天地。对于“飞出地”来说，是项目飞出去，产值留下来。对于“飞入地”而言，则是产业飞进来，人气聚起来，从而形成双赢局面。

云南省楚雄市西舍路镇*（图 7-3）78% 的地域面积都是山林，除了山就是水，为严格保护生态环境，这些资源都不能用于搞开发，全镇 11 个行政村，有 9 个经济薄弱村。2019 年以来，西舍路镇坚持把发展“飞地经济”作为推动乡村振兴、补齐经济短板、发展壮大村集体经济的重要举措。积极探索“组织建在产业链、党员聚在产业链、农民富在产业链、品牌树在产业链”上“四链”飞地抱团模式，选择交通便捷、土地资源广、自然条件好的中心村谋划村集体经济发展项目，将 11 个村现有的村集体经济预留资金、项目整合在一起，投资 628 万元在集镇新大街建设 1 幢 4 层共 1 675 $m^2$ 的酒店，房屋产权属 11 个村委会共同所有，其产生的经营性收益或资产性收益按照产权占比分配作为村集体经济，带动全镇 11 个村委会年均稳定增收 3 万元以上，“空壳村”消除率达到 100%。通过发展“飞地经济”开路，西舍路镇还积极探索“合作服务型”“实体经营型”“投资创业型”“入股分红型”等发展路径，紧紧依托西舍路镇得天独厚的自然生态景观和民族文化特色，依托两州四县（市）的咽喉要地的区位优势，着眼长远谋划，大力发展特色农产品、乡村旅游、观光农业、农旅融合、生态休闲等服务业，让乡村“沉睡”资源变成集体发展的活资产。

* 案例来源：楚州市人民政府官方网站（http://www.suzhou.gov.cn/）。

图 7-3　云南楚雄

# 8

# 生态产品价值实现面临的现实挑战与长效保障机制构建

The real challenges of ecological product value realization and the construction of long-term guarantee mechanism for the realization of the value of ecological products

## 8.1 生态产品价值实现面临的现实挑战

目前，我国针对生态产品价值实现的理论研究和实践探索已经取得了巨大成效，但在近年来的发展过程中也暴露出较多的问题。建立健全生态产品价值实现机制，还面临着一系列的现实约束和挑战。

### 8.1.1 生态产品价值实现相关的制度基础不完善

生态产品价值实现是涉及生态、经济、社会建设方方面面的系统性、全局性工程，在创新改革进入深水区以后，不可避免地涉及现有的法律和制度体系框架。生态产品价值实现是自下而上的试点先行模式，但基础制度的完善却需要从顶层设计层面调整和展开，因而导致生态产品价值实现机制大多没有完善的制度基础和保障。

#### 8.1.1.1 生态产品价值实现机制相关的法律法规体系调整落后于实践

生态产品目录范围广，形态不同、产业不同、价值实现路径不同，但从整体上看，均需要生态环境资源领域的法律法规体系与经济发展相关法律法规体系的有效衔接和协调。但目前，中国现行生态环境资源法律体系缺乏整体性、系统性和协调性，缺乏配套的法规和实施细则，经济社会各管理部门之间缺乏沟通与协作，导致各地在生态产品价值实现机制的探索试点过程中，产生了诸多规则的不明确性和政策的不确定性，不利于生态产品的统一规划与开发，也不利于生态产品价值实现的模式创新。

#### 8.1.1.2 全民所有自然资源资产有偿使用制度亟须改革

中国实行土地公有制，大部分自然资源资产（如矿藏、水流、森林、山岭、草原、荒地、海域等）也都是国家所有的。历史经验表明，公共产品的“搭便车”现象普遍存在，由于公共自然资源无序开发利用造成的“公地悲剧”也屡有发生。生态产品的经营开发，特别是具有公共物品性质的生态产品开发大多基于国有自然资源，经营者依托公共生态产品获取了经济效益，却并未付出相应的保护成本，这使得大部分地区生态保护与发展的权责不统一，保护与发展的矛盾持续存在。

#### 8.1.1.3 统一的国土空间规划体系尚不完善

生态产品的开发依托于生态系统而凝结了人类劳动，同时，为了提升生态产品的生态附加值，势必要进行一定程度的提升改造。然而，我国目前的生态保护区域仍以严格保护为主导原则，在国土空间规划方面具有较大的限制。例如，2017 年，“田园综合体”作为乡村新型产业发展的亮点措施被写入中央一号文件：“支持有条件的乡村建设以农民合作社为主要载体、让农民充分参与和受益，集循环农业、创意农业、农事体验于一体的田园综合体，通过农业综合开发、农村综合改革转移支付等渠道开展试点示范。”但在实践过程中，受限于基本农田保护政策，田园综合体的发展空间受到极大限制。

#### 8.1.1.4 生态产品产权制度尚不明晰

市场机制有效运作要求商品的产权明晰、排他、安全及可交易。在生态权益类生态产品交易中，首先应当确保生产者对其提供的生态产品拥有特定的产权，只有产权界定清晰，供给者才有动力去持续高效地提供生态产品。但在生态权益交易市场当中，受限于技术条件和各地现实情况，我国尚未建立起完善的生态产品权益界定制度。参与交易的市场主体仅仅依靠政府推动或出于社会公益责任，其违约成本也较低，不利于交易市场的持续发展。

### 8.1.2 生态修复与环境治理形势依然严峻

良好的生态环境本底是生态产品的物质基础，保护不好“绿水青山”，就谈不上“金山银山”。当前，我国生态环境和资源总体形势向好，但仍面临不容忽视的挑战，生态环境治理与修复形势依然较为严峻。特别是在生态产品价值实现过程中，一旦把握不好生态保护和开发的关系，开发超出生态环境承载力的上限，即便采取了绿色发展模式，也依然会对生态环境造成严重破坏。

#### 8.1.2.1 生态修复及治理任重而道远

生态修复是一项具有全局性和长远性的系统工程，通常耗期长、见效慢，诸多隐性和负面影响难以准确估量并消除。在生态产品价值实现过程中，许多地区的首要任务是停止生态破坏，促进生态保护与修复，确保其生态价值得以充分发挥。但就目前而言，许多地区的生态修复工作仍需进一步加强。

#### 8.1.2.2 环境压力与日俱增，环境治理能力尚待提升

生态产品价值实现的过程，也是生态产业化、产业生态化的过程，如果不注重环境承载力，随着生态产品产量、服务人群的大幅增加、基础设施的不断修建，反而会加重环境压力。特别是在固体废物、污水、用水量等大幅增加的情况下，相应的环境治理设施却相对落后，治理能力尚显不足，制约了生态产品的进一步实现。

### 8.1.3 生态环境要素在生态产品中的价值有待进一步挖掘

生态产品不是凭空出现的概念，而是在理论和实践的不断发展过程中，逐渐形成的具有中国特色的、适合中国现实国情的全新理念。但从目前来看，理论上对生态产品的研究超前于实践进程，实践中，各地对生态产品的开发更多的是基于自然资源要素产出，而不是基于优良的生态环境，这使得生态环境要素在生态产品价值中体现不明显。

#### 8.1.3.1 以自然资源为依托的初级产品仍占据主流，产品附加值低

依托自然生态系统可以生产大量的物质产品，包括食品、药材、木材、矿泉水、天然纤维、天然皮革等，其产业也涵盖了农业、渔业、林业、加工业等。但从实践来看，各地仍然以供给初级产品为主，生态产业链较短，集约化利用程度不高，产品附加值较低、产业规模小、成本高、竞争力不强，是普遍存在的问题。

#### 8.1.3.2 生态产业融合程度不高，“生态 +”新业态尚未有效形成

“生态 +”的发展理念来源于各地生态产品价值转化实践，通过“生态 +

旅游”“生态 + 文化”“生态 + 研学”“生态 + 体育”“生态 + 会展”等多种不同业态的组合，推动产业融合，实现生态产品价值高效转化。但各地并未能深入挖掘生态环境要素与这些方面的深层次融合，产业低端、重复、同质化严重，没有地区特色，“生态”反而成为噱头，成为可有可无的要素，也并未建立起生态产品和服务的技术支持体系，传统产业产品的改造升级之路面临较多困难。

#### 8.1.3.3 生态认证体系种类繁多，标准不一，市场认可度低

为了提升产品市场竞争力，许多地区将“生态”作为重要的附加概念。然而从市场发展来看，所谓的生态产品、环保产品、绿色产品品目繁多、鱼龙混杂，是否带有真正的生态因素或者以生态友好的方式生产，消费者难以核实。目前已有的生态认证体系主要包括“三品一标”体系、区域公用品牌等，这些生态认证种类繁多，产品附加的生态要素较少，市场认可度较低。部分地区将全区所有的产品都包装成同一品牌，均以“自然”“生态”“环保”等为其特点，但却没有制定正确合理的营销战略，抹杀了所有农特产产品的“个性”，忽视了主要代表特产的挖掘和塑造，过多的产品序列也使得真正的高端产品难以脱颖而出，反而不利于生态环境要素在生态产品中的价值体现，不利于今后的持续发展。

### 8.1.4 生态产品价值实现利益共建共享机制尚需完善

生态环境是最普惠的民生福祉，生态产品价值实现机制的构建旨在解决我国经济发展与生态环境保护之间的关系问题，不可避免地涉及多方利益主体。不同利益相关主体有着不同的利益诉求，也理应从生态产品价值实现当中获得

应得的收益。虽然各方为实现长期的共同目标而采取合作关系，但短期内，其利益分配和协调的冲突仍然存在。

### 8.1.4.1 区域间生态产品价值实现利益联结不紧密

生态系统具有完整性、全局性的特点，这就使得在大多数情况下，需要通过跨区域间合作，才能更高效地实现生态产品价值。但就目前而言，各区域间的合作关系往往停留在初级的协议约定或简单的资金帮扶上，缺乏深度的生态产品价值实现利益联结机制，容易出现积极性不高、组织结构松散的问题，也阻碍了生态产业价值向高端业态的进一步发展。

### 8.1.4.2 城乡间生态产品价值实现利益分配不均衡

我国独特的城乡二元结构衍生出来的一系列问题始终存在于经济社会发展的各个阶段、各个方面，对于生态产品的价值实现也不例外。生态产品的主要供给区域在广大山区和乡村，生态产品价值实现的主战场在农村，因而，生态产品价值实现与乡村振兴密不可分。然而，农村地区受限于资金、技术、劳动力等诸多要素的落后，在生态产品价值实现过程中，仍然存在一定的利益分配不均衡问题，部分地区贫富差距也进一步拉大。

### 8.1.4.3 集体和个体间生态产品价值实现利益共享不充分

由于历史和现实的原因，生态产品所依托的生态系统属地和产权分属于农村集体和农民个体。农户拥有的生态资源往往是小而分散的，面临着开发成本高、收益低等问题，相较于外出务工等其他生计方式具有较大劣势，而农村集体往往开发积极性不足，人力和资金短缺。在生态产品价值实现过程中，必须扬长避短，构建集体和个体间利益共建共享机制，在发展壮大集体经济的同时，实现农民的生态福祉。目前而言，许多地区依然面临着集体经济发育不足或农户个体利益得不到保证的矛盾，集体和个体间生态产品价值实现利益分享不充分。

### 8.1.5 生态产品价值实现以试点为主，没有面上推广

习近平总书记指出，要牢固树立改革全局观，顶层设计要立足全局，基层探索要观照全局，大胆探索，积极作为，发挥好试点对全局性改革的示范、突破、带动作用。

试点目的是探索改革的实现路径和实现形式，为面上改革提供可复制、可推广的经验做法。针对生态产品价值实现机制，各地的试点示范探索已经取得了诸多成效，通过好经验提炼升华形成制度，才能使之可复制、可推广。然而到了试点推广层面，个别试点经验由于种种原因，难以复制、推广。

#### 8.1.5.1 生态产品需求市场培育不足，市场容量小

对于以个体消费者为主体的生态产品开发形式，由于生态需求不足，市场容量较低，基于示范试点的生态产品开发经验一旦铺开，容易形成供过于求的交易场面，从而使得整体利润降低。因此，在市场需求培育不足的情况下，盲目扩大生态产品供给规模，反而不利于区域整体发展。

#### 8.1.5.2 生态产品经营不确定性较大，风险较高

对于大多数生态产品来说，其开发周期长、投资回报周期长、投入产出效率低、市场波动大，经营具有较高的不确定性。经营规模越大，面临的不确定

也越高，这将极大地增加经营风险。此外，小尺度的示范试点经验在更大尺度上铺开，其面临的各类条件和市场约束也将发生极大的改变，因此给面上推广带来了一定的阻碍。

#### 8.1.5.3 生态产品价值实现高度依赖政策推动，自主性差

“以点带面、试点先行”的思路使得各个地区示范试点建立对政策推动的依赖程度较高，自主经营意识较差。例如，2015 年年底，环境保护部对江苏、浙江、湖南、湖北等 11 个排污权有偿使用和交易试点进行的调查结果表明，各试点仍然存在排污权交易不活跃、部分企业参与积极性不足等问题，现行生态产品市场交易体系难以发挥发现价格、降低交易费用、提高交易效率的作用，大多是以履约为目的撮合交易，并非完全意义上的市场化交易，使得市场配置资源的决定性作用“失灵”。在没有政策推动的情况下，如何借鉴示范试点的经验，向其他地区推广铺开，也是当前面临的重要问题。

### 8.1.6 企业与社会公众的环境责任认知和生态付费意识尚需强化

要想顺利实现生态产品价值，一方面要提升生态产品的供给能力，另一方面则要培育壮大生态产品消费市场。广大企业和社会公众是生态产品最主要的消费群体，在当前，许多企业环境责任认知不足，公众生态付费意识不到位，使得生态产品消费市场培育面临较大的困境，不利于生态产品价值实现的市场化运行。

#### 8.1.6.1 企业环境责任意识不强

中国制造业经历了几十年的粗放型、高污染增长，已经到了必须要进行升

级转型的阶段。而作为企业，如果不能积极促进提质增效，肩负起环境保护的责任和义务，仍然沿用之前的增长模式，是注定无法持续的。保护环境与发展生产力，并非水火不相容，践行绿色发展的模式，受益的不仅是环境，也包括企业自身。然而就目前而言，我国部分企业严重缺乏环境责任意识，使得许多创新型生态产品难以进行大面积推广。

#### 8.1.6.2 社会公众生态付费意识不足

大部分的生态产品都具有公共物品的特征，具有显著的正外部性，也就难以避免“搭便车”的现象发生。同时，物质类和服务类生态产品也体现着优良生态环境的溢价，但却并不为人所知。当前中国社会公众的生态环境认知程度较低，相较于西方发达国家而言，生态付费意识远远不够，从而极大地限制了生态产品市场的进一步发展。

## 8.2 生态产品价值实现的长效保障机制构建

面对当前我国生态产品价值实现的现实约束，应当通过建立健全生态产品价值实现相关法律法规和政策体系、建立健全生态修复与环境治理机制、建立健全生态产品经营开发高效转化机制、建立健全生态产品价值实现利益协调机制、生态产品价值实现先进经验推广机制、生态产品与生态文明理念宣传机制等一系列长效保障机制，来推动生态产品供给侧结构性改革、促进生态产品市场供需匹配，实现更高水平的价值转化，最终推动“绿水青山”与“金山银山”的和谐统一发展。

### 8.2.1 建立健全生态产品价值实现相关法律法规和政策体系

在《宪法》和《环境保护法》统领性规范的指引下，中国生态环境保护领域已经形成了“国家法律—专门行政法规（相关行政法规）—部门规章—地方性法规”的法律法规体系。但随着生态产品价值实现的试点示范不断深入，各地往往面临试点措施与基础制度不适应的“瓶颈”。因此，必须要建立健全生态产品价值实现相关法律法规体系，为探索创新不同的生态产品价值实现模式提供坚实的法律与制度保障。

#### 8.2.1.1 在法律法规及中央政策文件中明确生态产品的定义、价值内涵及范围目录

面对当前生态产品定义模糊、价值内涵争议较大、价值核算方法不统一、价值实现路径不清晰等情况，必须要从顶层设计层面加以明确，分级分类制定生态产品目录范围，为各地构建生态产品价值实现机制提供法律依据和政策依据，改变目前生态产品内涵与外延范围过大、实现机制构建模糊等情形。

#### 8.2.1.2 要考虑生态产品价值实现相关机制与其他现行法律政策之间的衔接

生态产品价值实现并不是简单的各类生态产品的叠加，而是对现有分散的、多样化的生态产品进行融合，也是生态环境保护领域和经济发展领域的高度交叉和重叠，这就必然会导致不同领域的现有法律法规规范的冲突，也必然带来相应的调整。应当根据生态产品价值实现试点实践，总结一般性问题，适时进行调整和优化，及时处理这些具体法律与政策之间的矛盾冲突，使得生态产品价值实现的法律和政策框架在自成体系的同时，与其他法律法规形成良好的互

动和配合，共同服务生态产品价值实现机制的构建。

#### 8.2.1.3 加强生态产品价值实现相关的各管理部门的沟通协调，促进生态产品价值实现各项政策的协调统一和规范

生态产品价值实现不同于以往以部门为主体的管理机制，由于其包含了生态经济社会发展的方方面面，不可避免地涉及多部门沟通协调，因此，必须要破解政出多门、职能交叉、职责分割、权责脱节、效能不高的制约，加强部门减的统一规划、统一调度、统一协调，加强不同部门之间出台政策的协调性与间接性，避免继续出现政出多门、责任不明、推诿扯皮、相互矛盾等现象，实现生态产品价值实现机制“九龙治水”到“一龙治水”的转变。

#### 8.2.1.4 细化法律法规及政策相关内容，增强可执行性、可操作性

在生态产品价值实现机制构建过程中，针对一些法律规定比较笼统、需要制定的配套法规和规章过多等问题，要科学严密设计法律规范，能具体就尽量具体，能明确就尽量明确，增加解释条款和实施细则，努力使制定和修改的法律法规、政策体系立得住、行得通、切实管用，具有可操作性。

### 8.2.2 建立健全生态修复与环境治理机制，推进治理能力现代化

生态产品的整体供给能力提升是一个整体性、全局性的问题。要想推动生态产品有效供给，必须树立山水林田湖草沙生命共同体理念，完善生态修复与环境治理机制，推进治理能力现代化。

#### 8.2.2.1 要推进生态修复与治理机制

生态修复是指协助退化、受损生态系统恢复的过程，是指遵循生态系统演

替规律和内在机理，基于自然地理格局，适应气候变化趋势，对生态功能退化、生态系统受损、空间格局失衡、自然资源开发利用不合理的生态空间，统筹和科学开展保护修复的活动。生态修复是提升生态系统质量和稳定性、提供优良生态产品的重要途径，也是建设生态文明、建设人与自然和谐共生的现代化的重要支撑。生态保护修复与生态产品价值实现具有接续和相互促进的关系，生态保护修复往往是生态产品价值实现的前提与基础。生态保护修复主要是为避免、减轻或抵消人类活动对生态环境造成的负外部性；生态产品价值实现的目的是显现生态产品的正外部性特征，两者的发力点和规制方向不同。生态保护修复是“由负到 0”或“由 0 到 1”的过程，有了正向供给，生态产品价值才有可能通过权益交易、价值外溢等形式实现。而生态产品价值实现是进行产品和资源要素市场化配置的有效机制，能够带动解决生态保护修复资金不足、效率不高等问题。生态保护修复提供优质生态产品促进价值实现的过程，就是“绿水青山”资源资产化后变成“金山银山”的过程；生态产品价值实现机制发展促进社会资金向生态保护修复聚集的过程，就是“金山银山”资产资本化后增值“绿水青山”的过程。

#### 8.2.2.2 要推进环境治理能力提升

生态环境领域治理体系和治理能力现代化，是国家治理体系和治理能力现代化的重要组成部分。推进环境治理体系和治理能力现代化是保障生态产品有效供给的基础。大力推进环境基础设施建设，着力提升固体废物、污水、污染物处置能力，强化资金争取，有效弥补项目资金缺口。构建生态环境技术服务体系，加强生态环境保护队伍的规范化、标准化和专业化建设。推进环保督察制度常态化、长效化建设，倒逼各地加大环境治理力度。

#### 8.2.2.3 要规范生态产品价值核算，摸清生态产品价值本底

生态产品的价值核算脱胎于生态系统服务的核算。然而，由于生态系统服务具有整体性、系统性、复杂性的特点，其功能和分类不一而同，价值核算标准、方法、结果也难以统一。只有建立权威、简便的生态产品价值核算方法，摸清生态产品价值本底，并将其与当今经济社会通行的价值测算标准体系进行转化与挂钩，才能真正实现生态价值与经济社会价值的统一，实现其当期使用价值和长期存在价值的统一。因此，规范生态产品价值核算体系，就是明晰“绿水青山”向“金山银山”转化的内在逻辑，是生态系统服务多种功能和价值的权衡与协调，科学合理的价值评估体系本质上是要构建生态产品各项服务和功能的参照体系，体现生态产品的溢价，以此来推动全社会转变思想观念和经济增长方式，推动形成绿色发展新格局。

#### 8.2.2.4 增强生态产品动态一体化监测

目前，我国已经建立了大气、水、土壤等全方位的生态环境监测体系，但对于生态产品价值实现而言，其监测数据仍然难以应用。因此，必须要利用现代化数字化服务平台，探索构建“空、天、地”一体化的生态产品空间信息数据资源库，细化涉水、涉气、污染源排放等生态治理数字化协同监管。通过引入物联网、卫星遥感、低空航测以及自动监测等技术，提高对水、气、土等环境要素中各种污染物的全面实时感知能力，为生态产品价值实现机制的构建奠定坚实的环境监测数据基础。

### 8.2.3 建立健全生态产品经营开发高效转化机制

生态产品不同于一般商品的核心本质是良好的生态环境要素溢价，因此，挖掘生态环境要素潜力，提高生态产品生态价值到经济价值的转化效率，是生态产品价值实现的关键所在。

一是探索将良好的生态环境以直观、量化的指标体系进行表征，特别是要体现人类劳动增值部分，使生态产品在自然价值之外更多地体现出人类保护自然、改造自然的劳动成果，进而提升产品溢价。

二是加大生态产品科技创新力度，以科技为引领、产业为支撑，以“大健康、大环保”的系统性观点推广生态产品的环境要素溢价价值，提高生态产品的附加值，进而提升生态产品的市场认可度，拓展生态产品消费市场。

三是在中国特色社会主义市场经济下，处理好政府与市场角色分工关系，构建政府主导、市场多元化参与的长效平衡机制，是生态产品价值实现的重要推力。政府要加强宏观指导，对区域整体保护与发展进行远期规划，引入专业领域的市场主体来进行生态产品的开发、经营、交易、信贷活动，减少具体事务的干涉。政府要持续推进交通、物流、网络、环境治理等基础建设与管理，而市场化主体则着重拓展生态产品新业态、新模式，提升产品质量与服务体验。政府要加强对市场主体的监管，坚持生态承载力范围内的适度开发。政府依法共享生态产品价值实现经济增值收益，收取环境管理费用、参与分红，并将该部分收益优先用于生态保护，进而实现保护与发展的权责统一。

### 8.2.4 建立健全生态产品价值实现利益协调机制

生态产品价值实现涉及多方利益主体，可以说，如果没有当地社区民众的支持与配合，生态产品价值实现便举步维艰，难以形成良性发展。社会参与是生态产品价值实现的重要保障，通过社会参与机制的合理设计，建立健全生态产品价值实现利益协调机制。推动全民共建共享生态产品价值实现成果。

一是加强跨区域间生态产品价值实现深度合作，强化利益联结。在生态资源丰富地区优良的生态环境与土地要素基础上，加强各区域间劳动力、技术、资本等生产要素的跨区域流动与共享，从市场资源优化配置的角度推动各区域优势互补，从而建立区域间生态产品价值实现联动机制，促进生态保护成效共建共享，生态产品价值共同收益。

二是重视生态产品价值实现在乡村地区的利益分配与协调。目前，相对于政府和企业来说，乡村农户的利益往往被各方忽略，其切身权益往往得不到合理的保障。要想促进生态产品价值实现，就必须对乡村农户进行新的定位，必须对其合理权益加以保障，将其纳入生态产品价值实现机制构建与管理的决策、管理、利益分配体系中来。如因生态产品开发确有需要征收农民集体所有土地时，应当依法做好补偿安置工作。对于不改变土地的所有权关系，但生态产品经营开发受到限制的，应当给予一定补偿，将生态保护与农民意愿有机地结合起来，并通过货币补偿、提供短期或长期就业机会、参与当地生态产品经营开发项目、保护管理项目和特许经营项目、提供免费技术培训等方式，促进乡村社区生态产品价值实现利益共享。

三是建立生态产品价值实现利益诉求反馈机制。生态产品价值实现着眼于自然资源的长期可持续利用以及社会经济的可持续发展。然而，在当前社会经济难以得到发展的情况下，一味地顾及未来的发展，则违背了可持续发展的内涵。必须要注重各方利益诉求的反馈机制建设，加强与当地政府及政府职能部门的沟通与交流，并在条件许可的情况下，引导相关利益群体树立“保护与发展”理应相互和谐的理念。

### 8.2.5 建立健全生态产品价值实现先进经验推广机制

综合各地实践来看，生态产品价值实现试点取得了突出成效，但仍然属于分散的、个别的经验总结，为此，必须建立健全生态产品价值实现先进经验推广机制。中国地大物博，各地实际情况差异巨大，应当因地制宜，创新探索分级分类生态产品价值实现模式的推广机制，鼓励模式多样性与一般性规律的总结。

一是结合当地特色自然地理条件和历史文化底蕴，在生态产品设计、业态发展、市场宣传营销方面注重“生态名片”的打造，形成生态产品的核心竞争力，及时更新生态产品的品类、模式，进一步提升生态产品重复消费率，不断扩展生态产品的内在价值。深挖生态和区位潜力，打好生态牌、共享牌，塑造以生态环境为核心的整体形象，避免将生态保护修复与生态产品价值实现完全等同起来。

二是提炼不同类型、不同级别生态产品开发的一般规律，分级分类系统提炼其价值转化的内在机理，避免简单照搬其他地区经验。应综合考虑当地自然地理条件和市场区位，避免重复性、同质化竞争，避免单纯依靠扩大“绿水青山”投入规模来换取“金山银山”效益，避免经济社会发展超过生态环境承载力。

三是应当因地制宜，结合本地区实际，合理选择不同的生态产品价值实现模式。对于生境环境简单、生态系统脆弱、经济实力不足的地区，或生态产品价值实现机制构建初期，应当聚焦于某种转化模式进行深度挖掘。对于某项资源具有突出特点、主导模式可以有效带动其他模式深度融合的地区，应当选择合适的生态产品价值转化主导模式，以某种转化模式为主，带动其他模式发展。对于自然资源禀赋优良、社会经济发展条件较好、市场区位优越的地区，可以选择生态产品价值实现多种模式齐头并进的发展模式，各类模式能够相辅相成，互为补充，共同促进生态产品价值转化效率提升。

### 8.2.6 建立健全生态产品及生态文明理念宣传机制

党的十八大在关于大力推进生态文明建设的阐述中明确提出："要加强生态文明宣传教育，全面提高全民生态意识、节约意识，形成合理消费的社会风尚，营造爱护生态环境的良好社会风气。"生态产品价值能否顺利实现，离不开社会全体生态认知和生态意识的提高，只有大力弘扬生态文明理念，宣传推广生态产品价值内涵，才能进一步扩大生态产品消费市场，促进生态产品供需匹配，进而推动形成全民广泛参与的绿色生产生活方式。

一是基于新时代中国特色社会主义科学内涵，结合党和国家最新的指示精神、方针和政策等，创新生态产品及生态文明宣传内容。明确新时期新形势下生态产品及生态文明宣传教育的主题主线要求，更加注重生态产品相关宣传内容的知识含量和文化内涵，更加强化价值导向，突出做好重大部署、重大主题、重大典型的宣传报道，广泛动员全民参与生态保护，以人民群众喜闻乐见的方式引导全社会关心生态产品、消费生态产品、促进生态产品价值实现。

二是不断拓展丰富宣传形式，结合新媒体宣传渠道，加强试点示范总结。在以往的线下宣传栏、宣传活动等基础上，进一步拓宽宣教渠道，特别是建立健全全国各级宣教网络体系，在微博热搜、抖音热榜、百度热点等公众普遍关注的舆论渠道上加大宣传力度，同时利用电商直播等新兴的方式，扩大生态产品覆盖面，扩宽潜在的宣教群体。

三是在传统的生态产品开发、经营、销售渠道和场所中，通过设立宣传教育基地、产品体验区等形式，引导社会公众现场感受优质生态产品的内在价值，提高公众对生态产品的直接认知，推动形成绿色消费理念。

# 9

# 构建生态产品价值实现机制的未来展望

The future prospect of constructing the value realization mechanism of ecological products

## 9.1 进一步加强生态产品价值实现机制顶层设计

近年来，我国生态产品价值实现机制取得了积极进展，地方试点陆续启动，机制改革逐渐深化，政策体系不断完善。但同时也应看到，生态产品价值实现机制涉及国土空间规划、自然资源开发、生态环境保护、经济高质量发展、乡村振兴、社会共建共享等方面，是一项理论性强，政策性强，操作性强的系统工程。未来，应当通过完善顶层设计体制机制，充分发挥政府的主导作用，加快建立健全相关的法律法规体系和制度基础，直面问题与挑战，推动新时代中国生态经济社会向前发展，实现生态文明新进步。

## 9.2 尽快研究出台生态产品目录

生态产品是基于山水林田湖草沙等各个自然生态系统产出的生态系统服务，通过凝结人类劳动而形成，其产品构成、表现形式、服务对象、核心价值等多种多样，涵盖了经济社会发展需要的各个要素。建立生态产品目录清单，界定生态产品价值实现范围，实际上就是要基于山水林田湖草沙生命共同体理念，针对生态产品的性质、功能、公共性程度等进行分类，从制度层面统筹推进山水林田湖草沙一体化保护与利用，实现保护与发展的协调统一。因此，未来应当尽快出台生态产品目录范围，进而根据其类型特征分类施策，选取不同的价值实现模式和路径，确定对应的政策管制范围和政府责任，制定差异化的核算、定价、交易和利益分配规则。

## 9.3 以生态产品多维价值转化推动经济高质量发展

生态产品具有生态的、经济的、社会的等多维度的价值，随着生态产品供给和价值实现形成的新产业、新业态、新模式不断涌现，在未来，生态产品价值实现机制必将成为引领经济高质量发展的必由之路。要让生态环境与劳动力、土地、资本、技术等要素一样，成为现代经济体系构建的核心生产要素，让生态产品成为老百姓美好生活品质的重要组成，使生态产品进入生产、分配、交换、消费等社会生产全过程，逐步将生态产业培育成为“第四产业”。未来，生态产品价值实现机制必将成为推动经济高质量发展的新动能和新增长点，对促进生态与经济良性循环，实现生态资源的保值增值，构建经济高质量发展新格局具有重要意义。

## 9.4 以生态产品价值核算结果考核推动树立正确的民生政绩观

在过去相当长时间内，GDP 是地方政府经济治理行为的指挥棒，“唯 GDP 崇拜”客观上成为地方党政领导干部的行为基准。在这样的政绩观下，大多数地区简单地以数量增长替代经济发展，以发展速度替代结构优化，搞地区生产总值及增长率排名，忽视生态环境保护，过度消耗资源，出现以高投入、高排放、高污染换取经济增长速度，最终走上两个极端，即片面追求 GDP 发展和无视民众幸福感。而随着生态产品价值核算结果“进监测、进规划、进考核、进决策”，生态产品价值实现机制必将破除唯 GDP 论的错误政绩观，将生态效益的评估指标应用到社会、经济发展和考核的各个方面及全过程，从而真正让发展成果更多、更公平地惠及全体人民，提升全社会的幸福感。

# 结束语

生态环境没有替代品，用之不觉，失之难存。

我国即将开启全面建设社会主义现代化国家的新征程。进入新的发展阶段，必须坚定不移地以“绿水青山就是金山银山”科学理念为指导，坚持保护生态环境就是保护生产力、改善生态环境就是发展生产力，以体制机制改革创新为核心，推进生态产业化和产业生态化，加快完善政府主导、企业和社会各界参与、市场化运作、可持续的生态产品价值实现路径，着力构建绿水青山转化为金山银山的政策制度体系，推动形成具有中国特色的生态文明建设新模式。基于不同形态的生态产品，构建相应的价值实现机制，提高生态产品的生态附加值，同时，建立并完善全方位的长效保障机制，提升生态产品供给能力，助推生态文明建设、美丽中国建设、乡村振兴，全民共享生态福祉，巩固全面建成小康社会的胜利果实。

当今世界正经历百年未有之大变局。生态环境事关人类生存和永续发展，我们应当坚定不移地秉持人类命运共同体理念，以一个负责任的大国的作为和担当，积极主动探索符合当前世界潮流的生态产品价值实现机制，为世界各国生态环境保护事业与生态经济的协调发展提供中国智慧和中国方案。

生态环境科技蓝皮书2021

中国环境科学研究院

国家长江生态环境保护修复联合研究中心

# 长江经济带城市绿色发展报告（2021）

# Report on Green Development of Cities in the Yangtze River Economic Belt（2021）

李林子　李小敏　田　健　赵玉婷　等◎著

中国环境出版集团·北京

**图书在版编目（CIP）数据**

长江经济带城市绿色发展报告 . 2021 / 李林子等著 . —北京：中国环境出版集团，2021.12

（生态环境科技蓝皮书 . 2021）

ISBN 978-7-5111-4957-2

Ⅰ. ①长… Ⅱ. ①李… Ⅲ. ①长江经济带—生态城市—环境规划—研究报告—中国—2021 Ⅳ. ① X321.25

中国版本图书馆 CIP 数据核字（2021）第 221711 号

审图号：GS 京（2022）0211 号

**出 版 人** 武德凯
**责任编辑** 田 怡
**责任校对** 任 丽
**封面设计** 光大印艺

---

**出版发行** 中国环境出版集团
（100062 北京市东城区广渠门内大街 16 号）
网 址：http：//www.cesp.com.cn.
电子邮箱：bjgl@cesp.com.cn.
联系电话：010-67112765（编辑管理部）
发行热线：010-67125803，010-67113405（传真）
**印 刷** 玖龙（天津）印刷有限公司
**经 销** 各地新华书店
**版 次** 2021 年 12 月第 1 版
**印 次** 2021 年 12 月第 1 次印刷
**开 本** 787 × 1092 1/16
**印 张** 11.75
**字 数** 210 千字
**定 价** 1280.00 元（全八册）

---

# 丛书编写委员会

## 国家长江生态环境保护修复联合研究中心

为贯彻落实习近平总书记关于推动长江经济带发展系列重要讲话精神，生态环境部党组于2018年4月决定组建国家长江生态环境保护修复联合研究中心。中心成立含23位院士在内的顾问委员会和学术委员会，采用“1+X”模式，依托中国环境科学研究院，联合269家共建单位，组织5 000余名科研人员，坚持科学研究与管理决策紧密结合、与治理工程方案协同推进，开展联合攻关。“把脉问诊”制约长江生态环境保护修复的难点问题和关键环节，形成一套清单、一套技术体系、一套解决方案和一个智慧决策平台，全力支撑“三磷”综合整治、劣V类水体整治、黑臭水体治理和饮用水源保护等长江保护修复专项行动。创新科研组织实施机制，向长江沿线城市派驻58个专家团队深入一线，送科技、解难题，开出358项“药方”，助力打好长江保护修复攻坚战。

# 前言

习近平总书记指出，绿色发展是生态文明建设的必然要求。党的十八大以来，我们党鲜明地提出了“创新、协调、绿色、开放、共享”的新发展理念。党的十九届五中全会把“坚持新发展理念”列为“十四五”时期我国经济社会发展必须遵循的原则，强调“推动绿色发展，促进人与自然和谐共生”。绿色发展作为重要的新发展理念，是对传统发展观的根本性变革，不仅是中国经济社会发展可持续的必然选择，也是国际社会的可持续发展共识。“发展”是解决我国一切问题的基础和关键，“绿色”是永续发展的必要条件和人民对美好生活追求的重要体现；绿色发展的“绿色”和“发展”不是割裂的，而是统一的，强调把生态环境保护与经济社会发展作为有机统一的整体统筹考虑，不仅是生态环境的改善，更是经济社会的改善与提质；进入新发展阶段，绿色发展对于实现更高质量、更有效率、更加公平、更可持续、更为安全的发展具有重大的战略意义。

实施长江经济带发展战略是以习近平同志为核心的党中央作出的重大决策部署，“生态优先、绿色发展”“共抓大保护、不搞大开发”是长江经济带发展战略的重要原则和基调。习近平总书记多次在长江经济带发展座谈会上强调，要使长江经济带成为引领我国经济高质量发展的生力军、生态优先绿色发展主战场。2021 年 3 月，推进长江经济带绿色发展的专门法和特别法《中华人民共和国长江保护法》开始施行。绿色发展是“十四五”时期乃至更长时期内的主题，长江经济带将担当全国绿色发展的主战场，开启高质量发展新征程。

绿色发展作为一种寻求自然系统、经济系统和社会系统共生共荣的可持续发展方式，有助于推动长江经济带实现更高质量、更有效率、更加公平、更可持续、更为安全的发展，对于实施长江经济带发展战略具有重大的意义。当前，长江经济带部分地区经济结构仍以高能耗、高排放行业为主导，对资源型传统产业路径依赖性强，绿色发展寻求产业结构优化升级，科技创新和绿色投资驱动以及绿色政策带来的新增长机遇，推动实现更高质量的发展；部分地区资源环境耗损偏大，资源环境效率偏低，绿色发展寻求清洁、高效、低碳、循环生产生活方式的转型，推动实现更有效率的发展；区域发展不均衡，城乡二元化问题突出，绿色发展寻求发展成果的普惠共享，推动实现更加公平的发展；部分地区自然生态资源可持续供给能力不足，局部存在退化的可能，绿色发展寻求自然资源资产的保值增值，推动实现更可持续的发展；对于可能存在的各类环境安全风险，绿色发展寻求包括环境安全在内的绿色福祉提升，推动实现更为安全的发展。

长江经济带横跨我国地理三大阶梯、东中西三大区域，覆盖上海、江苏、浙江、安徽、江西、湖北、湖南、重庆、四川、云南、贵州 11 个省（直辖市）130 个城市（自治州、林区），区域间自然资源禀赋、经济发展水平、产业结构层次和社会发展阶段等方面存在比较大的差异，在长江经济带绿色发展中承担的生态保障功能和发挥的经济社会作用不同，故而相应的绿色发展策略和路径选择也不相同。传统的绿色发展评价指标体系的权重设置对拥有不同自然条件、处于不同发展阶段、承担不同功能的省市都是相对固定的，也就是说绿色发展各个维度的相对重要性或优先级不会随国土空间或发展阶段的改变而发生变化。然而，对于长江经济带而言，如果采用同一把“尺子”去测量拥有不同禀赋条件、处于不同发展阶段和需要发挥不同功能及作用的城市（自治州、林区），那么这种评价结果不仅有失公允，而且难以真正反映各自需要优先或重点解决的问题；同样，在探索绿色发展的路径中，如果不同类型的城市（自治州、林区）套用同一个模式，那么也难以发挥最大的效用。

正是基于这样的认识，本报告首先依据国土空间分区分类管理的思想，判断长江经济带130个城市（自治州、林区）的类型。其次，为不同类型的城市（自治州、林区）构建框架一致、权重不同、指标灵活的绿色发展差异化指标体系，“框架一致”可以确保在新发展阶段下绿色发展的理念一致，“权重不同、指标灵活”则可以反映不同类型城市（自治州、林区）绿色发展需要优先解决或重点关注的问题，以及不同类型城市（自治州、林区）的特色与差异，实现从一把“尺子”的“千城一面”到多把“尺子”的“因地制宜”。再次，使用不同的“尺子”测度各类城市（自治州、林区）的绿色发展进程，实现同类型城市（自治州、林区）之间相比较的绿色发展分类评价，使评价结果更加公平合理，同时有利于各城市（自治州、林区）在绿色发展关键问题上找到存在的差距和需要重点提升的方向。最后，全面建成小康社会需要打造更加高效绿色的发展模式，从而有力促进资源节约型、环境友好型社会建设，推动经济社会高质量发展，本报告开展绿色发展评价的目的并非是考核各个城市（自治州、林区）的绿色发展水平，而是在各类城市（自治州、林区）中找到绿色发展的模范，使各个类型的城市（自治州、林区）在绿色发展实践中都有先进可学习、有模式可借鉴。因此，本报告并未呈现所有城市（自治州、林区）的绿色发展综合指数得分排名，而是将各类城市（自治州、林区）中得分靠前的组成第一梯队，仅代表其在同类型城市（自治州、林区）绿色发展综合进程中相对领先。在第一梯队各类城市（自治州、林区）中选取典型城市（自治州）提炼绿色发展模式，初步总结形成了6个城市（自治州）的绿色发展模式，可为第二、第三梯队中相同类型的城市（自治州）选择绿色发展策略和路径提供参考。今后在长江经济带城市绿色发展系列报告中，将根据评价结果和实践经验总结情况，进一步扩充绿色发展模式，为不同类型的城市（自治州、林区）提供更加丰富的绿色发展示范样板。

本报告在撰写过程中得到了多位专家的悉心指导和大力支持，谨此向他们表示最诚挚的感谢！致谢专家名单如下（按姓氏笔画排序）：王成金、王传胜、包存宽、成长春、朱俊、刘鹤、李巍、李王锋、汪自书、金凤君、周元春、俞海、黄征学。

# 目录

# 摘　要


实施长江经济带发展战略是以习近平同志为核心的党中央作出的重大决策部署，绿色发展是长江经济带发展战略的重要原则和基调，是“十四五”时期乃至更长时期长江经济带担当全国绿色发展主战场、开启高质量发展新征程的重要体现和基本遵循。本报告以服务长江经济带高质量发展为导向，以绿色发展指标体系为主要手段，通过测度绿色发展进程、识别绿色发展短板、建立绿色发展模式，为长江经济带绿色发展策略和路径选择提供决策支撑。

1. 新发展阶段绿色发展的内涵

立足新发展阶段，绿色发展作为重要的新发展理念，以实现“人与自然和谐共生”为目标，寻求自然系统、经济系统和社会系统共生共荣的可持续发展方式。绿色发展不仅具有系统共生性，即三大系统的整体和协调发展，而且具有目标多元性，即自然系统寻求自然资源资产的保值增值，以能够持续地为人类福祉提供不可或缺的资源和环境服务；经济系统寻求清洁、高效、低碳、循环生产生活方式的转型，并最终实现经济增长与资源环境耗损之间相对或绝对脱钩的“绿色增长”；社会系统寻求促进人类福祉改善的“绿色福祉”提升，以及促进绿色发展成果普惠的“绿色公平”实现。因而，绿色发展可以有力支撑实现更高质量、更有效率、更加公平、更可持续、更为安全的发展。

绿色发展的概念模型表征了自然系统、经济系统和社会系统三大系统的运行机制以及系统之间逻辑关系，见图 1。

2. 长江经济带绿色发展基础和功能的差异

长江经济带是我国综合实力最强、战略支撑作用最大的区域，也是我国生态优先绿色发展主战场、引领我国经济高质量发展生力军，绿色发展

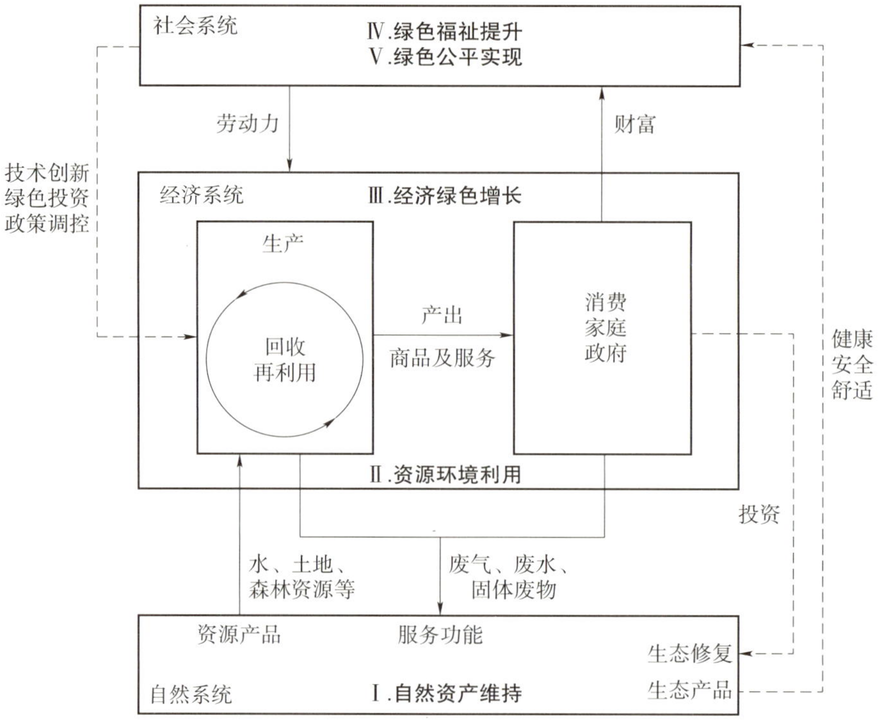


图 1　绿色发展概念模型

是长江经济带发展战略的重要原则和基本遵循。长江经济带横跨我国地理三大阶梯、东中西三大区域，覆盖 11 个省（直辖市）130 个城市（自治州、林区），不同地区在绿色发展基础和功能方面存在比较大的差异。一方面，不同地区在自然资源禀赋、经济发展水平、产业结构层次和社会发展阶段等基础条件方面差距明显，例如，中游、上游地区人均地区生产总值仅分别为下游地区的 60% 和 49%；另一方面，不同地区在长江经济带绿色发展中承担的生态保障功能和发挥的经济社会作用不同，例如，保障国家和流域生态安全的重点地区多在上游，支撑和带动全国经济社会发展的重点地区多在中下游。因此，不同地区绿色发展面对的问题、相应的策略和选择的路径也不尽相同。充分认识到不同地区在绿色发展基础和功能方面存在的差异性，是因地制宜引导长江经济带绿色发展的前提。

借鉴国土空间分区分类管理的思想对长江经济带国土空间进行分类，以体现不同地区存在的差异性。基于国家和地区主体功能区划，按照“服从国家战略定位、服从流域整体分工、服从绝对主导功能”的原则，将长江经济带 130 个城市（自治州、林区）分为四类，见图 2。

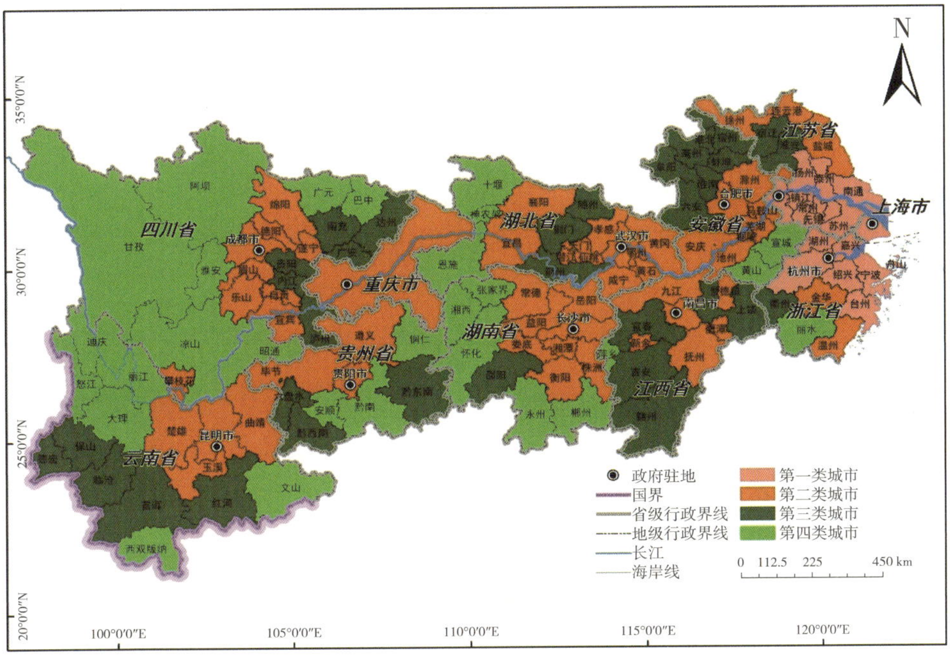


图 2　长江经济带城市（自治州、林区）类型

第一类城市：主要是国家主体功能区规划中所明确的长三角城市群中心、核心或节点城市，也是我国经济发展最活跃、开放程度最高、创新能力最强的城市。

第二类城市（自治州）：主要是东陇海地区、江淮地区、武汉城市圈、环长株潭城市群、鄱阳湖生态经济区、成渝城市群、黔中城市群、滇中城市群的中心、核心或辐射城市，是全国主体功能区规划中所明确的国家层面的重点开发区域、支撑中国经济增长的重要增长极。

第三类城市（自治州）：主要位于国家或区域层面划定的农产品主产区集中分布的地区，包括江淮地区、金衢盆地、江汉平原、四川盆地等。

第四类城市（自治州、林区）：主要位于藏东南高原边缘森林生态功能区、川滇森林及生物多样性功能区、桂黔滇喀斯特石漠化防治生态功能区、秦巴山区生物多样性生态功能区、三峡库区水土保持功能区、武陵山区生物多样性与水土保持生态功能区、南岭山地森林及生物多样性生态功能区等国家层面，以及皖南山区、浙西南山区等区域层面的重点生态功能区，是保障国家生态安全的重要地区。

3. 长江经济带城市绿色发展差异化指标体系

在我国应用最广泛的绿色发展综合指数型指标体系方法的基础上，汲取了国际主流“仪表盘”型指标体系方法的适用性和灵活性特点，针对长江经济带不同类型的城市打造差异化的评价标尺，构建框架一致、权重不同、指标灵活的绿色发展指标体系：“框架一致”就是绿色发展的体系框架一致，即实现绿色发展的目标和要素构成相同；“权重不同”就是对于不同类型的城市，绿色发展需要优先解决或重点关注的问题不同，因而各目标各要素的相对权重也不同；“指标灵活”就是在各要素下根据城市类型的特色或重点，兼顾数据的可得性，可以灵活地选择具体评价指标。

差异化权重：采用基于群决策的层次分析法，得到长江经济带各类城市绿色发展指标体系权重的分配结果，见表 1。

表 1　长江经济带各类城市绿色发展指标体系权重分布

| 目标层 | 目标权重 /% | | | | 要素层 | 要素权重 /% | | | |
|---|---|---|---|---|---|---|---|---|---|
| | 第一类城市 | 第二类城市 | 第三类城市 | 第四类城市 | | 第一类城市 | 第二类城市 | 第三类城市 | 第四类城市 |
| 自然资产维持 | 7.0 | 6.5 | 29.5 | 57.3 | 自然资源存量 | 1.5 | 3.2 | 22.5 | 46.2 |
| | | | | | 自然资源增量 | 5.5 | 3.2 | 7.0 | 11.1 |
| 资源环境利用 | 18.1 | 32.9 | 23.5 | 8.5 | 资源合理配置 | 8.5 | 6.3 | 8.3 | 4.0 |
| | | | | | 资源高效利用 | 2.4 | 10.3 | 7.0 | 1.5 |
| | | | | | 资源循环利用 | 3.0 | 5.0 | 3.5 | 1.0 |
| | | | | | 污染有效控制 | 4.2 | 11.3 | 4.7 | 2.0 |
| 经济绿色增长 | 38.7 | 40.9 | 22.2 | 7.3 | 经济增长速度 | 2.3 | 12.1 | 4.4 | 0.5 |
| | | | | | 经济增长结构 | 14.5 | 13.1 | 7.2 | 2.2 |
| | | | | | 经济增长驱动 | 13.6 | 11.0 | 6.2 | 1.3 |
| | | | | | 经济矫正政策 | 8.3 | 4.7 | 4.4 | 3.3 |

| 目标层 | 目标权重 /% | | | | 要素层 | 要素权重 /% | | | |
|---|---|---|---|---|---|---|---|---|---|
| | 第一类城市 | 第二类城市 | 第三类城市 | 第四类城市 | | 第一类城市 | 第二类城市 | 第三类城市 | 第四类城市 |
| 绿色福祉提升 | 21.5 | 12.4 | 11.3 | 15.9 | 环境健康 | 8.5 | 4.8 | 5.0 | 6.5 |
| | | | | | 环境安全 | 9.1 | 5.6 | 4.0 | 7.4 |
| | | | | | 环境舒适 | 3.9 | 2.0 | 2.3 | 2.0 |
| 绿色公平实现 | 14.7 | 7.3 | 13.5 | 11.0 | 收入分配公平 | 6.3 | 4.5 | 9.3 | 7.5 |
| | | | | | 资源环境服务获得公平 | 8.4 | 2.9 | 4.2 | 3.5 |

注：要素层下具体指标的权重对其所属要素进行平均权重处理得到。

差异化指标：在绿色发展指标体系框架的要素层下，根据各类城市的特色和重点，兼顾数据的可获性和权威性，确定具体评价指标，见表2。

表2 长江经济带各类城市绿色发展指标

| 要素 | 第一类城市 | 第二类城市 | 第三类城市 | 第四类城市 |
|---|---|---|---|---|
| 自然资源存量 | 1. 优先保护区面积占比 | 1. 优先保护区面积占比 | 1. 优先保护区面积占比<br>2. 耕地面积占比 | 1. 优先保护区面积占比<br>2. 陆地植被固碳量<br>3. 森林覆盖率 |
| 自然资源增量 | 2. 水土流失面积减少 | 2. 水土流失面积减少 | 3. 水土流失面积减少 | 4. 水土流失面积减少<br>5. 当年人工造林面积 |
| 资源合理配置 | 3. 煤炭消费占比<br>4. 水资源开发利用率<br>5. 土地开发利用率 | 3. 煤炭消费占比<br>4. 水资源开发利用率<br>5. 土地开发利用率 | 4. 煤炭消费占比<br>5. 水资源开发利用率<br>6. 土地开发利用率 | 6. 煤炭消费占比<br>7. 水资源开发利用率<br>8. 土地开发利用率 |

| 要素 | 第一类城市 | 第二类城市 | 第三类城市 | 第四类城市 |
| --- | --- | --- | --- | --- |
| 资源高效利用 | 6. 碳生产率<br>7. 水资源生产率<br>8. 土地资源生产率 | 6. 碳生产率<br>7. 水资源生产率<br>8. 土地资源生产率 | 7. 碳生产率<br>8. 水资源生产率<br>9. 单位耕地面积农业总产值 | 9. 碳生产率<br>10. 水资源生产率<br>11. 土地资源生产率 |
| 资源循环利用 | 9. 一般工业固体废物综合利用率 | 9. 一般工业固体废物综合利用率 | 10. 农作物秸秆综合利用率 | 12. 一般工业固体废物综合利用率 |
| 污染有效控制 | 10. 单位工业增加值大气污染物排放<br>11. 单位耕地面积化肥施用量<br>12. 污水处理率 | 10. 单位工业增加值大气污染物排放<br>11. 单位耕地面积化肥施用量<br>12. 污水处理率 | 11. 单位工业增加值大气污染物排放<br>12. 单位耕地面积化肥施用量<br>13. 污水处理率 | 13. 单位工业增加值大气污染物排放<br>14. 单位耕地面积化肥施用量<br>15. 污水处理率 |
| 经济增长速度 | 13. GDP 增速<br>14. 人均 GDP | 13. GDP 增速<br>14. 人均 GDP | 14. GDP 增速<br>15. 人均 GDP | 16. GDP 增速<br>17. 人均 GDP |
| 经济增长结构 | 15. 第三产业增加值占 GDP 比重<br>16. 六大高耗能产业占规上工业增加值比重 | 15. 第三产业增加值占 GDP 比重<br>16. 六大高耗能产业占规上工业增加值比重 | 16. 第三产业增加值占 GDP 比重<br>17. 农产品加工业与农业总产值之比 | 18. 第三产业增加值占 GDP 比重 |
| 经济增长驱动 | 17. 研发经费占 GDP 比重<br>18. 人均专利申请量 | 17. 研发经费占 GDP 比重<br>18. 人均专利申请量 | 18. 研发经费占 GDP 比重<br>19. 人均专利申请量 | 19. 研发经费占 GDP 比重<br>20. 人均专利申请量 |
| 经济矫正政策 | 19. 特种行业用水价格 | 19. 特种行业用水价格 | 20. 特种行业用水价格 | 21. 特种行业用水价格 |
| 环境健康 | 20. $PM_{2.5}$ 年均浓度 | 20. $PM_{2.5}$ 年均浓度 | 21. $PM_{2.5}$ 年均浓度 | 22. $PM_{2.5}$ 年均浓度 |
| 环境安全 | 21. 水源地安全指数<br>22. 单位国土面积高环境风险行业企业数量 | 21. 水源地安全指数<br>22. 单位国土面积高环境风险行业企业数量 | 22. 水源地安全指数<br>23. 受污染耕地安全利用率 | 23. 水源地安全指数<br>24. 生态环境状况指数 |
| 环境舒适 | 23. 人均公园绿地面积 | 23. 人均公园绿地面积 | 24. 人均公园绿地面积 | 25. 人均公园绿地面积 |

| 要素 | 第一类城市 | 第二类城市 | 第三类城市 | 第四类城市 |
| --- | --- | --- | --- | --- |
| 收入分配公平 | 24. 城乡收入比<br>25. 农村居民人均可支配收入 | 24. 城乡收入比<br>25. 农村居民人均可支配收入 | 25. 城乡收入比<br>26. 农村居民人均可支配收入 | 26. 城乡收入比<br>27. 农村居民人均可支配收入 |
| 资源环境服务获得公平 | 26. 农村自来水普及率<br>27. 农村卫生厕所普及率 | 26. 农村自来水普及率<br>27. 农村卫生厕所普及率 | 27. 农村自来水普及率<br>28. 农村卫生厕所普及率 | 28. 农村自来水普及率<br>29. 农村卫生厕所普及率 |

4. 长江经济带城市绿色发展进程

基于 2019 年的数据，采用差异化指标体系，分别对长江经济带四类城市进行绿色发展分类评价。根据绿色发展综合指数得分高低，将长江经济带 130 个城市（自治州、林区）绿色发展进程分为三大梯队，见图 3。

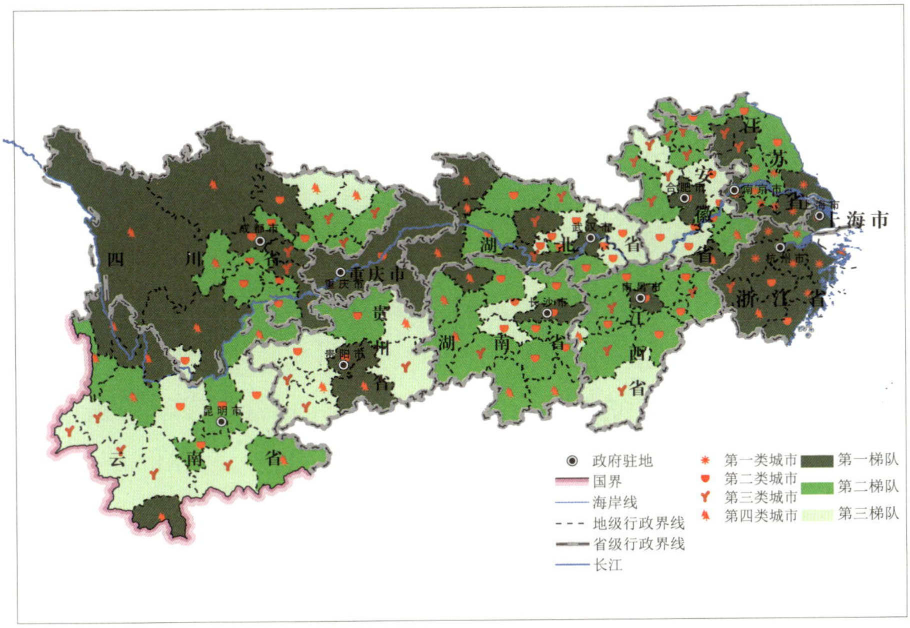


图 3 长江经济带城市（自治州、林区）绿色发展进程三大梯队

第一梯队：第一类城市主要包括长三角三大核心城市上海市、南京市、杭州市，江苏省的无锡市、苏州市和南通市，以及浙江省的大部分城市。第二类

城市主要包括长江经济带城市群（圈）或经济区的中心城市，以及浙江省的温州市、金华市和四川省的绵阳市等重点城市。第三类城市主要位于中下游金衢盆地、黄淮平原和江汉平原，以及上游四川盆地。第四类城市主要位于上游藏东南高原边缘森林生态功能区、川滇森林与生物多样性生态功能区等国家重点生态功能区，中上游三峡库区水土保持生态功能区、武陵山区生物多样性与水土保持生态功能区等国家重点生态功能区，以及下游浙西南山区、皖南山区等重点生态功能区。

第二梯队：第一类城市有江苏省的常州市、扬州市、镇江市和泰州市，以及浙江省的嘉兴市。第二类城市主要有下游江苏省东北部城市和安徽省沿江的芜湖市，中游鄱阳湖生态经济区的节点城市、环长株潭城市群多个核心或节点城市、武汉城市圈的节点城市仙桃市以及湖北省的两个副中心城市襄阳市和宜昌市，上游成都经济区的节点城市、黔中城市群的节点城市遵义市、滇中城市群的中心城市昆明市以及节点城市玉溪市。第三类城市主要有下游安徽省西北部多个粮食和农产品主产城市，中下游湖北省的随州市、湖南省的邵阳市、江西省的上饶市、宜春市和吉安市，上游四川省的南充市、广安市和达州市。第四类城市主要位于上游川滇森林及生物多样性生态功能区、桂黔滇喀斯特石漠化防治生态功能区，以及中上游武陵山区生物多样性与水土保持生态功能区、南岭山地森林及生物多样性生态功能区。

第三梯队：第二类城市主要有下游江淮地区安徽省部分沿江城市，中游武汉城市圈围绕武汉周边的多个城市、环长株潭城市群的部分节点城市，上游黔中城市群、滇中城市群围绕中心城市周边的部分节点城市。第三类城市主要有下游安徽省和中游江西省的部分农产品主产城市，上游云南省和贵州省以农产品主产区作为主导功能的城市。第四类城市主要位于上游秦巴生物多样性生态功能区、桂黔滇喀斯特石漠化防治生态功能区。

5. 长江经济带城市绿色发展模式

在绿色发展进程第一梯队中，选取典型城市提炼绿色发展模式，初步总结形成六种绿色发展模式，见图 4。

“产融结合”的湖州模式：以绿色金融、智能技术和标准政策创新作为经济绿色增长的“新引擎”，实现从资源环境依赖向资源环境脱钩的绿色增长。

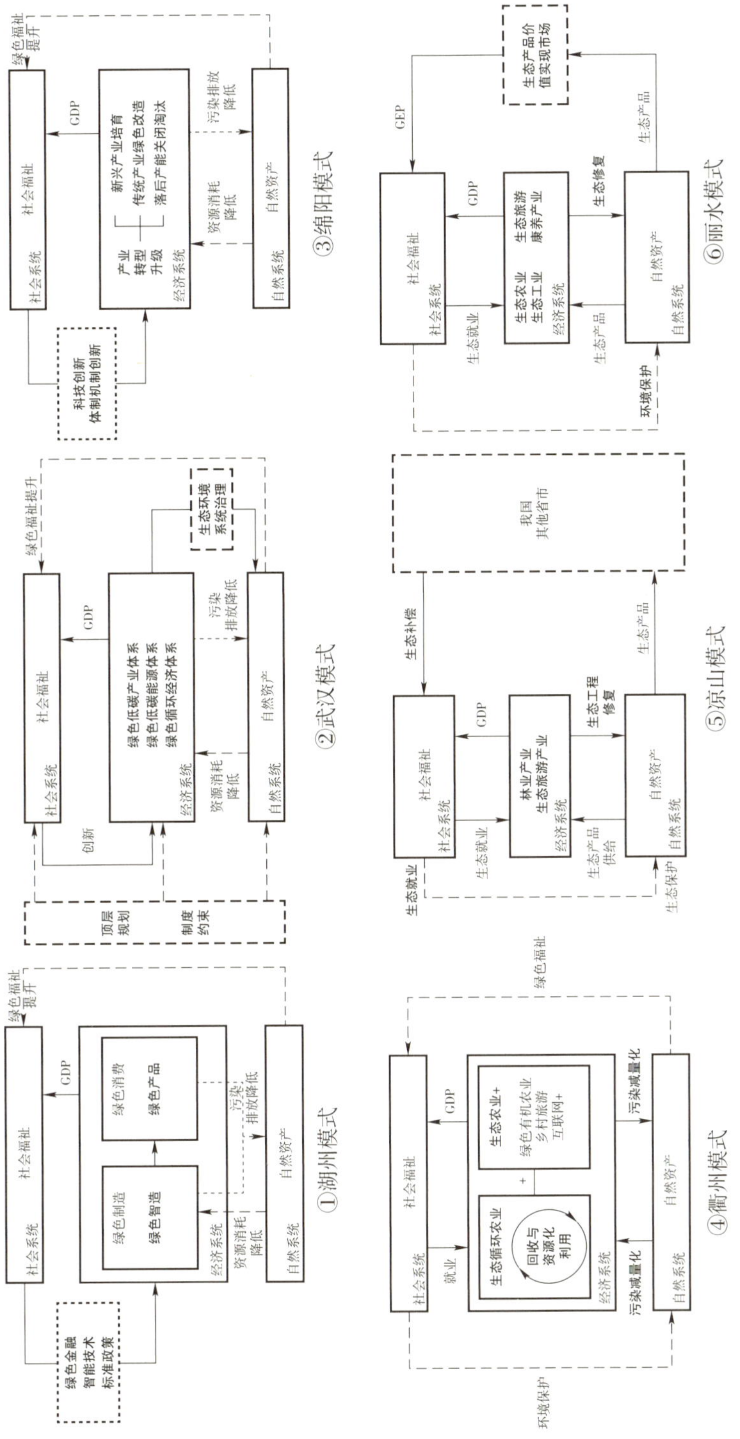


图 4　长江经济带城市（自治州）绿色发展典型模式

“系统协同”的武汉模式：以顶层规划和制度设计引领和约束资源配置和绿色发展空间形态，以国家低碳试点为契机促进产业结构转型和能源结构优化，以生态环境保护修复为目标进行系统治理和修复，打通特大城市绿色发展的多条路径。

“创新驱动”的绵阳模式：把科技创新作为绿色发展的核心竞争力和根本驱动力，以创新驱动传统制造业向先进制造业转型升级，赢得绿色发展的优势。

“生态循环”的衢州模式：以资源循环利用和生态环境保护为重要前提，通过整建制发展现代生态循环农业，实现生态与农业、农村、农民效益的统一。

“守绿换金”的凉山模式：以生态补偿机制作为主要路径和手段，通过创新生态补偿方式实现“守绿换金”，以保护“绿水青山”换来“金山银山”。

“点绿成金”的丽水模式：以盘活生态资源、推动生态市场交易为主要手段，打通“绿水青山”的市场转化通道，实现“点绿成金”，变自然资源资产为真金白银。

# 1

# 绿色发展的概念和内涵
Concept and Connotation of Green Development

## 1.1 绿色发展相关概念

绿色发展已成为当今全世界应对资源环境和经济社会多重挑战的发展共识，是全世界发展的潮流和趋势，也是我国经济社会发展的基本方向。

### 1.1.1 国际上绿色发展相关概念

绿色发展理念离不开可持续发展理念的产生和深化，是可持续发展理念演变的结果。在一定程度上，绿色发展可以理解为国际社会自 1972 年人类环境会议以来逐步形成的一种“环境或可持续发展共识”。21 世纪以来，面对气候变化、战略资源紧缺、金融危机等一系列全球性问题和挑战，联合国提出全球绿色新政、迈向绿色经济的倡议，得到了一些国家的积极响应；2012 年“里约 +20”峰会更是将绿色经济作为主要议题，全球各国进一步凝聚绿色发展共识，至此，绿色发展的必要性已经在全球范围内达成广泛共识。

从概念界定上来看，国际社会主要以“绿色经济”（green economy）、“绿色增长”（green growth）等概念表征绿色发展。表 1-1 详细列举了部分国际组织、机构或学者对相关概念的定义和阐释。

表 1-1　国际上绿色发展相关概念的定义

| 相关概念 | 定义和内涵 | 机构、组织或学者 |
| --- | --- | --- |
| 绿色经济 | 绿色经济是一种可承受的经济，即自然环境和人类自身能够承受的，不因人类盲目追求经济增长而导致生态危机与社会分裂、不因自然资源耗竭而导致经济不可持续发展的经济发展模式 | Pearce 等 |
| | 在资源、生态限制内，使人类幸福得到最大化 | Reardon |
| | 绿色经济是一种改善人类福祉和社会公平，同时又可以显著降低环境风险和生态稀缺性的经济。通过加大绿色投资等手段催生新的产业革命 | 联合国环境规划署 |
| | 使整个经济的价值和增长最大化，同时实现自然资产的可持续 | 英国环境、能源和产业战略部 |
| 绿色增长 | 绿色增长是促进低碳、社会包容性发展，以实现环境友好的可持续性经济进步的政策 | 联合国亚洲及太平洋经济社会委员会 |
| | 绿色增长是使增长过程实现资源节约、清洁和更有弹性而不必减缓增长速度的模式。在当前经济进程中加入生态质量，以最小的环境代价创造更多的就业和收入机遇，是绿色增长所要实现的经济增长目标。本质上是寻求经济增长与环境退化之间的相对或绝对脱钩 | 世界银行 |
| | 绿色增长实际上是一种可持续发展的经济。在促进经济增长和发展的同时，确保自然资产能不断提供人类福祉不可或缺的资源和环境服务，为了实现绿色增长，必须加快投资和创新以支撑可持续增长和激发新的增长机遇 | 经济合作与发展组织 |
| | 绿色增长是一种寻求具备环境可持续和社会包容性的经济增长的发展方式。通过绿色增长，可以寻求低碳和适应气候变化、防治污染、维持健康和生态系统生产性以及创造绿色就业机会、减少贫困和增强社会包容性的经济增长机遇 | 全球绿色增长研究所 |

## 1.1.2　国内关于绿色发展内涵的认识

进入 21 世纪，中国的发展迎来了巨大的机遇和挑战，2002 年联合国开发计划署指出绿色发展是中国发展的必选之路，得到了我国政府的积极响应。在第二届“绿色中国”论坛上，专家、学者们一致认为，实施绿色战略是中国经济可持续发展的必然选择。不过与西方“绿色经济”“绿色增长”等概念的表述不同，我国学者和研究机构结合中国国情，提出“绿色发展”的概念。

早期阶段，国内学术界主要从资源节约和环境保护角度理解绿色发展。例如，绿色发展要以自然资本的可持续性为前提，尽可能以人造资本替代环境资本和自然资本；绿色发展是指国家代谢运行和行为方式要尊重自然规律、保护生态环境；绿色发展是一种资源节约型、环境友好型发展方式；绿色发展是在生态环境容量和资源承载能力制约下的新型发展模式和生态发展理念；绿色发展是资源能源合理利用、经济社会适度发展的发展方式；绿色发展是将环境保护作为实现可持续发展重要支柱的一种新型发展模式等。

2012 年以后，国内学术界对绿色发展内涵的认识不断拓展，绿色发展涵盖了经济、社会、文化、自然等诸多方面。例如，柯水发提出“五位一体”的绿色发展概念，认为绿色发展是经济、政治、文化、社会、生态“五位一体”的新型发展道路；胡鞍钢认为，绿色发展是一种更加积极的和以人为本的可持续发展道路，并进一步构建了实现绿色发展的三圈模型，通过机制设计实现“经济—自然—社会”三大系统间的正向交互，即经济系统实现绿色增长，自然系统积累绿色财富，社会系统提升绿色福祉。近年来，国内学者围绕绿色发展内涵的重点和本质进一步展开讨论，对绿色发展的认识更加深入。例如，绿色发展实质上是一种经济发展方式，绿色经济是绿色发展的核心内容；绿色发展的核心是绿色创新，绿色发展要以绿色技术和绿色创新作为支撑；绿色产业是关系经济发展转型的重要方面，是实现绿色发展的基础。

总体来看，虽然国内外对绿色发展相关概念和内涵的表述阐释不尽相同，但是对绿色发展的理解已经达成了很多共识，国内对绿色发展的认识也逐渐走向全面和深入。例如，虽然世界银行、英国政府部门相对更关注经济增长，联合国环境规划署、亚洲及太平洋经济社会委员会相对更关注环境和社会包容性，但是经济增长的需求、经济与环境的协同都是对绿色发展的共识。国内学者对绿色发展的认识也已经从早期强调资源节约和环境保护，即环境的“绿色”，到后来覆盖经济、社会、自然等方方面面的“绿色”，绿色和发展由割裂到融合，绿色发展回归到发展的本质。

## 1.2　新发展阶段绿色发展内涵

进入新发展阶段，绿色发展作为重要的新发展理念，注重的是解决“人与自然和谐共生”的问题，其内涵更加全面，对推动实现更高质量、更有效率、更加公平、更可持续、更为安全的发展，具有重大的战略意义。立足新发展阶段，界定“绿色发展”是一种寻求自然系统、经济系统和社会系统共生共荣的可持续发展方式。绿色发展不仅具有系统共生性，即三大系统的整体和协调发展，而且具有目标多元性，即自然系统寻求自然资源资产的保值增值，以能够持续地为人类福祉提供不可或缺的资源和环境服务；经济系统寻求清洁、高效、低碳、循环生产生活方式的转型，并最终实现经济增长与资源环境耗损之间相对或绝对脱钩的“绿色增长”；社会系统寻求促进人类福祉改善的“绿色福祉”提升，以及促进绿色发展成果普惠的“绿色公平”实现。

基于新发展阶段下对绿色发展的认识，构建绿色发展概念模型，以表征自然系统、经济系统和社会系统三大系统的运行机制以及系统之间的逻辑关系（图 1-1）。

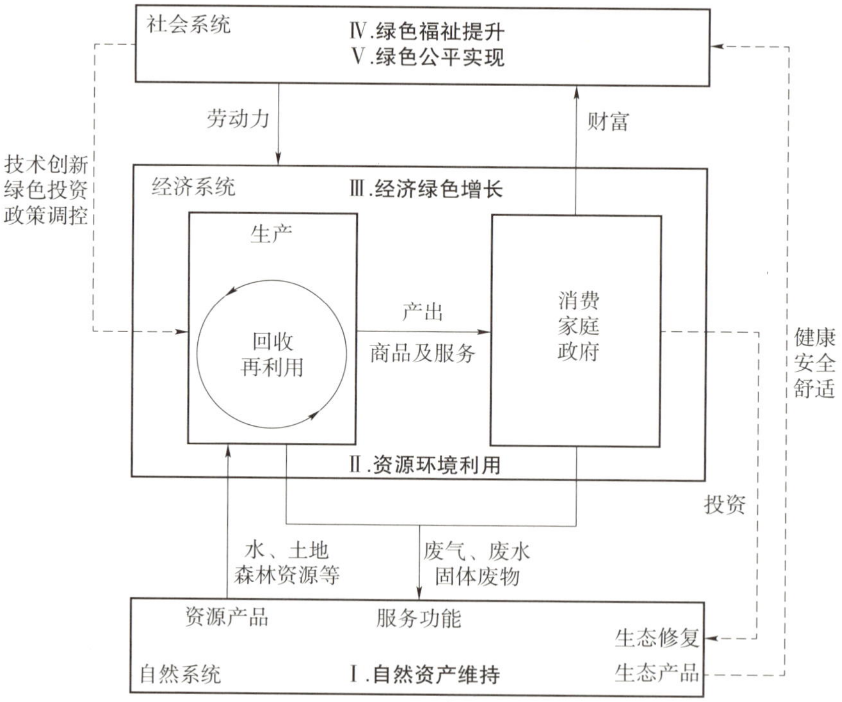


图 1-1　绿色发展概念模型

①自然系统寻求自然资源资产能持续提供人类福祉不可或缺的资源和环境服务。自然系统是经济系统和社会系统的基础，为经济系统和社会系统提供产品和服务，包括为经济系统提供生产所需的自然资源产品（如能源、水、耕地、林木、生物资源等）和服务功能（如吸收和净化经济系统排放的污染物质等），以及为社会系统提供生态产品（如为人类提供健康、安全和舒适的环境等）。绿色发展既要减缓经济社会活动对自然资源资产的耗损，维持自然资源资产的完好性以避免其下降可能产生的风险，也要以更积极的方式投资自然资源资产以抵消资产的折旧或耗损，如治理水土流失、恢复治理矿山、退耕还林还草等。

②经济系统寻求与资源环境耗损之间相对或绝对脱钩的经济增长。所谓“脱钩”也就是利用更少的资源环境投入获得更多的经济产出，最直接的就是通过资源能源合理配置、资源能源高效利用、资源循环再生利用及污染排放有效控制，实现经济系统清洁、高效、低碳、循环生产生活方式的转型。除了资源环境利用“绿色”，实现与资源环境耗损绝对“脱钩”的经济增长还取决于经济系统增长“绿色”，经济增长源于经济结构优化升级、技术创新和绿色投资驱动，以及相关政策带来的新的增长机遇等。

③社会系统寻求“绿色福祉”提升及“绿色公平”实现。人类福祉既包括经济系统积累的物质财富，也包括自然系统提供的绿色福祉，如环境质量直接影响人类生存的健康、安全和舒适，进而影响人力资本，提升“绿色福祉”实际上也是为了让人类福祉整体上不因环境质量的下降而降低。此外，绿色发展还关注分配的公平，如自然资源和环境服务获得的公平，让绿色发展的成果更多、更公平地惠及全体人民。

基于绿色发展概念模型，进一步提取绿色发展的五维目标和实现目标的15类要素，构建绿色发展体系框架，可在此框架下衡量绿色发展进程，为绿色发展决策提供工具和支撑。绿色发展体系框架见表1-2，绿色发展的五维目标包括自然资产维持、资源环境利用、经济绿色增长、绿色福祉提升和绿色公平实现；实现目标的15类要素包括自然资源存量、自然资源增量、资源合理配置、资源高效利用、资源循环利用、污染有效控制、经济增长速度、经济增长结构、经济增长驱动、经济矫正政策、环境健康、环境安全、环境舒适、收入分配公平和资源环境服务获得公平。

表 1-2　绿色发展体系框架

| 新阶段下五大发展 | 目标层 | 要素层 | 要素说明 |
|---|---|---|---|
| 更可持续的发展 | 自然资产维持 | 自然资源存量 | 自然资源的存量基础 |
| | | 自然资源增量 | 通过自然恢复、生态修复等方式得到的自然资源增量 |
| 更有效率的发展 | 资源环境利用 | 资源合理配置 | 能源资源得到合理配置 |
| | | 资源高效利用 | 能源资源得到高效利用 |
| | | 资源循环利用 | 资源得到循环再生利用，初级原料需求得以降低 |
| | | 污染有效控制 | 生产生活中的污染物排放得到有效控制 |
| 更高质量的发展 | 经济绿色增长 | 经济增长速度 | 经济增长速度 |
| | | 经济增长结构 | 经济结构优化升级 |
| | | 经济增长驱动 | 技术创新驱动，绿色投资以及新产业、新业态带来新的经济增长机遇或增长点 |
| | | 经济矫正政策 | 矫正市场经济负外部性的绿色经济政策 |
| 更为安全的发展 | 绿色福祉提升 | 环境健康 | 与健康性相关的环境福祉 |
| | | 环境安全 | 与安全性相关的环境福祉 |
| | | 环境舒适 | 与舒适性相关的环境福祉 |
| 更加公平的发展 | 绿色公平实现 | 收入分配公平 | 经济产出分配的公平性 |
| | | 资源环境服务获得公平 | 全社会获得资源和环境服务的公平性 |

# 2

# 长江经济带差异和绿色发展需求

Differences and Demands of Green Development in the Yangtze River Economic Belt

## 2.1 长江经济带发展概况

### 2.1.1 发展战略要求

长江经济带横跨我国东中西三大地理单元，覆盖上海、江苏、浙江、安徽、江西、湖北、湖南、重庆、四川、云南、贵州 11 个省（直辖市）130 个城市（自治州、林区），面积约为 205 万 $km^2$，占全国面积的 21.4%，人口和经济总量均超过全国的 40%，生态地位重要、综合实力较强、发展潜力巨大（图 2-1）。改革开放以来，长江经济带已发展成为我国综合实力最强、战略支撑作用最大的区域。

实施长江经济带发展战略是以习近平同志为核心的党中央作出的重大决策部署。“共抓大保护、不搞大开发”“生态优先、绿色发展”是长江经济带发展战略的重要原则和基调。2016 年 1 月，习近平总书记在上游重庆主持召开的长江经济带发展座谈会上强调，推动长江经济带发展必须从中华民族长远利益考虑，走生态优先、绿色发展之路，使绿水青山产生巨大生态效益、经济效益、社会效益。2018 年 4 月，习近平总书记在中游武汉主持召开的长江经济带发展座谈会上强调，新形势下，推动长江经济带发展，关键是要正确把握整体推进和重点突破、生态环境保护和经济发展、总体谋划和久久为功、破除旧动能和培育新动能、自身发展和协同发展等关系，坚持新发展理念，坚持稳中求进工作总基调，加强改革创新、战略统筹、规划引导，使长江经济带成为引领我国经济高质量发展的生力军。2020 年 11 月，习近平总书记在下游南京主持召开的长江经济带发展座谈会上再次强调，坚定不移贯彻新发展理念，推动长江经济带高质量发展，谱写生态优先绿色发展新篇章，打造区域协调发展新样板，构筑高水平对外开放新高地，塑造创新驱动发展新优势，绘就山水人城和谐相融新画卷，使长江经济带成为我国生态优先绿色发展主战场、畅通国内国际双循环主动脉、引领经济高质量发展主力军。践行绿色发展理念，是“十四五”期间乃至更长时期长江经济带奋力担当全国绿色发展主战场、开启高质量发展新征程的重要体现和基本遵循。

图 2-1 长江经济带地理位置

2016 年 9 月，中共中央、国务院印发《长江经济带发展规划纲要》，提出要将长江经济带打造成为生态文明建设的先行示范带、引领全国转型发展的创新驱动带、具有全球影响力的内河经济带、东中西互动合作的协调发展带，确立了长江经济带"一轴、两翼、三极、多点"的发展格局："一轴"是以长江黄金水道为依托，发挥上海、武汉、重庆的核心作用，以沿江主要城镇为节点，构建沿江绿色发展轴；"两翼"是发挥长江主轴线的辐射带动作用，向南北两侧腹地延伸拓展，提升南北两翼支撑力；"三极"是以长江三角洲城市群、长江中游城市群和成渝城市群为主体，发挥辐射带动作用，打造长江经济带三大增长极；"多点"是发挥三大城市群以外地级城市的支撑作用带动地区经济发展。

2021 年 3 月，推进长江经济带绿色发展的专门法和特别法《中华人民共和国长江保护法》开始施行，"生态优先、绿色发展"的战略定位和"共抓大保护、不搞大开发"的战略导向被提升到法律层面予以贯彻落实，这标志着推动长江经济带绿色高质量发展进入了新阶段。《中华人民共和国长江保护法》是一部绿色发展的促进法，通篇 11 次出现"绿色发展"，首次单独设立绿色发展专章，以推动形成绿色发展方式和生活方式，促进长江流域经济社会发展全面绿色转型，真正把绿色发展理念转化为法律。

### 2.1.2 发展基础差异

长江经济带横跨我国地理三大阶梯、东中西三大区域，按上、中、下游划分，下游地区包括上海、江苏、浙江及部分安徽、江西地区，中游地区包括部分江西、湖北、湖南地区，上游地区包括重庆、四川、贵州、云南及部分湖南、湖北地区。不同地区、不同省（市）间资源、环境、产业、社会基础等发展条件差异较大，地区间发展差距明显。

#### 2.1.2.1 资源禀赋

长江流域蕴藏极其丰富的水资源，年均水资源总量为 9 960 亿 $m^3$，但水资源区域间分布不均，中下游上海、江苏、安徽、部分湖北地区的人均水资源量均低于全国平均水平，上海市的人均水资源量（199.1 $m^3$/ 人）仅为江西省（4 405.4 $m^3$/ 人）的 4.5%。耕地资源约占全国的 1/3，但 95% 的耕地分布在四川盆地和长江中下游地区。森林资源丰富多样，从长江源的山地寒温带针叶林地带到中下游地区的中亚热带常绿阔叶林地带，森林覆盖率达 40% 以上，而江西省的森林覆盖率（61.2%）是上海市的（14.0%）4.4 倍。

#### 2.1.2.2 生态环境

长江经济带地跨热带、亚热带和暖温带，地貌类型复杂，生态系统类型多样，生态环境地位突出。川西河谷森林生态系统、南方亚热带常绿阔叶林森林生态系统、长江中下游湿地生态系统等是具有全球重大意义的生物多样性优先保护区域。长江中上游地区是国家重要的生态安全屏障区，金沙江岷江上游及“三江并流”区、丹江口库区、嘉陵江上游、武陵山、新安江和湘资沅上游等地区是国家水土流失重点预防区，金沙江下游、嘉陵江及沱江中下游、三峡库区、湘资沅中游、乌江赤水河上中游等地区是国家水土流失重点治理区，贵州等西南喀斯特地区是世界三大石漠化地区之一。长江经济带拥有的国家级自然保护区面积约为 718.5 万 $hm^2$，下游地区保护区的面积占整个经济带的 71.2%。

#### 2.1.2.3 产业基础

长江经济带历来就是我国重要的工业走廊之一，我国钢铁、汽车、电子、石化等现代工业的精华大部分汇集于此，集中了一大批高耗能、高科技的工业行业和特大型企业。有研究表明，长江经济带上海、江苏、浙江、湖北、重庆等省（市）均已进入工业化后期阶段，其他六省处于工业化中期阶段。近年来，虽然长三角、成渝城市群的新兴产业集群规模占全国的比重已经超过 50%，但是高耗能和水污染传统行业依然在长江经济带占据主导地位，特别是中上游地区对资源型产业路径依赖性强。

#### 2.1.2.4 经济社会发展

长江经济带经济社会发展不均衡。经济水平差异很大，中游、上游地区人均地区生产总值仅分别为下游地区的 60.3% 和 49.2%。城镇化进程不一，下游地区长三角城镇化水平较高，上游地区四川省、贵州省、云南省城镇化水平较低。地区间基本公共服务水平差距明显，上游云、贵、川地区较落后。

长江经济带发展不均衡的问题长期存在，这种不均衡不仅存在于不同区域、不同省（市）之间，在同一省（市）内不同城市之间也普遍存在。各城市在自然资源禀赋、经济发展水平、产业结构层次和社会发展阶段等方面存在较大的差异，在绿色发展中承担的生态保障功能和发挥的经济社会作用不同，相应的绿色发展策略和路径选择也不尽相同。因此，充分认识到不同类型城市存在的差异性，是因地制宜地引导长江经济带绿色发展的前提。

## 2.2 长江经济带城市分类

### 2.2.1 分类方法

长江经济带上、中、下游地域分异显著，国土空间开发适宜性差异明显，可以借鉴国土空间分区分类管理的思想对长江经济带国土空间进行分类。主体功能区战略是基于各地区资源承载能力、开发密度和发展潜力不同，对人口、经济、空间和城镇化布局的统筹谋划和分类导控，充分体现了国土空间分区分类管理的思想。自“十一五”时期主体功能区战略提出以来，主体功能区规划、政策和制度不断完善，已经在包括长江经济带在内的全国各地得以落地实施，《长江经济带发展规划纲要》明确提出，要全面落实主体功能区划。随着“十四五”时期国家规划体系的调整，虽然形式上主体功能区规划融入统一的国土空间规划、不再单独编制主体功能区规划，但是坚持主体功能区战略的方向没有改变，《中共中央　国务院关于建立国土空间规划体系并监督实施的若干意见》中明确提出，要在国土空间规划中落实主体功能区战略，制定和完善主体功能区配套政策等要求。

主体功能区规划以县级行政区为基本单元，按开发方式和内容可以分为优化开发区、重点开发区、农产品主产区和重点生态功能区。根据全国和各省（直辖市）主体功能区规划，长江经济带 1 069 个县级行政单元的主体功能分区已经得到明确（图 2-2）。

在城市层面，一个城市辖内可能包含多类功能分区，可以按照“服从国家战略定位、服从流域整体分工、服从绝对主导功能”的原则综合确定城市类型，以体现国家、流域和地方对所在城市的发展定位和要求：

服从国家战略定位——优先按照国家主体功能区规划确定城市类型；

服从流域整体分工——按照上游保障生态安全、中下游保障粮食安全和带动区域发展确定城市类型；

服从绝对主导功能——按照面积占比具有绝对优势确定城市类型。

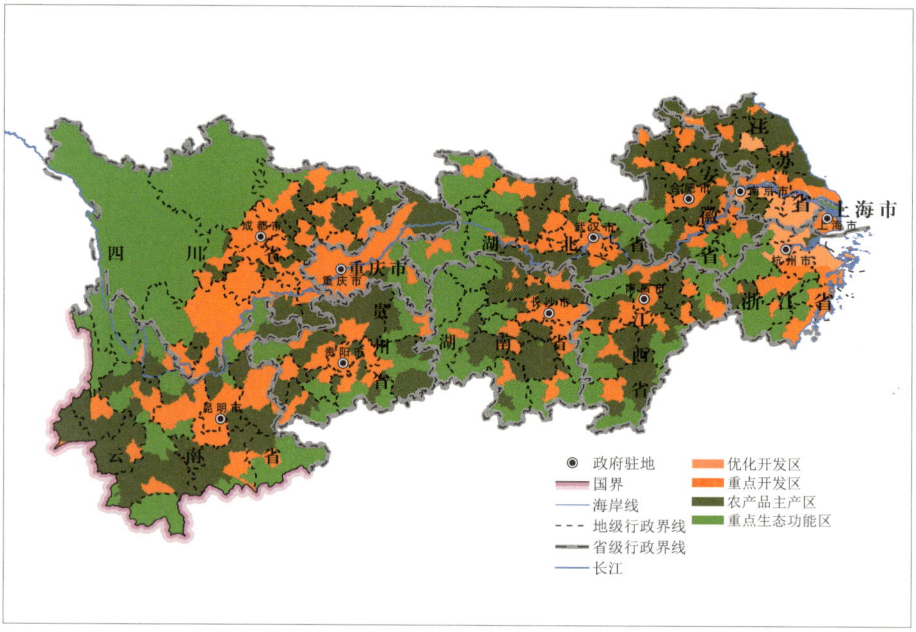


图 2-2　长江经济带主体功能区规划

## 2.2.2　分类结果

根据上述分类方法，将长江经济带 130 个城市（自治州、林区）分为四类（表 2-1、图 2-3）。

第一类城市 16 个，集中分布在下游长三角地区，长江三角洲地区是国家层面的优化开发区域，以世界性的城市群为目标，是带动全国经济社会发展的龙头。第一类城市都是国家主体功能区规划中所明确的长三角城市群中心、核心或节点城市，也是我国经济发展最活跃、开放程度最高、创新能力最强的城市。

第二类城市 54 个，主要分布在下游江苏东北部、安徽省合肥市及沿江地区、浙江省，中游三大城市群所在的部分湖北、湖南和江西地区，上游成渝、黔中、滇中地区所在的四川省、重庆市、贵州省和云南省。东陇海地区、江淮地区、武汉城市圈、环长株潭城市群、鄱阳湖生态经济区、成渝城市群、黔中城市群、滇中城市群都是全国主体功能区规划中所明确的国家层面的重点开发区域，是支撑中国经济增长的重要增长极。第二类城市都是上述城市群（圈）或经济区中的中心、核心或辐射城市。

第三类城市 32 个，沿长江上、中、下游 9 省都有分布。长江流域主产区是全国主体功能区规划中所明确的国家层面的农产品主产区，是保障农产品供给安全的重要区域。第三类城市主要位于国家或区域层面划定的农产品主产区集中分布的地区，包括江淮地区、金衢盆地、江汉平原、四川盆地等。

第四类城市 28 个，主要分布在长江中上游地区。第四类城市地处全国主体功能区规划中所明确的藏东南高原边缘森林生态功能区、川滇森林及生物多样性功能区、桂黔滇喀斯特石漠化防治生态功能区、秦巴山区生物多样性生态功能区、三峡库区水土保持功能区、武陵山区生物多样性与水土保持功能区、南岭山地森林及生物多样性生态功能区等国家层面，以及皖南山区、浙西南山区等区域层面的重点生态功能区，是保障国家生态安全的重要地区。

表 2-1　长江经济带城市（自治州、林区）分类结果

| 类型 | 省（直辖市） | 城市（自治州、林区） |
|---|---|---|
| 第一类城市 | 上海市 | 上海市 |
| | 江苏省 | 南京市、无锡市、常州市、苏州市、南通市、扬州市、镇江市、泰州市 |
| | 浙江省 | 杭州市、宁波市、嘉兴市、湖州市、绍兴市、舟山市、台州市 |
| 第二类城市 | 江苏省 | 徐州市、连云港市、盐城市 |
| | 浙江省 | 温州市、金华市 |
| | 安徽省 | 合肥市、安庆市、池州市、芜湖市、马鞍山市、铜陵市、滁州市 |
| | 江西省 | 南昌市、景德镇市、九江市、新余市、鹰潭市、抚州市 |
| | 湖北省 | 武汉市、黄石市、宜昌市、襄阳市、鄂州市、孝感市、黄冈市、咸宁市、仙桃市、潜江市、天门市 |
| | 湖南省 | 长沙市；株洲市、衡阳市、岳阳市、湘潭市、益阳市、常德市、娄底市 |
| | 重庆市 | 重庆市 |

| 类型 | 省（直辖市） | 城市（自治州、林区） |
| --- | --- | --- |
| 第二类城市 | 四川省 | 成都市、自贡市、攀枝花市、德阳市、绵阳市、遂宁市、乐山市、眉山市、宜宾市 |
| | 贵州省 | 贵阳市、遵义市、毕节市 |
| | 云南省 | 昆明市、曲靖市、玉溪市、楚雄彝族自治州 |
| 第三类城市 | 江苏省 | 淮安市、宿迁市 |
| | 浙江省 | 衢州市 |
| | 安徽省 | 蚌埠市、淮南市、淮北市、阜阳市、宿州市、六安市、亳州市 |
| | 江西省 | 赣州市、吉安市、宜春市、上饶市 |
| | 湖北省 | 随州市、荆州市、荆门市 |
| | 湖南省 | 邵阳市 |
| | 四川省 | 泸州市、内江市、南充市、广安市、达州市、资阳市 |
| | 贵州省 | 六盘水市、黔东南苗族侗族自治州、黔西南布依族苗族自治州 |
| | 云南省 | 保山市、普洱市、临沧市、德宏傣族景颇族自治州、红河哈尼族彝族自治州 |
| 第四类城市 | 浙江省 | 丽水市 |
| | 安徽省 | 黄山市、宣城市 |
| | 江西省 | 萍乡市 |
| | 湖北省 | 十堰市、恩施土家族苗族自治州、神农架林区 |
| | 湖南省 | 张家界市、郴州市、永州市、怀化市、湘西土家族苗族自治州 |
| | 四川省 | 广元市、雅安市、巴中市、阿坝藏族羌族自治州、甘孜藏族自治州、凉山彝族自治州 |
| | 贵州省 | 安顺市、铜仁市、黔南布依族苗族自治州 |
| | 云南省 | 昭通市、丽江市、怒江傈僳族自治州、迪庆藏族自治州、大理白族自治州、文山壮族苗族自治州、西双版纳傣族自治州 |

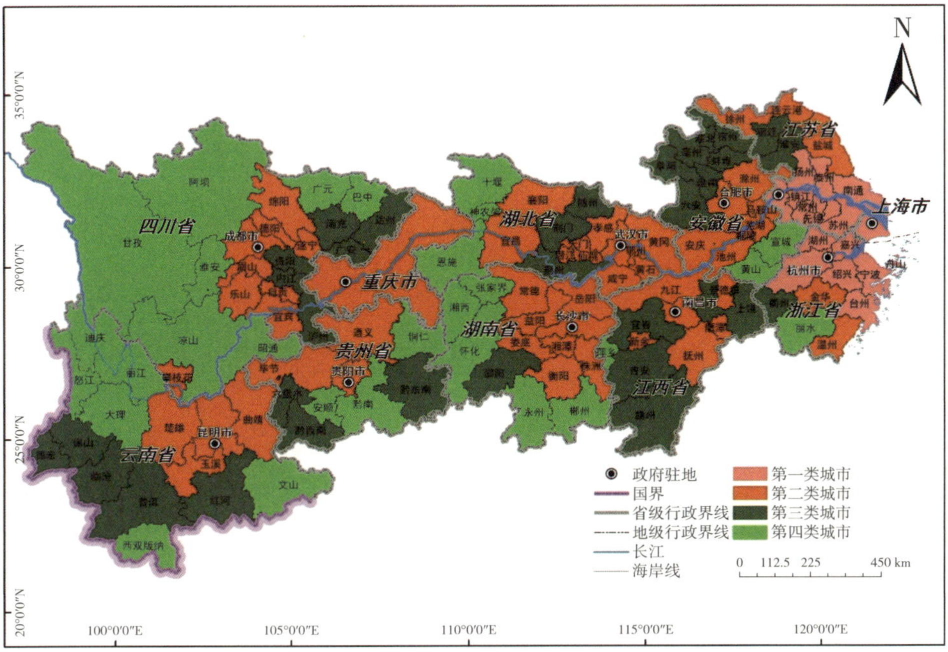


图 2-3　长江经济带城市（自治州、林区）类型

## 2.3　各类城市（自治州、林区）绿色发展需求

### 2.3.1　第一类城市

#### 2.3.1.1　创新能力仍要向发达国家和地区看齐

面向打造“世界性城市群”，从更高层次上参与全球竞争的发展定位，第一类城市需要进一步加强区域创新驱动力。总体来看，第一类城市是我国创新能力最强的地区，区域内大学、科研院所、人才等创新资源集聚，自贸区密集程度高，对人才吸引力强，以上海为中心的长三角创新集聚区已成为我国建设创新型国家的核心支柱和动力源，但是与发达国家部分城市和我国北京、广东等发达地区相比，仍然存在一定的差距，并且长三角区域内各城市创新能力不一，多个城市与龙头城市上海相比还有很大的差距。以研发投入为例（图 2-4），长

三角研发投入强度最高的上海与北京、深圳相比尚有一定差距，其他城市的投入强度差距更大，而亚洲“四小龙”的韩国在20世纪70—90年代经济崛起期的研发投入占GDP的比重为7%～8%，远高于目前长三角的水平。

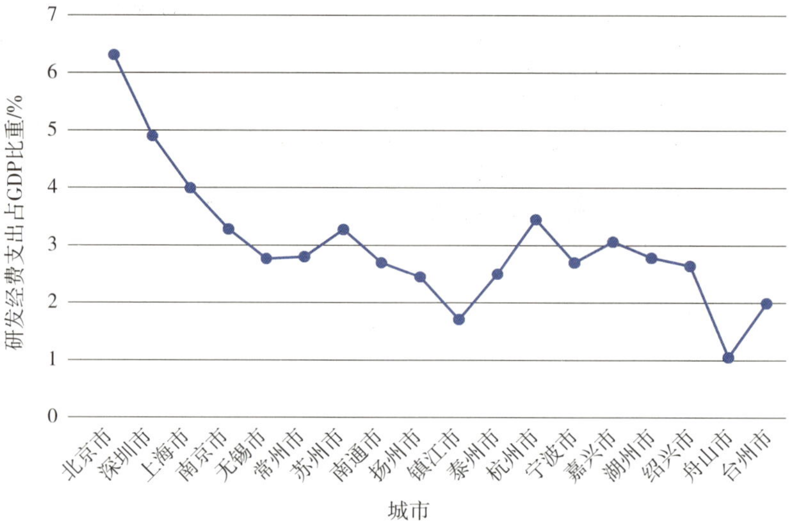


图2-4　2019年研发经费支出占GDP比重

### 2.3.1.2　经济结构优化升级步伐仍待加快

世界发达国家和地区的经济结构演化规律显示，经济结构转型升级通常表现为产业重心由第一产业向第二和第三产业逐次转移，资本、劳动力、技术等生产要素经由农业、制造业，向服务业转移，最终进入经济服务化阶段。在全球经济服务化的趋势下，长三角城市第三产业中最具竞争力和增长潜力的现代服务业发展不足，整体附加值偏低，尤其是生产性服务业占比更低，距离发达国家和地区的“两个70%”（即服务业占国内生产总值比重70%以上，生产性服务业占服务业比重70%以上）仍存在比较大的差距。从第二产业内部来看，虽然近年来长三角城市战略性新兴产业取得了迅速发展，但是传统高耗能产业在部分城市依然占比很高，尤其在江苏、浙江等部分城市，六大高耗能产业增加值在全部规模以上工业中所占的比重在1/3以上（图2-5）。

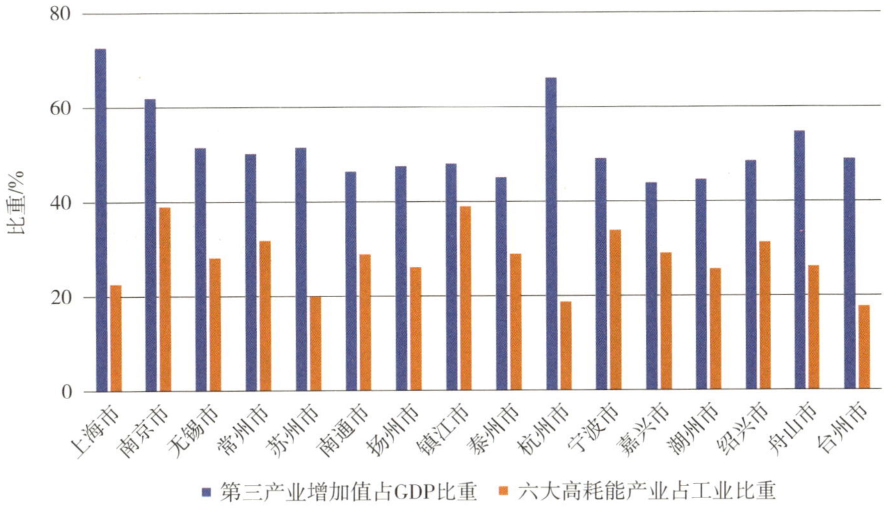


图 2-5 2019 年第三产业比重和六大高耗能产业比重

### 2.3.1.3 环境安全风险防范压力需要化解

第一类城市是长江经济带环境安全风险最大的地区。据统计，长江经济带沿江分布的涉危险化学品企业以江苏省最多，浙江省次之；2006—2015 年，上海、江苏、浙江三省（市）的突发环境事件数量占整个长江经济带事件总数的 80% 以上。从石油加工和炼焦业、化学原料和化学制品制造业、医药制造业、化学纤维制造业四大类高环境风险行业企业的分布来看，仅在 16 个第一类城市分布的企业数量就占据整个长江经济带 130 个城市（自治州、林区）高环境风险行业企业总数的 34%（图 2-6），其中仅上海市的企业数量就占到 5%。同时，第一类城市在产业布局上还存在较为普遍的产居共存现象，如上海高桥石化、吴泾工业区、吴淞工业区等老工业基地都位于主城区，对城市环境安全造成潜在威胁，区域性、布局性环境风险防控任务艰巨。

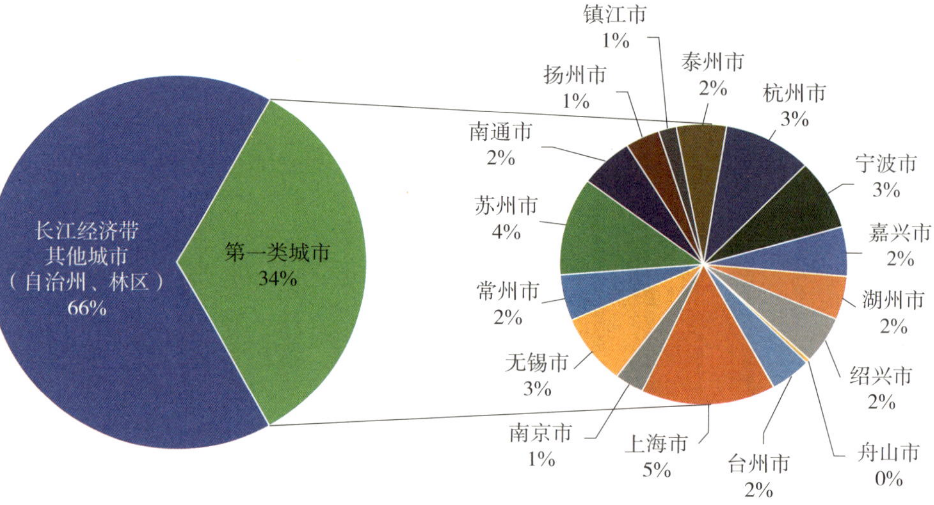


注：由于四舍五入，加和可能有出入。

图 2-6　高环境风险企业数量分布

### 2.3.1.4　空气环境健康改善需求迫切

长三角城市群石化、化工企业密集，加之未来新材料、生物医药等新兴产业发展，面临空气环境常规污染与复合污染相叠加的困境，迫切需要改善区域环境空气质量，降低空气污染对人体的健康风险。研究表明，近年来作为 $PM_{2.5}$ 和 $O_3$ 前体物的 VOCs 已成为长三角城市群的首要污染物。以与人体健康密切相关的 $PM_{2.5}$ 浓度为例（图 2-7），第一类城市中多数（主要为江苏省城市）尚未达到《长江三角洲区域一体化发展规划纲要》中提出的 $PM_{2.5}$ 浓度目标（35 μg/m³），而要保证空气环境对人体健康不产生或产生极小的负面影响，即达到世界卫生组织（WHO）空气质量导则目标（$PM_{2.5}$ 年均浓度 10 μg/m³），则有更长的路要走。

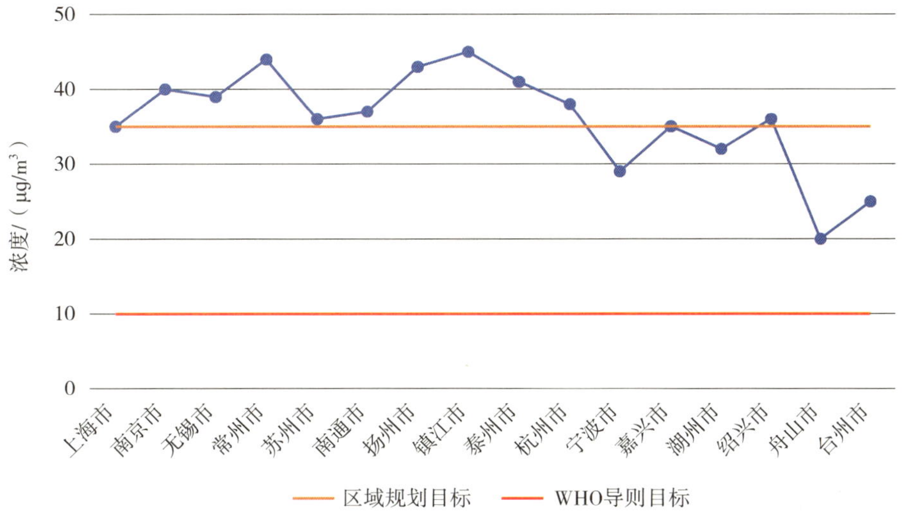


图 2-7　2019 年 $PM_{2.5}$ 年均浓度

## 2.3.2　第二类城市

### 2.3.2.1　产业结构转型升级步伐亟需加快

第二类城市是支撑长江经济带经济发展的重要地区，具有一定的经济基础，多处于工业化发展中期阶段。虽然近年来随着落后产能的大力淘汰和新兴产业的快速发展，产业结构不断优化，但是高耗能和水污染传统行业在不少城市仍然占据着主导地位，产业结构转型升级任务依然艰巨。以六大高耗能产业占规上工业比重为例（图 2-8），除江浙、成渝等地少数几个城市比重较低外，多数城市的占比都高于第一类城市，其中江苏、安徽、江西、湖北、云南等省部分城市高耗能产业的比重甚至达到 50% 以上乃至更高。

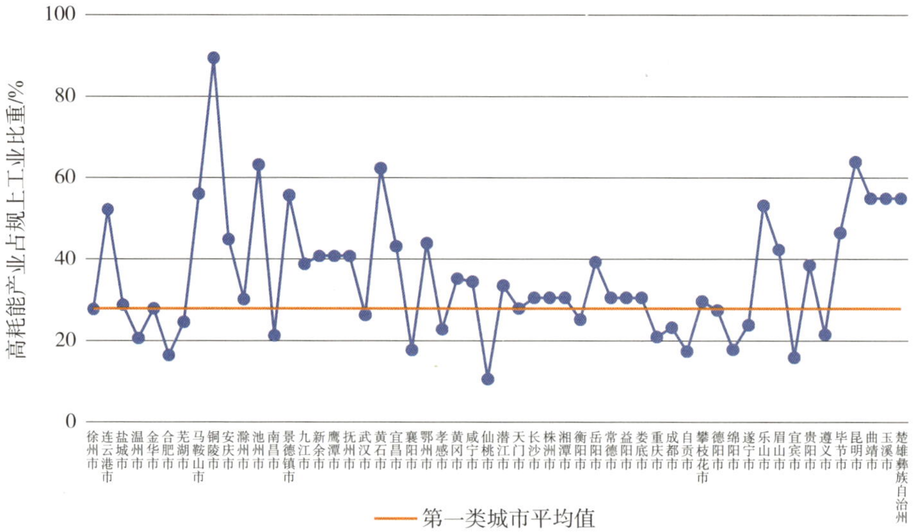


图 2-8　2019 年六大高耗能产业占规上工业比重

### 2.3.2.2　中西部非中心城市需要加强创新驱动力

创新是推动经济绿色增长的重要驱动力，产业转型升级的核心也是创新驱动，要更多依靠科技创新、管理创新、制度创新以及商业模式的创新，而不是走粗放式增长的老路。然而，创新能力不足是长江经济带第二类城市普遍面临的难题，尤其是在中西部非中心城市，创新要素严重不足，导致经济绿色增长驱动乏力。以人均专利申请量为例（图 2-9），第二类城市整体远低于第一类城市，且东部地区城市明显高于中西部地区城市，城市群中心城市明显高于周边城市，呈现出非常明显的东、中、西部递减趋势，以及中心城市波峰、周边城市波谷的分布特征。

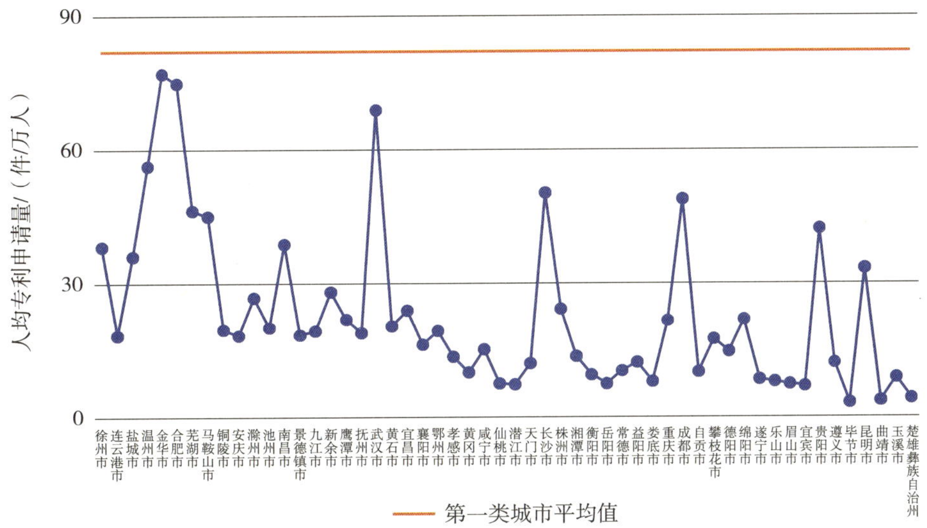


图 2-9　2019 年人均专利申请量

#### 2.3.2.3　资源利用效率与污染控制水平亟待大幅提升

长江经济带第二类城市资源利用效率和污染控制水平总体偏低，与第一类城市相比差距很大，清洁化、高效化、低碳化水平有待大幅提升。以水资源生产率、碳生产率、单位工业增加值大气污染物排放量三个资源环境绩效指标为例（图 2-10～图 2-12），除少数几个城市外，第二类城市的水资源生产率、碳生产率都明显低于第一类城市，而单位工业增加值大气污染物排放量则明显高于第一类城市，并且不少城市之间还存在着比较大的差距。

### 2.3.3　第三类城市

#### 2.3.3.1　需要加强耕地资源保护力度

第三类城市是国家或地方划定的农产品主产区集中分布的地区，为了保障国家农产品安全，需要着力保护耕地，对于基本农田保护空间及农村发展空间，要有足够的预留和保护。然而从调查情况来看，长江经济带城镇建设用地扩张

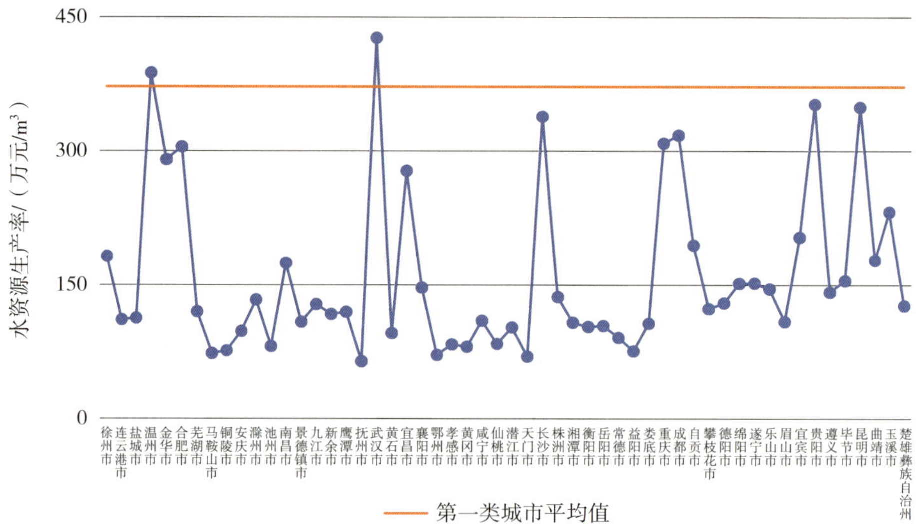


图 2-10　2019 年水资源生产率

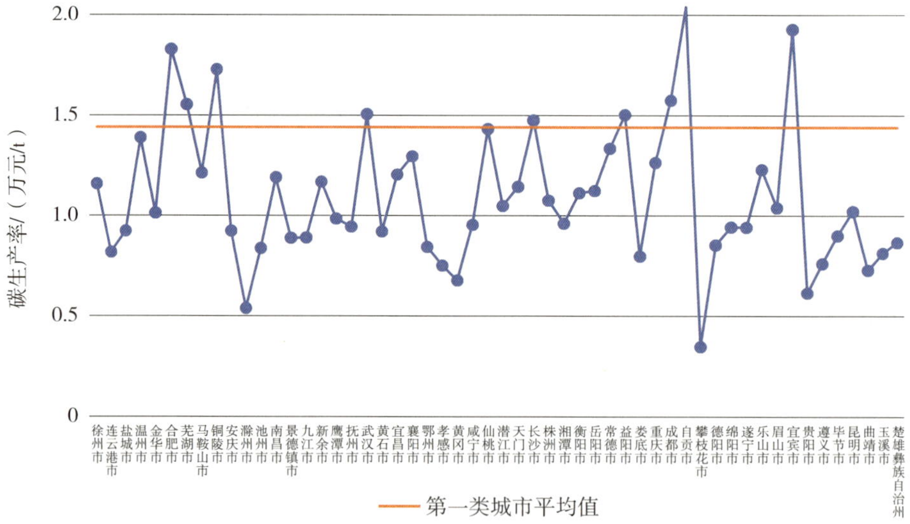


图 2-11　2019 年碳生产率

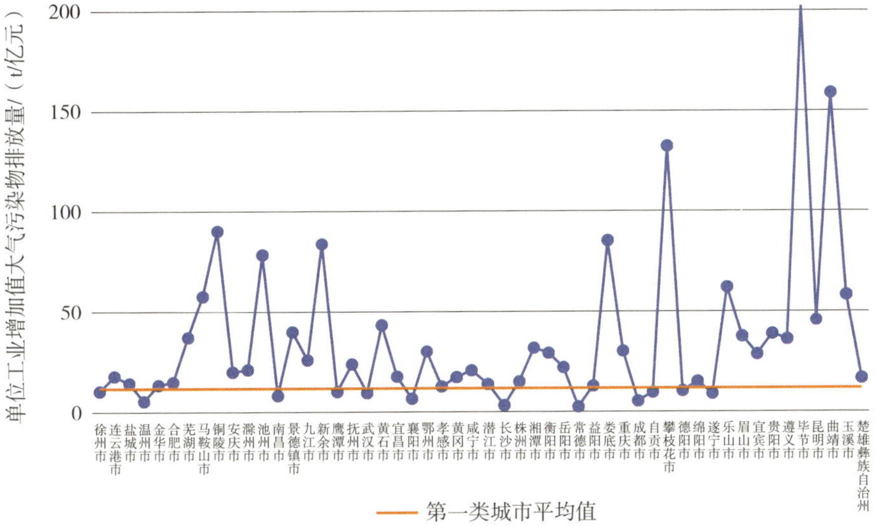


注：仙桃市、天门市统计数据缺失。

图 2-12　2019 年单位工业增加值大气污染物排放量

侵占耕地现象较为普遍。数据显示，长江经济带城镇建设用地扩张侵占土地类型以耕地（70%）、林地（15%）和农村建设用地（6%）为主，其中下游地区被侵占土地类型中耕地、农村建设用地分别占 77%、11%，中游地区被侵占土地类型中耕地占比为 65%，上游成渝地区、云贵地区被侵占土地类型中耕地占比则分别达到 83%、47%。

### 2.3.3.2　需要提高农民收入、缩小地区差距

长江经济带区域发展不均衡、城乡二元化问题在第三类城市（自治州）中表现明显。与第一、第二类城市（自治州）相比，第三类城市（自治州）的农民收入水平存在较大的差距，从收入绝对值来看（图 2-13），第三类城市（自治州）农村居民可支配收入明显低于第一、第二类城市（自治州）平均值，并且不同区域之间也存在明显的差异，地处下游江浙地区、中游江汉平原、上游四川盆地农产品主产区的农村居民收入相对较高，而上游云贵地区农产品主产区的农村居民收入较低；从收入相对值来看（图 2-14），第三类城市（自治州）城乡差距依然较大，城乡收入比总体都在 2 倍以上，上游云贵地区达到 3 倍左右。

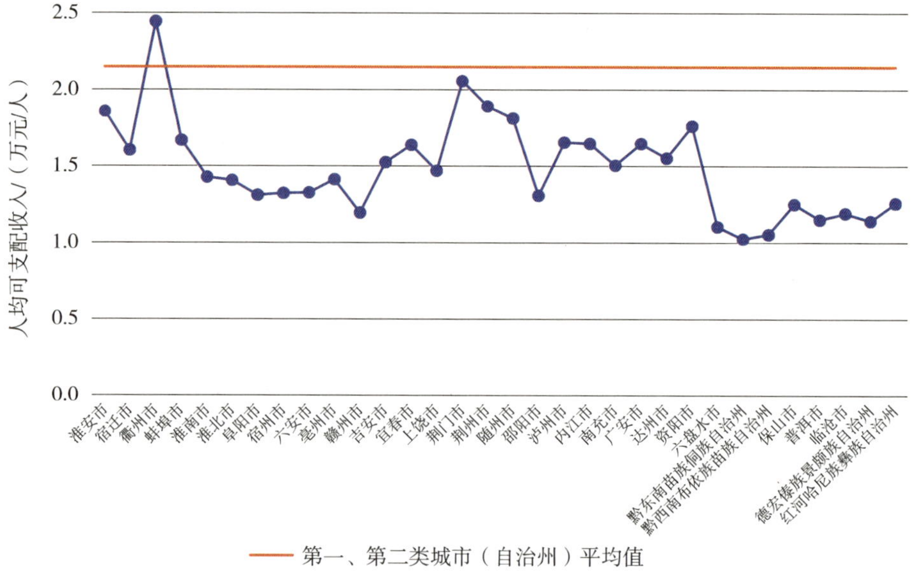


图 2-13　2019 年农村居民人均可支配收入（第三类城市）

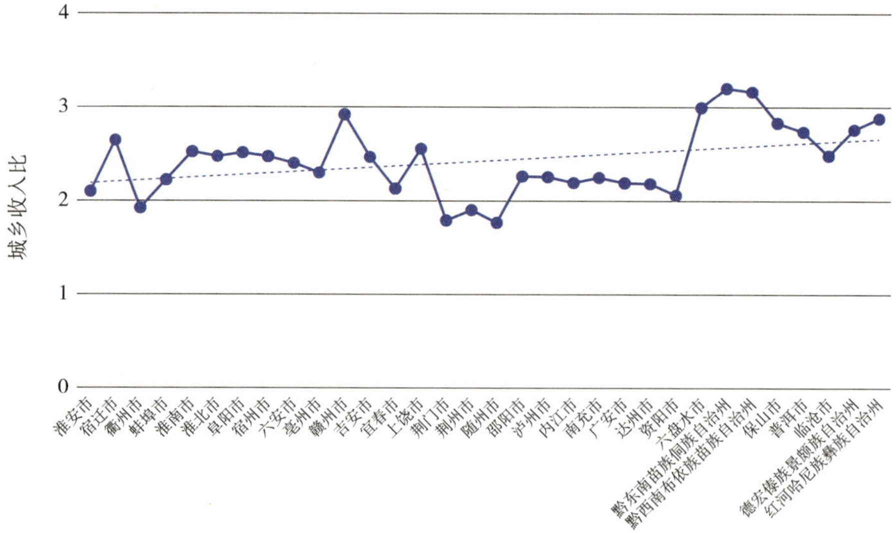


图 2-14　2019 年城乡收入比（第三类城市）

### 2.3.4 第四类城市

#### 2.3.4.1 重要生态服务功能维护任务依然艰巨

第四类城市地处藏东南高原边缘森林生态功能区、川滇森林及生物多样性功能区、桂黔滇喀斯特石漠化防治生态功能区、秦巴山区生物多样性生态功能区、三峡库区水土保持功能区、武陵山区生物多样性与水土保持功能区、南岭山地森林及生物多样性生态功能区等国家层面，以及皖南山区、浙西南山区等区域层面的重点生态功能区，主体功能包括水土保持、水源涵养、生物多样性保护与防风固沙等，对于保障国家和长江流域生态安全意义重大。根据中科院生态现状调查数据，近年来长江经济带生态系统服务功能整体呈现提升趋势，2000—2015 年长江经济带水土保持总量增加 6.4 亿 t（增幅 0.69%），防风固沙功能增加 0.9 亿 t（增幅 30%），水源涵养功能增加 1 011.7 亿 $m^3$（增幅 15.6%）。

但是，第四类城市所在的地区尤其长江上游地区生态系统脆弱且敏感，重要生态服务功能维护任务依然艰巨。据统计，长江经济带上游地区水土流失面积达 39.8%，加之地震、滑坡、泥石流等自然灾害频繁，加剧了生态系统的破碎化和敏感程度；上游生态敏感脆弱区同时也是矿产资源富集区，开发与保护矛盾突出，矿产资源富集区与自然保护区以及地质灾害易发区空间上的重叠，使得生态系统整体性和斑块连通度降低，局部生态系统功能退化，维护自然资产完整性任务艰巨。

#### 2.3.4.2 人民生活水平提升任重道远

长江经济带区域发展不均衡、城乡二元化问题在第四类城市中表现得尤为突出。与第一、第二类城市平均值相比，第四类城市的农民收入水平存在很大的差距，从收入绝对值来看（图 2-15），第四类城市农村居民可支配收入明显低于第一、第二类城市平均值，也低于第三类城市，并且不同区域之间也存在明显的差异，东中西部收入递减趋势明显；从收入相对值来看（图 2-16），第四类城市城乡差距非常大，城乡收入比基本都在 2 倍以上，上游云贵地区甚至高达 3～4 倍。

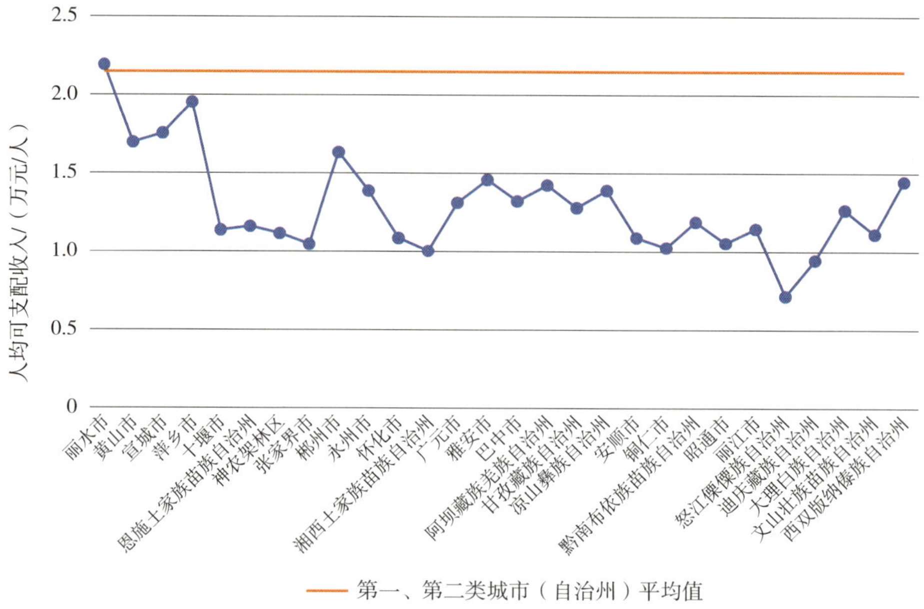


图 2-15　2019 年农村居民人均可支配收入（第四类城市）

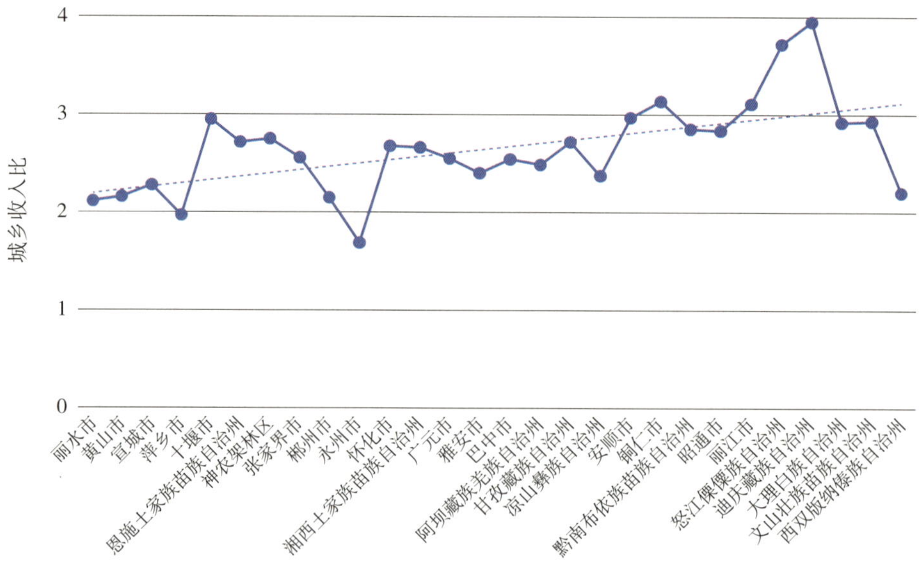


图 2-16　2019 年城乡收入比（第四类城市）

# 3

# 长江经济带绿色发展差异化指标体系

Adaptive Indicators Measuring Green Development in the Yangtze River Economic Belt

## 3.1 绿色发展评价方法

绿色发展评价作为衡量绿色发展进程、识别绿色发展潜力和短板、促进绿色发展的重要方法和有效手段，一直是国内外研究和实践的热点，迄今国际组织、政府部门、研究机构、高校和学者已经构建了大量绿色发展相关的评价体系，附录 1 梳理了国内外绿色发展相关的评价实践、评价方法和指标构成等内容。

本报告在我国应用最广泛的绿色发展综合指数型指标体系方法的基础上，汲取了国际主流“仪表盘”型指标体系方法的适用性和灵活性特点，针对长江经济带不同类型城市打造差异化的评价标尺，构建框架一致、权重不同、指标灵活的绿色发展指标体系：

①“框架一致”就是绿色发展的五维目标和实现目标的 15 类要素构成一致，即绿色发展指标体系框架相同（表 1-2）；

②“权重不同”就是对于不同城市类型，绿色发展各目标、各要素的相对优先性或重要性不同，因而权重也不同；

③“指标灵活”就是在各类要素下根据城市类型的特色或重点，兼顾数据的可得性，可以灵活地选择具体评价指标，各类要素下可选评价指标见表 3-1。

表 3-1　绿色发展评价指标

| 目标层 | 要素层 | 评价指标（可选） |
| --- | --- | --- |
| 自然资产维持 | 自然资源存量 | 水、土地、森林、草原、矿产、渔业、生物多样性资源等，评价指标如人均水资源量、耕地保有量、森林蓄积量（覆盖率）、草原综合植被覆盖度、湿地保护率、重点生物物种种数及保护率等 |
| | 自然资源增量 | 新增水土流失治理面积、新增矿山恢复治理面积、新增退耕还林还草面积等 |
| 资源环境利用 | 资源合理配置 | 非化石能源占一次能源消费比重、水资源开发利用率、土地开发利用率等 |
| | 资源高效利用 | 单位 GDP 能源消耗、万元 GDP 用水量、单位 GDP 建设用地面积等 |
| | 资源循环利用 | 工业用水重复利用率、工业固体废物综合利用率、生活垃圾分类收集率、农作物秸秆综合利用率等 |
| | 污染有效控制 | 主要污染物排放总量、污水处理率、生活垃圾无害化处理率、单位耕地面积化肥（农药）施用量等 |
| 经济绿色增长 | 经济增长速度 | GDP 增速、人均 GDP 等 |
| | 经济增长结构 | 第三产业增加值占 GDP 比重、高耗能产业产值占工业总产值比重等 |
| | 经济增长驱动 | 研发经费支出占比、环境污染治理投资占比、战略性新兴产业增加值增长率、高新技术企业增加值增长率等 |
| | 经济矫正政策 | 环境税收占全部税收比重、可再生能源上网电价等 |
| 绿色福祉提升 | 环境健康 | 细颗粒物（$PM_{2.5}$）浓度、饮用水中有害物质浓度等 |
| | 环境安全 | 受污染耕地安全利用率、危险废物安全处置率、环境污染事故数量等 |
| | 环境舒适 | 空气优良天数比例、地表水水质优良比例、建成区绿地覆盖率等 |
| 绿色公平实现 | 收入分配公平 | 城乡收入比、农村居民人均可支配收入等 |
| | 资源环境服务获得公平 | 燃气普及率、农村自来水普及率、农村卫生厕所普及率等 |

## 3.2 绿色发展权重确定

### 3.2.1 权重确定方法

采用基于群决策的层次分析法（Analytic Hierarchy Process，AHP）确定绿色发展指标权重（权重计算方法详见附录 2）。设计长江经济带绿色发展 AHP 调查问卷，在长江经济带、绿色发展、国土空间规划等密切相关的领域遴选出 14 位专家（所有专家都具有高级职称，部分专家为领域内知名学者），于 2021 年 2—3 月进行调查问卷发放和回收（调查问卷详见附录 3）。问卷回收后对各个专家给出的判断矩阵进行一致性检验和修正，最终计算得到四类城市各个矩阵的排序权重及总排序权重。

### 3.2.2 权重分配结果

长江经济带各类城市绿色发展体系权重分配结果见表 3-2。绿色发展的目标权重排序反映了不同类型城市绿色发展重点目标任务的差异：①第一类城市的权重排序为经济绿色增长＞绿色福祉提升＞资源环境利用＞绿色公平实现＞自然资产维持，长三角是长江经济带中经济社会最为发达同时环境问题也更加突出的地区，绿色发展应当率先转变经济增长方式、调整优化经济结构、提升科技创新能力，同时也要以安全健康的环境为目标，着力于绿色福祉的提升；②第二类城市的权重排序为经济绿色增长＞资源环境利用＞绿色福祉提升＞绿色公平实现＞自然资产维持，第二类城市经济基础和资源环境承载能力较强，有较大的发展潜力，重点应当在提高经济增长效益、调整优化经济结构、提升科技创新能力，以及有效控制污染物排放、高效合理利用资源能源等方面推动绿色发展；③第三类城市的权重分布总体较为均衡，权重排序为自然资产维持＞资源环境利用＞经济绿色增长＞绿色公平实现＞绿色福祉提升，第三类城市是保障农产品供给安全的重要区域，绿色发展应当多路径兼顾，既要着力保护耕地资源，又要优化资源开发利用方式、提升经济增长效益、促进社会公平实现；④第四类城市的权重排序为自然资产维持＞绿色福祉提升＞绿色公平实现＞资源环境利用＞经济绿色增长，第四类城市是保障国家和流域生态安全的重要区域，绿色发展要以保护和修复自然资源资产为最重要的任务，增强生态服务功能。

表 3-2 长江经济带各类城市绿色发展权重分布

| 目标层 | 目标权重 /% | | | | 要素层 | 要素权重 /% | | | |
|---|---|---|---|---|---|---|---|---|---|
| | 第一类城市 | 第二类城市 | 第三类城市 | 第四类城市 | | 第一类城市 | 第二类城市 | 第三类城市 | 第四类城市 |
| 自然资产维持 | 7.0 | 6.5 | 29.5 | 57.3 | 自然资源存量 | 1.5 | 3.2 | 22.5 | 46.2 |
| | | | | | 自然资源增量 | 5.5 | 3.2 | 7.0 | 11.1 |
| 资源环境利用 | 18.1 | 32.9 | 23.5 | 8.5 | 资源合理配置 | 8.5 | 6.3 | 8.3 | 4.0 |
| | | | | | 资源高效利用 | 2.4 | 10.3 | 7.0 | 1.5 |
| | | | | | 资源循环利用 | 3.0 | 5.0 | 3.5 | 1.0 |
| | | | | | 污染有效控制 | 4.2 | 11.3 | 4.7 | 2.0 |
| 经济绿色增长 | 38.7 | 40.9 | 22.2 | 7.3 | 经济增长速度 | 2.3 | 12.1 | 4.4 | 0.5 |
| | | | | | 经济增长结构 | 14.5 | 13.1 | 7.2 | 2.2 |
| | | | | | 经济增长驱动 | 13.6 | 11.0 | 6.2 | 1.3 |
| | | | | | 经济矫正政策 | 8.3 | 4.7 | 4.4 | 3.3 |
| 绿色福祉提升 | 21.5 | 12.4 | 11.3 | 15.9 | 环境健康 | 8.5 | 4.8 | 5.0 | 6.5 |
| | | | | | 环境安全 | 9.1 | 5.6 | 4.0 | 7.4 |
| | | | | | 环境舒适 | 3.9 | 2.0 | 2.3 | 2.0 |
| 绿色公平实现 | 14.7 | 7.3 | 13.5 | 11.0 | 收入分配公平 | 6.3 | 4.5 | 9.3 | 7.5 |
| | | | | | 资源环境服务获得公平 | 8.4 | 2.9 | 4.2 | 3.5 |
| 合计 | 100 | 100 | 100 | 100 | 合计 | 100 | 100 | 100 | 100 |

绿色发展的要素权重排序反映了不同类型城市绿色发展具体优先方向的差异（图 3-1）：①第一类城市绿色发展最重要的几个方向依次是优化升级经济结构、提高创新能力和绿色投资、保障区域环境安全及健康；与第二类城市相比，第一类城市在绿色经济政策先行、环境污染健康问题改善等方面的需求也更强；②第二类城市绿色发展最重要的几个方向依次是调整优化经济结构、保持经济增长速度、减少污染物排放、加大科技创新和绿色投资；相比较而言，经济增速、污染控制、资源效率等已经不是第一类城市绿色发展需要重点解决的问题，但仍是第二类城市绿色发展需要重点关注的方面；③第三类城市绿色发展最重

要的几个方向依次是保护耕地资源的完好性、增加农民收入促进公平、合理配置农业资源；④第四类城市绿色发展最重要的几个方向依次是维持自然资源资产的完好性、开展自然恢复和生态修复、促进收入分配公平；与第一、第二类城市相比，最显著的差异就是维持自然资源资产的完好性是第三、第四类城市绿色发展的首要任务，同时，提升自然资源增量和促进收入分配公平也相对更加重要。

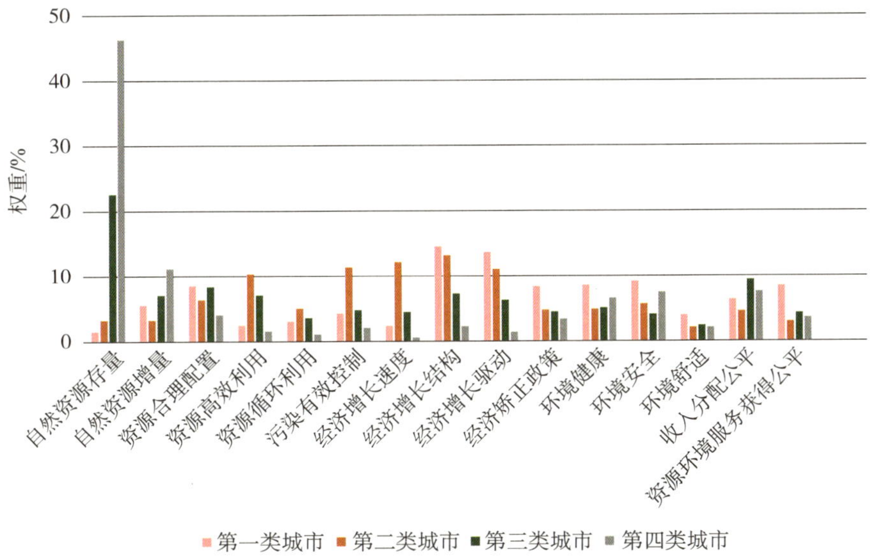


图 3-1　长江经济带各类城市绿色发展要素权重分布

> **绿色发展权重比较**
>
> 2016 年，国家发展改革委、国家统计局、环境保护部、中央组织部联合印发《绿色发展指标体系》（以下简称 2016 版指标体系），用以评价我国省区市层面的绿色发展进程。为了与本报告得到的长江经济带城市绿色发展权重进行比较，将 2016 版指标体系中的 55 个指标按照本报告构建的绿色发展体系框架（表 1-2）重新分配，分别得到自然资产维持、资源环境利用、经济绿色增长、绿色福祉提升和绿色公平实现目标的指标 11 个、23 个、9 个、9 个和 3 个，重新加和得到各个目标的权重，图 3-2 显示了其与本报告得到的长江经济带城市绿色发展权重分布的差异。

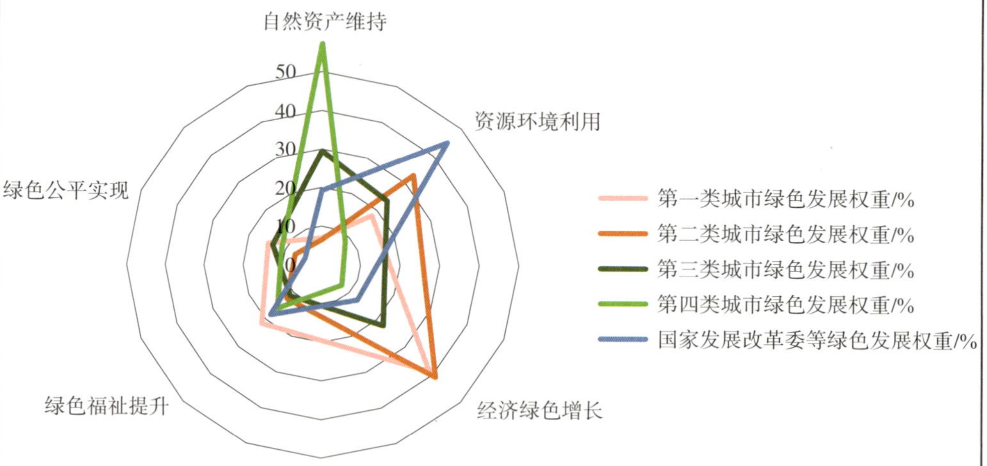


图 3-2　绿色发展权重比较

由图 3-2 可以看出，2016 版指标体系对不同城市的绿色发展都用同一把“尺子”测量，本报告则实现了对不同类型城市绿色发展的多把“尺子”测量；2016 版指标体系对高效循环利用资源、环境污染治理等资源环境利用目标的赋权最高，对绿色公平实现目标的赋权最低，对其他目标的赋权则介于不同城市类型之间。本报告得到的长江经济带城市绿色发展权重与 2016 版指标体系权重相比，强调了自然资源资产对第三、第四类城市，尤其是对第四类城市的绿色发展更加重要；经济绿色增长对第一、第二类城市和第三类城市的绿色发展更加重要；寻求绿色福祉提升对第一类城市的绿色发展更加重要；寻求绿色公平实现对长江经济带所有类型城市的绿色发展都更加重要。

本报告构建的差异化绿色发展权重也可在一定程度上改善综合指数指标体系方法本身固有的“弱可持续”问题（通过赋权加权计算综合指数实际上是假设不同维度间可以相互替代，即一个维度的改善可以抵消另一个维度的恶化），各类城市绿色发展需要优先解决的问题被赋予更高的权重，难以被重要性次之的其他问题的改善所替代。例如，对于以长江经济带上游为代表的第四类城市，自然资源的保护和修复被赋予极高的权重，确保绿色发展以维持自然系统生态服务功能、保障流域生态安全为优先，不能被经济增长所替代。

## 3.3 绿色发展指标体系

### 3.3.1 绿色发展评价指标

在绿色发展体系框架的各类要素下，根据长江经济带不同城市类型的特色和重点选择具体评价指标，同时也考虑到在城市层面，很多理想指标的统计数据缺口较大，且不同城市的统计口径也存在较大的差异，因此，基于数据的可获得性和权威性，确定本次评价采用的具体指标。各具体指标的权重在其所属的要素下进行平均权重处理得到。评价指标及权重分布见表 3-3，各指标的单位、属性、计算方法和说明等具体信息详见附录 4。

### 3.3.2 指标数据来源

通过多种公开渠道获取数据，尽可能采用最新年度的数据，附录 4 列出了表 3-3 中各个评价指标的来源和年份。总体来看，数据来源主要包括五类：①中国城市统计年鉴、能源统计年鉴、地方统计年鉴、国民经济与社会发展统计公报、水资源公报、生态环境状况公报等统计年鉴和公报；②中国科学院资源环境科学与数据中心、中国碳核算数据库、公众环境研究中心等数据库；③地方政府、生态环境局、住房和城乡建设局、农业农村厅等相关部门官网的信息公报；④公开的新闻报道；⑤“三线一单”等研究成果。绝大部分数据年份为 2019 年，没有 2019 年数据的采用临近年数据。

### 3.3.3 指标无量纲化处理

采用极差法对 130 个城市（自治州、林区）各个指标的原始数据进行无量纲化处理，处理后的指标值都标准化为 0～100 的数值。

正向指标：

$$Y_i = \frac{X_i - X_{\min}}{X_{\max} - X_{\min}} \times 100 \tag{3-1}$$

逆向指标：

$$Y_i = \frac{X_{\max} - X_i}{X_{\max} - X_{\min}} \times 100 \tag{3-2}$$

式中，$Y_i$ 为第 $i$ 个指标标准化后的个体指数；$X_i$ 为第 $i$ 个指标的原始统计值；$X_{\min}$ 为第 $i$ 个指标原始统计值的最小值；$X_{\max}$ 为第 $i$ 个指标原始统计值的最大值。

### 3.3.4 绿色发展综合指数计算

在对所有评价指标分别进行无量纲化处理得到个体指数的基础上，对各指标个体指数进行加权计算绿色发展综合指数。绿色发展综合指数计算公式如下：

$$Z = \sum_{i=1}^{N} W_i Y_i \tag{3-3}$$

式中，$Z$ 为绿色发展综合指数；$Y_i$ 为第 $i$ 个指标的个体指数；$W_i$ 为第 $i$ 个指标的权重；$N$ 为指标个数，对于第一、第二类城市 $N$=27，对于第三类城市 $N$=28，对于第四类城市 $N$=29。

表 3-3　长江经济带各类城市绿色发展指标体系

| 要素 | 第一类城市 | | 第二类城市 | | 第三类城市 | | 第四类城市 | |
|---|---|---|---|---|---|---|---|---|
| | 指标 | 权重 / % | 指标 | 权重 / % | 指标 | 权重 / % | 指标 | 权重 / % |
| 1. 自然资源存量 | 1. 优先保护区面积占比 | 1.50 | 1. 优先保护区面积占比 | 3.20 | 1. 优先保护区面积占比 | 11.25 | 1. 优先保护区面积占比 | 15.40 |
| | | | | | 2. 耕地面积占比 | 11.25 | 2. 陆地植被固碳量 | 15.40 |
| | | | | | | | 3. 森林覆盖率 | 15.40 |
| 2. 自然资源增量 | 2. 水土流失面积减少 | 5.50 | 2. 水土流失面积减少 | 3.20 | 3. 水土流失面积减少 | 7.00 | 4. 水土流失面积减少 | 5.55 |
| | | | | | | | 5. 当年人工造林面积 | 5.55 |
| 3. 资源合理配置 | 3. 煤炭消费占比 | 2.83 | 3. 煤炭消费占比 | 2.10 | 4. 煤炭消费占比 | 2.77 | 6. 煤炭消费占比 | 1.33 |
| | 4. 水资源开发利用率 | 2.83 | 4. 水资源开发利用率 | 2.10 | 5. 水资源开发利用率 | 2.77 | 7. 水资源开发利用率 | 1.33 |
| | 5. 土地开发利用率 | 2.83 | 5. 土地开发利用率 | 2.10 | 6. 土地开发利用率 | 2.77 | 8. 土地开发利用率 | 1.33 |
| 4. 资源高效利用 | 6. 碳生产率 | 0.80 | 6. 碳生产率 | 3.43 | 7. 碳生产率 | 2.33 | 9. 碳生产率 | 0.50 |
| | 7. 水资源生产率 | 0.80 | 7. 水资源生产率 | 3.43 | 8. 水资源生产率 | 2.33 | 10. 水资源生产率 | 0.50 |
| | 8. 土地资源生产率 | 0.80 | 8. 土地资源生产率 | 3.43 | 9. 单位耕地面积农业总产值 | 2.33 | 11. 土地资源生产率 | 0.50 |
| 5. 资源循环利用 | 9. 一般工业固体废物综合利用率 | 3.00 | 9. 一般工业固体废物综合利用率 | 5.00 | 10. 农作物秸秆综合利用率 | 3.50 | 12. 一般工业固体废物综合利用率 | 1.00 |

| 要素 | 第一类城市 | | 第二类城市 | | 第三类城市 | | 第四类城市 | |
|---|---|---|---|---|---|---|---|---|
| | 指标 | 权重 / % | 指标 | 权重 / % | 指标 | 权重 / % | 指标 | 权重 / % |
| 6. 污染有效控制 | 10. 单位工业增加值大气污染物排放 | 1.40 | 10. 单位工业增加值大气污染物排放 | 3.77 | 11. 单位工业增加值大气污染物排放 | 1.57 | 13. 单位工业增加值大气污染物排放 | 0.67 |
| | 11. 单位耕地面积化肥施用量 | 1.40 | 11. 单位耕地面积化肥施用量 | 3.77 | 12. 单位耕地面积化肥施用量 | 1.57 | 14. 单位耕地面积化肥施用量 | 0.67 |
| | 12. 污水处理率 | 1.40 | 12. 污水处理率 | 3.77 | 13. 污水处理率 | 1.57 | 15. 污水处理率 | 0.67 |
| 7. 经济增长速度 | 13. GDP 增速 | 1.15 | 13. GDP 增速 | 6.05 | 14. GDP 增速 | 2.20 | 16. GDP 增速 | 0.25 |
| | 14. 人均 GDP | 1.15 | 14. 人均 GDP | 6.05 | 15. 人均 GDP | 2.20 | 17. 人均 GDP | 0.25 |
| 8. 经济增长结构 | 15. 第三产业增加值占 GDP 比重 | 7.25 | 15. 第三产业增加值占 GDP 比重 | 6.55 | 16. 第三产业增加值占 GDP 比重 | 3.60 | 18. 第三产业增加值占 GDP 比重 | 2.20 |
| | 16. 六大高耗能产业占规上工业增加值比重 | 7.25 | 16. 六大高耗能产业占规上工业增加值比重 | 6.55 | 17. 农产品加工业与农业总产值之比 | 3.60 | | |
| 9. 经济增长驱动 | 17. 研发经费占 GDP 比重 | 6.80 | 17. 研发经费占 GDP 比重 | 5.50 | 18. 研发经费占 GDP 比重 | 3.10 | 19. 研发经费占 GDP 比重 | 0.65 |
| | 18. 人均专利申请量 | 6.80 | 18. 人均专利申请量 | 5.50 | 19. 人均专利申请量 | 3.10 | 20. 人均专利申请量 | 0.65 |
| 10. 经济矫正政策 | 19. 特种行业用水价格 | 8.30 | 19. 特种行业用水价格 | 4.70 | 20. 特种行业用水价格 | 4.40 | 21. 特种行业用水价格 | 3.30 |
| 11. 环境健康 | 20. $PM_{2.5}$ 年均浓度 | 8.50 | 20. $PM_{2.5}$ 年均浓度 | 4.80 | 21. $PM_{2.5}$ 年均浓度 | 5.00 | 22. $PM_{2.5}$ 年均浓度 | 6.50 |

| 要素 | 第一类城市 | | 第二类城市 | | 第三类城市 | | 第四类城市 | |
|---|---|---|---|---|---|---|---|---|
| | 指标 | 权重 / % | 指标 | 权重 / % | 指标 | 权重 / % | 指标 | 权重 / % |
| 12. 环境安全 | 21. 水源地安全指数 | 4.5 | 21. 水源地安全指数 | 2.80 | 22. 水源地安全指数 | 2.00 | 23. 水源地安全指数 | 3.70 |
| | 22. 单位国土面积高环境风险行业企业数量 | 4.5 | 22. 单位国土面积高环境风险行业企业数量 | 2.80 | 23. 受污染耕地安全利用率 | 2.00 | 24. 生态环境状况指数 | 3.70 |
| 13. 环境舒适 | 23. 人均公园绿地面积 | 3.90 | 23. 人均公园绿地面积 | 2.00 | 24. 人均公园绿地面积 | 2.30 | 25. 人均公园绿地面积 | 2.00 |
| 14. 收入分配公平 | 24. 城乡收入比 | 3.15 | 24. 城乡收入比 | 2.25 | 25. 城乡收入比 | 4.65 | 26. 城乡收入比 | 3.75 |
| | 25. 农村居民人均可支配收入 | 3.15 | 25. 农村居民人均可支配收入 | 2.25 | 26. 农村居民人均可支配收入 | 4.65 | 27. 农村居民人均可支配收入 | 3.75 |
| 15. 资源环境服务获得公平 | 26. 农村自来水普及率 | 4.20 | 26. 农村自来水普及率 | 1.45 | 27. 农村自来水普及率 | 2.10 | 28. 农村自来水普及率 | 1.75 |
| | 27. 农村卫生厕所普及率 | 4.20 | 27. 农村卫生厕所普及率 | 1.45 | 28. 农村卫生厕所普及率 | 2.10 | 29. 农村卫生厕所普及率 | 1.75 |

# 4

# 长江经济带绿色发展进程

Green Development Process in the Yangtze River Economic Belt

## 4.1 第一类城市绿色发展进程

### 4.1.1 经济绿色增长

第一类城市经济绿色增长指数的空间分布见图 4-1。总体来看，上海、杭州及江苏省沿江南岸城市经济绿色增长水平相对较高；江苏省沿江北岸城市的经济绿色增长水平相对较低。

第一类城市经济绿色增长指数构成如图 4-2 所示，分要素优、劣势城市如表 4-1 所示。经济结构方面，上海、杭州经济结构转型步伐最快，六大高耗能产业增加值占规上工业增加值的比重在第一类城市中最低，经济增长结构指数处于领先地位；镇江、嘉兴、泰州等 9 个城市产业结构转型升级步伐较慢，需要加快经济结构调整，尽早实现新旧动能转换。增长驱动方面，苏州、南京、杭州研发经费投入力度较大，人均专利申请量保持较高的水平，经济增长驱动指数优势明显；舟山、台州、泰州等五市则需要加大研发投入，加强科技创新能力，为绿色发展提供原动力。绿色政策方面，以衡量水资源价格的代表性指标为例，上海、无锡、宁波对水资源价值的体现程度最高；南通、镇江、南京等五市水资源价格偏低，水资源稀缺程度尚未在市场价格中得到充分体现。

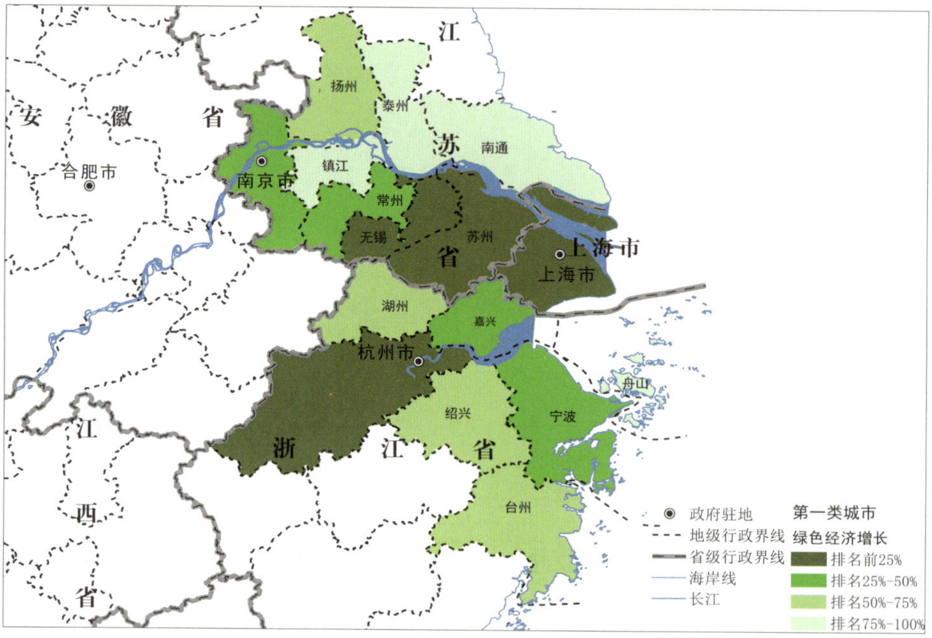


图 4-1　第一类城市经济绿色增长指数空间分布

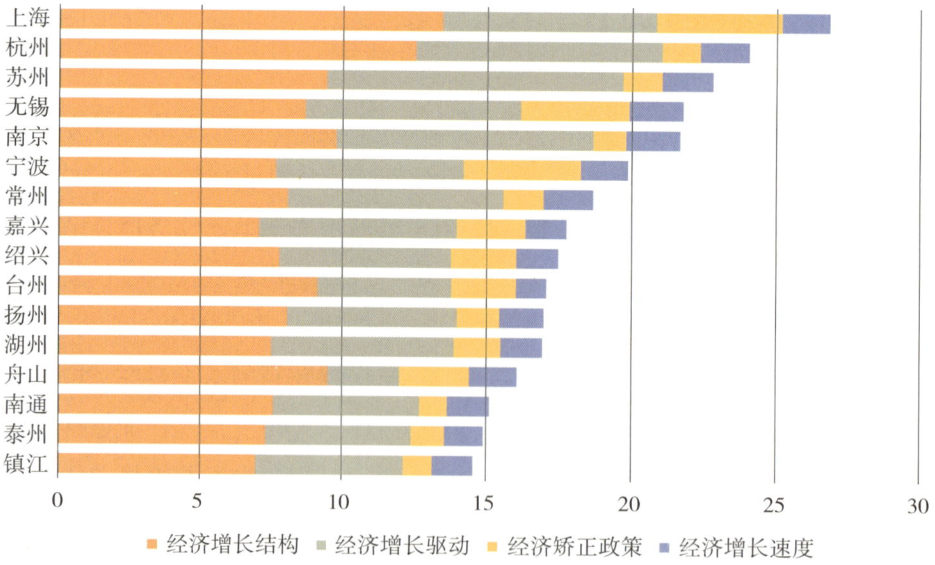


图 4-2　第一类城市经济绿色增长指数构成

表 4-1　第一类城市经济绿色增长分要素优、劣势城市

| 要素 | 优势城市 | 劣势城市 |
|---|---|---|
| 经济增长结构 | 上海、杭州 | 镇江、嘉兴、泰州、湖州、南通、宁波、绍兴、扬州、常州 |
| 经济增长驱动 | 苏州、南京、杭州 | 舟山、台州、泰州、南通、镇江 |
| 经济矫正政策 | 上海、宁波、无锡 | 南通、镇江、南京、泰州、杭州 |
| 经济增长速度 | 无锡、南京 | 台州 |

## 4.1.2　绿色福祉提升

第一类城市绿色福祉提升指数的空间分布见图 4-3。总体来看，浙江省舟山、台州、湖州以及江苏省南通市的绿色福祉水平相对较高，上海、苏州、无锡、常州等经济发达城市的绿色福祉水平相对较低；上海市和江苏省沿江南岸城市的绿色福祉水平不及北岸城市；浙江省总体高于上海市和江苏省的绿色福祉水平。

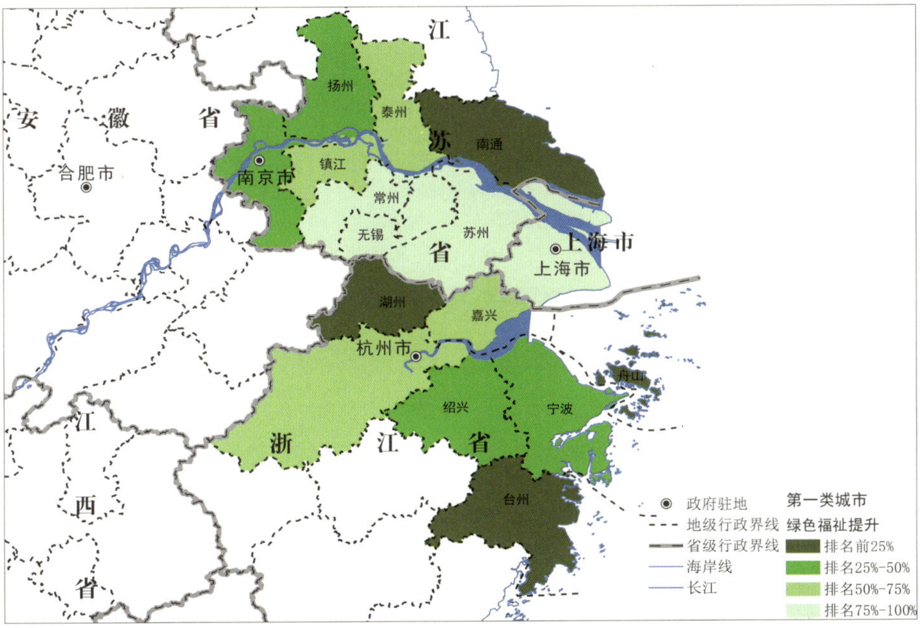


图 4-3　第一类城市绿色福祉提升指数空间分布

第一类城市绿色福祉提升指数构成如图 4-4 所示，分要素优、劣势城市如表 4-2 所示。环境安全方面，舟山、镇江、台州等 8 个城市的环境安全指数水平较高；上海市环境安全指数劣势明显，上海市不仅集聚了长江经济带约 5% 的高环境风险行业企业，而且一些工业园区位于人口密集的主城区，环境安全风险隐患很大，因此，优化产业空间布局、防范区域环境风险是上海提升绿色福祉需要重点补齐的短板。环境健康方面，舟山市作为唯一一个岛屿型城市，环境容量大、空气质量好，环境健康指数最高；镇江、常州、扬州 3 个城市的环境健康指数最低，环境空气质量在第一类城市中排名垫底，$PM_{2.5}$ 年均浓度达到 43～45 μg/m$^3$，改善环境质量、提升环境健康水平是这些城市提升绿色福祉需要重点加强的方向。

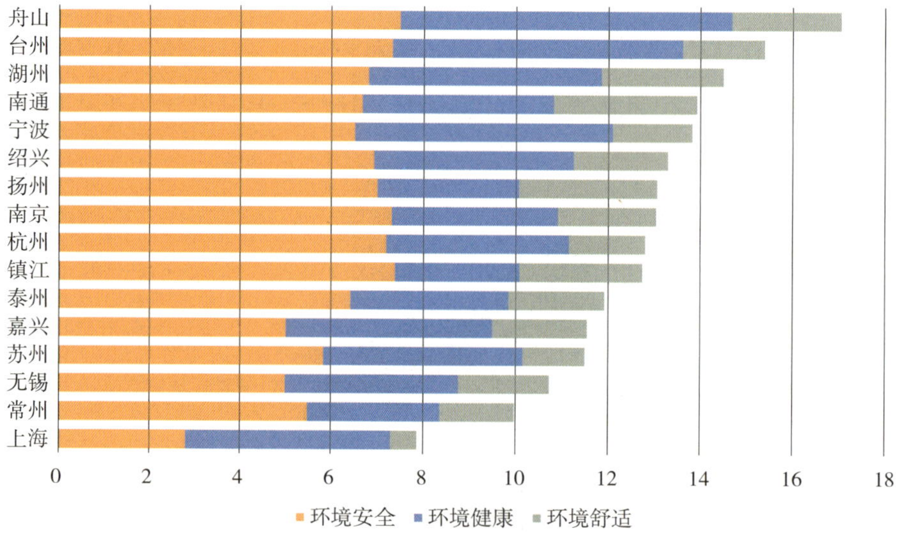


图 4-4　第一类城市绿色福祉提升指数构成

表 4-2　第一类城市绿色福祉提升分要素优、劣势城市

| 要素 | 优势城市 | 劣势城市 |
| --- | --- | --- |
| 环境安全 | 舟山、镇江、台州、南京、杭州、扬州、绍兴、湖州 | 上海 |
| 环境健康 | 舟山 | 镇江、常州、扬州 |
| 环境舒适 | 南通、扬州、镇江、湖州 | 上海 |

### 4.1.3 资源环境利用

第一类城市资源环境利用指数的空间分布见图 4-5。总体来看，浙江省的资源环境利用水平相对较高，上海市和江苏省的资源环境利用水平相对较低。

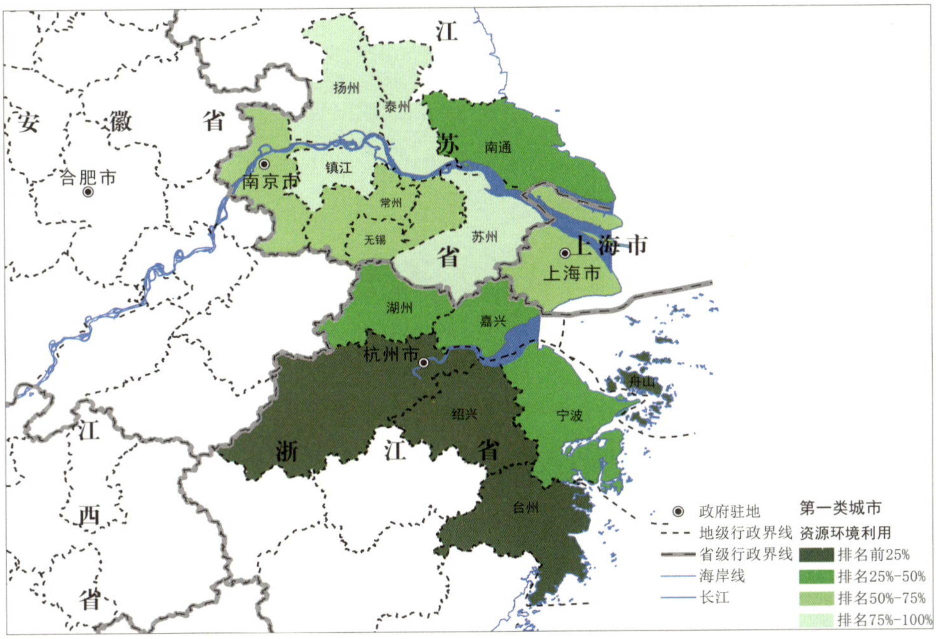


图 4-5 第一类城市资源环境利用指数空间分布

第一类城市资源环境利用指数构成如图 4-6 所示，分要素优、劣势城市如表 4-3 所示。资源配置方面，台州、杭州、绍兴等 6 个城市的资源合理配置指数较高；扬州市资源合理配置指数最低，其水资源开发利用率近 600%，是长江经济带水资源开发利用程度最大的城市，大大拉低了资源合理配置指数得分。污染控制方面，扬州、泰州等 4 个城市污染控制水平与其他第一类城市还存在一定的差距，降低工业和农业污染排放强度、提高环境基础治理能力，是这些城市提高资源环境利用指数需要重点努力的方向。

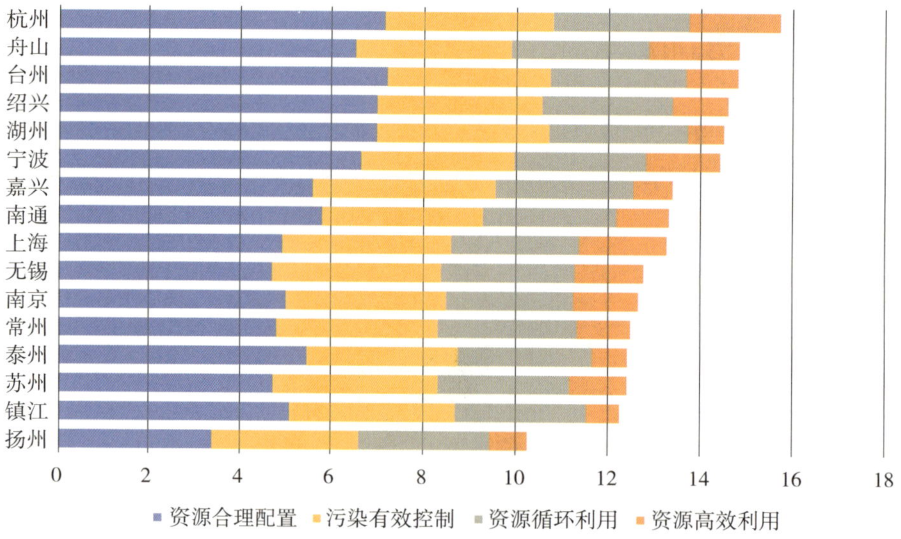


图 4-6　第一类城市资源环境利用指数构成

表 4-3　第一类城市资源环境利用分要素优、劣势城市

| 要素 | 优势城市 | 劣势城市 |
|---|---|---|
| 资源合理配置 | 台州、杭州、绍兴、湖州、宁波、舟山 | 扬州 |
| 污染有效控制 | 嘉兴 | 扬州、泰州、宁波、舟山 |
| 资源循环利用 | 常州、湖州、嘉兴、舟山 | 南京、上海 |
| 资源高效利用 | 杭州、舟山、上海 | 镇江、泰州、湖州、扬州、嘉兴 |

### 4.1.4　绿色公平实现

第一类城市绿色公平实现指数的空间分布见图 4-7。总体来看，环太湖城市的绿色公平实现水平相对较高，江苏省沿江南岸城市的绿色公平实现水平整体高于北岸城市及浙江省多数城市。

第一类城市绿色公平实现指数构成如图 4-8 所示，分要素优、劣势城市如表 4-4 所示。资源环境服务获得公平方面，总体上江苏省和上海市指数高于浙江省（由于资源环境服务获得公平要素下评价指标多为省级层面的统计数据，难以呈现省内不同城市之间的差距）。收入分配方面，泰州、南通、南京、扬州 4 个城市收入分配公平指数与嘉兴、舟山、宁波、绍兴 4 个城市相比存在一定的差距，提高农村居民收入、缩小城乡收入差距仍然是这些城市需要努力的方向。

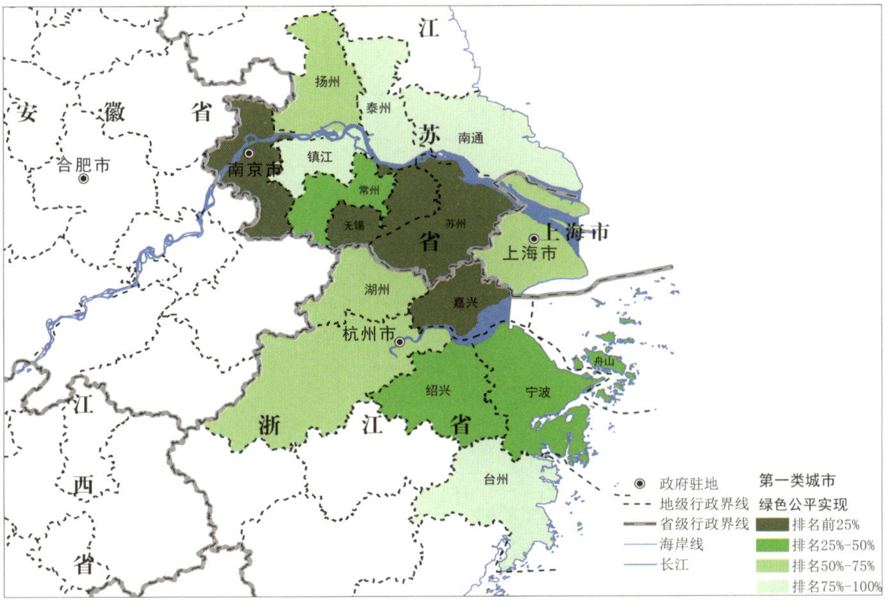


图 4-7 第一类城市绿色公平实现指数空间分布

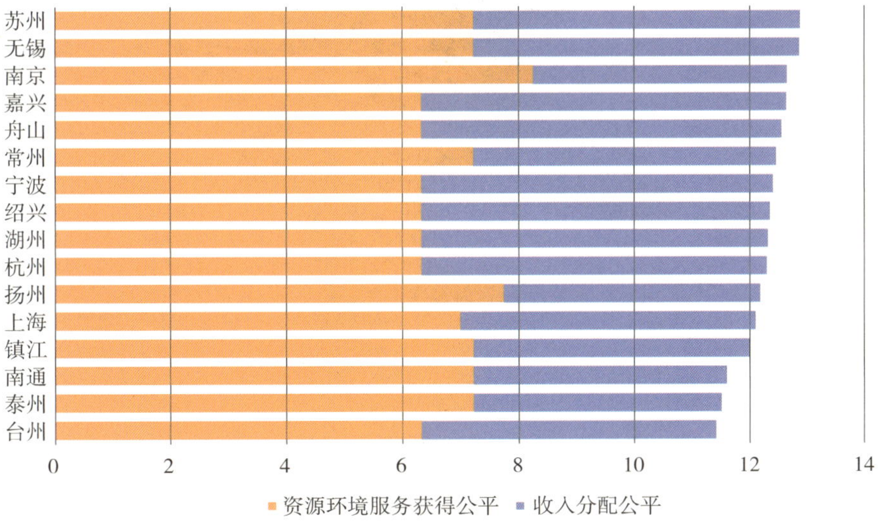


图 4-8 第一类城市绿色公平实现指数构成

注：资源环境服务获得公平要素下“农村自来水普及率”和“农村卫生厕所普及率”评价指标采用省级层面数据，因此呈现出同一省份内不同地市得分相同的现象。

表 4-4　第一类城市绿色公平实现分要素优、劣势城市

| 要素 | 优势城市 | 劣势城市 |
| --- | --- | --- |
| 资源环境服务获得公平 | 南京 | 台州、杭州、湖州、绍兴、宁波、舟山、嘉兴 |
| 收入分配公平 | 嘉兴、舟山、宁波、绍兴 | 泰州、南通、南京、扬州 |

## 4.1.5　自然资产维持

第一类城市自然资产维持指数的空间分布见图 4-9。总体来看，南京市、苏州市、无锡市、常州市的自然资产维持水平相对较高；江苏省沿江南岸城市的自然资产维持水平总体高于北岸城市和浙江省。

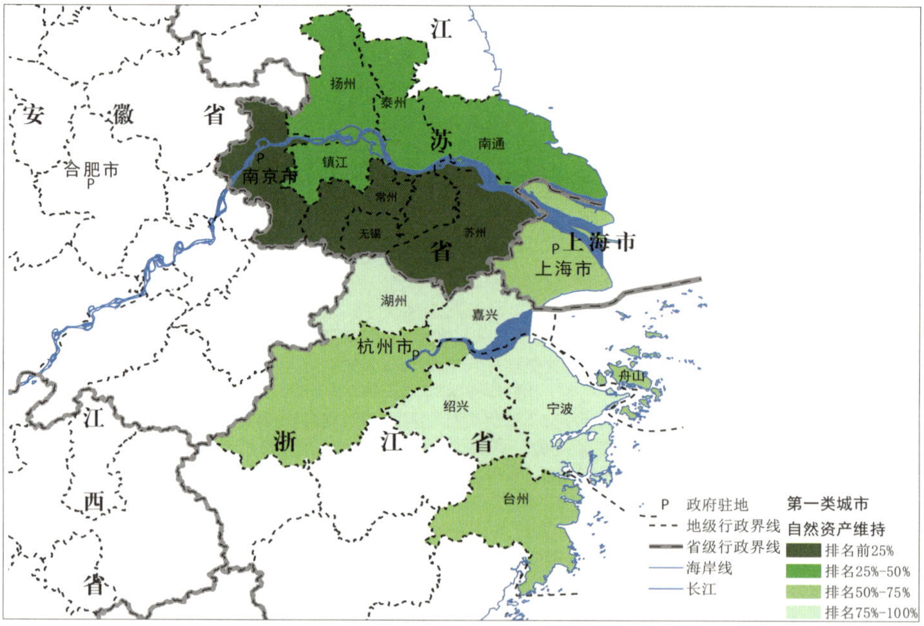


图 4-9　第一类城市自然资产维持指数空间分布

第一类城市自然资产维持指数构成如图 4-10 所示，分要素优、劣势城市如表 4-5 所示。自然资源增量方面，基于省级数据的评价结果显示，江苏省自然资源增量最高，上海市次之，浙江省最低（由于在评价指标数据获取上缺少市

级层面的统计数据，只能采用省级数据替代，可能会与各市的真实情况存在一定的误差）。

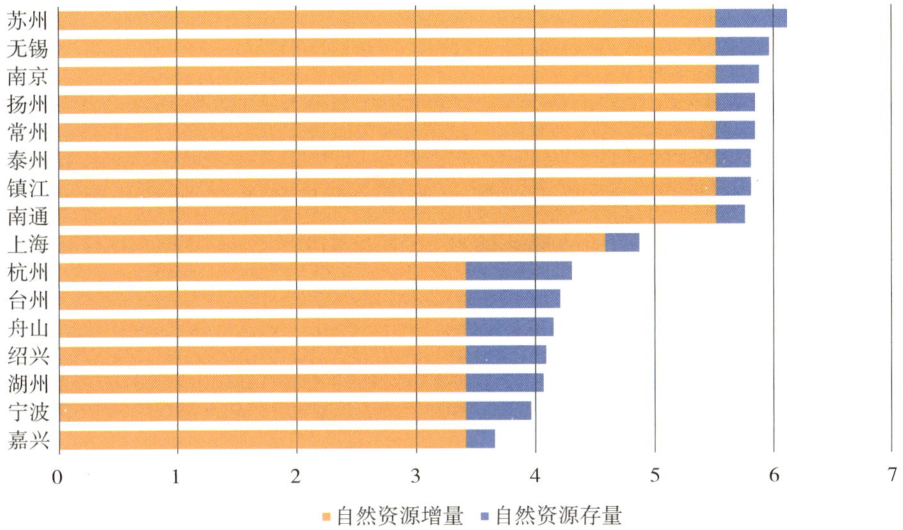


图 4-10　第一类城市自然资产维持指数构成

注：自然资源增量要素下“水土流失面积减少”指标采用省级层面数据，因此导致同一省份内不同地市得分相同。

表 4-5　第一类城市自然资产维持分要素优、劣势城市

| 要素 | 优势城市 | 劣势城市 |
|---|---|---|
| 自然资源增量 | 苏州、无锡、南京、常州、扬州、镇江、泰州、南通 | 嘉兴、宁波、湖州、绍兴、舟山、台州、杭州 |
| 自然资源存量 | 杭州、台州、舟山 | 嘉兴、南通、上海、泰州、镇江 |

## 4.2　第二类城市绿色发展进程

### 4.2.1　经济绿色增长

第二类城市经济绿色增长指数的空间分布见图 4-11。总体来看，第二类城

市中省会城市、环长株潭城市群、合肥都市圈及浙江省城市的经济绿色增长水平相对较高；城市群（圈）中心或节点城市的经济绿色增长水平相对较高，周边城市的经济绿色增长水平相对较低。上游地区，成渝城市群中成都、重庆、绵阳的经济绿色增长水平相对较高，眉山、乐山的经济绿色增长水平相对较低；中游地区，武汉、南昌、长沙、株洲四市的经济绿色增长水平相对较高，环长株潭城市群经济绿色增长水平总体较高，环鄱阳湖经济区次之，武汉都市圈相对较低；下游地区，合肥、芜湖、金华、温州四市的经济绿色增长水平相对较高，位于皖赣交界的安庆、池州两市及铜陵的经济绿色增长水平相对较低。

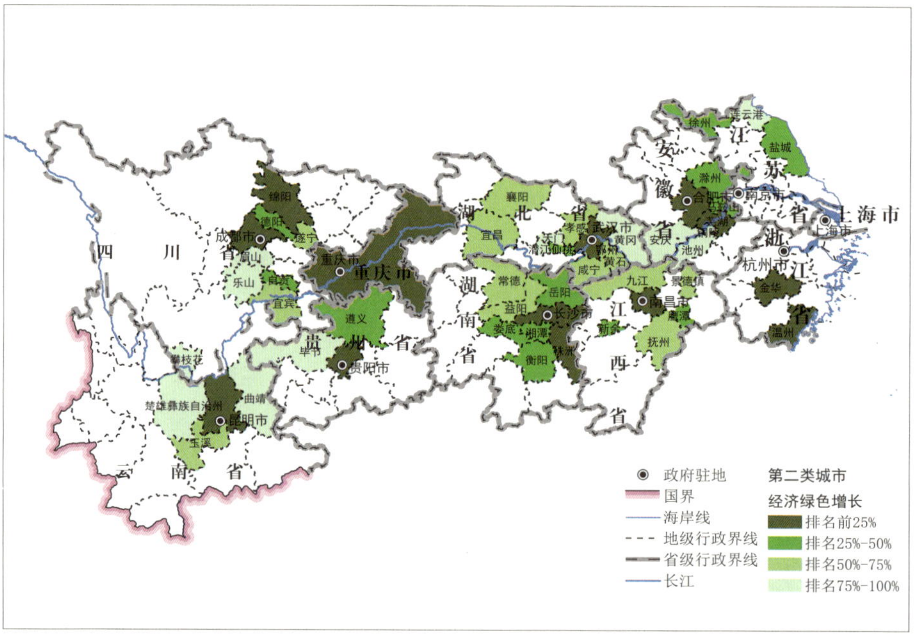


图 4-11　第二类城市（自治州）经济绿色增长指数空间分布

第二类城市经济绿色增长指数构成如图 4-12 所示，分要素优、劣势城市如表 4-6 所示。经济结构方面，成都、合肥经济结构指数处于领先地位；铜陵、黄石、池州、楚雄产业结构重型化问题最为突出，资源环境依赖型产业依然占据主导地位，六大高耗能产业增加值占工业增加值的比重高达 60% 以上，第三

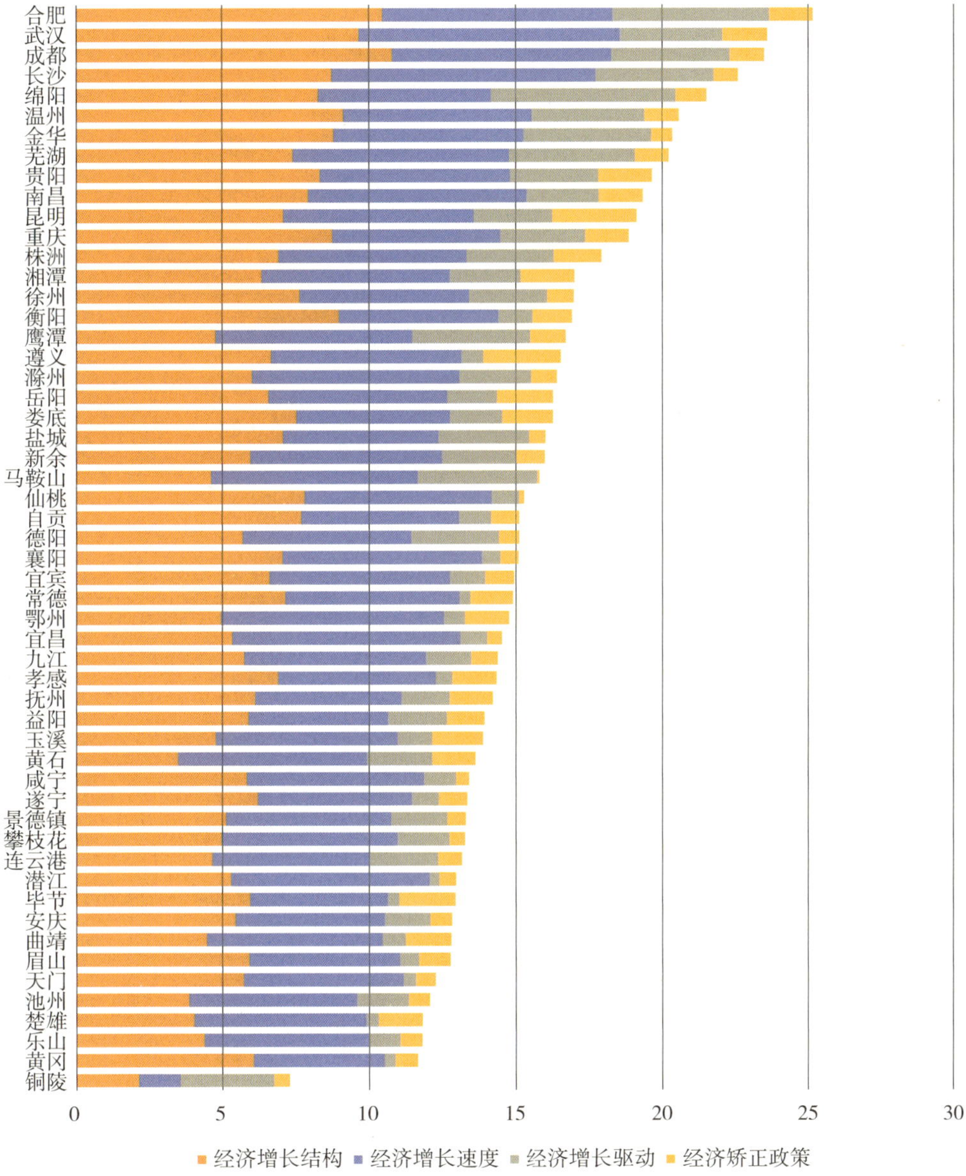


图 4-12　第二类城市（自治州）经济绿色增长指数构成

产业增加值占 GDP 比重在第二类城市中处于较低的水平，经济增长结构要素短板明显。增长速度方面，长沙、武汉、合肥、宜昌、鄂州、成都等六市的经济增长势头强劲，经济增长速度指数优势明显。增长驱动方面，绵阳、合肥在研发经费投入、人均专利申请量等指标得分上远高于同类其他城市，经济增长驱动指数优势突出；潜江、常德、黄冈等 12 个城市在科技创新投入和产出上劣势明显，需要大力提升科技创新能力，实施科技创新驱动绿色发展策略。

表 4-6　第二类城市（自治州）经济绿色增长分要素优、劣势城市

| 要素 | 优势城市 | 劣势城市（自治州） |
| --- | --- | --- |
| 经济增长结构 | 成都、合肥 | 铜陵、黄石、池州、楚雄 |
| 经济增长速度 | 长沙、武汉、合肥、宜昌、鄂州、成都 | 铜陵 |
| 经济增长驱动 | 绵阳、合肥 | 潜江、常德、黄冈、毕节、楚雄、天门、孝感、襄阳、眉山、鄂州、遵义、曲靖 |
| 经济矫正政策 | 昆明、遵义 | 马鞍山、仙桃、咸宁、宜昌、攀枝花、铜陵、盐城、潜江、襄阳、景德镇、天门、德阳 |

## 4.2.2　资源环境利用

第二类城市资源环境利用指数的空间分布见图 4-13。总体来看，成渝城市群、环长株潭城市群及浙江省城市的资源环境利用水平相对较高；城市群（圈）中心或节点城市的资源环境利用水平相对较高，周边城市的资源环境利用水平则相对较低。上游地区，成渝城市群的资源环境利用水平总体高于黔中、滇中城市群；中游地区，环长株潭城市群的资源环境利用水平总体上高于鄱阳湖经济区和武汉都市圈，位于鄂、皖、赣三省交界的黄冈等城市的资源环境利用水平相对较低；下游地区，金华、温州的资源环境利用水平相对较高，连云港、徐州的资源环境利用水平相对较低。

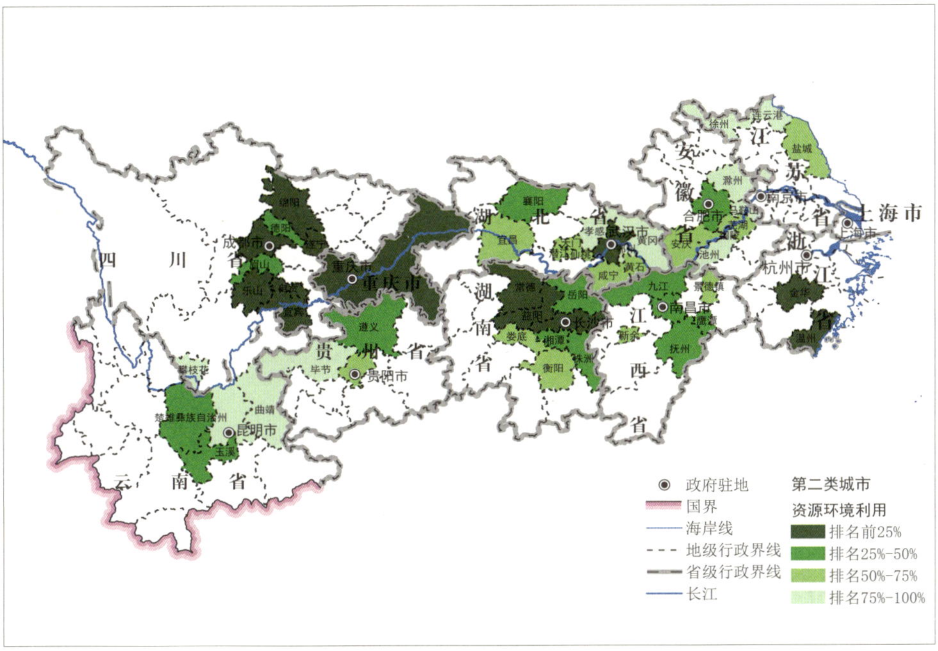


图 4-13　第二类城市（自治州）资源环境利用指数空间分布

第二类城市资源环境利用指数构成如图 4-14 所示，分要素优、劣势城市如表 4-7 所示。污染控制方面，宜宾、鹰潭、天门、武汉等七市的污染控制水平相对较高；攀枝花、铜陵、毕节等五市工农业发展污染排放强度高，环境基础治理水平低，整体污染控制水平与其他同类城市相比存在较为明显的差距。资源效率方面，滁州、黄冈、连云港、孝感等 13 个城市的资源高效利用指数相对较低，碳生产率、水资源生产率、土地资源生产率等资源效率指标与同类其他城市相比存在明显的差距，提高资源利用效率是这些城市需要重点补齐的短板。

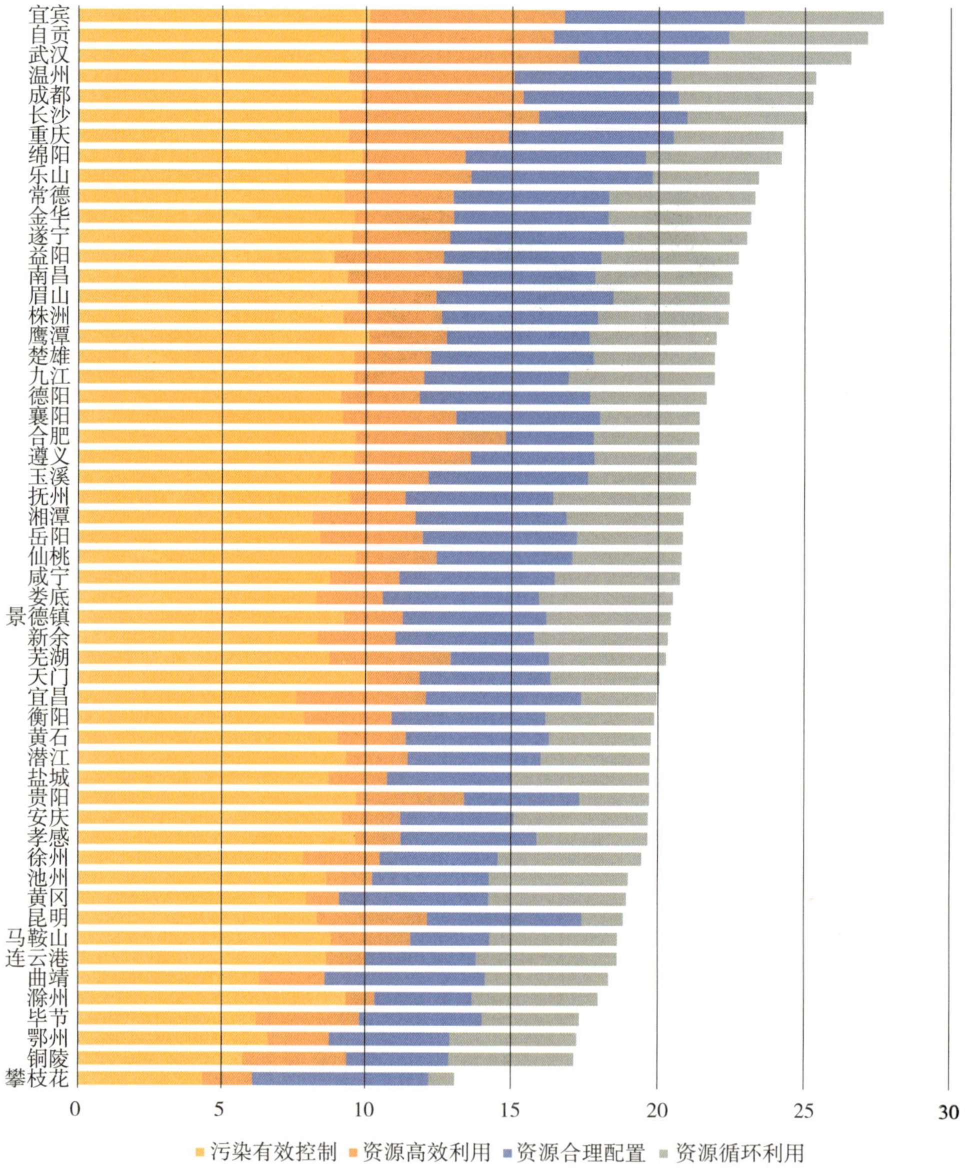


图 4-14　第二类城市（自治州）资源环境利用指数构成

表 4-7 第二类城市（自治州）资源环境利用分要素优、劣势城市

| 要素 | 优势城市 | 劣势城市 |
|---|---|---|
| 污染有效控制 | 宜宾、鹰潭、天门、武汉、绵阳、成都、自贡 | 攀枝花、铜陵、毕节、曲靖、鄂州 |
| 资源高效利用 | 武汉、长沙、宜宾、自贡 | 滁州、黄冈、连云港、孝感、池州、攀枝花、天门、抚州、安庆、盐城、景德镇、鄂州、潜江 |
| 资源合理配置 | 乐山、宜宾、绵阳、攀枝花、眉山、自贡、遂宁、德阳 | 马鞍山、合肥、滁州、芜湖 |
| 资源循环利用 | 九江、常德、温州、徐州、武汉、金华、连云港 | 攀枝花 |

### 4.2.3 绿色福祉提升

第二类城市绿色福祉提升指数的空间分布见图 4-15。总体来看，滇中、黔中城市群和鄱阳湖经济区的绿色福祉水平相对较高。上游地区，滇中、黔中城市群的绿色福祉水平相对较高，成渝城市群的绿色福祉水平相对较低；中游地区，鄱阳湖经济区的绿色福祉水平相对较高，环长株潭城市群中心城市、武汉都市圈中心城市的绿色福祉水平不及周边城市；下游地区，浙江的绿色福祉水平相对较高，合肥都市圈中心城市及江苏徐州的绿色福祉水平相对较低。

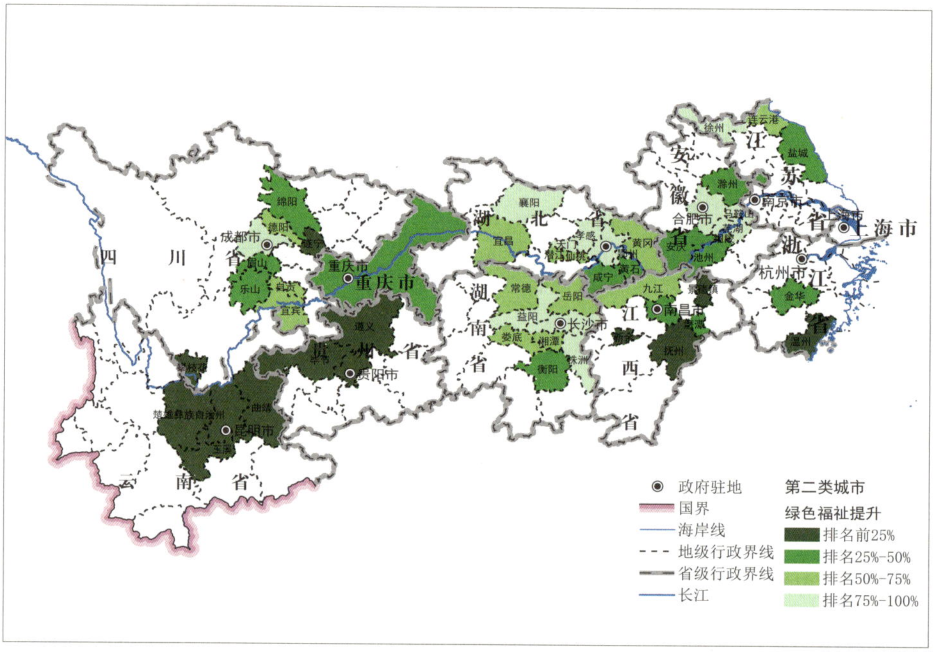


图 4-15　第二类城市（自治州）绿色福祉提升指数空间分布

第二类城市绿色福祉提升指数构成如图 4-16 所示，分要素优、劣势城市如表 4-8 所示。攀枝花、曲靖、乐山、鹰潭环境安全指数水平较高；成都市环境安全指数水平较低，成都市地处长江上游，人口众多，长江经济带约 4% 的高环境风险行业企业集聚于此，存在较大的环境安全风险隐患。环境健康方面，曲靖、楚雄、遵义等五市（自治州）的环境健康指数水平相对较高；襄阳、徐州、益阳三市的环境健康指数较低，其 $PM_{2.5}$ 年均浓度高达 54～60 μg/m$^3$，尽快改善环境质量是这些城市提升绿色福祉需要重点补齐的短板。

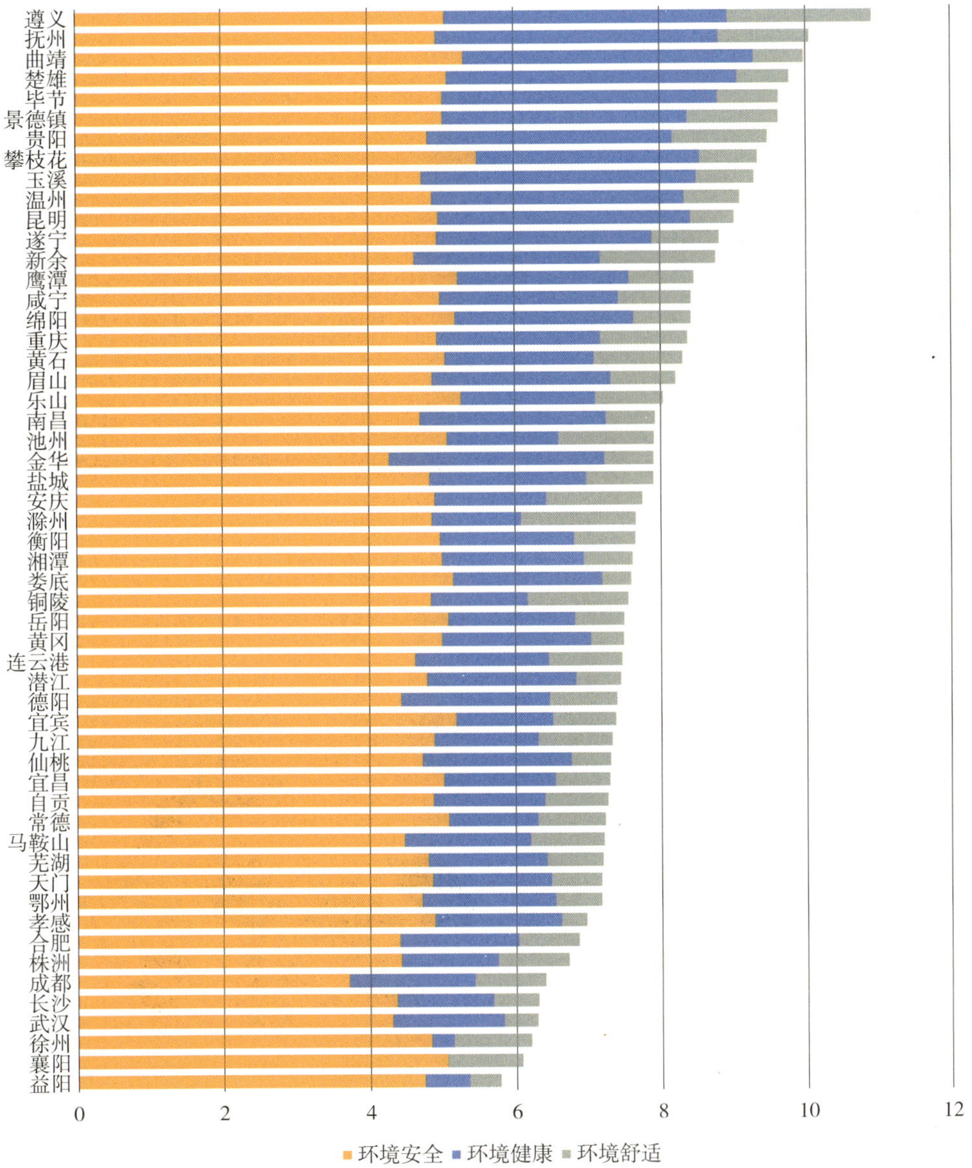


图 4-16　第二类城市（自治州）绿色福祉提升指数构成

表 4-8　第二类城市（自治州）绿色福祉提升分要素优、劣势城市

| 要素 | 优势城市（自治州） | 劣势城市 |
| --- | --- | --- |
| 环境安全 | 攀枝花、曲靖、乐山、鹰潭 | 成都 |
| 环境健康 | 曲靖、楚雄、遵义、抚州、毕节 | 襄阳、徐州、益阳 |
| 环境舒适 | 遵义 | 孝感、娄底、益阳、黄冈、武汉、仙桃 |

## 4.2.4　绿色公平实现

第二类城市绿色公平实现指数的空间分布见图 4-17。总体来看，绿色公平实现水平从长江经济带下游到上游呈现出东、中、西递减态势。上游地区，四川省绿色公平实现水平相对较高，总体上优于重庆、云南和贵州；中游地区，武汉、天门、潜江、鄂州、襄阳、长沙六市的绿色公平实现水平相对较高，武汉都市圈的绿色公平实现水平总体较高，鄱阳湖经济区次之，环长株潭城市群相对较低；下游地区，江苏、浙江两省以及合肥都市圈中马鞍山、芜湖等城市的绿色公平实现水平总体较高，安庆、滁州 2 个城市的绿色公平实现水平相对较低。

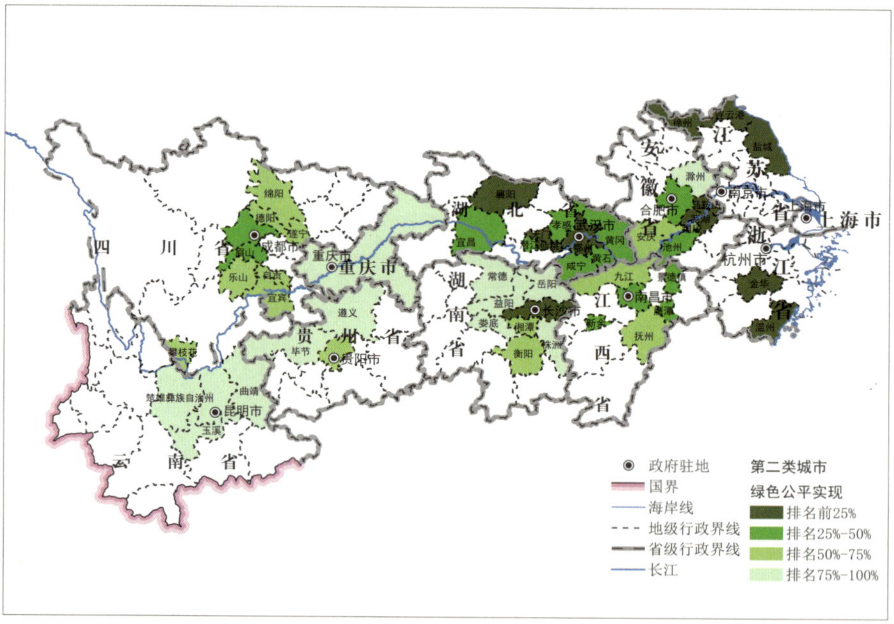


图 4-17　第二类城市（自治州）绿色公平实现指数空间分布

第二类城市绿色公平实现指数构成如图 4-18 所示，分要素优、劣势城市如表 4-9 所示。收入分配方面，长沙市收入分配公平指数水平最高；毕节、楚雄、曲靖、昆明等 12 个城市（自治州）与同类其他城市存在较大的差距，提高收入水平、缩小城乡差距、促进发展成果共享是这些城市绿色发展需要继续努力的方向。

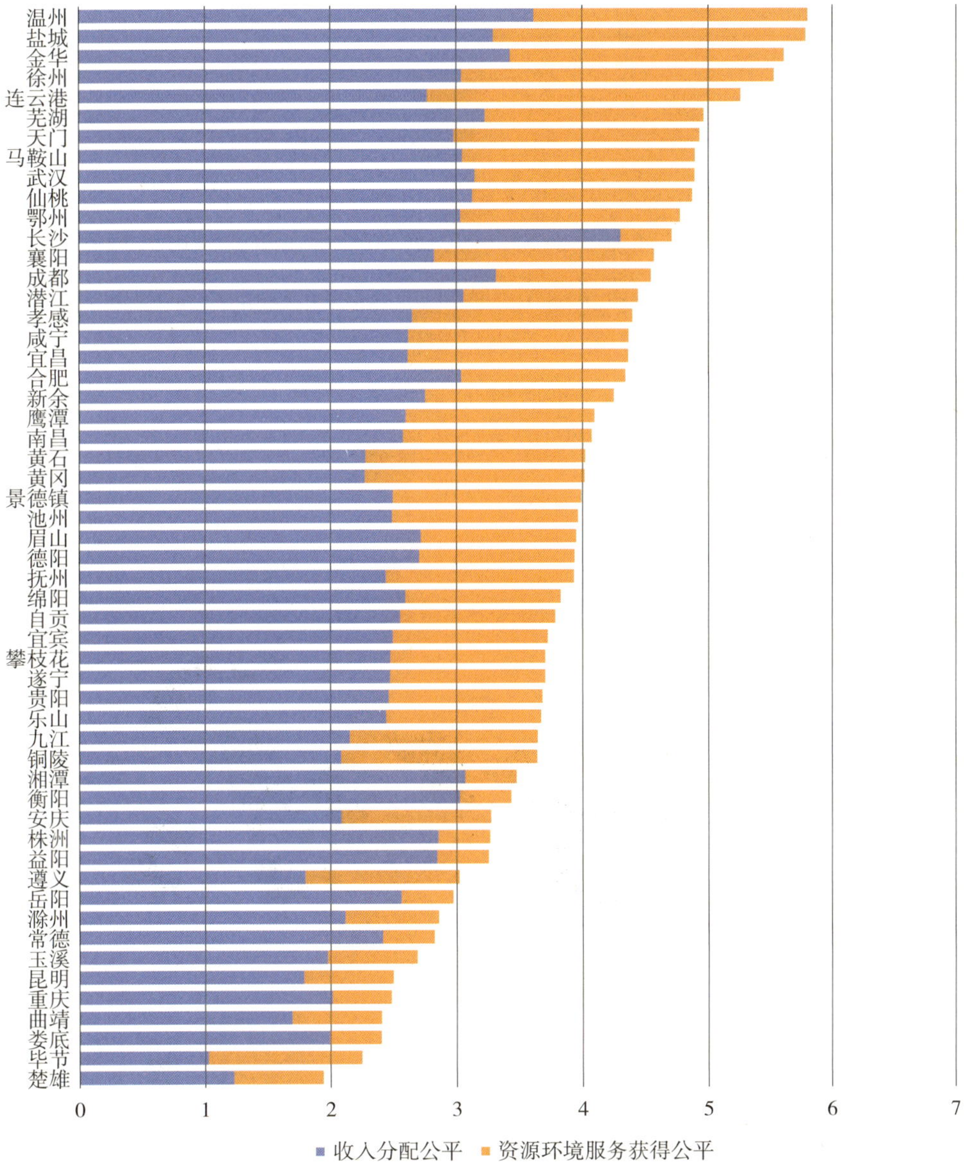


图 4-18　第二类城市（自治州）绿色公平实现指数构成

表 4-9　第二类城市（自治州）绿色公平实现分要素优、劣势城市

| 要素 | 优势城市 | 劣势城市（自治州） |
| --- | --- | --- |
| 收入分配公平 | 长沙 | 毕节、楚雄、曲靖、昆明、遵义、玉溪、娄底、重庆、铜陵、安庆、滁州、九江 |
| 资源环境服务获得公平 | 盐城、徐州、连云港 | 娄底、常德、岳阳、益阳、株洲、衡阳、湘潭、长沙、重庆 |

## 4.2.5　自然资产维持

第二类城市自然资产维持指数的空间分布见图 4-19。总体来看，上游重庆、黔中城市群，中下游鄂皖赣交界地区城市，江苏、浙江两省城市的自然资产维持水平相对较高。上游地区，重庆市和黔中城市群的自然资产维持水平总体上高于四川省和云南省；中游地区，三大城市群中周边城市的自然资产维持水平总体上高于中心城市，其中位于鄂皖赣交界的咸宁等城市的自然资产维持水平相对较高；下游地区，合肥都市圈城市的自然资产维持水平总体较低，不及江苏、浙江两省。

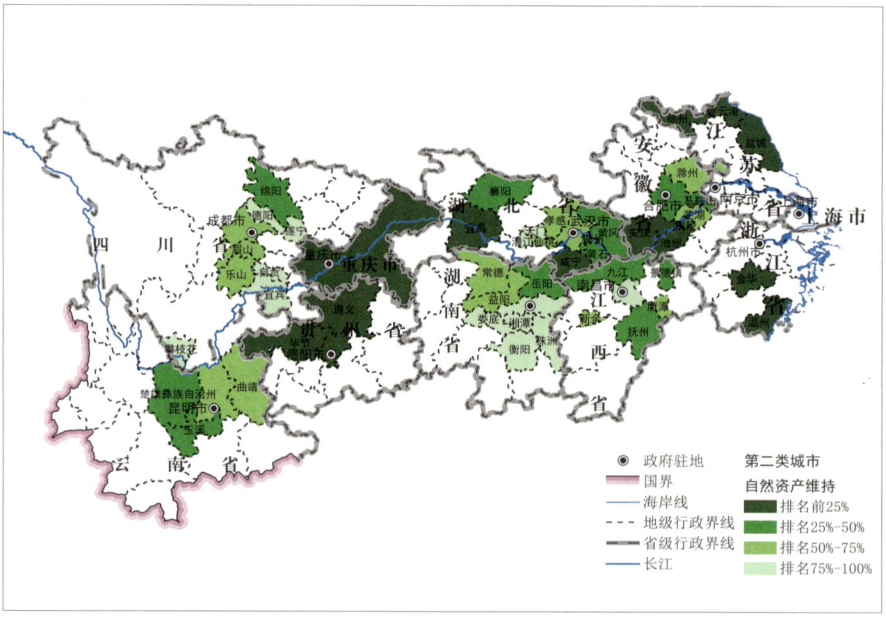


图 4-19　第二类城市（自治州）自然资产维持指数空间分布

第二类城市自然资产维持指数构成如图 4-20 所示，分要素优、劣势城市如表 4-10 所示。自然资源存量方面，天门、潜江、孝感等八市自然资源存量指数与同类其他城市相比存在较为明显的差距。自然资源增量方面，基于省级数据的评价结果显示，江苏省自然资源增量最高，湖南省和云南省较低。

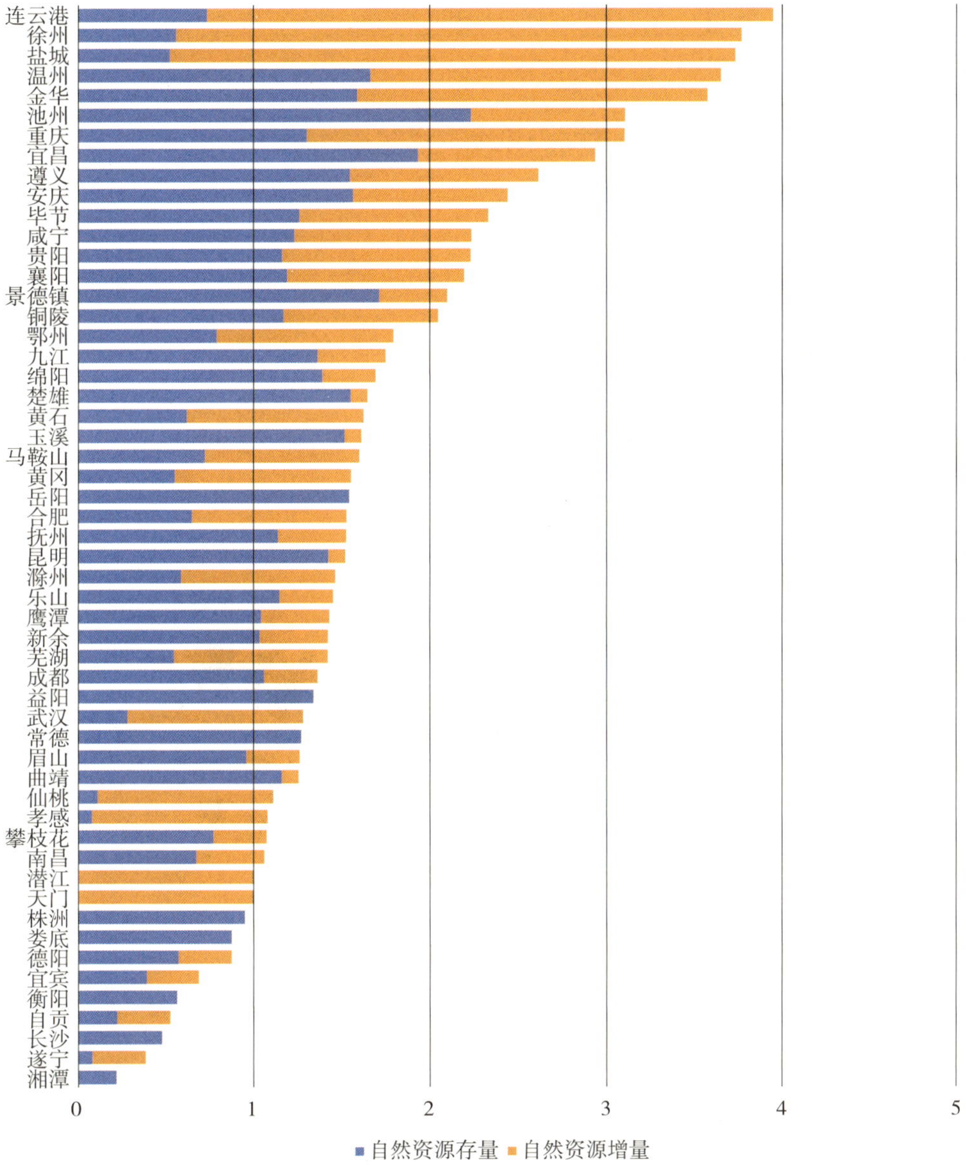


图 4-20　第二类城市（自治州）自然资产维持指数构成

表 4-10　第二类城市（自治州）自然资产维持分要素优、劣势城市

| 要素 | 优势城市 | 劣势城市（自治州） |
| --- | --- | --- |
| 自然资源存量 | 池州、宜昌 | 天门、潜江、孝感、遂宁、仙桃、湘潭、自贡、武汉 |
| 自然资源增量 | 连云港、徐州、盐城 | 湘潭、长沙、衡阳、娄底、株洲、常德、益阳、岳阳、曲靖、昆明、玉溪、楚雄 |

## 4.3　第三类城市绿色发展进程

### 4.3.1　自然资产维持

第三类城市自然资产维持指数的空间分布见图 4-21。总体来看，位于黄淮平原、金衢盆地的城市自然资产维持水平相对较高，滇南、滇西南市州，江西宜春、吉安、赣州，湖北随州等城市自然资产维持水平相对较低。

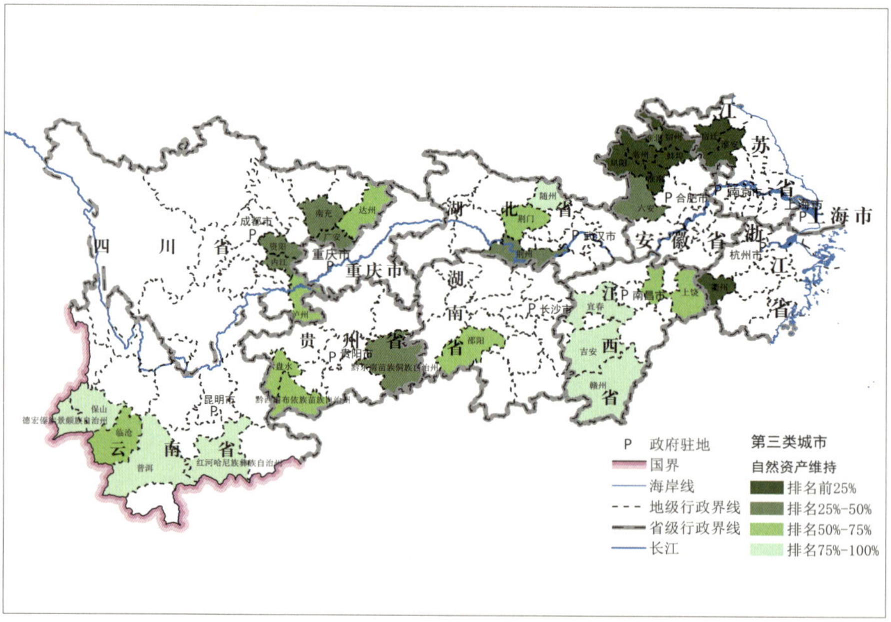


图 4-21　第三类城市（自治州）自然资产维持指数空间分布

第三类城市自然资产维持指数构成如图 4-22 所示，分要素优、劣势城市如表 4-11 所示。自然资源存量方面，随州、赣州、红河等五市（自治州）自然资源存量指数较低，资源基础条件不及同类其他城市，作为以农产区主产区为主导功能的第三类城市，耕地资源不足更是拉低其自然资源存量指数的重要原因。自然资源增量方面，基于省级数据的评价结果显示，江苏省自然资源增量最高，湖南省和云南省较低，水土流失治理力度有待进一步加大。

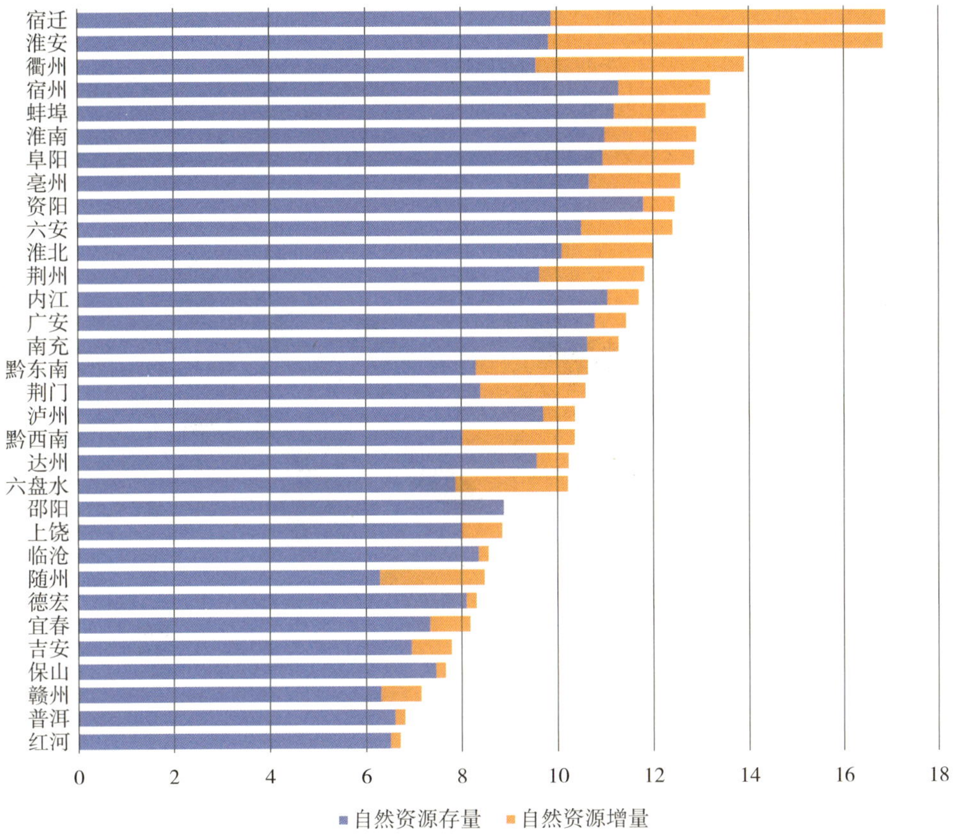


图 4-22　第三类城市（自治州）自然资产维持指数构成

表 4-11　第三类城市（自治州）自然资产维持分要素优、劣势城市

| 要素 | 优势城市 | 劣势城市（自治州） |
|---|---|---|
| 自然资源存量 | 资阳、宿州、蚌埠、内江 | 随州、赣州、红河、普洱、吉安 |
| 自然资源增量 | 宿迁、淮安 | 邵阳、红河、普洱、保山、德宏、临沧 |

## 4.3.2　资源环境利用

第三类城市资源环境利用指数的空间分布见图 4-23。总体来看，位于四川盆地、金衢盆地的城市以及湖北省随州市、湖南省邵阳市的资源环境利用水平相对较高，位于云贵高原和黄淮平原的城市资源环境利用水平相对较低。

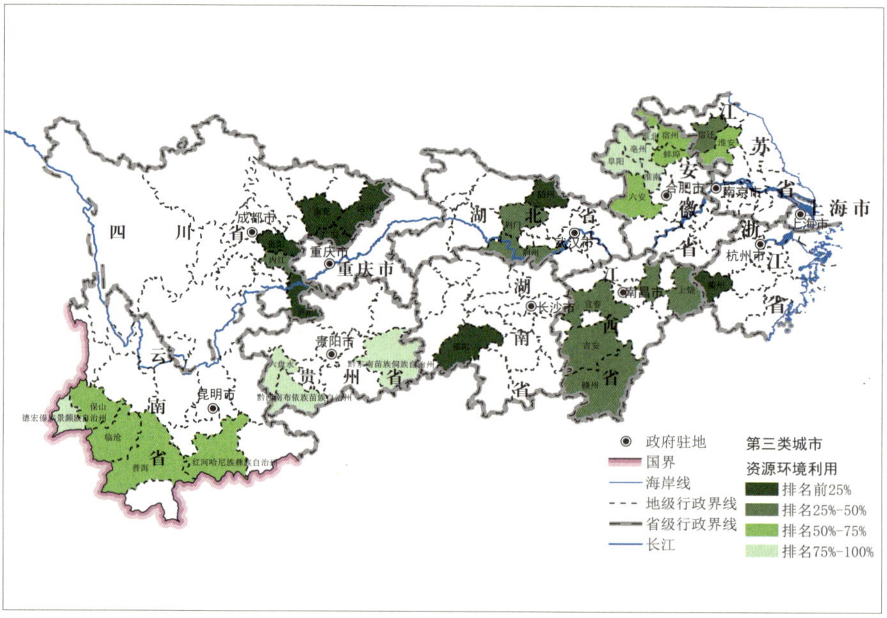


图 4-23　第三类城市（自治州）资源环境利用指数空间分布

第三类城市资源环境利用指数构成如图 4-24 所示，分要素优、劣势城市如表 4-12 所示。资源配置方面，达州、泸州、南充等六市的资源合理配置指数较高；淮南、淮北、阜阳等七市的资源合理配置指数较低，严格控制土地和水资源开发程度、优化能源结构是这些城市提高资源合理配置指数需要努力的方向。

资源利用方面，阜阳、黔东南、六盘水等七市（自治州）的资源高效利用指数较低，单位水资源和耕地资源产出率等资源利用效率与同类其他城市相比存在较为明显的差距。污染控制方面，资阳、黔东南、黔西南三市（自治州）污染有效控制指数较高；淮南、内江、德宏在第三类城市（自治州）中污染控制水平较低。

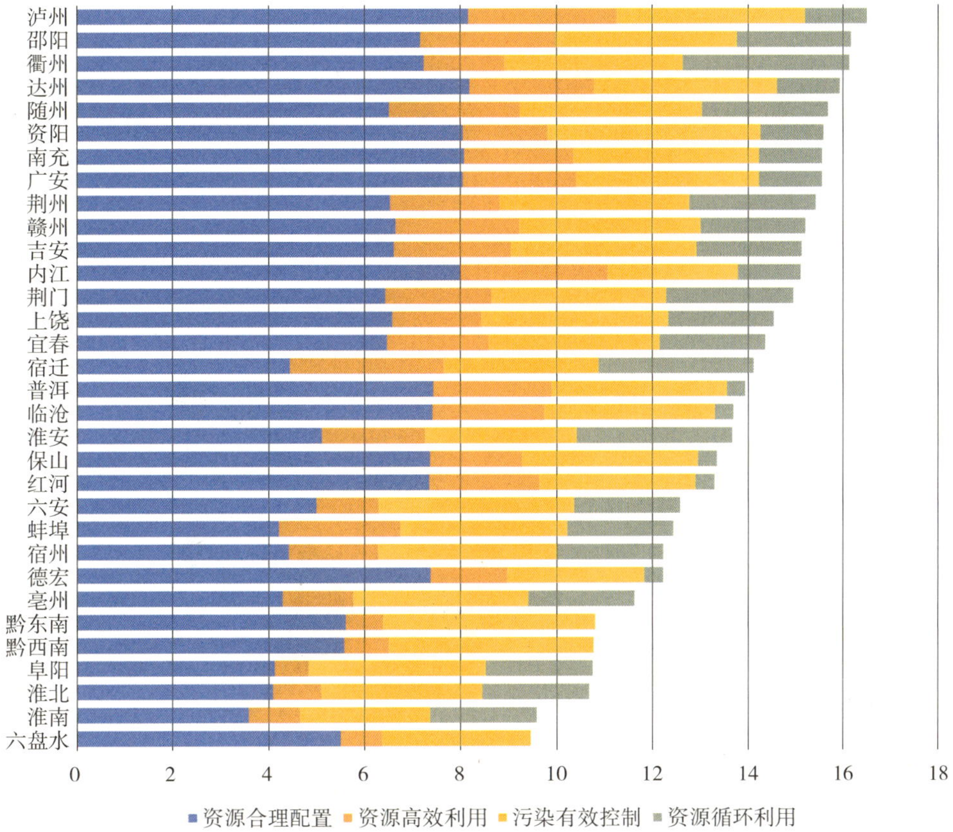


图 4-24　第三类城市（自治州）资源环境利用指数构成

表 4-12　第三类城市（自治州）资源环境利用分要素优、劣势城市

| 要素 | 优势城市（自治州） | 劣势城市（自治州） |
| --- | --- | --- |
| 资源合理配置 | 达州、泸州、南充、资阳、广安、内江 | 淮南、淮北、阜阳、蚌埠、亳州、宿州、宿迁 |
| 资源高效利用 | 宿迁、泸州、内江 | 阜阳、黔东南、六盘水、黔西南、淮北、淮南、六安 |

| 要素 | 优势城市（自治州） | 劣势城市（自治州） |
| --- | --- | --- |
| 污染有效控制 | 资阳、黔东南、黔西南 | 淮南、内江、德宏 |
| 资源循环利用 | 衢州、宿迁、淮安 | 黔东南、六盘水、黔西南 |

### 4.3.3 经济绿色增长

第三类城市经济绿色增长指数的空间分布见图 4-25。总体来看，江浙地区以及湖南邵阳、云南德宏等部分市（自治州）的经济绿色增长水平相对较高，四川东北地区、云南普洱、保山以及湖北部分城市的经济绿色增长水平相对较低。

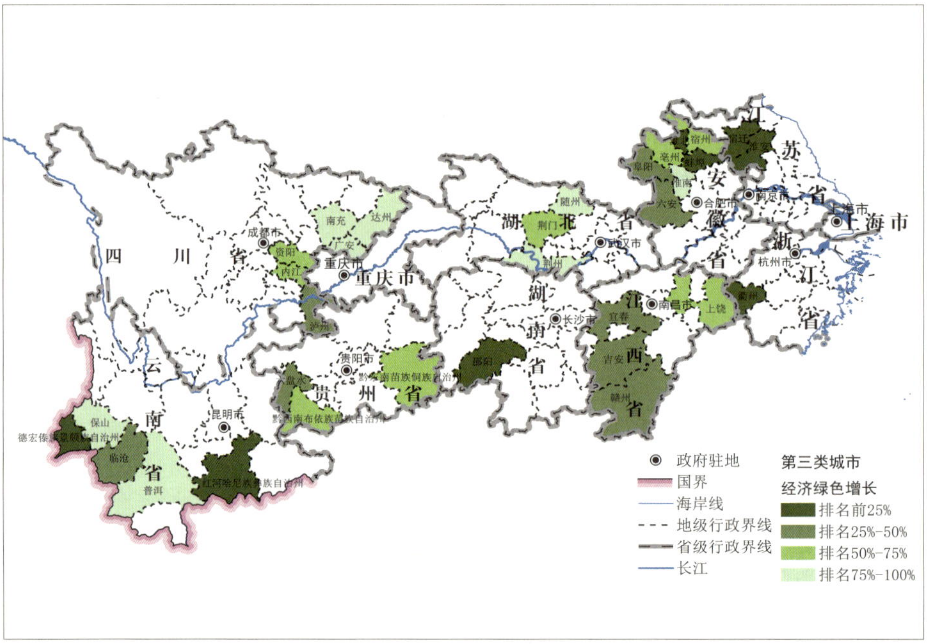


图 4-25 第三类城市（自治州）经济绿色增长指数空间分布

第三类城市经济绿色增长指数构成如图 4-26 所示，分要素优、劣势城市如表 4-13 所示。经济结构方面，衢州、淮北经济增长结构指数优势明显；保山、六盘水、内江等九市（自治州）的经济增长结构指数较低，需要进一步调整优化经济结构和农业产业结构，提高农业产业综合生产力。在增长驱动方面，普洱、德宏、黔西南等九市（自治州）的经济增长驱动指数与同类其他城市相比存在一定的差距，需要进一步强化科技创新意识，加强科技创新能力建设。

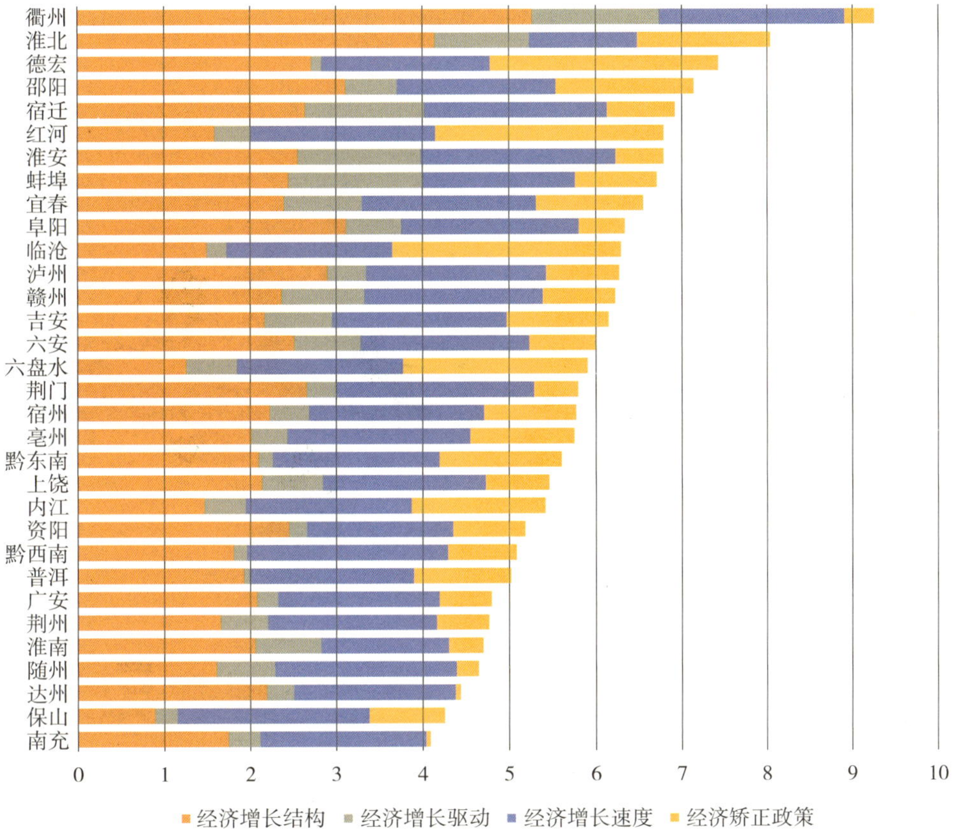


图 4-26　第三类城市（自治州）经济绿色增长指数构成

表 4-13　第三类城市（自治州）经济绿色增长分要素优、劣势城市

| 要素 | 优势城市（自治州） | 劣势城市（自治州） |
|---|---|---|
| 经济增长结构 | 衢州、淮北 | 保山、六盘水、内江、临沧、红河、随州、荆州、南充、黔西南 |
| 经济增长驱动 | 蚌埠、衢州、淮安、宿迁 | 普洱、德宏、黔西南、黔东南、资阳、临沧、广安、保山、达州 |
| 经济增长速度 | 黔西南、荆门、淮安、保山 | 淮北 |
| 经济矫正政策 | 红河、临沧、德宏 | 南充、达州、随州、衢州、淮南、荆门、阜阳、淮安、广安、荆州 |

### 4.3.4 绿色公平实现

第三类城市绿色公平实现指数的空间分布见图 4-27。总体来看，江汉平原、江浙地区以及川、赣部分城市的绿色公平实现水平相对较高，云贵地区市（自治州）的绿色公平实现水平相对较低。

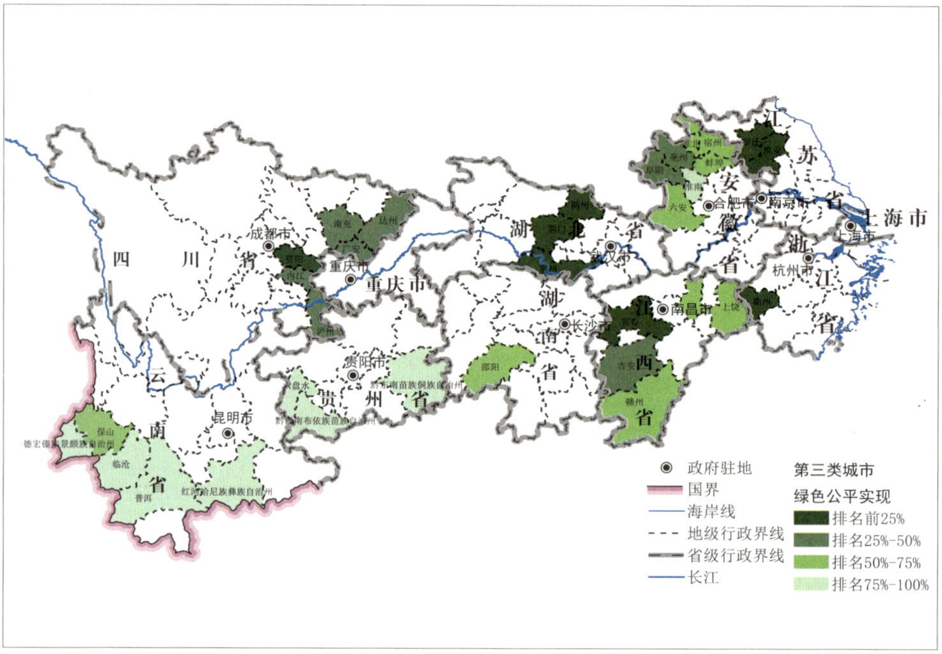


图 4-27　第三类城市（自治州）绿色公平实现指数空间分布

第三类城市绿色公平实现指数构成如图 4-28 所示，分要素优、劣势城市如表 4-14 所示。在收入分配方面，衢州、荆门、随州、荆州收入分配公平指数优势突出；黔东南、黔西南收入分配公平指数劣势明显，亟待释放农业产业活力，加快建设农村经济，增加农村居民收入，不断缩小城乡差距，提高农民生活的幸福感。在资源环境服务获得方面，邵阳、淮南、蚌埠资源环境服务获得公平指数得分较低，需要加快农村资源环境公共基础设施建设，提升农村基本公共服务水平。

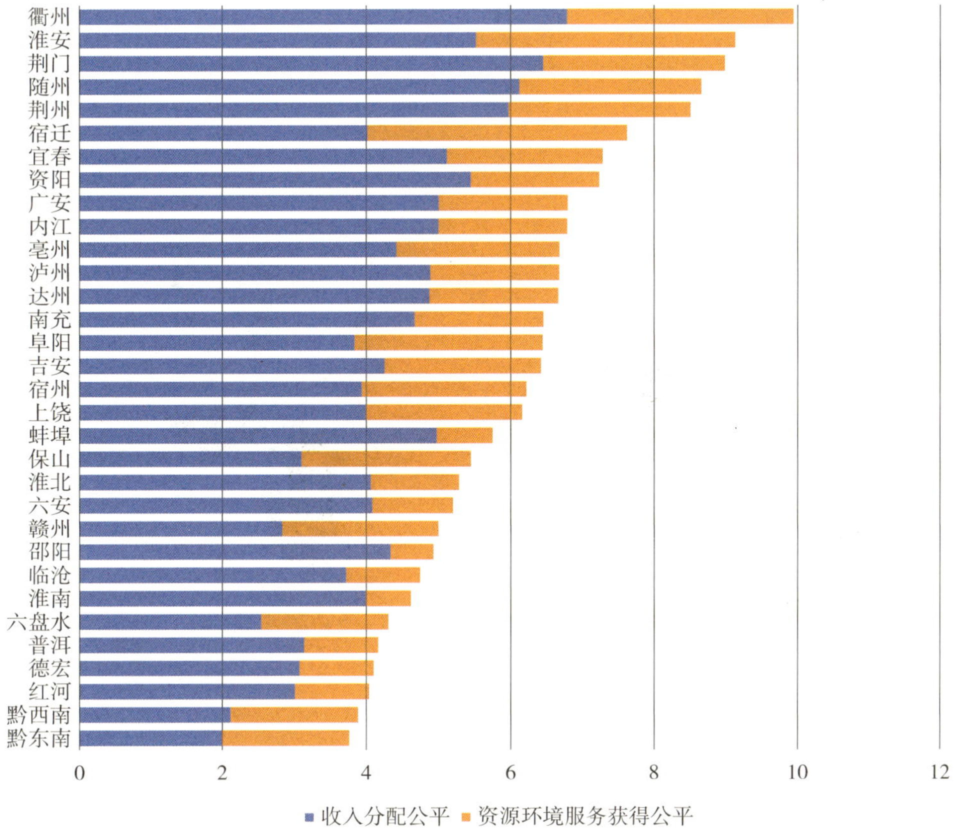


图 4-28 第三类城市（自治州）绿色公平实现指数构成

表 4-14 第三类城市（自治州）绿色公平实现分要素优、劣势城市

| 要素 | 优势城市 | 劣势城市（自治州） |
|---|---|---|
| 收入分配公平 | 衢州、荆门、随州、荆州 | 黔东南、黔西南 |
| 资源环境服务获得公平 | 淮安、宿迁 | 邵阳、淮南、蚌埠 |

### 4.3.5 绿色福祉提升

第三类城市绿色福祉提升指数的空间分布见图 4-29。总体来看，浙赣地区、

四川盆地以及滇西、滇南市（自治州）的绿色福祉水平相对较高，黄淮平原、江汉平原城市的绿色福祉水平相对较低。

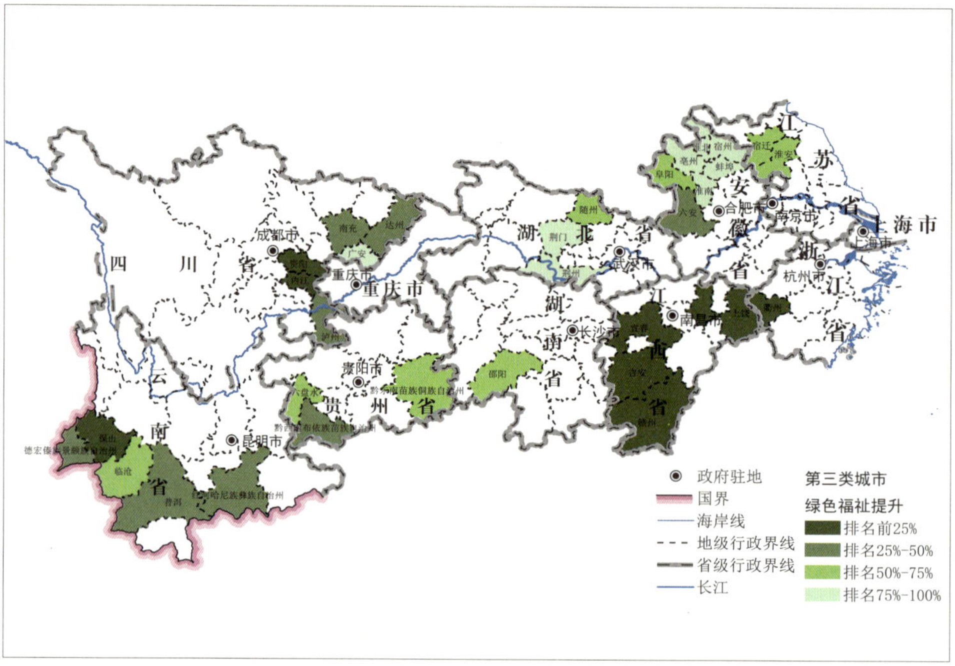


图 4-29　第三类城市（自治州）绿色福祉提升指数空间分布

第三类城市绿色福祉提升指数构成如图 4-30 所示，分要素优、劣势城市如表 4-15 所示。环境健康方面，保山、黔西南、六盘水等 7 个城市（自治州）环境健康指数较高；荆门、广安、淮北三市的环境健康指数较低，环境空气质量在第三类城市中排名靠后。环境安全方面，泸州、南充、内江等 9 市的环境安全指数较高；黔东南、黔西南、六盘水三市（自治州）的环境安全指数水平较低，需要重点关注土地环境安全问题，提高受污染耕地安全利用水平，补齐绿色福祉短板。

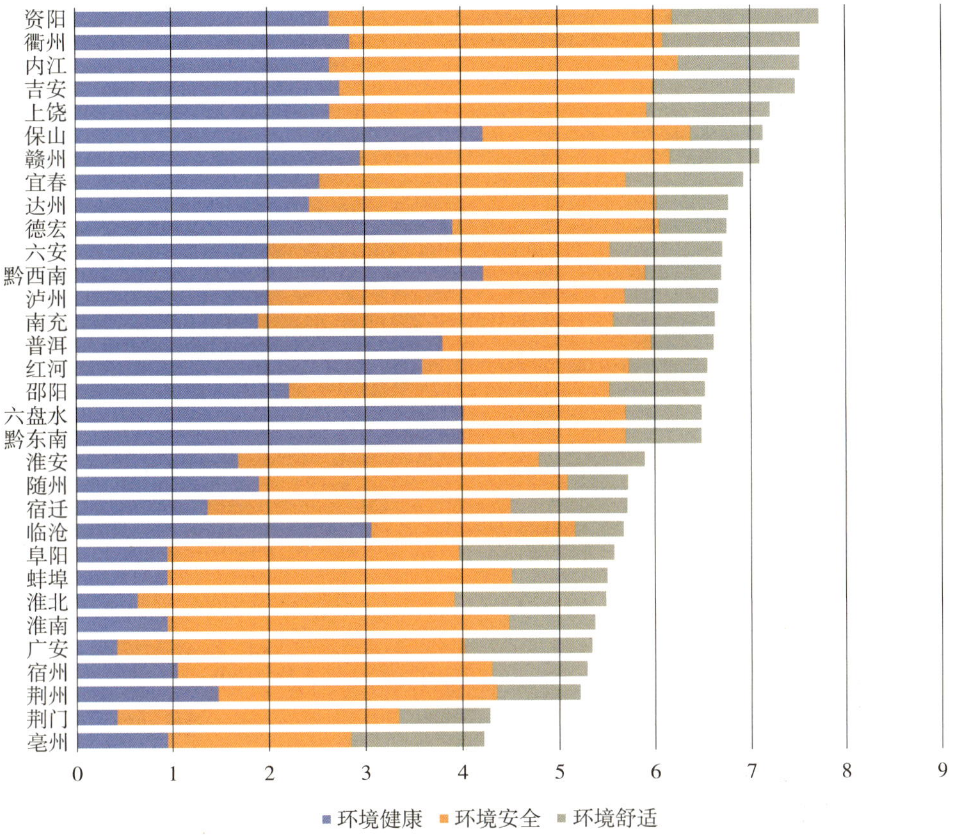


图 4-30　第三类城市（自治州）绿色福祉提升指数构成

表 4-15　第三类城市（自治州）绿色福祉提升分要素优、劣势城市

| 要素 | 优势城市（自治州） | 劣势城市（自治州） |
| --- | --- | --- |
| 环境健康 | 保山、黔西南、六盘水、黔东南、德宏、普洱、红河 | 荆门、广安、淮北 |
| 环境安全 | 泸州、南充、内江、广安、达州、蚌埠、资阳、六安、淮南 | 黔东南、黔西南、六盘水 |
| 环境舒适 | 阜阳、淮北、资阳 | 临沧、随州、普洱、德宏、达州、保山、黔东南、黔西南、六盘水、红河 |

# 4.4 第四类城市绿色发展进程

## 4.4.1 自然资产维持

第四类城市（自治州、林区）自然资产维持指数的空间分布见图 4-31。总体来看，藏东南高原边缘森林生态功能区、川滇森林及生物多样性功能区所覆盖的市州以及湖北神农架林区、安徽黄山、浙江丽水的自然资产维持水平相对较高，秦巴山区生物多样性生态功能区所在的广元、巴中，桂黔滇喀斯特石漠化防治生态功能区所在的昭通、安顺，以及江西萍乡、安徽宣城等城市的自然资产维持水平相对较低。

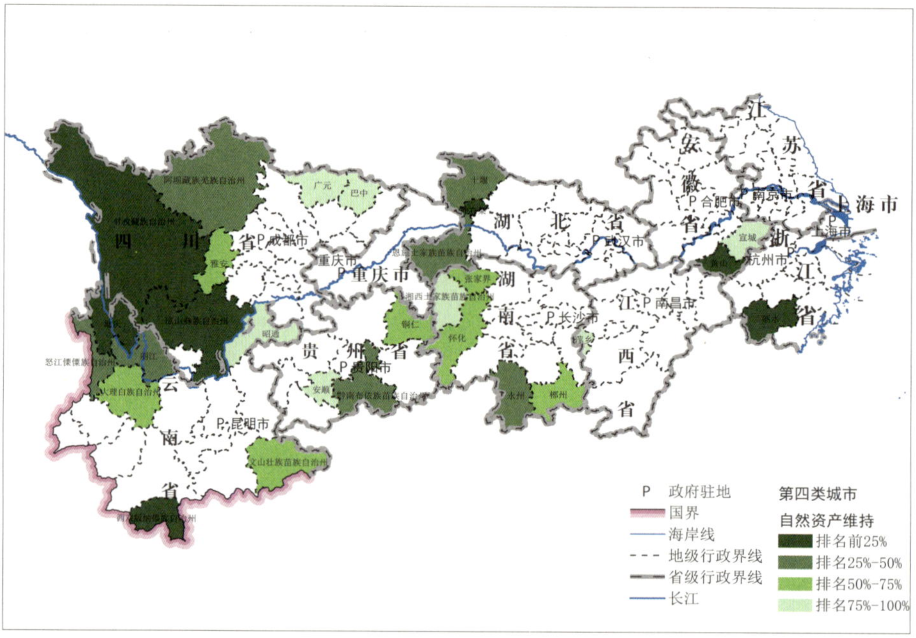


图 4-31　第四类城市（自治州、林区）自然资产维持指数空间分布

第四类城市自然资产维持指数构成如图 4-32 所示，分要素优、劣势城市如表 4-16 所示。自然资源存量方面，甘孜、神农架、丽水等 7 个城市（自治州、林区）的自然资源存量指数优势突出；安顺、萍乡、广元等 11 个城市（自治

州）的自然资源存量指数劣势明显，作为第四类城市本身自然资源基础条件与同类其他城市相比存在一定的差距，在绿色发展中更要保护好自然资源，通过强化区域生态环境管控，抓好森林抚育、提高森林覆盖率等，切实维护生态系统服务功能。自然资源增量方面，永州、郴州、昭通三市的自然资源增量指数最高，大理、迪庆、广元等 10 个城市（自治州）的自然资源增量指数较低，与同类其他城市相比短板明显，需要进一步加大生态修复治理力度。

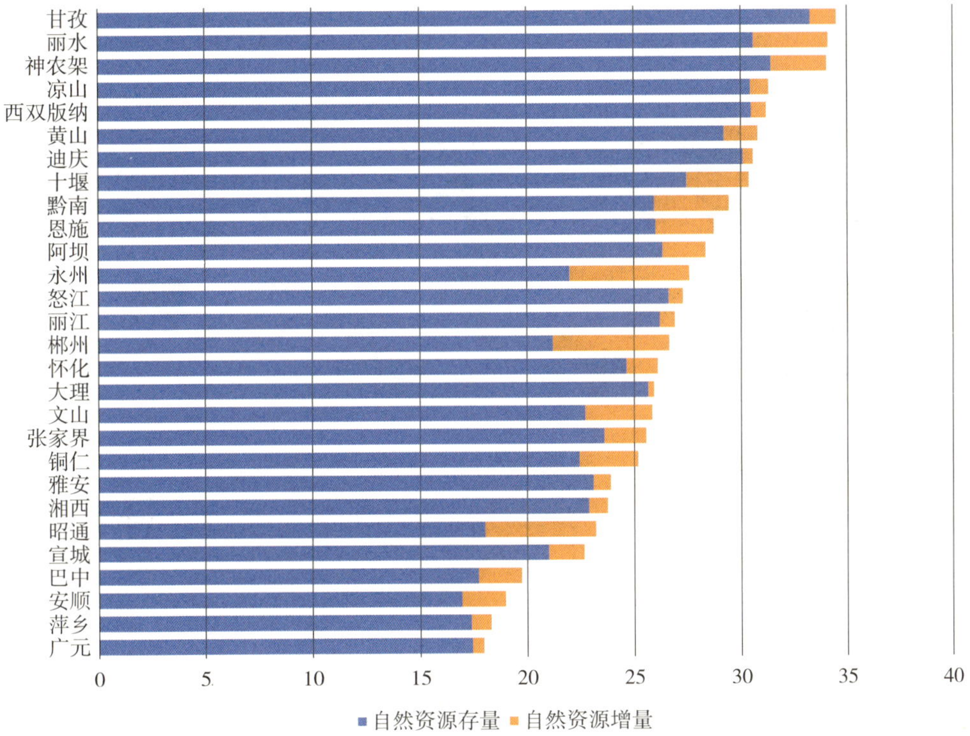


图 4-32 第四类城市（自治州、林区）自然资产维持指数构成

表 4-16 第四类城市（自治州、林区）自然资产维持分要素优、劣势城市

| 要素 | 优势城市（自治州、林区） | 劣势城市（自治州） |
|---|---|---|
| 自然资源存量 | 甘孜、神农架、丽水、西双版纳、凉山、迪庆、黄山 | 安顺、萍乡、广元、巴中、昭通、宣城、郴州、永州、铜仁、文山、湘西 |
| 自然资源增量 | 永州、郴州、昭通 | 大理、迪庆、广元、怒江、丽江、西双版纳、雅安、凉山、湘西、萍乡 |

## 4.4.2 绿色福祉提升

第四类城市绿色福祉提升指数的空间分布见图 4-33。总体来看，滇西北以及湖北神农架、安徽黄山等市（自治州、林区）的绿色福祉水平相对较高，湖南、江西、安徽等省部分城市的绿色福祉水平相对较低。

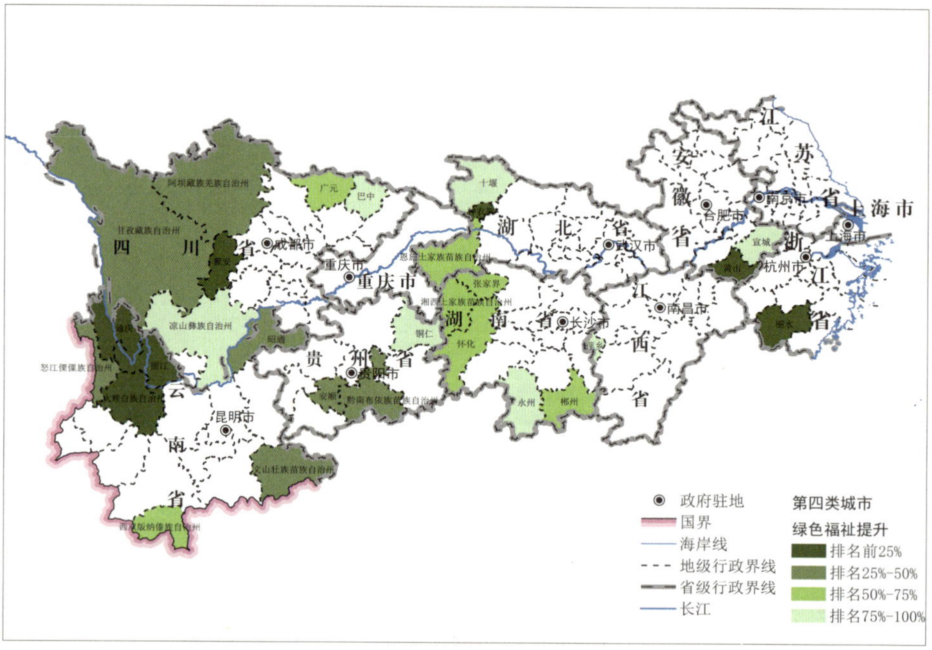


图 4-33　第四类城市（自治州、林区）绿色福祉提升指数空间分布

第四类城市绿色福祉提升指数构成如图 4-34 所示，分要素优、劣势城市如表 4-17 所示。在环境安全方面，丽水、文山、大理等 5 个城市（自治州）的环境安全指数较高；铜仁市环境安全指数较低，提高水源地安全水平、改善生态环境状况是铜仁市提升绿色福祉需要重点补齐的短板。在环境健康方面，甘孜、迪庆、丽江等 5 个城市（自治州）的环境健康指数较高；宣城、萍乡、十堰三市的环境健康指数较低，环境空气质量在第四类城市中排名靠后，制约了其绿色福祉的提升。

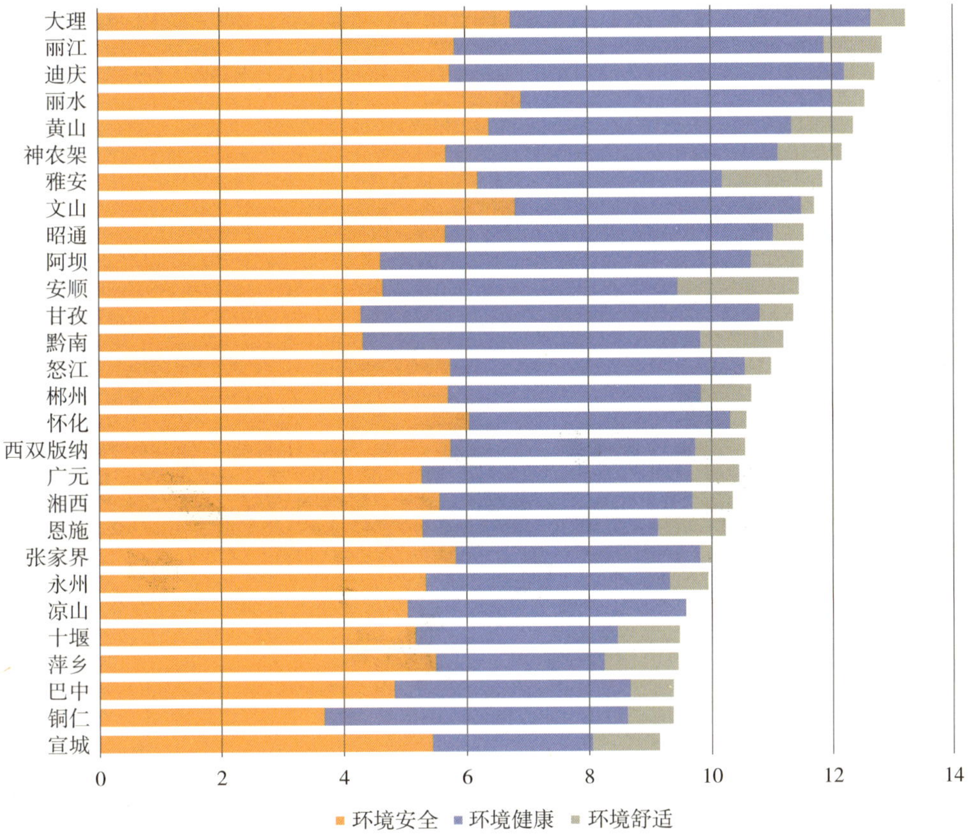


图 4-34　第四类城市（自治州、林区）绿色福祉提升指数构成

表 4-17　第四类城市（自治州）绿色福祉提升分要素优、劣势城市

| 要素 | 优势城市（自治州） | 劣势城市（自治州） |
| --- | --- | --- |
| 环境安全 | 丽水、文山、大理、黄山、雅安 | 铜仁 |
| 环境健康 | 甘孜、迪庆、丽江、阿坝、大理 | 宣城、萍乡、十堰 |
| 环境舒适 | 安顺、雅安 | 凉山、张家界、文山、怀化 |

### 4.4.3　绿色公平实现

第四类城市绿色公平实现指数的空间分布见图 4-35。总体来看，第四类城

市的绿色公平实现水平总体上东部优于中西部。皖、浙、赣三省以及湘南地区城市的绿色公平实现水平相对较高，云南省多数城市（自治州）的绿色公平实现水平相对较低。

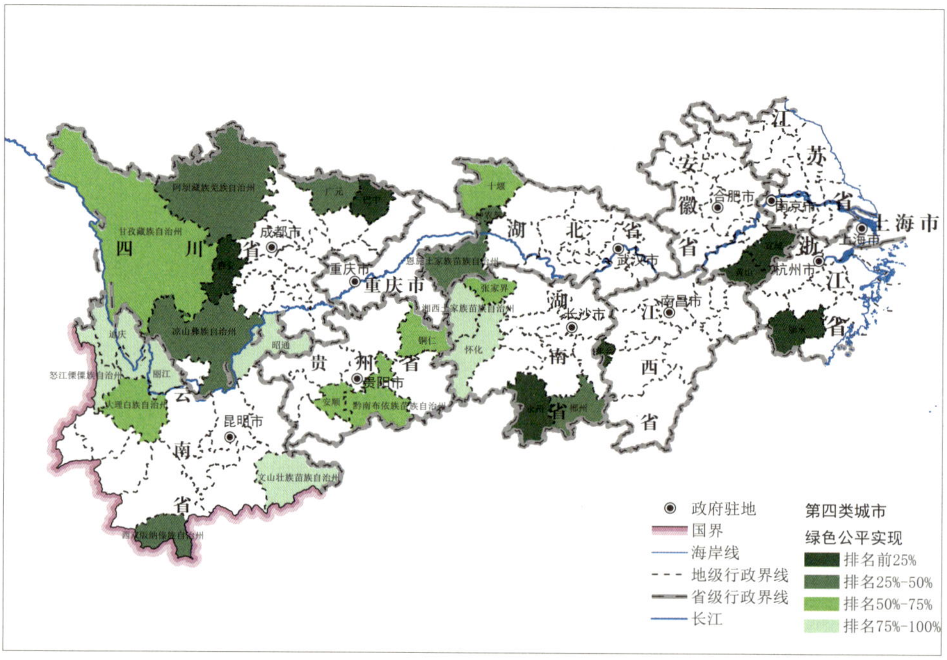


图 4-35　第四类城市（自治州、林区）绿色公平实现指数空间分布

第四类城市绿色公平实现指数构成如图 4-36 所示，分要素优、劣势城市如表 4-18 所示。在收入分配方面，丽水、萍乡、永州等六市的收入分配公平指数优势突出；迪庆、怒江的收入分配公平指数劣势明显，绿色发展需要立足生态功能区定位，充分利用生态资源优势，探索生态富民之路，解决城乡发展不平衡、农村发展不充分的问题。

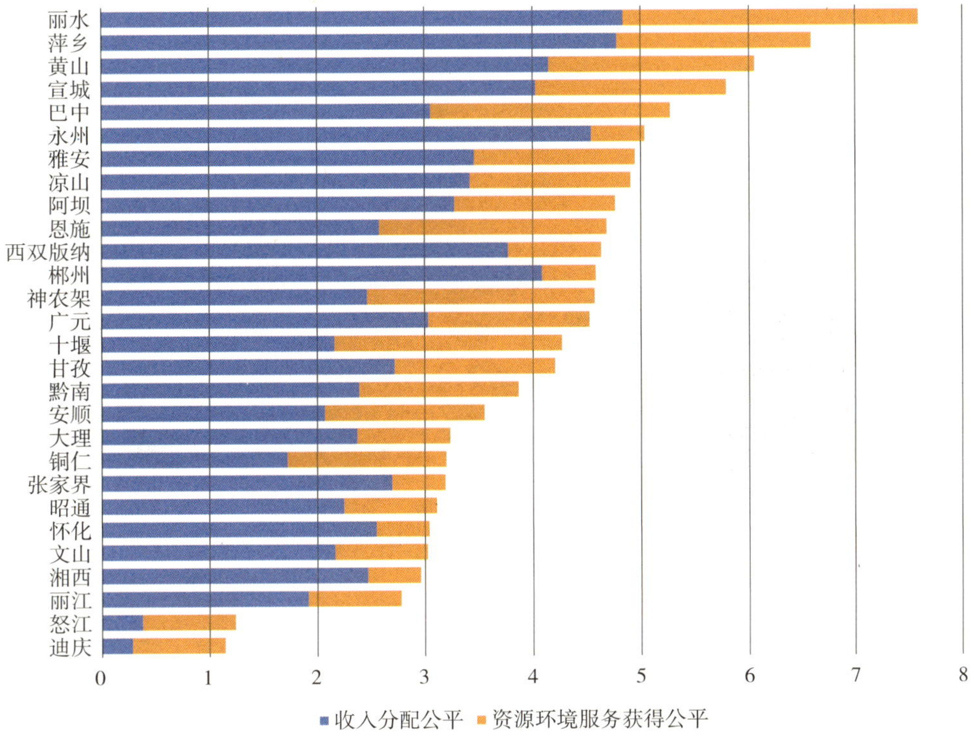


图 4-36　第四类城市（自治州、林区）绿色公平实现指数构成

表 4-18　第四类城市（自治州）绿色公平实现分要素优、劣势城市

| 要素 | 优势城市 | 劣势城市（自治州） |
|---|---|---|
| 收入分配公平 | 丽水、萍乡、永州、黄山、郴州、宣城 | 迪庆、怒江 |
| 资源环境服务获得公平 | 丽水 | 湘西、怀化、张家界、郴州、永州 |

## 4.4.4　资源环境利用

第四类城市资源环境利用指数的空间分布见图 4-37。总体来看，四川、浙

江两省的城市资源环境利用水平相对较高，安徽及云贵两省的部分城市（自治州）的资源环境利用水平相对较低。

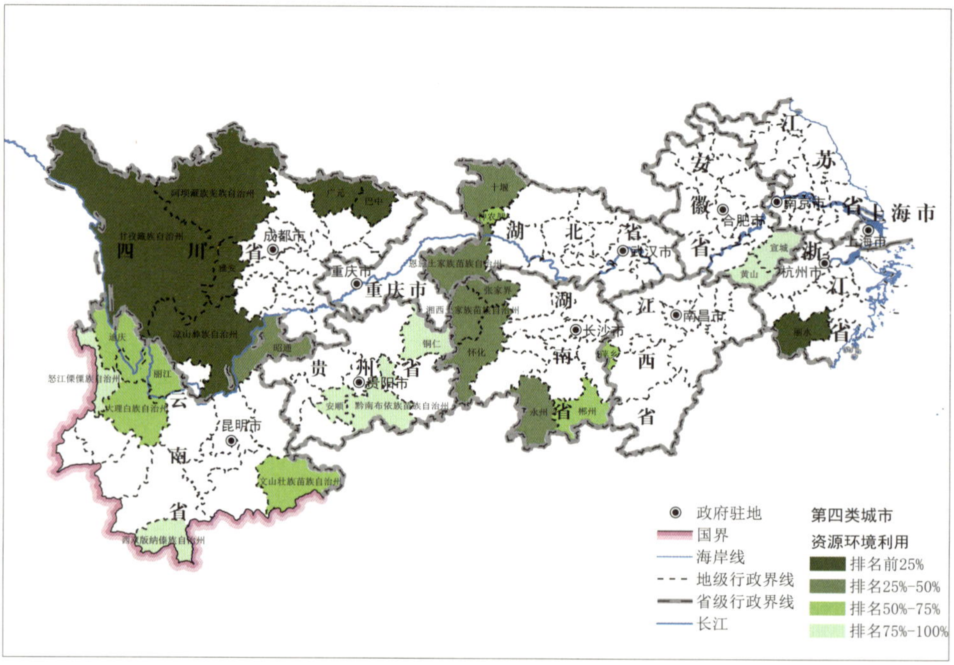


图 4-37　第四类城市（自治州、林区）资源环境利用指数空间分布

第四类城市资源环境利用指数构成如图 4-38 所示，分要素优、劣势城市如表 4-19 所示。在资源配置方面，甘孜、阿坝、雅安等 6 个城市（自治州）的资源合理配置指数较高；宣城、安顺、铜仁等 5 个城市（自治州）的资源合理配置指数较低，其资源开发程度、煤炭消费占比等都高于同类其他城市。在污染控制方面，阿坝、铜仁、凉山等 7 个城市（自治州）的污染控制水平较高；怒江、安顺、恩施 3 个城市（自治州）与同类其他城市相比，污染控制水平还存在一定的差距。

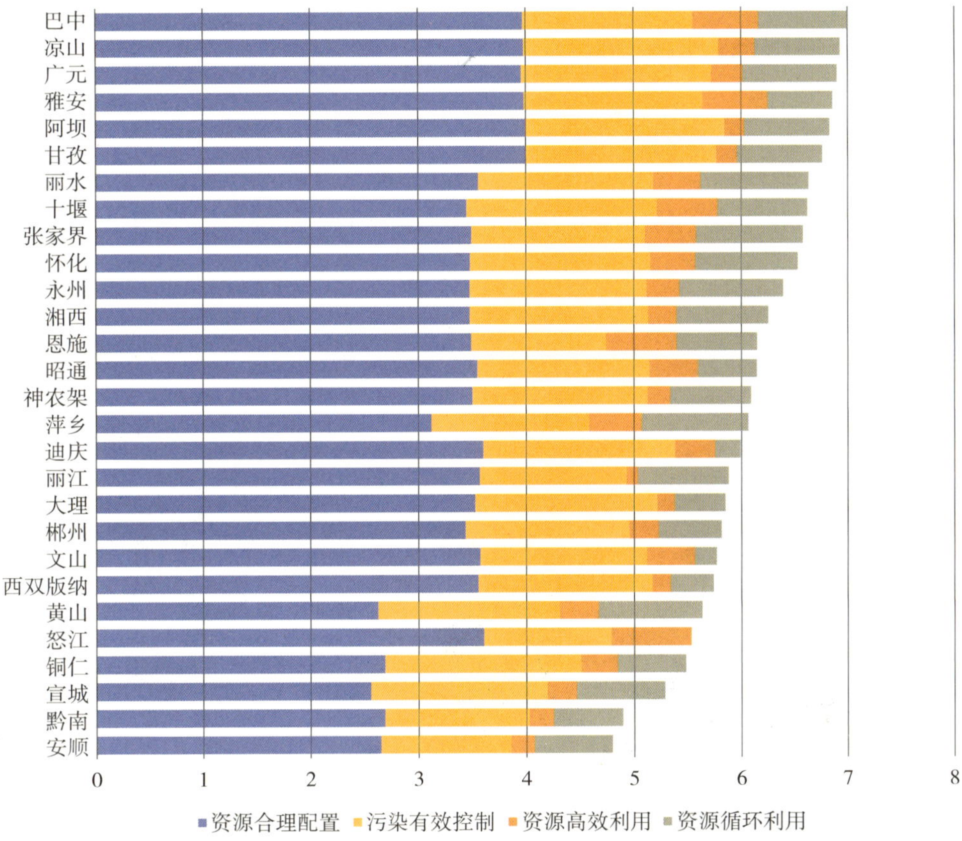


图 4-38 第四类城市（自治州、林区）资源环境利用指数构成

表 4-19 第四类城市（自治州）资源环境利用分要素优、劣势城市

| 要素 | 优势城市（自治州） | 劣势城市（自治州、林区） |
|---|---|---|
| 资源合理配置 | 巴中、凉山、广元、雅安、阿坝、甘孜 | 宣城、安顺、铜仁、黄山、黔南 |
| 污染有效控制 | 阿坝、铜仁、凉山、迪庆、十堰、甘孜、广元 | 怒江、安顺、恩施 |
| 资源高效利用 | 怒江、恩施、巴中、雅安、十堰 | 丽江、大理、西双版纳、阿坝、甘孜、神农架、安顺、黔南 |
| 资源循环利用 | 丽水、萍乡、张家界、黄山、永州、怀化 | 怒江、文山、迪庆 |

### 4.4.5 经济绿色增长

第四类城市经济绿色增长指数的空间分布见图 4-39。总体来看，云南、贵州、湖南等省部分城市（自治州）的经济绿色增长水平相对较高，四川省三大少数民族自治州、滇东南文山以及安徽省宣城等城市的经济绿色增长水平相对较低。

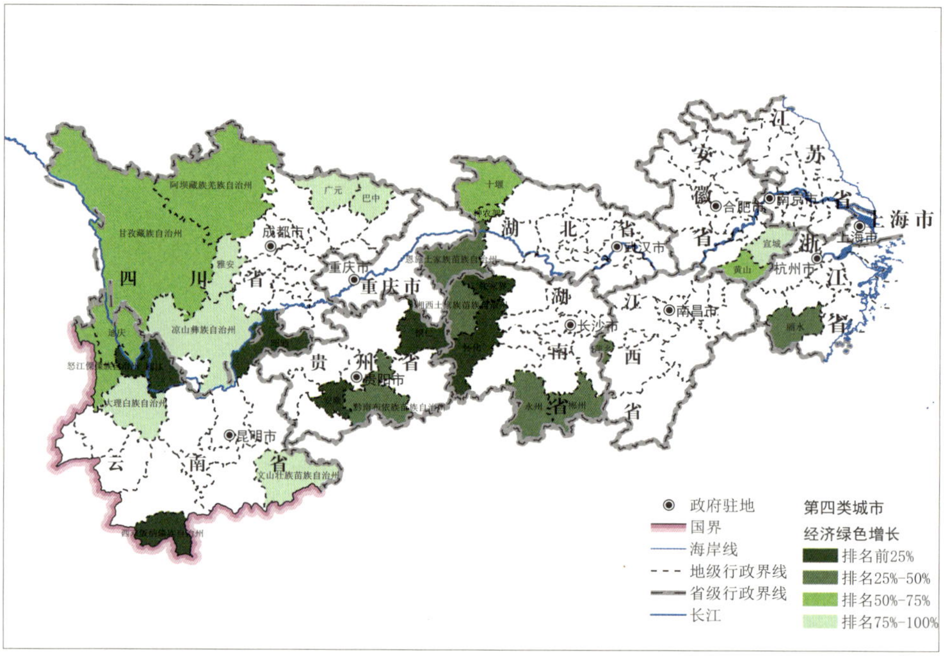


图 4-39　第四类城市（自治州、林区）经济绿色增长指数空间分布

第四类城市经济绿色增长指数构成如图 4-40 所示，分要素优、劣势城市如表 4-20 所示。在绿色政策方面，张家界的经济矫正政策指数最高；凉山、神农架、黄山等 9 个城市（自治州、林区）的经济矫正政策指数较低，水资源价格偏低，未能充分体现水资源的稀缺性。在经济结构方面，张家界经济增长结构指数最高；广元、宣城、凉山等 8 个城市（自治州）的经济增长结构指数较低。

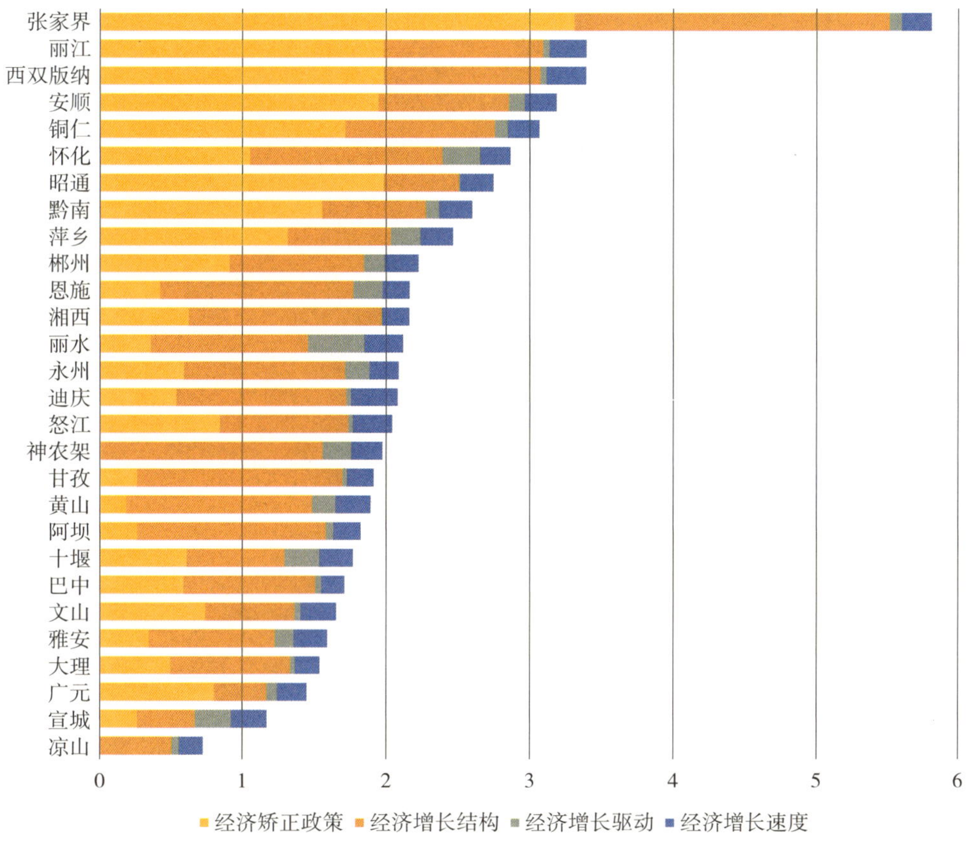


图 4-40　第四类城市（自治州、林区）经济绿色增长指数构成

表 4-20　第四类城市（自治州、林区）经济绿色增长分要素优、劣势城市

| 要素 | 优势城市(自治州) | 劣势城市（自治州、林区） |
| --- | --- | --- |
| 经济矫正政策 | 张家界 | 凉山、神农架、黄山、甘孜、阿坝、宣城、雅安、丽水、恩施 |
| 经济增长结构 | 张家界 | 广元、宣城、凉山、昭通、文山、十堰、萍乡、黔南 |
| 经济增长驱动 | 丽水 | 湘西、昭通、怒江、大理、甘孜、迪庆、西双版纳、巴中、文山、丽江、凉山、阿坝 |
| 经济增长速度 | 迪庆 | 巴中、凉山、大理、甘孜、恩施、湘西、阿坝、永州 |

# 5

# 长江经济带绿色发展梯队与模式

Three Tiers and Six Modes of Green Development in the Yangtze River Economic Belt

## 5.1 长江经济带绿色发展三大梯队

对绿色发展要素指数分别进行加和可以得到各个城市的绿色发展综合指数。但是考虑到不同类型城市的绿色发展评价“标尺”不同，对130个城市（自治州、林区）的绿色发展综合指数进行总体排序的意义不大；相对而言，对同类城市进行比较，从而引导落后城市向同类型的先进城市看齐，对共同推进绿色发展更加具有现实意义。因此，在基于绿色发展综合指数划分绿色发展进程三大梯队的过程中，不是根据130个城市（自治州、林区）绿色发展综合指数的排名，而是主要根据各自类型城市指数排名确定的，各类城市中指数排名靠前的城市组成第一梯队，确保各个类型的城市在绿色发展实践中都有先进可以学习、有模式可以借鉴。

在各梯队下各类型城市（自治州、林区）的数量分配上，兼顾了绿色发展综合指数的分布情况（图5-1）：①第一梯队城市42个，其中以城市化地区为主的第一、第二类城市和以限制开发区为主的第三、第四类城市数量各半，同时考虑到第一、第二类城市相比，第一类城市的绿色发展综合指数总体高于第二类城市（主要是因为第一类城市在经济结构转型、科技创新驱动、资源环境效率等重要方面明显优于第二类城市），第四类城市的绿色发展综合指数总体高于第三类城市（主要是因为第四类城市在自然资源资产保值增值等重要方面具有明显优势），因此适当提高第一、第四类城市进入第一梯队的比例，降低第二、第三类城市进入第一梯队的比例；②第三梯队城市 33 个，其中包括以城市化地区为主的第二类城市和以限制开发区为主的第三、第四类城市，同时考虑到绿色发展综合指数分布，因此未将第一类城市纳入第三梯队，适当降低第四类城市纳入第三梯队的比例；③其余城市列入第二梯队，共 55 个。

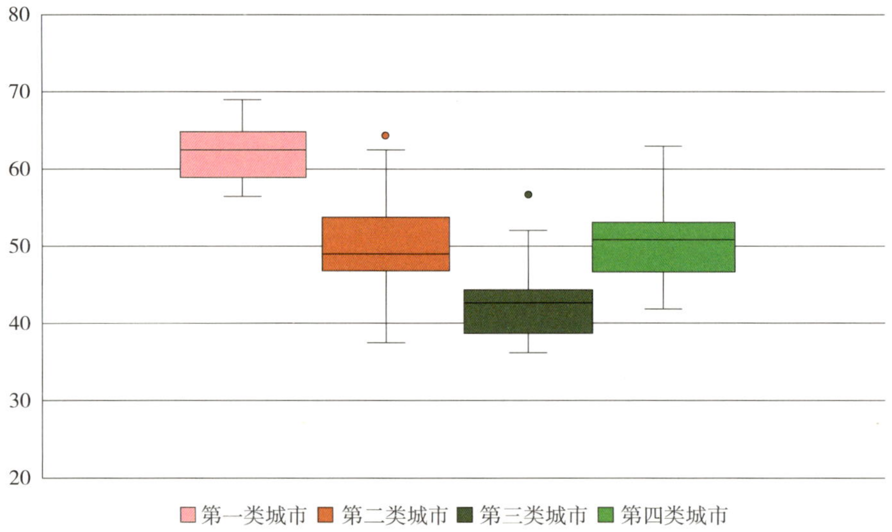


图 5-1　四类城市绿色发展综合指数分布

长江经济带 130 个城市（自治州、林区）绿色发展进程三大梯队空间分布见图 5-2，各类城市（自治州、林区）绿色发展进程三大梯队空间分布见图 5-3～图 5-6。

在组成绿色发展第一梯队的 42 个城市中，第一类城市有 11 个，第二类城市有 10 个，第三类城市有 8 个，第四类城市有 13 个。第一类城市主要包括长三角三大核心城市上海、南京、杭州，江苏省的无锡、苏州和南通，以及浙江省的大部分城市。第二类城市主要包括长江经济带城市群（圈）或经济区的中心城市，以及浙江省的温州、金华和四川省的绵阳等重点城市。第三类城市主要包括金衢盆地、黄淮平原和江汉平原，以及四川盆地。第四类城市主要包括藏东南高原边缘森林生态功能区、川滇森林及生物多样性生态功能区等国家重点生态功能区，三峡库区水土保持生态功能区、武陵山区生物多样性与水土保持生态功能区等国家重点生态功能区，以及浙西南山地、皖南山区等地区重点生态功能区。

在组成第二梯队的 55 个城市中，第一类城市有 5 个，第二类城市有 27 个，第三类城市有 13 个，第四类城市有 10 个。第一类城市有江苏省的常州、扬州、镇江和泰州，以及浙江省的嘉兴。第二类城市主要有上游江苏省东北部城市和安徽省沿江的芜湖，中游鄱阳湖生态经济区的节点城市、长株潭城市群多个核心或节点城市、武汉城市圈的节点城市仙桃以及湖北省的 2 个副中心城市襄阳和宜昌，上游成都经济区的节点城市、黔中城市群的节点城市遵义、滇中城市群的中心城市昆明以及节点城市玉溪。第三类城市主要有下游安徽省西北部多个粮食和农产品主产城市，中游湖北省的随州、湖南省的邵阳、江西省的上饶、宜春和吉安，上游四川省的南充、广安和达州。第四类城市主要位于上游川滇森林及生物多样性生态功能区、桂黔滇喀斯特石漠化防治生态功能区，以及中游武陵山区生物多样性及水土保持生态功能区、南岭山地森林及生物多样性生态功能区。

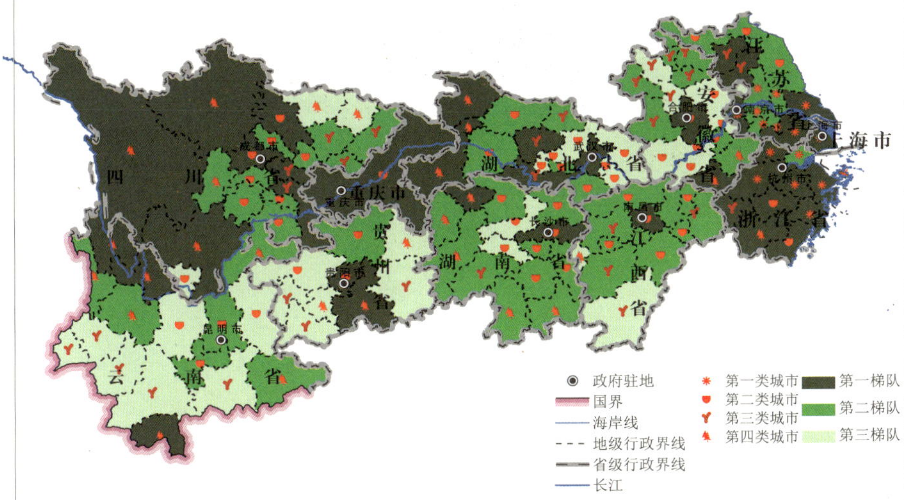


图 5-2　长江经济带城市绿色发展三大梯队

在组成第三梯队的33个城市中，第二类城市有17个，第三类城市有11个，第四类城市有5个。第二类城市主要有下游江淮地区安徽省部分沿江城市，中游武汉城市圈围绕武汉周边的多个城市、长株潭城市群的部分节点城市，上游黔中城市群、滇中城市群围绕中心城市周边的部分节点城市。第三类城市主要有下游安徽省和中游江西省的部分农产品主产城市，上游云南省和贵州省以农产品主产区作为主导功能的城市。第四类城市主要位于上游秦巴生物多样性生态功能区、桂黔滇喀斯特石漠化防治生态功能区。

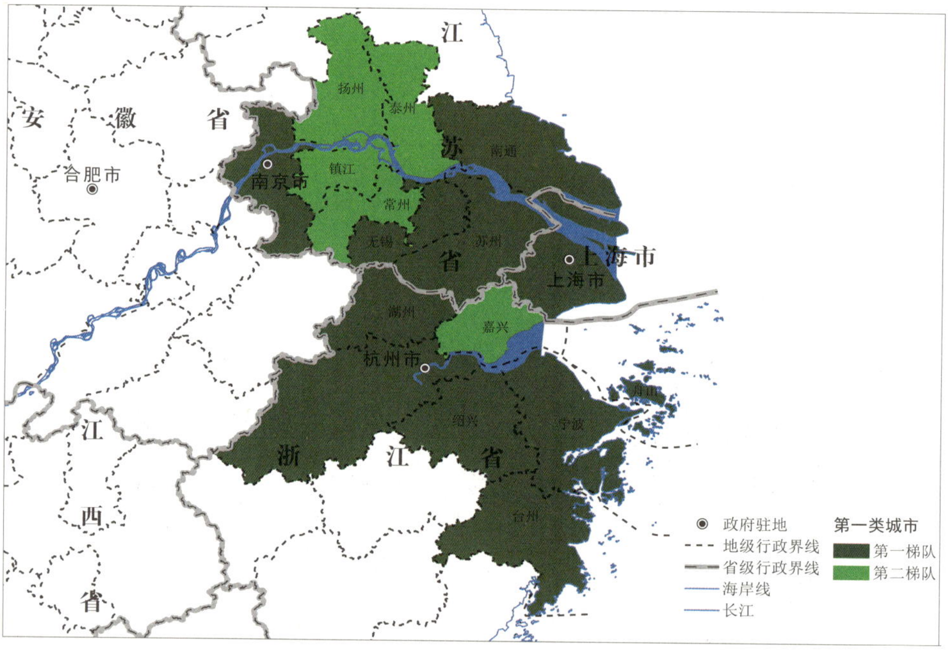


图 5-3　长江经济带第一类城市绿色发展梯队

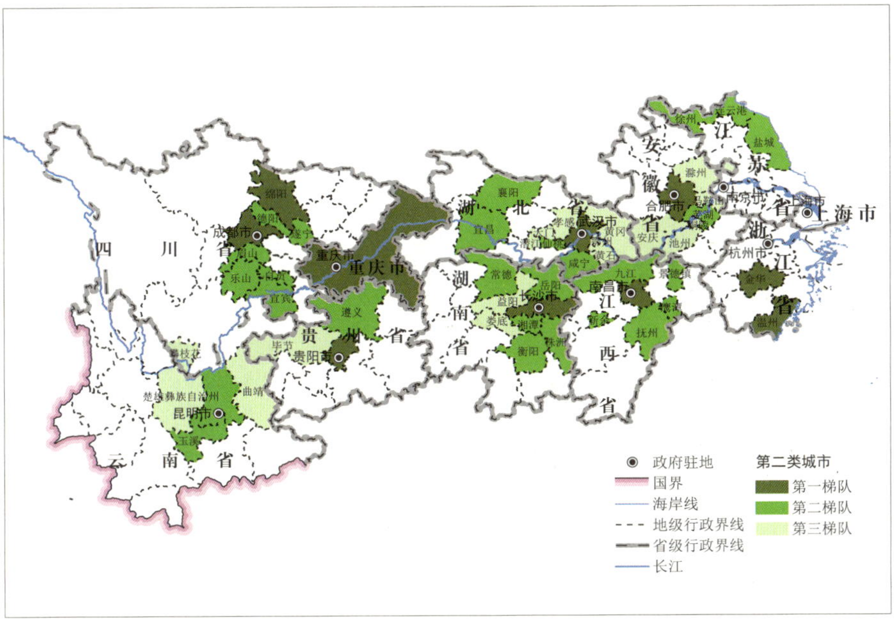


图 5-4　长江经济带第二类城市绿色发展梯队

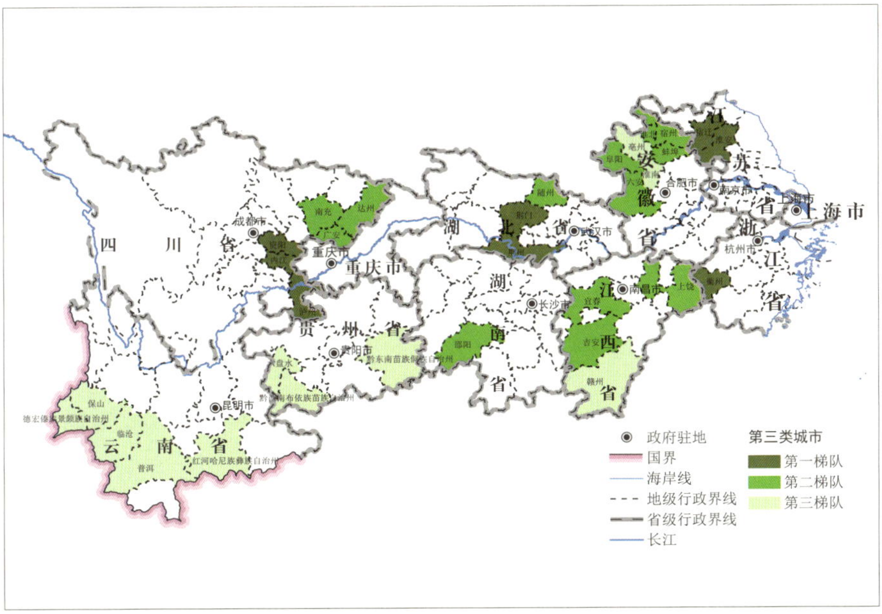


图 5-5　长江经济带第三类城市绿色发展梯队

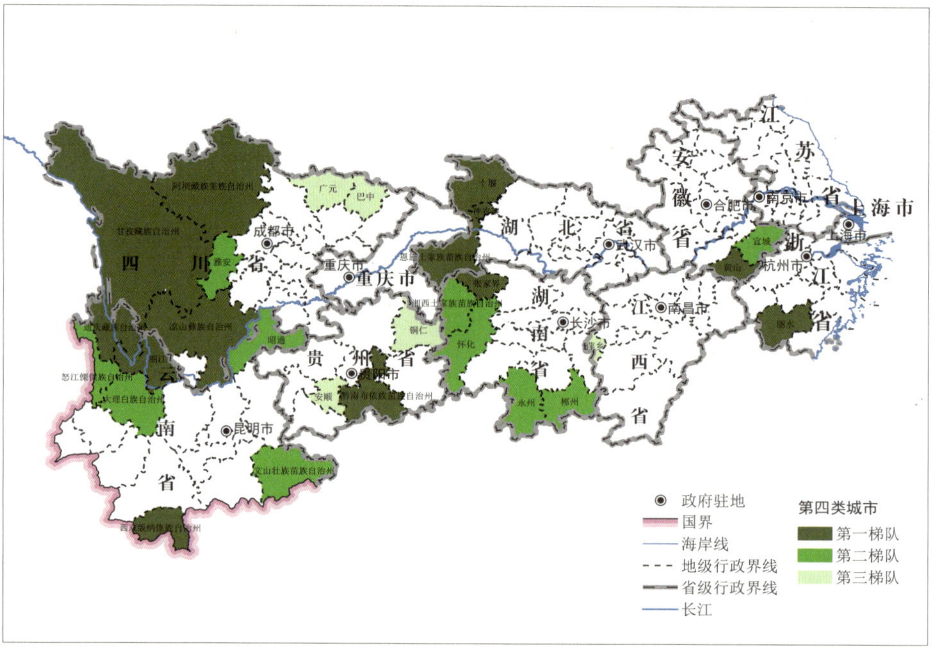


图 5-6　长江经济带第四类城市绿色发展梯队

## 5.2　长江经济带绿色发展典型模式

本报告选取 6 个城市凝练绿色发展模式，分别是第一类城市湖州、第二类城市武汉和绵阳、第三类城市衢州、第四类城市凉山和丽水，涵盖了长江经济带的四类城市类型，分布于东、中、西不同板块（图 5-7）。这些城市处于绿色发展进程的第一梯队，可为第二、第三梯队下不同类型城市选择绿色发展策略和路径提供参考。

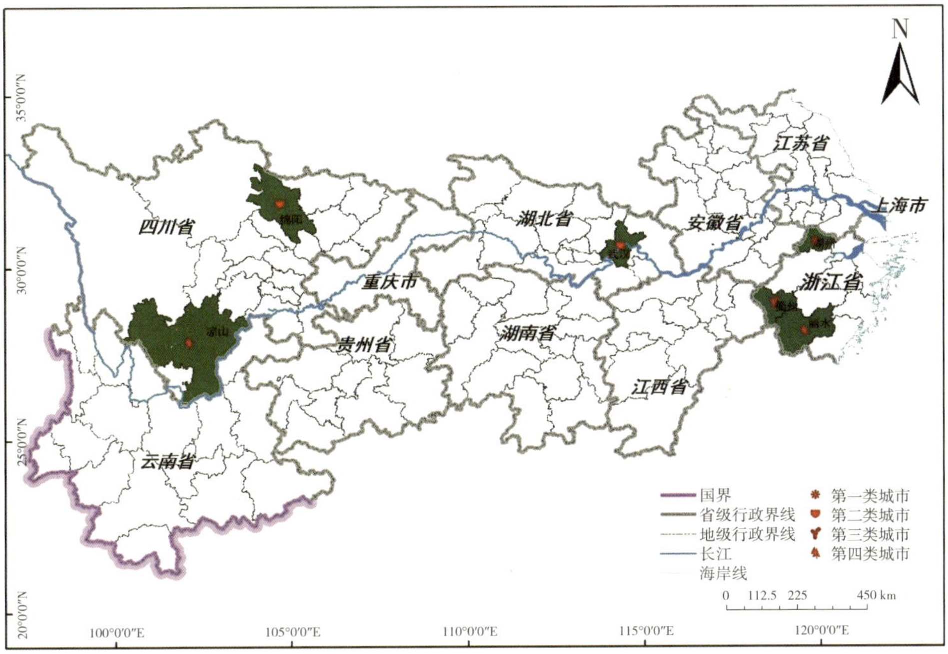


图 5-7　长江经济带绿色发展第一梯队部分典型城市

## 5.2.1 “产融结合”的湖州模式

### 5.2.1.1　案例背景

湖州市地处浙江省北部、太湖南岸，是上海、杭州、南京三大都市圈的共同腹地，市域面积为 5 820 $km^2$，下辖德清、长兴、安吉三县和吴兴、南浔两区，常住人口为 336.8 万人，2020 年地区生产总值为 3 201.4 亿元。湖州市地貌呈现“五山一水四分田”的格局，“山水林田湖草”生态系统完备，境内森林覆盖率 47.6%，地表水Ⅲ类断面比例达 98.7%，拥有国家级自然保护区 2 个、国家级森林公园 2 个、国家级湿地公园 2 个。

作为“绿水青山就是金山银山”重要理念的发源地，湖州市自古以来就是丝绸之府、鱼米之乡，但是面对现代化和工业化的浪潮，湖州在发展矿业、纺织、建材、印染、蓄电池等多种产业的过程中，也遭遇过资源过度消耗、生态环境破坏的问题。2005 年 8 月，时任浙江省委书记的习近平同志在湖州市安吉县余村考察，首次提出“绿水青山就是金山银山”的科学论断，此后，湖州市义无反顾地走上了绿色发展的道路。多年来，湖州市坚持系统保护和修复生态环境，获得全国文明城市、国家水生态文明城市、国家生态市、国家生态文明建设示范市、全国绿水青山就是金山银山实践创新基地、国家历史文化名城、国家园林城市、国家环境保护模范城市、国家森林城市、中国优秀旅游城市以及国家首个生态文明先行示范区等各项荣誉，同时，湖州市还是全国首个以“绿色智造”为特色的试点示范城市、全国首批绿色金融改革创新试验区。

### 5.2.1.2 主要做法

（1）推动制造业升级转型，实现经济质效提升

一是大力培育新兴产业。把制造业产业的转型作为重点方向，结合地方产业特点，全面实施“四换三名”工程，持续培育信息技术、高端装备、新能源、生物医药等绿色低碳产业，初步构建了信息经济、高端装备、健康产业、休闲旅游等“4+3+N”的现代产业体系，并且催生一批新经济、新业态和新模式，形成地理信息、物流装备等一批新增长点。产业结构的优化对制造业的提升作用明显，特别是数字产业、高端装备、新材料、生命健康等新兴产业的发展改变了传统制造业的发展模式，推动了工业经济的质效提升。

二是坚决淘汰落后产能。加大对重点行业专项整治力度，完成铅蓄电池、电镀、印染、化工、制革和造纸六大重污染高耗能行业整治，产业层次和质量明显得到提升。蓄电池行业从 225 家锐减到 16 家，但产值增长 14 倍、税收增长 6 倍；不锈钢管道行业由上百家整合为不到 10 家，但培育出一批主板上市企业。“十三五”以来，累计淘汰企业落后产能 821 家，整治“低散乱”企业（作坊）1.7 万家，腾出的用能空间和盘活的存量土地资源得以重新运用于经济发展，持续优化工业产业结构。

三是改造提升传统制造业。印发传统制造业改造提升行动计划，对八大传统制造业进行改造提升。通过“互联网 +”“机器人 +”“标准化 +”和“能耗 -”“污染 -”等途径，实施绿色循环利用改造提升，实现全产业链环境影响最小、资源能源利用效率最高、经济社会效益最优。安吉县实现竹子从根到叶的全竹开发与综合利用，以全国 1.8% 的立竹量创造了全国 20% 的竹产值，产

业循环利用率达100%；天能集团打造了国内铅蓄电池行业唯一的集回收、冶炼、再生产于一体的闭环式绿色智能产业链，实现废旧电池100%循环利用，也奠定了企业在国内电池行业中的龙头企业地位。

（2）“绿色智造”引领经济高质量发展

一是以“绿色”标准为引领，构建绿色制造体系。形成市、区县、园区、企业、产品“五位一体”绿色标准评价体系，即市级层面上的首个“中国（湖州）绿色制造发展指数”，区县层面上的“绿色智能制造评价体系”，园区层面上的“市级绿色园区管理规范”地方标准，企业层面上的“市级绿色工厂评价要求”地方标准，产品层面上的绿色产品认证国家试点和绿色设计产品团标。实施“绿色制造标准引领”专项工程，印发浙江省首个绿色工厂、绿色园区评价办法，对具备产品设计生态化、用地集约化、生产洁净化、废物资源化、能源低碳化的企业，以及具备布局集聚化、产业结构绿色化、资源利用循环化、基础设施绿色化的园区进行星级评价。截至2020年，全市星级以上绿色工厂达到3 239家，规上企业覆盖率达88.25%；累计创建国家级绿色工业园区4个、绿色工厂44家、绿色供应链管理企业17家，绿色设计产品49项，数量居全国地市级前列。

二是以“智造”为核心，推动企业智能化水平提升。湖州市是全国首个以“绿色智造”为特色的试点示范城市，通过以数字化、网络化、智能化转型为抓手，推动企业上云、数字化车间/智能工厂、两化融合贯标、数字化小微园区等领域的示范创建，推进工业物联、数联、智联“三位一体”，在改变原有生产模式的同时，也大大提升了生产的“绿色”含量。加快智能化技术改造，锁定椅业、竹业、电梯、电机、木业、耐火材料、粉体材料等行业，加大工业机器人推广力度，推动企业采用数字化、智能化技术改进生产工艺、优化管理，南浔电梯、木地板、长兴的电池、非金属制品等行业列入省“机器换人”试点，物流装备列入省智能制造试点示范。培育建设数字化车间和智能工厂，推进“互联网+”“智能+”“5G+”，打造数字化车间、智能工厂和无人车间、无人工厂，促进制造单元智能化升级、工艺流程数字化改造、基础数据共享应用，“十三五”期间累计推动企业上云20 362家，上云标杆59家；累计建成智能工厂（数字化车间）100家，其中省级智能工厂（数字化车间）26家；未来工厂4家，总量名列浙江省第2位。同时，深化两化融合示范试点，扩大和深化企业信息化应用，引导企业加速向综合集成、协同创新阶段发展，累计实施市级两化融合重点项目578个，入选国家级制造业“双创”平台项目5个；累计培育市级两化融合试点企业480家、示范企业106家，26家企业成为国家两化融合管理体系贯标评定企业，52家企业成为省级制造业与互联网融合试点示范企业。

（3）创新绿色金融，撬动绿色发展

一是标准体系与平台建设先行，筑牢绿色金融服务基础。率先制定多项地方绿色金融标准，推动绿色金融认定、评价、产品标准化，形成地方绿色金融标准体系，已发布绿色融资企业评价规范、绿色银行评价规范、环境污染责任保险风险评估技术规范等地方标准，另有多项标准正在推进或已纳入规划。率先搭建“五大系统”，保障绿色金融重要基础设施建设，包括“绿贷通”银企对接服务平台、绿色信用信息服务平台、绿色金融信息管理系统、“绿信通”系统、绿色银行监管评级及信息分析系统等。率先探索研究区域绿色金融发展指数，成立南天湖绿色金融与发展研究院，为绿色发展提供智力支持。

二是深化金融供给，服务传统产业转型升级和绿色产业创新发展。出台“中国制造2025”示范城市建设指导意见，构建《湖州市绿色智能制造区域评价办法》等绿色智造标准体系，推动金融机构优化金融配置，助推产业转型升级，2019年湖州市地方统计口径绿色信贷余额占全部贷款比重达到19.2%以上。培育绿色金融市场主体，打造以太湖绿色金融小镇为龙头的新金融集聚平台，培育基金投资、融资租赁、金融科技等绿色金融新业态，2018年年末全市各类金融新业态累计达2 404家，管理资本4 180亿元；开展企业上市和并购重组“五年倍增”行动，围绕“4+3+N”绿色产业体系，推动绿色企业上市。探索环境权益交易和融资，激活排污权二级市场，建立排污权抵押贷款制度、抵押公示制度，目前全市污染排放重点监管企业已全部纳入排污权交易体系，排污权抵押贷款超1亿元，企业无形的排污权资产真正成为企业有价值的资源。

三是创新绿色金融产品与服务，服务绿色转型。推动全市金融机构加快绿色信贷产品和服务创新，形成一批可复制推广的产品与经验，如湖州银行创新“绿色园区贷”助力“低小散”污染治理，为在重点绿色产业集聚园区内的小微企业提供批量化金融服务；安吉农商行全国首创“绿色信用贷”，在对客户“绿色信用”行为采集的基础上，依托“个人绿色积分”管理系统，对持有一定分值的客户发放信用贷款；人保财险创新建立“保险＋服务＋监管＋信贷”的保险新模式；配合环保部门在环境风险行业推行环境污染责任制度。拓宽绿色融资渠道，依托全国首个自然资源资产负债表，鼓励各类市场主体发行绿色债券并开展绿色资产证券化，2017—2019年全市共发行贴标绿色债券12单，融资金额70.5亿元；资产证券化产品5个，总规模17.91亿元。推动绿色基金投放，全市共设立绿色产业基金50个，总规模达350亿元。

四是机构培育与监管评级相结合，提升绿色金融服务能力。率先开展绿色金融专营模式，制定绿色专营体系监管准入标准，创新“六单”绿色管理模式，设立绿色专营机构35家，其中湖州银行成为中国境内第三家赤道银行。构建全国首个地方性“绿色银行”监管评价体系，定期评估银行机构对重点绿色产业的支持力度、环境风险情况和绿色经营目标完成进度。构建绿色信贷业绩评估指标体系、评分标准、评估流程及评估质量保障体系，精准量化金融机构绿色发展水平，精准检索薄弱环节。编制绿色银行综合发展指数“绿茵指数”，以绿色评级体系为基础，突出绿色监管“重管理”的导向，指导银行注重绿色管理机制的建立健全，绿色流程的改造等管理基础设施建设。

（4）创新政策制度体系，促进土地资源合理配置

一是创新存量土地利用模式。启动“五未”（批而未供、供而未用、用而未尽、建而未投、投而未达标）土地处置专项行动，向粗放低效用地方式宣战，创新以存量为主体、保障科学持续发展的土地利用模式。将“五未”土地处置结果作为各地新增建设用地指标分配的主要依据，对成效明显的给予用地指标奖励，对应处置而未处置、漏报、瞒报的，发现一宗扣减同面积新增建设用地指标。在“五未”土地处置工作中，湖州市不仅对每一类土地都有不同的政策，而且对每一宗土地都根据实际情况采取不同的对策，收转并举，力争实现土地利用效率最大化。对“批而未供”“供而未用”土地加大加快处置利用；对“用而未尽”土地，由政府协议收回，组织二次出让；对“建而未投”土地，限其6个月内整改到位，否则通过政府协议收回、引进企业收购重组、创建小微创业园等方式进行盘活；对“投而未达标”土地，则以要素价格、税收政策实行正向激励和反向倒逼。通过处置“五未”土地，使一批“大好高”项目得以顺利

落地，土地利用率和产出率也得到明显提升。

二是创新土地利用综合评价制度。率先在浙江省建立“事先做评价、事前定标准、事中作承诺、事后强监管”的“标准地”制度，全面推行企业投资项目“标准地”模式，明确“345”门槛标准（项目亩均税收达到30万元以上，固定资产投资强度达到400万元/亩以上，亩均产值达到500万元以上），全市工业新供土地100%实现“标准地”供给。通过“标准地”改革政策引导，“十三五”期间规模以上工业亩均税收、亩均增加值年均分别增长27.6%和23.8%，分别快于浙江省平均20.4个和13.8个百分点。同时，深化“亩均论英雄”改革，建立完善以亩均税收、单位能耗工业增加值、单位排污权税收、单位电耗税收为核心的“亩产效益”综合评价制度，对全市所有规模以上工业企业和用地3亩以上工业企业实施亩产效益综合评价全覆盖，并将考核结果作为差别化用水、用电、用能、排污、融资和土地使用税征收依据。通过“高征高返”，在不增加优质企业经营成本的同时，倒逼低效用地企业退出。

#### 5.2.1.3 主要成效

经济总量保持平稳快速增长，工业经济质效提升显著。“十三五”期间，湖州市地区生产总值从2015年的2 223.1亿元增加到3 201.4亿元，年均增长7.1%，比浙江省平均快0.6个百分点；财政总收入、一共公共预算收入年均分别增长12.2%、12%，增速均居浙江省第一位。湖州市名列全国综合实力百强城市第55位，三县全部入选县域经济综合竞争力百强县。“十三五”时期，湖州市规上工业增加值年均增长7.5%，增速高于浙江省平均0.7个百分点、全国平均2个百分点；2020年规模以上战略性新兴产业、高新技术产业和装备制造业增加值分别增长11.9%、8.2%和11.3%，占工业面上比重分别为35%、59.7%和30.8%，较“十二五”末期分别提升11.2、17.6和4.4个百分点，高装备水平、高技术含量、高附加值的制造业行业经济比重明显提升，两次被国务院评为工业稳增长和转型升级成效明显市。

在经济保持平稳快速增长的同时，生态环境质量持续改善，绿色福祉不断提升，实现了经济增长与环境耗损之间的脱钩。“十三五”期间，湖州市区$PM_{2.5}$平均浓度从57 μg/m$^3$下降到26 μg/m$^3$，空气优良率从59.2%提高到87.7%；

监测断面水质全部达到或优于Ⅲ类，成为全国水生态文明城市；“在湖州看见美丽中国”城市品牌进一步打响，美丽浙江考核实现“八连优”。

#### 5.2.1.4 绿色发展模式

湖州市属于第一类城市，位于长三角三大都市圈腹地，经济发展水平、创新能力、市场机制、开放程度相对较高。在绿色发展实践中，湖州市探索实现经济增长与资源环境耗损脱钩的经济绿色增长路径，形成了绿色智造、绿色金融产融结合的湖州模式（图 5-8）。

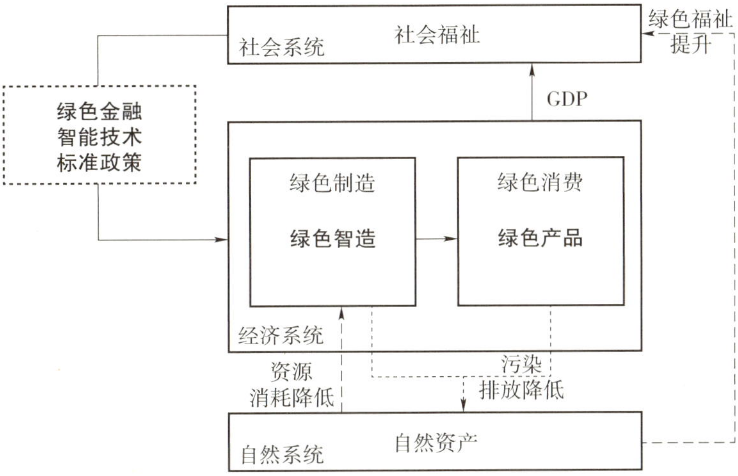


图 5-8 绿色发展湖州模式

湖州市主要以绿色金融、绿色技术和绿色政策创新作为经济绿色增长的“新引擎”，实现从资源环境依赖向资源环境“脱钩”的绿色增长。通过创新绿色金融标准、金融产品和金融服务，支撑产业转型升级和绿色企业发展壮大，拓展绿色产业和绿色项目融资渠道，助推环境污染治理和环境风险防范。通过数字化、网络化、智能化转型，改造提升传统制造业，变传统制造为“绿色智造”，实现环境效益和经济效益的双赢。通过创新“五位一体”绿色标准评价体系，引导在全市、区县、园区、企业和产品不同层面实现绿色制造、绿色消费的全覆盖。通过创新土地利用模式和制度，优化土地资源配置，大幅提升土地利用效率。

## 5.2.2 “系统协同”的武汉模式

### 5.2.2.1 案例背景

武汉市地处长江经济带承东启西、辐射南北的中心位置，是长江中游城市群的核心城市、特大城市，是全国重要的工业基地、科教基地和综合交通枢纽，在长江经济带发展中具有举足轻重的地位。武汉市总面积为 8 569 $km^2$，下辖 13 个区，常住人口为 1 232.6 万人，2020 年地区生产总值达到 1.56 万亿元。长江及其最大支流汉江在武汉交汇，形成“两江四岸”的地貌、水系特征，市内江河纵横、湖港交织，水域面积占全市总面积的 1/4，被称为“百湖之市”。其中，东湖面积为 33.9 $km^2$，是中国最大的城中湖之一，2019 年东湖入选“长江经济带最美河流（湖泊）”、全国首批 17 个示范河湖，是入选河湖中唯一的城中湖。

2020 年，国家推动长江经济带发展领导小组办公室印发《推动长江经济带发展工作简报——长江经济带绿色发展试点示范成效初显》，系统总结了近年来长江经济带绿色发展试点示范工作成效，梳理了一批可复制推广的经验模式。武汉市在加强规划管控、生态保护修复、绿色产业发展和体制机制创新等方面的做法，获得了国家长江办的肯定，并向全国推介。

### 5.2.2.2 主要做法

（1）顶层规划和制度先行，引领特大城市绿色发展

一是以规划为引领，做好绿色发展的顶层设计，优化生态、土地、空间等要素资源配置。制定《武汉市加快推进长江经济带绿色发展示范实施方案》，重点围绕“四水共治”和科教资源创新驱动等方面先行先试。制定《武汉长江大保护滨江带规划》，提出“一轴、三区、六段”的滨江带总体功能布局，“江湖联通、四水共治、分区治理、立法管控”的滨江带保护利用模式和“功能提升、生态修复、特色塑造、设施重构”的滨江带保护利用战略。以《武汉城市总体规划（2010—2020 年）》《武汉都市发展区“1+6”空间发展战略实施规划》《武汉都市发展区 1 ：2 000 基本生态控制线规划》《武汉市全域生态框架保护规划》等作为构建集约有序空间发展秩序的纲领性文件，完成 166 个湖泊“三线一路”保护规划编制，构建“两轴两环、六楔多廊”的城市生态框架体系。此外，编

制《武汉 2049 远景发展规划》，以及都市产业发展、低碳发展、循环经济发展、综合交通枢纽试点城市建设和湖泊、山体保护等系列专项发展规划。通过一系列规划，确立绿色发展的空间形态框架，奠定城市可持续发展的长远格局。

二是以体制机制创新为突破，完善绿色发展制度体系。先后发布《武汉市基本生态控制线管理规定》《关于加强武汉市基本生态控制线规划实施的决定》《武汉市山体保护办法》《武汉市湖泊保护条例》《六大生态绿楔控规导则》等多个规章制度，基本形成武汉市基本生态控制线保护制度体系。其中，《武汉市基本生态控制线管理条例》是全国第一个通过人大决定对基本生态控制线进行保护的地方立法，明确界定基本生态控制线是指为维护本市生态框架完整，确保生态安全，依照法定程序划定的生态保护范围界线，非依法定条件和程序，不得调整基本生态控制线。截至 2018 年年底，武汉市基本生态控制线面积约占到市域面积 75%，保护面积占比之高居全国领先水平。《关于进一步规范基本生态控制线区域生态补偿的意见》将湿地自然保护区、生态公益林城市饮用水水源保护区等 13 类生态要素纳入补偿范围，调动区级政府开展生态保护工作的主动性、积极性。探索创新市域内跨区断面水质考核奖惩和生态补偿机制，精细设置奖惩标准，率先启动长江、汉江跨区断面水质考核奖惩和生态补偿。实行水质“改善奖励”“下降扣缴”的生态补偿奖惩措施，自 2018 年考核办法实施以来，武汉市长江、汉江跨界断面考核向沿江各区共计罚款 2 350 万元，奖励 2 550 万元。此外，出台《关于加快生态文明体制改革建设生态化大武汉的意见》，为全市生态文明建设提供基本遵循和行动指南，进一步统筹和引导武汉市绿色发展建设。建立《武汉市绿色发展指标体系》和《武汉市生态文明建设考核目标体系》，可以对全市各区绿色发展指数进行评估和公布。印发的《武汉市城市建设绿色发展实施方案》，引领城市建设走上集约、节约、生态发展的轨道。

（2）立足产业结构转型和能源结构优化，推动绿色低碳循环发展

一是以发展新技术、新业态为动力，构建绿色产业体系，提升绿色经济发展能级。大力实施创新驱动发展战略，把科教优势、人才优势转化为绿色发展优势。加强创新平台建设，启动建设“光谷科技创新大走廊”，获批国家级科技创新平台 5 家、省级工程技术研究中心 110 家。作为中央全面创新改革试验区，武汉市围绕建设一个中心（具有全球影响力的产业创新中心），聚焦三大领域

（信息技术、生命健康、智能装备三大新兴产业），推进五链统筹（围绕产业链、部署创新链、打造人才链、完善资金链、配套政策链），着力打造全国战略性新兴产业发展先行区、传统产业向中高端转型升级示范区。新一代信息技术产业入选首批国家先进制造业集群，集成电路、新型显示器、下一代信息网络、生物医药四个产业集群入选首批国家战略性新兴产业集群。高新技术产业增加值占经济总量比重达到 1/4 以上，其中数字经济占比约 40%。

二是抓住国家低碳试点机遇，推进产业结构和能源结构转型。作为我国低碳试点城市，武汉市早在 2017 年就印发了《武汉市碳排放达峰行动计划（2017—2022 年）》，是全国最早一批明确提出碳排放峰值量化目标的城市，其中明确了 2022 年碳排放达峰的目标，提出建立以低碳排放为特征的产业体系和能源体系，形成具有示范效应的低碳生产生活武汉模式，低碳发展水平走在全国同类城市前列。在产业低碳化方面，发展高新技术产业，推进“中国制造 2025”试点示范城市建设，到 2022 年信息技术、生命健康、智能制造三大战略性新兴产业产值占高新技术产业产值的比重达到 70% 以上；发展现代服务业，壮大现代物流、金融、软件和信息技术服务、商务会展等四大生产性服务业，提升现代商贸、旅游、房地产、公共服务四大生活性服务业，发展科技服务、文化创意、工程设计、汽车服务、新模式新业态五大特色新兴服务业；改造升级传统产业，全面禁止新建钢铁、水泥、平板玻璃、焦化、有色金属等行业高污染项目，严禁在长江、汉江武汉段岸线 1 km 范围内新建布局重化工园区等。在能源低碳化方面，实施煤炭总量控制，2018 年进一步印发《武汉市煤炭消费总量控制三年行动计划》，以确保 2020 年煤炭消费总量占全市能源消费总量的比重控制在 37% 以下；优先发展非化石能源，布局风电和光伏发电项目，推进生物质和垃圾规模化利用；通过天然气管道、电网等项目建设，提高天然气和电力使用比例等。

三是大力发展循环经济，提高资源环境利用效率。出台《加快推进武汉市大宗固体废弃物资源综合利用三年行动方案》，工业副产石膏利用率从 43% 提升至 93%。成立全国首家城市矿产交易所，近 3 年上线交易量从 11 万 t 提高到 400 万 t，交易额达 8 亿元。建成一批国家、省级循环经济示范园区、示范企业和示范项目。青山工业区园区循环化改造试点示范成效显著，基本建成钢铁、石化、电力、节能环保循环经济产业链，重化工产能明显压缩，固体废物资源规模化利用水平明显提升，重点污染物排放量大幅降低。2018 年，印发了《关于进一步推进园区循环化改造工作的通知》，指导分批推进省级工业园区开展园区循环化改造，提升产业园区综合竞争力和可持续发展能力。餐厨废弃物资源化利用和无害化处理试点通过国家发改委和财政部联合验收，基本构建起覆盖全市的餐厨废弃物收运体系。

（3）强化生态环境系统治理，探索生态修复新模式

以生态环境保护修复为前提，强化系统治理。深入实施防洪水、排涝水、治污水、保供水的“四水共治”，全市安排“四水共治”项目 488 个，投资 314 亿元。以“三湖三河”流域系统治理为重点，强力整治污水直排和劣Ⅴ类水体，全力提升重点水体水质。开展沿江港口岸线综合整治，取缔非法码头、趸船、堆砂场等，货运码头全部退出中心城区，两江核心区码头和趸船数量减少 60% 以上。在两江四岸造林 2.14 万亩，2020 年武汉百里长江生态廊道工程动工。实现大型船舶生活污水零排放、全收集，实施长江武汉段及汉江武汉段 10 年常年禁捕。同时，积极探索生态环境保护修复新模式，实施东湖水环境综合治理，引领生态治水“示范样本”，探索出“水岸同治、湖塘齐治、流域共治、官民合治”的“大湖、名湖、城中湖”生态治水模式。

东湖生态治水模式：一是打破传统污水治理换水透析的理念，在不违背自然科学规律的前提下，借由人工辅助，恢复湖泊生态性结构和功能，形成自净能力；实施水生植被和湖边塘水生态修复，140 $hm^2$ 水域重现“水下森林”；通过促进水质自我修复，提升东湖水域“免疫力”，构建“湖边湿地—湖边塘—子湖—主湖”梯级水质生态净化体系。二是山水林田湖草城统筹兼顾、整体施策，遵循“源头减排、过程控制、末端治理”的控源截污思路，统筹治理、全域截污、清水入湖、复绿植林；通过建设百公里绿道永久终结侵湖占湖问题；实施景中村改造及环境整治，全面取缔村湾旱厕，新建环保移动装配式公厕，完成全域排口排查整治，实现村湾污水“零直排”；实施游船清洁能源改造，全面取缔小游船。三是依靠信息技术创新，提高湖泊监督管理信息化和智慧化水平，加密水质监测点位，使水质监测覆盖了所有子湖和港渠；建成东湖智慧水务平台，整合共享相关业务信息，打造自动巡湖、管网溯源、数据驱动、闭环管理

等具有“东湖特色”的个性化功能。四是引导全民参与，推行官方湖长、民间湖长、数据湖长“三长联动”机制，民间湖长定期开展巡湖、水质检测、生物调查、生态宣讲等活动，积极参与湖泊日常管理。

### 5.2.2.3 主要成效

2020 年，武汉市地区生产总值超过 1.5 万亿元，位居全国城市前列，8 个区（开发区）经济总量过千亿元。创新引领实现新突破，五大产业基地建设全面推进，4 个产业入选国家首批战略性新兴产业集群，高新技术产业增加值 GDP 比重超过 25%，光芯屏端网、汽车制造及服务、生命健康等世界级产业集群初具规模。民生事业取得新进步，城乡居民人均可支配收入与经济增长同步，城乡居民收入比下降至 2.07。

与此同时，河湖水质、空气质量持续改善，绿色生态空间不断拓展。根据国家生态环境部公布监测数据，从长江武汉段白浒山出境的长江水质已连续 2 年保持在Ⅱ类，优于国家要求的Ⅲ类水质，是长江武汉段 20 年来最优。东湖 80% 的水域都保持在Ⅲ类水质，为近 40 年来最好水平；东湖作为全国 17 处河湖中唯一的城中湖，高分通过水利部全国示范河湖建设国家验收。2020 年，全市湖泊水质达到或优于Ⅲ类的湖泊面积已达 42.7%；与 2019 年相比，全市 62 个湖泊水质好转，劣Ⅴ类湖泊数量减少了 14 个。

### 5.2.2.4 绿色发展模式

武汉市属于第二类城市，是长江经济带中游城市群核心城市、湖北省省会，在长江经济带发展中具有重要的地位。在绿色发展实践中，武汉市积极寻求特大城市绿色发展的多条路径，形成了规划引领、低碳转型、系统治理的武汉模式（图 5-9）。

在谋划特大城市的绿色发展中，武汉市首先以顶层规划和制度设计引领和约束资源合理配置，确立绿色发展的空间形态框架，率先立法明确基本生态控制线，确定绿色发展的行动指南。其次以国家低碳试点为契机，率先提出碳排放峰值量化目标，把产业结构转型和能源结构优化作为重要抓手，以创新驱动战略性新兴产业发展和传统产业向中高端转型升级，构建绿色低碳产业体系，以煤炭总量控制和新能源项目建设推动形成低碳能源体系，以资源环境效率提升为目标大力发展循环经济体系。最后以生态环境保护修复为目标进行系统治理，同时积极探索生态环境保护修复新模式，作为“百湖之市”，武汉市在中国最大城中湖“东湖”的保护修复上，成功探索出“水岸同治、湖塘齐治、流域共治、官民合治”的生态治水模式和示范样本。

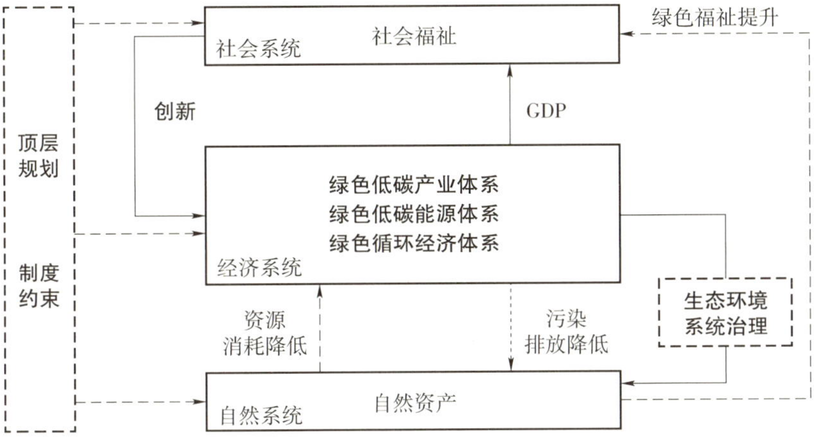


图 5-9 绿色发展武汉模式

## 5.2.3 “创新驱动”的绵阳模式

### 5.2.3.1 案例背景

绵阳市位于四川盆地西北部，总面积为 2.02 万 $km^2$，下辖三区、一市、五县，常住人口 486 万，是四川第二大经济体和成渝城市群区域中心城市，2020 年地区生产总值为 3 010 亿元。绵阳是党中央、国务院批准建设的中国唯一的科技城，重要的国防科研和电子工业生产基地，素有“富乐之乡、西部硅谷”的美誉，享有全国文明城市、国家卫生城市、国家森林城市、国家园林城市、国家环保模范城市、中国优秀旅游城市、全国科技进步先进市、国家知识产权示范城市、全国创业先进城市等殊荣。

### 5.2.3.2 主要做法

（1）把科技创新作为核心竞争力和驱动力

一是把科技创新作为核心竞争力，打造科技创新平台，培育科技创新主体，优化科技创新环境。作为中国唯一的科技城，绵阳市坚持把科技创新作为核心价值所在，坚持科技立市、创新强市，近年来研发投入占 GDP 比重持续保持在 6.5% 以上，稳居长江经济带城市第一、全国城市领先。全力打造科技创新平台，布局建设战略科技、产业创新和功能服务三类平台，构建具有权威性、支撑性、引领性的科技创新平台体系，全市国省级重点实验室、工程技术研究中心等创新平台总数达到 189 家。壮大科研院所、高校和企业三大创新主体，大力推进招院引所，推动高校由教学型大学向教学科研型大学转型；深入实施国家级高新技术企业倍增计划，国家级科技型中小企业培育计划，为创新主体提供全生命周期服务。深入实施"科技城人才计划""科技城博士集聚行动"和"绵州育才计划"。优化科技创新环境，完善院所、高校、企业协同创新机制，深化科技领域"放管服"改革，还是全国唯一开展科研人员激励计划试点的地级市。国务院向全国推广的三批次 56 条全面创新改革试验经验中，绵阳贡献了 9 条。目前，绵阳还在积极创建国家级科技金融改革创新试验区。

二是把科技创新的落脚点放在促进产业升级和科技企业培育上，把科技优势转化为绿色发展优势。培育壮大创新产业，优先发展先进制造业，聚焦电子信息、汽车、新材料、节能环保、高端装备制造等重点产业和 5G、新型显示、智慧家庭等创新产业精准发力，建设西部先进制造强市。高新技术产业化指数、科技对经济增长贡献率分别为 80%、58%，"两新"产业产值占规模以上工业总产值比重分别达 55%、38% 以上，成为西部唯一的全国首批 5G 商用非省会城市。同时，全面进行创新改革，支持中小企业科技创新。例如，创新实施核心企业应收账款融资改革，解决中小企业融资难、融资贵的问题；创新融资产品"仪器设备信用贷"，解决中小企业仪器设备融资需求并建立再利用和风险处置通道，实现多方协同支持企业研发创新。近年来，绵阳市高新技术企业持续上升，年增长率最高达 31.2%，目前高新技术企业达 446 家，评价入库国家科技型中小企业达 1 375 家，入选全省高成长型中小企业培育名单的企业数量多年位居四川省第一。

（2）以创新驱动产业转型升级

一是大力进军新兴产业。发展市场前景好、成长潜力大、资源消耗少的新兴产业，不断培育新业态、新模式、新动能，加快构建具有绵阳特色的"686"

（“6”即先进制造业重点发展电子信息、汽车、新材料、节能环保、高端装备制造、食品饮料六大产业；“8”即现代服务业重点发展科技服务、现代物流、现代金融、电子商务、会展等生产性服务业和旅游、文化创意、健康养老等生活性服务业；“6”即现代农业重点发展粮油、畜禽水产、中药材、林果、蔬菜、休闲农业六大产业）现代产业体系。在确立的“686”现代产业体系中，把推动先进制造业发展作为锻造发展新动能和赢取未来新优势的关键，实施《关于加快建设西部先进制造强市的实施意见》《全市制造业智能化发展行动计划》《绵阳市支持先进制造业发展的若干措施》等制造业核心竞争力提升专项行动计划和支持政策，推动制造业向价值链中高端攀升，做大做强先进制造业。特别是将节能环保产业作为重点产业，得到大力发展，2019 年节能环保产业增速在六大重点产业中排在第一位，工业增加值增长率是全市规上工业增长率的近 3 倍；节能环保产业以市场需求为主导，产业链也逐步完善，餐厨垃圾、市政污泥、医疗废弃物无害化处置、石膏粉生产线等项目相继投运，绵阳经开区获得国家级园区环境污染第三方治理试点。此外，电子信息产业作为绵阳第一大支柱产业，已培育发展为千亿元产业集群，产业规模居四川省第二位。

二是以创新推动传统制造业转型升级。运用科技创新、理念创新改造传统制造业，以政策、技改资金为杠杆，撬动企业改造升级。例如，对于特殊钢产业的改造，通过技改资金撬动企业投资，不断升级生产设备，助推产业向高端进发；通过组建行业联盟，引入高校、科研院所的基础研发能力，发挥产学研联动能力，开展联合攻关；通过技改将传统制造设备“上云”互联，提高设备的利用率，也为工艺优化积累数据和模型，用数字化、智能化方法改造提升特殊钢生产工艺；通过以上技改和互联网赋能，传统特殊钢企业在手机模具钢、叶片钢等新兴领域开拓出了新的产业空间。而对于传统造纸行业，则是淘汰落后产能，在政策引导下传统造纸厂环龙公司关停淘汰了污染大的文化用纸生产线，继而投资升级生产设备和环保设备，转向无须漂白的环保本色生活用纸生产，资源环境绩效指标达到行业领先水平；企业转型升级不仅大幅减少了污染排放，而且也让企业一跃成为行业的“领头羊”，产值达到过去制造文化用纸的 7～8 倍。

### 5.2.3.3 主要成效

发展质量显著提升。2019 年，绵阳市实现地区生产总值为 2 856.2 亿元、增长 8.1%，两项指标均居四川省第二位。规模以上工业增加值增速在四川排位由 2014 年的第 11 位上升至第 3 位，制造业增加值占全市工业增加值比重达 89.4%，六大先进制造业产值占全市规模以上工业产值比重达 68.6%。全市科技创新综合水平指数达 74%，居西部城市前列。2019 年，绵阳市被国务院流入"促进工业稳增长和转型升级、实施技术改造成效明显"的全国 10 个城市之一，也是西部地区唯一的上榜城市。

污染指数大幅下降。2019 年，绵阳市城区空气质量优良天数 325 天，增加 25 天，空气质量综合指数下降至 3.85，同比下降 3.7%，城区环境空气质量 $PM_{2.5}$ 平均浓度为 37.6 $\mu g/m^3$，同比下降 6.5%，空气质量改善程度在全国 168 个重点城市中排在第 19 位，是近年来绵阳市取得的最好成绩。纳入国家、省级考核的 7 个地表水水质优良率达 100%，县级及以上城市集中式饮用水水源地水质达标率 100%，13 个水功能区考核断面水质优良率达 100%，8 条市级河长制河流共 20 个监控断面水质优良率达 100%。

### 5.2.3.4　绿色发展模式

绵阳市也属于第二类城市，与进入绿色发展第一梯队的第二类城市多为省会的城市不同，绵阳是少数几个以非省会城市进入第一梯队的城市。在绿色发展实践中，绵阳市利用中国科技城的优势，把科技创新作为核心竞争力和驱动力，形成了以绿色创新驱动绿色增长的绵阳模式（图 5-10）。

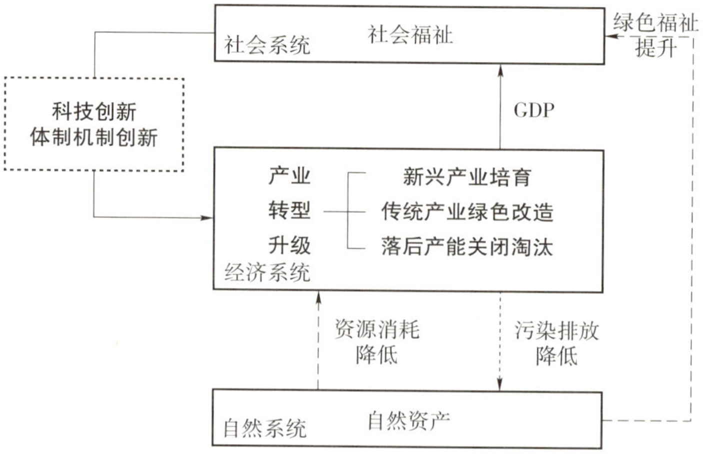

图 5-10　绿色发展绵阳模式

绵阳市不仅把科技创新作为绿色发展的根本驱动力，多年来坚持高强度研发投入，打造科技创新平台，培育科技创新主体，优化科技创新环境，提升科技创新核心竞争力，而且把创新的落脚点放在促进产业转型升级上，以创新驱动传统制造业向先进制造业转型升级，提高产业竞争力，赢得绿色发展的优势。基于科技创新优势大力发展市场前景好、资源消耗小的新兴产业，节能环保产业作为六大重点产业之一得到快速增长，成为经济绿色增长的重要支柱。运用科技创新、理念创新来改造传统制造业，以政策、技改资金为杠杆，撬动企业改造升级，实现经济效益和环境效益的双赢。

### 5.2.4 “生态循环”的衢州模式

#### 5.2.4.1 案例背景

衢州市位于浙江省西部，浙、闽、赣、皖四省交界之处，地处“浙江聚宝盆”金衢盆地西段，浙江省“母亲河”钱塘江源头，市域面积为 8 844 $km^2$，下辖二区（柯城、衢江）、一市（江山）、三县（龙游、常山、开化），常住人口为 228 万。衢州市是全国九大生态良好地区之一，全市森林覆盖率达 71.5%，空气及水资源质量居全省领先地位，农业发展条件得天独厚，是浙江省粮食、柑橘、生猪和奶牛等生产的重要基地。同时，衢州市耕地保有量 228 万亩，占全省比重仅为 7.6%，且大多分布在山区丘陵地带，后备资源不足，寻求农业可持续发展方式一直是衢州的重点工作。

衢州作为传统农业大市，农业面源污染是衢州市第一污染源，也一直是水污染防治工作的重点。自 2013 年以来，衢州市全面启动“五水共治”行动，出境水水质达到Ⅱ类以上，六夺浙江省治水最高荣誉“大禹鼎”。2015 年，浙江省获批成为全国唯一现代生态循环农业发展试点省，同年衢州市列为浙江省整建制推进现代生态循环农业试点市。2017 年，衢州市成为全国首批“绿水青山就是金山银山”实践创新基地，龙游县、江山市入选全国首批畜牧业绿色发展示范县（浙江省仅 2 个）。“十三五”以来，衢州市整建制推进生态循环农业试点市成效显著，形成了颇具特色的农业绿色发展模式。2020 年，衢州市上榜浙江省农业绿色发展先行示范市。

### 5.2.4.2 主要做法

（1）创新废弃物无害化与资源化利用模式

一是因地制宜探索大、中、小不同尺度的农牧循环、种养结合模式。引导农业企业在生产基地内实现农业废弃物资源化利用，构建区域小循环；在现代农业综合区或乡镇区域内合理配套种养业，整建制建设农业废弃物资源化示范区，构建区域中循环；在县域内布局农业主导产业，建立农业废弃物资源化利用服务体系，构建区域大循环。形成“猪粪收集 + 沼气发电 + 有机肥生产 + 种植业利用”一体化的县域大循环龙游“开启模式”，“养殖场废弃物处理 + 农业园区利用 + 农村户用沼气”区域中循环的常山“大公模式”，“小型养殖场 + 种植基地”主体小循环的龙游“吉祥模式”，以及沼液膜浓缩高效利用的衢江“宁莲模式”，异位生物发酵床降解的江山“石明模式”等一系列新型模式，畜禽排泄物资源化利用率可达 98% 以上。

二是创新病死动物无害化处理机制。为彻底解决病死猪乱丢弃现象，从2014 年开始龙游县率先开展生猪保险与无害化处理联动试点工作，探索出“统一收集、集中处理、保险联动、智慧监管”的“集美模式”，实现了病死动物无害化处理与保险联动机制县域全覆盖，确保病死动物收集率、无害化处理率、保险理赔准确率均达到 100%。继龙游试点之后，衢江区、江山市、柯城区等生猪主产县（市、区）全面完成了省级试点工作，县级病死动物无害化处理中心也全面建成并投入运行。

三是因地制宜“五化”利用农作物秸秆。积极探索农作物秸秆循环利用模式，建立农作物秸秆粉碎还田、收集打捆机械、收储等补贴政策，因地制宜将秸秆肥料化、饲料化、能源化、基料化、原料化利用。以肥料化利用为重点，提高秸秆综合利用水平；以离田利用为重点，推进秸秆能源化、饲料化、基料化利用；以服务离田规模化利用为重点，构建政府扶持、农户参与、市场运作的秸秆收储运体系。同时，因地制宜实施秸秆中小规模综合利用项目，发展秸秆固化成型或碳化、秸秆沼气等秸秆燃料化产业；鼓励养殖场和饲料企业利用秸秆生产饲料；发展以秸秆为基料的食用菌生产；发展以秸秆为原料的编织品、人造板材、包装材料等产品生产。

（2）创新资源减量化和污染防控模式

一是以技术和管理机制创新推进化肥、农药减量化。普及配方肥使用技术标准，采用统测、统配、统供和配方肥直供相结合的方式推广配方肥，主要作物测土配方施肥技术推广面积达到全覆盖。实行废弃物资源化利用、商品有机肥推广应用、耕地质量提升“三位一体”管理模式，并因地制宜采用商品有机肥、新型肥、秸秆还田、冬绿肥种植、沼液施用及浓缩开发等多种方法，大力推广有机肥替代。创新农药减量“2+1”模式，通过植保部门、家庭农场和先进农药生产企业三级联动，推进高效环保农药落实、科学使用技术和绿色防控设施。将政策激励与示范推广相结合，对应用农药减量和绿色防控技术主体进行补贴，对重点乡镇、专业合作社提出农药减量和绿色防控示范区建设要求，使化肥和农药施用量大幅减少。

二是创新节水机制，实施高效节水工程。推广水肥一体化模式，推广间作套种、水旱轮作、立体种植、稻鱼共生、稻鸭共育等环境友好、生态循环的新型农作制度和种养结合创新模式，推进水、土、作物资源连片综合开发，建立以农田水利基础设施为依托、微喷滴灌管网系统为重点、农业高效节水技术为核心的农业节水机制。推行畜牧业高效节水设施应用，实施坡耕地雨水集蓄喷灌、农业园区智能化标准型微灌、林园地经济型喷灌、水稻区管道喷灌等“四个百万”高效节水工程，实施“节水渔业”等集成技术模式创新工程。

三是创新农药废弃包装物回收处置模式。按照属地管理的原则，市、县两级均出台了废弃农药包装物回收处置实施方案，全市建立乡镇废弃农药包装物回收点 307 个、县级归集中心 6 个、市域无害化集中处理中心 1 个，构筑了全覆盖的废弃农药包装物回收处置体系。探索政府购买新机制，由市政府拨出专款用于支持各县区农药废弃包装物回收处置工作的奖补，各县区也都安排专项资金用于回收处置，提出合理的补偿标准，调动农民积极性。目前，已经形成具有衢州特色的“全域联动、主体回收、专业处置、财政奖补”的农药废弃包装物回收处置模式，2018 年农药废弃包装物回收处置率达 85% 以上。

（3）创新生态循环农业与产业融合发展模式

一是推动生态循环农业与绿色有机农业融合。加快农业“两区”绿色化发展，培育生态型家庭农场，全区域、全产业链打造放心农业，尤其是衢江区形成了产地环境保护、质量安全追溯、生产经营诚信、农业标准生产等放心农业八大体系，涉及生产、销售、政府监管三大方面，成功创建全国首批农产品质量安全县。在农业“两区”全面开展无公害农产品整体认证，全市建成无公害、绿色、有机“三品”基地61万亩，获得“三品”认证数百个，柯城区荣获国家出口柑橘质量安全示范区，开化县入选国家有机产品认证示范创建区等。绿色有机农业已成为衢州优势产业的一张“王牌”，为农业增效、农民增收、乡村文明提供支撑。

二是推动生态循环农业与特色产业、乡村旅游、休闲观光、农耕文化、“互联网+”有机结合，以生态做资本，促进农业“接二连三”。大力实施休闲观光农业三年行动，全市启动建设农旅结合精品线路、休闲观光农业示范区、农业主题博览园、休闲观光农业精品示范点，江山市、开化县先后获全国休闲农业与乡村旅游示范县称号，衢江盛世莲花等农业观光园成功创建国家4A级景区，多家企业被评为全国休闲农业与乡村旅游星级示范企业。“网上+网下”双管齐下，以农产品电子商务、农业企业上市为引擎，提升“衢州淘宝馆”等农产品营销高端平台，打响具有衢州地方烙印的龙头企业、拳头产品。

### 5.2.4.3 主要成效

（1）农业资源环境绩效大幅提高，绿色福祉不断提升

通过整建制全面发展现代生态循环农业，衢州市大幅降低了农业发展对资源环境的耗损，资源环境利用指数在长江经济带同类城市中排名领先，其中资源循环利用指数排名第一。农业面源污染得到有效控制，全市地表水环境功能区达标率为100%，县级以上城市集中式饮用水水源地水质达标率为100%，全市跨行政区域河流交接断面水质达标率为100%，市域出境水水质从Ⅲ类提高到Ⅱ类，六夺浙江省“大禹鼎”，上榜全国水生态文明城市。

生态环境质量明显改善，绿色福祉显著提升。全面完成“治水长效战、治气攻坚战、治土持久战”三大战役，市区空气质量优良率从84.9%提高到96.4%，$PM_{2.5}$浓度均值从45 μg/m$^3$下降到26 μg/m$^3$，优于国家二级标准，生态环境和“五水共治”公众满意度位列浙江省第一。

（2）农民收入节节攀升，农村面貌不断改善

现代生态循环农业不仅减少了资源环境耗损，提升了绿色福祉，而且也为农民增收开拓了新的路径。2020 年，创建省级现代农业园区 6 个，获得国家农产品地理标志认证 11 个，粮食安全考核实现“十连优”，“三衢味”产品年销售额突破 50 亿元，龙游绿色循环全竹产业园落地，新增省级高等级民宿 40 家，建成乡村振兴讲堂 1 483 家。农村居民人均可支配收入 26 290 元（名义增长 7.6%），在长江经济带同类城市中排名第一；城乡收入比 1.87，城乡差距进一步缩小。同时，乡村振兴也焕发新活力，农房整治风貌提升全域推进，创建省级美丽城镇 10 个、美丽乡村特色精品村 114 个。

### 5.2.4.4 绿色发展模式

衢州市属于第三类城市，是浙江省重要的农产品生产基地，也是全国九大生态良好地区之一。在绿色发展实践中，衢州市整建制推进生态循环农业，形成了颇具特色的现代生态循环农业衢州模式（图 5-11）。

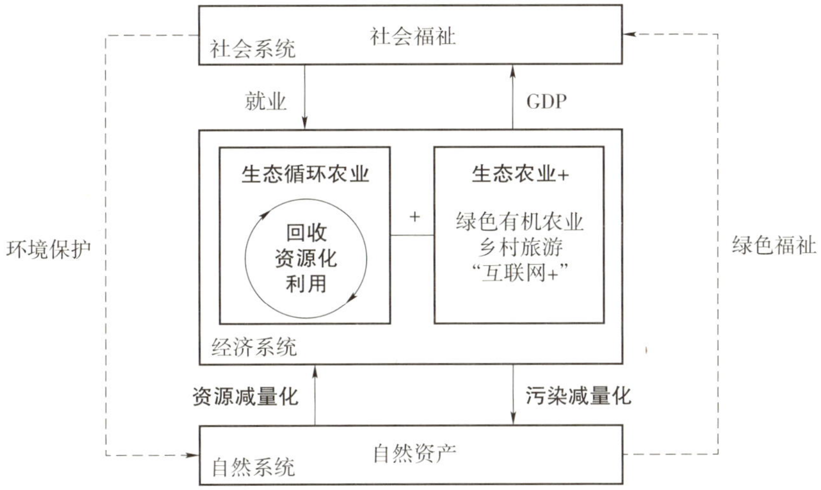


图 5-11　绿色发展衢州模式

衢州市以资源循环利用和生态环境保护为重要前提，通过发展现代生态循环农业，实现生态与农业、农村、农民效益的统一。以模式创新和机制创新推动农业生态循环化发展，创新县城大循环、区域中循环、主体小循环多种模式，

实现不同尺度下的农牧循环、种养结合；创新保险联动监管机制，实现病死动物无害化处理全覆盖；创新农作物秸秆综合利用配套政策，实现秸秆五化循环利用等。通过创新资源减量化和污染防控多种模式，最大限度地减少农业发展对资源环境的耗损。同时，依托生态循环农业"接二连三"，大力发展绿色有机农业，推动无公害、绿色、有机"三品"认证，打造特色生态农产品品牌，培育绿色有机农业培育成为衢州市的优势产业；推动生态循环农业与乡村旅游、休闲观光、"互联网+"有机结合，有力地支撑了农民收入提升和乡村振兴。

## 5.2.5 "守绿换金"的凉山模式

### 5.2.5.1 案例背景

凉山彝族自治州（以下简称凉山州）位于四川省西南部，是四川省三大重点林区之一，面积为 6.04 万 $km^2$，下辖 2 市 15 县，常住人口为 485.8 万人。凉山州地处长江上游，金沙江、雅砻江、大渡河三大干流穿越境内 1 200 多 km，生态区位十分重要，是长江上游生态屏障建设的重要组成部分，涉及川滇森林及生物多样性生态功能区等国家重点生态功能区、大小凉山水土保持和生物多样性生态功能区等省级重点生态功能区。凉山州也曾是国家"三区三州"深度贫困地区之一，是国家、四川省脱贫攻坚的主战场。全州 17 个县（市）中，有 12 个纳入国家重点生态功能区，除宁南县外，均是深度贫困地区，重点生态功能区与深度贫困地区高度重合。

新中国成立初期，凉山州曾经为国家多个重大建设工程提供了大量优质的林业资源。20 世纪 90 年代，凉山州水土流失面积占比一度高达 50%，是我国水土流失面积最严重的地区之一。自 20 世纪末开始，凉山州组织实施天然林资源保护、退耕还林、野生动植物保护及自然保护区建设等一系列重点生态工程。2016 年以来，凉山州委、州政府践行绿色发展理念，筑牢长江上游生态安全屏障，以生态建设为先导，坚持扶贫攻坚与生态保护并重，深入实施"生态立州、产业强州"发展战略，推进生态建设产业化、产业发展生态化，谱写绿色发展的凉山篇章。

### 5.2.5.2 主要做法

（1）“四位一体”生态扶贫，实现自然资产增值与脱贫攻坚双赢

“十三五”以来，凉山州林业和草原局作为生态建设扶贫专项牵头单位，每年组织编制《凉山州生态建设扶贫专项实施方案》，明确相关部门的重点工作和职责分工。创新生态扶贫支持方式，逐渐形成生态补偿、生态就业、生态工程、生态产业“四位一体”的生态扶贫模式。

一是生态补偿扶贫。加大生态效益兑付检查力度，确保集体生态公益林生态效益补偿资金及时、足额兑付到户，完成集体和个人公益林生态效益补偿金8 162.2万亩，兑现资金10.39亿元。同时，积极争取扩大补偿范围和补偿标准，让更多的贫困人口从中受益，实现直补增收脱贫。争取天然林管护补助资金2.59亿元，切实抓好补助资金兑现和管护责任的落实，层层签订管护协议，实现生态保护与精准扶贫相互促进。实施草原保护和奖励补助，完成草原禁牧面积1 712.94万亩，草畜平衡面积8 200.66万亩，投入资金4.97亿元，使万户贫困户、贫困家庭受益，实现稳定脱贫。

二是生态就业扶贫。以国有森林、林地资源管护为重点，利用中央财政资金，通过购买服务、专项补助等方式，从建档立卡贫困人员中选聘生态护林员，按月发放劳务报酬。落实生态护林员（护草）补助资金2.79亿元，选聘生态护林员4.53万人，使1.98万个贫困家庭受益，实现贫困户稳定脱贫。积极主动向国家和省级林草主管部门争取计划，扩大公益林、草管员等生态管护公益岗位规模，优先吸纳符合条件的贫困劳动力落实为生态护林员、草管员。在深度贫困县成立“脱贫攻坚造林专业合作社”，吸纳建档立卡贫困户参加造林，获得劳务收入，全州成立“脱贫攻坚造林专业合作社”175个，吸纳5 057户建档立卡贫困户参加造林，实现劳务创收。

三是生态工程扶贫。在实施天保工程、退耕还林工程、森林抚育工程、石漠化综合治理工程等重点生态工程建设中，着力向符合条件的贫困乡镇、贫困村和贫困户倾斜，使贫困户、贫困人口直接从工程项目建设中获得收入。其中，退耕还林工程已成为凉山州实施范围最广、建设周期最长、群众参与最多、资金投入最大的林业生态工程和民生工程。前一轮退耕还林工程建设成果163.5万

亩，居四川省第一位，直接受益农户46.9万户、直接受益人口202.3万人，惠及建档立卡贫困人口41.1万人；新一轮退耕还林78.9万亩，居四川省第一位，惠及全州2.5万贫困户，贫困人口9.6万人，政策补助脱贫人口达3.03万人。

四是生态产业扶贫。实施以核桃为重点的“1+X”林业生态产业建设，兼顾培育花椒、华山松、油橄榄、板栗等特色产业。“1+X”林业生态产业累计面积达2 298万亩，实现全州2 072个贫困村全覆盖，惠及贫困户12.4万户，涉及贫困人口48.6万人。

（2）大力发展优势生态经济，增强造血能力实现经济可持续增长

一是大力发展林业生态产业。发挥林业特色产业优势，支持林业龙头企业、专业合作社、生产经营大户发展林产业，促进产业集约化、规模化发展。实施林产品品牌战略，提高全州林产品竞争力。对历年已建林业生态产业基地实施嫁接、改造、抚育等，加强管理，提质增效，努力提高林产品供给质量。积极培育林下经济，大力发展林下种养基地，建立林下禽畜养殖基地。不断推动全州林业生态产业多元化、规模化、高质量发展，累计创建州级现代林业产业园区10个，省级以上林业产业化重点龙头企业11家。2020年，凉山州实现林业产业总产值200.11亿元，农民人均从林草上获得的收入为2 545元。

二是大力发展生态旅游产业。积极推进生态旅游与特色林产业、特色种养业融合发展，通过举办会理“石榴节”、会东“华山松籽节”、宁南“核桃节”、盐源县“核桃节”和“苹果节”、德昌“桑葚樱桃节”和“草莓采摘节”等生态旅游节会活动，结合打造核桃特色小镇，开展乡村文旅、特色小镇、乡村振兴等生态旅游项目。依托森林、草原、湿地、湖泊、自然保护地、风景名胜区等丰富的生态资源，打造生态康养、生态科考等生态旅游产业。会理县仙人湖、金阳县百草坡自然保护区和德昌县角半沟森林公园成为四川省最具潜力森林康养目的地，近150个森林康养人家达到省级州级标准。

（3）建立多元化资金投入机制和利益共享合作机制

一是建立多元化的生态工程建设资金投入机制。坚持政府投资为主、社会融资为辅建立多元化投资机制，引进有资金实力的企业和个人参与生态工程建设，通过PPP模式探索生态工程建设筹资渠道，充分发挥企业资金、科技、技术等优势，广泛吸纳民营企业参与生态工程建设。对经济效益低或无经济效益

的生态工程建设、运行管理由县（市）财政负担；对规模较小的生态经济林通过公开招标或发包的方式确定项目建设和运营管理主体；对规模较大的生态经济林由政府先期实施水利、道路、平整土地等基础设施和造林工程，当具备一定条件，形成规模后将生态经济林通过公开招标或发包的方式确定项目运营管理主体。

二是建立利益共享的合作机制。充分发挥集体合作资源整合优势，解决农牧民各自力量薄弱、资源分散、技术欠缺的“单打独斗”实际问题，建立利益共享的合作机制。通过土地流转、入股分红、合作经营、劳动就业、自主创业等多种方式，建立利益联结机制，培育林业生态经济新型经营主体。采取“农户＋基地＋企业”“农户＋合作社＋公司生产”等运作方式，支持通过承包、租赁、入股等方式流转土地，建设经济林示范基地，创建现代林业产业园区。创办乡村旅游合作社，壮大村集体经济组织，盘活土地、草场、山林等资源，开展户外休闲、农事体验、乡村观光等生态旅游。

#### 5.2.5.3 主要成效

（1）生态保护和修复成效显著，自然资源资产保值增值

通过 20 余年生态工程建设项目的实施，凉山州森林面积和蓄积量实现双增长，水土流失、沙化、石漠化土地面积明显减少，草地植被有效恢复，碳汇能力显著提高，重要生态系统、自然遗迹、自然景观和生物多样性得到有效保护。自然资产维持指数在长江经济带同类城市中排名领先，其中陆地植被固碳量位居长江经济带 130 个地市之首。2020 年，凉山州森林覆盖率达 51%，比 1998 年提高了 22 个百分点，森林蓄积量 3.36 亿 $m^3$，林木覆盖率达 70%，草原综合植被覆盖度达 86%。全州自然保护区数量从 1998 年的 4 个增加到现在的 12 个，自然保护区面积达 500.6 万亩；省级森林公园从 4 个增加到现在的 6 个，总面积达 33.7 万亩；邛海湿地成为全国最大的城市湿地、先后成功创建“国家生态文明教育基地”“国家湿地公园”；全州森林和湿地生态服务价值达 2 200 亿元以上。

（2）生态扶贫助力脱贫攻坚，贫困群众共享绿色发展成果

通过生态补偿、生态建设等一系列生态扶贫项目的实施，贫困人口收入得

以增加，建档立卡贫困户得以脱贫。通过集体公益林补偿资金兑现、退耕还林等重点生态工程项目的实施，直接增加了贫困人口的收入。通过生态护林员工作，被选聘为生态护林员的建档立卡贫困户直接脱贫。此外，退耕还林工程进一步解放了农村劳动力，促进富余劳动力外出务工，工资性收入成为退耕农户收入增长的主要来源。到2020年，凉山州脱贫攻坚战取得全面胜利。通过实施退耕还林、封山育林、森林抚育等生态工程，农田林网化比例大幅提高，农村空气质量得到明显改善，农村干旱、洪涝等自然灾害频次明显下降，沙尘天气明显减少，也为农作物和林果产品的增产丰收创造了有利条件。当前，凉山州各族干部群众关心生态、保护生态的意识明显增强，“绿水青山就是金山银山”、绿色发展的理念深入人心。

### 5.2.5.4 绿色发展模式

凉山州属于第四类市（自治州），覆盖多个国家级和省级重点生态功能区，生态系统功能和地位十分重要，关系整个长江经济带的生态安全，同时，凉山州位于长江经济带西部板块，经济社会发展水平相对落后，深度贫困问题长期存在。在绿色发展实践中，凉山州坚持生态保护与生态扶贫并重，形成了生态补偿、生态富民的凉山模式（图5-12）。

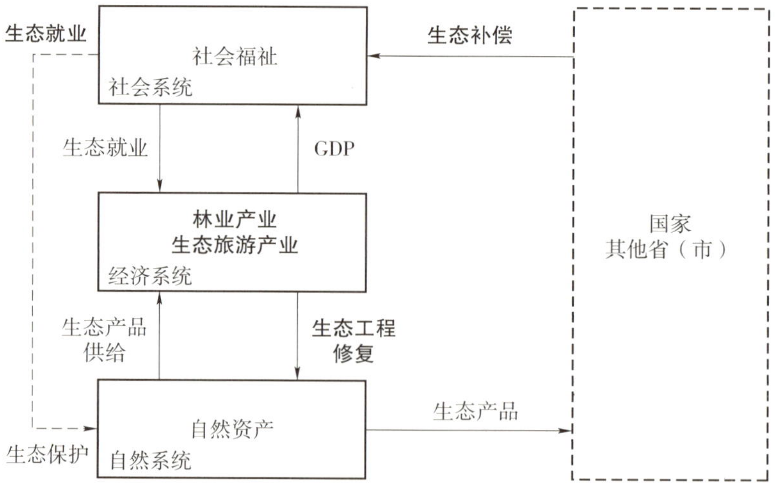


图5-12 绿色发展凉山模式

凉山州以生态补偿机制作为主要路径和手段，实现“守绿换金”，以保护“绿水青山”换来“金山银山”。创新生态补偿扶贫方式，不仅通过“直补”让贫困人口增收脱贫，而且利用中央财政资金购买服务等方式引导贫困人口以护林、护草、造林为事业，既能让贫困人口实现生态就业、劳务创收，又能保护生态环境；同时，利用实施一系列重点生态工程，既能让贫困人口从工程项目建设中获得收入，又能提升生态系统服务功能，提供更多的优质生态产品，让自然资源资产得到增值，进而争取更多的生态补偿支持。除了生态补偿的外部“输血”，凉山州还充分利用当地生态资源特点，大力发展林业生态产业、生态旅游产业等优势生态经济，从而实现自身“造血”。

## 5.2.6 “点绿成金”的丽水模式

### 5.2.6.1 案例背景

丽水市位于浙江省西南浙闽两省接合部，是浙江省面积最大的地市，也是全省唯一一个全域革命老区的地市。市域面积为 1.73 万 $km^2$，下辖 1 区（莲都）1 市（龙泉）7 县，常住人口达 250.7 万人，2020 年实现地区生产总值达 1 540 亿元。丽水市被誉为“浙江绿谷”，覆盖浙西南山地重点生态功能区，境内海拔 1 000 m 以上的山峰有 3 573 座；中亚热带海洋性季风气候与丘陵山地立体气候叠加，是中国气候养生之乡；区域内有瓯江、钱塘江、飞云江、椒江、闽江、赛江，被称为“六江之源”。丽水市是首批国家级生态保护与建设示范区，全国第二批“绿水青山就是金山银山”实践创新基地。

丽水市被誉为“中国生态第一市”，是“绿水青山就是金山银山”理念的重要萌发地和先行实践地。习近平总书记曾在深入推动长江经济带发展座谈会上发表 102 字的“丽水之赞”，希望丽水市“努力把绿水青山蕴含的生态产品价值转化为金山银山”。近年来，丽水市在绿色发展实践与探索过程中，遵循“发展服从于保护，保护服务于发展”的理念，拓宽“两山”转化通道，建设以“生态经济化、经济生态化”为显著特征的现代化生态经济体系，实现 GDP 和 GEP“两个较快增长”，交出了高分“生态报表”和亮眼“发展报表”。

### 5.2.6.2 主要做法

（1）护绿固本守住自然资源资产，增强生态产品供给能力

一是着力压实自然资源资源资产领导责任。丽水市历届市委始终把生态优先、绿色发展作为核心战略，不仅在全国率先实施生态文明建设纲要，还率先制定领导干部生态环境损害责任追究细则、领导干部自然资源资产离任审计办法，形成“审山审水审空气”的环境监管模式。

二是以顶格标准守护自然资源资产。发布“三线一单”生态环境分区管控方案，把95.8%的市域面积划为生态空间，要求工业集聚进园区、园区工业生态化。在聚力生态环境提标上，以“世界眼光、国际标准”推进生态系统原真性、完整性保护。完善生物多样性保护政策法律体系和可持续利用机制，确保重要自然生态系统、自然遗迹、自然景观和生物多样性得到系统性保护。

三是系统开展山水林田湖草生态保护与修复。以瓯江流域水生态保护修复及大溪治理造提升为重点，系统开展全域山水林田湖草生态保护与修复，高标准推进全域涉林垦造生态修复和综合治理。在全市开展“大搬快聚富民安居”工程，累计搬迁13.2万户，44.7万人居住在高山远山的群众搬迁下山，为生态“让路”。

四是迅速构建科学高效智慧的生态环境监管体系。以数字赋能、整体智治的理念推进“空天地一体化”生态环境监测网络建设，建成“花园云”生态环境大数据平台和“天眼守望”卫星遥感数字化服务平台，应用物联网、卫星遥感、区块链等前沿技术，构建大数据环境污染监测和应急响应体系、生态系统保护成效评价体系，实现全域生态立体化监测、智能化响应、数字化评价。

五是率先形成生态保护全民参与体系。在全国率先建成生态信用制度体系与应用评价体系，以村（社）、企业、个人为重点，构建包括生态保护、生态经营、绿色生活、生态文化、社会责任5个维度的生态信用体系，建立生态信用行为正、负面清单，实行“绿谷分”（信用积分）动态量化评分管理。不断拓展守信激励应用场景，系统集成、迭代升级生态信用“一码通”，推出“信易游”“信易贷”“信易购”等10大类50余项守信激励创新应用场景和“一码通城”平台，以生态信用助推全民参与的生态保护体系建设。

（2）创新生态产品价值核算和市场交易体系，畅通生态产品价值实现通道

一是创新生态产品价值核算制度体系。出台全国首个山区市生态产品价值核算技术办法，发布全国首份《生态产品价值核算指南》地方标准，开展市、县、乡（镇）、村四级生态系统生产总值（GEP）核算，为推动生态产品从“无价”到“有价”提供科学依据。全面推进 GEP“进规划、进决策、进项目、进交易、进监测、进考核”的应用体系建设。率先建立 GDP 和 GEP 双核算、双评估、双考核机制，确保实现 GDP 和 GEP 规模总量协同较快增长。

二是构建生态产品市场交易制度体系。制定生态产品市场交易制度，建立一级、二级交易市场，创新培育“两山公司”，搭建“两山银行”交易平台，开展生态产品与环境权益的兑换交易。到 2020 年年底，丽水市所有乡镇均组建了“两山公司”，负责生态环境保护与修复、自然资源管理与开发等，成为公共生态产品的供给主体和市场化交易主体。景宁县财政向大均乡“两山公司”支付 188 万元，云和县分别向雾溪乡、崇头镇“两山公司”支付首期资金 58 万元、208 万元，国家电投集团向大洋镇“两山公司”支付分年度资金 279 万元，杭州宏逸投资集团向小舟山乡“两山公司”支付 300 万元等分别购买所在区域的生态产品，生态产品市场化交易初获成功。此外，丽水市还建立生态产品市场化定价机制，推行民宿“生态价”，将清新空气、优美环境等生态要素纳入民宿定价范围，实现生态产品“明码标价”。

三是以生态金融支撑生态产品价值实现。构建“两山金融”服务体系，创新推出与生态产品价值核算相挂钩的“生态贷”“GEP 贷”等金融产品，实现 GEP 可质押、可变现、可融资。2020 年，青田县发放了全国首本生态产品产权证书，农商银行以 GEP 及未来收益权为质押物向“两山公司”发放了全国首笔“GEP 贷”500 万元。到 2020 年年底，丽水市发放各类“生态贷”的余额为 187.5 亿元，其中林权抵押贷款余额 3.7 万笔，66.9 亿元，贷款余额占全省一半以上份额、居全国各地市第一。

（3）创新发展“生态 +”复合产业，提升经济增长效益

一是创新发展生态农业。以“丽水山耕”品牌培育和生态产品标准化建设为载体，实施最严格的化肥农药管控，提升生态农产品溢价价值。“丽水山耕”区域公用品牌连续 3 年蝉联中国区域农业形象品牌（地级市）榜首，品牌背书

生态农产品累计达 323 个，品牌溢价率 30% 以上。中国批准而在欧盟撤销登记的农药品种在丽水减少 2/3，高毒及禁用农药退市率 100%，农药化肥施用量分别较 2017 年减少 17.68%、14.86%，全市农药化肥管控水平达到欧盟标准。

二是大力发展生态工业。在浙江省率先推行工业企业进退场“验地、验水”制度。创新“飞地互飞”机制，在大湾区、四大新区谋划建立“科创飞地”“产业飞地”“生态补偿型飞地”，全面对接发达地区在丽水建设“生态飞地”“世外桃源型科研飞地”。通过政策互惠、以地易地，合作探索生态产品价值异地转化模式。

三是培育生态旅游康养产业。以“丽水山景”为主打品牌，发展全域旅游，全市建成 5A 级景区 1 个、4A 级景区 23 个，建成瓯江绿道 3 022 公里，秀美的“丽水山居图”和瓯江黄金旅游带初具雏形。2020 年，丽水市服务业增加值 880.22 亿元，同比增长 5.4%，排名居浙江省第一。以“丽水山居”为品牌开发农家乐民宿经济，打造乡村旅游新业态。通过探索高山气候生态化实现路径，推出 20 个“康养 600”小镇规划，打造健康养生花园。

### 5.2.6.3 主要成效

（1）自然资源资产保值增值，优质生态产品供给能力不断增强

近年来，丽水市森林资源总量快速增长，全市森林覆盖率增加到 81.7%，在长江经济带城市中遥遥领先；全市活立木蓄积量从 2008 年的 5 899 万 $m^3$ 提高到 2020 年的 8 579 万 $m^3$，增长 45.7%，蓄积总量占浙江省的 1/4；公益林面积从 2010 年的 618 万亩增至 1 278 万亩，面积约占浙江省的 1/3。

优越的自然生态环境带来了优质的生态产品。2020 年，丽水市区 $PM_{2.5}$ 平均浓度 21 μg/$m^3$，全市 9 县（市、区）$PM_{2.5}$ 平均浓度均优于国家二级标准。市区日空气质量（AQI）优良天数比例为 98.9%，空气质量在全国 168 个重点排名城市中位居第七。全市 96 个地表水断面Ⅰ～Ⅲ类水质断面占 99%，无劣Ⅴ类水质断面，城市地表水环境质量综合指数稳居浙江省第一。生态环境质量连续 17 年全省领跑，生物多样性全国领先。丽水首次开展的系统性野生动植物资源调查结果表明，野生脊椎动物较历史记录净增 219 种，野生及常见植物较历史记录净增 372 种。

（2）经济保持平稳较快增长，农村居民收入和生活水平持续改善

2020 年，丽水市经济总量达 1 540 亿元，比上年增长 3.4%。“十三五”期间，丽水市生产总值年均增长 6.7%，高于浙江省 0.2 个百分点。人均生产总值达到 1 万美元，在长江经济带同类城市中排名遥遥领先。

2020 年，丽水市农村居民人均可支配收入 23 637 元（名义增长 7.8%），在长江经济带同类城市中排名第一；城乡收入比 2.05，城乡差距进一步缩小。生态农业、生态旅游业带动农村居民增收致富。生态农产品年销售额超 108 亿元，“丽水山耕”品牌溢价率达 30% 以上。以“丽水山居”为品牌的开发的农家乐民宿经济带来近 3 万个就业岗位，全年接待游客超 2 205 万人次，实现营收 22.7 亿元。

农村资源环境公共服务能力持续改善。到 2020 年年末，丽水市建制村全部实现生活垃圾集中收集有效处理，累计创成国家级生态文明建设示范县 1 个、国家级生态县 6 个；创成省级生态文明建设示范市、县 9 个，省级生态市、县 10 个。

### 5.2.6.4 绿色发展模式

丽水市也属于第四类城市，覆盖浙西南山地重点生态功能区，生态资源丰富。与凉山彝族自治州等多数位于中西部的第四类城市不同，丽水市地处东部浙江省，经济社会发展水平相对较高，市场机制建设相对完备。在绿色发展实践中，丽水市积极探索“把绿水青山蕴含的生态产品价值转化为金山银山”的市场转化通道，形成了生态产品价值市场实现的丽水模式（图 5-13）。

丽水市以盘活生态资源、推动生态市场交易为主要手段，实现“点绿成金”，变自然资源资产为真金白银。重点是构建生态产品及其价值实现的市场化运作和市场交易体系，首先，创新生态产品价值核算制度体系，推动生态产品从“无价”到“有价”，实现自然资源资产化和可量化；其次，构建生态产品市场交易体系，建立交易市场，搭建交易平台，明晰产权责任，实现生态产品供给者和消费者的利益平衡，实现自然资源资产可经营和可交易；最后，创新生态金融产品和金融手段，实现自然资源资产可质押、可变现和可融资。除了创新生态产品价值实现的“第四产业”，丽水市还推动生态与农业、工业、旅游、

健康产业等协同发展，培育“生态 +”复合产业融合发展的新业态、新模式，实现经济增长效益的不断提升。

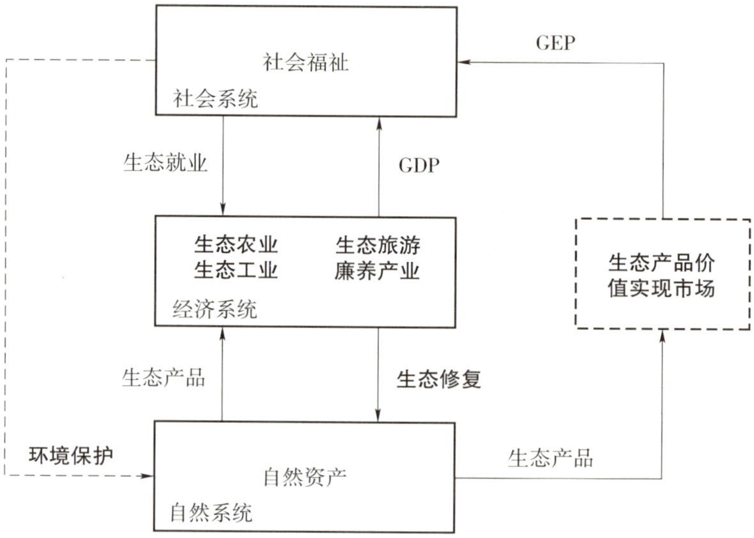


图 5-13　绿色发展丽水模式

# 附录

Appendix

# 附录 1　绿色发展相关评价方法

绿色发展评价作为衡量绿色发展进程、识别绿色发展潜力和短板、促进绿色发展的重要方法和有效手段，一直是国内外研究的热点，迄今国际组织、政府部门、研究机构、高校和学者已经构建了大量绿色发展相关的评价体系，其中涉及的评价指标更是多达数百个。以下主要从绿色发展评价实践、评价方法、指标构成等方面对国内外绿色发展相关评价进行梳理和比较。

1. 绿色发展评价实践

为了测度绿色发展的进程和绩效，国内外政府部门、研究机构、高校和学者以及国际组织开发了大量的绿色发展指标体系。参考 Stiglitz 等[47]对评价方法的分类，绿色发展评价主要围绕四条路径开展研究和应用："仪表盘"（dashboard）指标体系、"综合"（composite）指数指标体系、"调整的"（adjusted）经济指标和"足迹"（footprints）指标。附表 1-1 仅列出部分由国际组织或科研机构开发的影响力较大的绿色发展评价体系。

附表 1-1　国内外绿色发展评价实践

| 评价方法 | 国际 | | 国内 | |
|---|---|---|---|---|
| | 开发（机构，时间） | 应用 | 开发（机构，时间） | 应用 |
| 仪表盘指标体系 | 绿色增长指标体系（经济合作与发展组织，2011） | 经合组织成员国和其他非成员国 | | |
| | 绿色经济指标体系（联合国环境规划署，2012） | 非洲、亚太、东欧、拉美等国 | | |
| | 绿色增长指标体系（联合国亚洲及太平洋经济社会委员会，2013） | 亚太地区发展中国家 | | |
| | 包容绿色增长指标体系（绿色增长知识平台，2013） | 发达和发展中国家 | | |
| | 绿色增长指标体系（全球绿色增长研究所，2015） | 柬埔寨、老挝、秘鲁等发展中国家 | | |
| 综合指数指标体系 | 人类发展指数（联合国开发计划署，1990） | 全球国家层面 | 资源环境绩效指数（中国科学院，2006） | 全球国家层面 |
| | 多维贫困指数（牛津贫困与人类发展倡议，2010） | 全球国家层面 | 绿色发展指数（北京师范大学，2010） | 中国的省、市层面 |
| | 美好生活指数（经济合作与发展组织，2011） | 全球国家层面 | 绿色发展指数（国家发展改革委、统计局、环保部、中央组织部，2016） | 中国的省、市层面 |
| | 环境绩效指数（耶鲁大学，2006） | 全球国家层面 | 绿色发展指数（人大国发院，2018） | 中国的省、市层面 |
| 调整的经济指标 | 环境经济账户体系（联合国统计局，1993） | 墨西哥、泰国、菲律宾等发展中国家和美国、德国、芬兰等发达国家 | 自然资源核算（国家统计局等，2001） | 中国 |
| | 调整后的净储蓄（世界银行，2002） | 世界银行提供约120个国家的数据 | 绿色国民经济核算（国家环境保护总局、世界银行，2004） | 中国 |
| 足迹指标 | 生态足迹（全球足迹网络，2003） | 全球足迹网络提供200多个国家的数据 | | |

（1）仪表盘指标体系

仪表盘指标体系是在国际上应用最广泛的测度绿色发展的评价方法，尤其是近年来，仪表盘指标体系不仅在发达国家，而且在发展中国家也已经得到发展和应用。其中，最具影响力的包括经济合作与发展组织（OECD）绿色增长指标体系、联合国环境规划署（UNEP）绿色经济指标体系、联合国亚洲及太平洋经济社会委员会（UNESCAP）绿色增长指标体系等。

为了有效监测绿色增长绩效及发展趋势，促进绿色增长的长远发展，OECD将绿色增长的可见性和可衡量性测度作为研究目标，于2010年率先提出具有灵活性和适用性的绿色增长指标框架和指标体系，为各国绿色增长绩效评价提供借鉴和示范。OECD绿色增长指标体系不仅在荷兰、捷克、墨西哥、韩国、斯洛伐克等OECD成员国，而且在其他许多非成员国也得到了应用，是目前应用最广泛的绿色增长仪表盘指标体系，被认为是绿色增长和抓住新经济机遇道路上的一个标志和里程碑。

自2008年联合国提出绿色经济和绿色新政倡议以来，UNEP开始探索绿色经济衡量指标。UNEP绿色经济指标体系不仅关注绿色经济进程，而且关注如何进行绿色经济政策干预。UNEP绿色经济指标体系已经在非洲、亚太、东欧、拉美等国家的绿色经济咨询服务中得到了应用，为各国绿色经济转型提供了衡量绿色经济进程的工具。

针对亚太地区的国情特点和政策需求，UNESCAP构建了分析和促进绿色增长的指标体系，可以应用于亚太发展中国家。此外，一些绿色发展国际研究机构如绿色增长知识平台（GGKP）、全球绿色增长研究所（GGGI）等也都构建了绿色增长和经济指标体系，并且已经在很多发达和发展中国家得到了应用。

（2）综合指数指标体系

综合指数指标体系是在我国应用最广泛的测度绿色发展的评价方法。2006年，中国科学院可持续发展战略研究组提出了资源环境综合绩效指数（REPI），可以对各个国家和地区的资源消耗和污染排放绩效进行监测和综合评价。2010年，北京师范大学提出"绿色发展指数"，也被真正称为绿色发展的综合指数。此后，北京师范大学连续几年发布中国绿色发展指数系列报告，使绿色发展指数实现了时空维度上的纵横向比较。

2016年，国家发展改革委、国家统计局、环境保护部、中央组织部制定了《绿色发展指标体系》，这是我国第一次以官方名义发布的绿色发展综合指数类指标体系，体现了“十三五”规划明确的绿色发展的重点领域。之后，该指标体系在中国省、市层面绿色发展评价中得到了广泛的应用：2017年，国家统计局初步计算了中国省级层面的绿色发展状况；生态环境部环境与经济政策研究中心评估了2013—2016年我国各省市绿色发展水平的变动趋势和空间格局。此外，中国人民大学国家发展与战略研究院、湖南省社会科学院、广东省社会科学院等机构，以及众多学者也分别从不同角度构建了国家和省市的绿色发展指标体系。

在国际上，虽然综合指数指标体系早已存在而且已经在不同国家得到了广泛应用，但是严格意义上来说，尚未有真正的绿色发展综合指数，已有的综合指数多是测度绿色发展的某些方面，例如，联合国开发计划署（UNDP）发布的人类发展指数（HDI）关注的是绿色发展的人类需求，即获得健康生活、获得教育和一定生活品质的需求；OECD提出的美好生活指数（YBLI）关注的是绿色发展的人类福祉，包括健康、环境、就业等方面；耶鲁大学构建的环境绩效指数（EPI），则主要是围绕绿色发展的环境保护目标，即环境健康和生态系统活力展开。

（3）调整的经济指标

从1981年挪威进行自然资源核算起，调整的经济指标已经有近40年的发展历史。1993年，联合国统计司将环境存量和流量纳入传统的国民经济核算体系（SNA），提出了环境经济账户（SEEA），引起国际社会的广泛关注，在包括墨西哥、泰国、菲律宾等发展中国家和美国、加拿大、德国等发达国家等在内的数十个国家都得到了应用，也是目前影响最深和应用最广的调整经济指标类评价方法。21世纪以来，世界银行提出了可以反映资源环境资本消耗和投资的调整后净储蓄（ANS）；还发起了将生态系统服务纳入国民核算的财富核算和生态系统服务评估（WAVES），并在亚非拉地区的20多个国家开展了应用实践。

我国紧随国际步伐，自2001年起国家统计局就组织开展了自然资源核算及绿色GDP研究。2004年，国家环保总局和世界银行联合启动中国绿色国民核算体系研究，得出“经环境污染调整的绿色GDP核算”结果，完成以《中国绿色国民经济核算研究报告 2004》为标志的研究成果，得到国际社会的高度评价。但是，由于部门分歧以及地方政府的阻力等诸多因素，使得后续绿色 GDP 核算研究报告的发布最终陷入了僵局。

（4）足迹指标

虽然国内学者一般不把足迹指标算入绿色发展评价，但是国外学者认为足迹指标也是绿色发展相关评价中重要的一类指标，目前已经得到广泛应用的包括生态足迹、碳足迹、水足迹、资源足迹等。其中，生态足迹最早于 20 世纪 90 年代提出，全球足迹网络（GFN）采用生态足迹来衡量提供资源和消纳废物所需要的土地和水域面积，2009 年生态足迹标准建立以后，生态足迹指标更是实现了全球可比，在学术界和政府部门都得到了广泛的应用。

2. 绿色发展评价方法

以上四类绿色发展评价方法最大的不同在于对绿色发展不同维度指标的处理方式，仪表盘指标体系以分解的形式表征环境、经济、社会等绿色发展的各个维度，综合指数、调整的经济指标和足迹指标则通过一定的加权或聚合方法将不同的指标汇总成一个指数或指标，见附图 1-1。

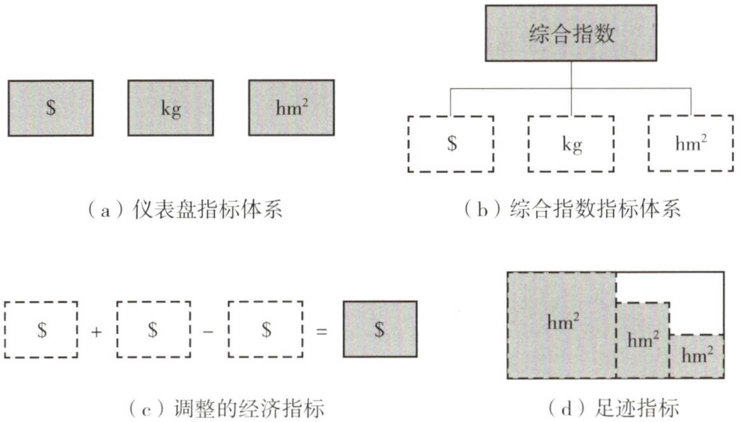


附图 1-1　绿色发展评价方法比较

仪表盘指标体系由一组表征环境、经济、社会等绿色发展各个维度的指标组成，指标类型和单位可以不同，也可以包含其他三类方法评价得到的指数或指标。仪表盘指标体系符合绿色发展内涵的多维性，评价的是广义的绿色发展，由于不需要设置指标权重或指标间关系，而是由评价者自行选择最相关的指标作为“仪表盘”，因此符合“强可持续”，也就是说绿色发展的各个维度都需要监测，而非一个维度可以替代另一个维度。仪表盘法无须在严格的假设下将不同单位的指标转换为通用指标，可以在国家和地区层面开展应用。总体来看，仪表盘具有覆盖的广泛性和使用的灵活性，缺点主要在于可比性差，因为仪表盘指标体系涉及很多不同类型和单位的指标，增加了开展比较交流的难度。为了解决这一问题，OECD 提出能够代表某一维度的“标题”（headline）指标，以减少指标数量，但 GGKP 认为标题指标可能又会带来选择的困难，尤其是对于某个具体国家或地区，可能忽略掉某些重要的方面；GGGI 提出针对具体国情，通过评估得出具有优先权的指标。

综合指数法是通过赋予指标权重或评分，将不同的指标加权为一个综合指数，便于开展比较。综合指数法在我国备受偏爱的原因之一在于综合指数易于进行横、纵向排名，横向上可以反映一个国家或地区的绿色发展在全球或全国所处的水平，纵向上则可以反映其动态变化趋势。但是综合指数法没有在国际上得到广泛认可的原因在于综合指数通过赋权和加权，实际上是假设不同要素间存在一种特定的关系，或者说不同指标间可以相互替代，也就意味着绿色发展一个维度的改善可以抵消另一个维度的恶化，这其实是一种“弱可持续”。由于对赋权方法的争议，学术界认为综合指数的权重设置具有随意性；另外，为了进行横、纵向比较，指标权重的设定即使在不同时空范围下（如不同时期、不同国家或地区）也是固定的，或者说某些方面的优先级难以随时间或空间发生变化或转移。因此，综合指数的合理性和稳健性往往难以保证。

调整的经济指标是经调整或扩展的 GDP、储蓄或财富等经济指标，该类方法试图将资源环境纳入考虑，以纠正传统的经济指标。例如，调整的 GDP 是考虑资源环境价值的增加或减少后，得到改进的绿色 GDP；环境调整的多要素生产率是考虑资源利用和污染排放后对传统生产率进行调整后得到的；扩展的财富核算考虑包括自然资本在内的各类资本，得到调整的净储蓄或真实投资。这类方法的优势同样在于方便进行横、纵向比较，但是也存在很多技术问题，其中最大的技术“瓶颈”就是现有手段难以对非市场产品和服务的价值做出准确估计，而以货币价值衡量自然和人力资本也常常备受争议。此外，这类方法难以覆盖绿色发展内涵的各个维度，尤其是社会维度。

足迹法测算用于支撑经济活动和人类需求的生态足迹，揭示当前的生产或消费方式是否可持续或处于地球承载边界以内。足迹法可以把多种经济和环境问题汇总为一个指标，例如以土地面积表征经济活动对各种生态资源的需求，便于开展比较，但是也存在很多缺陷。如方法透明度的缺乏，对复杂问题的各种简单假设，对阈值和限值设定的争议等。尤其是对于绿色发展评价而言，仅用足迹指标难以进行政策关联和决策支持，因此，足迹指标可能更适合作为评价框架中的一项指标，与其他方法联合开展绿色发展相关评价。

3. 绿色发展评价指标体系

在四类绿色发展评价方法中，仪表盘指标体系和综合指数指标体系更能全面直观地反映对绿色发展内涵的理解和实现绿色发展的路径。由于指标体系众多，本节重点聚焦几个在国内外影响力较大的仪表盘和综合指数指标体系（附表 1-2），比较体系框架和指标构成。

附表 1-2　国内外绿色发展评价指标

| 指标体系 | 一级指标 | 二级指标 | 指标个数 |
|---|---|---|---|
| 绿色增长指标体系（OECD） | 经济活动中的环境和资源生产率 | • 碳和能源生产率<br>• 资源生产率<br>• 多要素生产率<br>• 绿色技术和创新 | 7 |
| | 自然资产基础 | • 自然资源使用<br>• 可再生资源存量<br>• 不可再生资源存量<br>• 生物多样性和生态系统 | 8 |
| | 生活环境质量 | • 环境健康和风险<br>• 环境基础设施 | 3 |
| | 经济机遇和政策响应 | • 环保产品和服务<br>• 国际绿色金融流<br>• 环境税和价格 | 7 |
| 绿色经济指标体系（UNEP） | 环境问题和目标 | • 气候变化<br>• 生态系统管理<br>• 资源效率<br>• 垃圾管理 | 13 |

| 指标体系 | 一级指标 | 二级指标 | 指标个数 |
|---|---|---|---|
| 绿色经济指标体系（UNEP） | 政策干预 | • 绿色投资<br>• 绿色财政政策<br>• 价格外部性和生态系统服务价值<br>• 绿色采购<br>• 绿色工作技能培训 | 11 |
| | 人类福祉和社会公平 | • 就业<br>• 环保产业绩效<br>• 自然和人力资本<br>• 资源获取<br>• 健康 | 16 |
| 绿色增长指标体系（UNESCAP） | 公平分配和获取 | • 资源、能源、生态系统服务和退化负担分配<br>• 包容性和公众参与机制和政策支持 | 15 |
| | 结构转型 | • 绿色投资、环保产品和服务投资<br>• 绿色技术创新机制和政策支持 | 16 |
| | 效率和生产率 | • 资源 / 废弃物的效率 / 排放强度<br>• 效率 / 生产率提升机制和政策支持 | 17 |
| | 自然资本投资 | • 自然资本存量和自然资源流量<br>• 自然资本投资机制和政策支持 | 10 |
| | 极限边界 | • 国家或地区资源利用和排放限值目标<br>• 科学决策与公众参与机制和政策支持 | 8 |
| 绿色发展指数指标体系（国家发展改革委等） | 资源利用 | • 能源<br>• 用水<br>• 用地 | 14 |
| | 环境治理 | • 污染物<br>• 危险废物<br>• 生活垃圾<br>• 污水治理 | 8 |
| | 环境质量 | • $PM_{2.5}$<br>• 地表水<br>• 饮用水<br>• 近岸海域<br>• 耕地 | 10 |

| 指标体系 | 一级指标 | 二级指标 | 指标个数 |
|---|---|---|---|
| 绿色发展指数指标体系（国家发展改革委等） | 生态保护 | • 森林<br>• 草原<br>• 湿地<br>• 保护区<br>• 水土流失 | 10 |
| | 增长质量 | • 增长速度<br>• 收入水平<br>• 产业结构<br>• 创新投入 | 5 |
| | 绿色生活 | • 环境设施<br>• 绿色出行<br>• 绿色产品<br>• 城市绿化 | 9 |

OECD 绿色增长指标体系框架以生产和消费系统为核心，以包括资本存量、环境质量及环境服务在内的自然资产为基础系统，关注政策措施、工具要素等人类经济活动对以上两大系统的调节及干预。指标体系涵盖了经济活动环境和资源生产率、自然资产基础、生活环境质量、经济机遇和政策响应四类要素的25 个评价指标。

UNEP 认为可以通过将政策和投资转移到清洁技术，加强生态系统服务、自然资源基础、教育、医疗服务和机构来实现社会公平；同时这些政策和投资也能够产生收入和工作，从而实现绿色经济。因此，构建的绿色经济指标体系框架充分反映了这些维度。指标体系涵盖了环境问题和目标、政策干预以及政策干预对人类福祉和社会公平的影响三个方面的 40 个评价指标。

UNESCAP 认为，对于发展中国家而言，实现绿色增长必须通过系统性的改变，需要有力的政策和体制支持，包括通过经济手段实现社会经济的巨大变革，通过投资绿色经济活动和绿色基础设施，调整预算和税收以增加自然资源成本和降低劳动成本，促进就业并提高资源生产率。指标体系涵盖了公平和可获性、效率和生产率、结构转型、资本投资平衡和极限认识五个方面的 66 个评价指标。

国家发展改革委等四部委制定的绿色发展指标体系反映了“十三五”规划明确的绿色发展的主要任务，包括全面节约和高效利用资源，提高环境质量，筑牢生态屏障，推动建立绿色低碳循环发展产业体系以及推进绿色消费等。绿色发展指标体系集中体现了上述内容，涵盖了资源利用、环境治理、环境质量、生态保护、增长质量和绿色生活六个方面的 56 个评价指标。

虽然迄今国内外还没有形成一个公认的绿色发展评价框架和指标体系，但是框架的基本构成都涉及经济、社会和环境系统，指标都覆盖了自然资产、经济增长、社会福祉和资源环境生产率等方面。当然，由于对绿色发展的理解不同，不同指标体系的分析框架和指标构成存在很大的差异。总体来看，OECD 关注自然资产的价值，强调以资源低成本高效益的方式缓解环境压力；UNEP 更关注社会福祉和公平，通过绿色政策干预实现绿色发展目标；UNESCAP 更强调政府治理能力；而对中国而言，自然资源管理、生态环境保护、污染排放控制等仍然是绿色发展重点考察的问题。

4. 小结与启示

仪表盘和综合指数分别是当前在国际和国内应用最广泛的绿色发展评价方法，国际组织注重评价方法的灵活性和适用性，国内则更偏爱评价结果的可比性。国际社会认为，不同国家的国情不同，绿色发展需要优先关注和解决的问题也不同。因此，绿色发展相关评价方法要具备灵活性和适用性，能够根据不同的国情和需求，融入绿色发展理念，对其最需要解决的问题给予相应的关注。中国政府部门和学术界习惯通过评价方法能够得到一个指数或指标，进行不同时间和空间下的比较排名，但这类方法的“弱可持续”、指标权重的合理性和稳健性等往往备受质疑。纵观国内已有指标体系，对于具有显著差异的不同评价对象，评价指标及其权重设定都是相对固定的，优先级不会随时空改变发生变化或转移。然而我国幅员辽阔，自然环境条件、经济社会发展水平和阶段千差万别，这种差别不仅存在于不同省区之间，在同一省区不同市县间也普遍存在，面对如此众多、巨大的差别，绿色发展需要重点关注和优先解决的问题各不相同，相应的绿色发展战略和路径选择也不尽相同。如果用同一把“标尺”去评价处于不同地域空间和发展阶段的绿色发展水平，不仅评价结论有失公允，也不利于识别各自面临的真正问题和重点需求，以及因地制宜引导绿色发展。

在绿色发展评价指标体系设计中，国际组织普遍关注“政策”型指标，国内则更关注“结果”型指标。从绿色发展指标体系框架和指标构成来看，虽然国际社会对绿色发展各维度的侧重有所差异，但是普遍都非常关注促进绿色发展的政策驱动力指标，体现了通过有效的政策干预实现绿色发展目标的路径选择。当前，绿色政策的多重影响和分配效应指标更是国际机构研究的一个重要方向。国内绿色发展指标体系中多是反映绿色发展结果的评价指标，能够直观测度绿色政策的指标很少，国际上普遍关注的环境经济政策指标更是基本没有，这一方面受制于政策类指标数据监测收集和分析能力的不足，另一方面也反映出国内绿色发展评价的结果导向性。绿色发展评价作为促进绿色发展相关政策推行的决策工具，应当能够帮助政府和学者评估潜在或既定的政策和目标，并监测实施和进展。未来开发构建绿色发展指标体系应当更加关注政策关联性，引入能够表征绿色政策的评价指标，提升对相关指标数据的监测和收集分析能力。

# 附录 2　长江经济带城市绿色发展权重计算方法

采用层次分析法和群决策赋权方法：层次分析法（Analytic Hierarchy Process，AHP）是美国运筹学家 T. L. Saaty 于 20 世纪 70 年代提出的一种定性分析与定量分析相结合的系统分析工具，其将决策者的思维过程系统化、数学化和模型化，适用于多目标、多准则复杂问题的决策分析，已在国内外众多行业领域得到广泛应用和认可；基于群决策的 AHP 采取专家群体判断，可有效克服个人主观影响的弊端。

1. 构建层次结构模型

在绿色发展指标体系框架的基础上，建立系统递阶层次关系，构造长江经济带不同类型城市的绿色发展层次结构模型（附图 2-1）。对于绿色发展体系框架各目标、各要素的权重，可利用此模型计算得到。

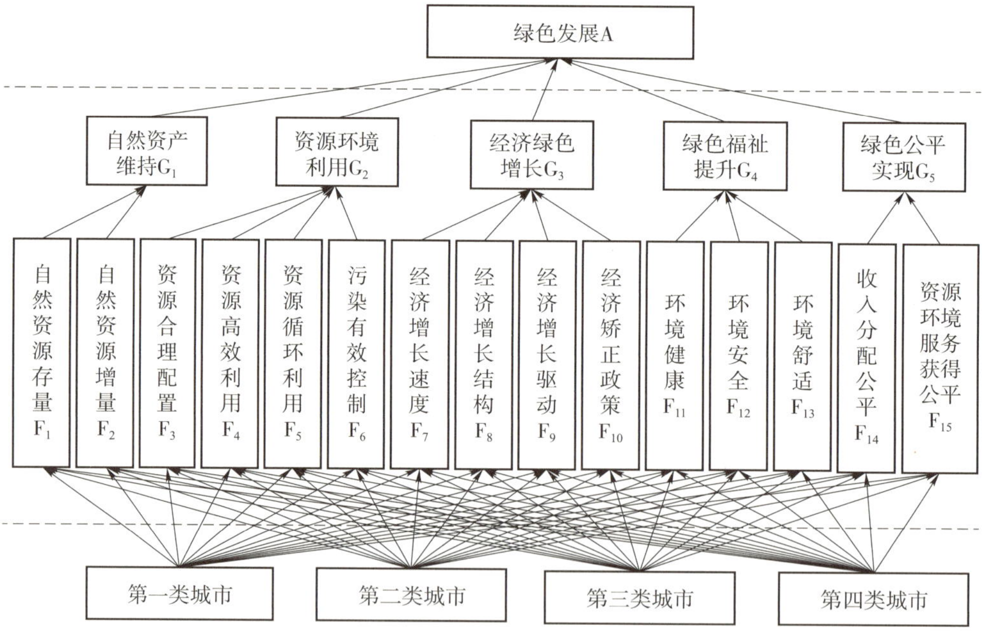


附图 2-1　基于主体功能区的绿色发展层级结构模型

2. 构造判断 / 比较矩阵

利用 Saaty 给出的 9 级比例标尺量化专家判断，分别为四类城市构建判断矩阵，每类城市包含 6 个判断矩阵：A-$G_{1-5}$，$G_1$-$F_{1-2}$，$G_2$-$F_{3-6}$，$G_3$-$F_{7-10}$，$G_4$-$F_{11-13}$，$G_5$-$F_{14-15}$，分别为 5 阶、2 阶、4 阶、4 阶、3 阶、2 阶判断矩阵。以 A-$G_{1-5}$ 矩阵为例：

$$AG_{1-5}=\begin{bmatrix} G_1/G_1 & G_1/G_2 & G_1/G_3 & G_1/G_4 & G_1/G_5 \\ G_2/G_1 & G_2/G_2 & G_2/G_3 & G_2/G_4 & G_2/G_5 \\ G_3/G_1 & G_3/G_2 & G_3/G_3 & G_3/G_4 & G_3/G_5 \\ G_4/G_1 & G_4/G_2 & G_4/G_3 & G_4/G_4 & G_4/G_5 \\ G_5/G_1 & G_5/G_2 & G_5/G_3 & G_5/G_4 & G_5/G_5 \end{bmatrix}$$

$$=\begin{bmatrix} 1 & a_{12} & a_{13} & a_{14} & a_{15} \\ a_{21} & 1 & a_{23} & a_{24} & a_{25} \\ a_{31} & a_{32} & 1 & a_{34} & a_{35} \\ a_{41} & a_{42} & a_{43} & 1 & a_{45} \\ a_{51} & a_{52} & a_{53} & a_{54} & 1 \end{bmatrix}=\left(a_{ij}\right)_{5\times5}$$

式中，$a_{ij}$ 表示对某类城市绿色发展而言，要素 $G_i$ 与要素 $G_j$ 比较的相对重要性。上述各判断矩阵均为正互反矩阵，具有以下性质：$a_{ij}>0$，$a_{ij}=1/a_{ij}$，$a_{ij}=1$，对于 $n$ 阶判断矩阵需要对 $n$（$n-1$）/2 个上（下）三角元素做出判断。

对于一个 $n$ 阶判断矩阵 $A$，可以采用特征根法求解权重：

$$A\omega=\lambda_{\max}\omega$$

式中，$\lambda_{\max}$ 为判断矩阵 $A$ 的最大特征值；$\omega=$（$\omega_1$，$\omega_2$，…，$\omega_n$）$^T$ 即为权重向量。

3. 一致性检验

当判断矩阵 $A$ 具有基本一致性，即对于任意 $i$，$j$，$k$=1，2，…，$n$ 有 $a_{ij}=a_{ik}a_{kj}$ 或 $\omega_i/\omega_j=a_{ij}$ 成立时，由特征根法导出的权重向量才是合理的。因此，需要对判断矩阵进行基本一致性检验，一致性检验公式为：

$$\mathrm{CR}=\frac{\mathrm{CI}}{\mathrm{CR}},\mathrm{CI}=\left(\lambda_{\max}-n\right)/\left(n-1\right)$$

式中，CI 为判断矩阵 $A$ 的一致性指标；RI 为随机一致性指标；CR 为检验系数，具体数值见附表 2-1；当 CR＜0.1 时，认为矩阵 $A$ 具有满意一致性，否则，需要对判断矩阵进行适当修正或废弃处理。

附表 2-1 随机一致性指标

| 阶数 | 3 | 4 | 5 | 6 | 7 | 8 | 9 |
|---|---|---|---|---|---|---|---|
| RI | 0.58 | 0.89 | 1.12 | 1.24 | 1.32 | 1.41 | 1.45 |
| 阶数 | 10 | 11 | 12 | 13 | 14 | 15 | |
| RI | 1.49 | 1.52 | 1.54 | 1.56 | 1.58 | 1.59 | |

4. 群决策

考虑普通 AHP 构造判断矩阵时可能受单个决策者的主观影响较大，引入基于群决策的 AHP。采用专家群体判断，综合多位专家个体决策数据，通过一定方式计算得到群体决策结论。

在群体决策中，一般无法要求所有专家给出的判断矩阵都具有满意一致性，因此，本报告对于满足次序一致性但是由于判断矩阵中多项数据小误差累积造成的不一致，经过最小修正即可满足基本一致性；对于不满足次序一致性或者需要进行多次修正才能达到一致性要求的判断矩阵，直接废弃该判断矩阵数据。

对满足基本一致性（或最小修正后满足）的专家判断矩阵，先计算不同类型城市中各个矩阵中每项数据的专家决策等级平均值，得到专家集结后的四组判断矩阵，再计算四类城市中各个矩阵的排序权重及总排序权重。

# 附录 3　长江经济带绿色发展 AHP 专家调查表

2021 年 2—3 月，在长江经济带、绿色发展、国土空间规划等密切相关领域遴选出 14 位专家（所有专家都具有高级职称，部分专家为领域内知名学者）发放专家调查问卷，回收调查问卷 14 份。以下选取其中一份，列出专家给出的判断矩阵（附表 3-1 ～附表 3-4）。

附表 3-1　长江经济带第一类城市绿色发展判断矩阵

| 绿色发展判断矩阵 | | | | | |
|---|---|---|---|---|---|
| 目标判断矩阵 | 自然资产维持 | 资源环境利用 | 经济绿色增长 | 绿色公平实现 | 绿色福祉提升 |
| 自然资产维持 | 1 | 1/3 | 1/3 | 1/5 | 1/7 |
| 资源环境利用 | | 1 | 1 | 1/3 | 1/5 |
| 经济绿色增长 | | | 1 | 1/5 | 1/3 |
| 绿色公平实现 | | | | 1 | 3 |
| 绿色福祉提升 | | | | | 1 |
| 自然资产维持判断矩阵 | | | | | |
| 要素判断矩阵 | 自然资源存量 | 自然资源增量 | | | |
| 自然资源存量 | 1 | 1/3 | | | |
| 自然资源增量 | | 1 | | | |
| 资源环境利用判断矩阵 | | | | | |
| 要素判断矩阵 | 资源合理配置 | 资源高效利用 | 资源循环利用 | 污染有效控制 | |
| 资源合理配置 | 1 | 1/3 | 1/5 | 1/3 | |
| 资源高效利用 | | 1 | 1/3 | 1 | |
| 资源循环利用 | | | 1 | 3 | |
| 污染有效控制 | | | | 1 | |
| 经济绿色增长判断矩阵 | | | | | |
| 要素判断矩阵 | 经济增长速度 | 经济增长结构 | 经济增长驱动 | 经济矫正政策 | |
| 经济增长速度 | 1 | 1/5 | 1/3 | 1/3 | |
| 经济增长结构 | | 1 | 3 | 3 | |
| 经济增长驱动 | | | 1 | 1 | |
| 经济矫正政策 | | | | 1 | |

| 绿色福祉提升判断矩阵 | | | | | |
|---|---|---|---|---|---|
| 要素判断矩阵 | 环境健康 | 环境安全 | 环境舒适 | | |
| 环境健康 | 1 | 1 | 3 | | |
| 环境安全 | | 1 | 3 | | |
| 环境舒适 | | | 1 | | |
| 绿色公平实现判断矩阵 | | | | | |
| 要素判断矩阵 | 收入分配公平 | 资源环境服务获得公平 | | | |
| 收入分配公平 | 1 | 1/3 | | | |
| 资源环境服务获得公平 | | 1 | | | |

附表 3-2　长江经济带第二类城市绿色发展判断矩阵

| 绿色发展判断矩阵 | | | | | |
|---|---|---|---|---|---|
| 目标判断矩阵 | 自然资产维持 | 资源环境利用 | 经济绿色增长 | 绿色公平实现 | 绿色福祉提升 |
| 自然资产维持 | 1 | 1/3 | 1/5 | 1 | 1 |
| 资源环境利用 | | 1 | 1/3 | 3 | 3 |
| 经济绿色增长 | | | 1 | 5 | 5 |
| 绿色公平实现 | | | | 1 | 1 |
| 绿色福祉提升 | | | | | 1 |
| 自然资产维持判断矩阵 | | | | | |
| 要素判断矩阵 | 自然资源存量 | 自然资源增量 | | | |
| 自然资源存量 | 1 | 1 | | | |
| 自然资源增量 | | 1 | | | |
| 资源环境利用判断矩阵 | | | | | |
| 要素判断矩阵 | 资源合理配置 | 资源高效利用 | 资源循环利用 | 污染有效控制 | |
| 资源合理配置 | 1 | 1/3 | 1/3 | 1 | |
| 资源高效利用 | | 1 | 1 | 3 | |
| 资源循环利用 | | | 1 | 3 | |
| 污染有效控制 | | | | 1 | |

| 经济绿色增长判断矩阵 | | | | | |
|---|---|---|---|---|---|
| 要素判断矩阵 | 经济增长速度 | 经济增长结构 | 经济增长驱动 | 经济矫正政策 | |
| 经济增长速度 | 1 | 3 | 3 | 5 | |
| 经济增长结构 | | 1 | 1 | 3 | |
| 经济增长驱动 | | | 1 | 3 | |
| 经济矫正政策 | | | | 1 | |
| 绿色福祉提升判断矩阵 | | | | | |
| 要素判断矩阵 | 环境健康 | 环境安全 | 环境舒适 | | |
| 环境健康 | 1 | 1/3 | 1 | | |
| 环境安全 | | 1 | 3 | | |
| 环境舒适 | | | 1 | | |
| 绿色公平实现判断矩阵 | | | | | |
| 要素判断矩阵 | 收入分配公平 | 资源环境服务获得公平 | | | |
| 收入分配公平 | 1 | 1 | | | |
| 资源环境服务获得公平 | | 1 | | | |

附表 3-3　长江经济带第三类城市绿色发展判断矩阵

| 绿色发展判断矩阵 | | | | | |
|---|---|---|---|---|---|
| 目标判断矩阵 | 自然资产维持 | 资源环境利用 | 经济绿色增长 | 绿色公平实现 | 绿色福祉提升 |
| 自然资产维持 | 1 | 1 | 3 | 5 | 5 |
| 资源环境利用 | | 1 | 3 | 5 | 5 |
| 经济绿色增长 | | | 1 | 1/3 | 1/3 |
| 绿色公平实现 | | | | 1 | 1 |
| 绿色福祉提升 | | | | | 1 |
| 自然资产维持判断矩阵 | | | | | |
| 要素判断矩阵 | 自然资源存量 | 自然资源增量 | | | |
| 自然资源存量 | 1 | 3 | | | |
| 自然资源增量 | | 1 | | | |

| 资源环境利用判断矩阵 | | | | | |
|---|---|---|---|---|---|
| 要素判断矩阵 | 资源合理配置 | 资源高效利用 | 资源循环利用 | 污染有效控制 | |
| 资源合理配置 | 1 | 1/3 | 1/3 | 1/5 | |
| 资源高效利用 | | 1 | 1 | 1/3 | |
| 资源循环利用 | | | 1 | 1/3 | |
| 污染有效控制 | | | | 1 | |
| 经济绿色增长判断矩阵 | | | | | |
| 要素判断矩阵 | 经济增长速度 | 经济增长结构 | 经济增长驱动 | 经济矫正政策 | |
| 经济增长速度 | 1 | 1/3 | 1/3 | 1 | |
| 经济增长结构 | | 1 | 1 | 3 | |
| 经济增长驱动 | | | 1 | 3 | |
| 经济矫正政策 | | | | 1 | |
| 绿色福祉提升判断矩阵 | | | | | |
| 要素判断矩阵 | 环境健康 | 环境安全 | 环境舒适 | | |
| 环境健康 | 1 | 3 | 1 | | |
| 环境安全 | | 1 | 1/3 | | |
| 环境舒适 | | | 1 | | |
| 绿色公平实现判断矩阵 | | | | | |
| 要素判断矩阵 | 收入分配公平 | 资源环境服务获得公平 | | | |
| 收入分配公平 | 1 | 3 | | | |
| 资源环境服务获得公平 | | 1 | | | |

附表 3-4　长江经济带第四类城市绿色发展判断矩阵

| 绿色发展判断矩阵 | | | | | |
|---|---|---|---|---|---|
| 目标判断矩阵 | 自然资产维持 | 资源环境利用 | 经济绿色增长 | 绿色公平实现 | 绿色福祉提升 |
| 自然资产维持 | 1 | 7 | 5 | 3 | 3 |
| 资源环境利用 | | 1 | 3 | 1/3 | 1/3 |
| 经济绿色增长 | | | 1 | 1/3 | 1/3 |
| 绿色公平实现 | | | | 1 | 1 |
| 绿色福祉提升 | | | | | 1 |

| 自然资产维持判断矩阵 | | | | | |
|---|---|---|---|---|---|
| 要素判断矩阵 | 自然资源存量 | 自然资源增量 | | | |
| 自然资源存量 | 1 | 5 | | | |
| 自然资源增量 | | 1 | | | |
| 资源环境利用判断矩阵 | | | | | |
| 要素判断矩阵 | 资源合理配置 | 资源高效利用 | 资源循环利用 | 污染有效控制 | |
| 资源合理配置 | 1 | 1 | 1/3 | 1/5 | |
| 资源高效利用 | | 1 | 1 | 1/3 | |
| 资源循环利用 | | | 1 | 1/3 | |
| 污染有效控制 | | | | 1 | |
| 经济绿色增长判断矩阵 | | | | | |
| 要素判断矩阵 | 经济增长速度 | 经济增长结构 | 经济增长驱动 | 经济矫正政策 | |
| 经济增长速度 | 1 | 1/3 | 1 | 1/3 | |
| 经济增长结构 | | 1 | 3 | 1 | |
| 经济增长驱动 | | | 1 | 1/3 | |
| 经济矫正政策 | | | | 1 | |
| 绿色福祉提升判断矩阵 | | | | | |
| 要素判断矩阵 | 环境健康 | 环境安全 | 环境舒适 | | |
| 环境健康 | 1 | 3 | 1 | | |
| 环境安全 | | 1 | 1/3 | | |
| 环境舒适 | | | 1 | | |
| 绿色公平实现判断矩阵 | | | | | |
| 要素判断矩阵 | 收入分配公平 | 资源环境服务获得公平 | | | |
| 收入分配公平 | 1 | 5 | | | |
| 资源环境服务获得公平 | | 1 | | | |

# 附录 4　长江经济带城市绿色发展评价指标说明

| 目标 | 要素 | 指标 | 单位 | 年份 | 属性 | 来源与标准化方法 |
| --- | --- | --- | --- | --- | --- | --- |
| 自然资产维持 | 自然资源存量 | 优先保护区面积占比 | % | 2015 | 正向 | 优先保护区面积占比 = 优先保护区面积 / 国土面积 ×100%<br>来源：长江经济带各省市“三线一单”成果 |
| | | 陆地植被固碳量[1] | $10^6$ t | 2017 | 正向 | 来源：中国碳核算数据库（Carbon Emission Accounts & Datasets，CEADs） |
| | | 森林覆盖率[1] | % | 2019 | 正向 | 来源：各市（州）统计年鉴、国民经济与社会发展统计公报、新闻报道 |
| | | 耕地面积占比[2] | % | 2019 | 正向 | 耕地面积占比 = 耕地面积 / 国土面积 ×100%<br>来源：中国科学院资源环境科学与数据中心 |
| | 自然资源增量 | 水土流失面积减少 | % | 2019 | 正向 | 水土流失面积减少 =（上年度水土流失面积 - 本年度水土流失面积）/ 上年度水土流失面积 ×100%<br>来源：中国水土保持公报各市（州）以所在省的水土流失面积减少比例替代 |
| | | 当年人工造林面积[1] | $10^4$ $hm^2$ | 2019 | 正向 | 来源：各市（州）统计年鉴、国民经济与社会发展统计公报、新闻报道 |
| 资源环境利用 | 资源合理配置 | 煤炭消费占比 | % | 2019 | 负向 | 煤炭消费占比 = 煤炭消费总量（标煤）/ 能源消费总量（标煤）×100%<br>来源：中国能源统计年鉴［各市（州）以所在省的煤炭消费占比值替代］ |
| | | 水资源开发利用率 | % | 2019 | 负向 | 水资源开发利用率 = 用水量 / 水资源总量 ×100%<br>来源：各省市水资源公报 |
| | | 土地开发利用率 | % | 2019 | 负向 | 土地开发利用率 = 建设用地面积 / 国土面积 ×100%<br>来源：中国科学院资源环境科学与数据中心 |

| 目标 | 要素 | 指标 | 单位 | 年份 | 属性 | 来源与标准化方法 |
|---|---|---|---|---|---|---|
| 资源环境利用 | 资源高效利用 | 碳生产率 | 元 /t | 2017 | 正向 | 碳生产率 = 国内生产总值 / 二氧化碳排放总量<br>来源：中国碳核算数据库（Carbon Emission Accounts & Datasets, CEADs）、各市（州）统计年鉴 |
| | | 水资源生产率 | 万元 /$m^3$ | 2019 | 正向 | 水资源生产率 = 国内生产总值 / 用水总量<br>来源：各市（州）统计年鉴、水资源公报 |
| | | 土地资源生产率 [1，3] | 亿元 / $km^2$ | 2019 | 正向 | 土地资源生产率 = 国内生产总值 / 建设用地面积<br>来源：各市（州）统计年鉴、中国科学院资源环境科学与数据中心 |
| | | 单位耕地面积农业总产值 [2] | 万元 / $km^2$ | 2019 | 正向 | 单位耕地面积农业总产值 = 农业总产值 / 耕地面积<br>来源：各市（州）统计年鉴、中国科学院资源环境科学与数据中心 |
| | 资源循环利用 | 一般工业固体废物综合利用率 [1，3] | % | 2019 | 正向 | 一般工业固废综合利用率 = 一般工业固体废物综合利用量 /（一般工业固废产生量 + 综合利用往年贮存量）× 100%<br>来源：中国城市统计年鉴、各市（州）生态环境局信息公告 |
| | | 农作物秸秆综合利用率 [2] | % | 2019 | 正向 | 来源：各省市生态环境状况公报、农业农村厅通知公告（各市州以所在省的农作物秸秆综合利用率替代） |
| | 污染有效控制 | 单位工业增加值大气污染排放量 | t/ 元 | 2019 | 负向 | 单位工业增加值大气污染物排放量 =（工业二氧化硫排放量 + 工业氮氧化物排放量）/ 工业增加值<br>来源：中国城市统计年鉴、各市（州）统计年鉴 |
| | | 单位耕地面积化肥施用量 | kg/ 亩 | 2019 | 负向 | 单位耕地面积化肥使用量 = 农用化肥施用量（折纯量）/ 耕地面积<br>来源：各市（州）统计年鉴、中国科学院资源环境科学与数据中心 |
| | | 污水处理率 | % | 2019 | 正向 | 来源：中国城市统计年鉴、各市（州）统计年鉴 |

| 目标 | 要素 | 指标 | 单位 | 年份 | 属性 | 来源与标准化方法 |
|---|---|---|---|---|---|---|
| 经济绿色增长 | 经济增长速度 | GDP 增速 | % | 2019 | 正向 | 来源：各市（州）统计年鉴 |
| | | 人均 GDP | 元 | 2019 | 正向 | 来源：各市（州）统计年鉴 |
| | 经济增长结构 | 第三产业增加值占 GDP 比重 | % | 2019 | 正向 | 来源：各市（州）统计年鉴 |
| | | 六大高耗能产业占规模以上工业增加值比重[3] | % | 2019 | 负向 | 六大高耗能产业增加值占规上工业总产值比重 = 六大高耗能产业增加值 / 规模以上工业增加值 ×100%<br>来源：各市（州）统计年鉴<br>说明：本报告中的六大高耗能产业是指化学原料及化学制品制造业，非金属矿物制品业，黑色金属冶炼及压延加工业，有色金属冶炼及压延加工业，石油、煤炭及其他燃料加工业，电力、热力的生产和供应业 |
| | | 农产品加工业与农业总产值之比[2] | — | 2019 | 正向 | 农业加工业与农业总产值之比 = 农产品加工业总产值 / 农业总产值<br>来源：各市（州）统计年鉴<br>说明：本报告中的农产品加工业是指农副食品加工业，食品制造业，酒、饮料和精制茶制造业，烟草制造业，纺织业，纺织服装，服饰业，皮革、毛皮、羽毛及其制品和制鞋业，木材加工和木、竹、藤、棕、草制品业，家具制造业，造纸和制品业，印刷和记录媒介复制业，橡胶和塑料制品业 |
| | 经济增长驱动 | 研发经费占 GDP 比重 | % | 2019 | 正向 | 来源：中国城市统计年鉴、各市（州）统计年鉴 |
| | | 人均专利申请量 | 件 | 2019 | 正向 | 人均专利申请量 = 当年专利申请数 / 年末常住人口<br>来源：中国城市统计年鉴、各市（州）统计年鉴 |

| 目标 | 要素 | 指标 | 单位 | 年份 | 属性 | 来源与标准化方法 |
| --- | --- | --- | --- | --- | --- | --- |
| 经济绿色增长 | 经济矫正政策 | 特种行业用水价格 | 元 /t | 2019 | 正向 | 来源：各市（州）水价信息 |
| 绿色福祉提升 | 环境健康 | $PM_{2.5}$ 年均浓度 | μg/$m^3$ | 2019 | 负向 | 来源：中国城市统计年鉴、各市（州）统计年鉴、生态环境状况公报 |
| | 环境安全 | 水源地安全指数 | — | 2018 | 负向 | 来源：公众环境研究中心（Institute of Public & Environmental Affairs，IPE） |
| | | 单位国土面积高环境风险行业企业数量[3] | 家 /$hm^2$ | 2019 | 负向 | 单位国土面积高环境风险行业企业数量 = 高环境风险行业企业数量 / 国土面积<br>来源：全国排污许可证管理信息平台企业库数据、中国科学院资源环境科学与数据中心<br>说明：本报告中的高环境风险行业特指石化、化工和医药行业，对应国民经济行业分类代码中的 25、26、27 和 28 类 |
| | | 受污染耕地安全利用率[2] | % | 2020 | 正向 | 来源：各省市 2020 年土壤污染风险防控底线目标（各市州以所在省的受污染耕地安全利用率替代） |
| | | 生态环境状况指数（EI）[1] | — | 2019 | 正向 | 来源：各省市生态环境状况公报 |
| | 环境舒适 | 人均公园绿地面积 | $m^2$/ 人 | 2019 | 正向 | 来源：中国城市建设统计年鉴 |
| 绿色公平实现 | 收入分配公平 | 城乡收入比 | — | 2019 | 负向 | 城乡收入比 = 城镇常住居民人均可支配收入 / 农村常住居民人均可支配收入<br>来源：各市（州）统计年鉴 |
| | | 农村居民人均可支配收入 | 元 | 2019 | 正向 | 来源：各市（州）统计年鉴 |

| 目标 | 要素 | 指标 | 单位 | 年份 | 属性 | 来源与标准化方法 |
|---|---|---|---|---|---|---|
| 绿色公平实现 | 资环服务获得公平 | 农村自来水普及率 | % | 2019 | 正向 | 来源：中国城市建设统计年鉴［各市（州）以建制镇和乡的用水普及率替代］ |
| | | 农村卫生厕所普及率 | % | 2019 | 正向 | 来源：各省市(州)统计年鉴、住房与城乡建设局、卫生健康委员会、新闻报道［市（州）如无单独统计值，则以所在省的农村卫生厕所普及率替代］ |

注：1 为第四类城市特色指标；2 为第三类城市特色指标；3 为第一类和第二类城市特色指标。

# 参考文献


[1] 裴庆冰，谷立静，白泉 . 绿色发展背景下绿色产业内涵探析［J］. 环境保护，2018，46（Z1）：86-89.

[2] 郇庆治 . 环境政治国际比较［M］. 济南：山东大学出版社，2007.

[3] 杨灿，朱玉林 . 国内外绿色发展动态研究［J］. 中南林业科技大学学报（社会科学版），2015（6）：43-50.

[4] Pearce D W，Markandya A，Barbier E B. Blueprint for a green economy：A report［M］. London：Earthscan，1989.

[5] Reardon J. Comments on‘green economics：Setting the scene. Aims，context，and philosophical underpinnings of the distinctive new solutions offered by green economics’［J］. International Journal of Green Economics，2007，1（3/4）：532-538.

[6] 盛馥来，诸大建 . 绿色经济：联合国视野中的理论、方法与案例［M］. 北京：中国财政经济出版社，2015.

[7] Government H M. Enabling the transition to a green economy：Government and business working together［EB/OL］.（2011-08-23）. https：//www.eauc.org.uk/enabling_the_transition_to_a_green_economy_new_.

[8] UNESCAP. State of the environment in Asia and the Pacific 2005 synthesis：Economic growth and sustainability［R］. New York：United Nations，2005.

[9] World Bank. Inclusive green growth：The pathway to sustainable development［M］. Washington，D. C.：World Bank，2011.

[10] OECD. Interim report of the green growth strategy：Implement our commitment for a sustainable future［EB/OL］.（2010-05-27）. http：//www.oecd.org/greengrowth/45194631.pdf.

[11] GGGI. Green growth potential assessment—Methodology report［R］. Seoul：Global Green Growth Institute，2019.

[12] 联合国开发计划署 . 中国人类发展报告 2002：绿色发展 必选之路［M］. 北

京：中国财政经济出版社，2002.
［13］侯伟丽 . 21 世纪中国绿色发展问题研究［J］. 南都学坛，2004（3）：106-110.
［14］牛文元，刘学谦，杨多贵 . 中国科学发展报告 2010［M］. 北京：科学出版社，2013.
［15］李佐军 . 中国绿色转型发展报告［M］. 北京：中共中央党校出版社，2012.
［16］王玲玲，张艳国 .“绿色发展”内涵探微［J］. 社会主义研究，2012（5）：143-146.
［17］蒋南平，向仁康 . 中国经济绿色发展的若干问题［J］. 当代经济研究，2013（2）：50-54.
［18］于晓蕾 . 中国特色社会主义生态文明建设 人与自然高度和谐的生态文明发展之路［M］. 北京：中共中央党校出版社，2013.
［19］柯水发 . 绿色经济理论与实务［M］. 北京：中国农业出版社，2013.
［20］胡鞍钢 . 中国：创新绿色发展［M］. 北京：中国人民大学出版社，2012.
［21］胡鞍钢，周绍杰 . 绿色发展：功能界定、机制分析与发展战略［J］. 中国人口·资源与环境，2014（1）：14-20.
［22］秦书生，王旭，付晗宁 . 我国推进绿色发展的困境与对策——基于生态文明建设融入经济建设的探究［J］. 生态经济，2015（7）：168-171.
［23］黄志斌，姚灿，王新 . 绿色发展理论基本概念及其相互关系辨析［J］. 自然辩证法研究，2015（8）：108-113.
［24］谷树忠，谢美娥，张新华，等 . 绿色发展：新理念与新措施［J］. 环境保护，2016，44（12）：13-15.
［25］金鉴明 . 绿色发展与生态文明——绿色转型可持续发展模式的探讨［J］. 福建理论学习，2015（1）：4-9.
［26］张雯熹，邹金浪，吴群 . 生产要素投入对城市土地利用效率的影响——基于不同工业化阶段省级数据［J］. 资源科学，2020，42（7）：1416-1427.
［27］林春艳，孔凡超 . 技术创新、模仿创新及技术引进与产业结构转型升级——基于动态空间 Durbin 模型的研究［J］. 宏观经济研究，2016（5）：106-118.
［28］郑锦国 . 打造绿色金融“湖州样本”［J］. 中国金融，2019（20）：42-43.
［29］翟帅，殷宇飞，钱晨绯 . 绿色金融发展的生态优势与模式选择［J］. 生态经

济，2019，35（6）：56-59.

［30］湖州：以“绿色智造”引领高质量发展［EB/OL］. 浙江经信，2021-05-06. news.10jqka.com.cn/20210506/c629130297.shtml.

［31］打造“绿色智造”示范之城 湖州这样发力［N/OL］. 浙江日报，2020-09-23. https：//baijiahao.baidu.com/s?id=1678579371299838997&wfr=spider&for=pc.

［32］项江鸿 . 让每一寸土地都焕发活力——湖州市打好节约集约用地组合拳助推绿色发展［J］. 浙江国土资源，2019（6）：27-28.

［33］推动长江经济带发展领导小组办公室 . 长江经济带绿色发展试点示范成效初显［EB/OL］.2020-02-05. cjjjd.ndrc.gov.cn/gongzuodongtai/bangongshi/202002/t20200205_1219970.htm.

［34］张丹，田雁，杨庆 . 武汉市推动绿色发展的探索和实践［J］. 经济研究导刊，2019（21）：123-126.

［35］践行习近平生态文明思想 生态治水打造“最美东湖”［EB/OL］. 2021-06-18. http：//www.whdonghu.gov.cn/xwzx_6309/zwdt_6310/202106/t20210618_1723385.shtml.

［36］观绵阳绿色发展之变：GDP 增长 8.1%，空气质量综合指数同比下降 3.7%［EB/OL］. 2020-07-23. https：//www.thepaper.cn/newsDetail_forward_8415723.

［37］把科技创新作为核心价值，更好服务国家自立自强［EB/OL］. 2021-09-08. k.sina.com.cn/article_1496814565_593793e50200141dl.html.

［38］绵阳传统制造业转型升级显生机［EB/OL］. 2020-04-17. https：//epaper.scdaily.cn/shtml/scrb/20200417/234559.shtml.

［39］毛正荣，徐南昌 . 现代生态循环农业发展——以浙江省衢州市为例［M］. 北京：中国农业出版社，2018.

［40］杨凌紫 . 试点 3 年，衢州现代生态循环农业交卷啦［N/OL］. 农村信息报，2017-12-04. https：//www.sohu.com/a/208385068_796412.

［41］凉山：坚持绿色发展 助推脱贫攻坚［EB/OL］. 凉山彝族自治州人民政府，2020-09-17. http：//www.lsz.gov.cn/jrls/gzdt/bmdt/202009/t20200917_1694908.html.

［42］凉山：生态扶贫 以“绿”富民［EB/OL］. 凉山彝族自治州人民政府，2020-09-03. http：//www.lsz.gov.cn/ztzl/rdzt/tpgjzt/tpyw/202009/t20200903_1683463.html.

［43］推进生态文明　建设美丽凉山［N/OL］. 四川日报，2019-02-11. https：//epaper.scdaily.cn/shtml/scrb/20190211/210134.shtml.

［44］生态产品价值实现的丽水实践［N/OL］. 学习时报，2021-04-26. https：//m.thepaper.cn/baijiahao_12401116.

［45］王绍金，赖方军 . 打造全国生态产品价值实现机制的“丽水样板”［N］. 丽水日报，2021-01-24.

［46］“点绿”成金　浙江丽水探索生态产品价值实现机制［EB/OL］. 国家发展改革委，2021-06-07. https：//baijiahao.baidu.com/s?id=1701893769724862634&wfr=spider&for=pc.

［47］Stiglitz J E，Sen A，Fitoussi J P. Report by the commission on the measurement of economic performance and social progress［R］. Paris：Commission on the Measurement of Economic Performance and Social Progress，2010.

［48］OECD. Towards green growth：Monitoring progress—OECD indicators［R］. Paris：OECD，2011.

［49］UNEP. Measuring progress towards an inclusive green economy［R］. Nairobi：United Nations Environmental Programme，2012.

［50］UNESCAP. Shifting from quantity to quality：Growth with equality，efficiency，sustainability and dynamism［R］. Bangkok：United Nations，2013.

［51］GGKP. Moving towards a common approach on green growth indicators［R］. Geneva：GGKP，2013.

［52］UNDP. Human development report 1990［M］. New York：Oxford University Press，1990.

［53］中国科学院可持续发展战略研究组 . 2006 中国可持续发展战略报告——建设资源节约型和环境友好型社会［M］. 北京：科学出版社，2006.

［54］Alkire S，Roche J M，Santos M E，et al.. Multidimensional poverty index 2011：Brief methodological note［R］. Oxford：Oxford Poverty & Human Development

Initiative, 2011.

［55］北京师范大学科学发展观与经济可持续发展研究基地 . 2010 中国绿色发展指数年度报告——省际比较［M］. 北京：北京师范大学出版社，2010.

［56］OECD. How's life?：Measuring well-being［R］. Paris：OECD，2011.

［57］Yale Center for Environmental Law and Policy. Environmental performance index［R］. New Haven：Yale University，2018.

［58］石敏俊，徐瑛 . 人大国发院系列报告：绿色之路——中国经济绿色发展报告［R］. 北京：中国人民大学国家发展与战略研究院，2018.

［59］齐援军 . 国内外绿色 GDP 研究的总体进展［J］. 经济研究参考，2004（88）：25-29.

［60］World Bank. Where is the wealth of nations?［M］. Washington，D. C.：World Bank，2005.

［61］World Bank. The changing wealth of nations：Measuring sustainable development in the new millennium［M］. Washington，D. C.：World Bank，2011.

［62］国家环境保护总局，世界银行 . 建立中国绿色国民经济核算系统研究报告［R］. 北京：环境保护对外合作中心，2006.

［63］Statistic Netherlands. Green growth in the Netherlands［R］. Den Haag：Statistic Netherlands，2011.

［64］Czech Statistical Office. Green growth in the Czech Republic selected indicators［R］. Prague：Czech Statistical Office，2011.

［65］National Institute of Statistics and Geography of Mexico. Green growth indicators for Mexico［R］. Mexico：National Institute of Statistics and Geography of Mexico，2011.

［66］Statistic Korea. Korea's green growth based on OECD green growth indicators［R］. Seoul：Statistic Korea，2012.

［67］Slovak Environment Agency. Selected green growth indicators in the Slovak Republic［R］. Bratislava：Slovak Environment Agency，2014.

［68］北京师范大学科学发展观与经济可持续发展研究基地，西南财经大学绿色经济

与经济可持续发展研究基地，国家统计局中国经济景气监测中心 . 2016 中国绿色发展指数报告——区域比较［M］. 北京：北京师范大学出版社，2017.
［69］俞海，王勇，李海英 . 中国省域和城市绿色发展报告（2013—2016）［M］. 北京：中国环境出版集团，2019.
［70］中国人民大学国家发展与战略研究院 . 绿色之路——中国经济绿色发展报告［R］. 北京：人大国发院系列报告（年度研究报告），2018.
［71］谢瑾岚，杨顺顺，刘敏，等 . 长江经济带绿色发展报告［M］. 北京：社会科学文献出版社，2020.
［72］张瑄 . 广东社科院发布广东绿色发展和中国省域绿色发展评价研究报告［J］. 新经济，2018，510（7）：43-45.
［73］蓝庆新，黄婧涵 ."一带一路" 沿线国家绿色发展水平评价研究［J］. 财经问题研究，2020（4）：121-128.
［74］张旭，魏福丽，袁旭梅 . 中国省域高质量绿色发展水平评价与演化［J］. 经济地理，2020，40（2）：108-116.
［75］吴清，谢瑞萍，陈刚，等 . 珠江—西江经济带绿色发展水平的时空差异及影响因素研究［J］. 科技管理研究，2020（17）：250-258.
［76］熊曦，张陶，段宜家，等 . 长江中游城市群绿色化发展水平测度及其差异［J］. 经济地理，2019，39（12）：96-102.
［77］李华旭，孔凡斌，陈胜东 . 长江经济带沿江地区绿色发展水平评价及其影响因素分析——基于沿江 11 省（市）2010—2014 年的相关统计数据［J］. 湖北社会科学，2017（8）：68-76.
［78］Alfsen K H，Bye T A，Lorentsen L. Natural resource accounting and analysis：the Norwegian experience 1978-1986［R］. Oslo：Central Bureau of Statistics，1987.
［79］周国梅，周军 . 绿色国民经济核算国际经验［M］. 北京：中国环境科学出版社，2009.
［80］Carson C S. Integrated economic and environmental satellite accounts［J］. Natural Resources Research，1995，4（1）：12-33.
［81］Statistics Canada. Concepts，sources and methods of the Canadian system of

environmental and resource account [ M ] . Ottawa: Statistics Canada, 2006.

[ 82 ] 吴优 . 德国的环境经济核算 [ J ] . 中国统计，2005（6）：46-47.

[ 83 ] Wackernagel M, Rees W. Our ecological footprint: Reducing human impact on the earth [ M ] . Gabriola Island: New Society Publishers, 1996.

[ 84 ] GGKP. Measuring inclusive green growth at the country level: Taking stock of measurement approaches and indicators [ R ] . Geneva: GGKP Research Committee on Measurement & Indicators, 2016.

[ 85 ] Neumayer E. Weak versus strong sustainability: Exploring the limits of two opposing paradigms [ M ] . Northampton: Edward Elgar, 2003.

[ 86 ] OECD. Green growth indicators 2017 [ R ] . Paris: OECD, 2017.

[ 87 ] Nardo M, Saisana M, Saltelli A, et al.. Handbook on constructing composite indicators [ M ] . Paris: OECD, 2008.

[ 88 ] Martin R. Mashup indices of development [ J ] . The World Bank Research Observer, 2012, 27 (1): 1-32.

[ 89 ] OECD. OECD environment directorate working paper—Environmentally adjusted multi-factor productivity: Methodology and empirical results for OECD and G20 countries [ R ] . Paris: OECD, 2016.

[ 90 ] Hamilton K, Clemens M. Genuine savings rates in developing countries [ J ] . World Bank Economic Review, 1999, 13 (2): 333-356.

[ 91 ] Arrow K, Dasgupta P, Goulder L, et al.. Are we consuming too much? [ J ] . The Journal of Economic Perspectives, 2004, 18 (3): 147-172.

[ 92 ] Farley J. Ecosystem services: The economics debate [ J ] . Ecosystem Services, 2012, 1 (1): 40-49.

[ 93 ] Dao H, Peduzzi P, Chatenoux B, et al.. Environmental limits and Swiss footprints based on planetary boundaries [ R ] . Geneva: UNEP/GRID-Geneva & University of Geneva, 2015.

[ 94 ] Wiedmann T, Barrett J. A review of the ecological footprint indicator—Perceptions and methods [ J ] . Sustainability, 2010, 2 (6): 1645-1693.

生态环境科技蓝皮书2021

中国环境科学研究院

# 中国污水资源化与水质保障技术

# Technology of Sewage Resource Utilization and Water Quality Control in China

主编◎段 亮 宋永会

中国环境出版集团 · 北京

**图书在版编目（CIP）数据**

中国污水资源化与水质保障技术 / 段亮，宋永会主编 . —北京：中国环境出版集团，2021.12
（生态环境科技蓝皮书 . 2021）
ISBN 978-7-5111-4957-2

Ⅰ. ①中… Ⅱ. ①段… ②宋… Ⅲ. ①污水处理—环境保护—研究报告—中国 Ⅳ. ① X703

中国版本图书馆 CIP 数据核字（2021）第 221709 号

**出 版 人** 武德凯
**责任编辑** 田 怡
**责任校对** 任 丽
**封面设计** 光大印艺

---

**出版发行** 中国环境出版集团
（100062 北京市东城区广渠门内大街 16 号）
网 址：http：//www.cesp.com.cn
电子邮箱：bjgl@cesp.com.cn
联系电话：010-67112765（编辑管理部）
发行热线：010-67125803，010-67113405（传真）
**印 刷** 玖龙（天津）印刷有限公司
**经 销** 各地新华书店
**版 次** 2021 年 12 月第 1 版
**印 次** 2021 年 12 月第 1 次印刷
**开 本** 787 × 1092 1/16
**印 张** 14.75
**字 数** 280 千字
**定 价** 1280.00 元（全八册）

---

# 丛书编写委员会

# 编委会


主　编：段　亮　　宋永会

编　委（按姓氏笔画排序）：

田智勇　　邢　飞　　朱梦婷　　向连城

刘雪瑜　　李　丹　　李明月　　肖书虎

张志超　　张恒亮　　张海亚　　贾衍琰

钱　锋　　高秋生　　高祥云　　韩　璐

曾　萍　　颜秉斐　　穆映鸣　　魏　健

# 目录

# 1

# 绪 论

Introduction

# 1.1 背景和意义

## 1.1.1 污水资源化背景介绍

### 1.1.1.1 从水资源短缺问题到污水资源化应对措施

水资源是基础性的自然资源和战略性的经济资源，更是人类赖以生存和发展的、关系国计民生的重要资源。随着我国国民经济的迅速发展，城市人口逐渐增加，人民生活水平逐渐提高，用水量也随之增长，但与用水需求量逐年增加相矛盾的是城市可供水量的相对稀缺。水资源作为一种可再生的资源却产生了诸多问题，不仅总量日益减少，水污染问题也频频发生，水资源的自我再生能力已然不能满足人类日益增长的需求。同时由于受人类用水行为的影响，水污染不断加剧，导致水质性缺水。我国南方大多数丰水城市由于污染严重，呈现出水质性缺水，从长期来看，水质性缺水给水资源供应安全带来的危害比资源性缺水更严重。客观来说，水资源短缺已逐渐成为我国众多城市发展面临的一个共同难题。

从发达国家解决城市水资源短缺问题的策略来看，城市缺水问题的解决应与城市污水处理统筹考虑，要从构建循环经济的战略上将水的社会循环与自然循环有机统一。将生活及工业废水进行处理后作为第二水源，回用于生活或工业的一些领域，即将污水作为一种可以利用的水资源，从而实现污水资源化，变废为宝。污水深度处理与污水回用不仅可以有效改善水环境、作为城市第二水源缓解水资源供需矛盾，而且污水深度处理的财政负担可利用对再生水的收费来补偿，这一思路对我国改善水环境、缓解水资源紧缺是较为现实的途径。

在我国目前的社会经济条件下，污水可通过技术手段再生利用于不同领域，既能满足当代人的用水需要，又可以节省现有水资源；既能实现经济发展的目标，又能保护水资源等自然资源，促进人与环境和谐发展。污水资源化是有效的开源方式，也是提高水资源使用效率的途径。总体来说，污水资源化是解决缺水问题最经济、最有效的途径，并且在可持续发展和循环经济理念的引导下，发展和推广污水资源化势在必行。在中国，无论从技术、效益、市场等各个方面的理论分析还是实践经验都表明，污水再生利用具有很高的可行性。强调环境友好型，就是要求人与环境和谐共生；强调资源节约型，就是要大力实践循环经济，污水再生利用是体现这两个方面的具体实践，因此要大力推进污水资源化利用，最大限度地缓解中国水资源紧缺问题。

#### 1.1.1.2 我国污水资源化发展历程的回顾与审视

早在 20 世纪 50 年代，我国就有采取污水灌溉田地的先例，但彼时我国在相关科技方面还是一片空白，在当时百废待兴的历史背景下，人们也对污水资源化没有概念，且几乎没有科技手段可以对这种污水回用方式进行安全评估。我国污水资源化的真正开端是在“六五”计划期间，当时以青岛、大连为试点，最先开展城市污水回用，通过试点发现污水进行技术处理后虽然不能供人生活使用，但可以达到其他部分用途的要求。与国外相比，我国的污水资源化利用起步较晚，发展也较为缓慢。比较世界各国的污水资源化政策和技术，借鉴国外治理污水的成功经验，吸收引进先进的适用技术对我国的污水资源化利用具有重要意义。因此自“六五”计划结束后即 1986 年起，我国一方面借鉴吸收国外先进的污水资源化利用技术，另一方面在“七五”“八五”“九五”计划中相继把城市污水回用列为重点科技攻关项目，从技术层面上进行自主的、创新性的探索和试验。

同时在制度规范层面上，自 1987 年北京市颁布第一部地方性法规《北京市中水设施建设管理试行办法》以来，各地相继根据当地实际情况颁布了具体的规范办法，污水资源化初步进入依法实施阶段。1991 年，中国工程建设标准化协会批准了《建筑中水设计规范》（CECS 30：91），标志着我国污水资源化建设进入标准化阶段。随着我国越来越重视污水资源化的经济效益与社会效益，以及污水资源化技术、工艺的提高，经过处理、符合技术标准的再生水回用于工业生产、农业灌溉、生活杂用、城市绿化及清洗街道等方面，并已经积累了相当多的经验。

回顾和审视这段发展历程，一代代环保人在实践中不断探索，我国水环境污染防治技术实现从无到有，且一些技术达到国际领先水平，有效支撑水生态环境质量持续改善，生态文明水平不断提升，为深入打好水污染防治攻坚战奠定了坚实基础，并取得了一定的成绩。1992 年，我国第一个污水回用示范工程——大连春柳河水质净化厂投产运行，这项工程采用深度处理技术，为大连市工业生产和生活低质用水提供了丰富的水资源，带来了较好的经济效益和环境效益；同年，深圳滨河水质净化厂建造污水回用示范工程，将二级处理出水深度处理后用于城市绿化、住宅冲厕等方面；20 世纪 90 年代建立的全国最大的北京高碑店污水处理厂解决了通化东方化工厂与华能高碑店热电厂的冷却用水问题。该工程每天处理 50 万 t 二级水，替代了自来水在工业、市政及改善河道景观等领域的作用，为北京市污水资源化、改善河道水质及缓解北京市水资源短缺等方面做出巨大贡献；天津纪庄子污水处理改造工程一方面美化了天津的城市景观，另一方面也缓解了天津市的水资源危机；我国首批引进外国政府贷款建设的城市污水处理厂——泰安市污水处理厂采用先进的污水处理技术，设计处理污水能力达到 5 万 $m^3/d$；我国的其他很多城市也都积极进行着污水资源化工程的研究和设计工作，如长春、青岛、西安等，为解决地方水资源不足问题投入了大量人力、物力及财力。几十年来，水环境污染治理技术经历了从末端到全生命周期控制、从源头治理到流域区域系统治理、从污染物总量控制到环境质量改善为主线、从被动的治理向主动的空间管控与风险防范不断完善的过程。

总结我国水环境污染防治技术的发展，在不同领域均涌现出一批理论有创新、技术有突破、工程有应用、治理有效益的技术。本书对中国污水资源化与水质保障先进技术进行了整理和总结，并在此基础上，分析了典型行业水污染控制成套技术、污废水的资源化与能源化成套技术和污水中营养物的回收与分散式污水处理技术，以期为“美丽中国”建设、水生态环境根本好转、聚焦未来水质保障技术发展方向提供技术支撑。

#### 1.1.1.3 中国污水资源化利用的指导思想

世界上一些发达国家建立了基于自身特点、适用本国的工程技术和相关管理政策。美国的市场经济体制健全，水权、水市场的发展较为完善；以色列的污水资源化在城市和农业方面最具特色，由于其水资源严重匮乏，以色列不仅回用污水，还开发利用地下咸水与海水，大力推广节水灌溉技术，全方位挖掘和开发水资源。但是，在别国适宜的经验和做法，在我国没有适宜的环境，也可能会失败。例如，我国虽然已经建立了社会主义市场经济体制，但相对来说，市场经济体制尚不健全，不能照搬美国式的水权、水市场经验；再如以色列已经实现了对水资源的整体规划和管理，在我国水资源的管理分别属于不同的职能部门，实现水资源的统一规划与管理不可能一蹴而就，需要逐步协调与配合。因此，我国必须在借鉴别国污水资源化技术、政策的基础上，研究开发出适宜在我国推广发展的污水资源化技术，制定出适宜我国国情的污水资源化政策，明确污水资源化利用的发展方向和指导思想。

目前，我国的污水资源化利用是以习近平新时代中国特色社会主义思想为指导，全面贯彻党的十九大和十九届二中、三中、四中、五中全会精神，深入贯彻习近平生态文明思想，践行“绿水青山就是金山银山”理念，坚持“节水优先、空间均衡、系统治理、两手发力”的治水思路，按照党中央、国务院的决策部署，在城镇、工业和农业农村等领域系统开展污水资源化利用，以缺水地区和水环境敏感区域为重点，以城镇生活污水资源化利用为突破口，以工业利用和生态补水为主要途径，做好顶层设计，加强统筹协调，完善政策措施，强化监督管理，开展试点示范，推动我国污水资源化利用，实现高质量发展。

### 1.1.2 污水资源化意义

我国人多水少，水资源时空分布不均，供需矛盾突出，水资源短缺已经成为生态文明建设和经济社会可持续发展的主要瓶颈。国家发展改革委联合其他九个部门印发出台《关于推进污水资源化利用的指导意见》，是“绿水青山就是金山银山”发展理念和“节水优先、空间均衡、系统治理、两手发力”治水思路的具体落实，是推进水资源供给侧结构性改革的创新举措，对缓解水资源短缺、助力乡村振兴、改善水生态环境、推动水资源高质量发展具有十分重要的意义。

### 1.1.2.1 实施污水资源化是落实党中央决策部署的具体行动

污水资源化是推进生态文明建设的有力抓手。生态文明建设是“五位一体”总体布局的重要组成部分，核心是以人与自然、人与人、人与社会和谐共生、良性循环、全面发展、持续繁荣为基本宗旨的社会形态。水作为“山水林田湖草”生命共同体的纽带，水体质量直接关系到生命共同体的整体质量。污水资源化以水质提升和再生利用为目标，从源头阻断经济社会排放污水进入自然水循环过程，改善水体质量，从而维持水生态系统健康，促进人与生态系统和谐共生。

污水资源化是落实节水优先方针的重要举措。节水优先就是把节水作为水资源开发、利用、保护、配置、调度的前提，在水资源开发利用各个环节都要加强节约利用。污水资源化利用强化开发环节的补源，强化使用环节的串联利用和循环利用，强化排水过程的提标改造和减排利用，强化配置过程的分质利用和再生利用，既是开源也是节约，对促进水资源节约集约利用具有积极意义。

### 1.1.2.2 实施污水资源化是适应我国水资源短缺状况的必然选择

水资源短缺是我国的基本水情。受气候变化和人类活动影响，近年来，我国北方地区水资源呈现明显的衰减趋势，使先天不足的水资源条件更是雪上加霜。我国水资源短缺问题日益凸显，已经成为制约经济社会发展的重要因素。很多地区为了支撑经济社会发展，常常对水资源无节制索取、不合理开发，造成水土流失、湖泊萎缩、江河断流、水体污染、土地沙化、生态恶化等问题，进而加剧了水资源供需矛盾。

新时期我国正在经历从经济大国发展成为经济强国的过程，为保障国家粮食、能源、生态、社会等方面的安全，实施乡村振兴、城镇化、工业现代化及建设美丽中国，水资源供需矛盾将更为突出，水生态环境压力将更为严峻。过去 20 年城镇化率与城镇用水的关系：我国城镇化率每增加 1%，城镇生活用水将增加 16.7 亿 $m^3$，据此规律推算，到 2030 年我国人口高峰期，仅城镇生活用水就将增加 250 亿 $m^3$。如何解决新时期经济社会发展对水的需求，是我国必须面对的重要课题。

实施污水资源化利用有利于缓解我国水资源短缺。城镇废污水数量大、分布广，水量和水质比较稳定，不受季节影响，方便满足广泛分布的用水需求。与开发新的水资源相比，污水资源化利用具有不影响生态环境、不争水、不筑坝、不淹地、无需长距离输水、就地利用、见效快、成本低等优点。目前全国城镇废污水排放量高达 750 亿 $m^3$，随着人口的增长及城镇化水平的提高，城镇废污水排放量仍会持续增加，污水资源化利用具有相当大的潜力，将成为缓解水资源供需矛盾的重要水源。

### 1.1.2.3 实施污水资源化是提升水生态环境质量的重要措施

随着生态文明建设持续深入推进，我国水环境治理力度不断加大，水环境质量向好发展，但总体形势依然十分严峻。根据《2019 中国生态环境状况公报》，全国地表水监测断面中，Ⅳ～劣Ⅴ类水河长占评价断面的 25.1%，Ⅳ～劣Ⅴ类湖泊（水库）占评价湖泊（水库）的 30.9%，富营养状态的湖泊（水库）占 28%，Ⅳ～Ⅴ类地下水水质监测井占总监测井的 85.7%。通过推进实施污水资源化，可以带动全社会监管污水治理的效果，倒逼提升污水治理标准，保障污水处理效率，改善我国水生态环境质量。

实施污水资源化是落实乡村振兴战略的水治理保障。我国农村用水量不稳定、地区差异性大，缺乏标准严格的污水处理厂以及管网系统，是我国水生态环境治理保护的薄弱点，是实施乡村振兴战略的主要挑战之一。实施污水资源化利用，分类选择污水处理标准和模式，逐步消除黑臭水体，保护饮用水水源地，保障供水安全，既能够保障乡村产业兴旺、生态宜居的水资源需求，又可以有效提升农村水生态环境，助力实施乡村振兴战略，实现百姓富、生态美的统一。

### 1.1.2.4 实施污水资源化是促进经济社会高质量发展的有效动力

实施污水资源化将推动一批污水处理厂的新建和提标扩容改造，涉及再生水输水、蓄水、配水工程及新增用水项目建设，将加速污水处理基础设施建设和运维服务发展，催生规模庞大的新领域环保产业，对缓解经济下行压力、扩大就业，推动新时期经济社会发展具有积极意义。

实施污水资源化能够为生态环境提供优质的补充水源，将从根本上阻断水体的重要污染源，降低污染排放强度，推进改善江河、湖泊、水库及地下水体的水环境污染。新增再生水优先保障江河湖泊被挤占的生态用水及回灌超采的地下水，大幅改善地表和地下水生态状况，这对新时期提升生态环境质量、促进高质量发展具有重要意义。

实施污水资源化能够为百姓增加更多的获得感、幸福感。发达国家或地区的发展历程表明，随着经济社会的发展，人们对生活质量的要求不断提高，污水治理标准及深度将不断提升。提高污水处理标准，实施污水资源化，是我国推动经济社会发展、提高人民生活水平的必然要求。江河、湖泊、水库水体环境的改善、生态湿地和公园的增加能够使人民得到更多的获得感、幸福感。

综上所述，实施和推广污水资源化利用是一项兴利除害、利国利民的战略举措，其意义重大，需要高站位、高标准、高效率地持续推进。

## 1.2 国内外研究进展综述

### 1.2.1 典型行业的污水资源化与水质保障技术研究进展综述

#### 1.2.1.1 石化废水国内外研究进展综述

（1）石化废水简介

石化工业各生产环节产生的废水统称为石化废水，是石化生产的必然衍生品，是工业生产过程中产生的一种以硫类、酚类、氰化物为主要成分且产生量大、毒性高、难以处理的废水。2015 年全国石化废水的总排放量约为 20 亿 t，占全国工业污水排放量的 10% 以上。

①石化废水来源

石化废水主要来源于汽油、柴油、煤油、润滑油等石油产品以及乙烯、甲苯、合成树脂、合成橡胶和合成纤维等有机化工材料的生产过程，同时还来源于石化工业企业或生产设施区域内被污染的雨水、循环冷却水排污水、锅炉排污水以及生活污水等。石化废水可以分为含油废水、含硫废水、含酚废水、含碱废水和含盐废水。废水中通常含有大量有毒有害且难以生物降解的污染物质，如乙烯工业产生的乙烯废碱液、合成纤维工业产生的丙烯腈废水和腈纶废水等。

● 乙烯废碱液

乙烯废碱液是指在石油化工生产过程中，采用 NaOH 溶液吸收 $H_2S$、碱洗油品和裂解气而产生的含有大量污染物的废液。由于废碱液含有硫化物和硫醇等无机和有机硫化物，因而具有难闻的恶臭气味，属于一种碱性强、含盐量高、有毒有害且难生物降解的有机废水。废水中含恶臭有毒的硫化物（$Na_2S$、硫醇、硫酚和硫醚等）、酚类、环烷酸类的钠盐、油类、杂环芳烃和反应残余的游离 NaOH 等。

● 丙烯腈废水

丙烯腈广泛应用于合成纤维、合成橡胶和合成树脂工业，是一种重要的化工原料。目前，丙烯腈的制备方法主要包括氰乙醇法、乙炔法和丙烯氨氧化法。丙烯腈生产过程中会排放大量废水，废水中主要含有丙烯腈、乙腈、丙烯醛等物质，其中腈化物为剧毒物，处理难度大，若该废水直接排放，必定对人类和环境产生巨大的危害。通常情况下，丙烯腈废水的化学需氧量（COD）、氨氮、丙烯腈浓度分别为 1 500～3 000 mg/L、80～240 mg/L 和 20～300 mg/L。

● 腈纶废水

腈纶的主要生产工艺为：聚合→纺丝→预热→蒸汽牵伸→水洗→烘干→热定型→卷曲→切断→打包。腈纶废水是腈纶生产过程中产生的废水，属于典型的难生物降解有毒有害有机废水，该废水污染物浓度高、成分复杂，可生化性差，通常含有氰、乙腈、丙烯腈、硫氰酸钠、二甲基乙酰胺（DMAC）、*N*,*N*-二甲基甲酰胺（DMF）、乙二胺四乙酸四钠等物质。这些物质可与废水中（包括生物体内）的金属离子发生螯合反应，严重影响生物酶活性，对微生物具有抑制作用。

②石化废水污染特征

由于石油化工业产品繁多，工艺过程复杂，因此决定了石油化工废水具有如下几个明显的特点。

● 水量大、水量波动大

石油化工生产需水量大，因此排放废水量也大，生产石油化学产品的工艺复杂，存在连续和间歇排放废水的情况，水量波动比较大。

● 化学污染物种类繁多、含量变化大

石油化工产业涉及的原料和产品很多，随着现代科技的发展，化工产品不断更新，导致出水中的污染物和有毒化学物质种类也在不断增长。各种污染物的理化性质极其复杂。石化废水除含有油、硫、酚、氰化物、COD 外，还含有多种有机化学产品，如多环芳烃化合物、芳香胺类化合物、杂环化合物等。废水中所含氮、磷等营养成分往往不均衡。

● 毒性大

石油化工废水中大多含有有毒污染物，特别是含有酚、腈（氰）、胺类的废水具有明显的毒性。不同生产厂排放的有毒物质也各不相同。

● pH 范围宽

石油化工废水有的呈强酸性，pH 可小于 1，有的则呈强碱性，pH 可大于 13。

（2）石化废水处理技术国内外研究进展

石化废水种类繁多，成分复杂，不同生产工艺产生的废水在污染物浓度和种类上具有较大差异，但大多含有有毒有害且难降解的有机污染物，因此石化废水在处理工艺上也存在多种形式。此类废水若处理不当，会对水资源、农作物生产和水生生物等造成严重影响，长期或短期内对生态系统造成严重破坏。随着我国石化工业的发展，石化废水处理技术的发展已然成为研究的热点。石化废水处理技术主要分为物理处理技术、化学处理技术、生物处理技术和组合工艺处理技术四大类。

①物理处理技术

石化废水处理的物理法是指将不溶于水的部分悬浮物质进行去除的过程。该法通常作为石化废水的预处理手段，以加强后续处理效率，包括吸附、气浮、膜分离等方法。

● 吸附法

吸附法废水处理技术是利用多孔、比表面积较大的固体物质将废水中的污染物质吸附在其表面，然后从水中去除。吸附分为物理吸附和化学吸附，其中物理吸附是指吸附质和吸附剂以分子间作用力为主的吸附，化学吸附是指吸附质和吸附剂以分子间化学键为主的吸附。活性炭是应用最广泛的吸附剂，活性炭比表面积大，吸附容量大，同时活性炭表面还具有酚羟基、羰基和羧基等官能团，这些基团可与芳香环的 π 电子发生相互作用。因此，活性炭尤其对含有苯环结构的非极性和中等极性的有机污染物具有良好的吸附效果。在石化废水处理中得到广泛应用。随着吸附材料的不断更新换代，纤维活性炭和树脂类吸附材料也相继应用于石化废水处理中。季凌等使用经过纤维束过滤器进行预处理的活性炭进行炼油化工废水处理，结果显示，纤维活性炭吸附对 COD 的去除率可达 56.26%。Tejero 等研究了聚合物树脂吸附剂对废水中苯酚的吸附去除效果，结果表明，该吸附剂对苯酚的去除率很高，在单一溶质中的去除率达 99.9%，在含有高浓度有机物的废水中酚苯的去除率达到 95%。

● 气浮法

气浮法是利用大量高度分散的微小气泡作为载体黏附污水中的悬浮颗粒，形成密度比水小的气浮体，浮力增大，上浮至液面的速度提高近千倍，油水分离效率很高，从而实现固体与液体、液体与液体乃至溶质中离子的分离。采用气浮技术作为石油化工废水处理工艺的核心，可使污水的停留时间大幅缩短，除油效率、悬浮物去除率提高。该方法在石油化工废水处理工艺中应用广泛，除油、除悬浮物平均效率在 90% 以上，并可对油品进行回收利用。影响气浮效果的因素主要为容器压力、停留时间、气泡尺寸、气水比、絮凝剂性质及投加量。气浮法根据气泡产生的不同方式可分为分散空气气浮法、电解气浮法、溶气气浮法等。分散空气气浮法采用鼓风机、空压机等设备向水中吹入气体，或使用微孔管或微孔扩散板直接向气浮池通入压缩空气。电解气浮法主要是使用电解槽对水进行电解，形成大量氢气与氧气泡，废水中的悬浮颗粒黏附在氢气泡上，从而实现分离。溶气气浮法是使空气在一定压力下溶于水中，再将内部压力恢复到常压，这时溶于水中的空气便以微气泡的形式在水中释放，实现分离处理。近年来，随着水处理技术的不断发展，涌现了一批新的气浮方法，如 CAF 涡凹气浮法、MAF 旋切气浮法及 IAF 引气气浮法等。

Filho 等使用溶解气浮去除沉淀和处理絮凝后的废水，研究发现微气泡和纳米气泡可以很容易地从废水中去除含硫酸盐的絮凝物，并且分离过程非常迅速。刘国华等采用螺旋射流式气浮机处理含油废水，除油效果好，去除率可达 97.5%。朱东辉采用 MAF 旋切气浮法处理石化废水，油和悬浮固体颗粒的去除率分别为 81.4% 和 69.2%，悬浮性颗粒物的平均去除率为 69.2%。

● 膜分离法

膜分离法是基于膜的选择透过性，在一定的驱动力作用下，水分子透过膜，废水中的颗粒、盐类、金属离子、大分子有机物等被膜截留，按截留分子量的不同，可将膜分为微滤膜（MF）、超滤膜（UF）、纳滤膜（NF）和反渗透膜（RO）。膜分离技术在液体浓缩、分离等领域具有较大的优势，膜分离过程一般不会存在明显的相变，且一般是在常温下操作，分离设备简单、操作流程清晰，具有出水水质稳定的优势，同时装置占地面积小，可借助自动化完成装置操作。

徐俊等采用聚偏氟乙烯超滤膜处理大庆油田含油废水，结果表明，经超滤膜滤出的水中，油和悬浮物的质量浓度均小于 1.0 mg/L，去除率达到 95%。也有学者采用超滤 + 反渗透工艺处理燕山石化厂经过生物处理的炼油废水，当进水的总有机碳（TOC）浓度为 10.6 mg/L 时，超滤膜对 TOC 的去除率为 34%，超滤出水中的 TOC 经反渗透膜后，84% 的 TOC 被去除，最终出水 TOC 的浓度仅为 1.1 mg/L，总去除率为 89.6%。

②化学处理技术

化学法进行石化废水处理主要借助化学反应去除水中的污染物质。该方法反应迅速，可控性强，在废水处理中可以随时进行有效监测。石化废水处理中最常见的化学方法有絮凝沉淀法和高级氧化技术。

● 絮凝沉淀法

絮凝沉淀法是向废水中投加絮凝剂，借助絮凝剂破坏胶体的稳态性，并逐步形成絮凝状物质，然后沉淀下来，从而去除石化废水中的污染物质，如有机污染物、油膜、藻类等。目前使用较为广泛的有无机絮凝剂、复合絮凝剂、有机絮凝剂和生物絮凝剂。生物絮凝剂主要是使用微生物及其分泌物来处理石化废水，具有良好的稳定性和容易降解等特点，相比其他絮凝剂，在使用和发展中的优势更大。微生物絮凝剂虽具有稳定性好、容易降解等优点，但也存在局限性，如菌种的培育和启动慢等问题。在废水处理过程中需合理控制絮凝剂的用量，可结合具体情况进行选择。

在对絮凝剂研究过程中，有学者发现疏水改性高分子絮凝剂性能优于普通的高分子絮凝剂，用其处理后废水的生化性得到提高，便于后续生物二级处理。姬国斌等用叔胺化阳离子絮凝剂处理石化废水，COD 去除率可达 35.56%。Ahmad 等将壳聚糖的性能与明矾和 PAC 进行了比较，发现壳聚糖相对于明矾和 PAC 更为有效和经济。无机絮凝剂具有价格低、能效高等优点，故常用于石化废水的处理。陈莉荣等针对煤制油含油废水进行了混凝动态试验研究，采用 PAC、PFS、PAM 对废水进行混凝试验，结果表明，当 pH 为 7、PAC 投加量为 3.6 g/L、搅拌转速为 90 r/min 时，PAC 处理效果最佳。

● 高级氧化技术

高级氧化技术又称为深度氧化技术，在高温高压、电、光、声、催化剂等条件下，产生具有强氧化能力的羟基自由基（·OH）。将水体中的高分子量、高毒性、难降解的有机物分解为低毒或无毒的小分子物质。根据自由基产生的方式和反应条件的不同，可分为 Fenton 氧化、电催化氧化、臭氧氧化、光催化氧化和湿式氧化等。

▲ Fenton 氧化法

1894 年，英国科学家 H. J. H. Fenton 发现采用 $Fe/H_2O_2$ 体系能氧化多种有机物，因此后人将亚铁盐和过氧化氢的组合称为 Fenton 试剂。Fenton 氧化法能有效氧化去除传统废水处理技术难以去除的难降解有机物，实质上是 $H_2O_2$ 在 $Fe^{2+}$ 催化作用下生成具有极强氧化性的 · OH，· OH 不仅可以使芳香族化合物的双键断裂、开环和部分氧化，还能氧化部分不饱和有机物，为后续的生物降解提供更好的条件。王永广等采用电解 -Fenton 氧化法进行了油田含油污水处理的试验研究，结果表明，该法对油田含油污水的处理具有显著效果，反应 1 h 后，污水 COD 和含油量的去除率分别达到 90%、95% 以上。魏健等采用 Fenton 氧化法处理腈纶废水，当 $H_2O_2$ 和 $Fe^{2+}$ 的投加量分别为 90 mmol/L 和 15 mmol/L 时，反应 2 h，COD 的去除率就已达到 56.8%。

▲ 电催化氧化法

电催化氧化原理是：有机污染物通过电子在电极表面的转移直接被氧化，同时在电极附近生成强氧化性基团或氧化剂，如 · OH、臭氧、活性氯和过硫酸盐等，这些强氧化性的基团或者氧化物将废水中的大分子有机污染物氧化为小分子物质。阳极材料的选择是电催化氧化法的核心，常用的电极材料主要有贵金属电极、石墨电极和钛基涂层电极等。有学者以 Ti 为阴极、以 $Ti/PbO_2$ 为阳极，处理某化工园区污水处理厂出水，在电流密度 5.0 $mA/cm^2$、阳极极水比为 0.25 $m^2/m^3$ 时，反应 30 min 后，出水 COD 和色度分别降至 60 mg/L 和 20 Hazen 以下。

▲ 臭氧氧化法

臭氧是由 3 个氧原子组成的氧单质，具有极强的氧化能力，能分解有机大分子结构使其转化为小分子有机物。臭氧氧化有两种机理：直接氧化和间接氧化。直接氧化是指臭氧本身具有极强的氧化性，水中的臭氧分子直接和水体中的有机物进行反应；间接氧化是指臭氧溶于水后产生具有更强氧化性的 · OH，对水中的有机物进行氧化作用。臭氧氧化作为难降解工业废水的预处理技术，可提高废水的可生化性，处理效果好，在回用水处理中应用广泛。黎松强等采用臭氧 - 生物炭的深度处理工艺处理炼油废水，COD 和石油类物质的去除率分别达到 82.6% 和 94.3%。

▲ 光催化氧化法

光催化氧化是指在有催化剂存在时，在一定强度光照条件下，产生多种形式、具有高氧化活性电位的活性氧和自由基，这些活性氧和自由基氧化分解废水中的有机物，达到处理废水的目的。光催化降解可分为均相和非均相两种。均相光催化降解主要以 $Fe^{2+}$ 或 $Fe^{3+}$ 及 $H_2O_2$ 为介质，通过光 Fenton 反应使污染物得到降解；非均相光催化降解主要是指用光敏半导体在光子的作用产生高度氧化的自由基，以破坏吸附在其表面上的化合物。Juang 等采用 UV/$H_2O$ 工艺对石油化工废水进行预处理，当 pH 为 3、$H_2O_2$ 投加量为 5 000 mg/L 时，COD 去除率为 42.4%。孙广垠等采用光催化氧化技术，以 $TiO_2$ 粉末为催化剂，处理印染废水，废水色度和 COD 的去除率分别为 89.0% 和 76.8%。光催化降解石化废水具有对环境压力和温度变化适应性强的优势，但也存在成本高、反应时间较长和占地面积大的问题。

▲ 湿式氧化法

湿式氧化法通常分为两种：催化湿式氧化和湿式空气氧化。在高温、高压和催化剂的作用下，催化湿式氧化能将有机物氧化分解成无毒无害的物质，反应时间短，效率高。湿式空气氧化是一种将大气中的分子氧在高温高压下转化为液体的技术。尤其适用于处理有毒有害物质或高浓度污染物。湿式氧化主要优点在于具有较强的污染物降解能力，适于苯酚及其衍生物等有毒芳香族化合物的降解，但传质操作的高复杂性等制约了技术发展。

③生物处理技术

● 好氧生物处理技术

目前应用较为广泛的石化废水好氧生物处理技术主要包括序批式活性污泥法、生物接触氧化法、曝气生物滤池和膜生物反应器等。

▲ 序批式活性污泥法

序批式活性污泥法（SBR）是一种按间歇曝气方式来运行的活性污泥处理技术，分为进水、缺氧、好氧、沉淀、排水排泥单元，集均化、生物降解、初沉、二沉等功能于一池，无污泥回流系统。工艺简单、去除效果好、占地面积小、操作灵活、运转前景空间大、耐有机负荷和毒物负荷冲击，能够实现复杂的水质处理。于晓丽采用 SBR 法处理含盐采油废水，将废水与当地河水以 1∶1 混合后进行处理，出水 COD 平均去除率为 56.2%，最高可达到 77.9%。马文臣等针对传统炼油化工废水处理工艺中存在的弊端，采用 SBR 进行改善，COD

和 BOD 去除率分别为 78.6% 和 91.2%，硫化物和挥发酚去除率达到 98.2% 和 99.6%。

▲ 生物接触氧化法

生物接触氧化法是活性污泥法与生物滤池结合的生物膜法工艺，在曝气池中投加能够让微生物附着生长的填料，并使池体内污水始终处于流动状态，在有氧条件下好氧微生物利用废水中的有机物进行新陈代谢，进而降解水中的污染物，从而达到水处理排放要求。生物接触氧化法兼具活性污泥法和生物滤池的特点，能耗较低、处理效率高、出水水质好、占地面积小、抗冲击负荷能力强、污泥产量低且不会发生污泥膨胀现象，生物接触氧化法也存在一些缺点，如脱氮除磷效果欠佳，生物膜容易堵塞、脱落而影响出水水质等。丁晓倩等采用生物接触氧化法处理炼油废碱液，研究发现出水 COD、硫化物和酚的去除率均达 90% 以上。

▲ 曝气生物滤池

曝气生物滤池是将生物氧化与深床过滤机理有机结合的一种新型处理技术。污水流经滤料层时，溶解性有机物可被生物膜系统直接利用，水体中的胶体和悬浮物质被滤料层吸附或截留，在水解酶的作用下被分解为小分子的可溶性物质后被滤料表面附着的生物膜降解转化，所产生的污泥保留在过滤层中，当生物膜不断生长以至厚度过厚时，将会在水流的冲击作用下脱落，而后被水流带出，从而使生物膜不断得到更新。

▲ 膜生物反应器

膜生物反应器是膜分离技术与生物技术相结合的新型废水处理技术。利用微生物的降解作用和膜的截留作用去除污染物，出水效果好，在石化废水处理中应用广泛。Zeirani 等使用一体式膜生物反应器对含有苯乙烯的石化废水进行处理，研究结果表明，苯乙烯和 COD 的去除效率分别达 99% 和 95%。Huang 等利用 BioWin 软件对膜生物反应器处理石化废水进行模拟，结果表明，结合敏感参数的适当确定方法，可利用生物温场模拟和监测膜生物反应器处理石化废水的处理性能。

● 厌氧生物处理技术

石化废水具有 COD 高、生化性差等特征，一般在处理时先进行厌氧处理，厌氧微生物在厌氧条件下可以对有毒有机物进行脱毒和降解，比如，在厌氧条件下的氯酚可还原脱氯成为更易被生物降解的苯酚或单氯酚，硝基芳香化合物则被还原成生化性强的芳香胺。常用于石化废水的厌氧生物处理技术主要包括升流式厌氧污泥床、厌氧颗粒污泥膨胀床和厌氧折流板反应器、固定化微生物技术等。

▲ 升流式厌氧污泥床（UASB）

升流式厌氧污泥床在反应器底部形成一个高浓度、高活性的颗粒污泥床，在厌氧状态下产生沼气。三相分离器由沉淀区、集气室（也称集气罩）和气封组成，能够将气体（沼气）、固体（颗粒污泥）和液体三相进行分离。沼气被收集到集气室，固液混合液在沉淀区进行分离，污泥在沉淀区进行沉淀并通过回流缝重力沉降返回到反应区，经沉淀澄清后的处理出水通过出水系统收集并排出反应器。常用于高浓度有机废水的处理。凌文华等采用升流式厌氧污泥反应器对高浓度石化废水进行预处理，当进水 COD 浓度为 8 000 mg/L 时，预处理出水 COD 去除率为 60% 以上。

▲ 厌氧颗粒污泥膨胀床（EGSB）

EGSB 构造与 UASB 反应器相似，可分为进水配水系统、反应区、三相分离区和出水渠系统。另外，EGSB 反应器还设有专门的出水回流系统，通过较高的水流上升速度，使污泥床始终处于膨胀状态，有效保证了颗粒污泥与废水的充分接触。张克利等研究了 EGSB 反应器处理石化废水的影响因素，发现当停留时间为 16 h、回流比为 9 时，COD 去除率达到 77%。

▲ 厌氧折流板反应器（ABR）

厌氧折流板反应器是 Bachmann 和 McCariy 等于 1982 年开发和研制的一种新型高效的厌氧生物反应器。反应器内置若干组竖向折流板，将反应器分隔成几个串联的反应室，使废水以上下折流的形式通过反应器，使废水与其中以颗粒化或絮状形式存在的污泥充分接触。张华等考察了 ABR+SBR 组合工艺处理高盐采油废水的调试与运行，发现 ABR 池中能够培养出大量耐盐微生物，出水生化性较好，ABR+SBR 组合工艺在高盐环境下对含油废水处理效果良好，当进水 COD 为 400 mg/L 时，出水 COD 在 50 mg/L 以下。

▲ 固定化微生物技术

固定化微生物技术是借助某种手段将微生物固定在一定的区域内，同时保证其活性，可反复利用，通常采用物理或化学手段进行固定。固定化微生物技术的特点在于可定向筛选和固定所需的优势菌种，其大大提升了难降解污染物的处理效率，尤其是难降解的有机物。黄霞等采用无纺布 -PVA 复合材料将筛选出的喹啉、异喹啉、吡啶 3 种难降解有机物的优势菌种进行包埋固定，8 h 处理后，3 种有机物可被降解 90%。

④组合工艺处理技术

对于石化废水处理技术而言，物理法、化学法和生物法在废水处理过程中都体现了各自的优势与不足。但是单一的处理工艺已经难以达到排放标准，需要将各个工艺有效地结合起来，取长补短，从而取得更好的石化废水处理效果。王雄等采用隔油—气浮—水解酸化—A/O-BAF-$ClO_2$ 氧化—过滤工艺处理针状焦石化废水，出水均达到排放标准。王健等研究了臭氧氧化 - 生物滤池对高浓度石化废水的处理能力，研究结果显示，在臭氧添加量为 12 mg/L、pH 为 8～9 时，COD 去除率达 72.8%。也有学者采用混凝 - 砂滤工艺处理高浓度含油废水，发现硫酸铝做混凝剂时污染物去除率更高。

### 1.2.1.2 制药废水国内外研究进展综述

（1）制药废水简介

随着国民经济的发展，我国的制药行业发展迅猛，已然成为我国的支柱产业之一。同时，我国的制药废水的产生量也在不断增加。根据《中国环境统计年鉴 2016》，截至 2015 年，我国医药制造企业 3 874 家，制药废水的排放总量达 53 259 万 t，占工业废水排放总量的 2.93%。

制药废水由于成分复杂、无机盐和 COD 含量高、色度高、可生化性差、有毒有害物质含量高等特点，是工业废水中最难处理的废水。若处理不当排入自然水体，会导致严重的水体污染。

根据制药行业生产工艺和产品类型，美国国家环境保护局（以下简称 EPA）将制药企业分为发酵类、天然产品提取类、化学合成类、混装制剂类、研发类。我国制药工业水污染物排放标准按照制药生产工艺路线将制药工业及其产生的废水分成六类：发酵类、化学合成类、提取类、中药类、生物工程类、混装制剂类。

制药废水是工业废水中最难处理的废水，其中发酵类废水和化学合成类废水处理难度最大，各类制药废水的水污染特征如下。

- 发酵类制药废水

发酵类制药废水主要是发酵、过滤、萃取结晶等过程产生的，废水中有机物浓度高，且大部分属于难生物降解的有机物。废水中的主要污染物质包括发酵残余物、破乳剂、抗生素以及抗生素提取过程中使用的有机溶剂、无机盐等。该类废水可生化性较差，毒性强。通常都需在处理前进行预处理以提高其可生化性。发酵类制药废水主要污染因子有 COD、$BOD_5$、SS、pH、色度、氨氮、TN、TP 和总氯化物等。

● 化学合成类制药废水

化学合成类制药废水是指运用化学合成的方法得到药物和药物的中间体过程中产生的废水。该类废水还包括母液提取过程中产生的母液废液及过滤后残留的滤液。该类废水主要的污染物包括有机物、悬浮物、氨氮、重金属和有机溶剂等。化学合成药具有较烦琐的反应步骤、较长的生产流程和较低的原料利用率，原料消耗主要为辅助性原料，形成产品化学结构的原料仅占 5%～15%。这使该废水化学成分较为复杂，可生化性较差，处理难度大。由于该类废水中存在的生物毒性物质以及大量的盐和有机溶剂，会显著抑制微生物的生长，使传统生化处理难以达到处理标准，因此通常需要先对该类废水进行预处理，以提高后续生化处理效果。

化学合成类制药废水污染因子包括 TOC、COD、$BOD_5$、SS、pH、氨氮、总氮、总磷、色度、急性毒性、总铜、总锌、总铅、总汞、六价铬、总砷、总镍、总镉、挥发酚、硫化物、硝基苯类、苯胺类、二氯甲烷、氯仿等。

● 提取类制药废水

提取类药物是指将生物体中起重要生理作用的各种基本物质经过提取、分离、纯化等手段制造出的药物，通常采用物理、化学、生物化学等方法。提取过程和纯化过程产生的废水即为提取类制药废水。主要来源为原料清洗废水、提取废水、精制废水和地面清洗废水。在提取过程中，原材料多次经过有机溶剂或酸碱，体积减小，产量较少，从而产生含有大量有机物的废水。提取类制药废水污染因子包括 TOC、COD、$BOD_5$、SS、pH、氨氮、总氮、总磷、色度、急性毒性等。

● 中药类制药废水

中药类制药废水主要来自生产车间内药物冲洗和制剂过程，含有多种天然的有机物成分，如糖类、有机酸、蛋白质、淀粉及它们的水解物等。中药制药废水水质及水量变化较大，水体成分较为复杂，但可生化性好，易于生物降解。该类废水温度较高，一般带有颜色和中药气味。中药类制药废水污染因子包括 TOC、COD、$BOD_5$、SS、pH、动植物油、氨氮、总氮、总磷、色度、氰化物、总汞、总砷和急性毒性等。

● 生物工程类制药废水

生物工程类制药主要是从动物、植物、微生物等生物体中制取的各类天然生物活性物质及人工合成或半人工合成的天然物质类似物。生物工程类制药废水主要源于提取菌苗血浆和血清抗生素及胰岛素胃酶等过程。此类废水成分复杂，水质变化大，且废水中含有难以生物降解或对微生物有抑制作用的抗生素，传统生化处理难以达到出水要求，通常需要在调试过程中对微生物进行驯化，或对原水进行预处理。该类废水主要污染因子包括 TOC、COD、$BOD_5$、pH、动植物油、氨氮、总氮、总磷、色度、挥发酚、甲醛、乙腈、总氯和急性毒性等。

● 混装制剂类制药废水

混装制剂类制药是指用药物活性成分和辅料配制形成各种剂型药物的过程。混装制剂类制药废水主要来源于水剂生产线洗瓶或水剂制备过程中产生的部分酸碱废水及生产车间地面等冲洗。混装制剂类制药废水是六类废水中最容易处理的废水。水中污染物组成较为简单，有机物浓度低。该类废水主要污染因子包括 TOC、COD、$BOD_5$、pH、氨氮、总氮、总磷和急性毒性等。

（2）制药废水处理技术国内外研究进展

目前，针对不同类别的制药废水，国内外常用的处理技术主要包括物理处理技术、化学处理技术、生物处理技术和组合处理技术。

①物理处理技术

在制药废水处理中，物理处理技术常用于制药废水的预处理或者深度处理。物理处理技术主要包括吸附处理技术、混凝沉淀处理技术、气浮处理技术和膜分离技术。

● 吸附处理技术

吸附处理技术是利用某些多孔材料的吸附性能，吸附废水中的污染物质。常用的吸附材料有活性炭、粉煤灰、沸石。程雪敏采用生物活性炭作为吸附剂深度处理抗生素废水，使废水中色度和 COD 的去除率分别达到 70% 和 80%。祁佩时等采用 Fenton 氧化 - 活性炭吸附处理抗生素制药废水，在 30℃、pH 为 5、$H_2O_2$ 投加量为 300 mg/L、$FeSO_4 \cdot 7H_2O$ 投加量为 80 mg/L、活性炭投加量为 50 mg/L、反应时间为 2 h 的条件下，$COD_{Cr}$ 的去除率达到 68.5%。

● 混凝沉淀处理技术

混凝沉淀处理技术是一种常见的物理处理技术，可用于制药废水处理的预处理过程和深度处理过程。向废水中添加混凝剂，如聚合氯化铝等，通过双电层压缩、吸附架桥和网捕作用，使废水中的污染物质发生絮凝通过沉淀去除。兰晨等通过投加 PAM 和 PAC 处理抗生素原料药废水，$COD_{Cr}$ 和 SS 去除率分别达 40% 和 95%。刘香兰等采用超声波混凝工艺处理制药废水，当超声波辐射时间为 1 000 s、PAC 投加量为 0.3 g/L 时，COD 和氨氮的去除率分别达 61.24% 和 58.6%。潘涛等用混凝沉淀法处理制药废水，COD 和浊度的去除率分别达 45.5% 和 96.2%。

● 气浮处理技术

气浮处理技术是利用水池底部向上浮起的微小气泡，在上升过程中吸附废水污染物，达到水面后对气泡进行收集即可实现污染物的去除。气浮处理技术包括充气气浮技术、化学气浮技术和溶气气浮技术等。李英采用混凝气浮 - 生物 - 臭氧气浮处理抗生素制药废水，结果显示，混凝气浮和臭氧气浮对 $COD_{Cr}$ 的去除率分别达 25% 和 60%。赵庆良等将气浮池作为制药废水的主要处理单元，运行结束时 COD 和 TSS 的去除率分别达 48% 和 67%。

● 膜分离技术

膜分离技术是一种高效处理手段，其原理是利用膜材料的选择透过性，利用浓度差、电位差或压力差，对溶液中溶质进行分离和富集。常用的膜分离技术主要包括微滤、超滤、纳滤、反渗透和正渗透。膜分离技术常用于制药废水的深度处理。刘峰等采用混凝 - 超滤 - 反渗透膜工艺处理制药废水的二级出水，结果显示，超滤工艺对浊度和 COD 的去除率分别为 87.4% 和 54.5%，反渗透工艺产水脱盐率高达 97.6%。黄万抚用膜生物反应器处理发酵制药废水，出水 $COD_{Cr}$ 和氨氮浓度分别为在 100 mg/L 和 5 mg/L 左右，具有较好的处理效果。

②化学处理技术

目前常用的化学处理技术主要包括电解技术和高级氧化技术。

● 电解技术

电解法常用于制药废水预处理，目前常见的电解技术为铁碳微电解技术。国内主要使用铁碳作为电极预处理或深度处理制药废水。铁碳微电解法又称内电解法、铁屑过滤法、零价铁还原法等，是一种无须外加电源的废水处理方法。微电解工艺是基于金属材料（铁、铝等）的电化学腐蚀原理，将两种具有不同电极电位的金属与非金属直接接触在一起，浸泡在具有传导性的电解质溶液中，废水中会形成无数个微原电池，分解废水中的污染物，同时电化学腐蚀又会引发一系列协同作用，如絮凝、吸附、架桥、卷扫、共沉、电沉积等，具体而言，在微电解反应体系中，主要包括如下作用。

原电池作用：原电池作用是微电解体系中最主要的机制，也是其他机制的基础。在废水中，碳和铁屑分别作为阴极和阳极，在两者电位差的驱动下形成原电池。

絮凝沉淀作用：在原电池作用下，铁屑被氧化为 $Fe^{2+}$，$Fe^{2+}$ 是一种优秀的絮凝剂，可以在碱性条件下生成 $Fe(OH)_2$ 沉淀，再在诸如搅拌和曝气的作用下被转化为具有较强絮凝功能的 $Fe(OH)_3$、$Fe(OH)^{2+}$ 和 $Fe(OH)^{3+}$ 等，并和水中的悬浮物质形成沉淀，进而实现对废水的有效净化。

吸附作用：在电解过程中，需要不断往废水中投加炭，一般采用活性炭、焦炭、废炭等，这些炭材料具有一定的吸附作用，可以去除废水中的污染物。

电泳作用：在微电解反应体系中，会形成一个个微型的原电池，在这些原电池周围的电场作用下，废水中以胶体形态存在的污染物会受到电泳沉积作用的影响，在静电力和表面能的作用下，富集和沉积在具有相反电荷的电极上，从而实现了废水中污染物质的快速去除。

气浮作用：在酸性和偏酸性环境下，微电解体系中会产生大量的 $H_2$ 气泡，大量的微小气泡推动了气浮作用的进行，一方面使废水中悬浮污染物随着气泡上升至水面，另一方面改善了反应池内的流态，使反应池内废水和铁炭粉末充分混合，加快了电极反应的进行。

陈威等采用铁碳微电解工艺作为某制药厂废水的预处理手段，发现铁碳微电解对 COD 的去除率为 47.5%，同时废水的可生化性从 0.23 提升至 0.38。

● 高级氧化技术

目前，高级氧化技术主要包括 Fenton 氧化法、臭氧氧化法及湿式空气氧化法等。

▲ Fenton 氧化法

$Fe^{2+}$ 具有较强的加速氧化作用，亚铁盐和 $H_2O_2$ 可以组合起来成为一种具有强氧化能力的有机物氧化剂，$Fe^{2+}$ 在反应过程中起到了关键的催化作用。后续研究者将这种组合试剂称为 Fenton 试剂，使用这种试剂的反应被称作 Fenton 反应。1934 年，Weiss 等研究了 Fenton 反应的机理，指出了金属阳离子通过氧化还原反应，给予 $H_2O_2$ 电子并使其分解产生·OH，从而实现了 Fenton 试剂的强氧化性。20 多年来，Fenton 技术在工业废水处理中得到了越来越多的应用。王星等使用 Fenton- 絮凝组合方法处理制药废水，COD 和色度的去除率分别可达到 68.90% 和 99.79%。秦松岩等使用 Fenton 氧化法处理四环素类制药废水，COD 和色度的去除率分别达到 65% 和 90%。

▲ 臭氧氧化法

臭氧是一种强氧化剂，在高 pH 下可以产生·OH，该技术的作用机制主要有两种：在水相中污染物直接与臭氧分子反应，或与臭氧分子转化成羟基自由基反应。臭氧氧化法的优点：不增加废水或污泥的体积；可以使色度降至 0，以及去除有机污染物；只需要更小的反应空间，可安装在现场；比其他氧化剂危害更小，并且无须像过氧化氢或其他氧化剂那样现场存储；残余的臭氧可以很容易地分解成氧气，无二次污染。Graham 等用臭氧氧化技术处理废水中的 2,4,6- 三氯苯酚，发现在弱碱性条件下反应 10 min 后，2,4,6- 三氯苯酚的去除率可达 90% 以上。秦伟伟等利用臭氧来处理黄连素制药废水，研究结果表明，在一定条件下，废水中的 $COD_{Cr}$ 和黄连素的去除率分别可达 41.28% 和 77.46%。

▲ 湿式空气氧化法

湿式空气氧化法（WAO）是指在高温（120～320℃）、高压（0.5～20 MPa）下，以空气中的氧气为氧化剂（也可用其他氧化剂），在液相中将有机污染物氧化为无机物或小分子有机物的一种高级氧化技术，本质上属于水相无焰焚烧过程。其理论基础为，在高温高压下，任何含水的可燃性有机物都可以被氧气氧化。WAO 法最佳反应温度为 300～340ºC，反应速度随着温度的升高而加快。几乎可以无选择地高效氧化各类高浓度有机废水，而且处理时间短、处理效率高、几乎没有二次污染。由湿式氧化技术发展起来的湿式过氧化氢氧化技术（WPO 技术），即以过氧化氢代替氧气或空气，对含有难降解物质的废水的处理效果更好。

1944 年，美国化学家 Zimmermann F J 提出了湿式空气氧化法的概念，并将这种方法首先用于处理造纸废水。20 世纪 70 年代，又有学者通过引入催化剂，来降低反应的温度和压力，缩短反应时间，减轻设备的腐蚀。催化湿式氧化技术在石油、化工、制药、印染等行业的工业废水及城市污泥处理等方面得到广泛的应用。

■ 催化湿式氧化法

传统的湿式氧化技术反应要求较为苛刻，需要高温、高压和较长的反应时间，尤其是对于难被氧化的污染物，反应难度更大。因此，20 世纪 70 年代，研究者在传统湿式氧化技术的基础上发明了催化湿式氧化技术（CWAO）。通过投加适宜的催化剂，反应所需的温度和压力降低到了 280～320℃和 7～10 MPa，反应所需时间也大大缩短，同时可降低对反应器的要求，减缓了设备的腐蚀速度，降低了该技术的应用难度和反应器建设费用。

■ 超临界水氧化法

20 世纪 80 年代，美国学者 Modell M 对湿式氧化法进行了进一步的探索，提出了超临界水氧化法（SCWO）。SCWO 技术的原理是水在高温、高压下（$T_c \geqslant 374°C$，$P_c \geqslant 22.1$ MPa）能够进入超临界状态，水中的气液相界面消失，气体和有机污染物完全溶于水中，形成均相氧化体系。在这种状态下，水的黏度降低，扩散性加强，流体传输效果得到明显改善，反应速率大大提高，绝大多数有机物可以在极短时间内被完全氧化分解为 $H_2O$、$CO_2$、$N_2$ 及其他无害小分子物质。但超临界水也存在不容忽视的缺点，超临界水的反应条件极其严苛，对一些性质稳定的物质进行氧化时需要较长的反应时间，同时，超临界水对金属的腐蚀性也很强。为了使超临界水氧化反应更具优势，使其反应时间进一步缩短、反应温度进一步降低、反应速度进一步加快，许多研究者尝试将催化剂与超临界水氧化技术结合。周露等运用超临界水氧化技术对医药废水进行处理时加入催化剂，当将反应时间和反应温度控制在合理条件时，COD 可被降解 95% 以上。

③生物处理技术

生物处理技术主要是通过微生物代谢作用降解制药废水中的有机污染物，主要包括好氧生物处理技术和厌氧生物处理技术。

● 好氧生物处理技术

好氧生物法是废水处理中最常用的生物处理技术，常见的好氧生物法有传统活性污泥法、序批式活性污泥法、好氧生物流化床、深井曝气法和膜生物反应器等。

▲ 传统活性污泥法

传统活性污泥法早在 20 世纪 70 年代就在发达国家的制药废水处理领域应用广泛，但存在运行负荷低、污泥易膨胀等缺点，有研究者通过改进曝气方式、固定微生物等手段增强处理效果。

▲ 序批式活性污泥法（SBR）

序批式活性污泥法以间歇操作为主要特征，处理池按进水、反应、沉淀、排水、闲置分为五个阶段。其具有工艺简单、效率高、运行方式灵活、脱氮除磷效果好、无污泥膨胀、耐冲击负荷等优点，被广泛应用于制药废水的处理。白利云等采用水解酸化-SBR工艺处理混合制药废水，SBR对$COD_{Cr}$的去除效果显著，单独使用SBR时，$COD_{Cr}$去除率为85%～90%。邓乔等采用SBR工艺处理某制药公司的废水，试验结果表明，处理水量为2 000 $m^3$/d，SBR对COD的平均去除率为94.23%，对氨氮的平均去除率可达90.73%。

▲ 好氧生物流化床

好氧生物流化床是一种新型的生物膜工艺，其载体在流化床内呈流化状态，使生物膜、废水、气泡三相之间得到充分接触，该工艺中生物膜表面不断更新，微生物代谢旺盛，运转负荷比普通活性污泥法高5～10倍。东北制药总厂曾经采用生物流化床处理黄连素废水，以废木炭末为填料，容积负荷为4.41 kg/（$m^3$·d），进水COD为1 683 mg/L，废水COD去除率为85.2%。

▲ 深井曝气法

20世纪70年代，英国研究者提出了深井曝气技术，又称“超深水曝气”，是一种高速活性污泥处理系统。深井曝气的井深度可达100～300 m，废水由井上部进入，与回流污泥充分混合后，沿井内中心管向下流动，流速为1～2 m/s，在这个过程中，废水被高速高效地处理。该工艺具有以下优点：具有较高的充氧能力，充氧能力可达3 kg/（$m^3$·h），相当于普通曝气的10倍；深井中溶解氧（DO）可达30～40 mg/L，氧利用率高，可达60%～90%；污泥负荷高，比普通活性污泥法高2.5～4倍；占地面积小、运转费用低、效率高、COD去除率高达70%以上；耐水力和抗有机负荷冲击能力强，COD质量浓度可高达40 000 mg/L；不存在污泥膨胀问题；保温效果好，可保证北方地区冬季处理废水获得较好的效果。华北某制药厂采用深井曝气为主体工艺处理废水，处理规模为3 000 $m^3$/d，进水COD为8 000～10 000 mg/L，氨氮为300 mg/L，处理后出水COD为500 mg/L。

▲ 膜生物反应器（MBR）

该工艺是近年来膜分离技术与生物技术有机结合的新型废水处理技术。其优点是反应器中污泥浓度高、有机污染物去除率高、出水悬浮物含量低、有较好的脱氮除磷效果、管理方便、易于实现自动化控制。相对于其他好氧处理技术，MBR 技术对包括抗生素、布洛芬、对乙酰氨基酚和咖啡因在内的多种制药废水展现出了较高的处理效果。Fernandez 等采用浸没式 MBR 处理某制药厂废水，进水 COD 为 3 310～12 800 mg/L，BOD 为 1 930～5 310 mg/L，氨氮为 1.07～1.99 g/L。出水 COD 和氨氮去除率均为 99%。Tambosi 等采用 MBR 技术处理多种污染物，如对乙酰氨基酚、萘普生、磺胺甲噁唑和甲氧苄啶等，均实现了较高的处理效果。Shariati 等采用 MBR 技术处理对乙酰氨基酚废水，可以实现对目标污染物的完全去除。

● 厌氧生物处理技术

厌氧生物处理技术是指在厌氧条件下，微生物通过厌氧分解将废水中的大分子有机物分解成 $CH_4$、$CO_2$、$H_2O$ 和其他小分子有机物。目前比较完善的厌氧生物处理技术理论是三阶段理论，即水解发酵阶段、产氢产乙酸阶段、产甲烷阶段。水解发酵阶段主要是在专性厌氧菌和兼性厌氧菌及其胞外酶的作用下，将复杂的大分子有机物分解成简单的小分子有机物，再通过氧化或发酵作用将简单的有机物转化成乙酸、丙酸、丁酸等脂肪酸和醇类等；产氢产乙酸阶段是在产氢产乙酸菌的作用下，把水解发酵阶段产生的脂肪酸和醇类转化为乙酸和 $H_2$，同时产生 $CO_2$；产甲烷阶段是在甲烷菌的作用下，将前两阶段产生的乙酸、$H_2$ 和 $CO_2$ 等转化为 $CH_4$。厌氧生物处理技术具有有机负荷高、产泥率低、无须曝气、产沼气等优点，常用于处理高浓度、难处理的有机废水，在抗生素制药废水的处理中被广泛应用。同时，厌氧生物处理技术还可以提高废水的可生化性，与好氧生物处理技术组合使用可降低后续的处理负荷。常见的厌氧生物处理技术有厌氧水解酸化、UASB、内循环厌氧反应器（IC）、ABR、厌氧生物滤池、完全混合厌氧反应器、厌氧悬浮生物膜反应器等。

▲ 厌氧水解酸化

厌氧水解酸化可以具体分为水解和酸化两个过程，在不同的工艺中，水解酸化过程的目的各有不同。一般地，该工艺的主要目的是将废水中的非溶解性有机物转化为溶解性有机物，从而提高废水的可生化性，以便后续处理。伊学农等研究了水解酸化技术对上海某生物制药公司废水的处理效果，当进水 COD 质量浓度为 200～1 012 mg/L 时，COD 和氨氮的平均去除率在 90.4% 和 74.2% 以上，SS 平均去除率在 87% 以上。刘华等采用水解酸化技术处理天津某制药企业的废水，结果表明，该技术对 COD 和氨氮的去除率分别为 83% 和 84%。

▲ 升流式厌氧污泥床反应器（UASB）及内循环厌氧反应器（IC）

升流式厌氧污泥床反应器（UASB）由进水系统、污泥反应区、三相分离器和出水系统四部分组成，废水自下而上通过反应器，污染物在反应器内被微生物分解产生沼气，通过三相分离器分离收集，污泥通过重力作用沉淀至反应器底部，废水经出水堰流出反应器。李宁等采用 UASB 处理抗生素制药废水，当进水 $COD_{Cr}$ 为 9 300 mg/L、容积负荷为 9.3 kg/（$m^3$·d）时，$COD_{Cr}$ 去除率大于 80%。Sreekanth 等采用 UASB 技术处理含多种有毒有机污染物的复杂制药废水，在 COD 负荷为 9.0 kg/（$m^3$·d）的条件下，对废水中的 COD 去除率最高达到 75%，对 BOD 去除率最高达到 90%。Sponza 采用 UASB 系统处理磺胺甲嘧啶抗生素废水，对目标污染物实现了完全去除，COD 的最终去除率也达到 97%。Chelliapan 研究了厌氧处理技术作为抗生素废水前处理手段的可行性，采用 UASB 技术处理大环内酯类抗生素废水，实现了 95% 的高去除率。

内循环厌氧反应器（IC）是 UASB 的改进工艺，其由两个 UASB 反应器上下叠加串联构成。相较于 UASB，IC 具有容积负荷高、节约占地投资、耐冲击负荷等优点，在处理高浓度抗生素制药废水中应用较广。王慧芳等采用 IC 处理维生素制药废水，进水 $COD_{Cr}$ 为 9 000 mg/L 时，经过 91 d 启动，$COD_{Cr}$ 去除率达到 90% 以上。李丽等研究了 IC 对链霉素废水的处理效果，在中温试验条件下，进水 $COD_{Cr}$ 浓度为 7 000～8 000 mg/L，IC 容积负荷可达 15 kg/（$m^3$·d）时，$COD_{Cr}$ 去除率在 85% 左右。

▲ 厌氧折流板反应器（ABR）

厌氧折流板反应器（ABR）是集 UASB 和分阶段多相厌氧反应器（SMPA）技术于一体的一种新型高效厌氧污水处理技术。它是水污染防治领域一项有效的新技术。ABR 工艺的一个特点是在反应器中设置了上下流折板，在折板的分割作用下，反应器内沿水流方向形成了一系列互相串联的隔室，在不同的隔室中可以分别进行产酸反应和产甲烷反应，从而实现在单个反应器中同时进行多项反应。此外，得益于一系列的隔板，ABR 具备较强的颗粒截留能力和较长的污泥龄，这有利于提高该工艺对制药废水的处理效果。邱波等利用 ABR 处理高浓度的金霉素制药废水，当温度为 30～40℃、容积负荷为 5.625 kg/（$m^3$·d）

时，实现了75%的COD去除率。Fox等采用ABR工艺处理含硫制药废水，当进水COD浓度为2 000 mg/L、水力停留时间为1 d时，COD去除率达50%，$SO_4^{2-}$的去除率高达95%。当将进水COD浓度提高至8 000 mg/L，且保持COD/$SO_4^{2-}$不变时，运行100 d出水中总硫质量浓度达200 mg/L，产生了抑制作用，使COD去除率下降了20%，出水中挥发性脂肪酸含量增至4 500 mg/L。

④组合处理技术

制药废水成分复杂，可生化性差，仅依靠单一的厌氧生物处理技术或者好氧生物处理技术难以将废水处理达标，厌氧-好氧组合处理可将两者的优势相结合，厌氧生物处理主要作为预处理手段，提高废水的可生化性，去除部分$COD_{Cr}$；好氧生物处理作为深度处理，在去除$COD_{Cr}$的同时降低废水中的氨氮和磷的含量，使出水达标。Marcelino等利用多级氧化和生物组合工艺处理含有阿司匹林的化学合成类废水，进水COD浓度为2 775 mg/L时，COD去除率达98%以上，阿司匹林去除率达99%。李莹等采用ABR+MBBR+MBR处理制药废水，进水$COD_{Cr}$浓度为10 000 mg/L，氨氮浓度为500 mg/L，$COD_{Cr}$和氨氮去除率分别达到了95%和98%。杨可成等研究了水解酸化-SBR-UASB工艺对高浓度金黄色素制药废水的处理效果，在稳定运行情况下，系统的COD去除率保持在95%以上。李亚峰等采用预处理-UASB-A/O工艺处理高浓度制药废水，在进水$COD_{Cr}$为4 600 mg/L、$BOD_5$为3 300 mg/L时，$COD_{Cr}$和$BOD_5$的去除率分别为97.5%和99.4%。曹猛等采用SBR+MBR作为抗生素制药废水好氧段的处理工艺，SBR对$COD_{Cr}$的去除率为51.16%～68.78%。

### 1.2.2 污水资源化与能源化研究进展综述

废水中蕴藏着巨大的有机化学能、热能，其资源化与能源化利用正受到越来越多的重视。城市废水处理行业正面临着从单一的去除废水中污染物为目标向能源化、资源化的方向革新。

污水中的COD是一种没有被恰当利用的潜在绿色能源，根据《中国水资源公报》统计数据，截至2018年，我国的废污水排放总量为750亿$m^3$，而污水处理再生利用量仅为73.5亿$m^3$，回用率尚不足10%，污水资源化利用潜力巨大。城市污水冬暖夏凉，是良好的冷热源。以西安市为例，冬季污水温度维持在11.8～16.3℃，平均温度为13.5℃，若采用污水源热泵技术加以利用，按7℃

温差进行测算，可满足数千万平方米建筑面积的供暖需求。污水是丰富的再生水资源，污水经过相关设施处理后、达到相应水质标准的排放水，可在一定范围内使用，是公认的“城市第二水源”。

发展污水回用具有不可替代的环境效益和经济效益。国外从 20 世纪 20 年代开始实践城市污水回用技术。目前城市污水回用技术已在工业发达国家得到广泛运用，污水回用率已达 50%～90%，日本、美国、南非、以色列等国早已开展污水回用工作，有效缓解了水资源紧张问题。

### 1.2.2.1 美国污水资源化与能源化研究进展

美国首次利用回收水是 1926 年，到 1971 年已有 358 家工厂利用处理后的城市污水，回收量为 5.1 亿 $m^3$。美国污水回用相关指导文件及法律法规编制工作开展时间较早。早在 1992 年，美国 EPA 就编制了《水回用建议指导书》，为各州再生水回用提供指导；到 2002 年，大部分州已颁布再生水相关法律法规及技术指南；2004 年，美国 EPA 出版《污水回用指南》，针对再生水不同用途，将污水处理方法分为不同等级；2012 年，美国 EPA 出版《2012 污水回用指南》，各州可在指南的基础上根据自身的水资源实际需求情况，在保证保护环境、有价回用及人类健康的前提下设计、建设和运行再生水工程。

美国城镇再生水的用途十分广泛，包括非饮用用途的直接利用和饮用用途的间接利用。从回用水的使用构成上看，农作物灌溉、回灌地下水、景观与生态环境用水以及工业用水，是目前美国城镇污水回用主要的途径。

来自加利福尼亚（加州）的统计数据（2015 年）显示，在回用水总量中，约 32% 用于农业灌溉，27% 用于回灌地下水，17% 用于绿化灌溉，7% 用于工业生产，3% 用于补充地表径流、营造湿地和休闲娱乐水面等景观生态用水，1% 用于屏蔽海水入侵，其余 13% 用于城镇公共建筑和居民家庭的多种非饮用用途，包括冲厕、洗车、街道清洗、建筑物的卫生保洁、非食品和非饮食用具的洗涤等。

### 1.2.2.2 日本污水资源化与能源化研究进展

日本从 20 世纪 60 年代起致力于研究和推广城市污水回用技术，污水再生后，主要回用于中水道系统、农田或城市灌溉、河道补给水等，日本城市的高层大楼都采用中水道技术，实行双管供水系统，利用再生水冲刷厕所、浇灌绿地或冲洗汽车等，并获得了显著成效。

在初期阶段，日本再生水用途以冲厕和景观利用等为主。例如，东京在部分街区或个别建筑物内将再生水用于景观灌溉和厕所冲洗。在第二阶段，日本污水再生利用的主要目的是改善水环境质量。20 世纪 80 年代，城市化导致市区河流水量急剧减少，再生水成为日本城市河道的重要补给。东京是日本第一个使用再生水补充干流和恢复河流水环境的城市。在第三阶段，日本再生水用途拓展至工业生产和农业灌溉。此外，日本面临频繁的地震等自然灾害，限制供水的情况屡屡发生，因此再生水的循环利用变得更加迫切。

2010—2015 年，日本开展了革新科技核心项目（CREST），旨在发展膜技术与臭氧氧化技术相结合的高效节能再生水深度处理工艺。CREST 评价了混凝 + UF、UF+UV、UV+ 纳滤（NF）、UV+ 反渗透（RO）和陶瓷 MF+ 臭氧氧化等工艺对污染物和病毒的去除性能、产水的水质风险及工艺能耗。CREST 研发了超滤 + 紫外线（UF+UV）再生水生产工艺，并建立了再生水农业回用的示范工程。与 California Title 22 污水再生利用标准相比，该工艺去除可在中试规模上以较低的成本和能耗实现大于 5.2 log 的病毒去除。

2014 年至今，日本城市水系统进入体系优化阶段，这一阶段最显著的特点是健康水循环理念得到前所未有的重视，城市水系统工作从要素治理向系统综合整治转变。事实上，日本很早就开始重视水循环的重要作用，2000 年制定的《全国综合水资源计划》（又称“21 世纪水计划”）就提出了构筑可持续的用水体系，适应循环型社会发展的要求，但由于种种原因，这一理念在涉水工作发展进程中并未被完全落实。随着日本经济社会发展模式的转变，人口老龄化和气候变暖等多种因素的影响，加之城市水资源、水环境、水安全问题凸显，日本的城市规划建设者开始意识到城市水系统是城市复杂大系统的重要组成部分，涉及城市水资源开发利用、水环境治理保护、水安全保障提升等，局部的涉水工作难以解决整体问题，需要用系统的思维来认识和分析面临的水问题，以城市为核心构建健康水循环才能实现城市水系统对经济社会的永续支撑（见图 1-1）。

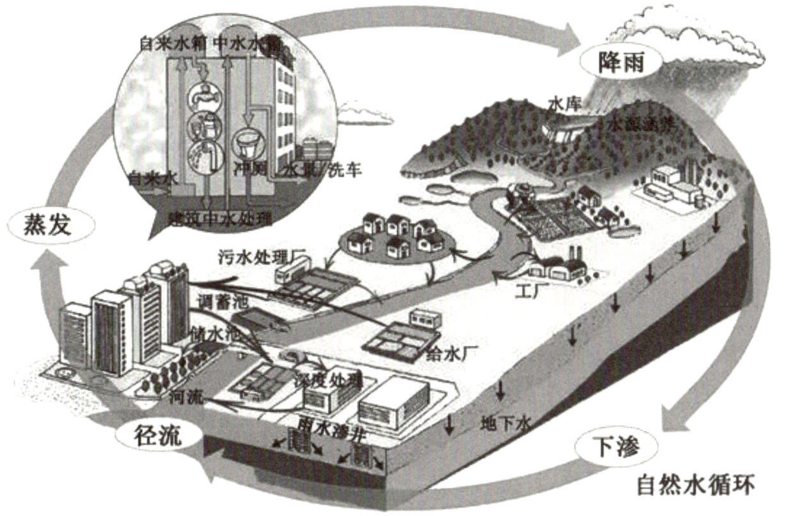


图 1-1　健康水循环概念示意图

资料来源：《他山之石：日本城市水系统发展历程》。

### 1.2.2.3　新加坡污水资源化与能源化研究进展

新加坡的污水处理事业起步于 20 世纪初，1910 年建成了第一座污水处理厂——亚历山大污水处理厂。20 世纪 60 年代，新加坡经济开始起飞，新加坡政府采取经济与环境协调发展的政策，致力于发展综合排污系统工程，通过完全分流制排水系统，收集和处理废水。污水处理厂采用活性污泥工艺对污水进行二级处理，然后排入近海，或输送至附近再生水厂循环利用；引进膜生化反应器技术，使污水处理厂省去了预处理、曝气、沉淀等工艺，直接加膜过滤处理，效果良好，既省时、省力、省钱，又减少了污水处理厂的占地面积。污水处理厂鲜花盛开，绿树掩映，厂区环境整洁优美，建筑色调搭配和谐，密封的水池闻不到任何臭味。

新生水是新加坡永续供水的支柱之一，是将工业废水、生活污水经过二级处理，用先进的反渗透膜技术与紫外线消毒进一步净化而生产的水，是高质量、可回收、超纯净和可安全饮用的水，主要作为非食用水源供给电子、发电、冷却等工商业用户。新生水通过 3 万次以上的科学检验，证明其超越了世界卫生组织的饮用水标准。新加坡在面对供水安全的问题时，从战略性的角度选择了将净化处理后的污水排入海中。新加坡早在 1970 年便开始研究废水（或用后水）再生的可能性，建设了第一座实验性废水再生处理厂，由于经济效益差和技术问题，于 1975 年关闭。1998 年恢复废水回收研究。坐落于勿洛供水厂下游的试验性新生水厂于 2000 年 5 月开始运作，日产 1 万 $m^3$ 的再生水。由勿洛新生水厂生产的再生水，其水质不仅比公用事业局所供应的自来水好，也符合美国 EPA 和世界卫生组织所规定的水质标准。2003 年新加坡投资 11 600 万新元，扩大废水回收、处理和再生规模。2002—2004 年，废水的处理量从每天 131.5 万 $m^3$ 增加到每天 136.9 万 $m^3$。目前，100% 的用户废水都排入废水管网，输送到供水回收厂经过二级处理后，再通过微滤膜、反渗透膜及紫外线技术处理，就成为新生水。新生水在质量方面虽然可以保证安全饮用，但主要还是作为工商用途。其纯净度比自来水高，是需要超纯净水的半导体制造业等行业生产的理想用水。有少部分的新生水掺入蓄水池中的原水，经过处理供家庭使用。

### 1.2.2.4　以色列污水资源化与能源化研究进展

以色列立法规定：废水若未用尽，不可采用海水淡化。城市中的每一滴水至少回用一次，污水再生后用于农业灌溉、工业企业、市民冲厕、河流复苏等方面。污水再生成本是海水淡化的 1/5～1/3，这使人们认识到必须优先利用污水。以色列全国 90% 的污水收集排放，80% 经过处理，60%～65% 处理后的污水回用。这些再生水中有 42% 用于灌溉，30% 回灌地下。

以色列将水列为国家的战略资源，属于国家所有，水为公有资源配额制使用。1959 年，以色列出台《水法》，对国家水资源的所有权、开采权和管理权等做出了明确规定。根据这一法律，全国水资源为公有财产，由国家统一配发使用，任何单位和个人不得擅自开采。《水法》还特别规定，私人土地上的水资源也属于公有。此后，以色列又颁布了《水井法》《河溪法》等一系列与水资源有关的法律法规。根据这些法律法规，挖水井、截留雨水要向政府提出申请并缴纳相应的税费，水井的深度及每年的取水量需要报批。自这些法律法规出台后，在执行层面得到严格落实，为节水农业的发展提供了法律保障。以色列国家水资源委员会负责对水资源的统一归口管理。水委会除宏观上制定全国水政策外，还负责调节水价、分配水源、保护土壤、防止污染以及废水回收和再利用等工作。除了水委会，政府还相应设立了部际委员会，协助对水资源进行开发、监督、管理和使用等工作。以色列水务管理局、麦克罗特国家水公司和区域供水公司三者构成完整的水生产、水供应和污水处理体系，共同执行以色列政府的水资源政策。水务管理局属于跨政府机构组织，由来自财政部、能源部、环保部和内政部的资深代表组成的委员会直接监管。其职责包括保护和恢复自然水源，开发新水源，以及监督生产者和消费者，以有效提供高质量和可靠的供水和污水处理服务，同时保持水的可持续性发展，确保以色列居民的生活品质。以色列国家水务公司负责全国的供水和三个大城市群的废水回收利用。水委会每年将用水配额分配给全国的集体农庄或村委会，再由集体农庄或村委会分配给农户。实践表明，配额制有利于农户对农业生产进行长期规划，包括选择作物、确定种植面积等。与配额制相配套的是阶梯式水价。以色列将水资源分为天然淡水、淡化海水、地下咸水、再生水（废水回收）和拦截雨水等类别，不同类别的水价格不同。在用水配额内，水价被分为三级，超额用水将会受到巨额罚款。

以色列将污水再生利用以法律的形式给予保障，污水资源化给以色列带来了极大的经济效益。明晰的法律体系、严格的用水配额制和阶梯式水价，经过长期实践，以色列人民树立了牢固的节水意识，成为世界上再生水利用程度最高的国家。

#### 1.2.2.5 德国污水资源化与能源化研究进展

德国于 1976 年制定了污水达标排放标准、污水治理措施及相应的污水排放量控制的法律法规。据统计，1970—1994 年德国政府投资于污水建设方面的资金超过 150 亿马克，其中约 109 亿马克用于排污系统建设，46 亿马克用于污水处理厂建设。德国污水资源化技术先进，管理模式规范，水业管理吸引多方投资。位于国内中心地带的柏林地区有专门负责管理用水和污水的水业公司，这家公司存有 49.9% 的私人企业股份，不仅带来社会效益，保护了水资源和自然环境，还创造了丰富的经济效益，使国家的水业管理日益规范化，水利建设走上良好的发展道路。除此而外，国内的布伦瑞克市还设有污水协会，专门管理该市的污水问题，它保证了污水资源更合理地被有效利用。

德国生活污水治理后有两种利用方法：一种是直接排入河道，作为地表水资源利用；另一种是直接用于农田灌溉。排入河道的污水，必须满足国家制定的排放标准才允许排放。德国的布伦瑞克市的污水处理厂是污水直接回用农田灌溉的典范。该市每天产生的 4 万 $m^3$ 污水，都立即被污水处理厂通过初级处理后，由管道输送到加压站，经泵加压后送到田间，用于农田灌溉。实验发现，再生水灌溉，在不施肥的情况下，作物产量比用地下水灌溉提高 30% 左右，品质也较优。污水治理过程中的资源化不仅仅局限于水资源的重复利用上，在污水治理过程中的活性污泥也得到再利用。它不仅可以用于沼气发电，可以作为肥料施于农田，还可以将其改造成土壤。

#### 1.2.2.6 我国污水资源化与能源化研究进展

我国污水回用研究和实践整体上起步较晚，直到 20 世纪 80 年代末，我国许多北方城市频频出现水危机，污水再生利用的相关研究和技术才真正得到广泛关注。但随着国家陆续推进再生水的发展，目前我国城市污水再生利用工作已经全面启动，国家和地方都开展了相关的科学研究和工程实践，再生水利用行业稳步发展（见图 1-2）。

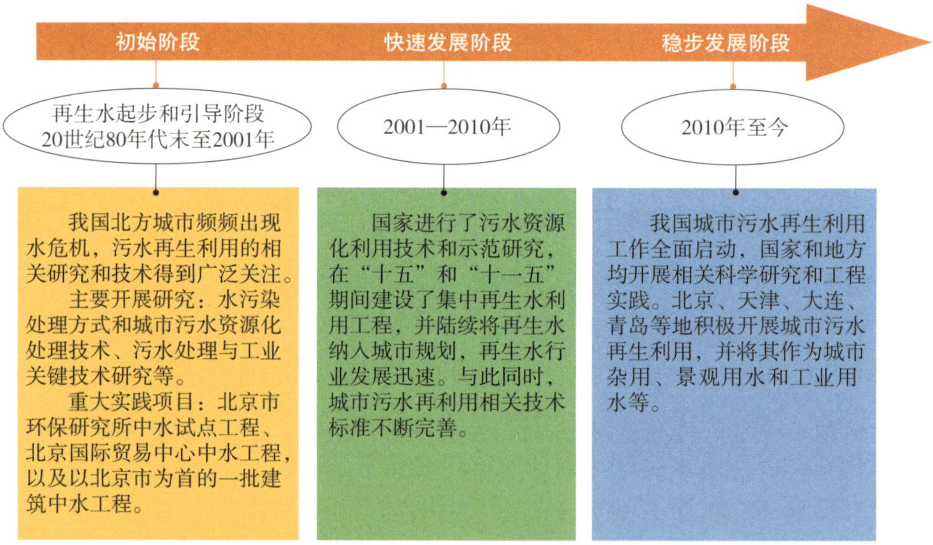


图 1-2　我国再生水行业发展历程

再生水利用对缓解水资源供需矛盾、减轻水环境污染、提高城市水资源利用综合经济效益等具有重要意义，近年来，我国也加大支持再生水的投资力度。根据《“十三五”全国城镇污水处理及再生利用设施建设规划》，“十三五”期间将投入 5 644 亿元用于城镇污水处理及再生利用设施建设，相比“十二五”4 298 亿元的规划投资额增加了 31.3%。其中，“十三五”期间用于新增再生水生产设施的投资额达到 169 亿元。

此外，住建部数据显示，2011—2018 年，每年我国城市污水处理及再生水利用固定资产投资均在 250 亿元以上，其中，2018 年我国城市污水处理及再生水利用固定资产投资额达到 802.6 亿元。再生水利用量逐年增长，利用率有所上升。

随着经济的发展和社会的进步，各行各业对水资源的需求不断增加。国家高度重视节水工作，积极寻求多种途径缓解我国水资源紧缺矛盾，再生水也因此成为国家关注的重点，并多次出台政策推动再生水的利用。2015—2019 年，我国城市再生水利用量逐年增长，2018 年达到 854 507 万 $m^3$。2019 年，我国持续推进再生水利用，并在《国家节水行动方案》中提到 2022 年，缺水城市再生水利用率达到 20% 以上。2019 年我国城市再生水利用量持续增长，达到 939 958 万 $m^3$（见图 1-3）。

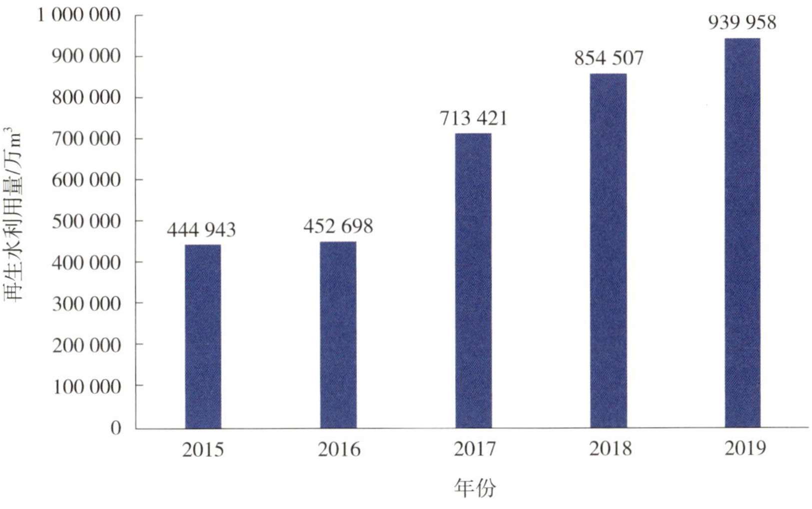


注：2019 年数据为估算值。

图 1-3　2015—2019 年中国再生水利用量

从再生水利用率来看，住建部统计数据显示，近年来我国再生水利用率呈波动上升趋势，2018 年达到 16.4%（见图 1-4）。

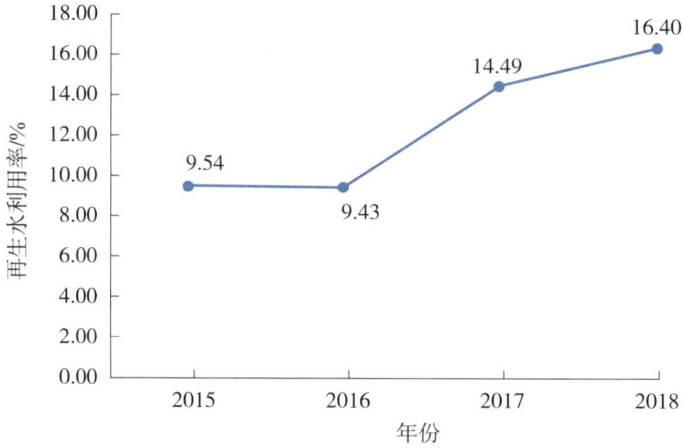


图 1-4　2015—2018 年我国再生水利用率变化趋势

2012 年至今，我国污水资源化发展处于绿色发展期，自党的十八大以来，以习近平同志为核心的党中央将生态文明建设作为统筹推进“五位一体”总体布局、协调推进“四个全面”战略布局的重要内容，有力推动我国生态文明建设实现历史性、转折性、全局性变化，污染治理力度之大、制度出台频度之密、监管执法尺度之严、环境质量改善速度之快前所未有，环境保护和生态文明建设进入新的历史发展时期。2015 年，《中共中央　国务院关于加快推进生态文明建设的意见》对生态文明建设做出全面部署，首次明确提出新型工业化、信息化、城镇化、农业现代化和绿色化“五化”协同推进。随后，生态文明建设的顶层设计《生态文明体制改革总体方案》印发实施，我国开启了生态文明建设的新篇章。生态文明理念是对可持续发展理念的丰富和超越，为我国的污水处理和资源化利用留下了绿色烙印。

在生态文明建设的时代背景下，我国的污水资源化利用取得了更大进展。污水处理和资源化利用能力得到大幅提升。截至 2017 年，我国的城市污水处理厂增加至 2 209 座，县城污水处理厂增加至 1 572 座。2012 年起，《国务院关于实行最严格水资源管理制度的意见》《国务院关于印发水污染防治行动计划的通知》等文件，均明确要求将非常规水资源纳入水资源统一配置。2018 年，我国首座城市污水处理概念厂在江苏宜兴奠基，相较于传统的污水处理厂，概念厂的核心思想是扎实践行“低碳绿色”发展理念，改变“减排污染物、增排温室气体”的尴尬局面，并提出了水质永续、能源自给、资源回收、环境友好的四个建设目标，对寻求我国污水资源化利用创新突破进行了有益尝试。

再生水的高效利用，主要包括通过对污水再生处理工艺优化和再生水利用途径优化，降低再生利用能耗、提高水资源利用效率。主要措施包括：根据“分质供水、低水低用、高水高用”的原则，科学协调和平衡水质安全与能耗的关系；通过区域内不同用途的优化配置和不同层阶循环利用的嵌套耦合，优化水循环利用系统设计（用途、水量、水质），降低水循环利用系统的资源能源消耗；在保证水质安全的前提下，优选处理技术和工艺组合，通过自动化和信息技术优化运行管理，提高再生处理系统的能源效率，减少碳排放；以充分利用污水中的内含资源和能源为目标，研究、开发和利用包括污水源头分质收集和输送技术、污水精炼技术、水质生态净化技术在内的污水资源能源化新原理、新技术和新工艺，提升区域污水系统的综合效益。

### 1.2.3 营养物的回收技术研究进展综述

在本书中讨论的营养物的回收主要是指对污水中磷的回收。磷元素在生命体生长和农业生产中扮演着重要角色，对于生命体来说，磷是核蛋白、磷酸腺苷和许多酶的构成成分，在生物的能量传递、储存以及信息遗传中起着关键作用。对于现代农业来说，磷肥作为基础肥料，打破了农业物质自然循环的局限，大大提高了土地的生产力。磷是一种化学性质活泼的非金属元素，在自然界中大部分以磷酸盐的形式存在，分为无机磷（Inorganic Phosphorus，IP）和有机磷（Organic Phosphorus，OP）两种。其中，OP 主要以磷酸酯的形式存在，如磷脂、核酸、磷酸肌醇和磷酸酯等。IP 主要以矿物的形式存在，是自然界中主要的磷贮存形态，其包括沉积岩矿和火成岩矿，占世界磷矿总储量的 80% 以上。

磷及其化合物一般没有气态，不同于碳循环或者氮循环，其属于典型的沉积循环。从整体来看，磷的循环主要依靠水引起的由陆地向海洋的流动，海洋磷沉积物再度回归陆地需要一个极长的周期，因此磷的地球化学循环是一个漫长的过程。Liu 等于 2016 年构建了磷循环分析框架与核算模型，并利用我国涉磷活动信息数据库，重建了我国在 1960—2012 年的磷循环模式变化过程（见图 1-5）。结果表明，我国的磷循环在前 3 个世纪处于较为简单的、自然主导的稳定态，说明在未受人为干扰的生态系统中，陆生系统和水生系统之间的磷循环几乎是封闭的，在循环过程中，磷的损失量较少。但近百年尤其是最近半个世纪以来，中国磷循环受到人类活动的干预越来越强烈。随着人类食物消费结构由植物型向动物型转变，磷资源利用生命周期过程的延长，磷消耗量增加，损失量加剧，循环系统被打破，呈开放式的单向流动。全球磷酸盐产量大部分（约 90%）用于农业生产。非农业应用只占总消费量的小部分（约 5%）。在农业应用过程中，大部分存在于土壤中的磷未被植物所利用，随着降水而流失进入地表水体。被作物所利用的磷则会沿食物链流动，并主要以排泄物的形式进入污水处理单元或汇入自然水体。磷的这种由陆地向海洋的单向流动方式带来了两个问题："磷短缺"和"磷过剩"。

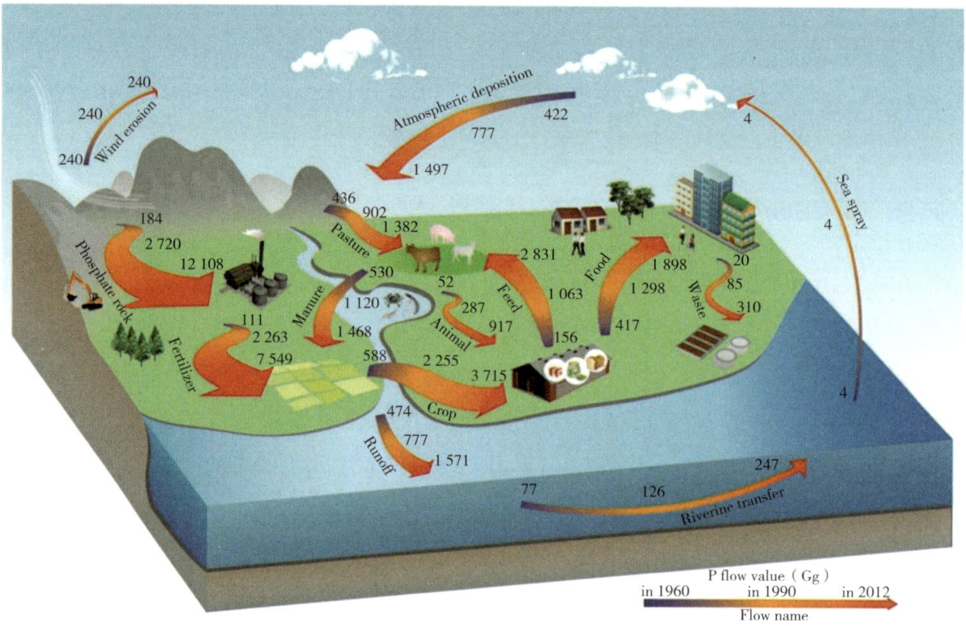


图 1-5 中国磷循环示意图（1960—2012 年）

美国地质调查局 2019 年公布的矿产商品摘要显示，全球磷矿石资源量逾 3 000 亿 t，但其中很大一部分是不易开采的低品位矿石和海底矿床。截至 2016 年，全球主要国家已探明的磷酸盐储量约为 680 亿 t，而且地域分布极为不均，目前大型的磷矿主要集中在北非、中国、中东和美国地区，仅北非地区就占有全球储量的 74% 之多。随着社会的快速发展，工农业对磷肥需求量也在逐年增加，据估算用于磷酸、化肥和其他生产的全球磷消费量（以 $P_2O_5$ 计）将从 2018 年的 4 700 万 t 增加到 2022 年的 5 050 万 t。在需求的刺激下，磷矿石的开采量也随之增加。Cordell 等于 2009 年测算认为，磷酸盐产出率将在 2030—2040 年达到峰值，之后将出现供不应求现象，进而导致全球磷的短缺。截至目前，虽然由于对产量峰值估算的差异以及使用的资源数据和计算模型不同，不同学者对全球磷资源剩余储量可利用的具体时间仍无一致意见，但大部分学者认为几十年后可能会出现明显的全球磷短缺情况，届时世界范围内的粮食供应将受到巨大影响（见图 1-6）。

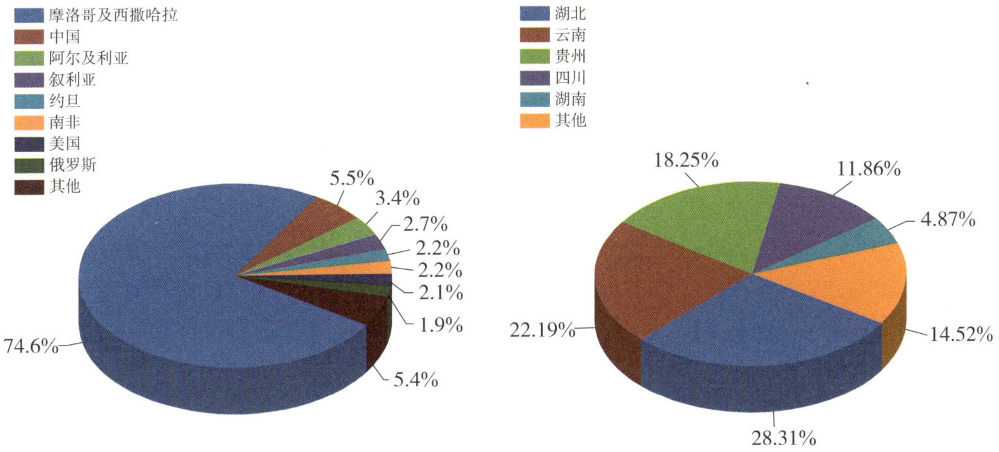


图 1-6 磷资源在全球及中国的地域分布

相对于“磷短缺”，磷作为限制性营养元素在环境中不断蓄积，当它超出环境自身的受纳能力时，就会产生“磷过剩”现象，从资源保护方面而言，磷的流失是一种资源浪费，对磷进行回收利用可以有效地缓解磷矿资源的枯竭；从环境保护方面而言，过量的磷进入水体引发水体富营养化，加重自然环境的负担。“磷短缺”和“磷过剩”之间的尖锐矛盾已成为制约经济社会可持续发展的重要问题，磷安全与粮食安全、环境保护、农民生计息息相关。因此，改变磷的单向流动方式，重新构建磷循环具有重要的现实意义和应用价值。然而，要实现可持续的磷循环需从多方面入手，在政策层面，由于欧洲磷储量稀少，磷主要依赖于进口，欧洲各国率先颁布了各种法规、政策以及项目计划，有效推动了磷回收与再利用的付诸实施。我国磷储量较为丰富，但受限于经济性和缺乏有效的政策支持与法律规定，磷回收并没有真正步入市场轨道，一直停留在学术研究层面。随着科技的进步，人们对污染治理的认识已逐步从污染去除转为资源回收。我国“十四五”规划中提出要大力发展循环经济、发展环保技术，树立节约集约循环利用的资源观，推动资源利用方式根本转变。这些观念转变和政策的提出将会转化为磷回收的有力助推力（见表 1-1）。

表 1-1 欧洲国家和中国磷回收的政策

| 国家 | 相关政策法律 | 国家 | 相关政策法律 |
| --- | --- | --- | --- |
| 荷兰 | 国内行动，国际借鉴<br>2016 营养物计划 | 丹麦 | 磷回收行业延伸<br>开发“完全再循环养殖系统”以实现磷的回收 |
| 瑞士 | 2050 循环计划——实现循环经济<br>建立磷元素封闭循环系统<br>动物粪尿中回收磷 | 芬兰 | 部门协作与信息共享<br>启动“循环经济”的重点项目——为全国性营养物回收计划提供实践经验 |
| 英国 | 政策扶持与法律监管并行<br>实施“零废物苏格兰”计划 | 瑞典 | 与时俱进并完善政策<br>发布“磷回收目标建议” |
| 法国 | 建立磷回收网络系统<br>促进磷的可持续利用 | 挪威 | 挖掘磷源并制订计划<br>拟建立一个全国性计划，以提高磷的利用率，并实施兼顾磷污染和水质控制的回收策略 |
| 德国 | 磷回收法律框架<br>2016 年 9 月 26 日《污泥条例改革修正案》——以回收污泥中的磷 | 中国 | 磷矿已被列为我国 2010 年后不能满足国民经济发展需要的 20 种矿产之一<br>“十四五”规划中提出大力发展循环经济 |

## 1.2.4 分散式污水处理技术研究进展综述

国外环境保护工作启动较早，早在 19 世纪，美国、日本、英国等国家就开始了污水处理行动。由于其人口居住密集程度比较低，所以分散式中小型污水处理厂更为常见。在半个多世纪的污水处理中，这些国家积累了丰富的经验。我国分散式中小型污水处理技术的发展历史相对较短，开始于 20 世纪 80 年代，随着我国社会经济发展水平的整体提高，农村环境污染问题日益凸显，农村水环境整治问题已经成为焦点。为改善农村水环境，建设美丽乡村，我国进一步颁布了部分农村地区污水治理政策，研发应用适合我国农村地区的污水处理技术。在早期，我国主要采用化粪池、稳定塘等处理技术，随着时代的发展，国内的分散式污水处理也发展出了更多的新工艺。目前，国内分散式污水处理技术主要有活性污泥技术、生物膜技术、厌氧生物处理技术、生态处理技术和净化槽等。

### 1.2.4.1 美国分散式污水处理技术研究进展

19 世纪中叶，美国开始进行农村分散式污水处理设施建设，并出台了美国第一部完整的《清洁水法》，针对分散式污水处理技术的应用，颁布了《分散式污水处理系统应用手册》，为加强污水处理系统的管理和维护，美国 EPA 颁布了相关的系统管理指南和管理措施。美国通过研究分散式污水处理模式及污水处理技术，将其应用于农村地区生活污水处理，在当地政府的财政支持下，农村分散式污水处理系统的正常运行有了一定的保障。

Mikhaeil 等研究了 4 种不同停留时间下 3 种化粪池（单隔板型、双隔板型及双隔板填充型）处理污水的效果，结果表明，双隔板型及双隔板填充型化粪池对农村高浓度污水的处理效果更好。Sabry 等使用升流式化粪池（USBR 反应器）处理农村生活污水，COD、BOD 和 SS 去除率分别可以达到 84%、81% 和 89%。Aaron 等研究了生物滤池对马达加斯加当地人类粪便污泥消化液中营养物的去除效果，采用三级滤池处理高浓度厌氧消化池出水，实现了较高的氮转化率（硝化和反硝化），同时对 SS、BOD 和 TP 也展现出较好的处理效果。Jhung 等通过实验对上流式厌氧生物滤池和其他厌氧反应器的启动时间进行了对比，当有机负荷达到 0.8 kg/（$m^3$ · d）时，厌氧生物滤池的启动周期比其他厌氧反应器缩短了 1/3，进水暂停一段时间重新运行，对系统污水处理能力影响较小。

### 1.2.4.2 日本分散式污水处理技术研究进展

日本主要采用净化槽技术处理分散式污水。净化槽技术起源于日本 20 世纪 60 年代，从最初的单独处理式净化槽，到后来的合并式净化槽和高性能污水净化槽，其不仅可以对各种生活污水进行处理，有效去除水中的有机物、悬浮物、营养物质和氮磷，还具备杀菌能力，有效提高出水水质，实现多种用途的中水回用。日本于 1983 年颁布了《净化槽法》，规定了净化槽使用者的义务，明确了净化槽的定期检查、维护维修及最大清扫周期等，并分别于 2000 年、2005 年和 2014 年进行了 3 次修订，目前日本已经形成了一套完整的净化槽管理体系。截至 2013 年底，日本净化槽普及率达 8.88%，惠及人口达 1 121 万，尤其是在 5 万人以下的村落，净化槽普及情况发展迅速，普及率达到 18.3%。除净化槽技术外，日本常用的分散式污水处理技术还包括厌氧滤床 / 接触曝气 / 絮凝沉淀工艺、连续进水间歇曝气 / 絮凝沉淀工艺、序批式活性污泥工艺、膜分离活性污泥工艺等处理工艺，这些工艺中 TN 去除率可达到 60% 及以上，TP 去除率可达到 90% 及以上。

#### 1.2.4.3 德国、韩国、澳大利亚等国家分散式污水处理技术研究进展

20 世纪 90 年代以前，德国采用工业集中式污水处理系统将大片城区产生的家庭污水统一收集后输送至集中式污水处理厂进行处理，21 世纪以后，传统集中式污水处理方法正在被分流式污水处理新技术所代替，分流式污水处理技术把生活污水按照来源和质量分开，然后选择最合适有效且生态的方法进行处理。主要采用的工艺包括各种标准化的生物反应器和湿地污水处理系统。德国南部地区，序批式反应器的利用率可以达到 40%。德国 PKA 人工湿地主要由基质和湿地植物两大系统组成，其中基质为微生物提供稳定的附着界面，有利于微生物的生长代谢，能够有效降解有机物、促进反硝化脱氮及磷化合物的转化。另外，植物不仅可以去除部分污染物，还可以促进污水中营养物质的循环利用，保护生态环境的良性循环。

1970 年韩国开始组织和实施“新村运动”，其第一阶段的主要内容就是韩国农村地区的基础设施建设，并相继颁布了《下水道法》《农村整顿法》等法律法规。农村地区主要采用的污水处理工艺包括生物膜法、深度处理工艺、SBR 工艺、高效组合工艺、A/O 工艺及土地处理工艺。其中，生物膜法的应用占 34%。近年来，韩国较多地采用化粪池—厌氧生物滤池—上下流人工湿地组合工艺对农村污水进行处理，夏季 N、P、COD 的去除率分别为 45.94%、48.65%、98.47%，冬季 N、P、COD 的去除率分别为 27.93%、23.78%、86.45%。

澳大利亚地广人稀，平均人口密度较小，人口分散程度高，对分散式污水处理的需求较大。从 1994 年起，澳大利亚政府逐步启动了以控制水需求为主的水改革，成为世界上颁布环境法律最早的国家。澳大利亚科学和工业研究组织提出 Filter 分散式污水处理技术，该技术适合应用于土地资源丰富的地区，Filter 技术将土壤过滤、土地处理以及地下排水暗管相结合，将待处理的生活污水先用于农作物的灌溉，再经过土壤过滤处理和土地处理后，利用地下敷设的暗管收集排出，Filter 技术处理效果好且管理运行维护费用低，适用处理澳大利亚的农村污水。

#### 1.2.4.4 中国分散式污水处理技术研究进展

（1）活性污泥技术

① SBR 技术

SBR 是一种高效、节能、可靠、管理简单、特别适合中小水量的污水处理工艺，我国农村污水处理规模一般较小，因此 SBR 法及其变形工艺正符合我国农村情况，有着广阔的应用前景。雷星星研究了无搅拌 SBR 反应器对农村生活污水的处理情况，在最优状态下，氨氮的出水浓度为 3.27 mg/L，硝态氮的出水浓度为 0.98 mg/L。马凯采用 SBR 和人工湿地组合工艺处理农村污水，解决了农村间歇式排水的难题，稳定运行期间，COD、氨氮、TN 和 TP 的去除率分别为 85.5%、97.7%、68.8% 和 85.1%，出水达到《城镇污水处理厂污染物排放标准》（GB 18918—2002）中的一级 A 标准。

② MBR 工艺

MBR 具有占地面积小、易安装、出水水质好等优点，在农村生活污水处理中颇受关注。国外采用 MBR 技术处理分散生活污水的应用已较为广泛，但国内起步较晚，目前只有少量应用，随着国家对农村生活污水处理质量的重视，MBR 技术具有很大的应用潜力。裴亮等采用一体化 MBR 处理进水 COD 波动较大的农村生活污水 HRT 为 5～6 h，整套装置由 PLC 自动控制系统控制，在水温＞22℃、DO 浓度＞3.4 mg/L、pH 为 6～9 的条件下，出水 COD 含量稳定在 19～31 mg/L，对 $BOD_5$、氨氮及浊度的去除率均达到 95% 以上。付丽霞等采用水解酸化 - 接触氧化 -MBR 一体化装置对某农村生活污水进行处理，MBR 以恒压方式运行，采用逐步提高进水负荷的方式成功启动反应系统，经 90 d 的稳定运行，出水 COD、氨氮、SS 及 TP 浓度均达到《城镇污水处理厂污染物排放标准》（GB 18918—2002）中的一级 A 标准。

（2）生物膜技术

①生物接触氧化法

生物接触氧化法是活性污泥法和生物滤池的有机结合，是生物处理技术中发展相对成熟的工艺。因其具有对高氨氮废水处理效果好和去除负荷能力强等特点，近年来也逐渐被应用于我国的农村污水处理。

邱光磊等采用软性填料的两段式生物接触氧化反应器来处理农村分散性生活污水，在最优的设计参数下，SS、COD、TP、氨氮和 $BOD_5$ 的平均去除率达到 92.5%、81%、25.7%、76.8% 和 90.3%，出水水质良好，可用于浇洒绿地。潘碌亭等采用接触氧化 - 强化混凝工艺处理崇明地区低碳源农村分散式生活污水，出水 COD、氨氮、TP、TN 均满足《城镇污水处理厂污染物排放标准》（GB 18918—2002）中的一级排放标准。刘婧等采用生物接触氧化 - 人工湿地工艺处理埔新村生活污水，对 COD、氨氮、TP、$BOD_5$ 和 SS 的平均去除率达到 85.9%、80.5%、83.6%、92.8% 和 91.02%，出水达到《城镇污水处理厂污染物排放标准》（GB 18918—2002）中的一级 A 排放标准。

②生物滤池

生物滤池是生物膜反应器的原始形式，已经发展了 100 余年。19 世纪 80 年代英国就出现了滴滤技术，滴滤池属于一种生物膜技术。生物滴滤池采用自然通风或强制通风，污水被配水系统过滤成水滴状态，污染物在厚生物膜中降解。废水通过水分配器进入滴滤池并长时间流过过滤材料的表面，滤料表面微生物逐渐增殖形成生物膜。滴滤池内形成了由污水、空气和生物膜组成的三相流动系统。

20 世纪末出现的曝气生物滤池是一种新型高效的生物膜污水处理技术，污水通过附着在填料上的生物膜，有机污染物被微生物细菌及胞外聚合物吸附截留、氧化分解，出水水质好，在我国水处理行业中得到广泛应用。后来采取了提高水力负荷和有机负荷的方法改善其工艺性能，从而发展成为中高负荷和高负荷生物滤池。随着工艺运行方式的改进和填料的发展创新，研究者进一步根据气体洗涤塔原理创立了塔式生物滤池。这些高负荷型生物过滤器的滤床高度大大提高，过滤材料的液压冲洗效果和通风效果得到较大提升。

近年来，生物滤池有了更多的研究与革新，有研究学者将多种不同处理工艺与生物滤池进行组合，如生物滤池与人工湿地耦合，生物复合滤池与地下渗滤工艺组合、多级生物滤池的组合、臭氧氧化技术与生物滤池组合等，生物滤池在组合工艺中能配合其他工艺取长补短，综合各自优势，形成“1+1＞2”的良好效果，所以生物滤池的推广应用十分必要。雷玉心针对农村散户生活污水的特点，选取炉渣作为生物填料，探究了曝气生物滤池对生活污水的处理效果，在最佳运行条件下，COD、氨氮、TN、TP、磷酸盐和浊度的去除率分别为 69.5%、95.9%、34.4%、67.2%、70.1% 和 89.1%。

（3）厌氧生物处理技术

①化粪池

最早的化粪池起源于 19 世纪的欧洲，距今已有 100 多年的历史。在这

100 多年的发展历程中，化粪池不断得到改进，利用化粪池处理生活污水的技术也在日趋完善。在我国，城市当中化粪池的地位因其暴露出来的问题而日趋下降，但在农村，由于我国农村地区经济水平较低，缺乏资金建设、难以运行与管理先进的污水处理工艺，因此化粪池在农村地区的使用仍是一个热点研究方向。

王红燕等以兰州市七里河区某家属小区化粪池为调查对象，研究了该小区化粪池的处理效果，其 $COD_{Cr}$、TN、SS 和 TP 去除率均能达到 70% 以上，而 $BOD_5$ 和氨氮去除率较低。蒙语桦研究了湖南省典型农村地区三格化粪池的处理效果，其 $COD_{Cr}$ 平均去除率达到 47.2%，$BOD_5$ 平均去除率大于 48.4%，SS 平均去除率达到 50.5%，氨氮去除率为 20.06%～26.46%，TN 平均去除率仅有 5.4%，TP 平均去除率在 25.4% 以上。

②厌氧生物滤池

我国采用厌氧生物滤池工艺处理农村生活污水起步较晚，研究尚不充分，当前的研究热点主要是填料的升级和与其他工艺的组合使用。崔婷婷采用了厌氧组合式生物滴滤池工艺，对脱氮除磷效果进行研究。对比考察了 3 种不同填料作为组合式分层生物滴滤池滤料的去除效果，认为炉渣和气块砖对 TP 有较好的处理效果，氨氮的去除率分别达到 84.22% 和 86.50%。综合考虑生物滴滤池的滤料选用炉渣处理效果更为显著。李二飞研究了厌氧生物滤池 - 回行流人工湿地组合工艺，选用直径 2～4 mm 的砾石，高度为 1 000 mm，停留时间为 24 h。对 COD、氨氮、TP、SS 的去除率依次为 79.6%、48.1%、59.6% 和 84.0%，除 TP、SS 在特殊情况超标外，出水能够满足《城镇污水处理厂污染物排放标准》（GB 18918—2002）中的二级标准。

（4）生态处理技术

①人工湿地

常规的人工湿地运行强化主要是以提高水质净化效果为目的，研究者主要从结构调整和操控方面对人工湿地进行优化。

吴等构建了垂直潜流—表面流—水平潜流组合型人工湿地，利用垂直潜流人工湿地强化硝化过程，表面流人工湿地有利于氨氮的挥发，水平潜流人工湿地促进有机物的去除，在该湿地 6 年运行中 COD、氨氮、硝态氮、TN 和 TP 去除率分别为 70%、70%、34%、52%、45%。韩庆吉采用自制陶瓷填料，研究了垂直流人工湿地处理生活污水的效能，在最佳条件下，对 TN、氨氮和 TP 的去除率分别达到了 85%、90% 和 91%。

②稳定塘

世界上第一个有记录的稳定塘是 1901 年在美国得克萨斯州的圣安东尼奥市修建的。目前，全世界已有 40 多个国家和地区在使用稳定塘，我国也于 20 世纪 50 年代就开始了稳定塘技术的应用研究。随着对稳定塘工艺的研究逐渐深入，越来越多的改良稳定塘工艺被提出，发挥了较为突出的处理污水的作用。

黄亮等设计并构建了包括水生植物塘和养殖塘在内的生物稳定塘系统，并考察了稳定塘对 N、P 的去除效果。结果表明，生物稳定塘系统对 TN、TP、硝态氮和氨氮的平均去除率分别为 25.3%、50.6%、38.4% 和 35.6%，其中，养殖塘对 TN、硝态氮和氨氮的去除效果好于植物塘，而植物塘对 TP 的去除效果要优于养殖塘。

施建臣等将 UNITANK 工艺和稳定塘结合，应用于闽南某企业生活污水处理站，实际运行表明，UNITANK 对污水的 COD、SS 和 TN 均可获得较好的去除效果，去除率均稳定为 58%～68%、80%～91% 和 77%～86%，TP 的去除率一直维持在 16%～29%。经生物塘进一步处理后，出水水质完全达标。

③土壤渗滤技术

土壤渗滤技术在 20 世纪 60 年代的日本得以应用，美国、法国、以色列、俄罗斯等国家很早就开始应用和推广与土壤渗滤技术有关的土地处理技术。在我国，对土壤渗滤技术的研究起步比较晚，但是近几十年对该技术的关注越来越多。

梁成龙采用生物炭强化土壤渗滤技术处理农村生活污水，在最佳条件下，实现了对 COD、氨氮和 TP 的高效去除，去除率分别为 90%、95% 和 98%。邹渊针对传统土壤渗滤系统处理农村生活污水的不足，设计了新型土壤渗滤系统，并研究了不同工况条件下的处理效果。在分流比为 2∶1 的工况下，系统的综合处理效果最佳，系统出水水质可达到《城镇污水处理厂污染物排放标准》（GB 18918—2002）中的一级 B 标准，满足目前农村地区生活污水处理要求。

（5）净化槽

国内各地根据净化槽技术在处理分散污染源上的优势，开展了积极的研究、试验和探索工作，并进行了大量的示范性应用项目研究，如天津市农委开展的“小型高效家庭生活污水净化槽的开发和应用”项目、中国医药研究开发中心开展的“无动力式生物净化槽”项目、中日两国政府合作的“太湖水环境修复示范项目”和“贵州化肥厂生活污水处理站项目”等。

近几年，江苏部分经济发达地区、上海崇明岛等地，积极尝试规模化应用净化槽技术，开展分散式农村生活污水治理，如扬州广陵区在2个乡镇9个行政村先后试点建设186台净化槽，包括1 $m^3$/d、2 $m^3$/d、5 $m^3$/d和10 $m^3$/d 4种规格；苏州常熟市先后在783个行政村配套建设11 421台净化槽，包括1 $m^3$/d、2 $m^3$/d、5 $m^3$/d和$10^3$ m/d 4种规格；上海崇明岛地区积极推进世界级生态岛建设，自2017年开始规模化建设净化槽，覆盖23.2万户农户。

# 2

# 典型行业水污染控制成套技术

Packaged Technology for Water Pollution Control in Typical Industry

## 2.1 典型行业水污染控制成套技术理论与内涵

石油化工、医药等行业既是支撑我国国民经济持续高速发展的基础行业，也是水污染治理重点关注的典型行业。典型行业涉及的产品种类繁多，生产过程中产生的众多有毒中间体会进入环境，导致末端排放的污染具有成分复杂、污染负荷高、毒性风险高等特点，对生态环境造成了极大的破坏。有毒有害污染物的长期排放和积累造成了日益严重的环境污染，也成为制约经济社会发展的瓶颈因素。据《中国环境统计年鉴 2016》报道，根据污染排放负荷比例，钢铁、石化、有色、纺织、造纸、食品加工、制药、皮革八大行业的废水排放量约占我国工业废水排放总量的 50%，汞、镉、六价铬、铅、砷等金属或类金属等毒性污染物排放约占 86%，氰化物约占 56%。当前，我国经济已由高速增长阶段转向高质量发展阶段，水污染控制和管理的有序化、规范化和有效化，既是生态文明建设的要求，又是环保意识增强的体现，也是我国经济高质量发展的需求。

### 2.1.1 石化废水水污染控制成套技术理论与内涵

石化废水生物强化与高级氧化组合脱毒集成技术主要涉及 3 种关键技术，包括高浓度丙烯腈废水预处理技术、腈纶污水处理厂生物脱毒工艺升级改造技术与和石化废水生化尾水 RO 浓水深度处理 - 序批式电 Fenton 高级氧化技术。

此集成技术主要针对腈纶厂丙烯腈生产废水，其中含有大量有机氮、酚类等有毒有害物，常规处理工艺难以高效去除。此技术应用于抚顺腈纶化工厂示范工程，不仅实现了废水污染物的达标排放，还高效去除了废水中的有毒有害物，COD 和氨氮的年削减量分别达到 420 t 和 21.4 t，有毒有害物的去除率高达 90% 以上，应用效果显著。

（1）基本原理

1）高浓度丙烯腈废水预处理技术。高浓度丙烯腈生产废水中含有酚类、腈类和含氮杂环类等大量有毒有害有机物，其处理难度大，生化工艺处理效率低。针对此问题，研发了高浓度丙烯腈废水预处理技术。此技术利用高浓度丙烯腈废水自身热量对过硫酸盐进行热活化，产生过硫酸根自由基；同时催化臭氧氧化产生羟基自由基；通过耦合高级氧化工艺将高浓度丙烯腈废水中难降解有机物降解成小分子有机物、二氧化碳和水，增强可生化性的同时去除有机氮与总氮，大幅降低有毒有机物（氰化物）的含量，极大地提升了后续生化系统的处理效率。总体来说，预处理技术从源头解决了高浓度、小水量、富含有毒有害有机物废水的毒性抑制问题。经过预处理后可进入后继常规二级生化处理系统，从而确保出水全面达标。经大量实验后得到预处理的最优运行条件为：pH=8.9；臭氧投加量为 1 kg/m$^3$；过硫酸盐投加量为 0.8 kg/m$^3$；运行时间为 96 h。在此最优条件下连续运行 96 h，COD 平均去除率为 40.7%，TN 平均去除率为 26.1%。经过催化臭氧耦合过硫酸盐氧化处理后出水中有机氮含量变化显著，降低至 44.9%，氨氮提高至 19.9%。出水中检测到硝酸盐氮含量增加至 9.1%，26.1% 的氮元素以氮气形式从反应体系中去除。

2）腈纶污水处理厂生物脱毒工艺升级改造技术。对于丙烯腈废水的处理，普通二级生化系统处理效率低，出水水质无法稳定达标，且含有有毒有害有机物。针对此问题，在二级生化处理段采用“二级生化生物膜强化生化技术”，通过增加填料（填充比达到 30%）、增加碱度和冬季通入蒸汽保温的方法，提高 COD、氨氮和氰化物的处理效率。在二级生化末端采用“DN/CN 生物滤池脱氮除碳脱毒”技术，通过在线投加碳源、絮凝药剂和粉末活性炭以满足出水 SS、TN 的达标排放以及有毒有害物质的强化削减。此工艺流程中，污水首先从三沉池出水，自流进入新设置的 BAF-DN 池（反硝化滤池利用生物陶粒填料），在 DN 池中投加碳源（乙酸钠）将上游来水中的硝态氮在此还原为氮气释放，完成脱氮反应。由于要得到较高的脱氮率，因此碳源需过量投加，为保证出水 COD

达标，利用 CN 池去除有机物。DN 池出水通过水泵提升到 BAF-CN 池（脱碳滤池利用软性填料），完成碳化反应，确保出水 COD 与有毒有害物质达标。同时通过投加易降解的有机物，曝气反硝化生物滤池中的异养菌，协同转化难降解的有毒有害物质，从而使出水 COD、氨氮、TN 以及有毒有害物质全部达标排放。

3）石化废水生化尾水 RO 浓水深度处理 - 序批式电 Fenton 高级氧化技术。使用电 Fenton 法针对石化废水生化尾水与其 RO 浓水中的有毒有害物质与碳进行深度去除。Fenton 反应是通过 $H_2O_2$ 和 $Fe^{2+}$ 反应迅速产生大量高活性的 · OH 来降解废水中污染物，而外加电流可促使 Fenton 反应体系中不断生成的 $Fe^{3+}$ 在阴极被还原为 $Fe^{2+}$，从而降低 $Fe^{2+}$ 的消耗且提高反应效率。此项技术不仅可以有效去除石化废水 RO 浓水中的有机污染物，同时可有效强化去除石化废水二级生活处理后残留的一系列有毒有害物质，解决此类污水处理的瓶颈问题。此项技术最佳使用条件的初始 pH、$Fe^{2+}$ 投加量、$H_2O_2$ 投加量和电流强度分别为 3.0、5.0 mmol/L、60.0 mmol/L 和 0.2 A。当石化尾水经二级生化处理后的尾水氨氮和 COD 浓度分别在 20～30 mg/L 与 100～120 mg/L 范围时，经本装置深度处理后两者的浓度分别小于 5.0 mg/L 和 20 mg/L，处理率分别达 75% 和 80% 以上。与传统 Fenton 法相比，本工艺采用的序批式电 Fenton 装置不仅可以有效降低运行成本，还可以有效地缩小占地面积。其中，每吨水的运行成本降为 3.9～5.3 元 /t（$FeSO_4$ 和 $H_2O_2$ 的使用量分别减少了 75% 和 30%），节约占地面积约 50.0%。

（2）工艺流程

升级改造后，腈纶污水处理厂生物脱毒工艺为“厌氧 + 缺氧（一段生化）- 缺氧池 + 生物流化池 + 硝化池（二段生化）- 反硝化生物滤池（BAF-DN）+ 除碳生物滤池（CN）（三段生化）”，详细工艺步骤如下：

1）首先当混合污水进入集水井后，经格栅去除杂物后，为使植物在冬季正常生长，将污水提升至调节池与热电厂污水混合。

2）调节池出水首先经厌氧池去除部分有机污染物，后经接触氧化池水解有毒有害物质，再进入缺氧池利用反硝化反应提升有毒有害物质的降解效率。此外，通过提升填料至填充比到 30%、调节碱度与加强冬季蒸汽保温，最终达到增强氨氮、COD 与氰化物的处理效率。

3）反硝化生物滤池接收三沉池出水并完成脱氮，通过投加过量碳源（乙酸钠）保证有效还原硝态氮为氮气，使出水 COD 可达除碳生物滤池去除有机物的标准。反硝化生物滤池出水提升至除碳生物滤池进行碳化反应，确保出水总氰化物与 COD 同时达标。

### 2.1.2 制药废水水污染控制成套技术理论与内涵

化学合成制药废水含有大量有毒有害物质（包括金刚烷胺、苯酚、磷霉素和吡拉西坦等），具有较大的处理难度。对此研发了小檗碱含铜废水结晶沉淀 - 树脂吸附回收碱式氯化铜资源化关键技术、合成制药综合废水分质处理生物共代谢复配功能菌强化 ABR-CASS 生物处理技术与制药污泥臭氧氧化预处理 - 厌氧消化技术。经全过程优化后，形成制药行业有毒有害物污染控制和资源化集成技术，即“结晶沉淀 - 树脂吸附资源化回收 - 分质处理生物共代谢复配功能菌 ABR-CASS 强化脱毒 - 污泥臭氧氧化预处理 - 厌氧消化”。有毒有害污染物去除率高于 90%，出水可达标排放，且吨水 COD 处理成本为 5.3 ～ 5.7 元。

（1）基本原理

1）小檗碱含铜废水结晶沉淀 - 树脂吸附回收碱式氯化铜资源化关键技术。化学合成法生产小檗碱中脱铜反应过程中产生小檗碱含铜废水。铜离子是反应中的催化剂，为废水中仅存的重金属离子。结合化学沉淀法与树脂吸附法，不仅可使小檗碱含铜废水达标排放，而且可回收废水中的 $Cu^{2+}$ 等有价物质（以碱式氯化铜的形式）。其中碱式氯化铜具有较高经济价值，可用作饲料添加剂、农药或医药中间体、木材防腐剂。该技术对急性毒性去除率高于 90%，进水 $Cu^{2+}$ 浓度可从 8 000 ～ 20 000 mg/L 降至低于 1 mg/L，满足后续生物处理要求。碱式氯化铜可产生经济效率 26.74 ～ 95.38 万元 / 年。

2）合成制药综合废水分质处理生物共代谢复配功能菌强化 ABR-CASS 生物处理技术。使用二级 ABR-CASS 工艺处理，针对性处理高浓度难生物降解制药废水（磷霉素、吡拉西坦、左卡、金刚烷胺）。将其与含有低污染物浓度的生活污水按照 1 : 1 ～ 1 : 5 的比例混合后，利用易降解污染物产生的酶加速难降解物质分解，同时提供能量给处理难降解物质的微生物。ABR 可有效水解大分子的难降解物质为小分子物质；CASS 不仅针对有毒有害物质增加了反应区，而且为提升脱毒效率增加了复配功能菌。该组合工艺可高效去除苯酚、对甲苯酚和邻苯二甲酸酯等毒害物（去除率 >90%），处理后废水可达《城镇污水处理厂污染物排放标准》（GB 18918—2002）中的三级排放标准且 COD 处理费为 5.3 ～

5.7 元 /t。

3）制药污泥臭氧氧化预处理 - 厌氧消化技术。含难降解有机物的制药污泥具有可生化性差、难于生物降解的显著问题。本技术为增强制药污泥的可生化性，使用微生物将其中残留的高分子原料药降解为有机小分子化合物（水力停留时间 3～5 d）。污泥经储泥池搅拌均匀后进入臭氧氧化反应柱（干重 100 mg/g），将各种大分子（包括原料药母体及中间体）有机物部分转化为小分子易降解有机物，提高可生化性。臭氧氧化预处理后的污泥进入搅拌池，去除污泥中残留的臭氧，充分消耗其中自由基。搅拌后的污泥进入厌氧消化反应罐，进行中温厌氧消化，去除难降解有机物，同时通过收集甲烷气体实现污泥资源化利用。工艺运行处理成本为 30～50 元 /t。

（2）工艺流程

1）小檗碱含铜废水分质处理技术的工艺流程为“废水调节水质 - 沉淀结晶 - 大孔树脂吸附回收 - 尾水排入生化池”。含 8 000～20 000 mg/L 硝基芳香烃的高浓度小檗碱含铜废水，首先进入调节池均衡水质水量；出水提升进入反应池，投加碱调节 pH 至 6 左右，反应时间为 0.5 h；进入箱式压滤机，反应停留时间为 2 h；滤液进入 2 级大孔树脂柱，吸附小檗碱和铜离子，出水铜离子低于 1 mg/L，铜离子的去除率大于 90%，吸附出水进入生物池，处理后实现达标排放。

2）合成制药综合废水生物处理部分采用两级四段工艺，实施串联加并联污水生物处理。厂区的低浓度废水与生活污水混合后进入综合污水处理厂，高浓度废水经污水运输专线进入综合污水处理厂。高浓度废水进入调节池，在此与低浓度废水按照 1∶1～1∶5 的比例混合，再进入一级 ABR 反应池，经深度水解处理后进入一级 CASS 好氧强化生物池，CASS 池的 DO 浓度大于 6 mg/L；经两段生物处理的高浓度废水与低浓度废水混合，再依次进入二级 ABR 反应池（HRT 为 20～30 h）和二级 CASS 好氧强化生物池（DO 浓度大于 6 mg/L，HRT 为 15～20 h），废水处理后分离达标排放。

3）制药污泥臭氧氧化预处理 - 厌氧消化具体流程如下：制药污泥进入储泥池，水力停留 3～5 d，微生物将药物原材料长链高分子化合物转化为有机小分子化合物，水解部分药物母体及中间体，增加可生化性。储泥池搅拌均匀的污泥进入臭氧氧化反应柱，在臭氧量为 100 mg/g，将污泥大分子难降解有机物部分转化为小分子易降解有机物，进一步提高可生化性。臭氧氧化预处理后的污泥进入搅拌池，在缺氧状态下去除污泥中残留的臭氧。搅拌后的污泥进入厌氧消化反应罐，进行中温厌氧消化，消化温度 33～37℃，污泥停留时间 10～15 d，反应 pH 为 6.5～7.5。

## 2.2 典型行业水污染控制成套技术成果与应用

### 2.2.1 石化行业水污染控制成套技术成果与应用

石化行业是我国废水污染物排放关注的重点行业，也是“水十条”重点关注的行业之一。随着《石油炼制工业污染物排放标准》（GB 31570—2015）、《石油化学工业污染物排放标准》（GB 31571—2015）等行业污染物排放标准的颁布与实施，对石化行业水污染控制提出了更高的要求。提高排放标准、降低治理成本是石化废水污染控制的核心。结合石化综合污水水质特点和目前治理中存在的主要问题，采用物化、生化和物化 - 生化结合的处理方法分别形成技术突破，中试应用情况良好。

（1）石化废水物化处理方法

石化废水的处理，物化方法主要有混凝、气浮、电解及高级氧化技术等。高级氧化技术与普通化学氧化相比，能产生大量的氧化能力强的·OH，·OH 作为反应的中间产物，可诱发链反应，无选择性地直接与废水中的污染物反应并将其氧化为二氧化碳、水和无害物质，不会产生二次污染。

1）多技术协同催化臭氧氧化处理腈纶废水技术研究

利用抚顺石化腈纶厂干法腈纶废水难降解且有毒有害的特性，对难降解类石化特殊装置（丙烯腈 - 腈纶、己内酰胺、环氧氯丙烷、环氧丙烷、间甲酚、2,6- 二叔丁基对甲酚、精对苯二甲酸、萘系列和催化剂生产装置）工业废水达标处理技术进行科技攻关，研发适用于难降解、有毒有害工业废水的高效物化 - 生化耦合处理技术与成套装备。

臭氧高级氧化技术处理干法腈纶废水实验装置（见图 2-1）的主体部分为臭氧接触氧化塔，材质为有机玻璃。臭氧接触氧化塔高 950 mm，顶部直径 250 mm，底部直径 150 mm，有效容积 23.7 L，有效水深 900 mm。该装置采用自吸式气液混合泵向反应器中送气，增加臭氧在水中的接触面积，进而增强气液混合效果。反应器进水口前加装针型阀，易于控制进水流速。整套实验系统为密闭环境，尾气利用臭氧尾气吸收瓶吸收，走水管路选用 PVC 管，走气管路选用防臭氧型硅胶管，可有效避免臭氧对人体的危害。

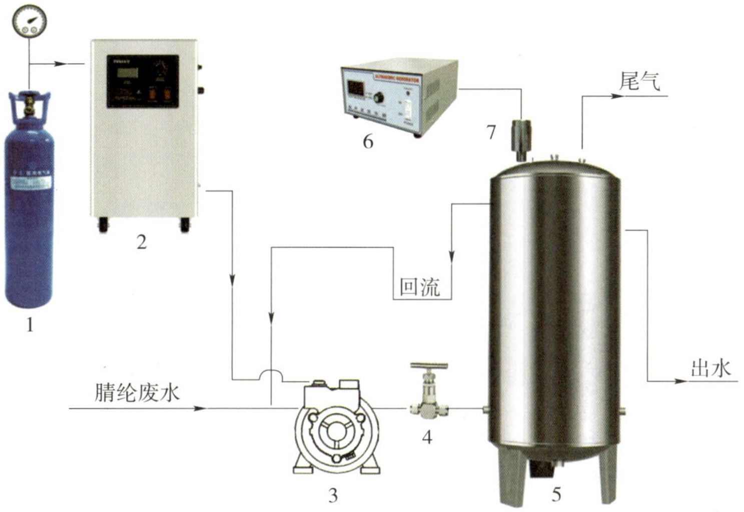


1—氧气瓶；2—臭氧发生器；3—气液混合泵；4—针型阀；5—臭氧接触氧化塔；
6—超声波发生器；7—超声波换能器

图 2-1　臭氧高级氧化小试试验装置示意图

臭氧与其他技术联用，可提高臭氧的利用率和氧化能力，减少臭氧投加量，降低处理成本。超声能够加速臭氧分解，通过提高降解速率。由于投加了臭氧，超声空化效应产生的极端条件从以空化气泡为中心的小范围扩大到周围液体。臭氧与超声联用，产生更多的自由基，会显著加快反应速率，提高有机物去除效率。超声功率是超声发生器的一个重要参数，会影响臭氧与超声联用处理废水的效果。赵朝成等研究超声和臭氧联合处理含酚废水时发现，超声功率越大，反应速度越快，酚的去除率越高，声能密度为 0.1 w/mL 时，酚的去除率为 75% 左右，当声能密度增加到 0.2 w/mL 时，酚的去除率可达到 85% 以上。

2）臭氧催化氧化深度处理丙烯腈 - 腈纶尾水技术

臭氧催化氧化深度处理丙烯腈 - 腈纶尾水技术用于处理腈纶厂生化处理尾水。该技术采用负载型非均相催化剂，进行中试试验。中试选用的催化剂具有稳定性高、反应条件温合、寿命长的优点。中试结果表明该工艺对有机物和色度的去除率高，而且处理成本远低于 Fenton 等高级氧化技术。此外，该工艺不引进任何盐类，废水可回用。

图 2-2 为臭氧催化氧化中试装置工艺流程，进水为腈纶厂废水处理装置二沉池出水。催化塔有效容积为 450 L，臭氧发生器出口臭氧量为 15 g/h。

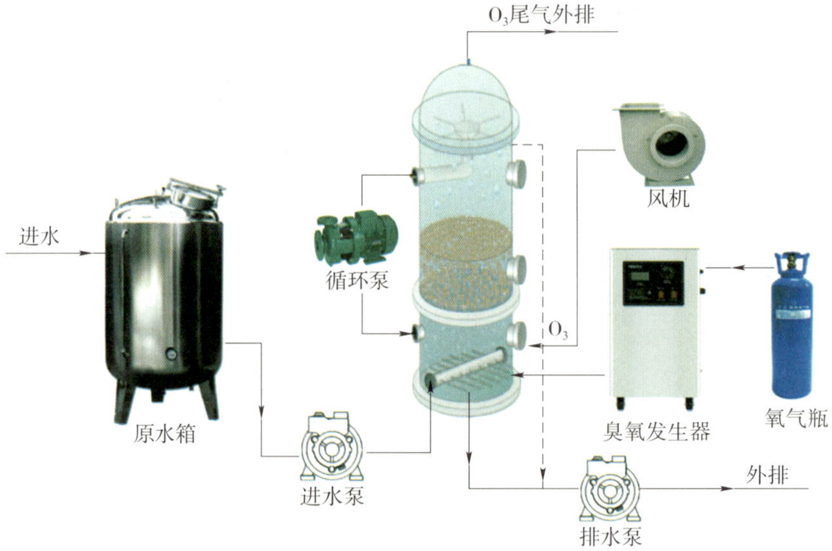


图 2-2 臭氧催化氧化中试装置工艺流程

腈纶厂废水生化出水 COD 为 60～80 mg/L，在接触氧化时间为 1 h，臭氧投加量在 45 mg/L 的条件下，臭氧催化氧化技术可以实现 COD 降至 50 mg/L 以下（均值为 35 mg/L），运行费用为 0.65 元 /t 水（电费与液氧费用），效果较好且成本较低。

3）“微孔分子筛吸附—光催化降解”联合处理丙烯腈生产废水

丙烯腈生产废水是石化工业废水中最难处理的一类废水，含有高浓度有机污染物，采用单一的处理方法或目前常用的生物处理法均不能有效降解，出水无法满足相关排放标准。因此研发“微孔分子筛吸附—光催化降解”技术用于处理丙烯腈生产废水。此技术拟采用水热合成法制备微孔分子筛吸附剂，用于丙烯腈生产废水的吸附预处理，再与可见光光催化技术联用，强化去除高浓度有机污染物，实现对丙烯腈生产废水的高效净化和达标排放。此技术成本费用较低、操作简单、处理效率高、二次污染少，有较高的应用价值。

CS-Z1 分子筛吸附—光催化降解联合处理工艺流程如图 2-3 所示。

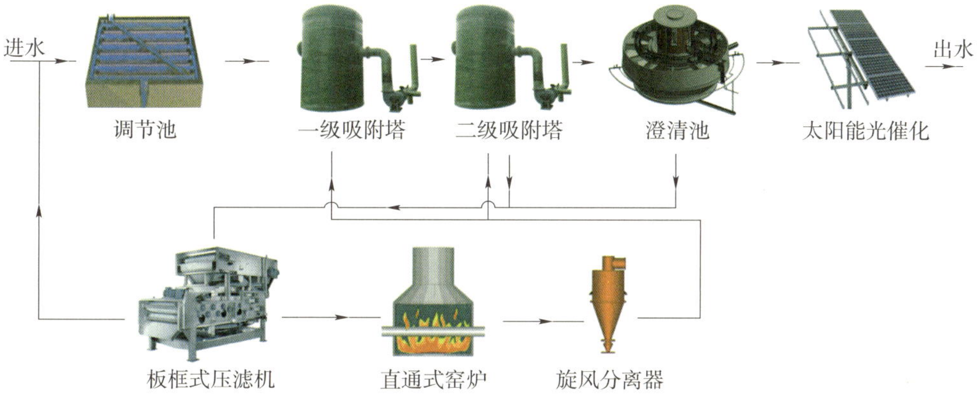


图 2-3 CS-Z1 分子筛吸附—光催化降解联合处理工艺流程

总体来说，分子筛吸附—光催化降解联合处理工艺共涉及 5 个系统：

①进水 pH 调节系统，主要包括在线 pH 计、吸附系统的进水泵、液位控制器、搅拌系统、酸碱加药系统。污水首先进入系统 pH 调节池，内置的 pH 计对进水水质进行实时监控，并将检测的 pH 数据反馈到装置控制柜的 PLC，进水泵进入预备工作状态，等待液位控制器的信号（多路信号输出）。当液位达到设定的高度时，进水泵开始工作。水体在调节池中停留 15～20 min 后进入分子筛吸附系统。

②分子筛吸附系统主要包括一级吸附塔、二级吸附塔和澄清池，其设计处理能力为 85 t/h。吸附装置配有独立的控制柜，可以设置并控制吸附装置运行时的工作参数，如进水流率、搅拌速度、悬浮状态控制、进水 pH 等。装置运行时连续进水且连续出水，水体在经过吸附系统的处理后 TOC 浓度可降至 250 mg/L 以下，氨氮基本达标，之后再进入光催化降解系统进行深度处理。

③太阳能光催化降解系统的设计处理能力为 85 t/h，同样配有独立的控制组件，用于设置和控制进水流率、搅拌速度、悬浮状态控制、进水 pH 等工作参数，以及光照强度、倾斜角度、折流方式等运行状态，系统连续进出水，经光催化降解处理后水质可达标排放。

④分子筛回收系统包括板框式压滤机、直通式窑炉和旋风分离器，其设计处理能力为 8～10 t/d。压滤机将从一级、二级吸附塔底部排出的泥浆进行压滤

排水处理后，送入窑炉焙烧，形成干燥粉体，并通过旋风分离器分离后再次进入吸附塔内。经回收处理后，每日分子筛损失可以控制在 1% 以下。

⑤辅助系统，包括供电、高压空气、消防和给排水系统，以及进出水管线、检修通道、围栏、扶梯等，均可在控制柜上调节并控制参数。

分子筛吸附—光催化降解联用技术是环境友好型水处理技术，具有一系列优势：具有较强的适应能力且可在线调整处理参数的系统，确保出水水质稳定达标，工艺流程短，反应迅速；可自动化控制管理的系统，操作简单；处理成本低、不需添加药剂、占地面积少且设备维护量小，员工劳动强度低。

4）乙烯厂下水“絮凝沉淀 - 多介质过滤 - 双膜法”回用技术

絮凝沉淀 - 多介质过滤 - 超滤 - 反渗透组合技术，不仅可减排石化乙烯厂污染物，同时可节约和回收水资源。其中，絮凝沉淀用于去除污水中粒径较大悬浮物与有机物；多介质过滤可高效截留污染物，满足后续深度处理要求；超滤深度去除悬浮物及胶体有机物；反渗透最后进行深度脱盐、脱有机物，以确保处理后水质达标回用（循环水补水）。

絮凝沉淀 - 多介质过滤 - 双膜法集成处理工艺流程如图 2-4 所示，工艺前段选择了高效絮凝澄清与过滤技术，不仅可有效去除悬浮物与有机物，削减超滤与反渗透处理的压力，同时因清洗程序设计合理，可保证后续处理保持在最佳运行状态。此外，该组合工艺在降低了运行成本的同时降低了用水成本，因采

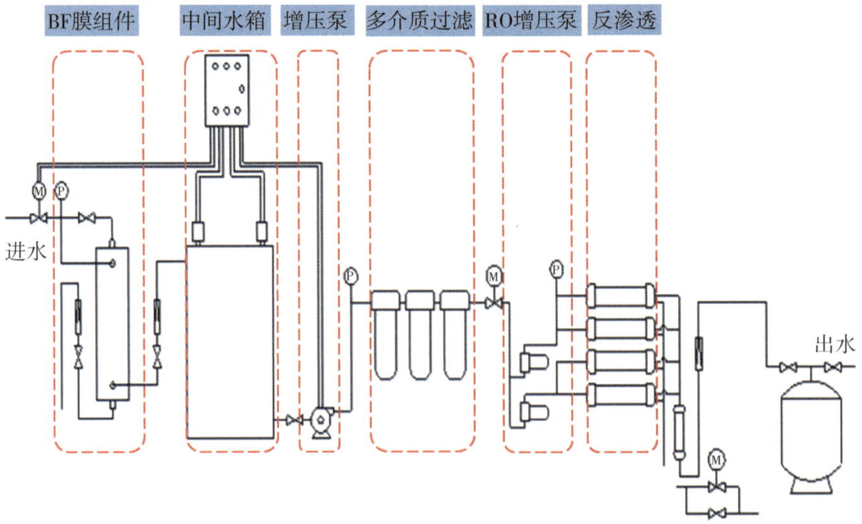


图 2-4　絮凝沉淀 - 多介质过滤 - 双膜法集成处理工艺流程

用成本较低的絮凝剂（如聚合氯化铝与聚丙烯酰胺），且极大地降低了膜组件更换频率，将整体运行成本降低为 2.68 元 /t 左右；废水处理后达标回用，可为企业节水超 220 万 t/ 年（成本降低超 300 万元 / 年）。

该组合工艺的核心是反渗透过滤技术，采用目前最为先进与节能的膜分离技术，孔径较小的反渗透膜可有效去除（去除率达 97.0%～98.0%）污水中多种污染物，包括有机物、胶体、盐类与微生物。本组合工艺合理设计了技术流程且采用单元工艺技术，以满足乙烯废水处理与回用的要求。该工艺为乙烯下水回用处理提供了具有创新思路的技术，各工艺可独立完成处理目标，是后续处理可高效且低成本运行。在高效絮凝与截留有机物及悬浮物的同时，实现深度脱盐。综上，该组合技术在处理流程与单元技术方面具有先进性。

（2）石化废水生化处理方法

现有的生化处理石化废水的方法（如 SBR 法、厌氧水解法、“厌氧 - 好氧 - 活性炭”法和两相厌氧法等）虽具有一定效果，但普遍具有硝化菌培养困难、TN 去除率低与出水 $COD_{Cr}$ 较高等问题。

1）多格室脱氮型膜生物反应器

本试验结合传统的生物脱氮与生物膜技术，采用新型 Biofringe 填料，设计了多格室脱氮型膜生物反应器，并考察了其运行特性，将腈纶废水进行了中试处理。

试验装置选用白钢材质，总有效容积为 3.9 $m^3$，如图 2-5 所示，由 7 个格室组成。运行中，进水经进水泵泵入进 1MBR 水槽，经反硝化的 2 缺氧格栅后靠重力依次流入硝化反应的好氧格室（3～7），再进入 8 膜分离格，出水由抽吸泵通过膜组件抽出，8 膜分离格底部设有 10 排泥口，8 膜分离格内部分混合液由回流泵回流至 2 缺氧格栅。

MBR 进水槽后设置装有搅拌机的缺氧格室 1 个；好氧区由 5 个格室串联，单个格室内呈完全混合式流态，反应器整体呈推流状态，污泥可随硝化液（混合液）回流，活性污泥延时曝气时，微生物为内源呼吸期。每个好氧格室分隔为 2 个区域（1 : 2），曝气装置装于格室 1/3 底部，剩余部分挂高效的 Biofringe（BF）新型填料。日本 NET 株式会社研发的该材料对微生物由较好吸附性，其由亲水性聚酯纤维构成，具有高空隙率和比表面积。整个反应器共放置了 16 束每束长为 2 m 的 BF 填料（规格为 D100 mm × 2 000 mm），1 束置于缺氧格，3 束置于每个好氧格的 2/3 廊道中。缺氧格和好氧格在搅拌机、水循环泵和曝气管的共同作用下，进行各自单元内水力循环。好氧格后设置底部装有穿孔曝气管的膜分离格室，膜格室内放入 3 片膜孔径为 0.2 μm 的浸入式中空纤维膜组件（帘式，天津膜天膜科技公司的），膜材质为聚偏氟乙烯。

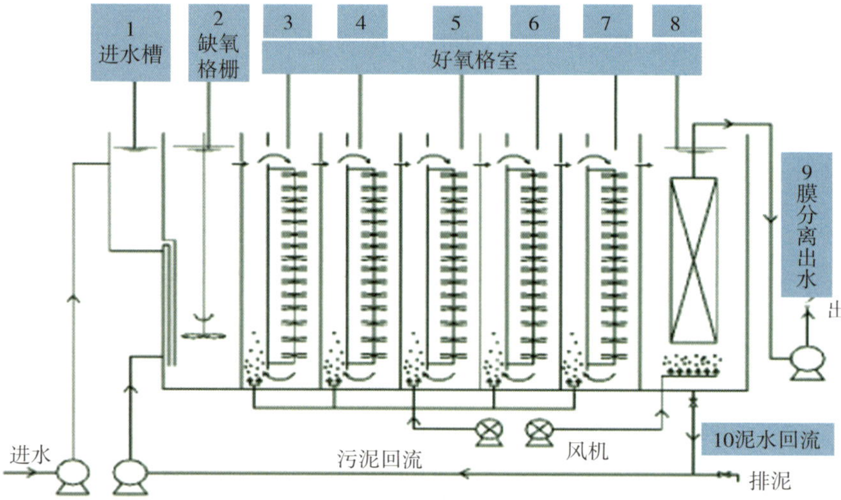


图 2-5　多格室脱氮型膜生物反应器流程

2）厌氧氨氧化生物滤池处理高氨氮石化废水

厌氧氨氧化（Anammox）法是一种低成本的迄今最具可持续发展特性的生物脱氮技术。该技术通过自养的生物过程直接将 $NH_3$-N 转化为 $N_2$，因能同时去除 $NH_4^+$ 和 $NO_2^-$ 两种氮素，相对于传统工艺具有成本低且避免二次污染等优点，如不需要外加有机碳源进行反硝化、完全不需要氧气、不需要酸碱中和以避免二次污染等。

试验装置有效装填容积为 4.24 L，如图 2-6 所示，有主体设备生物滤池反应器及出水水箱、恒温加热控制器、蠕动泵等设备。本装置采用上向流生物滤池反应器，由高 150 cm 且内部直径为 14 cm 的有机玻璃柱制成。采用已完成 ANAMMOX 细菌挂膜的火山岩滤料（粒径为 2.0～5.5 mm），填充高度为 130 cm。为维持温度恒定，反应器外层包裹保温材料，温度通过恒温加热器控制。为确保厌氧氨氧化的温度恒定，在上向流生物滤池上加保温膜并对出水管道进行二次加热，具有一定的避光作用。

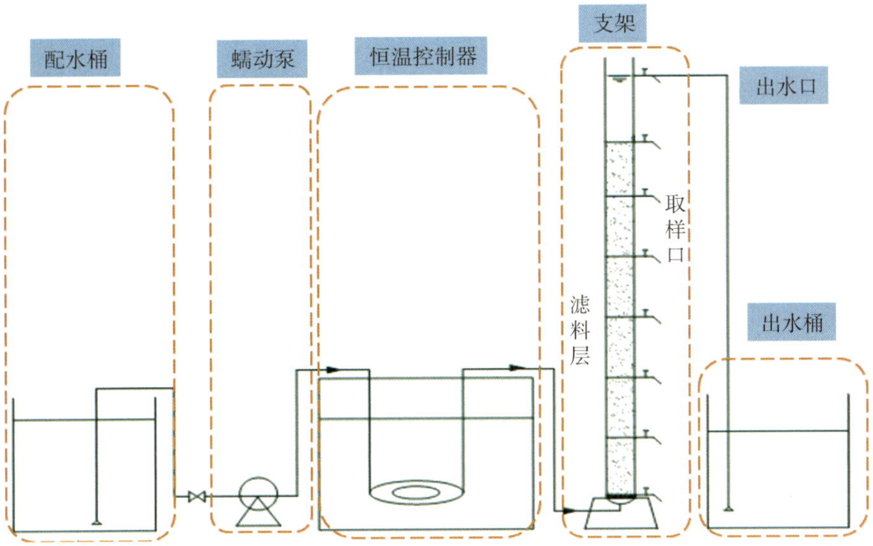

图 2-6 试验 ANAMMOX 生物滤池装置示意

3）多级缺氧 - 好氧移动床生物膜法

腈纶厂废水具有生物毒性大且难降解有机污染物浓度高等特点。为有效提高腈纶废水的出水水质，对原有生化工艺进行适当的升级改造和操作参数优化，形成多级缺氧 - 好氧移动床生物膜工艺，厌氧 - 微氧水解 - 反硝化 - 生物流化床 - 硝化的组合流程可减轻后续的难降解有毒有害腈纶废水深度处理的负荷。

按照腈纶厂废水处理流程（见图 2-7），模拟现有生化处理系统，进行多级缺氧 - 好氧移动床生物膜工艺中试试验，设计处理水量为 170 L/h。通过为期 50 d 的试验，结果显示经过优化的生化系统对 COD 与 $NH_4^+$-N 去除较稳定，出水达到《辽宁省污水综合排放标准》（DB 21/1627—2008）中的一级标准，该成果将为抚顺石化腈纶厂污水处理升级改造提供技术支持。

图 2-7 腈纶厂废水处理中试装置流程

（3）石化废水组合处理工艺技术

1）反渗透浓水“亚硝化/厌氧氨氧化-非均相电催化”处理技术

亚硝化/厌氧氨氧化-非均相电催化组合技术，该技术以亚硝化/厌氧氨氧化单元实现高浓度 $NH_3$-N 的脱氮，非均相电催化氧化技术将负载型羟基氧化铁作为固相催化剂和三维粒子扩展阴极，阴极区生成羟基自由基，与反渗透浓水中的 $NH_3$-N 和难降解有机污染物发生快速链式反应。该技术可连续使用，有效处理膜法产生的浓水，运行成本低，处理费用少，具有广泛的应用前景。

试验中，厌氧氨氧化单元控制反应温度为 30～35℃，停留时间 6 h，实现了厌氧氨氧化菌的快速倍增，提高实际废水的处理效率。厌氧氨氧化菌倍增时间为 0.09 /d，对 $NO_2^-$-N 与 $NH_4^+$-N 的去除率均可达到 90.0% 以上。试验表明，应用亚硝化/厌氧氨氧化-非均相电催化技术处理抚顺石化反渗透浓水，出水 COD 浓度低于 50 mg/L，COD 去除率高于 80.0%，，其一价盐通过率为 67.0%，二价盐通过率为 15.0%，实现了石化反渗透浓水的高效处理。

2）腈纶废水“多格室脱氮型 MBR-臭氧高级氧化”处理技术

进水采用干法腈纶废水处理工艺的厌氧池出水，经过 MBR+$O_3$ 的组合工艺，对 MBR 出水进行了深度处理，在实现腈纶废水的资源化利用的同时 MBR 处理后的腈纶废水达标排放。

试验过程中根据运行状况排泥，SRT 约为 20 d，污泥浓度约为 5 000～6 000 mg/L。回流比固定为 100%，逐步延长水力停留时间，考察不同 HRT 下腈纶废水中 COD、氨氮的去处效果，选择最佳 HRT；保持水流停留时间最佳，通过调整回流比，考察 TN、COD 的去除效果，选择最优回流比；通过出水氨氮、COD 的情况选择适宜气水比；从出水 pH、氨氮和硝化率三方面考察系统碱度需求量；反应器回流比调至 200%，考察碳源的需求量，改进反应装置，对比脱氮性能差异；最终确定采用 MBR+$O_3$ 的组合工艺。

臭氧发生器采用空气源，处理单元由 $O_3$ 氧化塔和 $O_3$ 接触停留池两部分组成。该工艺流程依次为进水、多格室脱氮型膜生物反应器、$O_3$ 氧化塔、$O_3$ 接触停留池、出水。

如图 2-8 所示，污废水处理工艺由“缺氧-好氧-膜分离”增加缺氧模块后，变为“缺氧-好氧-缺氧-膜分离”，即将工艺中第 5 个好氧格室改造为缺氧 2 池，并将系统脱氮过程中额外投加的碳源投至其中；将好氧格室 4（硝化段格室）与膜分离格室的混合液回流至缺氧池 1 进行反硝化作用的同时补充污泥。

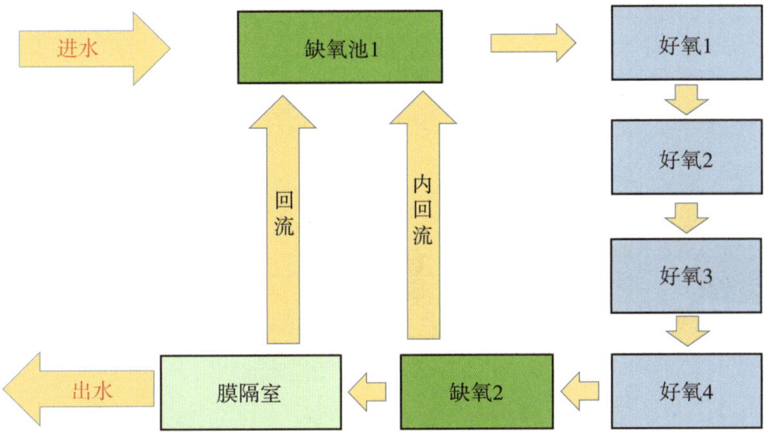


图 2-8　A/O-MBR 系统改进后处理工艺流程

升级后的双回流 MBR 反应装置对 N 的去除程序为：

①泥水混合硝化液的进水（腈纶原水和部分回流）入缺氧池 1，反硝化细菌利用水中的碳源将硝酸盐氮代谢为 $N_2$；

②混合液一并进入好氧 1～4，即多硝化段格室，在这里原水中的 $NH_3$-N 及有机氮转化成的 $NH_3$-N 被硝化菌代谢为硝酸盐氮后消化液分为 2 个路径，一路通过内回流至缺氧池 1 进行反硝化，一路直接进入缺氧 2 池，在外加碳源的条件下，有效去除硝酸盐氮；

③最终混合液进入膜分离格室，少量有机氮转化成的 $NH_3$-N 在膜分离格室（好氧格室）又被转化为硝酸盐氮，该硝酸盐氮或随泥水混合硝化液回流至缺氧池 1 被去除，或随水直接排出。由于后续转化为 $NH_3$-N 的有机氮含量很低，故最终出水 $NH_3$-N 含量也很少。

3）生物强化与催化氧化协同技术

部分石化废水中还有浓度较高的芳香族等有毒有机物与硫酸盐，经处理后二级出水中仍含有胶体与难降解的有机物。该类高负荷废水很难被单一臭氧催化氧化处理，由于催化剂易被污染，出水稳定性无法保证。

采用微氧水解酸化 -A/O- 微絮凝砂滤 - 催化臭氧氧化组合工艺技术，能够降低石化废水的处理成本，提高出水水质。该组合工艺流程如图 2-9 所示，主要由初沉池、微氧水解酸化池、中间沉淀池、缺氧 / 好氧反应池、二沉池、微絮凝砂滤池和臭氧催化氧化池组成。污水经初沉池沉淀后，由配水池打入微氧水解酸化池，出水经沉淀进入缺氧/好氧反应池；出水经二沉池沉降后进入微絮凝砂滤池，二沉池污泥回流至缺氧段；二沉池出水在进入微絮凝砂滤池前于管道混合器内完成混凝过程；微絮凝砂滤池出水重力流进入臭氧催化氧化池，臭氧从反应池底部进入，与污水进行逆向接触；尾气经氧化池上部臭氧破坏器破坏后排放。

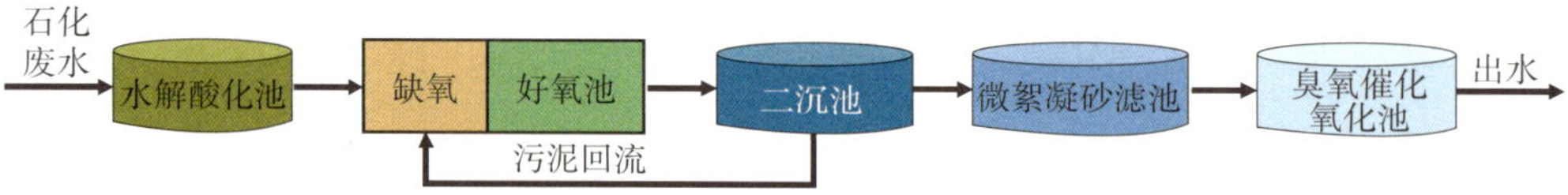


图 2-9　石化废水处理工艺流程

采用微氧水解酸化，可将难降解的大分子有机物转化为易降解的小分子有机物，有效抑制硫化氢的产生，适用于硫酸盐含量较高的石化废水。有害气体硫化氢的产生主要在水解酸化池，通过通入微量空气，控制曝气强度，可有效抑制硫化氢的产生，促进微生物胞外酶的分泌，提高难降解有机物的水解酸化效率。微氧水解酸化池的水力停留时间为 12～15 h，缺氧/好氧池的水力停留时间为 20～30 h，污泥回流比为 100%。微絮凝砂滤池中聚合氯化铝投加量为 5～10 mg/L，滤速为 7 m/h 的条件下，废水中悬浮物去除率大于 70%，减少悬浮物对臭氧的无效消耗；微絮凝砂滤池对分子量大于 3 000 的物质和疏水性有机物去除率较高，而臭氧催化氧化易于去除分子量小于 3 000 的物质，微絮凝砂滤单元和臭氧催化氧化单元高效耦合，实现了废水中悬浮物、胶体有机物和难降解小分子有机物的去除，出水水质稳定达标。

4）大型石化企业水污染全过程控制

采用“微氧水解酸化 - 缺氧/好氧 - 微絮凝砂滤 - 臭氧催化氧化”工艺对吉林石化公司综合污水处理厂进行提标改造，并根据水污染全过程控制的理念，提出了生活污水 + 炼油废水与化工废水分质处理方案。该方案中废水深度处理单元仅处理难降解有机物含量较高的化工废水，可节约建设投资近 8 500 万元。

运用该工艺后，吉林石化公司总排水中有机污染物检出种类显著减少，COD 从 94 mg/L 降至低于 60 mg/L，出水常规及特征污染物指标均满足《石油化学工业污染物排放标准》（GB 31571—2015）。排水的生物毒性指标（藻毒性、溞毒性、鱼卵毒性、致突变性和发光细菌毒性等）控制水平达到德国化工污水排放标准，保障了排水的生态安全，有助于改善松花江流域水环境质量，促进水生态恢复。

### 2.2.2 制药行业水污染控制成套技术成果与应用

东北某制药厂是辽河流域最大的制药企业。该厂自建的污水处理厂出水基本达到行业排放标准，但该厂仍存在黄连素、磷霉素钠等抗生素废水难以处理的问题。

针对该厂难降解制药废水处理问题，研发了高级氧化 -UASB-MBR 耦合、铁碳微电解回收铜、铜离子结晶沉淀 - 树脂吸附、湿式氧化 / 磷固定化等集成关键技术，建成黄连素、含铜及磷霉素钠等 4 种制药废水的中试处理系统，目前已实现工程化应用。废水经过厂区污水处理厂处理后出水可达到《污水综合排放标准》（GB 8978—2002）中的三级标准，COD 负荷日削减量约为 1 t/d。该研究突破了难降解制药达标排放的关键技术，为辽河流域制药行业废水处理提供技术支撑。

（1）黄连素制药废水的 Fenton 氧化 -UASB-MBR 组合处理技术

黄连素是一种抗生素类药物，其成分复杂，主要采用天然植物提取和化学合成。黄连素制药废水属于高浓度有机制药废水，其微生物毒性较强，因此其好氧或厌氧处理均有困难，不利于相关废水处理工程的正常运行。

Fenton 氧化 -UASB-MBR 组合工艺（见图 2-10）通过 Fenton 氧化提供废水的可生化性，并利用 UASB 中污泥颗粒和 MBR 中微滤膜的菌体固定和截留能力，富集黄连素高耐受性和高效降解菌群，强化生物处理效果，实现黄连素废水中盐酸黄连素和高浓度有机物的高效去除。

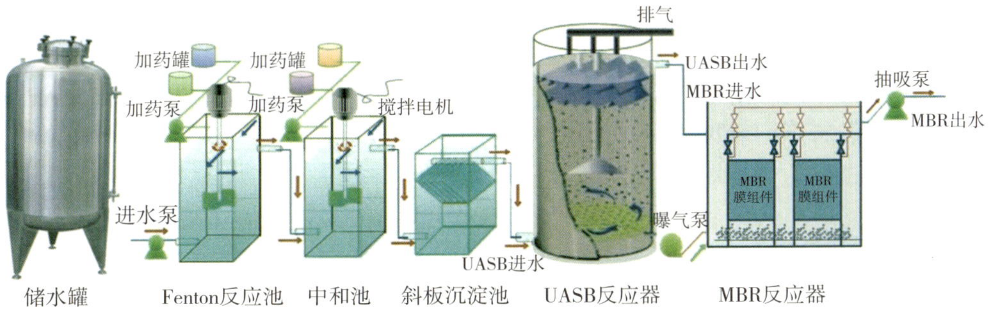


图 2-10　中试系统及其 UASB-MBR 组合工艺流程

经研究获得 Fenton 氧化的最优条件［pH=3.07、$H_2O_2$/COD=0.75、Fe/$H_2O_2$ 摩尔比为 0.05、流量为 250 L/h（HRT=1 h）］，该条件下黄连素去除率为 87.15%，COD 去除率为 25.5%。对 Fenton 预处理后黄连素废水进行 UASB-MBR 组合工艺中试，在进水 COD 为 2 576～3 138 mg/L，黄连素浓度为 19.2～400 mg/L 条件下，组合工艺对黄连素和 COD 的最高去除率均高于 95%，出水 COD 低于 150 mg/L，最低出水黄连素浓度在 0.5 mg/L 以下。中试 UASB-MBR 组合工艺可以有效处理 Fenton 预处理后黄连素废水中黄连素和其他污染物。

（2）湿式氧化 - 磷酸盐固定化处理磷霉素废水的研究

磷霉素制药废水主要含有有机磷原料、中间体、副产物和成品磷霉素，此外还含有醇类、苯胺类等溶剂和添加剂。此类制药废水有机物浓度高，抑菌性强，因此废水微生物毒性较大，极难降解，目前磷霉素制药废水处理的相关研究较少。

湿式氧化是在高温、高压（T=398～593 K，P=0.5～20 MPa）条件下，利用氧化剂（空气、氧气或过氧化氢、过氧化物等）氧化分解有机物的液相氧化技术。湿式氧化技术具有普适性，可将大部分难降解、有毒有机污染物部分氧化为易于生物降解中间体。作为目前最有效和最具有应用前景的废水预处理技术，该技术适用于处理极高浓度有毒有机废水。

因此，采用湿式氧化 - 磷酸盐固定化组合工艺对磷霉素制药废水进行处理。湿式氧化在 GSH-1 型高压反应釜中进行，废水中 COD 为 72 750 mg/L，TOP 为 8 225 mg/L。在优化的试验条件下（T=200℃，氧分压 =1.0 MPa，废水初始 pH=11.0），湿式氧化工艺对磷霉素制药废水中 TOP 的去除率高达 99%，对 COD 的去除率可达 54%。研究表明高反应温度、高氧分压、高废水初始 pH 有利于 TOP 和 COD 的去除。磷酸盐固定化回收可采用沉淀法或结晶法，在 $Ca^{2+}$ 与 $PO_4^{3-}$ 摩尔比为 2：1 和 $Mg^{2+}$、$NH_4^+$ 与 $PO_4^{3-}$ 摩尔比为 1.1：1：1 的条件下，沉淀和结晶法对废水中磷酸盐固定化回收率均高于 99.9%，残留 $PO_4^{3-}$-P 在 5.0 mg/L 以下。湿式氧化 - 磷酸盐固定化组合工艺不仅有效去除高浓度有机磷化合物，而且对废水中的磷进行回收利用，为其他含高浓度有机磷化合物的有毒有机难降解废水的处理和资源化提供借鉴。

（3）铁碳微电解工艺回收铜的工艺研究

含铜废水的处理方法包括沉淀法、电解法、吸附法等，但这些处理方法均存在一定不足。化学沉淀法后期分离难；电解法能耗高且回收过程繁琐，难以规模化应用；吸附法成本高，处理高浓度废水的效果较差。为了解决上述问题，改进了铁碳微电解技术，实现了对废水中高浓度铜离子的高效回收以及资源化利用。

铁碳微电解是一种利用金属的腐蚀电化学过程处理废水的工艺。该工艺对难降解有毒工业废水的处理效果好，运行成本低，且具有“以废治废”的特点，被广泛用于处理印染、制药、石化、电镀等工业废水。

黄连素制药废水中含有高浓度的 $Cu^{2+}$，对其资源化回收利用将产生显著的经济效益。如图 2-11 所示，对黄连素含铜废水进行微电解反应，压滤后将滤液与生活污水混合后进行生化处理；对滤渣进行焚烧、提纯、酸化后制得 $CuCl_2$ 成品；$CuCl_2$ 成品又可作为黄连素生产过程中的催化剂原料，从而实现铜的循环利用，每吨黄连素含铜废水可回收铜 12～13 kg（以 Cu 计）。该工艺有效避免了铜的无效消耗，在降低了成本的同时减少了环境污染。

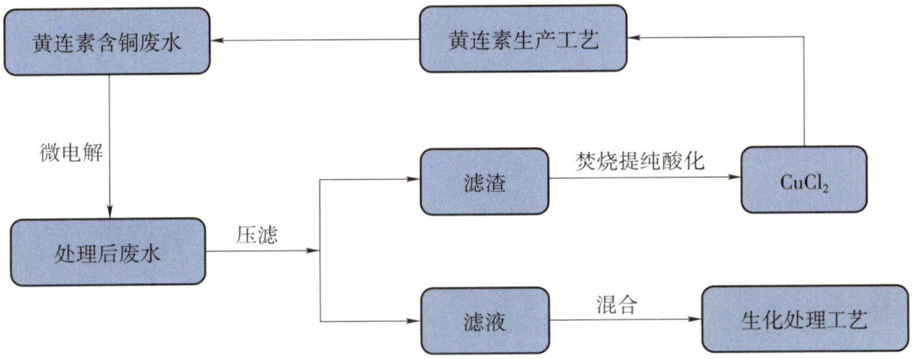


图 2-11　含铜黄连素废水处理及铜回收工艺流程

采用该工艺对初始 $Cu^{2+}$ 浓度为 20 000 mg/L、黄连素浓度为 1 700～1 900 mg/L 的含铜黄连素制药废水（pH=2.0～3.0）进行处理，投加 25 g/L 铁粉和 30 g/L 废炭，反应 90 min 后，黄连素的去除率大于 70%，$Cu^{2+}$ 的去除率在 99.9% 以上，出水中 $Cu^{2+}$ 质量浓度低于 20 mg/L，每吨水回收铜 12～13 kg，有效实现了废水中铜的回收利用，具有良好的社会经济效益。

（4）“沉淀结晶 - 树脂吸附”回收制药废水中的铜

化学合成法生产黄连素的脱铜反应过程产生含铜废水。采用“沉淀结晶 - 树脂吸附”工艺处理黄连素含铜废水，既能使废水达标排放，又可将废水中的 $Cu^{2+}$ 等有价物质以碱式氯化铜的形式回收。碱式氯化铜可用作农药中间体、医药中间体、木材防腐剂等，其经济价值较高。

该技术通过加碱控制废水 pH，能沉淀分离 99.9% 的 $Cu^{2+}$。沉淀物经压滤、清洗等处理后以碱式氯化铜的形式回收。采用树脂吸附的方式进一步降低上清液中 $Cu^{2+}$ 与黄连素的浓度，以满足后续工艺要求。废水处理工艺流程如图 2-12 所示。

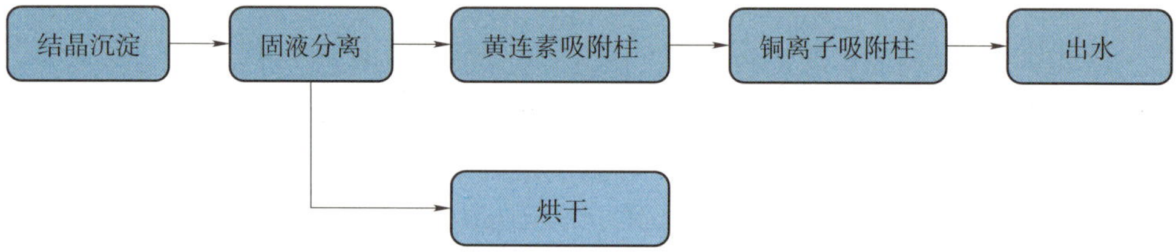


图 2-12 “沉淀结晶 - 树脂吸附”工艺流程

图 2-13 为中试试验流程，结晶沉淀搅拌反应器体积为 600 L，采用箱式压滤机对沉淀物进行固液分离，出水采用纸袋过滤器过滤；黄连素吸附柱体积为 50 L（流速 =1.0 BV/h），铜离子吸附柱体积为 10 L（流速 =1.0 BV/h）。

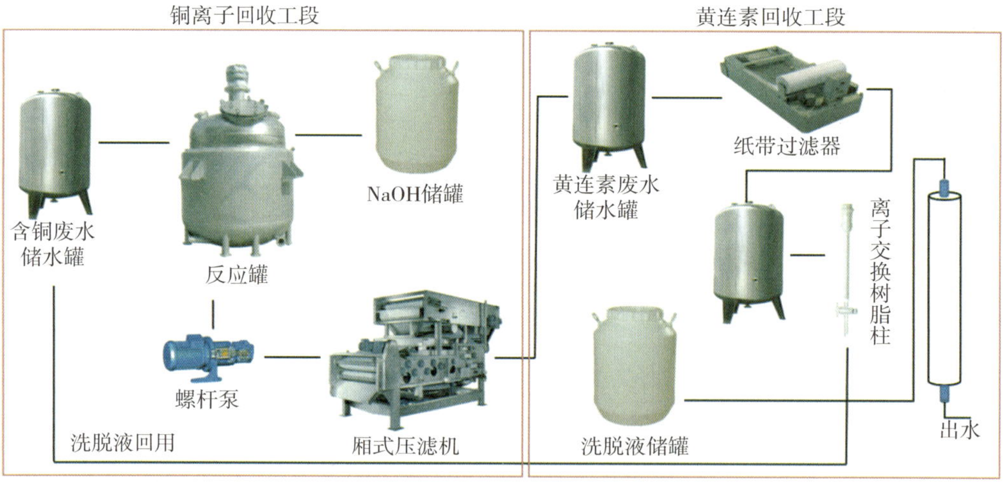


图 2-13 中试试验设计

“沉淀结晶 - 树脂吸附”技术应用于东北某制药厂，结晶沉淀反应器有效容积为 5.0 $m^3$，通过 pH 自动控制器将质量分数为 45% 的 NaOH 碱液添加到容器中，控制添加速度为 20.0 L/min，搅拌速度为 120 r/min。

搅拌罐进水和压滤机压滤时间均为 15 min/ 罐，与原工艺保持一致。加碱反应时间优化为 30 min/ 罐，每批（2 罐）周期可以缩短到 1.0～1.5 h。滤饼产量平均 650 kg/ 批，是原工艺的 1.4～1.5 倍，处理效率和能力都得到较大提升。经取样检测，滤饼铜离子含量为 23.4%，高出中试结果 3.4%，而经过该工艺处理后的 $Cu^{2+}$ 出水质量浓度低于 50 mg/L，效果显著。

一般来说，含铜黄连素废水的 pH 为 1.0～3.0，铜离子质量浓度为 8 000～20 000 mg/L，水质状况极差，经结晶沉淀处理后，出水 $Cu^{2+}$ 质量浓度低于 20 mg/L，$Cu^{2+}$ 的去除率可以达到 99% 以上；再经过树脂吸附后出水 $Cu^{2+}$ 质量浓度低于 1.0 mg/L，满足后续处理单元的水质指标要求。

# 3

# 污废水的资源化与能源化成套技术

Packaged Technology for Utilization of Sewage Resource and Energy

## 3.1 污废水的资源化与能源化成套技术理论与内涵

废水资源化是指将生产和生活的废弃用水经合理分类和科学处理后加以综合利用。环境工程中进行污水处理，是通过对污水的净化，实现循环利用水资源，通过对各种技术措施的有效借助，能够使微生物、少量的重金属元素等在污水中得以去除，实现对污水的循环利用，避免排放的污水污染其他水体，更高效地利用水资源。我国是一个严重缺水的国家，人均淡水资源量低，淡水资源的时空分布不均衡。据报道，我国人均淡水资源仅为世界人均水量的 1/4，是全球人均水资源较贫乏的国家之一。此外，由于我国重点河流湖泊大部分分布在长江以南地区，导致水资源地域分布不均，华北、西北由于干旱少雨，资源型缺水严重。重点流域人口稠密，经济较发达、需水量大，水资源开发利用率已接近或超过其承载能力，如辽河流域水资源开发程度达到 76%，淮河达到 53%，海河已超过 100%。

随着工业化、城镇化深入发展，水资源需求将在较长一段时间内持续增长，加之全球气候变化影响，水资源供需矛盾将更加尖锐，我国水资源短缺形势将更为严峻。对于工业废水，除了对其进行综合治理，直接排放和加以回用外，对其中有价值的成分可以加以回收利用，这样不仅解决了环境污染，而且能够产生额外的经济效益。直接处理与资源化相结合是治理工业废水污染的良策，也是社会可持续发展的大势所趋。

本章详细地介绍了污水的各种资源化和能源化利用技术内容，包括再生水回用技术、废水有机化学能能源化利用技术以及废水热能能源化技术等。

## 3.1.1 污水回用技术

污水回用技术根据机理可分为物理法、化学法、物理化学法和生物化学法等。具体包括混凝、沉淀、过滤、活性炭吸附、离子交换、膜分离与膜生物反应器、臭氧氧化、光催化氧化、加氯、紫外消毒等。为了提高处理效率，通常将不同技术进行组合应用以适应不同的回用要求。选择污水回用技术，必须考虑污水源和回用用途，从而确定污水回用需要达到的水质标准，选择适当的技术组成组合工艺。从污水源来看，污水回用首先从污染程度较轻、水质较好的城市污水开始，随后发展到水质较差的生活小区、工业园区和工业企业内部污水等。从污水回用用途来看，首先是对水质要求较低的农田灌溉用水、生活杂用水、绿化用水、景观用水、循环冷却水，再发展到回用于饮用水、化学脱盐水和锅炉给水等要求严格的用水。

根据不同的回用用途，通常将不同的工艺进行组合：经“混凝沉降—砂滤—离子交换”工艺处理后的再生水被用作工业循环冷却水；经“混凝—沉降—砂滤”工艺处理后的再生水回用于农田灌溉；经“曝气—混凝沉降—砂滤—臭氧生物活性炭”工艺处理后的再生水回用于景观娱乐用水；经“曝气—混凝沉淀—砂滤—臭氧生物活性炭—加氯消毒”工艺处理后的再生水被用作生活杂用水。此外，还有“臭氧—生物活性炭—膜分离”工艺、“活性炭吸附—光氧化”工艺、“活性炭—超滤”工艺等。

## 3.1.2 可持续的碳源回收处理技术

### 3.1.2.1 有机物厌氧消化产甲烷

厌氧消化是一种用无氧或缺氧环境下生长于污水、污泥和垃圾中的厌氧微生物群的作用，在厌氧条件下将有机物经水解酸化、气化而分解成稳定物质（甲烷和二氧化碳），病菌寄生虫卵被杀灭，达到减量化、无害化和资源化的复杂生物化学序列反应过程，可分为水解、产氢产乙酸和产甲烷阶段。研究人员指出，通过厌氧处理 COD 25 t/d 的剩余污泥可产生 $CH_4$ 7 000 $m^3/d$，相当于 25 GJ 的能量。若采用热电联产燃气机，则可获得 1.2 MW 的电能。

厌氧发酵产甲烷是一种最传统的废物能源化方法，因其能大幅降低 BOD 和 COD 含量及产生可再生能源等优点，广泛应用于高浓度有机废水、农林固体废物、餐厨垃圾、污水厂剩余污泥等处理方面。早在 1860 年法国工程师 Mouras 用厌氧方法处理经沉淀的固体物质，开启了厌氧生物处理的大门。至 20 世纪 50 年代，逐步开发出了腐化池、消化池及厌氧接触工艺，形成了第一代厌氧反应器。到 20 世纪 70 年代，人们开发出能够保持大量活性厌氧污泥的第二代厌氧反应器，如厌氧滤池、升流式厌氧污泥床反应器、厌氧接触膜膨胀床反应器等。它们的共同特点是可以将固体停留时间和水力停留时间相分离，使其固体停留时间可长达上百天。然而第二代反应器往往会发生短流或布水不均的问题，导致进水和保持的污泥不能具有良好的接触，从而使其实际应用受到限制。科学家针对此开发出了利于污水和污泥接触的第三代厌氧反应器，如厌氧颗粒污泥膨胀床、厌氧内循环、厌氧升流式流化床等反应器，目前在全世界得到广泛应用。

厌氧处理产甲烷不仅可以利用有机物生物能，还可以获得可观的“碳信用额”，以补偿因化石燃料发电所产生的负“碳信用额”。目前，大多石化燃料发电厂，产生 1 MW 的电要排放 $CO_2$ 20 t/d。而厌氧处理产甲烷所形成的“碳信用额”源于所产生的能量，而这部分能量可减少石化燃料发电的煤、油消耗量，故可大幅减少 $CO_2$ 的排放量。由此，厌氧处理对可持续发展起着重要作用。

#### 3.1.2.2 基于微藻能源的水 / 烟气联合处理技术

微藻是一类在水中生长的种类繁多且分布极其广泛的低等植物，可通过光合作用将 $CO_2$ 固定为有机碳（蛋白质、碳水化合物、油脂），藻细胞中的三酰甘油酯是制备生物柴油的主要原料，其含量可达微藻干质量的 30%～70%，是菜籽、花生、大豆等油料作物的 7～10 倍。微藻干质量包含 40%～50% 的碳，理论上计算培养 1 t 微藻生物质将捕获 1.83 t $CO_2$，其光合效率是普通陆生植物的 3.5 倍左右，因此微藻对 $CO_2$ 减排和能源生产都具有重要价值。绝大部分微藻不仅能通过自养方式利用无机碳源 $CO_2$ 完成自身的生长和油脂积累，在有机物存在时，还能利用有机碳源进行异氧呼吸，且通常情况下异养呼吸比自养呼吸更容易进行。因此，早在 20 世纪 50 年代，Oswald 和 Gotass 就提出将微藻技术用于污水处理，水中的有机碳、有机氮、无机氮和磷酸盐都可以成为微藻的营养物质来源。美国、日本、英国等国家相继启动了“水生生物种计划 ASP”

（1978—1996 年，2007 年重新启动）、“微型曼哈顿计划”（2006—2010 年）、“藻类生物燃料技术路线图”（2009 年）、“地球研究更新计划技术”（2010 年）等涉及微藻固碳及生物柴油转化项目。国内包括中国科学院在内的多家研究院所，清华大学、浙江大学、华东理工大学、天津大学、哈尔滨工业大学等多所高校依托“973”“863”、科技支撑等国家重大科技计划也开展了相应的基础研究和产业化的探索。

### 3.1.3 再生水回用技术

#### 3.1.3.1 生态型下沉式再生水厂集约构建与资源化利用技术

构建针对不同回用需求的高品质再生水技术路线，集成污泥资源化和热能回收利用技术，实现水资源、污泥资源和绿色能源的高效利用，达到出水 100% 再生回用的目的（见图 3-1）。

图 3-1 国家先进污染防治技术目录案例展示：生态型下沉式再生水厂

#### 3.1.3.2 脱模剂废液净化再利用技术与装备

对废液进行净化处理，实现废液的资源化再利用，是一种非常好的实现废液处理、减量化的思路和方法。针对压铸行业脱模剂废液，如何确保净化后的脱模剂净化液再次用于生产，而不对产品品质产生任何不良影响，主要需要解决以下五个方面的问题。

①体系中混入的杂油问题。

②体系中混入的颗粒物、杂质问题。

③体系中不稳定、易析出的蜡质成分问题。

④脱模剂废液发臭的问题。

⑤净化后的脱模剂净化液根据生产浓度要求自动配比的问题。

只要能将上述问题解决好，就能实现脱模剂废液的净化与资源化再利用。正是基于该需求，路弘科技利用自身技术与研发优势，结合脱模剂废液中存在各类杂质的特性，研究开发出一套基于水力空化技术的“净有利”脱模剂废液净化再利用系统，用于解决脱模剂废液净化过程中乳化油、不稳定蜡质成分、微米级细微颗粒物、臭味去除，以及自动配比功能的难题。

### 3.1.3.3 工业循环水余压能量闭环回收利用技术

以三轴双驱动能量回收循环水输送泵组为核心，采用液力透平回收回水余压能量装置，通过离合器直接传递到循环水泵输入轴上，减少电动机出力，实现电动机输出部分能量的闭环回收及循环利用，节能效果明显，延长了换热设备高效运行周期。技术原理如图 3-2 所示。

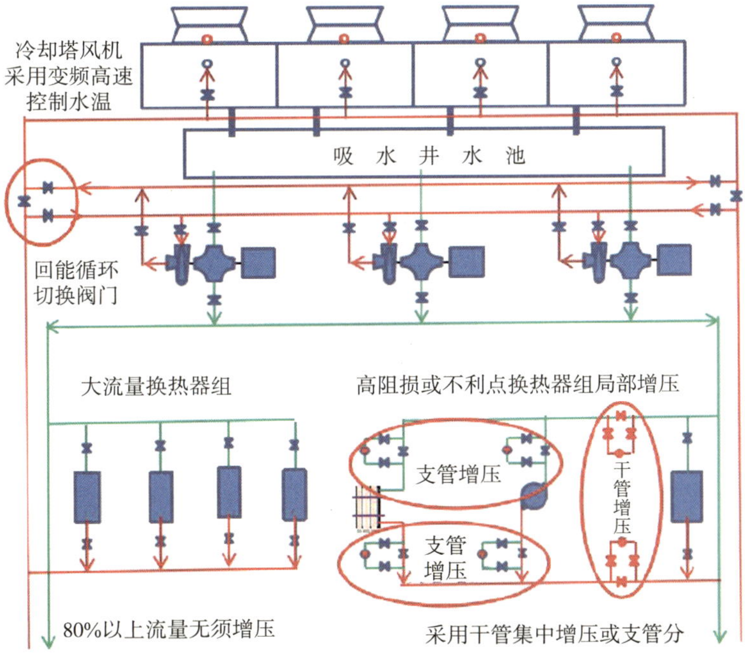


图 3-2 工业循环水余压能量闭环回收利用技术原理

资料来源：工业和信息化部 . 国家工业节能技术应用指南与案例（2020）.

### 3.1.3.4 “集装箱 + 生态池塘”集约养殖与尾水高效处理技术

以生态池塘为依托，在岸基上搭建集装箱养殖装备进行循环养殖，通过与生态池塘进行水循环，实现养殖尾水净化。配套物联网控制系统，监控养殖全过程及水质变化、尾水处理效果等，实现养殖生产信息化管理。水循环的开端，先用水泵（浮台式）将生态池塘上层富氧水不断抽至集装箱养殖设备，并利用鼓风机曝气提高箱内水体溶氧量，保障高密度集约化养殖。在箱体内模拟仿生态环流，保持最优流速，促进鱼健康生长和品质提升。养殖产生的尾水，经斜面集污槽排出箱外，保持箱内水质清洁。养殖尾水排出箱后，经固液分离装置过滤（120 目筛网，去除 90% 以上的大颗粒杂质），分离出的残饵粪便可作为有机肥料；过滤后的水流入多级生态池塘，进行尾水净化。养鱼过程不接触池塘底泥，避免了土腥味，有效提升了水产品品质。整个养殖过程不再向池塘中投喂饲料，池塘底质不会变脏变臭，可实现水体循环使用，池塘从养殖功能转变为生态湿地功能，实现了传统养殖向休闲渔业、观光农业的转型发展（见图 3-3）。

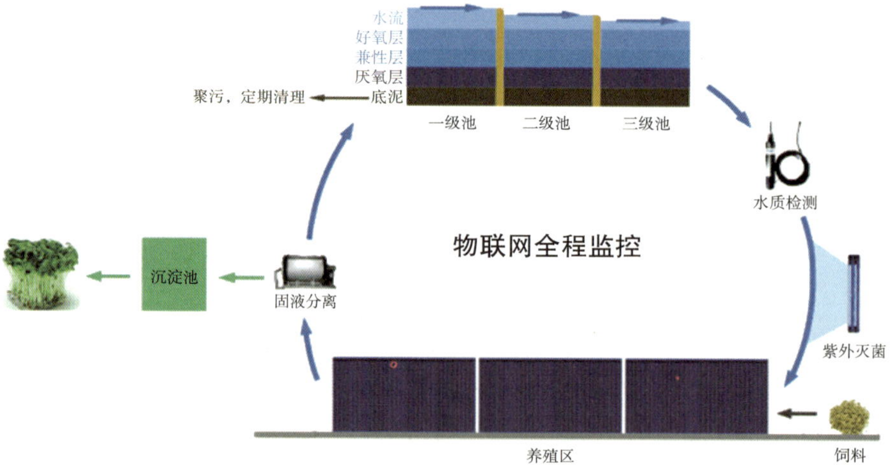


图 3-3 养殖技术流程

### 3.1.3.5 水专项“MBR+DF”双膜法高品质再生水制备成套工艺技术

膜分离技术出水水质好、处理效果稳定，被称为“21 世纪水处理领域的关键技术”，其中超 / 微滤技术占地面积小，操作简单，在水处理领域应用广泛；反渗透（RO）技术分离精度高，出水水质安全稳定，是被广泛接受和最可靠的高品质再生水处理技术。然而传统 RO 膜系统操作压力大、运行能耗高，预处理采用的超 / 微滤膜抗拉力不足、使用寿命短，成套技术应用缺乏系统研究等问题限制了其大规模产业化推广应用。因此，突破膜材料和装备制备与应用关键技术，形成劣Ⅴ类水体处理成套技术与装备，打破投资运行成本限制，是以膜为核心的高品质再生水处理技术在我国大规模推广应用的关键。

超低压反渗透膜（DFRO）材料及元件，具有操作压力低、适度脱盐等特点，与全球主要反渗透和纳滤膜研发生产厂家产品参数对比，超低压反渗透（DFRO）产品的先进性体现：DFRO 操作压力低于 0.4 MPa，与传统 RO 和纳滤膜相比分别下降了 50% 和 30% 左右，在降低运行成本方面具有优势和潜力；DFRO 脱盐率更低，适用于不以脱盐为目的的水处理。我国城镇污水厂出水 TDS 浓度一般为 200～400 mg/L，不需要脱盐，故我国高品质再生水处理技术的关键是深度去除水中有机污染物，而非盐类。因此，项目研发的 DFRO 膜产品更适用于我国水处理行业需求，且在污水深度处理领域具有巨大的优势和应用前景。

在超低压反渗透膜及嵌入增强型超滤膜的研发基础上，“超 / 微滤 - 超低压反渗透”（U/MF-DFRO）技术（简称双膜法技术）通过技术集成与工程示范，实现将城镇污水处理厂出水等劣Ⅴ类水处理至Ⅲ类以上水体，城镇污水经过 U/MF-DFRO 处理，出水水质主要指标达到地表水Ⅲ类（总氮<5 mg/L）标准，可以作为水源地的补充水，解决我国水资源匮乏的问题（见图 3-4）。

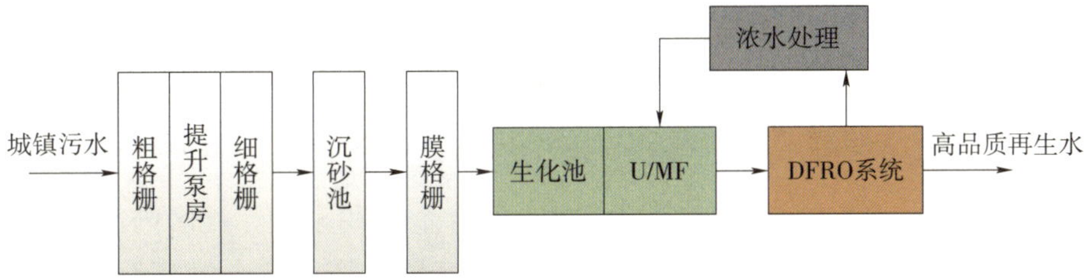


图 3-4 双膜法工艺流程

超低压反渗透系统运行压力小于 0.4 MPa，运行能耗低；产水回收率大于 90%，高于现有 RO 工程 75% 左右的回收率。以“超 / 微滤 - 超低压反渗透”为核心的高品质再生水技术具有运行压力低、能耗低、产水量大、出水水质标准高、系统回收率高（>90%）的优点。

### 3.1.3.6 石化废水回用集成技术

石油化工行业属于高耗能行业，每年产生大量的高盐废水，若将其直接排放到环境，会对生态环境造成严重破坏。传统的石化高盐废水零排放处理的核心工艺为膜浓缩和蒸发结晶的组合工艺，其副产品结晶盐均以混合形式出现，含有多种离子，资源化程度不高，只能按照危险废物进行填埋处理，吨盐处理成本较高。在石化废水处理中，根据石化企业的发展需求以及企业对高盐废水中盐水分离的要求，需要将处理过的废水回用于循环冷却水等系统，盐经分盐处理分为 NaCl、$NaSO_4$ 等，从而实现高盐废水的零排放和资源化回用。

目前，分盐结晶工艺主要有直接热法分盐结晶工艺和膜法 + 结晶分盐结晶工艺：直接热法分盐结晶工艺是利用水中不同无机盐的溶解度差异，控制适合的运行温度和浓缩度实现盐水分离，该工艺相对成熟，但结晶盐的品质及回收率较低，不利于盐的资源化利用；膜法 + 结晶分盐结晶工艺则是利用 $Cl^-$ 和 $SO_4^{2-}$ 离子半径或电荷等的差异，通过膜实现不同盐的分离和富集，再经结晶得到固体。

随着排放标准的提升，石化企业需要对高盐废水进行处理，并尽可能地实现资源化回用，以确保石化高盐废水的达标处理及回用。耐污染膜、低无磷药剂，能有效破解石化废水回用处理中反渗透浓水排放量大、膜污染严重的难题。其中低无磷药剂，配以智能管控一体化及专家系统，能进一步确保安全可靠智能化运行。强化预处理和以耐污染膜为核心的低污染膜组合技术，实现絮体颗粒携带油类污染物沉淀，形成高效沉淀与管式膜耦合工艺，完成药剂高效利用及高浓度固液快速分离。

### 3.1.3.7 区域水资源“多阶循环、生态再生、梯级利用”循环利用模式

基于再生水生态媒介循环利用方式，融合企业和家庭、社区内部以及企业间和区域层面的水循环利用，该研究提出了区域水资源“介循环”利用模式。介循环是一种人工强化生态调控的区域水资源多阶多元循环利用模式。通过企业、家庭和社区等局部单元内的水循环利用，工业和城市等社会系统尺度内的污水再生处理与直接利用，以及区域层面上再生水的生态媒介循环利用等，促进不同层阶和不同用途水循环利用的有机衔接与耦合，实现再生水的安全智能利用及区域尺度上水资源的闭环循环利用和趋零排放，以保障水环境安全，促进可持续发展。该模式适用于北方缺水地区的突出水安全问题和水环境治理，

核心在于构建三阶嵌套式水循环系统（见图 3-5）。

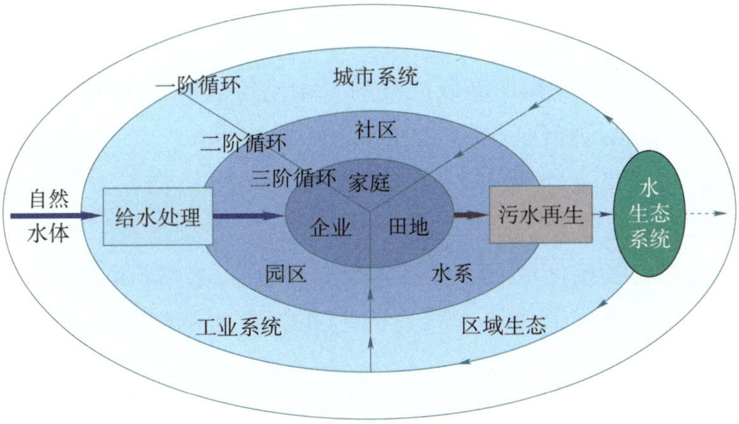


图 3-5　水的介循环模式及其层级结构

一阶循环，即区域生态循环，是指再生水用于河流、湖泊和湿地等的生态补水后，作为城市第二水源再次利用于生产生活系统；

二阶循环，即社会系统循环，主要指区域范围内的污水再生处理与再生水直接回用，包括工业园区层面（企业间）和城市系统内的水循环利用；

三阶循环，即局部过程循环，主要指生产或生活单元内部的水循环利用，体现为企业内、家庭内、社区内等的水循环利用。

在介循环系统运行过程中，湿地、氧化塘、河湖等景观水体的科学、规范管理和长效运行将是在实践中遇到的主要问题。因此，需要逐步积累经验，探索长效管理运行机制，最大限度地发挥其水质净化和美化环境的功能。

### 3.1.3.8　褐煤提质废水深度处理与脱盐回用

该工艺适用于难降解褐煤提质废水水质，融合生物强化短程硝化反硝化技术、高效混凝技术、低成本臭氧催化氧化技术、集成膜脱盐技术，并在此基础上研发出臭氧催化氧化、集成膜脱盐成套设备等多种核心设备。工艺流程为“除油沉砂 - 生化单元 - 高效混凝 - 多介质过滤 -IPE-OCP 高级氧化 - 膜组合脱盐”。具体如下：

①褐煤提质废水经三相分离器分离后，进入废水收集池。

②收集池中的褐煤提质废水进入除油沉沙单元，分离废水中的油分和砂石等杂质，废水溶液部分进入生化处理单元。

③进入生化单元处理的褐煤提质废水，分别一次经过厌氧、缺氧和耗氧工艺处理，使废水中的有机污染物、氨氮等大部分得到去除，生化单元出水再进入高效混凝单元。

④高效混凝单元通过添加高效混凝剂（除氰药剂），去除褐煤提质废水中部分难降解有机物、总氰和色度等，上清液进入过滤单元。

⑤过滤单元主要去除废水中的大部分悬浮物等杂质，上清液再进入 IPE-OCP 高级氧化单元处理。

⑥ IPE-OCP 高级氧化单元主要使褐煤提质废水的难降解有机物发生氧化降解或彻底矿化，大幅降低废水中残余的 COD，产生的清液再进入膜脱盐单元处理。

⑦膜组合脱盐包纤维棉过滤、超滤、反渗透和电渗析等集成，可实现经过预处理后的褐煤提质废水实现低成本高效脱盐，使淡水回用率在 85% 以上。

## 3.1.4　废水有机化学能能源化利用技术

### 3.1.4.1　废水生物制氢技术

生物制氢技术就是利用微生物发酵作用从废弃物中提取氢气的技术。早在 19 世纪，人们就认识到微生物具有产生氢气的特性。在 20 世纪 30 年代，自 Gafron 发现绿藻具有产生氢气的功能以来，生物制氢技术逐渐受到研究人员的广泛关注；20 世纪 70 年代的石油危机，促使各国政府和科学寻求替代能源，开展各种生物制氢技术的研究。目前，世界所面临的能源短缺与环境污染的两大难题，使生物制氢技术的研究再度活跃。

根据生物制氢底物及其机理、选用的微生物、生物制氢方式的不同，将生物制氢分为蓝细菌和绿藻制氢、光合细菌制氢和厌氧发酵制氢 3 种类型。20 世纪 30 年代兴起的蓝细菌和绿藻，在光照、厌氧条件下分解水产生氢气，称为光解水产氢或蓝、绿藻产氢；光合细菌在光照、厌氧条件下分解有机物产生氢气，称为光合细菌产氢；厌氧细菌在黑暗、厌氧条件下分解有机物产生氢气，称为厌氧发酵产氢。为了降低成本，国内外学者利用糖精厂、乳酸发酵厂、酒精厂、豆腐厂和牛奶加工厂的废水，以及城市污水、固体垃圾处理液等各种农产品加工的副产品进行产氢研究。

（1）暗发酵生物制氢技术

暗发酵生物制氢是利用厌氧发酵产氢细菌在厌氧条件下将有机物分解转化为氢气，此过程不需要光能供应。能够进行暗发酵产氢的微生物种类繁多，包括一些专性厌氧细菌、兼性厌氧细菌及少量好氧细菌，例如梭菌属（*Clostridium*）、类芽孢菌属（*Paenibacillus*）、肠杆菌科（Enterobacteriaceae）等。目前，已知的暗发酵产氢过程主要包括甲酸分解产氢、丙酮酸脱羧产氢以及 NADH/NAD 平衡调节产氢 3 种途径。以葡萄糖为例，其暗发酵产氢过程：首先，葡萄糖经糖酵解途径生成丙酮酸、ATP 和 NADH。然后，丙酮酸被丙酮酸铁氧化还原蛋白酶氧化成乙酰辅酶 A、$CO_2$ 和还原性铁氧化还原蛋白（丙酮酸脱羧过程）；或者经丙酮酸甲酸裂解酶而分解成乙酰辅酶 A 和甲酸，生成的甲酸再次被氧化为 $CO_2$，并使铁氧化还原蛋白还原（甲酸裂解过程）。最后，还原性铁氧化还原蛋白在氢化酶和质子的作用下生成氢气。

（2）光生物制氢技术

光解水生物制氢主要是指绿藻和蓝细菌，在厌氧光照条件下，利用自身特有的产氢酶系，将水裂解为氢气和氧气的过程，此过程没有 $CO_2$ 的产生。其产氢机理和绿色植物光合作用机理相似，但放氢机制截然不同。这两种微生物生长的营养需求较低，只需空气（$CO_2$ 和 $N_2$ 分别作为碳源和氮源）、水（电子和质子）、简单的无机盐和光，就能直接光解水产生氢气，将太阳能转化为氢能。绿藻在光照和厌氧条件下的产氢则由氢酶催化，而蓝细菌的产氢则在固氮酶和氢酶的共同催化下完成。

（3）暗 - 光发酵耦合生物制氢技术

暗发酵细菌能够将大分子有机物分解成小分子有机酸和醇，以获得维持自身生长所需的能量和还原力，解除电子积累而快速释放部分氢气。由于产生的有机酸不能被暗发酵细菌继续分解而大量积累，导致暗发酵细菌产氢效率低下，成为暗发酵细菌产氢大规模应用面临的瓶颈问题而光发酵细菌能够利用暗发酵产生的小分子有机酸，消除有机酸对暗发酵制氢的抑制作用，进一步释放氢气。同时光发酵细菌不能直接利用纤维素和淀粉等大分子的复杂有机物，对低价的废弃的有机资源的直接利用能力和产氢能力较差。所以，充分结合暗 - 光发酵两种细菌各自的优势，将两者耦合到一起形成一个高效产氢体系，不仅可以降低光能需求，而且可以提高体系的产氢效率，同时还可扩大底物的利用范围。

目前，光发酵生物制氢技术的研究程度和规模还基本处于试验室水平，暗发酵生物制氢技术已完成中试研究，要实现工业化生产仍需进一步提高转化效率，降低制氢成本。纯菌种生物制氢规模化面临诸多困难，而且自然界的物质和能量循环过程，特别是有机废水、废弃物和生物质的降解过程，通常由两种或多种微生物协同作用。因此，利用微生物进行混合培养或混合发酵产氢已越来越受到重视。

氢气作为能源是现代经济与可持续发展的需要。目前，从煤、石油和天然气等化石燃料中制取氢气已初具规模，长远来看，不符合可持续发展的需要。成本高是生物制氢技术没有产业化的主要问题，我国可用于生物制氢的原料非常多，如利用工业废弃物、城市污水、生活垃圾、动物粪便等有机废物以及秸秆等含纤维素类生物质发酵制氢，可大大降低生产成本。暗 - 光发酵耦合生物制氢技术可将废水处理、太阳能利用和清洁能源生产三者有机结合，形成一种新型的环保企业。因此，无论从环境保护还是从新能源开发、可持续发展的角度来看，发酵法生物制氢技术都具有很大的发展潜力。

### 3.1.4.2 微生物燃料电池技术

在处理污水过程中，人们不得不通过消耗电能来去除其中的含碳和氮的污染物，据统计，2010 年我国用于污水处理的总耗电量约为 $400 \times 10^8$ kW · h，但同时污水中含有的污染物也可作为原料生成能源，同样以 2010 年为例，我国污水排放总量为 617.3 亿 t，COD 排放量为 1 238.1 万 t，其中蕴含 $515 \times 10^8$ kW · h 电能（理论上 1 kg COD 完全氧化为 $CO_2$ 可转化为 4.16 kW · h 的电能），如果这些电能能够完全被利用，将颠覆性地改变能源产生与消耗的走向。

让污水发电，将其看作一种能源，回收其中的能量，是一种很好的节能方法。微生物燃料电池（Microbial Fuel Cell，MFC）可以将污水作为底物进行发电，将其中蕴含的能量回收，可解决污水处理厂的电耗问题。MFC 既可用于处理废水有机物，也可用于废水脱氮除硫，甚至可用于处理难降解有毒化合物。图 3-6 为微生物燃料电池示意图。

在常规 MFC 阳极室内，厌氧产电菌通过代谢作用将作为电子供体的有机污染物氧化，释放电子和质子，产生的电子通过合适的电子传递介体传递到阳极，再经过外电路转移到阴极，释放携带的能量，由此产生电流；质子经过质子交换膜转移到阴极，在阴极室内，电子、质子和电子受体发生还原反应。微生物燃料电池可以在常温常压下进行能量的转换。如果利用生物技术使污水能够发电，对其加以资源化利用，将可以节约大量的能耗，对于节能减排具有重要意义。目前，微生物利用污水产电的能力还远远不足，通过生物技术能找到产电的超级细菌，对污水的能源进行有效利用。

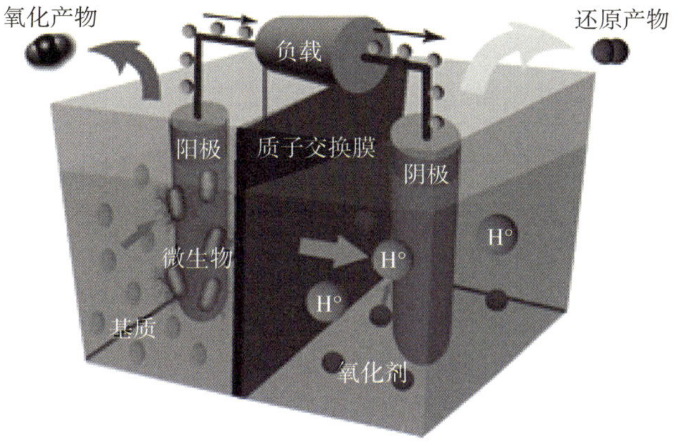


图 3-6　微生物燃料电池示意

## 3.1.5　废水热能能源化技术

### 3.1.5.1　原生污水源热泵技术

原生污水冬夏季温度波动较小，数量可观，为原生污水源热泵技术的发展提供了良好的基础条件。冬季，热泵机组消耗部分电能，把原生污水中的低位热能提取出来，连同热泵机组耗的电转换成的热能一起释放到房间，用来给室内供暖；与此相反，夏季热泵机组的蒸发器将室内的热量释放到污水体中，污水体是天然的冷凝器，进而达到消除建筑物夏季热湿负荷的目的。储藏于城市污水体中的废热是原生污水源热泵的冷热源，污水源热泵系统就是合理利用该部分废热进行能量转换，从而实现建筑物的采暖空调污水源热泵主要把城市污水作为提取和储存能量的冷热源，借助热泵机组系统内部制冷剂的物态循环变化，消耗少量的电能，达到制冷制暖效果。

污水源热泵的主要工作原理是借助污水源热泵压缩机系统，消耗少量电能，在冬季把存于水中的低位热能“提取”出来，为用户供热；夏季则把室内的热量“提取”出来，释放到水中，从而降低室温，达到制冷的效果。其能量流动是利用热泵机组所消耗能量（电能）吸取的全部热能（即电能＋吸收的热能）一起排输至高温热源，而起所消耗能量作用的是使介质压缩至高温高压状态，从而达到吸收低温热源中热能的作用。该技术在供热时省去了燃煤、燃气、燃油等锅炉房系统，没有燃烧过程，避免了排烟污染；供冷时省去了冷却水塔，避免了冷却塔的噪声及霉菌污染。不产生任何废渣、废水、废气和烟尘，环境效益显著。冬季，污水体温度比环境空气温度高，所以热泵循环的蒸发温度提高，能效比也提高。夏季水体温度比环境空气温度低，所以制冷的冷凝温度降低，使得冷却效果好于风冷式和冷却塔式，机组效率提高。水体的温度一年四季相对稳定，其波动的范围远小于空气的变动，是很好的热泵热源和空调冷源，水体温度较恒定的特性使得污水源热泵机组运行更可靠、稳定，也保证了系统的高效性和经济性。污水源热泵可供暖、空调，一机多用，一套系统可以替换原来的锅炉加空调的两套装置或系统。城市污水热泵空调系统利用城市污水，冬季取热供暖，夏季排热制冷，全年取热供应生活热水，夏季空调季节可实施部分免费生活热水供应。一套系统冬夏两用，实现三联供。与其他热源相比，污水源热泵系统中防堵塞、防腐蚀、防污染等技术问题才是真正影响系统是否能够正常运行的关键（图 3-7）。

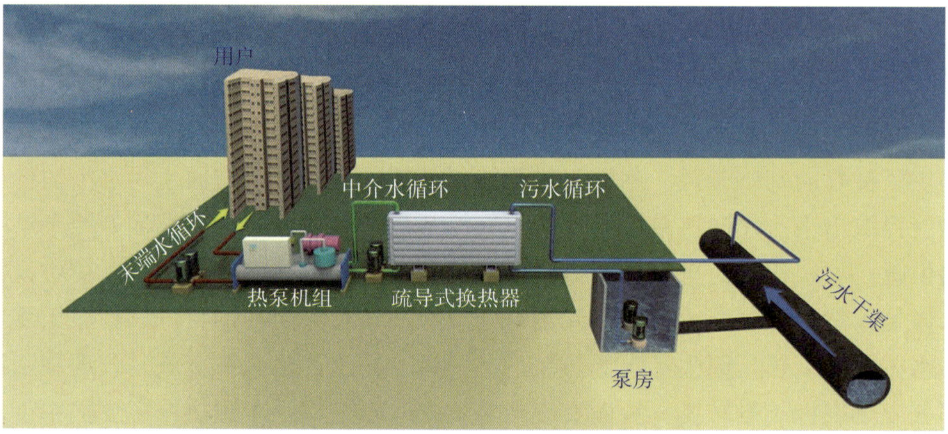


图 3-7　污水源热泵系统

### 3.1.5.2　再生水源热泵技术

再生水热能回收利用的核心技术是热泵技术，该技术利用再生水作为冷热源，根据再生水冬季温度高于室外温度、夏季温度低于室外温度的特点，将再生水中不能直接利用的低品位热能提取出来，为建筑物供暖和制冷。根据再生水与制冷剂之间的换热关系将再生水源热泵系统分为两大类：再生水与制冷剂之间不通过任何中介媒质而仅通过换热器壁面进行换热的热泵系统称为直接再生水源热泵系统；热量传递过程中存在中介媒质称为间接再生水源热泵系统（图 3-8）。

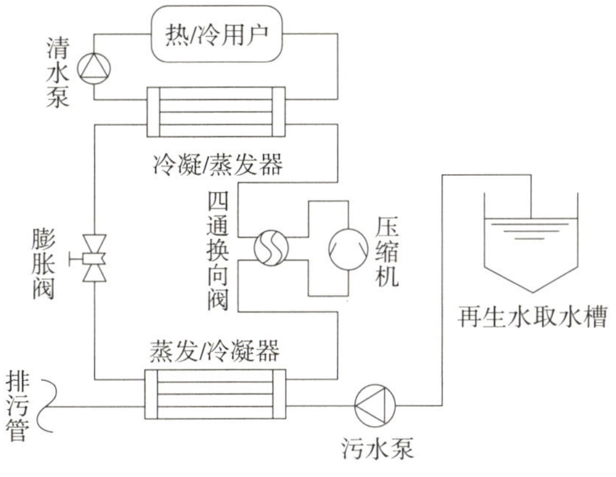

（a）直接式

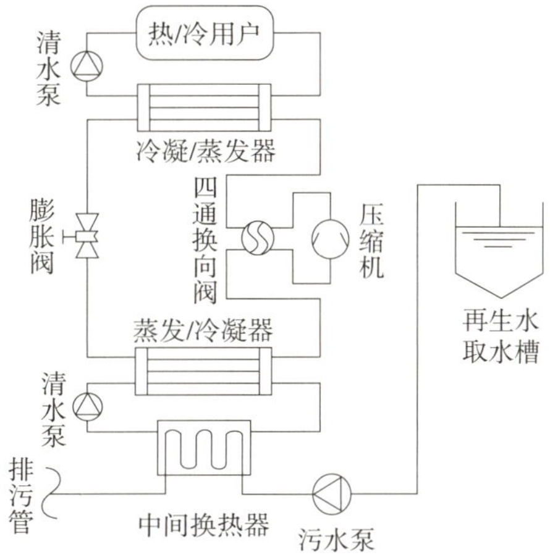

（b）间接式

图 3-8　再生水源热泵系统内部原理

目前，北京市在工程上应用较多且技术相对成熟的是间接再生水源热泵系统。间接利用方式中再生水不进入热泵机组，热量通过再生水 - 中介媒质 - 制冷剂进行传递，虽然中间媒介增加了传热热阻导致整个热泵系统的性能系数随之下降，而且增加了设备投资和运行费用，但是这种利用方式可有效避免热泵机组换热器的腐蚀和堵塞问题，增加系统设备运行的可靠性，也使再生水的可利用温差区间减小。与间接再生水源热泵系统相比，没有中介水系统使得直接系统具有更为简单的系统形式和理论上更高的性能系数，但对热泵蒸发器、冷凝器的防堵、防垢、防腐性能要求大大提高，其研发、生产成本较高，后期清洗、维护等成本也会上升。

### 3.1.5.3　冷水相变供热技术

将 0℃的水结成 0℃的冰，其释放的潜热能量相当于水温降低 80℃释放出的显热能量。开发利用冷水结冰时释放出的巨大相变能（凝固潜热），是解决低品位能源问题的有效途径，可以解决所有建筑物的供热问题。冷水相变能热泵系统宏观上由 3 个子循环系统组成：冷水循环、中介水循环、末端水循环。系统的工作过程如图 3-9 所示。

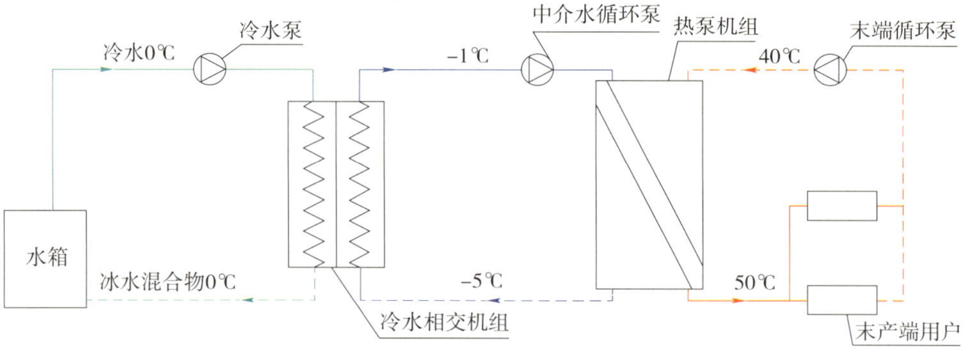


图 3-9　冷水相变能热泵系统供热制冷工艺流程

首先，在冷水泵的作用下，0℃的冷水进入冷水相变机组，在冷水相变机组中释放出相变能后变成 0℃的冰水混合物再经管路返回；其次，在中介水泵作用下，-5℃的中介水进入冷水相变机组，在冷水相变机组中吸收相变能后升为 -1℃，再进入热泵机组，在热泵机组中释放出热量后温度降低，-5℃的中介水再次进入冷水相变机组完成密闭循环；最后，在末端泵的作用下，40℃的末端水进入热泵机组，在热泵机组中吸热升温到 50℃后再经管路进入用户。当系统取热制冰后，需要采取一个有效的除冰和排冰过程，实现系统的连续、稳定和高效运行，保证室内 20℃以上的供热效果。

冷水相变能热泵系统的研发与设计解决了常规水源热泵系统冰点限制和水资源短缺的问题，但是冷水相变能热泵系统仍有两大关键问题有待解决：一是相变换热器连续不断的结冰排冰过程中的传热特性问题；二是热泵系统实际应用过程中的运行效率问题。冷水相变能热泵系统具有较高的市场应用价值，为该系统的推广步伐，需进一步优化冷水相变能热泵系统，深入研究系统各设备与部件的契合度，完善冷水相变能热泵系统取热工艺，降低热泵系统能耗。通过建立热泵机组数学模型、水泵输送模型，考虑相变换热器的传热过程，对系统进行优化设计。

# 3.2 污废水的资源化与能源化成套技术成果与应用

## 3.2.1 生态型下沉式再生水厂集约构建与资源化利用技术典型应用案例

### 3.2.1.1 项目简介

贵阳市原先规划采用“大截排”规划方案，在南明河下游建大型再生水处理厂，上、中游不建厂，设计污水收集管径大、距离长，涉及大量拆迁及土地征收，工程投资较大。为解决提标扩容难题，克服传统“大截排”模式带来的收集难、回用难、投资大、成本高等问题，中国水环境集团经过反复调研提出“环境友好型、土地集约型、资源利用型”下沉式再生水系统和“适度集中、就地处理、就近回用”的规划理念，对原市政规划重新进行优化，分散就地建厂。

贵阳青山地下式污水处理及再生利用工程，项目为全地下式污水处理厂，位于南明区南明河东畔，总占地面积约 31.7 亩*，日处理污水 5 万 t，服务周边 26.4 万人，服务范围主要为五里冲南片区、青山片区、国际城及蓝草坝片区。地面配套建设活水公园 1 座，是西南地区第一座水环境保护科普教育基地。该项目也是国内城市黑臭河道治理的范例，被财政部列为全国 8 个首批新建政府和社会资本合作（Public-Private Partnership，PPP）示范项目之一。同时也是国家财政部、环保部、发展改革委等部委的 PPP 示范项目。而更重要的是，人民切身感受到南明河水质变化，生态环境越来越好，幸福感、获得感与之俱增（图 3-10）。

图 3-10 贵阳市水环境科普馆（青山地下式污水处理及再生利用工程）

* 1 亩≈666.7 $m^2$。

项目构建了针对不同回用需求的高品质再生水技术路线，集成污泥资源化和热能回收利用技术，实现水资源、污泥资源和绿色能源的高效利用——出水可100%再生回用。出水水质满足《城镇污水处理厂污染物排放标准》（GB 18918—2002）中的一级A标准，COD、$BOD_5$、氨氮、总磷达到地表Ⅳ类水质标准，污泥出泥含水率为10%～60%，对$H_2S$等特征污染物去除率≥99%。

### 3.2.1.2 项目实施工艺流程

贵阳青山地下式污水处理及再生利用工程进水COD≤300 mg/L，BOD≤150 mg/L，SS≤250 mg/L，$NH_3$-N≤30 mg/L，TN≤45 mg/L，TP≤5 mg/L；出水COD≤30 mg/L，BOD≤10 mg/L，SS≤10 mg/L，$NH_3$-N≤5 mg/L，TN≤15 mg/L，TP≤0.5 mg/L。

项目采用组合模式建设下沉式污水处理厂，实现污水处理和资源回收，融合构建生态综合体，具体的工艺路线：该项目主体工艺采用曝气沉砂池+改良$A^2$/O+矩形二沉池+高效沉淀池+生物滤池+紫外线消毒，系统中包含污泥低温干化、水源热泵、自然采光等节能技术，污泥处理采用带式压滤机脱水，臭气进入复合生物除臭系统脱臭处理。

主要工艺运行和控制参数：改良$A^2$/O生化池主要参数，设计规模50 000 $m^3$/d，总水力停留时间10.5 h，设计水温低12℃、高25℃，混合液浓度4.0 M LSS/L，好氧污泥负荷0.088 kg BOD/M LSS/L，污泥回流比为50%～100%，混合液回流比为100%～200%，污泥龄为15.2 d，剩余泥量7.7 t/d。

贵州省第一座下沉式再生水厂，具有环境友好、土地集约、资源利用等优点，项目采用自然采光、水源热泵、光伏发电、精确曝气等高效节能技术；再生水厂尾水作为贵阳市南明河的生态补水水源，实现水资源的循环利用，使南明河水质获得持续有效改善，对南明河流域水环境综合整治具有重要意义。

### 3.2.1.3 污染防治效果

出水主要指标（COD、$NH_3$-N）达到Ⅳ类水体标准，其余水质指标满足《城镇污水处理厂污染物排放标准》（GB 18918—2002）中的一级A标准，并满足作为再生水回用于河道类观赏性景观环境用水的水质要求。

二次污染治理情况：本项目二次污染主要为臭气，项目各处理单元采用全封闭设计，运用先进的生物除臭技术，将预处理单元、生化处理单元及污泥处理单元收集的有害性气体通过微生物氧化分解去除，实现达标排放。

## 3.2.2 “集装箱 + 生态池塘”集约养殖与尾水高效处理技术

### 3.2.2.1 技术简介

以生态池塘为依托，在岸基上搭建集装箱养殖装备进行循环养殖，通过与生态池塘进行水循环，实现养殖尾水净化。配套物联网控制系统，监控养殖全过程及水质变化、尾水处理效果等，实现养殖生产信息化管理。水循环的开端，先用水泵（浮台式）将生态池塘上层富氧水不断抽至集装箱养殖设备，并利用鼓风机曝气提高箱内水体溶氧量，保障高密度集约化养殖。在箱体内模拟仿生态环流，保持最优流速，促进鱼健康生长和品质提升。养殖产生的尾水，经斜面集污槽排出箱外，保持箱内水质清洁。养殖尾水排出箱后，经固液分离装置过滤（120 目筛网，去除 90% 以上的大颗粒杂质），分离出的残饵粪便可作为有机肥料；过滤后的水流入多级生态池塘，进行尾水净化。养鱼过程不接触池塘底泥，避免了土腥味，有效提升了水产品品质。整个养殖过程不再向池塘中投喂饲料，池塘底质不会变脏变臭，可实现水体循环使用，池塘从养殖功能转变为生态湿地功能，实现了传统养殖向休闲渔业、观光农业的转型发展（图 3-11）。

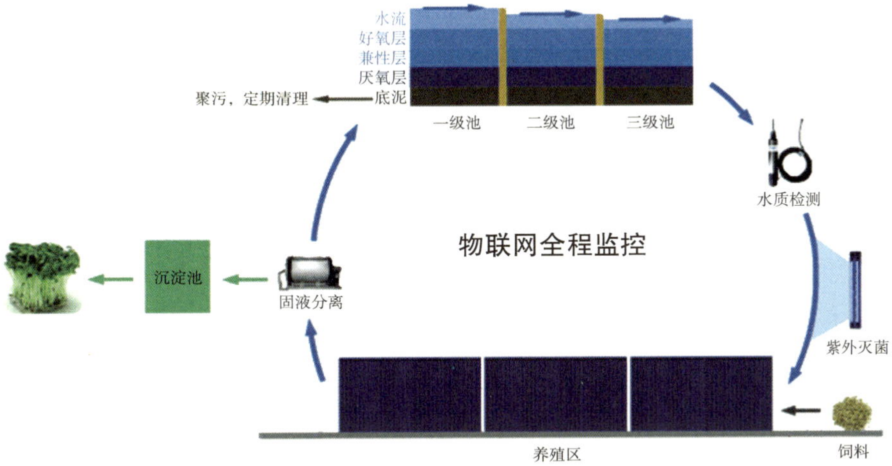


图 3-11　养殖技术流程

### 3.2.2.2 技术体系构成

（1）构建“养殖箱体—生态池塘”一体化循环水养殖系统

采用工业化标准设计的20英尺*陆基推水集装箱养殖箱体，将集装箱养殖设备安装在池塘边，从池塘抽取上层高氧水，注入养殖箱体内进行流水养殖，养殖尾水返回生态池塘进行生态净水，池塘养殖功能转变为生态净水功能（图3-12）。

图3-12 “集装箱＋生态池塘”场景

（2）构建高效集污和尾水生态化处理耦合系统

通过箱内“斜面环流集污”和箱外“固液分离”，实现固体粪污收集率达90%以上；通过多级生态净化池塘厌氧反硝化和好氧反硝化新工艺，高效去除水中氨氮，实现尾水零排放、养殖水体循环利用（图3-13）。

（3）构建智能可控健康养殖系统

通过建立四级病害防控屏障、三级生命通道供氧保障、物联网智能监控，实现控温、控水、控苗、控料、控菌、控藻，养殖的智能化、精准化水平显著提升（图3-14）。

* 1英尺=30.48 cm

图 3-13　固液分离装置

图 3-14　数字监控机器人

集循环水养殖、生物净化和物联网精准控制等技术于一体，在岸基上搭建集装箱养殖装备进行循环养殖，通过与生态池塘进行水循环，实现养殖尾水净化。整个养殖过程不再向池塘中投喂饲料，池塘底质不会变脏变臭，可实现水体循环使用。

（4）构建产品质量和品质管控系统

建立绿色养殖生产标准体系，应用便捷无伤害的收获技术，降低运输环节质量风险；通过仿生环流，提升产品的肉质口感；通过生态池塘流体剪切力抑制蓝藻暴发；整个养殖过程不接触土塘底泥，有效去除养殖水产品的土腥味。

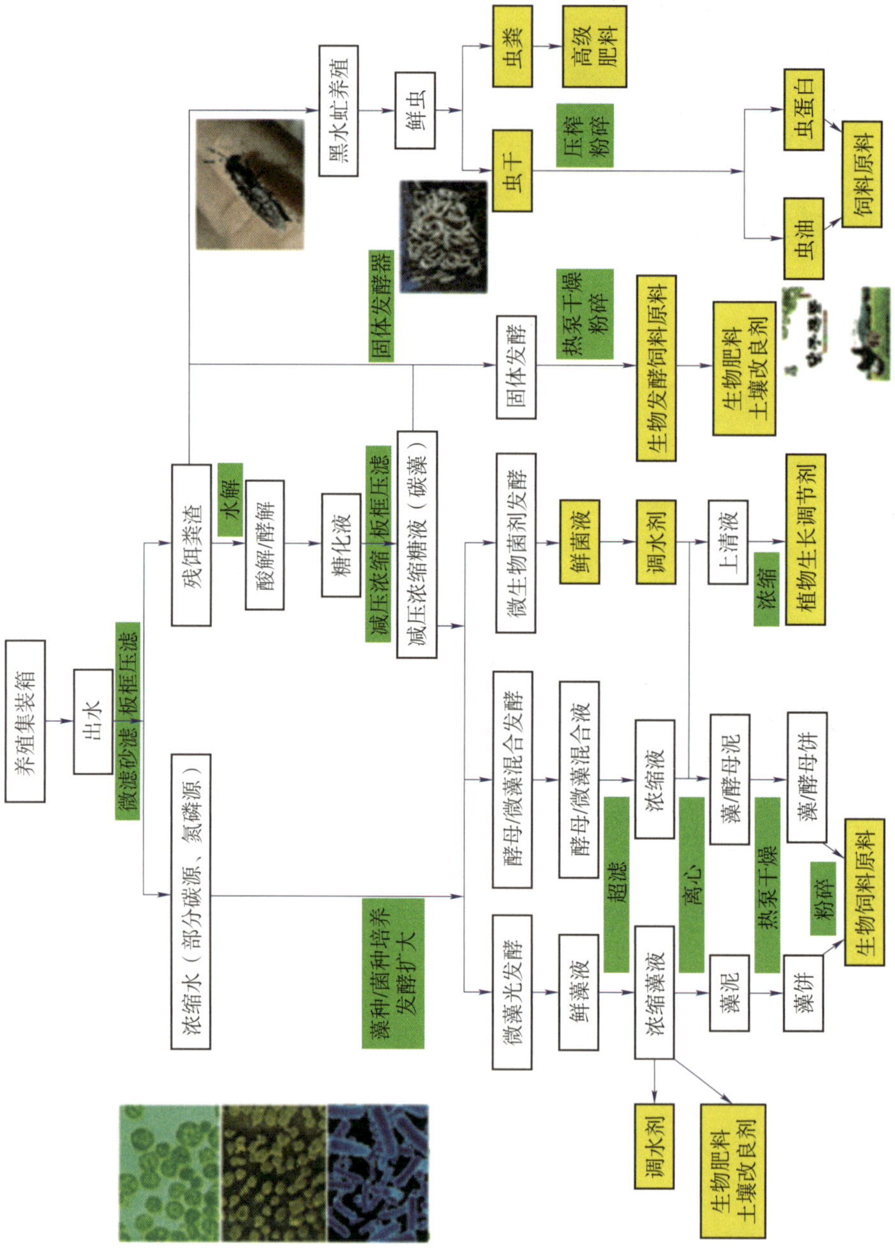


图 3-15　固体粪污处理工艺流程

（5）构建生态池流体力学系统

通过底部设置数根进水管道，或者引表层水直入，保证每个截面均有低流速区域存在，有效确保水流能够停留，粒径较大颗粒有效沉降，实现养殖尾水多级生态池塘高效处理，达到净化水体的目的（图 3-16）。

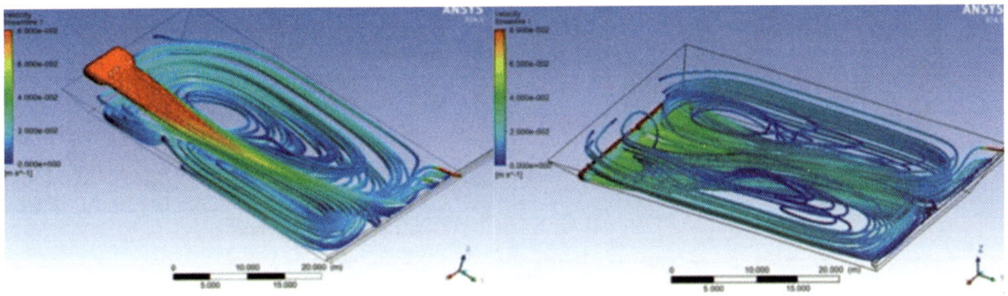

图 3-16　流体力学模拟

### 3.2.2.3　广西桂林标准化养殖设备与尾水净化池塘结合技术

在广西桂林鱼伯伯生态农业有限公司，针对养殖尾水治理和健康养殖等关键技术，通过标准化养殖设备与尾水净化池塘相结合，养殖尾水排出箱后，经固液分离装置可过滤 90% 以上的固体颗粒，分离出的残饵粪便可作为有机肥料；过滤后的水流入“四池三坝”多级生态池塘进行尾水净化（沉淀池—过滤坝—曝气池—过滤坝—生物净化池—过滤坝—洁水池）。通过藻类和微生物调节技术，有效降解水中的氨氮和亚硝酸盐含量，实现池塘水质清澈洁净，达到水体循环利用的效果。通过联网控制系统，监控养殖全过程及水质变化、尾水处理效果，对 SS、COD、温度、pH、溶解氧等多项指标进行有效监控（图 3-17）。

图 3-17　广西桂林鱼伯伯生态农业的生态养殖系统

## 3.2.3　水专项“MBR+DF”双膜法高品质再生水制备成套工艺技术

### 3.2.3.1　技术简介

城市污水高品质再生利用是解决水资源短缺问题的重要途径。UF/MF-RO/NF等双模技术是被认可和广泛应用的高品质再生水制备技术，相较于活性污泥法后接膜过滤工艺，膜生物反应器（MBR）出水有机物浓度更低，被认为更适合作为膜的预处理技术。超低压选择性纳滤（DF）膜是根据中国国情、针对中国水环境问题专门研发的、具有完全自主知识产权的创新性产品。

DF膜采用先进的生产设备及制膜工艺，膜元件性能均一且稳定；操作压力为0.3～0.5 MPa，仅为市场上反渗透膜产品的1/3，节能降耗；吨水运行成本保持在1元左右，产水回收率可达80%以上，远高于反渗透。DF膜工艺采用现污水处理厂国家一级A排放标准的出水作为进水水源，处理后的出水可达到地表水Ⅲ类标准以上，完全可以作为集中式生活饮用水地表水源地保护区补充水源。DF膜可应用于内陆地区的污水深度处理回用、变污水为新水源，增加水资源；也可用于饮用水净化设备、去除有害重金属的同时保留有益矿物质，更进一步提高饮水安全标准。DF膜是一项重大的技术革新，在行业内属首创，为国家水战略安全和人民群众饮水安全提供了可靠保障，具有极其广阔的产业前景。

基于已有高效脱氮 MBR 技术的应用和基础，研发低 DO 控制，利用 DF 膜高效去除有机物与总磷，利用低脱盐的选择性分离性能形成“MBR+DF”双膜法高品质再生水制备技术。实现了水资源的高效合理利用，并可有效降低浓水处理成本（图 3-18）。

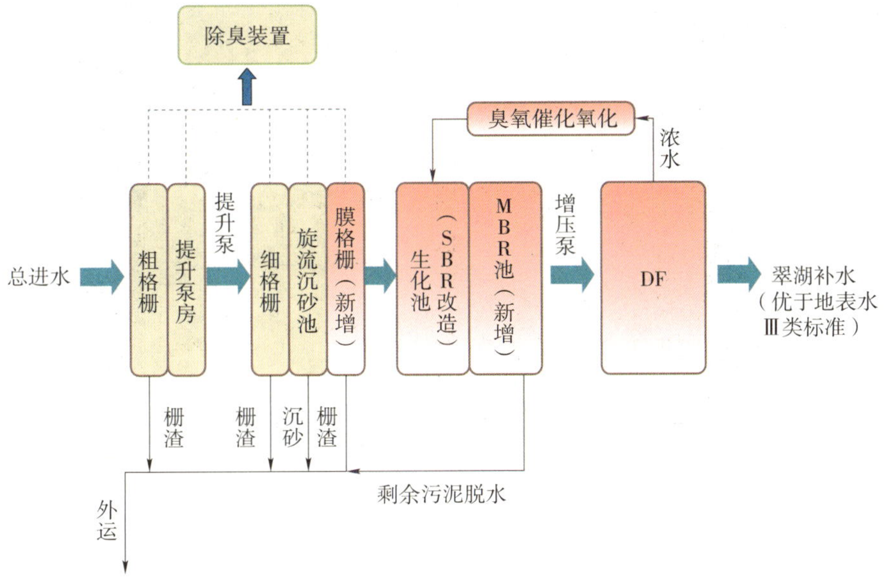


图 3-18 “MBR+DF”双膜法工艺路线

### 3.2.3.2 北京翠湖新水源厂

北京翠湖新水源厂位于北京市海淀区苏家坨镇北部，占地面积 1.82 $hm^2$，服务于苏家坨镇及周边地区 5.8 $km^2$ 范围内的市政污水处理及邻近翠湖国家城市湿地公园的补水。2014 年 9 月，北京翠湖新水源厂建成通水，新水源厂升级改造后，处理规模由 1.0 万 $m^3/d$ 提高到 2.0 万 $m^3/d$，采用“MBR+DF”双膜法处理工艺，出水水质达到《地表水环境质量标准》（GB 3838—2002）中的Ⅱ类水质标准。新水源厂将市政污水转化为高品质新水资源，可作为翠湖湿地补水，具有保护水环境和补给水源地的双重功能。北京翠湖新水源厂作为国家级示范工程，成功检验了“MBR+DF”双膜法处理工艺的可靠性，验证了污水深度资源化可行性，先后获得了环境保护部、北京市人大等党政领导的肯定。

翠湖新水源厂是首个采用“MBR+DF”双膜法处理工艺的示范工程项目，将污水直接处理为新水（地表水Ⅲ类以上），投资费用为 4 500 元 /t 水，运行费用为 1.9 元 /t［如果是以已运行的污水厂的排水（一级 A）为水源，投资费用为 1 800 元 /t，运行费用为 1.3 元 /t］（图 3-19）。

图 3-19 北京翠湖新水源厂“MBR+DF”双膜法处理工艺

从翠湖项目的投资和经济性来看，“MBR+DF”双膜法处理工艺 1.9 元 /t 的运行费用（如果以污水处理厂为水源运行费用为 1.3 元 /t），与天然水源取水制水成本已非常接近，与北京 1.7 元 /t 的自来水费价格也相当（现行居民水价为 4 元 /t，即 1.7 元 /t 的自来水水费、1.26 元 /t 的水资源费和 1.04 元 /t 污水处理费），其成本远低于海水淡化、南水北调的制水成本，应用空间广阔。

长期以来，我国华北平原乃至全国大部分地区都面临缺水问题，但事实上，水作为循环使用永续存在的物质，并没有不够，我们真正缺少的是干净水。我们用完的水排出来并不是水就蒸发了、没有了，而是我们排出来的水即使是通过污水处理厂处理的水也还是污水，不是能够使用的水，在我们的水务产业链中，自然水体供水给我们生活、工业使用后，形成的污水通过污水处理厂处理，仅达到地表Ⅴ类水标准，排放进入自然水体还是形成污染，并无法实现水务链条的真正闭环，让净水回归自然水体，水资源永续充足。而“MBR+DF”双膜法水处理技术路线能直接将污水处理至地表Ⅱ类、Ⅲ类水水质，排入自然水体，真正实现水处理的闭环。在这样的闭环下，雄安新区的水资源短缺不再是问题，华北平原的水资源紧缺也不再是问题，中国的水资源不足也不是问题。

### 3.2.3.3 云南省大理白族自治州洱源县再生水厂

云南省大理白族自治州洱源县再生水厂位于云南省大理白族自治州洱源县茈碧湖镇东南，近期设计规模为 1 万 t/d，远期设计规模为 1 万 t/d，采用“MBR+DF”双膜新水技术，将大理白族自治州乃至云南省的污水处理全面提升至地表水Ⅲ类标准以上，补充洱海，减轻污染负荷。该项目的实施，将为水环境敏感地区和高原湖泊的治理树立全新的标杆，不但在整个洱海保护战略中具有重要意义，在中国乃至世界的湖泊治理领域也将具有重要的科学研究和借鉴价值（图 3-20）。

图 3-20 云南省大理白族自治州洱源县再生水厂

### 3.2.3.4 云南省昆明市洛龙河污水处理厂

云南省昆明市洛龙河污水处理厂采用“MBR+DF”双膜新水技术，处理规模 2.5 万 t/d，出水水质达地表水Ⅱ类标准。该工程建成后每年可从污水中获得的新生水资源量超过 910 万 t，出水用于滇池补给水，可大量削减入湖污染物，改善滇池水环境质量（图 3-21）。

图 3-21　云南省昆明市洛龙河污水处理厂“MBR+DF”双膜法处理工艺

### 3.2.4　水专项重点流域石化废水资源化与“零排放”关键技术产业化之石化废水回用集成技术

#### 3.2.4.1　技术简介

耐污染膜、低无磷药剂，能有效破解石化废水回用处理中反渗透浓水排放量大、膜污染严重的难题。其中研发的低无磷药剂，配以智能管控一体化及专家系统，能进一步确保该技术安全、可靠、智能化运行。

强化预处理和以耐污染膜为核心的低污染膜组合技术，实现了絮体颗粒携带油类污染物沉淀，形成高效沉淀与管式膜耦合工艺，完成药剂高效利用及高浓度固液快速分离。

#### 3.2.4.2　抚顺石化乙烯废水处理及回用工程

（1）工程简介

抚顺石化乙烯废水主要分为乙烯下水、乙烯生产生活废水和反渗透浓缩水三大类，依据分流、分质处理原则，结合对污水特性的分析及对污水回用的要求，分别对 3 种废水采用不同的工艺处理方式。该工程可达到 380 t/h 乙烯下水处理、650 t/h 乙烯生产生活废水处理、180 t/h 反渗透浓缩水处理的处理规模，运行后乙烯下水、生产生活废水达到中油《炼油化工企业污水回用管理导则》要求，反渗透浓缩废水达到《辽宁省污水综合排放标准》（DB 21/1627—2008）。

工程总投资为 1.6 亿元。具体工程详情见表 3-1。

表 3-1 抚顺石化乙烯废水处理工程情况介绍

| 序号 | 基本信息 | 备注 |
|---|---|---|
| 1 | 建设单位 | 抚顺石化 80 万 t 乙烯厂 |
| 2 | 工程地点 | 抚顺石化 80 万 t 乙烯厂内 |
| 3 | 处理规模 | 生产生活废水 650 t/h、清净下水 380 t/h、反渗透浓缩废水 180 t/h |
| 4 | 回用水量 | 1 030 t/h |
| 5 | 排放水量 | 180 t/h |
| 6 | COD 减排量 | 4 240 t/a |
| 7 | $NH_4^+$-N 减排量 | 16.04 t/a |

（2）工艺技术

1）乙烯生产生活废水

抚顺石化乙烯厂生产废水具有污染物复杂且浓度较高等特点，考虑到对污水回用的要求，选用“物化 + 生化 + 深度处理”组合工艺，采用水解酸化 - 活性污泥 - 曝气生物滤池 - 多介质过滤 - 臭氧活性炭 - 超滤 - 反渗透组合技术，工艺路线详见图 3-22。其中，废水经过水解酸化后，其生化效率提高，活性污泥、曝气生物滤池对其进行生物降解、高滤速截留悬浮物；接着，多介质过滤、臭氧氧化及活性炭等工艺进一步对废水进行处理，降低其中的污染物浓度。

如图 3-22 所示，当生产废水中的 COD＞1 000 mg/L 时首先进入事故池调节相关指标，指标合格后再进入调节除油罐；接着，经过调节除油罐调节后的废水进入气浮处理单元进行进一步的除油处理，以保证后续的生化处理过程顺利进行；最后，经气浮处理后的生产废水进入水解酸化生化处理单元，并将生活污水与生产污水在缓冲池中混合，以调节水解阶段反应对溶解氧的控制要求。在该水解生化处理工艺中，通过设置水解酸化段改善生产废水的生物降解特性，利用兼氧菌将污染物降解过程控制在水解酸化阶段，将难降解的大分子物质破坏，断链成易降解的小分子物质，从而提高对生产废水的生化处理效率。另外，将曝气生物滤池设置在一级处理单元后，作为二级生物处理单元对水中残留的有机物质进行进一步生化处理。同时，将二级生化处理后的水再进行微絮凝过滤、臭氧氧化和活性炭吸附等深度处理，以达到回用水水质指标的要求。

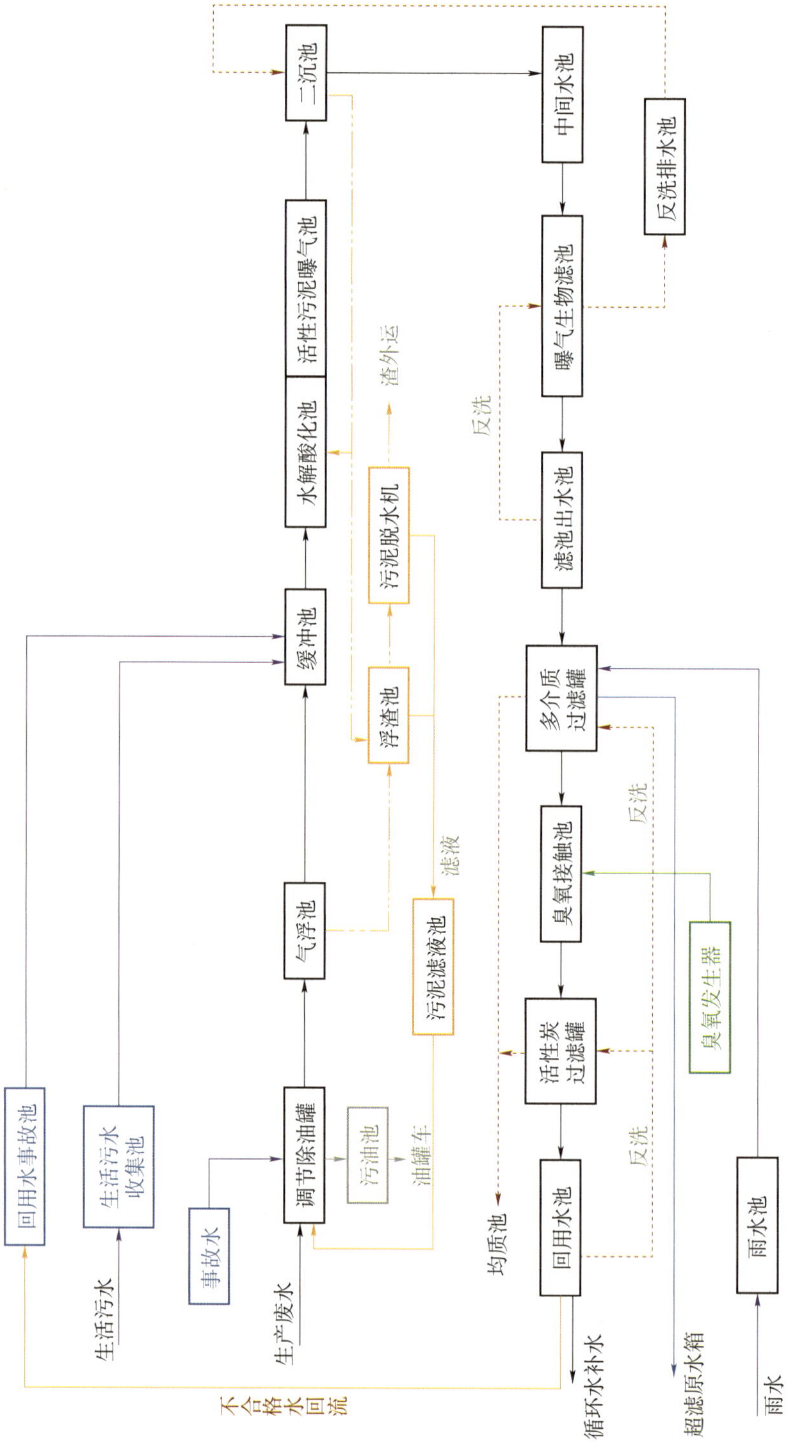


图 3-22　抚顺石化乙烯废水处理工程 - 乙烯生产生活污水处理工艺流程

2）乙烯下水

抚顺石化乙烯厂循环排污水具有有机物含量低、含盐高等特点，针对该污水特性及污水回用要求，构建了絮凝沉淀 - 多介质过滤 - 超滤 - 反渗透组合工艺对该污水进行处理。污水中悬浮物和大部分有机物通过絮凝高效澄清及介质过滤被高效截留和去除；污水中的盐分和有机物经过多超滤 - 反渗透组合工艺得到深度处理，最终实现废水回用的目的。该工艺流程详见图 3-23。

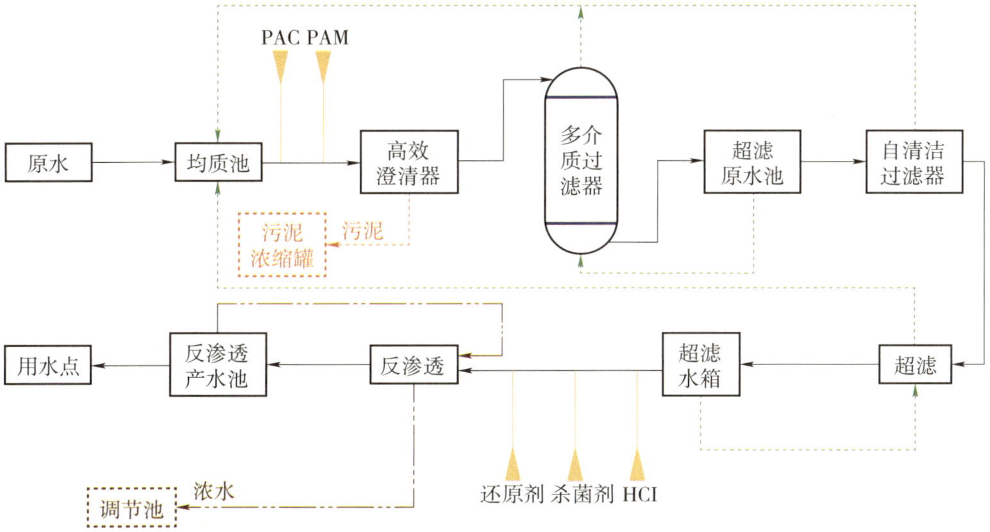


图 3-23　抚顺石化乙烯废水处理工程 - 乙烯下水处理工艺流程

由图 3-23 可知，乙烯下水通过均质池进行水质和水量调节后，再进行混凝澄清、多介质过滤处理；接着进入超滤原水池和多介质过滤器后的出水混合，然后经过超滤进水泵提升，通过自清洗过滤器后进入超滤系统，超滤后的水进入超滤水箱；接着通过保安过滤器由高压泵加压后进入反渗透系统，然后经过反渗透处理后的水进入反渗透水池，浓水进入浓水处理单元。

3）反渗透浓水

抚顺石化乙烯厂反渗透处理单元浓缩水、乙烯废碱液废水具有含盐量高、难降解物质比重大的特点，为达到废水达标排放要求，该工艺构建 SBR- 曝气生物滤池 - 多介质过滤 - 臭氧氧化 - 活性炭过滤组合技术对该类废水进行处理。浓缩水中难降解有机物通过改良型 SBR 反应器得到高效降解。接着，曝气生物滤池对废水中残留的污染物进行进一步的吸附、降解。最后，通过多介质过滤、臭氧氧化和活性炭吸附实现污水达标排放。该工艺流程详见图 3-24。

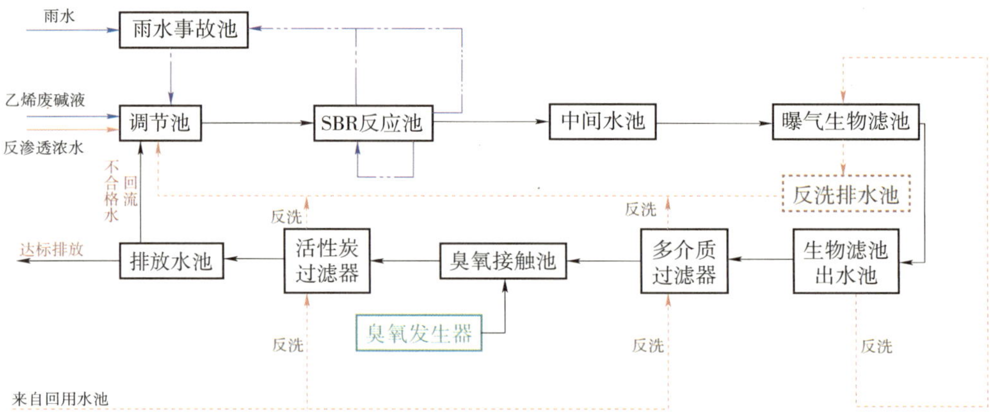


图 3-24 抚顺石化乙烯废水处理工程 - 反渗透浓缩水处理工艺流程

从乙烯装置来的废碱液和乙烯下水处理单元的反渗透浓水进入调节池混合稀释，对水质进行进一步调节。调节后的反渗透浓水，进入改良型 SBR 反应器中进行生物降解，通过改良 SBR 池中积累的高污泥浓度提高降解效率。为了进一步降解废水中残留的有机物，在改良 SBR 反应器之后增设曝气生物滤池，通过滤料上的生物膜及滤料本身的吸附作用进一步去除污水中的污染物质。曝气生物滤池出水进入配套微絮凝过滤和臭氧氧化及活性炭吸附进行处理；达标后的反渗透浓水，通过提升泵外排到厂外排水系统。

（3）处理效果

该工程污水日处理能力达到 29 040 t，日回用水量达到 24 720 t，排水量达到 4 320 t。其中，该工程 COD 削减量达到 4 240 t/a，$NH_3$-N 削减量达到 16 t/a。乙烯生产生活污水、乙烯厂下水经过处理后的排放浓度可满足中油《炼油化工企业污水回用管理导则》的要求，反渗透浓缩水经过处理后的排放浓度可满足《辽宁省污水综合排放标准》（DB 21/1627—2008）的要求。

### 3.2.4.3 辽阳石化化纤废水处理工程

（1）工程介绍

针对芳烃、对苯二甲酸（PTA）、聚酯厂的生产废水和辽化生活区部分生活污水不满足《辽宁省污水综合排放标准》（DB 21/1627—2008）中直接排放要求的问题，辽阳石化化纤废水处理工程利用中国石油辽阳石化分公司化纤综合污水处理装置对芳烃、PTA、聚酯厂的生产废水和辽化生活区部分生活污水进行处理。其中，该装置设计流量为 24 000 m³/d，主要工艺为 A/O 生物模工艺，通过对好氧接触氧化 - 活性污泥法工艺改造提高其脱氮功能；同时，新建了污水深度处理回用单元，将原先二沉池的排水汇集到集水池，再经过絮凝 - 接触过滤深度处理后，满足出水排放标准与回用标准。

（2）工艺技术

该工程对原有的 A/O 工艺进行改造并新建絮凝 - 接触过滤深度处理单元，工艺流程详见图 3-25。

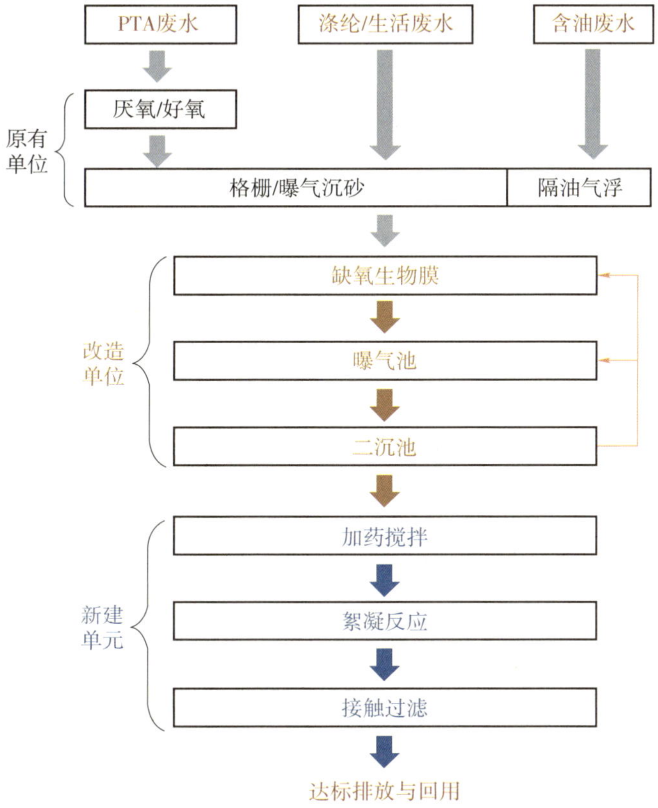


图 3-25　辽阳石化化纤废水深度处理与回用工程工艺流程

（3）处理效果

该工程日处理规模为 24 000 m³，其中日回用规模达到 10 000 m³，COD 年减排量达到 350 t。该工程实施前后水质的具体变化如表 3-2 所示。

表 3-2 工程实施前后水质变化汇总　　单位：mg/L

| 指标 | A/O 改造 | | 深度处理 | |
|---|---|---|---|---|
| | 实施前 | 实施后 | 实施前 | 实施后 |
| COD | 60 | 50 | 50 | 30 |
| BOD | 15 | 10 | 10 | 10 |
| SS | 50 | 40 | 40 | 10 |
| TN | 20 | 15 | 15 | 10 |
| $NH_4^+$-N | 5 | 3 | 3 | 1 |
| 磷酸盐 | 1.5 | 1 | 1 | 0.5 |
| 石油类 | 1.5 | 0.5 | 0.5 | 0.3 |

辽阳石化化纤废水深度处理与回用工程出水 COD、总氮、SS、pH 变化情况如图 3-26 所示。由图可知，2011 年 6 月至 12 月，该工程最终出水指标平均值分别为 COD 24.9 mg/L、pH 8.1、SS 7.2 mg/L、TN 7.9 mg/L，石油类与 $NH_3$-N 的平均值为 0.3 mg/L 与 0.2 mg/L（图中未显示），综上，其水质指标均满足排放和回用标准。

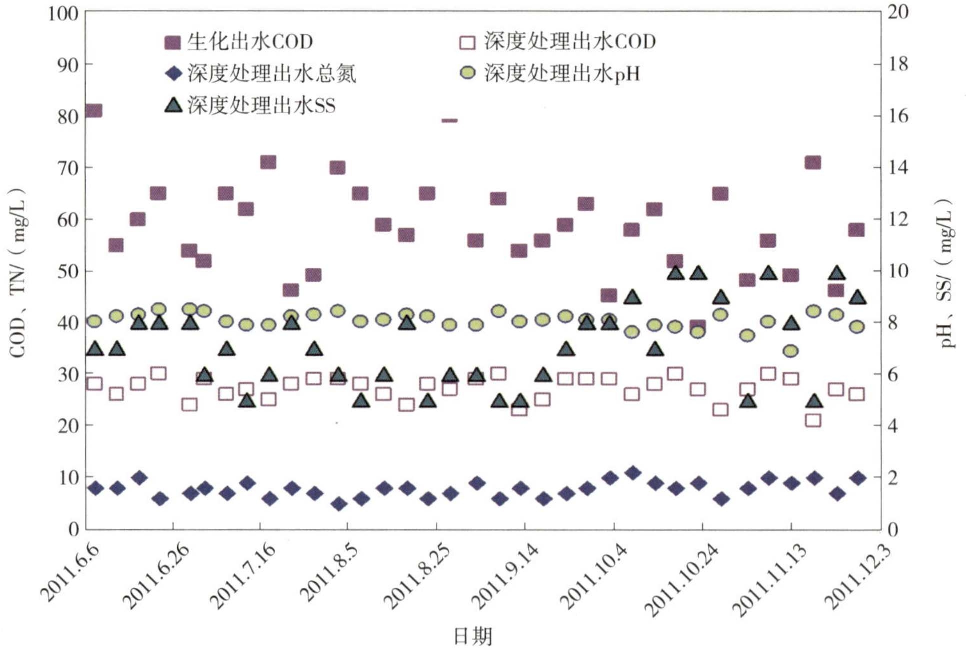


图 3-26 辽阳石化化纤废水深度处理与回用工程出水水质变化

### 3.2.4.4 辽河油田石油污染控制与资源化工程

（1）工程介绍

辽河油田石油污染控制与资源化工程包括两项工程内容：一是辽宁华锦集团炼油废水处理与回用工程；二是华油环保公司油泥处理工程。其中，炼油废水处理与回用工程总设计规模为处理量 5 万 t/d，回用水设计规模为处理量为 3 万 t/d，达标排放水设计规模处理量为 2 万 t/d。油泥处理工程处理总规模为 5 000 t/a。

（2）工艺技术

华锦集团炼油废水处理与回用工程主要采用隔油 - 气浮 - 厌氧 / 好氧生物处理 - 曝气生物滤池 - 超滤 / 反渗透双膜法联合处理工艺。首先，利用 A/O 工艺调整污水水质，大幅削减污水中的 COD；接着，利用曝气生物滤池重点保障外排出水水质，为后续膜处理工艺奠定基础；最后，利用 UF/RO 双膜法解决 TDS 等污染物的去除，使废水满足回用锅炉用水或冷却用水的要求。

华油环保公司油泥处理工程主要采用“脱附 - 三相分离 - 深度处理”工艺。以含油污泥中不同组分的脱附特性的分析为基础，采用具有强化搅浑、高效脱附的卧式回转淘洗设备及配套化学药剂进行落地油泥与罐底油泥中石油类组分的高效分离回收。同时，结合油泥中重质组分比例较高的特点，采用立式旋转焚烧方法对难脱附高热值含油污泥进行无害化处理。

（3）处理效果

目前，华锦集团炼油废水处理与回用工程运行良好，外排水水质满足《辽宁省污水综合排放标准》（DB 21/1627—2008）的要求；回用水水质满足中石化《炼油企业污水回用技术管理导则》中的初级再生水水质控制指标要求，累计回用水 565 万 t/a，COD 减排量 7 800 t/a，$NH_3$-N 减排量 470 t/a。华油环保公司油泥处理工程对所在绕阳河地区的含油污泥进行全部收集和资源化处理，回收石油 1 300 t/a，累计经济效益超过 1 000 万元。该工程所采用的综合技术指标达到国际先进水平，目前已向吉林油田、胜利油田进行推广应用。

## 3.2.5 区域水资源“多阶循环、生态再生、梯级利用”循环利用模式

### 3.2.5.1 技术简介

我国面临严重的缺水问题，在节约新水的同时，亟待开发非常规水资源。

污水再生利用是城市节水的重要方面，是保障城市用水需求的重要措施，将成为城市建设中不可或缺的有机组成部分。2014 年，住房和城乡建设部及发展改革委联合发布了《关于进一步加强城市节水工作的通知》，提出要加快污水再生利用，“将污水再生利用作为削减污染负荷和提升水环境质量的重要举措”。2015 年国务院颁布的《水污染防治行动计划》（“水十条”）中明确提出要促进再生水的利用。以缺水及水污染严重地区城市为重点，完善再生水利用设施，工业生产、城市绿化、道路清扫以及生态景观等用水，要优先使用再生水。2016 年，发展改革委、水利部、住房和城乡建设部等 9 部门印发的《全民节水行动计划》中，也提出要“加快污水处理及再生利用设施提标改造，增加高品质再生水利用规模”。同年，住房和城乡建设部、发展改革委出台了《城镇节水工作指南》，明确要求“实施污水再生利用设施建设与改造，开展再生水生态和景观补水系统建设。提倡城市健康水循环理念，积极推行水的循环利用和梯级利用，构建城镇健康水循环”。

区域水资源“多阶循环、生态再生、梯级利用”循环利用模式构建适用北方缺水地区的突出水安全问题和水环境治理，核心在于构建三阶嵌套式水循环系统：一阶循环，即区域生态循环，是指再生水用于河流、湖泊和湿地等的生态补水后，作为城市第二水源再次利用于生产生活系统；二阶循环，即社会系统循环，主要指区域范围内的污水再生处理与再生水直接回用，包括工业园区层面（企业间）和城市系统内的水循环利用；三阶循环，即局部过程循环，主要指生产或生活单元内部的水循环利用，体现为企业内、家庭内、社区内等的水循环利用。

### 3.2.5.2 北京市区域水资源循环利用

北京是再生水利用最先进的城市，其大规模再生水系统建设、运行和管理水平国际领先。2017 年，北京市再生水利用量为 10.5 亿 $m^3$，相当于 520 个昆明湖的水量，占总用水量的 1/4。再生水已成为北京市名副其实的第二水源，生态生产的第一水源。北京市城区电厂冷却水均采用再生水，70% 以上的河湖补水来自再生水。例如，北京市奥林匹克公园龙形水系、圆明园等均采用再生水作为补水。在北京经济技术开发区，再生水使用总量占开发区总供水量的 35%，占总工业用水量的 55.2%，成为开发区工业发展的第一水源，为开发区的经济发展发挥了不可替代的作用。优质再生水为京东方、中芯国际等企业生产用水提供了有力保障。再生水水质稳定，价格低于工业用自来水价格，得到了用水企业的广泛好评。

#### 3.2.5.3 山东海河流域水污染防治生态储存、循环利用、趋零排放示范案例

徒骇河、马颊河是海河流域在山东省境内最大的两条河流，境内主要流经聊城市、德州市、济南市、滨州市和东营市。徒骇河、马颊河流域东西长360 km，南北宽80 km，地形西南高、东北低，地面坡降为1/20 000～1/5 000，是一个相对封闭的流域。流域总面积29 713 $km^2$，人口1 485万，耕地面积153万 $hm^2$。

徒骇河、马颊河流域多年平均年降水量为546 mm，70%集中在7—9月；多年平均年蒸发量约为1 300 mm。流域地表水资源量为7.06亿 $m^3$，地下水资源量为33.25亿 $m^3$，水资源总量为40.31亿 $m^3$，人均占有水资源量不足300 $m^3$。根据联合国对水资源稀缺程度的划分，徒骇河、马颊河流域地区属极度缺水地区。

在经济快速发展的过程中，徒骇河、马颊河流域受到严重污染，虽然经过多年大力整治有好转趋势，但截至2012年，干流水质多数时段仍为劣Ⅴ类。河流水质的恶化降低了其使用价值，使缺水问题更加突出。徒骇河、马颊河水质污染问题已经严重制约了流域经济的发展和居民生活水平的提高，影响了人们的生活及健康。因此，山东海河流域治理刻不容缓。

针对徒骇河、马颊河面临的严峻水污染防治形势，在分析流域污染源时空分布特征和建立整体治理策略的基础上，提出了在“治用保”思路指导下的从全流域角度进行水污染综合防治的措施。工程设计处理能力为4万t/d，总蓄水能力74万t，进出水循环周期为16 d左右，主要对城市生活污水处理厂和县经济开发区工业企业等单位处理后达标排放的废水，利用潜流、表流湿地进行进一步净化处理。

“介循环”模式在山东省海河流域聊城市和德州市60%以上的县（12个）水环境治理工程或规划中得到应用，循环用水量达50万 $m^3/d$ 以上。该模式及其关键技术支撑了草浆造纸行业的绿色化发展，使我国成为第一个在美国建立草浆造纸企业的国家，实现了造纸行业的历史性突破。

山东省海河流域各市以重点污染源和生活污水污染物削减为主要措施，以强化河流生态修复与自净能力作为地表水水质再提高和生态环境改善、景观效

果增强的有效途径，以构建流域水资源循环利用与水质安全保障体系、基于河流水质保障的流域水环境安全防控体系作为全流域水质达标和综合利用的技术、政策保障，建设了大量水质净化工程和再生水回用工程，最终实现设定的断面水质目标。

## 3.2.6 煤化工废水深度处理及回用集成技术

煤化工废水主要源于煤化工生产过程中的煤的一次化学加工、二次化学加工、深度化学加工、煤化气、焦化、液化等过程中产生的废水。煤化工废水中含有大量的酚类、苯类化合物、烃类、氨氮、硫化物等有毒有害及难降解物质，处理难度较大，资源化利用率较低，国内案例较少。

### 3.2.6.1 鞍钢集团焦化厂三期水深度处理工程

鞍钢集团焦化厂三期水深度处理工程改造，主要是絮凝加臭氧氧化工段，设计能力 200 $m^3/h$，污水来源为焦化废水的生化处理出水。2010 年 9 月开工，于 2011 年 12 月完成调试并建成投产。通过酚 / 油萃取回收焦油和粗酚，高效氨蒸回收浓氨水，通过生化处理去除大部分有机物，最后通过混凝沉淀去除氰和部分有机物，再通过臭氧氧化进一步去除水中有机物，实现废水达标排放，并根据实际需要，通过超滤、纳滤、电渗析等过程脱盐，达到废水回用目的。

研发形成适用褐煤提质废水水质特点的生物强化短程硝化反硝化技术、高效混凝技术、低成本臭氧催化氧化技术、集成膜脱盐技术，并在此基础上研发出臭氧催化氧化、集成膜脱盐成套设备等多种核心设备。工艺流程为“除油沉砂 - 生化单元 - 高效混凝 - 多介质过滤 -IPE-OCP 高级氧化 - 膜组合脱盐”，淡水回用率大于 85%（图 3-27）。

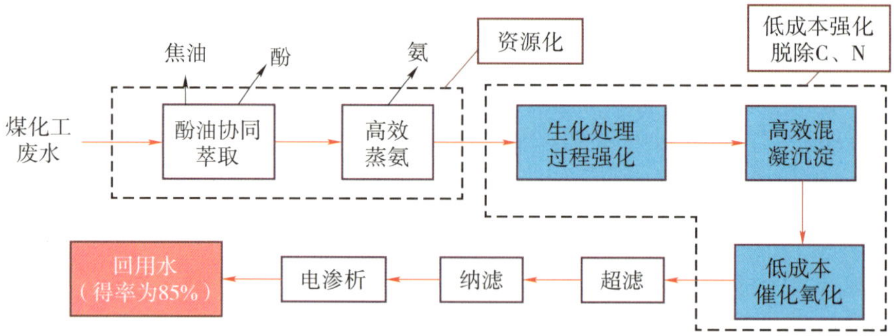


图 3-27　鞍钢集团焦化厂三期水深度处理工艺流程

采用该技术后，絮凝可去除 90% 的色度，总氰去除率超过 90%，$COD_{Cr}$ 去除率＞50%，再经臭氧氧化处理后，进一步去除废水中有机物，出水中总氰浓度＜0.2 mg/L，$COD_{Cr}$＜50 mg/L，满足《辽宁省污水综合排放标准》（DB 21/1627—2008）一级标准，高于国家污水排放一级标准，臭氧氧化催化剂可稳定使用 3 年以上。

### 3.2.6.2　蒲城煤制烯烃项目

我国煤化工行业重点发展地区，多为水资源匮乏及生态脆弱地区，要求煤化工废水能够最大限度地加以循环利用。因此，蒲城某 700 kt/a 煤制烯烃项目，将污水处理站出水、循环水站排污水等废水收集后进行深度处理及回用，提高水资源利用率，产生的浓盐水处理合格后排放。回用水含有大量的胶体、悬浮物以及 $Ca^{2+}$、$Mg^{2+}$ 等易结垢离子，处理不当，会影响膜系统的运行。RO 浓水可生化性差，盐含量高，含有一定量的有毒难降解有机物，COD 处理达标排放难度大。采用“曝气生物滤池 + 微涡流高效沉淀 + 流砂过滤器 + 超滤 + 反渗透”工艺用于该煤化工废水深度处理及回用，介绍其工艺流程以及各处理单元的设计参数和功能等。

废水主要污染物包括难生物降解的 COD、$NH_3$-N、SS 和硬度等，较常规的废水要复杂得多，对超滤前的预处理效果要求较高，因此采用“微涡流高效沉淀 + 旋流过滤器 + 超滤 +2 级反渗透”工艺处理，浓盐水主要考虑 COD 的去除，采用“异相催化氧化 + 高效生化”工艺，具体的工艺流程如图 3-28 所示。

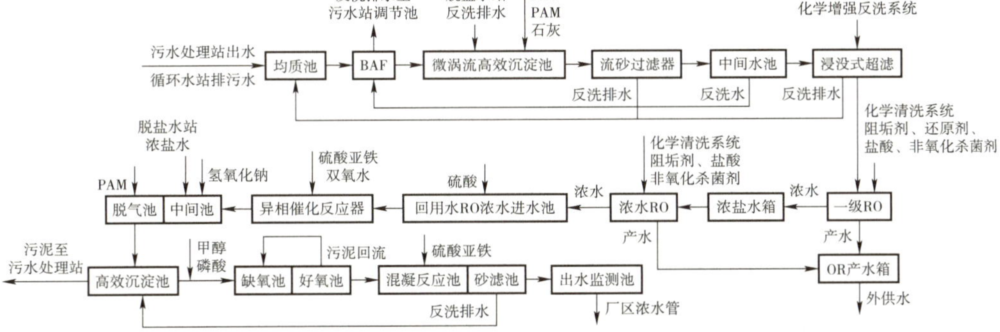


图 3-28　蒲城煤制烯烃项目废水回用工艺流程

工程运行效果分析如图 3-29～图 3-31 所示。

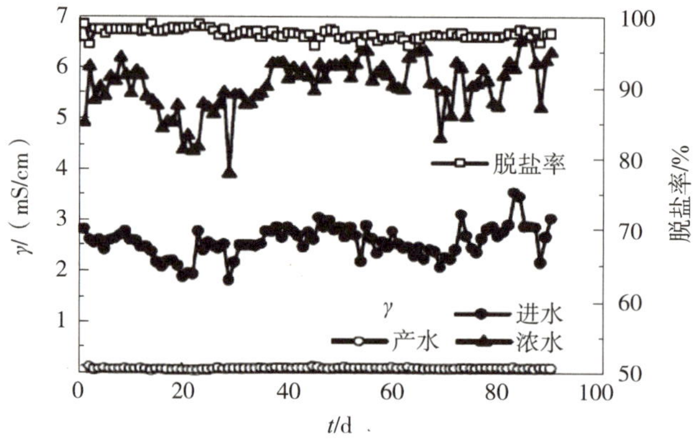


图 3-29　电导率、去除率变化趋势分析

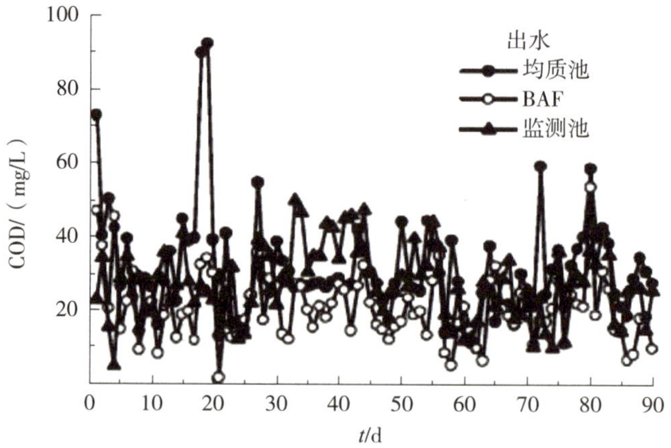


图 3-30　COD 去除率变化趋势分析

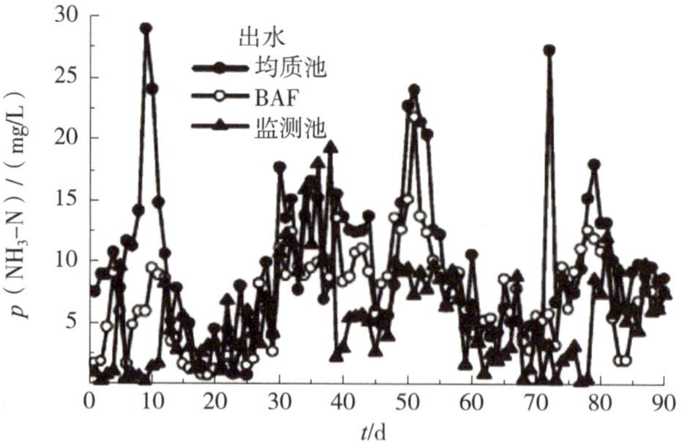


图 3-31　氨氮去除率变化趋势分析

采用“曝气生物滤池 + 微涡流高效沉淀 + 流砂过滤器 + 超滤 + 反渗透”工艺对煤化工废水深度处理，回用水稳定，处理成本低，当进水电导率为 1.8～3.5 mS/cm 时，RO 产水电导率平均为 65 μS/cm，脱盐率在 96% 以上，所有指标均满足中石油《炼油化工企业污水回用管理导则》的优质再生水的相关标准。RO 浓水采用“异相催化氧化 + 高效生化”工艺，出水 COD≤50 mg/L，$NH_3$-N、SS 的质量浓度分别小于等于 12 mg/L、30 mg/L，满足《黄河流域（陕西段）污水综合排放标准》（DB 61/224—2011）中的一级标准，可为煤化工 RO 浓水处理提供解决思路。

# 4

# 污水中营养物的回收技术

Technology for Nutrients Recycling in Sewage

## 4.1 污水中营养物的回收技术理论与内涵

污水处理厂是磷最重要的汇合点之一，人类消耗的磷约有 20% 出现在排泄物中，最终大部分磷汇集到城市污水。全球城市污水产生量已经达到约 33 万 $m^3/a$，而城市污水中的磷浓度为 6～15 mg P/L，按照平均值 10.5 mg P/L 计算，城市污水总磷排放量可达 $3.5 \times 10^6$ t/a。据 2016 年粮农组织预测，全球磷肥需求量约为 $9.9 \times 10^6$ t/a，这意味着城市污水中的可回收磷可以满足全球 35% 的肥料需求。显然，污废水不应再被视为“废物”，而是一种充满水、能源和资源的可再生资源。

污水厂中的磷主要以 $PO_4^{3-}$、$HPO_4^{2-}$、$H_2PO_4^-$、有机磷酸根、聚磷酸根等形态存在。根据磷存在形态的不同和当地磷的排放标准，采用不同的磷回收技术。磷回收根据机理的不同可以分为物理法、化学法和生物法 3 种（图 4-1），同时也包括基于不同回收机理间的联用技术。

### 4.1.1 基于物理机理的磷回收技术

基于物理机理磷回收方式包括过滤（渗透、微滤或超滤）、吸附、离子交换和磁力分离等。利用物理机理开发的具体回收技术有膜分离、利用沸石作为支撑介质构建的人工湿地、方解石过滤吸附、磁性分离器、纳米颗粒柱以及离子交换树脂等。这些技术的磷回收效率为 50%～90%。但通常吸附技术出水的磷浓度较高，容易超过排放浓度的限值，如欧洲的污水排放限值为 1～2 mg/L，我国为 0.5 mg/L。此外，吸附剂的负载能力有限，因此吸附技术更适用低浓度（<10 mg/L）含磷废水的回收。

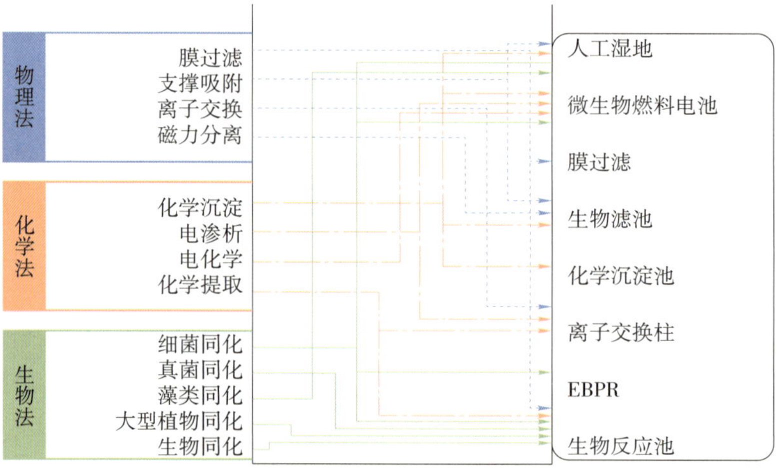


图 4-1　磷回收机理与工艺之间的关系

（1）膜分离

物质之间的分离、浓缩、提纯离不开膜分离技术，随着科学技术的发展，膜分离技在水处理领域的作用日益明显，已在饮用水制备、海水淡化、化工废水、造纸废水、市政废水、蛋白质的分离等领域得到广泛应用。在除磷领域，膜分离技术工艺简单高效、无相变和二次污染，对于特定的含磷废水，不仅可以去除磷，还可实现磷的富集，再次利用，对可持续发展有积极作用。膜分离法的缺点如下：易被水中杂质污染，干扰膜分离设备的组件的正常运行，废水要经过预处理才能进行膜分离技术净化，或将膜分离技术与其他方法联用。严小轩等先用“钙基软化＋曝气混凝＋超滤”作为反渗透预处理工艺，对高浓度含磷废水中钙离子、氟离子，剧毒单质磷等会造成反渗透浓水测结垢的离子先进行预去除，在后续反渗透的回收率不大于 60% 时，反渗透运行稳定，没有出现明显污堵情况。目前应用比较广泛的是将膜分离技术引入生物传统除磷技术中如膜生物反应器，同传统的生物除磷工艺相比，膜生物反应器具有反应稳定、通用性高、除磷效果较好，占地面积小、污泥量少的优点。膜分离除磷技术目前还较为落后，以及生产高性能的膜成本较高，且使用过程中会出现膜污染现象，寿命较短，所以膜分离技术在废水处理中的应用还存在局限性，需要膜处理技术向着更经济高效的方向发展。

（2）吸附

随着社会的发展，污水的成分逐渐复杂，而人类和生态环境的发展对水质要求越来越高，吸附法作为一种比较前沿的水处理技术，逐渐受到学者们的关注。吸附过程分为物理吸附和化学吸附，其中物理吸附发生在固液界面。靠的是分子间的相互吸引力，而化学吸附包含配体交换、化学沉淀等过程。该法工艺简单，不像生物法、化学沉淀法那样会产生大量污泥，运行稳定，可单独作为除磷的手段，也可作为其他方法的补充，是国内外研究的热点内容。

①吸附的机理

吸附的作用是由物体的表面能引起。吸附质在固液界面主要存在两种形式：外层复合物和内层复合物。根据吸附质在固液表面的化学性质，吸附除磷过程主要有 3 种机制：静电吸引机制、离子交换机制和路易斯酸碱机制。其中静电吸引机制是指吸附剂表面所带的正电荷，吸引废水中的带负电磷酸根阴离子，如 $H_2PO_4^-$、$HPO_4^{2-}$，这种作用是非特异性的，主要是形成外层复合物。离子交换机制是指某些金属氧化物或金属氢氧化物上的—OH 官能团，与废水中的磷酸根阴离子，发生配体交换。路易斯酸碱机制是吸附剂表面的过渡金属阳离子作为路易斯酸，作为溶液中的路易斯碱的磷酸根离子进行阴离子交换的活性位点，使得磷酸根离子作为配体被固定下来。后两种作用都是特异性的，主要形成内层复合物。

②吸附法的优缺点

市面上大规模使用的化学沉淀法能耗较高，产生大量难处理的污泥，并且易对水体造成二次污染，在低浓度磷的条件下去除效果欠佳，逐渐不适应当今除磷要求。吸附法是一种高效的除磷方法，主要有以下优点：简单灵活的设计、便于操作；对有毒污染物的不敏感性和无新的污染物形成；吸附剂可重复使用等。此外，吸附作为一种传质过程，有着较低的感应限度，所以即使是水体中污染物浓度较低，也可以对污染物进行吸附处理，这种处理是一种适合从低浓度磷废水中吸附磷污染物的方法。吸附法目前已成为国内外除磷方法研究的主要热点之一。吸附法研究和应用瓶颈体现在吸附材料的成本有待降低；对合成的吸附材料的稳定性有待提高；对不同的吸附材料吸附的性能有待评估和优选。因此吸附法研究的核心就是开发优良的吸附材料。

③吸附剂的选择和常用的吸附剂

研究开发吸附剂，在考量吸附剂的性能时，需要考虑的是以下几个条件：①原料易得到，生产成本较低；②具有较大的比表面积，吸附容量大；③吸附速度快，操作简单，无须外加能量；④选择性和抗干扰性强；⑤具备循环使用、再生的能力；⑥材料结构比较稳定，不会造成二次污染。国内外研究的较多，比较适合作为吸附剂的材料主要有 3 类：金属氧化物和氢氧化物及其人工复合材料、天然材料、工业废渣。

（3）离子交换

离子交换磷回收是指溶解态从水相中转移到选择性介质表面的过程，既降低了水中的磷浓度，还可以使交换介质保持电中性。具有较大的比表面积且带正电荷或中性电荷的多活性位点介质是理想的吸附剂材料。典型的材料如树脂类，包括聚合物阴离子交换树脂（purolite）、苯乙烯 -DVB 阴离子交换树脂（Dowex 21K XLT）和混合离子交换树脂（HAIX）等；还包括合成材料类，如活性铝氧化物颗粒、锆氧化物和铁氧化物等。

其除磷应用中的反应方程式举例如下：

$$H_2PO_4^- + RNH_2Cl = RNH_2PO_4 + Cl^- \qquad (4\text{-}1)$$

离子交换法应用的优点：对不同含磷浓度的废水有比较好的去除效果，可以在高流速的含磷废水中有出色的除磷效果；操作简单；离子交换树脂存在 Donnan 膜效应，可以对磷酸盐起到富集作用；在离子交换树脂上的磷也可通过解吸再生实现回收。离子交换法在除磷过程中容易受到废水中常见的 $SO_4^{2-}$、$Cl^-$、$NO_3^-$、氨氮等离子的抑制。因此目前大部分的研究都是将 La、Zr、Fe 等金属离子或其水合氧化物负载到树脂上，这极大地增强了树脂对磷的离子交换容量和选择性。Jeyong Yoon 等用纳米级钼酸锆嵌入大孔阴离子交换树脂中，制得复合阴离子交换树脂（ZMAE）。在高浓度硫酸根的存在下，与没有嵌入钼酸锆的阴离子交换树脂相比具有更高的吸附选择性。

离子交换法应用的缺点：成本较高，离子交换树脂在使用的过程中易中毒；树脂为不可降解材料，使用报废后难以处理，可产生二次污染。这限制了离子交换法在污水处理工艺上的实际应用。

（4）磁力分离

磁力回收过程是先是基于吸附的原理，即 $PO_4^{3-}$ 被具有磁性的吸附剂材料吸附。一旦磷酸盐从溶液中被分离出来，其载体材料可以通过在高梯度磁选器中利用磁场捕获磁性颗粒来回收。Prot 等尝试利用含磷矿物的顺磁性，从污泥中分离生成的含磷矿物，能实现 62% 的回收率。

### 4.1.2 基于化学机理的磷回收技术

基于化学机理的回收技术因其可靠、稳定、高效的特点，被广泛应用于废水中磷的回收。然而，取决于回收产物的类型及其生物利用度，化学法使用的条件各不相同。根据 $PO_4^{3-}$ 离子的特性，已经开发了多种化学法磷回收技术，如化学沉淀、化学提取、结晶、电化学等，还包括一些新兴的技术。化学工艺的磷回收效率为 63%～99%，其中磷结晶法是最有效且应用最广泛的回收方法。

（1）化学沉淀

磷酸盐的化学沉淀是从废水中回收磷的最常用方法之一。化学沉淀法是向含磷废水中投加可溶性金属盐类化学药剂，使其与磷酸盐生成难溶性或不溶性的沉淀物，后通过絮凝沉淀等方式将沉淀物从废水中分离以达到对磷的去除作用。该过程需要控制 pH，使金属离子与磷生成稳定的难溶性沉淀，以此实现磷的高去除率。一般来说，化学沉淀法中最常用的金属盐类主要有氯化钙、硫酸铝、三氯化铁、氯化亚铁等。整个沉淀过程主要经过沉淀、凝聚、絮凝、固液分离 4 个步骤。当使用铝盐或铁盐时，去除磷酸盐的主要反应是形成单金属磷酸盐，反应式如下：

$$M^{3+}+PO_4^{3-} \rightarrow MPO_4 \tag{4-2}$$

当废水中有碱存在时，该过程会产生副反应，反应式如下：

$$M^{3+}+3HCO_3^- \rightarrow M(OH)_3+3CO_2 \tag{4-3}$$

$$M^{3+}+3OH^- \rightarrow 3M(OH)_3 \tag{4-4}$$

用钙盐（主要是石灰）去除磷酸盐时与铝盐和铁盐的反应有所不同，主要是通过钙盐离子与磷酸盐反应生成羟基磷灰石［$Ca_5 \cdot OH(PO_4)_3$］，具体反应如下：

$$Ca^{2+}+OH^-+HCO_3^- \rightarrow CaCO_3+H_2O \tag{4-5}$$

$$5Ca^{2+}+3PO_4^{3-}+OH^- \rightarrow Ca_5OH(PO_4)_3 \tag{4-6}$$

Ebeling 等用硫酸铝做混凝剂处理质量浓度为 9.6 mg/L 的含磷废水，可以有效去除废水中的磷，出水中磷含量降至 0.3 mg/L。高伟盛研究发现 25℃下用氯化钙处理质量浓度为 0.59 mg/L 的含磷废水 30 min，氯化钙按 $n(Ca):n(P)=1.5:1$ 的条件添加，磷的去除效果良好，去除率可以达到 99.90%。梅翔等利用白云石提供钙镁源，在 pH=9 时回收污泥消化上清液中的磷，回收率可达 97.35%，且回收产物中含磷率高，杂质少。相较其他方法，化学沉淀法操作简单，效果明显，可快速净化高含磷量的废水，仅通过投加药剂就可以使得磷高效去除，其技术已具有较高的商业程度。我国市场上大部分的除磷工艺都是生物法和化学沉淀法相结合，同时这种方法也有以下局限性：其一，在处理低浓度的含磷废水时，损耗大量的化学药剂且效果不明显、处理成本高，已逐渐不适应我国对磷排放浓度的严格要求。其二，投加的金属药剂对水体形成二次污染，影响后续生物处理。其三，使用化学沉淀法除磷会产生大量难以处理、利用价值低的污泥；出水常需要酸碱中和。

（2）结晶法

结晶法是在化学沉淀法磷回收基础上的改进，是指在污水处理单元或者后续的结晶反应器中加入易与 $PO_4^{3-}$ 反应的金属离子使污水中的 $PO_4^{3-}$ 以矿物结晶的形式析出，结晶产物便于分离且纯度较高，具有很高的再利用价值。目前较为成熟的结晶方式包括羟基磷灰石（Hydroxyapatite，HAP）和鸟粪石（Struvite，MAP）结晶两种，前者与磷矿石类似，后者可作为一种缓释肥料。

① MAP 结晶法

鸟粪石的主要化学成分是 $MgNH_4PO_4 \cdot 6H_2O$，又称磷酸铵镁，具体形成过程如下式所示：

$$Mg^{2+}+NH_4^++PO_4^{3-}+6H_2O \rightarrow MgNH_4PO_4 \cdot 6H_2O \quad (4\text{-}7)$$

$$Mg^{2+}+NH_4^++HPO_4^{2-}+6H_2O \rightarrow MgNH_4PO_4 \cdot 6H_2O+H^+ \quad (4\text{-}8)$$

$$Mg^{2+}+NH_4^++H_2PO_4^{2-}+6H_2O \rightarrow MgNH_4PO_4 \cdot 6H_2O+2H^+ \quad (4\text{-}9)$$

鸟粪石法磷回收技术是一种广泛应用的技术，其作用机理是利用污水中的氨氮和磷，通过投加镁源在适宜的条件下发生结晶反应，在离子溶度积达到磷酸铵镁的标准溶度积（$K_{sp}=2.5 \times 10^{-13}$）时即可形成磷酸铵镁晶体，可以同时去除污水中的磷和部分氨氮，一般向污水中投加的镁源为 $MgCl_2$ 或 $MgSO_4$。研究发现，鸟粪石中的磷含量折算成 $P_2O_5$ 后可达 51.8%，而目前世界上最高品位的磷矿石含量为 46%（以 $P_2O_5$ 计，$P_2O_5 \geqslant 30\%$ 即被定义为富磷矿），因此回收时多以鸟粪石为最终产物。以鸟粪石法回收磷不仅可以使污水中的氮、磷得到回收，减少进入受纳水体的污染负荷，还可以减缓磷矿石的开采速率，使得不可再生的磷矿资源得到循环使用，实现了磷资源的可持续利用。

影响鸟粪石结晶法的主要因素有 pH、镁源种类及投加量、沉淀反应条件

（反应时间、温度、搅拌速度等）。

● pH

pH 被认为是影响鸟粪石法磷回收众多因素中最为重要和直接的一个，黄颖等研究发现，当 pH 为 8.5～9.5 时，沉淀物为斜方形晶体；当 pH＞10 时，生成 $Mg(OH)_2$；当 pH 过高时，还会生成 $Mg_3(PO_4)_2$，并且 $NH_4^+$ 会以游离 $NH_3$ 的形式挥发，使得 MAP 无法形成。Stratful 等研究发现，当 pH=7 时，没有形成鸟粪石；当 pH=7.5 时，在 1 min 内产生了大量非常小的晶体；当 pH=8.5 时，$NH_4^+$ 去除可达 92%，$PO_4^{3-}$ 去除可达 58%。Jaffer 等研究得出结论，当 pH=9.0 时，最适于鸟粪石的生成。随着鸟粪石的形成，氢释放到溶液中，导致溶液 pH 降低，但鸟粪石的形成需要碱性环境，所以需要对 pH 进行调节，以往研究发现，在鸟粪石形成中调节溶液 pH 的方法有 3 种：第一种方法是投加一定浓度的 NaOH 溶液，应用该方法具有一定的优势，比如此时磷回收装置较简单，鸟粪石结晶过程迅速，磷回收率也比较高；第二种方法是以投加 $Mg(OH)_2$ 的方式来提高溶液的碱度，$Mg(OH)_2$ 水解后虽含有两种离子（$Mg^{2+}$ 和 $OH^-$），可同时补充溶液所需的镁源和提高溶液 pH，但 $Mg^{2+}$ 的浓度和 pH 两个变量无法单独控制，而且 $Mg(OH)_2$ 溶解度较小，所需的投加量较大，从而药剂成本较高；第三种方法是采用曝气方式来提高 pH，虽然反应器中不需要设搅拌装置，但是提高 pH 的范围有限，反应所需的水力停留时间长，这种方法仅适用于原水中溶解性磷浓度较高的情况。

● 镁源种类及投加量

在以往的研究中，不同的学者选择了不同的镁盐进行鸟粪石回收试验。Jaffer 等选择 $MgCl_2$ 作为镁源，由于 $MgCl_2$ 的溶解度较高，所以在化学反应中加入的镁源量较少；而 Matsumiya 等选择含镁海水作为镁盐，当选择海水为镁源时，其用量较大；另外，Stolzenburg 等选择了 MgO 作为镁源，结果表明，采用 MgO 作为镁盐时，其溶出与鸟粪石的结晶同时发生。在镁源的选择上，也可以选择 $Mg(OH)_2$，由于其本身就是碱性的，所以在不调整 pH 的情况下，可以添加 $Mg(OH)_2$ 作为镁源，从而生成鸟粪石。然而，由于 $Mg(OH)_2$ 的溶解度较低，故所需剂量较大，$Mg^{2+}$ 浓度和 pH 两个因素无法单独控制，所以无法得到广泛应用。从 $MgNH_4PO_4 \cdot 6H_2O$ 的化学组成来看，理论上 $Mg^{2+}$、$NH_4^+$ 及 $PO_4^{3-}$ 的摩尔比为 1∶1∶1。但考虑到鸟粪石结晶反应的充分性，增加产物的纯度以及去除更多的 $PO_4^{3-}$ 及提高回收率，实际反应的 Mg∶P 和 N∶P 摩尔比应大于理论值。

Stratful 等的结论发现，为了形成鸟粪石以及去除更多的磷酸盐，溶液中需要过量的镁盐。Jaffer 等发现当 $Mg^{2+}/PO_4^{3-}$ =1.05 时，可去除 95% 的 TP。国内的学者汪慧贞也做了相关的研究，得出当 $Mg^{2+}/PO_4^{3-}$ =1.2 时可以最大限度地生成鸟粪石沉淀。

● 沉淀反应条件

鸟粪石结晶是一种化学反应，反应速率随温度的升高而增加。Rahman 等发现，将温度从 25℃提高到 30℃，可以显著提高鸟粪石形成的生长速度。不同的化学反应需要不同的活化能。随着温度的升高，活化分子的数量增加，导致活化能的降低。一般来说，反应活化能越低，反应速率越快。黄自力等以模拟含磷水样为研究对象，探究了温度对鸟粪石生成的影响，研究发现控制温度为 30℃，有 98.9% 的磷转化为鸟粪石；苏双青等研究了反应温度对氮、磷去除率和鸟粪石结晶的影响，发现不同温度下鸟粪石的溶度积不同，温度从 25℃升高到 45℃时，鸟粪石溶度积缓慢升高，通过慢速低温加热发现，鸟粪石的分解温度低于 40℃，得出鸟粪石形成的最佳温度为 25～35℃。而张冬梅等用鸟粪石沉淀法对养猪场废水进行处理，探究了温度（25℃和 35℃）等因素对沉淀效果的影响，发现在 25℃和 35℃时 $PO_4^{3-}$ 和 $NH_4^+$ 随时间变化趋势相同，残留浓度没有明显差异，各质量浓度降低与反应时间变化呈现一级反应，故在实际的废水处理中，不需要考虑温度的影响，简化条件控制。搅拌与否和搅拌强度都会影响鸟粪石结晶时对磷和氨氮的去除性能。较高的搅拌速度增加了晶体与晶体、晶体与叶轮以及晶体 - 结晶器表面碰撞的接触频率，从而导致更高的二次成核率。但搅拌速度过快时，水力剪切效应越大，离子与小晶体的碰撞越不可能牢固结合，小晶体无法连续形成。在探究搅拌强度对鸟粪石形成的影响时，畅萧等的研究表明，初始 10 min 搅拌速率为 400 rpm，后 30 min 转速为 160 rpm，此条件最为有利并且能够降低能耗，所以在鸟粪石形成中搅拌速度需要适中。Stratful 等研究发现，反应时间从 1 min 到 180 min 时，随着反应时间的延长，晶体尺寸从 0.1 mm 增长到 3 mm，尺寸越大越有利于进行沉淀回收；$Mg^{2+}$、$NH_4^+$ 和 $PO_4^{3-}$ 的去除率整体变化幅度不大，无显著提高，随时间的延长呈现先增大后趋于平缓的态势，在 60 min 时，各去除率达到最大值。所以反应时间的长短对鸟粪石沉淀也很重要。为了更有利于进行鸟粪石沉淀，在试验中需要通过调节操作条件，探究鸟粪石生成的最佳条件。

② HAP 结晶法

HAP 即羟基磷酸钙［$Ca_5(PO_4)_3OH$］，沉淀反应式为

$$5Ca^{2+}+7OH^-+3H_2(PO_4)_3 \rightarrow Ca_5(PO_4)_3OH \quad (4-10)$$

由式（4-10）可知，HAP 的构晶离子有 $Ca^{2+}$、$PO_4^{3-}$ 和 $OH^-$，当 3 种构晶离子的浓度组成不同时，会形成多种磷酸钙相（表 4-1）。

表 4-1　各种磷酸钙相

| 简称 | 分子式 | 溶度积常数（$K_{sp}$） | Ca/P | 生成条件 |
|---|---|---|---|---|
| ACP | $Ca_3(PO_4)_2 \cdot nH_2O$ | 无确值 | — | — |
| HAP | $Ca_{10}(PO_4)_6(OH)_2$ | $4.7 \times 10^{-59}$ | 1.67 | pH ＞ 9 时，ACP 直接转化；pH=7～9，转化：ACP → OCP → HAP |
| OCP | $Ca_4H(PO_4)_3 \cdot 2.5H_2O$ | $1.25 \times 10^{-47}$ | 1.33 | pH=5～6，ECPD 水解形成 |
| TCP | $Ca_3(PO_4)_2$ | $1.20 \times 10^{-29}$ | 1.5 | 碱性溶液，DCPD 转化而成 |
| DCPA | $CaHPO_4$ | $1.26 \times 10^{-7}$ | 1.0 | — |
| DCPD | $CaHPO_4 \cdot 2H_2O$ | $2.47 \times 10^{-7}$ | 1.0 | 弱碱性溶液 |

由表 4-1 可知，HAP 很难单独存在，常伴有 ACP 和 OCP 等先驱相的形成。HAP 的溶度积常数相比 MAP 较低［$K_{sp}$（HAP）$=4.7 \times 10^{-59} < K_{sp}$（MAP）$= 2.51 \times 10^{-13}$］，因此适用中低浓度的含磷废水，特别是磷浓度低于 20 mg/L 的城镇生活污水。

HAP 结晶法的主要影响因素有 pH、反应物质摩尔比、晶种、水体中杂质等。

● pH 的影响

pH 是影响 HAP 结晶的重要影响因素。pH 较低时，离子溶度积小于溶度积常数，结晶反应速率慢，结晶反应难以发生；pH 过高则溶液中的 $OH^-$ 增多，$OH^-$ 与 $PO_4^{3-}$ 争夺 $Ca^{2+}$ 生成 $Ca(OH)_2$ 沉淀，影响 HAP 结晶的生成。谷彩霞等以牛骨粉为晶种，在 Ca∶P 摩尔比为 1.67、反应时间为 2 h 的条件下，考察不同 pH 对 HAP 结晶的影响，结果表明磷的回收率随着 pH 的升高而升高，当 pH 为 10.5 时，回收率达到最高为 91.7%。但是 pH 从 10 增加到 10.5 时，回收率变化

幅度不大，因此最适 pH 宜为 10。Guan 等发现当 pH<7 时，磷的去除率几乎为 0；当 pH>8 时，磷浓度由原来的 10 mg/L 减少到 5 mg/L 以下；当 pH>9 时出水磷浓度降至 1 mg/L 以下。所以，HAP 在碱性条件下易形成，生成 HAP 的最佳 pH 为 9～10，相较于上文提到的 MAP 结晶反应的 pH 略高。

● 反应物质摩尔比的影响

HAP 结晶理论上 Ca：P 摩尔比为 1.67：1，如果想要提高磷回收率，应该适当提高 $Ca^{2+}$ 的浓度，提高 Ca：P 摩尔比以提高溶液的过饱和度促进结晶反应进行。邹海明等在探究 HAP 结晶回收污水中磷的主要影响因素时发现，当 Ca：P 摩尔比为 1.5 时，磷回收率为 68.5%；至当 Ca：P 摩尔比从 1.5 增加到 2.5 时磷回收磷可达到 92% 以上，再增加 Ca：P 摩尔比磷回收率变化幅度不明显。段金明等以转炉渣为晶种材料研究不同 Ca：P 摩尔比对 HAP 结晶反应的影响，结果表明最适的 Ca：P 摩尔比为 2。Song 等指出提高 Ca：P 摩尔比是克服碳酸根离子对磷酸钙反应影响的方法之一，增大 Ca：P 可以提高除磷率，但是 Ca：P 摩尔比不宜超过 5。所以，要提高溶液的过饱和度促进 HAP 结晶反应的进行，最适的 Ca：P 摩尔比应控制在 2～2.5 的范围内。

● 晶种的影响

HAP 结晶反应过程中晶种的存在有助于降低反应所需活化能，提高反应速率，缩短成核时间。为了探寻低价的晶种，国内外学者进行了大量研究。Bellier 等选用 4 种磷矿石做晶种来研究其磷回收能力，发现能够较好地形成 HAP 结晶为沉积岩矿石。其他的晶种材料还包括牛骨粉、珊瑚砂、牡蛎壳、多孔陶粒、白云石石灰和硬性钙石等，这些材料作为晶种对磷的去除率均大于 90%。HAP 结晶反应中常见的晶种含有磷、钙组分，因为和 HAP 有相似晶格，所以会优先吸附溶液中的钙磷离子，使局部离子积浓度超过 HAP 的溶度积，故而在表面迅速沉积结晶体。

● 水体中杂质的影响

废水水质成分复杂，除构成 HAP 结晶的钙磷离子外，还含有 $CO_3^{2-}$、金属离子及多种有机物等杂质。这些杂质会与构成离子发生反应，阻碍 HAP 结晶的形成与转化，并且对结晶产物的纯度和形态产生影响，不利于产物下一步的回收利用。$CO_3^{2-}$ 是废水中常见的离子，大量的 $CO_3^{2-}$ 会与 $Ca^{2+}$ 形成 $CaCO_3$ 沉淀或者在 HAP 结晶反应中掺杂进去，改变了晶体的形貌、结构和组分。赵亚丽等研究了不同 Ca：P 摩尔比下 $CO_3^{2-}$ 对磷酸钙结晶反应的影响，当 pH 为 9，Ca：P 摩尔比为 1.67 时，$CO_3^{2-}$ 可以替代 HAP 结构中的 $PO_4^{3-}$，形成碳磷灰石（CHAP）；当 Ca：P 摩尔比为 3.33 和 5.01 时，$CO_3^{2-}$ 则与 $Ca^{2+}$ 形成 $CO_3^{2-}$ 沉淀。当某些金属离子半径与 $Ca^{2+}$ 半径相近时，容易发生取代或竞争反应。谭婧等在研究 $Zn^{2+}$ 对 HAP 结晶除磷的影响时发现，pH 较低时，$Zn^{2+}$ 会取代部分 $Ca^{2+}$，与 $PO_4^{3-}$ 形成 $Zn_3(PO_4)_2$ 沉淀；pH 较高时，$Zn^{2+}$ 争夺参与 HAP 结晶中的 $OH^-$，形成 $Zn(OH)_2$ 沉淀。废水中的有机物种类繁多，一部分有机物可能会影响 HAP 晶体的形成。任伟超等以含有腐殖质（HS）的含磷废水为研究对象，结果表明，HAP 结晶法可同步去除磷和 HS，但是 HS 的存在降低了除磷效率。Song 等同样也发现 HS 会降低 HAP 结晶速率，但如果增加溶液 pH（$>9$）则会有效降低 HS 对 HAP 结晶的影响。宋永会等发现溶液中乙酸和丁二酸对 HAP 结晶反应影响不大，而柠檬酸会显著影响 HAP 结晶反应中磷的去除率。这可能是因为柠檬酸会与磷酸钙盐中活性位点结合，提高了结晶反应的饱和度，从而抑制了沉淀的形成。

● 诱导结晶技术

如图 4-2 所示，经典结晶理论认为，难溶盐（如 MAP 和 HAP）溶液体系并非达到饱和即可结晶；体系发生自动结晶尚需提高构晶离子浓度，穿过介稳区到达过饱和曲线，此时体系过饱和度称临界过饱和度 $\sigma_c$，即克服图 4-3 中 $\gamma_c$ 处体系总自由能能垒所需最小过饱和度。可见，若要降低难溶盐结晶所需构晶离子浓度，关键在于降低临界过饱和度 $\sigma_c$。诱导结晶原理基于通过外投晶种，将自发均相结晶调控为以晶种为晶核的非均相结晶，实现 $\sigma_c$ 的降低。

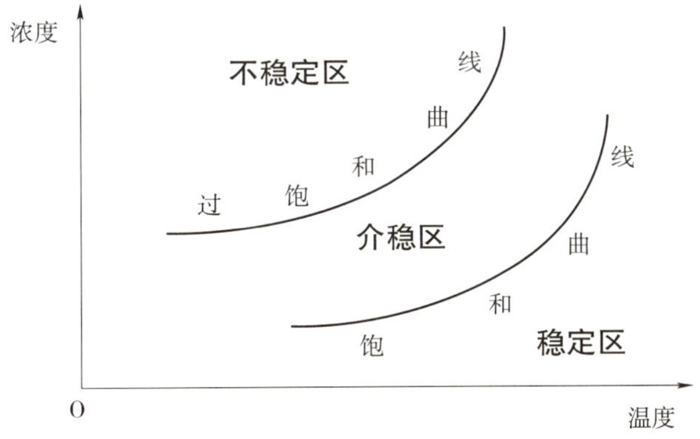


图 4-2　难溶盐过饱和度与结晶关系

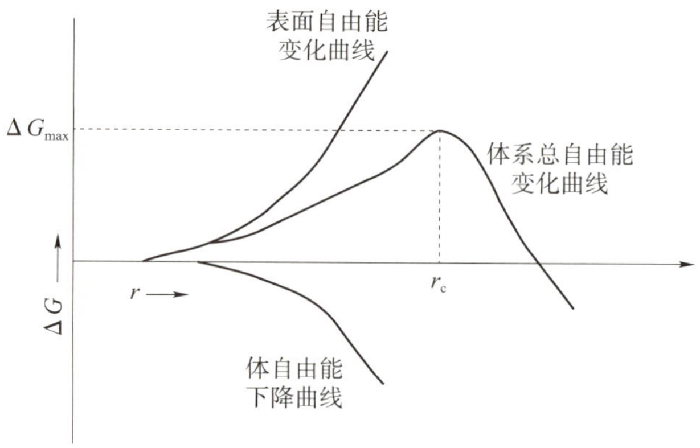


图 4-3 难溶盐结晶过程中自由能的变化

诱导结晶法通过向水中投加一定的诱导剂，使得结晶原本需要的过饱和度降低，水中的构晶离子在较低浓度水平得以发生结晶反应，此时在诱导剂表面不断生成新的结晶，结晶产物不断生长，最终在重力作用下发生固液分离，结晶产物得以回收。诱导结晶技术保留了传统化学沉淀法反应速度快、去除率高等优点，且具有生成的结晶产物产品品质好、含水率低，有利于后续的处理和回收等优势，一般可直接应用于实际生产。目前，诱导结晶法已广泛应用于污水厂中多种元素的去除和结晶产物的回收利用。liu 等以污水处理厂中磷浓度较高的厌氧污泥消化池为对象，研究了 pH 对诱导结晶除磷的影响，结果表明，当 pH 为 7.0 时，结晶作用发生；当 pH 为 6.0 时，饱和指数（SI）不足以触发晶体成核；而当 pH 为 8.0 时，简单的沉淀作用占主导，而不是结晶；加入石英颗粒作为晶种可通过加速反应和降低过饱和度需求来促进结晶反应的发生。诱导结晶保留了传统化学沉淀法反应速度快、去除率高等优点，同时可大幅降低结晶所需构晶离子浓度，这无疑对低磷污水的磷回收具有良好的适应性，因此诱导结晶除磷技术已广泛应用于污水厂磷回收，研究内容涉及晶种类型、投加量、粒径等对磷回收效能的影响。晶种材料包括天然材料、工业副产物和改性材料等，其中利用方解石、白云石、石灰、牡蛎壳作为晶种材料的研究最多。代洪亮等以方解石为晶种，采用诱导 HAP 结晶回收强化生物除磷工艺厌氧沉淀池上清液（磷浓度 17.5～28.2 mg/L）中的磷，结果表明当晶种粒径为 100～150 目、晶种投加量为 30 g/L 时，系统磷的回收率可达 68.82%，微晶产率下降到 21.32%，通过 30 d 连续动态进水对装置稳定性能的考察发现，磷的平均回收率维持在 73.43%。王琳杰等采用改性珊瑚砂作为晶种，针对生活污水中的磷进行回收，考察了晶种投加量、pH、水力停留时间（HRT）、$n$（Ca）∶$n$（P）和曝气量对 HAP 结晶效率的影响，结果表明，HAP 结晶需要的 $OH^-$ 可以通过曝气吹脱 $CO_2$ 提供；HRT 越短，污水磷回收率越低；室温条件下，当进水磷浓度稳定在 3～6 mg/L 时，最佳运行条件：pH=8.3，HRT=6 h，$n$（Ca）∶$n$（P）= 8∶1，曝气量为 200 L/h，晶种投加量为 83.64 g/L。Zou 等开发了一种强化生物除磷与磷结晶回收相结合的新工艺，试验结果表明，该工艺具有良好的除磷效果，COD 平均去除率为 82.6%，总磷平均去除率为 87.5%，总氮平均去除率为 91.6%，羟基磷灰石平均回收率为 59.3%，磷的结晶回收极大地提高了生物除磷效率。目前针对含磷污水中磷的诱导结晶回收，最低磷浓度也高达 3.5 mg/L，在此浓度下，Jang 等利用循环流化床反应器形式，采用鱼骨粉作为晶种，获得了 80% 的磷回收率。

（3）电渗析

电渗析是一种基于电化学作用进行磷回收的方法，它主要基于对阴离子（$PO_4^{3-}$、$SO_4^{2-}$、$Cl^-$）和阳离子（$NH_4^+$、$K^+$、$Na^+$、$Ca^{2+}$、$Mg^{2+}$）的选择性提取技术，将离子浓缩在分离后的溶液中。电渗析过程以阴阳电极间产生的电场力作为驱动，Ebbers 等和 Zhang 等使用电渗析技术从废水中回收磷，效率分别可达 85% 和 93%。

（4）新兴技术

新兴的磷回收技术有多种，其中微生物燃料电池磷回收技术最具有代表性，该电池使用电化学方法积累并通过沉淀回收磷酸盐。这一过程基于产电微生物可以将化学能转变为电能的原理，阳极和阴极室可由离子交换膜分开，以防止氧化和还原产物的混合。该技术是一个能量平衡的系统，可以提高电解质在阴极的 pH，而不需要添加化学品。

### 4.1.3 基于生物机理的磷回收技术

生物法磷回收是指利用水生生物体（微生物或植物）的同化作用对液相磷进行生物吸收。该方法主要包括 EBPR（强化生物除磷）技术、人工构建湿地、微藻反应器等。

（1）微生物磷回收

微生物对污水中磷的同化回收依赖于细菌，特别是聚磷菌（Phosphorus-Accumulating Bacteria，PAOs），PAOs 能够过量吸收外界 $PO_4^{3-}$ 以多聚磷酸盐（Poly-P）的形式储存在细胞内，以满足其生长的需要。这一过程被称作 EBPR 过程，它是由厌氧和好氧两个阶段交替运行的，在厌氧阶段，PAOs 通过对 Poly-P 储存产物的分解获取能量，同化挥发性脂肪酸（Volatile Fatty Acids，VFAs），进行自身的生长，同时 $PO_4^{3-}$ 被释放。在随后的好氧阶段，通过分解碳能源贮存物质为自身的生长和新的 Poly-P 形成提供能量。因为在好氧阶段固定的 Poly-P 要高于厌氧阶段释放的 Poly-P 量，因此 PAOs 能够将液相磷富集在污泥中（图 4-4、图 4-5）。

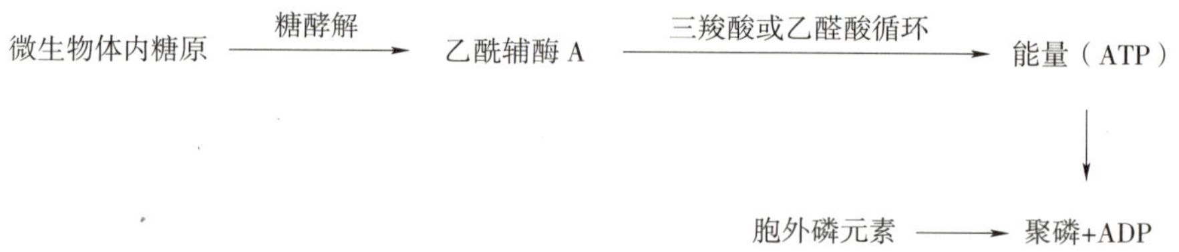


图 4-4　聚磷菌富集 P 的代谢示意

（2）藻类磷回收

除微生物外，微藻和蓝藻对磷的固定作用也被广泛地研究，通过自身的生长，可将废水中的磷浓度降至 1 mg/L。此外，栅藻和小球藻也是常用的藻类。富集磷后的藻类可以用释放技术处理释放营养物，如厌氧发酵、热化学方法；或者直接用作动物饲料或肥料。在适宜条件下，干藻中的磷含量可达 1.5%～3.3%。

（3）大型植物磷回收

除 PAOs 和藻类外，另一种生物回收磷的方法是通过大型植物构筑人工湿地，磷被固定后从收获的生物质中获取。目前应用较为广泛的大型植物有水葫芦、浮萍、香蒲、芦苇等。其对废水中的磷回收率保持在 5%～10%，磷的干重含量为 0.15%～0.24%。

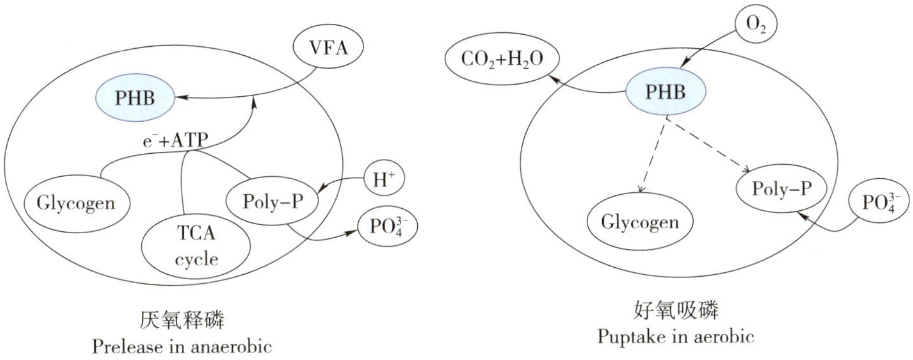


（a）厌氧/好氧代谢过程

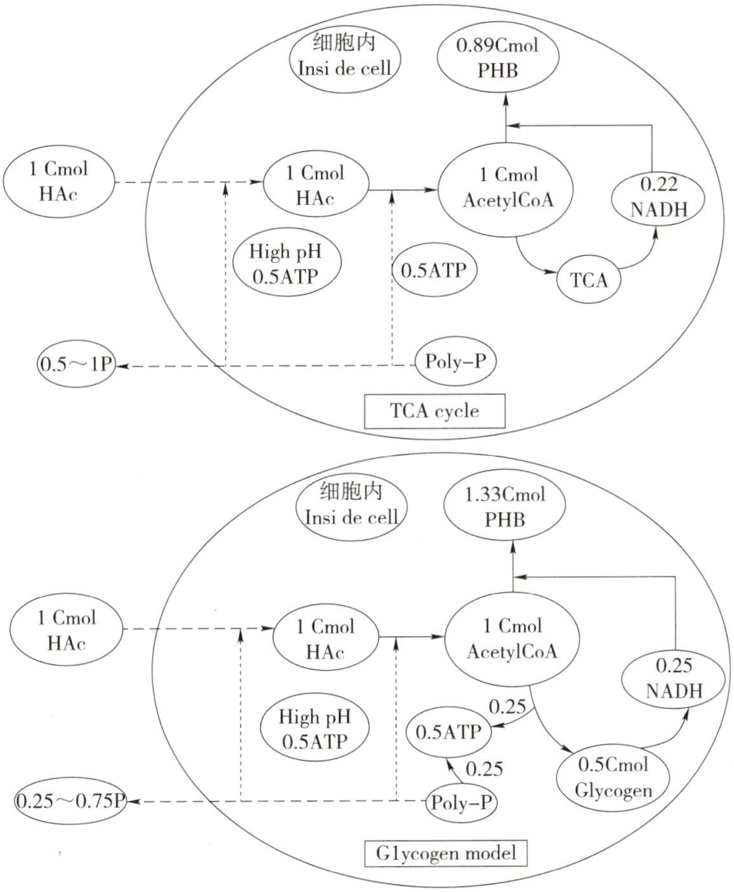


（b）TCA循环和糖源降解模型

图 4-5　微生物回收磷过程

### 4.1.4 未来水厂中的磷资源回收理念

目前，污水处理厂大多面临着高能耗和剩余污泥的处理等问题，很多学者对水厂的未来发展方向做出了规划，提出为实现环境和经济的可持续发展，城市污水回用生物处理的模式需要做出转变，如 Liu 等为实现最大限度地回收能源，同时尽量减少能源消耗，提出“水能资源工厂”工艺。目前对未来水厂发展的研究很多，并结合具体工艺进行描述，但其中对磷的回收处理工艺提及较少。研究发现，进水中高达 90% 以上的磷经处理后转移到污泥中，然而大部分磷在剩余污泥厌氧消化系统中被释放到污泥消化上清液中，在设有生物脱氮除磷的污水厂处理过程中，厌氧消化池上清液中磷浓度可达到每升几十甚至上百毫克。对于污泥在消化过程中所释放出的磷，若将污泥回流，不仅会增加污水处理厂的磷负荷，还会降低磷的处理效率。对污泥进行厌氧消化处理后，再对其中可回收的磷进行回收（回收工艺流程如图 4-6 所示），既可以有效缓解磷资源短缺的现状，又可以削减污泥脱水回流的磷负荷。因此，污泥消化上清液是一种磷回收潜力较大且比较容易实现的对象。

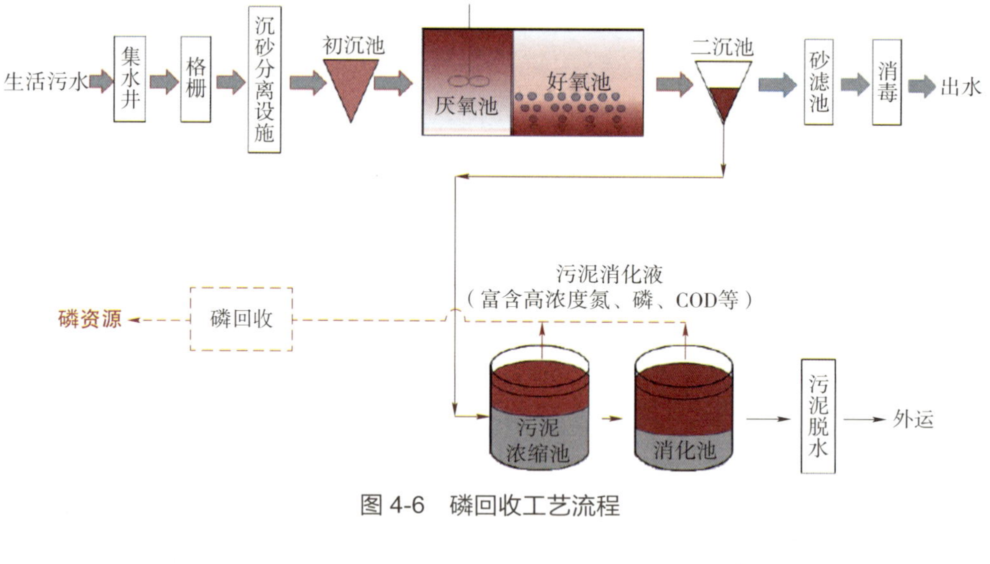


图 4-6　磷回收工艺流程

# 4.2 污水中营养物的回收技术与成果

## 4.2.1 化学结晶沉淀法固定并回收厌氧养猪废水中磷

污水磷回收主要通过生物与物理化学处理工艺相结合的方法，将污水中的磷以工业或农业生产可接受、可利用的“产品”形式分离出来，实现磷的资源化再利用。回收磷的工艺途径主要有磷酸钙（Calcium Phosphates，CP）结晶沉淀工艺和磷酸铵镁（Magnesium Ammonium Phosphate，MAP）结晶工艺。

（1）适用范围

养猪废水中磷污染控制和磷的资源化回收利用。

（2）技术简介

采用曝气吹脱 $CO_2$ 方式提高废水 pH，利用废水中原有的 $Ca^{2+}$、$Mg^{2+}$、$NH_4^+$，不额外投辅助结晶离子，分别采用序批式和连续流反应器，进行厌氧养猪废水固定化磷酸盐分离和回收。

（3）主要技术指标和参数

①磷酸钙结晶溶液条件影响的热力学模型化研究

● 磷酸钙结晶影响因素

▲ 磷酸钙的饱和度指数值是其构成离子钙离子和磷酸根离子浓度的对数函数，随着构成离子浓度的升高而增大。

以磷酸钙的饱和度指数 *SI* 值为因变量，以磷酸根浓度磷酸钙为自变量，进行非线性回归，得到 *SI* 值与磷酸钙间的函数关系，有

$$y = a_1 \ln x + b_1 \qquad (4\text{-}11)$$

式中，$y=SI$，$x=$ 磷酸钙（mM），$a_1$ 和 $b_1$ 是与模拟反应条件有关的常数。对于一定模拟反应条件下不同的磷酸钙的 $a_1$ 值，有 HAP＞O 磷酸钙＞T 磷酸钙＞D 磷酸钙 D；对于一种磷酸钙，随着 Ca：P 摩尔比的增大，其 $a_1$ 值逐渐减小，而 $b_1$ 值逐渐增大。

▲ 磷酸钙的饱和度指数值是溶液 pH 的多项式函数，HAP 和 T 磷酸钙的饱和度指数随着溶液 pH 的升高而增大；O 磷酸钙和 D 磷酸钙 D 的饱和度指数值分别在 pH 为 9.0～9.5 和 7.0～7.5 范围内达到最大值。

以磷酸钙的饱和度指数 *SI* 值为因变量，以钙离子浓度 $CCa_{(mM)}$ 为自变量，

进行非线性回归，得到 *SI* 值与 CCa 间的函数关系，有

$$y = a_2 \ln x + b_2 \tag{4-12}$$

式中，$y$=*SI*，$x$=CCa（mM），$a_2$ 和 $b_2$ 是与模拟反应条件有关的常数。

▲ 磷酸钙的饱和度指数值是溶液碱度的线性函数，随着溶液的碱度增大而降低。

▲ 磷酸钙的饱和度指数值是溶液离子强度的对数函数，随着溶液的离子强度增大而降低。

对数据点进行拟合，得到磷酸钙和碳酸钙的饱和度指数 *SI* 值与溶液碱度值（mM）之间的函数关系，有

$$y = a_3 x + b_3 \tag{4-13}$$

式中，$y$ = 磷酸钙的 *SI* 值，$x$ = 溶液碱度（mM）。

▲ 磷酸钙 HAP 的饱和度指数值与温度呈正相关，而其他磷酸钙盐的饱和度指数值与温度的关系较为复杂，温度效应还与反应条件有关。

碳酸盐碱度为 5.0 mM 条件下，对溶液离子强度对磷酸钙和碳酸钙饱和度指数的影响进行模拟计算。

▲ 作为磷酸钙结晶的副反应，碳酸钙的饱和度指数值与钙离子浓度、碱度值呈对数函数关系，也是溶液 pH 的多项式函数，随着溶液离子强度的增大而减小，与温度基本呈正相关；碳酸钙反应会与磷酸钙结晶反应形成竞争。

● 磷酸铵镁结晶影响因素的模型化成果

▲ 磷酸铵镁的饱和度指数值是其构成镁离子、铵离子和磷酸根离子浓度的对数函数，随着构成离子浓度的升高而增大；磷酸镁的饱和度指数是镁离子和磷酸根离子的对数函数，随着构成离子浓度的升高而增大。

▲ 磷酸盐的饱和度指数值是溶液 pH 的多项式函数，磷酸铵镁结晶的最佳 pH 是 9.0 左右，磷酸镁结晶的最佳 pH 为 9.5 ~ 10.5。

▲ 磷酸镁盐的饱和度指数值随着溶液的碱度增大而降低。

▲ 磷酸镁盐的饱和度指数值是溶液离子强度的对数函数，随着溶液的离子强度增大而降低。

▲ 磷酸镁盐的饱和度指数值是温度的多项式函数，温度效应与反应条件有关。

● 实际废水磷酸盐结晶影响因素和工艺调控模型化成果

▲ 提高溶液 pH 会使磷酸钙和磷酸镁的饱和度指数显著增大，但同时碳酸钙

的饱和度指数值也增大。

▲ 投加钙盐能促进磷酸钙的结晶但抑制镁盐的结晶，反之亦然；但无论投加钙盐还是镁盐，都会使碳酸钙镁的饱和度指数增大。

▲ 调高溶液的 pH，同时投加钙镁盐，将大大提高磷酸盐结晶的饱和度指数，但同时碳酸钙的饱和度指数值也随之增大。

▲ 调节溶液 pH 是调控磷酸盐结晶最有效的手段之一。

● 主控因子对磷酸钙沉淀反应影响的研究成果

▲ 溶液 pH 是磷酸钙结晶沉淀反应的关键参数，较高的 pH 有利于磷酸钙盐的沉淀，但当 pH≥10 时，对磷去除率提高的贡献不明显。

▲ 初始 Ca：P 摩尔比是磷酸钙结晶沉淀反应的另一关键参数，在 pH 一定的情况下，高 Ca：P 摩尔比有利于磷回收，但 Ca：P 摩尔比超过 5.01 时，对提高沉淀反应效率贡献不大。

▲ 当 pH=8.0 时，通过提高 Ca：P 摩尔比达到 5.01 以上，并且将反应时间延长至 360 min 以后，磷的去除率可以达到 93% 左右。

▲ 在废水中以磷酸钙结晶沉淀法回收磷时，溶液 pH 和初始 Ca：P 摩尔比是反应的控制因素，从废水中成功回收磷要通过调控溶液 pH 和初始 Ca：P 摩尔比来实现。初始 Ca：P 摩尔比高的，则所需 pH 较低。所以在回收磷的实际应用中，可根据具体情况综合考虑处理效果和成本的因素，选择最佳 pH 和钙盐投加量。以上研究表明，以磷酸钙形式回收磷的最佳 pH 范围为 9.0～10.0，初始 Ca：P 摩尔比为 3.33～5.01。

● 主控因子对磷酸铵镁结晶反应影响的研究成果

▲ 溶液 pH 对磷酸铵镁结晶反应的效率、速率均有一定的影响。磷的去除率随着 pH 的增大先增大后减小，反应的最佳 pH 为 10.0。

▲ 氨氮浓度对磷酸铵镁结晶反应的效率、速率均有一定的影响。随着 N：P 值的增加，磷的去除率逐渐增大；在低 pH 条件下，增幅较大。此外，氨氮浓度的变化不会影响结晶反应的最佳 pH。

▲ 镁盐浓度对磷酸铵镁结晶反应的效率、速率均有一定的影响。随着 Mg：P 值的增大，磷的去除率逐渐增大，且在低 pH 条件下，增幅较大。但过高的 Mg：P 对反应效率的提高并没有太大的帮助，试验中最佳的 Mg：P 值为 1.4：1。

②厌氧养猪废水中磷酸钙和磷酸铵镁的结晶

水样为富磷溶液，SS＜100 mg/L，N：Mg：Ca：P =36：0.9：1.87：1，pH=7.42，就磷酸钙和磷酸铵镁结晶反应的化学计量关系来看，厌氧养猪废水中 $Ca^{2+}$、$NH_4^+$ 是过量的，$Mg^{2+}$ 是基本足量的，废水中固有的无机阳离子（$Ca^{2+}$、$NH_4^+$、$Mg^{2+}$），可以满足磷酸钙和磷酸铵镁结晶回收的需要。在不额外投加辅助离子的条件下，通过适当地调整废水的 pH，即可进行磷酸钙和磷酸铵镁结晶反应。因此在实际废水的磷酸钙和磷酸铵镁结晶反应中 pH 为最关键的调节控制因素。

进行了厌氧养猪废水中磷酸钙结晶研究，考察了钙源投加量对磷酸钙结晶反应和 $PO_4^{3-}$-P 去除效率的影响，结果显示实际废水中钙源投加量远大于理论计算数值。对比了不同钙源对磷酸钙结晶反应和对 $PO_4^{3-}$-P 去除的影响，结果显示 CaO 效果明显优于 $Ca(OH)_2$，在 CaO 投加量为 3.0 g/L 条件下，可实现 P 去除率为 92.2%。利用 SEM-EDX 对磷酸钙反应结晶产物进行了分析，结果显示反应产物为无定形的磷酸钙。

磷酸铵镁的结晶反应速率随着 pH 的升高先增加后降低，当 pH=9.0 时，磷酸铵镁的结晶反应速率最大、P 的去除率最高。$Mg^{2+}$ 浓度对磷酸铵镁结晶反应的效率、速率均有一定的影响，随着 Mg：P 值的增大，低 pH 条件下高 Mg：P 摩尔比更有利于 P 的去除。采用磷酸铵镁结晶法从养猪废水中回收 P，可以通过调节溶液 pH 和 Mg：P 实现，通过优化 pH 与 $Mg^{2+}$ 投加量，试验得到最佳的 Mg：P 摩尔比为 pH=9.5，Mg：P=1：1 或 pH=8.0，Mg：P=2：1。有机物对 $Mg^{2+}$ 的络合作用，使有机物浓度对磷酸铵镁结晶反应的效率、速率均有一定的影响，随着废水中有机物浓度的降低，$PO_4^{3-}$-P 去除率升高，低有机物浓度有利于磷酸铵镁 结晶反应的进行。对养猪废水中得到的磷酸铵镁结晶产物进行 XRD、SEM-EDX 分析显示，结晶产物为纯度极高的磷酸铵镁晶体。

③固定化磷酸盐分离和回收的小试

曝气吹脱方式可以大幅提高厌氧养猪废水体系 pH，pH 最高可达 8.7，接近磷酸铵镁结晶反应的最佳值（pH=9.0），反应中不需要对反应体系 pH 进行精确控制，工程可操作性强，是行之有效的固定化磷酸盐分离和回收方式。

间歇式磷酸铵镁结晶反应的最佳操作参数：曝气时间为 5 h，P 的去除率可达到 80%；连续流磷酸铵镁结晶反应的最佳控制参数：气水比 100、水力停留时间 4 h，P 的去除率约为 64%。

通过投加镁盐可以进一步促进磷酸铵镁结晶反应的进行，提高 P 的去除率，缩短磷酸铵镁结晶反应过程的曝气强度和水力停留时间。

采用的不锈钢晶体捕集装置对磷酸铵镁晶体有很好的富集作用，得到的磷酸铵镁晶体粒径可达 300～400 μm，晶体纯度较高，且易于收集和分离（图 4-7～图 4-11）。

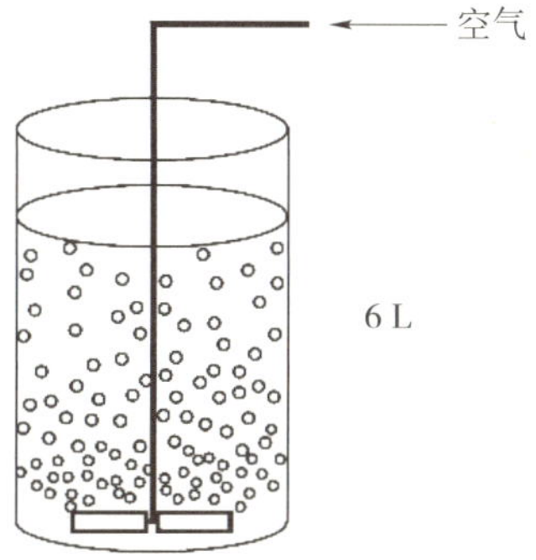


图 4-7　间歇流磷酸铵镁结晶装置

图 4-8　捕集器上的晶体附着情况

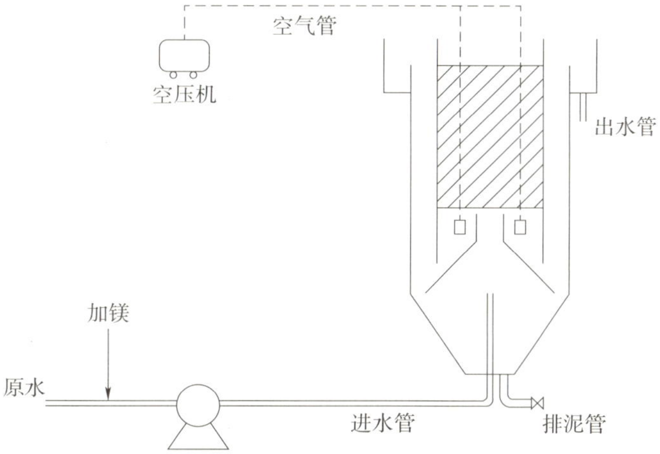


图 4-9　连续流磷酸铵镁结晶工艺示意

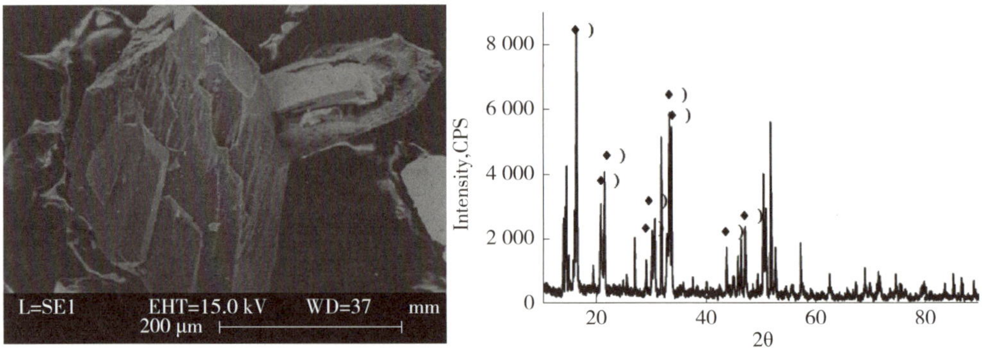


图 4-10 间歇流结晶产物 SEM 照片及其相应的 XRD 衍射图

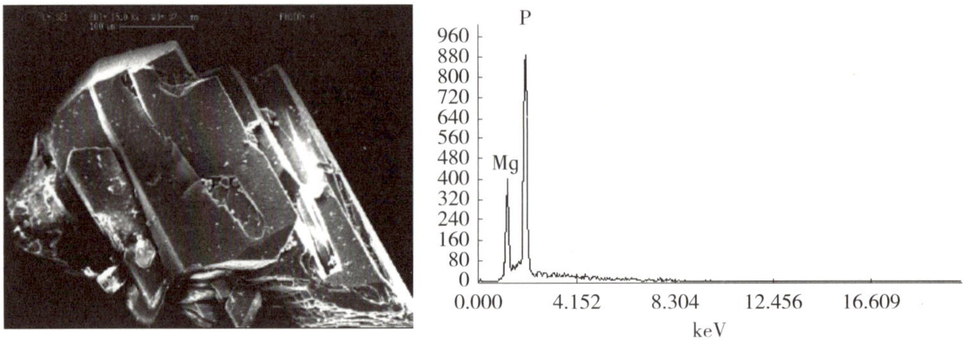


图 4-11 曝气方式生成磷酸铵镁晶体 SEM 图及其 EDX 谱图

④固定化磷酸盐分离和回收

固定化磷酸盐回收形式和捕集材料的选取。研究发现，磷酸钙作为无定形磷酸盐结晶产物，基本不能在钢制材料、玻璃、塑料等材料上吸附固着。而作为晶体形态的磷酸盐结晶产物磷酸铵镁，其在钢制材料、玻璃、塑料等材料上均具有一定的异相成核附着生长能力，且其在钢制材料中的附着生长能力最佳。因此试验选取比表面积相对较大的不锈钢丝网作为磷酸铵镁结晶回收的捕集材料，同时在反应器设计时，底部增加锥形收集斗，用于无法附着的磷酸钙和不能被捕集器捕集的磷酸铵镁的分离与回收。

图 4-12（a）所示为序批式固定化磷酸盐分离和回收反应器的结构示意图。反应器高 2.5 m，直径 1.0 m，有效容积 1.0 $m^3$，内部设置晶体捕集器。捕集器由不锈钢丝网制成，为四层同心圆筒状，直径 0.8 m，高 1.0 m。反应器底部为

锥形晶体收集斗，用于收集不能被捕集器捕集的固定化磷酸盐产品。

图 4-12（b）所示为连续流固定化磷酸盐分离和回收反应器的结构示意图，反应器高 4.0 m，长、宽各 1.6 m，有效容积 4.0 $m^3$，内部分为反应区和沉淀区，其中反应区有效容积为 1.3 $m^3$，沉淀区有效容积 2.6 $m^3$。反应器内设置固定化磷酸盐捕集器。捕集器由不锈钢丝网制成，为四层同心圆筒状，直径 0.8 m，高 1.0 m。反应器底部为锥形晶体收集斗，用于收集不被捕集器捕集的固定化磷酸盐产品。

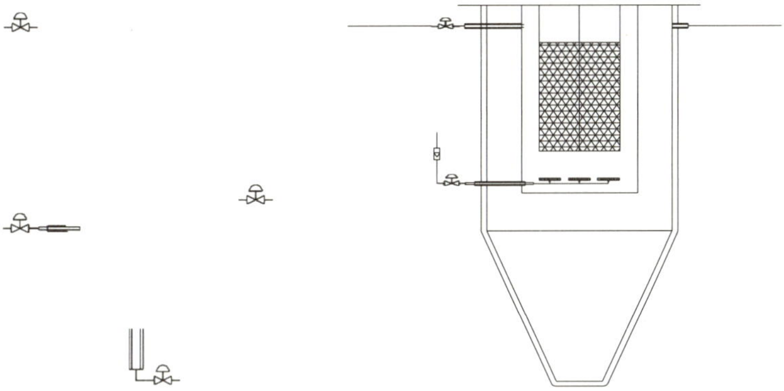

（a）序批式反应器　　（b）连续流反应器

图 4-12　固定化磷酸盐分离和回收反应器结构示意图

试验研究了不同操作周期主要是曝气反应时间对 P 的去除和回收效果的影响，试验中采用的两个不同的操作周期如下。

第 1 个运行操作周期：进水 30 min，反应 4 h，沉淀 1 h，出水 30 min。

第 2 个运行操作周期：进水 30 min，反应 3 h，沉淀 1 h，出水 30 min。

第 3 个运行操作周期：进水 30 min，反应 2 h，沉淀 1 h，出水 30 min。

第 4 个运行操作周期：进水 30 min，反应 1 h，沉淀 1 h，出水 30 min。

序批式反应器采用间歇式运行方式，每个操作周期分为进水、反应、沉淀、出水 4 个阶段。同时研究了反应器低温条件下的运行效果，探讨了温度变化对磷酸铵镁结晶反应的影响。反应器运行中采用的曝气量为 15.0 $m^3/h$。

连续流反应器采用连续进出水的运行方式，试验研究了水力停留时间对连续流固定化磷酸盐分离和回收反应器的 P 去除和回收效果的影响，4 个不同的水力停留时间分别为 15 h（反应器 6 h，沉淀区 12 h）、12 h（反应器 4 h，沉淀区 8 h）、9 h（反应器 3 h，沉淀区 6 h）、6 h（反应器 2 h，沉淀区 4 h）。同时研究了低温条件下反应器的运行效果。试验中反应器的曝气量为 25.0 $m^3/h$。

在小试研究的基础上，分别利用序批式反应器和连续流反应器进行了处理水量 10.0 $m^3/d$ 的应用研究。确定了实际应用条件下，磷酸盐固定化回收的最佳工艺条件；序批式反应器的最佳控制参数：气水比 15：1、结晶反应时间 1 h；连续流反应器的最佳控制参数：气水比 37.5、水力停留时间 6 h。

养猪废水均来自北京大兴某养猪场厌氧消化上清液。废水静置沉淀 24 h 后，对废水成分进行分析，分析方法参照国家环保总局《水和废水监测分析方法》编委会编著的《水和废水监测分析方法》（表 4-2）。

表 4-2　应用研究中厌氧养猪废水水质

| pH | COD/（mg/L） | $NH_4^+$-N/（mg/L） | $PO_4^{3-}$-P/（mg/L） | $Ca^{2+}$/（mg/L） | $Mg^{2+}$/（mg/L） | 碳酸盐碱度 / mM |
|---|---|---|---|---|---|---|
| 6.95～7.81 | 1 123～3 286 | 410～1 379 | 22.23～68.71 | 102.0～167.7 | 53.7～69.0 | 52.07～68.39 |

序批式反应器和连续流反应器均可实现厌氧养猪废水中 $PO_4^{3-}$-P 和 TP 的去除率分别为 90% 和 85% 以上。低温条件下，反应器仍可保持对 P 的高去除和回收率。详情如图 4-13～图 4-16 所示。

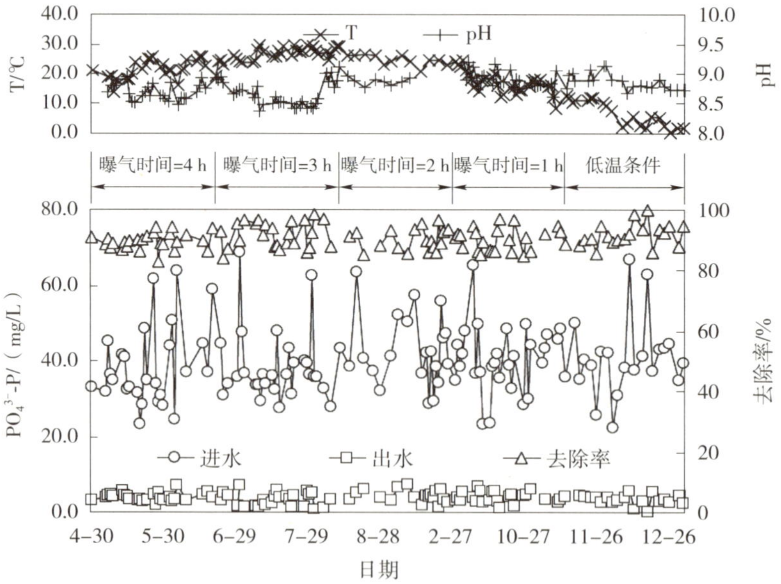


图 4-13　序批式反应器对 $PO_4^{3-}$-P 的去除

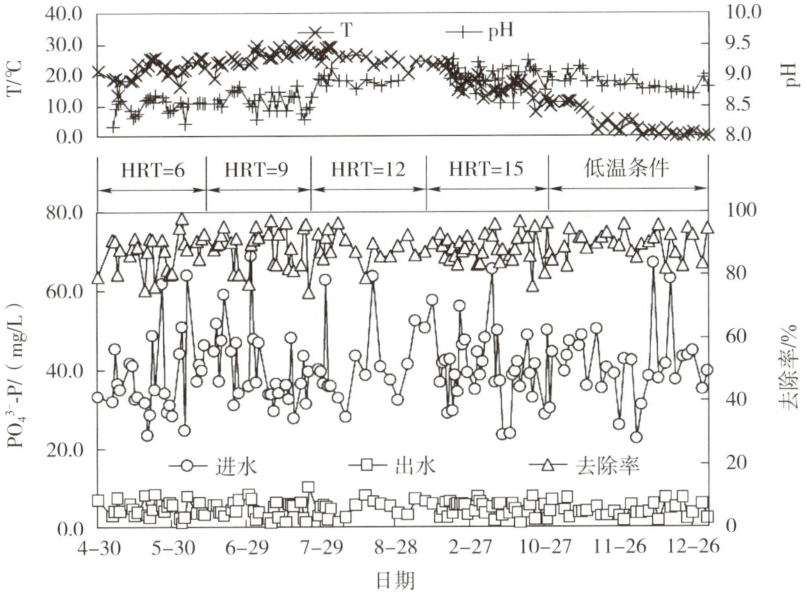


图 4-14　连续反应器对 $PO_4^{3-}$-P 的去除

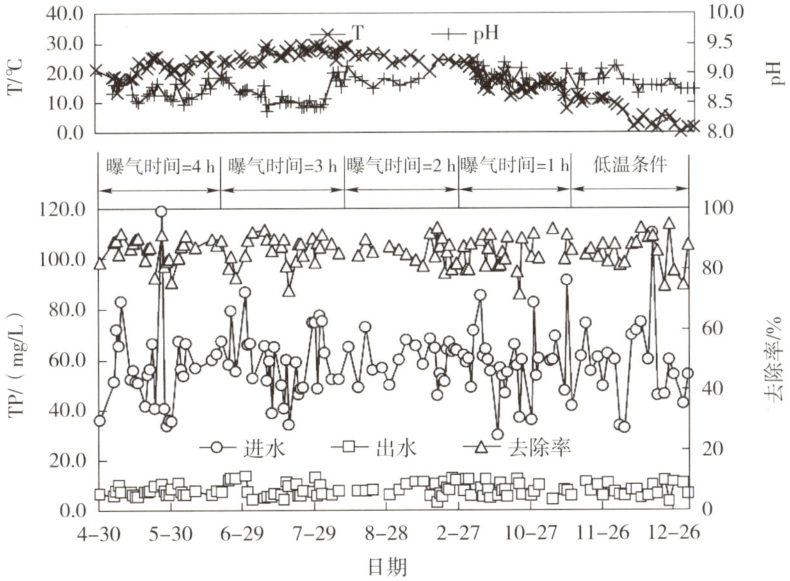


图 4-15　序批式反应器对 TP 的去除

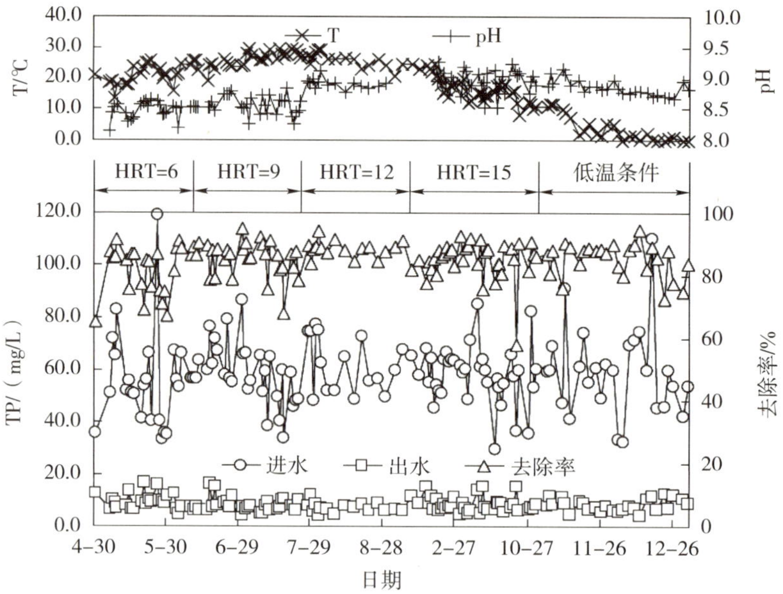


图 4-16　连续流反应器对 TP 的去除

回收产品的结构和成分分析结果显示，固定化磷酸盐结晶产物主要为掺杂有少量的 Ca 的磷酸铵镁晶体，产品中 P 含量 11.75%，晶体纯度 90% 以上（图 4-17、表 4-3、图 4-18）。

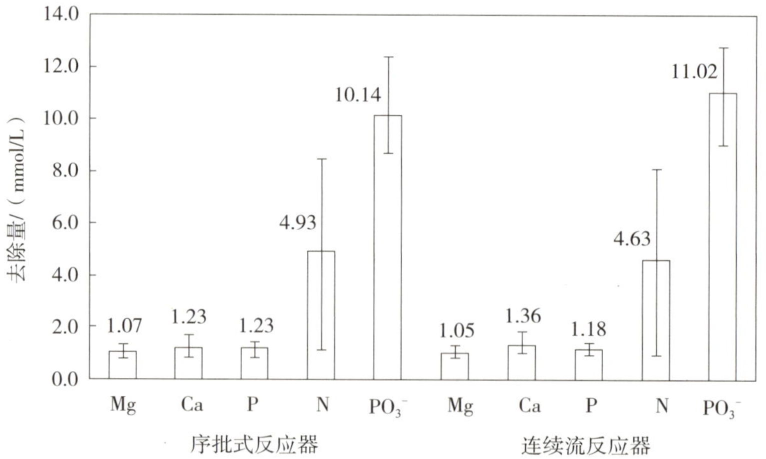


图 4-17　固定化磷酸盐分离与回收反应器对 $Ca^{2+}$、$Mg^{2+}$、$PO_3^-$、$NH^+$ 和碱度的去除

表 4-3　应用研究中厌氧养猪废水水质

| 样品 | | 晶体中各元素含量 | | | | |
|---|---|---|---|---|---|---|
| | | 晶体 | P | N | Mg | Ca |
| 1# 样品 | AVG/mmol | 0.246 8 g | 25.51 | 9.66 | 12.6 | 15.38 |
| | | | 24.99 | 9.77 | — | — |
| | | 1.007 | 25.10 | 9.72 | 12.6 | 15.38 |
| | | | 0.810 3 | 0.697 8 | 0.593 7 | 0.389 1 |
| 2# 样品 | AVG/mmol | 0.246 8 g | 29.20 | 12.77 | 21.9 | 3.75 |
| | | | 28.78 | 12.88 | — | — |
| | | 1.007 | 28.99 | 12.83 | 21.9 | 3.75 |
| | | | 0.935 1 | 0.912 1 | 0.912 5 | 0.093 8 |

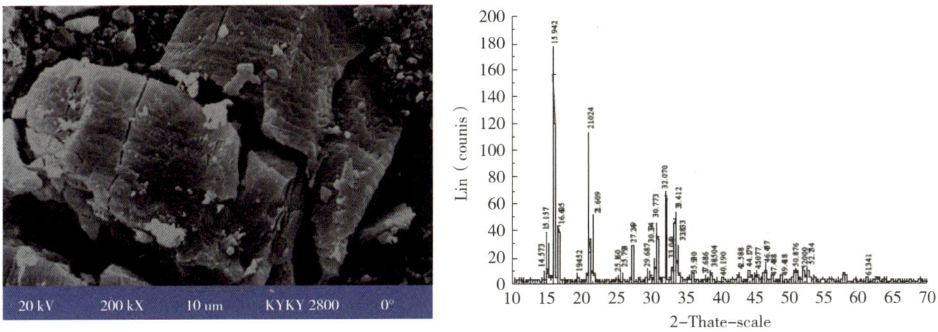


图 4-18　固定化磷酸盐分离和回收产品的 SEM 和 XRD 分析结果

图 4-19（a）所示为晶体捕集器上回收到的磷酸盐产品的照片，回收得到的磷酸盐晶体颗粒 0.5～5.0 mm，从显微照片图 4-19（b）中可以看出回收得到的磷酸盐产品为明显的晶体结构，图 4-19（c）和图 4-19（e）分别为投入使用前的固定化磷酸盐捕集器的照片，图 4-19（d）和图 4-19（f）为试验中挂满磷酸盐结晶的捕集器照片，从照片中可以看出，不锈钢捕集器实现了大量磷酸盐结晶回收产品的捕集回收。为定量确定反应器的固定化磷酸盐的分离和回收效率，同时确定试验所用不锈钢丝网晶体捕集器的磷酸盐结晶捕集效率。对应用研究过程中固定化磷酸盐分离和回收效率进行了核算，结果显示，反应器可实现废水中固定化磷酸盐分离和回收率 90% 以上；选用不锈钢丝网作为磷酸盐结晶捕集器，可实现废水中磷酸盐以磷酸铵镁形式结晶回收的捕集率为 15.26%。

（a）磷酸盐回收产品显微照片

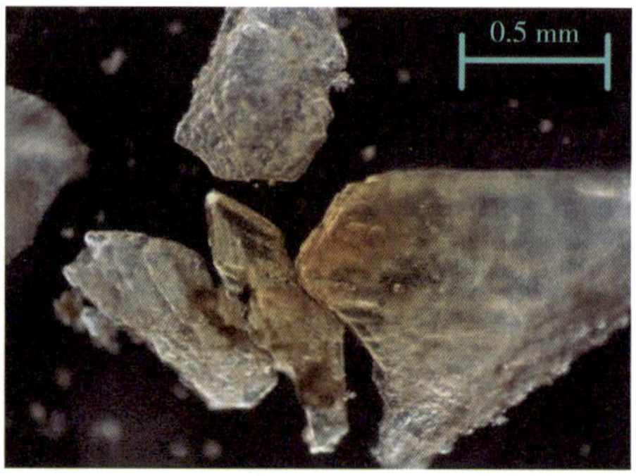


（b）固定化磷酸盐回收产品

（c）晶体捕集器照片

（d）捕集满晶体的捕集器照片

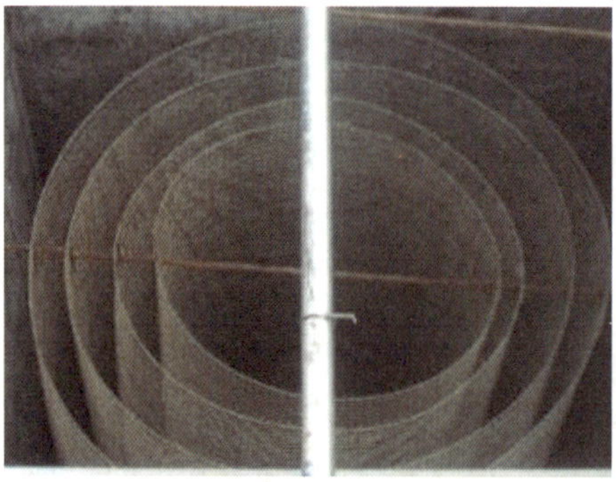

（e）晶体捕集器照片

（f）捕集满晶体的捕集器照片

图 4-19　晶体捕集器收的固定化磷酸盐产品

### 4.2.2 沸石离子交换法回收养猪废水中的氨氮

（1）适用范围

养猪废水中氨氮污染控制与资源化回收利用。

（2）技术简介

利用沸石去除氨氮并将其作为晶种从养猪废水厌氧消化液中去除，通过结晶法进行氮的回收，将其作为化肥，将会产生一定经济效益，降低养猪粪污处理成本，对养猪废水的处理和资源化利用具有重要推动作用。

（3）主要技术指标和参数

①原理

氨氮在水中是以离子态和分子态两种形式存在的，沸石吸附氨氮是对离子态氨氮和分子态氨氮的吸附共同作用的结果，以吸附离子态氨氮的形式为主，并且沸石对氨氮的吸附以离子交换为主。

②装置及废水水质

- 静态实验装置

静态实验装置主要采用 250 mL 的锥形瓶。

- 连续流实验装置（图 4-20）

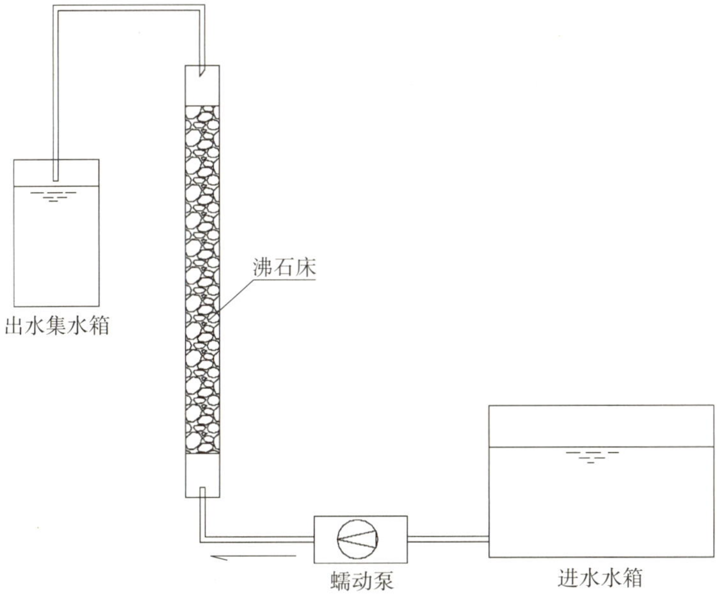


图 4-20　沸石床连续流反应器示意

将氨氮浓度为 200 mg/L 的模拟废水或实际废水调节一定 pH 后经蠕动泵从钠型丝光沸石床，水体在沸石柱中呈上向流，分析处理出水中的氨氮和磷的浓度。根据畜禽养殖废水排放标准，当流出液中氨氮浓度达到 80 mg/L，磷浓度达到 8 mg/L 时，设定为沸石床穿透点。试验中分别研究了不同的流速下，沸石对氨氮和磷的去除效果确定了在不同流速下沸石吸附氨氮和磷的穿透曲线，计算出了沸石床的穿透容量。

● 废水水质

试验所用养猪废水来自北京顺义某养猪场。我们取的是厌氧消化上清液，静置沉淀 24 h 后，对废水成分进行分析，其结果见表 4-4。

表 4-4 应用研究中厌氧养猪废水水质

| 分析项目 | 数值 | 分析项目 | 数值 |
|---|---|---|---|
| 总磷（mg/L） | 83 | 可溶性正磷酸盐（mg/L） | 55 |
| 氨氮（mg/L） | 910 | 凯氏氮（mg/L） | 985 |
| 可溶性 $Ca^{2+}$（mg/L） | 133 | 可溶性 $Mg^{2+}$（mg/L） | 40 |
| COD（mg/L） | 700 | 碱度（重碳酸盐碱度 $HCO_3$ mmol/L） | 76 |
| pH | 7.42 | SS（mg/L） | 80 |
| 色度（度） | 100 | 浊度（度） | 161 |

分析结果表明，该水样中氨氮浓度高，通过适当地调整废水的 pH、钙镁离子的浓度等条件，利用沸石实现从养猪污水中去除和回收氨氮的方法是可行的。

③沸石类型筛选

● 沸石颗粒表面特性分析

优选出吸附比表面积大、容量高，适合处理高氨氮畜禽养殖废水的沸石，采用 SEM-EDX 和比表面分析（ASAP）技术对钠型丝光沸石和天然丝光沸石表面状况和孔洞分布情况进行研究。对比天然丝光沸石及钠型丝光沸石可知，与天然丝光沸石比较，钠型丝光沸石吸附性能好，表面的孔隙多，这有利于其对 $NH_4^+$ 的交换吸附（图 4-21、表 4-5）。

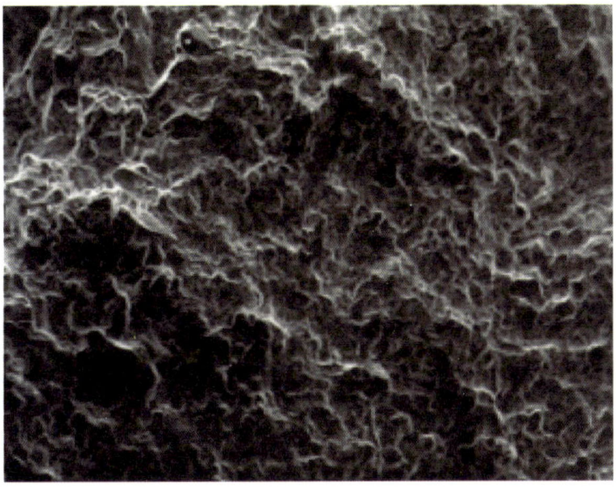

图 4-21　钠型丝光沸石的 SEM 图（放大 1 000 倍）

表 4-5　钠型丝光沸石的 EDX 图分析结果

| 元素 | $k$ 比 | ZAF 修正值 | 质量百分比 /% | 原子百分比 /% |
|---|---|---|---|---|
| Na-（$K_a$） | 0.017 43 | 0.765 4 | 1.992 8 | 2.475 9 |
| Al-（$K_a$） | 0.107 38 | 0.911 3 | 10.309 2 | 10.913 6 |
| Si-（$K_a$） | 0.799 70 | 0.885 3 | 79.036 2 | 80.379 7 |

● 沸石吸附能力比较

研究中比较了钠型丝光沸石、氢型丝光沸石和天然丝光沸石对氨氮吸附交换能力，结果如图 4-22 所示。随着反应时间的增加，各类沸石对 $NH_4^+$ 的吸附率均逐渐增长，反应进行到 6 h 时吸附过程基本处于平衡。比较 3 种沸石对 $NH_4^+$ 的吸附过程可知，钠型丝光沸石对 $NH_4^+$ 吸附速率最快，吸附率最高可达 92%；氢型沸石对 $NH_4^+$ 的吸附去除率最低，仅有 88%。这是由于改性后的钠型丝光沸石中可交换的阳离子数量增加，并且钠离子的半径比 $NH_4^+$ 大，容易被 $NH_4^+$ 置换出来，因而沸石对 $NH_4^+$ 去除率高。

综上可知，相较于其他类型的沸石，钠型沸石具有较高的孔隙率和较大的吸附容量，更加适合废水中 $NH_4^+$ 的交换吸附。

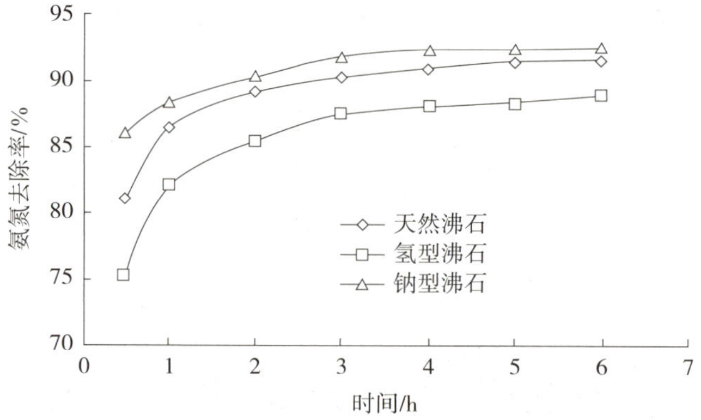


图 4-22 沸石种类对氨氮去除率的影响

（4）静态吸附氨氮

● 沸石粒径对氨氮去除的影响

沸石粒径对氨氮的去除会产生影响，试验中研究了钠型丝光沸石的两种不同粒径对去除氨氮产生的影响，结果如图 4-23 所示。由图可知沸石的粒径越小，氨氮的去除率越高。在后续试验中选用的是粒径为 0.25～0.50 mm 的钠型丝光沸石。

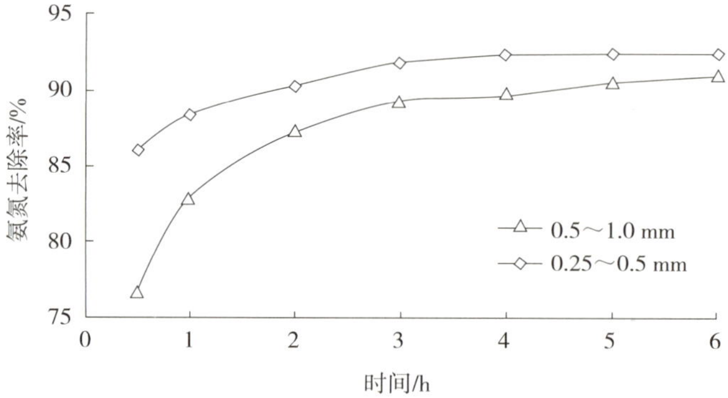


图 4-23 沸石粒径对氨氮去除率的影响

● 沸石投加量对氨氮去除的影响

从图 4-24 可以看出，随着沸石投加量的增加，溶液中氨氮质量浓度逐渐降低，氨氮去除率逐渐上升。沸石投加量为 250 g/L 时，对初始质量浓度为 544 mg/L 和 800 mg/L 的氨氮的去除率均可达 90% 以上；但是沸石投加量大于

250 g/L 时，随沸石投加量的增加，氨氮去除率上升的趋势变得缓慢。这是因为加入的沸石量越多，沸石上可用的吸附交换位置越多，它们可吸附的 $NH_4^+$ 也就越多。但是，溶液中 $NH_4^+$ 的量是一定的，它所需要的沸石的吸附交换位置也是一定的。所以，随着沸石用量的增加，溶液中氨氮去除率的增加逐渐变缓。相关试验中采用的沸石投加量均为 250 g/L。

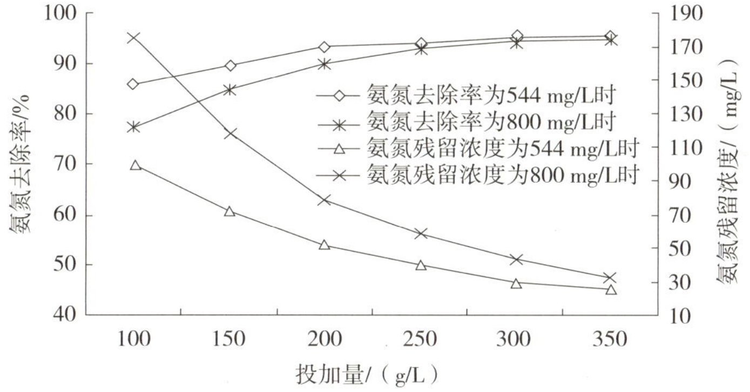


图 4-24　沸石投加量对氨氮去除率的影响

● 吸附时间对氨氮去除的影响

吸附时间的不同直接影响沸石对氨氮的去除效果，如图 4-25 所示。从图中可以看出，沸石吸附氨氮是一个非常迅速的过程。在吸附的初始阶段，大部分氨氮被沸石吸附，溶液中氨氮浓度降低很快。经过 3 h 吸附，沸石对两种浓度氨氮的去除率均可达 90% 左右；吸附时间大于 3 h，氨氮去除率的增加逐渐缓慢，基本达到平衡。

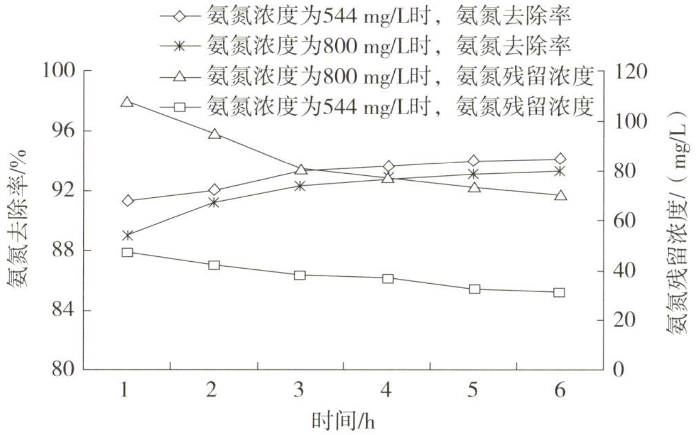


图 4-25　吸附时间对氨氮去除率的影响

沸石出现上述反应现象的原因：最初沸石结构中所有的吸附交换位置是空的，溶液中氨氮质量浓度梯度高，吸附交换速度非常快，溶液中氨氮的去除快；随着吸附交换位置被逐渐占据，氨氮的去除速率逐渐降低，沸石对氨氮的吸附逐渐达到平衡。在目前的实验条件下，沸石的吸附作用可以使氨氮浓度从544 mg/L 和 800 mg/L 分别降低到 30 mg/L 和 75 mg/L。由此可见，丝光沸石吸附污水中高浓度氨氮是一个较快的过程，并且对氨氮的去除率较高。

● 温度对氨氮去除的影响

当温度由 10℃上升到 25℃时，两种质量浓度氨氮的去除率增加得都较快。这是因为温度越高，$NH_4^+$ 运动动能越大，越容易进入沸石的孔穴和孔道，沸石吸附的氨氮量越多，氨氮去除率越大。从热力学的角度认为，温度的变化会引起如下反应平衡常数的改变：

$$Na^+Z^-+NH_4^+=NH_4^+Z^-+Na^+ \tag{4-14}$$

随着温度的降低，平衡常数升高，沸石对 $NH_4^+$ 的选择性增强，有利于 $NH_4^+$ 离子的交换。随着温度的升高，不仅可以使得氨氮克服表面阻力的能力增加，而且促使沸石表面吸附的氨氮沿沸石微孔向沸石内部迁移，因而沸石吸附量增大，氨氮去除率增加。当温度大于 25℃时，氨氮去除率继续增加，但增加的趋势变缓。由此可见，沸石吸附氨氮受温度的影响，在 10～25℃范围内，温度升高有利于沸石对氨氮的吸附，所以，可以得出：在常温条件下，沸石对氨氮有较好的吸附作用，在后续实验中选用的温度是 25℃（图 4-26）。

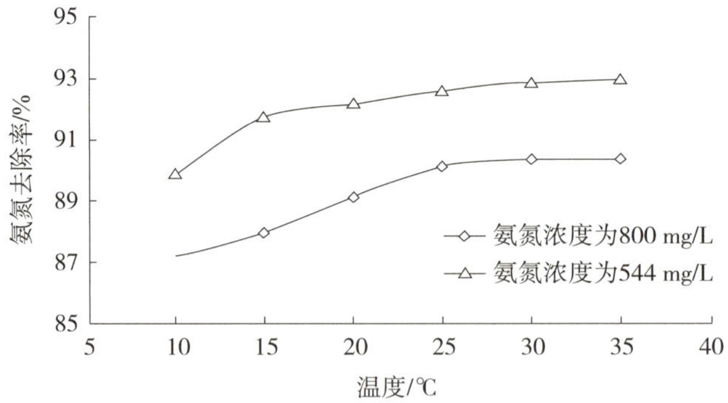


图 4-26　温度对氨氮去除率的影响

● pH 对氨氮去除的影响

初始氨氮溶液的 pH 对氨氮的去除会产生一定的影响，如图 4-27 所示。从

图 4-27 可以看出，酸性条件不利于沸石去除氨氮，当 pH<6.0 时，溶液的氨氮去除率较低；当 pH=6.0～7.3 时，溶液的氨氮去除率较高，均高于 90%；当 pH>7.3 时，随 pH 升高，氨氮去除率逐渐降低。

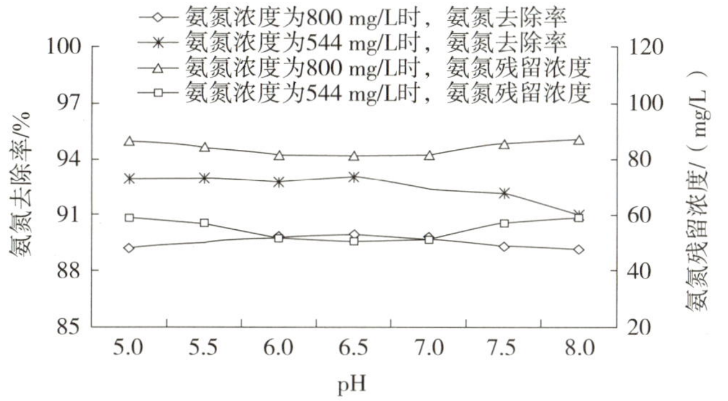


图 4-27　温度对氨氮去除率的影响

初始氨氮溶液的 pH 能够影响氨氮的去除与溶液中可吸附交换的氨氮形态有关。水中的氨氮有 $NH_4^+$ 和 $NH_3 \cdot H_2O$ 两种存在形式，存在如下可逆反应：

$$NH_3 \cdot H_2O \rightleftharpoons NH_4^+ + OH^- \tag{4-15}$$

当 pH<6.0 时，氨氮主要以 $NH_4^+$ 的形式存在，这有利用吸附交换的进行。但是溶液中的 $H^+$ 浓度增加，它将会与 $NH_4^+$ 形成对沸石的竞争，因为 $H^+$ 直径为 0.240 nm，$NH_4^+$ 直径为 0.286 nm，不利于氨氮的去除。但是从另一方面讲，一定量的 $H^+$ 可以有效去除占据和堵塞沸石吸附交换的孔道和孔穴，如碳酸钙、玻璃质等，这将有助于沸石吸附交换性能的提高。当 pH>7.3 时，随着 pH 的升高，溶液中氨氮主要以 $NH_3 \cdot H_2O$ 的形式的存在，不利于沸石对氨氮的吸附交换。当 pH=6.0～7.3 时，氨氮主要以 $NH_4^+$ 的形式存在，有利于沸石对其进行吸附。可见，初始溶液 pH 对沸石吸附氨氮的过程有一定的影响。在中性 pH 范围（6.0～7.3），沸石对氨氮的去除率最高。养猪污水的 pH 为 7.2 左右，应用沸石法去除其中的氨氮，可望取得良好的效果。

● $NH_3$ 浓度对去除过程的影响

溶液中氨氮的初始浓度不同，当吸附交换反应达到平衡时，沸石的吸附交换容量也不同。实验研究了氨氮初始浓度对氨氮去除的影响，结果如图 4-28 所示。从图 4-28 可以看出，钠型丝光沸石对氨氮的吸附交换容量随着溶液中氨氮初始浓度的增加而增加。并且 Jorgensen 等的实验也得出了类似的结论：较高的氨氮初始浓度会产生较高的沸石吸附交换容量。产生上述现象的原因：溶液中氨氮的初始浓度越高，产生的氨氮浓度梯度越大，这就会产生一种必要的驱动力，使得在一定的吸附交换时间内，$NH_4^+$ 能够置换出沸石内部深处孔穴和孔道表面上可交换的阳离子，在低浓度下，这些阳离子是不可能被置换的，所以，溶液中氨氮初始浓度越高，钠型丝光沸石的吸附交换容量越大。

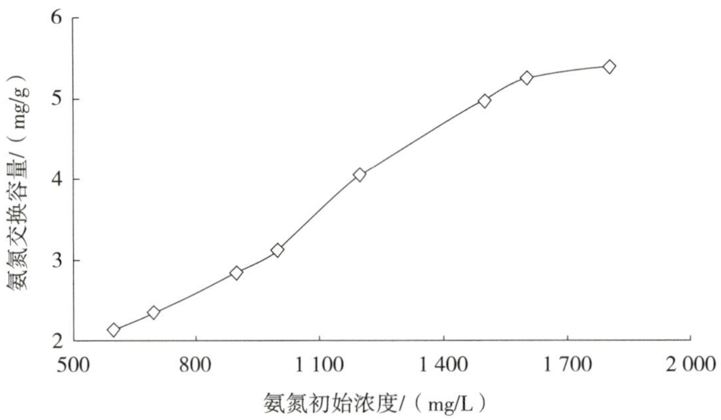

图 4-28　$NH_3$ 浓度对氨氮去除率的影响

● 钙镁离子共存对氨氮去除率的影响

多种阳离子都存在对氨氮有吸附竞争的现象，有研究发现，在阳离子共存的情况下，沸石对氨氮的吸附量降低。因此，要将沸石吸附氨氮的工艺技术应用于实际污水的处理，必须考察干扰离子的影响。钙镁离子是污水中常见的离子，实验研究了它们对沸石吸附氨氮的影响，如图 4-29、图 4-30 所示。从图 4-29、图 4-30 可以看出，在 $Ca^{2+}$ 质量浓度为 100 mg/L 和 150 mg/L 时，沸石对氨氮的吸附量分别约降低 34% 和 42%（平均值）。从图中可以看出，在 $Mg^{2+}$ 质量浓度为 20 mg/L 和 40 mg/L 时，沸石对氨氮的吸附量分别约降低 36% 和 38%（平均值）。可见 $Ca^{2+}$、$Mg^{2+}$ 均对沸石吸附氨氮产生了抑制作用，使沸石吸附 $NH_4^+$ 的能力降低。这是因为 $Ca^{2+}$、$Mg^{2+}$ 的半径与 $NH_4^+$ 的半径接近。比较两图还可以发现，$Ca^{2+}$ 对丝光沸石吸附 $NH_4^+$ 的抑制作用较强，这与丝光沸石对阳离子选择性交换的顺序相吻合。

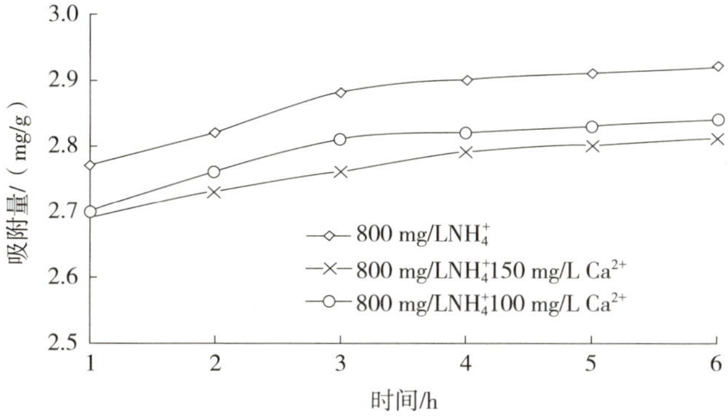


图 4-29　$Ca^{2+}$ 对沸石吸附氨氮的影响

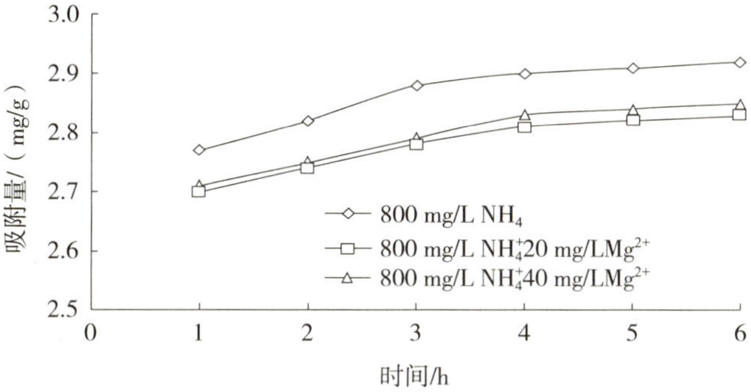


图 4-30　$Mg^{2+}$ 对沸石吸附氨氮的影响

（5）动态吸附实验研究

流速增大，钠型丝光沸石的穿透容量逐渐降低。这是因为流速越大，溶液在流经沸石床时的水力停留时间越短。从静态吸附实验中可以看出，沸石与氨氮溶液的吸附交换时间越少，氨氮的去除率就越低。所以同样，水力停留时间的缩短将直接影响沸石对溶液中氨氮的吸附交换，使得沸石的穿透容量降低。

动态吸附实验的结果表明，钠型丝光沸石对氨氮的吸附交换容量大于静态吸附实验中钠型丝光沸石对氨氮的吸附交换容量，但是小于钠型丝光沸石的全交换容量。

### 4.2.3 应用证明

（1）污水中磷的资源化回收工艺技术获得“环境保护科学技术奖”（图 4-31）

环境保护科学技术奖

获奖证书

获奖项目：污水中磷的资源化回收工艺技术

获奖等级：二等

获奖单位：中国环境科学研究院（第一完成单位）

中华人民共和国环境保护部

二〇一二年十二月

证书号：KJ2012-2-03-D01

图 4-31　污水中磷的资源化回收工艺技术获得“环境保护科学技术奖”

（2）磷酸铵镁结晶法污水磷回收工艺在北京安定猪场的应用证明（图 4-32）

依托本课题研究成果，项目组在北京市大兴区设计并构建了用于养猪废水营养物回收和达标排放的集成中试设备。工艺设计处理能力为 10～20 t/d，针对大兴养殖污水 COD、N、P 浓度高，废水处理难度大的问题，利用磷酸铵镁结晶工艺，实现 P 的回收和达标排放；利用循环交叉流移动 MBBR，实现高浓度 COD 和氨氮的去除；预计 MAP 晶体回收量为 2～4 kg/d，出水达到畜禽养殖业污水排放标准（图 4-32）。

**应用证明**

中国环境科学研究院研发的磷酸铵镁（MAP）结晶法污水磷回收工艺技术和移动床生物膜反应器（MBBR）污水处理工艺技术，从 2007 年 10 月起至今在我场进行了应用。

针对我养猪场厌氧发酵出水中 COD、N、P 浓度高，废水处理难度大，不能达标排放的问题，利用 MAP 结晶工艺，实现 P 的去除、回收和污水磷指标的达标排放，设施处理能力为 10 $m^3$/d，回收的磷酸铵镁晶体纯度 80% 以上；利用 MBBR 工艺，实现高浓度 COD 和氨氮的去除，设施处理能力为 10 $m^3$/d。经过近一年时间的运行，处理系统运行稳定，处理效果良好。

按照《畜禽养殖业污染物排放标准》（GB 18596—2001），处理设施出水氨氮达标排放率达到 100%，COD 和总磷达标排放率达到 90% 以上。

特此证明

北京安定种猪场

2008 年 12 月 1 日

图 4-32　磷酸铵镁结晶法污水磷回收工艺在北京安定猪场的应用证明

（3）磷去除与回收技术在辽宁省环境科学研究院的应用证明（图 4-33）

## 应 用 证 明

我单位在进行畜禽养殖废水处理工程设计中，应用了中国环境科学研究院研发的磷去除与回收，结合移动床生物膜反应器进行营养物去除与回收的工艺技术。该工艺核心内容包括：

1. 对厌氧处理后的废水，先应用磷酸盐结晶法进行磷的去除和回收，再后接移动床生物膜反应器进行氨氮的去除。

2. 在磷回收工艺单元，应用曝气提升 pH，不投加或适量投加镁盐，获得磷酸铵镁晶体，在原水磷浓度 50～80mg/L 范围内，磷的去除可以满足达标排放要求。反应器中蓄积的磷酸铵镁晶体可以进行资源化回收。

3. 在移动床生物膜反应器单元，应用新型悬浮填料，设计缺氧、好氧区，能有效去除氨氮，实现废水氨氮的达标排放。

该工艺设计已经应用于铁岭大牛养殖场。

兹证明。

辽宁省环境科学研究院

2009 年 3 月 27 日

图 4-33　磷去除与回收技术在辽宁省环境科学研究院的应用证明

# 5

# 分散式污水处理技术

Technology for Decentralized Sanitation and Reuse

## 5.1 分散式污水处理理论与内涵

20 世纪 70 年代，美国、日本、英国等国家开始了污水处理行动。由于其人口居住密集程度比较低，所以分散式中小型污水处理厂更为常见。经过不断的发展与探索，这些国家积累了丰富的污水处理经验。而我国对分散式中小型污水处理技术的研究起步较晚，还有较大的提升空间。

现阶段，我国分散式污水处理技术发展主要有 5 个问题。第一，处理技术相对落后。这是由于经验不足造成的。虽然我国很多地方引进了发达国家的中小型污水处理技术，但是由于应用场所和环境差异比较大，所以最后的处理效果难以令人满意，但处理成本往往并不低。第二，处理资金缺乏。大型污水处理厂有专门的工作人员，运行比较稳定，维修也非常及时。而中小型污水处理厂工作人员大多数由当地居民兼任，他们通常只掌握简单的运行操作，难以胜任维护工作。这就使得中小型污水处理效果不佳，也让人对其失去信心。第三，工艺选择缺乏针对性。由于对污水处理技术的原理认知有限，所以人们很少能够根据客观环境和污水水质特点来选择最佳的处理工艺。第四，污泥处理需要进一步完善，避免产生二次污染。第五，中小型污水处理厂的规模与实际需求匹配度较低，这是由于设计人员参数选择失误造成的。

为此，本章总结了当前国内外应用较多的分散式污水处理技术，并对其特点和适用性进行了综述。

## 5.1.1 活性污泥技术

### 5.1.1.1 SBR 工艺

（1）SBR 工艺原理

SBR 工艺（Sequencing Batch Reactor Activated Sludge Process）是序批式活性污泥法的简称，是一种按照间歇曝气方式运行的活性污泥水处理技术。该工艺采用时间上推流的方式替代了传统活性污泥工艺空间上推流的方式，非稳态生化反应代替稳态生化反应，理想静置沉淀代替传统动态沉淀。SBR 反应池是 SBR 工艺的核心，该池集混合、初次沉淀、曝气、生物降解、二次沉淀等功能于一体，无须外加污泥回流系统，通过适当地控制运行方式，对污泥负荷、充水比、污泥龄等关键参数进行调节，可以实现较好的脱氮除磷效果。SBR 工艺工作流程为进水、反应、沉淀、排水和闲置 5 个阶段，相邻两次进水阶段构成一个运行周期，具体流程如图 5-1 所示。

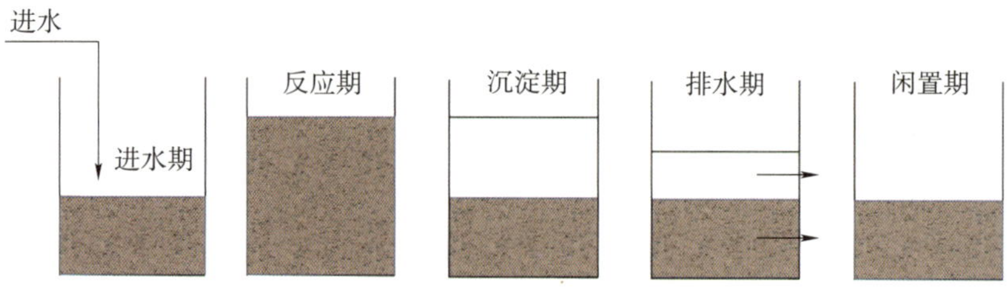


图 5-1 SBR 工艺工作流程

（2）SBR 工艺的优缺点

①在同一个反应池内完成进水、曝气反应、静置沉淀、排水等多个过程，从而精简了构筑物占地面积，节省费用，且工艺可扩展性强，易与其他污水处理工艺搭配。

② SBR 工艺可根据进水水质和出水水质要求调整各个阶段的反应顺序和反应时间，运行管理灵活方便。

③ SBR 反应器可以通过对关键参数的调控，实现厌氧、缺氧和好氧反应的交替运行，以达到多级 A/O 法的运行模式，提高处理效率。

④反应器内上个运行周期剩余的处理水可对下一周期的进水起到稀释、缓冲作用，有效抵抗水量和有机污染物的冲击。

⑤运行效果稳定，污水在理想的静止状态下沉淀，运行时间短、效率高、出水水质好，且不易发生污泥膨胀现象。

⑥对自动化控制要求较高，运行过程中易产生浮渣。

⑦由于采用间歇排水，排水时间较短，且排水时应避免搅动污泥沉淀层，因此需要专门的滗水器，且对滗水器的要求较高。

（3）SBR 工艺在分散式污水处理中的适应性

①水质水量波动适应性

水质水量波动大、日变化系数高，是分散式生活污水的主要特点。SBR 工艺可以根据水质水量的变化，灵活的调整反应器的运行参数，操作方便，耐冲击负荷能力强，出水水质稳定，能够良好地应对分散式生活污水水质水量波动较大的问题。

②排放要求适应性

分散式生活污水所处区域大多为分散式的农村、旅游景区、偏远的铁路中小车站和高速公路服务区等，根据所处的区域不同，对生活污水的处理要求同样存在差异。在经济相对滞后、地处偏远的农村地区，考虑到出水灌溉、浇洒等二次利用需求，出水水质要求相对较低。在一些经济较发达、环境要求标准较高的旅游景区、铁路车站等，出水水质要求相对较高。SBR 工艺可以根据不同地区的不同的出水水质要求，调整运行参数，对不同的出水排放要求具有很好的适应性。

③运行维护适应性

分散式生活污水的排放地区大多地广人稀，基础设施建设不完善，采用先进的污水处理工艺缺乏相应的运行维护管理人员，工艺复杂、构筑物规模大。SBR 反应器设备少、操作简单、维护方便。在农村、高速服务区等缺乏维护管理人员的地区具有很好的适应性。

### 5.1.1.2 MBR 工艺

（1）MBR 工艺原理

MBR（Membrane Bio-Reactor）工艺也称为膜 - 生物反应器技术，是膜分离技术与生物技术有机结合的新型废水处理技术。其特点是利用膜分离过程取代传统活性污泥法中二次沉淀池的污泥沉降过程。在传统的废水生物处理技术中，泥水分离是在二沉池中靠重力作用完成的，其分离效率依赖于活性污泥自身的沉降性能，沉降性越好，泥水分离效率越高。固液分离型膜-生物反应器将膜分离技术与传统生物处理技术有机结合，利用膜组件实现泥水分离，大大提高了固液分离效率。并且由于曝气池中活性污泥浓度的增大和污泥中优势菌群的出现，提高了生化反应速率。同时，可以通过调节工况，实现较低的 F/M 比，以减少剩余污泥产生量。根据膜组件和生物反应器的组合方式，可将膜-生物反应器分为分置式、一体式和复合式 3 种基本类型。图 5-2 为一体式 MBR 膜生物反应器的运行示意图。

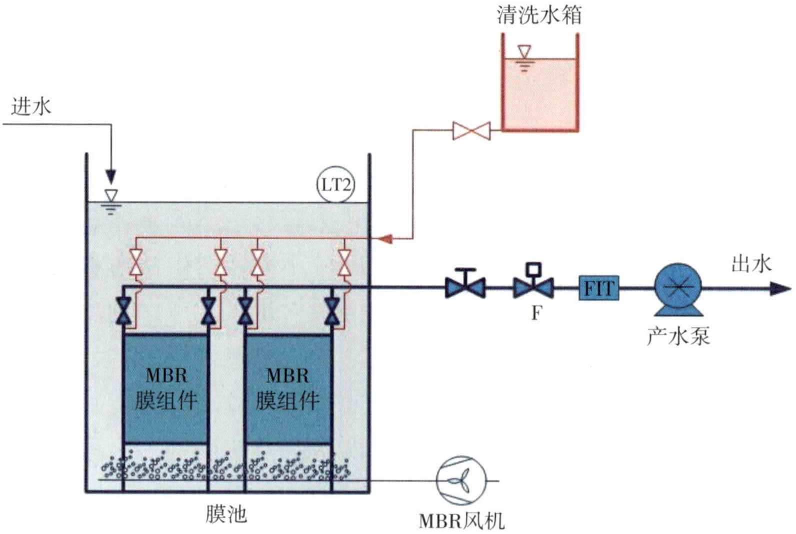


图 5-2　MBR 膜生物反应器运行示意图

（2）MBR 工艺优缺点

①出水水质优质稳定。由于膜的高效分离作用，泥水分离效果远好于传统沉淀池，处理出水极其清澈，悬浮物和浊度接近于 0，细菌和病毒被大幅去除，回用价值高。同时，膜分离也使微生物被完全被截流在生物反应器内，使得系统内能够维持较高的微生物浓度，不但提高了反应装置对污染物的整体去除效率，保证了良好的出水水质，同时反应器对进水负荷的各种变化也具有很好的适应性。

②剩余污泥产量少。MBR 工艺可以在高容积负荷、低污泥负荷下运行，剩余污泥产量低（理论上可以实现零污泥排放），降低了污泥处理费用。

③占地面积小，不受设置场合限制。在 MBR 工艺中，生物反应器内能维持

高浓度的微生物量，处理装置容积负荷高，占地面积大大节省；该工艺流程简单、结构紧凑，适合任何场合，可做成地面式、半地下式和地下式。

④可去除氨氮及难降解有机物。由于微生物被完全截流在生物反应器内，从而有利于增殖缓慢的微生物（如硝化细菌）的截留生长，系统硝化效率得以提高。同时，可延长一些难降解的有机物在系统中的水力停留时间，有利于难降解有机物降解效率的提高。

⑤操作管理方便，易于实现自动控制。该工艺实现了水力停留时间（HRT）与污泥停留时间（SRT）的完全分离，运行控制更加灵活稳定，是污水处理工艺中容易实现装备化的新技术，可实现计算机自动控制，从而使操作管理更为方便。

⑥易于和其他工艺搭配。该工艺可以作为传统污水处理工艺的深度处理单元，进一步提高污水处理效果，或是和污水生态处理工艺搭配，作为其前处理单元。其易于装备化的特性使得该工艺可以适用多种应用环境。

⑦成本较高。膜组件造价较高，且容易出现膜污染，需要对膜组件定期清洗、维护和更换，提高了污水处理成本和操作管理难度；为保持 MBR 泥水分离的效率，首先要在工艺运行过程中提供一定的膜驱动压力，其次为了保证污水处理效果，需要加大曝气强度，这使得 MBR 工艺的能耗较高。

（3）MBR 工艺在分散式污水处理中的适应性

①水质水量波动适应性

MBR 工艺实现了高效的泥水分离，在系统内部产生了高浓度的活性污泥环境。微生物被全部截留在反应器内部，种类丰富、活性高，因此能够抵抗更大的水质水量波动，保持较为稳定的出水水质。

②排放要求适应性

MBR 工艺出水水质极佳，可以直接作为非饮用市政杂用水使用，出水效果稳定，适用一些对污水处理效果要求较高的旅游景点、机场车站和高速公路服务区等场景。

③运行维护适应性

MBR 工艺可装备化潜力强，易于生产一体化应用装备。采用计算机进行自动化控制，能够大幅降低运行维护难度。设备占地面积小，根据需求可采用地上式、半地下式和地下式安装，灵活性强，适用旅游景区、机场车站等运维人员少的应用场景。

## 5.1.2 生物膜技术

### 5.1.2.1 生物接触氧化法

（1）生物接触氧化法原理

生物接触氧化法（Biological Contact Oxidation Process）是从生物膜法派生出来的一种废水生物处理法。其特点是在生物接触氧化池内装填一定数量的填料，并全部被污水浸没，经过一定时间的曝气后，微生物附着在填料表面形成生物膜。生物膜具有活性污泥的性质，能够吸附污水中的污染物质并进行氧化分解，最终实现对污水的有效净化，图 5-3 为生物接触氧化池的构造示意图。该工艺中的微生物所需氧气由鼓风曝气供给，生物膜生长至一定厚度后，填料壁的微生物会因缺氧而进行厌氧代谢，在水流冲刷和厌氧代谢所产生的气体的双重作用下，生物膜会逐渐老化脱落，并促进新生物膜的生长，脱落的生物膜随出水流出池外，形成剩余污泥。

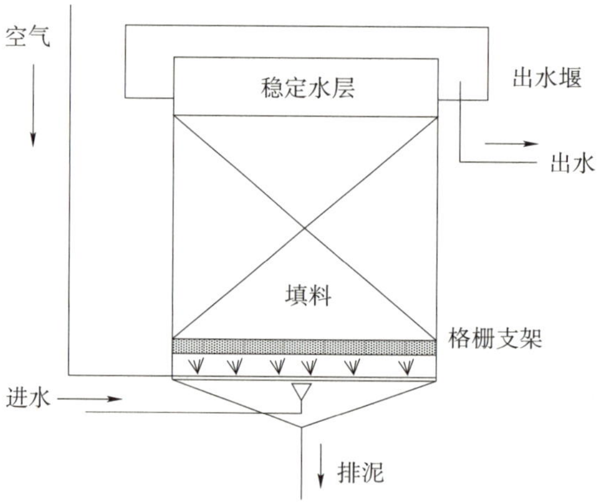


图 5-3 生物接触氧化池构造示意图

生物接触氧化法的核心是填料的选择，填料自身的理化特性决定了生物膜的挂膜时间和整体净化效能。填料的选取主要考虑其材质、尺寸、结构、稳定性、粗糙度、表面积和安装管理的方便性等。由于填料占据了生物接触氧化工艺建设成本的 40%～60%，且填料种类繁多，更换工作量大，因此选择出合适的填料类型，确定最佳运行工况，对于实际工程的管理性、可操作性、经济性均有重大意义，表 5-1 列出了生物接触氧化法中的常见填料和对应参数。

表 5-1　生物接触氧化法常用填料及对应参数

| 填料 | 比表面积 | 挂膜时长 /d | COD 去除率 /% | $NH_4^+$-N 去除率 /% | P 去除率 /% |
|---|---|---|---|---|---|
| 软性纤维 | 2 000 $m^2/m^3$ | 20 | ＞70 | 90 | 90 |
| 火山岩 | 25.5 $m^2$/kg | 10 | ＞80 | — | 90 |
| 海绵填料 | $3.8\times10^5$ $m^2/m^3$ | 15 | 90 | 95 | 93 |
| 轻质陶瓷 | — | 5.4 | 80 左右 | 95 | 60 |
| 改性填料 | 300 $m^2/m^3$ | 8 | 80 左右 | 90 | 70 |
| 蜂窝陶瓷 | — | 5 | 70 左右 | 8 | 95 |
| 新型材料 | 104 $m^2/m^3$ | 10 | 90 左右 | 73 | 70 |
| 新型沸石填料 | 700～1 200 $m^2$/g | 24 | 90 | 89 | 80 |
| 聚丙烯球 | ＞1 000 $m^2/m^3$ | 20 | 80 左右 | 88 | 80 |
| 褐铁矿 | 8.5 $m^2$/g | 35 | 62 | — | 57 |
| 玄武岩纤维 | 2 600 $m^2$/g | 24 | ＞60 | 50 | 90 |
| 聚乙烯悬浮填料 | ＞550 $m^2/m^3$ | 13 | ＞90 | 95 | 80 |

（2）生物接触氧化法的优缺点

生物接触氧化法同时具有活性污泥法的高生物活性与生物膜法高微生物量和抗冲击负荷能力强等优点，在实际应用中具有如下特点：

①附着的生物膜活性高，无须污泥回流，剩余污泥量较小，仅为传统活性污泥法的 1/4～1/3，无污泥膨胀问题，运行管理方便。

②运行成熟的生物接触氧化池填料表面附着有大量高活性生物膜，生物膜大多带负电性，进水后生物膜吸附大量有机物和氨氮供微生物利用，处理效率较高，另外，生物填料均具有较高的比表面积，可供大量的生物膜附着，因此，一般情况下单位填料附着微生物量是活性污泥的 5～10 倍。

③活性污泥法硝化池的曝气时间一般为 4～8 h；而生物接触氧化工艺由于更丰富的生物膜量，曝气时间一般只需 0.5～1.5 h，大大缩短了停留时间。因此，单位体积的生物接触氧化工艺可处理更多的污水，处理效率高。

④由于生物接触氧化池内填料的作用，可以减少曝气气泡，增加紊流，提高氧传递系数，不需污泥回流。因此生物接触氧化池抗冲击负荷能力强，运行

成本更低。生物接触氧化法对复杂的环境情况适应性强，在水量水质有波动的情况下仍能保持良好的处理效果；对水中有毒物质和极端 pH 环境表现出良好的耐受性，且生物膜被破坏后恢复速度较快。

⑤填料间生物膜易堵塞，造成出水水质下降，对磷和硝态氮的处理效果不佳。

（3）生物接触氧化法在分散式污水处理中的适应性

①水质水量波动适应性

得益于生物接触氧化法的高生物膜量，该工艺具备较强的抗冲击负荷能力，针对农村生活污水水质水量变化较大的情况，通过选用优质填料，生物接触氧化法可以实现较好的去除效果。

②排放要求适应性

生物接触氧化法对生活污水的处理效果较好，出水水质佳，出水的 BOD 可达 5～12 mg/L，SS 约为 20 mg/L，满足《城镇污水处理厂污染物排放标准》（GB 18918—2002）中的一级标准。但是传统的生物接触氧化工艺对总磷和硝态氮的去除效果不足，因此单一的生物接触氧化法不适合处理总磷和硝态氮含量过高的污水。

③运行维护适应性

生物接触氧化工艺在国内外已有长期成熟的运行经验，其运行管理简单，工艺流程清晰，设备故障率低，关键控制参数少，可自动化程度高，适合应用于农村分散式污水处理。

### 5.1.2.2 生物滤池

（1）生物滤池工艺原理

生物滤池（Biological Filter）是以土壤自净原理为依据，在污水灌溉的实践基础上，经较原始的间歇砂滤池和接触滤池而发展起来的人工生物处理技术。生物滤池主要由滤床、布水装置和排水系统组成，滤床填料以碎石或塑料制品为主，微生物在填料表面生长，形成生物膜。污水通过布水设备连续地、均匀地喷洒到滤床表面上，污水在重力作用下以水滴的形式向下渗滤，或以波状薄膜的形式向下渗流，最后污水到达排水系统流出滤池，污水中的有机污染物被生物膜中的微生物吸附、降解，从而得到净化。图 5-4 为生物滤池构造示意图。

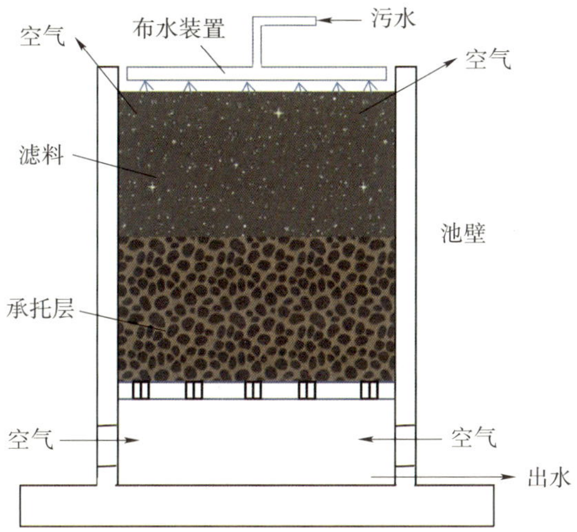


图 5-4　生物滤池构造示意图

（2）生物滤池工艺的优缺点

①微生物含量高，活性强。生物滤池采用的填料一般表面粗糙，比表面积较大，粗糙多孔，易挂膜，且生物膜不易脱落，如活性炭、陶粒等。生物滤池为微生物膜提供了优异的生长环境，使得与每单位体积的活性污泥的微生物含量相比，填料的表面微生物浓度更高。同时，生物膜在气水冲击下稳定更新，可保持良好的生物活性和处理能力。

②处理效果好，工艺灵活。生物滤池工艺对一般生活污水具有较好的处理效果，且不产生二次污染。可根据不同的污水种类选择具体生物滤池，常见的生物滤池包括低负荷生物滤池、高负荷生物滤池、塔式生物滤池和曝气生物滤池等。

③污水进入生物滤池前，为防止过滤材料堵塞，前段需设置沉淀池使悬浮物进行沉淀并缓解水力冲击。过滤填料上的生物膜不断生长脱落、分离和更新，随处理后的水流出，需设置二次沉淀池以沉淀悬浮物，这是生物滤池工艺的不足之处。

（3）生物滤池在分散式污水处理中的适应性

①水质水量波动适应性

生物滤池内具有较高的微生物量，其活性也优于一般的活性污泥，因此其具有较强的耐冲击负荷能力；得益于生物滤池的结构，其停止生化处理后再启动也较为容易，该工艺适用自然村或中小型居民区的废水处理，对进水水质、水量波动大的生活污水适应性好。

②排放要求适应性

运行情况较好的生物滤池的 $BOD_5$ 去除率可达 90% 以上，出水 $BOD_5$ 可下降到 25 mg/L，硝酸盐含量约为 10 mg/L，生物滤池出水 SS 可小于 20 mg/L，且不同类型和不同功能的生物滤池可以适用不同的进水水质与出水要求。与此同时，工艺运行方式可随实际情况改变，还可以与其他工艺相结合，组成多级组合工艺，既可以作为预处理单元也可以作为深度处理加工工艺。

③运行维护适应性

生物滤池是一种中小型污水处理设备，可以通过自然处理来净化农村污水，不需要由专职人员管理，微动力设备的管理维护也较为简单。对于土地面积小、地形坡度大、年平均气温较高的农村地区较为适合。

## 5.1.3 厌氧生物处理技术

### 5.1.3.1 化粪池

（1）化粪池工艺原理

化粪池（Septic Tank）是一种利用沉淀和厌氧发酵的原理，去除生活污水中悬浮性有机物的处理设施，属于初级的过渡性生活污水处理构筑物，常用于农村生活污水的预处理。农村生活污水进入化粪池后，经过 12～24 h 的沉淀，可去除 50%～60% 的悬浮物，沉淀下来的污泥经过 3 个月以上的厌氧发酵分解，污泥中的有机物可以被分解为稳定的无机物，易腐败的生污泥转化为稳定的熟污泥，改变了污泥的结构，降低了污泥的含水率，从而达到对生活污水预处理的目的。

（2）化粪池工艺的优缺点

①造价低，维护简单。传统化粪池的应用已经有 100 多年历史，是在农村地区应用最广泛的初级生活污水处理设施，其造价低，维护简单，几乎不需要人工维护。

②可产生经济效益和环境效益。化粪池可收集生活污水，并进行初步的厌氧处理，在化粪池厌氧腐化的工作环境中，蚊蝇虫卵得到灭杀，可以有效改善人居环境；化粪池内的有机污泥经厌氧腐化后，得到充分熟化，可作为农家肥，

沉积的污泥经消化降解产生沼气、$CO_2$、$H_2S$ 等消化气，具备一定的经济效益。

③处理效果有限。化粪池是一种较为原始的初级污水处理工艺，受限于其简单的工艺，化粪池对氮磷的去除效果较差，出水指标很难达到《城镇污水厂污染物排放标准》（GB 18918—2002）的要求。

④易渗漏，易造成二次污染。在经济条件差的农村地区，化粪池多采用砖砌、水泥砂浆抹面等技术搭建，其防渗能力有限，大量未经处理的生活污水及其携带的细菌等污染物通过化粪池池壁渗入地下，可能对地下水造成污染。

（3）化粪池技术在分散式污水处理中的适应性

①水质水量波动适应性

化粪池结构简单，抗冲击负荷能力较弱，在化粪池污水与污泥接触混合的技术模式下，进水水质水量变化过大会影响化粪池内污水流态和菌群平衡，进而影响化粪池的沉淀和出水水质，需要延长污水停留时间来改善沉淀效果及出水水质，污水停留时间一般为 12～24 h。因此，化粪池适合以生活污水为主、污水排放量不大的农村地区。

②排放要求适应性

生活污水经过传统化粪池的收集处理后，悬浮物的去除率可达到 50%～60%，有机污染物的去除率可达到 20%～40%，氮磷的去除效果不明显。因此，单纯的化粪池技术更适合经济条件差、基础设施建设不足的农村地区。在对化粪池进行一定的升级改造，或者后加处理工艺之后，最终出水水质可以得到明显的提高，可以适用更广泛的农村污水处理场景。

③运行维护适应性

化粪池技术运行简单，几乎无须人员维护，对于技术较为落后，缺乏专业污水处理技术人员的偏远农村，是一种较为适宜的处理技术。

#### 5.1.3.2 厌氧生物滤池

（1）厌氧生物滤池工艺原理

厌氧生物滤池（Anaerobic Biological Filter）是采用填充材料作为微生物载体的一种高速厌氧反应器，厌氧微生物部分附着生长在填料上，形成厌氧生物膜，另一部分在填料空隙间处于悬浮状态，生物膜与填充材料一起形成固定滤床，其结构与原理类似好氧生物滤池，厌氧生物滤池内部常用填料包括炉渣、瓷环、塑料等。

厌氧生物滤池可采用常温（15～25℃）、中温（30～35℃）或高温（50～55℃）运行，适用于溶解性有机物浓度较高的废水，适用COD浓度范围为1 000～20 000 mg/L。表5-2为厌氧生物滤池在不同温度下运行的容积负荷。为了避免堵塞，可回流部分出水以对进水进行稀释和加大水力表面负荷。厌氧生物滤池按水流的方向可分为升流式厌氧滤池和降流式厌氧滤池。废水向上流动通过反应器的为升流式厌氧滤池，反之为降流式厌氧滤池。如果将升流式厌氧生物滤池的填料床改成两层，下半部不用填料使之成为悬浮污泥层，上半部仍用填料床，则成为复合式厌氧生物滤池，可有效避免堵塞并提高处理效率。降流式厌氧生物滤池由于水流下向流动、沼气上升以及填料空隙间悬浮污泥的存在，混合情况良好，属于完全混合工艺；而升流式则属于推流式工艺。图5-5为厌氧生物滤池基本结构示意图。

表5-2 厌氧生物滤池在不同温度下运行的容积负荷

| 不同温度条件下的容积负荷/[kg COD/（$m^3$·d）] | |
|---|---|
| 温度 | 容积负荷 |
| 15～25℃ | 1～3 |
| 30～35℃ | 3～6 |
| 50～55℃ | 5～9 |

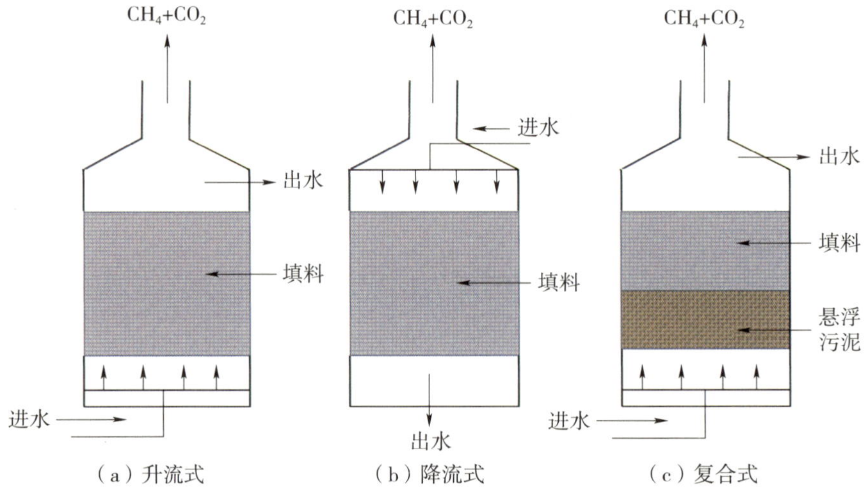


图5-5 厌氧生物滤池基本结构示意图

（2）厌氧生物滤池工艺优缺点

①适用范围广泛。通过厌氧处理能够降解一些在好氧条件下难降解的有机物。因此，对于难降解、成分比较复杂的污水，采用厌氧生物方法可以获得较好的处理效果。

②能耗低。厌氧生物滤池处理工艺不需要专门的充氧设备为微生物提供氧气，与好氧微生物处理法相比，能够大幅降低能源消耗，便于后期的维护管理。

③有机负荷高。好氧生物处理法的负荷比较低，一般为 2～4 kg $COD_{Cr}$/（$m^3$·d）；而厌氧生物处理法的有机负荷比较高，一般为 5～10 kg $COD_{Cr}$/（$m^3$·d）。

④剩余污泥量少。在厌氧生物处理过程中，微生物通过内源呼吸作用，污泥量大大减少，延长了处理设施的运营时间；这个过程减少了需要最终处置的污泥体积，剩余污泥大约仅为好氧处理产生污泥量的 10%。

⑤厌氧技术管理方便，适合分散式生活污水处理，设备少，不需要电气设备，运行和操作简单，基建费用较低。

⑥培养时间长，在厌氧条件下，微生物生长缓慢，初期需要较长时间调试；对进水的 SS 要求较高，为防止填料堵塞，前段需设沉淀池进行预处理，SS 过高时，需要经常换填料。

（3）厌氧生物滤池工艺在分散式污水处理中的适应性

①水质水量波动适应性

厌氧生物滤池适应环境能力较强，对污水排放的日变化、时变化要求较低，能更好地适应农村生活污水间歇排放的特点。

②排放要求适应性

出水水质较低，由于厌氧微生物的代谢作用较低，单位 COD 去除所需时间较长，导致厌氧池有效容积加大，成本较高，所以经常将厌氧工艺作为后续工艺的预处理手段，不适合单独大面积地应用于农村分散式污水处理。

③运行维护适应性

厌氧生物滤池能耗较低，运行管理方便，工艺流程较简单，适合技术手段有限的农村地区。然而厌氧生物滤池的运行温度较高，不适合在严寒地区应用。

### 5.1.4 生态处理技术

#### 5.1.4.1 人工湿地

（1）人工湿地原理

人工湿地（Artificial Wetland）是通过人工设计、改造而成的半生态型污水处理系统，将污水、污泥有控制地投配到经人工建造的湿地，在污水与污泥沿一定方向流动的过程中，利用土壤、人工介质、植物、微生物的物理、化学、生物三重协同作用，实现对污水、污泥的净化处理。其作用机理包括吸附、滞留、过滤、氧化还原、沉淀、微生物分解、转化、植物遮蔽、残留物积累、蒸腾水分和养分吸收及各类动物的作用，图 5-6 为人工湿地技术对污染物的净化机理。根据水流的方式，人工湿地主要分为 3 种类型：表面流人工湿地、垂直潜流人工湿地和水平潜流人工湿地。

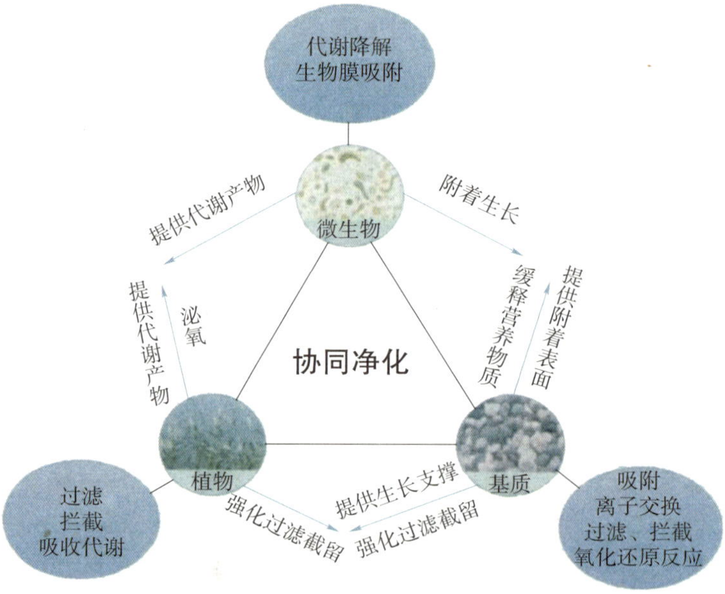


图 5-6 人工湿地技术对污染物的净化机理

（2）人工湿地工艺的优缺点

①建造和运行费用低，可进行有效可靠的废水处理。

②易于维护，技术含量低。

③可缓冲对水力和污染负荷的冲击。

④可提供和间接提供效益，如水产、畜产、造纸原料、建材、绿化、野生动物栖息、娱乐和教育等。

⑤占地面积大，易受病虫害影响。

⑥生物和水利复杂性加大了对其处理机制、工艺动力学和影响因素的理解难度，因此常由于设计不当使出水达不到设计要求或不能达标排放，有的人工湿地反而成了污染源。

⑦启动时间长，人工湿地从开始建立到达到最优效率，需要 2～3 个植物生长周期，一般需要数年之后才能完全稳定地运行。

（3）人工湿地在分散式污水处理中的适应性

①水质水量波动适应性

人工湿地是一个面积较为广阔的生态系统，包含物理、化学、生物多种处理机制，可缓冲对水力和污染负荷的冲击，因此具有较好的抗水质水量冲击的能力，适合作为农村分散式污水处理工艺。

②排放要求适应性

人工湿地可进行有效可靠的废水处理，对各水质指标的去除效果：$COD_{Cr}$ 去除率为 50%～67%，$BOD_5$ 的去除率为 36%～65%，TN 的去除率为 3%～71%，TP 的去除率为 50%～67%。在和其他污水处理技术联用的情况下，人工湿地技术能够满足大部分分散式污水处理的需求。

③运行维护适应性

人工湿地技术含量较低，不需要频繁的人工干预，在稳定运行后可持续发挥污水净化作用，适合具有较大土地面积、有人工湿地建造潜力的农村及旅游景区。

### 5.1.4.2 稳定塘

（1）稳定塘工艺原理

稳定塘（Stabilization Pond）是一种历久弥新的生活污水处理方式，在我国农村污水处理实践中得到广泛的应用。稳定塘以太阳能为初始能量，通过在塘中种植水生植物，进行水产和水禽养殖等，形成人工生态系统，通过稳定塘中多条食物链的物质迁移、转化和能量的逐级传递、转化，将进入塘中的有机污染物进行降解和利用，最后不仅去除了污染物，而且可以回收水生植物和水产、水禽等资源，净化后的污水也可作为再生资源予以回收再用，使污水处理与利用结合起来，实现污水处理资源化。按用途和功能，现代稳定塘可以分为厌氧塘、好氧塘、曝气塘、兼性塘、生物塘和储流塘等组成单元。

（2）稳定塘工艺的优缺点

①能充分利用地形，结构简单，建设费用低。采用稳定塘系统处理污水，可以利用荒废的河道、沼泽地、峡谷、废弃的水库等地段。建设结构简单，大多以土石结构为主，施工周期短、基建费用低。稳定塘的基建投资为相同规模的常规污水处理厂的 1/3～1/2。

②可实现污水资源化和回收利用，既节省了水资源，又获得了经济收益。经稳定塘处理后的污水，可用于农业灌溉，也可在处理后的出水中进行水生植物和水产的养殖。如果考虑综合利用的收入，可能实现收支平衡，甚至有所盈余。

③能耗低，运行维护方便，成本低。风能是稳定塘的重要辅助能源之一，经过适当的设计，可在稳定塘中实现基于风能的自然曝气充氧，从而达到节省曝气能耗的目的。此外，在稳定塘中无须复杂的机械设备和装置，这使得其运行费用仅为常规污水处理厂的 1/5～1/3。

④美化环境，形成生态景观。将净化后的污水引入人工湖，用作景观和游览的水源。由此形成的稳定塘生态系统不仅是高效的污水处理设施，而且可以成为现代化的生态农业基地和游览的胜地。

⑤污泥产量少，仅为活性污泥法所产生污泥量的 1/10。前端处理系统中产生的污泥可以送至该生态系统中的藕塘或芦苇塘或附近的农田，作为有机肥加以使用和消耗。前端带有厌氧塘或碱性塘的塘系统，可以通过厌氧塘或碱性塘底部的污泥发酵坑使污泥发生酸化、水解和甲烷发酵，从而使有机固体颗粒转化为液体或气体，实现污泥近零排放。

⑥占地面积过大。稳定塘需要占用较多土地、土地紧张的区域，很难大规模应用该工艺。

⑦气候对稳定塘的处理效果影响较大，且易产生臭味和滋生蚊蝇。

⑧污泥不易排出和处理利用，若设计或运行管理不当，则会造成二次污染，使用该方法处理污水时需要加强防渗处理。

（3）稳定塘工艺在分散式污水处理中的适应性

①水质水量波动适应性

稳定塘的适应能力和抗冲击能力强。对于 BOD 浓度低于 100 mg/L 的生活污水，一般的活性污泥法很难有效处理，而稳定塘不仅能够有效地处理高浓度有机污水，还可以处理低浓度污水。

②排放要求适应性

稳定塘能够高效去除 $NH_4^+$-N 和 TP，去除率均可超过 95%，符合地表水Ⅱ类标准；COD 去除率超过 50%，基本维持在地表水Ⅲ～Ⅳ类标准。可以满足农村分散式污水处理的需求。

③运行维护适应性

稳定塘结构简单，运行维护费用低，不需要人工过多干预，对运维人员的技术要求较低。稳定塘多适用资金短缺且具有地形优势的干旱、半干旱地区的农村地区。

### 5.1.4.3 土壤渗滤技术

（1）土壤渗滤技术原理

土壤渗滤技术（Soil Diafiltration Process）是一种人工强化的污水生态处理技术。土壤渗滤系统充分利用在地表下面的土壤中栖息的土壤动物、土壤微生物、植物根系以及土壤所具有的物理、化学特性将污水净化，属于小型的污水土地处理系统。根据工艺类型的不同，土壤渗滤系统可分为砂滤处理系统、慢速渗滤系统、快速渗滤系统和地下渗滤系统。

（2）土壤渗滤技术的优缺点

①砂滤处理系统集絮凝、沉淀、过滤于一体，不受占地面积的限制，成本低，维护方便，利用土壤微生物、植物高效降解吸收污染物，对 COD、$BOD_5$、SS 的去除率可达 80%，该方法适用农村污水的深度处理。

②慢速渗滤系统的优点是受地表坡度的限制小，渗滤速度慢，污水负荷低，净化效果好，可以实现污水的资源化利用，从而获得经济收益。该系统的缺点是水力负荷小（0.01～0.10 m/ 周），占地面积大。该系统水力负荷的选取会受到植物的除氮能力、对营养与水分的需求量等因素的限制。慢速渗滤系统对 $BOD_5$ 的去除率可达 95%，对 COD 的去除率保持为 85%～90%，对 TN 的去除率为 80%～90%。该方法适用于气候较湿润、蒸发量较小且渗水性能良好的砂质土壤地区。

③快速渗滤系统的优点是高效率、低耗能、运行操作简单。该系统利用土壤微生物的分解、转化能力，吸收污水中的污染物及营养物质，以达到净化生

活污水的目的，适用土壤为砂质土或砂土的地区。

④地下渗滤系统的优点是不影响地面景观，氮、磷去除能力强，出水水质波动小，受进水负荷波动的影响较小，不受季节因素的限制。缺点是该系统占地面积较大，且由于土壤中含有还原性物质，生物脱氮效果会受到土壤条件的影响，其适用农村及风景旅游区。对于地下渗滤系统来说，污水中的 $BOD_5$ 平均去除率达 75%，COD 平均去除率达 65%，SS 平均去除率达 60%，TN 平均去除率达 65%，$NH_4^+$-N 平均去除率达 60%，TP 平均去除率达 55%，出水水质达到《农田灌溉水质标准》（GB 5084—2021）。

（3）土壤渗滤技术在分散式污水处理中的适应性

①水质水量波动适应性

土壤渗滤技术受进水负荷波动影响较小，采取不同的土壤渗滤技术，可以满足从低负荷到高负荷的多种污水处理需求，且对水量波动的抵抗能力强。

②排放要求适应性

通过选取不同的土壤渗滤技术，可以对污水中的 $BOD_5$、COD、SS、TN、TP 实现较好的去除效果，其出水水质一般可以满足农村分散式污水处理的需求。

③运行维护适应性

土壤渗滤技术运行简单，维护较为方便，工艺种类多样，可以根据污水处理要求和当地经济、自然条件选取合适的工艺，对多种条件下的分散式污水处理场景均具备较好的适应性。

### 5.1.5 净化槽

（1）净化槽原理

净化槽属于一体化污水处理设备，名称来自日本“JOHKASOU”工艺的译音，是一种小型生活污水处理装置，适用单户或几十户相对集中的地区，设施占地面积较小。其工艺步骤在一个槽内集中完成，用隔板隔开各工艺，其技术原理是生化处理和物理处理相结合，通过微生物分解、物理沉淀和化学絮凝反应来降低污水中的污染物浓度。通过集成不同的处理技术，净化槽可以有针对性地处理多种类型的农村污水，常用于净化槽的污水处理技术包括生物转盘接触、接触曝气、硝化液循环式活性污泥法、絮凝分离、活性炭吸附等。根据处理规模可以分为小型净化槽、中型净化槽和大型净化槽。其中，小型净化槽是指家用净化槽以及 50 人槽以下（污水处理规模为 10 t/d）的小规模污水处理一体化设备，材质多为玻璃钢或者是工业塑料；中型净化槽是指 51 人槽以上 500 人槽以下（污水处理规模为 100 t/d）的中规模污水处理设施，材质多为玻璃钢或钢筋混凝土；大型净化槽是指 501 人槽以上（污水处理规模为 100 t/d）的大规模污水处理设施，多为钢筋混凝土材质，在现场进行施工安装。图 5-7 为小型净化槽实物图，图 5-8 为典型净化槽工艺流程。

图 5-7　小型净化槽实物图

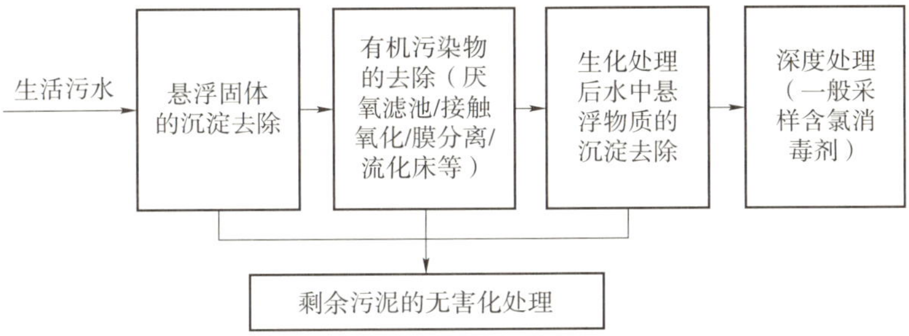


图 5-8　典型净化槽工艺流程

（2）净化槽的优缺点

①使用方便，集成化程度高，运行管理简单。净化槽是将一整套工艺流程集成化的污水处理设备，自动化程度较高，安装完成后可自行完成污水收集、处理、排放等一系列流程。

②工艺组合灵活，可跟据实际进水水质和出水要求灵活组合工艺，以适应不同的应用场景。

③可标准化量产，降低造价。净化槽为可量产的一体化污水处理设备，可在工厂完成批量生产，对经济条件有限的农村地区较为友好。

④维护不便，净化槽为完成封装的一体化设备，在运行出现故障或质效不佳时，难以对各个工艺进行调节，对于小型净化槽更是只能选择整体更换的手段进行维护，从而提高了维护成本。

（3）净化槽在分散式污水处理中的适应性

①水质水量波动适应性

净化槽工艺主要针对分散式农村污水处理，其设计的初衷就是适应农村或城镇家庭生活污水处理需求，目标污水一般具有水量波动大、水质相对稳定的特点。在遇到水质波动变化较大的情况时，可通过调整集成的工艺流程，选取对水质波动抵抗能力强的厌氧工艺，因此总体来说，净化槽工艺对水质水量波动的适应性较强。

②排放要求适应性

净化槽是一系列污水处理工艺的集成，对一般生活污水的处理效果较好，稳定运行的情况下，出水水质可以达到：COD 低于 15 mg/L，BOD 低于 10 mg/L，TP 低于 1 mg/L，TN 低于 10 mg/L。在水资源短缺地区，可采用能够实现回水利用的膜净化槽，出水水质可以达到：BOD 低于 5 mg/L，TN 低于 10 mg/L。

③运行维护适应性

净化槽为一体化设备，自动运行，因此对运行管理的要求较低，几乎不需要技术人员进行管理；小型净化槽不易维护修理，但更换较为方便，在工业化生产的前提下更换成本有望进一步压缩，且可根据实际需求调整工艺流程，因此较为适合分散式污水处理场景。

## 5.2 分散式污水处理技术与成果

### 5.2.1 生物处理技术

#### 5.2.1.1 生物净化槽技术

生物净化槽是运用物理技术与生物技术对污水予以有效处理的一类设施，其技术本质上是一系列单元处理工艺所构成的技术组合，其通过科学合理的空间及排列设计，集各种传统污水处理工艺的功能于一体。净化槽技术起源于日本 20 世纪 60 年代，从最初的单独处理式净化槽，到后来的合并式净化槽和高性能污水净化槽，其不仅可以对各种生活污水进行处理，有效去除水中的有机物、悬浮物、营养物质（如氮、磷等），还具备杀菌能力，有效提高出水水质，实现多种用途的中水回用。该设施占地面积小、见效快、操作管理简单，尤其适用居住分散、管网收集难度高的地区。

净化槽主要工艺包括沉淀分离接触曝气工艺，厌氧滤床接触曝气工艺和脱氮滤床接触曝气工艺等。净化槽运行过程中，污水从槽的一端进入系统，通过内部的沉淀分离室去除污水内悬浮物如无机固体废物、寄生虫卵及部分悬浮有机物等，可以减轻后续处理有机污染物工艺的负荷。经过沉淀分离后的污水可以进入厌氧分离室，也可以直接进入好氧生化处理室进行生化处理。

某公司在多年制造生物活性悬浮填料、推广 MBBR（移动床生物膜反应器）工艺的基础上，使用特制的 YL-II 型活性生物填料，开发了专用于农村生活污水处理的 EGA 净化槽，构建了厌氧滤池 + 好氧 MBBR 组合工艺为主体的一体化反应装置，并强化了对污水的深度脱氮性能。EGA 净化槽装置包括初沉消氧池、厌氧滤池、好氧 MBBR 池、沉淀过滤池和消毒槽。水流从上端进入 EGA 净化槽的厌氧滤池，回流液回流至最前端的消氧池，经过消氧区后的回流液溶解氧降至 0.5 mg/L 以下，与原水充分混合，进行反硝化深度脱氮，之后进入好氧 MBBR 池进行好氧硝化，最后经过沉淀过滤和消毒出水，处理能力为 1～300 $m^3/d$。EGA 净化槽外壳采用的是玻璃钢材质，坚固且防腐。整个 EGA 净化槽只有两种电器：一台风机和一个水泵，风机实现好氧 MBBR 的曝气和气提回流，水泵实现进水，整个智能槽的水流为靠重力流。以宜兴市某镇实际农村生活污水为试验用水，测试处理能力为 2 $m^3/d$ 的 EGA 净化槽污水净化效率，结果表明，COD 的平均去除率高于 88%，氨氮的平均去除率高于 90%，TN 的去除率能维持在 52% 以上。在进水水质波动较大的情况下，仍能实现对 COD、氨氮和 TN 的有效去除，出水均可达《城镇污水处理厂污染物排放标准》（GB 18918—2002）中的一级 A 排放标准，并具有较高的抗污水负荷冲击的能力。

对比进出水情况可以看出，出水水质达到《城镇污水处理厂污染物排放标准》（GB 18918—2002）中的一级 A 标准。设备运行全天电耗 11.9 kW · h，按普通居民用电电价标准 0.55 元 /kW · h 计算，吨水处理直接成本 0.32 元 /t，无须加药。设备运行均采用 PLC 程序控制，配备了实时在线监测设备运转情况的远程监控系统。

### 5.2.1.2 转盘式生物接触氧化技术

生物转盘（Rotating Biological Contactor，RBC）是由盘片、反应槽、主轴及驱动装置所组成的生物膜法处理构筑物。垂直固定在水平轴上的圆形盘片附着一层生物膜，上半部暴露在空气中，下半部 40%～45% 的盘片浸没在污水中。工作时，污水流经水槽，驱动装置带动转盘转动，当盘片浸没在污水中时，盘片上的生物膜便对污水中的有机物进行吸附，当盘片转离水面时，盘层表面形成一层污水薄膜，空气中的氧不断地溶解到水膜中，生物膜中微生物吸收溶解氧，氧化分解被吸附的有机污染物。这样转轴带动转盘以一定的线速度不停地转动，生物膜交替地与污水和空气接触，形成一个连续的吸附、吸氧、氧化分解过程，进而达到污水净化的目的。在生物膜与污水以及空气之间，不仅存在有机物和 $O_2$ 的传质，还进行着其他物质的传递，如图 5-9 所示。

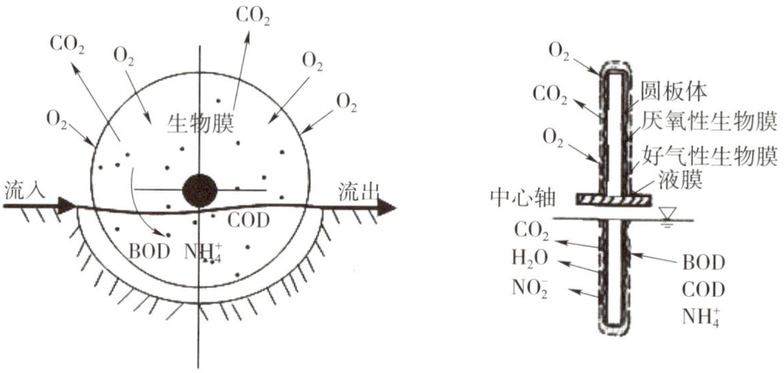

图 5-9　生物转盘净化机理

同时，转盘上的生物膜也同样经历挂膜、生长、增厚和老化脱落的过程，脱落的生物膜可在二次沉淀池中去除。生物转盘除可以有效地去除有机污染物外，随着膜的增厚，内层的微生物呈厌氧状态，还具脱氮的功能。

生物转盘设备简单，适合在农村使用。系统生物相分级，处理效果好，具有脱氮功能，抗冲击负荷能力强，产生的污泥量少，维护管理简便。一方面，由于村镇污水中含有大的悬浮物及泥砂等，若不经预处理直接进入生物转盘会增加生物转盘负担，影响生物转盘处理效果；另一方面，由于村镇污水水量水质波动均较大，虽然生物转盘有一定的抗冲击性，但也是有限度的，水量水质波动大也会影响生物转盘的处理效果。因此，污水在进入生物转盘之前需要进行必要的预处理，如前面加设格栅、调节沉淀池、多功能预处理池等可去除较大的悬浮物等杂质，同时进行水量水质的调节，以保证后续设备的正常运行。

桑德国际有限公司采用桑德 SMART 村镇污水处理系统建设湖南长沙县乡镇污水处理设施 18 座。该项目系统解决了长沙县区域内分散的乡镇污染治理工程及其附属设施的建设、日常的管理运营及资金瓶颈等问题。SMART 工艺由多功能预处理池（Multiple Prepositive Tank，MPT）和 RBFT（Rotating Biological-Filtration Tank）模块化装置构成，MPT 池集沉淀，水质水量调节，污泥储存与厌氧消化、反硝化及化学除磷等功能为一体，极大地减小了占地面积，简化了处理流程，便于自动化运行，管理简单。RBFT 模块化装置的核心技术为高效生物转盘（HRBC）和双效过滤（DFT），高效生物转盘采用先进的盘片设计及组装模式，提高了盘片面积，进而大大提高了污水处理效率，高效生物转盘作为生物处理单元，利用盘片上的生物膜对污染物进行降解；双效过滤功能主要实现悬浮物和 TP 的有效去除。通过该装置，可实现污水中 $BOD_5$、COD、$NH_3$-N、SS 的高效去除，保证出水稳定达标排放。

SMART 村镇污水处理工艺流程如图 5-10 所示。

图 5-10　SMART 村镇污水处理工艺流程

在长期运行监测条件下，SMART 工艺对某村镇生活污水中 COD、$BOD_5$、氨氮、SS、TN 和 TP 的去除率分别为 77.4%、71.8%、85.3%、67.9%、72.4%、90.8%。出水满足《城镇污水厂污染物排放标准》（GB 18918—2002）中的一级 A 标准。

### 5.2.1.3　缺氧接触氧化 - 生物转盘组合工艺

由于生物转盘缺少缺氧环境，TN 去除率较低，为了提高系统的脱氮能力，王刚等采用缺氧接触氧化进行脱氮，构成双生物膜法组合工艺——缺氧接触氧化 - 生物转盘组合工艺。该组合工艺装置如图 5-11 所示，原水与回流硝化液混合后从缺氧反应器底部连续进水，之后通过溢流出水从水面以下进入生物转盘，生物转盘出水依靠溢流进入出水桶。生物转盘底部设置回流口，依靠蠕动泵回流硝化液至缺氧反应器进水端。

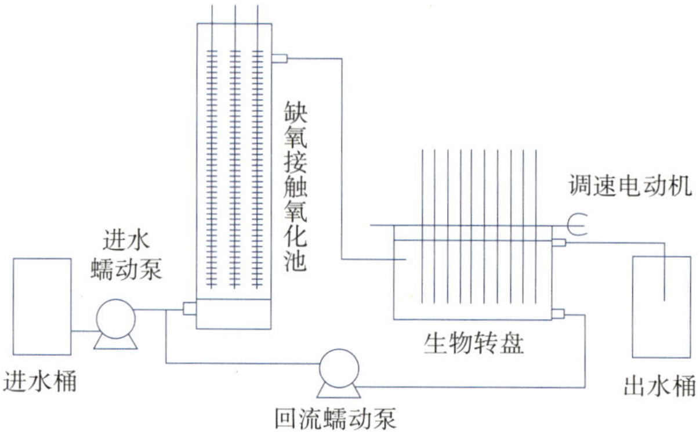


图 5-11 缺氧接触氧化 / 生物转盘组合工艺示意图

小试结果表明，该反应器在室温（≥17℃）下运行，当进水 COD 平均为 122.6 mg/L、水力停留时间为 4 h、回流比为 150%、溶解氧为 2.23 mg/L 时，系统达到最优运行效果，能实现 COD、氨氮和 TN 的同步去除。最优运行条件下，该装备对 COD、氨氮和 TN 的去除率分别达到 78.8%、84.9% 和 51.0%，出水水质优于《城镇污水处理厂污染物排放标准》（GB 18918—2002）中的一级 A 标准。该组合工艺可以有效处理低浓度、低碳氮比的农村生活污水，抗负荷冲击能力较强。由于采用的是双生物膜法，没有污泥回流，因此生物除磷效果较差。

### 5.2.1.4 脉冲生物滤池技术

采用脉冲生物滤池处理农村生活污水时，需设置前处理单元和后续深度处理单元。污水经前处理单元后由提升泵送至高位水箱，然后通过脉冲布水器均匀布水，污水中的污染物与滤料上的微生物充分接触，进行降解。滤池采用自然充氧，且充氧效果好，因而硝化效率高。同时，滤池采用高水力负荷进水，老化的微生物容易脱落，滤料可重新挂膜，从而保证脉冲生物滤池处理污水效果的稳定性。滤池的出水一部分回流至前处理单元进行脱氮，其余污水进入后续处理设施进行深度脱氮除磷。滤池脉冲进水，高水力负荷，硝化率高，组合工艺脱氮效果好。脉冲生物滤池出水回流，降低生物滤池进水浓度，无臭气散发。设备简单，仅用一台进水泵，低能耗，易管理。脉冲生物滤池呈塔状，占地面积小。

该工艺针对农村生活污水具有水质差异明显、水量较小、污水排放分散、收集难度大等特点而设计，适用处理规模为 10～200 t/d。本工艺适用河网区、平原或地形较为平坦的地区，有一定闲置地，住户相对集中，户数从十几户至数百户，有排水落差的村庄可利用自然地形落差进入滤池，避免水泵提升。

江苏省宜兴市原大浦镇河渎南村采用该技术建设生活污水处理设施，服务人口 50 人。处理设施进水为生活污水，各户化粪池出水及其他污水经 DN150 mm UPVC 管收集后进入处理设施，初期雨水直接进入生态处理系统。设计规模 5.0 $m^3$/d，实际处理量为 3.5～5.0 $m^3$/d，每天运行 12～18 h。工程占地面积 20 $m^2$（不含主要用于处理初期雨水的生态塘）。该项技术已在江苏省无锡市、常州市、淮安市、南京市等地 100 余个村庄推广应用。工程正常运行时平均进、出水水质见表 5-3。

表 5-3 工程正常运行时平均进、出水水质

| 项目 | pH | COD/（mg/L） | SS/（mg/L） | TN/（mg/L） | TP/（mg/L） |
|---|---|---|---|---|---|
| 进水 | 6～8.5 | 300 | 150 | 60 | 5 |
| 出水 | 6.5～7.5 | 30 | 30 | 3 | 0.2 |

进水在 1.8～10 mg/L 较大的变化范围内，出水保持在 0.5 mg/L 以下并相当稳定。在脉冲生物滤池单体对 TP 无法取得良好效果的情况下，组合工艺很好地解决了这一问题并达到极高的去除率，平均去除率在 95% 以上，出水浓度远低于《城镇污水处理厂污染物排放标准》（GB 18918—2002）中的一级 A 标准。

### 5.2.1.5 一体化氧化沟技术

氧化沟因其构筑物呈封闭的环形沟渠而得名。它是活性污泥法的一种变型。因为污水和活性污泥在沟中不断循环流动，因此也被称为“循环曝气池”“无终端曝气池”。氧化沟通常按延时曝气条件运行，以延长水和生物固体的停留时间和降低有机污染负荷。氧化沟通常使用卧式或立式的曝气和推动装置，向反应池内的物质传递水平速度和溶解氧。由于氧化沟具有结构简单、运行管理简便和费用低等优点，氧化沟技术广泛应用于世界各地、不同类型的污水处理。但传统氧化沟存在的问题如下：占地面积较大、运行能耗偏高、主要用于大规模污水处理。这些制约了其在村落污水处理中的应用。

一体化氧化沟将沉淀池与氧化沟建在同一构筑物中，利用水流动力实现无泵回流，从而节省污泥回流的动力消耗。沟内分离器型比较典型的是 BMTS 和 BOAT。BMTS 型一体化氧化沟及其固液分离器如图 5-12 所示，其固液分离器

由前后隔墙、底部构件和集水管组成。隔墙强迫使水流从固液分离器的底部流过。

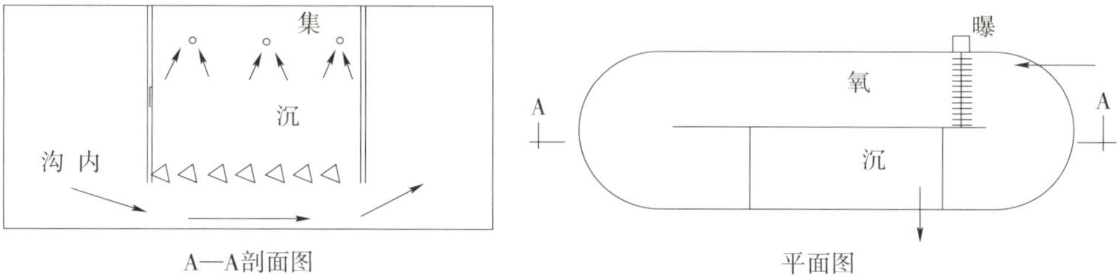


图 5-12　BMTS 型一体化氧化沟及其固液分离器示意图

通过水力作用，一部分泥水混合物进入固液分离器，由于底部构件的整流作用，固液分离器内处于相对静止的状态，进入固液分离器的泥水混合物得以分离，清水经集水管收集排放。污泥下沉后重新进入氧化沟。

BOAT 型一体化氧化沟由于其分离器像水中的船而得名。BOAT 型一体化氧化沟及其固液分离器如图 5-13 所示。其工作原理与 BMTS 型一体化氧化沟相似，其区别是 BOAT 型一体化氧化沟的固液分离器仅占据了部分表面沟道。

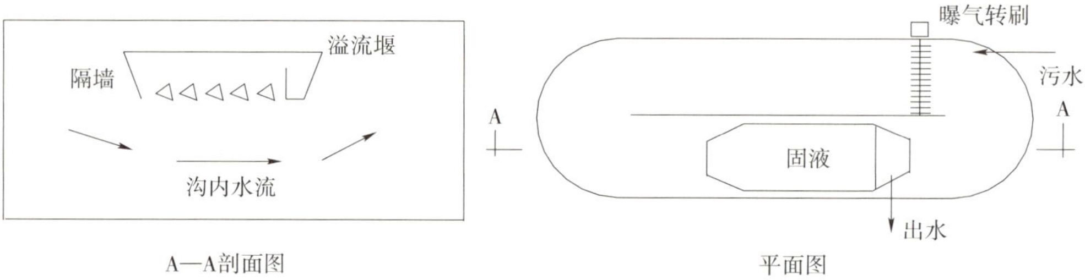


图 5-13　BOAT 型一体化氧化沟固液分离器示意图

立体循环一体化氧化沟将传统氧化沟的平面循环改为立体循环，节省了占地面积；固液分离器与立体氧化沟一体化，利用混合液在上、下沟道间循环流动时的水力特性实现泥水和污泥的自动回流，省去回流设备，可以降低运行能耗和简便操作；同时利用立体循环一体化氧化沟下部的缺氧区强化脱氮去除效率。这些改进使得立体循环一体化氧化沟适于处理村落污水。立体循环一体化氧化沟技术原理示意图如图 5-14 所示。

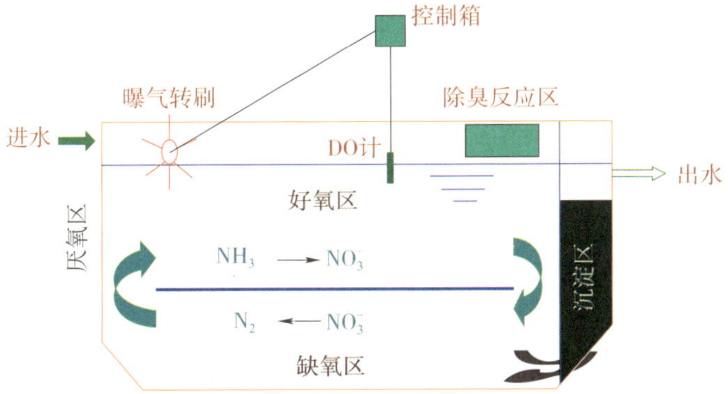


图 5-14 立体循环一体化氧化沟技术原理示意图

云南高原湖泊旅游风景区的一个自然村，该村户籍人口为 36 户 150 人，但游客等人员在旅游旺季可达 2 000 人，污水主要是生活污水和场院污染径流，水质水量受旅游季节变化影响很大。由于污水处理后最终将流入湖中，因此对污水处理的要求非常高。根据该村水污染的具体特征，结合当地的技术经济特征，建立了以脱氮除磷为主的立体循环一体化氧化沟工程。由于旅游区污水水量季节性变化大，初步统计高峰期水量约为 300 $m^3/d$，旅游淡季水量低于 70 $m^3/d$，常年水量为 100～150 $m^3/d$。为更高效地处理旅游风景区自然村的生活污水，选定的污水处理方案为生物 - 生态结合处理技术，即住户污水—化粪池—调节池—立体循环一体化氧化沟—过滤—生物滤池—亚表层促渗—生态沟—人工湿地—排湖。该工程不仅有效去除了 TSS、COD、$NH_3$-N、TN 等污染物，而且将出水 TP 控制在 0.1 mg/L 以下，出水浓度达到排湖标准，有效地控制了高原湖泊村落产生的生活污水污染。

## 5.2.2 生态处理技术

生态处理工艺的污染物去除机理相对较为复杂，土壤、植物及微生物均能够起到去除污染物的作用。我国目前常用的生态处理工艺主要有稳定塘、人工湿地和土地渗滤系统。

### 5.2.2.1 人工湿地系统

人工湿地是由人工建造和控制运行的与沼泽地类似的地面，将污水有控制地投配到人工湿地上，可实现对污水的处理。人工湿地的污染物去除机理包括物理过程、化学过程和生物过程；通过物理过程去除污水中的悬浮物，通过生物降解过程将污水中的有机物、氨氮等各类污染物去除。人工湿地系统具有建造运行费用低、对污染物去除率较高、负荷性强等优点。人工湿地的污染物去除效果受到水力停留时间、溶解氧浓度、pH 及温度等因素的影响。传统人工湿地仅依赖植物根系泌氧为湿地提供氧气，因此湿地内部氧含量低，污染物去除效率较低。近年来，为提高湿地氧含量，进一步提高污染物去除效率，研究者研发出许多新型人工湿地，如潮汐流人工湿地、曝气式人工湿地、自充氧式人工湿地，这些湿地都能够大幅提升湿地内部氧含量，从而提高污染物去除效率。常见的组合湿地便是按照设计需要将湿地进行串联或多级组合。

（1）潮汐流人工湿地 - 景观湿地组合式生态系统

结合居民喜欢利用房前屋后的空地种植蔬菜、花卉，建造水池、假山、喷泉等特点，设计潮汐流人工湿地 + 景观湿地的组合式生态系统，如图 5-15 所示。潮汐流人工湿地内部采用水平折板设计，其中包括进水区 20 cm 长沉淀池和排水侧 20 cm 长积水区，两侧 0.5 m 高处均布气孔，底部坡度为 1%。景观湿地由水池、斜板和柱形喷泉湿地组成。潮汐流人工湿地出水通过布水管流入斜板，斜板上用废砖制造各个形状不一的凸起点，在其上种植苔藓，通过重力流实现跌水曝气。斜板连接潮汐流人工湿地和水池，水池中种植凤眼莲和养殖鲤鱼等，柱型喷泉湿地立于水池，并在管柱上打孔布设植物生长杯体，柱内填充粒径 1 ～ 5 cm 的黏土红砖，每个杯体采用海绵进行填充，并种植吊篮、虎耳草等植物。设计采用太阳能供电系统，主要满足污水进水、出水、喷泉的用电需求。当太阳能不足时，将自动切换到电网辅助供电，确保系统运转正常。

潮汐流人工湿地和景观人工湿地的组合，使得处理装置具有良好的调节和降解作用，抗冲击负荷能力强，对污水 COD、$NH_3$-N、TN 和 TP 的平均去除率分别为 79.2%、82.95%、71.56% 和 69.00%。该装置主要依靠潮汐流人工湿地对有机污染物进行去除，景观湿地起到辅助降解和美化景观的作用。潮汐流人工湿地 + 景观湿地的组合式生态系统对农村散户生活污水具有适应性和净化效果好的特点，组合生态系统运行能耗低、维护简便，也符合农民的生活特点，具有良好的推广应用前景。

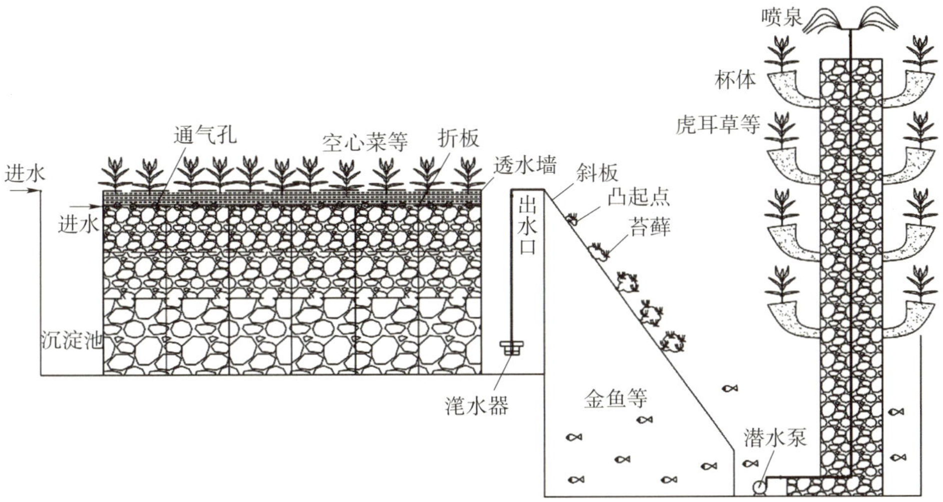


图 5-15　潮汐流人工湿地 + 景观湿地组合工艺流程

（2）稳定表流 - 潜流组合人工湿地系统

表流人工湿地是应用最早的人工湿地，经过几十年的发展，其被广泛应用于对污染河流、生活污水、工业废水等的净化。表流人工湿地虽然管理运行简单，但存在随气温降低，其对污染物的去除率降低和占地面积大等问题。潜流人工湿地保温效果较好，在冬季有较高的净化效率，在全世界范围内被广泛应用，但潜流人工湿地易发生堵塞。稳定表流人工湿地可以延长污水在湿地床体内的运行时间，减少后续潜流湿地的堵塞现象；水平潜流人工湿地可通过增加自然跌水曝气单元和提高植物种植密度强化净化效果。符东等有效地将两种湿地的优点相结合并规避其缺点，设计了稳定表流 - 潜流组合人工湿地系统，该组合人工湿地系统可依地势建造，使污水仅依靠重力在各单元流动而不借助额外动力，实现生活污水的低成本处理，因此，其有望为我国经济落后和技术力量薄弱的偏远山区农村生活污水的处理提供参考。

在四川川南某高校建设由集水池、厌氧池、稳定表流人工湿地、跌水曝气单元和水平潜流人工湿地单元组成的组合人工湿地系统（图 5-16）。各单元依据当地地势建造，原水引入集水池，然后依靠重力依次进入厌氧池、稳定表流人工湿地和水平潜流人工湿地。稳定表流人工湿地前加装流量计，通过控制流量来调节系统的水力负荷。稳定表流人工湿地设置有稳定区以均匀布水，稳定表流人工湿地与水平潜流人工湿地之间设置有坡度的跌水曝气单元以增加水中溶解氧浓度。选择砾石（直径 10～40 mm）构建人工湿地系统基质床，其在稳定表流人工湿地和水平潜流人工湿地内的设计厚度均为 0.2 m；在砾石上方另铺设一层悬浮陶粒（直径 10～20 mm）作为填料，其在稳定表流人工湿地中的设计厚度为 0.3 m，在水平潜流人工湿地中的设计厚度为 0.7 m。各单元均由混凝土构成，并做防渗处理。

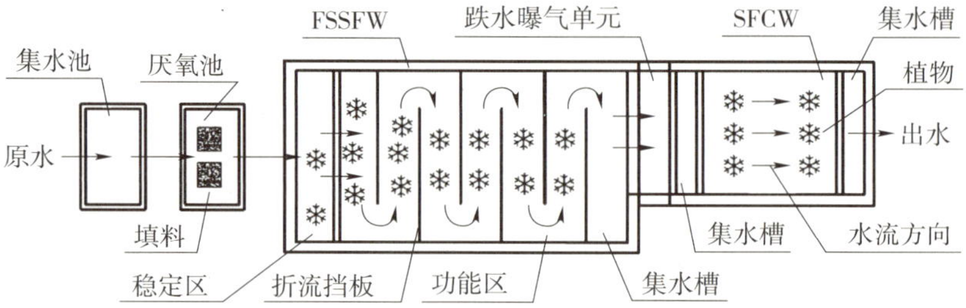


图 5-16　稳定表流 - 潜流组合人工湿地系统工艺流程

将四川省川南某高校学生宿舍和一小型食堂的生活污水作为系统进水开展中试研究。在稳定表流 - 潜流组合湿地运行期间，水力负荷为 0.108 $m^3/(m^2 \cdot d)$ 时，处理后出水 COD、SS、$NH_3$-N、TN 和 TP 浓度的均值分别为 56.08 mg/L、19.08 mg/L、8.25 mg/L、18.08 mg/L 和 0.8 mg/L，出水各项指标均能达到《城镇污水处理厂污染物排放标准》（GB 18918—2002）中的一级 B 标准。在冬季（12 月—翌年 2 月）温度降低，系统各单元特别是稳定表流人工湿地和水平潜流人工湿地对各污染指标的去除率均有轻微的下降，但是系统仍能保证较好的出水水质，主要因为水平潜流人工湿地的基质层较厚且植物种植密度大，所以在低温的冬季仍能发挥较好的净化作用。

### 5.2.2.2　土壤渗滤系统

土地渗滤技术是将污水投配到天然土壤或种有植物的天然土壤表面，污水垂直入渗地下，因土壤 - 植物 - 微生物系统包含了过滤、吸附和生物降解等综合过程，使得污水得以净化。根据土地渗透能力不同，土地渗滤分为慢速渗滤、快速渗滤、地下渗滤等类型。土壤渗透性能良好的农村地区，可采用土地渗滤技术。土地渗滤技术基建投资低、不影响周围环境、出水水质稳定，其缺点是处理负荷低、设计参数复杂、运行不当极易导致堵塞。

土地渗滤技术受土地成本的影响，规模不宜过大，主要适用单户或几户规模的分散型农村生活污水处理，以及村落集中的生活污水处理。快速渗滤可用于地下水补给和污水再生利用，用于前者时不需要设计集水系统，而用于后者需要设地下水集水措施以利用污水，在地下水敏感区域还必须设计防渗层，防止地下水受到污染。地下渗滤系统适用分散、集中农村生活污水处理，尤其适用于有农家乐污水处理的场所，对于水量、水质波动大的具有良好的适应性。

土壤渗滤生态处理工艺流程如图 5-17 所示。生活污水在化粪池中经过沉淀、厌氧处理后，进入分配箱，分流进入各土壤渗滤管，管中流出的污水均匀地向厌氧滤层渗滤，再通过表面张力作用上升，越过厌氧滤层出口堰之后，通过虹吸现象连续地向上层好氧滤层渗透。在上述过程中，水与污染物分离，水被渗滤并通过集水管道收集，污染物通过物理化学吸附被截留在土壤中；碳和氮由于厌氧和好氧过程，一部分被分解为无机碳、无机氮留在土壤中，另一部分变成 $N_2$ 和 $CO_2$ 散入空气，磷则被土壤物理化学吸附，截留在土壤中，为草坪或者其他植物所利用。

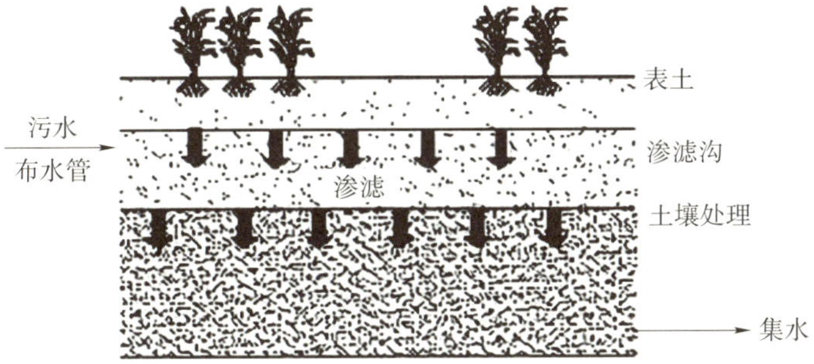


图 5-17 土壤渗滤生态处理工艺流程

（1）复合介质土壤渗滤系统

安吉县横山坞村采用复合介质土壤渗滤系统建设生活污水处理设施，设计水量为 50 t/d，工艺流程如图 5-18 所示。格栅井采用砖混结构墙体，底板采用 C25 钢混凝土结构，抗渗等级为 S6。垫层采用 C15 素混凝土。平面尺寸为 1.0 m × 0.8 m，有效深度为 0.6 m，总深为 0.8 m，池顶采用 0.08 m 厚钢混凝土结构盖板。采用栅间距 0.01 m 的格栅板 1.0 m × 0.8 m，格栅板的尺寸为格栅安装倾角为 60°。栅前水深 0.6 m，过栅流速 0.6 m/s。厌氧池采用 C25 钢混凝土结构墙体。底板采用 C25 钢混凝土结构，抗渗等级为 S6。垫层采用 C15 素混凝土。厌氧池停留时间为 1 d，有效容积为 50 m$^3$，平面尺寸为 7.5 m × 3.05 m。有效深度为 2.5 m，总深为 3.25 m。池顶为 0.2 m 厚的钢混凝土结构顶板，顶板上设置直径 0.7 m 的人孔 2 个。内部安装生物填料，填料体积为 30 $m^3$。好氧池采用 C25 钢混凝土结构墙体。底板采用 C25 钢混凝土结构，抗渗等级为 S6。垫层采用 C15 素混凝土。好氧池停留时间为 10 h，有效容积为 20 $m^3$，平面尺寸为 3.25 m × 3.05 m。有效深度为 2.5 m，总深为 3.25 m。池顶为 0.2 m 厚钢混凝土结构顶板，顶板上设置直径 0.7 m 的人孔 1 个。内部安装 1 台射流曝气器，型号为 GW200，功率为 0.2 kW。复合介质生物滤器池采用砖混结构墙体，底板采用 C25 钢混凝土结构，抗渗等级为 S6。垫层采用 C15 素混凝土。水力负荷为 0.5 $m^3/m^2$，池子尺寸为 13 m × 8.5 m，总面积为 110.5 $m^2$，池子内分层铺设填充介质及 MSL 模块。池子中布设 DN25 mm 的穿孔管。池子底板有一定坡降，坡度为 1%。

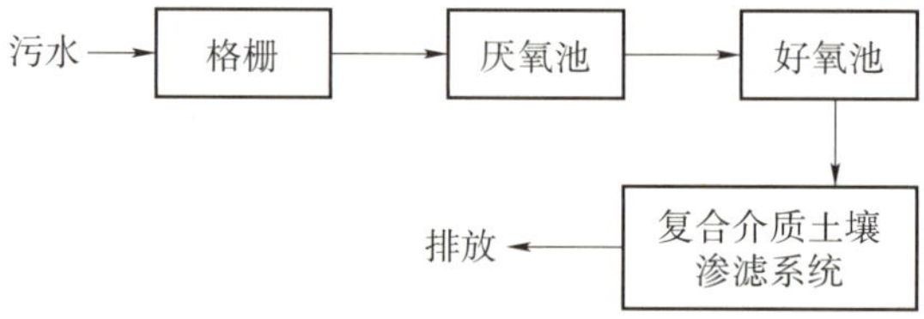


图 5-18　复合介质土壤渗滤系统工艺流程

该工艺对生活污水中 $COD_{Cr}$、氮、磷的去除效率可稳定在 85%、80%、90%；处理过程不需要药剂，运行成本仅为动力费和保洁管理费用，运行成本 1.05 元 /t。长期运行后（5 ~ 10 年）更换的介质可做土壤改良剂，不存在二次污染。在合适的水力负荷与污染物负荷下出水可达《城镇污水处理厂污染物排放标准》（GB 18918—2002）中的一级 A 标准。

（2）高负荷地下渗滤复合技术

高负荷地下渗滤复合技术是一项利用微生物对污染物进行分解和转化的污水生态处理技术。其基本方法和原理是将污水通过埋在地下的散水管投配到一定面积的填料中，使污水在填料中横向运移和向下渗滤，其中的污染物被不同功能结构层的填料拦截、吸附，并最终通过微生物分解转化而去除。高负荷地下渗滤复合技术克服了污水生物处理及其衍生技术运行成本高、管理维护复杂的缺点，克服了传统地下渗滤技术和人工湿地技术占地面积大、投资高的缺点，克服了人工湿地运行受气候条件限制且容易滋生蚊虫的缺点。此外，将系统设置于地下，不仅地表可再利用，而且可以人为调节生物膜的温度，系统运行受气候条件影响小。高负荷地下渗滤复合技术工艺流程如图 5-19 所示。

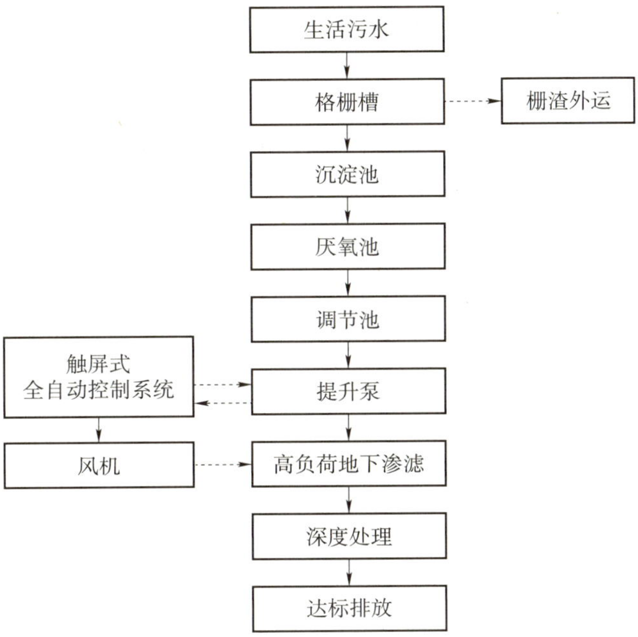


图 5-19　高负荷地下渗滤复合技术工艺流程

高负荷地下渗滤污水处理复合技术具备以下优势：①占地面积小。日处理 1 t 污水占地 1.5～2.0 $m^2$，地表可规划为花园、草地、休闲场地等。②建设投资较低、运行成本低，维护简便。建设成本与传统工艺相比，大大低于常规生态和土地处理工艺，运行电耗小于 0.1 kW · h/t 污水。设备简单，且为间歇性短时工作，故障率较低，无须日常维护。③系统出水水质好。该系统具有脱氮除磷功能，出水水质可达《城镇污水处理厂污染物排放标准》（GB 18918—2002）中的一级 A 标准，且运行稳定。④系统运行几乎不受气候条件影响。系统设置于地下，可以人为调节生物膜温度，确保系统出水全年均可达标排放。⑤使用灵活，无二次污染。该工艺日处理污水数吨至数千吨，且不排放污泥，无异味、无噪声，不滋生蚊虫，节省污泥处置费用，避免了二次污染。

2008 年以来，采用该技术在全国 15 个省（区、市）建成污水处理设施近 400 座，单座处理规模 15～3 000 t/d，总处理规模约 8 万 t/d。通过这些设施的建设，实现社会经济产值约 3 亿元，与生化处理技术相比，节约运行费用近 5 000 万元 / 年，节约运行电耗约 1 500 万 kW · h/ 年，相当于节约 6 000 多 t 标准煤，从而可减少相应电煤燃烧产生的 $CO_2$、$SO_2$、$NO_2$、粉尘等温室气体和污染物的排放。此外，每年还可消除约 2 万 t 污泥排放所带来的环境危害。随着该技术应用的快速发展，所产生的经济效益和环境效益也将进一步大幅增加。

#### 5.2.2.3 蚯蚓生态滤池

蚯蚓生态滤池是新型污水生态处理技术。其在传统陶粒、石英砂、火山岩等滤料生物滤池的基础上，通过增加蚯蚓滤层，引入蚯蚓的生态学功能。蚯蚓能分泌纤维素酶、脂肪酶等多种酶类，对大多有机物有较强的分解作用。蚯蚓生态滤池核心工艺是打造适合多种微生物生存的环境，处理转化污水中各种形态污染物，生态滤池中蚯蚓对滤床起到清扫作用。促进滤床碳氧分解，蚯蚓可提高生物活性作用。蚯蚓生态滤池对 COD 等去除率达 80% 以上。蚯蚓生物滤池作为近十几年兴起的一项生物污水处理技术，其处理工艺简单，绿色环保，且兼具经济实用和规模灵活的优点。但蚯蚓有夏眠与冬眠的习性，应用蚯蚓生态滤池处理污水会导致出水阶段不稳定。

梁建军等通过在混合陶粒滤池的土壤中引入蚯蚓，构建蚯蚓生态滤池，研究了季节、水力负荷、蚯蚓密度、填料组合对农村生活污水处理效果的影响。结果表明，在水力负荷为 1 m/d、蚯蚓密度为 12 g/L、填料组合为陶粒：土壤 = 3∶1 的条件下，对农村生活污水的处理效果较好，对 $NH_3$-N、COD 的平均去除率分别达到 62.51%、57.32%。蚯蚓的添加提高了滤池的抗低温能力，出水水质可满足《农田灌溉水质标准》（GB 5084—2021）。马长德等采用二级串联结构构建蚯蚓土壤填料生态滤池，土壤填料按照 $V_{(陶粒)}$：$V_{(炉渣)}$：$V_{(木屑)}$：$V_{(土壤)}$ = 3∶3∶3∶1 混合而成，该土壤填料经试验研究和工程实践，具有良好的污水净化能力且成本低廉。该滤池运行稳定，对 COD、TP、$NH_3$-N、TN 和 SS 的去除效果良好，平均去除率分别为 78.7%、93.4%、74.9%、60.4% 和 87.5%，出水含量分别为 34.9～86.6 mg/L、0.13～0.47 mg/L、3.9～7.5 mg/L、11.1～18.3 mg/L 和 17.6～25.8 mg/L，出水满足《城镇污水处理厂污染物排放标准》（GB 18918—2002）中的二级排放标准。滤池二级串联结构设计系统稳定，改善了出水水质。现有生态滤池填料主要有木屑、陶粒、沸石等，但都存在氮、磷去除率差，处理工序多，运行成本高等缺点。李宗宇等从碳源供应和持水性角度出发，选择生物炭、秸秆、蛭石和海绵等材料作为组合填料，探讨其对蚯蚓生态滤池去除养殖污水中污染物的影响。在蚯蚓生态滤池中，生物炭和蛭石等体积混合作为填料最有利于去除养殖污水中的硝态氮和 COD；生物炭和秸秆等体积混合作为填料最有利于去除氨氮和 TN；生物炭和海绵等体积混合作为填料最有利于去除磷酸盐和 TP。因此，生物炭与蛭石、秸秆、海绵混合作为蚯蚓生态滤池填料可能有利于净化养殖污水，为蚯蚓生态滤池净化养殖污水的推广提供借鉴。

南京大学研发了塔式蚯蚓生态滤池农村生活污水处理技术，该处理工艺由水解酸化池、塔式蚯蚓生态滤池以及后续的人工湿地 3 个单元组成。塔式蚯蚓生态滤池由多个塔层组成，每个塔层内有 30 cm 左右的以土壤为主的滤料层，是蚯蚓活动区域也是主要的处理生活污水的区域，土壤层下是不同粒级、不同种类的填料。每个塔层下面布有均匀的出水孔，塔层与塔层之间有 40 cm 左右的空间，在污水滴落的过程中，可以充分地补充有机质分解时所需的氧分。塔式蚯蚓生态滤池主要用于处理农村生活污水，根据蚯蚓具有提高土壤通气透水性能和促进有机物质的分解转化等生态学功能而设计，充分利用了动物（蚯蚓）—微生物—植物—土壤—填料的协同作用，可有效地提高污水处理负荷、有效地解决填料堵塞、提高 TN、TP 和 COD 等污染物的去除效率。塔式蚯蚓生态滤池适用于经济较发达、人口密集的南方农村地区，定位于 30～300 户、居民分布相对较集中的自然村落进行集中处理（10～100 t/d），也可应用于城市生活小区、景观旅游区、度假村和宾馆等。目前，该技术已推广应用于宜兴市、常州市及南京市的多个村镇，生活污水经塔式蚯蚓生态滤池和人工湿地处理后有效地降低了污水中的有机物、氮、磷的含量，改善了村庄周边河流及沟渠的影响，降低了水污染对村民的身体健康的影响，具有良好的经济效益和环境效益。

## 5.2.3 生物 - 生态组合处理技术

不同分散式污水处理技术之间都有优缺点及其适用范围，通过将合适的工艺组合起来对农村污水进行处理是一种高效的方式。在处理农村污水时，经常会运用到组合工艺来使净化后的水体达标。

### 5.2.3.1 生物接触氧化 - 人工湿地系统

受限于溶解氧浓度，人工湿地中硝化作用比较弱。因此，常常将硝化作用比较好的生物接触氧化法作为人工湿地的前端预处理工艺。杨晶涵将生物接触氧化法作为预处理设施，出水经过两级水平潜流人工湿地处理后，COD 和 TP 分别低于 20.0 mg/L 和 0.30 mg/L，表明组合系统对黑臭河水具有很好的净化效果。聂发辉等研究了生物接触氧化法和水平潜流人工湿地小型一体化设备处理农村生活污水的效果，发现该系统对 COD 和氨氮的去除率分别达到 90% 和 85%，出水可以达到《城镇污水处理厂污染物排放标准》（GB 18918—2002）中的一级 A 排放标准。

兰书焕等在总结农村生活污水一体化处理技术的基础上，结合川渝地区某农村的经济水平和实际情况，设计了生物接触氧化 - 水生蔬菜型人工湿地一体化装置处理农村居民实际农村生活污水，装置设计如图 5-20 所示。生物接触氧化系统采用二级生化处理方式，选择弹性组合式填料（直径 150 mm），填料填充率约为 65%。采用火山石作为系统基质，构建垂直潜流型人工湿地。火山石基质上层覆土 8 cm 左右，可根据季节变化，栽种不同的水生蔬菜。研究表明，许多水生蔬菜对污水都有着一定的净化作用，例如空心菜、水芹等对污水中的氮、磷等有很好的去除作用。同时，在传统湿地的基础上增加了曝气系统，通过控制曝气形成富氧区和缺氧区。设计采用单晶硅太阳能电池板，满足污水进水和曝气泵的用电需求。在太阳能源不足时，系统自动切换到电网辅助供电，保障系统正常运转。

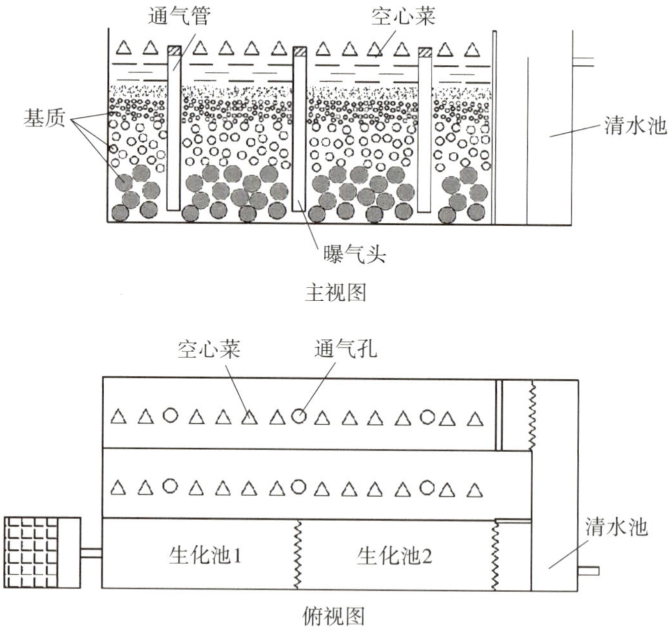


图 5-20　生物接触氧化 - 蔬菜型人工湿地结构

化粪池污水经过格栅后进入处理装置，设计处理水量为 200～500 L/d。该装置对污水 COD 的总去除率为 69.23%～96.53%，对 $NH_4^+$-N 的总去除率稳定在 95.9% 以上，最高达 97.26%，对 TN 的去除率为 73.6%～93.07%，出水 COD 和 $NH_4^+$-N、TN 的质量浓度均能稳定达到《城镇污水处理厂污染物排放标准》（GB 18918—2002）中的一级 A 标准。该装置抗冲击负荷能力较强，在冬季也能稳定高效地去除 COD 和 $NH_4^+$-N。装置对 TP 的去除效率不高，去除率仅为 10%～20%，为进一步提高污水中 TP 的去除效率可筛选吸附能力更强的基质或者组合基质。

该装置体积小、质量轻，可根据地势置于厕所旁的地下等处，既方便又美观。生物生化与湿地生态系统的结合大大降低了湿地堵塞的可能。该装置曝气、进水等均利用太阳能辅助曝气，节约能耗。此外，可以根据季节在湿地栽种不同的水生蔬菜，提高了居民的积极性，非常适合农村地区单户居民或者分散式居民生活污水的处理。

### 5.2.3.2　厌氧－生物滤池－潜流人工湿地组合

韩国某农村社区采用“厌氧 - 生物过滤 - 潜流人工湿地”组合工艺（图 5-21）处理农村生活污水。该污水处理设施前部厌氧池三级串联运行，厌氧池总长度为 9.6 m。中间生物滤池由 3 组并联构成，高 2.9 m，内径 2.1 m，填充粒径为 3～5 mm 的颗粒状填料。后续人工湿地分 2 组并行，其总体尺寸为长 11.2 m，每组分 4 个小格室。湿地基质为人工陶粒，其中值粒径为 8.5 mm，湿地植物为菖蒲。

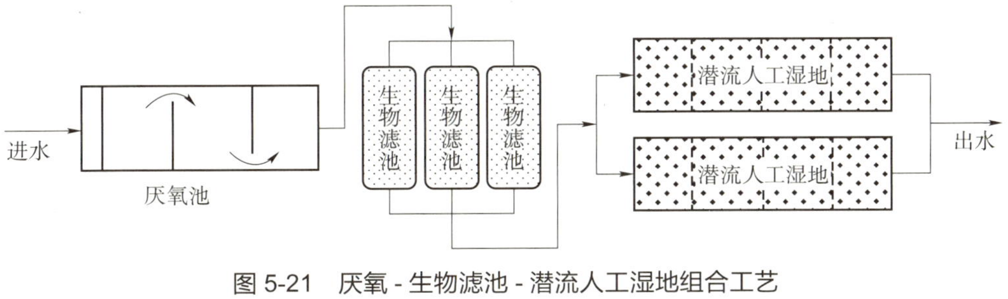


图 5-21　厌氧 - 生物滤池 - 潜流人工湿地组合工艺

易齐涛等对该污水处理设施小流量污水处理的效果进行了评估，并分析了潜在的限制因素。该系统稳定后表现出良好的净污效能，其中 TSS、COD 和

$NH_4^+$-N 的去除效率分别为 97.7%、89.6% 和 63.3%，但对 TN 和 TP 的处理效果相对偏低，仅为 26.7% 和 32.4%。组合工艺中，厌氧池、生物滤池和人工湿地对 TSS 去除的贡献率分别为 35.7%、9.8% 和 52.1%，对 COD 去除的贡献分别为 22.4%、33.8% 和 31.3%，对 TN 去除的贡献 5.4%、0 和 22.0%。生物滤池主要表现为 COD 和 $NH_4^+$-N 的强化处理，而人工湿地则能有效去除 TSS、TP 及 TN。

该工艺不仅能有效结合厌氧水解酸化、提高微生物易利用碳源的优势，保证 $NH_4^+$-N 在好氧生物膜中的有效硝化，而且后续人工湿地能够强化 COD 去除并有效脱氮除磷，既缓解了湿地基质堵塞，又可以稳定出水水质。在实际的污水处理工况下，必须根据长序列的监测数据对工艺参数进行反复优化，达到提高处理效果的目的。

### 5.2.3.3 厌氧池 - 人工湿地系统

厌氧池 - 人工湿地系统（图 5-22）主要由厌氧池、布水装置和排水系统等部分组成，当污水由上而下流经生物处理装置时，其中的污染物被微生物吸附、降解，从而使污水得以净化，大部分有机污染物、磷、部分氨氮在这里得到去除。生物系统处理出水进入人工湿地系统，进一步去除水中污染物。人工湿地系统可减少许多污染物，包括有机物（如 $BOD_5$、COD）、悬浮物、氮、磷、微量金属和病原体等。

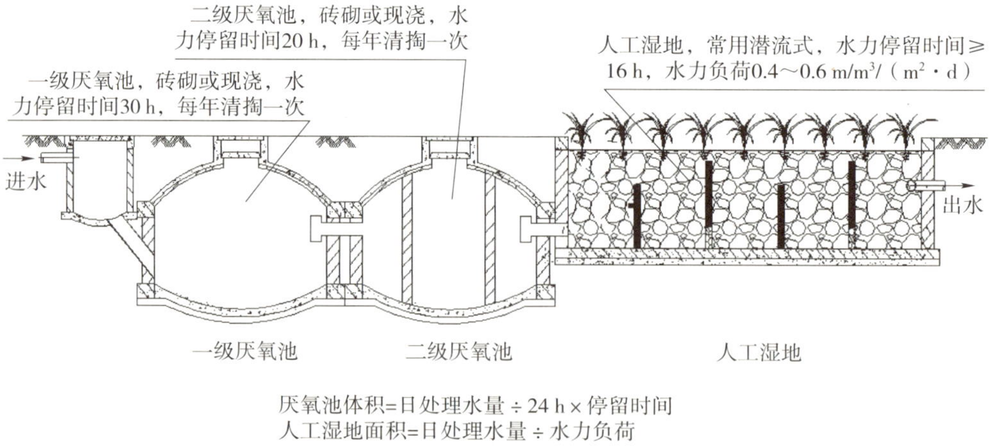


图 5-22　厌氧池 - 人工湿地工艺流程

广州市某村地处亚热带，属亚热带季风气候，年平均气温 22℃，人口约 1 000 人。居住人口密集，生活污水直接排入水体，导致水环境状况日益恶劣，已对该村的发展产生了不利影响。该村的生活污水水量小（约 150 $m^3$/d），水量有一定的波动性，但波动范围不大，水质较稳定，污染物浓度不高，不含有毒金属和挥发性有机物，以有机性污染为主，氨氮和 TP 浓度不高。结合国内外的农村污水工程设计实例，从处理效果、占地面积、操作管理的复杂性，尤其是运行费用等综合因素考虑，选用"厌氧水解酸化 + 人工湿地组合技术"的分散式处理工艺处理该村生活污水，工艺流程如图 5-23 所示。

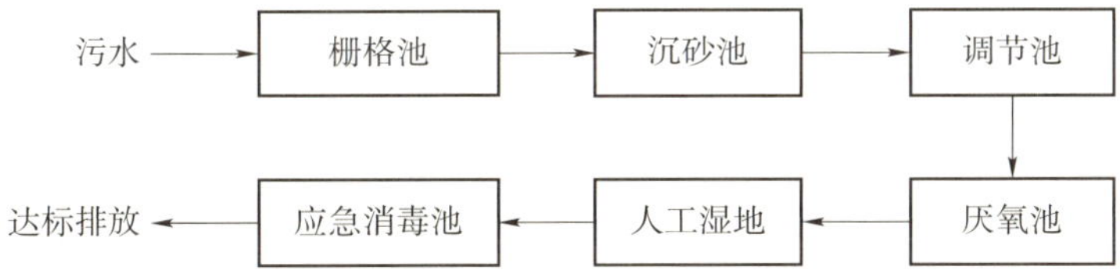


图 5-23　厌氧水解酸化 + 人工湿地组合工艺流程

污水处理设施占地面积约 200 $m^2$，处理水量约为 150 $m^3$/d，造价 55 万元。近 1 年运行情况的监测平均数据表明，进水 COD 为 205 mg/L，出水 COD 为 44.5 mg/L，平均去除率为 78%；进水 $BOD_5$ 为 75 mg/L，出水 $BOD_5$ 为 12.8 mg/L，平均去除率为 83%；进水 SS 为 125 mg/L，出水 SS 为 18 mg/L，平均去除率为 86%；进水氨氮为 30.6 mg/L，出水氨氮为 6.8 mg/L，平均去除率为 78%；进水 TP 为 1.52 mg/L，出水 TP 为 0.77 mg/L，平均去除率为 49%，出水水质满足《城镇污水处理厂污染物排放标准》（GB 18918—2002）中的一级 B 标准。

设备运行成本仅为水泵提升消耗的电费，每吨水为 0.05～0.1 元；日常安排 1 人不定期维护即可；厌氧水解池 1 年清掏 1 次；秋冬季及时清理人工湿地的树叶杂物，防止堵塞，防止二次污染。本工程能取得良好的有机物降解和除磷脱氮效果，处理农村生活污水可行。该工艺经济实用，工程造价低、运行费用少，低能耗，操作管理、维护方便，且出水稳定可靠，具有良好的经济效益及社会环境效益，适用排污管网不健全，没有污水集中处理厂的经济欠发达地区生活污水的处理。

### 5.2.3.4　蚯蚓生态滤池 - 人工湿地组合

采用蚯蚓生态滤池 - 人工湿地的组合装置对畜禽废水进行处理，该组合装置由配水箱、蠕动泵、布水管、蚯蚓生态滤池和人工湿地5部分组成（图5-24）。其工艺流程：废水收集系统→格栅池→气浮池→厌氧折流板反应器池→循环活性污泥系统（CASS）曝气池→人工湿地→氧化塘→排放。

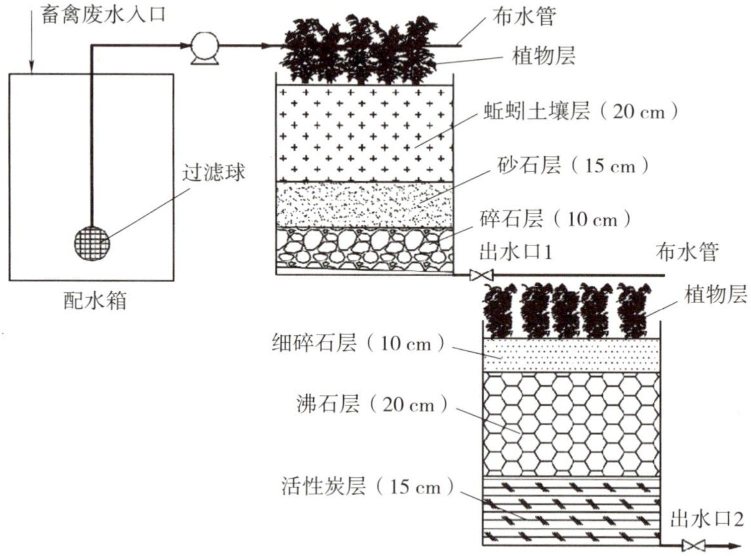


图5-24 蚯蚓生态滤池-人工湿地组合装置示意图

蚯蚓生态滤池能够有效去除TP、$NH_4^+$-N、COD，且随着蚯蚓密度的增大，TP、$NH_4^+$-N、COD的去除率增加。对COD的去除主要是滤池中微生物的分解和蚯蚓的摄食作用；对TP的去除主要是土壤对P的吸附作用，加上蚯蚓密度增大，提高了土壤的通透性与孔隙度，也促进了TP去除。蚯蚓生态滤池对TN的去除率较低，而以活性炭为基质的人工湿地去除TN效果好。因此，组合装置选择活性炭为基质构建人工湿地，以保证工艺对TN的去除效果。在整个运行阶段，组合装置对TP的去除率基本都在77%以上，该组合装置在冬季低温条件下仍能有效去除TP。在冬季稳定运行时，其对COD、$NH_4^+$-N和TN的去除率分别为62.00%～78.39%、68.76%～94.94%、13.58%～62.39%。蚯蚓生态滤池-人工湿地组合装置对畜禽废水的处理效果良好，部分出水TN含量和COD达到《城镇污水处理厂污染物排放标准》（GB 18918—2002）中的一级排放B类标准，TP、$NH_4^+$-N含量部分达到《城镇污水处理厂污染物排放标准》（GB 18918—2002）中的二级排放标准。

# 6

# 结论与展望

Conclusion and Prospect

## 6.1 典型行业水污染控制成套技术研究展望

通过不断的关注和持续的努力，我国水环境问题得到改善，水环境质量得到提升。目前，我国正处于水环境治理的攻坚期，水环境问题涉及面广，与土壤、大气等环境问题相互影响，复合污染问题日益凸显。水环境污染面源上涉及湖泊、河流乃至海域；纵深从地表延伸到地下；污染物的组成复杂含量增加。近年来，气候变化、水资源危机加深、城市水环境生态意识薄弱等问题日益突出，加剧了我国水环境改善的难度，水生态危机仍将长期存在并影响人类的生产生活。

总体而言，通过研究典型行业废水排放规律，针对不同类型工艺，研究了废水高效处理与回用的新模式，发展了难降解有机物强化氧化技术与绿色分离装备，开发了废水资源回收、能源利用等多目标协同的处理技术，为污染物的削减和水环境的改善提供工程化经验。

展望未来，水污染治理技术上需要在基础研究、工程开发、应用推广等方面继续开展相应的工作。思路上以复合水污染及其风险控制为重心，构建以生态完整性为目标的流域管理理论与方法，发展清洁生产与循环经济的城市污水资源再生与循环利用技术，以有效减缓和应对气候变化，推动水与污水管理向健康循环方向发展。因此构建跨部门、跨学科的智慧水务，实施整体调控、综合管理是支撑水环境质量全面改善、实现水系统良性循环的重要举措。

## 6.2 污废水的资源化与能源化成套技术研究展望

面对世界各地日益增长的再生水饮用和回用研究、实践和发展需求，世界卫生组织（WHO）于 2017 年 8 月首次发布了《再生水饮用回用：安全饮用水生产指南》，旨在为各国开展再生水饮用回用规划、设计、运行、管理和系统评价等工作提供技术指导，逐步引导并规范再生水饮用和回用的广泛、深入和可持续发展。再生水间接饮用和回用主要通过水库等环境缓冲水体的自然净化后，再作为水源。这种方式可更好地控制出水水质，有利于增加公众接受度。

同时，现有的污水再生利用多是一种基于人工强化的水回用系统，其基本特点是再生水的直接、单向和单次利用，没有形成水的循环利用或闭环循环。“善水循环、尚法自然”是我们应该遵循的基本原则。生态循环、梯级利用是我国未来城镇污水再生利用系统发展方向。方法是将再生水排入城市地表水环境（如河湖塘池、景观水体、人工湿地等），经过一定时间的储存净化之后，再用于工业、生活和农业，实现城市内部的水循环利用。该模式将通过工程措施得到的再生水（工程再生水）转变为“生态再生水”，可以提高公众心理接受程度。河湖水系也承担了再生水输配、储存的功能，弥补再生水管网建设不足的短板，节省了建设和运行费用。景观水系中的再生水通过后续的工业、生活、农业梯级利用，可以进一步提高水利用率。这种模式，平衡了工业和生活用水与生态用水间的矛盾，兼顾了各种需求，技术可行、效益显著。

目前，我国正在积极推进实施“一带一路”倡议，打造国际合作新平台。“一带一路”沿线大多为发展中国家，面临严重缺水和水污染问题且水回用基础设施较为薄弱。污水再生利用可以助力我国与“一带一路”沿线国家开展高质量水安全和公共卫生基础设施建设合作，支撑我国水行业相关产业、产品、技术、工程等“走出去”。

## 6.3 污水中营养物的去除技术研究展望

养猪废水中的氮、磷元素是宝贵的营养资源，通过结晶法进行氮、磷的回收，将其作为化肥，可以降低养猪粪污处理成本，对养猪废水的处理和资源化利用具有重要的推动作用。这不仅符合近年来污水和动物粪便中磷回收和循环的可持续发展潮流，也将为我国畜禽养殖污水净化和资源化利用提供一条新的途径，将产生良好的环境效益和社会效益。

在我国，污水中回收磷的前景非常广阔。以畜禽养殖废水为代表的高浓度营养物废水、设有生物除磷的污水处理厂厌氧末端上清液和污泥处理厌氧消化液中含有大量的含磷营养物质，针对此类废水开展磷回收工作，既可在一定程度上缓解国家磷资源日益耗竭的现状，同时又可以解决由于大量磷元素排入水体所引起的环境问题。从污水资源化利用和国家水环境保护角度，磷资源的回收和循环利用将成为必然选择。

（1）高浓度高营养废水的污染控制技术上深入发展

针对我国高浓度废水污染严重的现状，结合典型高浓度废水污染物组成差异，提出多种适应性强、建设和运行费用低的营养物去除及资源化回收工艺技术，有利于广大经济不发达地区实现高浓度废水的达标排放，进而从根本上抑制富营养化污染日益恶化的趋势。为实现高浓度高营养废水的污染控制提供了有力的科技支撑。

（2）高浓度营养物污染治理和资源化利用应相互结合

侧重于废水处理与资源化过程的结合，其特点是在去除营养物的同时实现缓施肥、土壤改良剂和可回用磷材料的生产。这些技术的推广，能够在一定程度上降低磷资源的消耗速度，还能一定程度上降低矿业开采对环境所产生的危害。高浓度营养物污染治理和资源化结合的方式切实可行。现有的沸石吸附等工艺同样适用于低浓度废水中营养物的达标排放，这也有助于降低低浓度废水的处理成本。

（3）营养物污染控制应注重源头削减

现有技术结合营养物处理与资源化回收利用技术，可有效控制高浓度营养物向水体环境中的排放，从而可实现污染物排放的源头控制。研究表明，通过技术研发和推广，能够从源头上控制废水中氮、磷营养物的排放量，降低湖泊和河流中营养污染物的输入量及其负面影响，进而促进国家水环境质量改善目标的顺利实现。因此，加强高浓度高营养废水污染的源头控制十分必要。

## 6.4 分散式污水处理技术研究展望

随着我国城镇化进程的加快，农业生产的快速发展与农村生活的日益繁荣使得农村污水增多。农村废水排放至沟渠中并进一步污染江河湖泊，其中过量的氮、磷导致江河湖泊的富营养化。我国农村污水在不同地区、不同时段水质差异性较大，且其排放具有“散、差、小”等特点，因此我国急需经济效益和环境效益好、适用范围广、维护管理简便的分散式污水处理技术。在环境功能质量提升和碳达峰、碳中和背景下，污水处理发展面临高标准和绿色低耗处理的双重挑战。当前分散式污水处理技术的研究还需要进行细化。

（1）研发高效稳定运行工艺

我国国土广袤，各个地区的地质与人文条件差异很大，居民的生活方式略有不同，所以污水排放也存在一定的差异，这就需要以提高污水处理的效率和全面性为切入点，对每种污水处理技术进行升级和完善。分散式污水处理技术应向多功能拓展、选择性去除、定制化处理与绿色化发展等方向迈进。根据污水处理技术的特点和优势，有针对性地采用组合处理技术，实现优势互补，有效处理生活污水。在提升处理效率的同时也要提高设备长期稳定运行的可靠性，实现无人值守。

（2）加强分散式污水资源化

目前分散式污水处理技术大多基于生物方法对污水中的氮、磷进行去除，为缓解水资源短缺的压力，实现环境可持续发展，需要推进农村污水处理从“污染物去除达标排放”的理念逐渐转变为“污水资源化利用”的新模式。人们要打造污水处理与其他产业协作的链条，研发基于农业生产要求的水污染治理回用技术，实现氮、磷回收及资源化利用，发展与自然融合的美丽乡村水环境建设范式。提升农村生活污水、养殖废水资源化技术，建立基于区域环境特征与农业生产特点的农村污水、养殖污染协同治理与资源化利用模式。

（3）降低成本与能耗

我国现阶段大部分地区农村经济并不发达，农村财力薄弱、投资低的问题依旧存在，因此，迫切需要研发一次性投资低、能耗低、运行维护成本低的污水处理技术。推动农村污水处理尽早实现“从能源消耗到能源自给”的技术跨越，践行污水处理“绿色、低碳、循环”的理念。

# 参考文献

## 1 绪 论

[1] 中国工程院，中国可持续发展水资源战略研究综合报告（一）[M]. 北京：中国水利水电出版社，2001.

[2] 马东春. 中国缺水问题与污水资源化——以北京市为例 [J]. 水利经济，2006（6）：44-46.

[3] 罗本福，李志刚，周建忠，等. 污水资源化利用技术及其应用 [J]. 安全与环境工程，2012，19（5）：51-54.

[4] 张聪. 我国污水资源化立法问题研究 [D]. 兰州：甘肃政法学院，2018.

[5] 马兰，刘如琳，戴星. 我国污水资源化存在的问题及其对策 [J]. 云南环境科学，2003（S1）：62-65.

[6] 曹永利，仲伟周，刘仲琼. 国外污水资源化现状及其经验借鉴 [C] //2004 年中国管理科学学术会议论文集. 中国优选法统筹法与经济数学研究会：中国优选法统筹法与经济数学研究会，2004：5.

[7] 关于推进污水资源化利用的指导意见 [J]. 再生资源与循环经济，2021，14（2）：1-3.

[8] 陈皓琪. 城市污水资源化及再利用技术探析 [J]. 中国资源综合利用，2018，36（5）：51-53.

[9] 韩微. 石化废水臭氧催化氧化中非均相催化剂的比选机制研究 [D]. 郑州：郑州大学，2020.

[10] 张小璇，任源，韦朝海，等. 焦化废水生物处理尾水中残余有机污染物的活性炭吸附及其机理 [J]. 环境科学学报，2007，27（7）：1113-1120.

[11] 季凌，吴芳云，陈进富. 活性炭吸附在炼油化工废水回用中的应用 [J]. 工业水处理，2002，22（11）：25-27.

[12] Tejero M D N，Das S，Gomez V，et al. PHenol removal from aqueous solution by adsorption with resin technology [J]. Desalination and Water Treatment，2019（157）：303-314.

[13] 魏在山，徐晓军，宁平，等. 气浮法处理废水的研究及其进展 [J]. 安全与环境学报，2001，1（4）：14-18.

[14] Filho J A，Azevedo A，Etchepare R，et al. Removal of sulfate ions by dissolved

air flotation（DAF）following precipitation and flocculation［J］. International Journal of Mineral Processing，2016：1-8.

［15］陈卫玮. CAF 涡凹气浮处理含油废水的中试试验研究［J］. 油气田环境保护，2002，12（4）：32-34.

［16］朱东辉，郑召宏. MAF 旋切气浮技术在炼油厂污水处理中的应用［J］. 石油化工环境保护，2002，25（3）：16-18.

［17］徐俊，于水利，梁春圃，等. 超滤膜处理含聚合物采油废水的实验研究［J］. 水处理，2006，26（5）：38-40.

［18］Raman L P. Consider NF for membrane separation［J］. Chemical Engineering Progress，1994（4）：68-74.

［19］姬国斌，徐文婷. 新型阳离子絮凝剂对含油废水的处理［J］. 应用化工，2017，46（11）2091-2093，2098.

［20］Ahmad A L，Sumathi S，Hameed B H. Coagulation of residue oil and suspended solid in palm oil mill effluent by chitosan，alum and PAC［J］. Chemical Engineering Journal，2006，118（1-2）：99-105.

［21］陈莉荣，李玉梅，王哲，等. 混凝 - 气浮法处理煤制油含油废水试验研究［C］. 中国环境科学学会学术年会，中国云南昆明，2013.

［22］陆静怡. 大型石化仓储清罐清舱废水处理工艺研究［D］. 扬州：扬州大学，2021.

［23］王永广，杨剑锋，柯洪，等. 电解 -Fenton 法处理油田含油污水［J］. 扬州大学学报（自然科学版），2004，7（4）：79-82.

［24］魏健，范冬琪，宋永会，等. Fenton 氧化 / 混凝沉淀协同处理腈纶聚合废水［J］. 环境工程学报，2015，9（1）：14-18.

［25］雷庆铎，刘依林，谷启源，等. 电催化氧化预处理焦化废水的实验研究［J］. 工业水处理，2014，34（4）：51-54.

［26］牟洁. 臭氧氧化技术在水处理中的应用研究［J］. 环境与发展，2018，30（1）：81-82.

［27］黎松强，吴馥萍. 臭氧 - 生物炭深度处理炼油废水研究［J］. 中国给水排水，2003，19（21）：108-110.

［28］Juang L，Tseng D，Yang S. Treatment of petrochemical wastewater by UV/$H_2O_2$ photodecomposed system［J］. Water Science & Technology，1997，36（12）：357-365.

[29] 孙广垠，宋吉娜，张娟. $TiO_2$ 光催化氧化法深度处理印染废水的研究[J]. 工业水处理，2009，29（8）：25-27.

[30] 刘杰，于超英，赵培庆，等. 催化湿式氧化法降解水中的 β-萘酚[J]. 环境科学，2012，33（11）：3826-3832.

[31] Liu J，Li J，Wang X，et al. Rapid aerobic granulation in an SBR treating piggery wastewater by seeding sludge from a municipal WWTP[J]. Journal of Environmental Sciences，2017，51（1）：332-341.

[32] 于晓丽. SBR 法处理含盐采油废水研究[D]. 北京：中国地质大学（北京），2003.

[33] 马文臣，许建民，刘光全，等. 序批式活性污泥法在炼油化工废水处理中的应用[J]. 油气田环境保护，2003，13（11）：24-26.

[34] 王亮. "生物滤池 + 生物接触氧化池"组合工艺处理小城镇生活污水的试验研究[D]. 重庆：重庆大学，2015.

[35] 丁晓倩，刘贵毅，赵剑强，等. 生物接触氧化法处理炼油废碱液[J]. 应用化工，2017，46（1）：54-57.

[36] Gujer W. Nitrification and me-a subjective review[J]. Water Research，2010，44（1）：1-19.

[37] 李江雯. 混凝滤布过滤 - 生物滤池组合工艺处理小城镇生活污水研究[D]. 哈尔滨：哈尔滨工业大学，2013.

[38] Zeirani T，Fallah N，Nasernejad B. Biological treatment of real petrochemical wastewater containing styrene using submerged membrane bioreactor：effects of HRT[J]. International Journal of Environmental Science and Technology，2018：1-8.

[39] Huang S，Pooi C K，Shi X，et al. Performance and process simulation of membrane bioreactor（MBR）treating petrochemical wastewater[J]. Science of the Total Environment，2020（747）：141311.

[40] 凌文华，肖炎初. 上流式厌氧污泥反应器在石化高浓度废水预处理中的应用[J]. 上海化工，2003（8）：7-10.

[41] 季民，霍金胜. 厌氧颗粒污泥膨胀床（EGSB）的工艺特征与运行性能[J]. 工业用水与废水，1999（4）：1-4.

[42] 张克利，邹建波，刘立超，等. EGSB 反应器处理石化废水影响因素及降解动力学研究[J]. 石油化工安全环保技术，2009，25（3）：36-42，67.

[43] 张华，张学洪，王敦球，等. ABR+SBR工艺处理高盐采油废水工程[J]. 水处理技术，2008，34（2）：89-91.
[44] 黄霞，陈戈，邵林广，等. 固定化优势菌种处理焦化废水中几种难降解有机物的试验研究[J]. 中国环境科学，1995（zg）：1-4.
[45] 王雄，董斌，王婷，等. 某针状焦石化废水处理工程实例[J]. 工业水处理，2016，36（12）：106-108.
[46] 王健，黄新丽. 臭氧氧化-生物滤池处理某石化废水能效研究[J]. 广州化工，2018，46（17）：62-63，85.
[47] Abdullah A，Daniel J，Oatley-Radcliffe D L，et al. Removal of oil from oil-water emulsion by hybrid coagulation/sand filter as pre-treatment[J]. Journal of Water Process Engineering，2018（26）：17-27.
[48] 宋鑫，任立人，吴丹，等. 制药废水深度处理技术的研究现状及进展[J]. 广州化工，2012，40（12）：29-31.
[49] U.S. Environmental Protection Agency. EPA office of compliance sector notebook project：profile of the pharmaceutical manufacturing industry[M]. Washington：U.S. Government Printing Office，1997.
[50] 王效山，夏伦祝. 制药工业三废处理技术[M]. 北京：化学工业出版社，2010.
[51] 刘峰. 综合制药废水生物处理工程化技术研究[D]. 长春：吉林大学，2008.
[52]《制药工业污染物排放标准》编制组.《制药工业污染物排放标准》编制说明[M]. 北京：中国环境科学出版社，2007.
[53] 叶露. MBR工艺处理制药废水性能及膜污染调控机理研究[D]. 杭州：浙江大学，2019.
[54] 程雪敏. 抗生素制药废水处理研究[D]. 沈阳：东北大学，2008.
[55] 祁佩时，王娜，刘云芝，等. Fenton氧化-活性炭吸附协同深度处理抗生素制药废水研究[J]. 净水技术，2008，27（6）：38-41.
[56] 兰晨. 混凝沉淀+ABR+UASB+A/O+气浮工艺处理高浓度抗生素原料药废水的研究[D]. 南昌：南昌大学，2012.
[57] 刘香兰，刘桂兰，肖广全. 超声波联合混凝法处理制药废水的研究[J]. 中国农学通报，2012，28：190-194.
[58] 潘涛. 混凝法以及混凝-吸附组合法对制药废水的处理[J]. 海峡药学，2010，22（2）：20-23.

[59] 李英．混凝气浮-生物-臭氧气浮处理抗生素生产废水[J]．华北水利水电学院学报，2011，32(6)：148-150.

[60] 周露．医药中间体生产废水处理工艺实验研究[D]．合肥：合肥工业大学，2009.

[61] 刘峰，张兰英，刘鹏，等．混凝和膜分离联用处理制药废水二级出水中试试验[J]．吉林大学学报(地)，2008，38(3)：468-472.

[62] 黄万抚，周荣忠，廖志民，等．发酵类制药废水处理工程的改造[J]．工业水处理，2010，30(3)：82-84.

[63] 陈威，黄燕萍，袁书保，等．铁碳微电解在合成制药废水中的应用[J]．给水排水，2016(42)：58-63.

[64] 柴凡凡，李克艳，郭新闻．非均相 Fenton 催化剂的组成结构设计与性能优化[J]．应用化学，2016，33(2)：133-143.

[65] Badawy M I，Wahaa R A，El-Kalliny A S. Fenton-biological treatment processes for the removal of some pharmaceuticals from industrial wastewater[J]. Journal of Hazardous Materials，2009，167(1-3)：567-574.

[66] Sirtori C，Zapata A，Oller I，et al. Solar photo-Fenton as finishing step for biological treatment of a pharmaceutical wastewater[J]. Environmental Science and Technology，2009，43(4)，1185-1191.

[67] Rozas O，Contreras D，AngelicaMondac M，et al. Experimental design of Fenton and photo-Fenton reactions for the treatment of ampicillin solutions[J]. Journal of Hazardous Materials，2010，177(1-3)：1025-1030.

[68] Wu D L，Yang Z Z，Wang W，et al. Ozonation as an advanced oxidant in treatment of bamboo industry wastewater[J]. Chemosphere，2012，88(9)：1108-1113.

[69] 齐旭东．微波辅助类芬顿催化剂效能比较及制药废水处理研究[D]．天津：天津大学，2016.

[70] Graham N，Chu W，Lau C. Observations of 2,4,6-trichlorophenol degradation by ozone[J]. Chemosphere，2003(421)：357-360.

[71] 秦伟伟，肖书虎，宋永会，等．$O_3$/UV 协同氧化处理黄连素制药废水[J]．环境科学研究，2010，23(7)：877-881.

[72] Cybulski A. Catalytic wet air oxidation：are monolithic catalysts and reactors feasible[J]. Ind. Eng. Chem. Res，2007，46(12)：4007-4033.

[73] Kolaczkowski S T，Beltran F J，McLurgh D B，et al. Wet air oxidation of phenol：factors that may influence global kinetics [J]. Process Saf Environ Prot，1997，75 (4)：257-265.

[74] 邹道安．基于超临界水氧化的生活垃圾渗滤液和焚烧飞灰协同无害化处理研究[D]．杭州：浙江大学，2014.

[75] 欧阳秀欢，陈国华．Fenton 试剂处理褐藻胶生产废水[J]．水处理技术，2005，31 (4)：56-59.

[76] 程学文，栾金义，王宜军，等．pH 调节 -Fenton 试剂氧化法预处理间甲酚生产氧化废水[J]．化工环保，2005，25 (4)：291-294.

[77] 白利云，胡晓东，肖永胜．水解酸化 -SBR 工艺处理混合制药废水[J]．环境工程，2007，25 (4)：25-27.

[78] 邓乔，胡晓东，邝博文．SBR 处理制药废水影响因素的研究[J]．环境科学与管理，2012，37 (9)：110-138.

[79] 赵继权，刘卫邦，赵宝润，等．生物流化床处理制药废水[J]．医药工业，1983 (1)：24-29.

[80] 张彤炬，何以嘉．深井曝气工艺处理激素制药废水[J]．中国给水排水，2012，28 (4)：72-75.

[81] Fernandez R L，Martinez L，Villaverde S. Membrane bioreactor for the treatment of pharmaceutical wastewater containing corticosteroids [J]. Desalination，2012，300 (8)：19-23.

[82] Tambosi J L，de Sena R F，Favier M et al. Removal of pharmaceutical compounds in membrane bioreactors (MBR) applying submerged membranes [J]. Desalination，2010 (261)：148-156.

[83] Shariati F P，Mehrnia M R，Salmasi B M et al. Membrane bioreactor for treatment of pharmaceutical wastewater containing acetaminophen [J]. Desalination，2010 (250)：798-800.

[84] 伊学农，胡春凤，范彦华．水解酸化 - 生物接触氧化工艺在生物制药废水处理工程中的应用[J]．水资源与水工程学报，2010，21 (5)：127-129.

[85] 刘华，李静，孙丽娜，等．两段水解酸化 - 好氧法处理制药废水的小试研究[J]．环境科学与技术，2013，36 (6)：198-199.

[86] 李宁，戴庆武，王军，等．升流式厌氧污泥床处理抗生素制药废水[J]．北工环保，2010，30 (4)：319-322.

[87] Sreekanth D，Sivaramakrishna D，Himabindu V，et al. Thermophilic treatment of bulk drug pharmaceutical industrial wastewaters by using hybrid up flow anaerobic sludge blanket reactor [J]. Bioresource Technology，2009 (100)：2534-2539.

[88] Sponza D T，Demirden P. Treatability of sulfamerazine in sequential up-flow anaerobic sludge blanket reactor (UASB) / completely stirred tank reactor (CSTR) processes [J]. Separation and Purification Technology，2007 (56)：108-117.

[89] Chelliapan S，Wilby T，Sallis P J. Performance of an up-flow anaerobic stage reactor (UASR) in the treatment of pharmaceutical wastewater containing macrolide antibiotics [J]. Water Research，2006 (40)：507-516.

[90] 王慧芳，买文宁，梁允，等. IC反应器处理维生素制药废水的启动试验研究 [J]. 水处理技术，2009，35 (6)：79-81.

[91] 李丽，刘天宇，李宗辉. IC反应器处理链霉素废水的试验研究 [J]. 科技传播，2014 (7)：120.

[92] 邱波，郭静. ABR反应器处理制药废水的启动运行 [J]. 中国给水排水，2002，16 (8)：42-44.

[93] Fox P，Venkatasubbiah V. Coupled anaerobic/aerobic treatment of high-sulphate wastewater with sul-phase reduction and biological sulphide oxidation [J]. Water Science Technology，1996，34 (5-6)：359-366.

[94] Marcelino R B，Leao M M，R M，et al. Multistage ozone and biological treatment system for real wastewater containing antibiotics [J]. Journal of Environmental Management，2017 (195)：110-116.

[95] 李莹，张宏伟，朱文亭，等. 厌氧-好氧工艺处理制药废水的中试研究 [J]. 环境工程学报，2007，1 (9)：50-53.

[96] 杨可成. UASB-SBR生化系统处理制药废水的减排运行研究——某药厂污水站运行研究 [D]. 呼和浩特：内蒙古大学，2012.

[97] 李亚峰，王欣，谢新立，等. 预处理-UASB-A/O工艺处理高浓度制药废水 [J]. 给水排水，2012，38 (5)：56-57.

[98] 曹猛，冉阿倩，赵应宏，等. 预处理+SBR+MBR处理抗生素制药废水试验研究 [J]. 工业水处理，2010，30 (7)：28-32.

[99] 范冬庆，吴艳红，崔晨曦. 国外再生水利用之启示 [J]. 城市管理与科技，2016，18 (6)：76-79.

[100] 周军. 以色列的高科技节水 [J]. 中国农村科技，2019 (4)：78-79.

[101] 王香爱，曹强，史夏燃 . 国内外污水处理研究进展 [J]. 应用化工，2021，50（1）：176-182.

[102] 王建新 . 对我国污水资源化的思考 [A]. 水利部政策法规司，中国法学会环境资源法学研究会，中国海洋大学 . 水资源、水环境与水法制建设问题研究——2003 年中国环境资源法学研讨会（年会）论文集（下册）[C]. 水利部政策法规司，中国法学会环境资源法学研究会，中国海洋大学：中国法学会环境资源法学研究会，2003：4.

[103] Cordell D，Drangert J O，White S. The story of phosphorus：global food security and food for thought [J]. Global Environmental Change，2009（19）：292-305

[104] Desmidt E，Ghyselbrecht K，Zhang Y，et al. Global phosphorus scarcity and full-scale P-recovery techniques：a review [J]. Critical Reviews in Environmental Science and Technology，2015（45）：336-384.

[105] Cordell D，Rosemarin A，Schroder J J，et al. Towards global phosphorus security：a systems framework for phosphorus recovery and reuse options [J]. Chemosphere，2011（84）：747-758.

[106] Liu X，Sheng H，Jiang S，et al. Intensification of phosphorus cycling in China since the 1600s [J]. Proceedings of the National Academy Sciences of the United States of America，2016（113）：2609-2614.

[107] USGS. Mineral Commodity Summaries 2019 [M]. Washington DC：U.S. Department of the Interior，2019

[108] 李长玉 . 基于蓝铁矿结晶法的污水及污泥中磷回收技术研究 [D]. 烟台：中国科学院大学（中国科学院烟台海岸带研究所），2021.

[109] 郝晓地，宋鑫，Loosdrecht M V，等 . 政策驱动欧洲磷回收与再利用 [J]. 中国给水排水，2017，33（8）：46-53.

[110] Nasr Fayza，Aly，et al. Treatment of domestic wastewater using modified septic tank [J]. Desalination and Water Treatment：Science and Engineering，2015，56（8）：2073-2081.

[111] Sabry T. Evaluation of decentralized treatment of sewage employing Upflow Septic Tank/Baffled Reactor（USBR）in developing countries [J]. Journal of Hazardous Materials，2010，174（1-3）：500-505.

[112] Aaron-A Forbis-Stokes，Miller Graham-H，Segretain Armel，et al. Nutrient removal from human fecal sludge digestate in full-scale biological filters [J].

Chemosphere，2020（257）127-219.
［113］方芳，龙腾锐．厌氧生物滤池的研究及应用现状［J］．中国给水排水，1999，（4）：25-28.
［114］南洋，刘永．净化槽技术及其在国内外的应用进展和前景［J］．资源节约与环保，2019（9）：127-128.
［115］Laskowski，Ruth Silke. Time for implementation of the right to water and sanitation—e.g. the missing implementation in Germany［J］. Journal for European Environmental & Planning Law，2012，9（2）：164-179.
［116］翁益松，刘朝飞，陈钺．PKA 人工湿地技术在生活污水处理中的试验研究［J］．环境污染与防治，2014（6）：47-50.
［117］吴善荀．德国分散式污水处理设施经验借鉴［J］．资源节约与环保，2017，（12）：53-54.
［118］周律，李秉浩，李佳璘．韩国农村排水系统的建设和管理［J］．环境污染与防治，2009（6）：89-91，95.
［119］明劲松，林子增．国内外农村污水处理设施建设运营现状与思考［J］．环境科技，2016（6）：66-69.
［120］张金锋，郭铁女．澳大利亚，法国水资源管理经验及启示［J］．人民长江，2012，43（7）：89.
［121］孙兴旺，马友华，王桂苓，等．中国重点流域农村生活污水处理现状及其技术研究［J］．中国农学通报，2010，26（18）：384-388.
［122］雷星星．SBR 处理分散式生活污水效果实验研究［D］．兰州：兰州交通大学，2020.
［123］马凯．SBR+ 人工湿地系统处理分散式农村生活污水［D］．兰州：兰州交通大学，2020.
［124］裴亮，刘慧明，莫家玉，等．一体化膜生物反应器处理农村生活污水试验研究［J］．水处理技术，2012，38（2）：104-106.
［125］付丽霞，崔宁，刘世虎，等．水解酸化 - 接触氧化 -MBR 一体化装置处理农村生活污水［J］．环境工程，2018，36（11）：49-52.
［126］邱光磊，程建光，向连城，等．生物接触氧化工艺用于分散型污水处理的中试［J］．中国给水排水，2007（5）：78-81.
［127］潘碌亭，王文蕾，余波．接触氧化 - 强化混凝工艺处理崇明农村生活污水特性［J］．农业工程学报，2011，27（9）：242-247.

[128] 刘婧，黎忠，张太平，等 . 生物接触氧化 / 人工湿地组合工艺处理农村生活污水 [J] . 安徽农业科学，2010（17）：9163-9164.
[129] 许东阳 . 改进生物滴滤池 / 人工湿地组合工艺处理农村生活污水的试验研究 [D] . 扬州：扬州大学，2017.
[130] 邓征宇，杨春平，曾光明，等 . 曝气生物滤池技术进展 [J] . 环境科学与技术，2010（8）：94-99.
[131] 陈一辉，伍培，张勤，等 . 塔式生物滤池研究现状及应用前景分析 [J] . 科学咨询，2010（16）：67-68，79.
[132] 雷玉新 . 炉渣填料曝气生物滤池处理农村污水研究 [D] . 宜昌：三峡大学，2016.
[133] 王红燕，李杰，王亚娥，等 . 化粪池污水处理能力研究及其评价 [J] . 兰州交通大学学报，2009（1）：118-120.
[134] 蒙语桦 . 化粪池与人工湿地联用处理湖南农村地区生活污水研究 [D] . 长沙：湖南大学，2016.
[135] 崔婷婷 . 厌氧—组合式生物滴滤池脱氮除磷的工艺研究 [D] . 上海：上海交通大学，2014.
[136] 李二飞 . 厌氧生物滤池—回行流人工湿地组合工艺处理农村生活污水的研究 [D] . 重庆：重庆工商大学，2012.
[137] Wu Y，Han R，Yang X，et al. Long-term performance of an integrated constructed wetland for advanced treatment of mixed wastewater [J] . Ecological Engineering，2017（99）：91-98.
[138] 韩庆吉 . 自制陶粒基垂直流人工湿地处理生活污水的试验研究 [D] . 西安：西安科技大学，2019.
[139] 刘华波，杨海真 . 稳定塘污水处理技术的应用现状与发展 [J] . 天津城建大学学报，2003，9（1）：19-22.
[140] 黄亮，唐涛，黎道丰，等 . 旁路生物稳定塘系统净化滇池入湖河道污水 [J] . 中国给水排水，2008（19）：13-15.
[141] 施建臣，杨海真，林建清 . UNITANK 工艺串联生物稳定塘对生活污水的处理效果 [J] . 绿色科技，2010（7）：108-112.
[142] 梁成龙 . 生物炭联合曝气强化土壤渗滤系统处理农村生活污水的研究 [D] . 杨凌：西北农林科技大学，2019.
[143] 邹渊，郑爽英 . 基于新型土壤渗滤系统的农村生活污水处理实验研究 [J] .

四川建筑，2019，39（6）：300-302.

［144］张巍，刘晋，王昊，等.净化槽处理污水的机理研究及应用研究进展［J］.环境保护与循环经济，2017，37（7）：36-40.

［145］贾小梅，陈春兵，董旭辉，等.净化槽技术在我国应用现状和问题及对策研究——基于江苏扬州市广陵区和常熟市净化槽建设运营现状的调查［J］.环境与可持续发展，2018，43（6）：81-83.

## 2 典型行业水污染控制成套技术

［1］安鹏.纳滤-厌氧氨氧化-高级氧化工艺深度处理干法腈纶废水研究［D］.大连：大连理工大学，2013.

［2］An P，Xu X，Yang F，et al. A pilot-scale study on nitrogen removal from dry-spun acrylic fiber wastewater using anammox process［J］. Chemical Engineering Journal，2013，222：32-40.

［3］梁立伟，刘丽莹，杨帆.腈纶工业污水预处理技术研究［J］.精细石油化工进展，2019，20（4）：26-28.

［4］Li X W，Chen L B，Mei Q Q，et al. Microplastics in sewage sludge from the wastewater treatment plants in China［J］. Water Research，2018，142：75-85.

［5］Wu Z W，Zhang G Q，Zhang R Y，et al. Insights into mechanism of catalytic ozonation over practicable mesoporous Mn-CeOx/$\gamma$-$Al_2O_3$ catalysts［J］. Industrial & Engineering Chemistry Research，2018，57（6）：1943-1953.

［6］Wu Z W，Xu X C，Jiang H B，et al. Evaluation and optimization of a pilot-scale catalytic ozonation-persulfate oxidation integrated process for the pretreatment of dry-spun acrylic fiber wastewater［J］. RSC Advances，2017，7（70）：44059-44067.

［7］徐静.阴阳极协同电化学氧化处理反渗透浓水的研究［D］.大连：大连理工大学，2018.

［8］那春红.典型二级处理及深度处理组合工艺对工业废水毒性削减性能的研究［D］.大连：大连理工大学，2017.

［9］高梦国.臭氧氧化-水解酸化对制药尾水预处理效果的研究［D］.长春：吉林大学，2012.

［10］曾萍，宋永会，崔晓宇，等.含铜黄连素制药废水预处理与资源化技术研究［J］.中国工程科学，2013，15（3）：88-94.

[11] 崔晓宇，单永平，曾萍，等 . 结晶沉淀 - 树脂吸附组合工艺回收黄连素废水中铜试验研究 [J] . 环境工程技术学报，2017，7（1）：1-6.

[12] Zeng P，Xie X L，Song Y H，et al. The fosfomycin degradation by hydrolysis acidification-biological contact oxidation and microbial community analysis [J] . Advanced Materials Research，2013，807-809：1129-1134.

[13] 谢晓琳，曾萍，宋永会，等 . 制药废水中磷霉素和 α - 苯乙胺的生物降解及相互作用 [J] . 中国环境科学，2014，34（11）：2824-2830.

[14] 廖苗，樊亚东，刘诗月，等 . 进水成分变动下 ABR-CASS 耦合工艺处理制药综合废水的中试研究 [J] . 环境工程技术学报，2017，7（3）：293-299.

[15] 裴晋，于晓华，姚宏，等 . 制药污泥处理技术研究现状与实验对比 [J] . 环境工程学报，2015，9（8）：4009-4014.

[16] 马岚茜娅，裴晋，于晓华，等 . 超声波联合厌氧消化处理制药污泥效果研究 [J] . 环境工程学报，2015，9（11）：8-14.

[17] 赵朝成，张英，赵东风 . 超声 / 臭氧氧化处理含酚废水实验研究 [J] . 油气田环境保护，2001，11（3）：26-29.

[18] 郑兴灿，李亚新 . 污水除磷脱氮技术 [M] . 北京：中国建筑工业出版社，1998，68-69.

[19] 朱晨，吴昌永，周岳溪，等 . 微好氧水解酸化在石化废水预处理中的应用研究 [J] . 环境科学，2015，36（10）：3738-3742.

[20] 李亚男，谭煜，吴昌永，等 . 臭氧催化氧化在石化废水深度处理应用中的若干问题 [J] . 环境工程技术学报，2019，9（3）：275-281.

[21] 曾新平，唐文伟，赵建夫，等 . 湿式氧化处理高浓度难降解有机废水研究 [J] . 环境科学学报，2004，24（6）：645-649.

[22] Zeng XP，Tang WW，Zhao JF，et al. Study on wet air oxidation of strength recalcitrant organic wastewater [J] . Acta Scientiae Circumstantiae，2004，24（6）：645-649.

[23] 葛丽颖，刘定富，曾祥钦，等 . 酸性含铜电镀废水处理 [J] . 电镀与环保，2007，27（2）：86-89.

[24] 姜力强，郑精武，刘昊 . 电解法处理含氰含铜废水工艺研究 [J] . 水处理技术，2004，30（4）：153-157.

[25] 刘艳艳，彭昌盛，王震宇 . 电解电渗析联合处理含铜废水 [J] . 电镀与精饰，2009，31（4）：33-39.

[26] Hunsom M, Pruksathorn K, Damronglerd S, et al. Electrochemical treatment of heavy metals ($Cu^{2+}$, $Cr^{6+}$, $Ni^{2+}$) from industrial effluent and modeling of copper reduction [J]. Water Research, 2005, 39 (4): 610-616.
[27] 吴顺年，陈嘉平，章北平．用表面修饰的活性炭吸附废水中的铜离子（英文）[J]．中华科技大学学报（城市科学版），2002，19（1）：33-37.
[28] 李博，刘述平．含铜废水的处理技术及研究进展 [J]．矿产综合利用，2008（5）：33-36.

## 3 污废水的资源化与能源化成套技术

[1] 曹永利，仲伟周，刘仲琼．国外污水资源化现状及其经验借鉴 [A]．中国优选法统筹法与经济数学研究会 .2004 年中国管理科学学术会议论文集 [C]．中国优选法统筹法与经济数学研究会：中国优选法统筹法与经济数学研究会，2004：5.
[2] 范冬庆，吴艳红，崔晨曦．国外再生水利用之启示 [J]．城市管理与科技，2016，18（6）：76-79.
[3] 周军．以色列的高科技节水 [J]．中国农村科技，2019（4）：78-79.
[4] 王香爱，曹强，史夏燃．国内外污水处理研究进展 [J]．应用化工，2021，50（1）：176-182.
[5] 王建新．对我国污水资源化的思考 [A]．水利部政策法规司，中国法学会环境资源法学研究会，中国海洋大学．水资源、水环境与水法制建设问题研究——2003 年中国环境资源法学研讨会（年会）论文集（下册）[C]．水利部政策法规司，中国法学会环境资源法学研究会，中国海洋大学：中国法学会环境资源法学研究会，2003：4.
[6] 党纪平．环境工程污水处理技术分析 [J]．智能城市，2021，7（14）：115-116.
[7] 戴琰，王森．市政污水处理工艺与污水回用利用技术探讨 [J]．建材发展导向，2021，19（8）：36-37，54.
[8] 国彤．环境工程污水处理技术分析 [J]．化工设计通讯，2021，47（2）：166-167.
[9] 崔立莉，谢寅盼，焦莉．城镇污水处理与资源化的研究 [J]．皮革制作与环保科技，2021，2（11）：97-98.
[10] 李冰峰，张大雷．干式厌氧发酵技术现状与国内应用项目简介 [J]．可再生能

源，2021，39（3）：294-299.
［11］曾凡付，石油石化给水节水污水回用水系统集成技术．新疆维吾尔自治区，新疆德蓝股份有限公司，2011-07-29.
［12］胡洪营，石磊，许春华，等．区域水资源介循环利用模式：概念·结构·特征［J］．环境科学研究，2015，28（6）：839-847.
［13］黄惠莹，陈德业．有机废水处理生物制氢技术研究进展［J］．广东化工，2014，41（13）：133-134.
［14］仲海涛，吴启堂．从废水中回收能源——微生物燃料电池和发酵生物制氢技术［J］．可再生能源，2006（3）：46-50.
［15］李清，郈爱杰．原生污水源热泵技术浅谈［J］．中国高新技术企业，2013（19）：86-87.
［16］于湲，郑佳，李娟，等．再生水源热泵技术在城市供暖的应用研究［J］．城市地质，2014，9（S1）：89-92，101.
［17］岳远博．冷水相变能热泵系统运行特性及工程实验研究［D］．青岛：青岛大学，2020.
［18］黄明娜．国内地下式污水处理厂发展现状及前景思考［J］．化学工程与装备，2016（6）：233-235.
［19］侯锋，王凯军，邵彦青，等．北京碧水下沉式再生水厂升级改造及生态综合体建设［J］．中国给水排水，2017（10）：54-58.
［20］侯锋．地下式污水处理厂关键技术研究与工程实践［D］．北京：清华大学，2017.
［21］陈学洲，舒锐，谢骏，等．集装箱＋生态池塘”集约养殖与尾水高效处理技术［J］．中国水产，2020（8）：67-70.
［22］俞开昌，MBR-NF 双膜法高品质再生水制备技术与工程应用［D］．北京：清华大学，2017.
［23］谢喜平，张佩瑶，杨运，等．低压纳滤膜用于给水深度处理的中试研究［J］．中国给水排水，2020，36（17）：30-35
［24］袁劲梅．石化废水资源化及“零排放”［J］．工业，2016（6）：47-48.
［25］苏志远．石化废水资源化中采用膜分离技术探讨［J］．石油化工环境保护，2005，28（2）：15-17.
［26］闫鸿炳，林大泉．石化企业的节水与废水资源化问题［J］．石油化工环境保护，2004，27（3）：1-3.

[27] 宫利娟，张智渊，王玉杰. 城市污水全量循环过程中再生水利用模式探讨[J]. 环境与可持续发展，2018，43（2）：49-51.

[28] 胡洪营，石磊，许春华，等. 区域水资源介循环利用模式：概念·结构·特征[J]. 环境科学研究，2015（6）：4-12.

[29] 齐亚兵，杨清翠. 煤化工废水脱酚技术研究进展[J]. 应用化工，2021，50（5）：1414-1419.

[30] 俞彬，刘凯男，刘秦安，等. 煤化工废水深度处理及回用工程实例[J]. 水处理技术，2018，44（3）：136-139.

## 4 污水中营养物的回收技术

[1] Sato T，Qadir M，Yamamoto S，et al. Global，regional，and country level need for data on wastewater generation，treatment，and use[J]. Agricultural Water Management，2013（130）：1-13.

[2] 李长玉. 基于蓝铁矿结晶法的污水及污泥中磷回收技术研究[D]. 烟台：中国科学院大学（中国科学院烟台海岸带研究所），2021.

[3] 严小轩，向琳. 双膜法处理高浓度含磷废水工艺研究[J]. 磷肥与复肥，2014，29（3）：11-14.

[4] Blaney L M，Cinar S，SenGupta A K. Hybrid anion exchanger for trace phosphateremoval from water and wastewater[J]. Water Research，2007，41（7）：1603-1613.

[5] Chen L，Zhao X，Pan B C et al. Preferable removal of phosphate from water usinghydrous zirconium oxide-based nanocomposite of high stability[J]. Journal of Hazardous Materials，2015（284）：35-42.

[6] Arai Y，Sparks D. ATR-FTIR spectroscopic investigation on phosphate adsorption mechanisms at the ferrihydrite-water interface[J]. Journal of Colloid and Interface Science，2001，241（2）：317-326.

[7] Cheng X，Huang X，Wang X，et al. Phosphate adsorption from sewage sludge filtrateusing zinc-aluminum layered double hydroxides[J]. Journal of Hazardous Materials，2009，169（1）：958-964.

[8] Perera M K，Englehardt J D，Dvorak A C. Technologies for recovering nutrients from wastewater：a critical review[J]. Environmental Engineering Science，2019

(36): 511–529.

[9] Sengupta S and Pandit A. Selective removal of phosphorus from wastewater combined with its recovery as a solid-phase fertilizer [J]. Water Research, 2011 (45): 3318-3330.

[10] Nur T, Loganathan P, Ahmed M B, et al. Struvite production using membrane-bioreactor wastewater effluent and seawater [J]. Desalination, 2018 (444): 1-5.

[11] Bui T H, Hong S P, Yoon J. Development of nanoscale zirconium molybdate embeddedanion exchange resin for selective removal of phosphate [J]. Water Reserarch, 2018 (134): 22-31.

[12] Drenkova-Tuhtan A, Schneider M, Franzreb M, et al. Pilot-scale removal and recovery of dissolved phosphate from secondary wastewater effluents with reusable ZnFeZr adsorbent $Fe_3O_4/SiO_2$ particles with magnetic harvesting [J]. Water Research, 2017 (109): 77-87.

[13] Prot T, Nguyen V H, Wilfert P, et al. Magnetic separation and characterization of vivianite from digested sewage sludge [J]. Separation and Purification Technology, 2019 (224): 564-579.

[14] Ye Y, Ngo H, Guo W, et al. Insight into chemical phosphate recovery from municipal wastewater [J]. Science of the Total Environment, 2017 (576): 159-171.

[15] Johir M, George J, Vigneswaran S, et al. Removal and recovery of nutrients by ion exchange from high rate membrane bio-reactor (MBR) effluent [J]. Desalination, 2011 (275): 197-202.

[16] Ichihashi O, Hirooka K. Removal and recovery of phosphorus as struvite from swine wastewater using microbial fuel cell [J]. Bioresource Technology, 2014 (114): 303-307.

[17] Dai H, Lu X, Peng Y, et al. Effects of supersaturation control strategies on hydroxyapatite (HAP) crystallization for phosphorus recovery from wastewater [J]. Environmental Science and Pollution Research, 2017 (24): 5791–5799.

[18] Cao L, Wang J, Xiang S, et al. Nutrient removal from digested swine wastewater by combining ammonia stripping with struvite precipitation [J]. Environmental Science and Pollution Research, 2019 (26): 6725–6734.

[19] Ebeling J M, Sibrell P L, Ogden S R, et al. Evaluation of chemical coagulation–

flocculation aids for the removal of suspended solids and phosphorus from intensive recirculating aquaculture effluent discharge [ J ] . Aquacultural Engineering，2003，29 ( 1-2 )：23-42.

[ 20 ] 高伟胜 . 化学沉淀法处理高浓度含磷废水 [ J ] . 工业用水与废水，2012，43 ( 4 )：24-26.

[ 21 ] 梅翔，王欣，杨旭，等 . 利用白云石提供钙镁源从污泥厌氧消化液中回收磷 [ J ] . 水处理技术，2012，38 ( 12 )：48-53.

[ 22 ] Crutchik D，Garrido J M. Struvite crystallization versus amorphous magnesium and calcium phosphate precipitation during the treatment of a saline industrial wastewater [ J ] . Water Science and Technology，2011 ( 64 )：2460-2467.

[ 23 ] Kataki S，West H，Clarke M，et al. Phosphorus recovery as struvite：recent concerns for use of seed，alternative Mg source，nitrogen conservation and fertilizer potential [ J ] . Resource Conservation and Recycling，2016 ( 107 )：142-156.

[ 24 ] Muster T，Douglas G，Sherman N，et al. Towards effective phosphorus recycling from wastewater：quantity and quality [ J ] . Chemosphere，2013 ( 91 )：676-684.

[ 25 ] Peng L，Dai H，Wu Y，et al. A comprehensive review of phosphorus recovery from wastewater by crystallization processes [ J ] . Chemosphere，2018 ( 197 )：768-781.

[ 26 ] 黄颖，林金清，李洪临 . 鸟粪石法回收废水中磷的沉淀物的组成和晶形 [ J ] . 环境科学学报，2009 ( 2 )：353-359.

[ 27 ] Stratful I，Scrimshaw M D，Lester J N. Conditions influencing the precipitation of magnesium ammonium phosphate [ J ] . Water Research，2001，35 ( 17 )：4191-4199.

[ 28 ] Jaffer Y ，Clark T A ，Pearce P ，et al. Potential phosphorus recovery by struvite formation [ J ] . Water Research，2002，36 ( 7 )：1834-1842.

[ 29 ] Matsumiya Y，Nawamura Y，Yamasita T . Phosphorus Removal from Sidestreams by Crystallisation of Magnesium-Ammonium-Phosphate Using Seawater [ J ] . Water & Environment Journal，2010，14 ( 4 )：291-296.

[ 30 ] Stolzenburg P，Aurélie Capdevielle，Sébastien Teychené，et al. Struvite precipitation with MgO as a precursor：application to wastewater treatment [ J ] . Chemical Engineering Science，2015，133 ( 8 )：9-15.

[31] Rahman M M, Salleh M A M, Rashid U, et al. Production of slow release crystal fertilizer from wastewaters through struvite crystallization-A review [J]. Arabian Journal of Chemistry, 2014, 7 (1): 139-155.

[32] Cocchi, Giovanni. The relationship between thermal diffusivity, energy of activation and temperature rise in subcritical self heating of fuels in simple geometries [J]. Fuel, 2015 (158): 816-825.

[33] 黄自力, 夏明辉, 肖晶晶, 等. 鸟粪石结晶法回收废水中磷的研究 [J]. 工业安全与环保, 2009, 35 (10): 17-18.

[34] 苏双青, 传秀云, 马鸿文. 鸟粪石结晶法回收氮磷及其用作缓释生态肥研究 [J]. 无机盐工业, 2016, 48 (12): 58-63.

[35] 张冬梅, 程丽华, 郭小慧, 等. 鸟粪石沉淀法用于养猪场污水前处理的影响因素研究 [J]. 华南师范大学学报 (自然科学版), 2012, 44 (2): 99-102.

[36] Frawley P J, Mitchell N A, Clifford T O'Ciardhá, et al. The effects of supersaturation, temperature, agitation and seed surface area on the secondary nucleation of paracetamol in ethanol solutions [J]. Chemical Engineering Science, 2012 (75): 183-197.

[37] 畅萧, 曾薇, 王保贵, 等. 从剩余污泥厌氧发酵上清液中以鸟粪石形式回收磷 [J]. 环境科学, 2019, 40 (9): 4169-4176.

[38] 周梨. 污水厂尾水的流化床诱导 HAP 结晶除磷技术研究 [D]. 长沙: 长沙理工大学, 2020.

[39] 谷彩霞, 张超杰, 李咏梅, 等. 牛骨粉为晶种的磷酸钙结晶法回收污泥发酵液中磷 [J]. 环境工程学报, 2015, 9 (7): 3127-3133.

[40] Guan W, Ji F Y, Chen Q K, et al. Phosphorus recovery using porous calcium silicate hydrate as seed crystal in form of hydroxyapatite [J]. Materials Research Innovations, 2014, 18 (1).

[41] 邹海明, 吕锡武, 李婷. 诱导 HAP 结晶回收污水中磷主要影响因素分析 [J]. 东南大学学报 (自然科学版), 2013, 43 (5): 1005-1010.

[42] 段金明, 张亚平, 方宏达, 等. 转炉渣诱导磷酸钙结晶法去除和回收废水中磷的研究 [J]. 环境工程学报, 2010, 4 (7): 1576-1580.

[43] Song Y, Hahn H H, Hoffmann E. The effect of carbonate on the precipitation of calcium phosphate. [J]. Environmental Technology, 2002, 23 (2).

[44] Nathalie B, Florent C, Yves C. Phosphorus removal from wastewater by mineral

apatite. [ J ] . Water Research，2006，40 ( 15 ) .

[ 45 ] 葛杰，钱锋，宋永会，等 . 白云石石灰流化结晶污水除磷工艺 [ J ] . 环境科学学报，2014，34 ( 6 )：1480-1488.

[ 46 ] 张蕊 . MAP 和 HAP 结晶法除磷工艺研究 [ D ] . 北京：北京市环境保护科学研究院，2012.

[ 47 ] Chen X C，Kong H N，Wu D Y，et al. Phosphate removal and recovery through crystallization of hydroxyapatite using xonotlite as seed crystal. [ J ] . Journal of Environmental Sciences ( China )，2009，21 ( 5 ) .

[ 48 ] 张林生，叶峰，吴海锁，等 . 多孔陶粒结晶床除磷试验研究 [ J ] . 东南大学学报 ( 自然科学版 )，2003 ( 5 )：664-667.

[ 49 ] 王铸，杜兵，刘寅 . 羟基磷酸钙结晶除磷研究进展 [ J ] . 环境工程，2015，33 ( 11 )：16-20.

[ 50 ] 赵亚丽，宋永会，钱锋，等 . 不同 Ca/P 比下碳酸根对磷酸钙沉淀反应回收磷的影响 [ J ] . 环境工程学报，2014，8 ( 5 )：1755-1760.

[ 51 ] 谭婧，丁丽丽，赵明宇，等 . 锌对磷酸铵镁和磷酸钙结晶回收磷的影响 [ J ] . 环境科学与技术，2010，33 ( 3 )：54-58.

[ 52 ] 任伟超，周振，黄星宇，等． 磷酸钙沉淀法同步去除污泥水中磷和腐殖质的优化研究 [ J ] ． 环境科学学报，2015，35 ( 11 )：3545-3551.

[ 53 ] Song Y，Hahn H H，Hoffmann E，et al. Effect of humic substances on the precipitation of calcium phosphate [ J ] . Journal of Environmental Sciences，2006，18 ( 5 ) .

[ 54 ] 宋永会，胡琼，代云容，等 . 三种有机酸对磷酸钙法回收模拟养猪场污水中磷的影响 [ J ] ． 环境科学学报，2014，34 ( 4 )：894-901.

[ 55 ] Mhla E，Koutsoukos P G.Heterogeneous crystallization of calcium hydrogen phosphate anhydrous ( monetite ) [ J ] UColloids SurfA，2017 ( 513 )：125-135.

[ 56 ] Liu J，Cheng X，Qi X，et al. Recovery of phosphate from aqueous solutions via vivianite crystallization: thermodynamics and influence of pH [ J ] . Chemical Engineering Journal，2018：S1385894718308714.

[ 57 ] 代洪亮．双污泥诱导结晶磷回收机理与工艺节能减排研究 [ D ] . 南京：东南大学，2017

[ 58 ] 王琳杰，余辉．HPA 晶法回收生活污水中磷的主要影响因素分析 [ J ] . 环境工程，2015，33 ( 12 )：5-9.

[59] Zou H, Wang Y. Phosphorus removal and recovery from domestic wastewater in a novel process of enhanced biological phosphorus removal coupled with crystallization [J] Bioresour Technol, 2016 (211): 87-92.

[60] Jang H, Kang H Phosphorus removal using cow bone in hydroxyapatite crystallization [J] WaterRes, 2002, 36 (5): 1324-1330.

[61] Ebbers B, Ottosen LM, Jensen P. Electrodialytic treatment of municipal wastewater and sludge for the removal of heavy metals and recovery of phosphorus [J]. Electrochimica Acta, 2015 (181): 90-99.

[62] Zhang M, Zheng K, Jin J, et al. Effects of Fe (II) /P ratio and pH on phosphorus removal by ferrous salt and approach to mechanisms [J]. Separation and Purification Technology, 2013 (118): 801-805.

[63] Perera M K, Englehardt J D, Dvorak A C. Technologies for recovering nutrients from wastewater: a critical review [J]. Environmental Engineering Science, 2019, 36: 511-529.

[64] Ye Y, Ngo H, Guo W, et al. Feasibility study on a double chamber microbial fuel cell for nutrient recovery from municipal wastewater [J]. Chemical Engineering Journal, 2019 (358): 236-242.

[65] 汪琴琴. 侧流处理技术强化 MUCT 工艺的除磷效率研究及磷回收分析 [D]. 成都：西南交通大学，2020.

[66] Sukacova K, Trtilek M, Rataj T. Phosphorus removal using a microalgal biofilm in a new biofilm photobioreactor for tertiary wastewater treatment [J]. Water Research, 2015 (71): 55-63.

[67] Brown N, Shilton A. Luxury uptake of phosphorus by microalgae in waste stabilisation ponds: current understanding and future direction [J]. Reviews in Environmental Science and Bio-technology, 2014 (13): 321-328.

[68] Adhikari U, Harrigan T, Reinhold D M. Use of duckweed-based constructed wetlands for nutrient recovery and pollutant reduction from dairy wastewater [J]. Ecological Engineering, 2015 (78): 6-14.

[69] López D, Sepúlveda M, Vidal G. Phragmites australis and Schoenoplectus californicus in constructed wetlands: development and nutrient uptake [J]. Journal of Soil Science and Plant Nutrition, 2016 (16): 763-777.

[70] Liu Y, Gu J, Liu Y. Energy self-sufficient biological municipal wastewater

reclamation: present status, challenges and solutions forward [J]. Bioresource Technology, 2018 (269): 513-519.

[71] Donatello S, Cheeseman C R. Recycling and recovery routes for incinerated sewage sludge ash (ISSA): a review [J]. Waste Management, 2013, 33 (11): 2328-2340.

[72] 林郁，刘雪瑜，宋永会，等. 利用白云石石灰去除和回收污泥消化液中磷的响应面法优化研究 [J]. 环境科学学报，2014，34 (5): 1268-1275.

[73] Wang R, Li Y, Chen W, et al. Phosphate release involving PAOs activity during anaerobic fermentation of EBPR sludge and the extension of ADM1 [J]. Chemical Engineering Journal, 2015 (287): 436-447.

[74] Balmér P. Phosphorus recovery--an overview of potentials and possibilities [J]. Water Science and Technology: A Journal of the International Association on Water Pollution Research, 2004, 49 (10): 185-190.

[75] 刘承芳. 过渡元素负载的超顺磁性纳米材料回收污水中磷酸盐的试验和机理研究 [D]. 济南：山东建筑大学，2020.

## 5 分散式污水处理技术

[1] 王改，孙伟斌，吴喜勇. SBR 法处理农村生活污水的现状分析 [J]. 河南科技，2019 (16): 154-156.

[2] 黄翀，黄东辉，黄宇，等. 关于一体式悬浮填料污水处理装置在农村污水分散式处理中的应用研究 [J]. 给水排水，2021，57 (S1).

[3] 王刚，刘春梅，赵雪莲，等. 缺氧接触氧化 - 生物转盘组合工艺处理农村生活污水 [J]. 中国给水排水，2019，35 (19): 99-104.

[4] 谢勇丽，曾霞，赵永生，等. 组合湿地净化农村散户生活污水研究 [J]. 水处理技术，2020，46 (7): 124-127.

[5] 符东，付馨烈，王成端，等. 稳定表流 - 潜流组合人工湿地系统处理生活污水的研究 [J]. 环境工程技术学报，2020，10 (4): 598-605.

[6] 陈繁荣，杨永强，吴世军，等. 高负荷地下渗滤污水处理复合技术破解我国小规模生活污水处理难题——中国科学院在分散型污水处理领域的成果 [J]. 科技促进发展，2016 (2): 217-222.

[7] 梁建军，彭俊侯，淑媛. 蚯蚓生态滤池处理农村生活污水试验研究 [J]. 中国

给水排水，2016，32（11）：16-19.
[8] 马长德，吕厚甫，卢金玉，等 . 蚯蚓土壤填料生态滤池处理生活污水［J］. 环境工程，2015，33（3）：37-41.
[9] 李宗宇，赵海涛，颜志俊，等 . 基于生物炭填料的蚯蚓生态滤池净化养殖污水的效果分析［J］. 环境污染与防治，2016，38（6）：10-14，19.
[10] 李军状，罗兴章，郑正，等 . 塔式蚯蚓生态滤池处理集中型农村生活污水工程设计［J］. 中国给水排水，2009，25（4）：35-38.
[11] 杨晶涵 . 东江高风险支流污染特征分析和人工湿地处理效果研究［D］. 兰州：兰州交通大学，2017.
[12] 聂发辉，黄敏峰，鲁秀国，等 . 生物接触氧化 - 潜流型人工湿地组合工艺处理农村生活污水的试验研究［J］. 应用化工，2018，47（10）：2162-2164.
[13] 兰书焕，高俊，李旭东，等 . 生物接触氧化 - 蔬菜型人工湿地处理农村生活污水［J］. 水处理技术，2019，45（5）：97-100.
[14] 韩璐瑶，吕锡武 . 水生蔬菜型湿地植物对氮、磷营养盐的吸收动力学［J］. 环境工程学报，2017（5）：2828-2835.
[15] 樊均德，陈靖，邓霞，等 . 低温下水芹对生活污水中氨氮、正磷酸盐的去除效果［J］. 湖北农业科学，2016（1）：43-45.
[16] 易齐涛，李慧，章磊，等 . 厌氧 - 生物滤池 - 潜流人工湿地组合工艺处理农村生活污水效果评估［J］. 环境工程学报，2016，10（5）：2394-2400.
[17] 邓玉，何聪，倪福全，等 . 蚯蚓生态滤池 - 人工湿地组合装置低温下处理畜禽废水［J］. 水处理技术，2018，44（7）：90-94.

生态环境科技蓝皮书2021

中国环境科学研究院

# 中国固体废物和危险废物鉴别技术

## Identification Technology for Solid Wastes and Hazardous Waste

主编◎杨玉飞　副主编◎迭庆杞　王 菲　于泓锦

中国环境出版集团 · 北京

图书在版编目（CIP）数据

中国固体废物和危险废物鉴别技术 / 杨玉飞主编 . —北京：中国环境出版集团，2021.12
（生态环境科技蓝皮书 . 2021）
ISBN 978-7-5111-4957-2

Ⅰ . ①中… Ⅱ . ①杨… Ⅲ . ①危险废弃物—废物管理—研究报告—中国 Ⅳ . ① X705

中国版本图书馆 CIP 数据核字（2021）第 221714 号

出 版 人 武德凯
责任编辑 田 怡
责任校对 任 丽
封面设计 光大印艺

出版发行 中国环境出版集团
（100062 北京市东城区广渠门内大街 16 号）
网 址：http：//www.cesp.com.cn.
电子邮箱：bjgl@cesp.com.cn.
联系电话：010-67112765（编辑管理部）
发行热线：010-67125803，010-67113405（传真）
印 刷 玖龙（天津）印刷有限公司
经 销 各地新华书店
版 次 2021 年 12 月第 1 版
印 次 2021 年 12 月第 1 次印刷
开 本 787 × 1092 1/16
印 张 12.75
字 数 166 千字
定 价 1280.00 元（全八册）

# 丛书编写委员会

# 编委会

主　　编：杨玉飞

副 主 编：迭庆杞　　王　菲　　于泓锦

编写人员（按姓氏笔画排序）：

于　天　　王健媛　　刘婷婷　　杨金忠

周　奇　　周炳炎　　赵　彤　　郝雅琼

黄启飞　　黄泽春　　傅海辉

# 前言

固体废物处理处置是生态文明建设的重要内容，固体废物管理是我国环境管理的重点和难点，也是近年来我国的环境热点问题。随着社会经济的发展，固体废物的产生量也在飞速增加。2019年，全国一般工业固体废物产生量为44.1亿t，全国工业危险废物产生量达到8 126.0万t，生活垃圾产生量约3.4亿t，其中还不包括建筑废物、电子废物、废旧汽车等社会源废物，以及农村生活垃圾、农业废物等。巨大的固体废物产生量给环境带来了极大的风险，同时也给我国的环境管理带来了严峻的挑战。

党和国家高度重视固体废物污染环境防治工作，对我国固体废物污染环境防治工作做了一系列部署，固体废物的污染防治工作也提升到了前所未有的高度。2017年7月27日，国务院办公厅印发《禁止洋垃圾入境推进固体废物进口管理制度改革实施方案》（国办发〔2017〕70号），开始全面禁止洋垃圾入境。2019年1月21日，国务院办公厅印发《“无废城市”建设试点工作方案》（国办发〔2018〕128号），开启“无废城市”建设新阶段。2020年4月29日，十三届全国人大常委会第十七次会议审议通过修订后的《中华人民共和国固体废物污染环境防治法》，完善了固体废物污染环境防治制度。2021年5月25日，国务院办公厅印发《强化危险废物监管和利用处置能力改革实施方案》（国办函〔2021〕47号），该文件是我国危险废物污染环境防治的纲领性文件。

固体废物和危险废物鉴别是环境管理中明确环境管理对象的手段，在进口废物管理和危险废物环境管理中发挥着基础性作用，也是环境司法案件定性考量的重要依据，其作用涵盖固体废物和危险废物环境管理的全流程。一直以来，由于我国固体废物环境管理工作起步较晚，基础较为薄弱，对固体废物管理意识不强，尤其对固体废物和危险废物鉴别的作用和意义认识不够，致使全国对固体废物和危险废物鉴别原理、鉴别技术的研究十分匮乏。

中国环境科学研究院固体废物污染控制技术研究所（以下简称固体所）是我国最早成立的固体废物方面的专业研究所，一直作为国家固体废物和危险废物环境管理的重要支撑单位，在构建我国固体废物和危险废物鉴别体系中做了大量工作，建成的“国家环境保护危险废物鉴别与环境风险控制技术重点实验室”是生态环境部首个危险废物领域的重点实验室。固体所是国家危险废物鉴别专家委员会的秘书处单位，一直从事危险废物鉴别基本理论、鉴别技术和鉴别标准体系研究工作，主持并承担了《国家危险废物名录》2008年版、2016年版和2021年版的修订工作，以及7项危险废物鉴别标准和鉴别技术规范、鉴别方法标准的制修订工作，构建了较为完善的危险废物鉴别标准体系。固体所自2007年开展我国首例危险废物鉴别案例至今，已完成200余项危险废物鉴别案例。固体所作为我国危险废物鉴别工作的“引路人”，对提升我国危险废物鉴别整体技术水平和能力起到了重要作用。固体所主持制定的《固体废物鉴别标准　通则》（GB 34330—2017）是世界上第一项固体废物鉴别专业标准。制修订13项《进口可用作原料的固体废物环境保护控制标准》（GB 16487.1～13），构建了禁止固体废物进口的标准体系。每年承担海关、司法机关委托的进口废物鉴别案例不少于200项，为禁止洋垃圾入境、守护“国门”发挥了至关重要的作用。

考虑到固体废物和危险废物鉴别的重要性，以及我国固体废物和危险废物鉴别整体水平不高，缺乏对固体废物和危险废物鉴别技术、鉴别标准的理解和掌握的现状，编者结合固体所这些年从事的固体废物和危险废物鉴别相关研究工作，鉴别标准、《国家危险废物名录》的制修订工作，以及开展的固体废物鉴别和危险废物鉴别实践工作，梳理了固体废物鉴别和危险废物鉴别的理论和原理，系统介绍了《国家危险废物名录》、危险废物鉴别系列标准和规范、固体废物鉴别标准和进口废物鉴别标准的关键内容和制定依据，结合鉴别工作案例阐述鉴别技术要点，归纳总结了固体所在固体废物和危险废物鉴别领域的工作成果，希望对提高固体废物和危险废物产生者以及环境管理者对鉴别的认识水平、提高固体废物和危险废物鉴别从业人员的技术水平、推进固体废物和危险废物鉴别工作的发展有一定的帮助。

本书共分6章。第1章着重介绍了固体废物鉴别的原理、方法和标准体系，在支撑禁止洋垃圾入境改革工作中的成果；第2章重点介绍了《国家危险废物名录》制修订过程、依据、方法和重点内容的阐释以及获得的成果；

第 3 章详细介绍了我国危险废物鉴别标准和方法制修订的技术依据和关键内容，有助于读者对鉴别标准深入理解，促进鉴别标准在鉴别工作中的应用；第 4 章、第 5 章是典型固体废物鉴别和危险废物鉴别案例的总结与分析；第 6 章是对固体废物鉴别和危险废物鉴别发展的展望和建议。

本书由杨玉飞任主编，负责完成全书篇章设计、部分章节的编写以及各章节定稿工作；迭庆杞、王菲、于泓锦任副主编，负责全书主要章节编写、审校和定稿工作。各章节编写主要人员如下：前言杨玉飞、黄泽春；第 1 章于泓锦、周炳炎；第 2 章杨玉飞、黄泽春、黄启飞；第 3 章迭庆杞、王菲、周奇、杨金忠；第 4 章于泓锦、赵彤；第 5 章王菲、傅海辉、郝雅琼；第 6 章迭庆杞、王菲、于泓锦。

在本书的编写过程中，得到了生态环境部固体废物与化学品司领导和中国环境科学研究院领导的指导和大力支持，得到了固体所领导和其他同事的鼎力相助，特此致谢。另外，王健媛、于天等参与了校对、修改和部分内容编写工作，一并向所有参与编写的人员表示感谢。

由于时间仓促，编者水平及其他条件有限，书中疏漏之处，恳请专家、学者和广大读者批评指正。

编者

2021 年 10 月

# 目录

# 1

# 固体废物鉴别

Solid Wastes Identification

## 1.1 固体废物（进口废物）鉴别工作历程

固体废物属性鉴别是固体废物环境管理的基础，尤其在打击洋垃圾走私活动中发挥了重要的技术支持作用。中国环境科学研究院固体废物污染控制技术研究所（以下简称固体所）是全国最早开展固体废物属性鉴别工作的机构，自成立以来，累计完成 1 100 多项固体废物属性鉴别报告，围绕固体废物进口管理开展了大量卓有成效的研究工作，如支持禁止洋垃圾入境技术，推进固体废物进口管理制度改革工作，主持编制《固体废物鉴别标准　通则》（GB 34330—2017），主持 13 项《进口可用作原料的固体废物环境保护控制标准》（GB 16487.1～13）编制及相关修订工作，参与《进口货物的固体废物属性鉴别程序》制定，参与进口废物目录动态调整，参与制定再生原料产品质量标准等支撑管理工作。根据鉴别依据的不同，可以将鉴别工作分为两个时期（见图 1-1）。

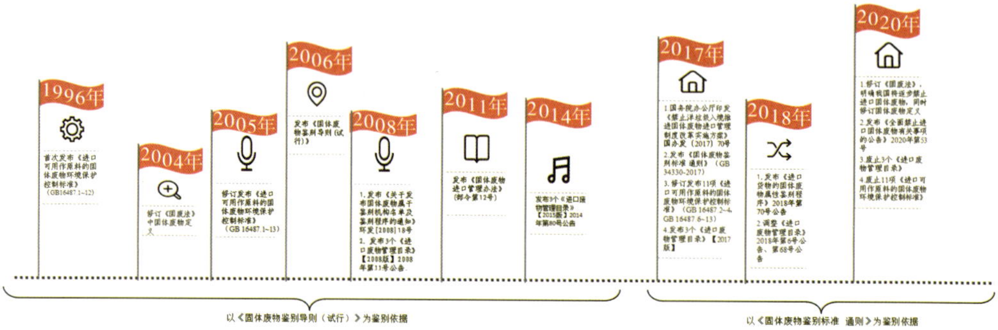


图 1-1　固体废物鉴别工作的两个重要时期

### 1.1.1　以《固体废物鉴别导则（试行）》为依据时期

我国固体废物鉴别工作起步于 21 世纪初，2000 年前后口岸监管和缉私部门发现了一些不允许进口的固体废物，包括放射性废物、工业危险废物、生活垃圾等，企业采取伪报、瞒报、错报、以次充好、违规、违法等方式进口来牟取经济利益，管理中需要对查扣的疑似固体废物的货物进行物质属性判断。2008 年北京奥运会时期，沿海地区监管和执法机构查扣了很多批货物，固体废物鉴别案件数出现了第一次高峰。2000—2010 年，环保部门建立了固体废物初步鉴别管理体系，包括以下几方面内容。

#### 1.1.1.1　固体废物法律定义

2004 年修订的《中华人民共和国固体废物污染环境防治法》（以下简称《固废法》）中定义固体废物为“在生产、生活和其他活动中产生的丧失原有利用价值或者虽未丧失利用价值但被抛弃或者放弃的固态、半固态和置于容器中的气态的物品、物质以及法律、行政法规规定纳入固体废物管理的物品、物质”。该定义将重点放在了物质的产生来源和物质的状态上，高度概括了固体废物两个最本质的特征：丧失原有利用价值和被抛弃，这是固体废物的本源思想。

鉴别工作中，对一些明确来自废弃产品类的货物，由于具有明显的废弃特征，符合固体废物法律定义的本质含义，所以，鉴别报告中经常会应用法律定义作为判断依据。这一考虑很有必要，对一些无争议的产品类废物或容易达成固体废物共识的货物，可以快速为委托单位出具鉴别结论，但是很多鉴别机构的人员都忽略了这一点，生搬硬套鉴别标准规则和产品技术指标，甚至机械性地认为鉴别样品只要一项或几项指标不满足产品标准要求就可以将其判定为固体废物。固体废物的法律定义始终是鉴别管理的根，本身就是鉴别判断准则，可以解决绝大部分固体废物的物质属性问题，如工农业生产和生活中的残余物、消费产品类废物等，在鉴别实践中切不可忽视和动摇。

### 1.1.1.2 《固体废物鉴别导则（试行）》

面对复杂的被查扣的疑似固体废物物质，不可能都利用固体废物定义来判断，因为高度概括的法律定义也会有其局限性，鉴别判断过程中对很多未知来源的样品不可能都凭物质外观特征来判断，最典型的如外观废弃特征不明显的化工废物和冶金废物的灰、渣、泥，需要建立扩展的鉴别规则才能适应。2006 年 4 月 1 日，我国发布了《固体废物鉴别导则（试行）》，该导则在我国首次以规范性文件形式建立了固体废物鉴别判断规则和方法，直到《固体废物鉴别标准　通则》（GB 34330—2017）实施后才废止，但该导则的一些思想理念对今后的固体废物鉴别工作仍有借鉴意义，如产品是有意识、有目的、有质量控制的加工产物，复杂难鉴别的物质要从多角度考虑并进行综合判断等。2011 年 4 月，环境保护部、海关总署等部门联合发布了《固体废物进口管理办法》，其中第 28 条明确规定“本条所涉进口固体废物的鉴别，应当以《固体废物鉴别导则》为依据”，确立了该导则的重要地位，在固体废物鉴别管理中发挥了巨大作用。导则的主要内容包括：①适用范围；②鉴别判断的步骤程序；③固体废物的范围；④固体废物与非固体废物鉴定的综合判断。

### 1.1.1.3 固体废物鉴别程序

为了规范进口废物鉴别工作，2008 年国家环境保护总局、海关总署、国家质检总局联合发布了《关于发布固体废物属性鉴别机构名单及鉴别程序的通知》（环发〔2008〕18 号）。其中，《固体废物属性鉴别程序（试行）》首次提出了鉴别工作中应明确鉴别样品的物品属性和固体废物属性，其中物品属性是指鉴别样品具有什么样的理化特征（特性）、是怎样产生的，也可称为物质产生来源属性；固体废物属性是指经过鉴别确定的固体废物名称和类别。该程序指明了固体废物属性鉴别的工作方向和遵循方法。

### 1.1.1.4 进口废物环控标准

1996 年我国首次发布《进口可用作原料的固体废物环境保护控制标准》（GB 16487.1～12—1996），包括骨废料、冶炼渣、木废料、废纤维、废纸、废钢铁、废有色金属、废电机、废电线电缆、废五金电器、废船、废塑料 12 项国家标准，该系列标准对资源性废物的进口管理具有重要作用，是口岸检验机构执行通关的依据，虽然对这些货物的检验不涉及废物和非废物的问题，但进口废物标准及检验规程总体上属于固体废物鉴别范畴。从实践来看，鉴别货物能否通关放行比判定货物是否属于固体废物更受企业关注，判断货物属于限制进口类还是禁止进口类废物，这套环控标准就是把关废物进口的直接依据。

#### 1.1.1.5 进口废物管理目录

对判断为是废物的物质还必须要进行废物的类别判断，确定是《非限制进口类可用作原料的固体废物目录》《限制进口类可用作原料的固体废物目录》《禁止进口固体废物目录》中的哪一类废物。

### 1.1.2 以《固体废物鉴别标准　通则》为依据时期

《固体废物鉴别标准　通则》（GB 34330—2017）取代《固体废物鉴别导则（试行）》是固体废物鉴别管理的升级。

#### 1.1.2.1 新版《固废法》关于固体废物鉴别的要求

2020 年 4 月 29 日全国人大常委会通过了新版《固废法》，修订了固体废物的定义："是指在生产、生活和其他活动中产生的丧失原有利用价值或者虽未丧失利用价值但被抛弃或者放弃的固态、半固态和置于容器中的气态的物品、物质以及法律、行政法规规定纳入固体废物管理的物品、物质。经无害化加工处理，并且符合强制性国家产品质量标准，不会危害公众健康和生态安全，或者根据固体废物鉴别标准和鉴别程序认定为不属于固体废物的除外。"

新版《固废法》对固体废物进口管理规定如下：第 23 条规定"禁止中华人民共和国境外的固体废物进境倾倒、堆放、处置"；第 24 条规定"国家逐步实现固体废物零进口，由国务院生态环境主管部门会同国务院商务、发展改革、海关等主管部门组织实施"；第 25 条规定"海关发现进口货物疑似固体废物的，可以委托专业机构开展属性鉴别，并根据鉴别结论依法管理”。

这意味着我国固体废物进口管理体系发生了根本性的变化，由过去的进口行政许可审批、严格监管、符合环保标准要求、纳入不同目录分类管理的复杂体系，转变成全面禁止固体废物进口的管理要求，鉴别标准将发挥重要作用，鉴别是阻止洋垃圾入境的技术措施。

#### 1.1.2.2 《固体废物鉴别标准　通则》

《固体废物鉴别标准　通则》（GB 34330—2017）是我国进口废物管理的第一个强制性国家标准，是对实施多年的导则的一次总体提升，在总结数百项鉴别案例的基础上、在分析固体废物来源类别和特征（特性）的基础上，创新性地构建了依据物质产生来源和利用处置过程的固体废物鉴别判断准则，建立了副产品非废物和副产物废物的鉴别理念并明确界定了一些基础概念，建立了固体废物加工产物不再属于固体废物的基本判定条件，适当扩大了非固体废物鉴别判断的来源范围，还建立了固体废物的废液和非固体废物的废水的区分准则，比过去的鉴别导则具有更好的适应性和可执行性，是目前各鉴别机构在鉴别判断时都必须遵循的技术标准。

#### 1.1.2.3　修订进口废物环控标准

进口废物标准既是进口废物原料通关检验的判定依据，也是固体废物鉴别中对进口废物合格判定的依据。

我国于 2005 年和 2017 年两次修订了进口废物系列环控标准。2005 年修订实施的标准共有 13 项（GB 16487.1～13—2005），包括骨废料、冶炼渣、木废料、废纤维、废纸、废钢铁、废有色金属、废电机、废电线电缆、废五金电器、废船、废塑料、废汽车压件。由于骨废料已于2009年禁止进口，废纤维于2017年禁止进口，所以2017年修订《进口可用作原料的固体废物环境保护控制标准》（GB 16487.1～13—2017）时直接取消了骨废料、废纤维两项标准，发布实施了冶炼渣、木废料、废纸、废钢铁、废有色金属、废电机、废电线电缆、废五金电器、废船、废塑料、废汽车压件11项环控标准，再次提高了标准限值要求，按时完成了《禁止洋垃圾入境推进固体废物进口管理制度改革实施方案》（以下简称《改革实施方案》）的一项重要任务。目前，这11项标准已被废止，完成了它的历史使命。

### 1.1.2.4 固体废物鉴别程序

2017年，环境保护部固体处组织对固体废物属性的鉴别程序进行修订，经过反复讨论修改和征求意见，生态环境部与海关总署于2018年12月26日联合发布了《进口货物的固体废物属性鉴别程序》，新程序更有利于支持海关开展打击洋垃圾入境活动，有利于规范鉴别工作。内容包括总则以及固体废物属性鉴别工作程序、固体废物属性鉴别技术规定、鉴别机构管理3个方面，对各鉴别机构的鉴别判断提出了明确的规范性要求，除鉴别所涉及的程序性、管理性的核心内容之外，还进一步明确了鉴别的来源判断方法、采样要求和鉴别判断依据。

### 1.1.2.5 进口废物管理目录

我国《进口废物管理目录》自2005年以来经历过多次调整，逐步形成《限制进口类可用作原料的固体废物目录》《非限制进口类可用作原料的固体废物目录》《禁止进口固体废物目录》3个管理目录，目录调整也是《改革实施方案》

的重要任务之一。

2017 年 8 月 16 日，环境保护部、商务部、海关总署等部门发布《进口废物管理目录》，到 2017 年年底，禁止目录 125 种废物，限制目录 32 种，非限制目录 18 种，2017 年 12 月 31 日起执行。

2018 年 4 月 19 日，生态环境部、商务部、海关总署等发布 2018 年第 6 号公告，将废五金类、废船、废汽车压件、冶炼渣、工业来源废塑料等 16 个品种的固体废物从限制目录调入禁止目录，自 2018 年 12 月 31 日起执行；将不锈钢废碎料、钛废碎料、木废碎料等 16 个品种的固体废物从限制目录、非限制目录调入禁止目录，自 2019 年 12 月 31 日起执行。

2018 年 12 月 21 日，生态环境部、商务部、海关总署等发布了 2018 年第 68 号公告，将废钢铁、废铜、废铝等 8 个品种的固体废物从非限制类进口废物目录调入限制类进口废物目录，自 2019 年 7 月 1 日起执行。

## 1.2 固体废物（进口废物）鉴别原理

固体废物鉴别不是单纯的实验分析和按规程进行检验操作，是建立在对物质来源进行分析的基础上并按照鉴别规则判断物质属性的一个完整的评判活动过程。其中，物质来源分析是固体废物鉴别的立足点，主要是指物质的基本产生过程，即这一类物质的产生过程，并不在意鉴别样品来源的具体时间或地点、谁所拥有和被谁抛弃。例如，鉴别一批电子废物，只要搞清楚它们是否属于回收报废的电子产品及其回收拆解目的即可，不需要搞清楚是来自哪个生产工厂、哪个回收点、何时回收等细节；又如，鉴别冶金残渣，只要确定其来自哪类冶金工艺过程即可，并不需要追溯到产生工厂、产生数量等细节。

那该如何进行鉴别样品的源解析呢？通过多年的鉴别实践，固体所总结出鉴别过程中的一些实用方法，诸如物质特征特性分析法、工艺流程节点分析法、资料对比分析法、专家判断分析法、环境污染分析法、现场实地调研方法等，在开展固体废物鉴别过程中，这些方法是相互关联、互为补充的，需根据不同的鉴别对象，单独或组合使用。

## 1.2.1 物质特征和特性分析法

任何物质都有区别于其他物质的特征和特性，是不同来源途径物质的独特表现所在，紧扣物质的特征和特性是鉴别的关键。那么，由于物质来源途径的复杂性以及种类的多样性，使不同物质的特征特性千差万别，在鉴别时不需要搞清楚物质的所有特征特性，根据物质类别不同有针对性地应用，有些容易鉴别判断的抓住外在特征就可以，非常复杂的样品其特性分析自然多一些，也要抓住其内在特征。

### 1.2.1.1 外观特征

外观特征是指人们对物质的感官感受，主要包括①物理形状，如粉状、粒状、碎屑、块状等；②物质形态，如固态、气态、液态；③物质的颜色，如单色、杂色或是主杂混合颜色等；④物质气味，如无味、霉味、氨味等；⑤物质脏污、混杂和破损程度；⑥软硬和强度；⑦包装特征；等等。无论是货物现场鉴别，还是送检样品的实验鉴别，首先都要准确地记录和描述鉴别物质的外观特征，尤其对于废弃特征非常明显的产品类货物，可通过物质的外观特征进行鉴别判断。例如，橡胶输送带、橡胶轮胎、橡胶板、橡胶密封条、未硫化混炼胶、天然胶生胶块、橡胶加工产生的下脚料、橡胶制品裁剪产生的边角料等其外观特征各不相同，利用外观差异可以判断其基本产生来源。

### 1.2.1.2　物理特性

利用物理特性进行物质来源分析和鉴别判断是固体废物鉴别中常用的方法，鉴别过程中需要根据物质自身特点选择有针对性的物理特性指标。首先可以采用排除法，排除掉不必要的物理特性指标，如对于干燥的样品可不测定含水率；对于无机物样品一般不需要测定热值、黏度；对于大块的非细粉末样品不需要测定粒度分布和电镜形貌特征等。其次分析其他物理特性指标，常选择的物理特性指标有①含水率和烧失率；②粉末样品粒径分布和形貌特征；③样品不同部分的百分比（筛上物占比、筛下物占比、过滤残余物等）；④塑料和橡胶材料的拉伸强度、断裂伸长率、定伸应力；⑤黏稠油液样品馏程分布；⑥热值；⑦密度、黏度；⑧吸附过滤材料的过滤性能（渗透速率、吸附效率）；⑨吸磁性；⑩样品的水溶解性和挥发性；⑪总固体残渣。

### 1.2.1.3　化学特性

当不能依据外观和物理特性确定物质的产生来源和废物属性时，则需对鉴别样品进行基本化学特性分析，以了解物质的内在特征、复杂特性，从而分析样品的真实来源。物质的化学特性有很多，但需要说明的是废物属性鉴别不是进行物质理化性质的全解析，不完全等同于产品质量检验，更不是产品化学性质、工艺特性的研发探究，而是物质来源过程的模拟再现或推导再现。化学特性分析主要集中在化学组成（化学元素或成分）及其含量分析、物相构成分析上，还包括化学分子量、燃烧性能、酸值、酸溶解性、在有机溶剂中的溶解性、硫化特性、挥发性有机气体、危险特性（如腐蚀性、浸出毒性、毒性物质含量、易燃性、反应性、急性毒性）等。

#### 1.2.1.4 使用性能

这里的物质使用性能强调的是废物属性鉴别中对样品从产品或材料的使用性能或技术指标角度进行的特性分析，通过判断是否符合产品的使用性能要求来推导分析物质来源属性和废物属性。使用性能分析不是鉴别工作中必须使用的方法，不是所有样品鉴别都需要进行使用性能分析，因为物质属性鉴别并不是直接着眼于如何利用产品或利用废物。只有对于某些特定材料性物质，特定产品类物质，或者依据前面讨论的理化特性还无法判断的物质，才需要从使用性能角度分析物质的基本属性，是物质特性分析的高级层面，是鉴别工作中难度较大的方面。但正如前文所述，固体废物鉴别不是产品或物质特性的全解析、全分析，物质使用性能分析也只能是有选择性地进行，抓住物质的关键或特征指标即可，同时尽量按照产品标准的关键指标进行分析。

### 1.2.2 工艺流程节点分析法

工业生产中的产品、副产品、原辅材料、产品类废物、副产物废物、环境保护或污染控制设施产生的废物，无论是容易鉴别判断的物质，还是难以鉴别判断的物质，都是源自生产工艺过程或相伴产生，这就是物质的来源过程或产生属性。长期以来，我国固体废物环境管理提出全过程管理方式，其实质是重视产生来源和去向的过程管理。在固体废物鉴别中，对物质、物品的鉴别判断依然要着眼产生来源这一根本点，将鉴别物质放到产生工艺过程中予以考虑，才能正确判断出该物质是否为固体废物，我们将这种方法归结为工艺流程节点分析法。

在鉴别过程中，工艺流程节点分析是建立在物质产生流程和运行过程基础上的分析方法，通用流程如图 1-2 所示，即对物质来源的分析最终都可归集到这个物质的产生流程和运行过程，并判断是哪一个工艺环节和流程节点产生的物质。工艺流程节点分析法的要点包括①研究样品理化特性，推导样品来源方向；②查找样品产生来源资料，验证来源方向的初步推断；③确定样品工艺流程节点及其产物。

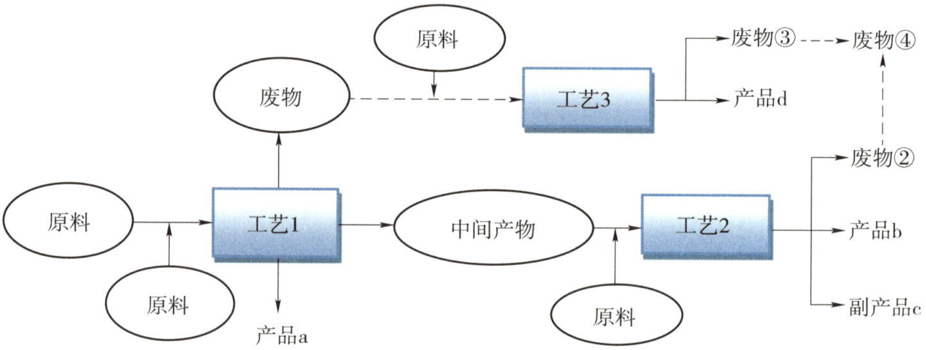


注：图中虚线表示废物可能的运行路径。

图 1-2　生产工艺流程示意

## 1.2.3　物质产生来源的其他分析方法

### 1.2.3.1　资料对比分析法

资料对比分析法是一个范围非常宽泛的概念，只要是利用查找的资料与鉴别样品的信息并通过比对分析来判断其来源属性的方法都属于该范畴。资料对比分析法是运用科学逻辑思维对鉴别过程中所获得的资料进行研究、判断和推测，以获得和揭示鉴别样品的特征特性和来源过程。资料对比分析法是废物鉴别中应用最普遍的方法，是所有鉴别人员、所有鉴别判断都无法绕开、必然使用的方法，鉴别水平的高低、鉴别经验的多少、鉴别速度的快慢都建立在所掌握的文献资料基础之上，建立在对鉴别样品正确判断来源的基础之上，固体废物鉴别很大程度上就是对样品特征特性和所掌握资料的对比分析判断。

#### 1.2.3.2 专家判断分析法

专家预测法是社会学中的一种调查方法，具体形式包括①专家会议调查方法；②头脑风暴法；③德尔菲法；④个人判断法；⑤集体判断法。固体废物鉴别涉及各种来源的样品，即使经验丰富的鉴别人员也会遇到陌生的样品，当知识和经验不足时难免会束手无策。面对这种情况，解决办法之一是鉴别人员咨询相关专家，借助专家的知识和经验获得鉴别样品产生来源的办法，专家判断分析法是鉴别中的又一法宝，非常实用且有效。采用专家判断分析法具有以下优势：一是避免鉴别人员知识和能力的局限性，充分利用社会“外脑”为鉴别判断服务，开阔鉴别人员视野，确保鉴别结果正确可靠；二是快速判断鉴别样品的特性和来源，节省鉴别时间，从而节省货物在口岸的积压时间和成本，有利于案件快速解决；三是有利于全面了解鉴别样品的来源过程和理化特性，积累各类鉴别样品的知识，提升鉴别判断的专业化水平；四是直接为鉴别过程中遇到的难点问题提供答案和解决办法。

#### 1.2.3.3 环境污染分析法

固体废物鉴别不是管理的直接目的，而是管理的技术支持手段，是管理的过程节点，根本目的是防治污染、保护生态环境、保护人们的身体健康。那么，从环境污染的角度分析和看待鉴别样品，是鉴别人员应有的视角和必备素养。例如：①与同类初级产品相比，该物质的使用是否对环境有害；②同相应原材料相比，鉴别物品作为原材料使用时，是否产生更大的环境污染风险和危害健康的风险；③看鉴别样品中是否含有对环境有害的成分，而这些成分通常在所替代的原料或产品中没有，在再循环过程中不能被有效利用；④以肥料名义报关进口的物质要确认其是否满足国家肥料标准的要求，防止进口商假借肥料名义进口固体废物；⑤由废物经过再加工处理得到的产物，是否仍属于固体废物；⑥对于废水或废液（包括固体废物填埋场产生的渗滤液）处理过程中产生的浓缩液，既不是产品，也不是废水，不能直接进入废水处理设施，应当按照固体废物来管理；⑦在污染场地修复、处理过程中，采用下列任何一种方式处置或利用的污染土壤应按照固体废物进行管理：填埋、焚烧、水泥窑协同处置、生产砖/瓦等其他建筑材料、作为筑路材料或者生产筑路材料；⑧避免进入环境污染分析法的误区，即不能将所有不符合环保要求的物质、物品，或者受到污染的物质、物品，都从严判定为固体废物，这样做会导致固体废物扩大化，在管理上和法理上都难以行得通。

#### 1.2.3.4 实地调研法

俗话说“百闻不如一见”，这句话强调的是实地了解情况的重要性。在固体废物鉴别中实地调研同样重要，对鉴别人员可以起到“四两拨千斤”和“茅塞顿开”的作用，如果能实地调研鉴别样品同类或近似物质的产生来源过程，对全面掌握样品的来源属性很有帮助，也可以达到快速、准确鉴别判断的目的。当然，由于鉴别样品真实来源可能在境外，分布在世界各个地方，导致鉴别过程不能依赖于实地调研。事实上，不能鼓励所有鉴别都建立在实地调研的基础之上，更不能盲目地进行实地调研，这样既不现实、不经济，也达不到真正掌握物质产生来源和物质特性的目的。因此，实地调研只能在条件许可的情况下有选择地进行。

## 1.3 国家禁止废物进口行动支撑工作

2017 年 4 月，中央全面深化改革领导小组第 34 次会议审议通过了《关于禁止洋垃圾入境推进固体废物进口管理制度改革实施方案》，这是党中央、国务院在新时期新形势下做出的一项重大决策，是保护生态环境安全和人民群众身体健康的一项重要制度改革。2017 年 7 月，国务院办公厅印发《改革实施方案》（见图 1-3），对各项任务进行了明确分工和安排，包括调整进口固体废物目录、提高固体废物进口门槛、开展打击洋垃圾走私行动、从严审查进口固体废物申请、增加固体废物鉴别机构、修订完善相关法规制度、整治固体废物集散地等内容。为配合相关主管部门落实《改革实施方案》的各项任务要求，固体所主持制定《固体废物鉴别标准　通则》（GB 34330—2017）、《进口可用作原料的固体废物环境保护控制标准》（GB 16487.2～4—2017、GB 16487.6～13—2017）、《进口货物的固体废物属性鉴别程序》等，明确了固体废物判定准则，提高了固体废物进口门槛，规范了进口货物固体废物属性鉴别程序，为打击洋垃圾入境制度改革提供了有力的技术支撑。

中华人民共和国中央人民政府
www.gov.cn

简 | 繁 | EN | 注册 | 登录

国务院 总理 新闻 政策 互动 服务 数据 国情 国家政务服务平台

首页 > 信息公开 > 国务院文件 > 城乡建设、环境保护 > 环境监测、保护与治理

收藏 留言

索 引 号：000014349/2017-00149　　主题分类：城乡建设、环境保护\环境监测、保护与治理
发文机关：国务院办公厅　　成文日期：2017年07月18日
标　　题：国务院办公厅关于印发禁止洋垃圾入境推进固体废物进口管理制度改革实施方案的通知
发文字号：国办发〔2017〕70号　　发布日期：2017年07月27日
主 题 词：

国务院办公厅关于印发禁止洋垃圾入境
推进固体废物进口管理制度改革
实施方案的通知
国办发〔2017〕70号

各省、自治区、直辖市人民政府，国务院各部委、各直属机构：
《禁止洋垃圾入境 推进固体废物进口管理制度改革实施方案》已经国务院同意，现印发给你们，请认真贯彻执行。

国务院办公厅
2017年7月18日

相关报道
· 国务院办公厅印发《禁止洋垃圾入境推进固体废物进口管理制度改革实施方案》

解读
· 全面禁止洋垃圾入境 提升固体废物回收利用水平
· 全面禁止洋垃圾入境 维护国家

图 1-3　国务院办公厅印发《改革实施方案》

## 1.3.1　制修订进口固体废物相关标准

### 1.3.1.1　制定《固体废物鉴别标准　通则》（GB 34330—2017）

《固体废物鉴别标准　通则》（GB 34330—2017），共分 9 个部分，分别为①前言；②适用范围；③规范性引用文件；④术语和定义；⑤依据产生来源的固体废物鉴别；⑥在利用和处置过程中的固体废物鉴别；⑦不作为固体废物管理的物质；⑧不作为液态废物管理的物质；⑨实施与监督（见图 1-4）。

《固体废物鉴别标准　通则》（GB 34330—2017）的主要内容包括：

（1）建立了固体废物鉴别的相关概念体系

本部分为执行本标准制定的专门术语和对容易产生歧义的名词进行了定义，

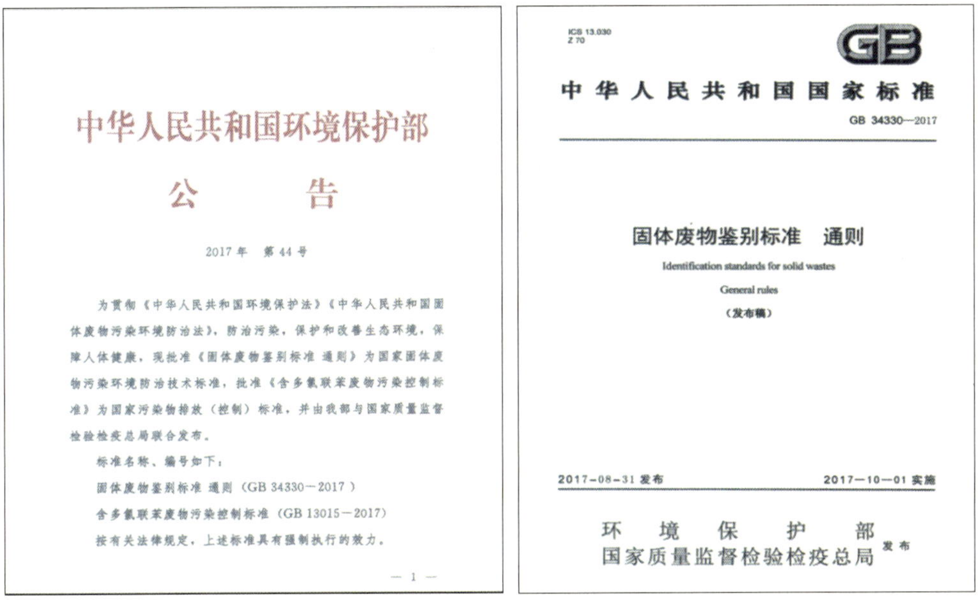

中华人民共和国环境保护部

公　　告

2017 年　第 44 号

为贯彻《中华人民共和国环境保护法》《中华人民共和国固体废物污染环境防治法》，防治污染，保护和改善生态环境，保障人体健康，现批准《固体废物鉴别标准 通则》为国家固体废物污染环境防治技术标准，批准《含多氯联苯废物污染控制标准》为国家污染物排放（控制）标准，并由我部与国家质量监督检验检疫总局联合发布。

标准名称、编号如下：

固体废物鉴别标准 通则（GB 34330—2017）

含多氯联苯废物污染控制标准（GB 13015—2017）

按有关法律规定，上述标准具有强制执行的效力。

— 1 —

ICS 13.030
Z 70

GB

中华人民共和国国家标准

GB 34330—2017

固体废物鉴别标准　通则

Identification standards for solid wastes

General rules

（发布稿）

2017-08-31 发布　　2017-10-01 实施

环　境　保　护　部
国家质量监督检验检疫总局　发布

图 1-4 《固体废物鉴别标准　通则》

具体包括固体废物、副产物、目标产物（包括产品和副产品）、固体废物鉴别的概念及其关系，废水和废液的区分原则和关系，固体废物与污染土壤的区分原则，固体废物利用、处置、处理等概念，这些概念是固体废物管理和鉴别管理的基础，有利于形成统一认识。

（2）确定了“依据产生来源的固体废物鉴别”判断准则

根据产生来源，给出了属于固体废物的四类物质，包括丧失原有使用价值的物质、生产过程中产生的副产物、环境治理和污染控制过程中产生的物质、法律禁止使用的物质；每一类物质项下分别详细列举了 9 种、13 种、14 种和 2 种最常见的产生工艺，以及最典型、最常见和危害性最大的 13 种、59 种、21 种和 2 种具体固体废物种类，该部分包含了我国固体废物 90% 以上产生量的固体废物大类，具有较强的操作性。

（3）确定了“利用和处置过程中的固体废物鉴别”判断准则

首先是根据固体废物利用和处置方式进行鉴别，明确指出固体废物以填埋、焚烧、倾倒、能量回收等8种方式中的任何一种利用或处置时，仍作为固体废物管理；其次是固体废物加工到什么程度不再属于固体废物，形成了以固体废物为原料生产产物的属性判断规则。

（4）明晰了“不作为固体废物管理的物质”

不作为固体废物管理的物质包括两个方面：一方面是不属于《固废法》管理范围的物质，以及本不属于固体废物而易被误解为固体废物的物质，即固体废物排除；另一方面是一些进行生态还原特定处置，不会对环境产生不利影响的固体废物，即固体废物豁免。初步建立了固体废物排除和豁免清单。

（5）明确了“不作为液态废物管理的物质”

列出了不作为液态废物管理的三类废水、污水，明确了废水与液态废物的区分原则，有利于废液的管理。

#### 1.3.1.2 修订《进口可用作原料的固体废物环境保护控制标准》

为落实《改革实施方案》的要求，2017年5月，环境保护部委托中国环境科学研究院对《进口可用作原料的固体废物环境保护控制标准》（GB 16487.1～13—2005）（以下简称《环控标准》）进行修订，由固体所组织落实。修订过程中，编制组对可用作原料进口固体废物的环境影响进行了研究，揭示了进口固体废物的污染特征，明晰了夹杂物的类型和污染特性，明确了进口固体废物加工利用过程中污染物迁移转化风险，建立了进口固体废物放射性污染控制指标和夹杂物为主的限制指标，有效加强了进口固体废物环境管理，防范进口固体废物及其夹杂物带来的环境污染风险。修订后，该系列标准共有11项，分别涉及冶炼渣、木废料、废纸、废钢铁、废有色金属、废电机、废电线电缆、废五金电器、废船、废塑料、废汽车压件，11项标准的框架结构以及主要控制指标基本相同（见表1-1），重点是放射性污染、夹杂物及危险废物，本次修订的重点是加严各类进口固体废物的夹杂物指标限值，提高入境门槛，保障我国生态环境安全和全国人民身体健康。

表 1-1 《进口可用作原料的固体废物环境保护控制标准》2017 年修订

| 序号 | 名称 | 标准号 |
|---|---|---|
| 1 | 进口可用作原料的固体废物环境保护控制标准 - 冶炼渣 | GB 16487.2—2017 |
| 2 | 进口可用作原料的固体废物环境保护控制标准 - 木、木制品废料 | GB 16487.3—2017 |
| 3 | 进口可用作原料的固体废物环境保护控制标准 - 废纸或纸板 | GB 16487.4—2017 |
| 4 | 进口可用作原料的固体废物环境保护控制标准 - 废钢铁 | GB 16487.6—2017 |
| 5 | 进口可用作原料的固体废物环境保护控制标准 - 废有色金属 | GB 16487.7—2017 |
| 6 | 进口可用作原料的固体废物环境保护控制标准 - 废电机 | GB 16487.8—2017 |
| 7 | 进口可用作原料的固体废物环境保护控制标准 - 废电线电缆 | GB 16487.9—2017 |
| 8 | 进口可用作原料的固体废物环境保护控制标准 - 废五金电器 | GB 16487.10—2017 |
| 9 | 进口可用作原料的固体废物环境保护控制标准 - 供拆卸的船舶及其他浮动结构体 | GB 16487.11—2017 |
| 10 | 进口可用作原料的固体废物环境保护控制标准 - 废塑料 | GB 16487.12—2017 |
| 11 | 进口可用作原料的固体废物环境保护控制标准 - 废汽车压件 | GB 16487.13—2017 |

#### 1.3.1.3 参与制定《进口货物的固体废物属性鉴别程序》

2018年12月，为贯彻《固废法》和《固体废物进口管理办法》，加强进口固体废物的环境管理，规范进口货物的固体废物属性鉴别工作，生态环境部、海关总署发布《进口货物的固体废物属性鉴别程序》（公告 2018 年 第 70 号）（以下简称《鉴别程序》）（见图 1-5）。

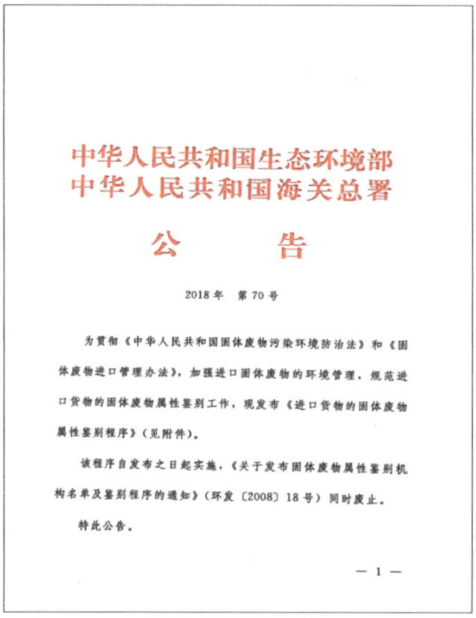

中华人民共和国生态环境部
中华人民共和国海关总署

公 告

2018 年 第 70 号

为贯彻《中华人民共和国固体废物污染环境防治法》和《固体废物进口管理办法》，加强进口固体废物的环境管理，规范进口货物的固体废物属性鉴别工作，现发布《进口货物的固体废物属性鉴别程序》（见附件）。

该程序自发布之日起实施，《关于发布固体废物属性鉴别机构名单及鉴别程序的通知》（环发〔2008〕18 号）同时废止。

特此公告。

— 1 —

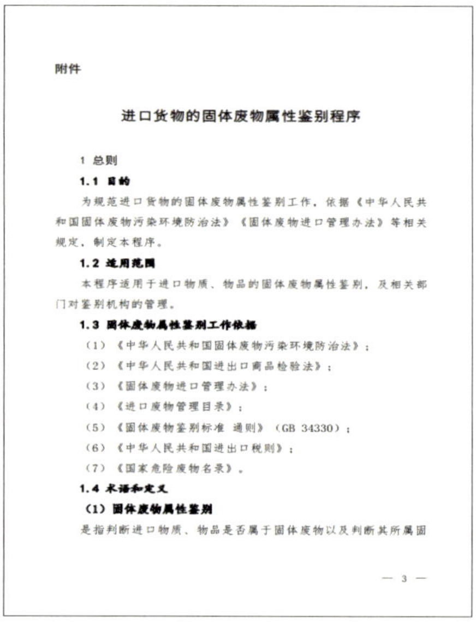

附件

进口货物的固体废物属性鉴别程序

1 总则

**1.1 目的**

为规范进口货物的固体废物属性鉴别工作，依据《中华人民共和国固体废物污染环境防治法》《固体废物进口管理办法》等相关规定，制定本程序。

**1.2 适用范围**

本程序适用于进口物质、物品的固体废物属性鉴别，及相关部门对鉴别机构的管理。

**1.3 固体废物属性鉴别工作依据**

（1）《中华人民共和国固体废物污染环境防治法》；
（2）《中华人民共和国进出口商品检验法》；
（3）《固体废物进口管理办法》；
（4）《进口废物管理目录》；
（5）《固体废物鉴别标准 通则》（GB 34330）；
（6）《中华人民共和国进出口税则》；
（7）《国家危险废物名录》。

**1.4 术语和定义**

**（1）固体废物属性鉴别**

是指判断进口物质、物品是否属于固体废物以及判断其所属固

— 3 —

图 1-5 《进口货物的固体废物属性鉴别程序》

《鉴别程序》主要包括 4 个部分内容，分别是总则、固体废物属性鉴别工作程序、固体废物属性鉴别技术规定、鉴别机构管理，具体内容如下。

（1）总则

总则包括目的、适用范围、固体废物属性鉴别工作依据、术语和定义。这一部分的重点是明确了本程序适用于进口物质、物品的属性鉴别，以及相关部门对鉴别机构的管理。

（2）固体废物属性鉴别工作程序

固体废物属性鉴别工作程序包括鉴别委托和受理、鉴别、复检、分歧或异议处理等。本部分是《鉴别程序》的重点章节，规范了开展固体废物属性鉴别

工作的程序，明确了每一步骤相关方的责任和义务，以及开展首次鉴别、复检鉴别及分歧或异议处理的具体情形。

（3）固体废物属性鉴别技术规定

固体废物属性鉴别技术规定包括采样要求、样品分析检测、样品属性鉴别判断、现场鉴别、鉴别报告编写、鉴别时限要求等内容。本部分内容相较于 2008 年发布的《固体废物属性鉴别程序（试行）》为新增内容，是中国环境科学研究院在总结多年的鉴别实践经验和鉴别案例的基础上梳理出来的。这部分内容对从事固体废物属性鉴别工作的鉴别机构和鉴别人员，尤其是新从业人员，具有较高的指导和借鉴意义。

（4）鉴别机构管理

鉴别机构管理共有 4 项内容，分别是建立沟通机制、保密原则、鉴别机构动态管理以及鉴别费用。

### 1.3.1.4 参与《进口废物管理目录》调整

我国进口废物管理是以《进口废物管理目录》为主，在长期的管理实践中逐步形成了非限制进口类、限制进口类、禁止进口类 3 个管理目录，实行分类管理，同时动态调整。固体所开展“进口固体废物管理目录调整环境影响评估研究”工作，在固体废物的污染特性和再生利用途径调查分析的基础上，明确各类固体废物再生利用过程的排放节点和主要有毒有害物质的释放环节；进一步采用资料调查结合现场调查的方法，明确各排放节点污染物排放负荷以及有毒有害物质的释放和归属。在此基础上，计算各类固体废物利用过程中污染物的排放量及其对周边区域环境介质的污染情况，分析有毒有害物质释放对再生利用场所周边的健康风险和生态风险，定量分析措施实施后对环境效益的影响。选取进口废纸、废五金、废金属、废纺织品、废塑料和钒渣六大类固体废物，针对夹杂物、夹杂物处置以及废纸处理3个方面，开展环境影响研究工作，明确了进口固体废物的污染特征，明晰了夹杂物的类型和污染特性，支撑了《进口废物管理目录》的调整（见图1-6）。

加急

环境保护部
商务部
国家发展和改革委员会
海关总署
国家质量监督检验检疫总局

公告

2017年 第39号

根据《中华人民共和国固体废物污染环境防治法》《控制危险废物越境转移及其处置巴塞尔公约》《固体废物进口管理办法》和有关法律法规，环境保护部、商务部、发展改革委、海关总署、质检总局对现行的《禁止进口固体废物目录》《限制进口类可用作原料的固体废物目录》和《非限制进口类可用作原料的固

— 1 —

生态环境部
商务部
国家发展和改革委员会
海关总署

公告

2018年 第6号

为进一步规范固体废物进口管理，防治环境污染，根据《中华人民共和国固体废物污染环境防治法》《固体废物进口管理办法》及有关法律法规，生态环境部、商务部、发展改革委、海关总署对现行的《限制进口类可用作原料的固体废物目录》《非限制进口类可用作原料的固体废物目录》和《禁止进口固体废物目录》进行以下调整：

一、将废五金类、废船、废汽车压件、冶炼渣、工业来源废

— 1 —

生态环境部
商务部
国家发展和改革委员会
海关总署

公告

2018年 第68号

为进一步规范固体废物进口管理，防治环境污染，根据《中华人民共和国固体废物污染环境防治法》《固体废物进口管理办法》及有关法律法规，生态环境部、商务部、发展改革委、海关总署对现行的《非限制进口类可用作原料的固体废物目录》和《限制进口类可用作原料的固体废物目录》进行以下调整：

将废钢铁、铜废碎料、铝废碎料等8个品种固体废物（见附件），从《非限制进口类可用作原料的固体废物目录》调入《限

— 1 —

图1-6 《进口废物管理目录》调整公告

### 1.3.1.5 参与制定固体废物初步加工产品质量标准

固体废物可作为生产原料，经过加工处理成为初级原材料，满足相关标准即可作为产品进口。针对行业急需的再生资源开展研究，固体所与行业协会合作，共同完善固体废物初步加工产品的行业标准，为行业发展所需要的资源建立进口渠道。针对回收铜原料、回收铝原料、再生塑料颗粒、再生钢铁原料4类产品标准进行反复调研论证，明确我国进口废铜、废铝、废钢铁以及塑料颗粒数量、类型，分析其主要污染特性、国内外主要再生利用工艺、主要生产企业的污染控制水平和区域分布、再生利用产品的用途等，明确进口废铜、废铝、

废钢铁、塑料颗粒再生利用过程中主要污染物的类型和排放节点，提出再生利用过程中有毒有害物质的释放节点及清单。参与制定了 4 项再生金属类标准（见表 1-2），包括《再生黄铜原料》（GB/T 38470—2019）、《再生铜原料》（GB/T 38471—2019）、《再生铸造铝合金原料》（GB/T 38472—2019）、《再生钢铁原料》（GB/T 39733—2020），目前已发布实施。此外，固体所还参与了 8 项再生塑料产品质量国家标准的制定，目前均已发布，尚未实施。实施时间见表 1-2。

表 1-2 参与制定的再生原料标准

| 序号 | 名称 | 标准号 | 实施时间 |
|---|---|---|---|
| 1 | 再生黄铜原料 | GB/T 38470—2019 | 2020-07-01 |
| 2 | 再生铜原料 | GB/T 38471—2019 | 2020-07-01 |
| 3 | 再生铸造铝合金原料 | GB/T 38472—2019 | 2020-07-01 |
| 4 | 再生钢铁原料 | GB/T 39733—2020 | 2021-01-01 |
| 5 | 塑料　再生塑料　第 1 部分：通则 | GB/T 40006.1—2021 | 2021-12-01 |
| 6 | 塑料　再生塑料　第 2 部分：聚乙烯（PE）材料 | GB/T 40006.2—2021 | 2021-12-01 |
| 7 | 塑料　再生塑料　第 3 部分：聚丙烯（PP）材料 | GB/T 40006.3—2021 | 2021-12-01 |
| 8 | 塑料　再生塑料　第 5 部分：丙烯腈 - 丁二烯 - 苯乙烯（ABS）材料 | GB/T 40006.5—2021 | 2022-05-01 |
| 9 | 塑料　再生塑料　第 6 部分：聚苯乙烯（PS）和抗冲击聚苯乙烯（PS-I）材料 | GB/T 40006.6—2021 | 2022-05-01 |
| 10 | 塑料　再生塑料　第 7 部分：聚碳酸酯（PC）材料 | GB/T 40006.7—2021 | 2022-05-01 |
| 11 | 塑料　再生塑料　第 8 部分：聚酰胺（PA）材料 | GB/T 40006.8—2021 | 2022-05-01 |
| 12 | 塑料　再生塑料　第 9 部分：聚对苯二甲酸乙二醇酯（PET）材料 | GB/T 40006.9—2021 | 2022-05-01 |

### 1.3.2 为阻止洋垃圾入境工作提供技术支持

我国针对洋垃圾进口面临的关键难题开展政策研究，提出了加强鉴别能力、完善加工产品标准体系、加强固体废物鉴别标准体系等政策建议。撰写了《进口废物鉴别和进口废物目录动态调整报告》《进口固体废物管理目录调整环境影响评估研究》，推动了《进口废物管理目录》的调整，生态环境部分 3 次进行了 4 个批次的调整，持续削减固体废物进口种类和数量，共计 56 种固体废物被调整为禁止进口。近年提交的科技专报中提及的多项政策建议在我国固体废物政策不断调整中得以实现，充分发挥科技支撑作用。

### 1.3.3 持续开展固体废物属性鉴别工作

固体废物属性鉴别是一项技术性和政策性非常强的活动，是固体废物环境管理的基础，尤其在打击洋垃圾走私活动中发挥了重要的技术支持作用。受生态环境部、海关总署推荐，固体所长期以来承担了大量口岸海关委托的固体废物属性鉴别工作，已出具了 1 100 多份各类物品的固体废物属性鉴别报告，每年约有 75%～80% 的案例判断为固体废物，但近两年该比例有下降趋势，主要原因是有争议的固体废物初级加工产物复检鉴别判断为非固体废物的案例比例有所增加。

中国环境科学研究院固体所是全国最早开展进口固体废物属性鉴别的机构，出具的鉴别报告被委托方采纳，作为进口货物是否按固体废物进行管理的主要技术依据。与此同时，固体所也一直致力于将多年积累的鉴别经验、方法、心得向更多的从业人员传播，先后出版多本著作，有《固体废物鉴别原理与方法》

《固体废物属性鉴别案例手册》《固体废物特性分析和属性鉴别案例精选》《固体废物鉴别典型案例（2013—2020）》《阻止洋垃圾入境仍在征途》等。

### 1.3.4 开展技术交流与宣贯工作

为进一步推广鉴别技术方法，实现鉴别方法尺度一致，中国环境科学研究院积极开展技术培训工作，以专家座谈、技术培训等多种形式，在全国十余个海关、海关技术中心开展相关培训，通过分享典型案例、详解进口固体废物相关法律法规及管理政策，为海关一线关员及从事进口固体废物鉴别工作的技术人员提供了丰富的学习、培训资源。

为更深入地了解国内进口固体废物行业、企业现状，中国环境科学研究院开展多次实地调研，走访国内塑料颗粒加工厂、废锌废铝回收利用企业、亚麻短纤进口企业、保税区机电产品回收再制造企业、废钢回收利用企业等，深入探访行业内情，了解加工工艺过程，分析工艺过程中产生废物节点，收集现场真实数据。同时倾听行业、企业诉求，解答疑问，对其宣贯我国进口固体废物现行国家方针、政策，普及相关法律法规及环保专业知识，分析探讨进口过程中的技术难题。

# 2

# 国家危险废物名录

National Hazardous Waste List

## 2.1 《国家危险废物名录》发展历程

《国家危险废物名录》（环发〔1998〕89号）（以下简称《名录》）是危险废物管理的技术基础和关键依据，在危险废物的环境管理中发挥着重要作用。我国于1998年首次颁布并实施了《名录》，随着危险废物环境管理工作的不断深入，《名录》一直处于不断修订和完善中，且都是以《中华人民共和国固体污染环境防治法》（以下简称《固废法》）的修订为重要节点（见图2-1）。2008年，环境保护部会同国家发展和改革委员会修订发布了《名录》（2008年版）；2016年，环境保护部会同国家发展和改革委员会、公安部再次修订发布了《名录》（2016年版）；2020年，生态环境部会同国家发展和改革委员会、公安部、交通运输部、国家卫生健康委员会再次修订发布了《名录》（2021年版），于2021年1月1日起施行（见图2-2）。

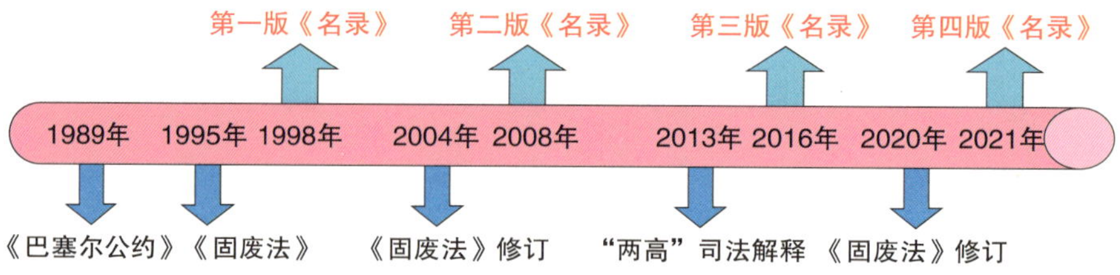


图 2-1 《名录》历史沿革

由于履行《控制危险废物越境转移及其处置巴塞尔公约》（以下简称《巴塞尔公约》）的需要，1998 年我国颁布了第一版《名录》，1998 年版《名录》基本参照《巴塞尔公约》的内容和形式，在使用过程中出现了诸多问题。2004 年对《固废法》进行修订后，为满足危险废物环境管理的需求，国家环境保护总局污染控制司向固体所下达了修订 1998 年版《名录》工作的任务。固体所在研究了国外危险废物名录相关状况后，结合我国危险废物环境管理需求，确定了《名录》制定依据和框架，形成了列表定义法与危险特性鉴别标准（危险特性鉴别法）相结合的方法，并沿用至今，以及以产生源作为危险废物分类的主要依据。2008 年，修订后的《名录》正式发布，可以说，2008 年版《名录》在我国《名录》修订历史上具有里程碑式的意义。

随着我国对危险废物环境管理要求的提高，以及 2013 年 6 月最高人民法院、最高人民检察院（以下简称“两高”）出台《关于办理环境污染刑事案件适用法律若干问题的解释》，相关部门加大了涉及危险废物违法犯罪行为的打击力度。为保证危险废物环境管理和执法的科学性、合理性，环境保护部污染防治司于 2013 年下半年下达了 2008 年版《名录》的修订任务，由固体所牵头承担 2008 年版《名录》的修订任务。2016 年版《名录》于 2016 年 6 月发布实施。针对 2008 年版《名录》在实施过程中暴露的一系列问题，固体所在 2016 年版

中华人民共和国环境保护部
中华人民共和国国家发展和改革委员会 令

第 1 号

根据《中华人民共和国固体废物污染环境防治法》，特制定《国家危险废物名录》。现予公布，自 2008 年 8 月 1 日起施行。

1998 年 1 月 4 日原国家环境保护局、国家经济贸易委员会、对外贸易经济合作部、公安部发布的《国家危险废物名录》（环发〔1998〕89 号）同时废止。

环境保护部部长

发展改革委主任

二〇〇八年六月六日

— 1 —

国家危险废物名录

**第一条** 根据《中华人民共和国固体废物污染环境防治法》的有关规定，制定本名录。

**第二条** 具有下列情形之一的固体废物和液态废物，列入本名录：

（一）具有腐蚀性、毒性、易燃性、反应性或者感染性等一种或者几种危险特性的；

（二）不排除具有危险特性，可能对环境或者人体健康造成有害影响，需要按照危险废物进行管理的。

**第三条** 医疗废物属于危险废物。《医疗废物分类目录》根据《医疗废物管理条例》另行制定和公布。

**第四条** 未列入本名录和《医疗废物分类目录》的固体废物和液态废物，由国务院环境保护行政主管部门组织专家，根据国家危险废物鉴别标准和鉴别方法认定具有危险特性的，属于危险废物，适时增补进本名录。

**第五条** 危险废物和非危险废物混合物的性质判定，按照国家危险废物鉴别标准执行。

— 2 —

环 境 保 护 部
国家发展和改革委员会 令
公 安 部

第 39 号

《国家危险废物名录》已于 2016 年 3 月 30 日由环境保护部部务会议修订通过，现予公布，自 2016 年 8 月 1 日起施行。原环境保护部、国家发展和改革委员会发布的《国家危险废物名录》（环境保护部、国家发展和改革委员会令第 1 号）同时废止。

— 1 —

环境保护部部长

发展改革委主任

公安部部长

2016 年 6 月 14 日

生 态 环 境 部
国家发展和改革委员会
公 安 部 令
交 通 运 输 部
国家卫生健康委员会

第 15 号

《国家危险废物名录（2021 年版）》已于 2020 年 11 月 5 日经生态环境部部务会议审议通过，现予公布，自 2021 年 1 月 1 日起施行。

生态环境部部长

— 1 —

发展改革委主任

公安部部长

交通运输部部长

卫生健康委主任

2020 年 11 月 25 日

图 2-2　2008 年版、2016 年版和 2021 年版《名录》

《名录》中做出了重大调整。主要修改内容包括：①取消了2008年版《名录》中“来源复杂，其危险特性存在例外的可能性，且国家具有明确鉴别标准的危险废物”标注“*”（共33种）的做法；②此次修订将危险废物调整为46大类别479种（其中362种来自2008年版《名录》，新增117种），并对废物描述进行了修改；③新增了《危险废物豁免管理清单》，共16类/种危险废物。2016年版《名录》的重大意义在于进一步确定了《名录》修订的方法学——环境风险评估，并且首次加入了《危险废物豁免管理清单》，对完善我国危险废物鉴别体系和对实现危险废物的精细化管理起到了巨大的推动作用。

2019年，为贯彻落实习近平总书记关于“三个治污”的指示要求，落实《固废法》中“国家危险废物名录应当动态调整”的要求，生态环境部固体废物与化学品司向中国环境科学研究院下达了修订《名录》的工作任务，此次修订由固体所牵头承担，修订后的《名录》（2021年版）已于2020年11月25日发布实施。

修订工作坚持问题导向、精准治污和风险管控的原则，重点针对社会广泛关注的医疗废物、有色冶炼废物、农药包装废弃物等进行了修订，及时响应了社会关注点，落实了中央深化“放管服”改革要求。主要修订内容包括：①修订了正文。删除了2016年版《名录》中关于医疗废物和废弃危险化学品的特殊规定条款（第三条和第四条），增加了第七条“本名录根据实际情况实行动态调整”，正文内容由9条修改为8条。②修订了附表。《名录》（2021年版）的附表共计467种废物，与2016年版《名录》相比，总种类数减少12种。此外，还修改了90种危险废物的文字表述或危险特性表述。③修订了附录《危险废物豁免管理清单》，新增16种危险废物，共计豁免32种危险废物。《名录》（2021年版）的修订，体现了精准治污的思路，完善了《名录》的修订程序，并确定了动态修订的要求。

总体来看，每一版《名录》都具有各自的特点和作用（见图 2-3）。从最初1998 年版的完全引进，到 2008 年版的建立总体框架，到 2016 年版不断完善依据和引入豁免管理机制，再到 2021 年版的精细化和确定动态修订原则，经历了照搬国外、建立完善和维护创新的不同阶段，《名录》制定方法学也在逐步建立和完善。至此，经过二十多年的发展，我国已基本构建完成了具有中国特色的《名录》及方法体系。

| 1998 年版<br>直接引用 | 2008 年版<br>确定总体框架 | 2016 年版<br>完善总体框架 | 2021 年版<br>名录的维护 |
|---|---|---|---|
| □ 参照《巴塞尔公约》进行编制<br>□ 列表法<br>□ 与实际情况不符，可操作性差 | □ 收录依据：直接危害+间接危害<br>□ 整体框架：增加代码、特性、来源<br>□ 分类依据：产生源分类 | □ 精细化：49大类400种→46大类479种<br>□ 完善依据：风险评价<br>□ 功能转变：鉴别名录→管理名录、豁免管理清单 | □ 精准治污：细化废物来源和种类<br>□ 完善名录修订技术程序<br>□ 动态修订：持续研究，动态调整 |

图 2-3　我国各版本《名录》特点与功能

## 2.2 《名录》制定依据、程序和方法

### 2.2.1 《名录》制定依据

多年的研究实践表明，固体废物的危害来自两个方面：一是直接危害，即固体废物通过接触、摄入、吸收等途径对人体健康及生态环境造成危害性影响；

二是二次危害，即不恰当利用、处置过程中通过环境介质（水、空气和土壤）对人体健康及生态环境造成危害性影响。其中，直接危害可以通过危险特性表征，二次危害可通过环境风险评估表征，由此确定了《名录》制定的依据包括危险特性和环境风险，并在 2008 年版《名录》、2016 年版《名录》和 2021 年版《名录》正文得以确定，具有下列情形之一的固体废物（包括液态废物）列入本名录：

- 具有毒性、腐蚀性、易燃性、反应性或者感染性一种或者几种危险特性的。

- 不排除具有危险特性，可能对生态环境或者人体健康造成有害影响，需要按照危险废物进行管理的。

根据危险废物鉴别标准（GB 5085.1～6—2007）确定的危险特性是固体废物列入《名录》的重要依据之一。固体废物是否具有危险特性，应根据国家规定的危险废物鉴别标准和鉴别方法进行认定。目前，我国已于 2007 年建立了包括腐蚀性、易燃性、反应性和毒性的鉴别标准体系（详见本书第 3 章）、技术规范和方法。由于鉴别标准存在标准项目不全、无法对二次危害进行评估等局限性，依据鉴别标准无法对固体废物的危害性做出完整的判断。因此，对于无法排除具有危险特性的固体废物，应通过环境风险评估的方法，对固体废物在管理的全环节存在的环境风险进行评估，环境风险是否可接受也是《名录》制定的依据之一。表 2-1 列举了部分固体废物被收入《名录》的主要依据。

表 2-1 部分危险废物列入名录说明

<table>
<tr><th>序号</th><th>废物名称</th><th colspan="2">列入依据</th></tr>
<tr><td>1</td><td>铬渣、氰化尾渣、废酸、农药废盐、大修渣、油基岩屑等</td><td colspan="2">具有危险特性</td></tr>
<tr><td>2</td><td>铝灰、废矿物油等</td><td>具有危险特性</td><td>环境风险不可接受</td></tr>
<tr><td>3</td><td>含稀贵金属的催化剂（三元催化剂）、抗生素菌渣等</td><td>—</td><td>环境风险不可接受</td></tr>
</table>

### 2.2.2 《名录》制定技术程序

《名录》修订过程主要是进行废物特性（包括危险特性）调查、废物去向调查和开展相应的环境风险评估工作，并在《名录》修订过程中形成了《名录》制定技术程序（见图 2-4）。首先开展固体废物产生工艺、特性调查分析，并进行归类。其次，在此基础上开展危险特性调查工作，识别危险特性，具有危险特性的，列入《名录》。不具有危险特性的，在固体废物去向调查的基础上，开展风险评估工作，根据风险评估结果，确定是否列入《名录》。即根据一个确定的风险可接受度，来判定该固体废物是否具有毒性。如果风险值大于确定的风险可接受度（如致癌风险值小于 $10^{-6}$、危害商小于 1，则视为可接受），则该固体废物可判定为具有毒性，应纳入《名录》，反之则不纳入《名录》。对于某些管理环节或某种利用处置方式（去向）风险可接受的，纳入豁免管理。

### 2.2.3 《名录》制定技术方法

固体废物环境风险评价方法主要包括危害识别、暴露场景建立、暴露评价、风险值计算。

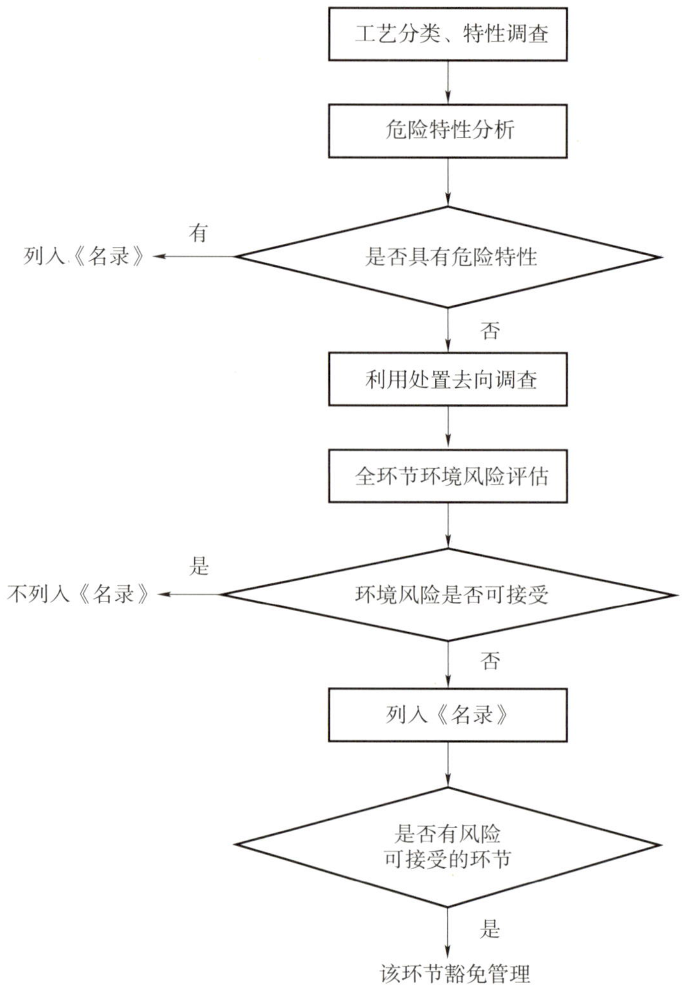


图 2-4 《名录》制定技术程序

#### 2.2.3.1 危害识别

危害识别包括固体废物中目标污染物识别和固体废物去向识别。对于在企业生产过程中产生的固体废物，需对企业的生产工艺流程进行调查，初步掌握目标危险废物产生所涉及环节中使用的原辅料、中间产物和最终产物的成分，识别产生的固体废物中目标污染组分。对在企业内部废水（或废物）处理过程中产生的固体废物，除需对导致废水（或废物）产生的生产工艺进行调查外，还需对废水（或废物）处理过程中添加的药剂、中间产物和最终产物的成分进行调查，识别产生的固体废物中的目标污染组分。

通过现场调研，确定固体废物可能的去向，如露天堆置、填埋（简易填埋、生活垃圾填埋场填埋、危险废物填埋场填埋）、焚烧（简易焚烧、生活垃圾焚烧厂处置）和综合利用（建材化、提纯再生、燃料化等）。通过识别固体废物的去向，为暴露场景的建立奠定基础。

### 2.2.3.2 暴露场景建立

暴露场景是指固体废物在贮存、处置和资源化利用中，废物中的污染物经由不同方式迁移并到达受体人群的情况。通过分析暴露场景，确定风险评价的主要暴露途径及受体人群。固体废物环境风险评价的暴露场景可分为堆存、填埋、焚烧处置和资源化利用 4 种。

（1）堆存场景

堆存场景中，最不利的是固体废物堆置于开放堆存场，且无防渗措施。废物中的污染物在降雨的淋滤作用下被释放，进而污染地下水，造成人体健康风险。含挥发性污染物的固体废物（包括固态、半固态和液态）置于开放或半封闭堆存场，废物中的有机污染物因挥发作用被释放进入大气，在大气中经迁移扩散后，通过呼吸途径对人体健康造成风险。固态的废物也可能因扬尘作用，经大气迁移被人体吸入而造成健康风险。

（2）填埋场景

填埋场景中，固体废物被简易填埋，进入工业固体废物贮存 / 处置场，或者生活垃圾填埋场进行处置。废物中的污染物会因渗滤液的淋滤而溶出，污染组分迁移至土壤饱和层，并经土壤饱和层的衰减作用，迁移扩散至取水井，对人体健康造成威胁。

（3）焚烧处置场景

简易焚烧场景中存在固体废物焚烧不完全或生成新的污染物的情况，污染物会进入大气，通过呼吸途径对人体健康造成风险。

（4）资源化利用场景

资源化利用场景较为复杂，需根据固体废物具体的综合利用方式建立。一般而言，做路基材料、屋顶防水材料可参考堆存场景。

#### 2.2.3.3 暴露评价

本方法是在开展固体废物环境风险评价中，根据固体废物去向识别的结果，确定风险最大的暴露场景，计算在风险最大的暴露场景下固体废物的环境风险值。

#### 2.2.3.4 风险值计算

风险值计算应充分利用现有的标准，如我国危险废物浸出毒性标准、国内外地下水和大气环境质量标准等，尽可能简化环境风险评价的步骤，计算各暴露途径下固体废物的环境风险值。

## 2.3 《名录》宣贯及技术成果

### 2.3.1 编制常见问题解答材料

《名录》（2021 年版）发布后，为配合其使用，固体所作为修订工作的主要承担单位，组织撰写了“《国家危险废物名录》（2021 年版）常见问题解答相关材料”，以及“《名录》（2021 年版）修订对照表”。其中第一批和第二批解答材料和修订对照表均在中国环境科学研究院的微信公众号上发布并受到社会高度关注。

## 2.3.2 技术成果

在《名录》修订过程中，固体所重点总结了固体废物环境风险评估方法和体系，为国家固体废物的分级分类管理以及保障固体废物资源化提供了有力支撑，其成果分别获得环境保护科学技术一等奖和二等奖（见图 2-5），筹建的“国家环境保护危险废物鉴别与风险控制重点实验室”于 2020 年获得生态环境部批复（见图 2-6），奠定了固体所在该领域的领先地位。

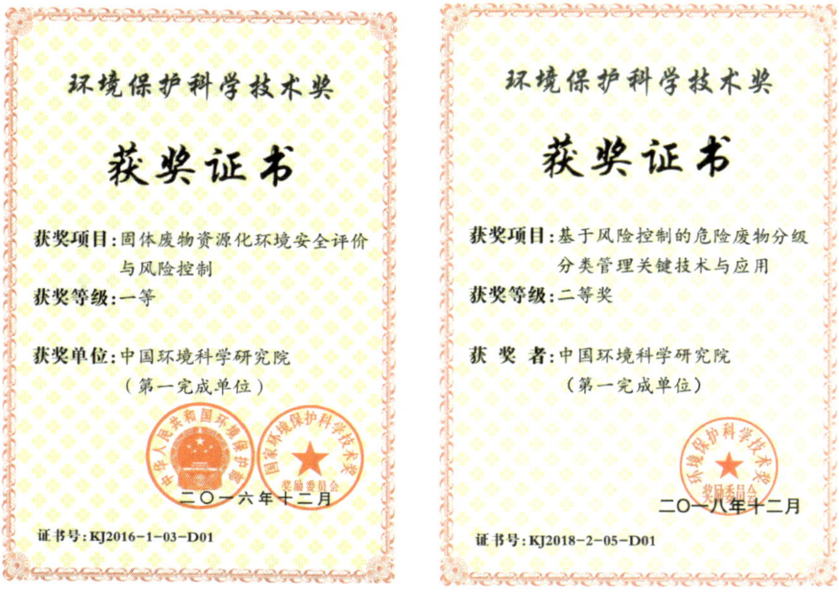


图 2-5 获得科技奖励情况

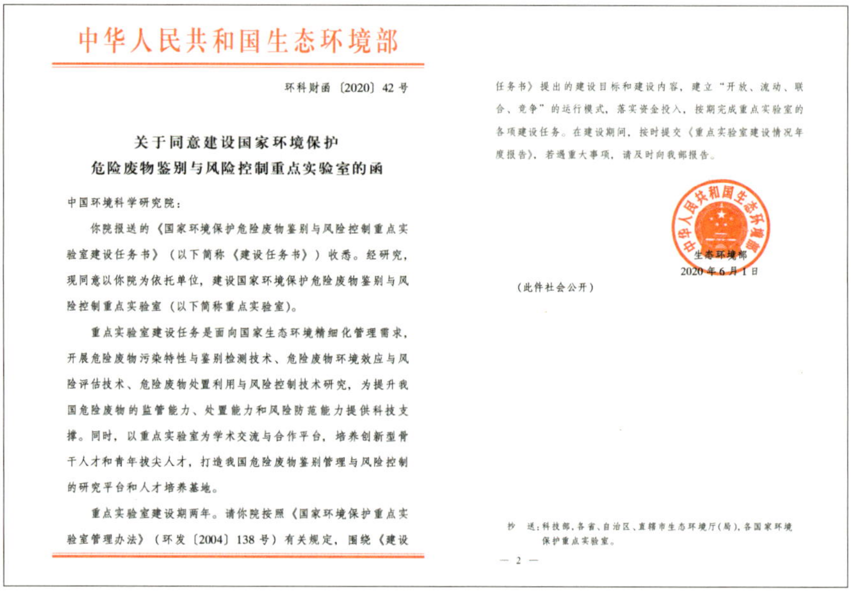

中华人民共和国生态环境部

环科财函〔2020〕42号

关于同意建设国家环境保护
危险废物鉴别与风险控制重点实验室的函

中国环境科学研究院：

你院报送的《国家环境保护危险废物鉴别与风险控制重点实验室建设任务书》（以下简称《建设任务书》）收悉。经研究，现同意以你院为依托单位，建设国家环境保护危险废物鉴别与风险控制重点实验室（以下简称重点实验室）。

重点实验室建设任务是面向国家生态环境精细化管理需求，开展危险废物污染特性与鉴别检测技术、危险废物环境效应与风险评估技术、危险废物处置利用与风险控制技术研究，为提升我国危险废物的监管能力、处置能力和风险防范能力提供科技支撑。同时，以重点实验室为学术交流与合作平台，培养创新型骨干人才和青年拔尖人才，打造我国危险废物鉴别管理与风险控制的研究平台和人才培养基地。

重点实验室建设期两年。请你院按照《国家环境保护重点实验室管理办法》（环发〔2004〕138号）有关规定，围绕《建设任务书》提出的建设目标和建设内容，建立“开放、流动、联合、竞争”的运行模式，落实资金投入，按期完成重点实验室的各项建设任务。在建设期间，按时提交《重点实验室建设情况年度报告》，若遇重大事项，请及时向我部报告。

生态环境部
2020年6月1日

（此件社会公开）

抄送：科技部，各省、自治区、直辖市生态环境厅（局），各国家环境保护重点实验室。

— 2 —

图 2-6　国家环境保护重点实验室建设批复函

# 3

# 危险特性鉴别技术

Hazardous Characteristics Identification Technology

根据《固废法》对危险废物的定义，一种固体废物如果确定不在《名录》中且不排除具有危险特性，则应通过危险废物鉴别标准进行确定。因此，危险特性鉴别是确定一种固体废物是否属于危险废物的一种非常重要的方法，主要依据一系列的危险废物鉴别标准对固体废物的危险特性进行判断。可见，危险特性鉴别依赖于完善的危险废物鉴别标准及方法体系和成熟的鉴别技术。本章主要介绍固体所在危险特性鉴别标准、规范、方法以及鉴别技术等方面的工作成果，帮助读者更好地理解和应用我国的危险废物鉴别标准体系，促进危险废物鉴别工作的开展。

## 3.1 特性鉴别标准体系发展历程

我国采用特性鉴别法判别危险废物的工作起步较晚，直至 1996 年，制定了腐蚀性鉴别、急性毒性初筛和浸出毒性鉴别 3 项鉴别标准。2007 年，对腐蚀性鉴别、急性毒性初筛和浸出毒性鉴别 3 项鉴别标准进行了修订，并制定了易燃性鉴别、反应性鉴别、毒性物质含量鉴别以及鉴别通则、鉴别标准和危险废物鉴别技术规范、浸出方法。至此，我国危险废物鉴别标准和方法体系初步建立，并于2019年进行了完善，修订发布了鉴别通则和鉴别技术规范，后续将逐步修订、完善其他鉴别标准和方法（见图3-1）。

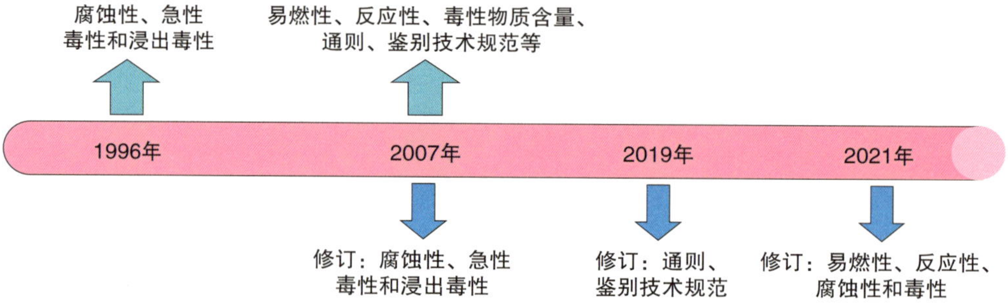


图3-1 我国危险废物鉴别标准体系发展历程

1996年首次制定、发布的《危险废物鉴别标准 腐蚀性鉴别》（GB 5085.1—1996）、《危险废物鉴别标准 急性毒性初筛》（GB 5085.2—1996）、《危险废物鉴别标准 浸出毒性鉴别》（GB 5085.3—1996）3项鉴别标准，无论是鉴别标准覆盖的范围还是鉴别标准本身都存在一些不足，体现在：一是参考欧美等国家危险废物鉴别的经验，我国危险废物的鉴别标准体系除包含腐蚀性和毒性鉴别外，还应包括易燃性和反应性鉴别标准；二是标准的内容尚不全面，如浸出毒性鉴别标准以无机重金属为主，缺乏有机物的浸出毒性鉴别；三是缺乏与我国危险废物鉴别标准相配套的技术规范以及检测方法标准。

为此，依托固体所在“十五”期间承担的科技攻关课题“危险废物鉴别与处置工程技术规范研究”成果，2002年国家环境保护总局启动了鉴别标准制修订工作，由国家环境保护总局环境标准研究所和中国环境科学研究院固体所共同承担，新增制定危险废物鉴别通则、易燃性、反应性和毒性物质含量鉴别标准，修订腐蚀性鉴别（GB 5085.1—1996）、急性毒性初筛（GB 5085.2—1996）和浸出毒性鉴别（GB 5085.3—1996）3 个项目的鉴别标准。其中，固体所承担腐蚀性、急性毒性初筛、浸出毒性鉴别标准的修订以及毒性物质含量鉴别标准的制定工作。同时，为配合这些标准的修订和实施，国家环境保护总局下达了制定《危险废物鉴别技术规范》、制修订《固体废物　浸出毒性浸出方法　硫酸硝酸法》和《固体废物　浸出毒性浸出方法　醋酸缓冲溶液法》的任务，由固体所负责编制上述标准和规范。新制修订的 7 项危险废物鉴别标准、技术规范和浸出方法于 2007 年 7 月 1 日正式发布实施。至此，我国危险废物特性鉴别标准、方法体系基本建立，这对促进和规范危险废物鉴别、提升危险废物管理水平具有重大意义。鉴于该成果的重大意义，《危险废物鉴别技术体系研究》获 2008 年度环境保护科学技术奖二等奖（见图 3-2）。

图 3-2 《危险废物鉴别技术体系研究》获奖证书

随着我国危险废物环境管理要求和水平的不断提高，以及《关于办理环境污染刑事案件适用法律若干问题的解释》（法释〔2013〕15 号）实施后，危险废物鉴别在危险废物环境管理以及打击污染环境事件中的作用日益重要，对危险废物鉴别的需求也不断增加，2007 年修订发布的《危险废物鉴别标准　通则》及《危险废物鉴别技术规范》也逐渐显现出一些不足，难以适应现实需求。鉴于此，2017 年环境保护部向中国环境科学研究院下达了修订《危险废物鉴别标准　通则》（GB 5085.7—2007）和《危险废物鉴别技术规范》（HJ/T 298—2007）的工作任务，由固体所承担具体修订工作，并于 2019 年由生态环境部发布（见图 3-3）。

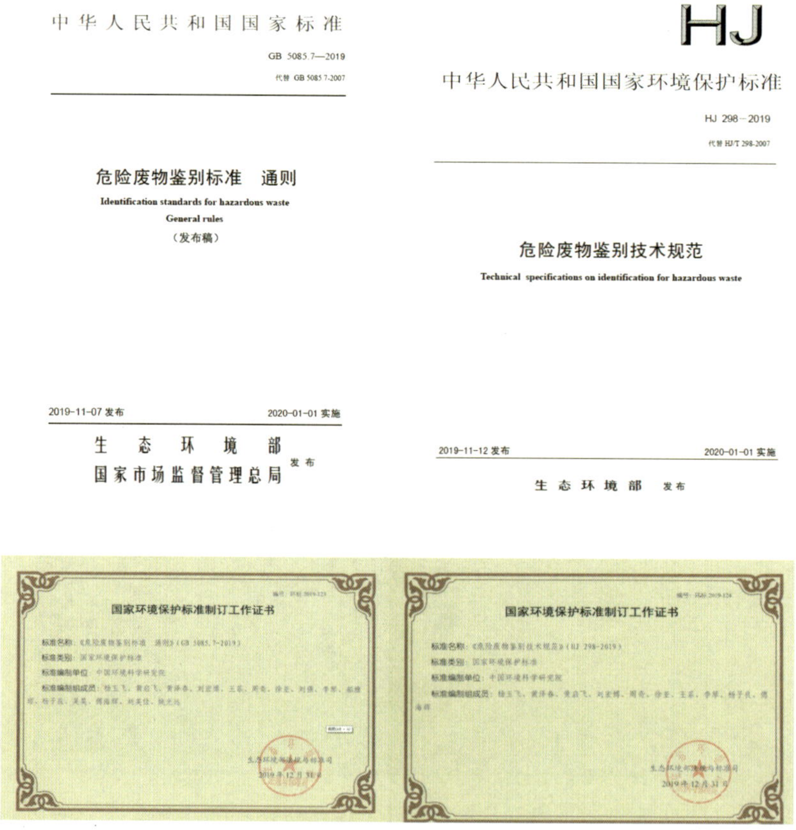


图 3-3　新修订发布的鉴别标准

本次修订过程中，《危险废物鉴别标准　通则》（GB 5085.7—2019）的修订内容主要体现在进一步明确了危险废物的鉴别程序，并进一步细化了危险废物混合和利用处置后判定规则。《危险废物鉴别技术规范》（HJ 298—2019）则进一步细化了危险废物鉴别的采样对象、采样数、采样方法、样品检测、检测结果判断等技术要求；增加了环境事件涉及的固体废物危险特性鉴别的采样、检测、判断等技术要求。鉴别标准的修订为我国危险废物鉴别工作提供了坚实的技术支撑。

针对《危险废物鉴别标准》（GB 5085.1～6—2007）实施过程中发现的其他问题，固体所正在开展部分标准的修订工作，以及其他各项前期基础研究，为后续的标准修订奠定坚实的研究基础。

## 3.2　危险废物鉴别标准体系介绍

### 3.2.1　鉴别体系框架

我国的危险废物鉴别标准包括易燃性鉴别、反应性鉴别、腐蚀性鉴别、浸出毒性鉴别、急性毒性初筛和毒性物质含量鉴别 6 项。此外，还包括鉴别通则、危险废物鉴别技术规范和浸出毒性浸出方法（见图 3-4）。

《危险废物鉴别标准　通则》（GB 5085.7—2019）主要规定了危险废物的鉴别程序和特殊规则要求。各鉴别标准（易燃性鉴别、反应性鉴别、腐蚀性鉴别、浸出毒性鉴别、急性毒性初筛和毒性物质含量鉴别）主要规定了标准限值，并给出了部分检测方法。技术规范主要规定了固体废物危险特性鉴别中样品的采集、检测以及检测结果的判断等技术要求。浸出方法规定了浸出毒性检测的预处理方法。以下分别对各项标准和规范进行介绍。

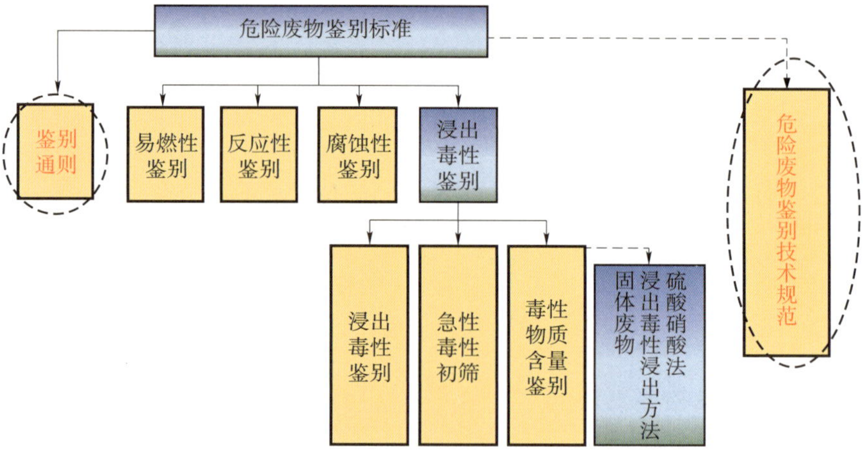


图 3-4　我国危险废物鉴别标准体系

## 3.2.2《危险废物鉴别标准　通则》

《危险废物鉴别标准　通则》（GB 5085.7—2019）（以下简称《通则》）作为危险废物鉴别体系的一个重要组成部分，起着统领危险废物鉴别的重要作用，它规定了危险废物鉴别的程序和特殊判定规则。

### 3.2.2.1　危险废物鉴别程序

在上一版本的《通则》中关于工艺分析的要求并未明确规定，而在《危险废物鉴别技术规范》（HJ 298—2019）中提出，导致部分管理人员错误地理解鉴别程序，也是目前鉴别泛滥化的主因。因此，标准修订后将工艺分析作为鉴别程序中的必需步骤（见图 3-5）。主要修订的技术内容包括：

- 针对未列入《名录》的固体废物，可根据工艺分析排除具有相关危险特性的，不需要开展危险特性鉴别工作。

● 将危险特性判定依据及危险废物的判定依据分开表述，增强了鉴别程序的逻辑性。

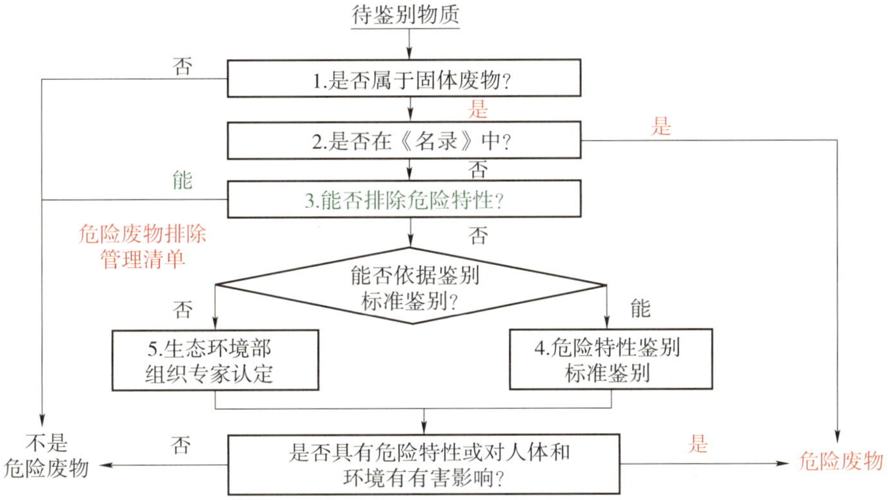


图 3-5　危险废物鉴别程序

### 3.2.2.2　特殊判定规则

《通则》对判定规则做了进一步的细化，包括：

（1）修改危险废物混合后判定规则

原标准 5.1 条规定“具有毒性（包括浸出毒性、急性毒性及其他毒性）和感染性等一种或一种以上危险特性的危险废物与其他固体废物混合，混合后的废物属于危险废物”。在实际鉴别中，关于适用于混合原则的情形往往难以把握，导致过于严格的鉴别时有发生。例如，在一堆不属于危险废物的废包装桶中，可能会混入几只危险废物包装桶（属于危险废物），则将所有废包装桶判定为危险废物的不合理情形。又如，处理生活污水的污泥中混有少量的冶炼废渣，会出现将整堆污泥判定为危险废物的情形。实际上，大部分其他固体废物并未受到污染，导致在执法中容易引起较大的争议，且无形中增加废物的处理量和处置成本。

为此，此次修订将具有毒性、感染性中一种或两种危险特性的危险废物与其他物质混合后的固体废物的判定规则修改为“具有毒性、感染性中一种或两种危险特性的危险废物与其他物质混合，导致危险特性扩散到其他物质中，混合后的固体废物属于危险废物”。

（2）修改危险废物利用处置后判定规则

标准 6.1 条规定“具有毒性（包括浸出毒性、急性毒性及其他毒性）和感染性等一种或一种以上危险特性的危险废物处理后的废物仍属于危险废物，国家有关法规、标准另有规定的除外”。由于标准发布时，我国危险废物管理水平较低，危险废物鉴别能力不足，该判定规则在加强危险废物风险管控上发挥了较大作用，有效预防了企业通过处理手段逃脱危险废物管理责任。随着近年来危险废物鉴别能力的增强和污染防治企业主体责任的落实，危险废物处理处置行业发展迅速，尤其是危险废物资源化、风险削减与控制等技术快速应用，在相关处理过程中产生的废物的危险特性已经大大降低或得到消除，但依法仍按危险废物管理，在一定程度上会影响危险废物资源化行业发展。同时，危险废物鉴别能力也得到增强，已经初步具备了通过鉴别确定废物属性的基础条件。

为此，《通则》修订时对原标准第 6 章进行了调整，将危险废物利用过程产生的固体废物属性判定单独列出，修改为“6.1 仅具有腐蚀性、易燃性、反应性中一种或一种以上危险特性的危险废物利用过程和处置后产生的固体废物经鉴别不再具有危险特性的，不属于危险废物”“6.2 具有毒性危险特性的危险废物利用过程产生的固体废物，经鉴别不再具有危险特性的，不属于危险废物。除国家有关法规、标准另有规定的外，具有毒性危险特性的危险废物处置后产生的固体废物，仍属于危险废物”“6.3 除国家有关法规、标准另有规定的外，具有感染性危险特性的危险废物利用处置后产生的固体废物仍属于危险废物”。

### 3.2.2.3 《通则》修订后的效果

《通则》实施修订后，得到了良好的环境效益、社会效益和经济效益，主要体现在：

在环境效益方面，本次修订在坚持环境风险防控优先的前提下，完善了危险废物利用过程产生的固体废物的鉴别方式，体现了对固体废物综合利用的鼓励和支持，有利于产废企业、环保企业投入更多的人力、物力研发危险废物综合利用技术，提高固体废物综合利用率，对防控固体废物环境风险具有显著的环境效益。

在社会效益方面，一是在修订中充分考虑了行业内对危险废物综合利用后产物属性进行明确的呼声，解决了危险废物管理中的迫切需求；二是通过提升危险废物鉴别程序的科学性、合理性，推动危险废物鉴别工作规范化，具有突出的社会效益。

在经济效益方面，一是鉴别单位可通过对固体废物产生工艺的分析，直接排除危险特性而将其判定为一般工业固体废物，从而降低了危险废物鉴别的成本；二是通过鼓励危险废物的综合利用，为产废企业增加了合规的危险废物消纳途径，大幅降低了产废企业的危险废物管理成本，具有明显的经济效益。

《通则》实施后，生态环境部门的管理成本显著降低，一是一些企业在环评阶段即可通过工艺分析确定一部分固体废物不属于危险废物，无须进行后续的鉴别工作；二是部分危险废物综合利用后，其产物经过鉴别不再属于危险废物，大幅减少危险废物管理对象，节省监管成本；三是在必须开展的危险废物鉴别工作中，鉴别程序更加规范，有助于管理部门判断鉴别报告的合法合规性，节省管理成本。

## 3.2.3 《危险废物鉴别标准　易燃性鉴别》

《危险废物鉴别标准　易燃性鉴别》（GB 5085.4—2007）规定了液态、固态和气态废物易燃性危险特性鉴别标准及试验方法。

### 3.2.3.1　液态易燃性废物

闪点是表征液态废物易燃性的指标。《危险废物鉴别标准　易燃性鉴别》（GB 5085.4—2007）规定当液态废物的闪点温度低于 60℃（采用闭杯法试验）时，则属于液态易燃性危险废物。本标准规定的液态易燃性废物的闪点温度值主要参考了《巴塞尔公约》的相关文件以及美国和欧盟的有关易燃性液体的定义。我国危险化学品管理中规定，易燃性液体是指闭杯试验闪点温度小于等于 61℃的液体、液体混合物或含有固体物质的液体，但不包括由于其危险性已列入其他类别的液体。这里的闪点温度是指纯的危险化学品，并不一定适合于废险废物。

### 3.2.3.2　固态易燃性废物

对于固态易燃性危险废物的规定，《危险废物鉴别标准　易燃性鉴别》（GB 5085.4—2007）主要综合参考了美国、欧盟等国家和地区的规定。这些国家和地区对固态易燃性废物的规定大体相同，均规定易燃性危险废物是指在常温常压下由于摩擦或自发化学反应容易发生燃烧且产生危害的废物。固体易燃性危险废物的种类很多，常见的如废弃的煤渣，在运输过程中可能会因为煤渣颗粒的相互摩擦而导致局部温度上升达到其燃点，从而引发燃烧危害。另外，像废弃的黄磷、硝化纤维塑料碎屑、三氯化钛等由于其具有较低的自燃点，在空气中容易发生自发性化学反应而自燃。

#### 3.2.3.3 气态易燃性废物

本标准规定气态易燃性废物为："在 20℃，101.3 kPa 状态下，在与空气的混合物中体积百分比≤13% 时可点燃的气体，或者在该状态下，不论易燃下限如何，与空气混合，易燃范围的易燃上限与易燃下限之差至少为 12 个百分点的气体。"这类废物通常被贮存在密闭容器呈压缩状态或液态。《危险废物鉴别标准 易燃性鉴别》（GB 5085.4—2007）的规定主要参考联合国《关于危险货物运输的建议书 规章范本》（第 14 修订版）中关于易燃压缩气体的定义，以及美国国家环境保护局（EPA）关于易燃性压缩气体鉴别的规定。该定义采用量化的表述方法，可以通过试验方法测定，具有一定的可操作性。欧盟将"常压下在空气中易燃的气态物质和制剂"归为高度易燃性废物类别中。常见的气态易燃性废物如钢瓶中充装的液化石油气（丙烷），其易燃范围为 2.1%～9.5%，甲烷（液化的）的易燃范围为 2%～5%，乙烷（压缩的）易燃范围为 2.9%～13%，此三类气体与空气混合的体积含量小于 13% 时均可点燃，属于第一种情况。一氧化碳的易燃范围为 12.5%～74%，氢的易燃范围为 4.1%～74.2%，乙炔的易燃范围为 2.8%～81%，这些气体的易燃上限值与易燃下限值之差均大于 12%，属于第二种情况。上述两种情况的气体都属于易燃性气体。

### 3.2.4 《危险废物鉴别标准 反应性鉴别》

《危险废物鉴别标准 反应性鉴别》（GB 5085.5—2007）规定了反应性危险

特性鉴别标准及试验方法。

美国、欧盟和《巴塞尔公约》的相关法规和文件对具有反应性特性的危险废物的描述概括起来包括 3 种类型：爆炸物、与水接触后产生易燃气体的物质、与水或酸接触后产生有毒或剧毒气体的物质。《危险废物鉴别标准　反应性鉴别》（GB 5085.5—2007）在对反应性特征进行描述性规定时，主要参考了《巴塞尔公约》中反应性废物的分类方法和 EPA 对反应性危险废物的描述性规定。EPA 在定义反应性危险废物时，很大程度上采用了美国国家消防协会对反应性的定义，并且由于反应性的问题既涉及废物的内在性质，又涉及外部环境条件，难以用简单的数字表达，所以只能根据相关方法和反应性的定义予以说明。因此，《危险废物鉴别标准　反应性鉴别》（GB 5085.5—2007）在制定这类危险废物时也以描述性规定为主。具体如下：

**标准 4.1 条：具有爆炸性质的反应性危险废物**

爆炸是物质的一种非常剧烈的物理、化学变化，一种在限制状态下系统潜能突然释放并转化为动能而对周围介质发生作用的过程。爆炸反应的放热性、快速性和反应生成大量气体是决定化学爆炸变化的 3 个重要因素。

GB 5085.5 第 4.1 条款的 4.1.1 条基本属于爆炸物的热分解形式，而条款 4.1.2 和 4.1.3 基本属于爆燃、爆炸和爆轰反应形式。

标准条款 4.1.1“常温常压下不稳定，在无引爆条件下，易发生剧烈变化”。

标准条款 4.1.2“在标准温度和压力下（25℃，101.3 kPa），易发生爆轰或爆炸性分解反应”。

标准条款 4.1.3“受强起爆剂作用或在封闭条件下加热，能发生爆轰或爆炸反应”。

**标准 4.2 条：与水或酸接触产生易燃气体或有毒气体**

遇水反应的危险废物主要包括两种类型：第一，遇水剧烈反应，产生易燃气体并与空气形成潜在爆炸性混合物；第二，遇水反应后不引起燃烧，但能产生大量的有毒有害气体。

标准条款 4.2.1“与水混合发生剧烈化学反应，并放出大量易燃气体和热量”。

反应性废物遇水反应能生成可燃气体的同时，释放出大量的热，直接引起可燃气体燃烧或爆炸。主要的废物类型包括金属粉末即镁、锆、钛、铝、锌 5 种粉末状态的纯金属；金属有机化合物主要有三甲基铝、二甲基镉、三异丁基铝、二乙基锌、乙基钠等；氢化物主要有碱金属的氢化物，如氢化锂、氢化钠；碱金属的氢化物遇水反应生成氢气的同时，释放出大量的热而引起燃烧或爆炸；盐型碳化物主要有碳化钙（电石）、碳化铝、碳化镁等，这些物质与水反应，发生水解，产生易燃的烃类，释放出热量，能够引燃各种生成气体。

标准条款 4.2.2 “与水混合能产生足以危害人体健康或环境的有毒气体、蒸气或烟雾”。

与水混合能产生有毒气体的反应性废物主要包括盐型磷化物，如磷化钾、磷化钠、磷化镁、磷化锶、磷化铝镁、磷化铝、磷化钙等，与水反应释放出热量，产生有毒的磷化氢气体；金属有机化合物，如钾汞齐、钠汞齐等，遇潮湿空气和水，能发生放热产生氢气的化学反应，引起燃烧并产生高毒性的汞蒸气。酸性腐蚀品，如硫酸、硝酸、高氯酸遇潮湿空气或接触周围可燃物，吸收水分，同时释放出大量的热；盐类，如连二亚硫酸钠（俗称保险粉）、低亚硫酸钠遇水或吸收潮湿空气能发热，引起冒黄烟的燃烧、放出有毒易燃的二氧化硫。此外，氯化乙酰、三氯化铝、五氯化锑、氯化铬酰、氯化二苯甲酰、甲基二氯硅烷、甲基三氯硅烷、氧氯化磷、正丙基三氯硅烷、氯化锡、一氯化硫、氯化亚砜、二氯亚砜、四氯化钛、三氯硅烷、三氯三聚氰酸、四氯化砜、四氯化锆、五氟化锑、五氟化溴、三氟化溴、三氟化氯、五硫化二磷等，这些物质遇水反应会产生氯化氢、氯气、氟化氢、硫化氢、二氧化硫、三氯化氮、光气等有毒有害气体。

标准条款 4.2.3“在酸性条件下，每千克含氰化物的废物分解产生≥250 mg HCN 气体；或者在酸性条件下，每千克含硫化物的废物分解产生≥500 mg $H_2S$ 气体”。

美国反应性废物鉴别标准 40CFR 261.23（5）采用了描述性的规定，“含氰化物或硫化物的废物，当暴露于 pH 为 2～12.5 的环境中时，能产生足以危害人体健康或环境的有毒气体、蒸气或烟雾”。为了帮助法规执行者更好地实施该条款，1985 年美国 EPA 制定了一个临时指南，规定当每千克含氰化物或硫化物的废物在酸性条件下产生大于 250 mg HCN 或 500 mg $H_2S$ 时，则判定其属于反应性危险废物，并且在 SW-846 7.3.3 和 7.3.4 中给出了关于氰化物和硫化物的试验方法。《危险废物鉴别标准　反应性鉴别》（GB 5085.5—2007）采用了美国 EPA 临时指南中对氰化氢和硫化氢的限值，规定在酸性条件下，含氰化物或硫化物的废物产生的氰化氢和硫化氢的量不得超过规定的限值。

**标准 4.3 条：废弃氧化剂和有机过氧化物**

氧化剂本身不燃烧，但是由于其具有氧化性，在外力作用下如受热等容易释放出氧气及大量的热，增加了与其接触的可燃物发生火灾的危险性和剧烈程度。氧化剂有时因摩擦或碰撞而着火，混合物剧烈燃烧并导致爆炸。大多数氧化剂和液体酸类接触会发生剧烈反应，散发有毒气体。某些氧化剂遇火亦可散发有毒气体。常见的氧化剂如过氧化钠、过氧化钾、过氧化镁，高锰酸钾、高氯酸钠、高氯酸钾、高氯酸镁，硝酸钠、硝酸钾、硝酸铅等。

有机过氧化物在常温或高温下易于放热分解，受热、接触杂质（如酸类、重金属化合物和胺类）摩擦或碰撞能引发分解反应。分解速率随着温度的升高及过氧化物组成的不同而变化。分解能释放出有害或易燃的气体或蒸气，有些过氧化物会发生爆炸性分解，尤其是在封闭的情况下。许多过氧化物会剧烈燃烧，某些有机过氧化物即使经短暂接触，也会对角膜造成严重伤害，或者会腐蚀皮肤。常见的过氧化物如过氧化氢乙丙基、过氧化氢叔丁基、过氧化乙酰丙酮、过甲酸、过乙酸等。

### 3.2.5《危险废物鉴别标准　腐蚀性鉴别》

《危险废物鉴别标准　腐蚀性鉴别》（GB 5085.1—2007）规定了腐蚀性危险废物鉴别的标准。经鉴别满足以下条件之一的固体废物属于危险废物。

将 pH 作为腐蚀性废物鉴别指标之一，综合考虑了如下因素：研究表明，在定义的 pH 范围内会损害人体器官（例如，当 pH 超过 11.5 或低于 2.5 时，我们的眼角膜就会被损伤）、使其他废物上的毒性污染物发生迁移、与其他废物接触发生剧烈反应和危害水生生命等，此特性制定所重点保护的对象是在运输过程中直接接触这类废物的工作人员，防止伤害到皮肤和眼睛。此外 pH 的限定也是防止促进重金属的溶解导致地下水污染，由于不适当管理与不相容的废物混合发生反应导致起火、爆炸、产生易燃或有毒气体、产生高压损害设备以及散发有毒挥发成分、烟雾和颗粒物。

在腐蚀性定义中，增加了腐蚀钢材来确定非水溶液液态废物的腐蚀性危险特性的内容，主要考虑以下两种因素：

- 该方法解决了原方法中无法测定 pH 的液态废物腐蚀性鉴别的问题。
- 参考了美国（EPA 的 40CFR 261.22 的相关规定）以及我国台湾的通过分析腐蚀钢材鉴别腐蚀性危险废物的方法，包括确定该方法的理论依据。美国 EPA 定义这种腐蚀特性是因为这类废物可能从被隔离的容器中溢出或接触到外界废物，以致在运输或贮存过程与环境介质接触而产生危害，如剧烈反应或释放有害组分到环境中危害人体健康。这种情况在我国危险废物管理过程中也比较常见。其中，美国以及我国台湾地区规定的腐蚀钢材型号为 SAE1020（美国材料试验协会钢号标准，ASTM），目前这种型号的钢材被普遍用于制作各种容器，SAE1020 对应我国国家标准《优质碳素结构钢》（GB/T 699—1999）中规定的 $20^{\#}$ 钢材。

腐蚀性危险废物还应包括一些刺激性和致敏性固体废物以及挥发腐蚀性气态物质的固体废物，目前国内外均未制定这类废物的鉴别指标。限于研究基础的薄弱，目前只能通过《国家危险废物名录》管理这类腐蚀性化学产品。

《危险废物鉴别标准　腐蚀性鉴别》（GB 5085.1—2007）以腐蚀钢材为危险废物腐蚀性鉴别的指标，但是对于一些非钢材类材料容器的腐蚀性鉴别指标研究较少，这也是美国、日本和我国共同面临的问题，在今后的研究过程中，将开展这方面的研究。

### 3.2.6《危险废物鉴别标准　浸出毒性鉴别》

《危险废物鉴别标准　浸出毒性鉴别》（GB 5085.3—2007）规定了浸出毒性危险废物鉴别的标准。通过对各国浸出毒性鉴别保护目标体系的现状分析可知，各国浸出毒性保护的目标普遍为地下水，这与危险废物的处置方式有关，因为相当数量的危险废物是通过填埋进行处置。综合分析、考虑我国危险废物产生特性和污染特征、贮存和处理处置方式，我国也将地下水作为保护目标。

### 3.2.6.1 浸出毒性模拟模型

浸出毒性是废物毒性特征（急性或慢性）的鉴别方法之一。综合考虑我国的危险废物产生及污染现状、贮存和处置量及方式、酸性降水及酸雨频率对此影响情况，确定浸出毒性的浸取方法：通过模拟工业固体废物填埋场进行不规范填埋处置并在受酸雨影响条件下，有毒物质浸出向地下渗滤造成地下水的污染，来确定固体废物填埋处置所浸出的毒性物质含量。以此确定该固体废物是否表现毒性特性，并判断其是否按危险废物管理。主要考虑一种不利条件，即由于重工业、燃煤造成的酸沉降（酸雨）对工业固体废物不规范填埋处置的影响（见图 3-6）。

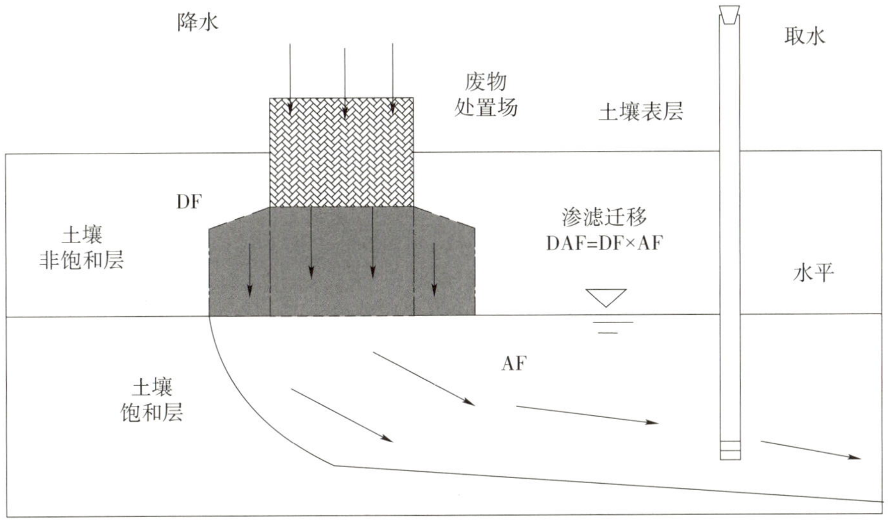


图 3-6　固体废物危险组分渗滤迁移模型

### 3.2.6.2 浸出项目和标准值的确定

浸出项目的确定。采用美国 EPA 确定的方法学。以《地下水质量标准》《地表水环境质量标准》《污水综合排放标准》为浸出毒性的制定依据。

浸出项目的确定可不含水质标准中规定的色味、$BOD_5$、总磷以及石油类等物理、环境和美学指标。我国水环境质量标准规定的污染指标，包括《地下水质量标准》（GB/T 14848—2017）中规定的物质 15 种；《地表水环境质量标准》（GB 3838—2002）中规定的物质 10 种；《污水综合排放标准》（GB 8978—1996）第一类污染物排放标准中规定的物质 11 种，第二类污染物排放标准中规定的物质 33 种；POPs，如滴滴涕、六氯苯、氯丹、毒杀芬、灭蚁灵，综合这些物质的毒性特征（有毒、“三致”等急性或慢性毒性），最终确定浸出项目的总数量为 50 种。

标准值的确定。浸出项目的标准值以水质标准中规定的生活饮用水水源为标准。浸出毒性是模拟工业固体废物不规范填埋处置并受酸雨浸出影响对地下水造成的污染，污染组分的释放对环境保护目标——地下水的影响有一定的稀释作用，鉴于我国缺乏这方面的研究成果，因此借鉴 TCLP、日本毒性特征制定的 DAF 稀释倍数关系。

- 地下水质量标准（Ⅲ类）和地表水环境质量标准（Ⅲ类）用稀释倍数（×100 倍）来确定浸出标准值。
- 污水综合排放标准（一级标准）用稀释倍数（×10 倍，借鉴日本制定的 DAF 系数）确定。
- 用世界卫生组织（WHO）推荐的水质标准值乘以稀释倍数（×100 倍）来确定浸出标准值。主要是由于部分 POPs 在我国水质标准中未做规定，因此参考 WHO 确定的水质标准，同时参考这些毒性物质的毒理数据。

鉴于部分项目在不同标准的指标中均有规定标准值，所以选取的基准值的优先顺序为《地下水质量标准》《地表水环境质量标准》《污水综合排放标准》“WHO 推荐的饮用水质量标准”。

### 3.2.7 急性毒性初筛鉴别标准

《危险废物鉴别标准　急性毒性初筛》（GB 5085.2—2007）规定了急性毒性危险废物的初筛标准。GB 5085.2—2007 采用《化学品毒性鉴定技术规范》（卫生部，2005）中规定的“急性吸入毒性试验”“急性经皮毒性试验”“急性经口毒性试验”取代原标准中附录 A《危险废物急性毒性初筛试验方法》的试验方法，并对鉴别标准做了调整。该方法具有以下特点：

①对于不明确所含毒性物质的固体废物及其混合物可以采用该方法进行急性毒性鉴别。满足规定鉴别标准值则按照危险废物管理。

②范围广泛：鉴别废物的范围不再限于水溶性固体废物的急性毒性鉴别，对于非水溶性的固态废物也有相应的鉴别方法。

③鉴别指标明确：以动物试验经口 $LD_{50}$≤500 mg/kg、经皮 $LD_{50}$≤2 000 mg/kg 和吸入 $LC_{50}$≤2 mg/L 作为固体废物表现急性毒性的指标。即该分级指标依照《化学品毒性鉴定技术规范》中规定的有毒物质的划分标准。从保护人类身体健康和生态环境的角度出发，该鉴别标准值的制定考虑了一种不利的情况，以有毒作为危险废物管理的范畴。

④科学合理性：以半致死量 $LD_{50}$ 或 $LC_{50}$ 作为毒性废物的鉴别标准值是发达国家的通常做法。例如，美国将固体废物的动物试验半致死量（$LD_{50}$）作为列

入危险废物名录的主要依据之一。欧盟将动物试验半致死量（$LD_{50}$）作为毒性物质的分级指标，对不同毒性级别的物质制定了对应的含量标准。

### 3.2.8 毒性物质含量鉴别

从保护人类身体健康和生态环境的角度出发，依据从严原则，采用我国国标定义的剧毒、有毒分级标准，作为危险废物急性毒性分级标准，毒性物质含量标准值如表 3-1 所示。

表 3-1 毒性物质含量鉴别标准

| 毒性物质类别 | 含量标准（质量百分比，*W/W*）/% | 附录 |
|---|---|---|
| 有毒性 | 3 | 一（172 种） |
| 剧毒性 | 0.1 | 二（45 种） |
| 致癌性 | 0.1 | 三（66 种） |
| 致突变性 | 0.1 | 四（7 种） |
| 致畸性 | 0.5 | 五（11 种） |

#### 3.2.8.1 急性毒性物质含量标准和物质列表

由于我国缺乏相关的基础研究，危险废物有毒和剧毒物质含量鉴别标准借鉴欧盟的鉴别标准值（欧盟指令 2000/532/EC 的相关规定，在标准文本格式上按 GB/T 1.1—2000 做了编辑性修改）。

含量鉴别标准中附表列出的有毒和剧毒物质主要有 3 种来源：一是我国《常用危险化学品的分类及标志》（GB 13690—92）中列出的 300 种有毒化学品和 54 种剧毒化学品；二是我国卫生部、国家质量监督检验检疫总局、铁道部、交通运输部和中国民用航空总局等部门共同确定的《剧毒化学品目录》

（2002 年版）中列出的 335 种剧毒化学品；三是来自 WHO 国际化学品安全规划署制定的《环境健康基准》（EHC）中列出的 231 种毒性物质和物品。

上述毒性物品或物质清单中有检测分析方法的作为鉴别标准在附表列出，其中有毒物质 143 种、剧毒物质 39 种。

确定以上物质作为标准列表综合考虑了以下 5 种因素：

①已研究证实的毒理数据表明：低剂量物质对人类健康或生态环境具有直接或潜在危害，通过 $LD_{50}$、$LC_{50}$ 等说明。这些化学物质的毒性、环境行为、健康效应方面的研究比较充分。

②参考了国标《常用危险化学品的分类及标志》（GB 13690—92）中明确列出的有毒和剧毒品。

③参考了《剧毒化学品目录》（2002 年版）中明确列出的剧毒品。

④综合考虑 WHO 国际化学品安全规划署列出的全球范围内备受关注的毒性化学品。

⑤综合考虑国务院环境行政主管部门通过长期的管理和评估认定的具有急性毒性危害的危险物质。

这些物质在废物中的含量可以通过特定的分析方法进行检测。

### 3.2.8.2 “三致”毒性物质含量标准和物质列表

由于我国缺乏相关的基础研究，危险废物“三致”物质含量鉴别标准借鉴欧盟的鉴别标准值（欧盟指令 2000/532/EC 的相关规定，在标准文本格式上按 GB/T 1.1—2000 做了编辑性修改）。

含量鉴别标准中附表列出的“三致”毒性物质主要有两种来源：一是欧

盟环境署在指令 76/769/EEC 中列出的 110 种致癌性 1 类和 2 类物质、15 种致突变性 1 类和 2 类物质以及 44 种生殖毒性 1 类和 2 类物质，欧盟制定的“三致”物质主要是通过致癌、致突变和生殖毒性的长期效应专项试验；二是其中致癌物质还参考了 WHO 国际癌症研究机构（International Agency for Research on Cancer，IARC）公布和更新的各类已经判定的致癌物质（因子）名单，截至 2004 年 7 月，IARC 已经评估确定第 1 类人类致癌物质（因子）和第 2 类可能人类致癌物质（因子）共计 401 种。

上述“三致”毒性物质清单中有检测分析方法的作为鉴别标准在附表列出，其中致癌性物质 63 种、致突变性物质 7 种、生殖毒性物质 11 种。

“三致”物质将根据我国、WHO IARC、美国以及欧盟等国家和地区的研究成果进行定期修订，增补新出现的“三致”毒性物质。

### 3.2.8.3 持久性有机污染物

2001 年 5 月 22 日，我国政府通过了《关于持久性有机污染物的斯德哥尔摩公约》，并于 2004 年 5 月 17 日正式生效。根据公约的定义，持久性有机污染物（POPs）是指具有毒性、难以降解和生物蓄积等特性，可以通过空气、水和迁徙物种长距离迁移并沉积，在沉积地的陆地生态系统和水域生态系统中蓄积的有机化学物质。目前，公约列出的 POPs 为 12 种，分别是 2 种污染物（二噁英和呋喃）、1 种化学品（多氯联苯）、9 种有机氯杀虫剂。

为了履行国际公约，防止含有 POPs 类废物的污染，保护人体健康和生态环境，在《危险废物鉴别标准　毒性物质含量鉴别》（GB 5085.6—2007）中专门列出了含量鉴别值。同时，为了与国际环境公约保持一致，POPs 类物质含量鉴别值直接参考《巴塞尔公约》推荐的含有POPs类废物作为危险废物管理的含量鉴别标准值。根据《巴塞尔公约》在第七届缔约方大会（2004年10月25—29日，日内瓦）临时议程:《关于对由持久性有机污染物构成 含有此类污染物或受其污染的废物实行无害环境管理的一般性技术准则》，POPs类废物的鉴别标准为50 mg/kg（多氯二苯并对二噁英和多氯二苯并呋喃为15 μg TEQ/kg）。

## 3.2.9 鉴别技术规范

为了保证危险废物特性鉴别的科学性和规范性，须对固体废物的采样（包括份样数、份样量和采样方法）、检测与结果的判断进行明确的规定，使不同的人对同一批废物进行采样，可以得出相同的结果。因此,《危险废物鉴别技术规范》（HJ 298—2019）对固体废物危险特性鉴别中样品的采集和检测，以及检测结果的判断等过程做出了相应的技术要求。以下介绍规范中比较重要的部分内容。

### 3.2.9.1 采样对象

《危险废物鉴别技术规范》（HJ 298—2019）在规定了分类鉴别基本原则的基础上，根据不同类别的固体废物分别规定了采样对象的具体要求。主要包括:①分类采样的基本原则。固体废物鉴别应按类别采样，禁止将不同产生源的固体废物混合后采样，否则将对判断检测结果产生影响。②平行生产线采样要求。生产原辅料、工艺路线、产品均相同的两条或两条以上生产线，可以采集单条生产线产生的固体废物代表该类固体废物。③丧失原有使用价值的物质的采样要求。对于物质本身具有危险特性的物质，统一以原产品的危险特性代表废物的危险特性；对于使用过程带入危险特性的物质，提出了“应在该物质不能继续按照原有设计用途使用时采样”的原则性要求，防止产废单位为躲避危险废物管理，采集未报废的产品进行鉴别。④副产物的采样要求。规定了应在固体废物离开生产工艺的环节采集样品以及保障固体废物性状稳定的采样期。⑤环境治理和污染控制过程中产生的物质采样要求。应在污染控制设施污染物来源、设施运行负荷和效果稳定的生产期采样；应根据环境治理和污染控制工艺流程，对不同工艺环节产生的固体废物分别采样。⑥堆存状态的固体废物采样要求。根据堆存废物的不同情况，分别做出规定。⑦废弃包装物和容器的鉴别采样要求。统一规定废弃包装物或容器鉴别对象为内容物。

#### 3.2.9.2 份样数

针对不同情形规定了份样数的具体要求，主要包括固体废物份样数的产生量依据为生产设施稳定运行时的实际产生量。平行生产线采样数以单条生产线固体废物最大产生量为依据。根据不同鉴别情形的样品均匀性特征，对部分可减少份样数的情形进行了规定。

#### 3.2.9.3 样品的检测

明确了样品检测的具体要求，主要包括：①取消危险特性鉴别的顺序（现行标准 6.2、6.3 款）。《名录》要求“经鉴别具有危险特性的，属于危险废物，应当根据其主要有害成分和危险特性确定所属废物类别，并按代码‘900-000-××’（××为危险废物类别代码）进行归类管理”。因此，鉴别工作不再仅确定是否具有危险特性，还需要确定其主要危险特性，需要鉴别固体废物可能具有的所有危险特性。②删除产生源不明确的固体废物的检测规定。③增加利用过程或处置后产生的固体废物的鉴别规定。根据《通则》处理后判定规则，在技术规范中要求此类情形应首先根据被利用或处置的固体废物的危险特性进行判定。

#### 3.2.9.4 检测结果判断

本部分规定了在危险废物鉴别过程中，对样品检测结果的判断，即如何根据分析检测结果中超标的份样数判断样品的该危险特性是否超标。

超标份样数下限值参照《计数抽样检验程序 第1部分：按接收质量限（AQL）检索的逐批检验抽样计划》（GB/T 2828.1—2012）中的抽样方案制定（略有调整），选择的接收质量限为10%。上述标准中对规定值的含义为：检验的样本中发现的不合格品数大于或等于该数时，认为该批是不可接受的。对于危险废物的鉴别而言，当超标的样品数大于或等于该规定值时，则判断该固体废物属于危险废物。

如果采集的固体废物份样数与技术规范表中的份样数不符，则按照与实际份样数最接近的较小份样数进行结果的判断。

#### 3.2.9.5 环境事件涉及的固体废物的危险特性鉴别技术要求

应根据所能收集到的环境事件资料和现场状况，尽可能对固体废物的来源进行分析，识别固体废物的组成和种类，分类开展鉴别。固体废物非法转移、倾倒、贮存、利用、处置等环境事件涉及的固体废物，可根据环境事件现场固体废物的外观形态、有效标识以及现场可采用的检测手段的检测结果，对固体废物进行分类。突发环境事件及其处理过程中产生的固体废物，应尽可能在清理之前根据事故过程污染物的扩散特征，或在清理过程中根据固体废物的污染物沾染情况，对固体废物的污染程度进行判断，并根据判断结果对固体废物进行分类。

#### 3.2.9.6 产生来源明确的固体废物的鉴别要求

应首先依据《通则》第 4.2 条、第 5 章和第 6 章进行判断。根据此条不能判断属于危险废物，但可能具有危险特性的，应优先按本标准第 4 章在产生该固体废物的生产工艺节点采样；如生产过程已终止，则采集企业贮存的同类固体废物。采集的样品按本标准第 6 章和第 7 章进行检测和判断。

因环境事件处理或应急处置要求，可采集环境事件现场固体废物或依据《突发环境事件应急管理办法》已应急清理暂存的固体废物作为样品开展鉴别。

应根据固体废物的物质迁移、转化特征以及环境事件现场的污染现状，综合分析固体废物的危险特性在转移、倾倒、贮存、利用、处置过程中发生的变化，按以下要求开展鉴别：

①如危险特性未发生变化，或变化不足以对检测结果的判断造成影响，可按本标准第 4 章的相关要求采集现场样品，并按本标准第 6 章和第 7 章进行检测和判断。

②如不排除危险特性发生变化，且对检测结果的判断可能造成影响，应采集现场能够代表固体废物原始危险特性的样品，并按本标准第 6 章和第 7 章进行检测和判断；如现场无法采集到能够代表固体废物原始危险特性的样品，应采集本标准第 8.2.2 条规定样品或可类比工艺项目的固体废物开展鉴别。

#### 3.2.9.7 产生来源不明确的固体废物鉴别要求

应采集能够代表固体废物组成特性的样品，通过分析固体废物的主要物质组成和污染特性确定固体废物的产生工艺。

根据产生工艺，按《通则》第 8.2.1 条不能判断属于危险废物，但可能具有危险特性的，应采集环境事件现场固体废物样品或依据《突发环境事件应急管理办法》已应急清理暂存的固体废物，按第 8.2.4 条开展鉴别。

因环境事件处理或应急处置需要，可根据掌握的信息直接检测该固体废物可能具有的危险特性，根据检测结果依据本标准第 7 章做出判断。有证据表明该固体废物可能属于《名录》中的危险废物，或固体废物危险特性已发生变化且可能影响检测结果判断的，应按第 8.3.1 条和第 8.3.2 条进行鉴别。

## 3.3 危险特性鉴别技术要点分析

从 2007 年开始危险废物鉴别工作到 2021 年，固体所开展危险废物鉴别工作已经将近 15 年，根据多年的鉴别实践，总结分析了危险特性鉴别工作中的部分技术要点。

### 3.3.1 鉴别不是检测而是评价过程

危险特性鉴别不是简单地检出分析和鉴别标准限值比对，而是固体废物产生过程、特征污染物识别以及综合评价过程。危险特性鉴别工作中比较常见的问题是鉴别工作过于依赖样品的检测，即在没有对等待鉴别的固体废物进行特征污染物识别的基础上就开展检测工作，虽然检测了大量的指标，但往往难以说明检测项目的完整性和检测结果的代表性，同时又浪费了大量的人力和财力。因此首先需要对固体废物来源和基本情况做出完整的分析，识别特征污染物，在此基础上开展的检测工作才更科学，也更符合技术规范的要求。

危险特性鉴别大致可分为固体废物来源和基本情况分析、危险特性识别和初判、采样和检测、结果分析 4 个步骤。

#### 3.3.1.1 固体废物来源和基本情况分析

对于常见的生产过程中的副产物和污染控制设施产生的废物，首先应明确鉴别对象，包括废物的名称、个数、状态、来源工艺和废物产生节点。其次应调研工艺的稳定程度，判断影响固体废物危险特性的物质来源是否稳定，核实废物的产生量、产生规律、确定采样条件和位置。最后还应调研固体废物的危害性和主要的利用处置方式等。对于废弃产品类需明确废弃的原因、废弃节点和固体废物的去向。对于污染土壤的鉴别应明确其来源、方量、历史生产沿革、是否发生转运等基本情况。

#### 3.3.1.2 危险特性识别和初判

危险特性识别即识别固体废物中可能存在的危害物质，初步判断可能存在的危险特性，建立特征污染物清单的过程。固体废物中的危害物质一般主要来源于原辅料、副产物和中间产物。因此，需明确原辅料的化学组成、杂质组分、原辅料生产过程是否可能带入残留有害物质、原辅料中的有害物质是否有质量控制标准；需明确反应机理，判断是否有副产物和中间产物进入被鉴别固体废物，若有，应确定是否有工艺条件控制其含量。将识别出的危害物质与鉴别标准进行比对，初步判断可能存在的危险特性。经判断，一定存在的危险特性直接列入后续的鉴别项目，可以通过工艺过程或固体废物性质排除的危险特性不列入后续的鉴别项目，不确定的危险特性可通过代表性样品定量分析判断是否列入鉴别项目。最终建立全面、完整、准确的特征污染物清单。不可用大量检测替代以上危害物质识别的过程，危险特性的排除依据要具体、充分。

#### 3.3.1.3 采样和检测

按照《危险废物鉴别技术规范》（HJ 298—2019）对不同采样对象的采样要求分别进行。对丧失原有使用价值的物质，应确保样品的危险特性具有代表性，避免采集到没有丧失原有利用价值（如未达到吸附饱和而报废的活性炭）的样品。对生产过程中的副产物应先准确判断废物分离节点，避免采集到利用或处置后的废物，然后在生产稳定的前提下根据废物产生规律，确定采样频次，样品采集须满足《危险废物鉴别技术规范》（HJ 298—2019）份样数、份样量和采样方法的要求。对污染控制设施产生的固体废物要在设施运行负荷和效果稳定的生产期采样，对不同种类的污泥、废渣、收尘灰等分别采样，避免采集混合样。对堆存态固体废物，主要针对正在产生或历史产生但属性未确定的堆存废物和关停企业遗留在原厂址的固体废物、倾倒废物和场地中的不明废物应按环境事件涉及的固体废物要求采样。对废包装物和容器，采样对象为容器中的内容物，应按内容物的污染特征分类，分别采样。对水体环境、污染地块治理与修复过程产生的固体废物，应充分利用已开展的环境风险评估结果，根据水体、污染地块污染物的扩散特征，对不同污染程度的环境介质进行分类采样。对建筑废物，应尽可能在拆除、清理之前或过程中，根据建筑物的组成和污染特性进行分类采样，避免高污染建筑废物混入其他固体废物。

可先检测主要的危险特性。经检测，具有危险特性的即可判定为危险废物。综合分析确定不存在的危险特性可不检测。

#### 3.3.1.4 结果分析

对于特征污染物种类较多的，可以通过样品初检优化检测方案；无机毒性物质的含量需要从无机元素转化为相应的化合物参与类别毒性和累积毒性的计算；急性毒性可根据废物组成和毒性物质含量检测结果进行估算，当估算值接近标准限值再开展急性毒性实验；存在无法通过特性鉴别得出鉴别结论的可能，需专家认定。

### 3.3.2 《名录》判别是特性鉴别的前提

鉴别中应首先从废物的产生工艺和节点准确判断是否属于《名录》中的废物。不是固体废物的一定不是危险废物，《名录》中的废物是危险废物。实践中发现，有部分特性鉴别对《名录》中的废物开展检测，然后根据检测结果做出了该废物不属于危险废物的结论。

根据《固废法》对危险废物的定义和《通则》规定的鉴别程序，在属于固体废物的前提下，《名录》中的废物即为危险废物。因此，对《名录》中的废物开展特性鉴别，无论其结果如何都无法改变该废物属于危险废物的结论。出现该问题的主要原因是对该废物是否属于《名录》中的废物判断出现了偏差。因此，在《名录》判断过程中，以下两点需要特别注意：

一是遵循废物描述优先的原则。在判定废物是否属于列入《名录》的危险废物及其类别时，应该采取以废物描述为主、以行业来源为辅的原则，当两者发生矛盾或不一致时，应以废物描述为主要判断依据。这是由于危险废物来源广泛，存在同一种废物来源于多个行业的现象。《名录》中的行业代码指的是该种废物的主要产生行业来源，不是唯一来源。

二是以废物名称为判断依据。行业中对某种固体废物的名称通常有多种说法（俗称），为避免不同的人对同一种废物有不同的理解，在《名录》编制过程，采用废物产生源识别的方式，即通过废物产生过程进行认定的方式。例如，对于行业上通称的"除尘灰、布袋灰、粉尘"等，《名录》统一采用"除尘装置收集的粉尘"来定义。

### 3.3.3 固体废物产生节点识别非常重要

鉴别工作实践中经常发现，对危险特性鉴别对象的判断出现错误，例如对具有毒性的危险废物的处置产物（生活垃圾焚烧飞灰水泥固化产物、精蒸馏残渣处理后废物等）以及对不同废物混合后的废物开展特性鉴别等。根据《通则》的混合判定规则，危险特性鉴别要遵循分类鉴别的基本原则，即禁止将污染特性或污染程度不同的废物混合鉴别。例如，不可将工艺不同节点产生的废物混合后鉴别，不可将污染物类型或污染物含量不同的废物混合后鉴别。根据《通则》的利用处置后服务判定规则，毒性危险特性的废物处置后仍属于危险废物。

为此，在鉴别过程中，需要准确识别废物的产生节点，对属于混合情形的，应先对混合前的废物开展采样鉴别工作。对属于废物利用处置后情形的，应先对利用处置前废物开展采样鉴别（见图 3-7）。

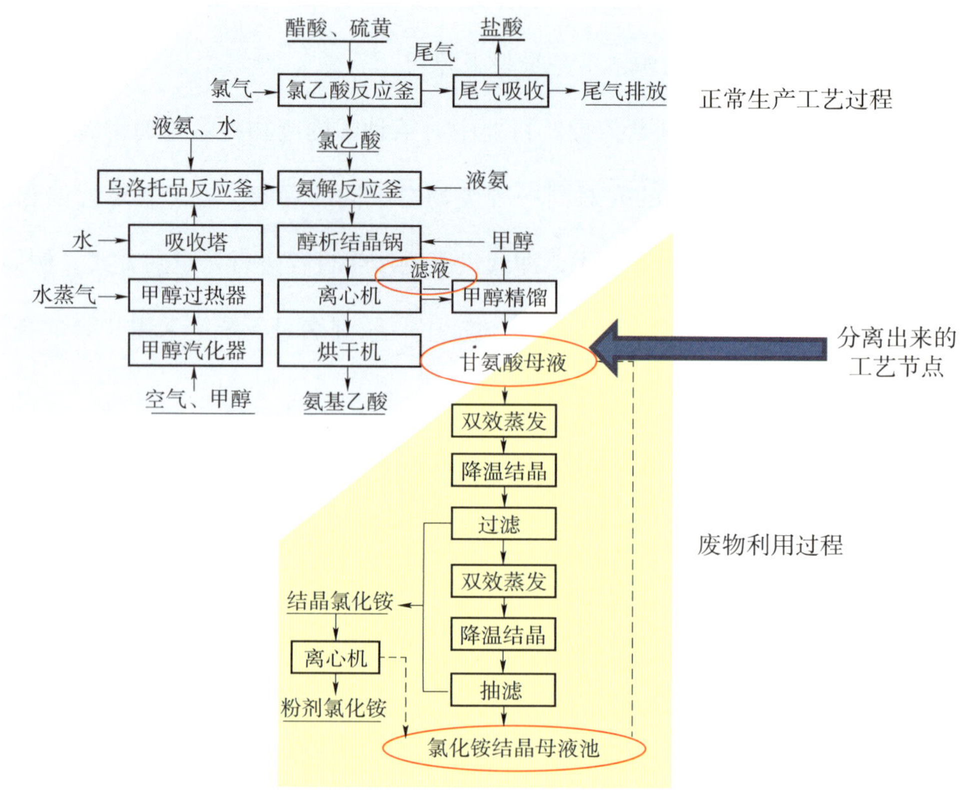


图 3-7　废物利用处置情形的鉴别节点示意

如图 3-7 所示，氯化铵结晶母液属于甘氨酸母液提取氯化铵的产物，要对氯化铵结晶母液开展鉴别，首先应明确甘氨酸母液的属性，即应先对甘氨酸母液进行鉴别采样。同样，烘干污泥属于脱水污泥（正常工艺产生的废物）烘干处理后的产物，应以脱水污泥为鉴别采样对象（见图 3-8）。

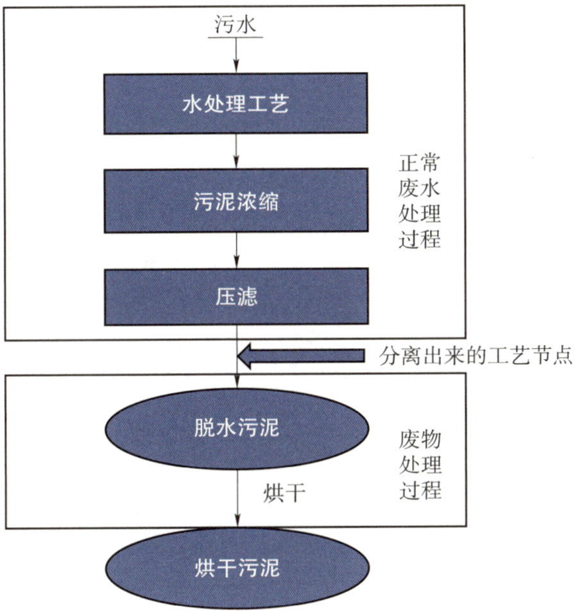


图 3-8　废物利用处置情形的鉴别节点示意

### 3.3.4　标准是依据但不能仅局限于标准

如本章 3.2 节所述，目前的危险废物鉴别标准存在指标项目不全的局限性，例如浸出毒性鉴别标准中缺乏对金属 Tl、B 等有毒物质的控制指标，毒性物质含量鉴别标准中缺乏对新出现的有毒物质的控制等。因此，在危险废物鉴别工作中，待鉴别固体废物经溯源分析后，存在有毒害但未在现有鉴别标准中列出的特征污染物，应充分考虑其风险，可根据鉴别标准限值制定的方法学做出是否超标的判断。

此外，有一些污染物难以用鉴别标准或环境质量标准进行风险表征和控制的，可采用环境风险评估的方法对其风险进行识别，如含抗生素类的废物。

# 4

# 固体废物鉴别技术案例分析

Solid Waste Identification Case

## 4.1 丧失原有利用价值或被抛弃的产品类废物

### 4.1.1 案例一：废手机屏

2019 年 10 月，某海关委托中国环境科学研究院固体所对一票进口“旧手机屏幕”的货物进行固体废物属性鉴别，确定其是否属于固体废物。

鉴别货物共两个航空快递邮寄纸箱，箱内均为简易盒盛装的手机屏和散装的手机钢化膜，现场查验情况见表 4-1，部分货物状态见图 4-1～图 4-8。

表 4-1 现场查看货物情况

| 箱 | 货物特征描述 |
| --- | --- |
| 第一箱 | 箱内装有 3 种货物：第一种是白色包装盒类货物，共 24 个，全部为手机屏，其中有 7 个纸盒上有手画的“×”标志，所有白盒中均为屏幕碎裂的手机屏，出现严重坏损、缺损，并且屏幕上的薄膜有大量气泡且脏污，有明显的使用痕迹；第二种是散装的手机屏货物，共 27 个，屏幕碎裂严重，为不同型号、尺寸、颜色的手机屏；第三种是钢化膜货物，共 25 个，其中有一个碎裂 |

| 箱 | 货物特征描述 |
| --- | --- |
| 第二箱 | 箱内装有两种货物：第一种是白色包装盒类货物，共24个，全部为手机屏，白盒中的手机屏均为屏幕碎裂的手机屏，出现严重坏损、缺损，并且屏幕上的薄膜有大量气泡且脏污，有明显的使用痕迹；第二种是白色塑料袋包装的手机屏货物，共48个，屏幕碎裂严重，为不同型号、尺寸、颜色的手机屏，上面写有“P20 配 home button”等字样 |

图 4-1　开箱查看第一个邮寄包装

图 4-2　不同牌号手机屏的包装盒

图 4-3　破损手机屏

图 4-4　手机屏钢化贴膜

图 4-5 开箱查看第二个邮寄包装

图 4-6 不同牌号手机屏的包装盒

图 4-7 破损手机屏

图 4-8 破损手机屏

根据查看货物特征，判断鉴别货物是回收的不同型号的已严重破损（破裂）的手机屏，是回收的废品，丧失了原有的利用价值。根据固体废物的法律定义以及《固体废物鉴别标准 通则》（GB 34330—2017）第 4.1a 条准则，判断鉴别货物属于固体废物。

根据 2017 年 12 月环境保护部、商务部、海关总署等部门发布的第 39 号公告《禁止进口固体废物目录》第十三部分废弃机电产品和设备及其未经分拣处理的零部件、拆散件、破碎件、砸碎件，序号 103 为“8517、8518 废电话机，网络通信设备，传声器，扬声器等废通讯设备”，建议将鉴别货物归于该类废物，因而鉴别货物属于我国禁止进口的固体废物。

### 4.1.2 案例二：废铅酸蓄电池

2017 年 8 月，某海关委托中国环境科学研究院固体所对其查扣的一票进口“废旧电池”的货物进行固体废物属性鉴别，需要确定其是否属于国家禁止进口的固体废物。

鉴别货物存放于海关罚没财物仓库，为各种铅酸蓄电池，特征如下：①由各国及地区生产的各种品牌的蓄电池，有长江、台湾汤浅显（YUASA）、巡航、ACDelco、韩国 FORGO、NewEarth、云蓄、松下、骆驼、AK、埃森德、三冠、久远、Unistar、FB、万里、沙漠之龙、德胜、云南高原等品牌；蓄电池颜色杂，有绿、灰、黑、蓝、黄、白等颜色；蓄电池大小、电压规格不同。②蓄电池脏污、锈蚀和破损程度均很严重。部分货物外观状况见图 4-9～图 4-20。

图 4-9　各种蓄电池

图 4-10　云蓄牌蓄电池

图 4-11　长江牌蓄电池

图 4-12　YUASA 牌蓄电池

图 4-13　巡航牌蓄电池

图 4-14　巡航牌蓄电池

图 4-15　ACDelco 牌蓄电池

图 4-16　日本某品牌蓄电池

图 4-17　韩国 FORGO 牌蓄电池

图 4-18　新大地牌蓄电池

图 4-19　松下牌蓄电池

图 4-20　骆驼牌蓄电池

鉴别货物属于使用之后回收的各种铅酸蓄电池。回收铅酸蓄电池不具有统一规格、规范商标、规范包装的正常产品特性，废弃特征明显，丧失了蓄电池原有的使用价值和功能，可用于金属的再循环和回收以及其他物质的无害化处置。根据固体废物的法律定义以及《固体废物鉴别导则（试行）》的原则，判断这部分鉴别货物属于固体废物。

2014 年 12 月环境保护部、商务部、发展改革委、海关总署、国家质检总局发布的第 80 号公告《禁止进口固体废物目录》中列出了“8548100000 电池废碎料及废电池［指原电池（组）和蓄电池的废碎料，废原电池（组）及

废蓄电池 ]”，这部分鉴别货物应归于这类废物，属于我国禁止进口的固体废物。

《固废法》定义危险废物“是指列入《国家危险废物名录》或者根据国家规定的危险废物鉴别标准和鉴别方法认定的具有危险特性的固体废物”；在《名录》“HW49 其他废物”中列出了铅酸电池（危险特性为毒性 T）；根据《废电池污染防治技术政策》，废氧化汞电池、废镍镉电池、废铅酸蓄电池属于危险废物。因此，鉴别货物属于《名录》中具有毒性（T）的危险废物。

《固体废物进口管理办法》第 8 条规定“禁止进口危险废物”。因此，鉴别货物属于我国禁止进口的危险废物。

## 4.2 生产过程中产生的副产物类废物

### 4.2.1 案例一：聚氯乙烯树脂（PVC）生产中的不合格物料或残余物

2018 年 1 月，某海关委托中国环境科学研究院固体所对其查扣的一票进口“聚氯乙烯树脂副牌”的货物样品进行固体废物属性鉴别，确定其是否属于国家禁止进口的固体废物。

样品为浅白色和淡黄色物料混杂在一起的潮湿块状，有少量粉末状物料，团块用手可捏碎，捏碎的细粉末中可见细小的黑色、灰色、褐色等杂色粒子，偶见硬质塑料片。样品外观状况见图 4-21。

图 4-21　样品外观

利用 X 射线荧光光谱仪（XRF）分析样品 550℃灼烧后残余物的成分，主要含 Ca、Si、Al、Cl、S、Mg 等。对样品中浅白色粉末块和淡黄色粉末块采用傅里叶变换红外光谱仪（FTIR）分别进行组分定性分析，结果显示均含有 PVC 树脂、碳酸钙及其他未知成分，红外谱图见图 4-22 和图 4-23。

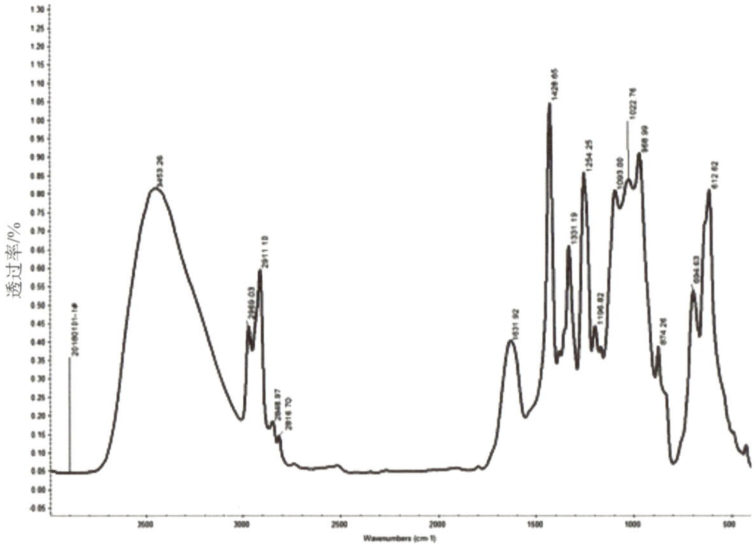


图 4-22　浅白色样品红外光谱分析

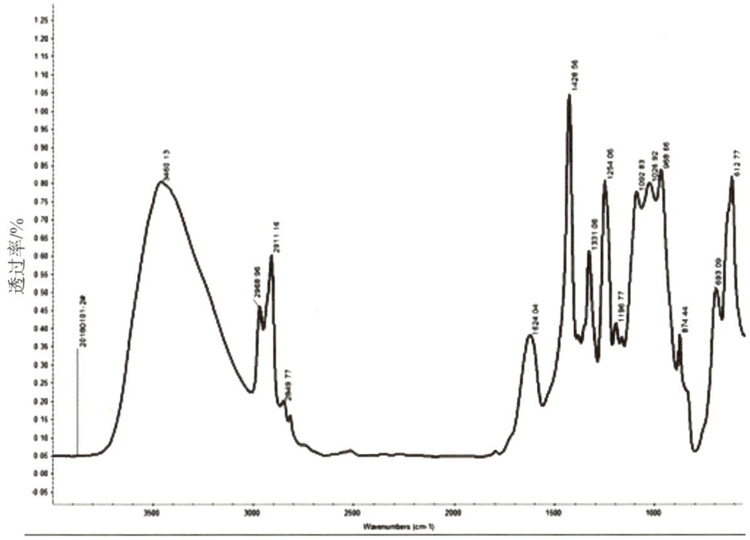

图 4-23 淡黄色样品红外光谱分析

样品主要成分为 PVC；外观为浅白色和淡黄色混杂在一起的潮湿块状，与《悬浮法通用型聚氯乙烯树脂》（GB/T 5761—2006）标准中 PVC 外观为白色粉末差异较大；而且样品灼烧后残余灰分大于 10%，表明样品中非树脂杂质成分含量较高；样品为大小不等的团块，团块所占重量比约 97%，团块中最小尺寸约有 2 mm，远大于 250 μm，样品 250 μm 筛孔的筛余物质量分数可达 97% 以上，完全不满足 GB/T 5761—2006 对通用 PVC 树脂产品的粒度要求，判断样品不是 PVC 产品。

在 PVC 生产中，常由于杂质粒子数超标而造成 PVC 质量下降或出现次品。产生杂质粒子的因素：聚合进料水夹带一些悬浮物，最终以杂质粒子存在于 PVC 中；单体含水，氯乙烯在有水存在的条件下，会产生盐酸（HCl）进而腐蚀管道及设备，生成 $Fe^{3+}$ 存在于单体内的水中，使聚合后的 PVC 颗粒变黄或呈明显的深色杂质粒子；单体中乙炔含量过高或含醛类等都会使树脂热稳定性显著下降，在树脂后处理过程中容易变色而成为杂质粒子；聚合釜浆料排放未净或者出料后不冲洗釜壁，那么多余的物料以及反应釜壁附着的物料等就会在下一个釜聚合中，经多次聚合形成颗粒明显偏大的树脂，此种树脂由于重量相对较重在沸腾床中停留时间相对延长而变黄或变黑，经滚动筛过筛后就会产生大量的杂质粒子；沉析槽升温过高（>85℃）或吹风不够，聚合物很容易变红而成为杂质粒子；汽提系统停车检查时发现汽提塔塔顶冷凝器汽水分离器内存有大量变色树脂。

样品颜色混杂，主要为浅白色、淡黄色，捏碎的粉末中可以看到混杂着大量细小的黄、褐、灰、黑等杂色粒子或灰白色硬质块状物质；样品灼烧后残余灰分比例较高，表明样品中含有大量无机物，样品中还发现含有少量的塑料碎屑等 PVC 合成之外的杂物。因此，推断样品是 PVC 生产中回收的不同批次粘釜物、残次品等废料的混合物，是产品加工过程中产生的残余物质，属于生产过程中的副产物。依据《固体废物鉴别标准　通则》（GB 34330—2017）第 4.2 条的准则，判断样品属于固体废物。

根据 2014 年 12 月 30 日环境保护部、商务部、发展改革委、海关总署、国家质检总局发布的第 80 号公告《禁止进口固体废物目录》了，且 2017 年环境保护部、商务部、发展改革委、海关总署、国家质检总局发布的第 39 号公告《禁止进口固体废物目录》中列出了“3825610000 主要含有有机成分的化工废物（其他化学工业及相关工业的废物）”，建议将样品归于该类废物，因而鉴别样品属于我国禁止进口的固体废物。

### 4.2.2 案例二：聚苯硫醚副产废粉

2013 年，某海关委托中国环境科学研究院固体所对其查扣的一票进口“劣质聚苯硫醚”的货物样品进行固体废物属性鉴别，确定其是否属于国家禁止进口的固体废物。

样品为淡黄色粉末，由于含有较高水分而呈泥状，无肉眼可见杂质，105℃下烘干失重率为 37.7%，干基 550℃下烧失率为 91.2%。样品外观状况见图 4-24。

图 4-24　样品外观

利用 FTIR 对样品进行定性分析，淡黄色粉末样品的成分为聚苯硫醚（PPS），并含一定量水分，红外光谱图见图 4-25；将样品用水浸泡萃取，过滤后的有机物成分为 PPS，红外光谱图见图 4-26；提取清液于表面皿中，放置在 50℃的烘箱内烘干，得到结晶固含物，结晶固含物用红外光谱分析，除水分特征吸收外，未见其他特征吸收峰，用 XRD 分析确定为钠盐（NaCl）。

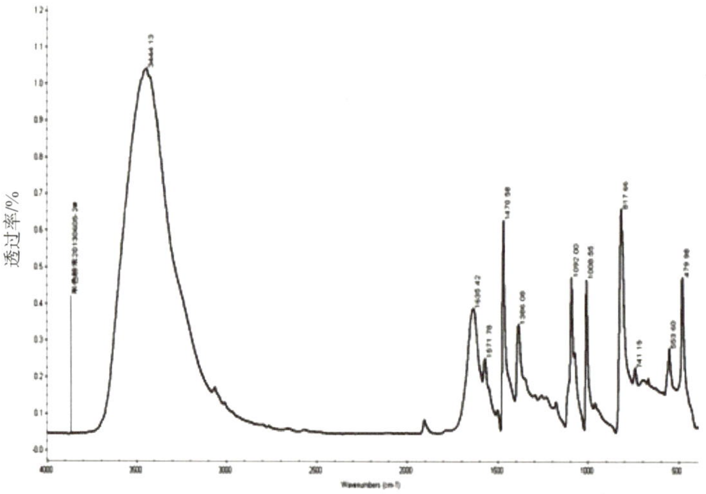


图 4-25　样品红外光谱图

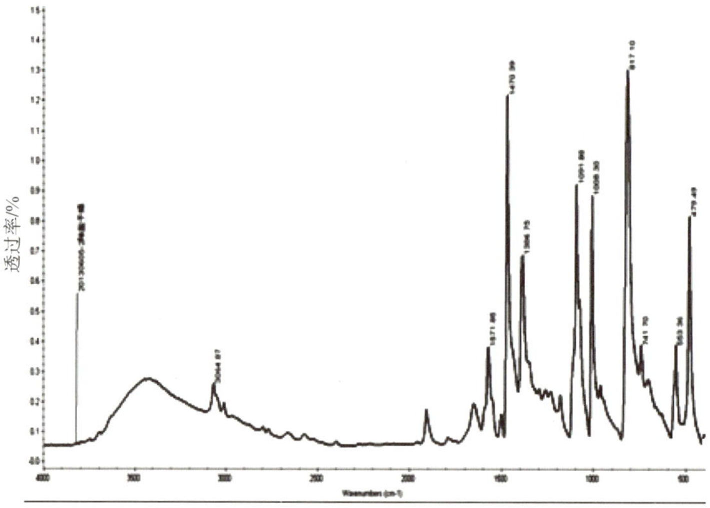


图 4-26　洗涤后的样品红外光谱图

PPS 作为一种综合性能优异的特种工程塑料，不仅具有耐高温、耐腐蚀、无毒、易拉伸等性能，而且其机械性能和电性能优异，广泛应用于汽车、电子、电器、化工、精密机械、航空等工业部门。我国 PPS 的工业生产采用对二氯苯和硫化钠（$Na_2S$）为原料，氯化锂（LiCl）为助剂，*N*- 甲基 -2- 吡咯烷酮

（NMP）为溶剂，脱水后经加压缩聚而成。在生产过程中除获得 PPS 产品外，还产生一部分副产物浆料，其产生过程如图 4-27 所示，对副产物浆料进行回收处理流程如图 4-28 所示。

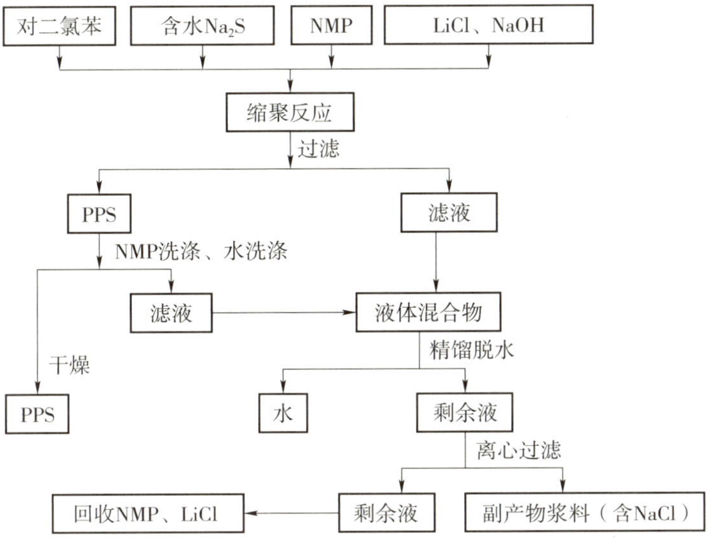


图 4-27　PPS 生产中副产物浆料的产生过程

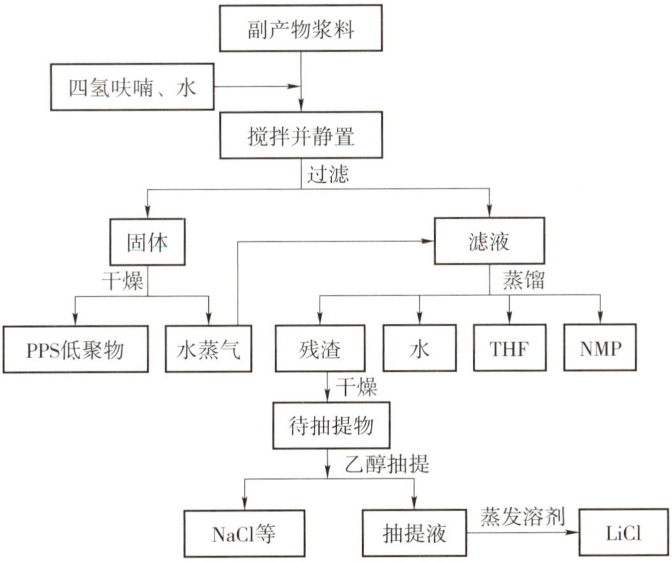


图 4-28　对副产物浆料进行回收处理流程

PPS 生产上受聚合方法的限制，PPS 中含有大量的无机离子（如 Na、Cl）和低聚物。无机离子的存在会使 PPS 的电绝缘性能下降，而且在使用过程中会腐蚀电子元件，进而发生漏电事故；低聚物的存在会使材料的强度下降，且含有低聚物的 PP 在加工时会产生气泡。因此，必须采用纯化工艺降低 PPS 中无机离子和低聚物的含量。调研了解到我国 PPS 还没有国家和行业标准，质量都是由各生产企业控制，国内某 PPS 树脂主要生产厂家制定了企业标准，技术指标和要求见表 4-2。

表 4-2　PPS 树脂技术指标和要求

| 项目 | 涂料级树脂 PPS-ha | 注塑级树脂 PPS-hb | 纤维级树脂 PPS-hc |
|---|---|---|---|
| 熔体质量流动速率（2.09 mm，315℃，5kg）/（g/10 min） | ≥600 | ≤2 000 | ≤400 |
| 灰分 /% | ≤2.5 | ≤1.5 | ≤0.5 |
| 水分 /% | ≤0.5 | ≤0.5 | ≤0.3 |
| 熔点 /℃ | ≥275 | ≥280 | ≥280 |
| 拉伸强度 /Mpa | — | ≥50 | ≥50 |
| 弯曲强度 /Mpa | — | ≥100 | ≥100 |
| 弯曲模量 /Mpa | — | $\geqslant 3.0 \times 10^3$ | $\geqslant 2.0 \times 10^3$ |
| 悬臂梁冲击强度（缺口）/（$kJ/m^2$） | — | ≥3.0 | ≥3.0 |
| 外观 | 为白色或浅黄色的颗粒和粉末 | | |
| 包装 | 每袋 12.5 kg、15 kg 或按照合同规定 | | |

样品为泥粉状物质，含水率高达 37.7%，灼烧后的灰分残渣高达 8.8%，成分分析表明主要为 NaCl，与上述资料和相关企业标准对比，样品含有大量的无机盐成分，还可能含有大量的低聚物，表明样品应是来自 PPS 合成过程产生的未提纯的产物，不可能作为 PPS 的正常产品来使用，属于不合格副产物浆料，表明样品的产生过程没有质量控制，属于“生产过程中产生的废弃物质”，因

此，根据《固体废物鉴别导则（试行）》的原则，判断鉴别样品属于固体废物。

样品虽然主要成分为 PPS，但由于来自 PPS 合成生产过程，未经提纯处理，它还不能加工成型为塑料，显然不属于塑料材料范畴，由此样品不宜归为废塑料。2009 年 8 月 1 日，环境保护部、商务部、发展改革委、海关总署、国家质检总局发布的第 36 号公告《禁止进口固体废物目录》中列出了“3825610000 主要含有有机成分的化工废物（其他化学工业及相关工业的废物）”，建议将样品归于这类废物，因而，鉴别样品属于我国禁止进口的固体废物。

## 4.3 环境治理过程中产生的固体废物

### 4.3.1 案例一：铜锌冶炼烟灰和石膏泥混合物

2016 年，国内某海关委托中国环境科学研究院固体所对其查扣的一票“铜矿砂”的货物样品进行固体废物属性鉴别，需要确定其是否属于国家禁止进口的固体废物。

样品外观特征、105℃下样品含水率、550℃下灼烧后的烧失率见表 4-3，样品外观状况见图 4-29～图 4-31。

表 4-3　样品外观特征、105℃下样品含水率、550℃下灼烧后的烧失率

| 样品号 | 外观特征描述 | 含水率 /% | 烧失率 /% |
|---|---|---|---|
| 1 | 灰黑色和灰白色不均匀细粉末，似面粉，有少量结团，有微量粗颗粒 | 3.75 | 7.55 |
| 2 | 墨绿色和灰黑色不均匀粉末，少量结团，有坚硬颗粒，偶见羽毛和木屑 | 20.98 | 4.66 |
| 3 | 墨绿色、深蓝色、灰黑色不均匀粉末，其中有较多的粗颗粒和坚硬块，很多深蓝色碎细屑 | 24.83 | 29.0 |

图 4-29　1 号样品外观

图 4-30　2 号样品外观（大块为结团粉）

图 4-31　3 号样品外观

采用 XRF 对样品进行成分分析，主要含 Fe、Si、Ca、Al、Cu、P 等。采用 X 射线衍射分析仪（XRD）对样品进行物相组成分析，3 个样品物相组成差异明显，1 号样品主要为 ZnO、$Zn_5(OH)_8Cl_2 \cdot H_2O$，2 号样品主要为 ZnO、$CaSO_4 \cdot 2H_2O$、$Cu_{0.64}Zn_{0.36}$、$SiO_2$，$Zn(OH)_2$，3 号样品主要为 $CaSO_4 \cdot 2H_2O$、$Cu_{0.64}Zn_{0.36}$，$SiO_2$。

再采用 XRD、光学显微镜观察、扫描电镜及 X 射线能谱分析等方法综合分析样品矿物相组成，结果如下：1 号样品主要组成物质为 ZnO 相，另有微量铜锌合金相；2 号样品主要组成物质为 ZnO 相，另有微量辉石、磁铁矿、石英、方解石、斜长石和铜锌合金等；3 号样品主要组成物质为 CuO 相和 CaO 相的混杂物，另有微量磁铁矿、赤铁矿、褐铁矿、石英和方解石、斜长石等。

利用激光粒度仪测定两个样品的粒度分布，主要为微米级的细粉，结果见表 4-4。

表 4-4　样品粒度分布结果

| 项目 | D(10)/μm | D(50)/μm | D(90)/μm | ≤0.5 μm/% | ≤1.0 μm/% | ≤2.0 μm/% | ≤10.0 μm/% | ≤30.0 μm/% | ≤80.0 μm/% |
|---|---|---|---|---|---|---|---|---|---|
| 1号 | 0.61 | 3.42 | 9.03 | 6.87 | 17.33 | 28.33 | 91.89 | 99.18 | 99.99 |
| 2号 | 0.65 | 3.71 | 19.28 | 6.48 | 19.69 | 32.94 | 76.22 | 96.74 | 100 |

样品报关名称为“铜矿砂”。1 号样品粒度非常细，D（90）为 9.03 μm，91% 以上颗粒小于 10 μm，远小于选矿后铜精矿正常约 74 μm 的粒度，样品主要物质成分和物相为 ZnO，不是天然硫化铜矿和氧化铜矿的物相组成，所以 1 号样品不是铜矿砂；2 号样品粒度也很细，76% 以上颗粒小于 10 μm，90% 以上颗粒小于 30 μm，以 ZnO、铜锌合金物相为主，并明显含有石膏（$CaSO_4 \cdot 2H_2O$），显然 2 号样品也不是铜矿砂；3 号样品以石膏（$CaSO_4 \cdot 2H_2O$）成分为主，含有铜锌合金相和氧化物相，粉、粒、块都有，形态上非常不均匀，可排除为铜矿砂。从委托方提供的货物图片来看，为各种形态的物质，颜色较杂，有的明显为压滤之后的块状。总之，无论样品还是整批货物，均不是铜矿砂。

从表 4-3 中可以看出，3 个样品含水率、烧失率、外观特征有非常明显的差异，可以判断不是来自同一工艺过程的稳定均匀产品；从 1 号样品的粒度和物相成分可判断，主要是含锌物料经高温还原挥发收集的 ZnO 细粉；2 号样品与 1 号样品相比，从粒度和成分组成上有相似的地方，但粒度直径分布范围要比 1 号样品稍宽，ZnO 含量比 1 号样品稍低，同时还含有明显的铜的氧化物相和合金相，含有较高的石膏物相（$CaSO_4 \cdot 2H_2O$）和少量其他渣相成分，样品中含有少量锡，是铜合金组分，据此判断主要是黄铜灰的混合物，不排除含有锌灰；3 号样品锌含量很低，而铜含量则明显比 1 号和 2 号两个样品高，并含有大量的石膏组分和少量 Si、Al、Fe 等冶炼渣相成分，3 号样品形态不均匀，据此判断样品主要是含铜酸性废水经石灰中和处理的产物；货物形态、颜色、成分和物相均存在明显差异；样品粒度分布曲线不是正态分布，出现几个明显的峰，说明非单一收集来源过程。总之，综合判断样品是来自国外铜锌冶炼过程中烟气处理、脱硫处理、废水处理过程中的回收物料，是回收的混合物。

3 个样品是来自国外铜锌冶炼过程中烟气处理、脱硫处理、废水处理过程中的回收物料，是混合物；物质形态和成分组成复杂，不符合相关产品标准要求，是属于生产过程中的废弃物质、残余物，也属于其他污染控制设施产生的垃圾、残余渣、污泥，其回收利用属于金属和金属化合物的再循环 / 再生，根据《固体废物鉴别导则（试行）》的原则，判断鉴别样品属于固体废物。

2014 年 12 月 30 日，环境保护部、商务部、发展改革委、海关总署、国家质检总局发布的第 80 号公告《禁止进口固体废物目录》中列出“2620190000 含其他锌的矿渣、矿灰及残渣（冶炼钢铁所产生灰、渣的除外）”以及“2620300000 主要含铜的矿渣、矿灰及残渣（冶炼钢铁所产生灰、渣的除外）”，建议将样品归于这两类废物中的一类，因而鉴别样品属于我国禁止进口的固体废物。

### 4.3.2 案例二：再生铝熔炼的铝灰渣

2018 年，国内某海关委托固体所对其查扣的一票“铝渣”的货物样品进行固体废物属性鉴别，并确定其是否属于国家禁止进口的固体废物。

样品为灰色块状、粉粒的混合物，有硬结块，有刺鼻氨味，测定样品含水率为 0.13%，干基样品 550℃灼烧后增重 0.12%，样品外观状态见图 4-32。

图 4-32　样品外观

采用 XRF 对样品进行成分分析，主要含 Na、Sn、Fe、Pb、Cu、Cl 等，结果见表 4-5。

采用 XRD 对样品进行物相组成分析，为 $Al_2O_3$、Al、$Na_3AlF_6$、$Ca_2SiO_4$、Si、$(Mg, Fe)_2SiO_4$、AlN（氮化铝）。对样品进行电镜形貌观察，样品形状不规则，有明显的盐类结晶物，见图 4-33 和图 4-34。

表 4-5　样品主要成分及含量（除 F、Cl 以外，其他元素均以氧化物表示）　单位：%

| 成分 | 含量 | 成分 | 含量 |
|---|---|---|---|
| $Al_2O_3$ | 68.02 | $TiO_2$ | 0.43 |
| F | 12.12 | $V_2O_5$ | 0.11 |
| $Na_2O$ | 6.55 | BaO | 0.19 |
| CaO | 2.85 | MnO | 0.26 |
| MgO | 3.01 | CuO | 0.14 |
| $SiO_2$ | 2.60 | ZnO | 0.10 |
| Cl | 1.38 | $P_2O_5$ | 0.04 |
| $Fe_2O_3$ | 1.12 | $Cr_2O_3$ | 0.04 |
| $K_2O$ | 0.60 | NiO | 0.02 |
| $SO_3$ | 0.42 | SrO | 0.02 |

图 4-33　粉末样品放大 500 倍

图 4-34　粉末样品放大 2 000 倍

铝灰是熔炼再生铝合金过程中的必然产物，虽然是一种浮渣，主要来源于熔炼过程中漂浮于铝熔体表面的不溶夹杂物、添加剂以及与添加剂进行物理化学反应产生的物质，因其与其他金属熔炼产生的炉渣不同，呈松散的灰渣状，因此被称为铝灰。铝灰的化学成分为 10%～30% 的金属铝，20%～40% 的氧化铝（$Al_2O_3$），7%～15% 的 Si、Mg、Fe 的氧化物，15%～30% 的 K、Na、Ca、Mg 的氯化物，还有镁硅酸盐（$Mg_2SiO_4$）等。铝灰外观似粉煤灰，是一种产量大、污染严重的工业废渣，主要来源于电解铝厂、铝型材厂、铸造铝合金厂等铝冶炼企业。

铝渣的主要成分有以下 3 种：①白色铝渣，是金属含量在 15%～80% 的铝氧化物和铝金属的混合物。它是在铝的炉床内熔化时在炉子或坩埚之间运输期间产生的。铝渣中除金属铝和氧化铝外，还可能根据炉内的条件处理金属材料和合金而产生少量的其他化合物。②黑色铝渣，由含盐化合物的混合物、氧化物和金属组成的。黑色铝渣中金属含量变化范围为 7%～35%，特殊情况下会高达 50%。③含盐化合物的沉积物，利用旋转炉熔炼废料和用含盐熔剂捕集熔渣，形成的副产物中含盐化合物熔剂所含氧化物比率不同。在湿法回收中，加入足够的含盐化合物熔剂，以形成一个流动性很好的、熔化的、含盐化合物液体的熔池。在干法回收中，加入较少的熔剂，含盐化合物沉积物流动性较差，其中的铝含量通常比黑色铝渣含量要低，铝渣是金属铝熔化时不可避免的副产物。

样品为灰色块状和粉末颗粒物的混合物，以粉末颗粒物为主，颗粒粗细不均，符合铝灰渣外观特征；样品成分混杂，主要成分为 Al，并明显具有铝冶金过程中的 F、Na、Si、Mg、Ca 等杂质成分；样品中 Al 的物相组成有金属铝、$Al_2O_3$、AlN，与回收废铝再熔炼过程中铝的物质组成相符，其中 AlN 是在熔炼中通入氮气后形成；样品中的氯来自再生铝熔炼生产中添加的 NaCl、KCl 的熔剂，氟来自熔剂冰晶石（$Na_3AlF_6$）；样品中的 Mg 来自回收废铝熔炼过程中的含镁造渣熔剂，脱除的含 Mg 杂质。总之，样品符合铝废碎料回收熔炼产生的灰渣特征，判断样品是再生铝厂冶炼出炉未经提取部分铝的熔炼灰渣，即一次铝灰。由于铝灰（渣）已明确列入《固体废物鉴别标准　通则》（GB 34330—2017）中的废物列举来源，属于再生铝合金生产过程中的副产物，因此判断鉴别样品属于固体废物。

2017 年 12 月 31 日起执行的新《禁止进口固体废物目录》（环境保护部、商务部、发展改革委、海关总署、国家质检总局公告 2017 年第 39 号）中列出了“2620400000 主要含铝的矿渣、矿灰及残渣（冶炼钢铁所产生的灰、渣除外），包括来自铝冶炼、废铝熔炼中产生的扒渣、铝灰”，建议将样品归于此类废物，因而鉴别样品属于我国禁止进口的固体废物。

## 4.4 以固体废物为原料加工处理之后的固体废物

### 4.4.1 案例一：动植物残余物发酵产物

2015 年，国内某海关委托中国环境科学研究院固体所对其查扣的一票进口“酸性土壤调节剂”的货物样品进行固体废物属性鉴别，需要确定其是否属于国家禁止进口的固体废物。

样品为土黄色、土黄色粉末并夹有少量白色硬粒，其中含有少量的木屑或类似物，偶见塑料碎片，有腐殖质气味。测定样品的含水率为 20.4%，550℃灼烧后的烧失率为 68.7%。样品的外观状态见图 4-35。

参照《有机肥料》（NY 525—2012）对样品干基中的 N、P、K 等肥效指标、重金属含量、pH 进行分析，结果见表 4-6。

采用 XRF 对样品进行成分分析，主要含有 P、S、Fe、Ca、Si、Al、Mg、K、Cl、Na，含有少量的 Ti、Zn 等元素，结果见表 4-7。

图 4-35　样品外观

表 4-6　样品指标分析

| 指标 | 肥效指标 /% | | | 金属物质含量 / (mg/kg) | | | | | | | | | pH |
|---|---|---|---|---|---|---|---|---|---|---|---|---|---|
| | 全 N | $P_2O_5$ | $K_2O$ | As | Cd | Cr | Pb | Hg | Cu | Zn | Ni | | |
| 样品 | 4.90 | 5.70 | 0.68 | 0.49 | 0.566 | 24.5 | 15.0 | 0.209 | 233 | 365 | 9.22 | | 8.25 |

表 4-7　样品灼烧后的残渣成分及含量（除 Cl、Br、I 以外，其他元素均以氧化物表示）

单位：%

| 成分 | 含量 | 成分 | 含量 |
|---|---|---|---|
| $P_2O_5$ | 29.69 | BaO | 0.56 |
| $SO_3$ | 13.37 | ZnO | 0.53 |
| $Fe_2O_3$ | 11.83 | CuO | 0.32 |
| CaO | 11.16 | MnO | 0.10 |
| $SiO_2$ | 10.04 | Br | 0.10 |
| $Al_2O_3$ | 9.86 | SrO | 0.10 |
| MgO | 4.29 | I | 0.08 |
| $K_2O$ | 3.82 | NiO | 0.05 |
| Cl | 2.05 | $Cr_2O_3$ | 0.03 |
| $Na_2O$ | 1.37 | PbO | 0.03 |
| $TiO_2$ | 0.62 | — | — |

采用XRD对样品进行物相组成分析，主要有$CaSO_4$、$CaSO_4(H_2O)0.67$、$Al_2SiO_5$、$CaAl(PO_4)(OH)_2 \cdot H_2O$、$SiO_2$、$Fe^{3+}O(OH)$、$Mg_{10}Fe^{2+}3(OH)_{24}(CO_3) \cdot 2H_2O$、$AlO(OH)$、$AlPO_4$、$Mg_5(CO_3)_4(OH)_2 \cdot 5H_2O$。

用体积比为1∶1的二氯甲烷和正己烷混合溶液对样品进行前处理提取后，采用气相色谱 - 质谱（GC-MS）仪定性分析其中的有机组分，结果见表4-8。

表4-8　样品有机组分定性分析结果

| 序号 | 保留时间 / min | 成分 | 分子式 | 峰面积百分比 /% |
|---|---|---|---|---|
| 1 | 14.75 | 2,6- 双（1,1- 二甲基乙基）- 苯酚 | $C_{14}H_{22}O$ | 0.25 |
| 2 | 19.66 | （1- 戊烷基庚基）- 苯 | $C_{18}H_{30}$ | 0.19 |
| 3 | 27.34 | *N*,*N*- 双（*N*- 葵基）- 甲胺 | $C_{21}H_{45}N$ | 1.36 |
| 4 | 38.42 | 全反 -2,6,10,15,19,23- 六甲基 -2,6,10,14,18,22- 二十四碳六烯（别名鱼肝油萜、角鲨烯） | $C_{30}H_{50}$ | 11.25 |
| 5 | 41.81 | 胆甾烷醇 | $C_{27}H_{48}O$ | 14.79 |
| 6 | 42.44 | 胆固醇 | $C_{27}H_{46}O$ | 17.14 |

样品成分主要由硫酸钙、硅酸盐、磷酸盐等物质组成，样品中有效$P_2O_5$、CaO、$SiO_2$和MgO含量以及外观特征均不满足《钙镁磷肥》（GB 20412—2006）标准中的指标要求。样品水分、总养分、有效钾均不符合《钙镁磷钾肥》（HG 2598—1994）标准的要求，样品中还含有一定的氯和有机质，外观为土黄色粉末，这些特征与钙镁磷钾肥的特点不符。样品的成分与磷矿粉肥的成分相差较大，且样品的物相结构以硫酸盐、硅酸盐和磷酸盐为主，不是天然矿产物，而肉眼还观察到木屑、塑料碎片等物质，所以样品也不是磷矿粉肥。总之，判断样品不是钙镁磷肥、钙镁磷钾肥、磷矿粉肥。

样品具有腐殖质发酵气味，含有木屑或类似物，含有较高含量的有机组分和无机物，并且总养分含量、重金属含量、酸碱度等指标符合《有机肥料》（NY 525—2012）的指标及其要求（见表 4-9）；样品外观与我们在互联网上搜到的有机发酵产物相似（见图 4-36 和图 4-37）。据此判断样品是来自国外有机物的发酵产物。

表 4-9 《有机肥料》（NY 525—2012）的指标要求

| 项目 | 指标 | 项目 | 指标 /（mg/kg） |
|---|---|---|---|
| 有机质的质量分数（以烘干基计）/% | ≥45 | 总 As（以干基计） | ≤15 |
| 总养分（N+$P_2O_5$+$K_2O$）的质量分数（以烘干基计）/% | ≥5.0 | 总 Hg（以干基计） | ≤2 |
| | | 总 Pb（以干基计） | ≤50 |
| 水分（鲜样）的质量分数 /% | ≤30 | 总 Cd（以干基计） | ≤3 |
| 酸碱度 | 5.5～8.5 | 总 Cr（以干基计） | ≤150 |

图 4-36　发酵车间

图 4-37　发酵产物

样品中 Zn 含量较高，达到了 365 mg/kg，超出了世界土壤中 Zn 平均含量在 50～100 mg/kg 的水平；超出了一般植物含 Zn 量在 10～100 mg/kg 的水平；超出了《食品中锌限量卫生标准》（GB 13106—1991）最高 100 mg/kg 的要求（肉类、豆类）；普遍高于我国主要畜禽粪便中 Zn 的平均含量，其中牛粪 138.6 mg/kg、羊粪 88.9 mg/kg、鸡粪 306.6 mg/kg；低于城市污泥中 Zn 的含量，如我国（1994～2001 年的平均值）为 1 450 mg/kg、瑞典（1994 年）为 1 570 mg/kg、美国（1994 年）为 2 200 mg/kg、英国（1994 年）为 2 847 mg/kg，日本 K.city 污水厂（2005 年）为 6 961 mg/kg。显然，样品中 Zn 含量异常，不可能全是来自动植物的原料，不排除含有锌污泥，即在生产有机肥料原料中可能含有污泥，如城市污水处理厂污泥。

从表 4-8 样品的有机物组分定性单位分析结果中可以看出，样品中含有一定量的有机物，其中全反 -2,6,10,15,19,23- 六甲基 -2,6,10,14,18,22- 二十四碳六烯，别名鱼肝油萜、角鲨烯，广泛存在于动植物体内；（3β,5β）-（3β,5β）- 胆甾烷 -3- 醇，别名粪甾醇，是抗菌素的一种，存在于人或食肉动物的粪便中；（3β）- 胆固醇 -5- 烯 -3- 醇，别名胆固醇，广泛存在于动物体内，由此推断样品的生产原料中还包含有动植物原料本身及其加工产生的下脚料，以及动物粪便。同时样品中还检测出了少量的苯、苯酚、甲胺类物质，样品的生产原料中可能还含有工业生产的废物。

综上所述，判断样品是来自动植物本身及其下脚料、动物粪便、城市污水处理污泥及工业生产废物的混合物经发酵后得到的产物，不完全满足《有机肥料》（NY 525—2012）的适用范围要求，即便作为土壤调理剂，调节土壤酸碱度，其用途也是“有助于改善农业或生态环境的土地处理”。因此，根据《固体废物鉴别导则（试行）》的原则，判断鉴别样品属于固体废物。

此外，美国法规（40CFR 261）中对固体废物的定义为：如果一种废弃材料、污泥、具有危险性的副产物是“以处置的方式施用于或放置在土地上”或者“用于生产被施用于或放置在土地上的产品，或被包含在一种被施用于或放置在土地上的产品中”，那么，在这种情况下，材料或产物本身也是固体废物。

根据2014年12月30日环境保护部、商务部、发展改革委、海关总署、国家质检总局发布的第80号公告《限制进口类可用作原料的固体废物目录》以及2015年发布的第69号公告《非限制进口类可用作原料的固体废物目录》，均未明确包含样品肥料类废物或发酵产物类废物，而在《禁止进口固体废物目录》中包含“其他未列名的固体废物”，建议将样品归于该类废物，因而鉴别样品属于我国禁止进口的固体废物。

### 4.4.2　案例二：废橡胶轮胎裂解炭黑

2014年，某海关委托中国环境科学研究院固体所对其查扣的一票进口“煤粉”的货物样品进行固体废物属性鉴别，需要确定其是否属于固体废物。

样品为黑色干燥细粉末，手摸后沾染难洗的炭粉污渍，具有类似煤油的气味，测定样品550℃下灼烧后的烧失率为81.3%。样品外观状况见图4-38。对样品进行电子显微镜形貌观察，结果见图4-39～图4-41。

图4-38　样品外观

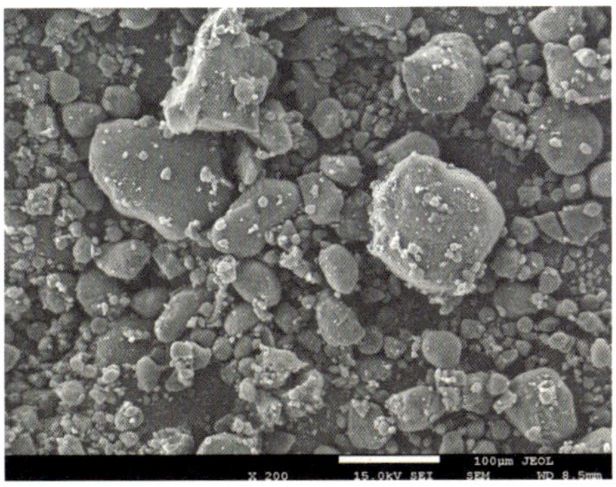


图4-39　放大200倍的照片

图 4-40　放大 500 倍的照片

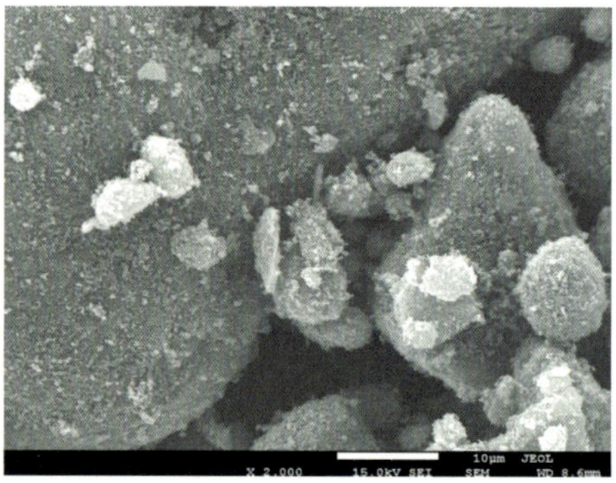

图 4-41　放大 2 000 倍的照片

采用 XRF 分析样品 550℃下灼烧后的灰分成分及含量，结果见表 4-10。

参照《煤的工业分析方法》（GB/T 212—2008）测定样品中的灰分含量为 13.48%；参照《煤中碳和氢的测定方法》（GB/T 476—2008）测定样品中的碳（C）含量为 80.83%。

表 4-10　灼烧残渣的成分及含量（除 Cl、Br 以外，其他元素均以氧化物表示）

单位：%

| 成分 | 含量 | 成分 | 含量 |
|---|---|---|---|
| ZnO | 48.32 | $TiO_2$ | 0.61 |
| $SiO_2$ | 28.90 | $Co_3O_4$ | 0.47 |
| $SO_3$ | 5.53 | CuO | 0.22 |
| CaO | 4.93 | Br | 0.13 |
| $Al_2O_3$ | 4.81 | PbO | 0.06 |
| $Fe_2O_3$ | 2.21 | Cl | 0.02 |
| MgO | 1.54 | MnO | 0.02 |
| $K_2O$ | 1.46 | $Na_2O$ | 0.01 |
| $P_2O_5$ | 0.77 | — | — |

橡胶用炭黑耗用量占炭黑总量的89.5%，其中轮胎用占67.5%；裂解是处理废轮胎的重要技术措施，裂解产物主要为炭黑、油和热解气；裂解炭黑中碳含量为85.84%，其他元素含量大小顺序依次为Zn>O>S>Cu>Ni>Si>Al，Zn主要是由橡胶配方中的活性剂ZnO所致，裂解炭黑中灰分为13.3%。

样品外观为黑色粉末，具有类似煤油的气味；样品中碳含量为80.83%，灰分含量为13.48%；明显含较高的Zn和S；显微镜观察样品为小颗粒和细粉末的集合体（很多粒径小于10 μm球形颗粒），含有气体净化回收的烟尘。样品的这些特征符合橡胶（轮胎）裂解炭黑的特征。因此，判断鉴别样品为废橡胶（轮胎）裂解后的产物，是回收的炭渣和粉尘的混合物。样品的产生过程属于“生产过程中产生的残余物”或“污染控制设施产生的残余物”；样品的灰分含量为13.48%，远高于《橡胶用炭黑》（GB 3778—2003）标准中≤0.7%的要求，表明样品是“不符合质量标准或规范的产品”，也是属于“不再好用的物质或物品”“不可直接在商业上应用”，其回收利用属于“利用操作产生的残余物质的使用”。因此，根据《固体废物鉴别导则（试行）》的原则，判断鉴别样品属于固体废物。

2009年8月1日，环境保护部、商务部、发展改革委、海关总署、国家质检总局发布的第36号公告《自动许可进口类可用作原料的固体废物目录》和《限制进口类可用作原料的固体废物目录》中均未列出“废橡胶（轮胎）裂解产生的残渣”及类似废物，而《禁止进口固体废物目录》中列出了“其他未列名固体废物”，建议将样品归于该类废物，因而鉴别样品属于我国禁止进口的固体废物。

# 4.5 用于物质原始用途不作为固体废物

2018 年，某海关委托固体所对其查扣的一票进口“偏光片”的货物进行固体废物属性鉴别，需要确定其是否属于固体废物。

现场查看的所有拆包的货物均包装完整，叠放整齐，全部为塑料片，无其他杂物，同一小包内的塑料片规格基本一致，基本都有 B 级品检验标签。不论货物形状如何，单张货物上下两面均有一层保护膜，边缘整齐。按形状来看，首先同一纸箱内的三角形货物叠放和摆放整齐，在随机抽样箱内三角形货物进行仔细查看时，发现有少数三角形货物表面有气泡、红蓝圆点花纹，有的在角上可见机打“X”字样，有个别货物表面有手写文字“135°M215HGE-L23MP”。再有就是长方形货物，每一包货物的包装袋上均贴有标签，如免表普通 B 级品 / 盘点卡 / 保税普通 B 级品等类型；同一包装袋内的货物尺寸大小、型号一致，不同包装袋内货物的数量、型号存在不一致的现象；在随机抽取独立包装袋进行拆包查看时，发现有的长方形塑料片表面也有气泡、压痕、红蓝圆点花纹（见图 4-42 和图 4-43）。

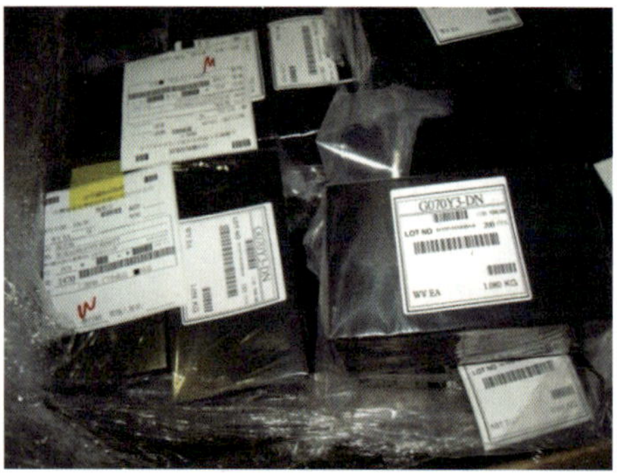


图 4-42 纸箱内的小包货物
（注：包装规整）

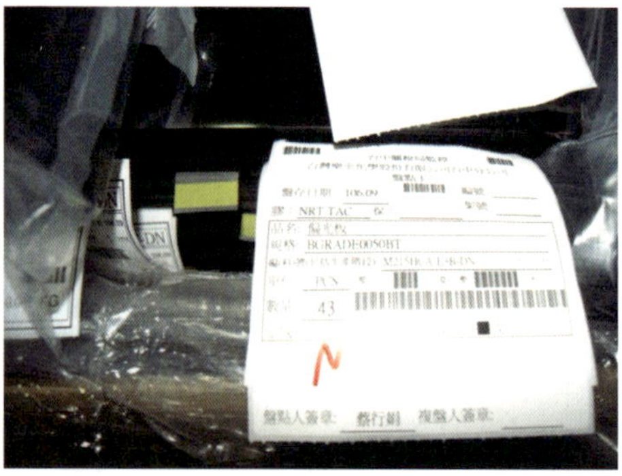

图 4-43 小包装上的产品标签

在查看过程中，鉴定人员随机抽取了一大一小两种规格的货物进行成分定性，结果见表 4-11。

表 4-11 成分定性测试结果

| | 1 号样品（大块） | 2 号样品（小块） |
|---|---|---|
| 贴膜 | 正反面的贴膜均为聚对苯二甲酸乙二醇酯（PET） | 正反面的贴膜均为聚对苯二甲酸乙二醇酯（PET） |
| 中间层材质 | 为多层复合材料，至少如下 6 层：<br>①聚对苯二甲酸乙二醇酯（PET）—中间芯层；<br>②聚乙烯醇（含不明改性剂，与 PET 芯层贴合）；<br>③聚丙烯酸酯类涂层（含填料二氧化硅，与聚乙烯醇层贴合）；<br>④三醋酸纤维素（与含二氧化硅的聚丙烯酸酯涂层贴合）；<br>⑤聚丙烯酸酯类聚合物（三醋酸纤维素表面涂覆的黏合剂层）；<br>⑥另类聚酯（与 PET 芯层另一面贴合，可能是脂肪族类聚酯） | 为多层复合材料，至少如下 5 层：<br>①聚乙烯醇（中间芯层）；<br>②三醋酸纤维素（与聚乙烯醇双面贴合层，共两层）；<br>③聚丙烯酸酯类聚合物（单面三醋酸纤维素表面涂覆的黏合剂层）；<br>④另类聚酯（与另一“三醋酸纤维素层”相接的外贴合层，可能是脂肪族聚酯） |

根据现场查看货物情况来看，货物上贴有的标签均显示为 B 级品。对国内某偏光片生产企业进行调研，与企业专家交流了解到，在工厂的生产过程中确实有 B 级品偏光片销售，主要来源如下：一部分是以客户基准为依据，工厂在自检或客户验收时挑选出来或退返的某个或某些指标不满足客户基准的 A 级品；另一部分是在裁切特定形状 A 级品过程中产生的裁切料，这部分裁切料尺寸较大，且同一批形状规格具有一致性，材料本身的各项性能没有发生改变，可继续进行裁切特定规格尺寸的偏光片。这些调研结果与文献资料中阐述的内容基本一致。但有一类废料是通过手撕等方式进行的破坏检查产生，这类废料不能作为 B 级品出售，而是直接报废。红蓝圆点花纹，是机器检测过程中对检查出来的肉眼难发现的缺陷点的标记。

根据表 4-11 测试结果，判断集装箱内的鉴别货物均为偏光片。在查看集装箱内货物的过程中，确实发现有气泡、压痕、划痕等肉眼可见的外观缺陷，也发现了代表具有肉眼不可见缺陷的红蓝圆点花纹等机检标记，根据所查文献资料及调研情况，判断集装箱内货物是偏光片生产商收集的 A 级品不合格品或尺寸较大的裁切料，符合偏光片 B 级品要求。这些货物虽然是来自偏光片生产商收集的 A 级品不合格品或尺寸较大的裁切料，但货物规整、干净、无杂物，只需要简单裁切就可以直接利用，并没有丧失偏光片的原有用途，在现有证据和鉴别人员认识水平情况下，依据固体废物法律定义以及《固体废物鉴别标准　通则》（GB 34330—2017）第 6.1 条准则，判断鉴别货物不属于固体废物。

# 5

# 危险废物鉴别技术案例分析

Hazardous Waste Identification Case

根据多年开展危险废物鉴别的工作经验，固体所归纳总结了日常鉴别工作中常见的废物鉴别类型，对关键技术要求进行了分析。

## 5.1 废弃产品鉴别

沾染水性涂料的废包装桶属于《固体废物鉴别标准　通则》（GB 34330—2017）中的 4.1 c，因为沾染、掺入、混杂无用或有害物质使其质量无法满足使用要求，而不能在市场出售、流通或者不能按照原用途使用的物质。废包装桶的危险特性来自残留在包装桶里的水性涂料，根据《危险废物鉴别技术规范》（HJ 298—2019），此类鉴别应以内容物为采样对象，危险特性鉴别结果应依据内容物的危险特性判断。因此，以水性涂料产品为采样对象，并依据水性涂料的组分识别可能含有的危害物质和具有的危险特性。若水性涂料产品具有危险特性，则相应的废包装桶属于具有相应危险特性的危险废物。

### 5.1.1 危险特性识别

识别被鉴别的9种水性涂料产品生产过程中原料乳液、填料、颜料和助剂（主要包括表面活性剂、分散剂、消泡剂、增稠剂、成膜助剂和杀菌防腐剂）中的危害物质，建立9种水性涂料产品的特征污染物清单，初步判断危险特性（见表5-1）。

表5-1　9种水性涂料危害物质识别结果

| 序号 | 产品名称 | 组分 | 存在的物质 | 含有的化合物 | 特征污染物 |
|---|---|---|---|---|---|
| 1 | VAE涂料1 | VAE | 醋酸乙烯-乙烯聚合物 | 醋酸乙烯、乙烯、甲醛 | 甲醛 |
| | | 颜料、填料 | 高岭土（$2SiO_2$、$Al_2O_3$）、钛白粉（$TiO_2$） | 矿物杂质 | 重金属 |
| 2 | VAE涂料2 | 水和助剂 | 表面活性剂 | 乙氧基化-C12-14-仲醇类 | 无 |
| | | | 成膜助剂 | 醇酯类混合物：（2-甲基-丙酸、2,2,4-三甲基-1,3-戊二醇）单酯 | 无 |
| 3 | VAE涂料3 | | 抗冻剂 | 丙二醇 | 无 |
| | | | 增稠剂 | 非离子合成缔合型增稠剂、羟乙基纤维素 | 无 |
| | | | 分散剂 | 不饱和羧酸共聚物的钠盐水溶液 | 无 |
| | | | 消泡剂 | 疏水性油、脂肪蜡、聚脲、金属皂、石蜡等碳氢化合物的混合物、聚醚改性硅树脂 | 石油烃、苯系物 |

| 序号 | 产品名称 | 组分 | 存在的物质 | 含有的化合物 | 特征污染物 |
|---|---|---|---|---|---|
| 4 | 醋丙涂料 4 | 醋丙 | 醋酸乙烯 - 丙烯酸聚合物 | 醋酸乙烯（酯）、丙烯酸酯、甲醛 | 丙烯酸、甲醛 |
| | | 颜料、填料 | 高岭土（$2SiO_2$、$Al_2O_3$）、钛白粉（$TiO_2$） | 矿物杂质 | 重金属 |
| | | 水和助剂 | 表面活性剂 | 乙氧基化 -C12-14- 仲醇类 | 无 |
| | | | 成膜助剂 | 醇酯类混合物：（2- 甲基 - 丙酸、2,2,4- 三甲基 -1,3- 戊二醇）单酯 | 无 |
| 5 | 醋丙涂料 5 | 水和助剂 | 抗冻剂 | 丙二醇 | 无 |
| | | | 增稠剂 | 非离子合成缔合型增稠剂、羟乙基纤维素 | 无 |
| | | | 分散剂 | 不饱和羧酸共聚物的钠盐水溶液 | 无 |
| | | | 消泡剂 | 疏水性油、脂肪蜡、聚脲、金属皂、石蜡等碳氢化合物的混合物、聚醚改性硅树脂 | 石油烃、苯系物 |
| 6 | 苯丙涂料 6 | 苯丙 | 苯乙烯 - 丙烯酸酯共聚物 | 苯乙烯、丙烯酸酯、甲醛 | 苯乙烯、丙烯酸、甲醛、乙苯、二甲苯、甲苯 |
| | | 颜料、填料 | 高岭土（$2SiO_2$、$Al_2O_3$）、钛白粉（$TiO_2$） | 矿物杂质 | 重金属 |
| 7 | 苯丙涂料 7 | 水和助剂 | 表面活性剂 | 乙氧基化 -C12-14- 仲醇类 | 无 |
| | | | 成膜助剂 | 醇酯类混合物：（2- 甲基 - 丙酸、2,2,4- 三甲基 -1,3- 戊二醇）单酯 | 无 |

| 序号 | 产品名称 | 组分 | 存在的物质 | 含有的化合物 | 特征污染物 |
|---|---|---|---|---|---|
| 8 | 苯丙涂料 8 | 水和助剂 | 抗冻剂 | 丙二醇 | 无 |
| | | | 增稠剂 | 非离子合成缔合型增稠剂、羟乙基纤维素 | 无 |
| 9 | 苯丙涂料 9 | | 分散剂 | 不饱和羧酸共聚物的钠盐水溶液 | 无 |
| | | | 消泡剂 | 疏水性油、脂肪蜡、聚脲、金属皂、石蜡等碳氢化合物的混合物、聚醚改性硅树脂 | 石油烃、苯系物 |

水性涂料中可能含有苯乙烯、丙烯酸、甲醛、石油烃、苯系物和重金属类毒性物质，因此存在毒性超过《危险废物鉴别标准　毒性物质含量鉴别》（GB 5085.6—2007）和《危险废物鉴别标准　浸出毒性鉴别》（GB 5085.3—2007）相应限值的可能；水性涂料产品安全技术说明书表明水性涂料 pH 为 8.5，因此水性涂料不可能具有腐蚀性危险特性。水性涂料中水的含量约为 50%，乳液、填料和颜料合占约 45%，各种助剂合占约 5%；填料、颜料的成分分别为高岭土和钛白粉，所用到的 VAE、醋丙和苯丙本身及其单体、助剂不具有爆炸性质、不包含氧化剂和过氧化剂，也不包含氰化物和硫化物，据此判断水性涂料不具有反应性危险特性；未能在现有技术资料中获取水性涂料的闪点，且在水性涂料执行的产品质量标准中未见对闪点的限值和规定。因此，不排除具有易燃性危险特性的可能。

### 5.1.2　样品采集

根据《危险废物鉴别技术规范》（HJ 298—2019）4.2.4 a 款的规定，固体废物为废弃包装物或容器时，内容物的采样参照 4.1.3 a 的规定可适当减少份样数，由于本次采集样品均为水性涂料产品，均为全新品，且从产品桶中直接采样，样品均一性良好（见图 5-1）。因此，采集每个水性涂料产品样品各 1 个，合计 9 个样品，每个样品不少于 1 000 g。

### 5.1.3　鉴别结论

经 9 个水性涂料样品危险特性检测结果和危险特性理论分析，被鉴别的 5 个 VAE 乳液水性涂料样品和醋丙乳液水性涂料样品的危险特性不超过危险废物鉴别标准，根据检测结果和被鉴别 VAE 水性涂料和醋丙水性涂料配方判断，被鉴别 VAE 水性涂料和醋丙水性涂料危险特性不超过危险废物鉴别标准，这两类水性涂料废包装桶不属于危险废物。

水性涂料产品　　盛取　　样品

图 5-1　水性涂料样品采集

苯丙乳液水性涂料的危险特性与苯丙添加量密切相关，根据被鉴别苯丙乳液水性涂料配方组成判断，苯丙乳液水性涂料危险特性可能超过危险废物鉴别标准，主要可能超标的污染物为二甲苯和乙苯。本次鉴别样品苯丙涂料 6 和苯丙涂料 7 危险特性不超过危险废物鉴别标准，其废弃包装桶不属于危险废物；苯丙涂料 8 和苯丙涂料 9 危险特性超过《危险废物鉴别标准　浸出毒性鉴别》（GB 5085.3—2007），其废弃包装桶属于危险废物，建议归类为 HW900-000-12 或 900-299-12 或 900-041-49 类危险废物。其他型号苯丙水性涂料废包装桶尚无法判断是否属于危险废物。应按配方组成差异开展危险特性鉴别，明确固体废物管理属性。

## 5.2　生产过程中的副产物鉴别

### 5.2.1　案例一：高冰镍生产贫化炉水淬渣

被鉴别物为某矿业公司使用“氧气侧吹熔池熔炼—转炉吹炼”生产高冰镍过程中产生的贫化炉水淬渣。该水淬渣是以铜镍精矿和特富块矿为主要原料，石英石、烟尘和碎煤为辅料，经破碎、筛分先入富氧侧吹炉中熔炼，上层炉渣再进入贫化炉还原、澄清分离、水淬产生（水淬渣的产生过程见图 5-2）。该水淬渣来源于有色冶炼过程，含有的主要有害物为包括镍、铜和镍铜矿伴生的其他重金属。

#### 5.2.1.1　危险特性识别

由贫化炉水淬渣的产生过程可知，水淬渣主要成分为含重金属的硅酸盐、铝硅酸盐、氧化硅、硫酸盐等，也可能夹带少量的铜镍锍。经高温熔炼、贫化和水淬过程，煤中的有机有害物被彻底焚毁。因此，被鉴别贫化炉水淬渣中的危害物质为生产过程投加的矿石原料（铜镍精矿）、造渣剂（石英石）和碎煤中带入的重金属类物质（见表 5-2）。

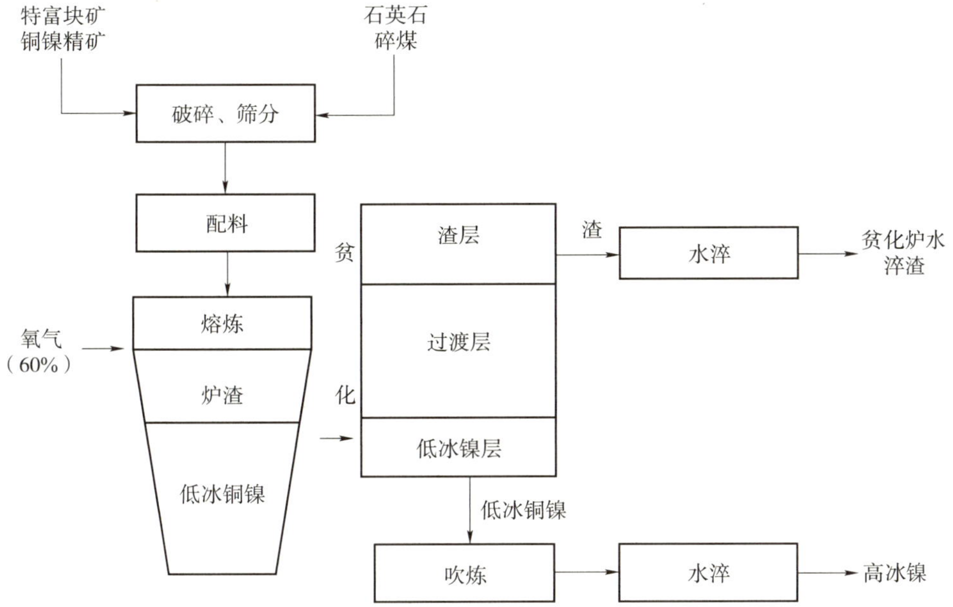


图 5-2　水淬渣的产生过程

表 5-2　贫化炉水淬渣中含有的危害物质

| 序号 | 工艺过程 | 组成 | 特征污染物 | 来源 | 毒性物质和浸出毒性 |
|---|---|---|---|---|---|
| 1 | 破碎配料 | Cu、Ni、S、Fe、$Al_2O_3$、MgO、$SiO_2$、CaO、As | 重金属及其他矿石杂质 | 原铜镍矿石 | 含量：Mn、Ti、V 等物质<br>浸出：Ni、Cu、Zn 等重金属 |
| 2 | 熔池熔炼 | $Fe_3O_4 \cdot Cu_2O$<br>$FeO \cdot SiO_2$ | 重金属及其他矿石杂质 | 熔炼渣 | 含量：Ti<br>浸出：Ni、Cu、Zn 等重金属 |
| 3 | 电炉贫化 | Fe、FeO 和 FeS | 重金属及其他矿石杂质 | 熔炼渣 | 含量：Ti<br>浸出：Ni、Cu、Zn 等重金属 |

被鉴别物为水淬渣，呈固态，主要成分为硅酸盐、铝硅酸盐、氧化硅、硫酸盐等，且经高温、水淬过程，不存在《危险废物鉴别标准　易燃性鉴别》

（GB 5085.4—2007）中固态废物“在标准温度和压力（25℃，101.3 kPa）下因摩擦或自发性燃烧而起火，经点燃后能剧烈而持续地燃烧”的可能。因此，贫化炉水淬渣不存在易燃性危险特性。

贫化炉水淬渣也不存在《危险废物鉴别标准　反应性鉴别》（GB 5085.5—2007）4.1 中的爆炸性质，也不存在 4.2.1 和 4.2.2 中遇水反应的性质。生产过程经过高温氧化熔融过程，贫化炉水淬渣中存在硫化物的可能性极低，因此，贫化炉水淬渣不存在反应性危险特性。

贫化炉水淬渣的主要成分是 Fe 的硅氧化物（经 XRD 分析为铁橄榄石），生产过程也未加入强酸或强碱物质，贫化炉水淬渣存在腐蚀性危险特性的可能性较低。

### 5.2.1.2　采样和检测

102 个贫化炉水淬渣样品经现场采集和封装后（见图 5-3），分批次运送至检测机构。检测机构对贫化炉水淬渣样品开展 17 种重金属（Be、$Cr^{6+}$、Cr、Co、Ni、Cu、Zn、As、Se、Ag、Cd、Sb、Ba、Hg、Tl、Pb 和 Ti）毒性危险特性检测。

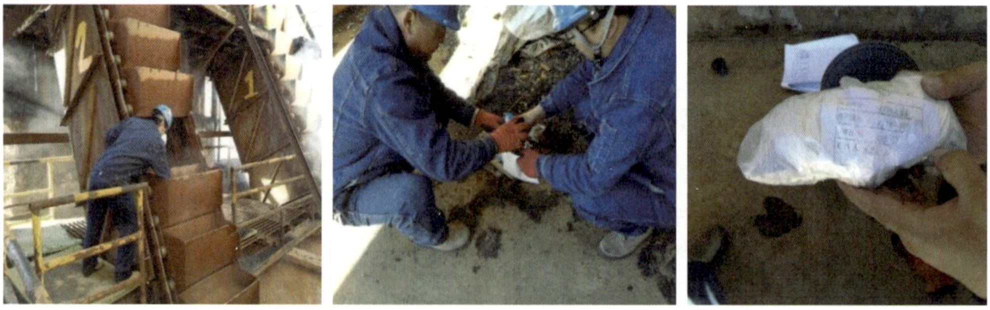

图 5-3　贫化炉水淬渣现场采集照片

#### 5.2.1.3 鉴别结论

根据贫化炉水淬渣的产生过程分析，样品测试结果及理论分析，可判断其不具有易燃性、腐蚀性、反应性和感染性危险特性；所有贫化炉水淬渣样品的浸出毒性未超过《危险废物鉴别标准 浸出毒性鉴别》（GB 5085.3—2007）的鉴别标准，据此判定其不具有浸出毒性危险特性；所有贫化炉水淬渣样品的毒性物质含量未超过《危险废物鉴别标准 毒性物质含量鉴别》（GB 5085.6—2007）的鉴别标准，据此判定其不具有毒性物质含量危险特性；根据毒性物质含量检测结果计算的急性毒性未超过《危险废物鉴别标准 急性毒性初筛》（GB 5085.2—2007）鉴别标准，据此判定贫化炉水淬渣不具有急性毒性危险特性。综上，被鉴别的贫化炉水淬渣不属于危险废物。

### 5.2.2 案例二：蒸馏废液

被鉴别物为羧甲基纤维素钠（CMC）蒸馏废液。CMC 蒸馏废液由生产加工高纯度 CMC 过程产生，其主要产生过程为：精制棉和木浆经开包破碎、碱化（加碱生成碱纤维素）、醚化（碱纤维素和氯乙酸钠生成 CMC）、盐酸中和、四次酒精洗涤、滤液（氯化钠和羟乙酸钠）离心和双效蒸发。含有羟乙酸钠和少量氯化钠的离心滤液（CMC 母液）蒸馏回收乙醇过程产生的蒸馏残液，即为被鉴别物 CMC 蒸馏废液，其具体产生流程见图 5-4。

本次鉴别的固体废物为高纯度 CMC 生产加工过程中产生的高浓度 CMC 废液。由于 CMC 废液由离心滤液回收乙醇过程产生，对照《名录》与 CMC 废液相近的危险废物类别为 HW900-407-06、HW900-408-06，即有机溶剂分馏再生过程产生的废物。但是离心滤液不属于固体废物，且离心废液与 HW06 类所列

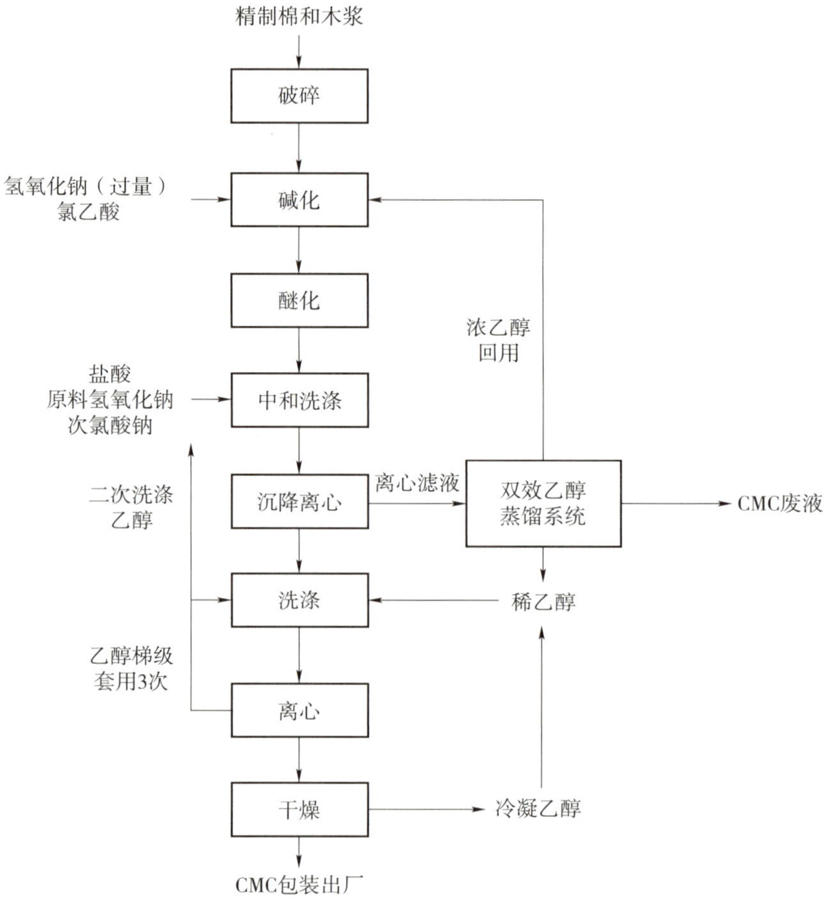


图 5-4 CMC 蒸馏废液的产生过程

废有机溶剂不匹配，据此可以判断 CMC 废液不属于 HW900-407-06、HW900-408-06。《名录》中其他涉及母液的类别包括 HW02 医药废物，HW04 农药废物，HW12 染料、涂料废物，HW13 有机树脂类废物，HW38 有机氰化物废物，HW39 含酚废物，CMC 废液与上述废物类别均不匹配。据此判断，CMC 废液不属于《名录》中所列危险废物，可以通过危险特性鉴别确定固体废物管理属性。

### 5.2.2.1 危险特性识别

CMC 废液中的有害物质主要来自高纯度 CMC 生产工艺原辅料、副产物和引入的杂质。高纯度 CMC 生产过程中使用的原辅料包括精制棉（棉短绒进行预处理得到的 α-纤维素含量达到 95% 的纤维素）、木浆、乙醇、氢氧化钠、氯乙酸、盐酸、次氯酸钠，反应产物为 CMC、氯乙酸钠、羟乙酸钠和氯化钠。纤维素是由葡萄糖组成的大分子多糖，碱和盐的水溶液可渗入纤维结晶区，使纤维素无限溶胀、溶解。纤维素加热到约 150℃时不发生显著变化，超过 150℃会由于脱水而逐渐焦化。物料的最高处理温度为 78℃，故 CMC 浓缩废液中残余的纤维素不引入危害物质。碱化和醚化过程碱液过量，所有氯乙酸和氯乙酸钠均转化为羟乙酸钠。所以 CMC 废液中的主要成分为水、羟乙酸钠和少量的氯化钠。CMC 废液中含有的物质及可能含有的危害物如表 5-3 所示。

表 5-3 CMC 废液中含有及可能含有的危害物质

| 序号 | 工艺名称 | 原辅料、反应产物 | 可能存在的特征污染物 | 危险特性 |
|---|---|---|---|---|
| 1 | 预处理 | 精制棉、木浆 | 无 | 无 |
| 2 | 碱化 | 乙醇 | 乙醇 | 易燃性 |
| | | 液碱（NaOH） | 重金属 | 浸出毒性、毒性物质 |
| | | 碱纤维素 | 无 | 无 |
| | | 氯乙酸（钠） | 无<br>（碱过量条件下不存在） | 无 |
| | | 羟乙酸钠 | 无 | R34-22-20，<br>$LD_{50}$：1.95 g/kg |
| 3 | 醚化 | 无 | 无 | 无 |

| 序号 | 工艺名称 | 原辅料、反应产物 | 可能存在的特征污染物 | 危险特性 |
|---|---|---|---|---|
| 4 | 中和洗涤 | 乙醇 | 乙醇 | 易燃性 |
| | | 盐酸 | 重金属 | 浸出毒性、毒性物质 |
| | | 次氯酸钠 | 重金属 | 浸出毒性、毒性物质 |
| 5 | 乙醇回收、干燥 | 无 | 无 | 无 |

CMC 废液为蒸馏回收乙醇的产物，其主要成分为水，但是残留的少量乙醇（闪点 12℃）可能导致 CMC 废液具有易燃性。依据《危险废物鉴别标准　易燃性鉴别》（GB 5085.4—2007）液态废物易燃性鉴别方法对 CMC 废液 10 个典型样品的闪点温度进行检测。检测结果显示其闪点温度均高于 80℃，未超过《危险废物鉴别标准　易燃性鉴别》（GB 5085.4—2007）限值（60℃）。据此判断，CMC 废液不存在易燃性危险特性。

CMC 废液为含有机物水溶液，在常温条件下不存在《危险废物鉴别标准　反应性鉴别》（GB 5085.5—2007）4.1 中的爆炸性质，也不存在 4.2.1 和 4.2.2 中遇水反应的性质；CMC 废液产生过程中不涉及硫化物和氰化物，因此，CMC 废液不可能存在《危险废物鉴别标准　反应性鉴别》（GB 5085.5—2007）4.2.3 中遇酸生成硫化氢或氰化氢气体的反应性危险特性。中和工序中添加盐酸调节 pH 值至 6～9，CMC 浓缩废液具有腐蚀性危险特性的可能性较小。

CMC 废液中可能含有《危险废物鉴别标准　浸出毒性鉴别》（GB 5085.3—2007）和《危险废物鉴别标准　毒性物质含量鉴别》（GB 5085.6—2007）中的重金属。因此，可能具有毒性危险特性。

### 5.2.2.2　采样和检测

CMC 废液为连续产生，按照《危险废物鉴别技术规范》（HJ/T 298—2007）的要求，CMC 废液产量 20 027 t/a，平均 1 669 t/ 月。固体废物月产生量在 1 000 t 以上时样品最小份样数为 100，因此确定 CMC 废液样品采集数为 100 个。从第一个样品采集日算起，每个工作日等时间间隔采集 5 个样品，周六日不采样，直至 100 个样品采集结束（见图 5-5）。CMC 废液样品经现场采集和封装后进行重金属 Be、Cr、Cr（Ⅵ）、Co、Zn、Ni、As、Cu、Se、Cd、Ag、Sb、Ba、Hg、Tl、Pb、Ti、V、Mn 的毒性危险特性检测。

图 5-5　CMC 蒸馏废液样品和贮存池

### 5.2.2.3　鉴别结论

根据 CMC 废液的产生过程分析，样品测试结果及理论分析，可判断其不具有易燃性、腐蚀性、反应性和感染性危险特性；所有 CMC 废液样品的浸出毒性未超过《危险废物鉴别标准　浸出毒性鉴别》（GB 5085.3—2007）的鉴别标准，据此判定其不具有浸出毒性危险特性；所有 CMC 废液样品的毒性物质含量未超过《危险废物鉴别标准　毒性物质含量鉴别》（GB 5085.6—2007）的鉴别标准，据此判定其不具有毒性物质含量危险特性。根据毒性物质含量检测结果计算的急性毒性未超过《危险废物鉴别标准　急性毒性初筛》（GB 5085.2—2007）鉴别标准，据此判定 CMC 废液不具有急性毒性危险特性。综上，判断 CMC 蒸馏废液不属于危险废物。

## 5.3　污染治理产物

### 5.3.1　案例一：废水处理污泥

鉴别对象为含磷银废水处理污泥，该污泥来自絮凝沉淀法含磷银废水处理系统。含磷银废水经 NaOH、$H_2SO_4$ 调节 pH 值至 10～11，再投加过量的 $CaCl_2$ 进行反应，$CaCl_2$ 与废水中的磷生成磷酸钙沉淀除磷，氯离子与废水中 Ag 生成氯化银（AgCl）沉淀除银后，废水处理产生的污泥进入污水污泥浓缩池，污泥经脱水形成泥饼（含水率约为 70%），即为被鉴别物。

进入以上废水处理系统的废水为薄膜晶体管阵列工艺湿法刻蚀工序使用 ITO/Ag/ITO 刻蚀液刻蚀 TFT 背板上的阳极层后的清洗废水（废水产生过程见图 5-6）。

#### 5.3.1.1　危险特性识别

含磷银废水来源于 TFT 基板制作使用 ITO/Ag/ITO 蚀刻液（硝酸、磷酸、乙酸）刻蚀 ITO/Ag/ITO 层后玻璃基板清洗过程。含磷银废水的产生量为 634 t/d。

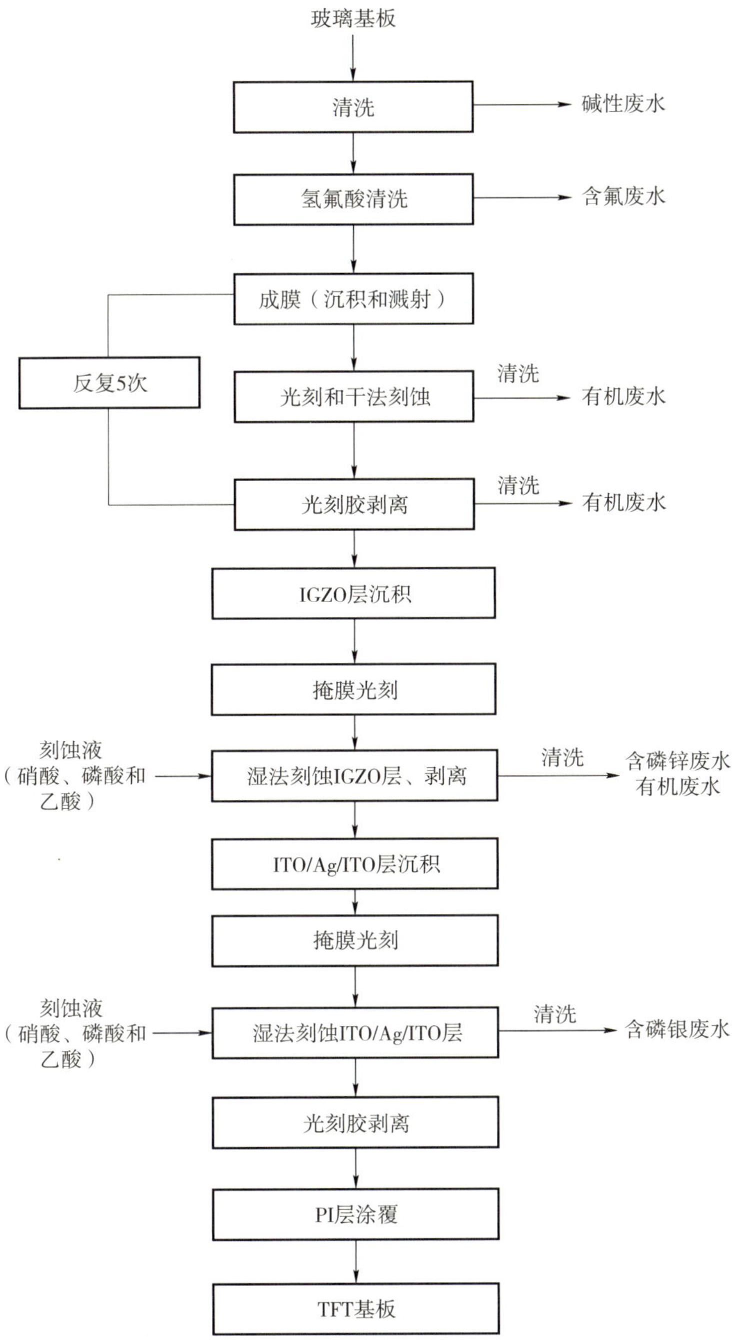


图 5-6　含磷银废水产生过程

废水中的危害物质来自清洗过程进入清洗废水中的物质，包括刻蚀后残留的刻蚀液及刻蚀下来的阳极层，主要为 Ag、Sn。因此，含磷银污泥中的危害物质主要源于两个部分：一是废水中的重金属类有害物质；二是污水处理中加入的药剂（酸碱调节剂、絮凝剂、混凝剂和生物处理营养剂等）中含有的重金属杂质。

鉴别废物为污水处理污泥，呈半固态，含水率高达 70%，不可能具有《危险废物鉴别标准　易燃性鉴别》（GB 5085.4—2007）中固态废物“在标准温度和压力（25℃，101.3 kPa）下因摩擦或自发性燃烧而起火，经点燃后能剧烈而持续地燃烧”的可能性。因此，含磷银污泥不存在易燃性危险特性。

含磷银废水处理污泥为浓缩脱水后产生的半固体物质，不存在《危险废物鉴别标准　反应性鉴别》（GB 5085.5—2007）4.1 中的爆炸性质，也不存在 4.2.1 和 4.2.2 中遇水反应的性质。由于废水产生过程中未涉及硫化物和氰化物，废水中存在硫化物和氰化物的可能性很小，污水处理过程中也未加入硫化物和氰化物。因此，污泥也不可能存在《危险废物鉴别标准　反应性鉴别》（GB 5085.5—2007）4.2.3 中遇酸生成硫化氢或氰化氢气体的反应性危险特性。含磷银废水处理过程中未接触感染性病菌，因此，污泥不可能存在感染性。

含磷银废水为强酸性废水，处理过程中加入 NaOH、$H_2SO_4$ 调节 pH 值至 10～11 后投加过量 $CaCl_2$ 进行沉淀反应去除磷和银。在实际处理过程中存在 pH 过高的可能性，因此含磷银废水处理污泥可能具有腐蚀性危险特性。

根据含磷银废水处理污泥中危害物质识别结果，对照《危险废物鉴别标准　浸出毒性鉴别》（GB 5085.3—2007），含磷银废水处理污泥可能存在《危险废物鉴别标准　浸出毒性鉴别》（GB 5085.3—2007）（表 1）中有机类危害成分的可能性很小。但是可能具有《危险废物鉴别标准　浸出毒性鉴别》（GB

5085.3—2007）中重金属元素危害成分。另外，考虑溅射沉积中 Mo 和 ITO 薄膜构成（通常 $SnO_2$：$In_2O_3$=1：9），该污泥也可能存在 Mo、Sn 和 In。对照《危险废物鉴别标准　毒性物质含量鉴别》（GB 5085.6—2007）附录 A 至附录 F，含磷银废水处理污泥可能含有多种重金属类毒性物质。含磷银污泥可能含有重金属类有毒物质，因此，可能具有《危险废物鉴别标准　急性毒性初筛》（GB 5085.2—2007）中的急性毒性危害特征。

#### 5.3.1.2　采样和检测

含磷银废水处理污泥间歇产生，产生量为 1 框 / 周，3.5 t/ 框，月产生量约为 14 t。按照《危险废物鉴别技术规范》（HJ/T 298—2007）的要求，以 1 个月内固体废物产生量为依据确定采样份样数。固体废物月产生量为 5～25 t 时鉴别样品最小份样数为 8，因此，污泥的采样份样数为 8 个。8 个污泥样品经现场采集和封装后开展危险特性检测。检测项目见表 5-4。

表 5-4　含磷银污泥检测项目及检测方法

| 序号 | 项目 | 特性鉴别 | 测试方法 |
| --- | --- | --- | --- |
| 1 | pH | 腐蚀性 | 《固体废物　腐蚀性测定　玻璃电极法》（GB/T 15555.12—1995） |
| 2 | 铜、锌、镉、铅、总铬、铍、钡、镍、银、硒、汞、砷、锡、钼 | 浸出毒性 | 《固体废物　浸出毒性浸出方法　硫酸硝酸法》（HJ/T 299—2007 ）<br>《危险废物鉴别标准　浸出毒性鉴别　附录 A》（GB 5085.3—2007） |
| 3 | 铟 | 浸出毒性 | 《固体废物　浸出毒性浸出方法　硫酸硝酸法》（HJ/T 299—2007）<br>《危险废物鉴别标准　浸出毒性鉴别　附录 B》（GB 5085.3—2007） |

| 序号 | 项目 | 特性鉴别 | 测试方法 |
|---|---|---|---|
| 4 | Be、Co、Ni、Se、Cd、Sb、Ba、Pb、Hg Sn、Tl、As | 毒性物质含量 | 《危险废物鉴别标准　浸出毒性鉴别　附录 A》（GB 5085.3—2007） |
| 5 | Cr（Ⅵ） | | 《固体废物　六价铬的测定　碱消解 / 火焰原子吸收分光光度法》（HJ 687—2014） |

### 5.3.1.3　鉴别结论

根据污泥产生工艺、废水产生过程分析，样品测试结果及理论分析，可判断其不具有易燃性、腐蚀性、反应性和感染性危险特性；所有污泥样品的浸出毒性均未超过《危险废物鉴别标准　浸出毒性鉴别》（GB 5085.3—2007）的鉴别标准，据此判定该污泥不具有浸出毒性危险特性；所有污泥样品的毒性物质含量均未超过《危险废物鉴别标准　毒性物质含量鉴别》（GB 5085.6—2007）的鉴别标准，据此判定该污泥不具有毒性物质含量危险特性；根据毒性物质含量检测结果计算的急性毒性未超过《危险废物鉴别标准　急性毒性初筛》（GB 5085.2—2007）鉴别标准，据此判定该污泥不具有急性毒性危险特性。综上，被鉴别的含磷银废水处理污泥不属于危险废物。

## 5.3.2　案例二：造纸污泥焚烧底渣

鉴别对象为造纸过程中产生的白浆经分离、成型、絮凝、压榨产生的造纸污泥再经焚烧炉在 1 100℃下焚烧产生的渣，其产生过程如下：废纸原料送入碎浆机，同时加入氢氧化钠、硅酸钠、脱墨剂和水，去除机械杂质后进行两次脱墨浮选，在此阶段鼓入一定量的空气，在空气作用下，浆液中的油墨随气泡浮起，收集后经螺旋压榨产生脱墨渣。此后，在浆液中添加双氧水提高白度，利用 98% 硫酸调节酸碱度，并加入消泡剂和固着剂得到白浆。白浆经筛选后含长纤维浆液供给造纸车间。清水补充后进行成型，用泵高速均匀地将浆液喷到成型夹网上。成型后的物料用机械挤压和抽真空进行脱水。脱水后的湿纸经 120℃烘干、压光、卷取为纸品。成型与脱水工序均回收部分白水至白水池，并分离部分白水到气浮纤维过滤装置。脱墨车间白水分离产生的短小纤维也进入此气浮纤维过滤装置，对滤渣添加絮凝剂（脂肪醇烷氧基）后螺旋压榨脱水产生造纸污泥，经焚烧炉 1 100℃焚烧产生的底渣即为造纸污泥焚烧底渣。

#### 5.3.2.1 危险特性识别

造纸污泥中的危害物质主要来源于两个部分：一是废水中的有害物质；二是废水处理中加入的絮凝剂。脱墨白浆里主要含有原料废纸引入的油墨、脱墨剂、消泡剂、固着剂和其他杂质。造纸成型、脱水工段排水中除上述物质外，还含有碳酸钙。因此，造纸废水中含有的化合物（聚合物）包括连接体树脂、溶剂、颜料、添加药剂和助剂，主要包括重金属类和有机类污染物［苯、甲苯、乙苯、二甲苯、苯酚、甲醛、环氧丙烷、甲基环氧乙烷、苯胺、二甲基苯胺、氨基偶氮苯、甲基苯胺、氨基联苯、苯二胺、联苯胺、二氨基甲苯 2,2′- 双环氧乙烷、丙烯腈、甲酚（邻间对）、正丁醇、丙酮、甲基异丁酮、环氧乙烷、丙烯酸、邻苯二甲酸二乙基己酯和邻苯二甲酸二丁酯］，然而，造纸污泥经焚烧炉在 1 100℃下焚烧，污泥中的苯等有机污染物被焚毁或挥发进入烟气，焚烧底渣中基本不可能存在以上有机危害成分危险特性。重金属（Zn、Cu、Cr、Pb、Cd 和 Ni 等）可能以氧化物形态存在于灰渣中，易挥发的 Hg 和 As 等大部分存在于飞灰中，少部分存在于灰渣。焚烧炉烟气经过旋风除尘后，采用布袋除尘器处理。虽焚烧炉设有急冷装置，但原料废纸本身属含碳物质，工艺添加固着剂（$C_8H_{16}NCl$）含氯及污泥中含有芳烃类前驱体，故焚烧过程仍有二噁英产生的可能，同时也可能产生多环芳烃类有害物。因此，造纸污泥焚烧底渣中的危害物质识别结果如表 5-5 所示。

表 5-5 造纸污泥焚烧底渣危害物识别结果

| 序号 | 危害物名称 | 来源 | 毒性物质或浸出毒性 |
|---|---|---|---|
| 1 | 重金属 | 造纸废水、造纸废水处理过程中加入的药剂杂质 | 有毒物质；浸出 |
| 2 | 多氯二苯并对二噁英和多氯二苯并呋喃（PCDDs/PCDFs） | 焚烧 | — |
| 3 | 苯并［*a*］芘 | 焚烧 | 致突变；浸出 |
| 4 | 苯并［*a*］蒽、苯并［*b*］荧蒽、苯并［*j*］荧蒽、苯并［*k*］荧蒽、二苯并［*a,h*］蒽 | 焚烧 | 致癌 |

鉴别废物为造纸污泥焚烧底渣，主要成分为碳酸钙和氧化钙等无机物。不具有《危险废物鉴别标准　易燃性鉴别》（GB 5085.4—2007）中固态废物“在标准温度和压力（25℃，101.3 kPa）下因摩擦或自发性燃烧而起火，经点燃后能剧烈而持续地燃烧”的可能。因此，造纸污泥焚烧底渣不存在易燃性危险特性。

造纸污泥焚烧底渣的主要成分为碳酸钙和氧化钙。不存在《危险废物鉴别标准　反应性鉴别》（GB 5085.5—2007）4.1 中的爆炸性质，也不存在 4.2.1 和 4.2.2 中遇水反应的性质。废水产生过程中可能涉及含硫化合物和含氰根有机化合物（油墨引入）。高温焚烧过程中，含硫元素基本氧化成氧化物进入烟气，含氰根有机化合物氧化分解后进入烟气。因此，造纸污泥焚烧底渣不可能存在《危险废物鉴别标准　反应性鉴别》（GB 5085.5—2007）4.2.3 中遇酸生成硫化氢或氰化氢气体的反应性危险特性。造纸废水为碱性废水，虽在调浆过程采用 98% 硫酸调节酸碱度，但造纸污泥焚烧底渣仍可能具有腐蚀性危险特性。

根据造纸污泥焚烧底渣中危害物质识别结果，对照《危险废物鉴别标准　浸出毒性鉴别》（GB 5085.3—2007）和《危险废物鉴别标准　毒性物质含量鉴别》（GB 5085.6—2007），造纸污泥焚烧底渣中可能具有毒性危险特性。

#### 5.3.2.2　采样和检测

目前共约 7 000 袋（约 1 t/ 袋）造纸污泥焚烧底渣贮存于厂区 5 个密闭仓库中。贮存量分别为北仓 1 980 袋、南仓 1 980 袋、成品仓 1 836 袋、原料仓 480 袋和码头仓 360 袋（吨袋分布见图 5-7）。按照《危险废物鉴别技术规范》（HJ/T 298—2007）的要求，造纸污泥焚烧底渣为堆存状态，以堆存总量为依据确定采样最小份样数，且当堆存量大于 1 000 t 时，最小份样数为 100 个。造纸污泥焚烧底渣堆存总量超过 7 000 t，故确定采样最小份样数为 100 个。

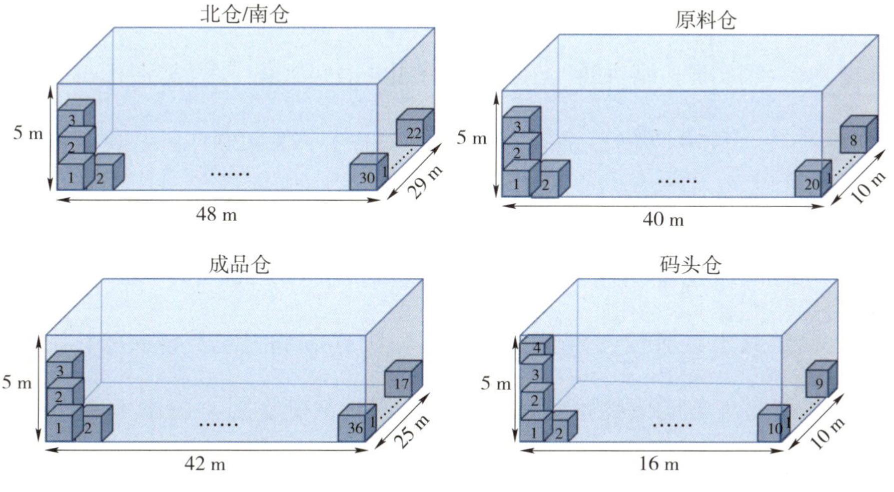


图 5-7　造纸污泥焚烧底渣吨袋分布

按照《危险废物鉴别技术规范》（HJ/T 298—2007），袋、桶或其他容器装固体废物的采样方法，给吨袋编号，用随机数表法抽取 34 袋样品作为采样单元取样（采样位置见采样记录表）。使用套筒式采样器在每个袋子（采样单元）上部（1/6 深度）、中部（1/2 深度）和下部（5/6 深度）处各采集一个样品。依据吨袋在 5 个仓库中的数量分布比例，确定北仓、南仓、成品仓、原料仓和码头仓依次取 10 个、10 个、9 个、3 个和 2 个吨袋作为采样单元。即每个采样单元采集上、中、下 3 个样品，34 个吨袋共采集样品 102 个。每个样品的份样量不低于 1 000 g。

根据初检样品危险特性检测结果进一步筛选结果，确定剩余造纸污泥焚烧底渣样品的检测项目包括腐蚀性：pH；浸出毒性：Be、Cr（Ⅵ）、Ni、Pb 和苯并［*a*］芘；毒性物质含量：Cr、Ni、Ba 和 Pb。

#### 5.3.2.3 鉴别结论

根据造纸污泥焚烧底渣的产生过程分析和理论分析，可判断其不具有易燃性、反应性和感染性危险特性；20 个造纸污泥焚烧底渣的腐蚀性检测结果超过《危险废物鉴别标准　腐蚀性鉴别》（GB 5085.1—2007）的鉴别标准，但超标样品数量小于《危险废物鉴别技术规范》（HJ/T 298—2007）中规定的判定限值。据此判定其不具有腐蚀性危险特性；所有造纸污泥焚烧底渣样品的浸出毒性未超过《危险废物鉴别标准　浸出毒性鉴别》（GB 5085.3—2007）的鉴别标准，据此判定其不具有浸出毒性危险特性；所有造纸污泥焚烧底渣样品的毒性物质含量未超过《危险废物鉴别标准　毒性物质含量鉴别》（GB 5085.6—2007）的鉴别标准，据此判定其不具有毒性物质含量危险特性；根据毒性物质含量检测结果计算的急性毒性未超过《危险废物鉴别标准　急性毒性初筛》（GB 5085.2—2007）鉴别标准，据此判定造纸污泥焚烧底渣不具有急性毒性危险特性。综上，被鉴别的造纸污泥焚烧底渣不属于危险废物。

## 5.4　废物利用或处置后产物

### 5.4.1　案例一：含油污泥回收油后的干渣

被鉴别的干渣是利用含油污泥热相分离回收油后产生的固相产物。从含油污泥中回收油的过程属于《通则》所定义的利用行为，即“从固体废物中提取物质作为原材料或者燃料的活动”。因此，热相分离干渣属于含油污泥利用过程产生的固体废物。《通则》6.2 条规定：“具有毒性危险特性的危险废物利用过程产生的固体废物，经鉴别不再具有危险特性的，不属于危险废物。”因此，热相分离干渣可以通过危险特性鉴别确定是否属于危险废物。

#### 5.4.1.1　危险特性识别

干渣中的危害物质主要来源于原料含油污泥，调质剂（破乳剂、絮凝剂、碳酸钙）以及热相分离产物。热相分离干渣产生过程见图 5-8。

原料含油污泥包括：①石油开采和炼制产生的油泥和油脚；②原油储罐罐底油泥和运输落地油泥；③含油废水处理污泥（沉降池生化处理污泥）。因此，含油污泥除包括原油成分中的烷烃、环烷烃、芳香烃、硫化物、氰化物、石油溶剂和重金属等，还包括含油废水处理污泥中可能投加的絮凝剂、破乳剂、表

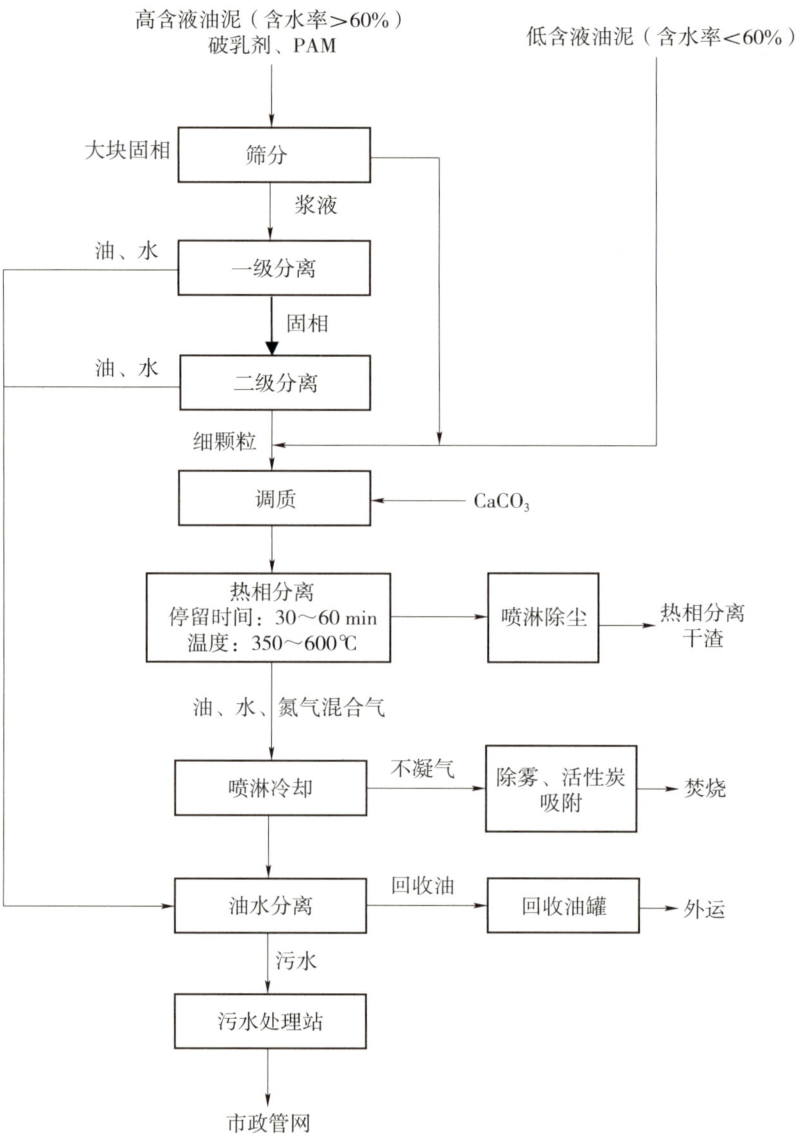


图 5-8　热相分离干渣产生过程

面活性剂等水处理药剂。破乳剂是一种能破坏乳状液的表面活性剂。破乳剂主要通过部分取代稳定膜的作用使乳状液破坏。由脂肪醇、环氧丙烷、环氧乙烷聚合得到。表面活性剂由苯乙烯丙烯酸共聚而得，是环氧乙烷、甲基环氧乙烷、单（2- 乙基己基）醚的聚合物。因此可能存在危害物质丙烯酸、苯乙烯、环氧乙烷、甲基环氧乙烷、2,2′- 双环氧乙烷和邻苯二甲酸二乙基己酯，而丙酮和正丁醇可能作为表面活性剂的溶剂。热相分离在 300～600℃下进行，可能产生二噁英和多种多环芳烃。因此，被鉴别干渣可能具有毒性危险特性。

干渣虽经热相分离处理后含油率大幅降低，但其中存在石油烃等有机物，可能具有《危险废物鉴别标准　易燃性鉴别》（GB 5085.4—2007）中固态废物“在标准温度和压力（25℃，101.3 kPa）下因摩擦或自发性燃烧而起火，经点燃后能剧烈而持续地燃烧”的可能。因此，该热相分离干渣可能存在易燃性危险特性。

干渣不存在《危险废物鉴别标准　反应性鉴别》（GB 5085.5—2007）4.1 中的爆炸性质，也不存在 4.2.1 和 4.2.2 中遇水反应的性质。由于原料含油污泥中可能含有硫化物和氰化物，因此，该热相分离干渣可能存在《危险废物鉴别标准　反应性鉴别》（GB 5085.5—2007）4.2.3 中遇酸生成硫化氢或氰化氢气体的反应性危险特性。

在进入热相分离腔前通过投加碳酸钙调质含油污泥，因此该干渣可能具有腐蚀性危险特性。

#### 5.4.1.2　采集和检测

初检阶段，在喷淋螺旋输出机出口处采集生产线上干渣样品 7 个和堆存样品 3 个。采样过程同时记录热相分离装置运行参数，包括处理前物料含油率、处理后干渣含油率、热相分离腔温度和停留时间。正式采样阶段，采集 100 个热相分离干渣样品，分批次运送检测（图 5-9）。

图 5-9　热相分离干渣采样照片

由干渣危险特性识别结果得到检测项目，具体为：①腐蚀性：pH。②反应性：硫化氢、氰化氢。③易燃性。④毒性物质含量检测：石油溶剂、苯、丙烯酸、苯乙烯、环氧乙烷、环氧丙烷、正丁醇、2,2′-双环氧乙烷、邻苯二甲酸二乙基己酯、丙烯酰胺、丙酮；17 种重金属；苯并［*a*］芘、苯并［*a*］蒽、苯并［*b*］荧蒽、苯并［*j*］荧蒽、苯并［*k*］荧蒽、二苯并［*a,h*］蒽；二噁英；浸出毒性检测：苯、甲苯、乙苯、二甲苯（邻间对）、苯并［*a*］芘、苯酚、氰化物。

#### 5.4.1.3　鉴别结论

根据热相分离干渣样品的检测结果判断，该热相分离干渣的危险特性不超过危险废物鉴别标准，不属于危险废物。热相分离干渣中重金属含量和含油率是影响其危险特性的主要因素，其中重金属的含量取决于所处理的含油污泥的来源和种类。经分析，热相分离干渣的危险特性主要取决于其中的石油溶剂的残留量。热相分离干渣中石油溶剂的残留量与生产工艺密切相关，只有保证热相分离系统稳定运行，使热相分离干渣中的石油溶剂含量低于计算未超标的限值，才能确保热相分离干渣不具有危险特性。

### 5.4.2 案例二：废弃的银浆、铝浆擦拭物

被鉴别物为太阳能电池生产过程中擦拭不合格电池板图案产生的含有无水乙醇的布，经收集、自然通风1周后的废弃电极擦拭物（废电极擦拭物产生过程如图5-10所示）。由被鉴别物的产生过程可知，擦拭物含有电极印刷材料铝浆和银浆，擦拭前布用无水乙醇浸润。无水乙醇是《危险化学品目录》中的物质，闪点温度为12℃，具有易燃性。《名录》中关于沾染危险化学品的仅有“900-042-49 环境事件及其处理过程中产生的沾染危险化学品、危险废物的废物”，不包括上述含有乙醇的废电极擦拭物。

擦拭后直接被抛弃的含乙醇废布是具有易燃性危险特性的危险废物，根据《通则》6.1“仅具有腐蚀性、易燃性、反应性中一种或一种以上危险特性的危险废物利用过程和处置后产生的固体废物，经鉴别不再具有危险特性的，不属于危险废物”，在废电极擦拭物产生来源、产生规律和危害成分分析的基础上，首先采集典型样品进行毒性危险特性分析，确定废电极擦拭物是否具有毒性。若具有毒性危险特性，则依据《通则》（GB 5085.7—2019）6.2“除国家有关法规、标准另有规定的外，具有毒性危险特性的危险废物处置后产生的固体废物，仍属于危险废物”判定废电极擦拭物为危险废物。若不具有毒性危险特性，开展废电极擦拭物易燃性危险特性判断。

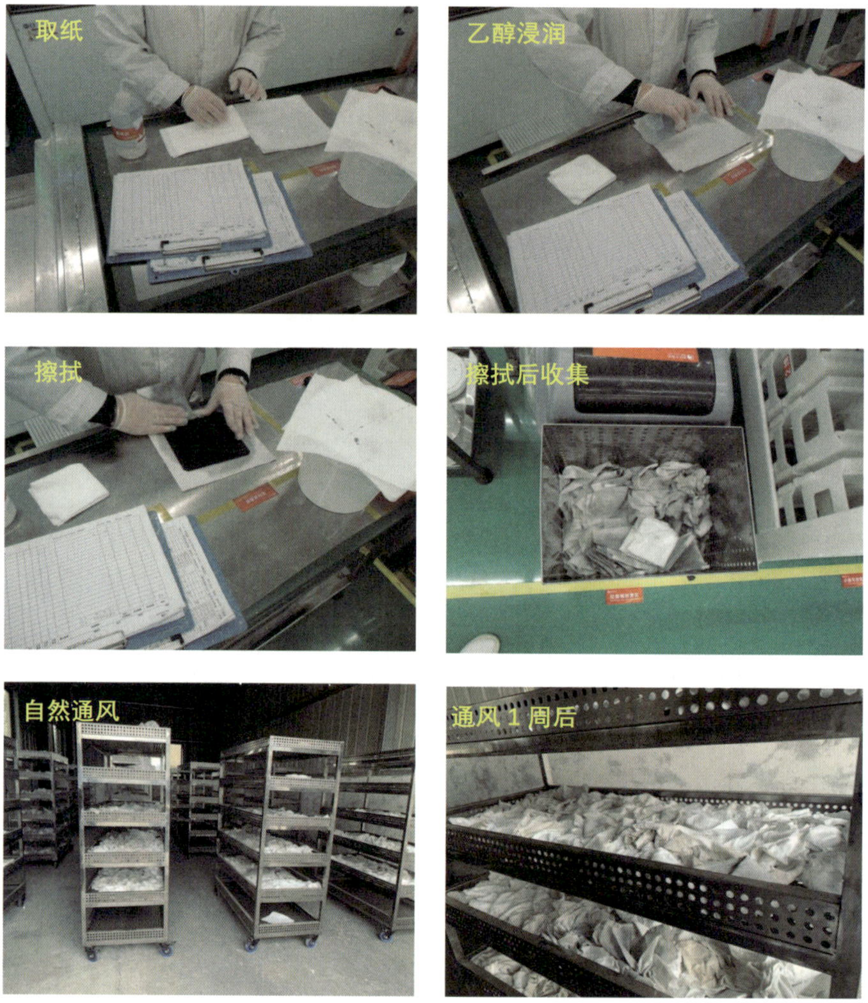


图 5-10　废电极擦拭物产生过程

#### 5.4.2.1　危险特性识别

废擦拭物的危害物质主要来源于擦拭前浸润的无水乙醇、电极印刷图案原料银浆、铝浆和电池板生产过程中引入的其他污染物。电极印刷图案原料银浆和铝浆含有铝粉、银粉、玻璃粉和其他溶剂（松油醇、乙基纤维素和二乙二醇丁醚）。经与危险废物鉴别标准比对，废擦拭物可能含有的毒性物质为银粉。易燃性来源于擦拭前浸润的无水乙醇和所用的擦拭布本身（表 5-6）。

表 5-6　废电极擦拭物样品名称和危险特性检测项目

| 序号 | 样品名称 | 制备方法 | 采样位置 | 检测项目 | 检测方法 |
|---|---|---|---|---|---|
| 1 | 原布 -1 | — | 拆封擦拭布 | 易燃性 | 易燃性：GB 1952.1 |
| 2 | 乙醇浸润 -1 | 浸润后平铺放置、自然通风 4 h | 原布实验室制备 | | |
| 3 | 乙醇浸润 -2 | 浸润后平铺放置、自然通风 8 h | | | |
| 4 | 乙醇浸润 -3 | 浸润后平铺放置、自然通风 24 h | | | |
| 5 | 乙醇浸润 -4 | 浸润后平铺放置、自然通风 48 h | | | |
| 6 | 乙醇浸润 -5 | 浸润后平铺放置、自然通风 72 h | | | |
| 7 | 擦拭后 -1 | — | 生产车间擦拭后废弃 | 易燃性；浸出毒性：总银 | 易燃性：GB 1952.1；浸出毒性：GB 5085.3 附录 B |
| 8 | 擦拭后 -2 | — | | | |
| 9 | 擦拭后 -3 | — | | | |
| 10 | 晾干后 -1 | — | 废电极擦拭物暂存架（通风 1 周） | | |
| 11 | 晾干后 -2 | — | | | |
| 12 | 晾干后 -3 | — | | | |
| 13 | 晾干后 -4 | — | | | |
| 14 | 晾干后 -5 | — | | | |

### 5.4.2.2　样品采集

采集未使用的原布样品，测定布本身的易燃性。乙醇易挥发，随着自然通风时间延长，乙醇的含量降低，其易燃性可消除，因此，通过实验室制备不同自然通风时间下的无水乙醇完全浸润布样品，分别测定其燃点和燃烧速率，判断乙醇挥发导致易燃性消除的关键节点。开展废电极擦拭物、原布和生产车间产生的废弃沾银浆、铝浆擦拭物共 3 类样品采集工作。

#### 5.4.2.3 鉴别结论

所有废电极擦拭物样品的浸出毒性未超过《危险废物鉴别标准　浸出毒性鉴别》（GB 5085.3—2007）的鉴别标准，可判断其不具有毒性危险特性。原布、被鉴别物废电极擦拭物 5 个样品和制备的不同通风时间的乙醇浸润布样品的闪点温度和燃烧速率未超过《危险废物鉴别标准　易燃性鉴别》（GB 5085.4—2007）的鉴别标准，可判断擦拭布本身不具有易燃性危险特性，且乙醇浸润布经过 4 h 以上平铺放置自然通风后不具有易燃性危险特性，据此判断被鉴别物废电极擦拭物不具有易燃性危险特性，不属于危险废物。

## 5.5 特殊废物

### 5.5.1 案例一：污染土壤

被鉴别物为某有机化工厂原址场地修复过程中，拟采用水泥窑协同处置和固化稳定化 + 填埋处置方式修复的污染土壤，共 10.071 万 $m^3$。根据《固体废物鉴别标准　通则》（GB 34330—2017）4.3 条的规定：在污染地块修复、处理过程中，采用下列任何一种处置或利用的污染土壤，属于固体废物：①填埋；②焚烧；③水泥窑协同处置；④生产砖、瓦、筑路材料等其他建筑材料。有机化工厂拟采用水泥窑协同处置和固化稳定化 + 填埋处置污染土壤，因此以上污染土壤属于固体废物。有机化工厂原址地块风险评估结果显示，以上污染土壤中存在重金属、多环芳烃、石油烃或其他有机物含量超出《土壤环境质量 建设用地土壤污染风险管控标准（试行）》（GB 36600—2018）中一类建设用地筛选值的情况，存在多种污染类型。

#### 5.5.1.1 鉴别范围

水泥窑协同处置和固化稳定化＋填埋处置方式修复的污染土壤的平面范围如图 5-11 所示，被鉴别污染土壤合计 100 712.53 $m^3$。由图 5-11 可知，被鉴别污染土壤主要分布在 C 区总排污口、古马隆车间、堆煤场；B 区苯酚车间，少量污染土壤分布在 A 区苯酐车间。

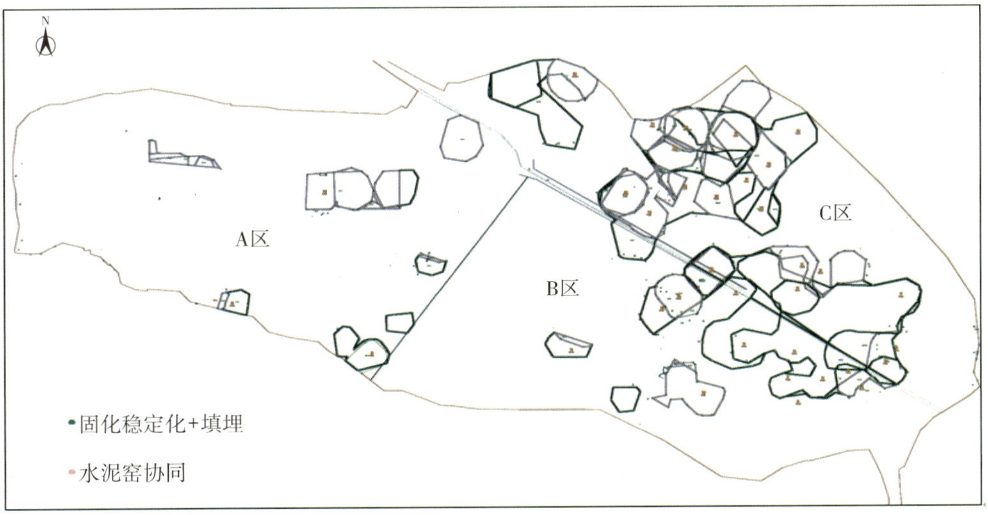


图 5-11 被鉴别污染土壤平面范围

#### 5.5.1.2 污染物溯源

对被鉴别污染土壤进行污染物溯源，由污染土壤来源生产单元、原辅料成分、主要工艺和污染途径识别出污染土壤可能存在的苯、甲苯、二甲苯等苯系物、苯乙烯等烯烃以及苯酚、石油烃、萘等多环芳烃和重金属类污染物。

#### 5.5.1.3 高污染因子确定

首先通过比较被鉴别污染土壤的特征污染物和有机化工厂场调土壤监测项目，进行污染物完整性筛查，在识别出需补充的污染源危害物苯酚和苯并［j］荧蒽的基础上开展鉴别范围内的污染程度分析，设定初步采样点和鉴别采样点，同步开展初步采样和鉴别采样，综合场调土壤监测结果和样品检测结果分析是否可能存在危险特性超过危险废物鉴别标准的点位，即高污染点位。

（1）毒性物质含量

补全特征污染物苯并［j］荧蒽后，经危险废物鉴别毒性物质含量检测结果分析，依据场调土壤监测数据计算的超过鉴别标准的5个点位的致突变、致癌、剧毒、有毒和生殖毒性类别毒性和累积毒性均未超过《危险废物鉴别标准　毒性物质含量鉴别》（GB 5085.6—2007）的限值。通过比较《土壤环境质量　建设用地土壤污染风险管控标准（试行）》（GB 36600—2018）规定的检测方法和危险废物鉴别标准方法检测结果判断依据场调监测数值进行的污染物含量、类别毒性和累积毒性排序的方法可行，并判定被鉴别污染土壤的场调点位均不超过毒性物质含量的鉴别标准。

（2）急性毒性

经危险废物鉴别毒性物质含量检测结果分析，基于场调土壤监测数据计算的3个急性毒性超标点的经口急性毒性均大于《危险废物鉴别标准　急性毒性初筛》（GB 5085.2—2007）限值，并判定被鉴别污染土壤的场调点位均不超过急性毒性的鉴别标准。

（3）浸出毒性

补充的苯酚因子在其功能区布设的 14 个点位样品中均未检出。除苯并［*a*］芘外，其他项目（铅、镍、镉、汞、苯、甲苯、乙苯和二甲苯）基本点的浸出毒性均未超过浸出毒性的鉴别标准。判定被鉴别污染土壤的场调点位均不具有苯酚和以上项目浸出毒性危险特性。

苯并［*a*］芘基本点的 136 个样品中，共 18 个样品有检出，其中 4 个样品超过《危险废物鉴别标准　浸出毒性鉴别》（GB 5085.6—2007）苯并［*a*］芘 0.3 μg/L 的限值，最高值为 2.87 μg/L。通过对比、分析 18 个苯并［*a*］芘检出样品的浸出毒性检测值与依据土壤监测结果的估算值，判断污染土壤场调点位共存在 4 个苯并［*a*］芘浸出毒性超过鉴别标准的点位：T209-0.5、T209-2.0、T69-0.5 和 T69-7.0（T209 位于 C 区鉴别区域的北边缘处，T69 所在位置为 B 区苯酚车间）。至此，确定导致被鉴别污染土壤超过鉴别标准的高污染因子为苯并［*a*］芘的浸出毒性。

初步超标区域划分：以危险特性超标点位为中心，以周边 4 个未超标点位为拐点，连接成的区域初步划定为危险特性超标区域（表 5-7），合计约为 1.35 万 $m^3$。

### 5.5.1.4　加密采样和检测

为进一步缩小属于危险废物的污染土壤的范围和方量，对初步划定的超标区域进行加密采样和危险特性分析，分为对初步超标区域的各边缘点危险特性的分析和在初步超标区域内高污染因子苯并［*a*］芘的浸出毒性分析。

表 5-7　超标区域初步划定结果

<table>
<tr><th>中心超标点位</th><th>拐点</th><th>平面示意图</th><th>剖面示意图</th><th>方量 /m³</th></tr>
<tr><td rowspan="5">T209-0.5 和<br>T209-2.0</td><td>T207-3.5</td><td rowspan="5">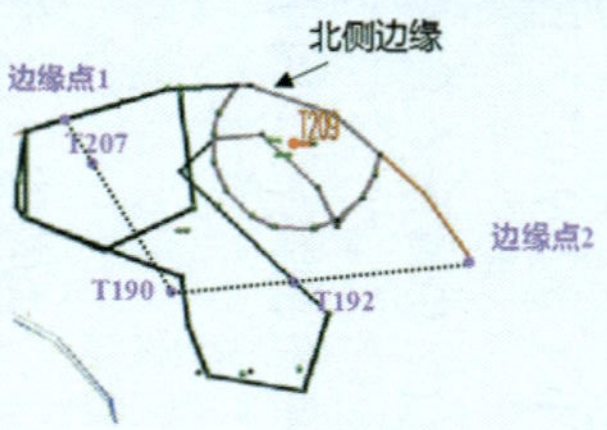
</td><td rowspan="5">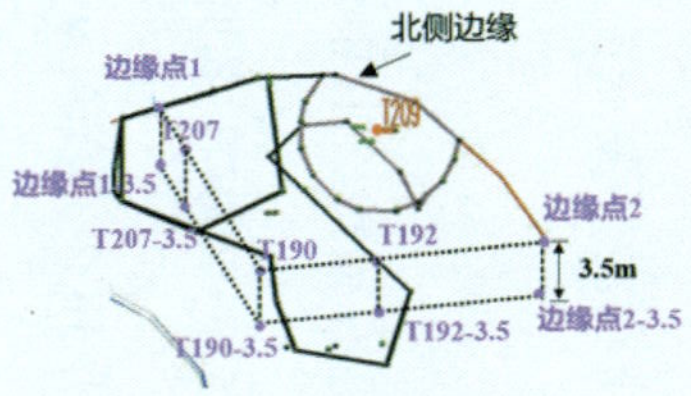
</td><td rowspan="5">7 000</td></tr>
<tr><td>T190-3.5</td></tr>
<tr><td>T192-3.5</td></tr>
<tr><td>边缘点 1（深 3.5 m）</td></tr>
<tr><td>边缘点 2（深 3.5 m）</td></tr>
<tr><td rowspan="6">T69-0.5</td><td>T71-2.0</td><td rowspan="6">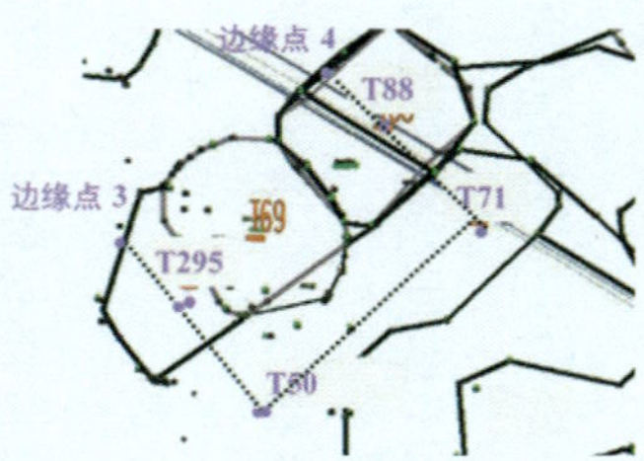
</td><td rowspan="6">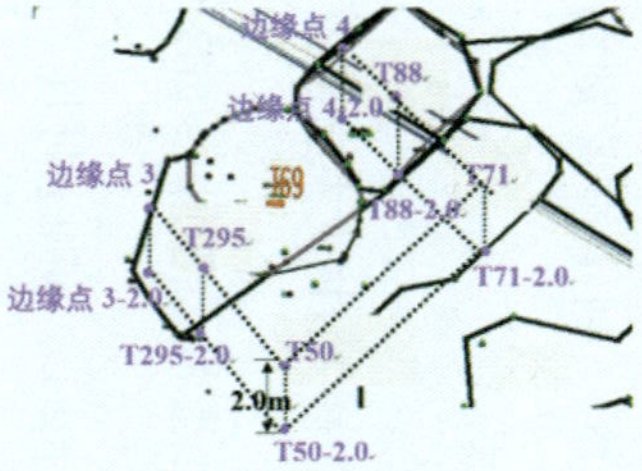
</td><td rowspan="12">6 500</td></tr>
<tr><td>T50-2.0</td></tr>
<tr><td>T88-2.0</td></tr>
<tr><td>T295-2.0</td></tr>
<tr><td>边缘点 3（深 2.0 m）</td></tr>
<tr><td>边缘点 4（深 2.0 m）</td></tr>
<tr><td rowspan="6">T69-7.0</td><td>T71（6.0～8.5 m）</td><td rowspan="6">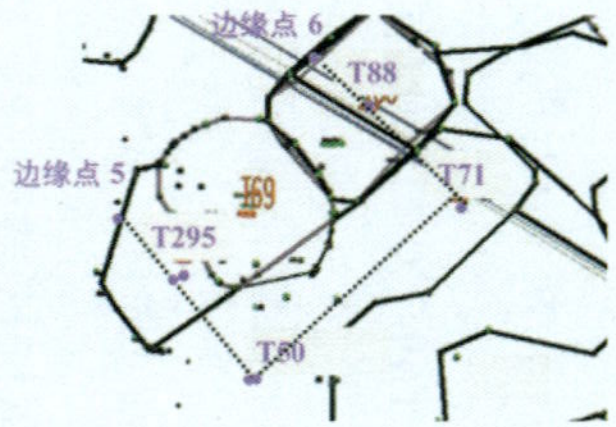
</td><td rowspan="6">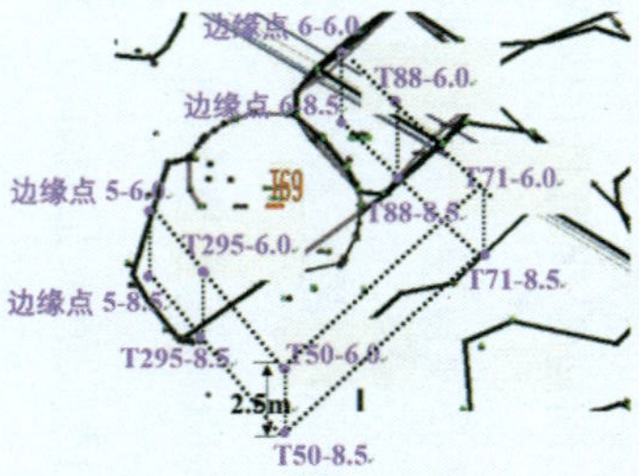
</td></tr>
<tr><td>T50（6.0～8.5 m）</td></tr>
<tr><td>T88（6.0～8.5 m）</td></tr>
<tr><td>T295（6.0～8.5 m）</td></tr>
<tr><td>边缘点 5（6.0～8.5 m）</td></tr>
<tr><td>边缘点 6（6.0～8.5 m）</td></tr>
<tr><td colspan="4">合计</td><td>13 500</td></tr>
</table>

（1）边缘点危险特性分析

采集初步划定超标区域的各边缘点从表层到相应中心超标点场地土壤监测调查各深度样品，开展全部特征污染物的检测，判断边缘点样品是否有超过危险废物鉴别标准的可能，经检测分析，不超标的边缘点可作为加密点布设的参考点；超标的边缘点直接划入危险废物区域。

（2）高污染因子苯并［*a*］芘的浸出毒性分析

以超标点位为中心点，与周边 4 个方向相邻的未超标点形成连接线，以各连接线的黄金分割点（距超标点 0.382）作为加密采样点，采集加密采样点污染土壤样品进行苯并［*a*］芘浸出毒性检测，若加密点均未超过鉴别标准，可在此基础上精确加密布点［拟设定超标点与加密点连接线的黄金分割点（距超标点 0.382）作为精确加密点］，依据检测结果划定精确超标区域。若加密采样阶段出现超标样品，则以该超标加密采样点所在的连接线的距中心超标点 0.618 位置作为二次加密采样点，最终连接未超标的加密点或二次加密点或原始未超标点，所形成的闭合区域划定为属于危险废物的范围。边缘点、一次加密、二次加密和精确加密布点示意见图 5-12。

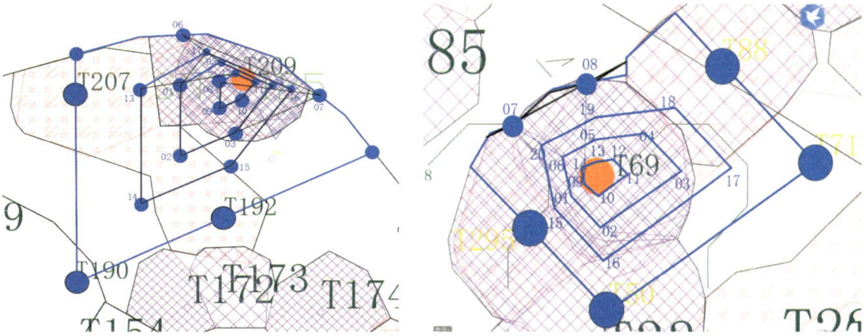


T209 周边　　T69 周边

图 5-12　边缘点、一次加密、二次加密和精确加密布点示意

加密点的检测项目为苯并［a］芘的浸出毒性；边缘点各深度样品的检测项目为全部特征污染物，具体为：①毒性物质含量：六价铬、镍、汞、砷、铅、镉、钴、锑、钒、苯、苯乙烯、2-氯苯酚、苯并［a］蒽、苯并［b］荧蒽、苯并［k］荧蒽、苯并［a］芘、二苯并［a,h］蒽、苯并［j］荧蒽、苯胺、石油溶剂；②浸出毒性：苯并［a］芘、苯、甲苯、乙苯、二甲苯。

#### 5.5.1.5 边缘点检测结果分析

经计算，边缘点污染土壤样品的致癌、致突变、剧毒、有毒、生殖毒性类别含量和累积毒性均未超过《危险废物鉴别标准 毒性物质含量鉴别》（GB 5085.6—2007）的限值。因此，所采集的边缘点样品均不具有毒性物质含量危险特性。

边缘点样品浸出毒性超过《危险废物鉴别标准 浸出毒性鉴别》（GB 5085.3—2007）标准限值的样品共3个：边缘点4-2.0的苯和甲苯、边缘点4-4.5的苯并［a］芘和边缘点1-2.0的苯并［a］芘。因此，以上3个边缘点样品具有浸出毒性危险特性。其他边缘点样品的浸出毒性均未超过《危险废物鉴别标准 浸出毒性鉴别》（GB 5085.3—2007）限值，不具有浸出毒性危险特性。

由各边缘点毒性物质含量和浸出毒性的分析结果可知，共存在3个具有危险特性的边缘点，分别为边缘点4-2.0、边缘点4-4.5和边缘点1-2.0。其他边缘点不具有毒性危险特性。以上3个具有毒性危险特性的边缘点直接纳入危险废物范围，其他不超过鉴别标准的边缘点可作为一次加密点和二次加密点布设的参考点，参与后续一次加密和二次加密点位的布设。

一次加密：由初步超标区域划定结果可知，初步划定的超标区域共有3个：

①以 T209-0.5 和 T209-2.0 为中心超标点位的 T209-2.0 周边，包括 T209 周边从表层到 3.5 m 深度的区域。②以 T69-0.5 为中心超标点位的 T69-0.5 周边，包括 T69 周边从表层到 2.0 m 深度的区域。③以 T69-7.0 为中心超标点位的 T69-7.0 周边，包括 T69 周边 6.0～8.5 m 的区域。一次加密分别在以上 3 个区域展开，一次加密布点情况见表 5-8。

对一次加密点开展苯并［*a*］芘浸出毒性检测，结果显示，7 个一次加密样品中的苯并［*a*］芘未检出，2 个一次加密样品的苯并［*a*］芘浸出毒性超过《危险废物鉴别标准　浸出毒性鉴别》（GB 5085.3—2007）苯并［*a*］芘 0.3 μg/L 的限值，检测值分别为 1.63 μg/L 和 6.12 μg/L。在超标的一次加密点 T50-0.5’和 T295-0.5’所在连线上进行二次加密，在其他 8 个未超标的一次加密点连线上进行精确加密。

精确加密和二次加密：二次加密点为中心超标点和周边未超标点连线的黄金分割点（距中心超标点 0.618）。精确加密点为中心超标点和不超标的一次加密点连线的黄金分割点（距中心超标点 0.382）。由一次加密点的浸出毒性分析结果，在超标的一次加密点 T50-0.5’和 T295-0.5’所在连线上进行二次加密，在其他 8 个未超标的一次加密点连线上进行精确加密。精确加密和二次加密点布设情况如表 5-9 所示。

表 5-8　一次加密采样点布设

| 序号 | 中心超标点位 | 加密点 | 一次加密示意图 | *X* | *Y* | 深度 /m |
|---|---|---|---|---|---|---|
| 1 | T209-2.0 | T207-2.0’ | 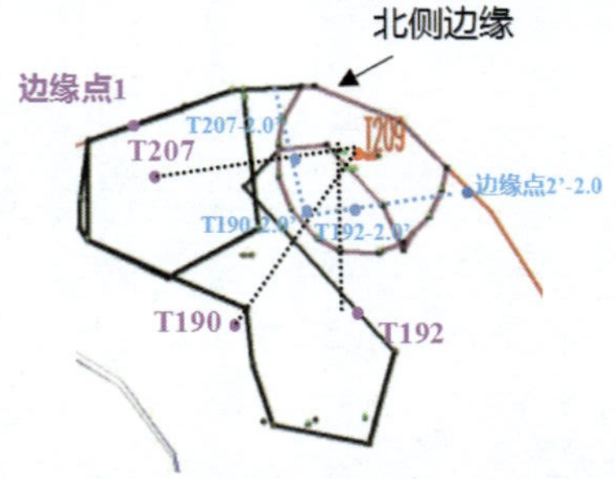 | 647 008.573 2 | 3 264 565.635 2 | 2.0 |
| 2 | | T190-2.0’ | | 647 008.583 2 | 3 264 545.547 3 | 2.0 |
| 3 | | T192-2.0’ | | 647 022.937 0 | 3 264 552.230 3 | 2.0 |
| 4 | | 边缘点 2’-2.0 | | 647032.974 8 | 3 264 565.552 7 | 2.0 |
| 5 | T69-0.5 | T71-0.5’ | 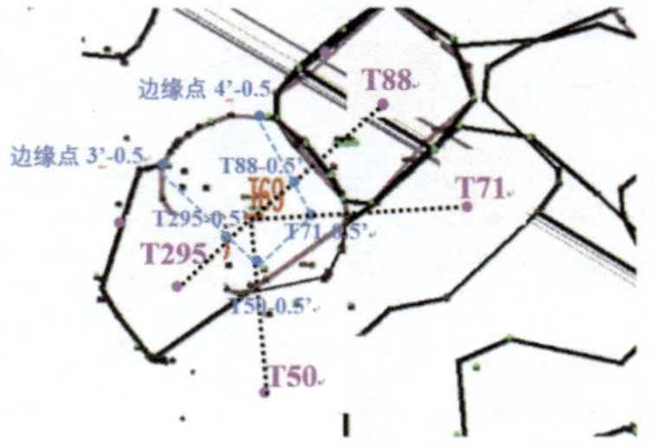 | 647 114.262 6 | 3 264 407.883 9 | 0.5 |
| 6 | | T50-0.5’ | | 647 099.496 4 | 3 264 397.813 7 | 0.5 |
| 7 | | T88-0.5’ | | 647 107.613 7 | 3 264 414.662 2 | 0.5 |
| 8 | | T295-0.5’ | | 647 094.058 8 | 3 264 403.452 5 | 0.5 |
| 9 | | 边缘点 3’-0.5 | | 647 092.426 3 | 3 264 410.347 4 | 0.5 |
| 10 | | 边缘点 4’-0.5 | | 647 098.575 2 | 3 264 413.485 1 | 0.5 |

注：边缘点 1’为边缘点 1 与 T209 连线的 0.382 位置的一次加密点；边缘点 2’为边缘点 2 与 T209 连线的 0.382 位置的一次加密点；边缘点 3’为边缘点 3 与 T69 连线的 0.382 位置的一次加密点；边缘点 4’为边缘点 4 与 T69 连线的 0.382 位置的一次加密点。

表 5-9 精确加密和二次加密采样点布设

| 中心超标点位 | 精确加密点 | 精确加密示意图 | *X* | *Y* | 深度 / m | 二次加密点 | 二次加密示意图 | *X* | *Y* | 深度 / m |
| --- | --- | --- | --- | --- | --- | --- | --- | --- | --- | --- |
| T209-2.0 | T207-2.0''' | 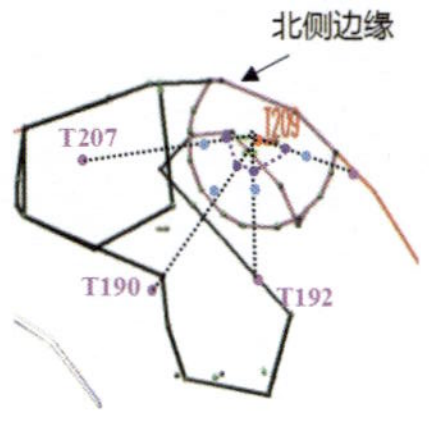 | 647 019.327 1 | 3 264 566.500 0 | 2.0 | — | — | — | — | — |
| | T190-2.0''' | | 647 019.022 5 | 3 264 559.109 9 | 2.0 | — | — | — | — | — |
| | T192-2.0''' | | 647 024.312 9 | 3 264 561.731 0 | 2.0 | — | — | — | — | — |
| | 边缘点2-2.0''' | | 647 028.509 8 | 3 264 566.493 9 | 2.0 | — | — | — | — | — |
| T69-0.5 | T71-0.5''' | 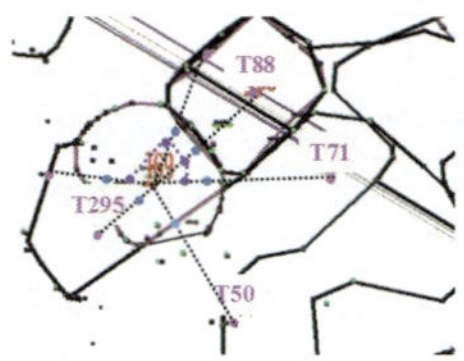 | 647 104.472 9 | 3 264 407.303 2 | 0.5 | T50-0.5'' | 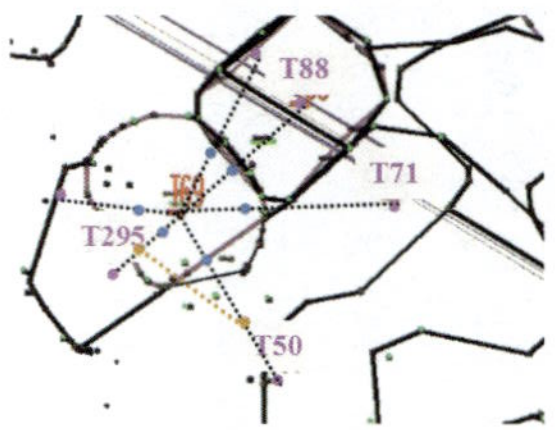 | 647 100.062 9 | 3 264 391.891 0 | 0.5 |
| | T88-0.5''' | | 647 101.851 6 | 3 264 409.958 0 | 0.5 | | | | | |
| | 边缘点3-0.5''' | | 647 104.472 9 | 3264407.303 2 | 0.5 | T295-0.5'' | | 647 091.048 8 | 3 264 401.249 3 | 0.5 |
| | 边缘点4-0.5''' | | 647 098.603 9 | 3 264 409.471 8 | 0.5 | | | | | |

注：示意图中紫色点为精确加密点，黄色点为二次加密点。

精确加密点和二次加密点开展苯并［a］芘浸出毒性检测结果显示 8 个精确加密样品和 2 个二次加密样品中仅有精确加密点 T88-0.5''' 的苯并［a］芘超过《危险废物鉴别标准　浸出毒性鉴别》（GB 5085.3—2007）的限值，其他精确加密点和二次加密点样品的苯并［a］芘均低于检出限。

### 5.5.1.6 超标区域划定

通过加密采样在初步超标区域内划定属于危险废物的范围。根据初步超标范围的各边缘点、一次加密点、精确加密点和二次加密点样品的检测结果，将未超标的加密点连接，形成 4 个闭合区域（表 5-10 示意图中红色虚线构成区域）为属于危险废物的污染土壤区域。第一个超标区域为中心超标点 T209-0.5 和 T209-2.0 周边，即示意图平面范围内从表层至 3.5 m 深度范围。第二个超标区域为中心超标点 T69-0.5 和浸出毒性超标点边缘点 4-2.0 周边，即示意图平面范围内从表层至 2.0 m 深度范围。第三个超标区域为中心超标点 T69-7.0 周边，即示意图平面范围为 6.0～6.5 m。第四个超标区域为边缘点 4-4.5 周边，即示意图平面范围为 3.0～6.0 m。4 个超标区域范围污染土壤方量合计 4 310.5 $m^3$。

表 5-10 超标区域划定结果

| 中心超标点位 | 拐点 | 拐点确定依据 | *X* | *Y* | 深度 / m | 平面示意图 | 面积 / $m^2$ | 方量 / $m^3$ |
|---|---|---|---|---|---|---|---|---|
| T209-0.5 和 T209-2.0 | T207-3.5’’’ | 精确加密点 | 647 019.327 1 | 3 264 566.500 0 | 3.5 | 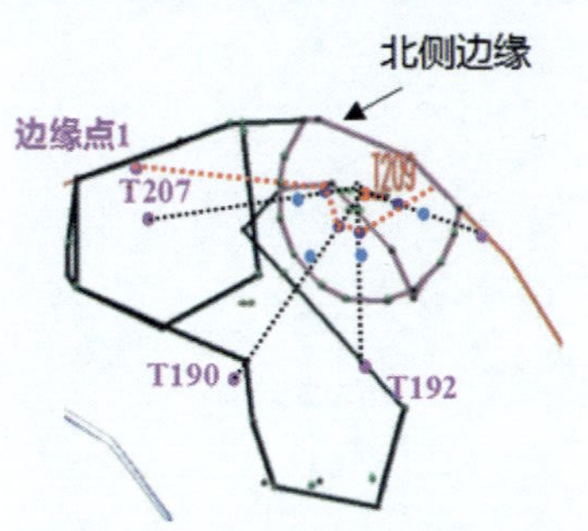 | 469.7 | 1 644.0 |
| | T190-3.5’’’ | 精确加密点 | 647 019.022 5 | 3 264 559.109 9 | 3.5 | | | |
| | T192-3.5’’’ | 精确加密点 | 647 024.312 9 | 3 264 561.731 0 | 3.5 | | | |
| | 边缘点 1-3.5 | 边缘点 | 647 019.327 1 | 3 264 566.500 0 | 3.5 | | | |
| | 边缘点 2-3.5’’’ | 精确加密点 | 647 028.509 8 | 3 264 566.493 9 | 3.5 | | | |
| T69-0.5 和边缘点 4-2.0 | T71-2.0’’’ | 精确加密点 | 647 104.472 9 | 3 264 407.303 2 | 2.0 | 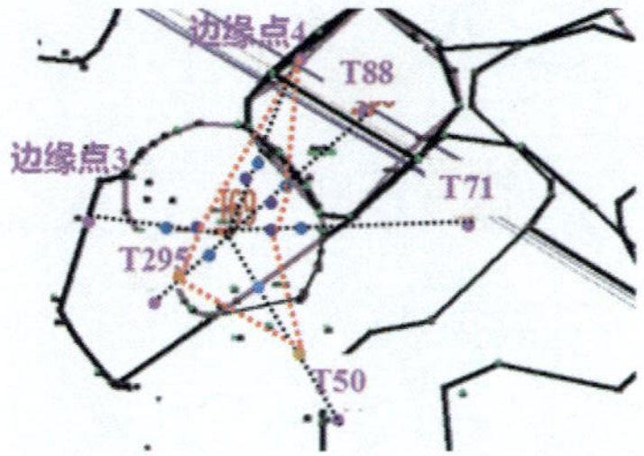 | 264.8 | 529.6 |
| | T50-2.0’’ | 二次加密点 | 647 099.085 8 | 3 264 403.370 5 | 2.0 | | | |
| | T88-2.0’ | 一次加密点 | 647 101.851 6 | 3 264 409.958 0 | 2.0 | | | |
| | T295-2.0’’ | 二次加密点 | 647 096.521 7 | 3 264 405.606 7 | 2.0 | | | |
| | 边缘点 3-2.0’’’ | 精确加密点 | 647 104.472 9 | 3 264 407.303 2 | 2.0 | | | |
| | 边缘点 4-2.0 | 边缘点 | 647 098.603 9 | 3 264 409.471 8 | 2.0 | | | |

| 中心超标点位 | 拐点 | 拐点确定依据 | X | Y | 深度 / m | 平面示意图 | 面积 / $m^2$ | 方量 / $m^3$ |
|---|---|---|---|---|---|---|---|---|
| T69-7.0 | T71-6.0 | 初步超标区域 | 647 104.472 9 | 3 264 407.303 2 | 6.0 | 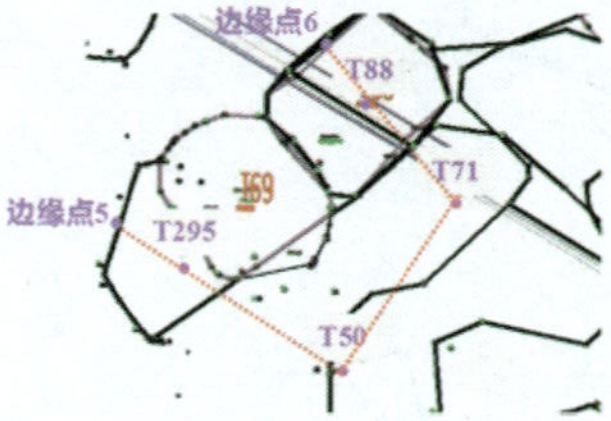 | 1 713.6 | 856.8 |
| | T50-6.0 | 初步超标区域 | 647 099.085 8 | 3 264 403.370 5 | 6.0 | | | |
| | T88-6.0 | 初步超标区域 | 647 101.851 6 | 3 264 409.958 0 | 6.0 | | | |
| | T295-6.0 | 初步超标区域 | 647 096.521 7 | 3 264 405.606 7 | 6.0 | | | |
| | 边缘点 5-6.0 | 初步超标区域 | 647 104.472 9 | 3 264 407.303 2 | 6.0 | | | |
| | 边缘点 6-6.0 | 初步超标区域 | 647 098.603 9 | 3 264 409.471 8 | 6.0 | | | |
| | T71-6.5 | 修复边界 | 647 104.472 9 | 3 264 407.303 2 | 6.5 | | | |
| | T50-6.5 | 修复边界 | 647 099.085 8 | 3 264 403.370 5 | 6.5 | | | |
| | T88-6.5 | 修复边界 | 647 101.851 6 | 3 264 409.958 0 | 6.5 | | | |
| | T295-6.5 | 修复边界 | 647 096.521 7 | 3 264 405.606 7 | 6.5 | | | |
| | 边缘点 5-6.5 | 修复边界 | 647 104.472 9 | 3 264 407.303 2 | 6.5 | | | |
| | 边缘点 6-6.5 | 修复边界 | 647 098.603 9 | 3 264 409.471 8 | 6.5 | | | |

| 中心超标点位 | 拐点 | 拐点确定依据 | *X* | *Y* | 深度 / m | 平面示意图 | 面积 / $m^2$ | 方量 / $m^3$ |
|---|---|---|---|---|---|---|---|---|
| 边缘点 4-4.5 | T69-3.0 | 初步超标区域 | 647 098.694 2 | 3 264 406.546 | 3.0 | 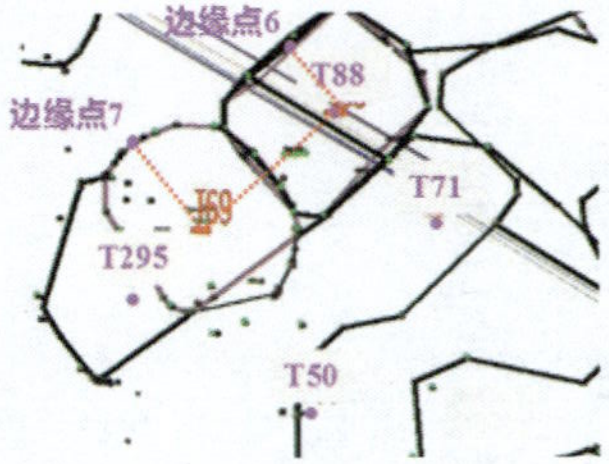 | 426.7 | 1 280.1 |
| | T88-3.0 | 初步超标区域 | 647 122.011 4 | 3 264 426.436 | 3.0 | | | |
| | 边缘点 7-3.0 | 构造点 | 647 086.111 3 | 3 264 419.1892 | 3.0 | | | |
| | 边缘点 6-3.0 | 边缘点 | 647 098.603 9 | 3 264 409.4718 | 3.0 | | | |
| | T69-6.0 | 初步超标区域 | 647 098.694 2 | 3 264 406.546 | 6.0 | | | |
| | T88-6.0 | 初步超标区域 | 647 122.011 4 | 3 264 426.436 | 6.0 | | | |
| | 边缘点 7-6.0 | 构造点 | 647 086.111 3 | 3 264 419.1892 | 6.0 | | | |
| | 边缘点 6-6..0 | 初步超标区域 | 647 098.603 9 | 3 264 409.4718 | 6.0 | | | |
| 合计 | | | | | | | — | 4 310.5 |

注：边缘点 7 为过 T69 作边缘点 6 与 T88 的连线的平行线，该平行线与边缘的交点。

鉴别结论：通过对某有机化工厂原址场地水泥窑协同处置和固化稳定化填埋处置污染土壤危害成分分析，结合场调污染土壤监测结果和污染土壤样品危险特性检测结果可以判断，该污染土壤存在苯并［*a*］芘、苯和甲苯浸出毒性超过《危险废物鉴别标准　浸出毒性鉴别》（GB 5085.3—2007）的区域 4 310.5 $m^3$，该区域内的污染土壤属于危险废物，建议归类为 900-000-11。

# 6

# 展望与建议

Outlook and Suggestions

## 6.1 固体废物鉴别展望与建议

以往我国固体废物进口管理体系较复杂，主要是围绕少部分资源性废物可以进口和绝大多数废物禁止进口两条主线建立的多层级的网络管理体系。随着打击洋垃圾入境固体废物进口管理制度改革的不断深入，以往的进口废物目录管理、进口废物许可证管理、进口废物环境保护管理规定、进口废物环控标准、进口企业监督管理等都已被废止。按照法律要求，我国将全面禁止固体废物进口，因此管理的重点及核心将围绕打击固体废物走私进口开展，而明确什么是固体废物将是核心工作中的关键问题，即开展固体废物鉴别将成为最核心的技术措施。口岸发现疑似固体废物的进口、缉私部门严厉打击固体废物入境行动、违法进口废物案件的司法处理、再生资源产品进口受阻的纠纷等都是以鉴别为基础。因此，提升打击固体废物走私进口保障能力主要在于鉴别标准体系的完善，建议：

### 6.1.1 尽快修订发布《固体废物鉴别标准　通则》，完善标准支撑

《固体废物鉴别标准　通则》（GB 34330—2017）是我国首个固体废物属性判定标准，在固体废物管理中占据非常重要的地位，但也表现出一些不足：一是缺乏与之配套的鉴别详细规范和权威解释，使得不同鉴别机构对同一条款的理解不一致，在实际工作中易引起鉴别尺度不一的现象。建议制定配套的技术规范及释义解释，同时加强宣贯培训，统一认识。二是缺少混合废物的鉴别判断准则，鉴别案例中常会遇到废物与非废物混合的问题，工作中鉴别机构常会分开给出结论，但对后续管理将造成不便。建议在修订标准时，从混合概念和类别角度入手，结合口岸典型混合废物鉴别案例制定合适的鉴别判断依据。重点解决不同货物混合存放是否属于废物问题，建立适应于混合废物典型情形的判断准则。三是标准中缺少对旧产品、二手产品的鉴别判断准则，建议结合保税区、特殊监管区的进口政策，明确进口物品进行维修、再制造等特殊业务时不作为或不属于固体废物管理的商品范围，并严格限定这些进口商品种类范围、基本功能和技术要求，并明确管理程序上须具备的依据。目前，《固体废物鉴别标准　通则》（GB 34330—2017）的修订工作已经启动。

### 6.1.2 尽快组织完善《进口货物的固体废物属性鉴别程序》，夯实基础

虽然《进口货物的固体废物属性鉴别程序》在打击洋垃圾入境行动中发挥了重要作用，但在实施过程中也暴露出各种问题，最突出的便是当首次鉴别和复检鉴别结论不一致产生争议时，纠纷的解决要企业申诉、口岸海关上报海关总署、海关总署协调生态环境部、由生态环境部组织海关、环保、行业三方专

家召开属性鉴别会议形成专家投票裁定意见，最后生态环境部向海关总署发文认定进口物质的固体废物属性。这种基层的鉴别纠纷问题，却需要上报到最高行政管理机关，层层研究、耗时费力，使企业承担巨大经济成本和违法责任，甚至影响鉴别机构的声誉、增加鉴别人员压力。建议借鉴国内一般贸易商品检验程序、司法鉴定程序的成熟做法，简化流程，既服务于打击洋垃圾入境行动，守护好国门，保护我国环境，又服务于经济发展大局，促使非废物的再生资源快速通关放行。

### 6.1.3 加强鉴别机构能力建设，建立固体废物鉴别管理新体系

开展固体废物鉴别将成为打击洋垃圾走私入境的核心技术措施，鉴别机构的软实力和硬实力都应得到进一步提升，但相关管理部门对固体废物鉴别机构的管理尚未引起足够重视，如何保证和督促鉴别机构加强自身鉴别能力建设、提高鉴别水平并没有实质上的保障措施，如缺乏长期性制度保障和专项资金支持，缺乏专业培训和技术交流，以及鉴别人员资质问题。因此，今后相关部门应提升各鉴别机构的能力水平，并创造条件将固体废物鉴别纳入国家司法鉴定体系中，增强鉴别的司法权威性。

完善鉴别标准体系是对新修订《固废法》中废物鉴别管理规定的具体落实，也是打击洋垃圾入境行动的主要技术支撑。以往的进口废物许可证管理、进口废物目录管理、进口企业监督管理、进口废物环境保护管理规定、进口废物环控标准等随着固体废物进口管理制度改革的实施，已被废止。目前仅留有鉴别标准通则、进口废物鉴别程序，且固体废物鉴别标准的系统性不强，建议在明确指导思想和基本目标的基础上，构建标准体系的基本框架结构，纵向建立有

利于固体废物鉴别管理的合理程序和层次，横向建立不同类别固体废物的专项鉴别标准，形成一个整体。

## 6.2 《国家危险废物名录》动态修订建议

《名录》是危险废物判定的主要法定依据，《名录》从 1998 年到 2020 年经过了 4 个版本的修订，已经形成了较为完善的结构框架。2020 年修订的《固废法》明确了"《国家危险废物名录》应当动态调整"的要求。《名录（2021 年版）》正文第七条规定"本名录根据实际情况实行动态调整"。因此，《名录》修订将实现常态化。但目前《名录》修订工作仍存在一些问题，包括：一是周期性修订工作机制不能满足管理时效性。我国产业结构特点决定了危险废物类别繁多、性质复杂。但是由于基础性调查范围的局限性，虽经多次修订，修订内容仍然无法涵盖所有类别。再加上新的生产技术导致的危险特性的变化和新增废物类别不断出现，危险废物精细化管理对《名录》的精准性不断提出新的挑战。另外，从 2016 年版《名录》开始，引入了豁免管理的创新管理机制，也需要《名录》根据这一管理机制在实施过程中出现的问题，及时做出调整。二是修订间隔较长，无法及时做出针对响应，发布修订内容。周期性修订工作机制难以满足危险废物管理的时效性，亟须做出调整。缺乏持续基础研究难以支撑动态修订技术需求。在目前《名录》体系已基本构建完成的情况下，这种依靠科技立项进行研究修订的方式已经无法满足问题导向的修订工作需要。三是缺乏技术程序难以保障《名录》连续性与科学性。《名录》作为危险废物鉴别和管理的重要依据，其权威性保障在于制定原则的连续性和制定依据的科学性。《名录》筛选原则和依据的连续性难以保障。因此，在《名录》动态修订工作机制、工作程序和技术程序等方面提出以下建议。

### 6.2.1 完善工作机制，保障动态调整持续稳定进行

一是完善《名录》修订技术支撑工作机制。改变目前《名录》发布即工作结束的工作模式，成立《名录》研究工作组，将《名录》修订作为长期主要研究工作，持续跟踪收集《名录》实施过程各类问题，开展针对性的调查研究，及时提出解决方案。确保发现问题及时、基础调查工作不间断，为《名录》修订持续技术支撑。近期建议由前期工作基础较好的生态环境部危险废物鉴别与风险控制重点实验室设立专门研究室承担该项工作。

二是改进《名录》修订内容发布模式。采用周期性修订发布和随机性解释修正相结合方式，对于《名录》中出现的问题，经论证核实后，及时以标准解释的方式公布。每 1～2 年，总结修订内容，以修改单的方式发布修订内容。每 5 年评估修订内容，必要时启动《名录》整体修订工作。

### 6.2.2 完善工作程序，实现动态调整滚动实施

制定发布《名录》修订工作程序，明确修订过程各环节工作内容、工作方式和承担单位，对修订实施全过程监督管理，确保动态调整工作长期有序开展。《名录》修订按“问题识别—评估论证—修订意见发布—后评估—再修订”的工作程序实施滚动修订。具体工作程序建议如下：①技术支撑单位以历次修订中尚未解决的问题为基础，结合日常工作中地方管理部门、企业提出的无法明确的意见，识别问题重要性和研究可行性，建立问题清单库，并提出分步骤研究

建议；②针对清单建议，生态环境部选择影响重大、亟须解决的问题，委托技术支撑单位、行业协会开展调查研究和技术论证，形成系统的研究报告，作为《名录》修订的技术依据；③修订意见发布；④跟踪评估修订产生的环境和社会影响，识别修订内容产生不良影响，纳入问题清单库再行研究。

### 6.2.3 规范技术程序，保障修订依据的一致性和科学性

一是建立危险废物筛选技术程序。在总结历次《名录》修订过程危险废物类别筛选依据的基础上，统一筛选原则，规范筛选程序，明确筛选依据，保障《名录》动态调整依据的一致性。

二是建立、完善评估技术方法。总结危险特性调查、处置去向调查、污染环境风险和污染控制技术评估等关键环节的调查评估技术方法，明确各环节工作技术要求，实现各环节技术工作标准化，形成完善的评估技术体系，确保《名录》动态调整科学合理。

## 6.3 危险废物特性鉴别工作展望与建议

危险废物鉴别工作是危险废物污染防治的基础。随着危险废物管理的重要性不断提高，尤其是随着针对危险废物非法倾倒和处置的“两高”司法解释出台，作为危险废物管理基础的危险废物鉴别，尤其是危险特性鉴别的需求与日俱增，危险废物鉴别工作的规范开展，确保鉴别结论的科学性、合理性和准确性，对危险废物环境管理、打击危险废物破坏环境违法行为具有重要作用。

尽管我国危险废物鉴别水平处于不断提高的过程，但总体上危险废物鉴别

行业混乱，鉴别结果可靠性较差。当前，我国以第三方检测机构和第三方咨询公司为主的危险废物鉴别市场鱼龙混杂，不具有危险废物鉴别的基本业务能力，不掌握危险废物鉴别相关标准规范要求的机构和人员从事危险废物鉴别工作的现象十分普遍，部分鉴别单位缺乏诚信，在利益驱使下，少数鉴别单位为迎合企业减小废物处置成本的鉴别动机，将危险废物鉴别为一般工业固体废物。因此，在危险废物鉴别环境管理、廉政风险隐患防范以及鉴别标准体系完善方面建议：

### 6.3.1 完善、加强鉴别管理相关要求，保障《通知》落地

2021年9月，生态环境部印发了《关于加强危险废物鉴别工作的通知》（环办固体函〔2021〕419号）（以下简称《通知》），《通知》对鉴别责任主体、鉴别单位的管理、鉴别流程、鉴别报告质量把控等方面提出了具体要求，将对加强危险废物鉴别环境管理有重要作用。同时，为加强对危险废物鉴别工作的技术管理，生态环境部组织成立了国家危险废物鉴别专家委员会。为进一步推动危险废物鉴别管理，保障《通知》落地，应尽快完善危险废物鉴别信息公开平台的功能，充分发挥整个鉴别管理工作的载体功能。推动国家危险废物鉴别专家委员会工作，负责对针对省级危险废物鉴别专家委员会评估意见的异议及相关鉴别报告进行评估并出具最终评估意见，委托开展危险废物鉴别单位评价和鉴别报告抽查复核等。推动地方抓紧组建省级危险废物鉴别专家委员会，负责辖区内危险废物鉴别报告异议评估和抽查复核等工作。

### 6.3.2 构建管理制度和机制，防控危险废物鉴别工作廉政风险

提高鉴别从业人员职业技术水平和守纪意识。落实危险废物鉴别人员的责

任，加强从业人员思想道德教育，提高遵守职业纪律意识，主动防范廉政风险。建立健全危险废物鉴别单位鉴别质量控制体系，采取严格审核，相互把关，相互监督措施，从机制上消除鉴别人员对鉴别结论自由裁量空间。加强专业技术能力培训，认真学习危险废物鉴别相关法律法规和标准，提升危险废物鉴别技术水平，适当时机可将危险废物鉴别纳入职业能力鉴定范畴，提高鉴别业务能力和鉴别工作质量。严厉打击检测数据造假、规范鉴别专家评审工作。落实检测机构的责任，检测机构对鉴别数据负主体责任，鉴别机构有责任对数据的真实性进行核实。对鉴别工作采纳的鉴别数据质量提出硬性要求，如必须采用通过中国计量认证的检测数据。严厉打击危险废物鉴别检测数据造假行为，将危险废物鉴别中的数据造假纳入环境监测数据造假打击范畴。筹建危险废物鉴别专家国家库，制定专家管理办法，规范鉴别专家评审工作。加强专家技术水平培训，提高鉴别评审质量把控水平。

### 6.3.3 不断完善危险废物鉴别标准方法，实现鉴别工作标准化

我国危险废物鉴别标准体系构建于2007年，并在2019年对《通则》和《危险废物鉴别技术规范》（HJ/T 298—2017）进行了修订。在鉴别实践工作过程中，危险废物鉴别标准存在的一些问题不断暴露出来。例如，部分危险特性鉴别指标（如爆炸性、反应性等）采用定性而不定量的标准，在实际操作中存在较大的人为因素影响鉴别结果的可能。由于2007年危险废物鉴别标准制定之初，很多支撑鉴别实施的检测方法尚未建立，从而导致部分危险特性的检测方法的适用性存在一些问题。为此，国家亟须开展危险废物鉴别标准修订工作，在一些方面对现有的鉴别标准体系进行完善，包括：在反应性、易燃性、腐蚀

性 3 项标准中明确定量判定限值及检测方法；浸出毒性和毒性物质含量 2 项标准中减少重复的指标并根据新修订的《地下水质量标准》（GB/T 14848—2017）补充现有浸出毒性鉴别标准的指标；明确急性毒性初筛的适用范围和条件等。通过不断完善鉴别标准和方法体系，实现鉴别工作标准化，降低危险废物鉴别的技术要求，确保鉴别结论的科学性和准确性。

# 附录
Appendix

# 附录一 《国家危险废物名录（2021 年版）》第一批解读

为做好《名录（2021 年版）》的宣贯工作，帮助地方环境管理部门以及企业更好地理解和使用《名录（2021 年版）》，中国环境科学研究院固体所组织编制组编制了《名录（2021 年版）》常见问题解答材料，并通过中国环境科学研究院微信公共号发布。

1. 新《名录》实施后，地方生态环境部门和企业需要做哪些衔接工作？

答：本次《名录》修订新增减了部分危险废物以及部分废物代码发生了变化，地方生态环境部门和相关企业需要做好《名录》实施与危险废物管理计划、转移联单、许可证等环境管理制度衔接工作。例如：

- 相关企业产生的危险废物种类或代码等发生变化的，应及时变更危险废物管理计划和排污许可证等信息。
- 危险废物收集、综合许可证中相关危险废物种类和代码等发生变化的，持证企业和地方生态环境部门应及时做出变更。

● 申请危险废物跨省转移的危险废物种类或代码等发生变化的，相关企业应对转移计划进行变更并重新提交转移申请。

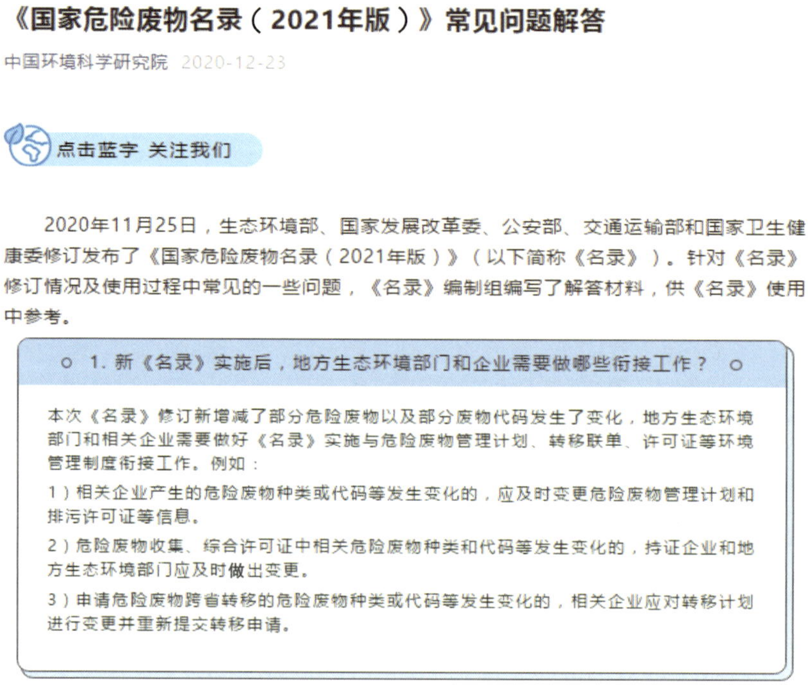

《国家危险废物名录（2021年版）》常见问题解答

中国环境科学研究院 2020-12-23

点击蓝字 关注我们

2020年11月25日，生态环境部、国家发展改革委、公安部、交通运输部和国家卫生健康委修订发布了《国家危险废物名录（2021年版）》（以下简称《名录》）。针对《名录》修订情况及使用过程中常见的一些问题，《名录》编制组编写了解答材料，供《名录》使用中参考。

1. 新《名录》实施后，地方生态环境部门和企业需要做哪些衔接工作？

本次《名录》修订新增减了部分危险废物以及部分废物代码发生了变化，地方生态环境部门和相关企业需要做好《名录》实施与危险废物管理计划、转移联单、许可证等环境管理制度衔接工作。例如：

1）相关企业产生的危险废物种类或代码等发生变化的，应及时变更危险废物管理计划和排污许可证等信息。

2）危险废物收集、综合许可证中相关危险废物种类和代码等发生变化的，持证企业和地方生态环境部门应及时做出变更。

3）申请危险废物跨省转移的危险废物种类或代码等发生变化的，相关企业应对转移计划进行变更并重新提交转移申请。

附图 1-1 《国家危险废物名录（2021 年版）》常见问题解答

2. 本次《名录》修订删除正文中医疗废物和废弃危险化学品相关条款（第三条和第四条）的主要考虑是什么？

答：本次修订并非简单删除《名录》正文中医疗废物和废弃危险化学品相关条款，而是将有关内容进一步完善和细化后纳入《名录》附表中，更加科学和严谨。

关于医疗废物，《固体废物污染环境防治法》规定“医疗废物按照国家危险废物名录管理”。《名录》不再简单规定“医疗废物属于危险废物”，而是在《名录》附表中列出医疗废物有关种类，且规定“医疗废物分类按照《医疗废物分类目录》执行”。

关于废弃危险化学品，一是进一步明确了纳入危险废物环境管理的废弃危险化学品的范围。《危险化学品目录》中危险化学品并不是都具有环境危害特性，废弃危险化学品不能简单等同于危险废物，例如“液氧”“液氮”等仅具有“加压气体”物理危险性的危险化学品。

二是进一步明确了废弃危险化学品纳入危险废物环境管理的要求。有些易燃易爆的危险化学品废弃后，其危险化学品属性并没有改变；危险化学品是否废弃，监管部门也难以界定。因此，《名录》针对废弃危险化学品特别提出“被所有者申报废弃”，即危险化学品所有者应该向应急管理部门和生态环境部门申报废弃。响水“3·21”事故的主要原因就是由于企业既没有按照国家有关标准将废弃危险化学品稳定化处理后纳入危险废物环境管理，也没有向应急管理部门和生态环境部门申报，逃避监管，酿成重大事故。

3.“点对点”定向利用豁免是出于何种考虑？如何操作实施？

答：豁免管理制度在 2016 年版《名录》中首次提出后，对促进危险废物利用发挥了积极作用。但危险废物种类繁多，利用方式多样，难以逐一做出规定，需要各地结合实际实行更灵活的利用豁免管理，进一步推动危险废物利用。因此，《名录》特别提出“在环境风险可控的前提下，根据省级生态环境部门确定的方案，实行危险废物‘点对点’定向利用”。

生态环境部 2019 年印发实施《关于提升危险废物环境监管能力、利用处置能力和环境风险防范能力的指导意见》后，山东、江苏等地已经探索开展了危险废物“点对点”定向利用豁免管理相关工作，效果良好。

下一步，在“点对点”定向利用豁免管理实施过程中，各省级生态环境部门可结合本地实际制定实施细则，组织开展相关工作。

4. 列入《名录》豁免清单中的废物是否不属于危险废物？

答：《危险废物豁免管理清单》仅豁免了危险废物特定环节的部分管理要求，并没有豁免其危险废物的属性。

5. 附录《危险废物豁免管理清单》中豁免内容的具体含义是什么？

答：《危险废物豁免管理清单》的“豁免内容”指可不按危险废物管理的内容。其具体含义如下：

- 全过程不按危险废物管理：全过程均豁免，各管理环节无须执行危险废物环境管理规定。

需要强调，除“全过程不按危险废物管理”的情景下的危险废物转移过程，以及收集过程豁免条件下危险废物收集并转移到集中贮存点的转移过程可不运行转移联单外，其他豁免情景下转移危险废物的，均需运行危险废物转移联单。

- 收集过程不按危险废物管理：满足《名录》豁免清单规定的收集豁免条件，收集单位可不需要持有危险废物收集许可证，收集并转移至集中贮存点的转移过程可不运行转移联单；集中收集后的贮存以及其他环节仍按照危险废物进行管理。

- 利用过程不按危险废物管理：满足《名录》豁免清单规定的利用豁免条件，利用企业可不需要持有危险废物综合许可证；需运行转移联单，且在利用企业内的贮存等其他环节仍按照危险废物进行管理。

- 填埋（或焚烧）处置过程不按危险废物管理：满足《名录》豁免清单规定的填埋（或焚烧）处置豁免条件，填埋（或焚烧）处置企业可不需要持有危险废物综合许可证，填埋（或焚烧）的污染控制执行豁免条件规定的要求；需运行转移联单，且在处置企业内的贮存等其他环节仍按照危险废物进行管理。

• 水泥窑协同处置过程不按危险废物管理：满足《名录》豁免清单规定的水泥窑协同处置豁免条件，水泥企业可不需要持有危险废物综合许可证，协同处置过程的污染控制执行豁免条件规定的要求；需运行转移联单，且在处置企业内的贮存等其他环节仍按照危险废物进行管理。

• 不按危险废物进行运输：运输过程可不按危险货物运输，运输过程的污染控制执行豁免条件规定的要求；需运行转移联单。

6. 本次修订删除的废物，以及《名录》中用括号注明的“不包括……”的废物，是不是意味着其不属于危险废物？

答：根据危险废物的法律定义，列入《名录》的废物属于危险废物，未列入《名录》的废物根据国家规定的危险鉴别标准和鉴别方法认定具有危险特性的也属于危险废物。

本次修订删除的废物，以及《名录》中用括号注明的“不包括……”的废物，均属于未列入《名录》的废物。对于这些废物，若不能通过工艺分析等排除其存在危险特性，则需进一步根据《危险废物鉴别标准》（GB 5085.1～7）和《危险废物鉴别技术规范》（HJ 298）等判定是否属于危险废物。

7. 对于满足利用或处置豁免的危险废物，如在利用或处置前，交由另外一家企业进行预处理，预处理环节是否豁免？另外，豁免的处置环节产生的废物是否适用衍生原则？

答：《名录》第 3 条规定“列入本名录附录《危险废物豁免管理清单》中的危险废物，在所列的豁免环节，且满足相应的豁免条件时，可以按照豁免内容的规定实行豁免管理”，预处理环节不在所列的豁免环节，因此，该环节不能豁免。

另外，《危险废物豁免管理清单》仅豁免了危险废物特定环节的部分管理要求，并不是豁免其危险废物属性。因此，豁免的处置环节产生的废物仍应按照《国家危险废物名录》《危险废物鉴别标准》（GB 5085.1～7）、《危险废物鉴别技术规范》（HJ 298）等确定其危险废物属性。

8. 在判定废物是否属于列入《名录》的危险废物及其类别时，是优先根据行业来源判断，还是废物描述优先？

答：危险废物来源广泛，存在同一种废物来源于多个行业的现象。《名录》中的行业代码指的是该种废物的主要产生行业来源，不是唯一来源。因此，在判定废物是否属于列入《名录》的危险废物及其类别时，应该采取以废物描述为主，以行业来源为辅的原则，当两者发生矛盾或不一致时，应以废物描述为主要判断依据。

9. 大修渣无害化处理后的废渣如果作为原料做砖或铺路，铝灰作为其他企业的原料生产铝酸钙，是否可以向省级生态环境部门申请进行“点对点”定向利用，该情形下，利用企业是否不需要持有危险废物综合许可证?

答：危险废物“点对点”定向利用豁免满足《名录》规定的相应豁免条件，并确保风险可控情况下，根据省级生态环境部门确定的方案进行定向利用时，企业可以不需要持有危险废物综合许可证。

10. 根据 900-252-12“使用油漆（不包括水性漆）、有机溶剂进行喷漆、上漆过程中产生的废物”，水性漆渣是否不属于危险废物?

答：“不包括水性漆”是指水性漆渣不属于列入《名录》的危险废物，其是否属于危险废物需要根据《危险废物鉴别标准》（GB 5085.1～7）、《危险废物鉴别技术规范》（HJ 298）等予以判定。

11. 外墙涂料是否属于 900-255-12 类废物，即“使用各种颜料进行着色过程中产生的废颜料”?

答：900-255-12 是指使用各种颜料进行着色过程中产生的废颜料，外墙涂料不属于颜料，因此废弃的外墙涂料不属于 900-255-12 类废物。

此外，废弃的外墙涂料的属性应根据其外墙涂料的组成成分，明确是否属于水性涂料，属于水性涂料的不属于 900-299-12 类废物。

12. 水性油墨印刷产生的清洗墨辊废水和废水处理污泥是否属于 900-299-12“生产、销售及使用过程中产生的失效、变质、不合格、淘汰、伪劣的油墨、染料、颜料、油漆（不包括水性漆）”类废物?

答：水性油墨印刷产生的清洗墨辊废水和废水处理污泥不属于《名录》中的 900-299-12 类废物。

13. 大修渣湿法处理设施使用的循环水和循环水池的污泥是否属于 772-006-49 类废物?

答：应首先依据《固体废物鉴别标准　通则》（GB 34330—2017）判断循环水是否属于固体废物，若不属于固体废物，则不属于危险废物。

大修渣湿法处理设施使用的循环水池的污泥属于 772-006-49 类废物。

14. 900-047-49 是否包括企业的化验室产生的实验室废物。

答：包括。

15. 336-100-21 和 336-100-17 均包含“使用铬酸进行阳极氧化产生的废槽液、槽渣和废水处理污泥”，是出于什么样的考虑?

答：《名录》中的危险废物是按照产生源和物质组成混合分类，分类体系不统一。今后，拟逐渐推行并统一为按产生源分类。2016 年版《名录》中，该废物归在 HW21 项下，属于按物质组成归类；新《名录》中，将其归在 HW17 项下，实行产生源归类。但考虑到此类废物产生源较多，为避免短期内出现大量因废物代码变化导致的废物转移处置不畅的问题，故做特殊过渡处理，新《名录》的 HW21 中仍保留了该类废物。

因此，新《名录》实施后，该类废物在管理过程归为两类皆可，具有 336-100-21 和 336-100-17 类利用处置资质的设施均可处理该类废物。

16. 不锈钢电炉炼钢除尘灰应纳入 HW21 还是 HW23？

答：不锈钢炼钢除尘灰中以含锌为主，因此应归为 HW23。

17. 900-041-49 “含有或沾染毒性、感染性危险废物的废弃包装物、容器、过滤吸附介质”属于危险废物，含有或沾染腐蚀性、易燃性危险废物的废弃包装物是否属于《国家危险废物名录》中的废物？

答：含有或沾染具有腐蚀性、易燃性危险废物的废弃包装物不属于《名录》中的废物，其是否属于危险废物需要根据《危险废物鉴别标准》（GB 5085.1～7）《危险废物鉴别技术规范》（HJ 298）予以认定。

18. 221-002-35 “碱法制浆过程中蒸煮制浆产生的废碱液”指的是造纸黑液还是白液？

答：碱法（烧碱法和硫酸盐法）蒸煮制浆产生的黑液和白液均属于废碱液，属于《名录》中的 221-002-35 类废物。

19. 关于《名录》豁免清单中 900-249-08 “废铁质油桶，封口处于打开状态、静置无滴漏且经打包压块后用于金属冶炼”，是否可以理解为废油桶倒置没有油流出即可？另外，铁质废油漆桶是否可以参照执行？

答：废油桶倒置没有油流出可视为满足“打开状态、静置无滴漏”的条件，但是对其“金属冶炼”利用过程实施豁免还应满足“经打包压块后”这一条件。

铁质废油漆桶不在《名录》豁免清单范围内。

20. 根据《名录》豁免清单，321-024-48、321-026-48 类废物中的铝灰渣和二次铝灰回收金属铝利用过程不按危险废物管理，是否可以理解为铝灰渣和铝灰可以外售其他企业提炼铝?

答：从铝灰渣和二次铝灰回收金属铝的企业无须持有危险废物综合许可证，但除此以外，该类废物的其他环境管理和污染控制仍需执行危险废物的相关规定。

21. 根据《名录》豁免清单，900-041-49“废弃的含油抹布、劳保用品”在未分类收集的条件下，全过程可不按危险废物管理。是否可以理解为含油抹布可以直接随其他垃圾一起处理?

答：废弃的含油抹布、劳保用品等应按照国家有关法律法规要求进行分类收集。同时，为解决不具备分类收集条件且混入少量危险废物的生活垃圾处理问题，《名录》规定已经混入生活垃圾的含油抹布、劳保用品等实施全过程豁免。

22.《名录》豁免清单中 900-249-08“废铁质油桶（不包括 900-041-49 类）”是否包含盛装废矿物油的铁质废油桶?

答：盛装废矿物油的废铁质油桶属于 900-041-49 类废物，盛装矿物油的废铁质油桶属于 900-249-08 类废物。两类废物的区别在于前者是盛装废矿物油，后者是盛装矿物油。本条款豁免的是 900-249-08 类废物，而 900-041-49 类废物由于其所盛装的废矿物油组分复杂，利用过程环境风险较大，因此未被纳入豁免管理，故不在该条豁免范围内。

23. 900-015-13 类废物中的“工业废水处理过程产生的废弃离子交换树脂”如何理解？工业企业锅炉软化水在处理过程中产生的废弃离子交换树脂是否属于该类废物？

答：该条款中所称的工业废水特指工业企业工艺生产过程产生的废水，不包含工业企业锅炉软化水。因此，工业企业锅炉软化水处理过程产生的废弃离子交换树脂不属于该类废物。

24.《名录》豁免清单规定，HW34 类废物中仅具有腐蚀性危险特性的废酸，作为工业污水处理厂污水处理中和剂利用，且满足一定条件时，利用过程不按危险废物管理。如何理解该条款中所称“工业污水处理厂”？另外，豁免清单中 HW35 类废物对应条款中的“工业污水处理厂”如何理解？

答：该条款中所称“工业污水处理厂”不仅指专门从事工业污水处理的处理厂，还包含工业废水产生企业车间污水处理设施，以及工业废水产生企业自有的工业污水处理设施。

与此类似，《危险废物豁免管理清单》中 HW35 类废物对应条款中的工业污水处理厂也包含工业废水产生企业车间污水处理设施，以及工业废水产生企业自有的工业污水处理设施。

25. 如何理解 900-013-11“其他化工生产过程（不包括以生物质为主要原料的加工过程）中精馏、蒸馏和热解工艺产生的高沸点釜底残余物”中的“高沸点”？

答：精馏、蒸馏和热解过程中被提纯的物质及其所含杂质的沸点各不相同，有高有低，比要得到的物质沸点高的称为“高沸点杂质”。因此，精馏、蒸馏和热解工艺过程，被提纯后残留于釜底的均属于“高沸点残余物”。

# 附录二 《国家危险废物名录（2021 年版）》第二批解读

《名录（2021 年版）》常见问题解答（第一批）发布后，受到社会的广泛好评。编制组继续总结《名录（2021 年版）》使用过程可能出现的问题，再次组织《名录》编制组编写了《名录（2021 年版）》常见问题解答（第二批）材料，并通过中国环境科学研究院微信公共号发布。发布后两天内，阅读量高达 3.5 万次。

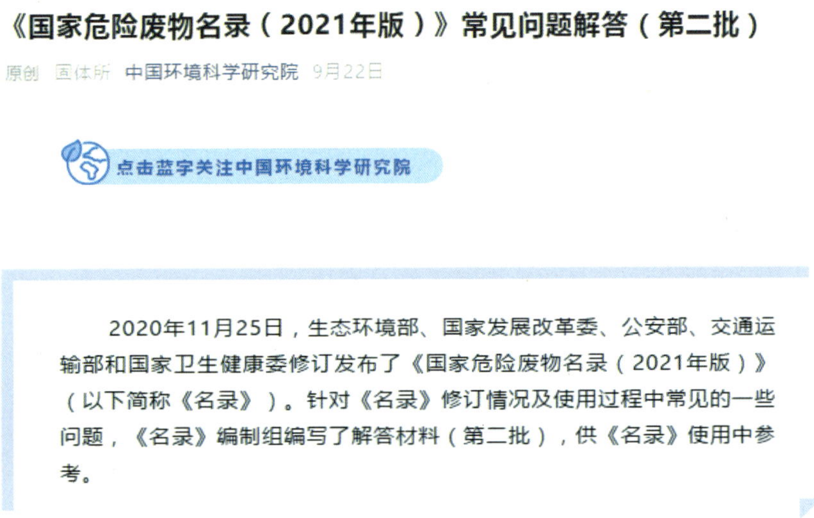
《国家危险废物名录（2021年版）》常见问题解答（第二批）

原创 固体所 中国环境科学研究院 9月22日

点击蓝字关注中国环境科学研究院

2020年11月25日，生态环境部、国家发展改革委、公安部、交通运输部和国家卫生健康委修订发布了《国家危险废物名录（2021年版）》（以下简称《名录》）。针对《名录》修订情况及使用过程中常见的一些问题，《名录》编制组编写了解答材料（第二批），供《名录》使用中参考。

附图 2-1 《国家危险废物名录（2021 年版）》常见问题解答（第二批）

1. 如何理解《名录》中废水处理污泥？例如 HW 263-011-04“农药生产过程中产生的废水处理污泥”指的农药生产企业废水处理过程产生的所有废水处理污泥？如果园区综合污水处理厂接纳农药生产企业排放的废水，综合污水处理产生的污泥是否属于这一类？

答：《名录》中所有废水处理污泥的认定遵循“以废水定污泥”的基本判断原则。废水来源符合《名录》中所描述的工艺来源，该废水处理污泥即属于该类危险废物。以下几种情况，虽然废水中包含《名录》中所描述工艺的废水，但是不应认定属于名录所述污泥。

一是具有明确特征污染物和污染排放标准的废水，经处理后特征污染物满足行业污水排放标准或接管标准的废水，进一步进入污水处理系统处理产生的废水处理污泥。例如，电镀废水经处理后满足《电镀污染物排放标准》（GB 21900）中特征污染物排放限值后，废水进一步单独处理或与其他污水混合处理产生的污泥不属于 HW17 所定义的危险废物。

二是特征污染物不明确或缺乏专门的污染排放标准的废水，经处理后污染物满足接管标准后，进一步进入污水处理系统处理产生的废水处理污泥。例如，农药生产废水经处理后满足接管标准的废水，进一步单独处理或与其他污水混合处理产生的污泥不属于 HW04 所定义的危险废物。

2. 如何理解《名录》中 772-006-49“采用物理、化学、物理化学或生物方法处理或处置毒性或感染性危险废物过程中产生的废水处理污泥、残渣（液）”。

答：《名录》中 772-006-49 类危险废物主要包括危险废物处理过程产生的、无法归类的废水处理污泥、残渣（液）。列入该类的废水处理污泥、残渣（液）需要满足以下两个条件：

- 来源于危险废物处理过程。满足《固体废物鉴别标准　通则》（GB 34330）第 7 条规定的物质采用物理、化学、物理化学或生物方法处理或处置所产生的污泥不属于 772-006-49 类危险废物。

- 所产生的废水处理污泥、残渣（液）在现有《名录》其他类别中没有相应的归类代码。《名录》明确类别的危险废物单独处理过程产生的废水处理污泥、残渣（液），遵循衍生原则按原危险废物类别归类。例如，含油废物处理过程产生废水处理污泥应归类为 251-003-08，不应列入 772-006-49。

3. 铝合金制品生产中，使用铝合金锭经熔化炉熔化，加入打渣剂后精炼成铝合金熔化液过程中，熔化炉渣及除尘器收集的灰尘应属于《名录》中的哪一类废物？

答：熔化炉渣属于 321-026-48“再生铝和铝材加工过程中，废铝及铝锭重熔、精炼、合金化、铸造熔体表面产生的铝灰渣及其回收铝过程产生的盐渣和二次铝灰”，除尘器收集的灰尘属于 321-034-48“铝灰热回收铝过程烟气处理集（除）尘装置收集的粉尘，铝冶炼和再生过程烟气（包括再生铝熔炼烟气、铝液熔体净化、除杂、合金化、铸造烟气）处理集（除）尘装置收集的粉尘”。

4. 沾染毒性原料、产品的废弃包装物是否应直接定为 900-041-49？如果定性为危险废物，应该如何归类？

答：沾染毒性原料、产品的废弃包装物不应直接定性为 900-041-49，是否属于危险废物取决于盛装的内容物（原料、产品）是否具有危险特性。如内容物具有危险特性，则其包装物属于危险废物。

属于危险废物的废弃包装物的归类应遵循便于污染特性消除和利用处置的原则。《名录》中有明确代码的，应分别归到《名录》中相应的代码，例如农药废弃包装物归为 900-003-04，废矿物油包装物归为 900-249-08；《名录》中没有明确代码但有确定类别的，应分别归到《名录》中的各类相近代码或 900-000-××，例如废有机溶剂的废弃包装物归为 900-000-06，染料涂料的废弃包装物可按照废染料涂料进行归类或归到 900-000-012。没有确定类别的，可归到 900-041-49 或 900-000-××。

5. 热镀锌过程中产生的锌灰、废助镀剂、浮渣、底渣等固体废物哪些属于《名录》中的危险废物？

答：热镀锌过程中产生的锌灰和废助镀剂属于《名录》“336-103-23 热镀锌过程中产生的废助镀熔（溶）剂和集（除）尘装置收集的粉尘”。热镀锌锅产生的浮渣和底渣不属于《名录》中的废物。

6. 锌合金生产过程中产生的除尘灰是否属于《名录》336-103-23 类废物？

答：锌合金生产过程产生的收尘灰，来源于锌锭和合金成分（铝、铜、铅）等经电炉熔化、搅拌、浇铸成锌合金锭的过程。该过程不属于热镀锌工艺，因此，锌合金生产过程产生的收尘灰不属于《名录》336-103-23“热镀锌过程中产生的废助镀熔（溶）剂和集（除）尘装置收集的粉尘”。其是否属于危险废物需要根据国家规定的危险废物鉴别标准和鉴别方法予以认定。若经鉴别属于危险废物，应当根据其主要有害成分和危险特性确定所属废物类别，并按代码“900-000-××”（××为危险废物类别代码）进行归类管理。

7. 使用后的涂料桶交由涂料生产厂家回收，是否属于危险废物豁免管理的情形？使用后的涂料桶清洗过程产生的废水处理污泥属性该如何定性？

答：使用后的涂料桶由涂料生产厂家回收并直接或经清洗后用于盛装涂料，属于《固体废物鉴别标准　通则》（GB 34330）6.1 a）规定的不作为固体废物管理的情形，即该使用后的涂料桶既不属于固体废物，也不属于危险废物，不属于豁免管理内容。该清洗过程产生的废水处理污泥不属于《名录》中 772-006-49 类废物，是否属于危险废物需要根据国家规定的危险废物鉴别标准和鉴别方法予以认定。

使用后的涂料桶由涂料生产厂家回收，直接或经清洗后用于回收材料或处置，该涂料桶属于固体废物，是否属于危险废物需要根据国家规定的危险废物鉴别标准和鉴别方法予以认定。《危险废物豁免管理清单》中废铁质油桶不包括废的铁质涂料桶。属于危险废物的废涂料桶清洗过程产生的废水处理污泥属于《名录》中 772-006-49 类废物，不属于危险废物的废涂料桶清洗过程产生的废水处理污泥不属于《名录》中 772-006-49 类废物，是否属于危险废物需要根据国家规定的危险废物鉴别标准和鉴别方法予以认定。

8. 废弃的新矿物油及沾染新矿物油的废弃包装物是否属于危险废物？

答：根据《固废法》中固体废物的定义，废弃的“新矿物油”属于虽未丧失利用价值但被抛弃或者放弃的固体废物。根据《名录》，废弃的“新矿物油”和沾染新矿物油的废弃包装物属于 900-249-08“其他生产、销售、使用过程中产生的废矿物油及沾染矿物油的废弃包装物”。因此，废弃的“新矿物油”和废弃的沾染“新矿物油”的包装物属于危险废物。

9.《固体废物鉴别标准　通则》（GB 34330）规定了“供实验室化验分析或科学研究用固体废物样品”不作为固体废物管理，与《名录》900-047-49 中的实验室废物是否存在矛盾？

答：不矛盾。《固体废物鉴别标准　通则》（GB 34330）是判断物质是否属于固体废物的标准和依据，《名录》是判断固体废物是否属于危险废物的标准和依据之一。判断一种物质是否属于《名录》的前提是该物质是否属于固体废物，不属于固体废物的，则无须对照《名录》判断。《固体废物鉴别标准　通则》（GB 34330）第 6.1 条规定，供实验室化验分析或科学研究用固体废物样品不作为固体废物管理，该管理环节固体废物样品不属于《名录》中 900-047-49 的实验室废物。但是，实验分析或科学研究用后或采集的剩余样品属于固体废物，其中属于《名录》中的固体废物以及依据危险废物鉴别标准判断具有危险特性的固体废物属于危险废物。属于危险废物的实验室废物应按照危险废物管理。不属于危险废物的，应按照本单位或实验室制定的实验室废物管理规章处理。

10. 电子行业的废弃覆铜板是否属于《名录》900-045-49？

答：900-045-49 包括“废电路板（包括已拆除或未拆除元器件的废弃电路板），以及废电路板拆解过程中产生的废弃 CPU、显卡、声卡、内存、含电解液的电容器、含金等贵金属的连接件”。废弃覆铜板（未焊接电路、插槽以及不带元器件等）不属于废电路板，因此不属于 900-045-49 类废物。

11. 工业园区废水处理产生的废盐是否一定属于危险废物？

答：工业园区废水处理产生的废盐不一定属于危险废物。工业园区废水处理产生的废盐的属性判定，应根据工业园区涉及的主要产品及生产工艺，分析废水中的危害物质，结合对废盐的成分分析，判断废盐中的特征污染物，按照《危险废物鉴别标准　通则》（GB 5085.7）中规定的鉴别程序进行危险废物属性鉴别。

12. 豁免管理清单中 900-003-04 废弃的农药包装物在收集、运输、利用和处置环节均有豁免规定，为何不直接将其从危险废物中排除？

答：列入豁免管理清单的废物仍是危险废物，具有危险特性或存在环境风险。废弃的农药包装物只有在满足相应的豁免条件时可在收集、运输、利用和处置环节豁免，不符合豁免条件的（如随意倾倒），仍作为危险废物管理。

13.《名录》删除了 HW01 大类中的“为防治动物传染病而需要收集和处置的废物”是出于何种考虑？

答：为防治动物传染病而需要收集和处置的废物主要指的是染疫动物及其

排泄物、染疫动物产品，病死或者死因不明的动物尸体。

2007 年修订的《动物防疫法》明确规定染疫动物及其排泄物、染疫动物产品，病死或者死因不明的动物尸体等应当按照国务院兽医主管部门的规定处理，不得随意处置。2021 年修订的《动物防疫法》也明确规定，“染疫动物及其排泄物、染疫动物产品，病死或者死因不明的动物尸体等应当按照国家有关规定处理，不得随意处置”。

农业部发布的《病死及病害动物无害化处理技术规范》（农医发〔2017〕25 号）也明确了病死及病害动物和相关动物产品无害化处理操作技术。因此，为防治动物传染病而需要收集和处置的废物由农业农村部门按照有关法律法规和技术规范进行监管，可以实现废物的无害化处理和污染防治目的，《名录》不再将其列入。

14. 使用热解工艺回收油泥中的矿物油，该过程产生的热解渣是否属于《名录》772-003-18 类危险废物？

答：《名录》772-003-18 类危险废物中所述“热解”为采用热解焚烧工艺处置危险废物。油泥回收矿物油的工艺虽然包括热解反应，但是其产生过程不属于 772-003-18 所规定的范围，不属于 772-003-18 类废物。油泥回收矿物油过程产生的热解渣符合《危险废物鉴别标准　通则》（GB 5085.7）第 6.2 条规定，可通过危险特性鉴别确定其是否属于危险废物。

15. 废弃的疫苗是否属于《名录》中的废物？若属于，应如何归类？

答：废弃的疫苗是《名录》中的废物，废弃疫苗的归类取决于其产生节点。医疗机构产生的废弃疫苗属于《医疗废物分类目录》中的废物，归为 841-005-01；疫苗生产企业产生的废弃疫苗归为 276-005-02；其他销售及使用过程中产生的废弃疫苗归为 900-002-03。

16. 聚氯乙烯氯化生产氯化聚氯乙烯（CPVC）过程的废水处理污泥是否属于《名录》中 261-084-45 类废物？

答：《名录》HW45 类所述有机卤化物不包括有机树脂，有机树脂生产过程产生的危险废物在《名录》HW13 类中列出。CPVC 生产过程的废水处理污泥不属于《名录》中 261-084-45 类废物，但其物化处理污泥属于《名录》中 265-104-13 类废物，生化污泥不属于《名录》中所列废物。

17.《名录》将如何进行动态修订？

答：动态修订以问题导向为工作原则，持续收集《名录》使用过程中各相关方反馈的意见，分析整理《名录》中存在的问题。根据问题的重要性，分阶段开展专项研究，每年提出危险废物修订意见，适时发布。目前，已启动《名录（2021 年版）》征集意见中问题反映集中的氰化尾渣等类别危险废物的专项研究。

# 附录三 《国家危险废物名录（2021 年版）》修订对照表

为做好《名录（2021 年版）》与 2016 年版《名录》的衔接工作，方便地方环境管理部门以及企业使用《名录（2021 年版）》，中国环境科学研究院固体所组织编制组编制了修订对照表，并通过中国环境科学研究院微信公共号发布，受到社会广泛关注。

**《国家危险废物名录（2021年版）》修订对照表**

原创 固体所 中国环境科学研究院 2020-12-24

点击蓝字 关注我们

**修订情况说明**

1998年，我国首次发布实施《国家危险废物名录》（以下简称《名录》），并于2008年和2016年进行2次修订。为贯彻落实习近平总书记关于精准治污、科学治污、依法治污的重要指示精神，落实《中华人民共和国固体废物污染环境防治法》关于"国家危险废物名录应当动态修订"等相关规定，进一步加强危险废物污染防治、保障人民群众身体健康，生态环境部会同国家发展改革委、公安部、交通运输部和国家卫生健康委对《名录》进行了第3次修订。《名录》由正文、附表和附录三部分构成。其中，正文规定原则性要求，附表规定具体危险废物种类、名称和危险特性等，附录规定危险废物豁免管理要求。本次修订对三部分均进行了修改和完善：

正文部分：增加了"第七条 本名录根据实际情况实行动态调整"的内容，删除了2016年版《名录》中第三条和第四条规定。

附表部分：主要对部分危险废物类别进行了增减、合并以及表述的修改。修订后种类数共467种，减少了12种，其中：增加或删减使种类数减少2种（包括新增4种，删减6种）；拆分或合并使种类数减少10种（包括拆分增加3种，合并减少13种）。此外，还修改了90种危险废物的文字表述或危险特性表述。

附录部分：新增豁免16个种类危险废物，豁免的危险废物共计达到32个种类。

附图 3-1 《国家危险废物名录（2021 年版）》修订对照表

生态环境科技蓝皮书2021

中国环境科学研究院

# 中国移动源环境管理（2016—2020）

# China Mobile Source Environmental Management（2016—2020）

丁焰　尹航　王军方◎著

中国环境出版集团·北京

**图书在版编目（CIP）数据**

中国移动源环境管理 . 2016—2020 / 丁焰，尹航，王军方著 .
—北京：中国环境出版集团，2021.12
（生态环境科技蓝皮书 . 2021）
ISBN 978-7-5111-4957-2

Ⅰ . ①中… Ⅱ . ①丁… ②尹… ③王… Ⅲ . ①移动污染源—环境管理—研究报告—中国—2016—2020 Ⅳ . ① X501

中国版本图书馆 CIP 数据核字（2021）第 221710 号

审图号：GS（2021）8265 号

**出 版 人** 武德凯
**责任编辑** 田 怡
**责任校对** 任 丽
**封面设计** 光大印艺

---

**出版发行** 中国环境出版集团
（100062 北京市东城区广渠门内大街 16 号）
网 址：http：//www.cesp.com.cn
电子邮箱：bjgl@cesp.com.cn
联系电话：010-67112765（编辑管理部）
发行热线：010-67125803，010-67113405（传真）
**印 刷** 玖龙（天津）印刷有限公司
**经 销** 各地新华书店
**版 次** 2021 年 12 月第 1 版
**印 次** 2021 年 12 月第 1 次印刷
**开 本** 787 × 1092 1/16
**印 张** 11
**字 数** 172 千字
**定 价** 1280.00 元（全八册）

---

# 丛书编写委员会

# 编委会

主　编：丁　焰

副主编：尹　航　　王军方

编　委：黄志辉　何卓识　谷雪景　纪　亮
王宏丽　钱立运　赵海光　郝春晓
王运静　李　刚　解淑霞　唐祎骕
王燕军　肖　寒　付雨民

# 前言

移动源包括机动车、非道路移动机械、船舶、铁路机车、飞机等。我国是移动源产销大国，连续12年成为世界机动车产销第一大国，是世界工程机械主要供应商之一。2016—2020年，全国移动源保有量迅速增加，其中机动车保有量、农业机械总动力、水上运输船舶净载重量、铁路机车保有量、民用运输飞机保有量分别年均增长6.0%、2.1%、0.4%、0.4%、7.2%。燃油消耗量也快速增长，其中汽油、煤油、天然气消费量分别年均增长4.7%、10.0%、13.8%，柴油消费量年均下降4.0%，燃料油消费量基本稳定。

2020年，全国移动源一氧化碳（CO）、碳氢化合物（HC）、氮氧化物（$NO_x$）、颗粒物（PM）、二氧化硫（$SO_2$）排放量分别为895.4万t、232.7万t、1 104.5万t、30.5万t、16.3万t。机动车是CO、HC、$NO_x$排放的主要来源，非道路移动机械对$NO_x$和PM排放的贡献不容忽视。2016—2020年，移动源排放量并未与保有量同比增长，移动源 CO、HC 排放量分别年均增长 0.2%、4.2%，$NO_x$、PM 排放量分别年均下降 0.9%、13.4%。移动源污染已成为我国大中城市空气污染的重要来源，是造成细颗粒物、光化学烟雾污染的主要原因，移动源污染防治的重要性日益凸显。

2016 年以来，按照《中华人民共和国大气污染防治法》和形势发展需求，我国基本建立移动源大气污染物排放标准和车用燃油标准体系，稳步推进《打赢蓝天保卫战三年行动计划》《柴油货车污染治理攻坚战行动计划》；各地按照中央决策部署，全面开展清洁柴油车、清洁柴油机、清洁运输、清洁油品行动，在推进运输结构调整、提升新生产机动车污染防治水平、规范在用机动车排放检验、强化非道路移动机械和船舶环保监管、开展车用油品质量专项检查、建立完善移动源污染治理体系等方面取得了积极成效。

为系统梳理移动源法律法规和标准政策体系，全景呈现我国移动源环境管理成就，追踪国内外节能减排技术，特编制此报告，希望能为社会各界深入了解移动源环境管理提供参考。本书仍有许多不足之处，望各界批评指正。

# 目录

# 1

# 2016—2020 年<br>移动源行业发展状况

2016—2020,
Development of Mobile Source Related Industries

## 1.1 移动源行业发展状况

### 1.1.1 汽车产销总体下降，但仍居世界第一位

2009 年，我国汽车产销量均首次突破千万，成为世界第一汽车产销大国，此后连续 12 年居世界首位，2017 年汽车产销达到峰值，之后开始缓慢回落。2016—2020 年，我国汽车产量由 2 811.9 万辆降至 2 522.5 万辆，年均下降 2.7%；汽车销量由 2 802.8 万辆降至 2 531.1 万辆，年均下降 2.5%，总体呈下降态势。其中，乘用车产销占主导地位，总体呈下降趋势，乘用车产量由 2 442.1 万辆降至 1 999.4 万辆，年均下降 4.9%；乘用车销量由 2 437.7 万辆降至 2 017.8 万辆，年均下降 4.6%。商用车产销基本稳定，总体呈上升趋势。商用车产量由 369.8 万辆增加到 523.1 万辆，年均增长 9.1%；商用车销量由 365.1 万辆增加到 513.3 万辆，年均增长 8.9%，主要受国三标准汽车淘汰、治超加严以及基建投资增长等因素拉动（图 1-1～图 1-3）。

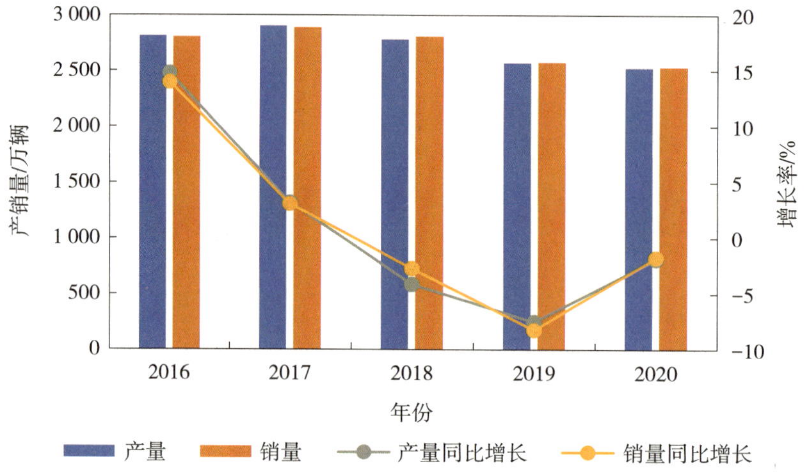


图 1-1　汽车产销量与增长率

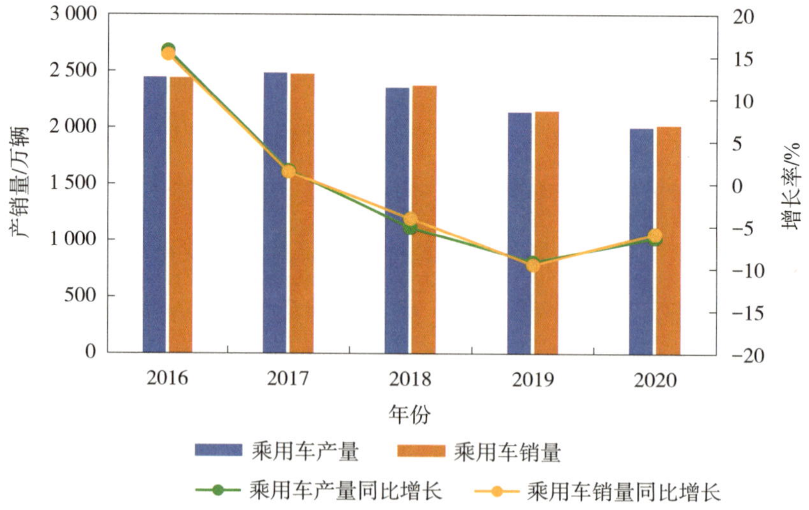


图 1-2　乘用车产销量与增长率

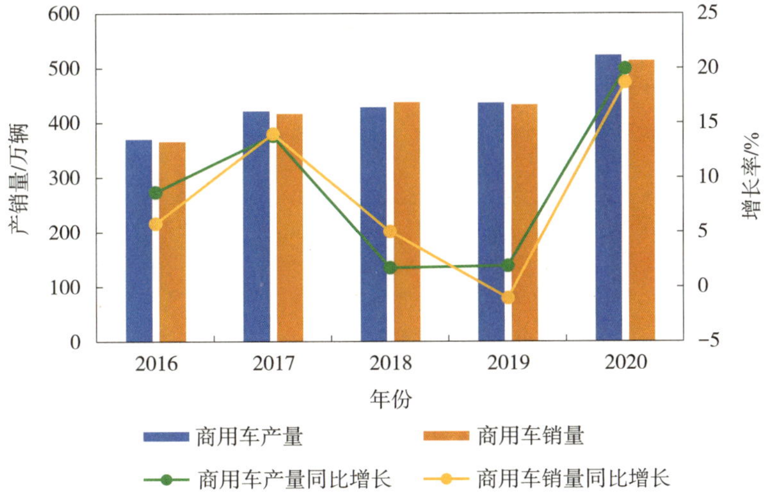


图 1-3　商用车产销量与增长率

### 1.1.2　工程机械产销快速增加

我国工程机械种类繁多，是全球工程机械产品类别、产品品种最齐全的国家之一。受基础建设投资力度加大、“一带一路”持续推进以及存量设备更新需求等多重利好的推进，工程机械销量快速增长。工程机械以叉车、挖掘机、装载机、压路机、推土机、平地机、摊铺机等为主。2016—2020 年，上述机械总销量由 52.2 万辆增加到 129.1 万辆，年均增长 25.4%。其中，叉车销量由 37.0 万辆增加到 80.0 万辆，年均增长 21.3%；挖掘机销量由 7.0 万辆增加到 32.8 万辆，年均增长 46.9%；装载机销量由 6.1 万辆增加到 13.1 万辆，年均增长 21.1%；压路机销量由 1.2 万辆增加到 1.9 万辆，年均增长 13.0%；推土机销量由 0.4 万辆增加到 0.6 万辆，年均增长 9.8%；平地机销量由 0.3 万辆增加到 0.4 万辆，年均增长 9.0%；摊铺机销量由 0.2 万辆增加到 0.3 万辆，年均增长 7.3%（图 1-4）。

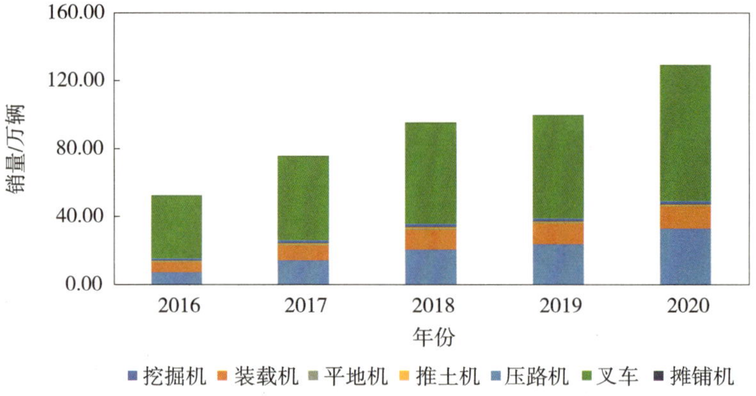


图 1-4　主要工程机械销量

### 1.1.3　农业机械产销降低

农业机械以拖拉机和收获机械为主。2016—2020 年，上述机械总产量呈下降态势，但总动力有所增加；总产量由 285.1 万辆降至 69.2 万辆，年均下降 29.8%。其中，大型拖拉机产量由 6.3 万辆增加到 7.0 万辆，年均增长 2.8%；中型拖拉机产量由 56.7 万辆降至 28.9 万辆，年均下降 15.5%；小型拖拉机产量由 135.5 万辆降至 17.8 万辆，年均下降 39.8%；收获机械产量由 86.6 万辆降至 15.5 万辆①，年均下降 35.0%（图 1-5）。

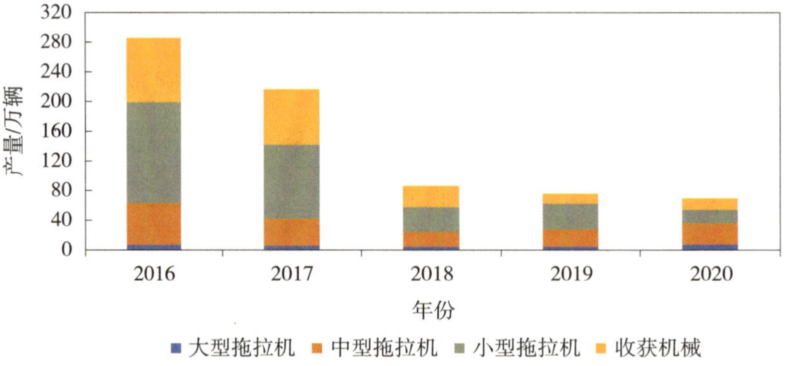


图 1-5　主要农业机械产量

① 由 2020 年 1—9 月产量数据推算得到。

## 1.2 移动源保有量 ①

### 1.2.1 机动车保有量稳步增长

2016—2020 年，全国机动车保有量由 2.95 ②亿辆增加到 3.72 亿辆，平均每年增长 6.0%（图 1-6）。其中，汽车保有量由 2016 年的 1.9 亿辆增加到 2.8 亿辆，平均每年增长 10.2%（图 1-7）。就汽车保有量而言，从城市看，超百万规模城市逐步扩大。超百万辆城市由 49 个增加到 70 个，增加了 21 个；超 200 万辆城市由 18 个增加到 31 个，增加了 13 个；超 300 万辆城市由 6 个增加到 13 个，增加了 7 个。从排放阶段看，低排放控制水平车辆逐步降低。国三标准及以前汽车保有量由 0.7 亿辆降至 0.5 亿辆，保有量占比由 37.6% 降至 20.7%；国五及以后汽车保有量由 0.2 亿辆增加到 1.1 亿辆，保有量占比由 10.5% 提升至 43.5%。

图 1-6　全国机动车保有量与变化率

① 目前，我国工程机械保有量缺官方统计数据，暂不列入。

② 机动车包括汽车、低速汽车、摩托车、挂车与拖拉机等。数据来源为公安部和统计局。

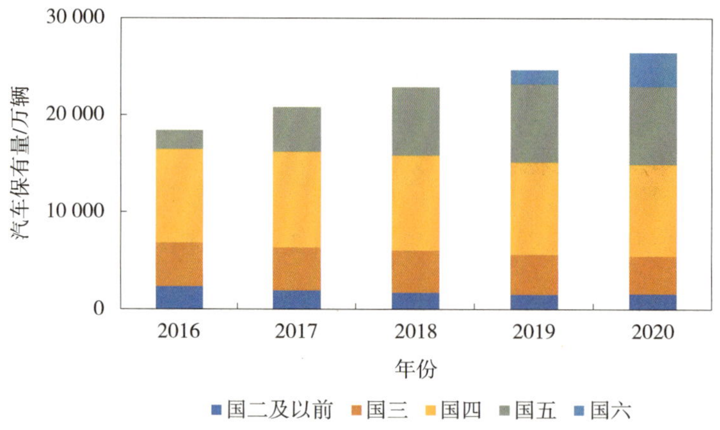


图 1-7　按排放标准划分的全国汽车保有量构成

## 1.2.2　农业机械总动力稳步增加

2016—2020 年，全国农作物耕种收综合机械化率由 65% 增加到 71%，增加了 6 个百分点；农业机械总动力由 9.7 亿 kW 增加到 10.6 亿 kW，年均增长 2.1%（图 1-8）。2020 年，我国农业机械总动力排名前三的省份分别为山东省、河南省、河北省。2019 年，大中型拖拉机、小型拖拉机、联合收割机、机动脱粒机保有量分别为 443.9 万台、1 780.4 万台、212.8 万台、1 050.0 万台。

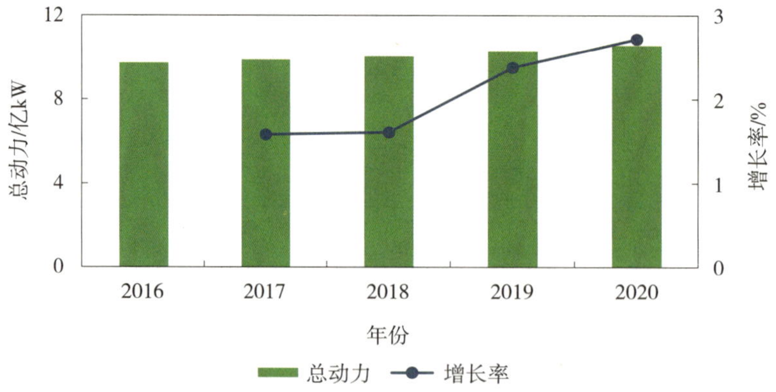


图 1-8　农业机械总动力与变化率

### 1.2.3 水上运输船舶持续提档升级，向大型化、专业化趋势发展

随着国民经济和对外贸易的发展、海上货运量的快速增加，以及航运业的迅速发展，船舶总吨位数、总仓容不断增加，目前我国已成为世界航运大国。2016—2020 年，全国水上运输船舶由 16.01 万艘降至 12.68 万艘，年均下降 5.7%；净载重量由 2.66 亿 t 增加到 2.71 亿 t，年均增长 0.4%（图 1-9）；载客量由 100.2 万客位降至 86.0 万客位，年均下降 3.8%；集装箱位由 191.0 万标准箱增加到 293.0 万标准箱，年均增长 11.3%。

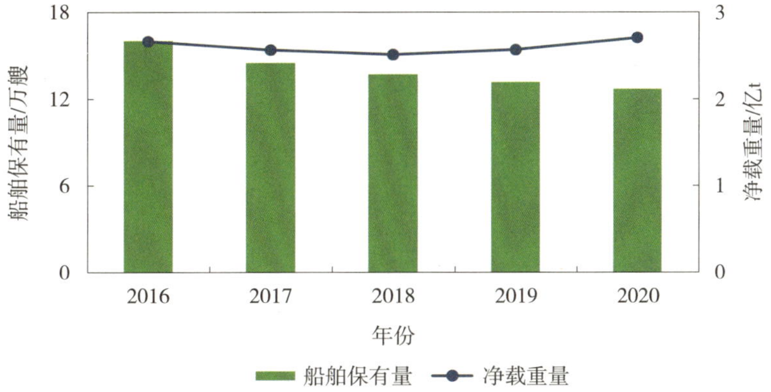


图 1-9　全国水上船舶保有量与净载重量

### 1.2.4 铁路列车电气化进程显著

2016—2020 年，铁路机车保有量基本保持稳定，由 2.1 万台增加到 2.2 万台，年均增长 0.3%；内燃机车保有量平稳下滑，由 0.9 万台降至 0.8 万台，年均下降 2.8%；电力机车保有量平稳上升，由 1.2 万台增加到 1.4 万台，年均增长 2.4%。目前，电力机车保有量已超过内燃机车（图 1-10）。

### 1.2.5 民航飞机保有量快速增加

2016—2020 年，我国境内民用航空（颁证）机场由 218 个增加到 241 个，增

加了 23 个；民用运输飞机保有量由 2 950 架增加到 3 903 架，年均增长 7.2%（图 1-11）。飞机起降由 2016 年的 923.8 万架次增加到 2019 年的 1 166.0 万架次，年均增长 8.1%，2020 年受新冠肺炎疫情影响，降至 904.9 万架次，同比下降 22.4%。

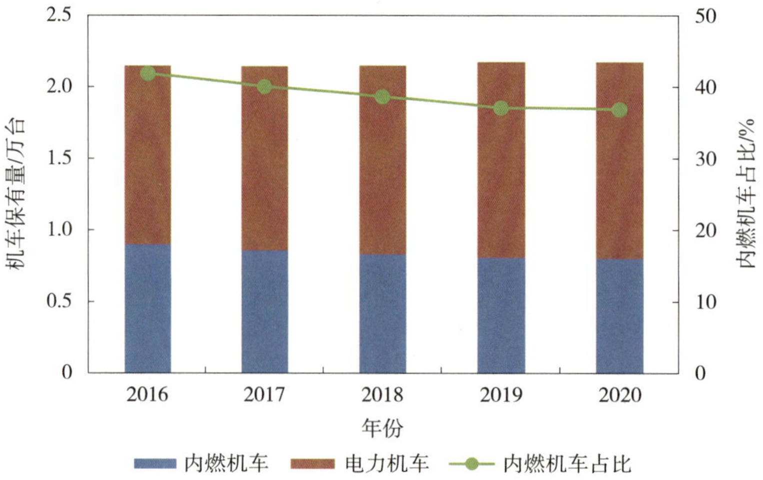


图 1-10　铁路内燃机车与电力机车保有量与内燃机车占比

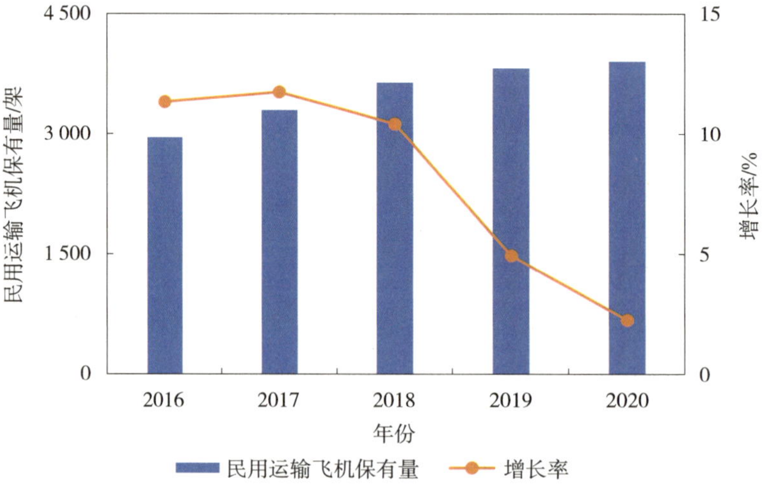


图 1-11　民用运输飞机保有量与变化率

## 1.3 新能源车发展状况

### 1.3.1 新能源汽车产销总体快速增加，约占世界一半

2013 年以来，我国新能源汽车快速发展，2018 年新能源汽车产销首次突破 100 万辆，之后基本保持稳定，2020 年新能源汽车产销量连续 7 年居世界首位。2016—2020 年，我国新能源汽车产量由 51.7 万辆增加到 136.7 万辆，年均增长 27.5%；新能源汽车销量由 50.7 万辆增加到 136.7 万辆，年均增长 28.1%，总体呈快速增长态势（图 1-12）。其中，新能源乘用车占主导地位，总体呈快速增长趋势。新能源乘用车产量由 34.4 万辆增加到 124.7 万辆，年均增长 38.0%；销量由 33.6 万辆增加到 124.6 万辆，年均增长 38.8%（图 1-13）。新能源商用车发展相对滞后，总体呈下降趋势。新能源商用车产量由 17.2 万辆降至 12.0 万辆，年均下降 8.6%；销量由 17.1 万辆降至 12.1 万辆，年均下降 8.3%（图 1-14）。

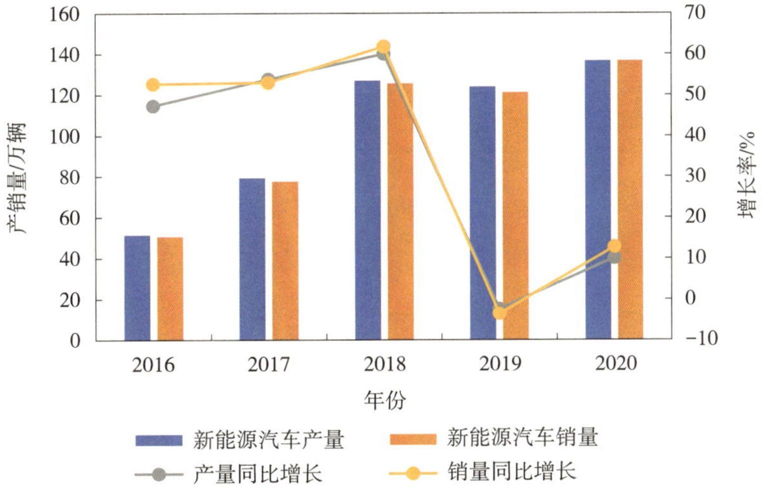


图 1-12　新能源汽车产销量与增长率

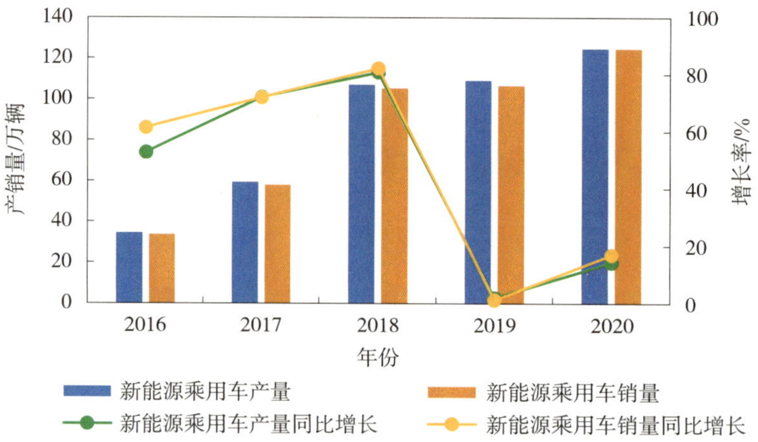


图 1-13　新能源乘用车产销量与增长率

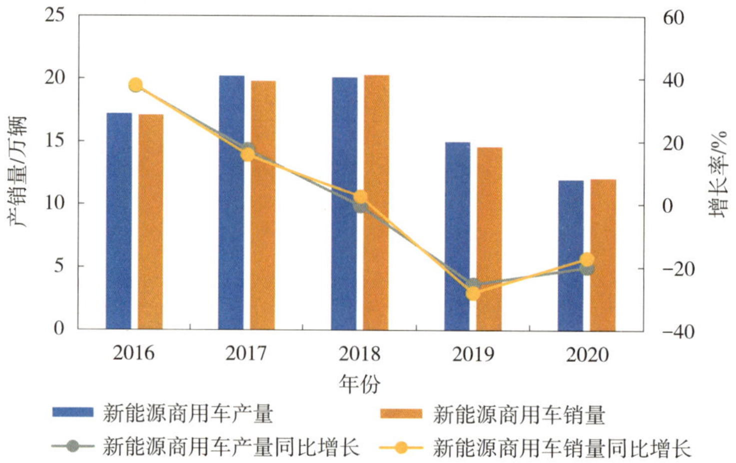


图 1-14　新能源商用车产销量与增长率

## 1.3.2　新能源汽车保有量呈持续高速增长趋势

新能源汽车保有量增量连续 3 年超过 100 万辆。2016—2020 年，全国新能源汽车保有量由 101.4 万辆增加到 492 万辆，年均增长 48.4%（图 1-15）。2020 年，新能源汽车占汽车总量的 1.75%，其中纯电动汽车保有量 400 万辆，占新能源汽车总量的 81.3%；新能源巡游出租车 13.2 万辆，新能源公交车 46.6 万辆，北京、陕西、上海、湖南等7省（市）公交车新增及更换已实现100%新能源替代。

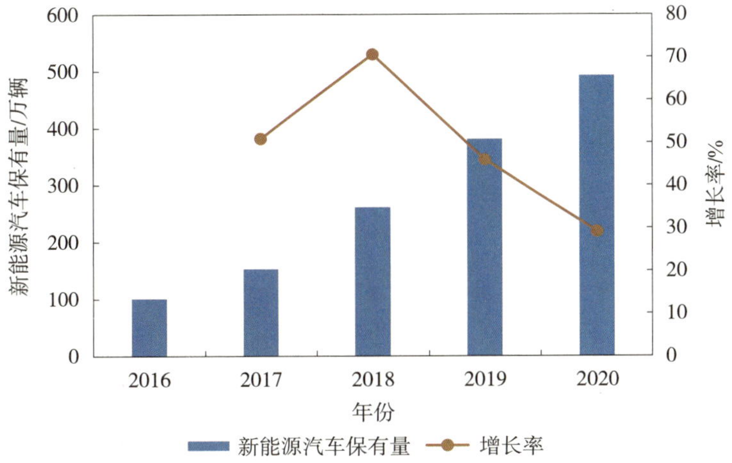


图 1-15　新能源汽车保有量与变化率

叉车是电动化较好的工程机械。2016—2020年，我国电动叉车销量和电动化率逐年上升，销量由14.2万辆增加到41.0万辆，年均增长30.5%（图1-16）；电动化率由38.2%增加到51.3%，增加了约13个百分点。

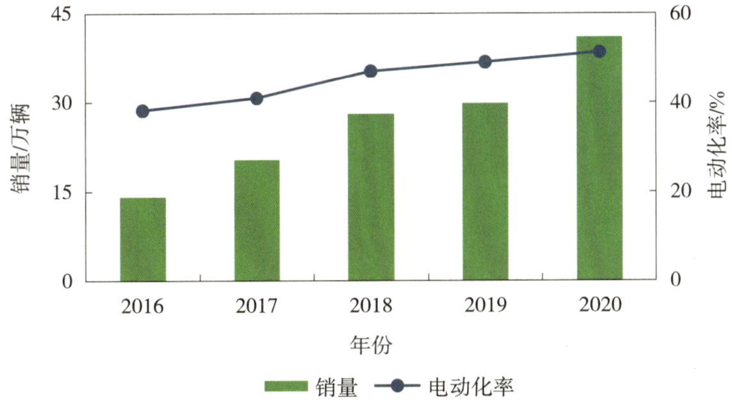


图 1-16　电动叉车销量与占比

# 1.4 燃料消费量

2016—2019 年，我国汽油消费总量快速增加，由 2016 年的 1.2 亿 t 增加到 2019 年的 1.4 亿 t，年均增长 4.7%；柴油消费总量稳步降低，由 2016 年的 1.7 亿 t 降低到 2019 年的 1.5 亿 t，年均下降 4.0%；煤油消费总量高速增长，由 2016 年的 2 664 万 t 增加到 2019 年的 3 950 万 t，年均增长 10.0%；燃料油消费总量基本稳定在 4 600 万 t 左右；天然气消费总量快速增加，由 2016 年的 2 078 亿 $m^3$ 增加到 2019 年的 3 060 亿 $m^3$，年均增长 13.8%。

从交通行业看，我国交通行业汽油消费量变化与汽油消费总量一致；交通行业柴油消费量 2016—2018 年基本维持在 1.2 亿 t 左右，2019 年急剧下降至 1.1 亿 t，约为柴油消费总量的 74.0%；交通行业煤油消费量高速增长，由 2016 年的 2 505 万 t 增加到 2019 年的 3 689 万 t，年均增长 9.4%，2019 年约为煤油消费总量的 93.4%；交通行业燃料油消费量由 2016 年的 1 511 万 t 增加到 2019 年的 2 025 万 t，年均增长 10.2%，2019 年约为燃料油消费总量的 43.2%；交通行业天然气消费量由 2016 年的 255 亿 $m^3$ 增加到 2019 年的 341 亿 $m^3$，年均增长 10.3%，2019 年约为天然气消费总量的 11.2%（图 1-17）。

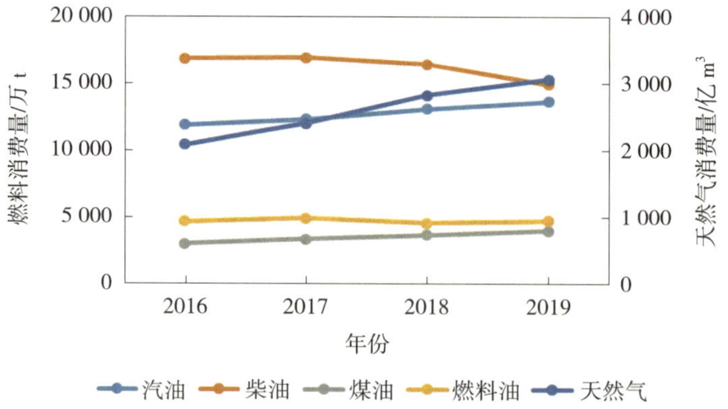


（a）燃料消费总量

图 1-17　交通燃料消费量变化趋势

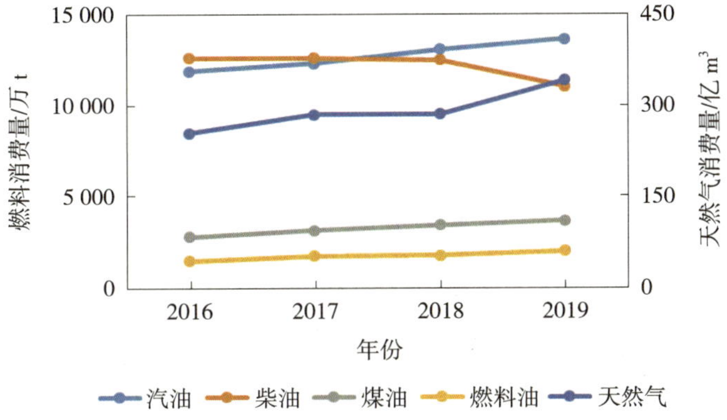


（b）交通行业燃料消费量

**图 1-17　交通燃料消费量变化趋势（续图）**

编写人员：何卓识　赵海光　李　刚

# 2

# 移动源主要污染物排放
Emission of Main Pollutants from Mobile Sources

## 2.1 移动源污染物排放现状

### 2.1.1 移动源

2020年，全国移动源一氧化碳（CO）、碳氢化合物（HC）、氮氧化物（$NO_x$）、颗粒物（PM）、二氧化硫（$SO_2$）排放量分别为895.4万t、232.7万t、1 104.5万t、30.5万t、16.3万t。其中，机动车、工程机械、农业机械、船舶、铁路内燃机车、飞机CO排放分别占86.0%、2.8%、7.4%、3.1%、0.2%、0.5%，HC排放分别占81.7%、5.1%、8.8%、3.9%、0.3%、0.2%，$NO_x$排放分别占56.7%、13.6%、15.1%、12.9%、1.1%、0.6%，PM排放分别占22.3%、25.2%、30.2%、20.0%、1.6%、0.7%。机动车是CO、HC、$NO_x$排放的主要来源，非道路移动源对$NO_x$和PM排放的贡献不容忽视（图2-1）。

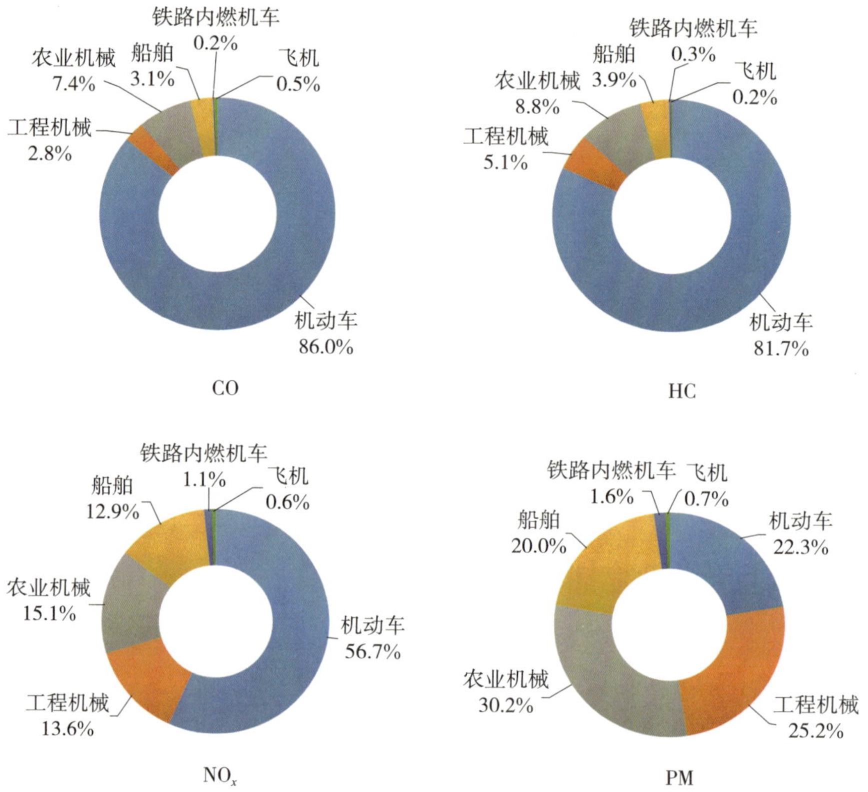


图 2-1　2020 年移动源四项污染物排放量占比

### 2.1.2　机动车

2020 年，全国机动车 CO、HC、$NO_x$、PM 排放量分别为 769.7 万 t、190.2 万 t、626.3 万 t、6.8 万 t。汽车是污染物排放总量的主要贡献者，其排放的四项污染物占比均超过 90%（图 2-2）。

其中，汽车、低速汽车、摩托车 CO 排放量分别为 693.8 万 t、2.4 万 t、73.5 万 t，占 CO 排放总量的 90.2%、0.3%、9.5%；HC 排放量分别为 172.4 万 t、2.3 万 t、15.5 万 t，占 HC 排放总量的 90.6%、1.2%、8.2%；$NO_x$ 排放量分别为 613.7 万 t、7.4 万 t、5.2 万 t，占 $NO_x$ 排放总量的 98.0%、1.2%、0.8%；汽车、低速汽车 PM 排放量分别为 6.4 万 t、0.4 万 t，占 PM 排放总量的 94.1%、5.9%。

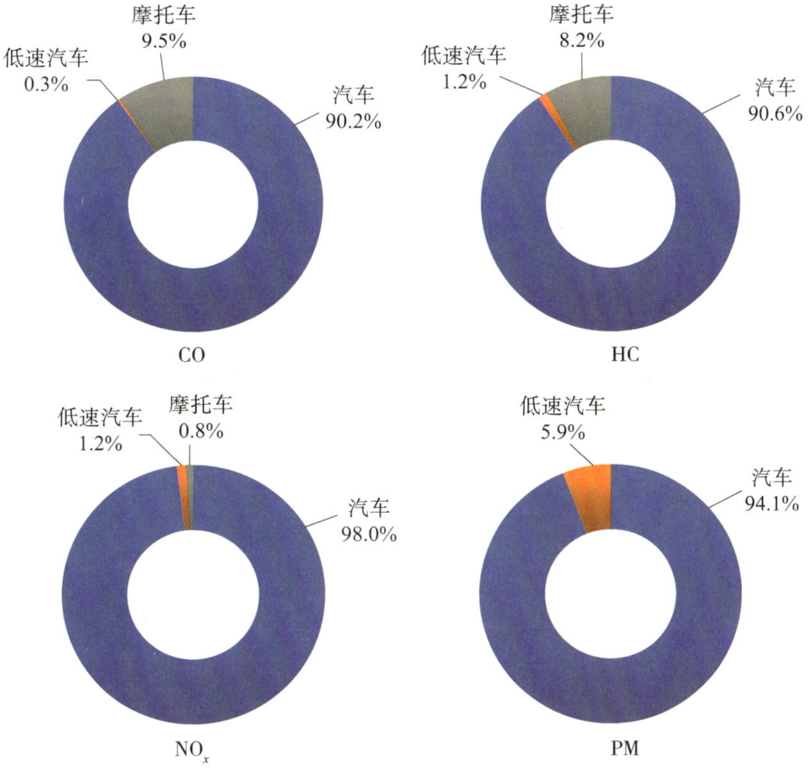


图 2-2　机动车污染物排放量分担率

汽车污染物排放量中，从车型方面看，全国客车 CO、HC、$NO_x$、PM 排放量分别为 486.5 万 t、126.4 万 t、95.9 万 t、0.6 万 t，占汽车排放总量的 70.2%、73.4%、15.7%、9.1%；全国货车四项污染物排放量分别为 207.3 万 t、46.0 万 t、517.8 万 t、5.8 万 t，占汽车排放总量的 29.8%、26.6%、84.3%、90.9%。进一步分析表明，微型客车的四项污染物排放量分别为 4.2 万 t、1.0 万 t、0.3 万 t、0 万 t；小型客车的四项污染物排放量分别为 454.2 万 t、121.8 万 t、24.5 万 t、0.1 万 t；中型客车的四项污染物排放量分别为 4.5 万 t、0.4 万 t、3.8 万 t、0.1 万 t；大型客车的四项污染物排放量分别为 23.6 万 t、3.2 万 t、67.3 万 t、0.4 万 t；微型货车的四项污染物排放量较低；轻型货车的四项污染物排放量分别为 121.6 万 t、17.3 万 t、27.7 万 t、2.1 万 t；中型货车的四项污染物排放量分别为 6.2 万 t、1.2 万 t、27.1 万 t、0.4 万 t；重型货车的四项污染物排放量分别为 79.2 万 t、27.5 万 t、463.0 万 t、3.3 万 t。按车辆类型划分的汽车四项污染物排放量构成见图 2-3。

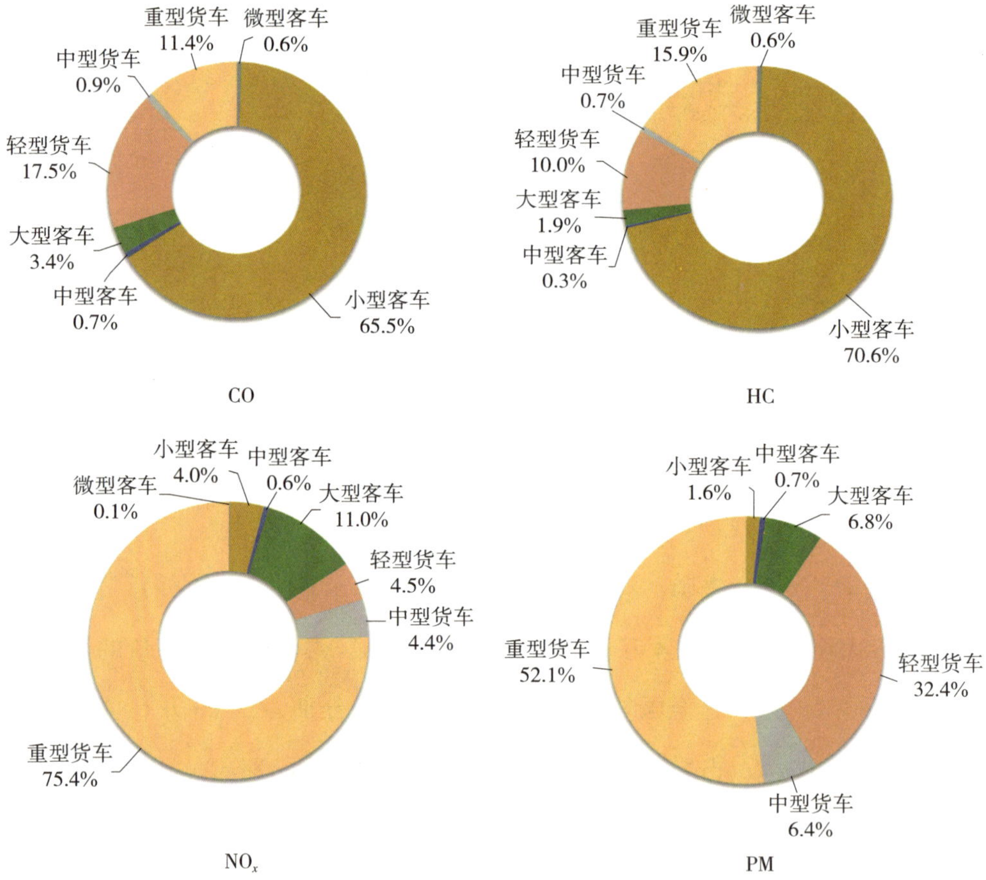


图 2-3　按车辆类型划分的汽车四项污染物排放量构成

从燃料类型看，全国汽油车 CO、HC、$NO_x$、PM 排放量分别为 561.0 万 t、133.8 万 t、29.5 万 t、0 万 t，占汽车排放总量的 80.9%、77.6%、4.8%、0%；全国柴油车四项污染物排放量分别为 124.9 万 t、19.6 万 t、544.9 万 t、6.4 万 t，占汽车排放总量的 18.0%、11.4%、88.8%、99% 以上；全国燃气车四项污染物排放量分别为 7.9 万 t、19.0 万 t、39.3 万 t、0 万 t，占汽车排放总量的 1.1%、11.0%、6.4%、0%（图 2-4）。

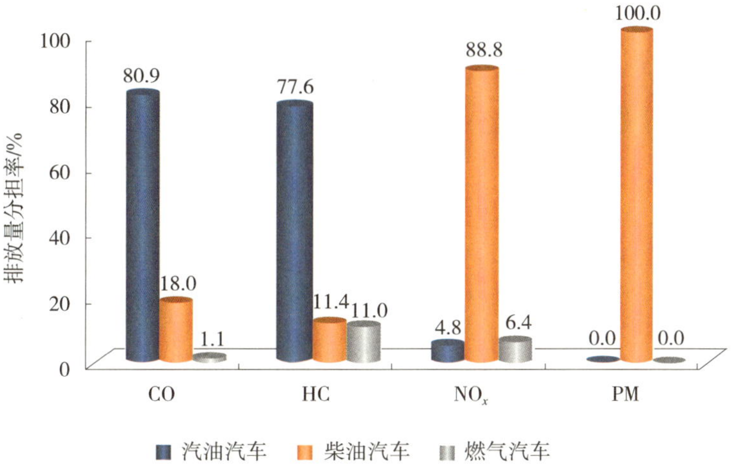


图 2-4　按燃料类型划分的汽车四项污染物排放量构成

从排放标准看，全国国二及以前标准汽车四项污染物排放量分别为 104.1 万 t、17.8 万 t、14.0 万 t、0.1 万 t，占汽车排放总量的 15.0%、10.4%、2.2%、2.5%；国三标准汽车四项污染物排放量分别为 139.8 万 t、34.3 万 t、218.3 万 t、3.4 万 t，占汽车排放总量的 20.1%、19.9%、35.6%、53.8%；国四标准汽车四项污染物排放量分别为 261.6 万 t、69.7 万 t、210.4 万 t、1.6 万 t，占汽车排放总量的 37.7%、40.3%、34.3%、24.0%；国五标准汽车四项污染物排放量分别为 146.8 万 t、42.8 万 t、165.5 万 t、1.2 万 t，占汽车排放总量的 21.2%、24.9%、27.0%、18.3%；国六标准汽车四项污染物排放量分别为 41.5 万 t、

7.8 万 t、5.5 万 t、0.1 万 t，占汽车排放总量的 6.0%、4.5%、0.9%、1.4%（图 2-5）。

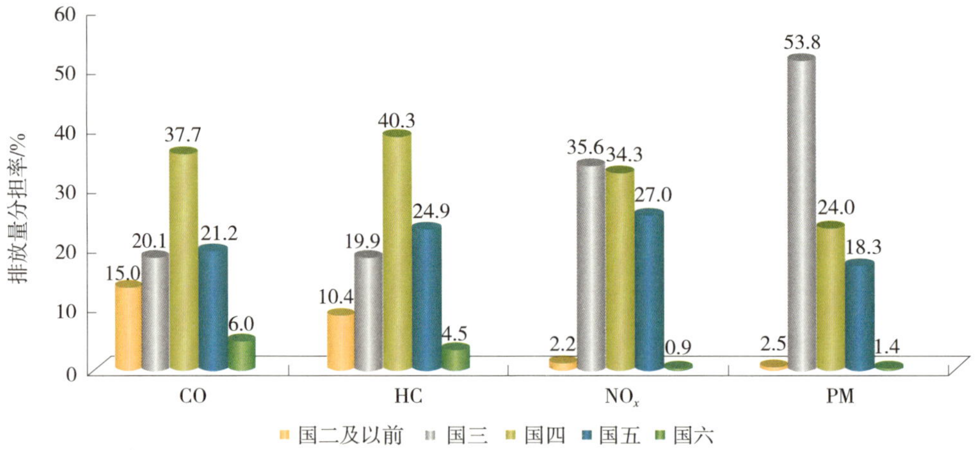


图 2-5　按排放标准划分的汽车四项污染物排放量构成

## 2.1.3　工程机械

2020 年全国工程机械 CO、HC、$NO_x$、PM 排放量分别为 25.4 万 t、12.0 万 t、149.9 万 t、7.7 万 t。

从机械类型看，挖掘机四项污染物排放量分别为 6.3 万 t、4.2 万 t、51.7 万 t、3.9 万 t；推土机四项污染物排放量分别为 1.8 万 t、0.4 万 t、2.2 万 t、0.1 万 t；装载机四项污染物排放量分别为 11.9 万 t、5.6 万 t、67.3 万 t、3.0 万 t；叉车四项污染物排放量分别为 4.2 万 t、1.1 万 t、18.4 万 t、0.6 万 t；压路机四项污染物排放量分别为 0.4 万 t、0.5 万 t、8.2 万 t、0.02 万 t；摊铺机四项污染物排放量分别为 0.7 万 t、0.1 万 t、0.9 万 t、0.05 万 t；平地机四项污染物排放量分别为 0.1 万 t、0.1 万 t、1.2 万 t、0.02 万 t（图 2-6）。

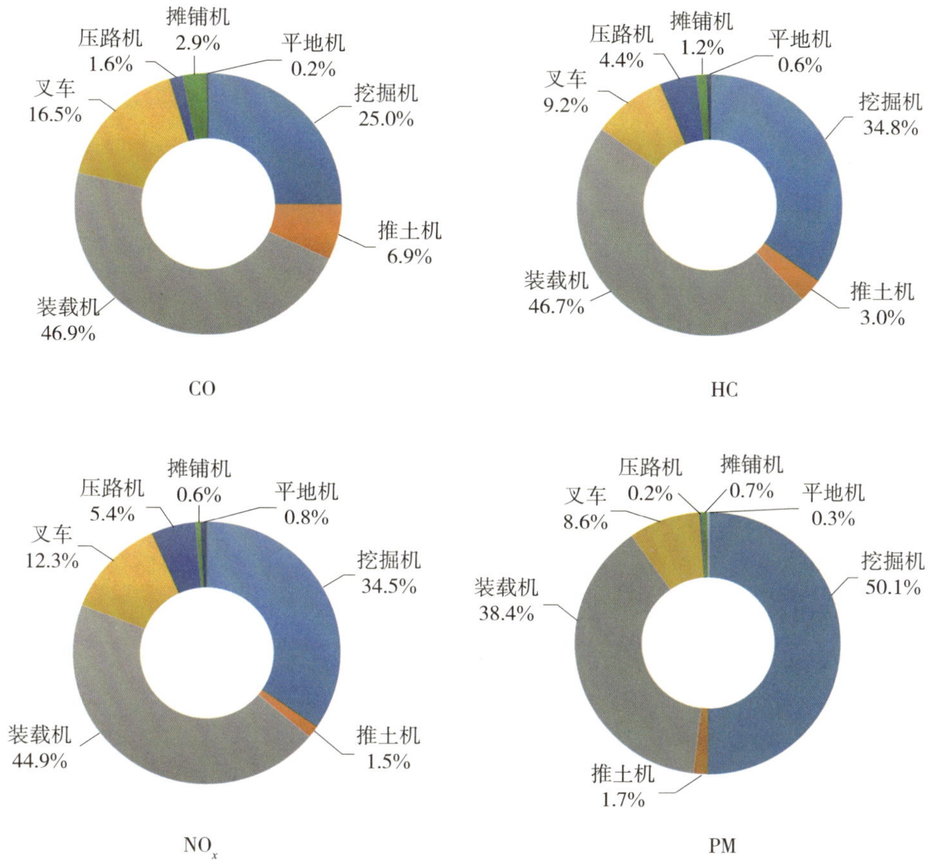


图 2-6 按机械类型划分的工程机械四项污染物排放量构成

从排放标准看，全国国一前标准的工程机械四项污染物排放量分别为 1.8 万 t、1.1 万 t、13.1 万 t、0.7 万 t；国一标准的工程机械四项污染物排放量分别为 2.7 万 t、1.6 万 t、19.7 万 t、1.2 万 t；国二标准的工程机械四项污染物排放量分别为 10.0 万 t、5.4 万 t、64.4 万 t、2.9 万 t；国三标准的工程机械四项污染物排放量分别为 10.9 万 t、3.9 万 t、52.7 万 t、2.9 万 t（图 2-7）。

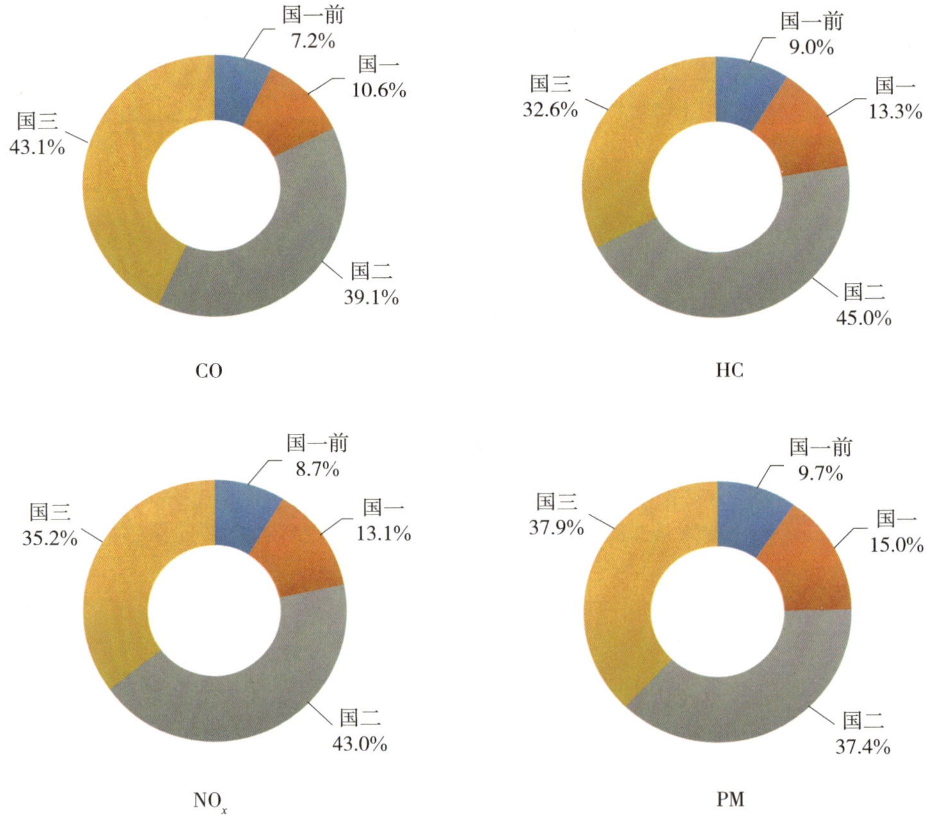


图 2-7 按排放标准划分的工程机械四项污染物排放量构成

## 2.1.4 农业机械

2020 年全国农业机械 CO、HC、$NO_x$、PM 排放量分别为 66.0 万 t、20.4 万 t、167.0 万 t、9.2 万 t。

从机械类型看，大中型拖拉机四项污染物排放量分别为 10.9 万 t、6.0 万 t、59.1 万 t、1.2 万 t；小型拖拉机排放四项污染物排放量分别为 7.7 万 t、4.3 万 t、39.0 万 t、0.8 万 t；联合收割机四项污染物排放量分别为 2.4 万 t、0.9 万 t、

10.8 万 t、0.5 万 t；渔业机械四项污染物排放量分别为 2.5 万 t、0.6 万 t、3.7 万 t、0.4 万 t；其他农用机械四项污染物排放量分别为 42.6 万 t、8.6 万 t、54.4 万 t、6.3 万 t（图 2-8）。

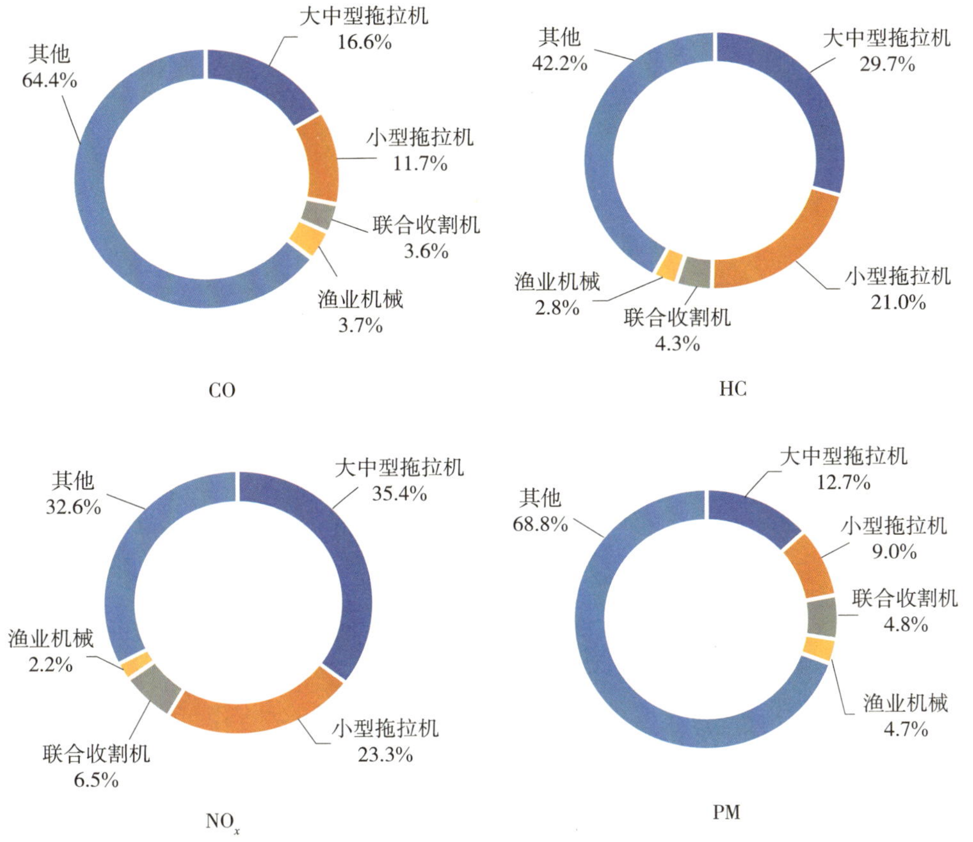


图 2-8　按机械类型划分的农业机械四项污染物排放量构成

从排放标准看，国一前标准的农业机械四项污染物排放量分别为 3.6 万 t、17.7 万 t、1.0 万 t；国一标准的农业机械四项污染物排放量分别为 14.9 万 t、33.8 万 t、1.9 万 t；国二标准的农业机械四项污染物排放量分别为 40.7 万 t、95.9 万 t、5.5 万 t；国三标准的农业机械四项污染物排放量分别为 6.8 万 t、19.6 万 t、0.8 万 t（图 2-9）。

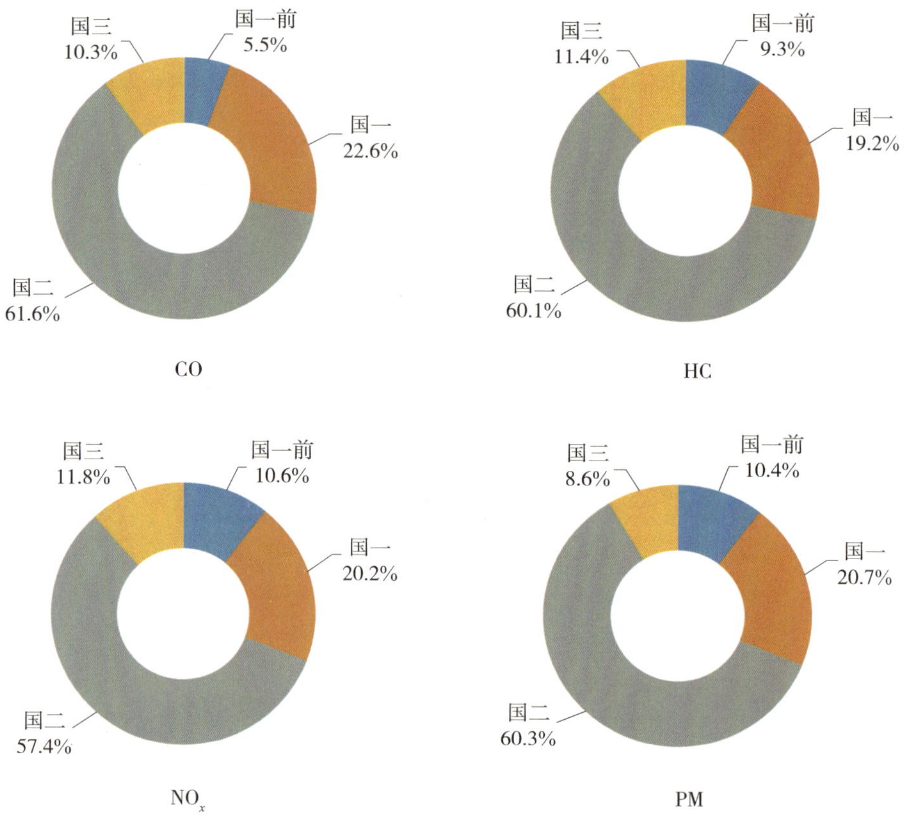


图 2-9　按排放标准划分的农业机械排放量构成

## 2.1.5　其他

2020 年全国船舶[①]CO、HC、$NO_x$、PM、$SO_2$ 排放量分别为 28.2 万 t、9.0 万 t、142.7 万 t、6.1 万 t、16.3 万 t。

2020 年全国铁路内燃机车 CO、HC、$NO_x$、PM 排放量分别为 1.9 万 t、0.7 万 t、12.4 万 t、0.5 万 t。

2020 年全国飞机 CO、HC、$NO_x$、PM 排放量分别为 4.2 万 t、0.4 万 t、6.2 万 t、0.2 万 t。

① 领海基线外 24 海里向陆地一面的海域。

## 2.2 2016—2020 年移动源污染物排放变化趋势①

### 2.2.1 移动源

2016—2020 年，移动源 CO 排放量由 889.8 万 t 增加到 895.4 万 t，年均增长 0.2%；HC 排放量由 209.7 万 t 增加到 232.7 万 t，年均增长 2.6%；$NO_x$ 排放量由 1 145.3 万 t 降至 1 104.5 万 t，年均下降 0.9%；PM 排放量由 42.0 万 t 降至 30.5 万 t，年均下降 7.7%（图 2-10）。

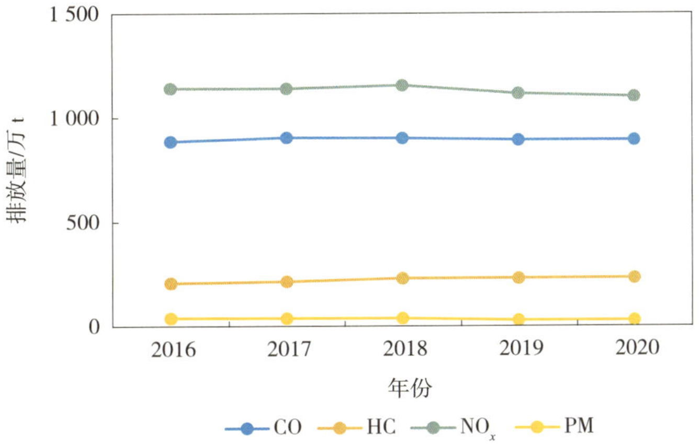


图 2-10 2016—2020 年移动源污染物排放量变化趋势

### 2.2.2 机动车

2016—2020 年，机动车 CO 排放量由 764.9 万 t 增加到 769.7 万 t，年均增长 0.2%；HC 排放量由 164.3 万 t 增加到 190.2 万 t，年均增长 3.7%；$NO_x$ 排放量由 630.6 万 t 降至 626.3 万 t，年均下降 0.2%；PM 排放量由 9.4 万 t 降至 6.8 万 t，年均下降 7.8%（图 2-11）。

① 2016—2020 年移动源排放量根据第二次全国污染源普查系数进行计算。

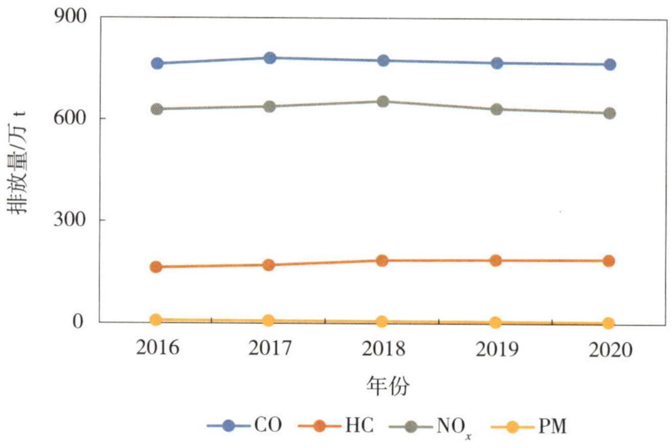


图 2-11　2016—2020 年机动车污染物排放量变化趋势

### 2.2.3　工程机械

2016—2020 年，工程机械 CO 排放量由 26.2 万 t 降至 25.4 万 t，年均下降 0.8%；HC 排放量由 14.6 万 t 降至 12.0 万 t，年均下降 4.8%；$NO_x$ 排放量由 177.4 万 t 降至 149.9 万 t，年均下降 4.1%；PM 排放量由 9.2 万 t 降至 7.7 万 t，年均下降 4.4%（图 2-12）。

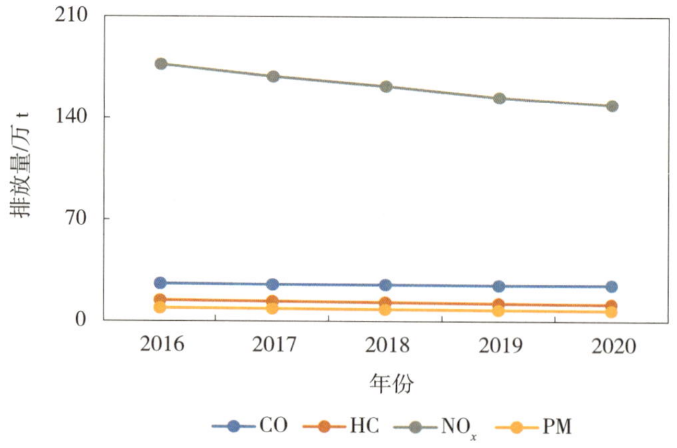


图 2-12　2016—2020 年工程机械污染物排放量变化趋势

### 2.2.4 农业机械

2016—2020 年，农业机械 CO 排放量由 66.8 万 t 降至 66.0 万 t，年均下降 0.3%；HC 排放量由 21.6 万 t 降至 20.4 万 t，年均下降 1.5%；$NO_x$ 排放量由 179.3 万 t 降至 167.0 万 t，年均下降 1.8%；PM 排放量由 9.5 万 t 降至 9.2 万 t，年均下降 0.7%（图 2-13）。

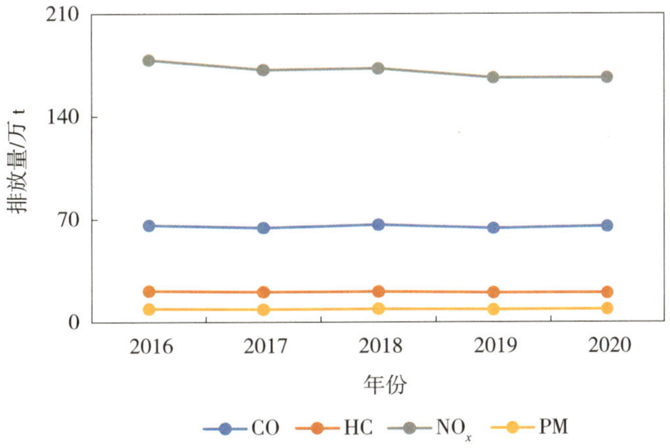


图 2-13　2016—2020 年农业机械污染物排放量变化趋势

### 2.2.5 其他移动源

2016—2020 年，其他移动源[①]CO 排放量由 31.9 万 t 增加到 34.5 万 t，年均增长 2.0%；HC 排放量由 9.2 万 t 增加到 10.2 万 t，年均增长 2.5%；$NO_x$ 排放量由 158.1 万 t 增加到 162.6 万 t，年均下降 0.7%；PM 排放量由 13.9 万 t 降至 6.8 万 t，年均下降 16.3%（图 2-14）。

① 包括船舶、铁路内燃机车和飞机。

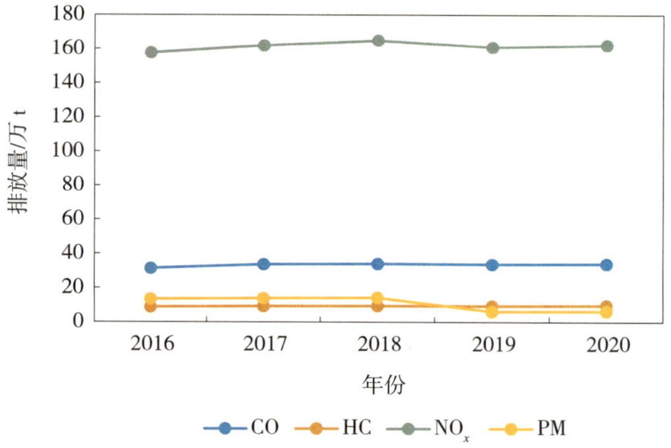


图 2-14　2016—2020 年其他移动源污染物排放量变化趋势

编写人员：黄志辉　何卓识　肖　寒

# 3

# 移动源排放法规

Mobile Source Emission Regulations

## 3.1 移动源大气污染防治法律法规

《中华人民共和国大气污染防治法》（以下简称《大气污染防治法》）是移动源大气污染防治的上位法。《大气污染防治法》于 1987 年首次颁布，针对机动车船提出了原则性要求，各级人民政府的环境保护、公安、交通、铁路、渔业管理部门根据各自的职责，对机动车船污染大气实施监督管理。1995 年首次修正，提出了对无铅汽油等的要求。2000 年第一次修订，专门设置了“机动车船大气污染物控制”章节，提出国家鼓励生产和消费使用清洁能源的机动车船，交通、渔政等有监督管理权的部门可以委托已取得有关主管部门资质认定的单位，按照规范对机动船舶排气污染进行年度检测。2015 年第二次修订，设置了“机动车船等污染防治”章节；提出了对移动源的一系列监管措施，如新生产机动车和非道路移动机械环保信息公开、环保召回制度，在用机动车环保定期检验和安全技术检验“两检合一”及遥感监测，船舶和非道路移动机械排放控制区等；增加了非道路移动机械和民用航空器污染防治，全面构建了移动源大气污染防治体系（图 3-1）。

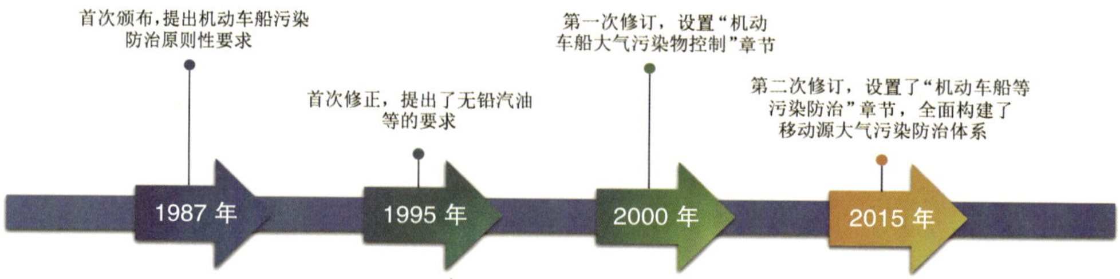


图 3-1 《中华人民共和国大气污染防治法》颁布、修正、修订历程

各地在总结移动源污染防治工作的基础上，结合移动源污染防治形势新需求，陆续制定了地方机动车和非道路移动机械专项法律法规，为移动源污染防治提供法律支撑。2018 年 7 月，京津冀三地人民代表大会常务委员会共同决定将机动车污染防治立法作为三地人民代表大会的立法协同项目，条例由京津冀三地协同起草、同步审议，2020 年 1 月分别在京津冀人民代表大会上表决通过，5 月 1 日起同步实施。此次京津冀针对机动车和非道路移动机械进行专项立法，是我国首次区域协同统一对有关污染防治做出全面规定的区域性立法，率先在省级层面为全国区域协同立法提供了制度范本。三地条例创新点主要包括：一是将非道路移动机械纳入排放监管范围，补充了非道路移动机械管理制度设计；二是凸显了"加强区域协同"内容，通过信息共享、排放超标车辆协同监管、联合执法等措施实现联防联控；三是在尊重各地经济社会发展实际情况及机动车和非道路移动机械监管现状的基础上，保持了各自的特色内容。

2016—2020 年，各省（市）陆续出台了地方机动车和非道路移动机械排放污染防治条例或政府规章（见附件四），补充制定了针对遥感监测和路检、路查超标车辆，生产、销售和使用超标燃油，未按规定安装或正常使用油气回收装置，拒不执行重污染天气移动源应急响应，排放控制区使用超标非道路移动机械，非道路移动机械未开展编码登记等处罚条款。

## 3.2 移动源大气污染物排放标准

### 3.2.1 排放标准的发展历程

制定并实施污染物排放标准是开展移动源污染防治工作的基础，对推动移动源污染防治技术进步具有重要意义。我国自 1983 年发布第一项汽车排放标准以来，在近 40 年的实践中，移动源环保标准和污染防治工作同步发展，在产品覆盖范围、排放控制要求和达标监管制度建设方面不断完善。与世界上其他国家发展历程相似，经历了先易后难，先尾气排放控制，后全工况、全污染物控制的经历；从控制对象来看，由汽车开始控制逐步扩展到摩托车、三轮汽车和低速货车、非道路移动机械、船舶和内燃机车等各类道路、非道路移动源，建立起较为完善的移动源标准体系。

1983—1998 年为第一阶段，初步建立道路机动车排放控制标准体系。1983 年，我国颁布了第一批移动源排放标准，主要是汽车排放标准，包括汽油车怠速、柴油车自由加速烟度和全负荷烟度等 6 项排放标准；控制对象和控制污染物都较为简单，但开启了对汽车污染防治工作的控制。20 世纪 90 年代初，又先后颁布了涵盖轻型汽车、重型汽油车和摩托车的一系列实施质量控制的污染物排放标准，所控制的污染物范围包括一氧化碳（CO）、碳氢化合物（HC）和氮氧化物（$NO_x$）；首次提出工况法控制、全部污染物控制的理念，并且提出了定型样车和批量生产的产品要满足环境保护的要求；对汽油车增加了燃油蒸发和曲轴箱排放的控制标准，基本划定了我国移动源排放控制的范围和技术路线要求。该阶段通常称为国一前排放标准，机动车排放控制水平相当于发达国家 20 世纪 70 年代末水平。

1999—2012 年为第二阶段，为移动源排放标准体系完善、优化产业促进技术升级阶段。该阶段我国先后发布 23 项国家机动车排放标准，标准体系不断健全完善，控制技术水平持续提升，监管制度持续加强。其中，汽车标准从国一升级到国四，摩托车标准从国一升级到国三，三轮汽车、低速货车标准从无到有；2007 年和 2010 年我国分别发布非道路柴油移动机械和非道路移动机械小汽油机 2 项排放标准，使我国的移动源排放控制范围从原来的道路机动车扩展到非道路移动机械等。同时，我国汽车、摩托车全面进入电喷技术时代，逐步形成环保型式检验、生产一致性和在用车监督检查为基本框架的全链条移动源排放控制管理制度。

2013 年至今为第三阶段，进入排放标准全面聚焦实际排放、关联环境空气质量精准管控阶段。我国先后发布了轻型车国六、重型车国六、非道路柴油移动机械国四、船舶等重要排放标准，以及摩托车国四、混合动力汽车、在用车和在用非道路移动机械等排放标准。铁路内燃机车和大型汽油移动机械等方面标准已启动，我国移动源排放标准体系将在“十四五”期间实现全面覆盖。该阶段移动源标准呈现出新的特点：一是标准制修订更加注重移动源实际使用中的污染物减排，污染物排放测试从实验室，扩展到在实际道路上进行车载测试；二是重型车国六排放标准提出了发动机和排放数据实时监控并远程传输给监管平台的要求，移动源排放监管中将开始应用信息化大数据技术，对解决重型车排放监管难问题起到至关重要的作用（图 3-2）。

截至 2020 年年底，正在实施或即将实施的标准共有 36 项，包括汽车类标准 22 项、摩托车类标准 6 项、农用车类标准 3 项、非道路类标准 4 项、船舶类标准 1 项。移动源大气污染物排放标准体系见图 3-3。

### 3.2.2 排放标准实施进程

我国于 2000 年正式实施汽车国一阶段排放标准，2004 年实施国二阶段排放标准，2008 年实施国三阶段排放标准，2011 年实施国四阶段排放标准，2017 年实施国五阶段排放标准，2020 年实施国六阶段排放标准。目前，汽车单车尾气

图 3-2 移动源排放控制要求发展历程

污染物排放已大幅下降，轻型汽车单车尾气 CO 和 HC 排放已下降 95% 以上；重型汽车单车 $NO_x$ 排放下降 75% 以上，PM 排放下降 95% 以上（图 3-4）。

与机动车相比，非道路移动机械排放标准相对滞后。非道路移动机械用柴油机于 2008 年正式实施国一阶段排放标准，2010 年实施国二阶段排放标准，2015 年实施国三阶段排放标准。国三阶段及以前基本未安装后处理装置，主要采用发动机机内净化。2020 年 12 月，生态环境部发布《非道路移动机械用柴油机排气污染物排放限值及测量方法（中国第三、四阶段）》（GB 20891—2014）修改单、《非道路柴油移动机械污染物排放控制技术要求》（HJ 1014—2020），要求自 2022 年 12 月 1 日起，开始全面实施国四阶段排放标准（图 3-5）。

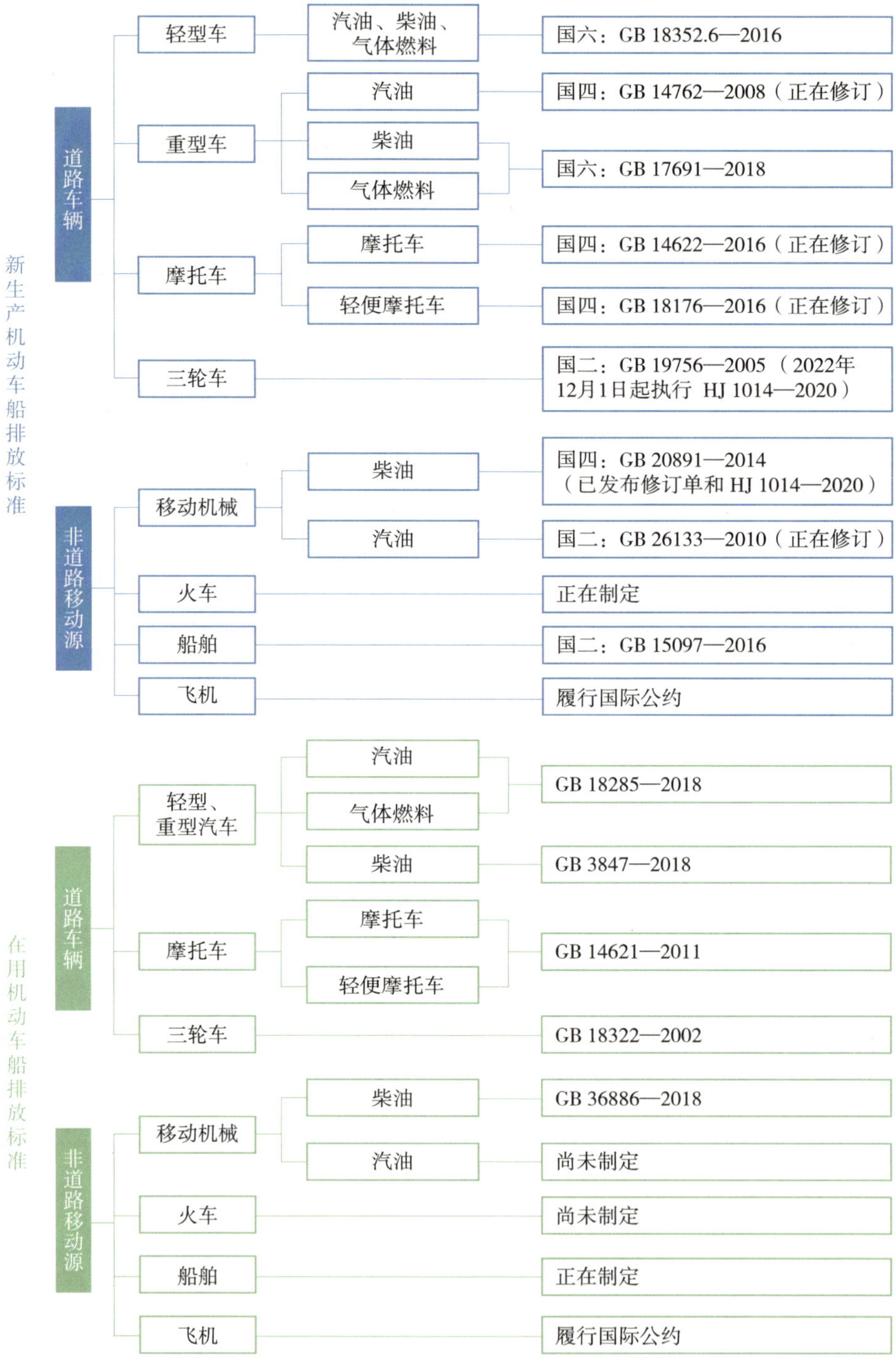


图 3-3 移动源大气污染物排放标准体系

<table>
<tr><th colspan="2" rowspan="2">车型</th><th colspan="22">年份</th></tr>
<tr><th>1999</th><th>2000</th><th>2001</th><th>2002</th><th>2003</th><th>2004</th><th>2005</th><th>2006</th><th>2007</th><th>2008</th><th>2009</th><th>2010</th><th>2011</th><th>2012</th><th>2013</th><th>2014</th><th>2015</th><th>2016</th><th>2017</th><th>2018</th><th>2019</th><th>2020</th></tr>
<tr><td rowspan="3">轻型汽车</td><td>柴油车</td><td>无控制要求</td><td colspan="5">国一</td><td colspan="3">国二</td><td colspan="5">国三</td><td colspan="5">国四</td><td colspan="2">国五</td><td>国六</td></tr>
<tr><td>汽油车</td><td>无控制要求</td><td colspan="5">国一</td><td colspan="3">国二</td><td colspan="3">国三</td><td colspan="6">国四</td><td colspan="3">国五</td><td>国六</td></tr>
<tr><td>气体燃料车</td><td>无控制要求</td><td colspan="5">国一</td><td colspan="3">国二</td><td colspan="3">国三</td><td colspan="6">国四</td><td colspan="3">国五</td><td>国六</td></tr>
<tr><td rowspan="3">重型汽车</td><td>柴油车</td><td colspan="2">无控制要求</td><td colspan="3">国一</td><td colspan="4">国二</td><td colspan="5">国三</td><td colspan="4">国四</td><td colspan="3">国五</td><td>国六</td></tr>
<tr><td>汽油车</td><td colspan="4">无控制要求</td><td>国一</td><td colspan="6">国二</td><td colspan="3">国三</td><td colspan="8">国四</td></tr>
<tr><td>气体燃料车</td><td colspan="2">无控制要求</td><td colspan="3">国一</td><td colspan="4">国二</td><td colspan="3">国三</td><td colspan="2">国四</td><td colspan="6">国五</td><td colspan="2">国六</td></tr>
<tr><td rowspan="2">摩托车</td><td>两轮和轻便摩托车</td><td colspan="5">无控制要求</td><td colspan="2">国一</td><td colspan="4">国二</td><td colspan="9">国三</td><td colspan="2">国四</td></tr>
<tr><td>三轮摩托车</td><td colspan="4">无控制要求</td><td colspan="2">国一</td><td colspan="6">国二</td><td colspan="8">国三</td><td colspan="2">国四</td></tr>
<tr><td colspan="2">三轮汽车</td><td colspan="8">无控制要求</td><td>国一</td><td colspan="13">国二</td></tr>
<tr><td colspan="2">低速货车</td><td colspan="8">无控制要求</td><td>国一</td><td colspan="9">国二</td><td colspan="4">无此类车</td></tr>
</table>

图 3-4　全国新生产机动车排放标准实施进度

<table>
<tr><th rowspan="2">车型</th><th colspan="22">年份</th></tr>
<tr><th>1999</th><th>2000</th><th>2001</th><th>2002</th><th>2003</th><th>2004</th><th>2005</th><th>2006</th><th>2007</th><th>2008</th><th>2009</th><th>2010</th><th>2011</th><th>2012</th><th>2013</th><th>2014</th><th>2015</th><th>2016</th><th>2017</th><th>2018</th><th>2019</th><th>2020</th></tr>
<tr><td>非道路柴油移动机械</td><td colspan="9">无控制要求</td><td colspan="2">国一</td><td colspan="5">国二</td><td colspan="6">国三</td></tr>
<tr><td>非手持式小型汽油移动机械</td><td colspan="13">无控制要求</td><td colspan="2">国一</td><td colspan="7">国二</td></tr>
<tr><td>手持式小型汽油移动机械</td><td colspan="13">无控制要求</td><td colspan="3">国一</td><td colspan="6">国二</td></tr>
<tr><td>船舶</td><td colspan="20">无控制要求</td><td colspan="2">国一</td></tr>
</table>

图 3-5　全国新生产非道路移动机械和船舶排放标准实施进度

## 3.2.3 重要标准情况

### 3.2.3.1 轻型车国六标准

2016 年 12 月，环境保护部、国家质量监督检验检疫总局联合发布《轻型汽车污染物排放限值及测量方法（中国第六阶段）》（GB 18352.6—2016），要求自 2020 年 7 月 1 日起，所有销售和注册登记的轻型汽车应符合 6a 限值要求；自 2023 年 7 月 1 日起，所有销售和注册登记的轻型汽车应符合 6b 限值要求（图 3-6）。

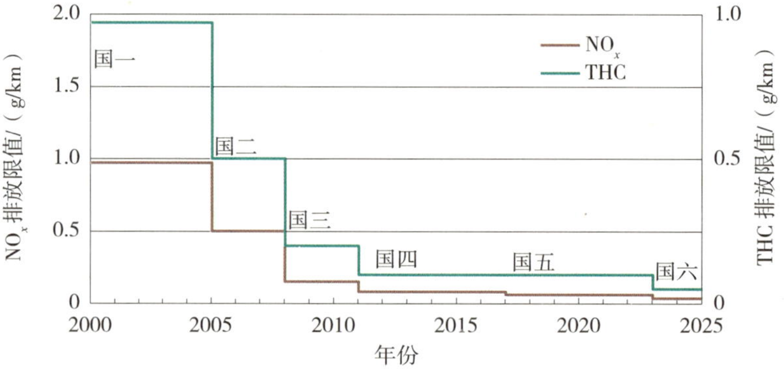


图 3-6 轻型车排放限值发展历程

与国五标准相比，轻型车国六标准主要有八个方面的变化：一是测试循环由 NEDC 循环变为 WLTC 循环，覆盖了更大的发动机工作范围；二是增加了更加严格的测试要求；三是限值加严了 40%～50%，采用燃料中立原则，对汽柴油车采用了相同的限值要求；四是新增加了实际道路行驶排放测试，可有效防止实际排放超标的作弊行为；五是加严了蒸发排放控制要求；六是增加了排放质保期的要求，切实保障车主的权益；七是提高了低温试验要求，CO 和 HC 限值加严 1/3，增加对 $NO_x$ 的控制要求，可有效控制冬天车辆冷启动时的排放；八是引入了严格的车载诊断系统（OBD）控制要求，全面提升了对车辆排放状态的实时监控能力。

### 3.2.3.2 重型柴油车国六标准

2018 年 6 月，生态环境部、国家市场监督管理总局联合发布《重型柴油车污染物排放限值及测量方法（中国第六阶段）》（GB 17691—2018），要求自 2021 年 7 月 1 日起，全面实施重型柴油车国六排放标准。重型车排放限值发展历程见图 3-7。

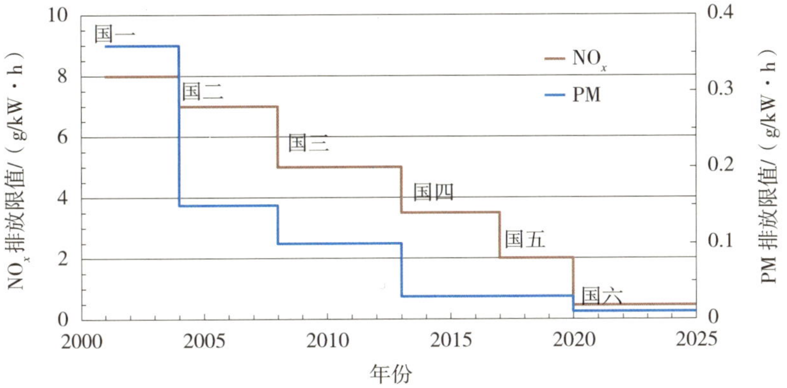


图 3-7　重型车排放限值发展历程（国一至国六）

与国五标准相比，重型柴油车国六标准主要有十个方面的变化：一是大幅加严污染物排放限值，$NO_x$、PM 限值分别加严 77%、67%，新增颗粒物数量限值和 $NH_3$ 排放限值；二是采用全新的发动机标准测试循环，即全球统一重型发动机瞬态测试循环（WHTC）和稳态测试循环（WHSC）；三是增加发动机非标准循环排放控制要求，有效防止车辆只在标准测量循环下排放达标；四是新增整车实际道路测试方法（车载法，PEMS），填补了整车监督执法的测量方法空白；五是进一步强化耐久性要求，可直接选择标准指定的劣化系数，大大降低企业型式检验成本；六是提出更加严格的 OBD 系统要求和 $NO_x$ 控制系统要求；七是增加高海拔排放要求；八是增加防止含钒化合物泄露的要求；九是规定了排放油耗联合管控的相关要求；十是增加远程排放管理车载终端技术要求。

### 3.2.3.3 摩托车国四标准

2016 年 8 月，环境保护部会同国家质量监督检验检疫总局发布《摩托车污染物排放限值及测量方法（中国第四阶段）》（GB 14622—2016）和《轻便摩托车污染物排放限值及测量方法（中国第四阶段）》（GB 18176—2016），要求自 2019 年 7 月 1 日起，全面实施摩托车国四排放标准。

与国三标准相比，摩托车国四标准主要有五个方面的变化：一是扩大标准适用范围，新增柴油三轮摩托车的排放控制要求；二是新增污染物项目，新增对柴油三轮摩托车颗粒物的污染控制要求；三是污染物限值进一步加严，各项污染物加严了 25%～53%；四是进一步提升了排放控制耐久性要求；五是提出更加完善的环保管理和技术要求。

### 3.2.3.4 非道路柴油移动机械第四阶段相关标准

2014 年 5 月，环境保护部发布《非道路移动机械用柴油机排气污染物排放限值及测量方法（中国第三、四阶段）》（GB 20891—2014），提出了第四阶段预告性要求，明确第四阶段实施时间另行规定。2020 年 12 月，生态环境部与国家市场监督管理总局联合发布了《非道路移动机械用柴油机排气污染物排放限值及测量方法（中国第三、四阶段）》（GB 20891—2014）修改单，并发布了其配套技术规范《非道路柴油移动机械污染物排放控制技术要求》（HJ 1014—2020）。修改单和配套技术规范自发布之日起实施。

与国三标准相比，国四标准主要有五个方面的变化：一是更加关注整机排放要求，新增车载法整机测试要求；二是新增颗粒物粒子数量限值要求；三是提出远程监控及定位要求；四是明确指定的劣化系数，将大幅降低企业的测试费用和研发成本；五是将三轮汽车纳入非道路标准统一管理。

#### 3.2.3.5 船舶发动机标准

2016年8月，环境保护部会同国家质量监督检验检疫总局发布了《船舶发动机排气污染物排放限值及测量方法（中国第一、二阶段）》（GB 15097—2016），要求自2019年7月1日起实施第一阶段要求，2022年7月1日起实施第二阶段要求。新标准适用于具有中国船籍在我国水域航行或作业的船舶［如内河船、沿海船、江海直达船、海峡（渡）船和各类渔船］装用的额定净功率大于37 kW、新生产船用发动机的环境管理，不适用于远洋船舶，远洋运输船舶执行国际公约的相关规定。标准还规定了船舶使用燃料的要求以及船舶和船机实施大修后的排放要求。

#### 3.2.3.6 在用车和在用柴油机械标准

2018年11月，生态环境部、国家市场监督管理总局联合发布《汽油车污染物排放限值及测量方法（双怠速法及简易工况法）》（GB 18285—2018）、《柴油车污染物排放限值及测量方法（自由加速法及加载减速法）》（GB 3847—2018）、《非道路移动柴油机械排气烟度限值及测量方法》（GB 36886—2018）等标准。按照标准要求，GB 36886—2018于2018年12月1日起实施，GB 18285—2018和GB 3847—2018于2019年5月1日起实施。

GB 18285—2018和GB 3847—2018为修订标准，与原标准相比，主要有两个方面的变化：一是增加了对OBD的检查项目，探索逐步将排放检验由尾气排放检测改为OBD检查；二是进一步加严排放限值。

GB 36886—2018为首次制定。新标准规定：工程机械、农业机械等排放明显可见烟，或烟度超过林格曼黑度一级，即可认为排放超标。

# 3.3 车用燃料标准

## 3.3.1 车用燃料标准体系

目前，我国已制定车用汽油、车用乙醇汽油、车用甲醇汽油、车用柴油、生物柴油等国家标准，以及储油库、油品运输和加油站大气污染物排放标准（表 3-1）。

表 3-1 现行车用燃料相关标准

| 类型 | 标准名称 |
|---|---|
| 汽油标准 | 《车用汽油》GB 17930—2016<br>《车用乙醇汽油（E10）》GB 18351—2017<br>《车用乙醇汽油调合组分油》GB 22030—2017<br>《车用甲醇汽油（M85）》GB 23799—2009<br>《车用燃料甲醇》GB/T 23510—2009<br>《车用乙醇汽油 E85》GB 35793—2018 |
| 柴油标准 | 《车用柴油》GB 19147—2016<br>《B5 柴油》GB 25199—2017 |
| 燃料油标准 | 《船用燃料油》GB17411—2015 |
| 油气排放控制标准 | 《储油库大气污染物排放标准》GB 20950—2020<br>《油品运输大气污染物排放标准》GB 20951—2020<br>《加油站大气污染物排放标准》GB 20952—2020<br>《汽车加油加气站设计与施工规范》GB 50156—2012<br>《油品装载系统油气回收设施设计规范》GB 50759—2012 |
| 清净剂标准 | 《汽油清净剂》GB 19592—2019<br>《柴油清净剂》GB 32859—2016 |
| $NO_x$ 还原剂标准 | 《柴油发动机氮氧化物还原剂 尿素水溶液（AUS32）》GB 29518—2013 |

截至 2020 年年底，我国在全国范围内已供应符合国六标准的车用汽柴油，柴油实现了车用柴油、普通柴油和部分船舶用油的“三油并轨”。

## 3.3.2 车用燃料标准实施进程

全国车用燃料标准实施进度如图 3-8 所示，表中数字代表油品中的硫含量。

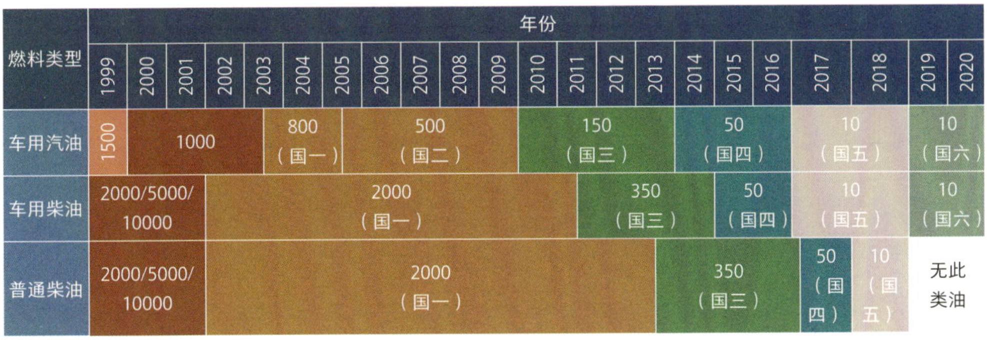


图 3-8 全国车用燃料标准实施进度（单位：mg/kg）

### 3.3.2.1 车用汽油

按照车用油品标准和相关文件要求，我国先后于 2003 年实施国一阶段车用汽油，2005 年实施国二阶段车用汽油，2010 年实施国三阶段车用汽油，2014 年实施国四阶段车用汽油，2017 年实施国五阶段车用汽油，2019 年实施国六阶段车用汽油。

总体来说，车用汽油的发展方向是无硫化、降低烯烃和芳烃含量以及夏季蒸气压值。其中，硫含量已由无控制阶段的 1 500 ppm 下降到国六阶段的 10 ppm；烯烃从不大于 35% 降低到国六 b 阶段的 15%；芳烃也从不大于 40% 降低到国六 b 阶段的 35%。车用汽油主要环保指标见表 3-2。

表 3-2 车用汽油环保指标

| 环保指标 | 车用汽油（含乙醇汽油） | | | | | | |
|---|---|---|---|---|---|---|---|
| | 国一 | 国二 | 国三 | 国四 | 国五 | 国六 a | 国六 b |
| 硫含量 /（mg/kg） | ≤1 000 | ≤500 | ≤150 | ≤50 | ≤10 | ≤10 | ≤10 |

| 环保指标 | 车用汽油（含乙醇汽油） | | | | | | |
|---|---|---|---|---|---|---|---|
| | 国一 | 国二 | 国三 | 国四 | 国五 | 国六 a | 国六 b |
| 夏季蒸气压 / kPa | ≤74 | ≤74 | ≤72 | 40～68 | 40～65 | 40～65 | 40～65 |
| 烯烃 /% | ≤35 | ≤35 | ≤30 | ≤28 | ≤24 | ≤18 | ≤15 |
| 锰含量 /（mg/L） | ≤18 | ≤18 | ≤16 | ≤8 | ≤2 | ≤2 | ≤2 |
| 芳烃 /% | ≤40 | ≤40 | ≤40 | ≤40 | ≤40 | ≤35 | ≤35 |

### 3.3.2.2 车用柴油

按照车用油品标准和相关文件要求，我国先后于 2002 年实施国一阶段车用柴油和普通柴油标准；2011 年和 2013 年分别实施国三阶段车用柴油和普通柴油标准；2015 年和 2017 年分别实施国四阶段车用柴油和普通柴油标准；2017 年和 2018 年分别实施国五阶段车用柴油和普通柴油标准；2019 年全面实施国六阶段车用柴油标准，取消普通柴油标准，实现车用柴油、普通柴油、部分船舶用油“三油并轨”。

总体来说，车用柴油的发展方向是无硫化、提高十六烷值和降低多环芳烃含量。车用柴油环保指标见表 3-3。

表 3-3 车用柴油（0#）环保指标

| 环保指标 | 车用柴油（含生物柴油） | | | | | |
|---|---|---|---|---|---|---|
| | 国一 | 国二 | 国三 | 国四 | 国五 | 国六 |
| 硫含量 /（mg/kg） | ≤2 000 | ≤500 | ≤350 | ≤50 | ≤10 | ≤10 |
| 十六烷值 | ≥45 | ≥49 | ≥49 | ≥49 | ≥51 | ≥51 |
| 密度 /（kg/m³） | — | 820～860 | 810～850 | 810～850 | 810～850 | 810～845 |

| 环保指标 | 车用柴油（含生物柴油） | | | | | |
| --- | --- | --- | --- | --- | --- | --- |
| | 国一 | 国二 | 国三 | 国四 | 国五 | 国六 |
| 多环芳烃 /% | — | — | ≤11 | ≤11 | ≤11 | ≤7 |
| 润滑性 - 磨痕直径 /μm | — | ≤460 | ≤460 | ≤460 | ≤460 | ≤460 |

注：国二阶段柴油为推荐性标准。

### 3.3.3 船用燃料油标准实施进程

船用燃料油执行《船用燃料油》（GB 17411—2015）。标准对馏分燃料油硫含量规定了三个等级，其中一级为 1.0% 或 1.5%，与 ISO/CD 8217：2015 年船用馏分燃料油硫含量要求一致；二级为 0.5%，符合国际海事组织（IMO）拟定的 2020 年（或 2025 年）船舶行驶在普通区域对燃料油硫含量的要求；三级为 0.1%，符合目前船舶行驶在硫氧化物（$SO_x$）排放控制区内对燃料油硫含量的要求。

标准对残渣燃料油硫含量也规定了三个等级，其中一级为 3.5%，符合目前 IMO 船舶行驶在普通区域对燃料油硫含量的要求；二级为 0.5%，符合 IMO 拟定的 2020 年（或 2025 年）船舶行驶在普通区域对燃料油硫含量的要求；三级为 0.1%，符合目前船舶行驶在 $SO_x$ 排放控制区内对燃料油硫含量的要求。

2018 年 12 月，国家市场监督管理总局、国家标准化管理委员会发布国家标准 2018 年第 17 号公告，批准实施 GB 17411—2015 船用燃料油《第 1 号修改单》，增加了内河船用燃料油的要求与试验方法，明确内河船用燃料油硫含量限值与车用柴油等同。

## 3.4 加油站、储油库、油品运输大气污染物排放标准

2020 年 12 月，生态环境部与国家市场监督管理总局联合发布《储油库大气污染物排放标准》（GB 20950—2020）、《油品运输大气污染物排放标准》（GB 20951—2020）、《加油站大气污染物排放标准》（GB 20952—2020），自 2021 年 4 月 1 日起代替原标准实施。

储油库标准修订扩大了油品适用范围，增加含醇汽油、航空汽油、石脑油、航空煤油、原油、类似挥发性油品；增加了企业边界排放限值，规定企业边界监测点位任何 1 h 非甲烷总烃（NMHC）平均浓度限值为 4 $mg/m^3$；完善了铁路罐车、油船等发油收油等过程的管理控制要求；增加了码头油气回收要求及储油库油气处理装置排放浓度等指标超标判定条件。

加油站标准修订扩大了油品的适用范围，增加了乙醇汽油和 M30 以下的甲醇汽油；修改并明确了在线监测系统指标要求，取消对系统密闭性和液阻的分析要求，增加检测 / 测量器件性能指标、安装位置要求（资料性附录）等；将油气处理装置调整为非强制安装；增加了油气回收系统密闭点位泄漏和企业边界排放限值；增加了油气处理装置排放浓度、油气回收系统密闭点位油气泄漏等指标超标判定条件。

油品运输标准调整扩大了标准适用范围，增加了原油、含醇汽油、航空汽油、石脑油等油品，以及与前述油品挥发性特征类似的循环油、组分油、凝析油、轻质油等；增加了油船排放控制要求，要求在向油船发油、油船运输和卸油时进行油气排放控制，新投入使用的油船（150 总吨及以上）和现有 8 000 总吨及以上的油船分阶段实施；增设了运输工具密封点泄漏排放限值，规定采用氢火焰离子化检测仪（以甲烷或丙烷为校准气体）检测值不超过 500 μmol/mol。

## 3.5 移动源环境管理政策

### 3.5.1 打赢蓝天保卫战三年行动计划

2018 年 6 月，国务院印发《打赢蓝天保卫战三年行动计划》，明确了大气污染防治工作的总体思路、基本目标、主要任务和保障措施，提出了打赢蓝天保卫战的时间表和路线图。与移动源有关的污染防治措施主要包括四个方面。

#### 3.5.1.1 优化调整货物运输结构

一是大幅提升铁路货运比例。到 2020 年，全国铁路货运量比 2017 年增长 30%，京津冀及周边地区增长 40%、长三角地区增长 10%、汾渭平原增长 25%。大力推进海铁联运。二是推动铁路货运重点项目建设。加快货运铁路建设，加大铁路与港口连接线、工矿企业铁路专用线建设，加强钢铁、电解铝、电力、焦化等重点行业企业铁路专用线建设，到 2020 年，重点区域重点行业企业铁路运输比例达到 50% 以上。三是大力发展多式联运。推进多式联运型和干支衔接型货运枢纽建设，加快推广集装箱多式联运，推进城市绿色货运配送示范工程。

#### 3.5.1.2 加快车船结构升级

一是推广使用新能源汽车。加快推进城市建成区新增和更新的公交、环卫、邮政、出租、通勤、轻型物流配送车辆采用新能源或清洁能源汽车，重点区域使用比例达到 80%；加快建设集中式充电桩和快速充电桩。二是大力淘汰老旧车辆。大力推进营运柴油货车提前淘汰更新，2020 年年底前，京津冀及周边地区、汾渭平原加快淘汰国三及以下排放标准营运中型、重型柴油货车 100 万辆以上；加快淘汰采用稀薄燃烧技术和“油改气”的老旧燃气车辆，自 2019 年 7 月

1日起，重点区域、珠三角地区、成渝地区提前实施国六排放标准。三是推进船舶更新升级。自2018年7月1日起，全面实施新生产船舶发动机第一阶段排放标准。鼓励淘汰使用20年以上的内河航运船舶。

#### 3.5.1.3 加快油品质量升级

自2019年1月1日起，全国全面供应符合国六标准的车用汽柴油，停止销售普通柴油和低于国六标准的车用汽柴油，取消普通柴油标准，实现车用柴油、普通柴油、部分船舶用油“三油并轨”。

#### 3.5.1.4 强化移动源污染防治

一是加强机动车环保达标监管。严厉打击新生产销售机动车环保不达标违法行为，加大机动车定期排放检验机构监督管理，全面推进机动车环保监督抽测。二是加强非道路移动机械和船舶污染防治。推动各地依法划定禁止高排放非道路移动机械使用区域，强化执法监管；调整扩大船舶排放控制区范围，覆盖沿海重点港口和部分内河区域。三是推动靠港船舶和飞机使用岸电。

### 3.5.2 柴油货车污染治理攻坚战行动计划

2018年12月，生态环境部、国家发展改革委、工信部、交通运输部等11部门联合印发《柴油货车污染治理攻坚战行动计划》，明确要实施清洁柴油车、清洁柴油机、清洁运输、清洁油品行动。

#### 3.5.2.1 清洁柴油车行动

一是加强新生产车辆环保达标监管。严格实施国家机动车油耗和排放标准，重点区域、珠三角地区、成渝地区提前实施机动车国六排放标准；强化机动车环保信息公开，基本实现柴油车逐车核实环保信息公开情况、查验污染控制装置、进行上线排放检测；严厉打击生产、进口、销售不达标车辆违法行为。二是加大在用车监督执法力度。建立完善的监管执法模式，加大路检路查力度、强化入户监督抽测，加强重污染天气期间柴油货车管控，加大对高排放车辆监督抽测频次。三是强化在用车排放检验和维修治理。加强排放检验机构监督管理，每年实现监管全覆盖；强化维修单位监督管理，严厉打击弄虚作假方式通过排放检验的行为；建立完善的机动车排放检测与强制维修制度。四是加快老旧车辆淘汰和深度治理。推进老旧车辆淘汰报废，京津冀及周边地区、汾渭平原加快淘汰国三及以下排放标准营运柴油货车 100 万辆以上；推动高排放车辆深度治理，安装污染控制装置、远程排放监控设备和精准定位系统，并与生态环境部门联网。五是推进监控体系建设和应用。加快建设完善“天地车人”一体化的机动车排放监控系统，加强排放大数据分析，追溯超标车辆生产和进口企业、污染控制装置生产企业、登记地、排放检验机构、维修单位、加油站点、供油企业、运输企业等，实现全链条环境监管。六是推动相关行业集约化发展。促进落后产能淘汰，提高柴油货车制造产业集中度；推进排放检验机构和维修单位规模化发展。

#### 3.5.2.2 清洁柴油机行动

一是严格新生产发动机和非道路移动机械、船舶管理。2020 年年底前，全国实施非道路移动机械第四阶段排放标准；严格实施船舶发动机第一阶段国家排放标准，提前实施第二阶段排放标准。二是加强排放控制区划定和管控。重点区域城市 2019 年年底前完成禁止使用高排放非道路移动机械的区域划定工作，其他地区城市 2020 年 6 月底前完成。2019 年年底前，调整扩大船舶排放控制区范围，覆盖沿海重点港口和部分内河区域，提高船用燃料油硫含量控制要求。三是加快非道路移动机械治理和淘汰更新。四是强化综合监督管理。探索建立工程机械使用中监督抽测、超标后处罚撤场的管理制度。推进工程机械安装精准定位系统和实时排放监控装置。五是推动港口岸电建设和使用，靠港船舶优先使用岸电。

#### 3.5.2.3 清洁运输行动

一是提升铁路货运量。推进中长距离大宗货物、集装箱运输从公路转向铁路；加快货运铁路建设，加大铁路与港口连接线、工矿企业铁路专用线建设，加强钢铁、电解铝、电力、焦化等重点行业企业铁路专用线建设，到 2020 年，重点区域重点行业企业铁路运输比例达到 50% 以上。二是推动发展绿色货运。重点区域内新建、改建、扩建涉及大宗物料运输的建设项目，应尽量采用铁路、水路或管道等运输方式，其他地区优先采用；推进多式联运型和干支衔接型货运枢纽建设，加快推进集装箱多式联运；推进城市绿色货运配送示范工程。三是优化运输车队结构。加快推进城市建成区新增和更新的公交、环卫、邮政、出租、通勤、轻型物流配送车辆采用新能源或清洁能源汽车，重点区域使用比例达到 80%；加快建设集中式充电桩和快速充电桩。

#### 3.5.2.4 清洁油品行动

一是加快提升油气质量标准。自 2019 年 1 月 1 日起，全国全面供应符合国六标准的车用汽柴油，停止销售普通柴油和低于国六标准的车用汽柴油，取消普通柴油标准，实现车用柴油、普通柴油、部分船舶用油“三油并轨”。二是健全燃油及清净增效剂和车用尿素管理制度。三是推进油气回收治理。四是强化生产、销售、储存和使用环节监管。

编写人员：谷雪景　纪　亮　郝春晓　王燕军

# 4

# 移动源环境管理

Mobile Source Environmental Management

## 4.1 新车（机）环境管理

### 4.1.1 环保信息公开

《大气污染防治法》第五十五条第一款提出，机动车生产、进口企业应当向社会公布其生产、进口机动车车型的排放检验信息、污染控制技术信息和有关维修技术信息。

为贯彻落实《大气污染防治法》，生态环境部印发了《关于开展机动车和非道路移动机械环保信息公开工作的公告》（国环规大气〔2016〕3号），规定自2017年1月1日起，机动车生产、进口企业以随车清单方式公开机动车主要环保信息。信息公开内容主要包括生产、进口企业基本信息，污染控制技术信息和排放检验信息。

截至目前，各级生态环境主管部门已建立机动车和非道路移动机械检验信息核查机制，通过现场检查、抽样检查等方式开展环保信息公开工作的监督管理，督促机动车和非道路移动机械生产、进口企业按要求进行信息公开。

#### 4.1.1.1 车（机）型信息公开情况

2017—2020 年，共有 1 583 家机动车企业 118 866 个车型进行了信息公开，包括 267 家进口企业 3 943 个车型和 1 357 家国内生产企业 114 936 个车型；共有 972 家非道路移动机械企业 23 713 个机械机型进行了信息公开（图 4-1）。

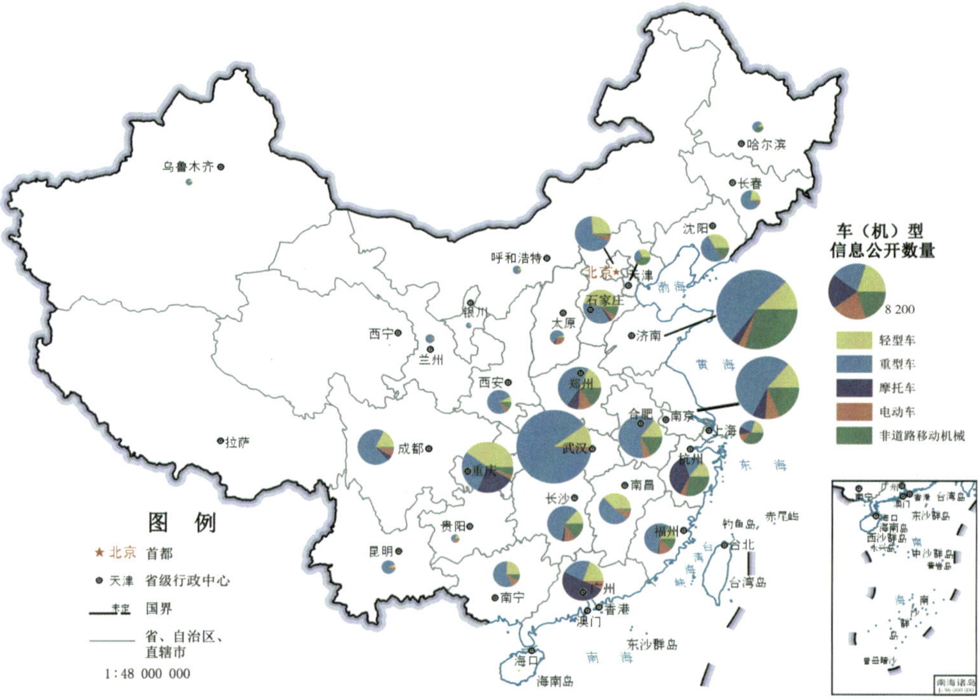


图 4-1　全国各省（自治区、直辖市）信息公开数量及车型类别占比情况

其中，轻型车共有 649 家企业的 24 355 个车型进行了信息公开，重型车共有 1 007 家企业的 75 419 个车型进行了信息公开，摩托车共有 247 家企业的 10 163 个车型进行了信息公开，电动车共有 375 家的企业 8 929 个车型进行了信息公开。

### 4.1.1.2 随车清单公开情况

2017—2020年，全国共有1 452家企业公开机动车随车清单1.26亿张。其中，轻型车共有580家企业公开了9 179万张随车清单，重型车共有909家企业公开了865万张随车清单，摩托车共有227家企业公开了2 221万张随车清单，电动车共有301家企业公开了339万张随车清单。2017—2020年不同阶段机动车随车清单数量及占比变化见图4-2～图4-5。

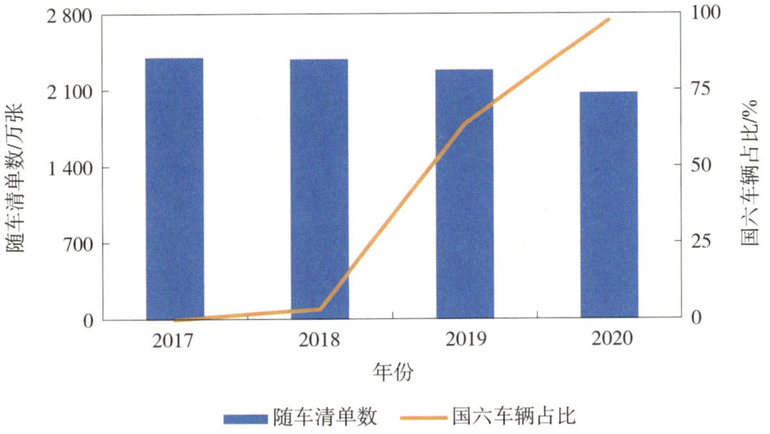


图4-2　2017—2020年轻型车随车清单数量及占比变化

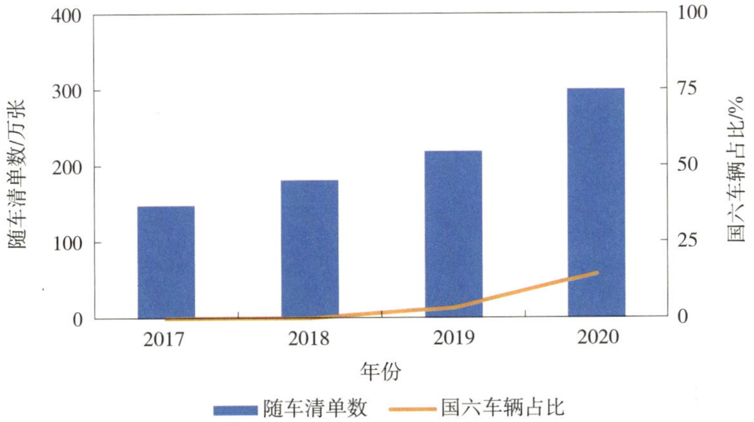


图4-3　2017—2020年重型车随车清单数量及占比变化

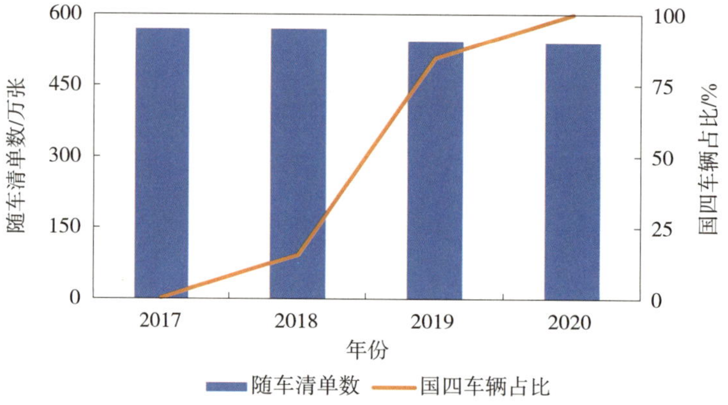


图 4-4　2017—2020 年摩托车随车清单数量及占比变化

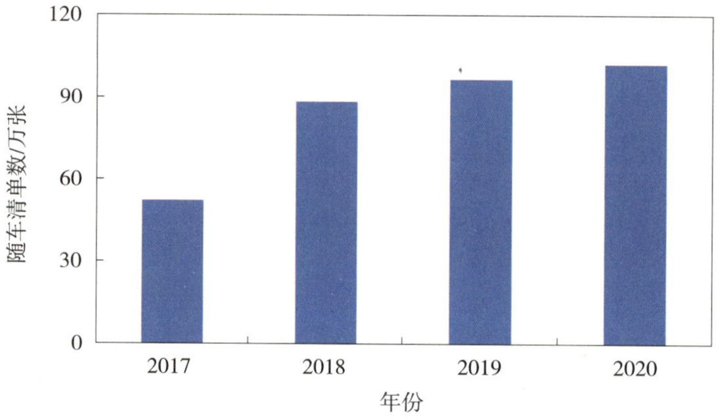


图 4-5　2017—2020 年电动车随车清单数量变化

### 4.1.2　新车排放情况

随着机动车排放标准的加严，法规工况越来越接近真实驾驶条件，新生产机动车 CO、THC 和 $NO_x$ 排放逐步降低。其中，新生产国五和国六轻型汽油车 CO 排放均值分别为排放限值的 36% 和 37%，THC 排放均值分别为排放限值的 42% 和 27%，$NO_x$ 排放均值均为排放限值的 37%；新生产国五和国六轻型柴油车 CO 排放均值分别为排放限值的 38% 和 24%，$NO_x$ 排放均值分别为排放限值的 74% 和 60%，国六轻型柴油车 THC 排放均值为排放限值的 34%；新生产国五和国六重型柴油车 CO 排放均值分别为排放限值的 11% 和 8%，THC 排放均值分别为排放限值的 7% 和 13%，$NO_x$ 排放均值分别为排放限值的 71% 和 48%，PM 排放均值分别为排放限值的 60% 和 29%；新生产国五和国六重型燃气车 CO 排放均值分别为排放限值的 6% 和 10%，NMHC 排放均值分别为排放限值的 16% 和 9%，$NO_x$ 排放均值分别为排放限值的 75% 和 43%。2017—2020 年新生产机动车污染物排放情况见图 4-6～图 4-9。

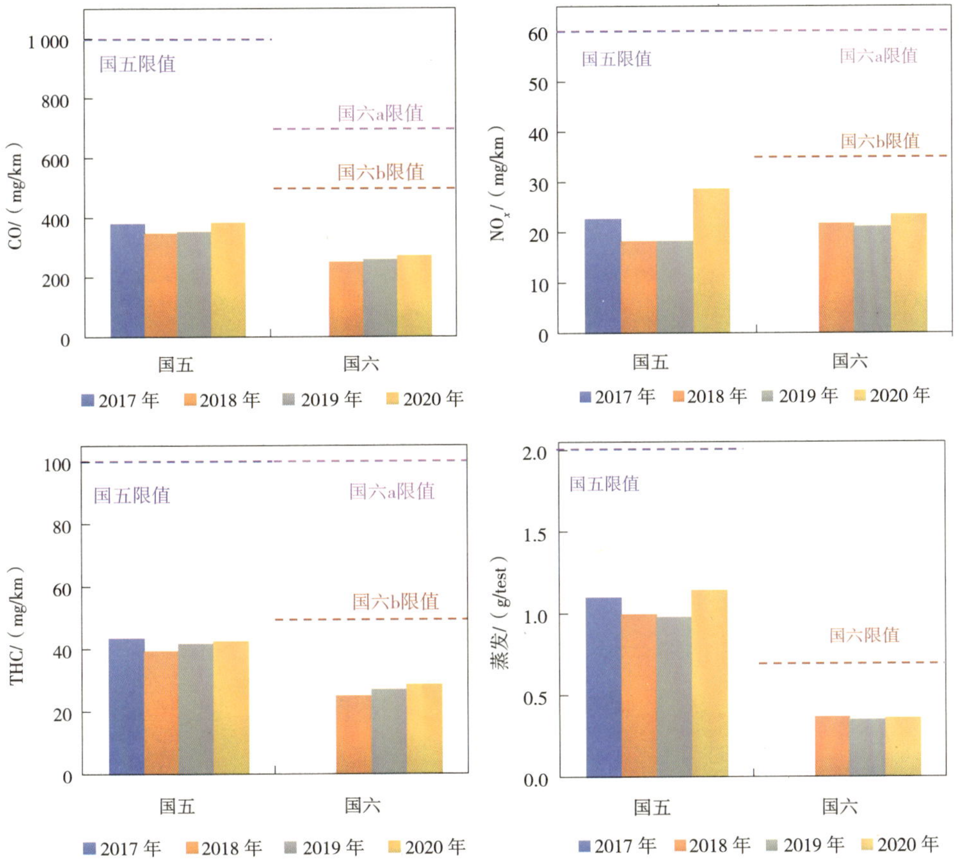


图 4-6　2016—2020 年新生产轻型汽油车污染物排放情况[①]

① 为型式认证值与销量的加权平均值。轻型车循环工况由国五阶段的 NEDC 变更为国六阶段的 WLTC。

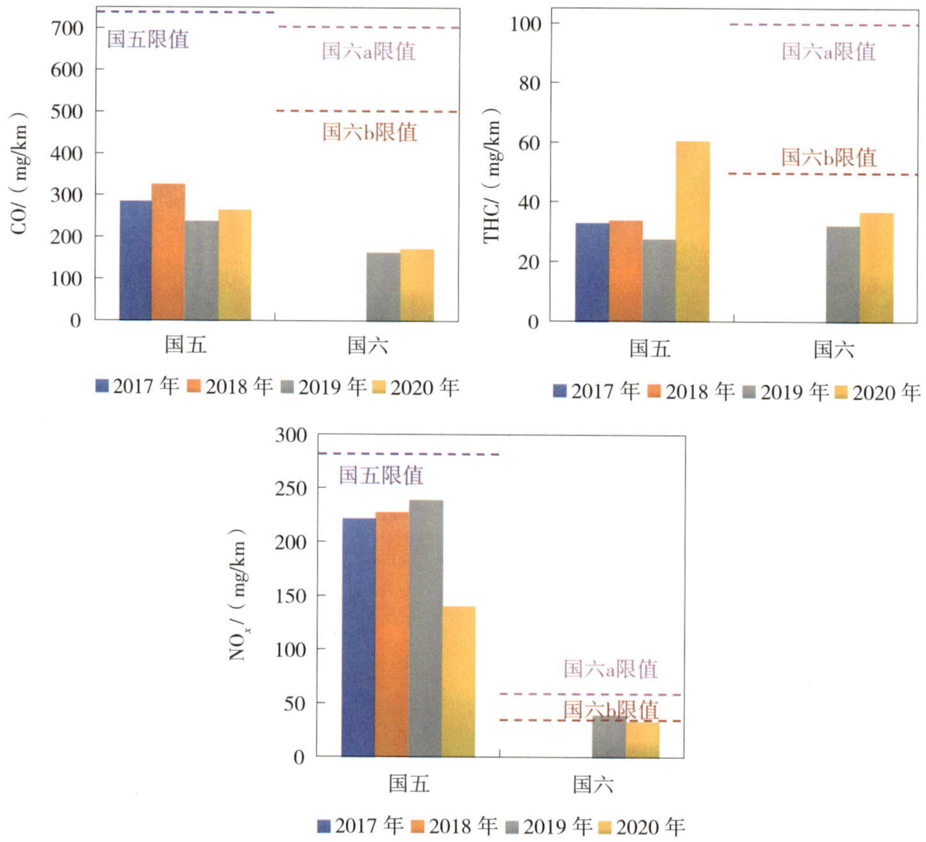


图 4-7　2016—2020 年新生产轻型柴油车污染物排放情况

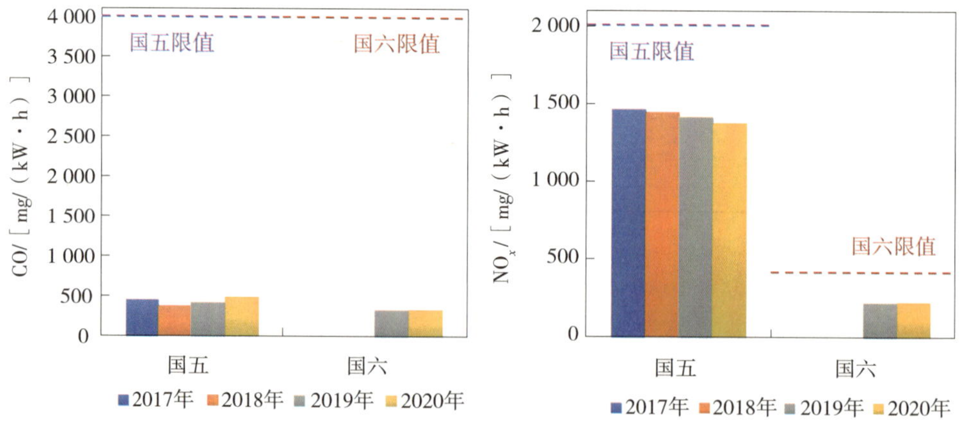


图 4-8　2016—2020 年新生产重型柴油车污染物排放情况[①]

① 重型柴油车循环工况由国五阶段的 ETC 变更为国六阶段的 WHTC。

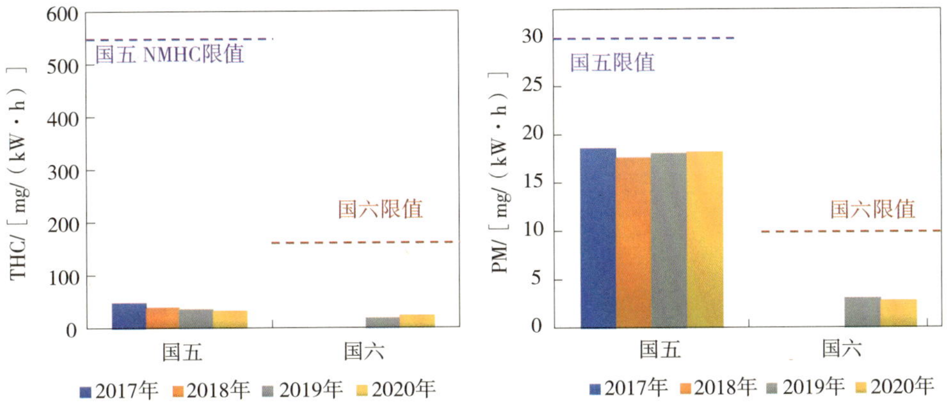


图 4-8　2016—2020 年新生产重型柴油车污染物排放情况[①]（续图）

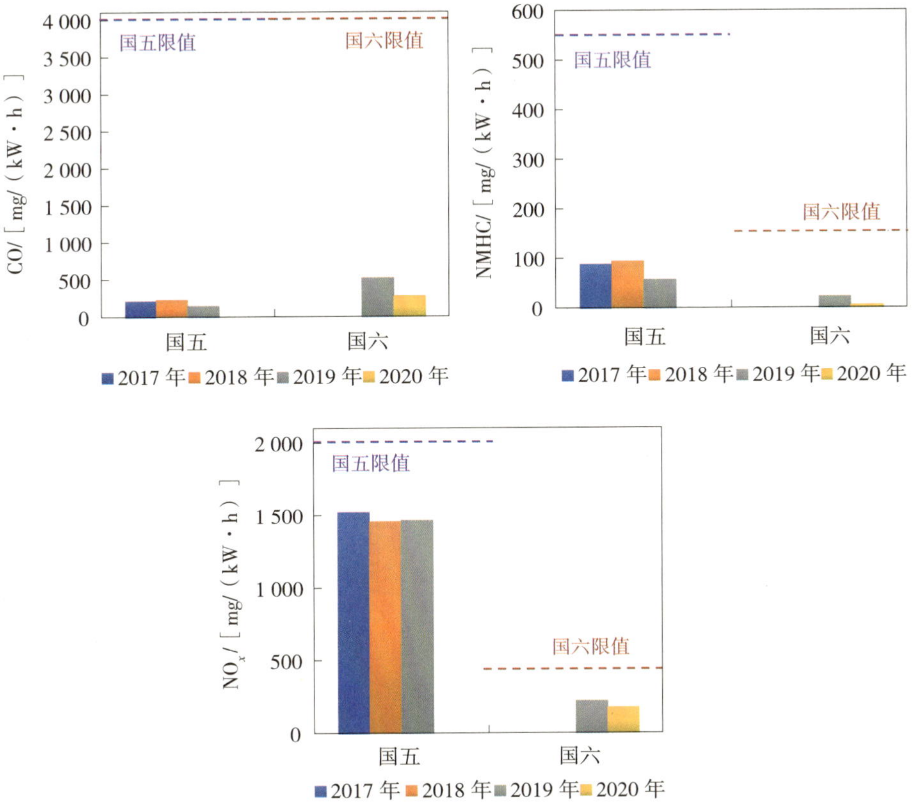


图 4-9　2016—2020 年新生产重型燃气车污染物排放情况[①]

① 重型燃气车循环工况由国五阶段的 ETC 变更为国六阶段的 WHTC。

### 4.1.3 环保召回

2012 年 10 月，国务院发布《缺陷汽车产品召回管理条例》，要求开展机动车安全召回，对安全召回适用范围、基本概念、监管部门、生产者及经营者义务、召回管理程序以及法律责任作出规定。2015 年 10 月，国家质量监督检验检疫总局发布《缺陷汽车产品召回管理条例实施办法》，对缺陷汽车产品召回管理进行补充和完善，初步建立了机动车安全召回制度。

2021 年 5 月，根据《大气污染防治法》的要求，国家市场监督管理总局会同生态环境部印发了《机动车排放召回管理规定》，规定了排放召回适用范围、基本概念、监管部门、生产者及经营者义务、召回管理程序以及法律责任，初步建立了机动车排放召回管理制度。该规定的主要内容包括以下几点：一是适用范围，适用在中华人民共和国境内开展机动车排放召回及其监督管理；非道路移动机械的排放召回，参照执行。二是职责分工，生产者是机动车排放召回的主体；国家市场监督管理总局与生态环境部建立联合工作机制，共同负责机动车排放召回。三是召回条件，包括由于设计、生产缺陷导致机动车排放大气污染物超过标准；由于不符合规定的环境保护耐久性要求，导致机动车排放大气污染物总量超标；由于设计、生产原因导致机动车存在其他不符合排放标准或不合理排放。四是信息采集渠道，包括主管部门信息收集和共享、生产者信息报告、经营者和零部件生产者信息报告三种信息收集渠道。五是排放召回和安全召回的关系，生产者排放召回义务与安全召回基本一致，仅新增要求生产者报告排放危害相关信息；未新设相关经营者义务。排放召回时限要求也与安全召回一致。六是排放召回和监督检查、排放检验的关系，大气污染防治监督检查中发现机动车可能存在排放危害的，主管部门可以对机动车生产者等进行调查；机动车排放年检时，检验机构要对召回范围内的车主予以提醒，督促车主积极配合完成排放召回。

2019 年 7 月，梅赛德斯 - 奔驰（中国）汽车销售有限公司根据《大气污染防治法》《缺陷汽车产品召回管理条例》及《缺陷汽车产品召回管理条例实施办法》的要求，向国家市场监督管理总局和生态环境部联合备案了召回计划，召回 2016 年 2 月 29 日—2018 年 10 月 16 日生产的部分进口 GLE SUV 和 GLS SUV 汽车，共计 302 辆。召回车辆存在尾气催化转化器混装的情况，导致无法满足机动车排放标准及车载诊断系统的相关要求，可能导致车载诊断系统报警。该公司为召回车辆进行检查并免费更换符合标准的催化转化器。

2020 年 8 月，浙江飞碟汽车制造有限公司根据相关要求，向国家市场监督管理总局和生态环境部联合备案了召回计划，召回 2017 年 3 月 21 日—2018 年 9 月 7 日生产的部分奥驰系列载货汽车，共计 458 辆。召回车辆配装的柴油发动机存在 OBD 系统标定问题，导致车辆存在超标排放的风险。该公司将为召回车辆免费刷写改进后的 DCU 程序。

2020 年 12 月，宝马（中国）汽车贸易有限公司根据相关要求，向国家市场监督管理总局和生态环境部联合备案了召回计划，召回生产日期为 2017 年 11 月 22 日—2020 年 9 月 7 日的部分进口 X5M、X6M、M5 及 M8 汽车，共计 936 辆。召回车辆存在油箱通风 OBD 诊断软件缺陷，诊断系统在产生预报警故障码后会发生自锁，无法点亮 MIL 灯，屏蔽氧传感器和三元催化器的故障诊断，进而无法检测出能够导致排放超标的故障，不符合国家机动车污染物排放法规的相关要求。该公司免费对召回车辆的 OBD 软件进行重新编程。

# 4.2 在用车环境管理

## 4.2.1 排放检验与维护制度

### 4.2.1.1 排放检验和维护制度的建立与实施

按照《大气污染防治法》及移动源污染防治形势需求，我国推动建立涵盖道路尾气遥感监测（天）、机动车排放检验机构检测（地）、重型柴油车及非道路移动机械远程在线监控（车）、路检路查和入户检查（人）等排放检验制度，初步建立全天候、全地域的“天地车人”一体化机动车排放监管体系（图 4-10）。

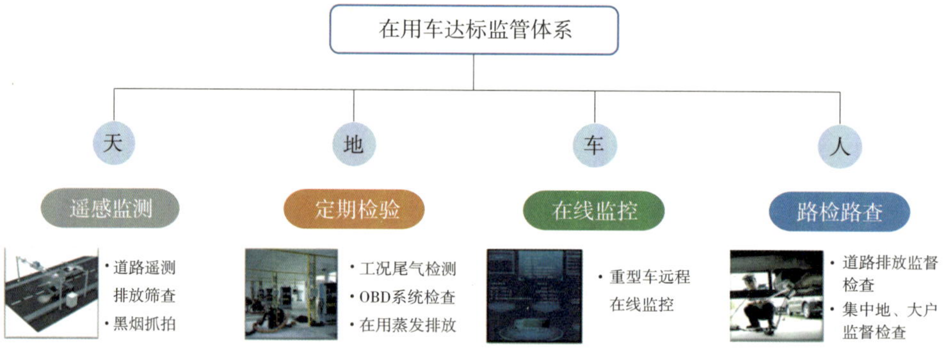


图 4-10　在用车达标监管体系

2020 年，生态环境部联合交通运输部、国家市场监管总局发布《关于建立实施汽车排放检验与维护制度的通知》（环大气〔2020〕31 号），标志着汽车排放检验与维护制度的正式建立。其中规定：各省级生态环境、交通运输部门应通过信息闭环管理来实现汽车排放检验与维护制度联动，以及对超标排放汽车的闭环管理。超标排放汽车的排放检验信息和维护修理信息，应分别按照生态环境部和交通运输部的有关技术要求，通过汽车排放检验信息系统和汽车维修电子健康档案系统上传至各自省级系统，并通过两省级系统实现数据交互，按规定制度做出处理。具备条件的地市可以通过地市级相关系统实现闭环管理，并将数据上传至省级系统。超标排放汽车到汽车排放检验机构复检的，汽车排放检验机构应通过系统查询其维护修理记录作为复检凭证。暂不具备信息化条件的地区，汽车排放检验信息系统和汽车维修电子健康档案系统实现联网前，可以将维修结算清单或者《机动车维修竣工出厂合格证》作为复检凭证。

#### 4.2.1.2 环保定期检验

依据《大气污染防治法》的规定，目前全国 31 个省（自治区、直辖市）均已开展了机动车环保定期检验工作。2020 年，通过“国家—省—市”三级联网平台报送机动车定期检验数据 10 166.4 万条。其中，汽油车（含燃气车）稳态工况法、简易瞬态工况法、双怠速法检测首检合格率分别为 94.4%、96.4%、95.1%。柴油车加载减速工况法、自由加速法检测首检合格率分别为 92.6%、98.3%。

近年来，各级生态环境主管部门不断加大机动车检验机构执法监管工作力度。2018—2020 年，共开展排放检验机构监督检查 104 752 次，查处违规机构 2 630 次。

#### 4.2.1.3 环保监督抽测

按照《大气污染防治法》，县级以上地方人民政府环境保护主管部门可以在机动车集中停放地、维修地对在用机动车的大气污染物排放状况进行监督抽测；在不影响正常通行的情况下，可以通过遥感监测等技术手段对在道路上行驶的机动车的大气污染物排放状况进行监督抽测，公安机关交通管理部门予以配合。

公安部交管局自 2017 年 5 月 1 日增设驾驶排放检验不合格机动车上道路行驶的违法行为处罚代码（6063），“环保取证、公安处罚”的联合执法机制初步建立，异地车辆处罚难题得到解决。

2020 年，地方生态环境部门通过遥感监测（含黑烟抓拍）、路检路查、入户检查等，共发现超标车 417.3 万辆次。

#### 4.2.1.4 远程在线监控

《打赢蓝天保卫战三年行动计划》《柴油货车污染治理攻坚战行动计划》提出要推进重型柴油车远程在线监控系统建设。2018 年，在重点区域开展重型柴油车远程在线监控系统试点。2019 年，生态环境部正式立项《重型车远程排放监控技术规范》标准。2019 年 6 月，重型车远程监控国家示范平台开始运行。截至 2020 年年底，国家示范用平台累计接入天津、上海、河北 3 家省级平台，唐山、南京、杭州、绍兴、宁波、济南 6 家平台，企业平台 175 家；接入新生产车辆 114 407 辆（含国五 87 503 辆、国六 26 904 辆）、在用车辆 143 辆（国五）。

### 4.2.2 在用车排放现状

#### 4.2.2.1 在用车排放检验方法变化

2016—2020 年，全国在用车参检量[①]由 2 186.9 万辆增加到 4 571.6 万辆，增长 109.0%。其中，汽油车参检量占比由 79.6% 增加到 85.0%，增加了 5.4 个百分点；柴油车参检量占比由 20.4% 降至 15.0%。不同检测方法中，双怠速法参检量占比由 17.2% 降到 7.6%；稳态工况法参检量占比由 28.4% 增加到 42.9%；简易瞬态工况法参检量占比基本保持在 34% 左右；加载减速法参检量占比由 10.2% 增加到 12.7%；自由加速法参检量占比由 10.2% 降至 2.3%（图 4-11）。

① 不含免检车辆。

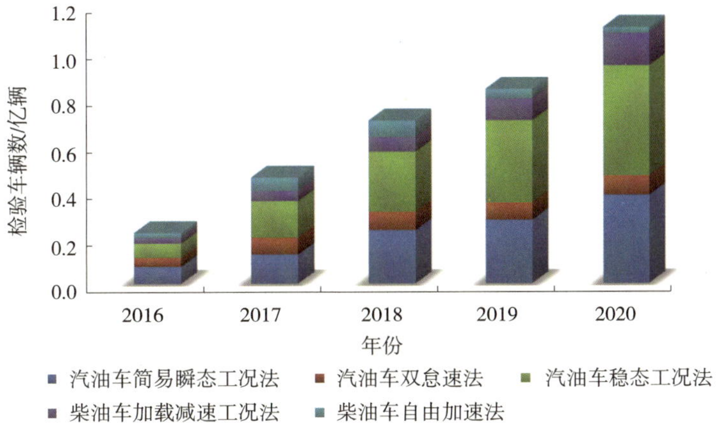


图 4-11　在用车排放检验情况

#### 4.2.2.2　在用车排放检验均值

（1）稳态工况法

2016—2020 年，在稳态工况法中，ASM5025 工况下 HC 的排放中值基本保持在 13 ppm 左右，95% 点位排放值由 113 ppm 降至 78 ppm，下降了 31.0%；CO 的排放中值由 0.10% 降至 0.03%，95% 点位排放值由 0.60% 降至 0.40%；NO 的排放中值由 32 ppm 降至 25 ppm，下降了 21.9%，95% 点位排放值由 1 386 ppm 降至 766 ppm，下降了 44.7%。HC、CO 和 NO 的单指标达标率分别由 2016 年的 92.7%、92.9%、89.3% 上升至 2020 年的 95.9%、96.1%、93.5%（图 4-12）。

（2）简易瞬态工况法

2016—2020 年，简易瞬态工况法下，CO 的排放中值由 1.30 g/km 降至 0.76 g/km，下降了 41.5%，95% 点位排放值由 9.30 g/km 降至 5.90 g/km，下降了 36.6%；HC 的排放中值由 0.10 g/km 降至 0.04 g/km，下降了 60.0%，95% 点位排放值由 1.10 g/km 降至 0.43 g/km，下降了 60.9%；$NO_x$ 的排放中值由 0.10 g/km 降至 0.08 g/km，下降了 20.0%，95% 点位排放值由 2.50 g/km 降至 0.94 g/km，下降了 62.4%。HC、CO 和 $NO_x$ 的单指标达标率分别由 2016 年的 92.7%、92.9%、89.3% 上升至 2020 年的 95.9%、96.1%、93.5%（图 4-13）。

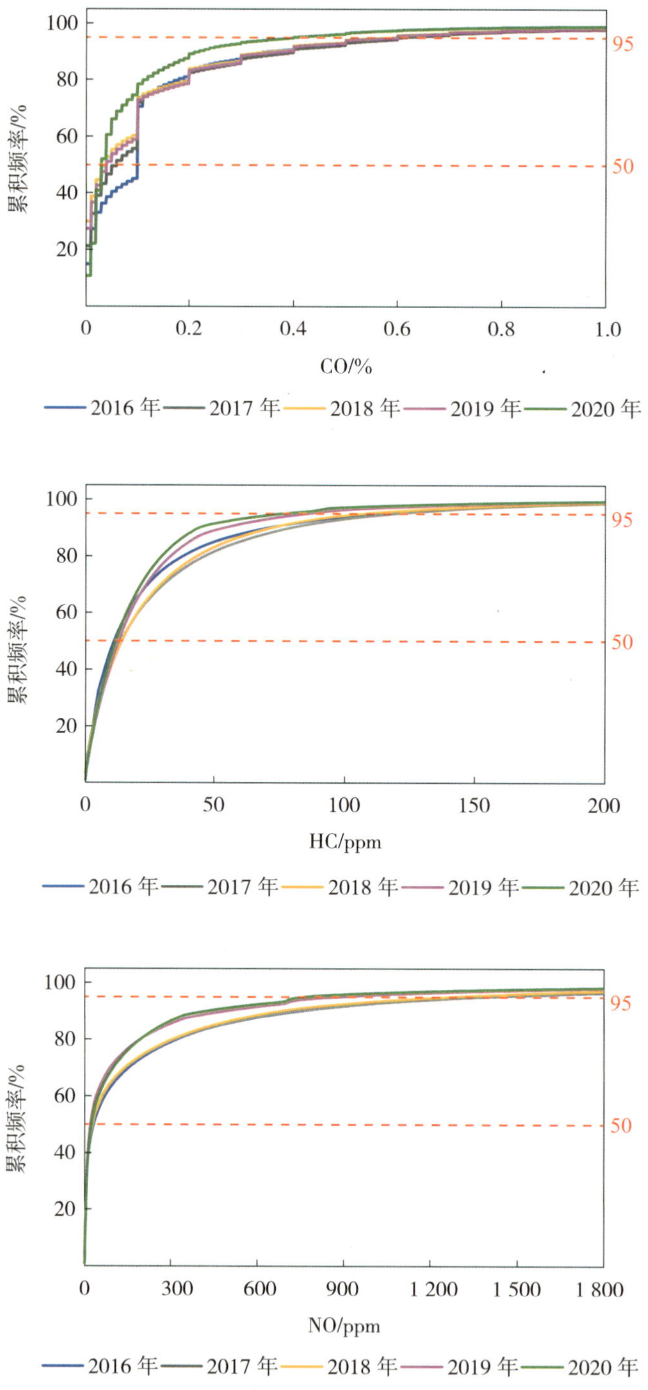


图 4-12　稳态工况法 ASM5025 工况下检测排放浓度累积频率分布

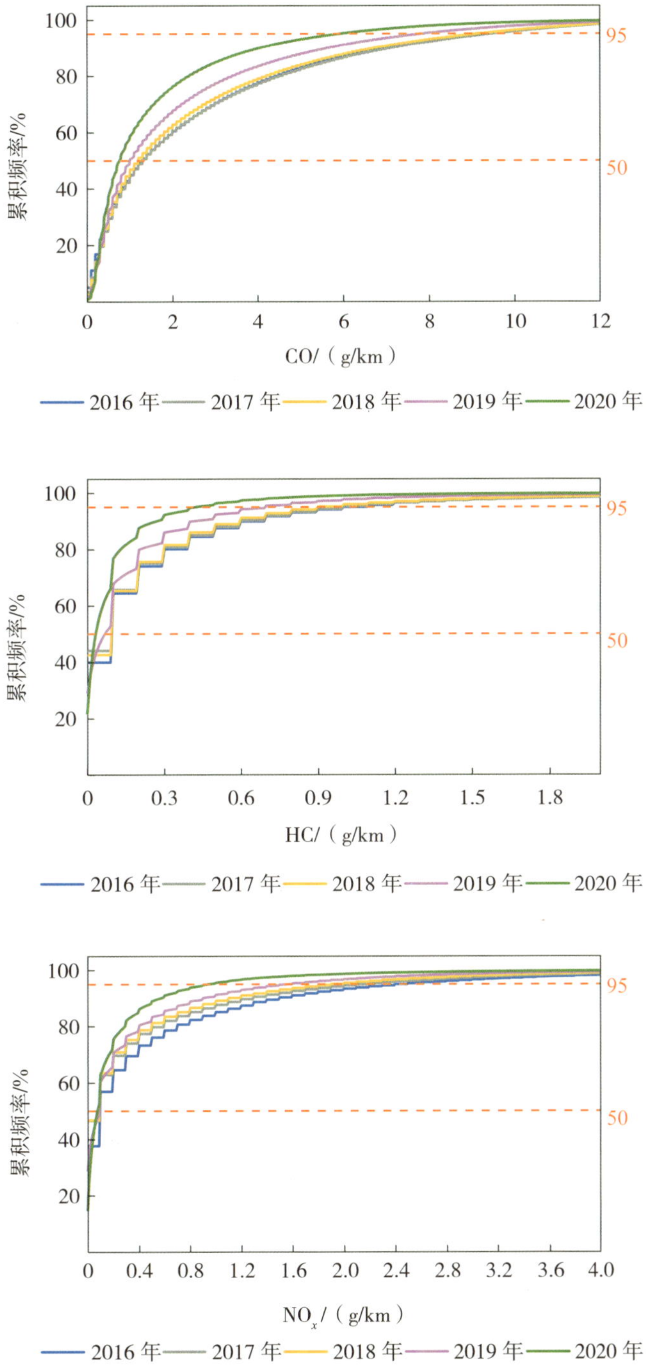


图 4-13 简易瞬态工况法检测排放浓度累积频率分布

（3）双怠速法

2016—2020 年，双怠速法高怠速状态下 HC 的排放中值由 12 ppm 降至 8 ppm，下降了 33.3%，95% 点位排放值由 98 ppm 降至 50 ppm，下降了 49.0%；CO 的排放中值为 0～0.02%，无明显变化，95% 点位排放值由 0.30% 降至 0.20%，下降了 33.3%。CO 和 HC 的单指标达标率分别由 2016 年的 93.4%、83.3% 上升至 2020 年的 97.1%、94.3%（图 4-14）。

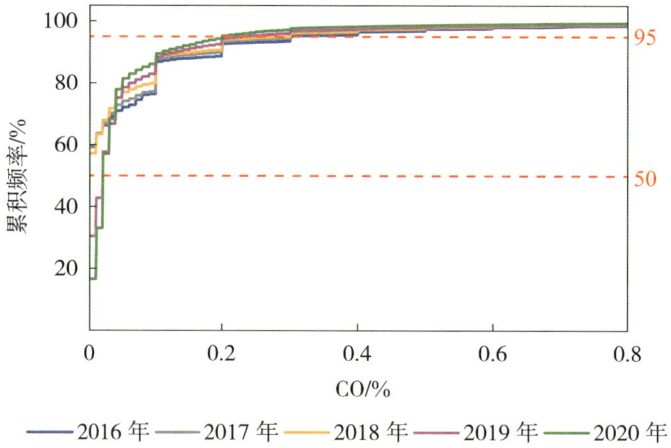


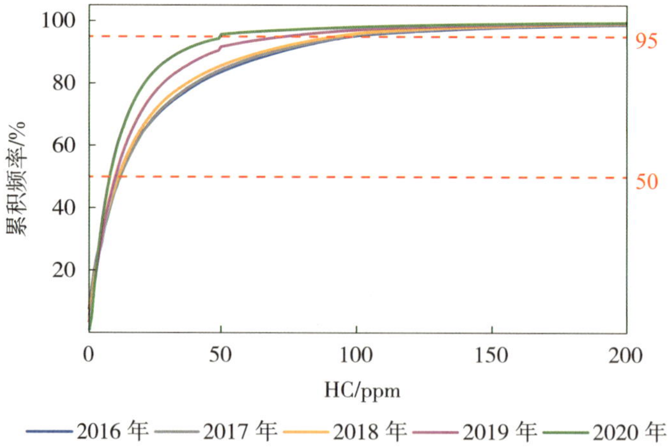


图 4-14　双怠速法高怠速状态下检测排放浓度累积频率分布

（4）加载减速工况法

2016—2020 年，加载减速工况法下 K100 光吸收系数的中值由 0.29 $m^{-1}$ 降至 0.19 $m^{-1}$，下降了 34.5%，95% 点位排放值由 2.26 $m^{-1}$ 降至 1.04 $m^{-1}$，下降了 54.0%；K80 光吸收系数的中值由 0.18 $m^{-1}$ 降至 0.15 $m^{-1}$，下降了 16.7%，95% 点位排放值由 1.82 $m^{-1}$ 下降至 0.98 $m^{-1}$，下降了 46.2%。K100 和 K80 光吸收系数的单指标达标率分别由 2016 年的 89.3%、92.1% 上升至 2020 年的 96.4%、96.7%（图 4-15）。

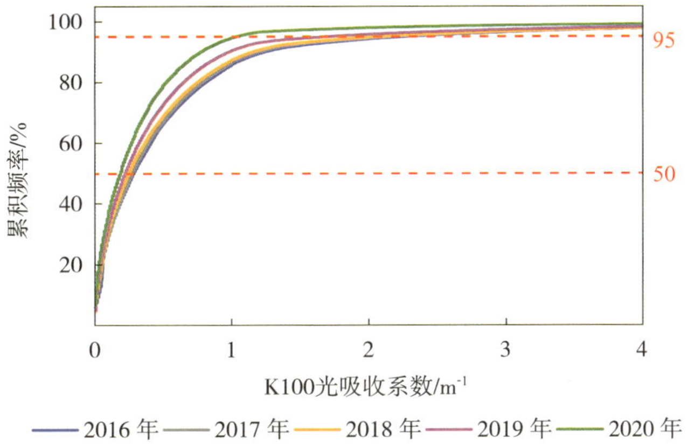


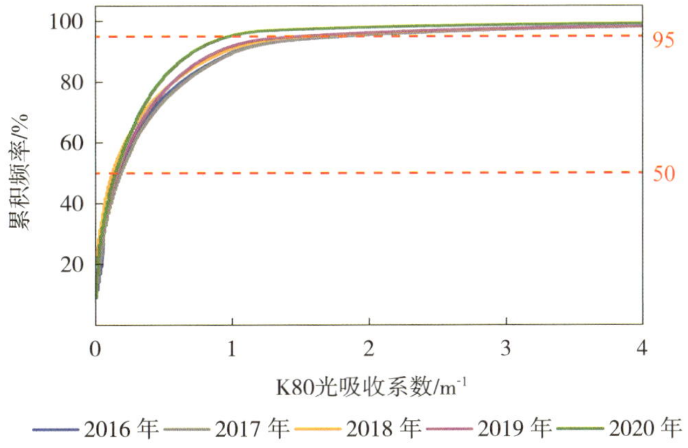


图 4-15 加载减速工况法检测排放浓度累积频率分布

（5）自由加速法

2016—2020 年，自由加速法下光吸收系数的中值由 0.39 $m^{-1}$ 降至 0.20 $m^{-1}$，下降了 48.7%；95% 点位排放值由 2.25 降至 1.20，下降了 46.7%。达标率由 2016 年的 81.1% 上升至 2020 年的 91.0%（图 4-16）。

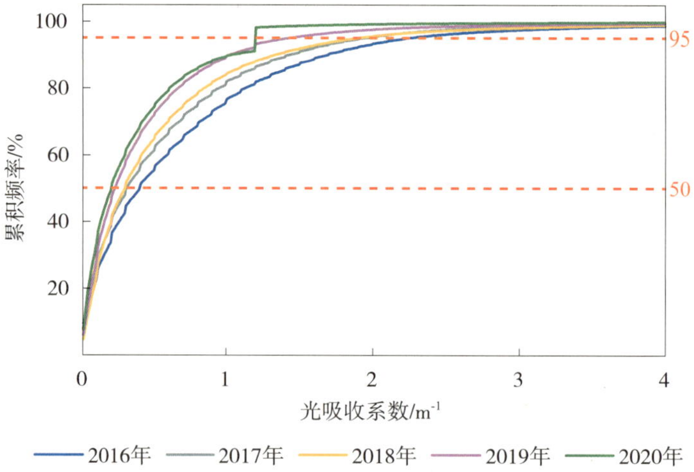


图 4-16　自由加速法检测排放浓度累积频率分布

### 4.2.2.3　在用车排放首检合格率

2016—2020 年，全国汽油车定期检验首检合格率分别为 87.9%、78.6%、84.3%、92.8%、96.2%。其中，稳态工况法的首检合格率分别为 92.4%、92.4%、93.4%、94.4%、95.0%；简易瞬态工况法的首检合格率分别为 86.1%、73.6%、79.6%、91.8%、96.9%；双怠速法的首检合格率分别为 89.4%、84.7%、90.0%、94.1%、95.8%（图 4-17）。

2016—2020 年，全国柴油车定期检验首检合格率分别为 84.4%、83.0%、88.3%、90.4%、93.5%。其中，自由加速法的首检合格率分别为 93.9%、92.4%、93.4%、96.0%、98.3%；加载减速工况法的首检合格率分别为 77.4%、73.8%、83.0%、88.3%、92.8%（图 4-18）。

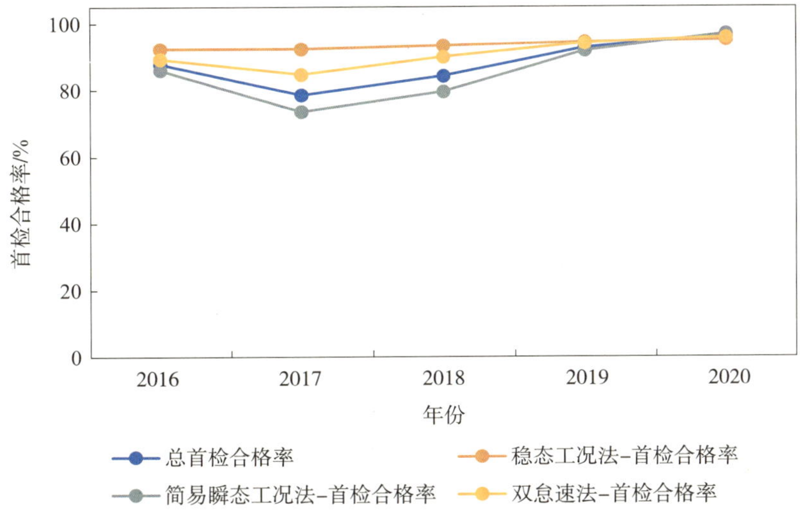


图 4-17 在用汽油车排放首检合格率

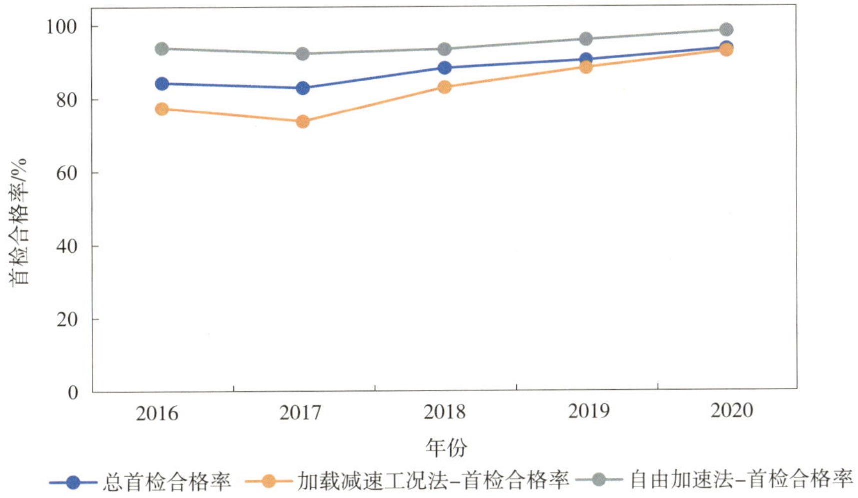


图 4-18 在用柴油车排放首检合格率

### 4.2.3 用车大户管理制度

《柴油货车污染治理攻坚战行动计划》要求督促指导柴油车超过 20 辆的重点企业，建立完善车辆维护、燃料和车用尿素添加使用台账，并鼓励通过网络系统及时向当地设区市生态环境部门传送。

2019 年，生态环境部印发《重污染天气重点行业应急减排措施制定技术指南》，指导重点行业基于绩效分级对相关企业运输方式进行差异化管控；印发《京津冀及周边地区 2019—2020 年秋冬季大气污染综合治理攻坚行动方案》（环大气〔2019〕88 号）、《长三角地区 2019—2020 年秋冬季大气污染综合治理攻坚行动方案》（环大气〔2019〕97 号）、《汾渭平原 2019—2020 年秋冬季大气污染综合治理攻坚行动方案》（环大气〔2019〕98 号），要求重点区域各城市对重型柴油车日使用量超过 20 辆以上的重点用车企业开展摸底调查并建立清单，推进重点用车企业安装门禁监控系统，并与生态环境部门车辆管控平台联网，初步建立用车大户管理制度。

2020 年，生态环境部发布了《重污染天气重点行业应急减排措施制定技术指南（2020 年修订版）》（环办大气函〔2020〕年 340 号），将绩效分级重点行业由 15 个扩展至 39 个，要求 A 级和 B 级企业安装门禁监控系统，建立电子台账；鼓励企业采取与运输车辆签订达标保证书等方式实现车辆达标排放。截至 2020 年年底，已有 3 145 家 A 级和 B 级重点行业企业安装了门禁监控系统，其中，铸造 848 家，工业涂装 499 家，炼油与石油化工 162 家，橡胶制品制造 174 家，长流程钢铁 143 家，水泥 142 家。

### 4.2.4 机动车强制报废制度

老旧车辆淘汰是移动源大气污染防治的重要措施之一。2012 年，商务部、国家发展改革委、公安部、生态环境部公布《机动车强制报废标准规定》，明确机动车具有下列情形之一的应当强制报废，包括经修理和调整仍不符合机动车安全技术国家标准对在用车有关要求的，经修理和调整或者采用控制技术后，向大气排放污染物或者噪声仍不符合国家标准对在用车有关要求的，在检验有效期届满后连续 3 个机动车检验周期内未取得机动车检验合格标志的。2015 年，

《大气污染防治法》规定：经维修或者采用污染控制技术后，大气污染物排放仍不符合国家在用机动车排放标准的，应当强制报废。报废机动车所有人应当将机动车交售给报废机动车回收拆解企业，由报废机动车回收拆解企业按照国家有关规定进行登记、拆解、销毁等处理。2018 年，国务院印发的《打赢蓝天保卫战三年行动计划》，11 部门出台的《柴油货车污染治理攻坚战行动计划》，均将老旧机动车淘汰目标瞄准为柴油货车，明确各地要采取经济补偿、限制使用、加强监管执法等措施，促进加快淘汰国三及以下排放标准的柴油货车、采用稀薄燃烧技术或“油改气”的老旧燃气车辆。2020 年年底前，京津冀及周边地区、汾渭平原加快淘汰国三及以下排放标准营运柴油货车 100 万辆以上。2019 年，国务院公布《报废机动车回收管理办法》，规范了报废机动车回收活动，对保护环境，促进循环经济发展，保障道路交通安全具有积极意义。2020 年，商务部公布《报废机动车回收管理办法实施细则》。

商务部门负责组织全国报废机动车回收拆解的监督管理。2020 年，报废机动车回收拆解数量 239.8 万辆，同比增长 4.5%。其中，汽车 206.6 万辆，同比增长 5.9%；摩托车 33.2 万辆，同比下降 3.3%（图 4-19）。

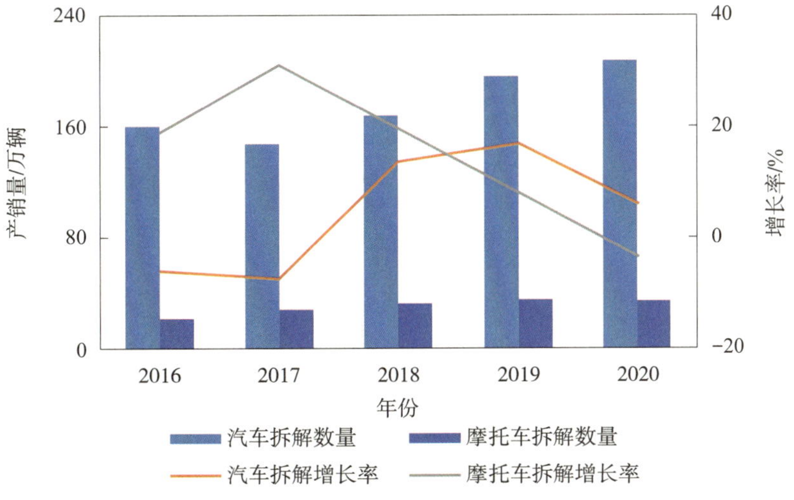


图 4-19　2016—2020 年全国报废机动车回收拆解数量及增速

### 4.2.5 环境监管能力建设

目前，北京、天津、河北、山西、内蒙古、上海、山东、河南、湖北、广西、海南、重庆、四川共13个省（自治区、直辖市）生态环境部门成立了专门的机动车生态环境监管机构；石家庄、长春、南京、青岛等181个城市组建了相应的市级机动车生态环境监管机构（表4-1）。

表4-1 全国机动车环境监管机构情况

| 序号 | 省（自治区、直辖市） | 已有机构地区 |
|---|---|---|
| 1 | 北京 | 北京 |
| 2 | 天津 | 天津 |
| 3 | 河北 | 石家庄、张家口、承德、秦皇岛、唐山、廊坊、保定、沧州、衡水、邢台、邯郸、定州、辛集 |
| 4 | 山西 | 太原、阳泉、长治、晋城、晋中、临汾、运城、大同 |
| 5 | 内蒙古 | 呼和浩特、包头、鄂尔多斯、呼伦贝尔、兴安盟、赤峰、乌兰察布、巴彦淖尔 |
| 6 | 辽宁 | 沈阳、大连、本溪、丹东、葫芦岛 |
| 7 | 吉林 | 长春、通化、延边、白城、公主岭 |
| 8 | 黑龙江 | 哈尔滨、齐齐哈尔、鸡西、双鸭山、绥化 |
| 9 | 上海 | 上海 |
| 10 | 江苏 | 南京、徐州、常州、苏州、南通、连云港、淮安、扬州、宿迁 |
| 11 | 浙江 | 杭州、宁波、温州、湖州、嘉兴、绍兴、金华、舟山 |
| 12 | 安徽 | 合肥、淮北、亳州、蚌埠、马鞍山、芜湖、宣城、池州、黄山 |
| 13 | 福建 | 福州、厦门 |
| 14 | 江西 | 南昌、景德镇、宜春、上饶、赣州、吉安 |
| 15 | 山东 | 济南、青岛、淄博、枣庄、东营、烟台、潍坊、泰安、威海、临沂、德州、聊城、菏泽 |
| 16 | 河南 | 郑州、南阳、商丘、信阳、三门峡、焦作、驻马店、开封、许昌、洛阳、周口、安阳、漯河 |

| 序号 | 省（自治区、直辖市） | 已有机构地区 |
|---|---|---|
| 17 | 湖北 | 武汉、黄石、十堰、襄阳、宜昌、荆州、荆门、鄂州、孝感、随州、恩施、潜江、神农架 |
| 18 | 湖南 | 长沙、怀化、常德、娄底、湘潭、株洲、衡阳 |
| 19 | 广东 | 广州、深圳、珠海、汕头、佛山、韶关、河源、惠州、东莞、江门、阳江、清远、潮州 |
| 20 | 广西 | 南宁、桂林、梧州、北海、防城港、钦州、贵港、百色、河池、贺州、来宾、崇左 |
| 21 | 海南 | 海南 |
| 22 | 重庆 | 重庆 |
| 23 | 四川 | 成都、自贡、攀枝花、泸州、绵阳、广元、遂宁、南充、宜宾、广安 |
| 24 | 贵州 | 贵阳、遵义、安顺、毕节 |
| 25 | 云南 | 昆明、文山、玉溪 |
| 26 | 西藏 | — |
| 27 | 陕西 | 西安、渭南、榆林 |
| 28 | 甘肃 | 兰州、嘉峪关、白银 |
| 29 | 青海 | 西宁 |
| 30 | 宁夏 | 银川、石嘴山 |
| 31 | 新疆 | 乌鲁木齐、克拉玛依、克孜勒、巴音郭楞、和田、昌吉 |

截至2020年年底，全国机动车排放检验机构共计11 912家，其中汽油车（含燃气车）简易瞬态工况法检测线25 712条，柴油车加载减速工况法检测线19 054条，OBD检测线36 242条（图4-20）；全国建成遥感监测（含黑烟抓拍）点位2 956个，与“国家—省—市”三级联网平台联网2 150个，累计报送93 662.4万条监测数据（图4-21）。

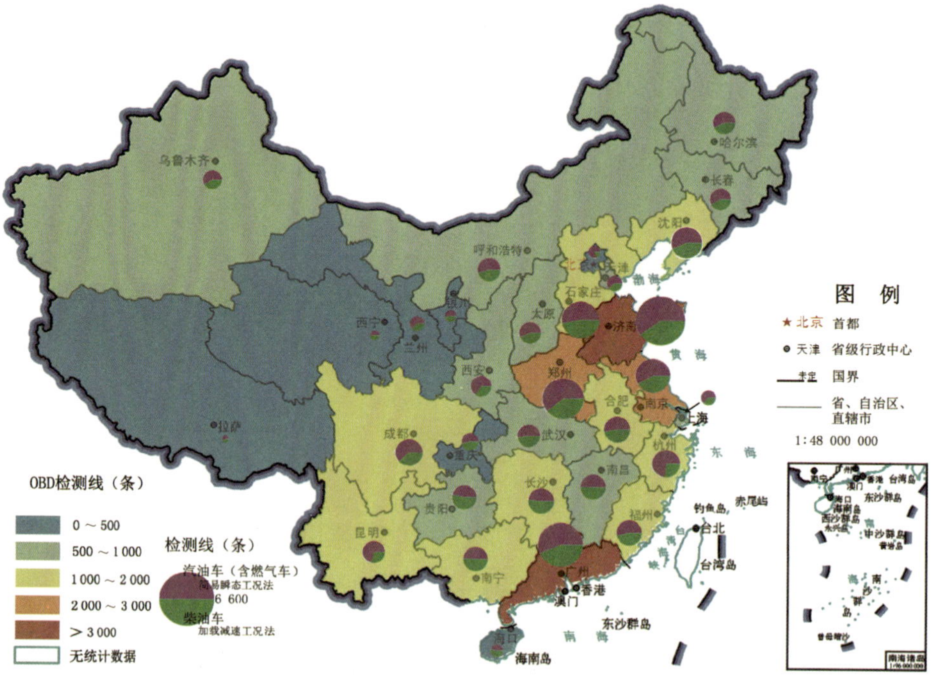


图 4-20　2020 年全国机动车排放检验机构检测线情况

图 4-21　全国遥感监测建设情况

## 4.3 非道路移动机械环境管理

### 4.3.1 低排放控制区划定

《大气污染防治法》第六十一条规定：城市人民政府可以根据大气环境质量状况，划定并公布禁止使用高排放非道路移动机械的区域。《柴油货车污染治理攻坚战行动计划》要求各地依法划定并公布禁止使用高排放非道路移动机械的区域，重点区域城市2019年年底前完成，其他地区城市2020年6月底前完成。截至2020年年底，共有311个城市已经划定非道路移动机械低排放控制区；部分划定较早的城市已开始调整排放控制区范围和控制要求（表4-2）。

表4-2 城市非道路移动机械排放控制区划定情况

| 序号 | 省（自治区、直辖市） | 城市名称 |
| --- | --- | --- |
| 1 | 北京 | 北京 |
| 2 | 天津 | 天津 |
| 3 | 河北 | 石家庄、唐山、秦皇岛、邯郸、邢台、保定、张家口、承德、沧州、廊坊、衡水 |
| 4 | 山西 | 太原、大同、阳泉、长治、晋城、朔州、晋中、运城、忻州、临汾、吕梁 |
| 5 | 内蒙古 | 呼和浩特、包头、乌海、赤峰、通辽、鄂尔多斯、呼伦贝尔、巴彦淖尔、乌兰察布、锡林郭勒、阿拉善、兴安盟 |
| 6 | 辽宁 | 沈阳、大连、鞍山、抚顺、本溪、丹东、锦州、营口、阜新、辽阳、盘锦、铁岭、朝阳、葫芦岛 |
| 7 | 吉林 | 长春、吉林、四平、辽源、通化、白山、松原、白城、梅河口、延边 |
| 8 | 黑龙江 | 哈尔滨、齐齐哈尔、鸡西、鹤岗、双鸭山、大庆、伊春、佳木斯、七台河、牡丹江、黑河、绥化、大兴安岭 |

| 序号 | 省（自治区、直辖市） | 城市名称 |
|---|---|---|
| 9 | 上海 | 上海 |
| 10 | 江苏 | 南京、无锡、徐州、常州、苏州、南通、连云港、淮安、盐城、扬州、镇江、泰州、宿迁 |
| 11 | 浙江 | 杭州、宁波、温州、嘉兴、湖州、绍兴、金华、衢州、舟山、台州、丽水 |
| 12 | 安徽 | 合肥、芜湖、蚌埠、淮南、马鞍山、淮北、铜陵、安庆、黄山、滁州、阜阳、宿州、六安、亳州、池州、宣城 |
| 13 | 福建 | 福州、厦门、莆田、三明、泉州、漳州、南平、龙岩、宁德 |
| 14 | 江西 | 南昌、景德镇、萍乡、九江、新余、鹰潭、赣州、吉安、宜春、抚州、上饶 |
| 15 | 山东 | 济南、青岛、淄博、枣庄、东营、烟台、潍坊、济宁、泰安、威海、日照、临沂、德州、聊城、滨州、菏泽 |
| 16 | 河南 | 郑州、开封、洛阳、平顶山、安阳、鹤壁、新乡、焦作、濮阳、许昌、漯河、三门峡、南阳、商丘、信阳、周口、驻马店 |
| 17 | 湖北 | 武汉、黄石、十堰、宜昌、襄阳、鄂州、荆门、孝感、荆州、黄冈、咸宁、随州、恩施 |
| 18 | 湖南 | 长沙、株洲、湘潭、衡阳、邵阳、岳阳、常德、张家界、益阳、郴州、永州、怀化、娄底、湘西 |
| 19 | 广东 | 广州、韶关、深圳、珠海、汕头、佛山、江门、湛江、茂名、肇庆、惠州、梅州、汕尾、河源、阳江、清远、东莞、中山、潮州、揭阳、云浮 |
| 20 | 广西 | 南宁、柳州、桂林、梧州、北海、防城港、钦州、贵港、玉林、百色、贺州、河池、来宾、崇左 |
| 21 | 海南 | 海口、三亚、儋州 |
| 22 | 重庆 | 重庆 |
| 23 | 四川 | 成都、自贡、攀枝花、泸州、德阳、绵阳、广元、遂宁、内江、乐山、南充、眉山、宜宾、广安、达州、雅安、巴中、资阳 |
| 24 | 贵州 | 贵阳、六盘水、遵义、安顺、毕节、铜仁、黔西南、黔东南、黔南 |

| 序号 | 省（自治区、直辖市） | 城市名称 |
| --- | --- | --- |
| 25 | 云南 | 昆明、曲靖、玉溪、保山、昭通、丽江、普洱、临沧、楚雄、红河、文山、西双版纳、大理、德宏、怒江、迪庆 |
| 26 | 西藏 | 拉萨、日喀则、昌都、林芝、山南、那曲、阿里 |
| 27 | 陕西 | 西安、铜川、宝鸡、咸阳、渭南、延安、汉中、榆林、安康、商洛 |
| 28 | 甘肃 | 兰州、金昌、白银、天水、武威、张掖、平凉、酒泉、定西、临夏 |
| 29 | 青海 | 西宁 |
| 30 | 宁夏 | 中卫 |
| 31 | 新疆 | 乌鲁木齐、克拉玛依、哈密、昌吉、阿克苏、伊犁 |

资料来源：地方生态环境部门上报数据。

非道路移动机械排放控制区大多以市或区、县人民政府通告的形式发布，主要包括高排放非道路移动机械定义、禁用区范围、管理措施、法律责任及实施时间等。各地主要根据烟度排放限值以及非道路移动机械的排放阶段定义高排放非道路移动机械；禁用区的范围通常包括城市建成区、城市核心区域或者环境空气质量敏感区域；相关环境管理措施主要包括编码登记、进出场登记、电子围栏等。

### 4.3.2 编码登记

《打赢蓝天保卫战三年行动计划》和《柴油货车污染治理攻坚战行动计划》明确要求开展非道路移动机械摸底调查和编码登记。2019 年 7 月，生态环境部发布了《关于加快推进非道路移动机械摸底调查和编码登记工作的通知》（环办大气函〔2019〕655 号），并开发了国家非道路移动机械监管平台和微信小程序。各地可以通过国家平台或地方自行开发的平台进行编码登记。

编码登记信息主要包括基本信息（生产厂家、出厂日期、登记人信息等）和排放控制技术信息［排放阶段、机械类型（按用途分）、燃料类型、污染控制装置等］等。完成信息登记的非道路移动机械按照统一编码规则生成环保号码。环保号码具有唯一性，可以制作成号牌悬挂于机械机身，也可通过粘贴、喷涂等方式固定于机械机身。

截至2020年年底，全国31个省（自治区、直辖市）均已开展非道路移动机械编码登记工作，累计上传非道路移动机械编码登记数据185.4万条（图4-22）。

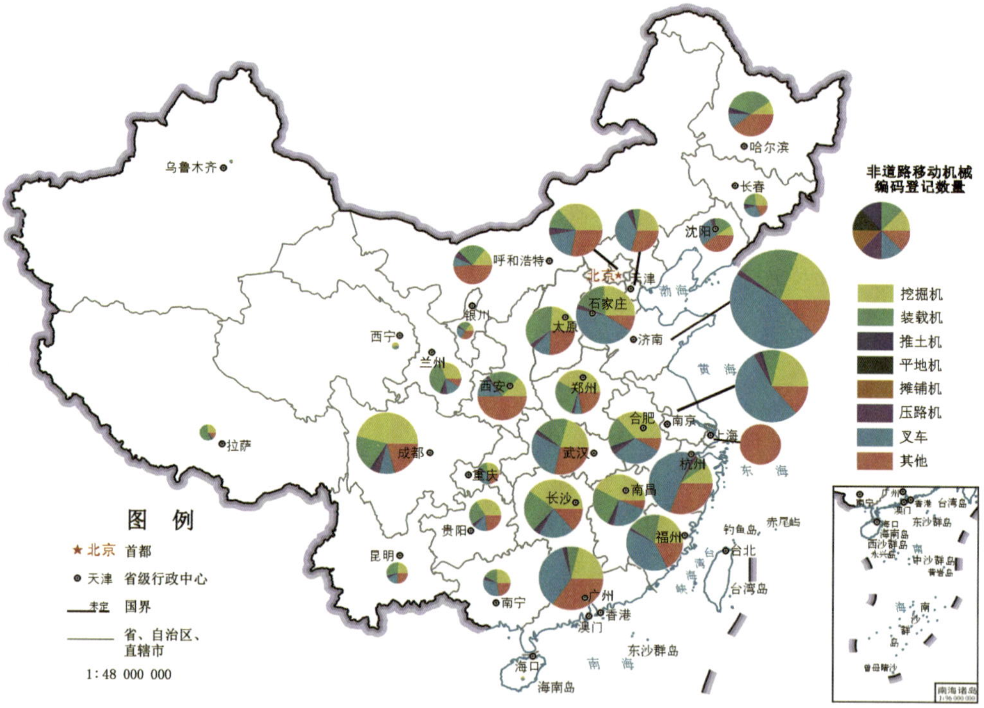


图4-22 各省（自治区、直辖市）非道路移动机械编码登记情况

## 4.4 车用燃料环境管理

近年来，生态环境部会同国家市场监督管理总局、公安部、商务部，组织开展车用燃油监督检查，采取“查黑—测油—溯源”方式，严查无证无照及证照不全违法加油站点（以下简称黑加油站点），抽检加油站柴油质量（检测硫含量），追溯不合格油品来源，车用燃料质量得到较大幅度的改善。

### 4.4.1 加油站燃油质量检查

2016 年，从京津冀及周边地区选取北京、天津、河北 3 省（市）的 5 个城市，抽查了 66 个加油站 66 份油样品，其中车用汽油和车用柴油样品达标率分别为 100% 和 69.8%，普通柴油样品均未达标；从长三角地区选取上海、江苏、浙江、安徽 4 个省（市）的 12 个城市，抽查了 73 个加油站 80 份油样品，其中车用汽油和车用柴油样品达标率分别为 98.3% 和 90.9%。

2017 年，从京津冀及周边地区选取 16 个城市，抽查了 78 个加油站 78 份油样品（汽油 16 份、柴油 62 份）。此次调查重点主要集中在社会加油站，汽油不合格 1 份，不合格样品的硫含量高达 277 mg/kg；柴油不合格 24 份，总体达标率仅为 61.3%，全部来自民营加油站，硫含量最高达 8 280 mg/kg，超过国家标准 800 余倍。此外，调查发现社会加油站销售车用尿素的比例仅占四成左右，多数未按规定销售车用尿素；车用尿素样本的达标率仅为 31.2%。

2018 年，从京津冀及周边“2+26”个城市抽查了 334 个社会加油站柴油样本，硫含量超标 35 份，总体达标率为 89.5%，最高硫含量达到 6 660 mg/kg。车用尿素销售覆盖率仅为 61.8%。从长三角地区 26 个城市抽查了 319 个社会加油站，硫含量超标 45 份，总体达标率为 85.9%，最高硫含量达到 2 920 mg/kg。车用尿素销售覆盖率仅为 22.9%。从汾渭平原及“三西”（山西、陕西、蒙西）地区 14 个城市抽查了 55 个柴油样本，样本总体达标率仅为 67.3%，最高硫含量达到 3 370 mg/kg；14 个车用尿素样本的达标率仅为 21.4%。

2019 年，从京津冀及周边区域抽查了 11 769 个合规加油站 19 552 份柴油样品。共发现 644 个合规加油站的 873 份柴油样品硫含量超标，超标加油站数量占加油站总数的 5.5%，不合格样品占抽检样品总数的 4.5%。抽检发现存在超标问题样品平均超标 25 倍，其中 55 份样品超标 100 倍以上，最高超标 902 倍。从超标加油站省际分布情况来看，河北省最多，占超标加油站总数的 87%；从城市分布情况来看，河北省张家口、秦皇岛市超标加油站比例最高，近 20%。

2020 年，从京津冀及周边地区、长三角地区、苏皖鲁豫交界地区、汾渭平原地区选取了 30 个城市，抽查了 3 163 个合规加油站 2 708 份柴油样品。共发现硫含量超标样品 55 份，全部来自社会加油站。从区域来看，4 个重点区域均有超标样品，长三角地区、苏皖鲁豫交界地区、京津冀及周边地区和汾渭平原地区超标率分别为 2.9%、2.8%、2.5% 和 0.7%。从省份分布来看，共有 5 个省份发现超标样品，主要分布在安徽、河北、江苏、河南和山西。从城市分布来看，共有 16 个城市发现超标样品。从超标倍数来看，约 26% 的超标加油站超标倍数在 10 倍以上，平均超标倍数为 25 倍，最高超标 202 倍。

随着车用燃料监督检查的加严，全国车用燃料质量得到较大幅度的改善，尤其是京津冀及周边地区，柴油总体达标率由 2016 年的 69.8% 提升到 2020 年的 97.5%（图 4-23）。

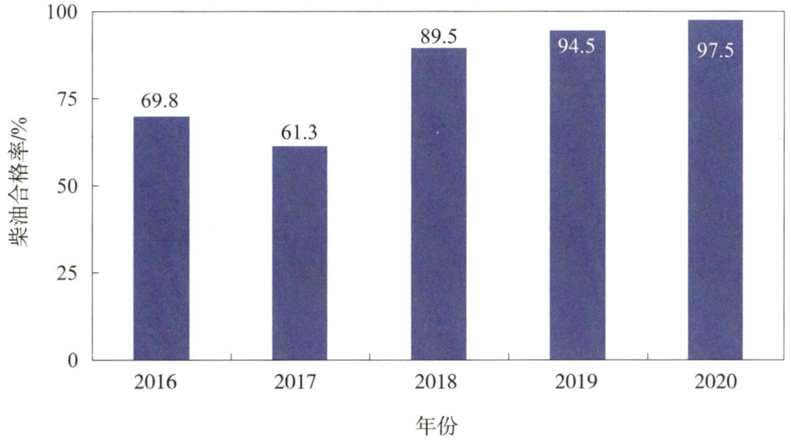


图 4-23 2016—2020 年柴油合格率变化情况

### 4.4.2 黑加油站点排查

从 2019 年 5 月开始，生态环境部会同国家市场监督管理总局、公安部、商务部，在京津冀及周边“2+26”城市以及秦皇岛、承德、张家口共 31 个城市 258 个县区开展清洁车用油品强化监督定点帮扶。排查发现 561 个黑加油站点，其中固定加油站点 428 个、流动加油罐车 133 个。从排查情况来看，一是黑加油站点区域分布相对集中，河北省数量最多，共 329 个，约占黑加油站点总数的 59%（图 4-24）。二是无证无照问题突出，399 个黑加油站点无任何证照，占比达 71%，还有的存在危险化学品经营许可证、成品油零售经营许可证、营业执照等证照不全等问题。三是黑加油站点隐蔽性、流动性强。黑加油站点往往隐藏在居民院、停车场或货运场内。有的设备藏匿于地下，还有的将加油罐车伪装成救援车、洒水车、搬家货车等。

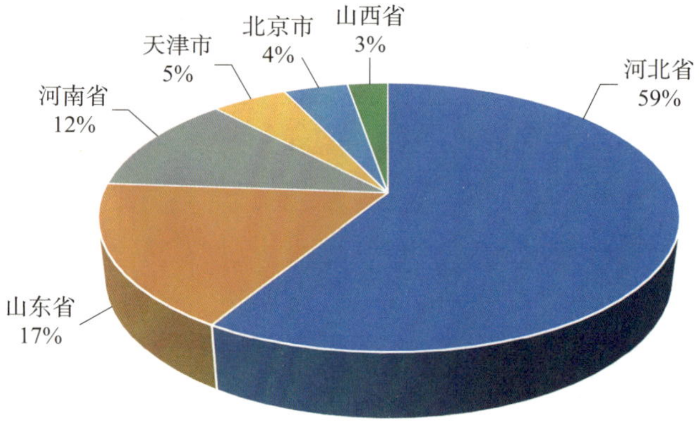


图 4-24　2019 年排查发现的黑加油站点分布情况

2020 年 11 月至 12 月 12 日，生态环境部组织在京津冀及周边地区、汾渭平原地区、苏皖鲁豫交界地区、长三角地区等区域共 7 个省份 30 个城市开展柴油样品质量深入调研。共发现 42 个黑加油站点（黑加油站点 30 个、黑加油车 12 辆），主要集中在安徽、江苏、河南和河北。黑加油站点柴油样品硫含量超标率达 47%，平均超标倍数为 52 倍。

编写人员：钱立运　王宏丽　解淑霞　郝春晓　唐祎骕

# 5

# 移动源排放控制技术

Mobile Source Emission Control Technology

## 5.1 汽油车排放控制技术

汽油车排放控制技术主要包括尾气、蒸发、曲轴箱污染物排放控制技术。其中，尾气污染物排放控制技术包括机内净化技术，如电控燃油喷射系统（EFI）、废气再循环（EGR）、可变气门正时系统（VVT）、增压中冷技术、缸内直喷（GDI）等，机外后处理技术如三元催化转换、汽油颗粒捕集（GPF）等；蒸发污染物控制技术为燃油蒸发控制以及车载加油油气回收（ORVR）技术；曲轴箱污染物排放控制技术为曲轴箱强制通风技术。

汽油机机内净化技术经历从多点喷射到缸内直喷，从简单的机内优化到进气增压、可变气门技术以及 EGR 技术的应用，这些技术有效地改善了汽油机的燃烧过程，减少了原机污染物的排放。随着排放标准的不断加严，机外净化技术也经历了快速的升级。例如，轻型汽油车从国四阶段起开始使用 EGR 技术，该技术在国六阶段的使用率较国五阶段增加 6%；自国六阶段轻型汽油车开始使用 GPF 和 ORVR 技术，其国六阶段的使用率分别达到 44% 和 100%（表 5-1）。

表 5-1　轻型车国五、国六阶段各技术占比　　单位：%

| 技术内容 | 国五 | 国六 |
|---|---|---|
| 电控燃油喷射 | 100 | 100 |
| 废气再循环 | 7 | 13 |
| 可变气门正时系统 | 100 | 100 |
| 缸内直喷 | 40 | 36 |
| 三元催化转换 | 100 | 100 |
| 曲轴箱通风 | 100 | 100 |
| 汽油颗粒捕集 | 0 | 44 |
| 车载加油油气回收 | 0 | 100 |

2017—2020 年，轻型汽油车中使用 EGR 技术的轻型汽油车累计生产 781 万辆，其中排名前十的企业累计生产 632 万辆，占比 81%；装有三元催化转换器的累计生产 8 781 万辆，其中产量排名前十的企业累计生产 4 748 万辆，占比 54%；使用 GPF 技术的累计生产 1 359 万辆，其中产量排名前十的企业累计生产 871 万辆，占比 64%；装有 ORVR 装置的汽油车累计生产 3 415 万辆，其中排名前十的企业累计生产 1 927 万辆，占比 56%（图 5-1）。

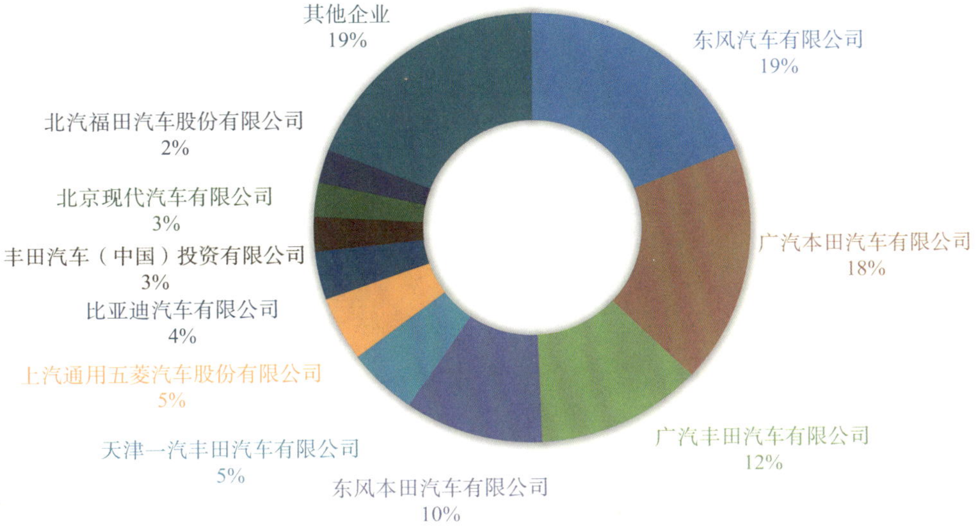


（a）废气再循环

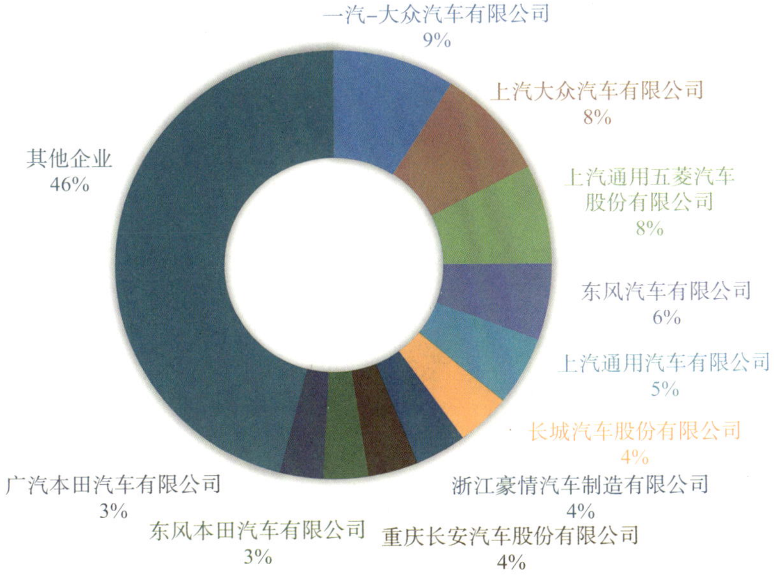


（b）三元催化转换器

图 5-1　各企业生产安装轻型汽油车减排装置的车辆占比

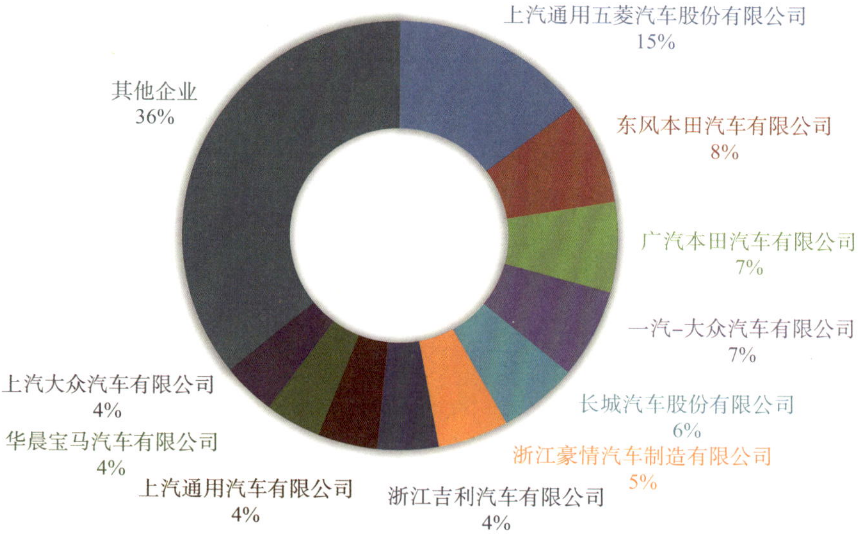


（c）汽油颗粒捕集器

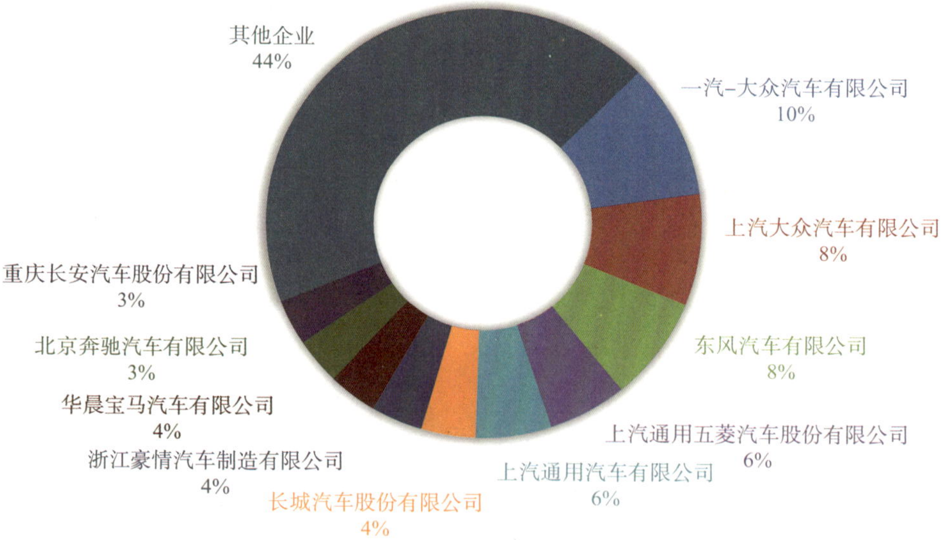


（d）车载加油油气回收装置

图 5-1　各企业生产安装轻型汽油车减排装置的车辆占比（续图）

## 5.2 柴油车排放控制技术

柴油机机内控制技术包括增压中冷技术、EGR 技术、电控燃油喷射技术等；机外控制技术包括柴油机氧化催化（DOC）技术、柴油机颗粒物捕集（DPF）技术、选择性催化还原（SCR）技术等。

柴油机机内净化技术经历了从机械控制到电控燃油系统，从单体泵到高压共轨，再到增压中冷技术以及 EGR 技术的应用，这些技术有效地改善了柴油机的燃烧过程，提高了柴油机的动力性和经济性，有效地降低了原机污染物的排放。随着标准的不断加严，柴油机的机外净化技术也越发复杂，从单一的 DOC 到 SCR、DPF 和 ASC 的加入，组合从“DOC+DPF”到“DOC+SCR”，再到“DOC+DPF+SCR+ASC”共同组成排气后处理系统。

2017—2020 年，轻型柴油车中使用 EGR 技术的车辆累计生产 139 万辆，其中排名前十的企业累计生产 128 万辆，占比 92%；使用 DOC 技术的车辆累计生产 53 万辆，其中排名前十的企业累计生产 49 万辆，占比 92%；使用 DPF 技术的车辆累计生产 139 万辆，其中排名前十的企业累计生产 128 万辆，占比 92%；使用 SCR 技术的轻型柴油车累计生产 34 万辆，其中排名前十的企业累计生产 31 万辆，占比 94%（表 5-2、图 5-2）。

表 5-2　轻型柴油车国五、国六阶段各技术占比　　单位：%

| 技术内容 | 国五 | 国六 |
| --- | --- | --- |
| 增压中冷 | 100 | 100 |
| 废气再循环 | 100 | 100 |
| 电控燃油喷射 | 100 | 100 |
| 柴油机氧化催化 | 100 | 38 |
| 柴油机颗粒捕集 | 100 | 100 |
| 选择性催化还原 | 2 | 100 |

2017—2020 年，重型柴油车中使用 EGR 技术的车辆累计生产 195 万辆，其中排名前十的企业累计生产 114 万辆，占比 58%；使用 DOC 技术的车辆累计生产 429 万辆，其中排名前十的企业累计生产 250 万辆，占比 58%；使用 DPF 技术的重型柴油车累计生产 88 万辆，其中排名前十的企业累计生产 57 万辆，占比 65%；装有 SCR 的车辆累计生产 782 万辆，其中排名前十的企业累计生产 456 万辆，占比 58%（表 5-3、图 5-3）。

表 5-3　重型柴油车国五、国六阶段各技术占比　　单位：%

| 技术内容 | 国五 | 国六 |
| --- | --- | --- |
| 增压中冷 | 100 | 100 |
| 废气再循环 | 6.5 | 67.9 |
| 柴油机氧化催化 | 33.6 | 100 |
| 柴油机颗粒捕集 | 7.3 | 100 |
| 选择性催化还原 | 93.6 | 100 |

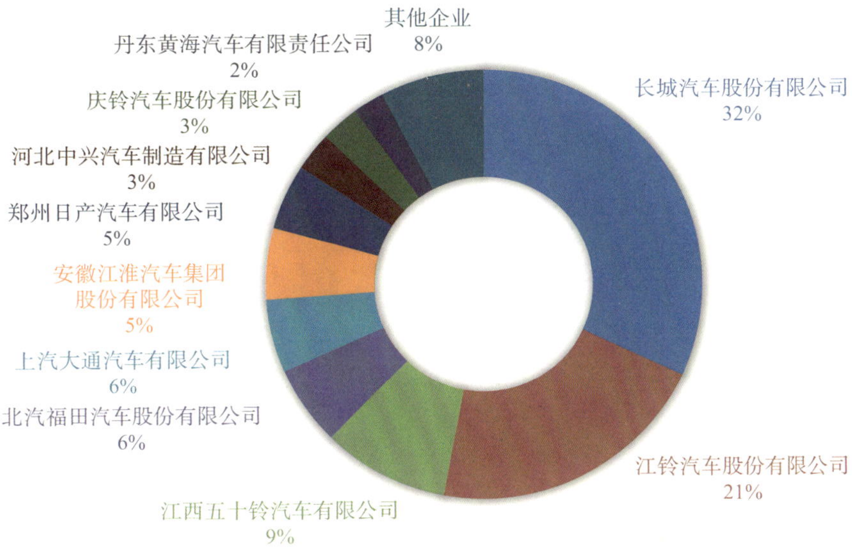


（a）废气再循环

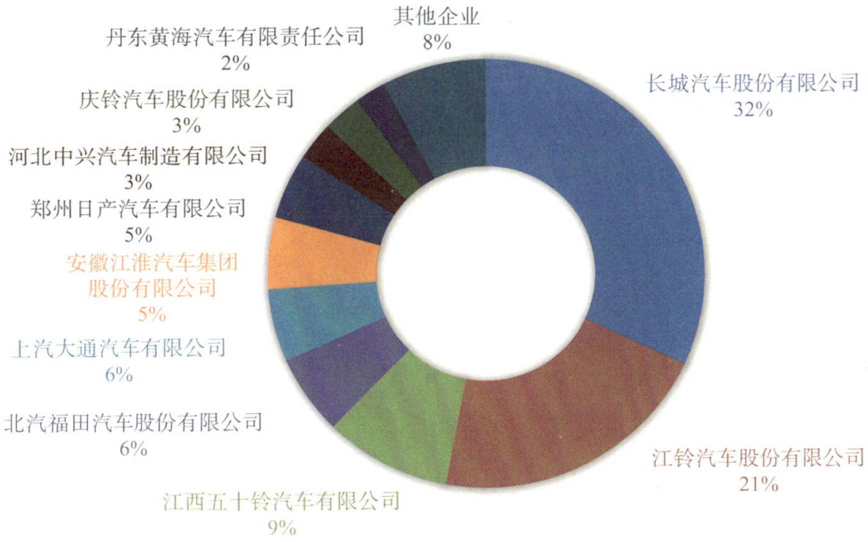


（b）柴油催化氧化器

图 5-2　各企业生产安装轻型柴油车减排装置的车辆占比

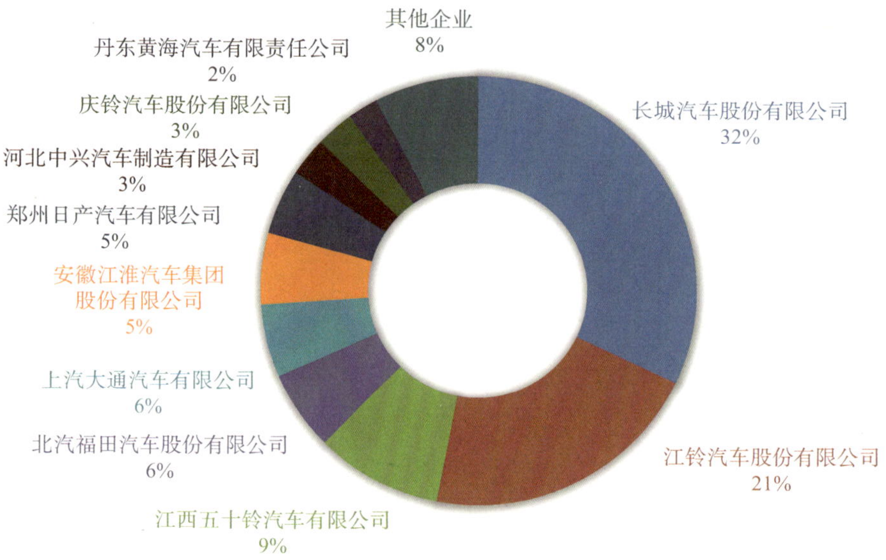


（c）柴油机颗粒捕集器

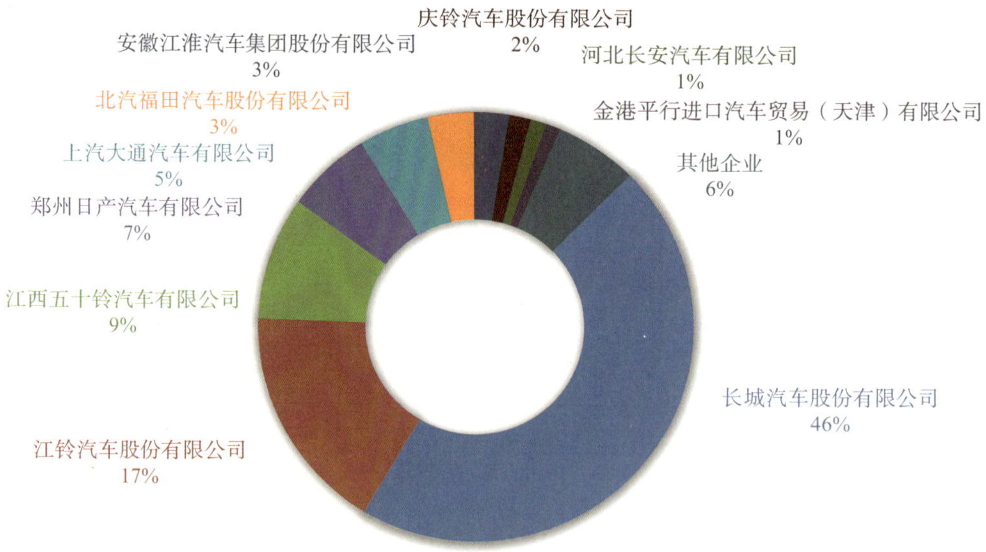


（d）选择性催化还原器

图 5-2　各企业生产安装轻型柴油车减排装置的车辆占比（续图）

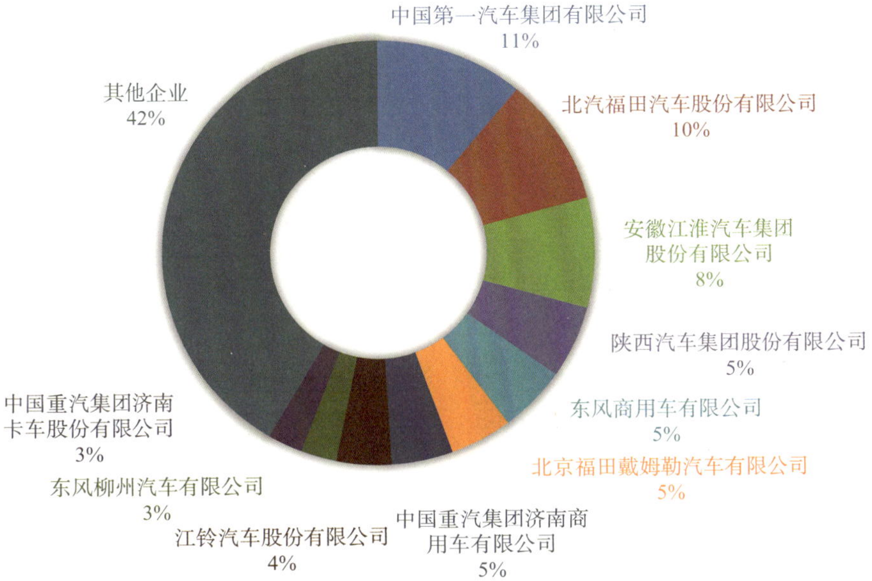


（a）废气再循环

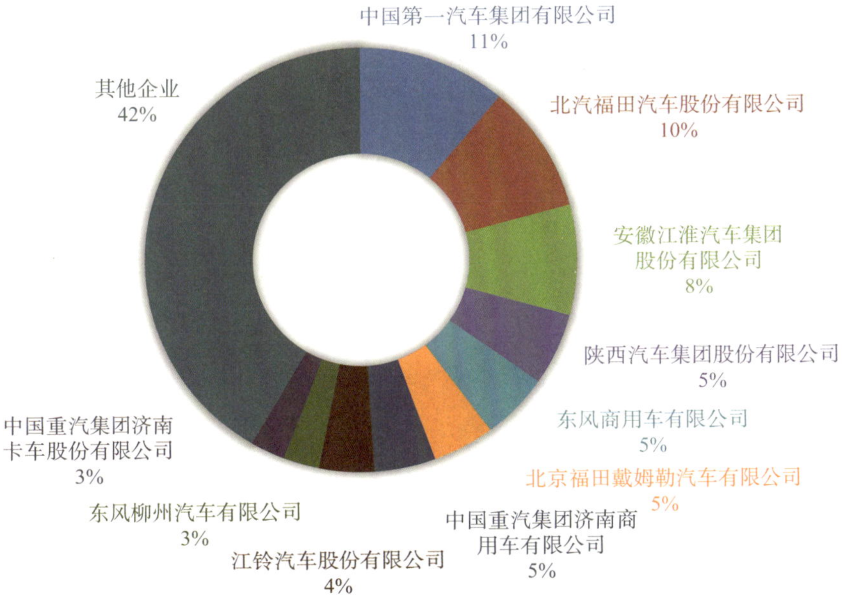


（b）柴油机氧化催化器

**图 5-3　各企业生产安装重型柴油车减排装置的车辆占比**

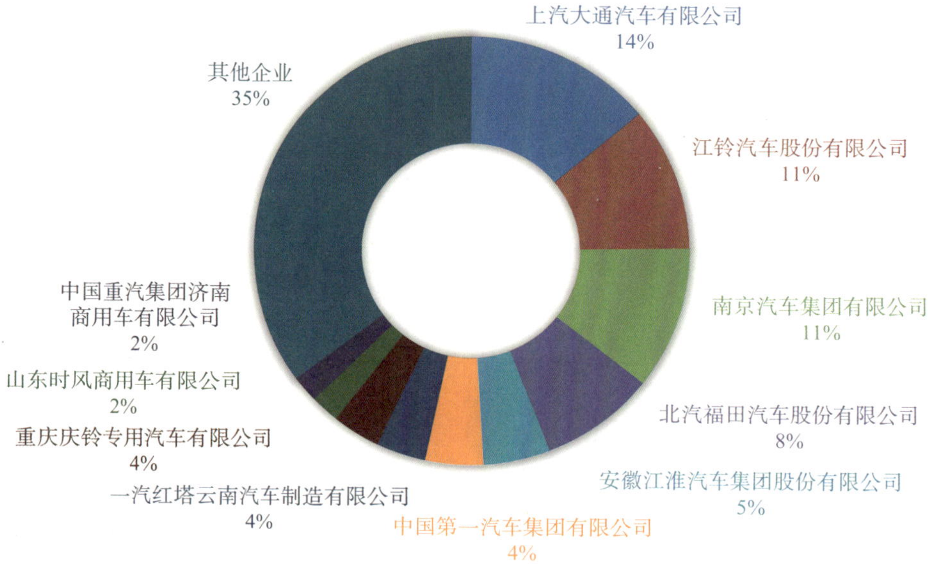


（c）柴油机颗粒捕集器

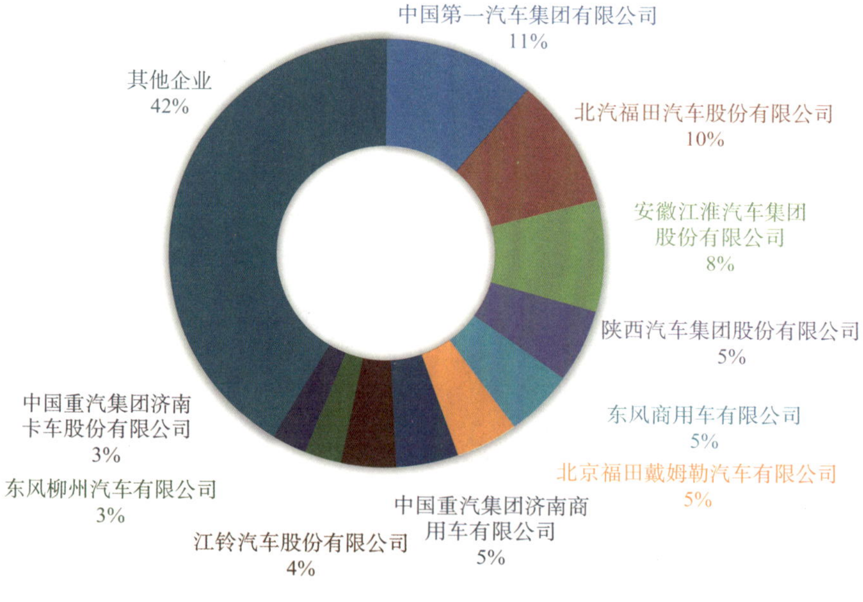


（d）选择性催化还原器

图 5-3　各企业生产安装重型柴油车减排装置的车辆占比（续图）

## 5.3 远程在线监控技术

与国五标准相比，轻型汽车国六标准引入了严格的美国 OBD（车载自诊断系统）控制要求，全面提升了对车辆排放状态的实时监控能力。一是增加了对轻型汽油车冷却系统、燃油蒸发系统、二次空气喷射系统、曲轴箱通风控制系统、GPF 和冷启动减排策略、综合零部件合理性监测（含混动动力汽车电驱动部分）的监测要求。二是定义了故障代码存储体系，要求 OBD 系统可以记录和输出故障代码存续期间车辆的行驶里程。故障代码包括待定故障代码、确认故障代码、永久故障代码，以及当前故障代码和历史故障代码。三是提高了 OBD 系统的在用车监测频率（in use performance ratio，IUPR）要求，扩大了适用范围。催化器、氧传感器、EGR、VVT 监测的最小 IUPR 值提升至 0.336；发动机冷却系统、曲轴箱强制通风系统、二次空气喷射系统、冷启动减排系统、GPF 和综合零部件监测的最小 IUPR 规定为 0.1；燃油蒸发系统脱附流量、1 mm 泄漏、0.5 mm 泄漏监测的最小 IUPR 值分别为 0.336、0.26 和 0.1。四是要求车载电脑有防篡改的技术措施，包括备案软件标定识别码（CAL ID）和标定验证码（CVN），提交防篡改措施书面材料。五是新增车辆全生命周期的 OBD 系统检查，要求在下线检验环节、生产一致性检查环节、在用车自查环节、登记上牌环节和年检环节进行车辆 OBD 系统检查。

与国五标准相比，重型柴油车国六标准提出更加严格的 OBD 系统要求。一是增加了电子零部件、SCR、LNT、EGR、DOC、三元催化器、燃油系统、涡轮增压、VVT、曲轴箱通风系统、发动机冷却系统、排气和氧传感器检测、怠速控制系统的监测要求。二是规范了故障信息管理，根据影响污染物排放的严重程度将故障分为 A、B1、B2 和 C 类共 4 个等级，故障报警系统和驾驶性限制系统根据不同的故障类型激活报警指示灯并进行扭矩限制，以提醒驾驶员尽快排除相关故障。故障代码包括潜在故障码、待定故障码、确认并激活的故障码、永久故障码和历史激活故障码。三是引入了 IUPR 监测，所有监测项的最低 IUPR 值规定为 0.1。四是规定了电控系统的安全性和防篡改能力，特别规定企业要保证最大燃油供给设定不被篡改。五是增加了在用车远程监控的要求。符合 6a 阶段标准的车辆需要配备远程排放管理车载终端；符合 6b 阶段标准的车辆需要在车辆全寿命期内通过终端发送数据，由生态环境主管部门和生产企业进行接收。六是新增车辆全生命周期的 OBD 系统检查，要求在下线检验环节、生产一致性检查环节、在用车自查环节、登记上牌环节和年检环节进行车辆 OBD 系统检查。

## 5.4 运输结构优化调整

2018 年中央财经委第一次会议提出，打好污染防治攻坚战，要明确目标任务，要打几场标志性的重大战役，坚持源头防治，调整运输结构。《打赢蓝天保卫战三年行动计划》《柴油货车污染治理攻坚战行动计划》等，要求积极调整运输结构，大幅提升铁路货运比例。《推进运输结构调整三年行动计划（2018—2020 年）》《贯彻落实国务院办公厅〈推进运输结构调整三年行动计划（2018—2020 年）〉的通知》《铁路货运增量行动方案（2018—2020 年）》等，分解落实运输结构调整工作任务。

目前，已基本形成铁路专用线建设和使用引导机制，铁路专用线建设积极推进；货运结构调整不断深入，大宗货物铁路和水路运输量明显增加。

一是铁路专用线建设和使用引导机制基本形成，铁路专用线建设积极推进。自然资源部印发《关于做好占用永久基本农田重大建设项目用地预审的通知》（自然资规〔2018〕3 号），将铁路专用线纳入占用永久基本农田审批范围，解决了用地审批的“卡脖子”难题。国家发展改革委等五部门印发《关于加快推进铁路专用线建设的指导意见》，推动铁路进港口、大型工矿企业和物流园区，解决“前后一公里”问题。生态环境部先后出台柴油货车污染治理、钢铁行业超低排放改造、工业炉窑综合治理、重污染天气应急等政策文件，要求加大工矿企业铁路专用线、港口连接线建设，提高专用线使用比例。

二是货运结构调整不断深入，大宗货物铁路和水路运输量明显增加。2017 年以来，交通运输结构调整拉开序幕，大宗货物“公转铁”“公转水”深入推进。2020 年，我国铁路货运量 44.6 亿 t，比 2016 年增长了 11.3 亿 t；水路货运量 76.2 亿 t，比 2016 年增长了 12.4 亿 t；多式联运加快推进，2020 年全国港口完成集装箱铁水联运量 687 万标准箱，比 2016 年增长了 412 万标准箱，集装箱铁水联运比例由 2016 年的 1.5% 增长到了 2020 年的 2.6%。从大宗货物看，铁路货运量和水路货物运输量显著提升。2019 年国家铁路煤货运量 1.7 亿 t，比 2017 年增加 15.5%；焦炭货运量 0.9 亿 t，比 2017 年增加 7.0%；钢铁及有色金属货运量 2.0 亿 t，比 2017 年增加 19.5%；金属矿石货运量 4.6 亿 t，比 2017 年增加 19.8%；非金属矿石货运量 0.8 亿 t，比 2017 年增加 37.1%；矿建材料货运量 1.2 亿 t，比 2017 年增加 38.0%；水泥货运量 0.2 亿 t，比 2017 年增加 4.9%。2020 年全国港口煤炭及制品吞吐量 25.6 亿 t，比 2017 年增长 9.7%；石油、天然气及制品吞吐量 13.1 亿 t，比 2017 年增长 30.7%；金属矿石吞吐量 23.4 亿 t，比 2017 年增长 15.4%。

编写人员：赵海光　王宏丽　李　刚　王运静　付雨民

# 附录

Appendix

# 附件一　中华人民共和国大气污染防治法

（1987年9月5日第六届全国人民代表大会常务委员会第二十二次会议通过　根据1995年8月29日第八届全国人民代表大会常务委员会第十五次会议《关于修改〈中华人民共和国大气污染防治法〉的决定》第一次修正　2000年4月29日第九届全国人民代表大会常务委员会第十五次会议第一次修订　2015年8月29日第十二届全国人民代表大会常务委员会第十六次会议第二次修订　根据2018年10月26日第十三届全国人民代表大会常务委员会第六次会议《关于修改〈中华人民共和国野生动物保护法〉等十五部法律的决定》第二次修正）

## 第一章　总　　则

第一条　为保护和改善环境，防治大气污染，保障公众健康，推进生态文明建设，促进经济社会可持续发展，制定本法。

第二条　防治大气污染，应当以改善大气环境质量为目标，坚持源头治理，规划先行，转变经济发展方式，优化产业结构和布局，调整能源结构。

防治大气污染，应当加强对燃煤、工业、机动车船、扬尘、农业等大气污染的综合防治，推行区域大气污染联合防治，对颗粒物、二氧化硫、氮氧化物、挥发性有机物、氨等大气污染物和温室气体实施协同控制。

第三条　县级以上人民政府应当将大气污染防治工作纳入国民经济和社会发展规划，加大对大气污染防治的财政投入。

地方各级人民政府应当对本行政区域的大气环境质量负责，制定规划，采取措施，控制或者逐步削减大气污染物的排放量，使大气环境质量达到规定标准并逐步改善。

第四条　国务院生态环境主管部门会同国务院有关部门，按照国务院的规定，对省、自治区、直辖市大气环境质量改善目标、大气污染防治重点任务完成情况进行考核。省、自治区、直辖市人民政府制定考核办法，对本行政区域内地方大气环境质量改善目标、大气污染防治重点任务完成情况实施考核。考核结果应当向社会公开。

第五条　县级以上人民政府生态环境主管部门对大气污染防治实施统一监督管理。

县级以上人民政府其他有关部门在各自职责范围内对大气污染防治实施监督管理。

第六条　国家鼓励和支持大气污染防治科学技术研究，开展对大气污染来源及其变化趋势的分析，推广先进适用的大气污染防治技术和装备，促进科技成果转化，发挥科学技术在大气污染防治中的支撑作用。

第七条　企业事业单位和其他生产经营者应当采取有效措施，防止、减少大气污染，对所造成的损害依法承担责任。

公民应当增强大气环境保护意识，采取低碳、节俭的生活方式，自觉履行大气环境保护义务。

## 第二章　大气污染防治标准和限期达标规划

第八条　国务院生态环境主管部门或者省、自治区、直辖市人民政府制定大气环境质量标准，应当以保障公众健康和保护生态环境为宗旨，与经济社会发展相适应，做到科学合理。

第九条　国务院生态环境主管部门或者省、自治区、直辖市人民政府制定大气污染物排放标准，应当以大气环境质量标准和国家经济、技术条件为依据。

第十条　制定大气环境质量标准、大气污染物排放标准，应当组织专家进行审查和论证，并征求有关部门、行业协会、企业事业单位和公众等方面的意见。

第十一条　省级以上人民政府生态环境主管部门应当在其网站上公布大气

环境质量标准、大气污染物排放标准，供公众免费查阅、下载。

第十二条　大气环境质量标准、大气污染物排放标准的执行情况应当定期进行评估，根据评估结果对标准适时进行修订。

第十三条　制定燃煤、石油焦、生物质燃料、涂料等含挥发性有机物的产品、烟花爆竹以及锅炉等产品的质量标准，应当明确大气环境保护要求。

制定燃油质量标准，应当符合国家大气污染物控制要求，并与国家机动车船、非道路移动机械大气污染物排放标准相互衔接，同步实施。

前款所称非道路移动机械，是指装配有发动机的移动机械和可运输工业设备。

第十四条　未达到国家大气环境质量标准城市的人民政府应当及时编制大气环境质量限期达标规划，采取措施，按照国务院或者省级人民政府规定的期限达到大气环境质量标准。

编制城市大气环境质量限期达标规划，应当征求有关行业协会、企业事业单位、专家和公众等方面的意见。

第十五条　城市大气环境质量限期达标规划应当向社会公开。直辖市和设区的市的大气环境质量限期达标规划应当报国务院生态环境主管部门备案。

第十六条　城市人民政府每年在向本级人民代表大会或者其常务委员会报告环境状况和环境保护目标完成情况时，应当报告大气环境质量限期达标规划执行情况，并向社会公开。

第十七条　城市大气环境质量限期达标规划应当根据大气污染防治的要求和经济、技术条件适时进行评估、修订。

## 第三章　大气污染防治的监督管理

第十八条　企业事业单位和其他生产经营者建设对大气环境有影响的项目，应当依法进行环境影响评价、公开环境影响评价文件；向大气排放污染物的，应当符合大气污染物排放标准，遵守重点大气污染物排放总量控制要求。

第十九条　排放工业废气或者本法第七十八条规定名录中所列有毒有害大气污染物的企业事业单位、集中供热设施的燃煤热源生产运营单位以及其他依法实行排污许可管理的单位，应当取得排污许可证。排污许可的具体办法和实施步骤由国务院规定。

第二十条　企业事业单位和其他生产经营者向大气排放污染物的，应当依照法律法规和国务院生态环境主管部门的规定设置大气污染物排放口。

禁止通过偷排、篡改或者伪造监测数据、以逃避现场检查为目的的临时停产、非紧急情况下开启应急排放通道、不正常运行大气污染防治设施等逃避监管的方式排放大气污染物。

第二十一条　国家对重点大气污染物排放实行总量控制。

重点大气污染物排放总量控制目标，由国务院生态环境主管部门在征求国务院有关部门和各省、自治区、直辖市人民政府意见后，会同国务院经济综合主管部门报国务院批准并下达实施。

省、自治区、直辖市人民政府应当按照国务院下达的总量控制目标，控制或者削减本行政区域的重点大气污染物排放总量。

确定总量控制目标和分解总量控制指标的具体办法，由国务院生态环境主管部门会同国务院有关部门规定。省、自治区、直辖市人民政府可以根据本行政区域大气污染防治的需要，对国家重点大气污染物之外的其他大气污染物排放实行总量控制。

国家逐步推行重点大气污染物排污权交易。

第二十二条　对超过国家重点大气污染物排放总量控制指标或者未完成国家下达的大气环境质量改善目标的地区，省级以上人民政府生态环境主管部门应当会同有关部门约谈该地区人民政府的主要负责人，并暂停审批该地区新增重点大气污染物排放总量的建设项目环境影响评价文件。约谈情况应当向社会公开。

第二十三条　国务院生态环境主管部门负责制定大气环境质量和大气污染源的监测和评价规范，组织建设与管理全国大气环境质量和大气污染源监测网，组织开展大气环境质量和大气污染源监测，统一发布全国大气环境质量状况信息。

县级以上地方人民政府生态环境主管部门负责组织建设与管理本行政区域大气环境质量和大气污染源监测网，开展大气环境质量和大气污染源监测，统一发布本行政区域大气环境质量状况信息。

第二十四条　企业事业单位和其他生产经营者应当按照国家有关规定和监测规范，对其排放的工业废气和本法第七十八条规定名录中所列有毒有害大气污染物进行监测，并保存原始监测记录。其中，重点排污单位应当安装、使用大气污染物排放自动监测设备，与生态环境主管部门的监控设备联网，保证监测设备正常运行并依法公开排放信息。监测的具体办法和重点排污单位的条件由国务院生态环境主管部门规定。

重点排污单位名录由设区的市级以上地方人民政府生态环境主管部门按照国务院生态环境主管部门的规定，根据本行政区域的大气环境承载力、重点大气污染物排放总量控制指标的要求以及排污单位排放大气污染物的种类、数量和浓度等因素，商有关部门确定，并向社会公布。

第二十五条　重点排污单位应当对自动监测数据的真实性和准确性负责。生态环境主管部门发现重点排污单位的大气污染物排放自动监测设备传输数据异常，应当及时进行调查。

第二十六条　禁止侵占、损毁或者擅自移动、改变大气环境质量监测设施和大气污染物排放自动监测设备。

第二十七条　国家对严重污染大气环境的工艺、设备和产品实行淘汰制度。

国务院经济综合主管部门会同国务院有关部门确定严重污染大气环境的工

艺、设备和产品淘汰期限，并纳入国家综合性产业政策目录。

生产者、进口者、销售者或者使用者应当在规定期限内停止生产、进口、销售或者使用列入前款规定目录中的设备和产品。工艺的采用者应当在规定期限内停止采用列入前款规定目录中的工艺。

被淘汰的设备和产品，不得转让给他人使用。

第二十八条　国务院生态环境主管部门会同有关部门，建立和完善大气污染损害评估制度。

第二十九条　生态环境主管部门及其环境执法机构和其他负有大气环境保护监督管理职责的部门，有权通过现场检查监测、自动监测、遥感监测、远红外摄像等方式，对排放大气污染物的企业事业单位和其他生产经营者进行监督检查。被检查者应当如实反映情况，提供必要的资料。实施检查的部门、机构及其工作人员应当为被检查者保守商业秘密。

第三十条　企业事业单位和其他生产经营者违反法律法规规定排放大气污染物，造成或者可能造成严重大气污染，或者有关证据可能灭失或者被隐匿的，县级以上人民政府生态环境主管部门和其他负有大气环境保护监督管理职责的部门，可以对有关设施、设备、物品采取查封、扣押等行政强制措施。

第三十一条　生态环境主管部门和其他负有大气环境保护监督管理职责的部门应当公布举报电话、电子邮箱等，方便公众举报。

生态环境主管部门和其他负有大气环境保护监督管理职责的部门接到举报的，应当及时处理并对举报人的相关信息予以保密；对实名举报的，应当反馈处理结果等情况，查证属实的，处理结果依法向社会公开，并对举报人给予奖励。

举报人举报所在单位的，该单位不得以解除、变更劳动合同或者其他方式对举报人进行打击报复。

# 第四章　大气污染防治措施

## 第一节　燃煤和其他能源污染防治

第三十二条　国务院有关部门和地方各级人民政府应当采取措施，调整能源结构，推广清洁能源的生产和使用；优化煤炭使用方式，推广煤炭清洁高效利用，逐步降低煤炭在一次能源消费中的比重，减少煤炭生产、使用、转化过程中的大气污染物排放。

第三十三条　国家推行煤炭洗选加工，降低煤炭的硫分和灰分，限制高硫分、高灰分煤炭的开采。新建煤矿应当同步建设配套的煤炭洗选设施，使煤炭的硫分、灰分含量达到规定标准；已建成的煤矿除所采煤炭属于低硫分、低灰分或者根据已达标排放的燃煤电厂要求不需要洗选的以外，应当限期建成配套的煤炭洗选设施。

禁止开采含放射性和砷等有毒有害物质超过规定标准的煤炭。

第三十四条　国家采取有利于煤炭清洁高效利用的经济、技术政策和措施，鼓励和支持洁净煤技术的开发和推广。

国家鼓励煤矿企业等采用合理、可行的技术措施，对煤层气进行开采利用，对煤矸石进行综合利用。从事煤层气开采利用的，煤层气排放应当符合有关标准规范。

第三十五条　国家禁止进口、销售和燃用不符合质量标准的煤炭，鼓励燃用优质煤炭。

单位存放煤炭、煤矸石、煤渣、煤灰等物料，应当采取防燃措施，防止大气污染。

第三十六条　地方各级人民政府应当采取措施，加强民用散煤的管理，禁止销售不符合民用散煤质量标准的煤炭，鼓励居民燃用优质煤炭和洁净型煤，推广节能环保型炉灶。

第三十七条　石油炼制企业应当按照燃油质量标准生产燃油。

禁止进口、销售和燃用不符合质量标准的石油焦。

第三十八条　城市人民政府可以划定并公布高污染燃料禁燃区，并根据大气环境质量改善要求，逐步扩大高污染燃料禁燃区范围。高污染燃料的目录由国务院生态环境主管部门确定。

在禁燃区内，禁止销售、燃用高污染燃料；禁止新建、扩建燃用高污染燃料的设施，已建成的，应当在城市人民政府规定的期限内改用天然气、页岩气、液化石油气、电或者其他清洁能源。

第三十九条　城市建设应当统筹规划，在燃煤供热地区，推进热电联产和集中供热。在集中供热管网覆盖地区，禁止新建、扩建分散燃煤供热锅炉；已建成的不能达标排放的燃煤供热锅炉，应当在城市人民政府规定的期限内拆除。

第四十条　县级以上人民政府市场监督管理部门应当会同生态环境主管部门对锅炉生产、进口、销售和使用环节执行环境保护标准或者要求的情况进行监督检查；不符合环境保护标准或者要求的，不得生产、进口、销售和使用。

第四十一条　燃煤电厂和其他燃煤单位应当采用清洁生产工艺，配套建设除尘、脱硫、脱硝等装置，或者采取技术改造等其他控制大气污染物排放的措施。

国家鼓励燃煤单位采用先进的除尘、脱硫、脱硝、脱汞等大气污染物协同控制的技术和装置，减少大气污染物的排放。

第四十二条　电力调度应当优先安排清洁能源发电上网。

第二节　工业污染防治

第四十三条　钢铁、建材、有色金属、石油、化工等企业生产过程中排放粉尘、硫化物和氮氧化物的，应当采用清洁生产工艺，配套建设除尘、脱硫、脱硝等装置，或者采取技术改造等其他控制大气污染物排放的措施。

第四十四条　生产、进口、销售和使用含挥发性有机物的原材料和产品的，其挥发性有机物含量应当符合质量标准或者要求。

国家鼓励生产、进口、销售和使用低毒、低挥发性有机溶剂。

**第四十五条** 产生含挥发性有机物废气的生产和服务活动，应当在密闭空间或者设备中进行，并按照规定安装、使用污染防治设施；无法密闭的，应当采取措施减少废气排放。

**第四十六条** 工业涂装企业应当使用低挥发性有机物含量的涂料，并建立台账，记录生产原料、辅料的使用量、废弃量、去向以及挥发性有机物含量。台账保存期限不得少于三年。

**第四十七条** 石油、化工以及其他生产和使用有机溶剂的企业，应当采取措施对管道、设备进行日常维护、维修，减少物料泄漏，对泄漏的物料应当及时收集处理。

储油储气库、加油加气站、原油成品油码头、原油成品油运输船舶和油罐车、气罐车等，应当按照国家有关规定安装油气回收装置并保持正常使用。

**第四十八条** 钢铁、建材、有色金属、石油、化工、制药、矿产开采等企业，应当加强精细化管理，采取集中收集处理等措施，严格控制粉尘和气态污染物的排放。

工业生产企业应当采取密闭、围挡、遮盖、清扫、洒水等措施，减少内部物料的堆存、传输、装卸等环节产生的粉尘和气态污染物的排放。

**第四十九条** 工业生产、垃圾填埋或者其他活动产生的可燃性气体应当回收利用，不具备回收利用条件的，应当进行污染防治处理。

可燃性气体回收利用装置不能正常作业的，应当及时修复或者更新。在回收利用装置不能正常作业期间确需排放可燃性气体的，应当将排放的可燃性气体充分燃烧或者采取其他控制大气污染物排放的措施，并向当地生态环境主管部门报告，按照要求限期修复或者更新。

### 第三节　机动车船等污染防治

**第五十条**　国家倡导低碳、环保出行，根据城市规划合理控制燃油机动车保有量，大力发展城市公共交通，提高公共交通出行比例。

国家采取财政、税收、政府采购等措施推广应用节能环保型和新能源机动车船、非道路移动机械，限制高油耗、高排放机动车船、非道路移动机械的发展，减少化石能源的消耗。

省、自治区、直辖市人民政府可以在条件具备的地区，提前执行国家机动车大气污染物排放标准中相应阶段排放限值，并报国务院生态环境主管部门备案。

城市人民政府应当加强并改善城市交通管理，优化道路设置，保障人行道和非机动车道的连续、畅通。

**第五十一条**　机动车船、非道路移动机械不得超过标准排放大气污染物。

禁止生产、进口或者销售大气污染物排放超过标准的机动车船、非道路移动机械。

**第五十二条**　机动车、非道路移动机械生产企业应当对新生产的机动车和非道路移动机械进行排放检验。经检验合格的，方可出厂销售。检验信息应当向社会公开。

省级以上人民政府生态环境主管部门可以通过现场检查、抽样检测等方式，加强对新生产、销售机动车和非道路移动机械大气污染物排放状况的监督检查。工业、市场监督管理等有关部门予以配合。

**第五十三条**　在用机动车应当按照国家或者地方的有关规定，由机动车排放检验机构定期对其进行排放检验。经检验合格的，方可上道路行驶。未经检验合格的，公安机关交通管理部门不得核发安全技术检验合格标志。

县级以上地方人民政府生态环境主管部门可以在机动车集中停放地、维修地对在用机动车的大气污染物排放状况进行监督抽测；在不影响正常通行的情况下，可以通过遥感监测等技术手段对在道路上行驶的机动车的大气污染物排放状况进行监督抽测，公安机关交通管理部门予以配合。

第五十四条　机动车排放检验机构应当依法通过计量认证，使用经依法检定合格的机动车排放检验设备，按照国务院生态环境主管部门制定的规范，对机动车进行排放检验，并与生态环境主管部门联网，实现检验数据实时共享。机动车排放检验机构及其负责人对检验数据的真实性和准确性负责。

生态环境主管部门和认证认可监督管理部门应当对机动车排放检验机构的排放检验情况进行监督检查。

第五十五条　机动车生产、进口企业应当向社会公布其生产、进口机动车车型的排放检验信息、污染控制技术信息和有关维修技术信息。

机动车维修单位应当按照防治大气污染的要求和国家有关技术规范对在用机动车进行维修，使其达到规定的排放标准。交通运输、生态环境主管部门应当依法加强监督管理。

禁止机动车所有人以临时更换机动车污染控制装置等弄虚作假的方式通过机动车排放检验。禁止机动车维修单位提供该类维修服务。禁止破坏机动车车载排放诊断系统。

第五十六条　生态环境主管部门应当会同交通运输、住房城乡建设、农业行政、水行政等有关部门对非道路移动机械的大气污染物排放状况进行监督检查，排放不合格的，不得使用。

第五十七条　国家倡导环保驾驶，鼓励燃油机动车驾驶人在不影响道路通行且需停车三分钟以上的情况下熄灭发动机，减少大气污染物的排放。

第五十八条　国家建立机动车和非道路移动机械环境保护召回制度。

生产、进口企业获知机动车、非道路移动机械排放大气污染物超过标准，属于设计、生产缺陷或者不符合规定的环境保护耐久性要求的，应当召回；未召回的，由国务院市场监督管理部门会同国务院生态环境主管部门责令其召回。

第五十九条　在用重型柴油车、非道路移动机械未安装污染控制装置或者污染控制装置不符合要求，不能达标排放的，应当加装或者更换符合要求的污染控制装置。

第六十条　在用机动车排放大气污染物超过标准的，应当进行维修；经维修或者采用污染控制技术后，大气污染物排放仍不符合国家在用机动车排放标准的，应当强制报废。其所有人应当将机动车交售给报废机动车回收拆解企业，由报废机动车回收拆解企业按照国家有关规定进行登记、拆解、销毁等处理。

国家鼓励和支持高排放机动车船、非道路移动机械提前报废。

第六十一条　城市人民政府可以根据大气环境质量状况，划定并公布禁止使用高排放非道路移动机械的区域。

第六十二条　船舶检验机构对船舶发动机及有关设备进行排放检验。经检验符合国家排放标准的，船舶方可运营。

第六十三条　内河和江海直达船舶应当使用符合标准的普通柴油。远洋船舶靠港后应当使用符合大气污染物控制要求的船舶用燃油。

新建码头应当规划、设计和建设岸基供电设施；已建成的码头应当逐步实施岸基供电设施改造。船舶靠港后应当优先使用岸电。

第六十四条　国务院交通运输主管部门可以在沿海海域划定船舶大气污染物排放控制区，进入排放控制区的船舶应当符合船舶相关排放要求。

第六十五条　禁止生产、进口、销售不符合标准的机动车船、非道路移动机械用燃料；禁止向汽车和摩托车销售普通柴油以及其他非机动车用燃料；禁止向非道路移动机械、内河和江海直达船舶销售渣油和重油。

第六十六条　发动机油、氮氧化物还原剂、燃料和润滑油添加剂以及其他添加剂的有害物质含量和其他大气环境保护指标，应当符合有关标准的要求，不得损害机动车船污染控制装置效果和耐久性，不得增加新的大气污染物排放。

第六十七条　国家积极推进民用航空器的大气污染防治，鼓励在设计、生产、使用过程中采取有效措施减少大气污染物排放。

民用航空器应当符合国家规定的适航标准中的有关发动机排出物要求。

## 第四节　扬尘污染防治

**第六十八条**　地方各级人民政府应当加强对建设施工和运输的管理，保持道路清洁，控制料堆和渣土堆放，扩大绿地、水面、湿地和地面铺装面积，防治扬尘污染。

住房城乡建设、市容环境卫生、交通运输、国土资源等有关部门，应当根据本级人民政府确定的职责，做好扬尘污染防治工作。

**第六十九条**　建设单位应当将防治扬尘污染的费用列入工程造价，并在施工承包合同中明确施工单位扬尘污染防治责任。施工单位应当制定具体的施工扬尘污染防治实施方案。

从事房屋建筑、市政基础设施建设、河道整治以及建筑物拆除等施工单位，应当向负责监督管理扬尘污染防治的主管部门备案。

施工单位应当在施工工地设置硬质围挡，并采取覆盖、分段作业、择时施工、洒水抑尘、冲洗地面和车辆等有效防尘降尘措施。建筑土方、工程渣土、建筑垃圾应当及时清运；在场地内堆存的，应当采用密闭式防尘网遮盖。工程渣土、建筑垃圾应当进行资源化处理。

施工单位应当在施工工地公示扬尘污染防治措施、负责人、扬尘监督管理主管部门等信息。

暂时不能开工的建设用地，建设单位应当对裸露地面进行覆盖；超过三个月的，应当进行绿化、铺装或者遮盖。

**第七十条**　运输煤炭、垃圾、渣土、砂石、土方、灰浆等散装、流体物料的车辆应当采取密闭或者其他措施防止物料遗撒造成扬尘污染，并按照规定路线行驶。

装卸物料应当采取密闭或者喷淋等方式防治扬尘污染。

城市人民政府应当加强道路、广场、停车场和其他公共场所的清扫保洁管理，推行清洁动力机械化清扫等低尘作业方式，防治扬尘污染。

第七十一条　市政河道以及河道沿线、公共用地的裸露地面以及其他城镇裸露地面，有关部门应当按照规划组织实施绿化或者透水铺装。

第七十二条　贮存煤炭、煤矸石、煤渣、煤灰、水泥、石灰、石膏、砂土等易产生扬尘的物料应当密闭；不能密闭的，应当设置不低于堆放物高度的严密围挡，并采取有效覆盖措施防治扬尘污染。

码头、矿山、填埋场和消纳场应当实施分区作业，并采取有效措施防治扬尘污染。

第五节　农业和其他污染防治

第七十三条　地方各级人民政府应当推动转变农业生产方式，发展农业循环经济，加大对废弃物综合处理的支持力度，加强对农业生产经营活动排放大气污染物的控制。

第七十四条　农业生产经营者应当改进施肥方式，科学合理施用化肥并按照国家有关规定使用农药，减少氨、挥发性有机物等大气污染物的排放。

禁止在人口集中地区对树木、花草喷洒剧毒、高毒农药。

第七十五条　畜禽养殖场、养殖小区应当及时对污水、畜禽粪便和尸体等进行收集、贮存、清运和无害化处理，防止排放恶臭气体。

第七十六条　各级人民政府及其农业行政等有关部门应当鼓励和支持采用先进适用技术，对秸秆、落叶等进行肥料化、饲料化、能源化、工业原料化、食用菌基料化等综合利用，加大对秸秆还田、收集一体化农业机械的财政补贴力度。

县级人民政府应当组织建立秸秆收集、贮存、运输和综合利用服务体系，采用财政补贴等措施支持农村集体经济组织、农民专业合作经济组织、企业等开展秸秆收集、贮存、运输和综合利用服务。

**第七十七条** 省、自治区、直辖市人民政府应当划定区域，禁止露天焚烧秸秆、落叶等产生烟尘污染的物质。

**第七十八条** 国务院生态环境主管部门应当会同国务院卫生行政部门，根据大气污染物对公众健康和生态环境的危害和影响程度，公布有毒有害大气污染物名录，实行风险管理。

排放前款规定名录中所列有毒有害大气污染物的企业事业单位，应当按照国家有关规定建设环境风险预警体系，对排放口和周边环境进行定期监测，评估环境风险，排查环境安全隐患，并采取有效措施防范环境风险。

**第七十九条** 向大气排放持久性有机污染物的企业事业单位和其他生产经营者以及废弃物焚烧设施的运营单位，应当按照国家有关规定，采取有利于减少持久性有机污染物排放的技术方法和工艺，配备有效的净化装置，实现达标排放。

**第八十条** 企业事业单位和其他生产经营者在生产经营活动中产生恶臭气体的，应当科学选址，设置合理的防护距离，并安装净化装置或者采取其他措施，防止排放恶臭气体。

**第八十一条** 排放油烟的餐饮服务业经营者应当安装油烟净化设施并保持正常使用，或者采取其他油烟净化措施，使油烟达标排放，并防止对附近居民的正常生活环境造成污染。

禁止在居民住宅楼、未配套设立专用烟道的商住综合楼以及商住综合楼内与居住层相邻的商业楼层内新建、改建、扩建产生油烟、异味、废气的餐饮服务项目。

任何单位和个人不得在当地人民政府禁止的区域内露天烧烤食品或者为露天烧烤食品提供场地。

**第八十二条** 禁止在人口集中地区和其他依法需要特殊保护的区域内焚烧沥青、油毡、橡胶、塑料、皮革、垃圾以及其他产生有毒有害烟尘和恶臭气体的物质。

禁止生产、销售和燃放不符合质量标准的烟花爆竹。任何单位和个人不得在城市人民政府禁止的时段和区域内燃放烟花爆竹。

第八十三条　国家鼓励和倡导文明、绿色祭祀。

火葬场应当设置除尘等污染防治设施并保持正常使用，防止影响周边环境。

第八十四条　从事服装干洗和机动车维修等服务活动的经营者，应当按照国家有关标准或者要求设置异味和废气处理装置等污染防治设施并保持正常使用，防止影响周边环境。

第八十五条　国家鼓励、支持消耗臭氧层物质替代品的生产和使用，逐步减少直至停止消耗臭氧层物质的生产和使用。

国家对消耗臭氧层物质的生产、使用、进出口实行总量控制和配额管理。具体办法由国务院规定。

## 第五章　重点区域大气污染联合防治

第八十六条　国家建立重点区域大气污染联防联控机制，统筹协调重点区域内大气污染防治工作。国务院生态环境主管部门根据主体功能区划、区域大气环境质量状况和大气污染传输扩散规律，划定国家大气污染防治重点区域，报国务院批准。

重点区域内有关省、自治区、直辖市人民政府应当确定牵头的地方人民政府，定期召开联席会议，按照统一规划、统一标准、统一监测、统一的防治措施的要求，开展大气污染联合防治，落实大气污染防治目标责任。国务院生态环境主管部门应当加强指导、督促。

省、自治区、直辖市可以参照第一款规定划定本行政区域的大气污染防治重点区域。

第八十七条　国务院生态环境主管部门会同国务院有关部门、国家大气污染防治重点区域内有关省、自治区、直辖市人民政府，根据重点区域经济社会发展和大气环境承载力，制定重点区域大气污染联合防治行动计划，明确控制目标，优化区域经济布局，统筹交通管理，发展清洁能源，提出重点防治任务和措施，促进重点区域大气环境质量改善。

**第八十八条** 国务院经济综合主管部门会同国务院生态环境主管部门，结合国家大气污染防治重点区域产业发展实际和大气环境质量状况，进一步提高环境保护、能耗、安全、质量等要求。

重点区域内有关省、自治区、直辖市人民政府应当实施更严格的机动车大气污染物排放标准，统一在用机动车检验方法和排放限值，并配套供应合格的车用燃油。

**第八十九条** 编制可能对国家大气污染防治重点区域的大气环境造成严重污染的有关工业园区、开发区、区域产业和发展等规划，应当依法进行环境影响评价。规划编制机关应当与重点区域内有关省、自治区、直辖市人民政府或者有关部门会商。

重点区域内有关省、自治区、直辖市建设可能对相邻省、自治区、直辖市大气环境质量产生重大影响的项目，应当及时通报有关信息，进行会商。

会商意见及其采纳情况作为环境影响评价文件审查或者审批的重要依据。

**第九十条** 国家大气污染防治重点区域内新建、改建、扩建用煤项目的，应当实行煤炭的等量或者减量替代。

**第九十一条** 国务院生态环境主管部门应当组织建立国家大气污染防治重点区域的大气环境质量监测、大气污染源监测等相关信息共享机制，利用监测、模拟以及卫星、航测、遥感等新技术分析重点区域内大气污染来源及其变化趋势，并向社会公开。

**第九十二条** 国务院生态环境主管部门和国家大气污染防治重点区域内有关省、自治区、直辖市人民政府可以组织有关部门开展联合执法、跨区域执法、交叉执法。

## 第六章　重污染天气应对

**第九十三条**　国家建立重污染天气监测预警体系。

国务院生态环境主管部门会同国务院气象主管机构等有关部门、国家大气污染防治重点区域内有关省、自治区、直辖市人民政府，建立重点区域重污染天气监测预警机制，统一预警分级标准。可能发生区域重污染天气的，应当及时向重点区域内有关省、自治区、直辖市人民政府通报。

省、自治区、直辖市、设区的市人民政府生态环境主管部门会同气象主管机构等有关部门建立本行政区域重污染天气监测预警机制。

**第九十四条**　县级以上地方人民政府应当将重污染天气应对纳入突发事件应急管理体系。

省、自治区、直辖市、设区的市人民政府以及可能发生重污染天气的县级人民政府，应当制定重污染天气应急预案，向上一级人民政府生态环境主管部门备案，并向社会公布。

**第九十五条**　省、自治区、直辖市、设区的市人民政府生态环境主管部门应当会同气象主管机构建立会商机制，进行大气环境质量预报。可能发生重污染天气的，应当及时向本级人民政府报告。省、自治区、直辖市、设区的市人民政府依据重污染天气预报信息，进行综合研判，确定预警等级并及时发出预警。预警等级根据情况变化及时调整。任何单位和个人不得擅自向社会发布重污染天气预报预警信息。

预警信息发布后，人民政府及其有关部门应当通过电视、广播、网络、短信等途径告知公众采取健康防护措施，指导公众出行和调整其他相关社会活动。

**第九十六条**　县级以上地方人民政府应当依据重污染天气的预警等级，及时启动应急预案，根据应急需要可以采取责令有关企业停产或者限产、限制部分机动车行驶、禁止燃放烟花爆竹、停止工地土石方作业和建筑物拆除施工、停止露天烧烤、停止幼儿园和学校组织的户外活动、组织开展人工影响天气作业等应急措施。

应急响应结束后，人民政府应当及时开展应急预案实施情况的评估，适时修改完善应急预案。

**第九十七条** 发生造成大气污染的突发环境事件，人民政府及其有关部门和相关企业事业单位，应当依照《中华人民共和国突发事件应对法》《中华人民共和国环境保护法》的规定，做好应急处置工作。生态环境主管部门应当及时对突发环境事件产生的大气污染物进行监测，并向社会公布监测信息。

## 第七章 法律责任

**第九十八条** 违反本法规定，以拒绝进入现场等方式拒不接受生态环境主管部门及其环境执法机构或者其他负有大气环境保护监督管理职责的部门的监督检查，或者在接受监督检查时弄虚作假的，由县级以上人民政府生态环境主管部门或者其他负有大气环境保护监督管理职责的部门责令改正，处二万元以上二十万元以下的罚款；构成违反治安管理行为的，由公安机关依法予以处罚。

**第九十九条** 违反本法规定，有下列行为之一的，由县级以上人民政府生态环境主管部门责令改正或者限制生产、停产整治，并处十万元以上一百万元以下的罚款；情节严重的，报经有批准权的人民政府批准，责令停业、关闭：

（一）未依法取得排污许可证排放大气污染物的；

（二）超过大气污染物排放标准或者超过重点大气污染物排放总量控制指标排放大气污染物的；

（三）通过逃避监管的方式排放大气污染物的。

**第一百条** 违反本法规定，有下列行为之一的，由县级以上人民政府生态环境主管部门责令改正，处二万元以上二十万元以下的罚款；拒不改正的，责令停产整治：

（一）侵占、损毁或者擅自移动、改变大气环境质量监测设施或者大气污染物排放自动监测设备的；

（二）未按照规定对所排放的工业废气和有毒有害大气污染物进行监测并保存原始监测记录的；

（三）未按照规定安装、使用大气污染物排放自动监测设备或者未按照规定与生态环境主管部门的监控设备联网，并保证监测设备正常运行的；

（四）重点排污单位不公开或者不如实公开自动监测数据的；

（五）未按照规定设置大气污染物排放口的。

**第一百零一条** 违反本法规定，生产、进口、销售或者使用国家综合性产业政策目录中禁止的设备和产品，采用国家综合性产业政策目录中禁止的工艺，或者将淘汰的设备和产品转让给他人使用的，由县级以上人民政府经济综合主管部门、海关按照职责责令改正，没收违法所得，并处货值金额一倍以上三倍以下的罚款；拒不改正的，报经有批准权的人民政府批准，责令停业、关闭。进口行为构成走私的，由海关依法予以处罚。

**第一百零二条** 违反本法规定，煤矿未按照规定建设配套煤炭洗选设施的，由县级以上人民政府能源主管部门责令改正，处十万元以上一百万元以下的罚款；拒不改正的，报经有批准权的人民政府批准，责令停业、关闭。

违反本法规定，开采含放射性和砷等有毒有害物质超过规定标准的煤炭的，由县级以上人民政府按照国务院规定的权限责令停业、关闭。

**第一百零三条** 违反本法规定，有下列行为之一的，由县级以上地方人民政府市场监督管理部门责令改正，没收原材料、产品和违法所得，并处货值金额一倍以上三倍以下的罚款：

（一）销售不符合质量标准的煤炭、石油焦的；

（二）生产、销售挥发性有机物含量不符合质量标准或者要求的原材料和产品的；

（三）生产、销售不符合标准的机动车船和非道路移动机械用燃料、发动机油、氮氧化物还原剂、燃料和润滑油添加剂以及其他添加剂的；

（四）在禁燃区内销售高污染燃料的。

第一百零四条　违反本法规定，有下列行为之一的，由海关责令改正，没收原材料、产品和违法所得，并处货值金额一倍以上三倍以下的罚款；构成走私的，由海关依法予以处罚：

（一）进口不符合质量标准的煤炭、石油焦的；

（二）进口挥发性有机物含量不符合质量标准或者要求的原材料和产品的；

（三）进口不符合标准的机动车船和非道路移动机械用燃料、发动机油、氮氧化物还原剂、燃料和润滑油添加剂以及其他添加剂的。

第一百零五条　违反本法规定，单位燃用不符合质量标准的煤炭、石油焦的，由县级以上人民政府生态环境主管部门责令改正，处货值金额一倍以上三倍以下的罚款。

第一百零六条　违反本法规定，使用不符合标准或者要求的船舶用燃油的，由海事管理机构、渔业主管部门按照职责处一万元以上十万元以下的罚款。

第一百零七条　违反本法规定，在禁燃区内新建、扩建燃用高污染燃料的设施，或者未按照规定停止燃用高污染燃料，或者在城市集中供热管网覆盖地区新建、扩建分散燃煤供热锅炉，或者未按照规定拆除已建成的不能达标排放的燃煤供热锅炉的，由县级以上地方人民政府生态环境主管部门没收燃用高污染燃料的设施，组织拆除燃煤供热锅炉，并处二万元以上二十万元以下的罚款。

违反本法规定，生产、进口、销售或者使用不符合规定标准或者要求的锅炉，由县级以上人民政府市场监督管理、生态环境主管部门责令改正，没收违法所得，并处二万元以上二十万元以下的罚款。

第一百零八条　违反本法规定，有下列行为之一的，由县级以上人民政府生态环境主管部门责令改正，处二万元以上二十万元以下的罚款；拒不改正的，责令停产整治：

（一）产生含挥发性有机物废气的生产和服务活动，未在密闭空间或者设备中进行，未按照规定安装、使用污染防治设施，或者未采取减少废气排放措施的；

（二）工业涂装企业未使用低挥发性有机物含量涂料或者未建立、保存台账的；

（三）石油、化工以及其他生产和使用有机溶剂的企业，未采取措施对管道、设备进行日常维护、维修，减少物料泄漏或者对泄漏的物料未及时收集处理的；

（四）储油储气库、加油加气站和油罐车、气罐车等，未按照国家有关规定安装并正常使用油气回收装置的；

（五）钢铁、建材、有色金属、石油、化工、制药、矿产开采等企业，未采取集中收集处理、密闭、围挡、遮盖、清扫、洒水等措施，控制、减少粉尘和气态污染物排放的；

（六）工业生产、垃圾填埋或者其他活动中产生的可燃性气体未回收利用，不具备回收利用条件未进行防治污染处理，或者可燃性气体回收利用装置不能正常作业，未及时修复或者更新的。

**第一百零九条** 违反本法规定，生产超过污染物排放标准的机动车、非道路移动机械的，由省级以上人民政府生态环境主管部门责令改正，没收违法所得，并处货值金额一倍以上三倍以下的罚款，没收销毁无法达到污染物排放标准的机动车、非道路移动机械；拒不改正的，责令停产整治，并由国务院机动车生产主管部门责令停止生产该车型。

违反本法规定，机动车、非道路移动机械生产企业对发动机、污染控制装置弄虚作假、以次充好，冒充排放检验合格产品出厂销售的，由省级以上人民政府生态环境主管部门责令停产整治，没收违法所得，并处货值金额一倍以上三倍以下的罚款，没收销毁无法达到污染物排放标准的机动车、非道路移动机械，并由国务院机动车生产主管部门责令停止生产该车型。

第一百一十条　违反本法规定，进口、销售超过污染物排放标准的机动车、非道路移动机械的，由县级以上人民政府市场监督管理部门、海关按照职责没收违法所得，并处货值金额一倍以上三倍以下的罚款，没收销毁无法达到污染物排放标准的机动车、非道路移动机械；进口行为构成走私的，由海关依法予以处罚。

违反本法规定，销售的机动车、非道路移动机械不符合污染物排放标准的，销售者应当负责修理、更换、退货；给购买者造成损失的，销售者应当赔偿损失。

第一百一十一条　违反本法规定，机动车生产、进口企业未按照规定向社会公布其生产、进口机动车车型的排放检验信息或者污染控制技术信息的，由省级以上人民政府生态环境主管部门责令改正，处五万元以上五十万元以下的罚款。

违反本法规定，机动车生产、进口企业未按照规定向社会公布其生产、进口机动车车型的有关维修技术信息的，由省级以上人民政府交通运输主管部门责令改正，处五万元以上五十万元以下的罚款。

第一百一十二条　违反本法规定，伪造机动车、非道路移动机械排放检验结果或者出具虚假排放检验报告的，由县级以上人民政府生态环境主管部门没收违法所得，并处十万元以上五十万元以下的罚款；情节严重的，由负责资质认定的部门取消其检验资格。

违反本法规定，伪造船舶排放检验结果或者出具虚假排放检验报告的，由海事管理机构依法予以处罚。

违反本法规定，以临时更换机动车污染控制装置等弄虚作假的方式通过机动车排放检验或者破坏机动车车载排放诊断系统的，由县级以上人民政府生态环境主管部门责令改正，对机动车所有人处五千元的罚款；对机动车维修单位处每辆机动车五千元的罚款。

第一百一十三条　违反本法规定，机动车驾驶人驾驶排放检验不合格的机动车上道路行驶的，由公安机关交通管理部门依法予以处罚。

第一百一十四条　违反本法规定，使用排放不合格的非道路移动机械，或者在用重型柴油车、非道路移动机械未按照规定加装、更换污染控制装置的，由县级以上人民政府生态环境等主管部门按照职责责令改正，处五千元的罚款。

违反本法规定，在禁止使用高排放非道路移动机械的区域使用高排放非道路移动机械的，由城市人民政府生态环境等主管部门依法予以处罚。

第一百一十五条　违反本法规定，施工单位有下列行为之一的，由县级以上人民政府住房城乡建设等主管部门按照职责责令改正，处一万元以上十万元以下的罚款；拒不改正的，责令停工整治：

（一）施工工地未设置硬质围挡，或者未采取覆盖、分段作业、择时施工、洒水抑尘、冲洗地面和车辆等有效防尘降尘措施的；

（二）建筑土方、工程渣土、建筑垃圾未及时清运，或者未采用密闭式防尘网遮盖的。

违反本法规定，建设单位未对暂时不能开工的建设用地的裸露地面进行覆盖，或者未对超过三个月不能开工的建设用地的裸露地面进行绿化、铺装或者遮盖的，由县级以上人民政府住房城乡建设等主管部门依照前款规定予以处罚。

第一百一十六条　违反本法规定，运输煤炭、垃圾、渣土、砂石、土方、灰浆等散装、流体物料的车辆，未采取密闭或者其他措施防止物料遗撒的，由县级以上地方人民政府确定的监督管理部门责令改正，处二千元以上二万元以下的罚款；拒不改正的，车辆不得上道路行驶。

第一百一十七条　违反本法规定，有下列行为之一的，由县级以上人民政府生态环境等主管部门按照职责责令改正，处一万元以上十万元以下的罚款；拒不改正的，责令停工整治或者停业整治：

（一）未密闭煤炭、煤矸石、煤渣、煤灰、水泥、石灰、石膏、砂土等易产生扬尘的物料的；

（二）对不能密闭的易产生扬尘的物料，未设置不低于堆放物高度的严密围挡，或者未采取有效覆盖措施防治扬尘污染的；

（三）装卸物料未采取密闭或者喷淋等方式控制扬尘排放的；

（四）存放煤炭、煤矸石、煤渣、煤灰等物料，未采取防燃措施的；

（五）码头、矿山、填埋场和消纳场未采取有效措施防治扬尘污染的；

（六）排放有毒有害大气污染物名录中所列有毒有害大气污染物的企业事业单位，未按照规定建设环境风险预警体系或者对排放口和周边环境进行定期监测、排查环境安全隐患并采取有效措施防范环境风险的；

（七）向大气排放持久性有机污染物的企业事业单位和其他生产经营者以及废弃物焚烧设施的运营单位，未按照国家有关规定采取有利于减少持久性有机污染物排放的技术方法和工艺，配备净化装置的；

（八）未采取措施防止排放恶臭气体的。

**第一百一十八条** 违反本法规定，排放油烟的餐饮服务业经营者未安装油烟净化设施、不正常使用油烟净化设施或者未采取其他油烟净化措施，超过排放标准排放油烟的，由县级以上地方人民政府确定的监督管理部门责令改正，处五千元以上五万元以下的罚款；拒不改正的，责令停业整治。

违反本法规定，在居民住宅楼、未配套设立专用烟道的商住综合楼、商住综合楼内与居住层相邻的商业楼层内新建、改建、扩建产生油烟、异味、废气的餐饮服务项目的，由县级以上地方人民政府确定的监督管理部门责令改正；拒不改正的，予以关闭，并处一万元以上十万元以下的罚款。

违反本法规定，在当地人民政府禁止的时段和区域内露天烧烤食品或者为露天烧烤食品提供场地的，由县级以上地方人民政府确定的监督管理部门责令改正，没收烧烤工具和违法所得，并处五百元以上二万元以下的罚款。

第一百一十九条　违反本法规定，在人口集中地区对树木、花草喷洒剧毒、高毒农药，或者露天焚烧秸秆、落叶等产生烟尘污染的物质的，由县级以上地方人民政府确定的监督管理部门责令改正，并可以处五百元以上二千元以下的罚款。

违反本法规定，在人口集中地区和其他依法需要特殊保护的区域内，焚烧沥青、油毡、橡胶、塑料、皮革、垃圾以及其他产生有毒有害烟尘和恶臭气体的物质的，由县级人民政府确定的监督管理部门责令改正，对单位处一万元以上十万元以下的罚款，对个人处五百元以上二千元以下的罚款。

违反本法规定，在城市人民政府禁止的时段和区域内燃放烟花爆竹的，由县级以上地方人民政府确定的监督管理部门依法予以处罚。

第一百二十条　违反本法规定，从事服装干洗和机动车维修等服务活动，未设置异味和废气处理装置等污染防治设施并保持正常使用，影响周边环境的，由县级以上地方人民政府生态环境主管部门责令改正，处二千元以上二万元以下的罚款；拒不改正的，责令停业整治。

第一百二十一条　违反本法规定，擅自向社会发布重污染天气预报预警信息，构成违反治安管理行为的，由公安机关依法予以处罚。

违反本法规定，拒不执行停止工地土石方作业或者建筑物拆除施工等重污染天气应急措施的，由县级以上地方人民政府确定的监督管理部门处一万元以上十万元以下的罚款。

第一百二十二条　违反本法规定，造成大气污染事故的，由县级以上人民政府生态环境主管部门依照本条第二款的规定处以罚款；对直接负责的主管人员和其他直接责任人员可以处上一年度从本企业事业单位取得收入百分之五十以下的罚款。

对造成一般或者较大大气污染事故的，按照污染事故造成直接损失的一倍以上三倍以下计算罚款；对造成重大或者特大大气污染事故的，按照污染事故造成的直接损失的三倍以上五倍以下计算罚款。

第一百二十三条　违反本法规定，企业事业单位和其他生产经营者有下列行为之一，受到罚款处罚，被责令改正，拒不改正的，依法作出处罚决定的行政机关可以自责令改正之日的次日起，按照原处罚数额按日连续处罚：

（一）未依法取得排污许可证排放大气污染物的；

（二）超过大气污染物排放标准或者超过重点大气污染物排放总量控制指标排放大气污染物的；

（三）通过逃避监管的方式排放大气污染物的；

（四）建筑施工或者贮存易产生扬尘的物料未采取有效措施防治扬尘污染的。

第一百二十四条　违反本法规定，对举报人以解除、变更劳动合同或者其他方式打击报复的，应当依照有关法律的规定承担责任。

第一百二十五条　排放大气污染物造成损害的，应当依法承担侵权责任。

第一百二十六条　地方各级人民政府、县级以上人民政府生态环境主管部门和其他负有大气环境保护监督管理职责的部门及其工作人员滥用职权、玩忽职守、徇私舞弊、弄虚作假的，依法给予处分。

第一百二十七条　违反本法规定，构成犯罪的，依法追究刑事责任。

## 第八章　附　　则

第一百二十八条　海洋工程的大气污染防治，依照《中华人民共和国海洋环境保护法》的有关规定执行。

第一百二十九条　本法自 2016 年 1 月 1 日起施行。

# 附件二　现行移动源大气污染物排放标准

附表 1　现行移动源大气污染物排放标准

| 车辆（发动机）类型 | 标准标号 | 标准名称 |
|---|---|---|
| 轻型汽车 | GB 3847—2018 | 《柴油车污染物排放限值及测量方法（自由加速法及加载减速法）》 |
| | GB 18285—2018 | 《汽油车污染物排放限值及测量方法（双怠速法及简易工况法）》 |
| | GB 18352.6—2016 | 《轻型汽车污染物排放限值及测量方法（中国第六阶段）》 |
| | GB 19755—2016 | 《轻型混合动力电动汽车污染物排放控制要求及测量方法》 |
| | GB 18352.5—2013 | 《轻型汽车污染物排放限值及测量方法（中国第五阶段）》 |
| | GB 1495—2002 | 《汽车加速行驶车外噪声限值及测量方法》 |
| | HJ 1137—2020 | 《甲醇燃料汽车非常规污染物排放测量方法》 |
| 重型汽车（发动机） | GB 17691—2018 | 《重型柴油车污染物排放限值及测量方法（中国第六阶段）》 |
| | GB 3847—2018 | 《柴油车污染物排放限值及测量方法（自由加速法及加载减速法）》 |
| | GB 18285—2018 | 《汽油车污染物排放限值及测量方法（双怠速法及简易工况法）》 |
| | GB 14762—2008 | 《重型车用汽油发动机与汽车排气污染物排放限值及测量方法（中国Ⅲ、Ⅳ阶段）》 |
| | GB 20890—2007 | 《重型汽车排气污染物排放控制系统耐久性要求及试验方法》 |
| | GB 17691—2005 | 《车用压燃式、气体燃料点燃式发动机与汽车排气污染物排放限值及测量方法（中国Ⅲ、Ⅳ、Ⅴ阶段）》 |
| | GB 11340—2005 | 《装用点燃式发动机重型汽车曲轴箱污染物排放限值及测量方法》 |
| | GB 14763—2005 | 《装用点燃式发动机重型汽车燃油蒸发污染物排放限值及测量方法（收集法）》 |
| | GB 1495—2002 | 《汽车加速行驶车外噪声限值及测量方法》 |
| | HJ 857—2017 | 《重型柴油车、气体燃料车排气污染物车载测量方法及技术要求》 |

| 车辆（发动机）类型 | 标准标号 | 标准名称 |
| --- | --- | --- |
| 重型汽车（发动机） | HJ 689—2014 | 《城市车辆用柴油发动机排气污染物排放限值及测量方法（WHTC 工况法）》 |
| | HJ 437—2008 | 《车用压燃式、气体燃料点燃式发动机与汽车车载诊断（OBD）系统技术要求》 |
| | HJ 438—2008 | 《车用压燃式、气体燃料点燃式发动机与汽车排放控制系统耐久性技术要求》 |
| | HJ 439—2008 | 《车用压燃式、气体燃料点燃式发动机与汽车在用符合性技术要求》 |
| | HJ 1137—2020 | 《甲醇燃料汽车非常规污染物排放测量方法》 |
| 摩托车 | GB 14622—2016 | 《摩托车污染物排放限值及测量方法（中国第四阶段）》 |
| | GB 18176—2016 | 《轻便摩托车污染物排放限值及测量方法（中国第四阶段）》 |
| | GB 14621—2011 | 《摩托车和轻便摩托车排气污染物排放限值及测量方法（双怠速法）》 |
| | GB 20998—2007 | 《摩托车和轻便摩托车燃油蒸发污染物排放限值及测量方法》 |
| | GB 16169—2005 | 《摩托车和轻便摩托车加速行驶噪声限值及测量方法》 |
| | GB 19758—2005 | 《摩托车和轻便摩托车排气烟度排放限值及测量方法》 |
| 低速汽车 | GB 19756—2005 | 《三轮汽车和低速货车用柴油机排气污染物排放限值及测量方法（中国Ⅰ、Ⅱ阶段）》 |
| | GB 19757—2005 | 《三轮汽车和低速货车加速行驶车外噪声限值及测量方法（中国Ⅰ、Ⅱ阶段）》 |
| | GB 18322—2002 | 《农用运输车自由加速烟度排放限值及测量方法》 |
| 非道路移动机械 | GB 20891—2014 | 《非道路移动机械用柴油机排气污染物排放限值及测量方法（中国第三、四阶段）》 |
| | GB 26133—2010 | 《非道路移动机械用小型点燃式发动机排气污染物排放限值与测量方法（中国第一、二阶段）》 |
| | GB 36886—2018 | 《非道路移动柴油机械排气烟度限值及测量方法》 |
| | HJ 1014—2020 | 《非道路柴油移动机械污染物排放控制技术要求》 |
| 船舶 | GB 15097—2016 | 《船舶发动机排气污染物排放限值及测量方法（中国第一、二阶段）》 |

# 附件三　柴油货车污染治理攻坚战行动计划

## 生态环境部等十一部门关于印发
## 《柴油货车污染治理攻坚战行动计划》的通知
## 环大气〔2018〕179 号

各省、自治区、直辖市人民政府，新疆生产建设兵团，教育部、科技部、司法部、住房城乡建设部、农业农村部、应急部、海关总署、税务总局、民航局、邮政局：

经国务院同意，现将《柴油货车污染治理攻坚战行动计划》印发给你们，请认真贯彻落实。

生态环境部
发展改革委
工业和信息化部
公安部
财政部
交通运输部
商务部
市场监管总局
能源局
铁路局
中国铁路总公司
2018 年 12 月 30 日

## 柴油货车污染治理攻坚战行动计划

为深入贯彻中共中央、国务院《关于全面加强生态环境保护　坚决打好污染防治攻坚战的意见》和国务院印发的《打赢蓝天保卫战三年行动计划》的要求，加强柴油货车超标排放治理，加快降低机动车船污染物排放量，坚决打赢蓝天保卫战，制定本行动计划。

### 一、总体要求

（一）指导思想。以习近平新时代中国特色社会主义思想为指导，全面贯彻党的十九大和十九届二中、三中全会精神，认真落实党中央、国务院决策部署和全国生态环境保护大会要求，坚持统筹“油、路、车”治理，以京津冀及周边地区、长三角地区、汾渭平原相关省（市）以及内蒙古自治区中西部等区域为重点（以下简称重点区域），以货物运输结构调整为导向，以柴油和车用尿素质量达标保障为支撑，以柴油车（机）达标排放为主线，建立健全严格的机动车全防全控环境监管制度，大力实施清洁柴油车、清洁柴油机、清洁运输、清洁油品行动，全链条治理柴油车（机）超标排放，明显降低污染物排放总量，促进区域空气质量明显改善。

（二）基本原则。坚持源头防范、综合治理。加快调整运输结构，增加铁路和水路货运量，减少公路大宗货物中长距离货运量。推广使用新能源和清洁能源汽车，壮大绿色运输车队。优化运输组织，提高运输效率，降低柴油货车空驶率。推进机动车生产制造、排放检验、维修治理和运输企业集约化发展。

坚持突出重点、联防联控。以重点区域及物流主通道作为重点监管区域，以营运柴油货车和车用油品、尿素作为重点监管对象，强化上下联动、区域协同，统一执法尺度和力度，增强监管合力。加强相关部门之间统筹协调和联合执法，建立完善信息共享机制，提高联合共治水平。

坚持全防全控、严惩重罚。从机动车设计、生产、销售、注册登记、使用、转移、检验、维修和报废等各个环节，加强全方位管控。加大监管执法力度，严厉打击生产销售不达标车辆、检验维修弄虚作假、屏蔽车载诊断系统（OBD）、生产销售使用假劣油品和车用尿素等违法行为。

坚持远近结合、标本兼治。加快完善政策、法规和标准体系，构建严格的环境监管制度，大幅提高违法成本。健全环境信用联合奖惩制度，实现“一处失信、处处受限”。完善环境经济政策，提高企业减排积极性。建立超标排放举报机制，鼓励公众监督，促进群防群控。

（三）目标指标。到2020年，柴油货车排放达标率明显提高，柴油和车用尿素质量明显改善，柴油货车氮氧化物和颗粒物排放总量明显下降，重点区域城市空气二氧化氮浓度逐步降低，机动车排放监管能力和水平大幅提升，全国铁路货运量明显增加，绿色低碳、清洁高效的交通运输体系初步形成。

——全国在用柴油车监督抽测排放合格率达到90%，重点区域达到95%以上，排气管口冒黑烟现象基本消除。

——全国柴油和车用尿素抽检合格率达到95%，重点区域达到98%以上，违法生产销售假劣油品现象基本消除。

——全国铁路货运量比2017年增长30%，初步实现中长距离大宗货物主要通过铁路或水路进行运输。

（四）重点区域范围。京津冀及周边地区、长三角地区、汾渭平原相关省（市）以及内蒙古自治区中西部等区域，包括北京市、天津市、河北省、山西省、山东省、河南省、上海市、江苏省、浙江省、安徽省、陕西省，以及内蒙古自治区呼和浩特市、包头市、乌兰察布市、鄂尔多斯市、巴彦淖尔市、乌海市。

## 二、清洁柴油车行动

（五）加强新生产车辆环保达标监管。严格实施国家机动车油耗和排放标准。严格实施重型柴油车燃料消耗量限值标准，不满足标准限值要求的新车型禁止进入道路运输市场。自 2019 年 7 月 1 日起，重点区域、珠三角地区、成渝地区提前实施机动车国六排放标准。推广使用达到国六排放标准的燃气车辆。（生态环境部、交通运输部牵头，工业和信息化部、公安部等参与，地方各级人民政府负责落实。以下均需地方各级人民政府落实，不再列出）

强化机动车环保信息公开。机动车生产、进口企业依法依规公开排放检验、污染控制技术和汽车尾气排放相关的维修技术信息。各地生态环境部门在机动车生产、销售和注册登记等环节加强监督检查，指导监督排放检验机构严格开展柴油车注册登记前的排放检验，通过国家机动车环境监管平台逐车核实环保信息公开情况，进行污染控制装置查验、上线排放检测，确保车辆配置的真实性、唯一性和一致性，2019 年基本实现全覆盖。（生态环境部、交通运输部牵头，公安部、市场监管总局等参与）

严厉打击生产、进口、销售不达标车辆违法行为。在生产、进口、销售环节加强对新生产机动车环保达标监管，抽查核验新生产销售车辆的 OBD、污染控制装置、环保信息随车清单等，抽测部分车型的道路实际排放情况。各省（区、市）对在本行政区域内生产（进口）的主要车（机）型系族的年度抽检率达到 80%，覆盖全部生产（进口）企业，重点区域抽检率进一步提高；对在本行政区域销售的主要车（机）型系族的年度抽检率达到 60%，重点区域达到 80%。严厉打击污染控制装置造假、屏蔽 OBD 功能、尾气排放不达标、不依法公开环保信息等行为，按规定撤销相关企业车辆产品公告、油耗公告和强制性产品认证，督促生产（进口）企业及时实施环境保护召回。各地生产销售柴油车型系族的抽检合格率达到 95% 以上。（生态环境部、工业和信息化部、海关总署、市场监管总局牵头，交通运输部等参与）

（六）加大在用车监督执法力度。建立完善监管执法模式。推行生态环境部门检测取证、公安交管部门实施处罚、交通运输部门监督维修的联合监管执法模式。各地生态环境部门应将本地超标排放车辆信息，以信函或公告（在政府网站发布）等方式，及时告知车辆所有人及所属企业，督促限期到与交通运输和生态环境部门联网的具有相应资质能力的维修单位进行维修治理，经维修合格后再到排放检验机构进行复检，公安交管、交通运输部门应当协助联系车辆所有人和所属企业；对于登记地在外省（区、市）的超标排放车辆信息，各地应及时上传到国家机动车环境监管平台，由登记地生态环境部门负责通知和督促。未在规定期限内维修并复检合格的车辆，生态环境、交通运输部门将其列入监管黑名单并将车型、车牌、企业等信息向社会公开，同时依法予以处理或处罚。对于列入监管黑名单或一个综合性能检验周期内三次以上监督抽测超标的营运车辆，生态环境和交通运输部门将其所属单位列为重点监管对象。对于一年内超标排放车辆占其总车辆数 10% 以上的运输企业，交通运输和生态环境部门将其列入黑名单或重点监管对象。（生态环境部、公安部、交通运输部牵头）

加大路检路查力度。各地建立完善生态环境、公安交管、交通运输等部门联合执法常态化路检路查工作机制，严厉打击超标排放等违法行为，基本消除柴油车排气口冒黑烟现象。各地大力开展排放监督抽测，重点检查柴油货车污染控制装置、OBD、尾气排放达标情况，具备条件的要抽查柴油和车用尿素质量及使用情况。各设区城市在重点路段对柴油车开展常态化的路检路查，重点区域城市在秋冬季加大检查力度。（生态环境部、公安部、交通运输部牵头）

强化入户监督抽测。督促指导柴油车超过 20 辆的重点企业，建立完善车辆维护、燃料和车用尿素添加使用台账，并鼓励通过网络系统及时向当地设区市生态环境部门传送。对于物流园、工业园、货物集散地、公交场站等车辆停放集中的重点场所，以及物流货运、工矿企业、长途客运、环卫、邮政、旅游、维修等重点单位，按“双随机”模式开展定期和不定期监督抽测。对于日常监督抽测或定期排放检验初检超标、在异地进行定期排放检验的柴油车辆，应作为重点抽查对象。（生态环境部牵头，交通运输部等参与）

加强重污染天气期间柴油货车管控。重污染天气预警期间，各地应加大部门联合综合执法检查力度，对于超标排放等违法行为，依法严格处罚。重点区域的钢铁、建材、焦化、有色、化工、矿山等涉及大宗物料运输的重点企业以及沿海沿江港口、城市物流配送企业，应制定错峰运输方案，原则上不允许柴油货车在重污染天气预警响应期间进出厂区（保证安全生产运行、运输民生保障物资或特殊需求产品，以及为外贸货物、进出境旅客提供港口集疏运服务的国五及以上排放标准的车辆除外）。各地生态环境部门可根据重污染天气应急需要，督促指导重点企业建设管控运输车辆的门禁和视频监控系统，监控数据至少保存一年以上。（生态环境部、公安部、交通运输部牵头，工业和信息化部等参与）

加大对高排放车辆监督抽测频次。在机动车集中停放地和维修地开展入户检查，并通过路检路查和遥感监测，加强对高排放车辆的监督抽测。每年秋冬季期间监督抽测柴油车数量，重点区域城市自 2019 年起不低于当地柴油车保有量的 80%，其他区域城市不低于 50%。（生态环境部、公安部、交通运输部牵头）

（七）强化在用车排放检验和维修治理。加强排放检验机构监督管理。推行除大型客车、校车和危险货物运输车以外的其他汽车跨省异地排放检验。2019 年年底前，排放检验机构应向社会公开检验过程，在企业网站或办事业务大厅显示屏通过高清视频实时公开柴油车排放检验全过程及检验结果，重点区域提前完成。采取现场随机抽检、排放检测比对、远程监控排查等方式，每年实现对排放检验机构的监管全覆盖。对于为省外登记的车辆开展排放检验比较集中、排放检验合格率异常的排放检验机构，应作为重点对象加强监管。将柴油车氮氧化物排放纳入在用汽车污染物排放标准，严格执行、加强监管。严厉打击排放检验机构伪造检验结果、出具虚假报告等违法行为，依法依规撤销资质认定（计量认证）证书，予以严格处罚并公开曝光。（生态环境部、市场监管总局牵头）

强化维修单位监督管理。交通运输、生态环境部门督促指导维修企业建立完善机动车维修治理档案制度，加强监督管理，严厉打击篡改破坏 OBD 系统、采用临时更换污染控制装置等弄虚作假方式通过排放检验的行为，依法依规对维修单位和机动车所有人予以严格处罚。（交通运输部、生态环境部牵头，市场监管总局等参与）

建立完善机动车排放检测与强制维护制度（I/M 制度）。各地生态环境、交通运输等部门建立排放检测和维修治理信息共享机制。排放检验机构（I 站）应出具排放检验结果书面报告，不合格车辆应到具有资质的维修单位（M 站）进行维修治理。经 M 站维修治理合格并上传信息后，再到同一家 I 站予以复检，经检验合格方可出具合格报告。I 站和 M 站数据应实时上传至当地生态环境和交通运输部门，实现数据共享和闭环管理。研究制定汽车排放及维修有关零部件标准，鼓励开展自愿认证。2019 年年底前，各地全面建立实施 I/M 制度，重点区域提前完成。监督抽测发现的超标排放车辆也应按要求及时维修。（交通运输部、生态环境部牵头，市场监管总局等参与）

（八）加快老旧车辆淘汰和深度治理。推进老旧车辆淘汰报废。各地制定老旧柴油货车和燃气车淘汰更新目标及实施计划，采取经济补偿、限制使用、加强监管执法等措施，促进加快淘汰国三及以下排放标准的柴油货车、采用稀薄燃烧技术或“油改气”的老旧燃气车辆。对达到强制报废标准的车辆，依法实施强制报废。对于提前淘汰并购买新能源货车的，享受中央财政现行购置补贴政策。鼓励地方研究建立与柴油货车淘汰更新相挂钩的新能源车辆运营补贴机制，制定实施便利通行政策。2020 年年底前，京津冀及周边地区、汾渭平原加快淘汰国三及以下排放标准营运柴油货车 100 万辆以上。（交通运输部、生态环境部、财政部、商务部牵头，公安部等参与）

推动高排放车辆深度治理。按照政府引导、企业负责、全程监控模式，推进高排放老旧柴油车深度治理。对于具备深度治理条件的柴油车，鼓励加装或更换符合要求的污染控制装置，协同控制颗粒物和氮氧化物排放。深度治理车辆应安装远程排放监控设备和精准定位系统，并与生态环境部门联网，实时监控油箱和尿素箱液位变化，以及氮氧化物、颗粒物排放情况。安装远程排放监控设备并与生态环境部门联网且稳定达标排放的柴油车，可在定期排放检验时免于上线检测。（生态环境部、交通运输部牵头）

（九）推进监控体系建设和应用。加快建设完善“天地车人”一体化的机动车排放监控系统。利用机动车道路遥感监测、排放检验机构联网、重型柴油车远程排放监控，以及路检路查和入户监督抽测，对柴油车开展全天候、全方位的排放监控。2018 年年底前，全部机动车排放检验机构实现国家、省、市三级联网，确保排放检验数据实时、稳定传输。加快推进机动车遥感监测能力建设，各地根据工作需要在柴油车通行主要路段建设遥感监测点位，并进行国家、省、市三级联网，重点区域 2018 年年底前初步建成，其他区域 2020 年完成。推进重型柴油车远程在线监控系统建设，2018 年重点区域开展试点，2019 年年底前重点区域 50% 以上具备条件的重型柴油车安装远程在线监控并与生态环境部门联网，其他地区城市积极推进。2020 年 1 月 1 日起，重点区域将未安装远程在线监控系统的营运车辆列入重点监管对象。（生态环境部牵头，交通运输部等参与）

加强排放大数据分析应用。利用“天地车人”一体化排放监控系统以及机动车监管执法工作形成的数据，构建全国互联互通、共建共享的机动车环境监管平台。各地通过信息平台每日报送定期排放检验数据和监督抽测发现的超标排放车辆信息，实现登记地与使用地对超标排放车辆的联合监管。通过大数据追溯超标排放车辆生产或进口企业、污染控制装置生产企业、登记地、排放检验机构、维修单位、加油站点、供油企业、运输企业等，实现全链条环境监管。加强对排放检验机构检测数据的监督抽查，对比分析过程数据、视频图像和检测报告，重点核查定期排放检验初检或日常监督抽测发现的超标车、外省（区、市）登记的车辆、运营 5 年以上的老旧柴油车等。各地对上述重点车辆排放检验数据的年度核查率要达到 80% 以上，重点区域再进一步提高比例。（生态环境部牵头，公安部、交通运输部、商务部、工业和信息化部、市场监管总局、海关总署等参与）

（十）推动相关行业集约化发展。促进落后产能淘汰。鼓励运用市场化手段，推进柴油货车生产企业兼并重组，促进淘汰落后产品和僵尸企业。对不能维持正常生产经营的企业进行为期两年的特别公示管理。2020 年年底前，进一步提高柴油货车制造产业集中度。（工业和信息化部牵头）

推进排放检验机构和维修单位规模化发展。鼓励支持排放检验机构通过市场运作手段，开展并购重组、连锁经营，实现规模化、集团化发展。着力培育一批检验服务质量好、社会诚信度高的排放检验机构成长为地方或行业品牌。鼓励专业水平高的排放检验机构在产业集中区域、交通枢纽、沿海沿江港口、偏远地区以及消费集中区域设立分支机构，提供便捷服务。对于设立分支机构或者多场所检验检测机构的，资质认定部门简化办理手续。鼓励支持技术水平高、市场信誉好的维修企业连锁经营，严厉打击清理无照、不按规定备案经营的维修站点。（市场监管总局、生态环境部、交通运输部牵头）

## 三、清洁柴油机行动

（十一）严格新生产发动机和非道路移动机械、船舶管理。2020 年年底前，全国实施非道路移动机械第四阶段排放标准。进口二手非道路移动机械和发动机应达到国家现行的新生产非道路移动机械排放标准要求。各地要加强对新生产销售发动机和非道路移动机械的监督检查，重点查验污染控制装置、环保信息标签等，并抽测部分机械机型排放情况。各省（区、市）对在本行政区域内生产（进口）的发动机和非道路移动机械主要系族的年度抽检率达到 60%，覆盖全部生产（进口）企业，重点区域达到 80%；对在本行政区域销售但非本行政区域内生产的非道路移动机械主要系族的年度抽检率达到 50%，重点区域达到 60%。严惩生产销售不符合排放标准要求发动机的行为，将相关企业及其产品列入黑名单。严格实施非道路移动机械环保信息公开制度，严厉处罚生产、进口、销售不达标产品行为，依法实施环境保护召回。各地生产销售发动机和非道路移动机械机型系族的抽检合格率达到 95% 以上。严格实施船舶发动机第一阶段国家排放标准，提前实施第二阶段排放标准。严禁新建不达标船舶进入运输市场。（生态环境部、交通运输部、海关总署、市场监管总局牵头）

（十二）加强排放控制区划定和管控。各地依法划定并公布禁止使用高排放非道路移动机械的区域，重点区域城市 2019 年年底前完成，其他地区城市 2020 年 6 月底前完成。各地秋冬季期间加强对进入禁止使用高排放非道路移动机械区域内作业的工程机械的监督检查，重点区域每月抽查率达到 50% 以上，禁止超标排放工程机械使用，消除冒黑烟现象。加强环渤海、长三角、珠三角水域船舶排放控制区管理，重点区域的内河水域应采取禁限行等措施限制高排放船舶使用。2019 年年底前，调整扩大船舶排放控制区范围，覆盖沿海重点港口和部分内河区域，提高船用燃料油硫含量控制要求。研究探索在船舶排放控制区同步管控船舶硫氧化物、氮氧化物和颗粒物排放。（生态环境部、交通运输部牵头，科技部等参与）

（十三）加快治理和淘汰更新。对于具备条件的老旧工程机械，加快污染物排放治理改造。按规定通过农机购置补贴推动老旧农业机械淘汰报废。采取限制使用等措施，促进老旧燃油工程机械淘汰。推进铁路内燃机车排放控制技术进步和新型内燃机车应用，加快淘汰更新老旧机车，具备条件的加快治理改造，协同控制颗粒物和氮氧化物排放。加快推动重点区域通行的铁路内燃机车基本消除冒黑烟现象。铁路煤炭运输应采取抑尘措施，有效控制扬尘污染。加快新能源非道路移动机械的推广使用，在重点区域城市划定的禁止使用高排放非道路移动机械区域内，鼓励优先使用新能源或清洁能源非道路移动机械。重点区域港口、机场、铁路货场、物流园新增和更换的岸吊、场吊、吊车等作业机械，主要采用新能源或清洁能源机械。推动内河船舶治理改造，加强颗粒物排放控制，开展减少氮氧化物排放试点工作。推进内河船型标准化，鼓励淘汰使用20年以上的内河航运船舶，依法强制报废超过使用年限的航运船舶。加强老旧渔船管理，加快推进渔船更新改造。推广使用纯电动和天然气船舶。（农业农村部、交通运输部、铁路局、民航局、铁路总公司牵头，生态环境部、财政部、商务部、能源局等参与）

（十四）强化综合监督管理。2019年年底前，各地完成非道路移动机械摸底调查和编码登记。探索建立工程机械使用中监督抽测、超标后处罚撤场的管理制度。推进工程机械安装精准定位系统和实时排放监控装置，2020年年底前，新生产、销售的工程机械应按标准规定进行安装。进入重点区域城市划定的禁止使用高排放非道路移动机械区域内作业的工程机械，鼓励安装精准定位系统和实时排放监控装置，并与生态环境部门联网。施工单位应依法使用排放合格的机械设备，使用超标排放设备问题突出的纳入失信企业名单。强化船舶排放控制区内船用燃料油使用监管，提高抽检率，打击船舶使用不合规燃油行为。（生态环境部牵头，工业和信息化部、农业农村部、住房城乡建设部、交通运输部等参与）

（十五）推动港口岸电建设和使用。加快港口岸电设备设施建设和船舶受电设施设备改造，提高岸电设施使用效率，相关改造项目纳入环评审批绿色通道。全国主要港口和船舶排放控制区内的港口，靠港船舶优先使用岸电。2020年年底前，沿海和内河主要港口、船舶排放控制区内港口的50%以上集装箱、客滚、邮轮、3千吨级以上客运和5万吨级以上干散货专业化泊位具备向船舶供应岸电的能力。新建码头同步规划、设计、建设岸电设施。2019年7月1日起，重点区域沿海港口新增、更换拖船优先使用新能源或清洁能源。2020年年底前，长江干线、西江航运干线、京杭运河水上服务区和待闸锚地基本具备船舶岸电

供应能力。研究制定三峡坝区船舶待闸期间限制使用辅机、鼓励使用岸电的措施。（交通运输部牵头，发展改革委、能源局等参与）

## 四、清洁运输行动

（十六）提升铁路货运量。推进中长距离大宗货物、集装箱运输从公路转向铁路。在环渤海地区、山东省、长三角地区，2018 年年底前，沿海主要港口和唐山港、黄骅港的煤炭集港改由铁路或水路运输；2020 年采暖季前，沿海主要港口和唐山港、黄骅港的矿石、焦炭等大宗货物原则上主要改由铁路或水路运输。加大货运铁路建设投入，加快完成蒙华、水曹等货运铁路建设，大力提升张唐、瓦日等铁路线煤炭运输量。加大铁路与港口连接线、工矿企业铁路专用线建设投入，加强钢铁、电解铝、电力、焦化等重点行业企业铁路专用线建设，2019 年实现已配套建成铁路专用线的企业主要由铁路运输大宗物料，未配套建设铁路专用线的要尽快完成规划，到 2020 年重点区域重点行业企业铁路运输比例达到 50% 以上。（交通运输部、发展改革委、生态环境部、铁路局、铁路总公司牵头，财政部等参与）

（十七）推动发展绿色货运。加快有关交通运输规划和建设项目的环评审查进度，在确保生态环境系统有效保护的前提下，科学有序提升铁路和水路运力。符合运输结构调整方向的铁水联运、水水中转码头、货运铁路及铁路专用线等建设项目，要纳入环评审批绿色通道，优化流程、加快审批。重点区域内新、改、扩建涉及大宗物料运输的建设项目，应尽量采用铁路、水路或管道等运输方式，其他地区应优先采用。依托铁路物流基地、公路港、沿海和内河港口等，推进多式联运型和干支衔接型货运枢纽（物流园区）建设，加快推进集装箱多式联运。鼓励发展江海联运、江海直达、滚装运输、驮背运输、甩挂运输等运输组织方式。重点区域加快推进液化天然气（LNG）罐式集装箱多式联运及堆场建设。推行货运车型标准化，推广集装箱货运方式。推进干线铁路、城际铁路、市域铁路和城市轨道“四网融合”，试点开展高铁快运、地铁货运等。推进城市绿色货运配送示范工程，支持利用城市现有铁路、物流货场转型升级为城市配送中心。鼓励支持运输企业资源整合重组，规模化、集约化高质量发展。（交通运输部、发展改革委、生态环境部、铁路总公司牵头，财政部、商务部、工业和信息化部、铁路局、民航局、能源局等参与）

（十八）优化运输车队结构。推广使用新能源和清洁能源汽车。加快推进城市建成区新增和更新的公交、环卫、邮政、出租、通勤、轻型物流配送车辆采用新能源或清洁能源汽车，重点区域使用比例达到80%。积极推广应用新能源物流配送车。重点区域集疏港、天然气气源供应充足地区应加快充电站及加气站建设，优先采用新能源汽车和达到国六排放标准的天然气等清洁能源汽车。重点区域港口、机场、铁路货场等新增或更换作业车辆主要采用新能源或清洁能源汽车。在物流园、产业园、工业园、大型商业购物中心、农贸批发市场等物流集散地建设集中式充电桩和快速充电桩。鼓励各地组织开展燃料电池货车示范运营，建设一批加氢示范站。优化承担物流配送的城市新能源车辆的便利通行政策。（交通运输部、生态环境部牵头，工业和信息化部、公安部、财政部、住房城乡建设部、铁路局、民航局、邮政局、铁路总公司等参与）

## 五、清洁油品行动

（十九）加快提升油气质量标准。自2019年1月1日起，全面供应符合国六标准的车用汽柴油，停止销售普通柴油和低于国六标准的车用汽柴油，取消普通柴油标准，实现车用柴油、普通柴油、部分船舶用油“三油并轨”。加快制定实施内河大型船舶用燃料油标准，制修订天然气质量标准，大幅降低硫含量等环境指标限值。根据大气污染防治需要，研究制定更加严格的汽柴油质量标准，降低烯烃、芳烃和多环芳烃含量。（能源局、交通运输部、市场监管总局牵头，商务部、生态环境部等参与）

（二十）健全燃油及清净增效剂和车用尿素管理制度。开展燃油生产加工企业专项整治，依法取缔违法违规企业，对生产不合格油品的企业依法严格处罚，从源头保障油品质量。推进车用尿素和燃油清净增效剂信息公开。研究汽柴油销售前添加符合环保要求的燃油清净增效剂。推进建立车用油品、车用尿素、船用燃料油全生命周期环境监管档案，打通生产、销售、储存、使用环节。禁止以化工原料名义出售调和油组分，禁止以化工原料勾兑调和油，严禁运输企业和工矿企业储存、使用非标油。（市场监管总局、能源局、生态环境部等按职责分工负责）

（二十一）推进油气回收治理。2019 年，重点区域加油站、储油库、油罐车基本完成油气回收治理工作，其他区域城市建成区在 2020 年前基本完成。重点区域年销售汽油量大于 5 000 吨的加油站，加快推进安装油气回收自动监控设备并与生态环境部门联网。重点区域开展储油库油气回收自动监控试点。开展原油和成品油码头、船舶油气回收治理，新建的原油、汽油、石脑油等装船作业码头全部安装油气回收设施。2020 年 1 月 1 日以后建造的 150 总吨以上的国内航行油船应具备码头油气回收条件。（生态环境部、交通运输部牵头，商务部、应急部、市场监管总局等参与）

（二十二）强化生产、销售、储存和使用环节监管。严厉打击生产、销售、储存和使用不合格油品、天然气和车用尿素行为，依法追究相关方面责任并向社会公开。各地在生产、销售和储存环节开展常态化监督检查，加大对炼油厂、储油库、加油（气）站和企业自备油库的抽查频次。各地组织开展清除无证无照经营的黑加油站点、流动加油罐车专项整治行动，严厉打击生产销售不合格油品行为，构成犯罪的，依法追究刑事责任。严禁在液化天然气中非法添加液氮，并采取切实措施防止死灰复燃。加强使用环节监督检查，在具备条件的情况下从柴油货车油箱、尿素箱抽取样品进行监督检查，重点区域城市加大检查频次。到 2019 年，违法生产、销售、储存和使用假劣非标油品现象基本消除。

（市场监管总局、发展改革委、商务部、交通运输部、生态环境部等按职责分工负责）

## 六、保障措施

（二十三）加强法规标准和政策保障。完善法规标准体系。研究制定机动车和非道路移动机械环境保护召回管理办法、机动车排放检验与强制维修管理办法。各地根据监管需要，制定出台机动车污染防治地方法规，健全严惩重罚制度。制修订在用汽车和非道路移动机械排放标准、非道路移动机械第四阶段技术要求。制修订并实施铁路内燃机车排放标准，研究制定机动车排放检验技术规范、机动车遥感检测仪器校准规范、柴油车和工程机械远程在线监控及联网规范、柴油车排放治理技术指南、加油站油气回收在线监控系统技术要求等。制定实施维修站建设和联网、尾气排放维修治理技术规范等。修订《机动车强制报废标准规定》，调整营运柴油货车使用年限。加快制修订汽柴油清净剂等相关标准。加快出台实施报废机动车回收管理办法。（生态环境部、交通运输部、商务部、司法部、市场监管总局、能源局、铁路局牵头）

健全环境信用体系。机动车生产或进口企业、发动机制造企业、污染控制装置生产企业、排放检验机构、维修单位、运输企业、施工单位、汽柴油及车用尿素生产销售企业等企业的违法违规信息，企业未依法依规落实应急运输响应等重污染应急措施的信息，以及相关企业负责人信息，按规定纳入全国信用信息共享平台，实施跨部门联合惩戒。对环境信用良好的企业实施联合激励。（发展改革委牵头，生态环境部、交通运输部、工业和信息化部、商务部、海关总署、能源局等参与）

（二十四）加强税收和价格政策激励。实施税收优惠政策。对符合条件的新能源汽车免征车辆购置税，继续落实并完善对节能、新能源车船减免车船税的政策。各地研究建立柴油车加装、更换污染控制装置的激励机制。（财政部牵头，

生态环境部、交通运输部、工业和信息化部、税务总局等参与）

完善价格政策。适时完善车用油品价格政策，研究在成品油质量升级价格政策中统筹考虑燃油清净增效剂成本的可行性。铁路运输企业完善货运价格市场化运作机制，规范辅助作业环节收费，积极推行铁路运费“一口价”。研究实施铁路集港运输和疏港运输差异化运价模式，降低回程铁路空载率。推动建立完善船舶、飞机使用岸电的供售电机制，降低岸电使用成本。允许码头等岸电设施经营企业按现行电价政策向船舶收取电费。港口岸基供电执行大工业电价，免收容（需）量电费，研究进一步加大对内河岸电价格政策的支持力度。各地及有关行业主管部门应加大对港口、机场岸电设施建设和经营的支持力度，鼓励码头等岸电设施经营企业实行岸电服务费优惠。（发展改革委牵头，生态环境部、交通运输部、商务部、能源局、铁路局、民航局、铁路总公司等参与）

（二十五）加强技术和能力支撑。支持管理创新和减排技术研发。鼓励地方积极探索移动源治污新模式。支持研发传统内燃机高效节能减排技术，提升发动机热效率，优化尾气处理工艺。积极发展替代燃料、混合动力、纯电动、燃料电池等机动车船技术。鼓励开发混合动力、插电式混合动力专用发动机，优化动力总成系统匹配。鼓励自主研发柴油车（机）高压共轨燃油喷射系统、高效增压中冷系统、废气再循环系统、选择性催化还原系统、柴油颗粒物捕集器等技术。研究公路运输节能减排技术新路径。推进港口、铁路、机场等特殊领域作业机械新能源动力技术研发。启动船舶国际排放控制区划定及管控技术研究。支持“多式联运、互联网＋运输”等研究，健全多式联运基础设施、运载单元、信息交换接口等标准体系。（科技部牵头，生态环境部、工业和信息化部、交通运输部、铁路局、民航局、铁路总公司等参与）

加大资金支持和能力建设力度。加大中央和地方财政资金投入，重点支持机动车、工程机械及船舶的环境监控监管能力建设和运行维护，以及老旧柴油货车淘汰和尾气排放深度治理。对淘汰更新老旧柴油货车、推广使用新能源货车等大气污染治理措施成效显著的地方，中央财政在安排有关资金时予以倾斜支持。加强基层机动车污染防治工作力量建设，提高监管执法专业化水平。2019 年年底前，各地达到机动车环境管理能力建设标准要求。构建交通污染全国监测网络，在沿海沿江主要港口和重要物流通道建设空气质量监测站，重点监控评估交通运输污染情况，2020 年年底前建成。在全国扶持建设 1 000 座柴油货车排气超标维修治理站，加强培训，提高行业维修治理能力。大力支持港口和机场岸基供电，对于港口、铁路、机场等特殊领域的新能源动力作业机械，加大技术研发和改造的资金支持力度，加快推进铁路电气化改造及老旧机车更新换代，加大机场场内车辆“油改电”工作支持力度。有效提升车船用液化天然气供应保障能力，研究制定物流通道沿线液化天然气加注站建设规划。（财政部、生态环境部、交通运输部、能源局牵头，工业和信息化部、科技部、铁路局、民航局、铁路总公司等参与）

（二十六）加强奖惩并举和公众参与。建立完善奖惩并举机制。加强柴油货车污染治理攻坚战年度和终期目标任务完成情况考核，纳入打赢蓝天保卫战成效考核。建立考核激励和容错机制，及时表扬奖励工作成绩突出，以及敢于开拓创新、敢于担当的先进典型。对工作不力、监管责任不落实、问题突出的地方，由生态环境部公开约谈地方政府主要负责人。将柴油货车污染治理攻坚战中存在的不作为、乱作为等突出问题纳入中央环境保护督察和省级环境保护督察范围，对重点攻坚任务完成不到位，不作为、慢作为、不担当、不碰硬，甚至失职失责的，依法依规依纪严肃问责。加快建立完善机动车等移动源行政执法与刑事司法衔接机制，对于生产、进口、销售不合格发动机、机动车、非道路移动机械、车用燃料、车用尿素，以及排放检验弄虚作假的行为，严惩重罚，涉嫌违法犯罪的移送司法机关，依法追究相关人员刑事责任。（生态环境部牵头，中央组织部等参与）

强化公众参与和监督。创新方式方法，利用电视、广播、报纸、互联网等新闻媒体，开展多种形式的宣传普及活动，加强法律法规政策宣传解读，营造良好的社会氛围，不断提高全社会对机动车污染危害和绿色货运的认识。教育引导机动车船和机械驾驶（操作）人员树立绿色驾驶（作业）意识，提高购买使用合格油品和尿素、及时维护保养的自觉性。鼓励职业院校相关专业中增加绿色驾驶教育、排放检验与维修技术等内容，大力开展尾气排放维修治理技术培训。引导支持社会公众积极有序参与和监督，各城市建立有奖举报机制，鼓励通过微信平台（微信公众号“12369 环保举报”）举报冒黑烟车辆和非道路移动机械。（生态环境部、交通运输部、教育部牵头）

地方各级人民政府是落实本行动计划的责任主体，要因地制宜制定本地区实施方案，层层压实责任，认真监督落实。国务院各有关部门要按照职责分工，切实落实本行动计划确定的各项工作任务。生态环境部和有关部门加强统筹协调、定期调度和监督检查，重要情况及时报告国务院。

# 附件四 各地移动源环境管理相关法律法规

附表 2 移动源环境管理相关地方法规

| 省（区、市） | 法规名称 |
|---|---|
| 北京 | 北京市大气污染防治条例 |
| | 北京市机动车和非道路移动机械排放污染防治条例 |
| 天津 | 天津市大气污染防治条例 |
| | 天津市机动车和非道路移动机械排放污染防治条例 |
| 河北 | 河北省大气污染防治条例 |
| | 河北省机动车和非道路移动机械排放污染防治条例 |
| | 石家庄市大气污染防治条例 |
| 山西 | 山西省大气污染防治条例 |
| | 太原市机动车和非道路移动机械排气污染防治办法 |
| | 吕梁市机动车和非道路移动机械排气污染防治条例 |
| | 长治市大气污染防治条例 |
| 内蒙古 | 内蒙古自治区大气污染防治条例 |
| 辽宁 | 辽宁省大气污染防治条例 |
| | 辽宁省机动车污染防治条例 |
| 吉林 | 吉林省大气污染防治条例 |
| | 长春市机动车和非道路移动机械排气污染防治管理办法 |
| 黑龙江 | 黑龙江省大气污染防治条例 |
| | 哈尔滨市机动车排气污染防治条例 |
| 上海 | 上海市大气污染防治条例 |
| 江苏 | 江苏省大气污染防治条例 |
| | 南京市大气污染防治条例 |
| 浙江 | 浙江省大气污染防治条例 |
| | 浙江省机动车排气污染防治条例 |
| | 杭州市大气污染防治规定 |
| | 杭州市机动车排气污染防治条例 |
| 安徽 | 安徽省大气污染防治条例 |

| 省（区、市） | 法规名称 |
| --- | --- |
| 福建 | 福建省大气污染防治条例 |
| 江西 | 江西省大气污染防治条例 |
| 山东 | 山东省大气污染防治条例 |
| | 山东省机动车排气污染防治条例 |
| | 济南市大气污染防治条例 |
| | 济南市机动车和非道路移动机械排气污染防治条例 |
| 河南 | 河南省大气污染防治条例 |
| | 许昌市机动车和非道路移动机械排气污染防治条例 |
| 湖北 | 湖北省大气污染防治条例 |
| 湖南 | 湖南省大气污染防治条例 |
| 广东 | 广东省大气污染防治条例 |
| | 广东省机动车排气污染防治条例 |
| | 广州市机动车排气污染防治规定 |
| | 深圳经济特区机动车排气污染防治条例 |
| 广西 | 广西壮族自治区大气污染防治条例 |
| | 南宁市机动车和非道路移动机械排气污染防治条例 |
| 海南 | 海南省大气污染防治条例 |
| | 海南省机动车排气污染防治规定 |
| 重庆 | 重庆市大气污染防治条例 |
| 四川 | 四川省《中华人民共和国大气污染防治法》实施办法 |
| 贵州 | 贵州省大气污染防治条例 |
| 云南 | 云南省大气污染防治条例 |
| | 昆明市机动车排气污染防治条例 |
| 西藏 | 西藏自治区大气污染防治条例 |
| 陕西 | 陕西省大气污染防治条例 |
| | 西安市大气污染防治条例 |
| | 西安市机动车和非道路移动机械排气污染防治条例 |

| 省（区、市） | 法规名称 |
| --- | --- |
| 甘肃 | 甘肃省大气污染防治条例 |
| | 兰州市机动车排气污染防治条例 |
| 青海 | 青海省大气污染防治条例 |
| 宁夏 | 宁夏回族自治区大气污染防治条例 |
| | 银川市机动车排气污染防治条例 |
| 新疆 | 新疆维吾尔自治区大气污染防治条例 |
| | 乌鲁木齐市机动车和非道路移动机械排气污染防治条例 |

附表 3　移动源环境管理相关地方政府规章

| 省（区、市） | 地方政府规章名称 |
| --- | --- |
| 北京 | 北京市生态环境局关于发布《北京市非道路移动机械登记管理办法（试行）》的通告 |
| | 北京市生态环境局关于发布《北京市重型汽车和非道路移动机械排放远程监测管理车载终端安装管理办法（试行）》的通告 |
| 山西 | 晋城市机动车排气污染防治管理办法 |
| 上海 | 上海市非道路移动机械申报登记和标志管理办法（试行） |
| 安徽 | 安徽省机动车排气污染防治办法 |
| 福建 | 福州市机动车排气污染防治管理办法 |
| 山东 | 山东省非道路移动机械排气污染防治规定 |
| 湖北 | 荆州市机动车排气污染防治管理办法 |
| 四川 | 成都市机动车和非道路移动机械排气污染防治办法 |
| | 成都市施工现场非道路移动机械排气污染防治实施办法 |
| | 绵阳市机动车和非道路移动机械排气污染防治管理办法（试行） |
| | 攀枝花市施工现场非道路移动机械排放监督管理规定 |
| | 宜宾市非道路移动机械排气污染防治实施办法（试行） |

# 附件五 国外先进经验介绍

## 一、加州清洁卡车推广路线

在未来数十年内，美国加利福尼亚州（以下简称加州）面临极具挑战性的环境空气质量改善和温室气体减排要求，包括 2030 年和 2050 年分别比 1990 年降低温室气体排放 40% 和 80%，以及 2030 年削减 50% 的石油消费。为达成上述目标，2020 年 6 月，加州空气资源委员会发布了全球首个零排放卡车法规——《先进清洁卡车法规》（*Advanced Clean Trucks Regulation*，ACT）（以下简称《法规》），旨在加快推动零排放汽车在中重型卡车领域的应用。2020 年 7 月 15 日，包括加州在内的美国 15 个州和哥伦比亚特区州长共同宣布了“关于加速公交及卡车电动化转型的联合谅解备忘录”，承诺共同推动和加速中、重型车辆的电动化转型，实现到 2030 年零排放汽车在中、重型车辆新车销量中占比达 30%，到 2050 年达 100% 的目标。

1.《法规》概述

《法规》主要包括制造商销售要求和报告要求两个部分。

制造商销售要求：2024—2035 年，零排放卡车销售量需在加州 Class 2b 至 Class 8 级别卡车销售总量中逐步增大。到 2035 年，零排放卡车在各级别卡车销量中的占比达到 40%～75%（附图 3-1）。

报告要求：包括零售商和制造商等在内的各类大型企业需提供其货运及班车服务的有关信息。拥有 50 辆及以上卡车数量的货运企业需报告其车队运营情况。收集的相关信息将被用于制定进一步减排策略，确保车队购买的零排放卡车及其运营情况符合需求。

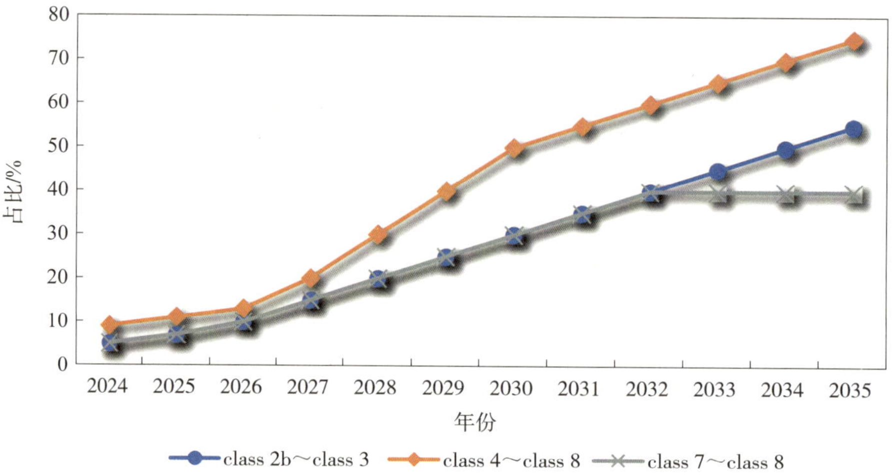


附图 3-1 加州零排放卡车预期销售占比

2. 积分抵消机制

法规采用积分抵消机制，将车辆额定总质量在 8 500 磅（3.86 t）以上的卡车划分为不同级别，要求销售级别内卡车数量达 500 辆以上的制造商履行积分合规要求。根据销售卡车所属的级别不同，将产生不同数值的积分义务（负积分）。该积分义务可通过销售零排放汽车（ZEV）和近零排放汽车（NZEV）所获得的积分信用（正积分）进行抵扣。每年度汽车制造商需对当年度产生的积分义务进行抵扣。根据法规规定，ZEV 和 NZEV 积分信用可跨年度累积并在制造商间进行交易。自 2021 年起在加州销售的所有符合条件的 ZEV 和 NZEV 均可获得相应的积分信用，自 2024 年起，符合条件的制造商需开始履行积分合规要求。其中，2021—2023 年累积的积分将在 2030 年年底失效，自 2024 年及以后累积的积分将在产生 5 年后失效。自 2035 年起，NZEV 将无法再获得积分。

3. 合规要求

在制造商该年度所产生的积分赤字已全部通过积分信用抵扣，并且 class 7～class 8 级别牵引车所产生的积分赤字已全部通过 class 7～class 8 牵引车

ZEV 或 NZEV 积分信用抵扣后，该制造商即履行完毕该年度的积分合规要求。如果该年度制造商的积分赤字未能完全进行抵扣，剩余部分必须在下一年度进行抵扣，且仅可使用 ZEV 积分信用进行抵扣。在进行积分抵扣时，必须按照 ZEV 和 NZEV 积分信用过期的先后顺序进行使用，即优先使用距离过期日期最近的 ZEV 或 NZEV 积分信用。抵扣需按照车型级别和积分信用种类根据先后顺序进行抵扣（附图 3-2）。

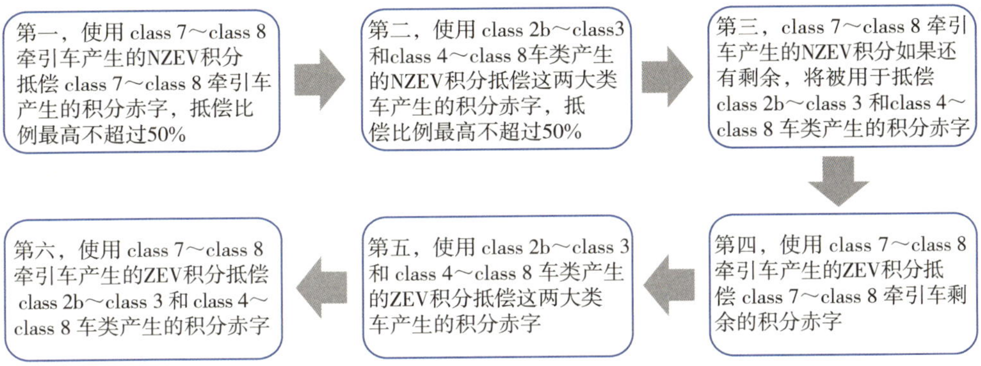


附图 3-2　积分信用使用优先级顺序

4. 违规处罚

若制造商未能在规定的时间内完成积分抵扣，将根据《健康与安全法规》（*Health and Safety Code Regulation*）中“关于车辆排放不达标或违反测试程序”的有关规定受到处罚，对每辆未达标车辆处以不超过 37 500 美元的罚金。根据《先进清洁卡车法规》的规定，未达标车辆的数量将被设定为制造商积分赤字的一半。

## 二、日本交通空气质量监测

1. 监测站主要分类

开展环境监测工作、获取准确监测数据是制定环境政策、认识环境现状和挑战、评估环境政策有效性的重要依据。自 1967 年开始，日本先后颁布的《公害对策基本法》《大气污染防止法》开启了环境监测的历程。1970年，日本开始实施大气环境空气质量自动监测。日本环境空气质量监测站主要包括一般环境空气质量监测站（以下简称一般站）和交通环境空气质量监测站（以下简称路边站）以及背景站、气象站等。

日本环境监测一般站的目的是掌握一般生活环境的大气污染状况，主要设置在受固定源等污染源影响较大而受汽车尾气影响较小的场所，而环境监测路边站目的是掌握容易受机动车尾气影响地区的大气污染状况，因而主要设置在干线道路的沿线且对人类健康影响较大的高浓度地点，考虑到污染物浓度随距离的衰减，最好是距干线道路路边10 m以内。在难以确保用地的情况下，路边站监测点也可设置在距离路边20 m以内。

2021年，日本全国共有空气质量监测站1 846个，其中一般站1 446个（包含国控9个），路边站400个（包含国控8个），占比27.7%。随着污染物浓度的变化及监测需求的不断调整，环境监测主要围绕$PM_{2.5}$、$PM_{10}$、$SO_2$、$NO_2$、CO、$O_x$、$CH_4$、NMHC等空气污染物以及气象参数指标开展监测，根据目的和条件不同，一般站和路边站主要围绕以上不同项目组合开展监测，同时路边站要求必须监测交通流量。

2. 监测体制和运营模式

经历多年探索和总结，日本环境监测一般站和路边站都形成了成熟的监测体制和运营模式。日本实施国家级大气监测网和地方大气污染监测网在内的两级大气质量监测体制，覆盖国家、都道府县和市町村三个层级。日本《大气污染防止法》规定中央环境监测主体是环境省，自身具有监测系统，并协助地方自治体实施环境研究、调查、购置仪器等工作，同时统一监测标准，并于2003年设立了“大气污染物质广域监视系统”网站；地方的环境监测主体为都道府县，都道府县知事等负责具体实施。都道府县等收集实时数据信息，并通过各自治体和环境省的服务器在互联网公开。环境省和地方自治体均要及时向社会发布监测信息。每小时的速报值在环境省大气污染物广域监测系统上实时公布，包括环境标准达标情况在内的全年测定结果，也会在环境省网站上以“大气污染状况”的形式予以公布。都道府县等根据这些收集来的数据，发布光化学氧化剂预警信息和警报、$PM_{2.5}$ 相关的提醒预警等。另外，日本国立环境研究所还开发了“大气污染预测系统”，提供当日和次日大气污染浓度的预测图，供各方参考。

运营方面，日本环境监测可以由政府（含技术部门）与民间公司共同参与，政府是规划监管者，公司是实施者，相互制约。政府进行项目管理、资质审核、技术监督和随机抽查。公司对公共环境和污染源进行常规性监测。对于监测设备维护与技术性的操作管理（涉及各种仪器维修更新困难）的问题，大多以“政府规划监管、民间投标实施、市场模式运营”方式进行，政府出资，以外包或租用的方式运作项目，政府与企业形成相互制约和依存的关系。以熊本市为例，熊本市路边汽车尾气自动监测站的监测数据每小时通过电信电话网（NTT）传送至环境部门的控制室，经汇总后传送至市政府附近的公共电子显示牌显示，让市民及时了解本市的空气环境质量状况。数据同时还上传到熊本县政府和环境省网站。该系统完全由社会化专业公司运营，完成日常性的技术操作性管理。由环保局对其运营行为进行监督管理，接收并审核数据。设备产权属环保局，日常运行和技术管理由社会运营公司进行。

3. 监测数据应用

日本路边站监测数据主要用于分析有效监测站的污染物历年变化以及与标准值比较的达标率。此外，监测数据还用于评估不同减排策略实施的实际效果与人体健康相关研究。日本路边站监测数据超标严重或可能危害人体健康时，都道府县知事等通常会以监测结果为依据探讨是否需要做出通过机动车 $NO_x$、PM 法或独自采取机动车行驶自主性限制措施、交通流改善和促进低公害机动车普及等对策。

4. 机场站情况

日本在机场周边设置了机场站，开展机场周边大气环境状况监测，目的是掌握容易受航空器排放影响地区的大气污染状况，监测由机场责任主体自行完成，并上报地方环境部门。成田机场 1995 年开始周边大气环境质量监测，在机场内部及周边有居民区的方位共布设 6 个点位，监测 $SO_2$、$NO_2$、CO、SPM 和 $O_3$。监测结果与环境基准以及机场周边 35 km 附近的人口居住区空气质量监测站点数据进行比较，结果在机场官网发布。关西国际机场 1994 年正式通航，同年开始周边环境空气质量监测工作，2005 年开始将数据报送至大阪府。由于关西国际机场是一座完全填海造陆的人工岛机场，因此环境空气质量监测只在距离最近的海岸线附近设置了 1 个监测站点，监测 $NO/NO_2/NO_x$、SPM、$O_x$、$NMHC/CH_4/THC$ 以及气象参数。监测结果主要用于与环境基准以及距离最近的一般空气质量监测站的比较。

# 参考文献


［1］国家统计局．中国统计年鉴（2017—2020）［M］．北京：中国统计出版社，2020.

［2］中国汽车工业协会．中国汽车工业年鉴（2017—2020）［M］．天津：中国汽车工业协会出版社，2020.

［3］中国汽车工业协会．2020 年 12 月汽车工业产销综述［EB/OL］．中国汽车工业协会官网，2021-01-13. http：//www.caam.org.cn/chn/4/cate_30/con_5232919.html.

［4］公安部交管管理局．2020 年全国新注册登记机动车 3328 万辆　新能源汽车达 492 万辆［EB/OL］．公安部官网，2021-01-07. https：//www.mps.gov.cn/n2254314/n6409334/c7647242/content.html.

［5］中国工程机械工业协会．中国工程机械工业年鉴（2017—2020）［M］．北京：机械工业出版社，2020.

［6］农业农村部南京农业机械化研究所．中国农业机械化年鉴（2017—2020）［M］．北京：中国农业科学技术出版社，2020.

［7］国家统计局．中国能源统计年鉴 2019［M］．北京：中国统计出版社，2021.

［8］生态环境部．中国移动源环境管理年报（2021 年）［EB/OL］．中华人民共和国生态环境部网站，2021-09-10［2021-09-10］. https：//www.mee.gov.cn/hjzl/sthjzk/ydyhjgl/202109/t20210910_920787. shtml

［9］国务院．打赢蓝天保卫战三年行动计划［EB/OL］．北京：中华人民共和国中央人民政府网站，2018-07-03［2018-07-03］. http：//www.gov.cn/xinwen/2018-07/03/content_5303212.htm.

［10］生态环境部，发展改革委．柴油货车污染治理攻坚战行动计划［EB/OL］．中华人民共和国生态环境部网站，2018-12-30［2019-01-04］. https：//www.mee.gov.cn/xxgk2018/xxgk/xxgk03/201901/t20190104_688587. html.

[11] 交通运输部 . 2020 年交通运输行业发展统计公报 [EB/OL]. 中华人民共和国交通运输部网站，2021-05-19 [2021-05-19]. https：//xxgk.mot.gov.cn/2020/jigou/zhghs/202105/t20210517_3593412. html.

[12] 商务部流通业发展司，中国物资再生协会 . 中国再生资源回收行业发展报告（2020）[EB/OL]. 中华人民共和国商务部网站，2021-06-30 [2021-06-30]. http：//ltfzs.mofcom.gov.cn/article/ztzzn/202106/20210603171351. shtml.

生态环境科技蓝皮书2021

中国环境科学研究院

# 中国燃煤电厂砷等重金属排放现状及控制对策

# Arsenic and Other Heavy Metal Emissions from Coal-Fired Power Plants in China and Related Control Countermeasures

编著◎邓双

中国环境出版集团 · 北京

图书在版编目（CIP）数据

中国燃煤电厂砷等重金属排放现状及控制对策 / 邓双编著 . —北京：中国环境出版集团，2021.12
（生态环境科技蓝皮书 . 2021）
ISBN 978-7-5111-4957-2

Ⅰ . ①中… Ⅱ . ①邓… Ⅲ . ①燃煤发电厂—重金属污染—污染控制—研究报告—中国 Ⅳ . ① X773

中国版本图书馆 CIP 数据核字（2021）第 221204 号

出 版 人 武德凯
责任编辑 田 怡
责任校对 任 丽
封面设计 光大印艺

出版发行 中国环境出版集团
（100062 北京市东城区广渠门内大街 16 号）
网 址：http：//www.cesp.com.cn.
电子邮箱：bjgl@cesp.com.cn.
联系电话：010-67112765（编辑管理部）
发行热线：010-67125803，010-67113405（传真）
印 刷 玖龙（天津）印刷有限公司
经 销 各地新华书店
版 次 2021 年 12 月第 1 版
印 次 2021 年 12 月第 1 次印刷
开 本 787 × 1092 1/16
印 张 8.25
字 数 96 千字
定 价 1280.00 元（全八册）

# 丛书编写委员会

# 前言

我国燃煤排放的砷（As）、硒（Se）和铅（Pb）等重金属总量较大、毒性强，受到广泛关注。国内动力煤中重金属含量分布差异显著，2/3的煤种中有害重金属含量偏高，且90%以上电厂以煤粉炉为主，炉内高温易导致砷（As）、硒（Se）和铅（Pb）以难以捕集的气态和细颗粒态释放，给大气重金属的排放控制带来了巨大的挑战。虽然我国燃煤电厂二氧化硫、氮氧化物、颗粒物超低排放控制已处于世界领先水平，但超低排放情况下，燃煤电厂的煤中砷（As）、硒（Se）和铅（Pb）的迁移转化、排放量及分布尚不明确。中国环境科学研究院在大量文献调研及实测研究的基础上，基本掌握了我国燃煤电厂砷（As）、硒（Se）和铅（Pb）的排放现状，并提出“十四五”时期我国燃煤电厂砷（As）等重金属控制对策，特发布此蓝皮书。

# 目录

# 1

# 我国燃煤中砷（As）、硒（Se）和铅（Pb）含量

## Concentration of Arsenic（As），Selenium（Se）and Lead（Pb）in Chinese Coal

我国煤中重金属含量分布不均匀，不同煤种的重金属含量差别很大，即使同一煤种，煤层在垂直和水平方向的重金属含量也会有所变化，这是由于沉积后不同煤化作用所致。

## 1.1 我国煤中砷（As）含量

我国石炭纪—二叠纪和侏罗纪煤、美国和加拿大等国生产的煤中砷（As）含量基本上在 100 μg/g 以下，但中国西南地区生产的煤中砷（As）含量高达 35 000 μg/g（见表 1-1），已达到令人砷（As）中毒的浓度。而且砷（As）的富集受不同成煤时期各种地质因素影响，造成了世界不同煤种中砷（As）含量的不同。

表 1-1 我国不同煤中砷（As）的含量 单位：μg/g

| 各地区煤 | 煤中砷（As）含量 |
|---|---|
| 中国，二叠纪—石炭纪和侏罗纪煤 | 0.1～94 |
| 中国，贵州省西南部 | 30～534 |
| 中国，黔西南局部地区 | 100～35 000 |

唐修义等报道中国大多数煤中砷（As）的平均值为 5 μg/g（样品总数为 3 193 个），且多数样品的砷（As）含量为 0.4～10 μg/g。任德贻等报道了中国 89 个煤样中砷（As）含量的算术均值为 7.79 μg/g，含量为 0.21～97.8 μg/g。Ren 等对 132 个样品的统计结果表明，中国煤中砷（As）的含量为 0.21～32 000 μg/g，异常高的算术均值（276.61 μg/g）是由于贵州省兴仁异常高砷（As）煤造成的［其为目前中国煤中砷（As）含量最高值所在地］，文中指出应以所有数据的几何均值（4.26 μg/g）代表中国煤中砷（As）的丰度。

任德贻等考虑到采样点的分布与其所代表的储量不均衡性，引入了“储量权值”的概念，并对中国 3 453 个煤样中砷（As）的分布重新进行了计算。按储量权值计算出的中国全部煤资源量中砷（As）含量的算术均值为 3.80 μg/g，参与计算的样品点所覆盖的中国保有储量煤中砷（As）含量算术均值为 4.05 μg/g。与世界其他国家的煤相比，中国煤中砷（As）的含量高于澳大利亚煤（2 μg/g）和南非煤（2.80 μg/g），而低于美国煤的算术均值（24 μg/g）和几何均值（6.5 μg/g）以及英国煤（18.1 μg/g）。

中国不同聚煤期煤中砷（As）的分布特点为：新近纪—古近纪煤和晚三叠纪煤中砷（As）含量最高，分别为 12.16 μg/g 和 9.16 μg/g；其次为南方晚二叠纪煤以及北方晚侏罗纪和早白垩纪煤，分别为 6.42 μg/g 和 6.04 μg/g；北方早、中侏罗纪煤和石炭纪—二叠纪煤中砷（As）含量较低，分别为 3.23 μg/g 和

2.59 μg/g。砷（As）在不同煤种中的含量也不尽相同，我国不同煤种中的砷（As）含量见表 1-2。由表 1-2 可知，我国不同煤种中砷（As）的含量变化范围较大，石煤中砷（As）含量变化范围最大，其次是褐煤，而无烟煤和泥炭中砷（As）的含量变化范围较小。

表 1-2　我国不同煤种砷（As）含量　　单位：μg/g

| 煤种 | 泥炭 | 褐煤 | 烟煤 | 无烟煤 | 石煤 |
|---|---|---|---|---|---|
| 砷（As）含量 | 3～32.3 | 0.3～670 | 0.5～176 | 0.7～31 | 15～2 820 |

## 1.2　我国煤中硒（Se）含量

硒（Se）是煤中除硫（S）、氮（N）、氟（F）、氯（Cl）、溴（Br）、汞（Hg）外，极易挥发的微量元素。各地煤中硒（Se）含量见表 1-3。中国煤中硒（Se）的平均含量高于美国煤和世界煤，中国煤中硒（Se）平均含量之所以高，主要是由于中国部分石煤中硒（Se）含量高的缘故。高硒石煤中硒（Se）含量最高达 1 150 μg/g，为世界罕见。中国煤中硒（Se）含量呈现东北、内蒙古低，西南地区较高，山西煤中硒（Se）含量也较高的特点；但高硒煤［>10 μg/g，《煤中硒含量分级》MT/T 1028—2006 煤中硒（Se）含量］占比尚不明确。

表 1-3　各地煤中硒（Se）含量

| 地区 | | 范围 /（μg/g） | 算术平均值 /（μg/g） | 样本数 |
|---|---|---|---|---|
| 中国煤 | 山西煤 | 0.6～12.6 | 4.938 | 69 |
| | 贵州煤 | 0.35～4.38 | 2.41 | 32 |
| | 东北、内蒙古东部煤 | 0.062～3.506 | 0.671 | 203 |

| 地区 | | 范围 /（μg/g） | 算术平均值 /（μg/g） | 样本数 |
|---|---|---|---|---|
| 中国煤 | 高硒石煤 | 32～1 150 | — | 28 |
| | 平均 | 0.12～1 150 | 6.22 | 118 |
| 美国煤 | | 最高为 150 | 2.8 | 7 563 |
| 世界煤 | | 0.2～10 | 3 | — |

煤中硒（Se）大部分分布于黄铁矿中，Finkelman 在煤中发现硒铅矿。White 等用同步辐射 X 射线荧光光谱分析英国煤中黄铁矿中硒（Se）含量为 0～1 250 μg/g，算术均值为 97 μg/g，白铁矿中硒（Se）含量为 2～452 μg/g；算术均值为 108 μg/g；同时发现硒（Se）在黄铁矿中分布具有随机性。Palmer 和 Lyons 对欧美部分煤中矿物进行分析，发现黄铁矿中硒（Se）含量明显高于高岭石、伊利石和石英。唐跃刚用电子探针确定了煤中黄铁矿里硒（Se）的分布。赵峰华用仪器中子活化分析煤中黄铁矿里硒（Se）含量为 15.10～89.30 μg/g，算术均值为 34.1 μg/g（6 个样）。刘付海发现四川天府煤中黄铁矿含硒（Se）量达 225 μg/g；并分析了黔西南煤中不同成因黄铁矿中硒（Se）含量为 13～242 μg/g，算术均值为 146.5 μg/g（6 个样），明显高于方解石中硒（Se）含量（1.48 μg/g）和黏土矿物中硒（Se）含量（4.59 μg/g）。

## 1.3　我国煤中铅（Pb）含量

煤中铅（Pb）含量因聚煤地区和聚煤时代不同而存在很大差异。唐修义等统计中国 1 369 个样品中多数样品铅（Pb）的含量为 3～60 μg/g，算术均值为 14 μg/g。白向飞统计中国 1 018 个样品中的铅（Pb）含量为 0～93.5 μg/g，按照各聚煤区煤炭资源量加权求得的算术均值为 17.68 μg/g。引入“储量权值”的概念后，计算出中国 1 393 个煤样品（铅的含量为 0.2～790 μg/g）中铅（Pb）含量的算术均值为 16.91 μg/g，整个煤资源量中铅（Pb）的平均含量为 15.55 μg/g。北京煤炭科学研究院等研究机构统计的我国不同地区煤中铅（Pb）含量见表 1-4。各产地煤中铅（Pb）含量存在很大的差异，新疆地区煤中铅（Pb）含量最低；为 7.41 μg/g；云南地区煤中铅（Pb）含量最高，为 41.41 μg/g；算术均值为 23.32 μg/g。

表 1-4　我国不同地区煤中铅（Pb）含量　单位：μg/g

| 省份 | 含量 | 省份 | 含量 |
|---|---|---|---|
| 安徽 | 14.76 | 江苏 | 21.67 |
| 北京 | 25.21 | 江西 | 20.32 |
| 重庆 | 30.21 | 吉林 | 26.50 |
| 福建 | 24.02 | 辽宁 | 22.34 |
| 甘肃 | 9.39 | 宁夏 | 21.56 |
| 广东 | 24.23 | 青海 | 9.88 |
| 广西 | 30.41 | 陕西 | 32.82 |
| 贵州 | 23.83 | 山东 | 20.56 |
| 海南 | 23.66 | 上海 | 22.64 |
| 河北 | 26.71 | 山西 | 26.14 |
| 黑龙江 | 22.70 | 四川 | 28.62 |
| 河南 | 17.37 | 天津 | 25.35 |
| 湖北 | 27.20 | 新疆 | 7.41 |
| 湖南 | 25.43 | 云南 | 41.41 |
| 内蒙古 | 26.34 | 浙江 | 20.96 |

## 1.4 实测我国燃煤电厂煤中砷（As）、硒（Se）和铅（Pb）含量

早在 2009 年，中国环境科学研究院就在公益性行业科研专项课题“燃煤电厂烟气污染控制技术对汞等有害污染物减排规律的研究”的支持下，检测了 40 家电厂所用燃煤中铅（Pb）含量（见表 1-5），煤中铅（Pb）含量为 1.91～58.50 μg/g，平均值为 16.86 μg/g。

表 1-5 测试电厂燃煤中铅（Pb）的含量 单位：μg/g

| 电厂编号 | 燃煤产地 | 煤中铅（Pb）含量 | 电厂编号 | 燃煤产地 | 煤中铅（Pb）含量 |
|---|---|---|---|---|---|
| 1 | 中国四川 | 58.50 ± 1.22 | 17 | 中国山西 | 2.98 ± 0.23 |
| 2 | 中国贵州 | 22.44 ± 0.97 | 18 | 中国山西 | 13.01 ± 0.55 |
| 3 | 中国贵州 | 34.90 ± 1.96 | 19 | 中国四川 | 3.44 ± 0.48 |
| 4 | 中国贵州 | 38.13 ± 0.67 | 20 | 中国陕西 | 3.49 ± 0.29 |
| 5 | 中国内蒙古准格尔烟煤 | 18.34 ± 1.21 | 21 | 中国云南 | 11.43 ± 0.87 |
| 6 | 中国内蒙古 | 18.34 ± 1.05 | 22 | 中国河北与中国山西混煤 | 7.11 ± 0.37 |
| 7 | 越南 | 8.18 ± 0.80 | 23 | 中国河北 | 3.21 ± 0.29 |
| 8 | 中国内蒙古 | 5.59 ± 0.73 | 24 | 中国云南 | 3.70 ± 0.38 |
| 9 | 中国江西 | 6.67 ± 0.56 | 25 | 中国内蒙古 | 16.74 ± 1.03 |
| 10 | 中国四川 | 16.43 ± 1.32 | 26 | 中国安徽 | 15.17 ± 1.18 |
| 11 | 中国安徽 | 8.87 ± 0.67 | 27 | 中国山西 | 11.99 ± 0.68 |
| 12 | 中国云南 | 2.15 ± 0.34 | 28 | 中国吉林和中国黑龙江混煤 | 10.06 ± 0.73 |
| 13 | 中国内蒙古 | 3.45 ± 0.52 | 29 | 中国吉林 | 6.56 ± 0.84 |
| 14 | 中国山西 | 4.39 ± 0.21 | 30 | 中国江苏 | 24.19 ± 1.39 |
| 15 | 中国山东 | 3.46 ± 0.69 | 31 | 中国内蒙古 | 17.05 ± 0.64 |
| 16 | 中国河南 | 1.91 ± 0.29 | 32 | 中国新疆 | 13.52 ± 0.89 |

| 电厂编号 | 燃煤产地 | 煤中铅（Pb）含量 | 电厂编号 | 燃煤产地 | 煤中铅（Pb）含量 |
|---|---|---|---|---|---|
| 33 | 中国江苏 | 21.47 ± 1.23 | 37 | 中国内蒙古 | 19.82 ± 0.56 |
| 34 | 中国湖北 | 16.26 ± 1.05 | 38 | 中国山西 | 35.14 ± 1.45 |
| 35 | 中国山西 | 14.79 ± 0.83 | 39 | 中国江苏 | 12.27 ± 0.63 |
| 36 | 中国山西 | 17.31 ± 1.02 | 40 | 中国四川 | 17.85 ± 0.79 |

采集实测和文献调研数据，对从褐煤到无烟煤的 160 个煤样中铅（Pb）含量统计表明，我国煤中铅（Pb）含量近似服从对数正态分布规律，煤中铅（Pb）分布频率如图 1-1 所示。我国大部分煤中的铅（Pb）含量在 1～50 μg/g，其中在 10～25 μg/g 范围的最多，约占 56%，而铅（Pb）含量大于 100 μg/g 和小于 2 μg/g 的煤样甚为少见，大于 40 μg/g 的高铅（Pb）煤占 20% 左右。

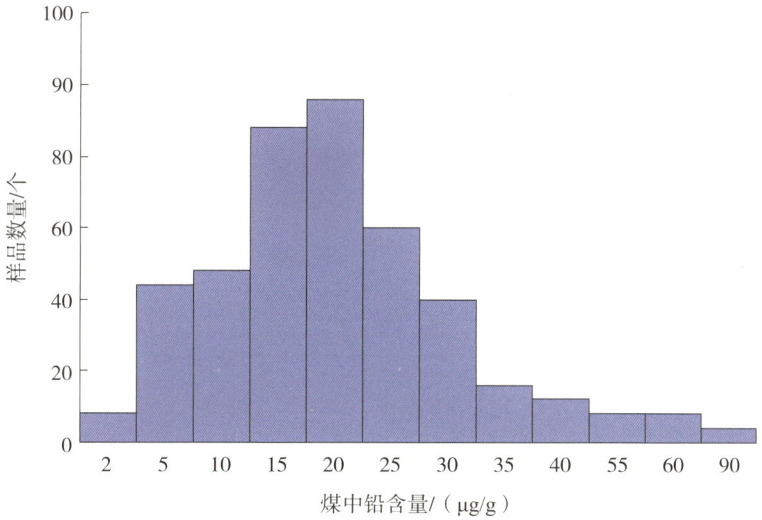


图 1-1　我国煤中铅（Pb）含量分布

为了对比燃煤电厂煤中砷（As）、硒（Se）和铅（Pb）的含量，中国环境科学研究院在 2019 年清洁煤专项项目“燃煤过程中砷、硒、铅等重金属的控制技术”的支持下，分别采用《煤的工业分析方法》（GB/T 212—2008）、《煤中砷的测定方法》（GB/T 3058—2019）、《煤中硒的测定方法　氢化物发生原子吸收法》（GB/T 16415—2008）和《煤中铬、镉、铅的测定方法》（GB/T 16658—2007）对燃煤电厂的煤或高岭土样品进行水分、砷（As）、硒（Se）和铅（Pb）含量检测分析，结果见表 1-6。

表 1-6　煤样品中水分、砷（As）、硒（Se）和铅（Pb）含量

| 序号 | 煤样名称 | $M_{ad}$/% | $As_{ad}$/（μg/g） | $As_d$/（μg/g） | $Se_{ad}$/（μg/g） | $Se_d$/（μg/g） | $Pb_{ad}$/（μg/g） | $Pb_d$/（μg/g） | 实测单位 |
|---|---|---|---|---|---|---|---|---|---|
| 1 | 煤样 1 | 4.5 | 3.0 | 3.0 | — | — | 11.0 | 12.0 | 中国环境科学研究院 |
| 2 | 煤样 2 | 18.9 | — | — | — | — | — | — | |
| 3 | 煤样 3 | 9.8 | 3.0 | 3.0 | — | — | 6.0 | 7.0 | |
| 4 | 煤样 4 | 19.8 | — | — | — | — | 1.0 | 1.0 | |
| 5 | 煤样 5 | 25.2 | — | — | — | — | — | — | |
| 6 | 煤样 6 | 3.1 | 2.0 | 2.0 | — | — | 7.0 | 7.0 | |
| 7 | 高岭土 7 | 4.3 | 1.0 | 1.0 | — | — | 15.0 | 16.0 | |
| 8 | 煤样 8 | 0.3 | — | — | 1 | 1.0 | 24.0 | 24.0 | |
| 9 | 煤样 9 | 0.3 | 2 | 2 | 2 | 2.0 | 22.0 | 22.0 | |
| 10 | 煤样 10 | 0.5 | 7 | 7 | 2 | 2.0 | 23.0 | 23.0 | |
| 11 | 煤样 11 | 0.6 | 2 | 2 | 3 | 3.0 | 30.0 | 30.0 | |
| 12 | 煤样 12 | 0.3 | 1 | 1 | 3 | 3.0 | 21.0 | 21.0 | |
| 13 | 煤样 13 | 0.4 | — | — | 2 | 2.0 | 27.0 | 27.0 | |
| 14 | 煤样 14 | 0.4 | 3 | 3 | 2 | 2.0 | 18.0 | 18.0 | |
| 15 | 煤样 15 | 0.3 | 4 | 4 | 2 | 2.0 | 16.0 | 16.0 | |
| 16 | 煤样 16 | 0.3 | 2 | 2 | 3 | 3.0 | 17.0 | 17.0 | |
| 17 | 煤样 17 | 0.3 | 3 | 3 | 2 | 2.0 | 15.0 | 15.0 | |
| 18 | 煤样 18 | — | 1.5 | — | 0.9 | — | 10.9 | — | |
| 19 | 煤样 19 | — | 8.3 | — | 5.0 | — | 49.8 | — | |
| 20 | 煤样 20 | — | 22.1 | — | 0.7 | — | 40.4 | — | 清华大学 |
| 21 | 煤样 21 | — | 2.7 | — | 5.8 | — | 36.7 | — | |

| 序号 | 煤样名称 | $M_{ad}$/% | $As_{ad}$/（μg/g） | $As_d$/（μg/g） | $Se_{ad}$/（μg/g） | $Se_d$/（μg/g） | $Pb_{ad}$/（μg/g） | $Pb_d$/（μg/g） | 实测单位 |
|---|---|---|---|---|---|---|---|---|---|
| 22 | 煤样 22 | — | 3.2 | — | 3.6 | — | 22.1 | — | 清华大学 |
| 23 | 煤样 23 | — | 1.8 | — | 0.4 | — | 19.0 | — | |
| 24 | 煤样 24 | — | 15.4 | — | 0.3 | — | 22.1 | — | |
| 25 | 煤样 25 | — | 38.1 | — | 1.4 | — | 54.9 | — | |
| 26 | 煤样 26 | — | 1.5 | — | 7.3 | — | 3.4 | — | |
| 27 | 煤样 27 | — | 4.2 | — | 6.7 | — | 13.5 | — | |
| 28 | 煤样 28 | — | 3.5 | — | 0.6 | — | 28.5 | — | |
| 29 | 煤样 29 | — | 4.1 | — | 0.6 | — | 20.2 | — | |
| 30 | 煤样 30 | — | 1.2 | — | 0.2 | — | 7.9 | — | |
| 31 | 煤样 31 | — | 11.0 | — | 0.6 | — | 13.3 | — | |
| 32 | 煤样 32 | — | 0.5 | — | 0.7 | — | 5.0 | — | |
| 33 | 煤样 33 | — | 9.0 | — | 0.6 | — | 16.7 | — | |
| 34 | 煤样 34 | — | 3.5 | — | 0.3 | — | 12.0 | — | |
| 35 | 煤样 35 | — | 0.4 | — | 8.4 | — | 30.9 | — | |
| 36 | 煤样 36 | — | 20.4 | — | 1.1 | — | 9.6 | — | |
| 37 | 煤样 37 | — | 20.4 | — | 0.3 | — | 9.2 | — | |
| 38 | 煤样 38 | — | 1.4 | — | 未检测 | — | 7.6 | — | |
| 39 | 煤样 39 | — | 1.2 | — | 未检测 | — | 8.0 | — | |
| 40 | 煤样 40 | — | 1.3 | — | 未检测 | — | 10.9 | — | |
| 41 | 煤样 41 | — | 1.3 | — | 未检测 | — | 16.7 | — | |
| 42 | 煤样 42 | — | 3.5 | — | 未检测 | — | 28.1 | — | |
| 43 | 煤样 43 | — | 3.2 | — | 未检测 | — | 36.6 | — | |
| 44 | 煤样 44 | — | 1.7 | — | 未检测 | — | 12.7 | — | |
| 45 | 煤样 45 | — | 5.0 | — | 未检测 | — | 18.7 | — | |
| 46 | 煤样 46 | — | 0.6 | — | 未检测 | — | 39.4 | — | |
| 47 | 煤样 47 | — | 5.6 | — | 未检测 | — | 141.6 | — | |
| 48 | 煤样 48 | — | 1.6 | — | 未检测 | — | 18.5 | — | |
| 49 | 煤样 49 | — | 4.3 | — | 未检测 | — | 20.4 | — | |
| 50 | 煤样 50 | — | 8.9 | — | 未检测 | — | 263.3 | — | |
| 51 | 煤样 51 | — | 1.1 | — | 未检测 | — | 5.0 | — | |

| 序号 | 煤样名称 | $M_{ad}$/% | $As_{ad}$/(μg/g) | $As_d$/(μg/g) | $Se_{ad}$/(μg/g) | $Se_d$/(μg/g) | $Pb_{ad}$/(μg/g) | $Pb_d$/(μg/g) | 实测单位 |
|---|---|---|---|---|---|---|---|---|---|
| 52 | 煤样 52 | — | 3.5 | — | 未检测 | — | 22.9 | — | 清华大学 |
| 53 | 煤样 53 | — | 22.2 | — | 未检测 | — | 19.1 | — | |
| 54 | 煤样 54 | — | 5.3 | — | 未检测 | — | 24.1 | — | |
| 55 | 煤样 55 | — | 1.2 | — | 未检测 | — | 9.8 | — | |
| 56 | 煤样 56 | — | 1.3 | — | 未检测 | — | 47.2 | — | |
| 57 | 煤样 57 | — | 5.7 | — | 未检测 | — | 138.0 | — | |
| 58 | 煤样 58 | — | 3.2 | — | 未检测 | — | 27.3 | — | |
| 59 | 煤样 59 | — | 23.7 | — | 未检测 | — | 1 769.5* | — | |
| 60 | 煤样 60 | — | 3.2 | — | 未检测 | — | 77.6 | — | |
| 61 | 煤样 61 | — | 0.7 | — | 未检测 | — | 5.1 | — | |
| 62 | 煤样 62 | — | 1.6 | — | 未检测 | — | 49.3 | — | |
| 63 | 煤样 63 | — | 0.9 | — | 未检测 | — | 8.8 | — | |
| 64 | 煤样 64 | — | 0.9 | — | 未检测 | — | 11.9 | — | |
| 65 | 煤样 65 | — | 4.9 | — | 未检测 | — | 13.4 | — | |
| 66 | 煤样 66 | — | 0.5 | — | 未检测 | — | 3.7 | — | |
| 67 | 煤样 67 | — | 7.6 | — | 5.1 | — | — | — | 华中科技大学 |
| 68 | 煤样 68 | — | 4.1 | — | 5.6 | — | — | — | |
| 69 | 煤样 69 | — | 6.1 | — | 5.5 | — | — | — | |
| 70 | 煤样 70 | — | 18.0 | — | 0.6 | — | — | — | |
| 71 | 煤样 71 | — | 23.4 | — | 0.5 | — | — | — | |
| 72 | 煤样 72 | — | 20.9 | — | — | — | 18.5 | — | |
| 73 | 煤样 73 | — | 12.5 | — | — | — | 6.51 | — | |
| 74 | 煤样 74 | — | 19.9 | — | — | — | 143.6 | — | |
| 75 | 煤样 75 | — | 8.5 | — | — | — | — | — | |
| 76 | 煤样 76 | — | 7.9 | — | — | — | 7.7 | — | |

| 序号 | 煤样名称 | $M_{ad}$/% | $As_{ad}$/（μg/g） | $As_d$/（μg/g） | $Se_{ad}$/（μg/g） | $Se_d$/（μg/g） | $Pb_{ad}$/（μg/g） | $Pb_d$/（μg/g） | 实测单位 |
|---|---|---|---|---|---|---|---|---|---|
| 77 | 煤样 77 | — | 43.3 | — | 1.08 | — | — | — | 华中科技大学 |
| 78 | 煤样 78 | — | 2.3 | — | — | — | — | — | |
| 79 | 煤样 79 | — | 20.1 | — | — | — | 65.5 | — | |
| 80 | 煤样 80 | — | 4.9 | — | — | — | — | — | |
| 81 | 煤样 81 | — | 22.4 | — | — | — | 63.7 | — | |
| 82 | 煤样 82 | — | 21.0 | — | — | — | 40.9 | — | |
| 83 | 煤样 83 | — | 21.0 | — | — | — | 71.6 | — | |
| 84 | 煤样 84 | — | 8.4 | — | — | — | 125.4 | — | |
| 85 | 煤样 85 | — | 5.3 | — | 5.9 | — | — | — | |
| 86 | 煤样 86 | — | 2.3 | — | 0.4 | — | 2.2 | — | |

注：$M_{ad}$—煤样中水分的质量分数；$As_{ad}$—以空气干燥基测得 As 的含量；$As_d$—以干燥基测得 As 的含量；$Se_{ad}$—以空气干燥基测得 Se 的含量；$Se_d$—以干燥基测得 Se 的含量；$Pb_{ad}$—以空气干燥基测得 Pb 的含量；$Pb_d$—以干燥基测得 Pb 的含量；—表示未测出。

* 表示数据异常，计算平均值时剔除数据。

中国环境科学研究院所测样品中，煤样 2 与煤样 5 中重金属砷（As）、硒（Se）和铅（Pb）的含量都很低，未检测到。煤样 8～煤样 17 均来自同一电厂，其中煤样 11 为中热中硫混煤，煤中铅（Pb）含量达到 30.0 μg/g；煤样 19 铅（Pb）含量最高，为 49.8 μg/g。除了煤样 8～17，其他样品均未检测到硒（Se）。

清华大学与华中科技大学实测的部分燃煤电厂入炉煤中砷（As）、硒（Se）和铅（Pb）含量结果也列于表 1-6 中。铅（Pb）含量为 3.4～263.3 μg/g，平均值为 35.7 μg/g，高于 Fang 等报道的 13.0 μg/g。砷（As）含量为 0.4～43.3 μg/g，平均值为 8.0 μg/g，高于 Yu 等报道的 3.18 μg/g。煤样 72～76、煤样 78～84 均未检测到硒（Se），在检测到硒（Se）的煤中，硒（Se）含量为 0.2～8.4 μg/g，平均值为 2.5 μg/g，低于中国煤炭中硒的平均浓度。

## 1.5 小结

我国煤中砷（As）、硒（Se）和铅（Pb）含量由于地区、煤种和煤化程度等因素不同导致差异较大。文献报道和中国环境科学研究院、清华大学与华中科技大学的煤中砷（As）、硒（Se）和铅（Pb）含量的实测研究结果表明，我国燃煤电厂煤中铅（Pb）含量为 1.0～263.3 μg/g，砷（As）含量为 0.4～43.3 μg/g，硒（Se）含量为 0.2～8.4 μg/g。综合以上分析，在建立我国燃煤电厂砷（As）、硒（Se）和铅（Pb）排放清单时，煤中砷（As）、硒（Se）和铅（Pb）含量平均值分别取 7.1 μg/g、2.4 μg/g 和 16.9 μg/g。

# 2

# 燃煤电厂尾部烟气中砷（As）等重金属分布

Distribution of Heavy Metals such as As in Tail Flue Gas of Coal-Fired Power Plants

燃烧过程中随着挥发分的释放，煤粉颗粒温度升高开始燃烧，并在高温作用下发生破碎。与此同时，煤中砷（As）、硒（Se）和铅（Pb）元素受热挥发成气态形式进入烟气，挥发行为一方面与煤中的重金属赋存形态密切相关，另一方面还受燃烧条件（温度和气氛等）的影响。释放的气态重金属在后续烟气冷却阶段可与烟气其他组分或无机矿物发生均相或非均相反应，进而发生形态转化，并最终以气态及颗粒态重金属（迁移至颗粒物上）形式存在于烟气中。

燃煤电厂常规烟气净化装置（APCDs）包括选择性催化还原脱硝系统（SCR）、布袋除尘器（FF）、静电除尘器（ESP）、电袋复合除尘器（EFF）和湿法烟气脱硫系统（WFGD）等。截至2020年年底，我国燃煤电厂全面实施大气污染物超低浓度排放（以下简称超低排放）改造，部分电厂新增了湿式静电除尘器（WESP）烟气净化装置。这些烟气净化装置都可以在脱除常规污染物（颗粒物、二氧化硫、氮氧化物等）的同时协同脱除烟气重金属砷（As）、硒（Se）和铅（Pb），导致燃煤电厂尾部烟气中砷（As）等重金属浓度和形态分布发生变化。

烟气中的部分气态重金属在经过选择性催化还原脱硝系统（SCR）时，与该净化装置中的催化剂发生反应或者通过冷凝作用附着在飞灰颗粒表面，烟气离开 SCR 后，进入静电除尘器（ESP），通过捕集飞灰来脱除大部分颗粒态重金属。因此，烟气经过各净化装置后，砷（As）、硒（Se）和铅（Pb）重金属在气相中的含量逐渐降低，超低和非超低典型燃煤电厂烟气中砷（As）、硒（Se）和铅（Pb）重金属的分布变化见表 2-1～表 2-3。

## 2.1 烟气净化装置对烟气中砷（As）的协同脱除

砷（As）的挥发性仅次于汞（Hg），属于易挥发性元素。烟气中砷（As）经过 SCR 后，仍然有超过 50% 的砷（As）存在于气相中。但是当烟气经过 ESP 后，随着烟气温度的降低，大部分砷（As）会凝结在飞灰中，随着飞灰被除尘器捕获，烟气中大部分的砷（As）被脱除。

由表 2-1 可知，静电除尘对砷（As）的脱除效率为 72.3%～99.98%，布袋除尘为 99% 以上，电袋复合除尘为 90%～99.85%；石灰石—石膏湿法烟气脱硫系统对砷（As）的脱除效率为 7.69%～85.8%，湿式静电除尘为 23.06%～83.33%。通过多级烟气净化装置的耦合和工况优化，能够有效地促进烟气净化装置对颗粒物及颗粒态砷（As）的协同脱除。

根据 Huggins 的研究，烟气中砷（As）主要被静电除尘器和湿法脱硫装置脱除。烟气流经 ESP 时，其中富集于飞灰颗粒的砷（As）绝大部分被 ESP 脱除，物理和化学吸附对砷（As）在飞灰中的富集都有重要的影响。除尘器对砷（As）的脱除效率为 35%～99%，研究表明飞灰中的砷（As）大部分以

表 2-1　燃煤电厂尾部烟气中砷（As）的浓度及形态分布

单位：μg/m³（标况）

| 燃煤电厂编号 | 原烟气 | | SCR 后 | | 除尘器后 | | WFGD 后 | | WESP 后（净烟气） | | 电厂基本情况 | |
|---|---|---|---|---|---|---|---|---|---|---|---|---|
| | p | g | p | g | p | g | p | g | p | g | | |
| 1 | 358.36 | 5.05 | 385.46 | 2.43 | 4.30 | 1.09 | 1.30 | 0.29 | 0.06 | 0.12 | PC，SCR+ESP+WFGD+WESP，75% 负荷运行 | 超低排放 |
| 2 | — | — | — | 0.617 | — | 0.039 | 6.48 | 0.036 | 0.23 | 0.035 | 300 MW PC，SCR+ESP+WFGD+WESP | |
| 3 | — | — | — | 1.211 7 | 0.343 0 | 0.047 9 | 0.553 | 1.814 9 | 0.271 0 | 0.109 5 | 320 MW，SCR+ESP+WFGD+WESP，90% 负荷运行 | |
| 4 | 396.01 | 1.50 | 282.96 | 0.17 | 0.13 | 0.01 | 0.03 | 0.03 | — | 0.01 | PC，660 MW，烟煤 | |
| | — | — | 353.91 | 0.21 | 0.04 | 0.02 | 0.04 | 0.02 | 0.00 | 0.01 | 西安 PC，660 MW，烟煤，100% 负荷运行 | |
| | — | — | 188.25 | 0.18 | 0.25 | 0.02 | 0.05 | 0.04 | 0.00 | 0.05 | 75% 负荷运行 | |
| 5* | 100.77 | 2.83 | 93.29 | 4.54 | 5.63 | 0.85 | 0.07 | 0.09 | 0.06 | 0.07 | 河北 PC，300 MW，SCR+ESP+WFGD+WESP | |
| 6 | 797 | 0.10 | 746 | 0.24 | 0.36 | 0.73 | 0.07 | 0.04 | — | — | 350 MW 低氮氧化物燃烧器的机组，SCR+ESP+WFGD，100% 负荷运行 | 非超低排放 |
| | 943 | 0.05 | 962 | 0.10 | 0.81 | 0.07 | 0.18 | 0.02 | — | — | 83% 负荷运行 | |
| | 763 | 0.03 | 786 | 0.08 | 0.72 | 0.03 | 0.19 | 0.06 | — | — | 71% 负荷运行 | |
| 7 | 526 | 0.087 | 611 | 0.035 4 | 0.22 | 0.02 | 0.06 | 0.01 | — | — | 张家口，320 MW，SCR+ESP+WFGD | |
| 8 | 380.53 | 0.04 | 358.39 | 0.03 | 0.19 | 0.03 | 0.13 | 0.03 | — | — | 100 MW，贫煤 | |

注：—表示未检测；PC—粉煤炉；p—颗粒态；g—气态；* 表示中国环境科学研究院实测。

$As^{5+}$的形式存在，毒性较高的$As^{3+}$占飞灰中总砷（As）的5%～15%。而WFGD对烟气中砷（As）也有较好的脱除作用，大部分砷（As）进入脱硫石膏中。而现在普遍认为在WFGD后面加装一个WESP对重金属的协同脱除效果更佳。

## 2.2 烟气净化装置对烟气中硒（Se）的协同脱除

相对于砷（As），超低排放尾部烟气中硒（Se）的浓度和形态研究较少（见表2-2）。由表2-2可知，烟气净化装置对硒（Se）也具有协同脱除效果，但规律性不是非常明显。经过ESP后，烟气中硒（Se）的浓度大幅下降，超过90%的硒（Se）被脱除，表明烟气中硒（Se）主要还是以颗粒态形式存在。烟气及飞灰中的硒（Se）主要以四价的形式存在，可能为$SeO_2$或亚硒酸盐。1996年Palmer等研究表明，静电除尘对硒（Se）的脱除效率为34.2%～90.7%，布袋除尘为65%，电袋复合除尘器尚未知，湿法烟气脱硫系统对硒（Se）的脱除效率为12.5%～66.7%，湿式静电除尘为23.06%。余学海等研究表明，SCR+ESP+WFGD+WESP组合对烟气中硒（Se）的协同脱除效率达到了98.22%。在湿式静电除尘器内，硒（Se）固相产物的含量远大于液相，其中液相中$Se^{4+}$占硒（Se）含量的34.35%，$Se^{6+}$占硒（Se）含量的65.65%。WESP可对燃煤烟气中的硒（Se）实现深度脱除，使难以脱除的气相中硒（Se）转移到固相灰中。对于硒（Se）来说，湿式静电除尘器捕集的颗粒物与飞灰相比富集程度没有明显的提升，这可能是由于大部分的硒（Se）在除尘器相对低温的条件下已经富集在飞灰当中，在湿式静电除尘器捕集的细颗粒物中的富集效应提升不明显。

表 2-2 燃煤电厂尾部烟气中硒（Se）的浓度及形态分布

单位：μg/m³（标况）

| 燃煤电厂编号 | 原烟气 | | SCR 后 | | 除尘器后 | | WFGD 后 | | WESP（净烟气） | | 电厂基本情况 |
|---|---|---|---|---|---|---|---|---|---|---|---|
| | p | g | p | g | p | g | p | g | p | g | |
| 1* | 54.21 | 2.397 | 48.17 | 2.40 | 2.16 | 5.12 | 3.18 | 1.62 | 2.06 | 0.095 | 河北 PC，300 MW，SCR+ESP+WFGD+WESP |
| 2 | — | 0.037 | — | 0.101 | — | 0.008 | — | 0.007 | — | 0.006 | 300 MW，SCR+ESP+WFGD+WESP |
| 3 | — | — | — | 1.918 | 0.148 | 1.573 8 | 0.295 | 1.203 1 | 0.065 | 0.537 | 320 MW，SCR+ESP+WFGD+WESP，90% 负荷运行 |

注：—表示未检出或未检测；PC—粉煤炉；p—颗粒态；g—气态；* 表示中国环境科学研究院实测。

## 2.3 烟气净化装置对铅（Pb）的协同脱除

铅（Pb）属于半挥发性元素。经过ESP后，烟气中的铅（Pb）含量降低75%以上，如表2-3所示，这说明随着烟气温度降低，铅（Pb）大量冷凝在飞灰颗粒物上，随飞灰颗粒一起被脱除。烟气净化装置对大气铅（Pb）具有协同脱除效果，尤其是除尘装置。超低排放改造前，静电除尘对烟气中铅（Pb）的脱除效率为91.85%～99.95%，布袋除尘为95.12%，电袋复合除尘器为90%～99.95%。石灰石—石膏湿法烟气脱硫系统对铅（Pb）的脱除效率为35.67%～77.81%，湿式静电除尘器为32.87%～84.38%，脱除效率主要与脱硫塔操作条件有关。早在2009年，中国环境科学研究院在公益性行业科研专项课题“燃煤电厂烟气污染控制技术对汞等有害污染物减排规律的研究”的支持下进行研究，实测结果表明，燃煤中铅（Pb）经过燃烧和烟气净化装置后，主要是转移到飞灰中，比例为81.97%～90.18%，具有高富集性；煤粉炉的渣中铅（Pb）比例为0.86%～4.43%；3.91%～11.83%的铅（Pb）分布于脱硫石膏中；只有1.75%～5.40%通过烟囱排入大气。

表 2-3 燃煤电厂尾部烟气中铅（Pb）的浓度及形态分布

单位：μg/Nm$^3$

| 燃煤电厂编号 | 原烟气 | | SCR 后 | | 除尘器后 | | WFGD 后 | | WESP（净烟气） | | 电厂基本情况 | |
|---|---|---|---|---|---|---|---|---|---|---|---|---|
| | p | g | p | g | p | g | p | g | p | g | | |
| 1 | 959.56 | 1.89 | 897.98 | 1.57 | 12.86 | 2.01 | 4.62 | 1.03 | 1.78 | 0.93 | SCR+ESP+WFGD+WESP，75% 负荷运行 | 超低排放 |
| 2 | — | — | — | 10.575 | 0.079 | 0.109 2 | 0.051 4 | 1.044 5 | 0.018 9 | 1.888 5 | 320 MW，SCR+ESP+WFGD+WESP，90% 负荷运行 | |
| 3 | 3 017.25 | 0.98 | 2 372.46 | 0.59 | 1.19 | 0.04 | 0.28 | 0.47 | — | 0.16 | 河北定州，660 MW，烟煤 | |
| 4 | — | — | 2 637.22 | 0.61 | 0.93 | 0.26 | 0.28 | 0.68 | 0.00 | 0.15 | 陕西西安，660 MW，烟煤，100% 负荷运行 | |
| | — | — | 2 443.58 | 2.1 | 2.9 | 0.13 | 0.54 | 0.56 | 0.00 | 0.66 | 75% 负荷运行 | |
| 5* | 811.44 | 4.83 | 697.35 | 5.27 | 1.15 | 9.81 | 0.87 | 0.25 | 0.63 | 0.23 | 河北 PC，300 MW，SCR+ESP+WFGD+WESP | |
| 6 | 1 440 | 0.11 | 1 110 | 0.12 | 0.50 | 0.05 | 0.09 | 0.09 | — | — | 江苏南通，350 MW，SCR+ESP+WFGD，100% 负荷运行 | 非超低排放 |
| | 711 | 0.11 | 698 | 0.43 | 0.55 | 0.09 | 0.12 | 0.08 | — | — | 83% 负荷运行 | |
| | 515 | 0.09 | 516 | 0.07 | 0.50 | 0.13 | 0.13 | 0.13 | — | — | 71% 负荷运行 | |
| 7 | 2 900 | 0.34 | 2 970 | 0.06 | 1.01 | 0.04 | 0.28 | 0.04 | — | — | 张家口，320 MW，SCR+ESP+WFGD | |
| 8 | 5 760 | 580 | 5 760 | 570 | 336.4 | 295.6 | 254.7 | 65.6 | — | — | 湖北，300 MW，SCR+ESP+WFGD | |
| 9 | 3 019.05 | 1.95 | 3 021.09 | 1.91 | 1.38 | 1.65 | 1.03 | 0.39 | — | — | 100 MW，贫煤 | |

注：—表示未检出或未检测；PC—粉煤炉；p—颗粒态；g—气态；* 表示中国环境科学研究院实测。

## 2.4 实测超低排放电厂烟气净化装置对砷（As）、硒（Se）和铅（Pb）的协同脱除效率

烟气净化装置对烟气中重金属砷（As）、硒（Se）和铅（Pb）具有协同脱除作用，但协同脱除效率存在明显差异，这是煤种、烟气净化装置类型、运行参数差异等因素导致。为进一步掌握烟气净化装置对重金属砷（As）等脱除效率，以确定我国燃煤电厂大气中砷（As）、硒（Se）和铅（Pb）的排放因子，中国环境科学研究院在河北廊坊和山西阳泉分别选择一家煤粉炉和循环流化床锅炉燃煤电厂进行实测研究。

### 2.4.1 煤粉炉电厂

河北廊坊煤粉炉电厂烟气中的砷（As）、硒（Se）和铅（Pb）经过烟气净化装置（APCDs）后浓度发生了变化，主要原因是APCDs在脱除颗粒物、$SO_2$和$NO_x$时会协同脱除烟气中含有的重金属。由图2-1可见，污染控制设施对砷（As）和铅（Pb）总的脱除效率接近100%，对硒（Se）总的脱除效率为95.86%。

对于单一烟气净化装置，SCR对砷（As）、硒（Se）和铅（Pb）的脱除效率分别为5.57%、12.86%和13.92%，通过催化作用将氮氧化物转化为氮气，该过程对砷（As）、硒（Se）和铅（Pb）的脱除无明显作用。而该过程发生了砷（As）、硒（Se）和铅（Pb）的脱除，这可能是因为烟气通过该装置时温度降低，导致砷（As）、硒（Se）和铅（Pb）在颗粒物上凝结，而部分颗粒物会在催化剂床层沉积。因此烟气中砷（As）、硒（Se）和铅（Pb）的浓度降低。

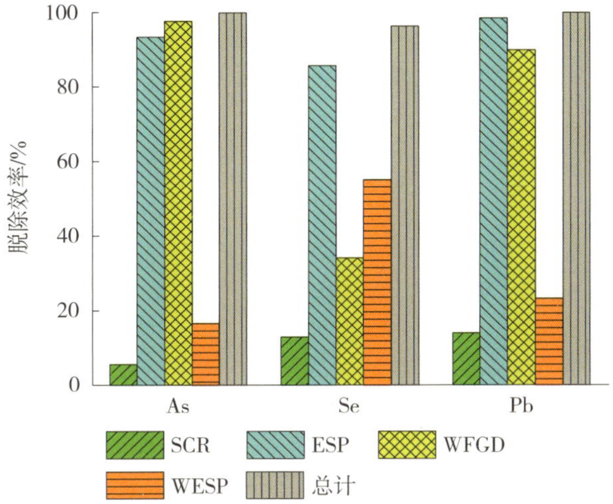


图 2-1　煤粉炉电厂 APCDs 的协同脱除效率

ESP 对砷（As）、硒（Se）和铅（Pb）的脱除效率分别为 93.38%、85.61% 和 96.29%。这主要是因为在进入 ESP 前，烟气中砷（As）、硒（Se）和铅（Pb）主要以颗粒态形式存在，除尘器对颗粒物具有较高的脱除效率，可以把富集在颗粒物上的砷（As）、硒（Se）和铅（Pb）协同脱除。WFGD 对砷（As）、硒（Se）和铅（Pb）也有协同脱除作用；对砷（As）、硒（Se）和铅（Pb）的脱除效率分别为 97.59%、34.09% 和 89.78%。同时具有除尘和除雾的作用，从 ESP 逃逸出的细颗粒物和可溶性离子可以被 WFGD 进一步捕获，从而提高砷（As）、硒（Se）和铅（Pb）的协同脱除效率。WFGD 在吸收污染物的同时，其浆液也受热蒸发，整个吸收过程中发生着复杂的化学反应和相变化。硒（Se）和硫（S）的化学性质相似，在与吸收液接触后会达到化学平衡，部分沉积到塔底，细小的液滴会随气流升到塔顶被除雾器捕集。而未被捕集的硒（Se）则随着烟气进入 WESP 中，造成了硒（Se）的二次逃逸。

WESP 可以去除烟气中亚微米级的颗粒，旨在实现烟气的超低排放。其自备的水循环系统，可以防止被吸附的颗粒物再次溢出。由图 2-1 可见，WESP 对砷（As）、硒（Se）和铅（Pb）的去除效率分别为 16.64%、55.08% 和 23.26%。表明在去除超细颗粒物的同时，可以将颗粒物中富集的砷（As）、硒（Se）和铅（Pb）脱除。

超低排放 SCR+ESP+WFGD+WESP 烟气净化装置，对烟气中砷（As）、硒（Se）和铅（Pb）的协同脱除效率均能达到 96.29% 以上，对砷（As）和铅（Pb）的脱除效率更是可以达到 99.8% 以上。这与段伦博等（2019）的研究结果一致。

### 2.4.2 循环流化床电厂

由图 2-2 可知，山西阳泉循环流化床电厂布袋除尘器对砷（As）、硒（Se）和铅（Pb）的协同脱除效率更高。布袋除尘利用物理过滤作用，对亚微米级以上的粒子有着较好的脱除效率，而细颗粒物中砷（As）、硒（Se）和铅（Pb）的分布含量更高，因此布袋除尘器对砷（As）、硒（Se）和铅（Pb）的协同脱除效率高于静电除尘。

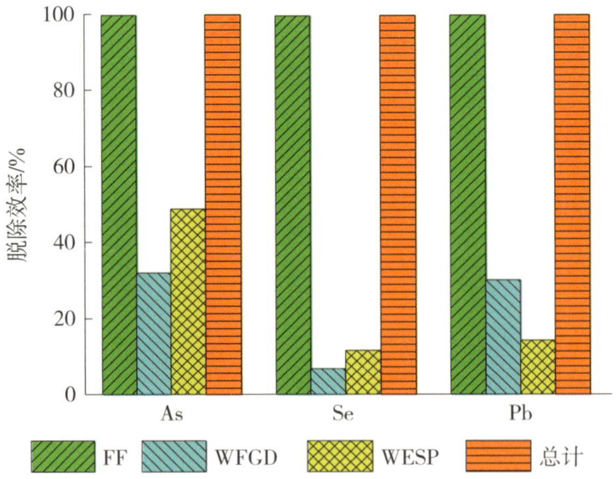


图 2-2 循环流化床电厂 APCDs 的协同脱除效率

与实测煤粉炉电厂的研究结果一致，超低排放 SNCR+FF+WFGD+WESP 烟气净化装置对烟气中砷（As）、硒（Se）和铅（Pb）的协同脱除效率均能达到99% 以上。

## 2.5 小结

综合分析文献及实测研究数据表明，燃煤电厂现有烟气净化装置 APCDs 对烟气中砷（As）、硒（Se）和铅（Pb）的协同脱除效果十分显著。烟气中砷（As）和铅（Pb）的总脱除效率达到 96% 以上，尤其是超低排放改造后，协同脱除效率进一步提高。基于煤粉炉电厂实测数据，烟气净化装置协同脱除效率按照由高到低的顺序为 ESP＞WFGD＞WESP＞SCR。其中飞灰对砷（As）、硒（Se）和铅（Pb）重金属的物理及化学吸附作用明显，因此伴随飞灰的高效率脱除，烟气中砷（As）、硒（Se）和铅（Pb）也得到了高效协同脱除。高效除尘成为燃煤电厂砷（As）、硒（Se）和铅（Pb）排放控制的主要途径，少量被 WFGD、WESP 等烟气净化装置捕集，其余随烟气排放进入大气。

# 3

# 中国燃煤电厂砷（As）、硒（Se）和铅（Pb）的迁移转化规律

Migration and Transformation Mechanism of As, Se and Pb in Coal-Fired Power Plants in China

## 3.1 燃煤电厂砷（As）、硒（Se）和铅（Pb）的迁移转化

在燃烧过程中，煤中铅（Pb）化合物在高温下处于热力不稳定状态，部分释放进入烟气。由于燃烧条件不同，铅（Pb）的释放率存在差异，煤粉炉燃烧铅（Pb）的释放率高，达到95.57%～99.14%。对于循环流化床锅炉来说，由于其燃烧温度相对较低，一般在800～1 100℃，同时燃煤粒径较大，煤中铅（Pb）析出不完全，释放率仅为84.99%。释放到烟气中的铅（Pb）可分为颗粒态、气态铅（Pb）（主要是$Pb^{2+}$，可溶于水或酸）和元素态$Pb^{0}$；经过烟气净化装置协同脱除后，烟气中的铅（Pb）迁移并转化到飞灰、底渣、脱硫石膏和脱硫废水中。尽管锅炉燃用的煤种、炉型及污染物控制设施等各有差异，然而烟气中的铅（Pb）在燃煤产物中的分布仍具有规律性。铅（Pb）主要是分布在飞灰中，比例为81.97%～90.18%；而煤粉炉的渣中铅（Pb）比例为0.86%～4.43%，明显低于循环流化床锅炉，这主要是因为煤粉炉的铅（Pb）释放率显著高于循环

流化床锅炉。另外 3.91% ～ 11.83% 的铅（Pb）分布于脱硫石膏中，此比例的高低主要取决于脱硫塔对大气铅（Pb）的协同脱除效率。

众多研究表明，燃煤过程中大部分砷（As）都释放到烟气中，至于在烟气中砷（As）以何种形态释放，不同的学者给出了不同说法，有学者通过纯物质燃烧实验对砷（As）的释放形式进行了测定，得出了在高温下砷（As）主要以 $As_2O_3$（g）形式释放，也有学者通过热力学计算解析砷（As）的气态释放形式，热力学计算表明在氧化性气氛中，温度在 527 ～ 627℃时砷（As）主要以 $As_2O_3$（g）形式存在，而当温度升高到 727℃以上，$As_2O_3$（g）则分解生成 AsO（g）。无论烟气中气态砷（As）以何种形式释放都会经历两个过程，一个是参与反应的气态砷（As）主要是通过与煤中矿物组分发生交互作用富集到灰渣中，另一个是随着烟气的冷却未参与反应的气态砷（As）会以颗粒态富集在飞灰表面；燃煤过程中还有一部分砷（As）则通过矿物直接固定或颗粒快速熔融等形式而迁移至底渣，其中通过矿物固定的砷（As）通过与煤中的矿物发生反应以生成的 $Ca(AsO_2)_2$ 和 $Ca_3(AsO_4)_2$ 迁移至底渣中；通过颗粒快速熔融的是以砷（As）被固定在熔融玻璃体中的形式迁移至底渣中。随着燃煤过程的停止，烟气慢慢冷却，气相中未反应的 $As_2O_3$（g）通过均相冷凝、在飞灰颗粒表面的异相凝结及物理 / 化学吸附等过程形成颗粒态砷（As）。其中，部分颗粒态砷（As）会被除尘装置捕集下来形成飞灰中的砷（As），而未被除尘装置捕集的砷（As）会迁移至其他燃煤产物（石膏、废水等）或排入大气。

在燃烧过程中，硒（Se）作为单质 Se 和 $SeO_2$ 挥发。在锅炉中，气态 $SeO_2$ 可以吸附在粉煤灰（FA）表面或停留在气相。与颗粒态结合的硒被除尘装置除去，同时还有一部分从除尘器逃逸的细小飞灰在元素挥发后以气态存在于烟气中，然后进入 WFGD。在该净化装置中，（氧化性条件）硒（Se）存在形式主要是亚硒酸根（$SeO_3^{2-}$）和硒酸根（$SeO_4^{2-}$）。

由此可见，燃煤电厂的燃煤中砷（As）、硒（Se）和铅（Pb）虽然燃烧过程中释放形式和量不尽相同，但最终都转移到飞灰、底渣、脱硫石膏和脱硫废水中，极少量通过烟囱排入大气。具体比例由于重金属的性质、燃煤机组的规模、燃烧方式和烟气净化装置类型等因素的不同存在差异。

### 3.1.1 实测煤粉炉电厂的砷（As）等重金属迁移转化

中国环境科学研究院实测的煤粉炉电厂燃煤为低中灰分煤，煤质的工业分析见表 3-1；其煤中砷（As）、硒（Se）、铅（Pb）的迁移转化如图 3-1 所示。燃烧后，煤中砷（As）、硒（Se）和铅（Pb）除少部分残留在底渣（Bottom ash）中，大部分被释放到烟气中，在低温省煤器（LTE）+ 脱硝（SCR）+ 除尘（ESP+WESP）+ 脱硫（WESP）协同脱除作用下再次分配。由图 3-1 可知，砷（As）、硒（Se）和铅（Pb）更多地被分配到飞灰（Fly ash），其次是低温省煤器灰（LTE ash）。

表 3-1 煤样的工业分析

| $M_t$/% | $M_{ad}$/% | $A_{ar}$/% | $V_{daf}$/% | $Q_{net.ar}$/（MJ/kg） | $C_{ar}$/% | $H_{ar}$/% | $O_{ar}$/% | $N_{ar}$/% | $S_{ar}$/% |
|---|---|---|---|---|---|---|---|---|---|
| 16.20 | 10.29 | 12.80 | 37.05 | 21.37 | 56.32 | 3.40 | 10.03 | 0.76 | 0.49 |

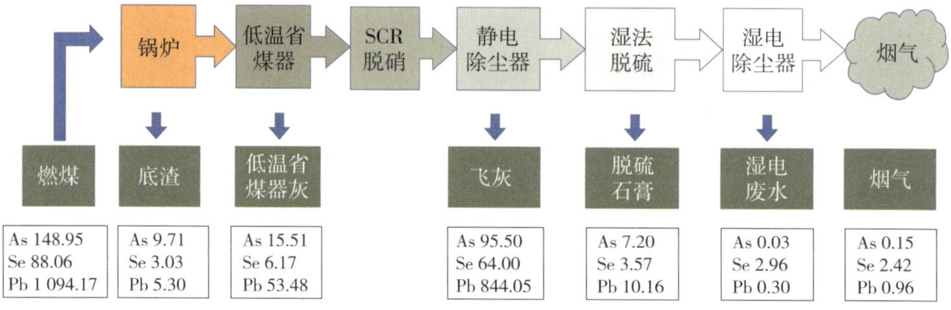


图 3-1　煤粉炉电厂中砷（As）、硒（Se）和铅（Pb）运输迁移

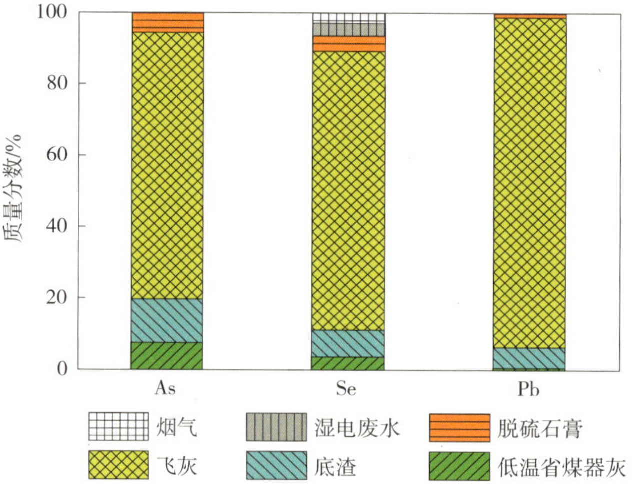


图 3-2　煤粉炉电厂砷（As）、硒（Se）和铅（Pb）的质量分布

由图 3-2 可见，煤粉炉燃烧特性下，砷（As）、硒（Se）和铅（Pb）的易挥发特性使其在底渣中的残余量分别只有 7.58%、3.69% 和 0.58%。携带着大量颗粒物的烟气经过低温省煤器，部分烟气中较大粒径的颗粒物被沉积下来，该部分含有的砷（As）、硒（Se）和铅（Pb）占比分别为 12.11%、7.51% 和 5.85%。

当烟气经过静电除尘器后，绝大部分颗粒物被除尘器截留下来，该部分含有的砷（As）、硒（Se）和铅（Pb）占比分别为74.55%、77.91%和92.32%。除尘器出口的烟气经过湿法脱硫和湿式静电除尘，少量的砷（As）、硒（Se）和铅（Pb）被转移到脱硫石膏（Gypsum）、脱硫废水和湿电废水（WESP Drainage）中。而排放到大气中的占比分别为0.12%、2.95%和0.11%，相对于砷（As）和铅（Pb），硒（Se）更容易逃逸到大气中。

### 3.1.2 实测循环流化床电厂的砷（As）等重金属迁移转化

中国环境科学研究院实测的循环流化床电厂燃煤为高灰煤，燃煤的工业分析见表3-2；煤中砷（As）、硒（Se）、铅（Pb）迁移转化如图3-3所示。电厂采用炉内SNCR+FF+WFGD+WESP工艺脱除常规污染物。由图3-4砷（As）、硒（Se）和铅（Pb）的质量分布可知，相对于硒（Se），砷（As）和铅（Pb）在底渣中赋存较多。这可能是由于流化床锅炉炉温较煤粉炉温度低，相对较易挥发的硒（Se）在底渣中残留量较少，而挥发性相对较弱的砷（As）和铅（Pb）在底渣中含量较多。由于FF可以脱除烟气中99%以上的砷（As）、硒（Se）和铅（Pb），因此飞灰中的含量较高。

表3-2 煤样的工业分析

| $M_t$/% | $M_{ad}$/% | $A_{ar}$/% | $V_{daf}$/% | $Q_{net.ar}$/（MJ/kg） | $C_{ar}$/% | $H_{ar}$/% | $S_{ar}$/% |
|---|---|---|---|---|---|---|---|
| 6.60 | 0.77 | 46.35 | 16.83 | 3.01 | 30.61 | 3.33 | 2.81 |

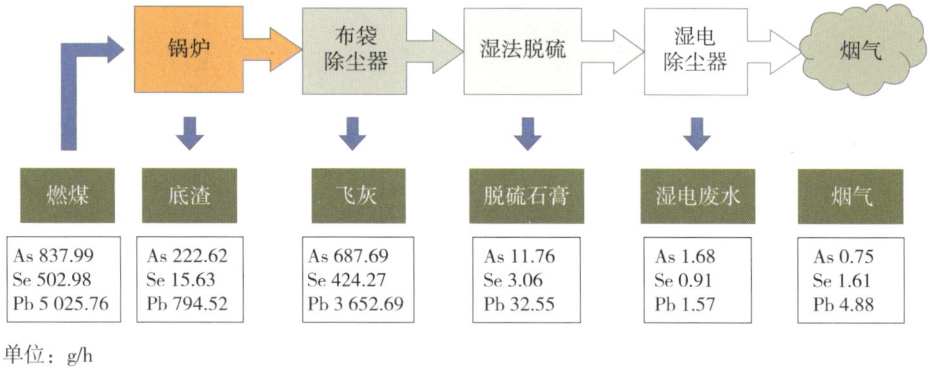


图 3-3　循环流化床电厂砷（As）、硒（Se）和铅（Pb）迁移

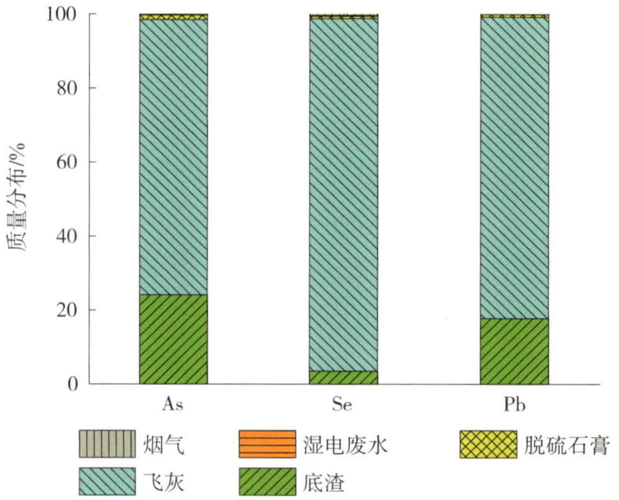


图 3-4　循环流化床电厂砷（As）、硒（Se）和铅（Pb）的质量分布

由图 3-4 可知，流化床锅炉燃烧特性下，砷（As）、硒（Se）和铅（Pb）在底渣中的残余量分别为 24.08%、3.51% 和 17.71%。砷（As）和铅（Pb）在煤粉炉底渣中的含量低于流化床锅炉底渣中的含量。这与锅炉的燃烧特性有关，循环流化床锅炉焚烧后的高温颗粒物又返回炉膛内，会带来部分被颗粒物携带的

砷（As）和铅（Pb）。同时砷（As）和铅（Pb）的挥发性弱于硒（Se），也使底渣中的砷（As）和铅（Pb）含量较高，而硒（Se）的含量较低。由于布袋高效的除尘效率，飞灰中砷（As）、硒（Se）和铅（Pb）的含量分别占总量的 74.38%、95.24% 和 81.42%，排放到大气中的占比极低，仅为 0.09%、0.32% 和 0.10%，低于实测煤粉炉电厂的比例。

## 3.2 飞灰的粒径分布及其砷（As）、硒（Se）、铅（Pb）的浓度

为了更好地掌握尾部烟气中砷（As）、硒（Se）和铅（Pb）的迁移转化规律，分析了实测煤粉炉电厂静电除尘器不同电场和循环流化床电厂布袋除尘器中飞灰的粒径分布和砷（As）、硒（Se）和铅（Pb）含量（图 3-5～图 3-8）。

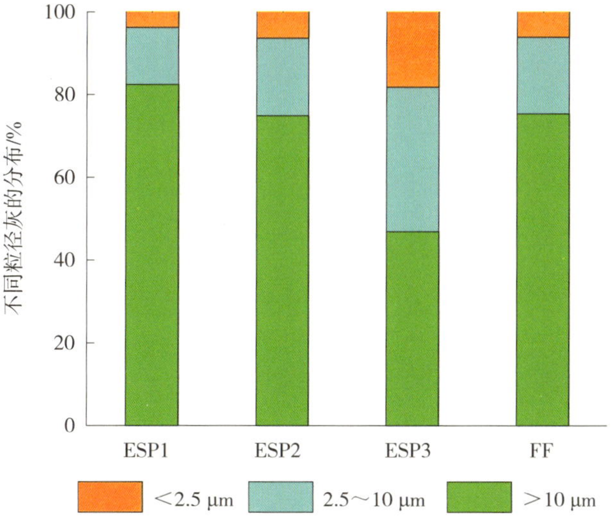


图 3-5 飞灰的粒径分布

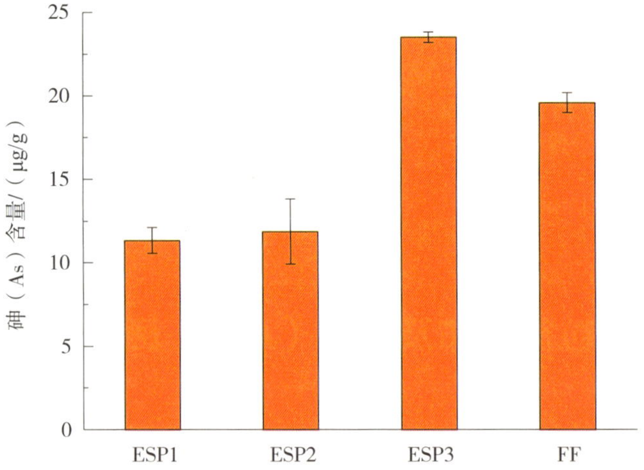


图 3-6　不同电场和布袋飞灰中砷（As）的含量

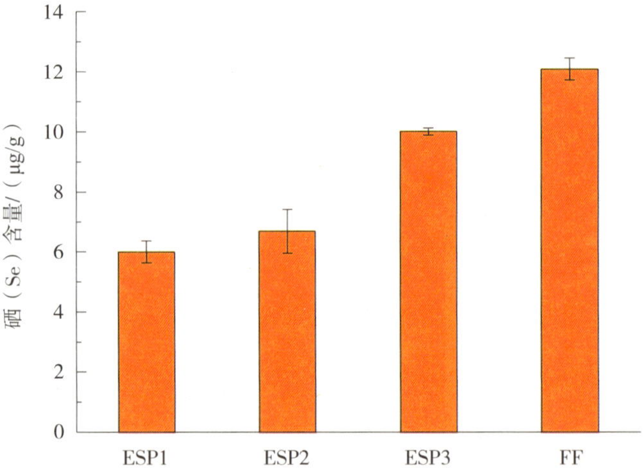


图 3-7　不同电场和布袋飞灰中硒（Se）的含量

（1）飞灰粒径与砷（As）、硒（Se）和铅（Pb）浓度的关系

随着电场级数的增加，静电除尘器捕集的飞灰中细颗粒物含量增加，电场对粗颗粒物的捕集效果优于细颗粒物，这使进入后续电场的飞灰中细颗粒浓度

增加。通过分析不同电场飞灰中重金属砷（As）、硒（Se）和铅（Pb）的含量发现，随着电场级数的增加，飞灰中砷（As）、硒（Se）和铅（Pb）的含量也相应地增加，这是因为随着电场级数的增加，飞灰的平均粒径变小，飞灰具有的比表面积增加，吸附的砷（As）、硒（Se）和铅（Pb）更多，因此砷（As）、硒（Se）和铅（Pb）在细颗粒物中有着更高的富集浓度。

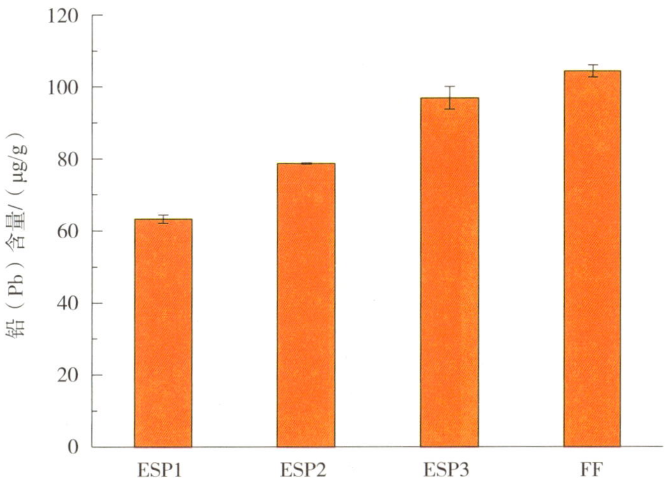


图 3-8　不同电场和布袋飞灰中铅（Pb）的含量

（2）飞灰中砷（As）和硒（Se）的价态

对飞灰中砷（As）和硒（Se）的价态进行了分析。由图 3-9 可知，飞灰中砷（As）主要以 $As^{5+}$ 形式存在，这主要是砷（As）可以与飞灰中的无机矿物质发生反应，生成了砷酸盐。由图 3-10 可知，飞灰中硒（Se）主要以四价硒形式存在，该部分由物理冷凝态二氧化硒和化学反应形成的亚硒酸盐组成。

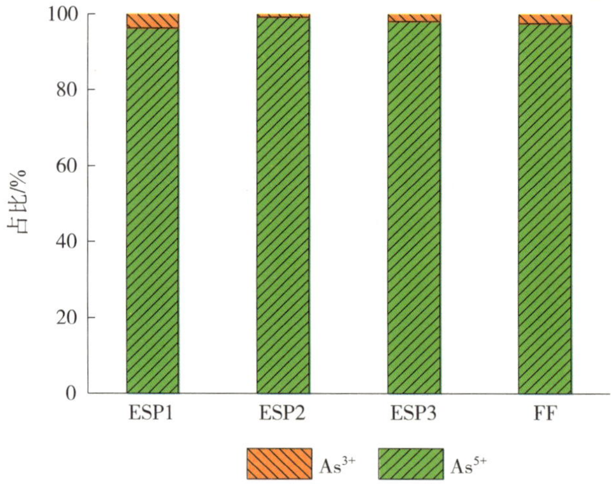


图 3-9　飞灰中砷（As）的价态

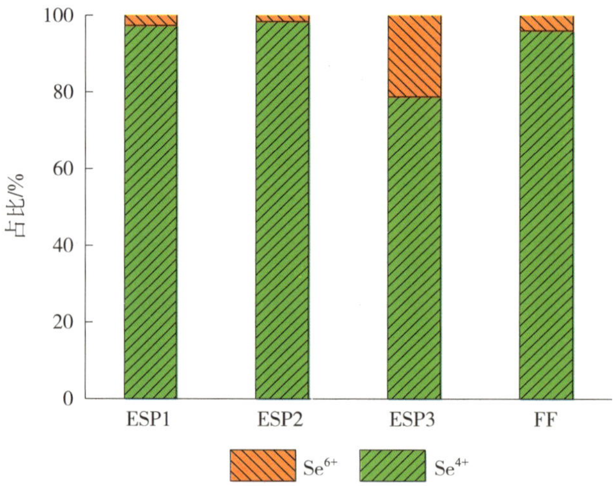


图 3-10　飞灰中硒（Se）的价态

（3）飞灰中砷（As）、硒（Se）和铅（Pb）的形态

进一步对飞灰中砷（As）、硒（Se）和铅（Pb）的形态进行分析，结果分别如图 3-11～图 3-13 所示。

不同电场砷（As）结合形态存在差异，与飞灰的自身性质有关。随着电场级数的增加，飞灰粒径越细，钙结合态砷占比减小，铁/铝结合态砷（As）占比升高。这说明钙结合态砷（As）更易富集在粗颗粒物上，而铁/铝结合态砷（As）更易富集在细颗粒物上。布袋除尘器飞灰中砷（As）的形态分析结果表明，

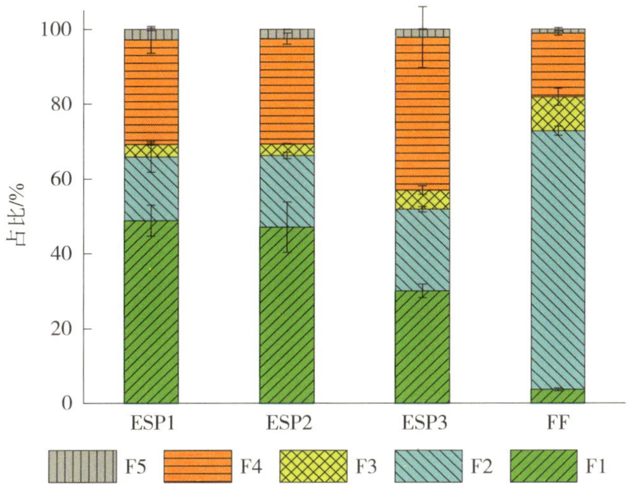


F1—非特异性吸附 As；F2—特异性吸附 As；
F3—钙结合态 As；F4—非晶态和晶型差的 Fe/Al 结合态 As；
F5—晶型良好的 Fe/Al 结合态 As

图 3-11　飞灰中不同形态砷（As）的分布

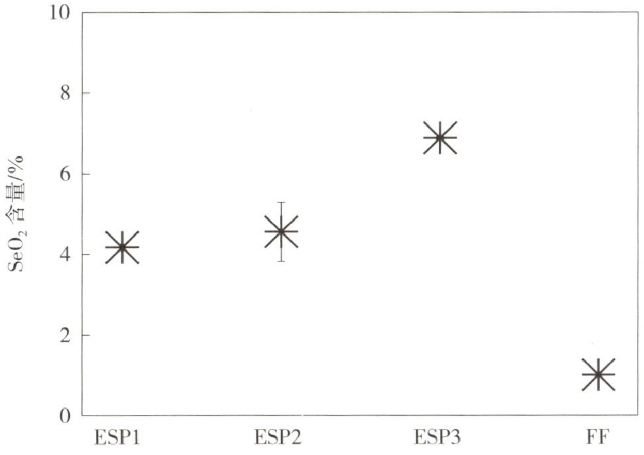


图 3-12　飞灰中 $SeO_2$ 的含量

其钙结合态砷（As）含量高，铁 / 铝结合态砷（As）含量低。这说明在流化床炉内脱硫的过程中，CaO 与砷（As）的反应扮演着极其重要的角色。

由图 3-12 可知，通过脱附分析，在飞灰中，$SeO_2$ 占比随着电场级数的增加而增加，可能是飞灰经过的电场级数增加，烟气的温度降低，使气态的 $SeO_2$ 更多地发生均相凝结，附着在飞灰的表面上，而细颗粒灰为 $SeO_2$ 的附着提供了更大的比表面，造成了电场级数增加时飞灰中 $SeO_2$ 含量增加。布袋除尘器飞灰中物理吸附态 $SeO_2$ 的占比较少，说明烟气中 $SeO_2$ 与飞灰中的矿物质发生了反应，形成了亚硒酸盐。

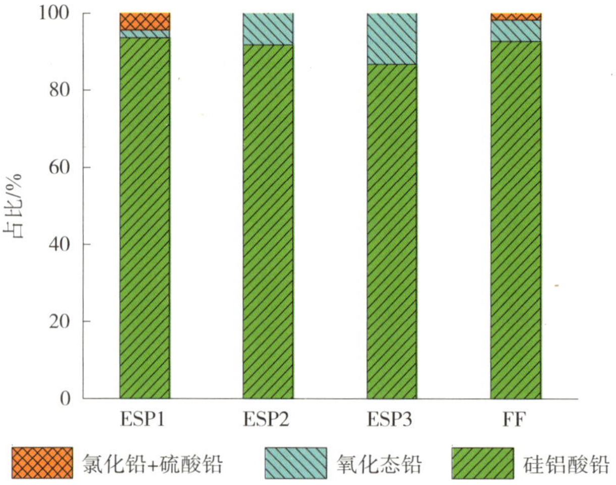

图 3-13　飞灰中不同形态铅（Pb）的分布

由图 3-13 可知，铅（Pb）主要以残渣态（硅铝酸铅）形式存在，有少量的氯化铅 + 硫酸铅和氧化态铅。随着电场级数增加，硅铝酸铅占比减小，氧化态铅含量增加，这说明颗粒物的大小与铅（Pb）的形态有着一定的关联，较细的颗粒物中含有更高的易溶出铅（Pb）。

## 3.3 湿法烟气脱硫系统（WFGD）及湿式静电除尘器（WESP）副产物中砷（As）和硒（Se）的价态

为了探究砷（As）和硒（Se）在石灰石—石膏湿法烟气脱硫系统（WFGD）副产物中的转化，对脱硫石膏、脱硫废水和排放水做了分析，结果如图 3-14 所示。脱硫废水中的砷（As）浓度较低，经过废水处理，排放水中的砷（As）浓度会远小于排放浓度限值。值得注意的是，脱硫废水中硒（Se）的浓度较高，经处理后仍有较高的浓度。经处理后的废水中，六价硒的比例增加，这说明六价硒相较于四价硒有着更高的溶解度，更难被脱除。而被脱除的硒（Se）更多是四价硒。

张翼等发现 WESP 中固相砷（As）含量为 12.5 μg/g，远高于 WFGD 石膏中的砷（As）含量。由于 WESP 的水循环系统为碱性环境，大部分砷（As）在高碱性飞灰中主要以 $As^{5+}$ 的形式存在，如 $Ca_3(AsO_4)_2$，结合逐级化学提取的方法，可确定 WESP 飞灰中砷（As）的赋存形态主要为残渣态。

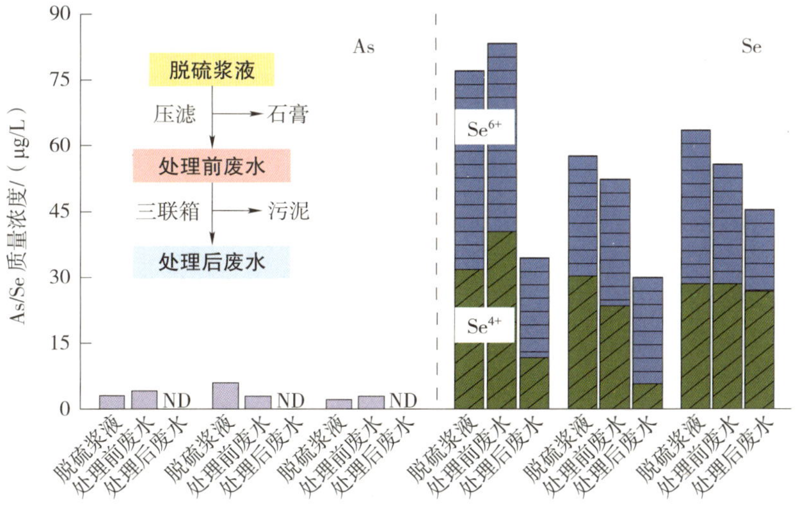


图 3-14 砷（As）和硒（Se）在脱硫副产物中的分配

## 3.4 小结

根据中国环境科学研究院对煤粉炉及循环流化床电厂的实测结果，砷（As）、硒（Se）和铅（Pb）主要集中在固相之中，以飞灰中占比量最大，各元素占比为74.38%～95.24%；其次是循环流化床电厂底渣，占比为3.51%～24.08%；再次为煤粉炉电厂低温省煤器灰，占比为5.85%～12.11%；最后脱硫石膏中砷（As）、硒（Se）和铅（Pb）占比均低于6%。煤粉炉与循环流化床机电厂底渣中重金属含量差异较大，主要由于其炉型不同导致燃烧条件不同。液相中砷（As）、硒（Se）和铅（Pb）含量占比平均值仅为0.7%，气相中砷（As）、硒（Se）和铅（Pb）含量占比小于1%。燃煤电厂煤中的砷（As）、硒（Se）和铅（Pb）主要转移到固相飞灰中。大气重金属排放因子取决于重金属的性质、燃煤电厂的规模、燃烧方式和烟气净化装置类型等因素。

# 4

# 中国燃煤电厂砷（As）等重金属排放量及分布

Emissions and Distribution of Heavy Metals such as As in Coal-Fired Power Plants in China

我国燃煤电厂装机容量大、分布广，为掌握我国各地区燃煤电厂砷（As）等重金属排放现状，采用“自上而下”的方法建立我国燃煤电厂砷（As）、硒（Se）和铅（Pb）重金属排放清单。根据我国电厂燃煤中重金属含量、国家统计局和中国电力企业联合会等机构的煤炭消耗量以及大气重金属排放因子等，以2020年为基准年，计算我国及各省（区、市）燃煤电厂砷（As）、硒（Se）和铅（Pb）的排放量，并预测2025年和2030年燃煤电厂砷（As）、硒（Se）和铅（Pb）的排放量。

## 4.1 中国燃煤电厂煤炭消耗量及分布

根据2021年国家能源局发布的2020年全国电力工业统计数据，我国全国社会用电量为75 110亿kW · h，同比增长3.1%。全国全口径发电设备容量为220 058万kW，同比增长95%。随着我国能源结构调整，截至2020年年底，全国全口径水电装机容量3.7亿kW、火电12.5亿kW、核电4 989万kW、并网风电 2.8 亿 kW、并网太阳能发电装机 2.5 亿 kW、生物质发电 2 952 万 kW，具体情况如图 4-1 所示。全国全口径非化石能源发电装机容量占比不断提高，已达到 44.8%，煤电装机容量 10.8 亿 kW，占比为 49.1%，首次降至 50% 以下；但煤电机组仍是我国现阶段主力发电机组类型。《中国电力行业年度发展报告 2020》数据显示，截至 2019 年年底，达到超低排放限值的煤电机组装机容量约 8.9 亿 kW，约占全国煤电总装机容量的 86%。2019 年全国电力行业烟尘、二氧化硫、氮氧化物排放量分别约为 18 万 t、89 万 t、93 万 t，分别比上年下降约 12.2%、9.7%、3.1%；单位火电发电量烟尘、二氧化硫、氮氧化物排放分别约为 0.038 g/（kW·h）、0.187 g/（kW·h）、0.195 g/（kW·h）。2018—2020 年我国全口径发电设备容量具体情况见表 4-1。

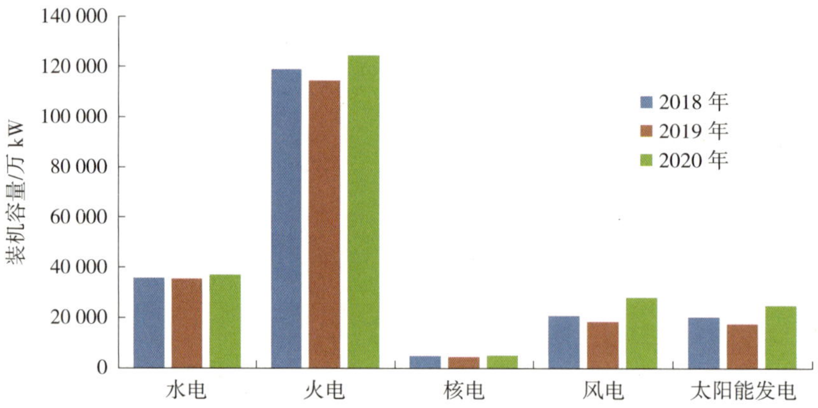

图 4-1　2018—2020 年我国各发电类型装机容量

表 4-1　2018—2020 年我国全口径发电设备容量　　单位：万 kW

| 发电机组类型 | 2018 年 | 2019 年 | 2020 年 |
|---|---|---|---|
| 全国发电机组 | 190 012 | 201 006 | 220 058 |
| 火电发电机组 | 114 408 | 118 957 | 124 517 |
| 燃煤发电机组 | 100 835 | 104 063 | 108 000 |
| 6 000 kW 及以上火电机组装机容量 | 114 100 | 118 642 | — |
| 6 000 kW 及以上燃煤机组装机容量 | 100 794 | 104 028 | — |

根据国家统计局公开的信息，2020 年我国全社会发电量达到了 7.42 万亿 kW·h，其中，火力发电量为 5.28 万亿 kW·h，占全国发电量比例高达 71.16%。燃煤发电机组全口径发电设备容量为 108 000 万 kW，火电发电机组全口径发电设备容量为 124 517 万 kW，因此可测算得出 2020 年燃煤发电机组发电量约为 4.58 万亿 kW·h。2017—2019 年我国 6 000 kW 及以上电厂发电煤耗全国平均值分别为 291.3 g 标准煤 /（kW·h）、289.9 g 标准煤 /（kW·h）、288.8 g 标准煤 /（kW·h），呈逐年递减趋势；因此通过线性预测估算得到 2020 年我国电厂发电煤耗约为 287.9 g 标准煤 /（kW·h）；与所测算的燃煤发电机组 2020 年发电量关联，可得到 2020 年燃煤发电机组发电耗用标准煤量为 131 859 万 t。此数据与《“十三五”电力煤控中期评估与后期展望》报告中预计的 13.2 亿 t 标准煤数据相吻合。国家统计局所公布的 2019 年的发电耗用标准煤量为 132 007 万 t，与 2020 年燃煤发电机组发电耗用标准煤量 131 859 万 t 接近，因此推断 2019 年与 2020 年发电耗用原煤量相近。根据中国电力企业联合会公开数据，可测算得到 2020 年发电耗用原煤量在 19.90 亿 t 左右。

国家能源局发布的 2020 年全国电力工业统计数据以及《中国电力统计年鉴 2020》数据显示，我国 2015—2019 年各省（区、市）6 000 kW 及以上电厂发电装机容量如图 4-2 所示。我国 6 000 kW 以上电厂装机容量除部分省份持平或出现轻微负增长现象外，全国呈现整体上升趋势。

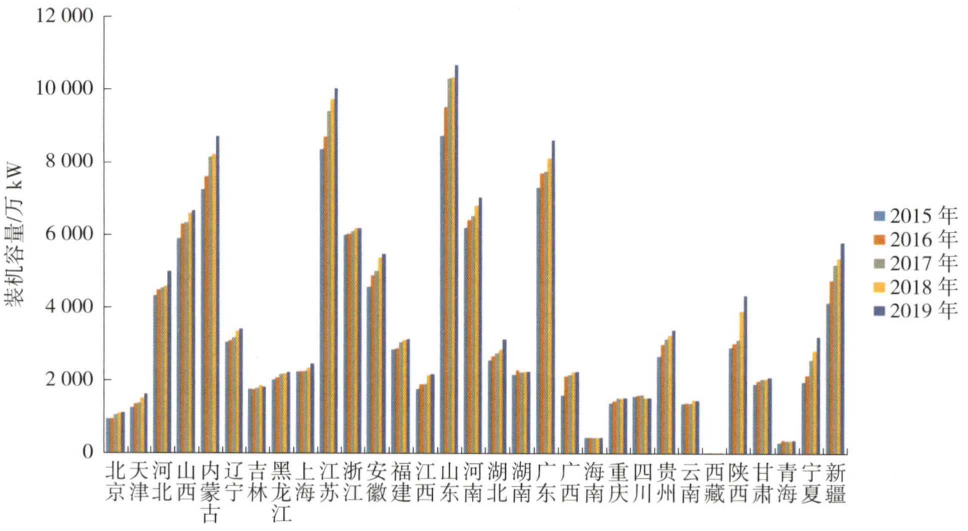

图 4-2　各省（区、市）6 000 kW 及以上电厂发电装机容量（火电）

表 4-2 为我国分地区 6 000 kW 及以上电厂煤炭消耗量，参照表中 2019 年分地区 6 000 kW 及以上电厂发电耗用原煤量比例，并结合 2020 年发电耗用原煤量，可测算 2020 年我国分地区的燃煤电厂煤炭消耗量如图 4-3 所示。

表 4-2　各省（区、市）6 000 kW 及以上电厂煤炭消耗量　　单位：万 t

| 地 区 | 2015 年 | 2016 年 | 2017 年 | 2018 年 | 2019 年 |
|---|---|---|---|---|---|
| 全 国 | 167 310 | 165 144 | 177 592 | 195 719 | 199 443 |
| 北京市 | 157 | 93 | 36 | 50 | 36 |
| 天津市 | 2 010 | 1 691 | 1 884 | 2 078 | 2 012 |
| 河北省 | 8 846 | 9 078 | 9 714 | 9 897 | 9 617 |
| 山西省 | 10 702 | 10 761 | 12 377 | 13 596 | 14 194 |
| 内蒙古自治区 | 20 178 | 20 010 | 22 109 | 24 380 | 26 792 |

| 地 区 | 2015 年 | 2016 年 | 2017 年 | 2018 年 | 2019 年 |
|---|---|---|---|---|---|
| 辽宁省 | 6 845 | 6 900 | 7 029 | 7 181 | 7 025 |
| 吉林省 | 3 204 | 3 150 | 3 355 | 3 685 | 3 717 |
| 黑龙江省 | 4 322 | 4 204 | 4 270 | 4 462 | 4 587 |
| 上海市 | 2 750 | 2 782 | 2 925 | 2 809 | 2 634 |
| 江苏省 | 15 268 | 16 309 | 15 810 | 15 378 | 15 121 |
| 浙江省 | 7 637 | 8 148 | 8 885 | 9 068 | 8 423 |
| 安徽省 | 7 692 | 8 107 | 8 902 | 9 509 | 10 707 |
| 福建省 | 3 900 | 285 | 4 050 | 5 030 | 4 840 |
| 江西省 | 2 935 | 3 032 | 3 423 | 3 774 | 3 990 |
| 山东省 | 17 417 | 17 982 | 17 545 | 18 512 | 17 916 |
| 河南省 | 10 301 | 10 238 | 10 670 | 11 080 | 9 834 |
| 湖北省 | 3 518 | 3 461 | 3 526 | 4 327 | 5 202 |
| 湖南省 | 2 776 | 2 790 | 2 919 | 3 489 | 3 199 |
| 广东省 | 8 479 | 7 827 | 7 386 | 11 389 | 10 985 |
| 广西壮族自治区 | 1 536 | 1 544 | 1 570 | 2 478 | 3 038 |
| 海南省 | 775 | 679 | 740 | 788 | 771 |
| 重庆市 | 1 891 | 1 700 | 1 915 | 2 277 | 2 241 |
| 四川省 | 1 451 | 1 062 | 1 081 | 1 426 | 1 534 |
| 贵州省 | 4 625 | 5 202 | 5 855 | 6 427 | 6 929 |
| 云南省 | 1 171 | 1 007 | 1 084 | 1 407 | 1 472 |
| 西藏自治区 | — | — | — | — | — |
| 陕西省 | 5 156 | 5 558 | 6 261 | 6 327 | 6 698 |
| 甘肃省 | 3 171 | 3 056 | 3 096 | 3 847 | 3 756 |
| 青海省 | 559 | 591 | 657 | 514 | 414 |
| 宁夏回族自治区 | 4 229 | 4 256 | 4 431 | 5 663 | 6 432 |
| 新疆维吾尔自治区 | 3 809 | 3 639 | 4 083 | 4 871 | 5 328 |

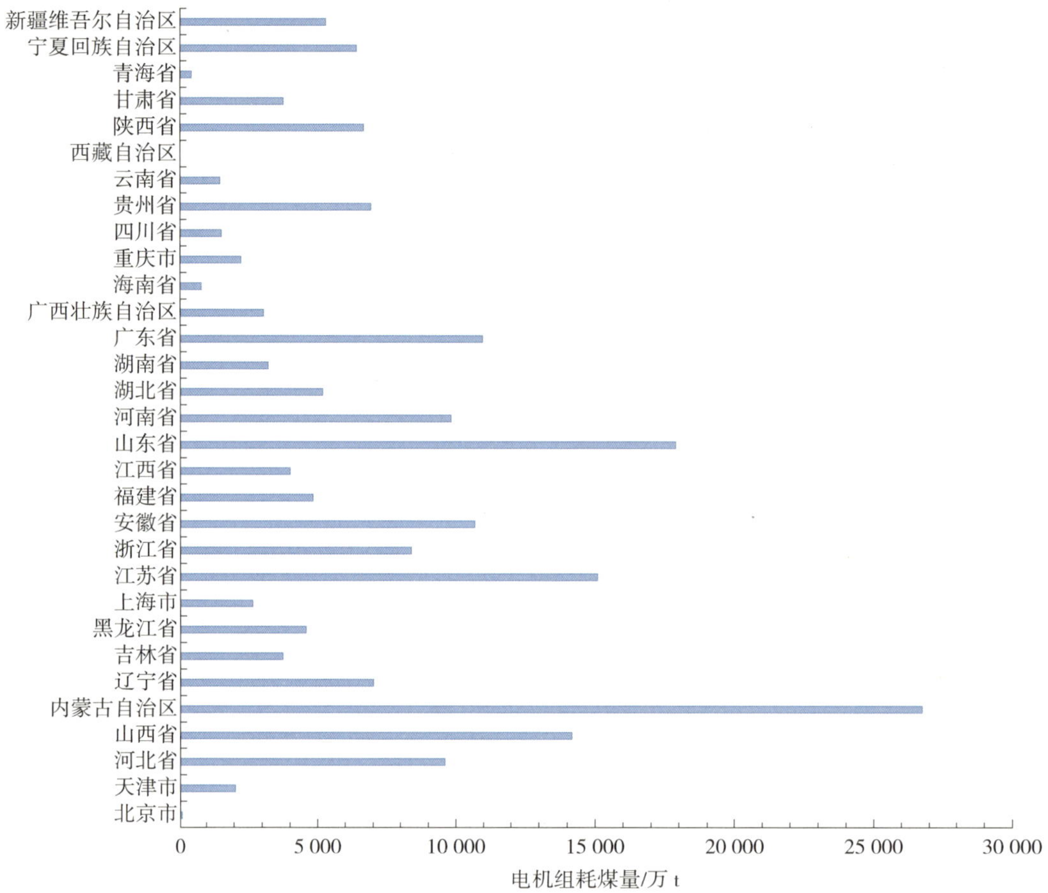


图 4-3　2020 年我国各省（区、市）燃煤电厂煤炭消耗量

## 4.2　中国燃煤电厂重金属的排放量及分布

我国燃煤电厂重金属及大气重金属排放量分别采用式（4-1）和式（4-2）进行测算。

$$Q=E\times F \tag{4-1}$$

式（4-1）中：$Q$——砷（As）等污染物排放量；

$E$——燃煤电厂煤炭消耗量；

$F$——煤炭中的平均重金属含量。

$$Q_{排}=E\times F\times Y \tag{4-2}$$

式（4-2）中：$Q_{排}$——大气砷（As）等污染物排放量；

$Y$——大气砷（As）等污染物的排放因子。

根据文献报道与实测数据，大气砷（As）、硒（Se）和铅（Pb）排放因子分别选取 0.001、0.029 和 0.001。将选取的电厂煤样中砷（As）、硒（Se）和铅（Pb）含量平均值 7.1 μg/g、2.4 μg/g 和 16.9 μg/g，以及图 4-3 中煤炭消耗量代入式（4-1）测算出 2020 年我国分地区燃煤电厂砷（As）等重金属的排放量与分布（见表 4-3）。

表 4-3　2020 年我国燃煤电厂砷等重金属排放量及分布　　单位：t/a

| 地区 | 砷 | 硒 | 铅 |
|---|---|---|---|
| 北京市 | 2.550 | 0.862 | 6.070 |
| 天津市 | 142.534 | 48.181 | 339.271 |
| 河北省 | 681.287 | 230.294 | 1 621.655 |
| 山西省 | 1 005.531 | 339.898 | 2 393.446 |
| 内蒙古自治区 | 1 897.997 | 641.577 | 4 517.768 |
| 辽宁省 | 497.665 | 168.225 | 1 184.582 |
| 吉林省 | 263.319 | 89.009 | 626.775 |
| 黑龙江省 | 324.952 | 109.843 | 773.477 |
| 上海市 | 186.598 | 63.075 | 444.155 |
| 江苏省 | 1 071.201 | 362.096 | 2 549.760 |
| 浙江省 | 596.702 | 201.702 | 1 420.318 |
| 安徽省 | 758.505 | 256.396 | 1 805.455 |
| 福建省 | 342.875 | 115.901 | 816.139 |

| 地 区 | 砷 | 硒 | 铅 |
|---|---|---|---|
| 江西省 | 282.659 | 95.547 | 672.809 |
| 山东省 | 1 269.204 | 429.027 | 3 021.064 |
| 河南省 | 696.660 | 235.491 | 1 658.246 |
| 湖北省 | 368.520 | 124.570 | 877.181 |
| 湖南省 | 226.623 | 76.605 | 539.427 |
| 广东省 | 778.199 | 263.053 | 1 852.332 |
| 广西壮族自治区 | 215.218 | 72.750 | 512.279 |
| 海南省 | 54.619 | 18.463 | 130.009 |
| 重庆市 | 158.757 | 53.664 | 377.886 |
| 四川省 | 108.672 | 36.734 | 258.669 |
| 贵州省 | 490.864 | 165.926 | 1 168.394 |
| 云南省 | 104.279 | 35.249 | 248.214 |
| 西藏自治区 | — | — | — |
| 陕西省 | 474.499 | 160.394 | 1 129.442 |
| 甘肃省 | 266.082 | 89.943 | 633.351 |
| 青海省 | 29.329 | 9.914 | 69.810 |
| 宁夏回族自治区 | 455.655 | 154.024 | 1 084.588 |
| 新疆维吾尔自治区 | 377.446 | 127.587 | 898.427 |
| 合计 | 14 129.000 | 4 776.000 | 33 631.000 |

我国 2020 年燃煤电厂砷（As）的排放量可达 14 129 t/a；硒（Se）排放量高达 4 776 t/a；而铅（Pb）排放量高达 33 631 t/a。内蒙古排放量最大，其次是山东、江苏及山西。2020 年我国燃煤电厂大气砷（As）排放量可达 14.129 t/a；大气硒（Se）排放总量高达 138.504 t/a；大气铅（Pb）排放量为 33.631 t/a（见表 4-4）。由此可见，超低排放改造对我国燃煤电厂大气砷（As）等重金属排放起到了很好的控制作用。

表 4-4　2020 年我国燃煤电厂砷等大气重金属排放量及分布　　单位：t/a

| 地 区 | 砷 | 硒 | 铅 |
|---|---|---|---|
| 北京市 | 0.003 | 0.025 | 0.006 |
| 天津市 | 0.143 | 1.397 | 0.339 |
| 河北省 | 0.681 | 6.679 | 1.622 |
| 山西省 | 1.006 | 9.857 | 2.393 |
| 内蒙古自治区 | 1.898 | 18.606 | 4.518 |
| 辽宁省 | 0.498 | 4.879 | 1.185 |
| 吉林省 | 0.263 | 2.581 | 0.627 |
| 黑龙江省 | 0.325 | 3.185 | 0.773 |
| 上海市 | 0.187 | 1.829 | 0.444 |
| 江苏省 | 1.071 | 10.501 | 2.550 |
| 浙江省 | 0.597 | 5.849 | 1.420 |
| 安徽省 | 0.759 | 7.435 | 1.805 |
| 福建省 | 0.343 | 3.361 | 0.816 |
| 江西省 | 0.283 | 2.771 | 0.673 |
| 山东省 | 1.269 | 12.442 | 3.021 |
| 河南省 | 0.697 | 6.829 | 1.658 |
| 湖北省 | 0.369 | 3.613 | 0.877 |
| 湖南省 | 0.227 | 2.222 | 0.539 |
| 广东省 | 0.778 | 7.629 | 1.852 |
| 广西壮族自治区 | 0.215 | 2.110 | 0.512 |
| 海南省 | 0.055 | 0.535 | 0.130 |
| 重庆市 | 0.159 | 1.556 | 0.378 |
| 四川省 | 0.109 | 1.065 | 0.259 |
| 贵州省 | 0.491 | 4.812 | 1.168 |
| 云南省 | 0.104 | 1.022 | 0.248 |
| 西藏自治区 | — | — | — |

| 地 区 | 砷 | 硒 | 铅 |
|---|---|---|---|
| 陕西省 | 0.474 | 4.651 | 1.129 |
| 甘肃省 | 0.266 | 2.608 | 0.633 |
| 青海省 | 0.029 | 0.288 | 0.070 |
| 宁夏回族自治区 | 0.456 | 4.467 | 1.085 |
| 新疆维吾尔自治区 | 0.377 | 3.700 | 0.898 |
| 合计 | 14.129 | 138.504 | 33.631 |

为进一步明晰燃煤电厂重金属的排放去向，根据第 2 章、第 3 章中所述的文献与实测研究结果，重金属在燃煤电厂副产物中的质量分配比例见表 4-5。

表 4-5　燃煤电厂重金属在烟气净化装置产生副产物中的质量分配

| 烟气净化装置副产物 | 所占比例 /% | | |
|---|---|---|---|
| | 砷（As） | 硒（Se） | 铅（Pb） |
| 脱硝装置 | 5.57～28.77 | ～10.67 | 1.78～22.91 |
| 除尘装置 | 67.74～99.94 | 10.23～92.08 | 90.02～99.95 |
| 脱硫装置 | 27.30～97.54 | 12.50～34.07 | 19.33～89.78 |
| 湿电装置 | 18.75～95.93 | 14.29～59.80 | 23.21～84.38 |

我国燃煤电厂燃煤中的砷（As）、硒（Se）和铅（Pb）通过煤燃烧过程中释放并运输迁移，分别接近总量 99.90%、93.45% 和 99.86% 的砷（As）、硒（Se）和铅（Pb）进入了底渣、飞灰等固体废物中，每年排放量分别约为 14 115 t、4 463 t 和 33 584 t。迁移到脱硫废水中的砷（As）、硒（Se）和铅（Pb）量最小，分别仅占总量的 0.002%、3.603% 和 0.033%，每年排放量分别约为 0.3 t、172.1 t 和 11.1 t。

## 4.3 2025年和2030年我国燃煤电厂砷（As）等重金属排放量

2018年、2019年和2020年用电量增速分别为8.4%、4.7%和3.1%，呈现增速历年下降趋势，可设定2020—2030年，我国用电量平均增速约为1%，根据2020年全国社会用电量为7.5万亿kW·h，推算得到2025年全国用电量约为7.9万亿kW·h，2030年约为8.3万亿kW·h。

截至2020年年底，全国全口径水电装机容量3.7亿kW、火电12.5亿kW、并网风电2.8亿kW、并网太阳能发电装机2.5亿kW。习近平总书记在《共同构建人与自然生命共同体》的重要讲话中提出中国将严控煤电项目，“十四五”时期严控煤炭消费增长、“十五五”时期逐步减少。国务院印发的《2030年前碳达峰行动方案》指出，到2030年，风电、太阳能发电总装机容量达到12亿kW以上，“十四五”“十五五”期间分别新增水电装机容量4 000万kW左右。因此可估算出2025年水电装机容量可达4.1亿kW，风电、太阳能达到8.65亿kW；2030年水电达到4.5亿kW，风电、太阳能达到12亿kW。根据以上数据可推算出我国2025年燃煤电厂发电量占比为53.85%，2030年发电量占比为50.46%，非化石燃料能源快速发展，燃煤电厂煤炭消耗量得到控制并逐步减少。

2015—2019年，我国6 000 kW及以上电厂供电煤耗数据分别为315.4 g标准煤/（kW·h）、312.1 g标准煤/（kW·h）、309.4 g标准煤/（kW·h）、307.6 g标准煤/kW·h和306.4 g标准煤/（kW·h），呈逐年下降趋势。2021年国家发展和改革委与国家能源局印发的《全国煤电机组改造升级实施方案》要求，2025年将全国火电平均供电煤耗降至300 g标准煤/（kW·h）以下。因此设定2025年供电煤耗 300 g 标准煤 / (kW·h)，2030 年供电煤耗 295 g 标准煤 / (kW·h)，可得到 2025 年燃煤电厂煤炭消耗量为 12.75 亿 t 标准煤，约 19.23 亿 t 原煤（原煤热值按 5 000 kCal① 估算）；而 2030 年燃煤电厂煤炭消耗量为 12.35 亿 t 标准煤，约 18.62 亿 t 原煤。代入式（4-2）计算出 2025 年燃煤电厂大气砷（As）、硒（Se）和铅（Pb）排放量分别为 13.45 t/a、131.81 t/a 和 30.30 t/a；2030 年燃煤电厂大气砷（As）、硒（Se）和铅（Pb）排放量分别为 12.58 t/a、123.33 t/a 和 28.35 t/a。

2020 年、2025 年及 2030 年中国燃煤电厂大气砷（As）、硒（Se）和铅（Pb）排放变化趋势如图 4-4 所示，整体呈微弱下降趋势，其中硒（Se）的排放量高于砷（As）和铅（Pb）。

随着我国生态环境保护意识的不断增强，相应管控政策加严。2030 年前极有可能颁布新的火电厂大气污染物排放标准，常规大气污染物的排放限值将有所调整，而且很有可能增设除汞（Hg）外的其他重金属排放限值要求。因此，降低燃煤电厂大气砷（As）等重金属排放将是大势所趋。

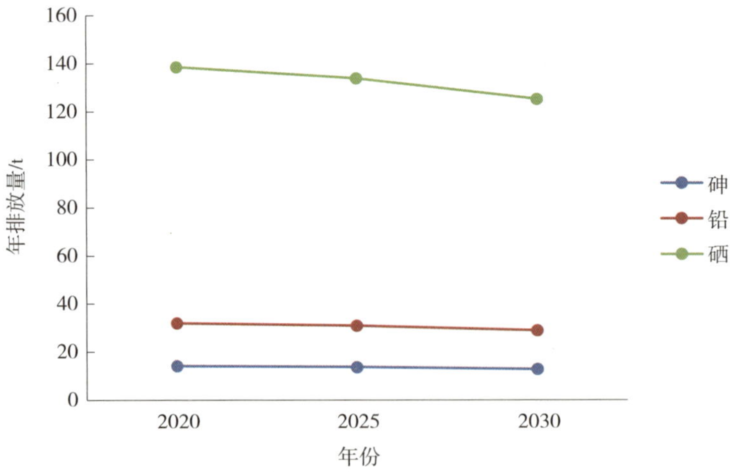


图 4-4　中国燃煤电厂大气重金属排放发展趋势

① 1 cal=4.184 J。

## 4.4 小结

燃煤电厂砷（As）等重金属排放具有规律性，2020年我国燃煤电厂砷（As）、硒（Se）和铅（Pb）的排放量分别为14 129 t、4 776 t和33 631 t，其中99.90%、93.45%和99.86%的砷（As）、硒（Se）和铅（Pb）进入了底渣、飞灰等固体废物中，大气砷（As）、硒（Se）和铅（Pb）的排放量分别约为14.129 t/a、138.504 t/a和33.631 t/a。内蒙古排放量最大，其次是山东、江苏及山西。由于超低排放燃煤电厂目前实测研究的数量有限，因此测算具有一定的不确定性。

预测2025年燃煤电厂大气中砷（As）、硒（Se）和铅（Pb）排放量分别为13.45 t/a、131.81 t/a与30.30 t/a；2030年燃煤电厂大气中砷（As）、硒（Se）和铅（Pb）排放量分别为12.58 t/a、123.33 t/a和28.35 t/a。

我国正处在实现碳达峰目标与碳中和愿景的逐渐转型期，现阶段的能源结构无法迅速做出调整，燃煤电厂仍将在未来一段时间内作为主力供电设施使用，因此持续关注燃煤电厂重金属污染是非常有必要的。

# 5

# 中国燃煤电厂砷（As）等重金属污染控制对策

Pollution Control Measures of As and Other Heavy Metals in Coal-Fired Power Plants in China

## 5.1 发达国家燃煤电厂砷（As）等重金属控制法规、政策和标准

早在 20 世纪 80 年代，美国《资源保护与回收法案》（*Resource Conservation and Recovery Act*，RCRA，1986 年修订）提出控制锑（Sb）、砷（As）、铍（Be）、铬（Cr）、镉（Cd）、钴（Co）、铅（Pb）、锰（Mn）、汞（Hg）、镍（Ni）、硒（Se）元素的排放；《清洁空气法案》（*Clean Air Act Amendments*，CAAA，1990 年修订）指出燃煤成为主要的大气重金属排放源，并声明对锑（Sb）、砷（As）、钡（Ba）、铍（Be）、铬（Cr）、镉（Cd）、铅（Pb）、汞（Hg）、镍（Ni）、硒（Se）、银（Ag）、铊（Tl）元素进行有效控制；而针对煤燃烧过程中的重金属排放，美国国家环境保护局（USEPA）于 2011 年首次颁布标准限制燃煤电厂重金属砷（As）、硒（Se）、铅（Pb）的排放，给出具体的排放限值，并于 2016 年进行再次修订（见表 5-1）。

表 5-1 美国燃煤电厂重金属砷（As）、硒（Se）、铅（Pb）排放限值 单位：μg/m³

| 元素 | 现存燃煤电厂 | 新建或重修燃煤电厂 |
|---|---|---|
| 砷（As） | 2.7 | 0.4 |
| 硒（Se） | 8.2 | 6.8 |
| 铅（Pb） | 2.7 | 2.7 |

德国的综合性大气排放标准中包含了镉（Cd）、锑（Sb）、铅（Pb）、砷（As）、铬（Cr）等（但未单独考虑火电等大型燃煤装置），镉（Cd）和铊（Tl）的总量之和不能超过 0.05 mg/m³，锑（Sb）、铅（Pb）和砷（As）等物质总计不能超过 0.5 mg/m³。

目前美国正积极降低燃煤机组的使用率，2019 年美国燃煤发电量同比下降 16%，为 9 660 亿 kW · h，创 1976 年以来新低，燃煤发电同比降幅创历史新高，发电量同比减少 2 400 亿 kW · h。因此优化我国能源结构，使用更多非化石能源发电，是改变我国燃煤电厂重金属污染的根本途径。

## 5.2 “十四五”期间我国燃煤电厂大气砷（As）等重金属污染控制需求

我国第一个大气污染物排放标准《工业“三废”排放试行标准》（GBJ 4—1973）于 1973 年颁布，其中对火电厂污染排放进行了规定，污染物只包括二氧化硫和烟尘，且对排放速率和烟囱高度有要求，而对排放浓度无要求。1991 年颁布的《燃煤电厂大气污染物排放标准》（GB 13223—1991），首次对火电厂烟尘排放浓度提出限值要求，针对不同类型的除尘设施和相应燃煤灰分制定不同的排放标准限值；并于 1996 年和 2003 年分别对《燃煤电厂大气污染物排放标准》进行了修订。1996 年颁布的《火电厂大气污染物排放标准》（GB 13223—1996），首次增加 $NO_x$ 作为污染物，要求新建锅炉采取低氮燃烧措施。烟尘排放标准逐步提升，新建、扩建和改建中高硫煤电厂要求增加脱硫设施；增加了烟气黑度指标。2003 年颁布的《火电厂大气污染物排放标准》（GB 13223—2003），污染物排放浓度限值进一步加严，对燃煤机组提出了全面进行脱硫的要求。2011 年又一次修订，在《火电厂大气污染物排放标准》（GB 13223—2011）中首次增加了大气重金属汞（Hg），但并没有将砷（As）等重金属列于其中，控制指标以浓度为主。

2011 年由国务院正式批复的《重金属污染综合防治“十二五”规划》，明确提出对汞（Hg）、铬（Cr）、镉（Cd）、铅（Pb）、砷（As）与重点区域和重点行业制定严厉的整治措施。随着我国对燃煤电厂的环保要求越来越高，国家和地方对大气重金属砷（As）、硒（Se）、铅（Pb）的排放标准可能陆续出台，因此对燃煤电厂砷（As）、硒（Se）、铅（Pb）排放控制的需求日趋强烈。

2012 年我国颁布的《环境空气质量标准》（GB 3095—2012）中，包含了铅（Pb）等重金属，其中铅（Pb）的季平均质量浓度限值为 1.00 $\mu g/m^3$，与欧美相关标准相比，高于美国标准（2008）并与世界卫生组织（WHO）标准持平，我国大气污染物相关排放标准中规定了不同高度烟囱、不同功能区及无组织排放的铅（Pb）及其化合物等重金属排放限值。但迄今为止，我国并没有针对燃煤电厂砷（As）等重金属的排放标准，同时现有关于砷（As）等重金属的基础研究和控制技术开发也不足以支撑排放标准的制定。

目前我国关于燃煤电厂砷（As）等重金属污染控制问题的研究较少，尤其是超低排放改造后的燃煤电厂，因此在技术和政策层面有以下需求：

一是超低排放改造后，砷（As）等重金属在燃煤烟气中的浓度很低（$10^{-9}$数量级），主要以颗粒态形式存在。目前我国燃煤电厂的监测量不够，大气砷（As）等重金属排放特征有待进一步明确。

二是燃煤电厂煤中砷（As）等重金属经燃烧后，绝大部分转移到飞灰、底渣等固体废物中，目前关于飞灰固体废物中砷（As）等重金属的浸出和毒理研究较少，应开展此类研究，避免因处理不当可能造成的地下水和周边环境的二次污染。

三是缺乏系统燃煤电厂排放的砷（As）等重金属在大气环境中的传输、扩散和沉降及周边人群暴露途径与健康影响分析的基础研究。

四是由于缺乏上述基础工作支持，而且我国还有部分电厂燃用高砷（As）、高硒（Se）煤，针对这部分电厂大气砷（As）等的控制技术研发尚未涉及，更无法制定相关排放标准。

## 5.3 我国燃煤电厂砷（As）等重金属污染物控制对策建议

针对目前我国燃煤电厂砷（As）等重金属污染控制存在的问题，提出以下对策建议：

第一，开展燃煤电厂砷（As）等重金属系统性监测，进一步摸清砷（As）等重金属污染特征，尤其是飞灰等副产物中重金属浓度和形态以及潜在的环境风险，为燃煤电厂重金属污染风险控制提供科学依据。

第二，强化大气污染物中砷（As）等重金属排放标准的制修订工作，建立大气污染源重金属排放标准体系。

第三，加强环境空气质量标准中重金属环境浓度限值的制修订工作，按照WHO公布的指导值结合我国实际情况，逐步将对人体健康有重要影响的重金属纳入环境空气质量标准基本项目限值。

第四，结合“双碳”行动，转变我国特别是重污染地区产业结构和能源结构，加强煤炭总量控制，强化大气重金属污染控制。

第五，提高燃煤电厂能效和维护水平，降低发电煤耗，从源头减少砷（As）等重金属污染物的排放。

第六，系统开展我国煤中砷（As）等重金属含量水平、迁移转化规律以及周边人群暴露途径及水平等基础科学研究工作。掌握典型地区电厂砷（As）等重金属排放与环境砷（As）等重金属之间关系，为电力布局提供依据。

第七，在加强燃煤电厂飞灰等副产物中砷（As）等重金属的浸出和毒理研究基础上，开展无害化技术研发，减少砷（As）等重金属对周围环境的影响。

第八，针对燃用高砷（As）、高硒（Se）煤等燃煤电厂，仅通过烟气净化装置的协同控制技术很难达到日益严格的环境保护要求，亟待开展大气砷（As）等重金属专门控制技术的研发。

## 参考文献


［1］任德贻，赵峰华，代世峰，等．煤的微量元素地球化学［M］．北京：科学出版社，2004.

［2］白向飞．中国煤中微量元素分布赋存特征及其迁移规律试验研究［D］．北京：煤炭科学研究总院，2003.

［3］唐修义，黄文辉．中国煤中微量元素［M］．北京：商务印书馆，2004.

［4］Ren D，Zhao F，Wang Y，et al. Distribution of minor and trace elements in Chinese coals［J］. International Journal of Coal Geology，1999（40）：109-118.

［5］Finkelman R B. Modes of occurrence of trace elements in coal［J］. US Geol Syrv Open-File Rep，1981，81-99：322.

［6］White R N，Smith J V，Speras D A，et al. Analysis of iron sulfides from UK coal by synchrotron radiation X-ray fluorescence［J］. Fuel，1989（68）：1480-1486.

［7］Palmer C A，Lyons P C.Selected elements in major minerals from bituminous coal as determinded by INAA：Implications for removing environmentally sensitive elements from coal［J］. International Journal of Coal Geology，1996，32（1）：151-166.

［8］唐跃刚．四川晚二叠世煤中硫的赋存机制、黄铁矿矿物学及磁性研究［D］．北京：中国矿业大学，1993.

［9］赵峰华．煤中有害微量元素分布赋存机制及燃煤产物淋滤实验研究［D］．北京：中国矿业大学，1997.

［10］刘付海．四川天府磨心坡矿煤中硫的赋存规律及其可选性研究［D］．北京：中国矿业大学，1998.

［11］张凡，邓双．燃煤电厂大气汞等污染物的排放及控制［M］．北京：中国环境出版社，2004.

［12］Fang T，Liu G，Zhou C，et al. Lead in Chinese coals：Distribution，modes of occurrence，and environmental effects［J］. Environmental Geochemistry & Health，2014（36）：563-581.

［13］Yu Kang，Guijian Liu. Arsenic in Chinese coals：Distribution，modes of occurrence，and environmental effects［J］. Science of the Total Environment，2011（412）：1-13.

［14］华伟，孙和泰，祁建民，等．燃煤电厂超低排放机组重金属铅（Pb）、砷（As）排放特性［J］．热力发电，2019，48（10）：65-70.

［15］Yongchun Zhao. Emission controls of mercury and other trace elements during coal combustion in China：A review［J］. International Geology Review，2018，60（5）：638-670.

［16］Zhao S，Duan Y. Migration and emission characteristics of trace elements in a 660MW coal-fired power plant of China［J］. Energy & Fuel，2016（30）：5937-5944.

［17］Zhao S，Duan Y. Migration behavior of trace elements at a coal-fired power plant with different boiler loads［J］. Energy Fuels，2017（31）：747-754.

［18］余学海，张翼，常林，等．超低排放燃煤电站湿法脱硫和湿式电除尘器中硒（Se）含量分布及形态演变［J］．洁净煤技术，2019，25（3）：100-104.

［19］张翼，陈寅彪，张帅，等．湿法脱硫系统和湿式静电除尘器中砷（As）分布及形态分析［J］．煤炭学报，2020，45（1）：463-469.

［20］Huggins F E. Selenium and arsenic speciation in fly ash from full-scale coal-burning utility plants［J］. Environ. Sci. Technol.，2007（41）：3284-3289.

［21］王丽．超低排放机组中汞（Hg）、砷（As）和硒（Se）等重金属的迁移特性研究［D］．杭州：浙江大学，2018.

［22］Lin C，Yang J，Zhao Y，et al. Behavior and fate of As，Se，and Cd in an ultra-low emission coal-fired power plant［J］. Journal of Cleaner Production，2019（209）：722-730.

［23］易秋．燃煤机组烟气重金属污染物排放特征研究［D］．太原：太原理工大学，2016.

[24] Zhao S, Duan Y, Chen L, et al. Study on emission of hazardous trace elements in a 350 MW coal-fired power plant. Part 2. arsenic, chromium, barium, manganese, lead [J]. Environmental Pollution, 2017 (48): 404-411.

[25] Zhao S, DuanY, Li Y, et al. Emission characteristic and transformation mechanism of hazardous trace elements in a coal-fired power plant [J]. Fuel, 2018 (214): 597-606.

[26] Zhao S, DuanY, Li C, et al. Partitioning and emission of hazardous trace elements in a 100 MW coal-fired power plant equipped with selective catalytic reduction, electrostatic precipitator, and wet flue gas desulfurization [J]. Energy Fuels, 2017 (31): 12383-12389.

[27] 段伦博，华伟，孙和泰，等. 燃煤电厂超低排放机组重金属铅（Pb）、砷（As）排放特性[J]. 热力发电，2019，48（10）：66-70.

[28] 邓双，张凡，刘宇，等. 燃煤电厂铅（Pb）的迁移转化研究[J]. 中国环境科学，2013，3（7）：1199-1206.

[29] Winter R, Mallepalli R, Hellem K, et al. Determination of As, Cd, Cr, and Pb species formed in a combustion environment [J]. Combust Sci. Technol., 1994, 101 (1): 45-58.

[30] 麻银娟. 煤中挥发性微量元素 Hg、As、Pb 燃烧固化的热力学模拟与实验研究[D]. 焦作：河南理工大学，2011.

[31] Shen F, Liu J, Dong Y, et al. Insights into the effect of chlorine on arsenic release during MSW incineration: An on-line analysis and kinetic study [J]. Waste Manag, 2018 (75): 327-332.

[32] Franksan F, Dam K, Rasmussen P. Trace elements from combustion and gasification of coal-an equilibrium approach [J]. Prog Energ Combust Sci, 1994, 20 (2): 115-138.

[33] Yang Y, Hu H, Xie K, et al. Insight of arsenic transformation behavior during

high-arsenic coal combustion［J］. Proc Combust Inst，2019，37（4）：4443-4450.

［34］Ma T，Huang Y，Deng S，et al. The relationship between selenium retention and fine particles removal during coal combustion［J］. Fuel，2020（265）：116859.

［35］Huang Y，Gong Hu，Hu H，et al. Migration and emission behavior of arsenic and selenium in a circulating fluidized bed power plant burning arsenic/selenium enriched coal［J］. Chemosphere，2021（263）：127920.

［36］中国电力企业联合会. 中国电力行业年度发展报告 2020［M］. 北京：中国建材工业出版社，2020.

［37］中国电力企业联合会. 中国电力统计年鉴 2020［M］. 北京：中国统计出版社，2020.

# 附件

**附件 1**

GB 13223—2011

代替 GB 13223—2003

# 火电厂大气污染物排放标准

# Emission standard of air pollutants for thermal power plants

# 中华人民共和国环境保护部
# 公　告

2011 年　第 57 号

为贯彻《中华人民共和国环境保护法》、《中华人民共和国水污染防治法》和《中华人民共和国大气污染防治法》，防治污染，保护环境，保障人体健康，现批准《火电厂大气污染物排放标准》等两项标准为国家污染物排放标准，并由我部与国家质量监督检验检疫总局联合发布。

标准名称、编号如下：

一、火电厂大气污染物排放标准（GB 13223—2011）

二、汽车维修业水污染物排放标准（GB 26877—2011）

按有关法律规定，以上标准具有强制执行的效力。

以上标准自 2012 年 1 月 1 日起实施。

以上标准由中国环境科学出版社出版，标准内容可在环境保护部网站（bz.mep.gov.cn）查询。

自以上标准实施之日起，不再执行下列国家污染物排放标准：

火电厂大气污染物排放标准（GB 13223—2003）。

特此公告。

（此公告业经国家质量监督检验检疫总局陈钢会签）

2011 年 7 月 29 日

# 目　次

# 前　言

为贯彻《中华人民共和国环境保护法》《中华人民共和国大气污染防治法》《国务院关于落实科学发展观　加强环境保护的决定》等法律、法规，保护环境，改善环境质量，防治火电厂大气污染物排放造成的污染，促进火力发电行业的技术进步和可持续发展，制定本标准。

本标准规定了火电厂大气污染物排放浓度限值、监测和监控要求。

本标准中的污染物排放浓度均为质量浓度。

本标准首次发布于1991年，1996年第一次修订，2003年第二次修订。

本次修订的主要内容：

——调整了大气污染物排放浓度限值；

——规定了现有火电锅炉达到更加严格的排放浓度限值的时限；

——取消了全厂二氧化硫最高允许排放速率的规定；

——增设了燃气锅炉大气污染物排放浓度限值；

——增设了大气污染物特别排放限值。

火电厂排放的水污染物、恶臭污染物和环境噪声适用相应的国家污染物排放标准，产生固体废物的鉴别、处理和处置适用国家固体废物污染控制标准。

自本标准实施之日起，火电厂大气污染物排放控制按本标准的规定执行，不再执行国家污染物排放标准《火电厂大气污染物排放标准》（GB 13223—2003）中的相关规定。

地方省级人民政府对本标准未作规定的大气污染物项目，可以制定地方污染物排放标准；对本标准已作规定的大气污染物项目，可以制定严于本标准的地方污染物排放标准。

本标准由环境保护部科技标准司组织制订。

本标准起草单位：中国环境科学研究院、国电环境保护研究院。

本标准环境保护部2011年7月18日批准。

本标准自2012年1月1日起实施。

本标准由环境保护部解释。

# 火电厂大气污染物排放标准

## 1 适用范围

本标准规定了火电厂大气污染物排放浓度限值、监测和监控要求，以及标准的实施与监督等相关规定。

本标准适用于现有火电厂的大气污染物排放管理以及火电厂建设项目的环境影响评价、环境保护工程设计、竣工环境保护验收及其投产后的大气污染物排放管理。

本标准适用于使用单台出力 65 t/h 以上除层燃炉、抛煤机炉外的燃煤发电锅炉；各种容量的煤粉发电锅炉；单台出力 65 t/h 以上燃油、燃气发电锅炉；各种容量的燃气轮机组的火电厂；单台出力 65 t/h 以上采用煤矸石、生物质、油页岩、石油焦等燃料的发电锅炉，参照本标准中循环流化床火力发电锅炉的污染物排放控制要求执行。整体煤气化联合循环发电的燃气轮机组执行本标准中燃用天然气的燃气轮机组排放限值。

本标准不适用于各种容量的以生活垃圾、危险废物为燃料的火电厂。

本标准适用于法律允许的污染物排放行为。新设立污染源的选址和特殊保护区域内现有污染源的管理，按照《中华人民共和国大气污染防治法》《中华人民共和国水污染防治法》《中华人民共和国海洋环境保护法》《中华人民共和国固体废物污染环境防治法》《中华人民共和国环境影响评价法》等法律、法规和规章的相关规定执行。

## 2 规范性引用文件

本标准引用下列文件或其中的条款。凡是不注日期的引用文件，其最新版本适用于本标准。

GB/T 16157　固定污染源排气中颗粒物测定与气态污染物采样方法

HJ/T 42　固定污染源排气中氮氧化物的测定　紫外分光光度法

HJ/T 43　固定污染源排气中氮氧化物的测定　盐酸萘乙二胺分光光度法

HJ/T 56　固定污染源排气中二氧化硫的测定　碘量法

HJ/T 57　固定污染源排气中二氧化硫的测定　定电位电解法

HJ/T 75　固定污染源烟气排放连续监测技术规范（试行）

HJ/T 76　固定污染源烟气排放连续监测系统技术要求及检测方法（试行）

HJ/T 373　固定污染源监测质量保证与质量控制技术规范（试行）

HJ/T 397　固定源废气监测技术规范

HJ/T 398　固定污染源排放烟气黑度的测定　林格曼烟气黑度图法

HJ 543　固定污染源废气　汞的测定　冷原子吸收分光光度法（暂行）

HJ 629　固定污染源废气　二氧化硫的测定　非分散红外吸收法

《污染源自动监控管理办法》（国家环境保护总局令　第 28 号）

《环境监测管理办法》（国家环境保护总局令　第 39 号）

## 3 术语和定义

下列术语和定义适用于本标准。

3.1

火电厂 thermal power plant

燃烧固体、液体、气体燃料的发电厂。

3.2

标准状态 standard condition

烟气在温度为 273 K，压力为 101 325 Pa 时的状态，简称“标态”。本标准中所规定的大气污染物浓度均指标准状态下干烟气的数值。

3.3

氧含量 oxygen content

燃料燃烧时，烟气中含有的多余的自由氧，通常以干基容积百分数表示。

3.4

现有火力发电锅炉及燃气轮机组 existing plant

指本标准实施之日前，建成投产或环境影响评价文件已通过审批的火力发电锅炉及燃气轮机组。

3.5

新建火力发电锅炉及燃气轮机组 new plant

指本标准实施之日起，环境影响评价文件通过审批的新建、扩建和改建的火力发电锅炉及燃气轮机组。

3.6

W 形火焰炉膛 arch fired furnace

燃烧器置于炉膛前后墙拱顶，燃料和空气向下喷射，燃烧产物转折 180°后从前后拱中间向上排出而形成 W 形火焰的燃烧空间。

3.7

重点地区 key region

指根据环境保护工作的要求，在国土开发密度较高，环境承载能力开始减弱，或大气环境容量较小、生态环境脆弱，容易发生严重大气环境污染问题而需要严格控制大气污染物排放的地区。

3.8

大气污染物特别排放限值 special limitation for air pollutants

指为防治区域性大气污染、改善环境质量、进一步降低大气污染源的排放强度、更加严格地控制排污行为而制定并实施的大气污染物排放限值，该限值的排放控制水平达到国际先进或领先程度，适用于重点地区。

## 4 污染物排放控制要求

4.1 自 2014 年 7 月 1 日起，现有火力发电锅炉及燃气轮机组执行表 1 规定的烟尘、二氧化硫、氮氧化物和烟气黑度排放限值。

4.2 自 2012 年 1 月 1 日起，新建火力发电锅炉及燃气轮机组执行表 1 规定的烟尘、二氧化硫、氮氧化物和烟气黑度排放限值。

4.3 自 2015 年 1 月 1 日起，燃煤锅炉执行表 1 规定的汞及其化合物污染物排放限值。

**表 1　火力发电锅炉及燃气轮机组大气污染物排放浓度限值**

单位：$mg/m^3$（烟气黑度除外）

| 序号 | 燃料和热能转化设施类型 | 污染物项目 | 适用条件 | 限值 | 污染物排放监控位置 |
|---|---|---|---|---|---|
| 1 | 燃煤锅炉 | 烟尘 | 全部 | 30 | 烟囱或烟道 |
| | | 二氧化硫 | 新建锅炉 | 100<br>200 (1) | |
| | | | 现有锅炉 | 200<br>400 (1) | |
| | | 氮氧化物（以 $NO_2$ 计） | 全部 | 100<br>200 (2) | |
| | | 汞及其化合物 | 全部 | 0.03 | |
| 2 | 以油为燃料的锅炉或燃气轮机组 | 烟尘 | 全部 | 30 | |
| | | 二氧化硫 | 新建锅炉及燃气轮机组 | 100 | |
| | | | 现有锅炉及燃气轮机组 | 200 | |
| | | 氮氧化物（以 $NO_2$ 计） | 新建锅炉 | 100 | |
| | | | 现有锅炉 | 200 | |
| | | | 燃气轮机组 | 120 | |
| 3 | 以气体为燃料的锅炉或燃气轮机组 | 烟尘 | 天然气锅炉及燃气轮机组 | 5 | |
| | | | 其他气体燃料锅炉及燃气轮机组 | 10 | |
| | | 二氧化硫 | 天然气锅炉及燃气轮机组 | 35 | |
| | | | 其他气体燃料锅炉及燃气轮机组 | 100 | |
| | | 氮氧化物（以 $NO_2$ 计） | 天然气锅炉 | 100 | |
| | | | 其他气体燃料锅炉 | 200 | |
| | | | 天然气燃气轮机组 | 50 | |
| | | | 其他气体燃料燃气轮机组 | 120 | |
| 4 | 燃煤锅炉，以油、气体为燃料的锅炉或燃气轮机组 | 烟气黑度（林格曼黑度）/级 | 全部 | 1 | 烟囱排放口 |

注：（1）位于广西壮族自治区、重庆市、四川省和贵州省的火力发电锅炉执行该限值。
（2）采用 W 形火焰炉膛的火力发电锅炉，现有循环流化床火力发电锅炉，以及 2003 年 12 月 31 日前建成投产或通过建设项目环境影响报告书审批的火力发电锅炉执行该限值

4.4　重点地区的火力发电锅炉及燃气轮机组执行表 2 规定的大气污染物特别排放限值。

执行大气污染物特别排放限值的具体地域范围、实施时间，由国务院环境保护行政主管部门规定。

**表 2　大气污染物特别排放限值**

单位：$mg/m^3$（烟气黑度除外）

| 序号 | 燃料和热能转化设施类型 | 污染物项目 | 适用条件 | 限值 | 污染物排放监控位置 |
|---|---|---|---|---|---|
| 1 | 燃煤锅炉 | 烟尘 | 全部 | 20 | 烟囱或烟道 |
| | | 二氧化硫 | 全部 | 50 | |
| | | 氮氧化物（以 $NO_2$ 计） | 全部 | 100 | |
| | | 汞及其化合物 | 全部 | 0.03 | |
| 2 | 以油为燃料的锅炉或燃气轮机组 | 烟尘 | 全部 | 20 | |
| | | 二氧化硫 | 全部 | 50 | |
| | | 氮氧化物（以 $NO_2$ 计） | 燃油锅炉 | 100 | |
| | | | 燃气轮机组 | 120 | |

| 序号 | 燃料和热能转化设施类型 | 污染物项目 | 适用条件 | 限值 | 污染物排放监控位置 |
|---|---|---|---|---|---|
| 3 | 以气体为燃料的锅炉或燃气轮机组 | 烟尘 | 全部 | 5 | |
| | | 二氧化硫 | 全部 | 35 | |
| | | 氮氧化物（以 $NO_2$ 计） | 燃气锅炉 | 100 | |
| | | | 燃气轮机组 | 50 | |
| 4 | 燃煤锅炉，以油、气体为燃料的锅炉或燃气轮机组 | 烟气黑度（林格曼黑度）/级 | 全部 | 1 | 烟囱排放口 |

4.5 在现有火力发电锅炉及燃气轮机组运行、建设项目竣工环保验收及其后的运行过程中，负责监管的环境保护行政主管部门，应对周围居住、教学、医疗等用途的敏感区域环境质量进行监测。建设项目的具体监控范围为环境影响评价确定的周围敏感区域；未进行过环境影响评价的现有火力发电企业，监控范围由负责监管的环境保护行政主管部门，根据企业排污的特点和规律及当地的自然、气象条件等因素，参照相关环境影响评价技术导则确定。地方政府应对本辖区环境质量负责，采取措施确保环境状况符合环境质量标准要求。

4.6 不同时段建设的锅炉，若采用混合方式排放烟气，且选择的监控位置只能监测混合烟气中的大气污染物浓度，则应执行各时段限值中最严格的排放限值。

## 5 污染物监测要求

### 5.1 污染物采样与监测要求

5.1.1 对企业排放废气的采样，应根据监测污染物的种类，在规定的污染物排放监控位置进行，有废气处理设施的，应在该设施后监控。在污染物排放监控位置须设置规范的永久性测试孔、采样平台和排污口标志。

5.1.2 新建和现有火力发电锅炉及燃气轮机组安装污染物排放自动监控设备的要求，应按有关法律和《污染源自动监控管理办法》的规定执行。

5.1.3 污染物排放自动监控设备通过验收并正常运行的，应按照 HJ/T 75 和 HJ/T 76 的要求，定期对自动监控设备进行监督考核。

5.1.4 对企业污染物排放情况进行监测的采样方法、采样频次、采样时间和运行负荷等要求，按 GB/T 16157 和 HJ/T 397 的规定执行。

5.1.5 火电厂大气污染物监测的质量保证与质量控制，应按照 HJ/T 373 的要求进行。

5.1.6 企业应按照有关法律和《环境监测管理办法》的规定，对排污状况进行监测，并保存原始监测记录。

5.1.7 对火电厂大气污染物排放浓度的测定采用表 3 所列的方法标准。

**表 3 火电厂大气污染物浓度测定方法标准**

| 序号 | 污染物项目 | 方法标准名称 | 方法标准编号 |
|---|---|---|---|
| 1 | 烟 尘 | 固定污染源排气中颗粒物测定与气态污染物采样方法 | GB/T 16157 |
| 2 | 烟气黑度 | 固定污染源排放烟气黑度的测定 林格曼烟气黑度图法 | HJ/T 398 |
| 3 | 二氧化硫 | 固定污染源排气中二氧化硫的测定 碘量法 | HJ/T 56 |
| | | 固定污染源排气中二氧化硫的测定 定电位电解法 | HJ/T 57 |
| | | 固定污染源废气 二氧化硫的测定 非分散红外吸收法 | HJ 629 |

| 序号 | 污染物项目 | 方法标准名称 | 方法标准编号 |
|---|---|---|---|
| 4 | 氮氧化物 | 固定污染源排气中氮氧化物的测定　紫外分光光度法 | HJ/T 42 |
| | | 固定污染源排气中氮氧化物的测定　盐酸萘乙二胺分光光度法 | HJ/T 43 |
| 5 | 汞及其化合物 | 固定污染源废气　汞的测定　冷原子吸收分光光度法（暂行） | HJ 543 |

### 5.2　大气污染物基准氧含量排放浓度折算方法

实测的火电厂烟尘、二氧化硫、氮氧化物和汞及其化合物排放浓度，必须执行 GB/T 16157 的规定，按式（1）折算为基准氧含量排放浓度。各类热能转化设施的基准氧含量按表 4 的规定执行。

**表 4　基准氧含量**

| 序号 | 热能转化设施类型 | 基准氧含量（$O_2$）/% |
|---|---|---|
| 1 | 燃煤锅炉 | 6 |
| 2 | 燃油锅炉及燃气锅炉 | 3 |
| 3 | 燃气轮机组 | 15 |

$$\rho = \rho' \times \frac{21-\varphi(O_2)}{21-\varphi'(O_2)} \tag{1}$$

式中：$\rho$——大气污染物基准氧含量排放浓度，mg/m³；

$\rho'$——实测的大气污染物排放浓度，mg/m³；

$\varphi'(O_2)$——实测的氧含量，%；

$\varphi(O_2)$——基准氧含量，%。

## 6　实施与监督

6.1　本标准由县级以上人民政府环境保护行政主管部门负责监督实施。

6.2　在任何情况下，火力发电企业均应遵守本标准的大气污染物排放控制要求，采取必要措施保证污染防治设施正常运行。各级环保部门在对企业进行监督性检查时，可以现场即时采样或监测结果，作为判定排污行为是否符合排放标准以及实施相关环境保护管理措施的依据。

# 附件 2

**ENVIRONMENTAL PROTECTION AGENCY**

**40 CFR Parts 60 and 63**

**[EPA–HQ–OAR–2009–0234 and EPA–HQ–OAR–2011–0044; FRL–9942–28–OAR]**

**RIN 2060–AS41**

## National Emission Standards for Hazardous Air Pollutants From Coal- and Oil-Fired Electric Utility Steam Generating Units and Standards of Performance for Fossil-Fuel-Fired Electric Utility, Industrial-Commercial-Institutional, and Small Industrial-Commercial-Institutional Steam Generating Units; Technical Correction

**AGENCY:** Environmental Protection Agency (EPA).

**ACTION:** Final rule; technical corrections.

**SUMMARY:** This action finalizes the technical corrections that the Environmental Protection Agency (EPA) proposed on February 17, 2015, to correct and clarify certain text of the EPA's regulations regarding "National Emission Standards for Hazardous Air Pollutants from Coal- and Oil-fired Electric Utility Steam Generating Units and Standards of Performance for Fossil-Fuel-Fired Electric Utility, Industrial-Commercial-Institutional, and Small Industrial-Commercial-Institutional Steam Generating Units". We are also taking final action to remove the rule provision establishing an affirmative defense for malfunction.

**DATES:** The effective date of this rule is April 6, 2016.

**ADDRESSES:** *Docket.* The EPA has established two dockets for this action: Docket ID No. EPA–HQ–OAR–2011–0044 (new source performance standards (NSPS) action) and Docket ID No. EPA–HQ–OAR–2009–0234 (Mercury and Air Toxics Standards (MATS) action). All documents in the dockets are listed in the *http://www.regulations.gov* index. Although listed in the index, some information is not publicly available (*e.g.*, confidential business information or other information whose disclosure is restricted by statute). Certain other material, such as copyrighted material, will be publicly available only in hard copy form. Publicly available docket materials are available either electronically in *http://www.regulations.gov* or in hard copy at the EPA Docket Center, Room 3334, EPA WJC West Building, 1301 Constitution Avenue NW., Washington, DC 20004. The Public Reading Room is open from 8:30 a.m. to 4:30 p.m., Monday through Friday, excluding legal holidays. The telephone number for the Public Reading Room is (202) 566–1744, and the telephone number for the Air Docket is (202) 566–1742.

**FOR FURTHER INFORMATION CONTACT:** For questions about the MATS action: Mr. Jim Eddinger, Energy Strategies Group, Sector Policies and Programs Division (D243–01), Office of Air Quality Planning and Standards, U.S. Environmental Protection Agency, Research Triangle Park, North Carolina 27711; telephone number: (919) 541–5426; fax number (919) 541–5450; email address: *eddinger.jim@epa.gov.* For questions about the NSPS action: Mr. Christian Fellner, Energy Strategies Group, Sector Policies and Programs Division (D243–01), Office of Air Quality Planning and Standards, U.S. Environmental Protection Agency, Research Triangle Park, North Carolina 27711; telephone number: (919) 541–4003; fax number (919) 541–5450; email address: *fellner.christian@epa.gov.*

**SUPPLEMENTARY INFORMATION:**

### A. How can I get copies of this document and other related information?

This **Federal Register** document and the document titled "Summary of Public Comments and Responses: MATS and Utility NSPS Technical Corrections" (TC RTC) are available in the dockets the EPA established under Docket ID No. EPA–HQ–OAR–2009–0234 and Docket ID No. EPA–HQ–OAR–2011–0044. The TC RTC is available in both the MATS and Utility NSPS dockets by conducting a search of the title "Summary of Public Comments and Responses: MATS and Utility NSPS Technical Corrections." In addition to being available in the docket, electronic copies of these documents are available on the *www.regulations.gov* Web site. This **Federal Register** document and the TC RTC can also be found on the EPA's Technology Transfer Network (TTN) Web site at *http://www.epa.gov/ttn/atw/utility/utilitypg.html.*

### B. Judicial Review

Under CAA section 307(b)(1), judicial review of this final rule is available only by filing a petition for review in the U.S. Court of Appeals for the District of Columbia Circuit by June 6, 2016. Under CAA section 307(d)(7)(B), only an objection to this final rule that was raised with reasonable specificity during the period for public comment can be raised during judicial review. Note, under CAA section 307(b)(2), the requirements established by this final rule may not be challenged separately in any civil or criminal proceedings brought by the EPA to enforce these requirements.

### I. Background

The final Clean Air Act (CAA) rules published in the **Federal Register** on February 16, 2012 (77 FR 9303), establish national emission standards for hazardous air pollutants (NESHAP) from coal- and oil-fired electric utility steam generating units (EGUs), referred to as "MATS," and NSPS for fossil-fuel-fired electric utility, industrial-commercial-institutional, and small industrial-commercial-institutional steam generating units, referred to as the "Utility NSPS".

In the February 17, 2015, **Federal Register** (80 FR 8442), the EPA proposed to correct certain regulatory text. The proposed corrections were categorized generally as follows: (a) Resolution of conflicts between preamble and regulatory text, (b) corrections that were inadvertently not made that the EPA stated it would make in response to comments, and (c) clarification of language in regulatory text. In the proposed rule, the EPA identified each proposed technical correction to the regulatory text as found in the Code of Federal Regulations (*i.e.*, 40 CFR). Table 1 of this preamble lists the proposed revisions to the regulatory text that the EPA is finalizing. In Table 2 below, the EPA lists additional changes that the Agency determined were necessary to conform to changes the Agency included in the proposed rule.

TABLE 1—SUMMARY OF PROPOSED TECHNICAL CORRECTIONS AND CLARIFICATIONS BEING FINALIZED

| Section of subpart Da (40 CFR part 60) | Description of correction (40 CFR part 60) |
|---|---|
| 40 CFR 60.48Da(f) | Revise procedures for calculating compliance with the NSPS daily average particulate matter (PM) emission limit using PM continuous emission monitoring system (CEMS). |
| **Section of subpart UUUUU (40 CFR part 63)** | **Description of correction (40 CFR part 63)** |
| 40 CFR 63.9983(a) | Revise to clarify that MATS does not apply to either major or area source combustion turbines, except for integrated gasification combined cycle (IGCC) units. |
| 40 CFR 63.9983(b) and (c) | Revise consistent with the definitional changes in 40 CFR 63.10042. |
| 40 CFR 63.9983(e) | Add to clarify applicability to units meeting the definition of a natural gas-fired EGU in MATS, and, because they combust greater than 10 percent biomass, also meet the definition of a biomass-fired boiler in the Industrial Boiler NESHAP (subpart DDDDD). |
| 40 CFR 63.9991(c)(1) and (2) | Revise to clarify the conditions that are required in order to use the alternate sulfur dioxide ($SO_2$) limit. |
| 40 CFR 63.10000(c)(1)(i)(A) and 63.10005(h) | Revise to clarify the provisions of units designated as being low emitting EGUs (LEE) when an acid gas scrubber and a bypass stack are present. |
| 40 CFR 63.10000(c)(1)(i)(C) | Add to allow EGUs the ability to seek LEE status if their bypass stacks that are able to measure emissions and to allow EGUs with LEE status the ability to bypass emissions control devices during emergency periods. |
| 40 CFR 63.10000(c)(2)(iii) | Revise to state that EGU choosing to use quarterly testing and parametric monitoring for hydrogen fluoride (HF) or hydrogen chloride (HCl) compliance must include the continuous monitoring systems (CMS) in their site-specific monitoring plans. |
| 40 CFR 63.10000(m) | Add to clarify that EGUs choosing to meet the work practice standards contained in paragraph (2) of the definition of startup may verify, instead of certify, monitoring systems used to meet the work practice standards. |
| 40 CFR 63.10001 | Revise to remove the affirmative defense provisions. |
| 40 CFR 63.10005(a) | Revise to clarify that different compliance demonstrations may require different and additional types of data collection and to clarify the date by which compliance must be demonstrated for existing EGUs. |
| 40 CFR 63.10005(a)(2) | Revise to clarify the date by which compliance must be demonstrated for EGUs using CMS or sorbent trap monitoring systems. |
| 40 CFR 63.10005(a)(2)(i) | Revise to clarify applicability of the provision to both the 30- and 90-boiler operating day performance testing requirements. |
| 40 CFR 63.10005(b)(6) | Add to clarify the date EGUs must begin conducting required stack tests when stack test data collected prior to the applicable compliance date are submitted to satisfy initial performance test. |
| 40 CFR 63.10005(d)(3) and (d)(4)(i) | Revise to more clearly state when compliance must be demonstrated. |
| 40 CFR 63.10005(f) | Revise to clarify when sources must complete the initial tune-up after the compliance date, and the timing for subsequent tune-ups when the initial tune-up is conducted prior to the compliance date. |
| 40 CFR 63.10005(h)(3) | Revise to clarify that the alternate 30- and 90-day averaging provisions are both applicable to mercury (Hg) emission limits. |
| 40 CFR 63.10005(i)(4) | Revise to delete paragraphs (iii) and (iv). The identified test methods are not for determining fuel moisture content, as required in the provision. |
| 40 CFR 63.10006(f) | Revise to specify EGU operational status with respect to performance testing; the requirements if the performance testing schedule is missed; and intervals between performance tests. |
| 40 CFR 63.10009(a)(2) and (a)(2)(i) | Revise to clarify that the 90-boiler operating day averaging period is an option for Hg emissions from non-low rank virgin coal-fired EGUs. |
| 40 CFR 63.10009(b)(1) | Revise to clarify group eligibility equations 1a and 1b. |
| 40 CFR 63.10009(b)(2), (b)(3), (f)(2), (g)(1), (g)(2), and (j)(1)(ii). | Revise to correct the term "gross electric output" to "gross output" which is the term defined in 40 CFR 63.10042. |
| 40 CFR 63.10009(f) | Revise to clarify the conditions for determining the ability of the emissions averaging group to meet the emissions limit and to clarify use of the alternate Hg emission limit. |
| 40 CFR 63.10010(a)(4) | Revise to add requirement to route exhaust gases that bypass emissions control devices through stacks that contain monitoring so that emissions can be measured and to clarify that hours that a bypass stack is in use are to be counted as hours of deviation from monitoring requirements. |
| 40 CFR 63.10010(f)(3) | Revise to clarify that 30-boiler operating day rolling averages are based only on valid hourly $SO_2$ emission rates. |
| 40 CFR 63.10010(h)(6)(i) and (ii), (i)(5)(i)(A) and (B), and (j)(4)(i)(A) and (B). | Revise to clarify that data collected during certain periods are not to be included in compliance assessments but such periods are to be included in annual deviation reports. |
| 40 CFR 63.10010(j)(l)(i) | Revise to replace the incorrect reference to § 63.7(e) with the correct reference to § 63.8(d)(2). |
| 40 CFR 63.10010(l) and (l)(4) | Revise to clarify that EGU owners or operators who choose to meet the work practice standards contained in paragraph (2) of the definition of startup may verify, instead of certify, monitoring systems used. |
| 40 CFR 63.10011(b) | Revise to remove the incorrect reference to Table 4 and to replace the incorrect reference to Table 7 with the correct reference to Table 6. |

TABLE 1—SUMMARY OF PROPOSED TECHNICAL CORRECTIONS AND CLARIFICATIONS BEING FINALIZED—Continued

| Section of subpart UUUUU (40 CFR part 63) | Description of correction (40 CFR part 63) |
| --- | --- |
| 40 CFR 63.10011(c)(1) and (2) | Revise to clarify the date by which compliance must be demonstrated by EGUs that use CEMS or sorbent trap monitoring systems and to clarify in 40 CFR 63.10011(c)(1) that the alternate Hg emission limit may be used. |
| 40 CFR 63.10011(e) | Revise to replace "according to" with "in accordance with". |
| 40 CFR 63.10011(g)(4)(v)(A) and Table 3 | Revise to clarify our intent by changing "to the maximum extent possible" to "to the maximum extent possible, taking into account boiler or control device integrity". |
| 40 CFR 63.10020(e) | Revise to clarify that it applies only to EGU owners or operators who choose to meet the work practice standards contained in paragraph (2) of the definition of startup. In addition, the undefined term "electrical load" has been replaced with the defined term "gross output" and the incorrect terms "liquid to fuel ratio" and "the differential pressure of the liquid" have been replaced with the correct terms "liquid to flue gas ratio" and "the pressure drop across the scrubber". |
| 40 CFR 63.10021(d)(3) | Revise to clarify the type of monitoring that is to be used to demonstrate compliance. |
| 40 CFR 63.10021(e) | Revise to clarify the condition that allows delay of burner inspections for initial tune-ups. |
| 40 CFR 63.10021(e)(9) | Revise to clarify the dates that tune-ups must be reported. |
| 40 CFR 63.10023(b) and Table 6 | Revise to clarify that all EGUs using PM continuous parametric monitoring systems (CPMS) for compliance purposes are to follow the same procedure for determining the operating limit. |
| 40 CFR 63.10030(e)(1) | Revise to replace the phrase "identification of which subcategory the source is in" with "identification of the subcategory of the source". |
| 40 CFR 63.10030(e)(7)(i) | Revise to delete and reserve since subsequent performance tests are not part of the Notification of Compliance Status. |
| 40 CFR 63.10030(e)(7)(iii) | Add to establish the procedures by which an EGU owner or operator may switch between mass per heat input and mass per gross output emission limits. |
| 40 CFR 63.10030(e)(8)(i) | Revise to clarify that it applies only to EGU owners or operators who choose to meet the work practice standards contained in paragraph (2) of the definition of startup.<br>Revise to clarify that PM control device efficiencies and PM emission rates are those of periods other than startup and shutdown periods. |
| 40 CFR 63.10030(e)(8)(ii) | Revise to remove the requirement for use of an independent professional engineer. |
| 40 CFR 63.10030(f) | Revise to add notification requirements for EGUs that move in and out of MATS applicability. |
| 40 CFR 63.10031(c)(4) | Revise to clarify the reporting requirements for EGU tune-ups. |
| 40 CFR 63.10031(c)(5) | Revise to clarify that it applies only to EGU owners or operators who choose to meet the work practice standards contained in paragraph (2) of the definition of startup. |
| 40 CFR 63.10031(c)(6) | Revise to add emergency bypass reporting for EGUs with LEE status. |
| 40 CFR 63.10032(f) | Revise to clarify that the requirements of §63.10032(f)(1) apply only to those EGU owners or operators who choose to meet the work practice standards contained in paragraph (1) of the definition of startup, while the requirements of §63.10032(f)(2) apply only to those EGU owners or operators who choose to meet the work practice standards contained in paragraph (2) of the definition of startup. |
| 40 CFR 63.10042 | The definitions of "Coal-fired electric utility steam generating unit", "Coal refuse", "Fossil fuel-fired", "Integrated gasification combined cycle electric utility steam generating unit or IGCC", "Limited-use liquid oil-fired subcategory", "Natural gas-fired electric utility steam generating unit," and "Oil-fired electric utility steam generating unit" are revised to clarify the period of time to be included in determining the source's applicability to the MATS.<br>A definition of "neural network" is added because the term is used in 40 CFR 63.10005(f), 63.10006(i), and 63.10021(e) and Table 3 to subpart UUUUU of Part 63 but is not defined. |
| Table 1 to subpart UUUUU of part 63 | Revise to correct the term "gross electric output" to "gross output" which is the term defined in 40 CFR 63.10042. |
| Table 2 to subpart UUUUU of part 63 | Revise to correct the term "gross electric output" to "gross output" which is the term defined in 40 CFR 63.10042. Provision 1(c) (the Hg limit for EGUs in the subcategory "unit designed for coal ≥8,300 Btu/lb") is also revised to clarify the applicability of the alternate 90-boiler operating day compliance option. |
| Table 3 to subpart UUUUU of part 63 | Revise as described earlier to clarify the term "maximum extent possible". |
| Table 4 to subpart UUUUU of part 63 | Revise to clarify that existing as well as new EGUs using PM CPMS share the same procedures for developing operating limits. |
| Table 5 to subpart UUUUU of part 63 | Revise to clarify that when using Method 29, the metals matrix spike and recovery levels are to be reported. |
| Table 6 to subpart UUUUU of part 63 | Revise to clarify that existing, as well as new, EGUs using PM CPMS share the same procedures for developing operating limits. |
| Table 8 to subpart UUUUU of part 63 | Revise to clarify that compliance reports are to include information required by 40 CFR 63.10031(c)(5) and (6). |
| Table 9 to subpart UUUUU of part 63 | Revise to correct an inadvertent omission of 30-day notification requirements of 40 CFR 63.9. |
| Paragraphs 4.1.1.3 and 5.1.2.3 and Tables A–1 and A–2 to appendix A. | Revise to adjust Hg CEMS language regarding converters. |
| Paragraph 7.1.2.5 to appendix A | Add to require that owners or operators flag EGUs that are part of emission averaging groups. |
| Paragraph 3.2.1.2.1 of appendix A | Revise to specifically indicate that Hg gas generators and cylinders are allowed. |
| Paragraphs 4.1.1.1, Table A–1, Table A–2, 5.1.2.1, and 4.1.1.3 of appendix A. | Revise to exclude use of oxidized Hg gas standards for daily calibration of Hg CEMS. |
| Paragraph 5.1.2.3 of appendix A | Revise to make the weekly single level system integrity check mandatory. |

TABLE 1—SUMMARY OF PROPOSED TECHNICAL CORRECTIONS AND CLARIFICATIONS BEING FINALIZED—Continued

| Section of subpart UUUUU (40 CFR part 63) | Description of correction (40 CFR part 63) |
|---|---|
| Paragraphs 4.1.1.5.2, Table A–1, Table A–2, and 4.1.1.5 of appendix A. | Revise to provide an alternative relative accuracy test audit (RATA) procedure for EGUs with low emissions. |
| Paragraph 5.2.1 of appendix A | Revise to correct the number of days for sorbent trap use from 14 to 15. |
| Paragraph 6.2.2.3 of appendix A | Revise to clarify that the 90-day alternative Hg standard may be used and that electrical output is gross output. |
| Paragraph 7.1.2.6 of appendix A | Add to clarify that EGU owners or operators are to keep records of their EGUs that constitute emissions averaging groups. |
| Paragraphs 2.1, 2.3, 2.3.1, 2.3.2, 3.1, 3.2, 3.3, 5, 5.1, 5.2, and 5.3 of appendix B. | Revise to clarify that use of Performance Specification (PS) 18, when promulgated, will be allowed. |
| Paragraph 5.4 of appendix B | Add as part of the renumbering due to the addition of PS 18. |
| Paragraph 8 of appendix B | Revise to accommodate use of PS 18. |
| Paragraphs 10.1.8, 10.1.8.1, 10.1.8.1.1, and 10.1.8.1.2 of appendix B. | Revise as part of the renumbering due to the addition of PS 18. |
| Paragraph 10.1.8.1.3 of appendix B | Revise to clarify that records of relative accuracy audits (RAAs) are also required. |
| Paragraphs 10.1.8.2, 10.1.8.1.2.1, and 10.1.8.1.2.2 of appendix B. | Revise to clarify the quarterly gas audit recordkeeping requirements for PS 15 and the quarterly data accuracy assessments for PS 18 (which are reserved). |
| Paragraph 11.4 of appendix B | Revise to replace the incorrect abbreviation *"i.e."* with *"e.g."*. |
| Paragraph 11.4.2 of appendix B | Revise to specify the requirements of the daily beam intensity checks for EGUs using PS 18. |
| Paragraph 11.4.3 of Appendix B | Revise to reflect the reporting requirements for PS 15. |
| Paragraph 11.4.4 of appendix B | Revise to reserve the reporting requirements for quarterly parameter verification checks for PS 18. |
| Paragraphs 11.4.4.1, 11.4.5, 11.4.5.1, 11.4.6, 11.4.6.1 of appendix B. | Add to reserve the reporting requirements for quarterly gas audit information and for quarterly dynamic spiking for PS 18. |
| Paragraph 11.4.7 of appendix B | Add to include reporting requirements for RAAs. |
| Paragraphs 11.4.7.1 through 11.4.7.13 of appendix B. | Add as part of the renumbering due to the addition of PS 18. |
| Paragraph 11.5.3.4 of appendix B | Revise to include reporting requirements for beam intensity checks for PS 18. |

Most of the corrections and clarifications remain the same as presented in the proposed correction document and those changes are being finalized without further discussion. However, the EPA has made some changes in this final rule after consideration of the public comments received on the proposed correction document. The changes are to clarify applicability and implementation issues associated with proposed changes, and the significant changes are discussed below in this preamble. A summary of the comments received and our responses thereto is contained in the document "Summary of Public Comments and Responses: MATS and Utility NSPS Technical Corrections" located in the dockets for these rulemakings.

## II. Significant Changes Since Proposal

This section of the preamble summarizes the significant changes made to the proposed corrections and clarifications.

1. Section 63.9984(f) is revised to add "or the EGU's otherwise applicable compliance date established by the EPA or the state." A commenter stated that the EPA's proposed revision, which was adding "the date that compliance must be demonstrated, as given" in § 63.9984, to the initial compliance requirements in § 63.10005(a) for existing EGUs, does not effectively clarify the date that compliance must be demonstrated due to its reference to § 63.9984 and paragraph (f) of § 63.9984 because § 63.9984(b) specifies a compliance date of April 16, 2015 for existing EGUs. Also, § 63.9984(f), which states the dates by which compliance must be demonstrated, refers to § 63.9984(b). Therefore, we revised § 63.9984(f) because specifying a date for existing EGUs to demonstrate compliance is confusing for existing sources that have been granted a compliance extension.

2. Section 63.10000(n) is added to address comments that noted the proposed technical corrections did not address the permanent conversion to natural gas or biomass consistent with the proposals outlined in the February 17, 2015 preamble. In the preamble (see 80 FR 8447), we stated "The EPA is also proposing that sources that permanently convert to natural gas or biomass after the compliance date are no longer subject to MATS, notwithstanding the coal or oil usage the previous 3 calendar years." However, we inadvertently did not include the necessary language to address permanent conversions in the proposed regulatory text. For that reason, we are revising paragraph (n) to incorporate the proposed change as outlined in the preamble to the proposed rule.

3. The proposal to revise § 63.10005(b)(1) to change the time period allowed for existing EGUs to use stack test data collected prior to the applicable compliance date has been withdrawn. Several commenters did not support the proposed revision to change the window in which initial compliance can be demonstrated, and said that EGUs should be allowed to demonstrate initial compliance using stack tests conducted on or after April 16, 2014. Commenters said the EPA's proposed change is unfair, renders investments in stack testing useless, and requires companies to perform new, unnecessary initial compliance testing. For these reasons, and because the Agency believes earlier stack tests may be representative under certain circumstances, the EPA is not making the proposed change.

4. Section 63.10006(f) is revised to: (1) Correct the minimum time between annual performance tests (from 370 to 320 calendar days); (2) clarify the minimum time between annual sorbent trap mercury testing for 30-boiler operating day low emitting EGU (LEE) retests (also 320 calendar days); and (3) provide the minimum time between annual sorbent trap mercury testing for 90-boiler operating day LEE retests (230 calendar days). Commenters correctly stated that the 370-day interval for annual tests was a typographical error, as they would expect the interval to be 365 days or less. Commenters expressed concerns that, while the proposed revised § 63.10006(f) specified the time

periods between annual performance tests, it did not specify the time periods between annual sorbent trap mercury testing for either the 30-boiler operating day averaging periods or the 90-boiler operating day averaging periods. The three revisions, listed above, being made to § 63.10006(f) address the commenters' concerns. In addition, § 63.10010(i)(2)(i) and (ii) is revised to clarify the time periods between quarterly, annual, and three year testing for particulate matter continuous emissions monitoring system (PM CEMS) audits.

5. Section 63.10009(b)(1) is revised to clarify group eligibility equations 1a and 1b. The purpose of the group eligibility equations is to provide EGU owners or operators a quick method for demonstrating initial compliance with the emission limits for all units participating in the emission averaging group using the maximum rated heat input or gross output of each unit and the results of the initial compliance demonstrations. Commenters stated that the EPA proposed to drop the double summation in the denominator, which is a correct step. However, the commenters indicated they do not understand what the Agency was thinking with respect to adding the "$q_j$" term in both the numerator and denominator and that the EPA defined "$q_j$" to be the hours in the averaging period (720 for 30-day averages and 2,160 for 90-day averages) because the term's presence in both the numerator and denominator cancels out and has no effect. Commenters also stated that they do not agree that the newly proposed group averaging eligibility Equation 1a is more useful than the original equation. Commenters said both the original equation and the newly proposed equation are flawed and, thus, produce incorrect results. Commenters said corrections need to be made to either equation that the EPA wants to use. Commenters said the stack testing components of the equation for each unit that is tested need to be weighted the same as units that use continuous monitoring in order for any equation to produce correct calculations. Commenters said the original equation works for the continuous monitoring components, but is flawed because it does not properly weight the stack testing components, and the newly proposed equation is flawed on both fronts. Based on the commenters' concerns, the equations have been revised so that individual EGU characteristics, whether from continuous emission monitoring systems (CEMS) or stack testing results, are easier to input. We agree that the added "$q_j$" term and "$r_k$" term have no effect, and they have been deleted. We are also deleting the "n" term since Equations 1a and 1b are to demonstrate initial compliance based on using the initial compliance results and not continuous compliance that is based on an averaging period. We have revised some of the terms' descriptions to clarify that the emission rates used are those determined during the initial compliance demonstration.

6. Section 63.10009(e), (g), and (j)(2) are revised to require compliance with the weighted average emissions rate at all times following the date that emissions averaging begins. A commenter argued that the EPA must also revise these sections to remove the specifically identified dates (*e.g.*, April 16, 2015 and February 16, 2015). We agree that the dates within § 63.10009(e), (g), and (j)(2) should be removed, and the dates have been replaced with "the date that you begin emission averaging."

7. Section 63.10010(h)(6)(i), (i)(5)(i)(A), and (j)(4)(i)(A) and (B) are revised to clarify when monitoring system quality assurance or quality control activities are to be reported. Commenters said § 63.10010(h)(6)(i), (i)(5)(i)(A), and (j)(4)(i)(A) and (B) specify what data from particulate matter (PM) continuous parameter monitoring system (CPMS), PM CEMS, and hazardous air pollutants (HAP) metal CEMS must be excluded from compliance determinations and that the EPA proposed to separate the language regarding deviation reporting that currently appears at the end of these provisions into a separate sentence to "ease readability." The commenter disagreed that the proposed revision improves readability and said that, to the contrary, by separating out the sentence, the EPA implies that the periods when data are not collected because of monitoring system malfunctions, repairs, required quality assurance or quality control, as well as periods when a monitoring system is out of control, are deviations from monitoring requirements, which they are not. The commenter is incorrectly interpreting the proposed change. Periods when data are not collected because of monitoring system malfunctions are deviations. The required quality assurance or quality control activities that are deviations from monitoring requirements are, as stated in § 63.10010(h)(6)(i), (i)(5)(i)(A), and (j)(4)(i)(A) and (B), those conducted during monitoring systems malfunctions.

8. Section 63.10011(g)(4)(v)(A) is revised to change the proposed language "to the maximum extent practicable" back to the language "to the maximum extent possible" as in the final rule. Commenters said the requirement to use clean fuels "to the maximum extent practicable" does not even address the level of toxic emissions during startup, let alone reduce them to the maximum extent achievable as is required under CAA section 112(d)(2). Commenters said, perhaps most importantly, that the EPA's proposed change impermissibly assumes that existing older boilers and control devices are not capable of being upgraded—despite Congress' mandate in CAA section 112(d)(2)–(3) that emissions standards and work practices reflect what is achievable and actually being achieved by the best-performing sources. Commenters said further, under CAA section 112(d), it is the Administrator's duty to establish standards to achieve the required emissions reductions—not the duty of owners and operators. Commenters said the EPA's purported work practices impermissibly allow operators themselves to determine the standards and their own emission reductions achieved (or not) by the requirements. Commenters said the EPA's proposed change leaves it up to each operator to determine the amount of clean fuel use that represents the "maximum extent practicable," and leaves it up to each operator to determine what qualifies as a "consideration such as boiler or control device integrity." Commenters said that even though the requirement for clean fuels states that EGUs must have sufficient clean fuel capacity to engage and operate PM control devices within 1 hour of adding the primary fuel (and even though a separate work practice requires PM controls to be engaged and operated within 1 hour), these requirements do not establish whether and to what point EGUs must actually use clean fuels in startups. These comments primarily concern issues that the EPA did not reopen in the proposed document. Because those issues were not reopened, the EPA did not respond to these comments. We did propose to change § 63.10011(g)(4)(v)(A) as the commenter states. We continue to believe that the use of clean fuels during startup must be maximized to reduce HAP emissions and have reconsidered the proposed change of "possible" to "practicable." We believe "possible" is a more enforceable standard. The final change to § 63.10011(g)(4)(v)(A) is: "to the maximum extent possible, taking into account considerations such as boiler or control device integrity,

throughout the startup period." This language is also included in section 4 of Table 3, to clarify that this provision applies during periods of shutdown.

The EPA is not finalizing the proposed change because we have determined that requiring clean fuel use to the maximum extent "possible" is more enforceable than the proposed change to "practicable", and the Agency believes it is critical that the work practice be enforceable to ensure that sources use as much clean fuel with its inherently low HAP content as possible when a source's controls are not yet fully engaged. At the same time, we believe operators must be able to consider the integrity of the EGU system when determining the clean fuel use that is "possible" for a given unit. We believe the final rule addresses both considerations.

9. Section 63.10030(e)(8)(iii) is added to allow EGU owners or operators the ability to switch between paragraphs 1 and 2 of the startup definition. Commenters requested that switching between paragraphs of the definition of startup not be prohibited. We have no objection to such switching provided certain criteria are met. Just as we had not considered that EGU owners or operators would want to switch between mass per year heat input emission limits and mass per gross output emission limits, but proposed to allow such changes provided certain criteria are met, we did not consider that an owner or operator would want to switch between the startup definitions for the EGU. Given the commenter's specific request and the EPA's conditional approval based on the already existing model given in § 63.10030(e)(7)(iii)(A), § 63.10030(e)(8)(iii) is added to the rule. This new section allows EGU owners or operators the ability to switch between paragraphs 1 and 2 of the startup definition provided, among other things, that the EGUs involved in the switch are identified, that a request is submitted 30 days prior to the anticipated switch, that the request contains certification that all previous plans, such as monitoring and emissions averaging, are revised, that records are maintained, and that the new definition is not used until the next reporting period after receipt of written acknowledgement from the Administrator or the delegated authority of the switch.

10. Section 63.10031(c)(4) is revised to clarify that the "date" of the tune-up is the date the tune-up provisions specified in § 63.10021(e)(6) and (7) are completed. Commenters noted that there will not necessarily be a single date associated with completion of an EGU's tune-ups conducted under § 63.10021(e) and suggested that, related to the possibility of a delayed burner inspection, the Agency make it clear that compliance with all requirements besides the burner inspection must occur by the compliance demonstration date, but that the burner inspection may be delayed, and to revise the provision to recognize that as a result, performance of subsequent inspections and tune-ups may be on a separate 36-month track and some EGUs may have "dates" rather than a "date" for completion of requirements. Regardless of when the burner inspection is conducted, the tune-up is considered to have been conducted on the date the combustion optimization is completed. The purpose of the tune-up is the optimization of the combustion to minimize organic HAP, carbon monoxide, and nitrogen oxides ($NO_x$) and to improve or return the unit to its design combustion efficiency [*i.e.*, § 63.10021(e)(6) and (7)]. We realize that EGUs may need to be taken off-line to conduct an inspection of burners. So, we allow that inspection to be delayed, or as § 63.10021(e) is revised, to be performed prior to the tune-up. Therefore, subsequent tune-ups must be performed within 36 months from when the previous tune-up (*i.e.*, the requirements of § 63.10021(e)(6) and (7)) was completed, and the source must conduct the next burner inspection on a similar schedule.

11. Section 63.10031(c)(7) is added to include the reporting requirements that have been removed from § 63.10030(e)(7)(i). A commenter said that there is no reason to submit Notification of Compliance Status (NOCS) for ongoing 3-year tests that are performed to demonstrate that LEE status is maintained, so the proposed language in § 63.10030(e)(7)(i) should be revised. We agree that not only the ongoing 3-year LEE retests, but also the annual and quarterly LEE retests and annual retests that are performed to establish operating limits, should not be submitted as NOCS. According to the introductory text of § 63.10030(e), the NOCS is required only for reporting initial compliance. Therefore, § 63.10030(e)(7)(i) has been removed and reserved, and the reporting requirements in § 63.10030(e)(7)(i) have been moved to a new place, *i.e.*, § 63.10031(c)(7), and are part of the compliance report requirements. Likewise, the compliance certification and deviation information requirements in § 63.10030(e)(5) and (e)(6) apply for compliance reports and are replicated in new § 63.10031(c)(8) and (9), and each of these paragraphs is included in the introductory text in § 63.10030(c) and in Table 8.

12. The definitions of "Coal-fired electric utility steam generating unit," "Fossil fuel-fired," "Limited-use liquid oil-fired subcategory," and "Oil-fired electric utility steam generating unit" in § 63.10042 are further revised to clarify the period of time to be included in determining the source's applicability to the MATS.

One commenter indicated that the proposed rule does not address permanent conversion to natural gas or biomass, nor does it make clear that, after the first 3 years of compliance, EGUs are required to evaluate applicability based on coal or oil usage from the 3 previous calendars years on an annual rolling basis. The commenter said that the EPA's clarifying proposals are not clearly outlined in the proposed revised definitions. The commenter urged the EPA to revise the definition in a manner consistent with the proposals outlined in the preamble. Several commenters indicated the proposed changes do not prevent an EGU from continuing to be subject to MATS for several years after a fuel switch.

We agree that the proposed clarification to the definitions does not make it clear that, after the first 3 years of compliance, an EGU is required to evaluate applicability based on coal or oil usage from the 3 previous calendar years on an annual rolling basis. Thus, we have revised the definitions for "Coal-fired electric utility steam generating unit," "Oil-fired electric utility steam generating unit," and "Fossil fuel-fired" to clarify that applicability after the first 3 years of compliance will be based on coal or oil usage from the 3 previous calendar years on an annual rolling basis.

Concerning the permanent fuels switch, the EPA explained above that it has addressed permanent conversions in § 63.10000(n) of the final rule, as discussed in paragraph 2 above.

13. Appendix A is finalized with all proposed revisions with the exception of adding an alternative specification for the relative accuracy test audit (RATA) where commenters provided data to support a different approach using an absolute value criterion. However, due to the current lack of available NIST-traceable elemental Hg gas cylinders, owners or operators of EGUs that have purchased/installed Hg CEMS that lack integrated elemental Hg gas generators may continue to use NIST-traceable oxidized gases for calibration error tests and daily checks until such time that NIST-traceable compressed elemental Hg gas standards are available and traceable with a combined uncertainty

(K=2) of 5 percent. Once those standards are available, we will issue a notice of availability in the **Federal Register**. Should NIST-traceable oxidized mercury reference gases with a combined uncertainty of 5% ultimately be available, we will consider allowing their use for calibration error tests and checks.

14. Appendix B is finalized with all proposed revisions except those related to sections 10 and 11 regarding recordkeeping and reporting for hydrogen chloride (HCl) CEMS subject to PS 18. Sections 10 and 11 will be addressed in the upcoming MATS Completion of Electronic Reporting Requirements rule. One change has been made that was not proposed. A minor technical correction has been made to section 9.4, requiring the HCl emission rates to be reported to 2 significant figures in scientific notation, which is consistent with the way that the emission standards are presented in Tables 1 and 2.

## III. Other Corrections and Clarifications

In finalizing the rule, the EPA is addressing several other technical corrections and clarifications in the regulatory language based on public comments that were received on the February 2015 proposal that the Agency determined were necessary to conform to changes included in the proposed rule, as outlined in Table 2 of this preamble.

TABLE 2—SUMMARY OF TECHNICAL CORRECTIONS AND CLARIFICATIONS SINCE FEBRUARY 17, 2015, PROPOSAL

| Section of subpart UUUUU (40 CFR part 63) | Description of correction (40 CFR part 63) |
|---|---|
| 40 CFR 63.10000(a) | Revise this paragraph by adding "items 3 and 4" to clarify which items in Table 3 must be met. |
| 40 CFR 63.10000(f) | Revise this paragraph to add "Except as provided under paragraph (n) of this section" due to the addition of paragraph (n) clarifying the applicability of a permanent conversion to natural gas or biomass. |
| 40 CFR 63.10000(g) | Revise this paragraph to add "Except as provided under paragraph (n) of this section" due to the addition of paragraph (n) clarifying the applicability of a permanent conversion to natural gas or biomass. |
| 40 CFR 63.10000(i)(1) | Revise this paragraph to clarify that an EGU, no longer subject to MATS, must be in compliance with applicable CAA section 112 or 129 standards consistent with paragraphs (g) and (n). |
| 40 CFR 63.10005(a) | Revise this paragraph to replace the terms "electrical" and "electrical load" with the terms "gross" and "gross output," respectively, to be consistent with the proposed changes to other sections. |
| 40 CFR 63.10005(a)(2)(ii) | Revise this paragraph to replace the terms "electrical" and "electrical load" with the terms "gross" and "gross output," respectively, to be consistent with the proposed changes to other sections. |
| 40 CFR 63.10005(b)(4) | Revise this paragraph to replace the term "electrical load" with the term "gross output" to be consistent with the proposed changes to other sections. |
| 40 CFR 63.10005(f) | Revise to be consistent with EPA's intent, as explained in the preamble to the proposed rule, to only clarify the timing of initial and subsequent tune-ups.<br>Revise since specifying the date is problematic for sources that have been granted a compliance extension. |
| 40 CFR 63.10005(h)(3)(i)(D) | Revise this paragraph to replace the term "electrical load" with the term "gross output" to be consistent with the proposed changes to other sections. |
| 40 CFR 63.10005(h)(3)(iii) | Revise this paragraph to replace the term "electrical load" with the term "gross output" to be consistent with the proposed changes to other sections. |
| 40 CFR 63.10007(f)(2) | Revise this paragraph to replace the term "electrical load" with the term "gross output" to be consistent with the proposed changes to other sections. |
| 40 CFR 63.10009(e) and (j)(2) | Revise since specifying the date is problematic for sources that have been granted a compliance extension. |
| 40 CFR 63.10010(f)(4) | Revise this paragraph to replace the term "electrical load" with the term "gross output" to be consistent with the proposed changes to other sections. |
| 40 CFR 63.10021(h)(1) | Revise this paragraph to replace the term "electrical load" with the term "gross output" to be consistent with the proposed changes to other sections. |
| Table 5 | Revise this table to replace the term "electrical" with the term "gross" to be consistent with the proposed changes to other sections. |
| Paragraph 7.1.8.5 of appendix A | Revise this paragraph to replace the term "electrical load" with the term "gross output" to be consistent with the proposed changes to other sections. |

## IV. Affirmative Defense for Violation of Emission Standards During Malfunction

The EPA received numerous comments on the affirmative defense to civil penalties for violations caused by malfunctions that the EPA proposed to remove in the current rule. Several commenters supported the removal of the affirmative defense for malfunctions. Other commenters opposed the removal of the affirmative defense provision.

As stated in the February 17, 2015, proposal, the United States Court of Appeals for the District of Columbia Circuit vacated an affirmative defense in one of the EPA's CAA section 112(d) regulations. *NRDC* v. *EPA*, No. 10–1371 (D.C. Cir. April 18, 2014) 2014 U.S. App. LEXIS 7281 (vacating affirmative defense provisions in CAA section 112(d) rule establishing emission standards for Portland cement kilns). The court found that the EPA lacked authority to establish an affirmative defense for private civil suits and held that under the CAA, the authority to determine civil penalty amounts in such cases lies exclusively with the courts, not the EPA. Specifically, the court found: "As the language of the statute makes clear, the courts determine, on a case-by-case basis, whether civil penalties are 'appropriate.' " See *NRDC*, 2014 U.S. App. LEXIS 7281 at *21 ("[U]nder this statute, deciding whether penalties are 'appropriate' in a given private civil suit is a job for the courts, not EPA."). The EPA is finalizing the proposed removal of the regulatory affirmative defense provision from MATS. In the event that a source fails to comply with an applicable CAA section 112(d) standard as a result of a malfunction event, the EPA's ability to exercise its case-by-case-enforcement discretion to determine an appropriate response provides sufficient flexibility in such circumstances as was explained in the preamble to the proposed rule. Further, as the D.C. Circuit recognized, in an EPA or citizen enforcement action, the court has the discretion to consider any defense raised and determine whether penalties are appropriate. Cf. NRDC, 2014 U.S. App. LEXIS 7281 at *24 (arguments that violation were caused by unavoidable technology failure can be made to the courts in future civil cases when the issue arises). The same is true for the presiding officer in EPA administrative enforcement actions. For all these reasons, this final rule removes the affirmative defense provisions.

**V. Impacts of This Final Rule**

This action finalizes certain provisions and makes technical and clarifying corrections, but does not promulgate substantive changes to the February 2012 final MATS (77 FR 9304). Therefore, there are no environmental, energy, or economic impacts associated with this final action. The impacts associated with MATS are discussed in detail in the February 16, 2012, final MATS rule.

**VI. Statutory and Executive Order Reviews**

Additional information about these statutes and Executive Orders can be found at *http://www2.epa.gov/laws-regulations/laws-and-executive-orders.*

*A. Executive Order 12866: Regulatory Planning and Review and Executive Order 13563: Improving Regulation and Regulatory Review*

This action is not a significant regulatory action and was, therefore, not submitted to the Office of Management and Budget (OMB) for review.

*B. Paperwork Reduction Act (PRA)*

This action does not impose any new information collection burden under the PRA. OMB has previously approved the information collection activities contained in the existing regulations (40 CFR part 63, subpart UUUUU) and has assigned OMB control number 2060–0567. This action is believed to result in no changes to the ICR of the February 2012 final MATS rule, so that the information collection estimate of project cost and hour burden from the final MATS have not been revised.

*C. Regulatory Flexibility Act (RFA)*

I certify that this action will not have a significant economic impact on a substantial number of small entities under the RFA. This action will not impose any requirements on small entities. This action finalizes changes to MATS to correct and clarify implementation issues raised by stakeholders.

*D. Unfunded Mandates Reform Act (UMRA)*

This action does not contain an unfunded mandate as described in UMRA, 2 U.S.C. 1531–1538, and does not significantly or uniquely affect small governments. This rule promulgates amendments to the February 2012 final MATS, but the amendments are clarifications to existing rule language to aid in implementation. Therefore, the action imposes no enforceable duty on any state, local, or tribal governments or the private sector.

*E. Executive Order 13132: Federalism*

This action does not have federalism implications. It will not have substantial direct effects on the states, on the relationship between the national government and the states, or on the distribution of power and responsibilities among the various levels of government.

*F. Executive Order 13175: Consultation and Coordination With Indian Tribal Governments*

This action does not have tribal implications, as specified in Executive Order 13175. It will not have substantial direct effects on tribal governments, on the relationship between the federal government and Indian tribes, or on the distribution of power and responsibilities between the federal government and Indian tribes, as specified in Executive Order 13175. This action clarifies certain components of the February 2012 final MATS. Thus, Executive Order 13175 does not apply to this action.

*G. Executive Order 13045: Protection of Children From Environmental Health Risks and Safety Risks*

The EPA interprets Executive Order 13045 as applying only to those regulatory actions that concern environmental health or safety risks that the EPA has reason to believe may disproportionately affect children, per the definition of "covered regulatory action" in section 2–202 of the Executive Order. This action is not subject to Executive Order 13045 because it does not concern an environmental health risk or safety risk.

*H. Executive Order 13211: Actions Concerning Regulations That Significantly Affect Energy Supply, Distribution or Use*

This action is not subject to Executive Order 13211 because it is not a significant regulatory action under Executive Order 12866.

*I. National Technology Transfer and Advancement Act (NTTAA)*

This action does not involve technical standards from those contained in the February 16, 2012, final rule. Therefore, the EPA did not consider the use of any voluntary consensus standards. *See* 77 FR 9441–9443 for the NTTAA discussion in the February 16, 2012, final rule.

*J. Executive Order 12898: Federal Actions To Address Environmental Justice in Minority Populations and Low-Income Populations*

The EPA believes the human health or environmental risk addressed by this action will **not** have potential disproportionately high and adverse human health or environmental effects on minority, low-income, or indigenous populations because it does not affect the level of protection provided to human health or the environment.

The environmental justice finding in the February 2012 final MATS remains relevant in this action, which finalizes changes to the rule to correct and clarify implementation issues raised by stakeholders.

*K. Congressional Review Act (CRA)*

This action is subject to the CRA, and the EPA will submit a rule report to each House of the Congress and to the Comptroller General of the United States. This action is not a "major rule" as defined by 5 U.S.C. 804(2).

**List of Subjects**

*40 CFR Part 60*

Environmental protection, Administrative practice and procedure, Air pollution control, Intergovernmental relations, Reporting and recordkeeping requirements.

*40 CFR Part 63*

Environmental protection, Administrative practice and procedure, Air pollution control, Hazardous substances, Intergovernmental relations, Reporting and recordkeeping requirements.

Dated: March 17, 2016.

**Gina McCarthy,**

*Administrator.*

For the reasons discussed in the preamble, the EPA amends 40 CFR parts 60 and 63 as follows:

## PART 60—STANDARDS OF PERFORMANCE FOR NEW STATIONARY SOURCES

■ 1. The authority citation for part 60 continues to read as follows:

**Authority:** 42 U.S.C. 7401 *et seq.*

■ 2. Section 60.48Da is amended by revising paragraph (f) to read as follows:

**§ 60.48Da Compliance provisions.**

* * * * *

(f) For affected facilities for which construction, modification, or reconstruction commenced before May 4, 2011, compliance with the applicable daily average PM emissions limit is determined by calculating the arithmetic average of all hourly emission rates each boiler operating day, except for data obtained during startup, shutdown, or malfunction periods. Daily averages are only calculated for boiler operating days that have non-out-of-control data for at least 18 hours of unit operation during which the standard applies. Instead, all of the non-out-of-control hourly emission rates of the operating day(s) not meeting the minimum 18 hours non-out-of-control data daily average requirement are averaged with all of the non-out-of-control hourly emission rates of the next boiler operating day with 18 hours or more of non-out-of-control PM CEMS data to determine compliance. For affected facilities for which construction or reconstruction commenced after May 3, 2011 that elect to demonstrate compliance using PM CEMS, compliance with the applicable PM emissions limit in § 60.42Da is determined on a 30-boiler operating day rolling average basis by calculating the arithmetic average of all hourly PM emission rates for the 30 successive boiler operating days, except for data obtained during periods of startup and shutdown.

* * * * *

## PART 63—NATIONAL EMISSION STANDARDS FOR HAZARDOUS AIR POLLUTANTS FOR SOURCE CATEGORIES

■ 3. The authority citation for part 63 continues to read as follows:

**Authority:** 42 U.S.C. 7401 *et seq.*

■ 4. Section 63.9983 is amended by:

■ a. Revising the section heading and paragraphs (a), (b), and (c); and

■ b. Adding paragraph (e).

The revisions and addition read as follows:

**§ 63.9983 Are any fossil fuel-fired electric generating units not subject to this subpart?**

* * * * *

(a) Any unit designated as a major source stationary combustion turbine subject to subpart YYYY of this part and any unit designated as an area source stationary combustion turbine, other than an integrated gasification combined cycle (IGCC) unit.

(b) Any electric utility steam generating unit that is not a coal- or oil-fired EGU and that meets the definition of a natural gas-fired EGU in § 63.10042.

(c) Any electric utility steam generating unit that has the capability of combusting more than 25 MW of coal or oil but does not meet the definition of a coal- or oil-fired EGU because it did not fire sufficient coal or oil to satisfy the average annual heat input requirement set forth in the definitions for coal-fired and oil-fired EGUs in § 63.10042. Heat input means heat derived from combustion of fuel in an EGU and does not include the heat derived from preheated combustion air, recirculated flue gases or exhaust gases from other sources (such as stationary gas turbines, internal combustion engines, and industrial boilers).

* * * * *

(e) Any electric utility steam generating unit that meets the definition of a natural gas-fired EGU under this subpart and that fires at least 10 percent biomass is an industrial boiler subject to standards established under subpart DDDDD of this part, if it otherwise meets the applicability provisions in that rule.

■ 5. Section 63.9991 is amended by revising paragraphs (c)(1) and (2) to read as follows:

**§ 63.9991 What emission limitations, work practice standards, and operating limits must I meet?**

* * * * *

(c) * * *

(1) Has a system using wet or dry flue gas desulfurization technology and an $SO_2$ continuous emissions monitoring system (CEMS) installed on the EGU; and

(2) At all times, you operate the wet or dry flue gas desulfurization technology and the $SO_2$ CEMS installed on the EGU consistent with § 63.10000(b).

■ 6. Section 63.10000 is amended by revising paragraphs (a), (c)(1)(i), (c)(2)(iii), (f), (g), and (i)(1) and adding paragraphs (m) and (n) to read as follows:

**§ 63.10000 What are my general requirements for complying with this subpart?**

(a) You must be in compliance with the emission limits and operating limits in this subpart. These limits apply to you at all times except during periods of startup and shutdown; however, for coal-fired, liquid oil-fired, or solid oil-derived fuel-fired EGUs, you are required to meet the work practice requirements, items 3 and 4, in Table 3 to this subpart during periods of startup or shutdown.

* * * * *

(c)(1) * * *

(i) For a coal-fired or solid oil-derived fuel-fired EGU or IGCC EGU, you may conduct initial performance testing in accordance with § 63.10005(h), to determine whether the EGU qualifies as a low emitting EGU (LEE) for one or more applicable emission limits, except as otherwise provided in paragraphs (c)(1)(i)(A) and (B) of this section:

(A) Except as provided in paragraph (c)(1)(i)(C) of this section, you may not pursue the LEE option if your coal-fired, IGCC, or solid oil-derived fuel-fired EGU is equipped with a main stack and a bypass stack or bypass duct configuration that allows the effluent to bypass any pollutant control device.

(B) You may not pursue the LEE option for Hg if your coal-fired, solid oil-derived fuel-fired EGU or IGCC EGU is new.

(C) You may pursue the LEE option provided that:

(*1*) Your EGU's control device bypass emissions are measured in the bypass stack or duct or your control device bypass exhaust is routed through the EGU main stack so that emissions are measured during the bypass event; or

(*2*) Except for hours during which only clean fuel is combusted, you bypass your EGU control device only during emergency periods for no more than a total of 2 percent of your EGU's annual operating hours; you use clean fuels to the maximum extent possible during an emergency period; and you prepare and submit a report describing the emergency event, its cause, corrective action taken, and estimates of emissions released during the emergency event. You must include these emergency emissions along with performance test results in assessing whether your EGU maintains LEE status.

* * * * *

(2) * * *

(iii) If your existing liquid oil-fired unit does not qualify as a LEE for hydrogen chloride (HCl) or for hydrogen fluoride (HF), you may demonstrate initial and continuous compliance through use of an HCl CEMS, an HF CEMS, or an HCl and HF CEMS, installed and operated in accordance with Appendix B to this rule. As an alternative to HCl CEMS, HF CEMS, or HCl and HF CEMS, you may demonstrate initial and continuous compliance through quarterly performance testing and parametric monitoring for HCl and HF. If you choose to use quarterly testing and parametric monitoring, then you must also develop a site-specific monitoring plan that identifies the CMS you will use to ensure that the operations of the EGU remains consistent with those during the performance test. As another alternative, you may measure or obtain, and keep records of, fuel moisture content; as long as fuel moisture does not exceed 1.0 percent by weight, you need not conduct other HCl or HF monitoring or testing.

* * * * *

(f) Except as provided under paragraph (n) of this section, you are subject to the requirements of this subpart for at least 6 months following the last date you met the definition of an EGU subject to this subpart (*e.g.*, 6 months after a cogeneration unit provided more than one third of its potential electrical output capacity and more than 25 megawatts electrical output to any power distributions system for sale). You may opt to remain subject to the provisions of this subpart beyond 6 months after the last date you met the definition of an EGU subject to this subpart, unless your unit is a solid waste incineration unit subject to standards under CAA section 129 (*e.g.*, 40 CFR part 60, subpart CCCC (New Source Performance Standards (NSPS) for Commercial and Industrial Solid Waste Incineration Units, or subpart DDDD (Emissions Guidelines (EG) for Existing Commercial and Industrial Solid Waste Incineration Units). Notwithstanding the provisions of this subpart, an EGU that starts combusting solid waste is immediately subject to standards under CAA section 129 and the EGU remains subject to those standards until the EGU no longer meets the definition of a solid waste incineration unit consistent with the provisions of the applicable CAA section 129 standards.

(g) Except as provided under paragraph (n) of this section, if your unit no longer meets the definition of an EGU subject to this subpart you must be in compliance with any newly applicable standards on the date you are no longer subject to this subpart. The date you are no longer subject to this subpart is a date selected by you, that must be at least 6 months from the date that your unit last met the definition of an EGU subject to this subpart or the date you begin combusting solid waste, consistent with § 63.9983(d). Your source must remain in compliance with this subpart until the date you select to cease complying with this subpart or the date you begin combusting solid waste, whichever is earlier.

* * * * *

(i)(1) If you own or operate an EGU subject to this subpart and cease to operate in a manner that causes your unit to meet the definition of an EGU subject to this subpart, you must be in compliance with any newly applicable section 112 or 129 standards on the date you selected consistent with paragraphs (g) and (n) of this section.

* * * * *

(m) Should you choose to rely on paragraph (2) of the definition of "startup" in § 63.10042 for your EGU, on or before the date your EGU is subject to this subpart, you must install, verify, operate, maintain, and quality assure each monitoring system necessary for demonstrating compliance with the work practice standards for PM or non-mercury HAP metals controls during startup periods and shutdown periods required to comply with § 63.10020(e).

(1) You may rely on monitoring system specifications or instructions or manufacturer's specifications when installing, verifying, operating, maintaining, and quality assuring each monitoring system.

(2) You must collect, record, report, and maintain data obtained from these monitoring systems during startup periods and shutdown periods.

(n) If you have permanently converted your EGU from coal or oil to natural gas or biomass after your compliance date (or, if applicable, after your approved extended compliance date), as demonstrated by being subject to a permit provision or physical limitation (including retirement) that prevents you from operating in a manner that would subject you to this subpart, you are no longer subject to this subpart, notwithstanding the coal or oil usage in the previous calendar years. The date on which you are no longer subject to this subpart is the date on which you converted to natural gas or biomass firing; it is also the date on which you must be in compliance with any newly applicable standards.

**§ 63.10001 [Removed and Reserved]**

■ 7. Section 63.10001 is removed and reserved.

■ 8. Section 63.10005 is amended by:

■ a. Revising paragraphs (a) introductory text, (a)(2) introductory text, (a)(2)(i) and (ii), and (b)(4);

■ b. Adding paragraph (b)(6);

■ c. Revising paragraphs (d)(3), (d)(4)(i), (f), (h) introductory text, (h)(3) introductory text, (h)(3)(i)(D), and (h)(3)(iii) introductory text; and

■ d. Removing paragraphs (i)(4)(iii) and (iv).

The revisions and additions read as follows:

**§ 63.10005 What are my initial compliance requirements and by what date must I conduct them?**

(a) *General requirements.* For each of your affected EGUs, you must demonstrate initial compliance with each applicable emissions limit in Table 1 or 2 of this subpart through performance testing. Where two emissions limits are specified for a particular pollutant (*e.g.*, a heat input-based limit in lb/MMBtu and a gross output-based limit in lb/MWh), you may demonstrate compliance with either emission limit. For a particular compliance demonstration, you may be required to conduct one or more of the following activities in conjunction with performance testing: collection of data, *e.g.*, hourly gross output data (megawatts); establishment of operating limits according to § 63.10011 and Tables 4 and 7 to this subpart; and CMS performance evaluations. In all cases, you must demonstrate initial compliance no later than the date in paragraph (f) of this section for tune-up work practices for existing EGUs; the date that compliance must be demonstrated, as given in § 63.9984 for other requirements for existing EGUs; and in paragraph (g) of this section for all requirements for new EGUs.

* * * * *

(2) To demonstrate initial compliance using either a CMS that measures HAP concentrations directly (*i.e.*, an Hg, HCl, or HF CEMS, or a sorbent trap monitoring system) or an $SO_2$ or PM CEMS, the initial performance test shall consist of 30- or, for certain coal-fired existing EGUs that use emissions averaging for Hg, 90-boiler operating days. If the CMS is certified prior to the compliance date (or, if applicable, the approved extended compliance date), the test shall begin with the first operating day on or after that date, except as otherwise provided in paragraph (b) of this section. If the CMS is not certified prior to the compliance

date, the test shall begin with the first operating day after certification testing is successfully completed. In all cases, the initial 30- or 90- operating day averaging period must be completed on or before the date that compliance must be demonstrated (*i.e.*, 180 days after the applicable compliance date).

(i) The CMS performance test must demonstrate compliance with the applicable Hg, HCl, HF, PM, or $SO_2$ emissions limit in Table 1 or 2 to this subpart.

(ii) You must collect hourly data from auxiliary monitoring systems (*i.e.*, stack gas flow rate, $CO_2$, $O_2$, or moisture, as applicable) during the performance test period, in order to convert the pollutant concentrations to units of the standard. If you choose to comply with a gross output-based emission limit, you must also collect hourly gross output data during the performance test period.

* * * * *

(b) * * *

(4) A record of all parameters needed to convert pollutant concentrations to units of the emission standard (*e.g.*, stack flow rate, diluent gas concentrations, hourly gross outputs) is available for the entire performance test period; and

* * * * *

(6) For performance stack test data that are collected prior to the date that compliance must be demonstrated and are used to demonstrate initial compliance with applicable emissions limits, the interval for subsequent stack tests begins on the date that compliance must be demonstrated.

* * * * *

(d) * * *

(3) For affected EGUs that are either required to or elect to demonstrate initial compliance with the applicable Hg emission limit in Table 1 or 2 of this subpart using Hg CEMS or sorbent trap monitoring systems, initial compliance must be demonstrated no later than the applicable date specified in § 63.9984(f) for existing EGUs and in paragraph (g) of this section for new EGUs. Initial compliance is achieved if the arithmetic average of 30- (or 90-) boiler operating days of quality-assured CEMS (or sorbent trap monitoring system) data, expressed in units of the standard (see section 6.2 of appendix A to this subpart), meets the applicable Hg emission limit in Table 1 or 2 to this subpart.

(4) * * *

(i) You must demonstrate initial compliance no later than the applicable date specified in § 63.9984(f) for existing EGUs and in paragraph (g) of this section for new EGUs.

* * * * *

(f) For an existing EGU without a neural network, a tune-up, following the procedures in § 63.10021(e), must occur within 6 months (180 days) after April 16, 2015. For an existing EGU with a neural network, a tune-up must occur within 18 months (545 days) after April 16, 2016. If a tune-up occurs prior to April 16, 2015, you must keep records showing that the tune-up met all rule requirements.

* * * * *

(h) *Low emitting EGUs.* The provisions of this paragraph (h) apply to pollutants with emissions limits from new EGUs except Hg and to all pollutants with emissions limits from existing EGUs. You may pursue this compliance option unless prohibited pursuant to § 63.10000(c)(1)(i).

* * * * *

(3) For Hg, you must conduct a 30- (or 90-) boiler operating day performance test using Method 30B in appendix A–8 to part 60 of this chapter to determine whether a unit qualifies for LEE status. Locate the Method 30B sampling probe tip at a point within 10 percent of the duct area centered about the duct's centroid at a location that meets Method 1 in appendix A–1 to part 60 of this chapter and conduct at least three nominally equal length test runs over the 30- (or 90-) boiler operating day test period. You may use a pair of sorbent traps to sample the stack gas for a period consistent with that given in section 5.2.1 of appendix A to this subpart. Collect Hg emissions data continuously over the entire test period (except when changing sorbent traps or performing required reference method QA procedures). As an alternative to constant rate sampling per Method 30B, you may use proportional sampling per section 8.2.2 of Performance Specification 12 B in appendix B to part 60 of this chapter.

(i) * * *

(D) Hourly gross output data (megawatts), from facility records.

* * * * *

(iii) Calculate the average Hg concentration, in μg/m³ (dry basis), for the 30- (or 90-) boiler operating day performance test, as the arithmetic average of all Method 30B sorbent trap results. Also calculate, as applicable, the average values of $CO_2$ or $O_2$ concentration, stack gas flow rate, stack gas moisture content, and gross output for the test period. Then:

* * * * *

■ 9. Section 63.10006 is amended by revising paragraph (f) and removing paragraph (j) to read as follows:

**§ 63.10006 When must I conduct subsequent performance tests or tune-ups?**

* * * * *

(f) *Time between performance tests.* (1) Notwithstanding the provisions of § 63.10021(d)(1), the requirements listed in paragraphs (g) and (h) of this section, and the requirements of paragraph (f)(3) of this section, you must complete performance tests for your EGU as follows:

(i) At least 45 calendar days, measured from the test's end date, must separate performance tests conducted every quarter;

(ii) For annual testing:

(A) At least 320 calendar days, measured from the test's end date, must separate performance tests;

(B) At least 320 calendar days, measured from the test's end date, must separate annual sorbent trap mercury testing for 30-boiler operating day LEE tests;

(C) At least 230 calendar days, measured from the test's end date, must separate annual sorbent trap mercury testing for 90-boiler operating day LEE tests; and

(iii) At least 1,050 calendar days, measured from the test's end date, must separate performance tests conducted every 3 years.

(2) For units demonstrating compliance through quarterly emission testing, you must conduct a performance test in the 4th quarter of a calendar year if your EGU has skipped performance tests in the first 3 quarters of the calendar year.

(3) If your EGU misses a performance test deadline due to being inoperative and if 168 or more boiler operating hours occur in the next test period, you must complete an additional performance test in that period as follows:

(i) At least 15 calendar days must separate two performance tests conducted in the same quarter.

(ii) At least 107 calendar days must separate two performance tests conducted in the same calendar year.

(iii) At least 350 calendar days must separate two performance tests conducted in the same 3 year period.

* * * * *

■ 10. Section 63.10007 is amended by revising paragraph (f)(2) to read as follows:

**§ 63.10007 What methods and other procedures must I use for the performance tests?**

* * * * *

(f) * * *

(2) *Default gross output.* If you use CEMS to continuously monitor Hg, HCl, HF, $SO_2$, or PM emissions (or, if applicable, sorbent trap monitoring systems to continuously collect Hg emissions data), the following default value is available for use in the emission rate calculations during startup periods or shutdown periods (as defined in § 63.10042). For the purposes of this subpart, this default value is not considered to be substitute data. For a startup or shutdown hour in which there is heat input to an affected EGU but zero gross output, you must calculate the pollutant emission rate using a value equivalent to 5% of the maximum sustainable gross output, expressed in megawatts, as defined in section 6.5.2.1(a)(1) of appendix A to part 75 of this chapter. This default gross output is either the nameplate capacity of the EGU or the highest gross output observed in at least four representative quarters of EGU operation. For a monitored common stack, the default gross output is used only when all EGUs are operating (*i.e.*, combusting fuel) are in startup or shutdown mode, and have zero electrical generation. Under those conditions, a default gross output equal to 5% of the combined maximum sustainable gross output of the EGUs that are operating but have a total of zero gross output must be used to calculate the hourly gross output-based pollutant emissions rate.

* * * * *

■ 11. Section 63.10009 is amended by revising paragraphs (a)(2) introductory text, (a)(2)(i), (b)(1) through (3), (e), (f) introductory text, (f)(2), (g), (j)(1)(ii), and (j)(2) introductory text to read as follows:

**§ 63.10009 May I use emissions averaging to comply with this subpart?**

(a) * * *

(2) You may demonstrate compliance by emissions averaging among the existing EGUs in the same subcategory, if your averaged Hg emissions for EGUs in the "unit designed for coal ≥8,300 Btu/lb" subcategory are equal to or less than 1.2 lb/TBtu or 1.3E–2 lb/GWh on a 30-boiler operating day basis or if your averaged emissions of individual, other pollutants from other subcategories of such EGUs are equal to or less than the applicable emissions limit in Table 2 to this subpart, according to the procedures in this section. Note that except for the alternate Hg emissions limit from EGUs in the "unit designed for coal≥8,300 Btu/lb" subcategory, the averaging time for emissions averaging for pollutants is 30 days (rolling daily) using data from CEMS or a combination of data from CEMS and manual performance (LEE) testing. The averaging time for emissions averaging for the alternate Hg limit (equal to or less than 1.0 lb/TBtu or 1.1E–2 lb/GWh) from EGUs in the "unit designed for coal ≥ 8,300 Btu/lb" subcategory is 90-boiler operating days (rolling daily) using data from CEMS, sorbent trap monitoring, or a combination of monitoring data and data from manual performance (LEE) testing. For the purposes of this paragraph, 30- (or 90-) group boiler operating days is defined as a period during which at least one unit in the emissions averaging group operates on each of the 30 or 90 days. You must calculate the weighted average emissions rate for the group in accordance with the procedures in this paragraph using the data from all units in the group including any that operate fewer than 30 (or 90) days during the preceding 30 (or 90) group boiler days.

(i) You may choose to have your EGU emissions averaging group meet either the heat input basis (MMBtu or TBtu, as appropriate for the pollutant) or gross output basis (MWh or GWh, as appropriate for the pollutant).

* * * * *

(b) * * *

(1) *Group eligibility equations.*

$$WAER_m = \frac{\left[\sum_{j=1}^{p} Herm_j \times Rmm_j\right] + \sum_{k=1}^{m} Ter_k \times Rmt_k}{\left(\sum_{j=1}^{p} Rmm_j\right) + \sum_{k=1}^{m} Rmt_k} \qquad (Eq.1a)$$

Where:

$WAER_m$ = Maximum Weighted Average Emission Rate in terms of lb/heat input or lb/gross output,

$Herm_{i,j}$ = hourly emission rate (*e.g.*, lb/MMBtu, lb/MWh) from CEMS or sorbent trap monitoring as determined during the initial compliance determination from EGU j,

$Rmm_j$ = Maximum rated heat input, MMBtu/h, or maximum rated gross output, MWh/h, for EGU j,

p = number of EGUs in emissions averaging group that rely on CEMS,

$Ter_k$ = Emissions rate (lb/MMBTU or lb/MWh) as determined during the initial compliance determination of EGU k,

$Rmt_k$ = Maximum rated heat input, MMBtu/h, or maximum rated gross output, MWh/h, for EGU k, and

m = number of EGUs in emissions averaging group that rely on emissions testing.

$$WAER_m = \frac{\sum\left[\left(\sum_{j=1}^{p} Herm_{i,j}\right) \times Smm_j \times Cfm_{j_j}\right] + \sum_{k=1}^{m} Ter_k \times Smt_k \times Cft_k}{\sum\left[\sum_{j=1}^{p} Smm_j \times Cfm_j\right] + \sum_{k=1}^{m} Smt_k \times Cft_k} \qquad (Eq.1b)$$

Where:

Variables with the similar names share the descriptions for Equation 1a of this section,

$Smm_j$ = maximum steam generation, $lb_{steam}$/h or lb/gross output, for EGU j,

$Cfm_j$ = conversion factor, calculated from the most recent compliance test results, in terms units of heat output or gross output per pound of steam generated (MMBtu/$lb_{steam}$ or MWh/$lb_{steam}$) from EGU j,

$Smt_k$ = maximum steam generation, $lb_{steam}$/h or lb/gross output, for EGU k, and

$Cfm_k$ = conversion factor, calculated from the most recent compliance test results, in terms units of heat output or gross output per pound of steam generated (MMBtu/$lb_{steam}$ or MWh/$lb_{steam}$) from EGU k.

(2) Weighted 30-boiler operating day rolling average emissions rate equations for pollutants other than Hg. Use Equation 2a or 2b of this section to calculate the 30 day rolling average emissions daily.

$$WAER = \frac{\sum_{i=1}^{p}\left[\sum_{i=1}^{n}(Her_i \times Rm_i)\right]p + \sum_{i=1}^{m}(Ter_i \times Rt_i)}{\sum_{i=1}^{p}\left[\sum_{i=1}^{n}(Rm_i)\right]p + \sum_{i=1}^{m} Rt_i} \quad (Eq.2a)$$

Where:

$Her_i$ = hourly emission rate (*e.g.*, lb/MMBtu, lb/MWh) from unit i's CEMS for the preceding 30-group boiler operating days,

$Rm_i$ = hourly heat input or gross output from unit i for the preceding 30-group boiler operating days,

p = number of EGUs in emissions averaging group that rely on CEMS or sorbent trap monitoring,

n = number of hours that hourly rates are collected over 30-group boiler operating days,

$Ter_i$ = Emissions rate from most recent emissions test of unit i in terms of lb/heat input or lb/gross output,

$Rt_i$ = Total heat input or gross output of unit i for the preceding 30-boiler operating days, and

m = number of EGUs in emissions averaging group that rely on emissions testing.

$$WAER = \frac{\sum_{i=1}^{p}\left[\sum_{i=1}^{n}(Her_i \times Sm_i \times Cfm_i)\right]p + \sum_{i=1}^{m}(Ter_i \times St_i \times Cft_i)}{\sum_{i=1}^{p}\left[\sum_{i=1}^{n}(Sm_i \times Cfm_i)\right]p + \sum_{i=1}^{m} St_i \times Cft_i} \quad (Eq.2b)$$

Where:

variables with similar names share the descriptions for Equation 2a of this section,

$Sm_i$ = steam generation in units of pounds from unit i that uses CEMS for the preceding 30-group boiler operating days,

$Cfm_i$ = conversion factor, calculated from the most recent compliance test results, in units of heat input per pound of steam generated or gross output per pound of steam generated, from unit i that uses CEMS from the preceding 30 group boiler operating days,

$St_i$ = steam generation in units of pounds from unit i that uses emissions testing, and

$Cft_i$ = conversion factor, calculated from the most recent compliance test results, in units of heat input per pound of steam generated or gross output per pound of steam generated, from unit i that uses emissions testing.

(3) Weighted 90-boiler operating day rolling average emissions rate equations for Hg emissions from EGUs in the "coal-fired unit not low rank virgin coal" subcategory. Use Equation 3a or 3b of this section to calculate the 90-day rolling average emissions daily.

$$WAER = \frac{\sum_{i=1}^{p}\left[\sum_{i=1}^{n}(Her_i \times Rm_i)\right]p + \sum_{i=1}^{m}(Ter_i \times Rt_i)}{\sum_{i=1}^{p}\left[\sum_{i=1}^{n}(Rm_i)\right]p + \sum_{i=1}^{m} Rt_i} \quad (Eq.3a)$$

Where:

$Her_i$ = hourly emission rate from unit i's CEMS or Hg sorbent trap monitoring system for the preceding 90-group boiler operating days,

$Rm_i$ = hourly heat input or gross output from unit i for the preceding 90-group boiler operating days,

p = number of EGUs in emissions averaging group that rely on CEMS,

n = number of hours that hourly rates are collected over the 90-group boiler operating days,

$Ter_i$ = Emissions rate from most recent emissions test of unit i in terms of lb/heat input or lb/gross output,

$Rt_i$ = Total heat input or gross output of unit i for the preceding 90-boiler operating days, and

m = number of EGUs in emissions averaging group that rely on emissions testing.

$$WAER = \frac{\sum_{i=1}^{p}\left[\sum_{i=1}^{n}(Her_i \times Sm_i \times Cfm_i)\right]p + \sum_{i=1}^{m}(Ter_i \times St_i \times Cft_i)}{\sum_{i=1}^{p}\left[\sum_{i=1}^{n}(Sm_i \times Cfm_i)\right]p + \sum_{i=1}^{m} St_i \times Cft_i} \quad (Eq.3b)$$

Where:

variables with similar names share the descriptions for Equation 2a of this section,

$Sm_i$ = steam generation in units of pounds from unit i that uses CEMS or a Hg sorbent trap monitoring for the preceding 90-group boiler operating days,

$Cfm_i$ = conversion factor, calculated from the most recent compliance test results, in units of heat input per pound of steam generated or gross output per pound of steam generated, from unit i that uses CEMS or sorbent trap monitoring from the preceding 90-group boiler operating days,

$St_i$ = steam generation in units of pounds from unit i that uses emissions testing, and

$Cft_i$ = conversion factor, calculated from the most recent emissions test results, in units of heat input per pound of steam generated or gross output per pound of steam generated, from unit i that uses emissions testing.

* * * * *

(e) The weighted-average emissions rate from the existing EGUs participating in the emissions averaging option must be in compliance with the limits in Table 2 to this subpart at all times following the date that you begin emissions averaging.

(f) Emissions averaging group eligibility demonstration. You must demonstrate the ability for the EGUs included in the emissions averaging group to demonstrate initial compliance according to paragraph (f)(1) or (2) of this section using the maximum rated heat input or gross output over a 30- (or 90-) boiler operating day period of each EGU and the results of the initial performance tests. For this demonstration and prior to preparing your emissions averaging plan, you must conduct required emissions monitoring for 30- (or 90-) days of boiler operation and any required manual performance testing to calculate maximum weighted average emissions rate in accordance with this section. If, before the start of your initial compliance demonstration, the Administrator becomes aware that you intend to use emissions averaging for that demonstration, or if your initial Notification of Compliance Status (NOCS) indicates that you intend to implement emissions averaging at a future date, the Administrator may require you to submit your proposed emissions averaging plan and supporting data for approval. If the Administrator requires approval of your plan, you may not begin using emissions averaging until the Administrator approves your plan.

* * * * *

(2) If you are not capable of monitoring heat input or gross output, and the EGU generates steam for purposes other than generating electricity, you may use Equation 1b of paragraph (b) of this section as an alternative to using Equation 1a of paragraph (b) of this section to demonstrate that the maximum weighted average emissions rates of filterable PM, HF, $SO_2$, HCl, non-Hg HAP metals, or Hg emissions from the existing units participating in the emissions averaging group do not exceed the emission limits in Table 2 to this subpart.

(g) You must determine the weighted average emissions rate in units of the applicable emissions limit on a 30 group boiler operating day rolling average basis (or, if applicable, on a 90 group boiler operating day rolling average basis for Hg) according to paragraphs (g)(1) and (2) of this section. The first averaging period ends on the 30th (or, if applicable, 90th for the alternate Hg emission limit) group boiler operating day after the date that you begin emissions averaging.

(1) You must use Equation 2a or 3a of paragraph (b) of this section to calculate the weighted average emissions rate using the actual heat input or gross output for each existing unit participating in the emissions averaging option.

(2) If you are not capable of monitoring heat input or gross output, you may use Equation 2b or 3b of paragraph (b) of this section as an alternative to using Equation 2a of paragraph (b) of this section to calculate the average weighted emission rate using the actual steam generation from the units participating in the emissions averaging option.

* * * * *

(j) * * *

(1) * * *

(ii) The process weighting parameter (heat input, gross output, or steam generated) that will be monitored for each averaging group;

* * * * *

(2) If, as described in paragraph (f) of this section, the Administrator requests you to submit the averaging plan for review and approval, you must receive approval before initiating emissions averaging.

* * * * *

■ 12. Section 63.10010 is amended by revising paragraphs (a)(4), (f)(3) and (4), (h)(6)(i) and (ii), (i)(5)(i)(A) and (B), (j)(1)(i), (j)(4)(i)(A) and (B), and (l) to read as follows:

**§ 63.10010 What are my monitoring, installation, operation, and maintenance requirements?**

(a) * * *

(4) *Unit with a main stack and a bypass stack that exhausts to the atmosphere independent of the main stack.* If the exhaust configuration of an affected unit consists of a main stack and a bypass stack, you shall install CEMS on both the main stack and the bypass stack. If it is not feasible to certify and quality-assure the data from a monitoring system on the bypass stack, you shall:

(i) Route the exhaust from the bypass through the main stack and its monitoring so that bypass emissions are measured; or

(ii) Install a CEMS only on the main stack and count hours that the bypass stack is in use as hours of deviation from the monitoring requirements.

* * * * *

(f) * * *

(3) Calculate and record a 30-boiler operating day rolling average $SO_2$ emission rate in the units of the standard, updated after each new boiler operating day. Each 30-boiler operating day rolling average emission rate is the average of all of the valid hourly $SO_2$ emission rates in the 30 boiler operating day period.

(4) Use only unadjusted, quality-assured $SO_2$ concentration values in the emissions calculations; do not apply bias adjustment factors to the part 75 $SO_2$ data and do not use part 75 substitute data values. For startup or shutdown hours (as defined in § 63.10042) the default gross output and the diluent cap are available for use in the hourly $SO_2$ emission rate calculations, as described in § 63.10007(f). Use a flag to identify each startup or shutdown hour and report a special code if the diluent cap or default gross output is used to calculate the $SO_2$ emission rate for any of these hours.

* * * * *

(h) * * *

(6) * * *

(i) Any data collected during periods of monitoring system malfunctions, repairs associated with monitoring system malfunctions, or required monitoring system quality assurance or quality control activities that temporarily interrupt the measurement of output data from the PM CPMS. You must report any monitoring system malfunctions or out of control periods in your annual deviation reports. You must report any monitoring system quality assurance or quality control activities per the requirements of § 63.10031(b);

(ii) Any data collected during periods when the monitoring system is out of control as specified in your site-specific monitoring plan, repairs associated with periods when the monitoring system is out of control, or required monitoring system quality assurance or quality control activities conducted during out-of-control periods. You must report any such periods in your annual deviation report;

* * * * *

(i) * * *

(5) * * *

(i) * * *

(A) Any data collected during periods of monitoring system malfunctions, repairs associated with monitoring system malfunctions, or required monitoring system quality assurance or quality control activities that temporarily interrupt the measurement of emissions (*e.g.*, calibrations, certain audits). You must report any monitoring system malfunctions or out of control periods in your annual deviation reports. You must report any monitoring system quality assurance or quality control activities per the requirements of § 63.10031(b);

(B) Any data collected during periods when the monitoring system is out of control as specified in your site-specific monitoring plan, repairs associated with periods when the monitoring system is out of control, or required monitoring system quality assurance or quality control activities conducted during out-of-control periods. You must report any such periods in your annual deviation report;

* * * * *

(j) * * *

(1)(i) Install, calibrate, operate, and maintain your HAP metals CEMS according to your CMS quality control program, as described in § 63.8(d)(2). The reportable measurement output from the HAP metals CEMS must be expressed in units of the applicable emissions limit (*e.g.*, lb/MMBtu, lb/MWh) and in the form of a 30-boiler operating day rolling average.

* * * * *

(4) * * *

(i) * * *

(A) Any data collected during periods of monitoring system malfunctions, repairs associated with monitoring system malfunctions, or required monitoring system quality assurance or quality control activities that temporarily interrupt the measurement of emissions (*e.g.*, calibrations, certain audits). You must report any monitoring system malfunctions or out of control periods in your annual deviation reports. You must report any monitoring system quality assurance or quality control activities per the requirements of § 63.10031(b);

(B) Any data collected during periods when the monitoring system is out of control as specified in your site-specific monitoring plan, repairs associated with periods when the monitoring system is out of control, or required monitoring system quality assurance or quality control activities conducted during out-of-control periods. You must report any monitoring system malfunctions or out of control periods in your annual deviation reports. You must report any monitoring system quality assurance or quality control activities per the requirements of § 63.10031(b);

* * * * *

(l) Should you choose to rely on paragraph (2) of the definition of "startup" in § 63.10042 for your EGU, you must install, verify, operate, maintain, and quality assure each monitoring system necessary for demonstrating compliance with the PM or non-mercury metals work practice standards required to comply with § 63.10020(e).

(1) You shall develop a site-specific monitoring plan for PM or non-mercury metals work practice monitoring during startup periods.

(2) You shall submit the site-specific monitoring plan upon request by the Administrator.

(3) The provisions of the monitoring plan must address the following items:

(i) Monitoring system installation;

(ii) Performance and equipment specifications;

(iii) Schedule for initial and periodic performance evaluations;

(iv) Performance evaluation procedures and acceptance criteria;

(v) On-going operation and maintenance procedures; and

(vi) On-going recordkeeping and reporting procedures.

(4) You may rely on monitoring system specifications or instructions or manufacturer's specifications to address paragraphs (l)(3)(i) through (vi) of this section.

(5) You must operate and maintain the monitoring system according to the site-specific monitoring plan.

■ 13. Section 63.10011 is amended by revising paragraphs (b), (c), (e), and (g) to read as follows:

**§ 63.10011 How do I demonstrate initial compliance with the emissions limits and work practice standards?**

* * * * *

(b) If you are subject to an operating limit in Table 4 to this subpart, you demonstrate initial compliance with HAP metals or filterable PM emission limit(s) through performance stack tests and you elect to use a PM CPMS to demonstrate continuous performance, or if, for a liquid oil-fired EGU, and you use quarterly stack testing for HCl and HF plus site-specific parameter monitoring to demonstrate continuous performance, you must also establish a site-specific operating limit, in accordance with § 63.10007 and Table 6 to this subpart. You may use only the parametric data recorded during successful performance tests (*i.e.*, tests that demonstrate compliance with the applicable emissions limits) to establish an operating limit.

(c)(1) If you use CEMS or sorbent trap monitoring systems to measure a HAP (*e.g.*, Hg or HCl) directly, the initial performance test, shall consist of a 30-boiler operating day (or, for certain coal-fired, existing EGUs that use emissions averaging for Hg, a 90-boiler operating day) rolling average emissions rate obtained with a certified CEMS or sorbent trap system, expressed in units of the standard. If the monitoring system is certified prior to the applicable compliance date, the initial averaging period shall either begin with: The first boiler operating day on or after the compliance date; or 30 (or, if applicable, 90) boiler operating days prior to that date, as described in § 63.10005(b). In all cases, the initial 30- or 90-boiler operating day averaging period must be completed on or before the date that compliance must be demonstrated, in accordance with § 63.9984(f). Initial compliance is demonstrated if the results of the performance test meet the applicable emission limit in Table 1 or 2 to this subpart.

(2) For an EGU that uses a CEMS to measure $SO_2$ or PM emissions for initial compliance, the initial performance test shall consist of a 30-boiler operating day average emission rate obtained with certified CEMS, expressed in units of the standard. If the monitoring system is certified prior to the applicable compliance date, the initial averaging period shall either begin with: The first boiler operating day on or after the compliance date; or 30 boiler operating days prior to that date, as described in § 63.10005(b). In all cases, the initial 30-boiler operating day averaging period must be completed on or before the date that compliance must be demonstrated, in accordance with § 63.9984(f). Initial compliance is demonstrated if the results of the performance test meet the applicable $SO_2$ or PM emission limit in Table 1 or 2 to this subpart.

* * * * *

(e) You must submit a Notification of Compliance Status containing the results of the initial compliance demonstration, in accordance with § 63.10030(e).

* * * * *

(g) You must follow the startup or shutdown requirements as established in Table 3 to this subpart for each coal-fired, liquid oil-fired, or solid oil-derived fuel-fired EGU.

(1) You may use the diluent cap and default gross output values, as described in § 63.10007(f), during startup periods or shutdown periods.

(2) You must operate all CMS, collect data, calculate pollutant emission rates, and record data during startup periods or shutdown periods.

(3) You must report the information as required in § 63.10031.

(4) If you choose to use paragraph (2) of the definition of "startup" in § 63.10042 and you find that you are unable to safely engage and operate your particulate matter (PM) control(s) within 1 hour of first firing of coal, residual oil, or solid oil-derived fuel, you may choose to rely on paragraph (1) of definition of "startup" in § 63.10042 or you may submit a request to use an alternative non-opacity emissions standard, as described below.

(i) As mentioned in § 63.6(g)(1), your request will be published in the **Federal Register** for notice and comment rulemaking. Until promulgation in the **Federal Register** of the final alternative non-opacity emission standard, you shall comply with paragraph (1) of the definition of "startup" in § 63.10042. You shall not implement the alternative non-opacity emissions standard until promulgation in the **Federal Register** of the final alternative non-opacity emission standard.

(ii) Your request need not address the items contained in § 63.6(g)(2).

(iii) Your request shall provide evidence of a documented manufacturer-identified safety issue.

(iv) Your request shall provide information to document that the PM control device is adequately designed and sized to meet the PM emission limit applicable to the EGU.

(v) In addition, your request shall contain documentation that:

(A) Your EGU is using clean fuels to the maximum extent possible, taking into account considerations such as not compromising boiler or control device integrity, to bring your EGU and PM control device up to the temperature necessary to alleviate or prevent the identified safety issues prior to the combustion of primary fuel in your EGU;

(B) You have followed explicitly your EGU manufacturer's procedures to alleviate or prevent the identified safety issue; and

(C) You have identified with specificity the details of your EGU manufacturer's statement of concern.

(vi) Your request shall specify the other work practice standards you will take to limit HAP emissions during startup periods and shutdown periods to ensure a control level consistent with the work practice standards of the final rule.

(vii) You must comply with all other work practice requirements, including but not limited to data collection, recordkeeping, and reporting requirements.

■ 14. Section 63.10020 is amended by revising paragraph (e) to read as follows:

**§ 63.10020 How do I monitor and collect data to demonstrate continuous compliance?**

* * * * *

(e) Additional requirements during startup periods or shutdown periods if you choose to rely on paragraph (2) of the definition of "startup" in § 63.10042 for your EGU.

(1) During each period of startup, you must record for each EGU:

(i) The date and time that clean fuels being combusted for the purpose of startup begins;

(ii) The quantity and heat input of clean fuel for each hour of startup;

(iii) The gross output for each hour of startup;

(iv) The date and time that non-clean fuel combustion begins; and

(v) The date and time that clean fuels being combusted for the purpose of startup ends.

(2) During each period of shutdown, you must record for each EGU:

(i) The date and time that clean fuels being combusted for the purpose of shutdown begins;

(ii) The quantity and heat input of clean fuel for each hour of shutdown;

(iii) The gross output for each hour of shutdown;

(iv) The date and time that non-clean fuel combustion ends; and

(v) The date and time that clean fuels being combusted for the purpose of shutdown ends.

(3) For PM or non-mercury HAP metals work practice monitoring during startup periods, you must monitor and collect data according to this section and the site-specific monitoring plan required by § 63.10010(l).

(i) Except for an EGU that uses PM CEMS or PM CPMS to demonstrate compliance with the PM emissions limit, or that has LEE status for filterable PM or total non-Hg HAP metals for non-liquid oil-fired EGUs (or HAP metals emissions for liquid oil-fired EGUs), or individual non-mercury metals CEMS, you must:

(A) Record temperature and combustion air flow or calculated flow as determined from combustion equations of post-combustion (exhaust) gas, as well as amperage of forced draft fan(s), upstream of the filterable PM control devices during each hour of startup.

(B) Record temperature and flow of exhaust gas, as well as amperage of any induced draft fan(s), downstream of the filterable PM control devices during each hour of startup.

(C) For an EGU with an electrostatic precipitator, record the number of fields in service, as well as each field's secondary voltage and secondary current during each hour of startup.

(D) For an EGU with a fabric filter, record the number of compartments in service, as well as the differential pressure across the baghouse during each hour of startup.

(E) For an EGU with a wet scrubber needed for filterable PM control, record the scrubber liquid to flue gas ratio and the pressure drop across the scrubber during each hour of startup.

(ii) [Reserved]

■ 15. Section 63.10021 is amended by revising paragraphs (d)(3), (e) introductory text, (e)(9), and (h)(1) to read as follows:

**§ 63.10021 How do I demonstrate continuous compliance with the emission limitations, operating limits, and work practice standards?**

* * * * *

(d) * * *

(3) Must conduct site-specific monitoring using CMS to demonstrate compliance with the site-specific monitoring requirements in Table 7 to this subpart pertaining to HCl and HF emissions from a liquid oil-fired EGU to ensure compliance with the HCl and HF emission limits in Tables 1 and 2 to this subpart, in accordance with the requirements of § 63.10000(c)(2)(iii). The monitoring must meet the general operating requirements provided in § 63.10020.

(e) Conduct periodic performance tune-ups of your EGU(s), as specified in paragraphs (e)(1) through (9) of this section. For your first tune-up, you may perform the burner inspection any time prior to the tune-up or you may delay the first burner inspection until the next scheduled EGU outage provided you meet the requirements of § 63.10005. Subsequently, you must perform an inspection of the burner at least once every 36 calendar months unless your EGU employs neural network combustion optimization during normal operations in which case you must perform an inspection of the burner and combustion controls at least once every 48 calendar months. If your EGU is offline when a deadline to perform the tune-up passes, you shall perform the tune-up work practice requirements within 30 days after the re-start of the affected unit.

* * * * *

(9) Report the dates of the initial and subsequent tune-ups in hard copy, as specified in § 63.10031(f)(5), until April 16, 2017. After April 16, 2017, report the date of all tune-ups electronically, in accordance with § 63.10031(f). The tune-up report date is the date when tune-up requirements in paragraphs (e)(6) and (7) of this section are completed.

* * * * *

(h) * * *

(1) You may use the diluent cap and default gross output values, as described in § 63.10007(f), during startup periods or shutdown periods.

* * * * *

■ 16. Section 63.10023 is amended by removing and reserving paragraph (b)(1) and revising paragraph (b)(2) introductory text to read as follows:

**§ 63.10023 How do I establish my PM CPMS operating limit and determine compliance with it?**

* * * * *

(b) * * *

(2) Determine your operating limit as follows:

* * * * *

■ 17. Section 63.10030 is amended by:

■ a. Revising paragraphs (e)(1) and (e)(7)(i);

■ b. Adding paragraph (e)(7)(iii);

■ c. Revising paragraph (e)(8); and

■ d. Adding paragraph (f).

The revisions and additions read as follows:

**§ 63.10030 What notifications must I submit and when?**

* * * * *

(e) * * *

(1) A description of the affected source(s), including identification of the subcategory of the source, the design capacity of the source, a description of the add-on controls used on the source, description of the fuel(s) burned, including whether the fuel(s) were determined by you or EPA through a

petition process to be a non-waste under 40 CFR 241.3, whether the fuel(s) were processed from discarded non-hazardous secondary materials within the meaning of 40 CFR 241.3, and justification for the selection of fuel(s) burned during the performance test.

* * * * *

(7) * * *

(i) A summary of the results of the annual performance tests and documentation of any operating limits that were reestablished during this test, if applicable. If you are conducting stack tests once every 3 years consistent with § 63.10005(h)(1)(i), the date of each stack test conducted during the previous 3 years, a comparison of emission level you achieved in each stack test conducted during the previous 3 years to the 50 percent emission limit threshold required in § 63.10006(i), and a statement as to whether there have been any operational changes since the last stack test that could increase emissions.

* * * * *

(iii) For each of your existing EGUs, identification of each emissions limit as specified in Table 2 to this subpart with which you plan to comply.

(A) You may switch from a mass per heat input to a mass per gross output limit (or vice-versa), provided that:

(*1*) You submit a request that identifies for each EGU or EGU emissions averaging group involved in the proposed switch both the current and proposed emission limit;

(*2*) Your request arrives to the Administrator at least 30 calendar days prior to the date that the switch is proposed to occur;

(*3*) Your request demonstrates through performance stack test results completed within 30 days prior to your submission, compliance for each EGU or EGU emissions averaging group with both the mass per heat input and mass per gross output limits;

(*4*) You revise and submit all other applicable plans, *e.g.,* monitoring and emissions averaging, with your request; and

(*5*) You maintain records of all information regarding your choice of emission limits.

(B) You begin to use the revised emission limits starting in the next reporting period, after receipt of written acknowledgement from the Administrator of the switch.

(C) From submission of your request until start of the next reporting period after receipt of written acknowledgement from the Administrator of the switch, you demonstrate compliance with both the mass per heat input and mass per gross output emission limits for each pollutant for each EGU or EGU emissions averaging group.

(8) Identification of whether you plan to rely on paragraph (1) or (2) of the definition of "startup" in § 63.10042.

(i) Should you choose to rely on paragraph (2) of the definition of "startup" in § 63.10042 for your EGU, you shall include a report that identifies:

(A) The original EGU installation date;

(B) The original EGU design characteristics, including, but not limited to, fuel mix and PM controls;

(C) Each design PM control device efficiency established during performance testing or while operating in periods other than startup and shutdown periods;

(D) The design PM emission rate from the EGU in terms of pounds PM per MMBtu and pounds PM per hour established during performance testing or while operating in periods other than startup and shutdown periods;

(E) The design time from start of fuel combustion to necessary conditions for each PM control device startup;

(F) Each design PM control device efficiency upon startup of the PM control device, if different from the efficiency provided in paragraph (e)(8)(i)(C) of this section;

(G) Current EGU PM producing characteristics, including, but not limited to, fuel mix and PM controls, if different from the characteristics provided in paragraph (e)(8)(i)(B) of this section;

(H) Current PM control device efficiency from each PM control device, if different from the efficiency provided in paragraph (e)(8)(i)(C) of this section;

(I) Current PM emission rate from the EGU in terms of pounds PM per MMBtu and pounds per hour, if different from the rate provided in paragraph (e)(8)(i)(D) of this section;

(J) Current time from start of fuel combustion to conditions necessary for each PM control device startup, if different from the time provided in paragraph (e)(8)(i)(E) of this section; and

(K) Current PM control device efficiency upon startup of each PM control device, if different from the efficiency provided in paragraph (e)(8)(i)(H) of this section.

(ii) The report shall be prepared, signed, and sealed by a professional engineer licensed in the state where your EGU is located.

(iii) You may switch from paragraph (1) of the definition of "startup" in § 63.10042 to paragraph (2) of the definition of "startup" (or vice-versa), provided that:

(A) You submit a request that identifies for each EGU or EGU emissions averaging group involved in the proposed switch both the current definition of "startup" relied on and the proposed definition you plan to rely on;

(B) Your request arrives to the Administrator at least 30 calendar days prior to the date that the switch is proposed to occur;

(C) You revise and submit all other applicable plans, *e.g.,* monitoring and emissions averaging, with your submission;

(D) You maintain records of all information regarding your choice of the definition of "startup"; and

(E) You begin to use the revised definition of "startup" in the next reporting period after receipt of written acknowledgement from the Administrator of the switch.

(f) You must submit the notifications in § 63.10000(h)(2) and (i)(2) that may apply to you by the dates specified.

■ 18. Section 63.10031 is amended by revising paragraphs (c) introductory text and (c)(4) and (5) and adding paragraphs (c)(6), (7), (8), and (9) to read as follows:

**§ 63.10031 What reports must I submit and when?**

* * * * *

(c) The compliance report must contain the information required in paragraphs (c)(1) through (9) of this section.

* * * * *

(4) Include the date of the most recent tune-up for each EGU. The date of the tune-up is the date the tune-up provisions specified in § 63.10021(e)(6) and (7) were completed.

(5) Should you choose to rely on paragraph (2) of the definition of "startup" in § 63.10042 for your EGU, for each instance of startup or shutdown you shall:

(i) Include the maximum clean fuel storage capacity and the maximum hourly heat input that can be provided for each clean fuel determined according to the requirements of § 63.10032(f).

(ii) Include the information required to be monitored, collected, or recorded according to the requirements of § 63.10020(e).

(iii) If you choose to use CEMS to demonstrate compliance with numerical limits, include hourly average CEMS values and hourly average flow values during startup periods or shutdown periods. Use units of milligrams per cubic meter for PM CEMS values, micrograms per cubic meter for Hg CEMS values, and ppmv for HCl, HF, or

$SO_2$ CEMS values. Use units of standard cubic meters per hour on a wet basis for flow values.

(iv) If you choose to use a separate sorbent trap measurement system for startup or shutdown reporting periods, include hourly average mercury concentration values in terms of micrograms per cubic meter.

(v) If you choose to use a PM CPMS, include hourly average operating parameter values in terms of the operating limit, as well as the operating parameter to PM correlation equation.

(6) You must report emergency bypass information annually from EGUs with LEE status.

(7) A summary of the results of the annual performance tests and documentation of any operating limits that were reestablished during the test, if applicable. If you are conducting stack tests once every 3 years to maintain LEE status, consistent with § 63.10006(b), the date of each stack test conducted during the previous 3 years, a comparison of emission level you achieved in each stack test conducted during the previous 3 years to the 50 percent emission limit threshold required in § 63.10005(h)(1)(i), and a statement as to whether there have been any operational changes since the last stack test that could increase emissions.

(8) A certification.

(9) If you have a deviation from any emission limit, work practice standard, or operating limit, you must also submit a brief description of the deviation, the duration of the deviation, emissions point identification, and the cause of the deviation.

* * * * *

■ 19. Section 63.10032 is amended by revising paragraph (f) to read as follows:

**§ 63.10032 What records must I keep?**

* * * * *

(f) Regarding startup periods or shutdown periods:

(1) Should you choose to rely on paragraph (1) of the definition of "startup" in § 63.10042 for your EGU, you must keep records of the occurrence and duration of each startup or shutdown.

(2) Should you choose to rely on paragraph (2) of the definition of "startup" in § 63.10042 for your EGU, you must keep records of:

(i) The determination of the maximum possible clean fuel capacity for each EGU;

(ii) The determination of the maximum possible hourly clean fuel heat input and of the hourly clean fuel heat input for each EGU; and

(iii) The information required in § 63.10020(e).

* * * * *

■ 20. Section 63.10042 is amended by:

■ a. Revising the definitions of "Coal-fired electric utility steam generating unit," "Coal refuse," "Fossil fuel-fired," "Integrated gasification combined cycle electric utility steam generating unit or IGCC," "Limited-use liquid oil-fired subcategory," and "Natural gas-fired electric utility steam generating unit";

■ b. Adding, in alphabetical order, definition of "Neural network or neural net"; and

■ c. Revising the definition of "Oil-fired electric utility steam generating unit."

The revisions and additions read as follows:

**§ 63.10042 What definitions apply to this subpart?**

* * * * *

*Coal-fired electric utility steam generating unit* means an electric utility steam generating unit meeting the definition of "fossil fuel-fired" that burns coal for more than 10.0 percent of the average annual heat input during the 3 previous calendar years after the compliance date for your facility in § 63.9984 or for more than 15.0 percent of the annual heat input during any one of those calendar years. EGU owners and operators must estimate coal, oil, and natural gas usage for the first 3 calendar years after the applicable compliance date and they are solely responsible for assuring compliance with this final rule or other applicable standard based on their fuel usage projections. After the first 3 years of compliance, EGUs are required to evaluate applicability based on coal or oil usage from the three previous calendars years on an annual rolling basis.

*Coal refuse* means waste products of coal mining, physical coal cleaning, and coal preparation operations (*e.g.* culm, gob, etc.) containing coal, matrix material, clay, and other organic and inorganic material.

* * * * *

*Fossil fuel-fired* means an electric utility steam generating unit (EGU) that is capable of producing more than 25 MW of electrical output from the combustion of fossil fuels. To be "capable of combusting" fossil fuels, an EGU would need to have these fuels allowed in its operating permit and have the appropriate fuel handling facilities on-site or otherwise available (*e.g.*, coal handling equipment, including coal storage area, belts and conveyers, pulverizers, etc.; oil storage facilities). In addition, fossil fuel-fired means any EGU that fired fossil fuels for more than 10.0 percent of the average annual heat input during the 3 previous calendar years after the compliance date for your facility in § 63.9984 or for more than 15.0 percent of the annual heat input during any one of those calendar years. EGU owners and operators must estimate coal, oil, and natural gas usage for the first 3 calendar years after the applicable compliance date and they are solely responsible for assuring compliance with this final rule or other applicable standard based on their fuel usage projections. After the first 3 years of compliance, EGUs are required to evaluate applicability based on coal or oil usage from the three previous calendars years on an annual rolling basis.

* * * * *

*Integrated gasification combined cycle electric utility steam generating unit* or *IGCC* means an electric utility steam generating unit meeting the definition of "fossil fuel-fired" that burns a synthetic gas derived from coal and/or solid oil-derived fuel for more than 10.0 percent of the average annual heat input during the 3 previous calendar years after the compliance date for your facility in § 63.9984 or for more than 15.0 percent of the annual heat input during any one of those calendar years in a combined-cycle gas turbine. EGU owners and operators must estimate coal, oil, and natural gas usage for the first 3 calendar years after the applicable compliance date and they are solely responsible for assuring compliance with this final rule or other applicable standard based on their fuel usage projections. No solid coal or solid oil-derived fuel is directly burned in the unit during operation. After the first 3 years of compliance, EGUs are required to evaluate applicability based on coal or oil usage from the three previous calendars years on an annual rolling basis.

* * * * *

*Limited-use liquid oil-fired subcategory* means an oil-fired electric utility steam generating unit with an annual capacity factor when burning oil of less than 8 percent of its maximum or nameplate heat input, whichever is greater, averaged over a 24-month block contiguous period commencing on the first of the month following the compliance date specified in § 63.9984.

* * * * *

*Natural gas-fired electric utility steam generating unit* means an electric utility steam generating unit meeting the definition of "fossil fuel-fired" that is not a coal-fired, oil-fired, or IGCC electric utility steam generating unit and that burns natural gas for more than 10.0 percent of the average annual heat input during the 3 previous calendar years after the compliance date for your facility in § 63.9984 or for more than 15.0 percent of the annual heat input during any one of those calendar years. EGU owners and operators must estimate coal, oil, and natural gas usage for the first 3 calendar years after the applicable compliance date and they are solely responsible for assuring compliance with this final rule or other applicable standard based on their fuel usage projections.

* * * * *

*Neural network* or *neural net* for purposes of this rule means an automated boiler optimization system. A neural network typically has the ability to process data from many inputs to develop, remember, update, and enable algorithms for efficient boiler operation.

* * * * *

*Oil-fired electric utility steam generating unit* means an electric utility steam generating unit meeting the definition of "fossil fuel-fired" that is not a coal-fired electric utility steam generating unit and that burns oil for more than 10.0 percent of the average annual heat input during the 3 previous calendar years after the compliance date for your facility in § 63.9984 or for more than 15.0 percent of the annual heat input during any one of those calendar years. EGU owners and operators must estimate coal, oil, and natural gas usage for the first 3 calendar years after the applicable compliance date and they are solely responsible for assuring compliance with this final rule or other applicable standard based on their fuel usage projections. After the first 3 years of compliance, EGUs are required to evaluate applicability based on coal or oil usage from the three previous calendars years on an annual rolling basis.

* * * * *

■ 21. Revise Table 1 to subpart UUUUU of part 63 to read as follows:

TABLE 1 TO SUBPART UUUUU OF PART 63—EMISSION LIMITS FOR NEW OR RECONSTRUCTED EGUS

[As stated in § 63.9991, you must comply with the following applicable emission limits:]

| If your EGU is in this subcategory . . . | For the following pollutants . . . | You must meet the following emission limits and work practice standards . . . | Using these requirements, as appropriate (*e.g.*, specified sampling volume or test run duration) and limitations with the test methods in Table 5 to this Subpart . . . |
|---|---|---|---|
| 1. Coal-fired unit not low rank virgin coal. | a. Filterable particulate matter (PM). | 9.0E-2 lb/MWh [1] | Collect a minimum of 4 dscm per run. |
| | OR | OR | |
| | Total non-Hg HAP metals | 6.0E-2 lb/GWh | Collect a minimum of 4 dscm per run. |
| | OR | OR | |
| | Individual HAP metals: | | Collect a minimum of 3 dscm per run. |
| | Antimony (Sb) | 8.0E-3 lb/GWh | |
| | Arsenic (As) | 3.0E-3 lb/GWh | |
| | Beryllium (Be) | 6.0E-4 lb/GWh | |
| | Cadmium (Cd) | 4.0E-4 lb/GWh | |
| | Chromium (Cr) | 7.0E-3 lb/GWh | |
| | Cobalt (Co) | 2.0E-3 lb/GWh | |
| | Lead (Pb) | 2.0E-2 lb/GWh | |
| | Manganese (Mn) | 4.0E-3 lb/GWh | |
| | Nickel (Ni) | 4.0E-2 lb/GWh | |
| | Selenium (Se) | 5.0E-2 lb/GWh | |
| | b. Hydrogen chloride (HCl) | 1.0E-2 lb/MWh | For Method 26A at appendix A-8 to part 60 of this chapter, collect a minimum of 3 dscm per run. For ASTM D6348-03 [2] or Method 320 at appendix A to part 63 of this chapter, sample for a minimum of 1 hour. |
| | OR | | |
| | Sulfur dioxide ($SO_2$) [3] | 1.0 lb/MWh | $SO_2$ CEMS. |
| | c. Mercury (Hg) | 3.0E-3 lb/GWh | Hg CEMS or sorbent trap monitoring system only. |
| 2. Coal-fired units low rank virgin coal. | a. Filterable particulate matter (PM). | 9.0E-2 lb/MWh [1] | Collect a minimum of 4 dscm per run. |
| | OR | OR | |
| | Total non-Hg HAP metals | 6.0E-2 lb/GWh | Collect a minimum of 4 dscm per run. |
| | OR | OR | |
| | Individual HAP metals: | | Collect a minimum of 3 dscm per run. |
| | Antimony (Sb) | 8.0E-3 lb/GWh | |
| | Arsenic (As) | 3.0E-3 lb/GWh | |
| | Beryllium (Be) | 6.0E-4 lb/GWh | |
| | Cadmium (Cd) | 4.0E-4 lb/GWh | |
| | Chromium (Cr) | 7.0E-3 lb/GWh | |
| | Cobalt (Co) | 2.0E-3 lb/GWh | |
| | Lead (Pb) | 2.0E-2 lb/GWh | |
| | Manganese (Mn) | 4.0E-3 lb/GWh | |
| | Nickel (Ni) | 4.0E-2 lb/GWh | |
| | Selenium (Se) | 5.0E-2 lb/GWh | |
| | b. Hydrogen chloride (HCl) | 1.0E-2 lb/MWh | For Method 26A, collect a minimum of 3 dscm per run For ASTM D6348-03 [2] or Method 320, sample for a minimum of 1 hour. |
| | OR | | |

TABLE 1 TO SUBPART UUUUU OF PART 63—EMISSION LIMITS FOR NEW OR RECONSTRUCTED EGUS—Continued

[As stated in § 63.9991, you must comply with the following applicable emission limits:]

| If your EGU is in this subcategory . . . | For the following pollutants . . . | You must meet the following emission limits and work practice standards . . . | Using these requirements, as appropriate (*e.g.*, specified sampling volume or test run duration) and limitations with the test methods in Table 5 to this Subpart . . . |
|---|---|---|---|
| | Sulfur dioxide ($SO_2$) [3] | 1.0 lb/MWh | $SO_2$ CEMS. |
| | c. Mercury (Hg) | 4.0E-2 lb/GWh | Hg CEMS or sorbent trap monitoring system only. |
| 3. IGCC unit | a. Filterable particulate matter (PM). | 7.0E-2 lb/MWh [4] 9.0E–2 lb/MWh [5]. | Collect a minimum of 1 dscm per run. |
| | OR | OR | |
| | Total non-Hg HAP metals | 4.0E-1 lb/GWh | Collect a minimum of 1 dscm per run. |
| | OR | OR | |
| | Individual HAP metals: | | Collect a minimum of 2 dscm per run. |
| | Antimony (Sb) | 2.0E-2 lb/GWh | |
| | Arsenic (As) | 2.0E-2 lb/GWh | |
| | Beryllium (Be) | 1.0E-3 lb/GWh | |
| | Cadmium (Cd) | 2.0E-3 lb/GWh | |
| | Chromium (Cr) | 4.0E-2 lb/GWh | |
| | Cobalt (Co) | 4.0E-3 lb/GWh | |
| | Lead (Pb) | 9.0E-3 lb/GWh | |
| | Manganese (Mn) | 2.0E-2 lb/GWh | |
| | Nickel (Ni) | 7.0E-2 lb/GWh | |
| | Selenium (Se) | 3.0E-1 lb/GWh | |
| | b. Hydrogen chloride (HCl) | 2.0E-3 lb/MWh | For Method 26A, collect a minimum of 1 dscm per run; for Method 26 at appendix A–8 to part 60 of this chapter, collect a minimum of 120 liters per run. For ASTM D6348–03 [2] or Method 320, sample for a minimum of 1 hour. |
| | OR | | |
| | Sulfur dioxide ($SO_2$) [3] | 4.0E-1 lb/MWh | $SO_2$ CEMS. |
| | c. Mercury (Hg) | 3.0E-3 lb/GWh | Hg CEMS or sorbent trap monitoring system only. |
| 4. Liquid oil-fired unit—continental (excluding limited-use liquid oil-fired subcategory units). | a. Filterable particulate matter (PM). | 3.0E-1 lb/MWh [1] | Collect a minimum of 1 dscm per run. |
| | OR | OR | |
| | Total HAP metals | 2.0E-4 lb/MWh | Collect a minimum of 2 dscm per run. |
| | OR | OR | |
| | Individual HAP metals: | | Collect a minimum of 2 dscm per run. |
| | Antimony (Sb) | 1.0E-2 lb/GWh | |
| | Arsenic (As) | 3.0E-3 lb/GWh | |
| | Beryllium (Be) | 5.0E-4 lb/GWh | |
| | Cadmium (Cd) | 2.0E-4 lb/GWh | |
| | Chromium (Cr) | 2.0E-2 lb/GWh | |
| | Cobalt (Co) | 3.0E-2 lb/GWh | |
| | Lead (Pb) | 8.0E-3 lb/GWh | |
| | Manganese (Mn) | 2.0E-2 lb/GWh | |
| | Nickel (Ni) | 9.0E-2 lb/GWh | |
| | Selenium (Se) | 2.0E-2 lb/GWh | |
| | Mercury (Hg) | 1.0E-4 lb/GWh | For Method 30B at appendix A–8 to part 60 of this chapter sample volume determination (Section 8.2.4), the estimated Hg concentration should nominally be < ½ the standard. |
| | b. Hydrogen chloride (HCl) | 4.0E-4 lb/MWh | For Method 26A, collect a minimum of 3 dscm per run. For ASTM D6348–03 [2] or Method 320, sample for a minimum of 1 hour. |
| | c. Hydrogen fluoride (HF) | 4.0E-4 lb/MWh | For Method 26A, collect a minimum of 3 dscm per run. For ASTM D6348–03 [2] or Method 320, sample for a minimum of 1 hour. |
| 5. Liquid oil-fired unit—non-continental (excluding limited-use liquid oil-fired subcategory units). | a. Filterable particulate matter (PM). | 2.0E–1 lb/MWh [1] | Collect a minimum of 1 dscm per run. |
| | OR | OR | |
| | Total HAP metals | 7.0E-3 lb/MWh | Collect a minimum of 1 dscm per run. |
| | OR | OR | |
| | Individual HAP metals: | | Collect a minimum of 3 dscm per run. |

TABLE 1 TO SUBPART UUUUU OF PART 63—EMISSION LIMITS FOR NEW OR RECONSTRUCTED EGUs—Continued

[As stated in § 63.9991, you must comply with the following applicable emission limits:]

| If your EGU is in this subcategory . . . | For the following pollutants . . . | You must meet the following emission limits and work practice standards . . . | Using these requirements, as appropriate (*e.g.,* specified sampling volume or test run duration) and limitations with the test methods in Table 5 to this Subpart . . . |
|---|---|---|---|
| | Antimony (Sb) | 8.0E-3 lb/GWh | |
| | Arsenic (As) | 6.0E-2 lb/GWh | |
| | Beryllium (Be) | 2.0E-3 lb/GWh | |
| | Cadmium (Cd) | 2.0E-3 lb/GWh | |
| | Chromium (Cr) | 2.0E-2 lb/GWh | |
| | Cobalt (Co) | 3.0E-1 lb/GWh | |
| | Lead (Pb) | 3.0E-2 lb/GWh | |
| | Manganese (Mn) | 1.0E-1 lb/GWh | |
| | Nickel (Ni) | 4.1E0 lb/GWh | |
| | Selenium (Se) | 2.0E-2 lb/GWh | |
| | Mercury (Hg) | 4.0E-4 lb/GWh | For Method 30B sample volume determination (Section 8.2.4), the estimated Hg concentration should nominally be < ½ the standard. |
| | b. Hydrogen chloride (HCl) | 2.0E-3 lb/MWh | For Method 26A, collect a minimum of 1 dscm per run;for Method 26, collect a minimum of 120 liters per run. For ASTM D6348–03 [2] or Method 320, sample for a minimum of 1 hour. |
| | c. Hydrogen fluoride (HF) | 5.0E-4 lb/MWh | For Method 26A, collect a minimum of 3 dscm per run.For ASTM D6348–03 [2] or Method 320, sample for a minimum of 1 hour. |
| 6. Solid oil-derived fuel-fired unit. | a. Filterable particulate matter (PM). | 3.0E-2 lb/MWh [1] | Collect a minimum of 1 dscm per run. |
| | OR | OR | |
| | Total non-Hg HAP metals | 6.0E-1 lb/GWh | Collect a minimum of 1 dscm per run. |
| | OR | OR | |
| | Individual HAP metals: | | Collect a minimum of 3 dscm per run. |
| | Antimony (Sb) | 8.0E–3 lb/GWh | |
| | Arsenic (As) | 3.0E-3 lb/GWh | |
| | Beryllium (Be) | 6.0E-4 lb/GWh | |
| | Cadmium (Cd) | 7.0E-4 lb/GWh | |
| | Chromium (Cr) | 6.0E-3 lb/GWh | |
| | Cobalt (Co) | 2.0E-3 lb/GWh | |
| | Lead (Pb) | 2.0E-2 lb/GWh | |
| | Manganese (Mn) | 7.0E-3 lb/GWh | |
| | Nickel (Ni) | 4.0E-2 lb/GWh | |
| | Selenium (Se) | 6.0E-3 lb/GWh | |
| | b. Hydrogen chloride (HCl) | 4.0E-4 lb/MWh | For Method 26A, collect a minimum of 3 dscm per run. For ASTM D6348–03 [2] or Method 320, sample for a minimum of 1 hour. |
| | OR | | |
| | Sulfur dioxide ($SO_2$) [3] | 1.0 lb/MWh | $SO_2$ CEMS. |
| | c. Mercury (Hg) | 2.0E-3 lb/GWh | Hg CEMS or Sorbent trap monitoring system only. |

[1] Gross output.
[2] Incorporated by reference, see § 63.14.
[3] You may not use the alternate $SO_2$ limit if your EGU does not have some form of FGD system (or, in the case of IGCC EGUs, some other acid gas removal system either upstream or downstream of the combined cycle block) and $SO_2$ CEMS installed.
[4] Duct burners on syngas; gross output.
[5] Duct burners on natural gas; gross output.

■ 22. Revise Table 2 to subpart UUUUU of part 63 to read as follows:

TABLE 2 TO SUBPART UUUUU OF PART 63—EMISSION LIMITS FOR EXISTING EGUS

[As stated in § 63.9991, you must comply with the following applicable emission limits: [1]]

| If your EGU is in this subcategory . . . | For the following pollutants . . . | You must meet the following emission limits and work practice standards . . . | Using these requirements, as appropriate (*e.g.,* specified sampling volume or test run duration) and limitations with the test methods in Table 5 to this Subpart . . . |
|---|---|---|---|
| 1. Coal-fired unit not low rank virgin coal. | a. Filterable particulate matter (PM). | 3.0E-2 lb/MMBtu or 3.0E-1 lb/MWh [2]. | Collect a minimum of 1 dscm per run. |
| | OR | OR | |
| | Total non-Hg HAP metals | 5.0E-5 lb/MMBtu or 5.0E-1 lb/GWh. | Collect a minimum of 1 dscm per run. |
| | OR | OR | |
| | Individual HAP metals: | | Collect a minimum of 3 dscm per run. |
| | Antimony (Sb) | 8.0E-1 lb/TBtu or 8.0E-3 lb/GWh | |
| | Arsenic (As) | 1.1E0 lb/TBtu or 2.0E-2 lb/GWh | |
| | Beryllium (Be) | 2.0E-1 lb/TBtu or 2.0E-3 lb/GWh | |
| | Cadmium (Cd) | 3.0E-1 lb/TBtu or 3.0E-3 lb/GWh | |
| | Chromium (Cr) | 2.8E0 lb/TBtu or 3.0E-2 lb/GWh | |
| | Cobalt (Co) | 8.0E-1 lb/TBtu or 8.0E-3 lb/GWh | |
| | Lead (Pb) | 1.2E0 lb/TBtu or 2.0E-2 lb/GWh | |
| | Manganese (Mn) | 4.0E0 lb/TBtu or 5.0E-2 lb/GWh | |
| | Nickel (Ni) | 3.5E0 lb/TBtu or 4.0E-2 lb/GWh | |
| | Selenium (Se) | 5.0E0 lb/TBtu or 6.0E-2 lb/GWh | |
| | b. Hydrogen chloride (HCl) | 2.0E-3 lb/MMBtu or 2.0E-2 lb/MWh. | For Method 26A at appendix A–8 to part 60 of this chapter, collect a minimum of 0.75 dscm per run; for Method 26, collect a minimum of 120 liters per run. For ASTM D6348–03 [3] or Method 320 at appendix A to part 63 of this chapter, sample for a minimum of 1 hour. |
| | OR | | |
| | Sulfur dioxide ($SO_2$) [4] | 2.0E-1 lb/MMBtu or 1.5E0 lb/MWh | $SO_2$ CEMS. |
| | c. Mercury (Hg) | 1.2E0 lb/TBtu or 1.3E-2 lb/GWh | LEE Testing for 30 days with a sampling period consistent with that given in section 5.2.1 of appendix A to this subpart per Method 30B at appendix A–8 to part 60 of this chapter run or Hg CEMS or sorbent trap monitoring system only. |
| | | OR. | |
| | | 1.0E0 lb/TBtu or 1.1E-2 lb/GWh | LEE Testing for 90 days with a sampling period consistent with that given in section 5.2.1 of appendix A to this subpart per Method 30B run or Hg CEMS or sorbent trap monitoring system only. |
| 2. Coal-fired unit low rank virgin coal. | a. Filterable particulate matter (PM). | 3.0E-2 lb/MMBtu or 3.0E-1 lb/MWh [2]. | Collect a minimum of 1 dscm per run. |
| | OR | OR. | |
| | Total non-Hg HAP metals | 5.0E-5 lb/MMBtu or 5.0E-1 lb/GWh. | Collect a minimum of 1 dscm per run. |
| | OR | OR. | |
| | Individual HAP metals: | | Collect a minimum of 3 dscm per run. |
| | Antimony (Sb) | 8.0E-1 lb/TBtu or 8.0E-3 lb/GWh | |
| | Arsenic (As) | 1.1E0 lb/TBtu or 2.0E-2 lb/GWh | |
| | Beryllium (Be) | 2.0E-1 lb/TBtu or 2.0E-3 lb/GWh | |
| | Cadmium (Cd) | 3.0E-1 lb/TBtu or 3.0E-3 lb/GWh | |
| | Chromium (Cr) | 2.8E0 lb/TBtu or 3.0E-2 lb/GWh | |
| | Cobalt (Co) | 8.0E-1 lb/TBtu or 8.0E-3 lb/GWh | |
| | Lead (Pb) | 1.2E0 lb/TBtu or 2.0E-2 lb/GWh | |
| | Manganese (Mn) | 4.0E0 lb/TBtu or 5.0E-2 lb/GWh | |
| | Nickel (Ni) | 3.5E0 lb/TBtu or 4.0E-2 lb/GWh | |
| | Selenium (Se) | 5.0E0 lb/TBtu or 6.0E-2 lb/GWh | |

TABLE 2 TO SUBPART UUUUU OF PART 63—EMISSION LIMITS FOR EXISTING EGUs—Continued

[As stated in § 63.9991, you must comply with the following applicable emission limits: [1]]

| If your EGU is in this subcategory . . . | For the following pollutants . . . | You must meet the following emission limits and work practice standards . . . | Using these requirements, as appropriate (*e.g.*, specified sampling volume or test run duration) and limitations with the test methods in Table 5 to this Subpart . . . |
|---|---|---|---|
| | b. Hydrogen chloride (HCl) | 2.0E-3 lb/MMBtu or 2.0E-2 lb/MWh. | For Method 26A, collect a minimum of 0.75 dscm per run; for Method 26 at appendix A–8 to part 60 of this chapter, collect a minimum of 120 liters per run. For ASTM D6348–03 [3] or Method 320, sample for a minimum of 1 hour. |
| | OR | | |
| | Sulfur dioxide ($SO_2$) [4] | 2.0E-1 lb/MMBtu or 1.5E0 lb/MWh | $SO_2$ CEMS. |
| | c. Mercury (Hg) | 4.0E0 lb/TBtu or 4.0E-2 lb/GWh | LEE Testing for 30 days with a sampling period consistent with that given in section 5.2.1 of appendix A to this subpart per Method 30B run or Hg CEMS or sorbent trap monitoring system only. |
| 3. IGCC unit | a. Filterable particulate matter (PM). | 4.0E-2 lb/MMBtu or 4.0E-1 lb/MWh [2]. | Collect a minimum of 1 dscm per run. |
| | OR | OR | |
| | Total non-Hg HAP metals | 6.0E-5 lb/MMBtu or 5.0E-1 lb/GWh. | Collect a minimum of 1 dscm per run. |
| | OR | OR | |
| | Individual HAP metals: | | Collect a minimum of 2 dscm per run. |
| | Antimony (Sb) | 1.4E0 lb/TBtu or 2.0E-2 lb/GWh | |
| | Arsenic (As) | 1.5E0 lb/TBtu or 2.0E-2 lb/GWh | |
| | Beryllium (Be) | 1.0E-1 lb/TBtu or 1.0E-3 lb/GWh | |
| | Cadmium (Cd) | 1.5E-1 lb/TBtu or 2.0E-3 lb/GWh | |
| | Chromium (Cr) | 2.9E0 lb/TBtu or 3.0E-2 lb/GWh | |
| | Cobalt (Co) | 1.2E0 lb/TBtu or 2.0E-2 lb/GWh | |
| | Lead (Pb) | 1.9E+2 lb/TBtu or 1.8E0 lb/GWh | |
| | Manganese (Mn) | 2.5E0 lb/TBtu or 3.0E-2 lb/GWh | |
| | Nickel (Ni) | 6.5E0 lb/TBtu or 7.0E-2 lb/GWh | |
| | Selenium (Se) | 2.2E+1 lb/TBtu or 3.0E-1 lb/GWh | |
| | b. Hydrogen chloride (HCl) | 5.0E-4 lb/MMBtu or 5.0E-3 lb/MWh. | For Method 26A, collect a minimum of 1 dscm per run; for Method 26, collect a minimum of 120 liters per run. For ASTM D6348–03 [3] or Method 320, sample for a minimum of 1 hour. |
| | c. Mercury (Hg) | 2.5E0 lb/TBtu or 3.0E-2 lb/GWh | LEE Testing for 30 days with a sampling period consistent with that given in section 5.2.1 of appendix A to this subpart per Method 30B run or Hg CEMS or sorbent trap monitoring system only. |
| 4. Liquid oil-fired unit—continental (excluding limited-use liquid oil-fired subcategory units). | a. Filterable particulate matter (PM). | 3.0E-2 lb/MMBtu or 3.0E-1 lb/MWh [2]. | Collect a minimum of 1 dscm per run. |
| | OR | OR | |
| | Total HAP metals | 8.0E-4 lb/MMBtu or 8.0E-3 lb/MWh. | Collect a minimum of 1 dscm per run. |
| | OR | OR | |
| | Individual HAP metals: | | Collect a minimum of 1 dscm per run. |
| | Antimony (Sb) | 1.3E+1 lb/TBtu or 2.0E-1 lb/GWh | |
| | Arsenic (As) | 2.8E0 lb/TBtu or 3.0E-2 lb/GWh | |
| | Beryllium (Be) | 2.0E-1 lb/TBtu or 2.0E-3 lb/GWh | |
| | Cadmium (Cd) | 3.0E-1 lb/TBtu or 2.0E-3 lb/GWh | |
| | Chromium (Cr) | 5.5E0 lb/TBtu or 6.0E-2 lb/GWh | |
| | Cobalt (Co) | 2.1E+1 lb/TBtu or 3.0E-1 lb/GWh | |
| | Lead (Pb) | 8.1E0 lb/TBtu or 8.0E-2 lb/GWh | |
| | Manganese (Mn) | 2.2E+1 lb/TBtu or 3.0E-1 lb/GWh | |
| | Nickel (Ni) | 1.1E+2 lb/TBtu or 1.1E0 lb/GWh | |

TABLE 2 TO SUBPART UUUUU OF PART 63—EMISSION LIMITS FOR EXISTING EGUs—Continued

[As stated in § 63.9991, you must comply with the following applicable emission limits: [1]]

| If your EGU is in this subcategory . . . | For the following pollutants . . . | You must meet the following emission limits and work practice standards . . . | Using these requirements, as appropriate (*e.g.*, specified sampling volume or test run duration) and limitations with the test methods in Table 5 to this Subpart . . . |
|---|---|---|---|
| | Selenium (Se) | 3.3E0 lb/TBtu or 4.0E-2 lb/GWh | |
| | Mercury (Hg) | 2.0E-1 lb/TBtu or 2.0E-3 lb/GWh | For Method 30B sample volume determination (Section 8.2.4), the estimated Hg concentration should nominally be < ½ the standard. |
| | b. Hydrogen chloride (HCl) | 2.0E-3 lb/MMBtu or 1.0E-2 lb/MWh. | For Method 26A, collect a minimum of 1 dscm per run; for Method 26, collect a minimum of 120 liters per run. For ASTM D6348–03 [3] or Method 320, sample for a minimum of 1 hour. |
| | c. Hydrogen fluoride (HF) | 4.0E-4 lb/MMBtu or 4.0E-3 lb/MWh. | For Method 26A, collect a minimum of 1 dscm per run; for Method 26, collect a minimum of 120 liters per run. For ASTM D6348–03 [3] or Method 320, sample for a minimum of 1 hour. |
| 5. Liquid oil-fired unit—non-continental (excluding limited-use liquid oil-fired subcategory units). | a. Filterable particulate matter (PM). | 3.0E-2 lb/MMBtu or 3.0E-1 lb/MWh [2]. | Collect a minimum of 1 dscm per run. |
| | OR | OR | |
| | Total HAP metals | 6.0E-4 lb/MMBtu or 7.0E-3 lb/MWh. | Collect a minimum of 1 dscm per run. |
| | OR | OR | |
| | Individual HAP metals: | | Collect a minimum of 2 dscm per run. |
| | Antimony (Sb) | 2.2E0 lb/TBtu or 2.0E-2 lb/GWh | |
| | Arsenic (As) | 4.3E0 lb/TBtu or 8.0E-2 lb/GWh | |
| | Beryllium (Be) | 6.0E-1 lb/TBtu or 3.0E-3 lb/GWh | |
| | Cadmium (Cd) | 3.0E-1 lb/TBtu or 3.0E-3 lb/GWh | |
| | Chromium (Cr) | 3.1E+1 lb/TBtu or 3.0E-1 lb/GWh | |
| | Cobalt (Co) | 1.1E+2 lb/TBtu or 1.4E0 lb/GWh | |
| | Lead (Pb) | 4.9E0 lb/TBtu or 8.0E-2 lb/GWh | |
| | Manganese (Mn) | 2.0E+1 lb/TBtu or 3.0E-1 lb/GWh | |
| | Nickel (Ni) | 4.7E+2 lb/TBtu or 4.1E0 lb/GWh | |
| | Selenium (Se) | 9.8E0 lb/TBtu or 2.0E-1 lb/GWh | |
| | Mercury (Hg) | 4.0E-2 lb/TBtu or 4.0E-4 lb/GWh | For Method 30B sample volume determination (Section 8.2.4), the estimated Hg concentration should nominally be < ½ the standard. |
| | b. Hydrogen chloride (HCl) | 2.0E-4 lb/MMBtu or 2.0E-3 lb/MWh. | For Method 26A, collect a minimum of 1 dscm per run; for Method 26, collect a minimum of 120 liters per run. For ASTM D6348–03 [3] or Method 320, sample for a minimum of 2 hours. |
| | c. Hydrogen fluoride (HF) | 6.0E-5 lb/MMBtu or 5.0E-4 lb/MWh. | For Method 26A, collect a minimum of 3 dscm per run. For ASTM D6348–03 [3] or Method 320, sample for a minimum of 2 hours. |
| 6. Solid oil-derived fuel-fired unit | a. Filterable particulate matter (PM). | 8.0E-3 lb/MMBtu or 9.0E-2 lb/MWh [2]. | Collect a minimum of 1 dscm per run. |
| | OR | OR | |
| | Total non-Hg HAP metals | 4.0E-5 lb/MMBtu or 6.0E-1 lb/GWh. | Collect a minimum of 1 dscm per run. |
| | OR | OR | |
| | Individual HAP metals: | | Collect a minimum of 3 dscm per run. |
| | Antimony (Sb) | 8.0E-1 lb/TBtu or 7.0E-3 lb/GWh | |
| | Arsenic (As) | 3.0E-1 lb/TBtu or 5.0E-3 lb/GWh | |
| | Beryllium (Be) | 6.0E-2 lb/TBtu or 5.0E-4 lb/GWh | |

TABLE 2 TO SUBPART UUUUU OF PART 63—EMISSION LIMITS FOR EXISTING EGUs—Continued

[As stated in § 63.9991, you must comply with the following applicable emission limits: [1]]

| If your EGU is in this subcategory . . . | For the following pollutants . . . | You must meet the following emission limits and work practice standards . . . | Using these requirements, as appropriate (*e.g.*, specified sampling volume or test run duration) and limitations with the test methods in Table 5 to this Subpart . . . |
|---|---|---|---|
| | Cadmium (Cd) | 3.0E-1 lb/TBtu or 4.0E-3 lb/GWh | |
| | Chromium (Cr) | 8.0E-1 lb/TBtu or 2.0E-2 lb/GWh | |
| | Cobalt (Co) | 1.1E0 lb/TBtu or 2.0E-2 lb/GWh | |
| | Lead (Pb) | 8.0E-1 lb/TBtu or 2.0E-2 lb/GWh | |
| | Manganese (Mn) | 2.3E0 lb/TBtu or 4.0E-2 lb/GWh | |
| | Nickel (Ni) | 9.0E0 lb/TBtu or 2.0E-1 lb/GWh | |
| | Selenium (Se) | 1.2E0 lb/Tbtu or 2.0E-2 lb/GWh | |
| | b. Hydrogen chloride (HCl) | 5.0E-3 lb/MMBtu or 8.0E-2 lb/MWh. | For Method 26A, collect a minimum of 0.75 dscm per run; for Method 26, collect a minimum of 120 liters per run. For ASTM D6348–03 [3] or Method 320, sample for a minimum of 1 hour. |
| | OR<br>Sulfur dioxide ($SO_2$) [4] | 3.0E-1 lb/MMBtu or 2.0E0 lb/MWh | $SO_2$ CEMS. |
| | c. Mercury (Hg) | 2.0E-1 lb/TBtu or 2.0E-3 lb/GWh | LEE Testing for 30 days with a sampling period consistent with that given in section 5.2.1 of appendix A to this subpart per Method 30B run or Hg CEMS or sorbent trap monitoring system only. |

[1] For LEE emissions testing for total PM, total HAP metals, individual HAP metals, HCl, and HF, the required minimum sampling volume must be increased nominally by a factor of two.
[2] Gross output.
[3] Incorporated by reference, see § 63.14.
[4] You may not use the alternate $SO_2$ limit if your EGU does not have some form of FGD system and $SO_2$ CEMS installed.

■ 23. Revise Table 3 to subpart UUUUU of part 63 to read as follows:

TABLE 3 TO SUBPART UUUUU OF PART 63—WORK PRACTICE STANDARDS

[As stated in § 63.9991, you must comply with the following applicable work practice standards:]

| If your EGU is . . . | You must meet the following . . . |
|---|---|
| 1. An existing EGU | Conduct a tune-up of the EGU burner and combustion controls at least each 36 calendar months, or each 48 calendar months if neural network combustion optimization software is employed, as specified in § 63.10021(e). |
| 2. A new or reconstructed EGU. | Conduct a tune-up of the EGU burner and combustion controls at least each 36 calendar months, or each 48 calendar months if neural network combustion optimization software is employed, as specified in § 63.10021(e). |
| 3. A coal-fired, liquid oil-fired (excluding limited-use liquid oil-fired subcategory units), or solid oil-derived fuel-fired EGU during startup. | a. You have the option of complying using either of the following work practice standards:<br>(1) If you choose to comply using paragraph (1) of the definition of "startup" in § 63.10042, you must operate all CMS during startup. Startup means either the first-ever firing of fuel in a boiler for the purpose of producing electricity, or the firing of fuel in a boiler after a shutdown event for any purpose. Startup ends when any of the steam from the boiler is used to generate electricity for sale over the grid or for any other purpose (including on site use). For startup of a unit, you must use clean fuels as defined in § 63.10042 for ignition. Once you convert to firing coal, residual oil, or solid oil-derived fuel, you must engage all of the applicable control technologies except dry scrubber and SCR. You must start your dry scrubber and SCR systems, if present, appropriately to comply with relevant standards applicable during normal operation. You must comply with all applicable emissions limits at all times except for periods that meet the applicable definitions of startup and shutdown in this subpart. You must keep records during startup periods. You must provide reports concerning activities and startup periods, as specified in § 63.10011(g) and § 63.10021(h) and (i).<br>(2) If you choose to comply using paragraph (2) of the definition of "startup" in § 63.10042, you must operate all CMS during startup. You must also collect appropriate data, and you must calculate the pollutant emission rate for each hour of startup.<br>For startup of an EGU, you must use one or a combination of the clean fuels defined in § 63.10042 to the maximum extent possible, taking into account considerations such as boiler or control device integrity, throughout the startup period. You must have sufficient clean fuel capacity to engage and operate your PM control device within one hour of adding coal, residual oil, or solid oil-derived fuel to the unit. You must meet the startup period work practice requirements as identified in § 63.10020(e).<br>Once you start firing coal, residual oil, or solid oil-derived fuel, you must vent emissions to the main stack(s). You must comply with the applicable emission limits beginning with the hour after startup ends. You must engage and operate your particulate matter control(s) within 1 hour of first firing of coal, residual oil, or solid oil-derived fuel. |

TABLE 3 TO SUBPART UUUUU OF PART 63—WORK PRACTICE STANDARDS—Continued

[As stated in § 63.9991, you must comply with the following applicable work practice standards:]

| If your EGU is . . . | You must meet the following . . . |
|---|---|
| | You must start all other applicable control devices as expeditiously as possible, considering safety and manufacturer/supplier recommendations, but, in any case, when necessary to comply with other standards made applicable to the EGU by a permit limit or a rule other than this Subpart that require operation of the control devices.<br>b. Relative to the syngas not fired in the combustion turbine of an IGCC EGU during startup, you must either: (1) Flare the syngas, or (2) route the syngas to duct burners, which may need to be installed, and route the flue gas from the duct burners to the heat recovery steam generator.<br>c. If you choose to use just one set of sorbent traps to demonstrate compliance with the applicable Hg emission limit, you must comply with the limit at all times; otherwise, you must comply with the applicable emission limit at all times except for startup and shutdown periods.<br>d. You must collect monitoring data during startup periods, as specified in § 63.10020(a) and (e). You must keep records during startup periods, as provided in §§ 63.10032 and 63.10021(h). You must provide reports concerning activities and startup periods, as specified in §§ 63.10011(g), 63.10021(i), and 63.10031. |
| 4. A coal-fired, liquid oil-fired (excluding limited-use liquid oil-fired subcategory units), or solid oil-derived fuel-fired EGU during shutdown. | You must operate all CMS during shutdown. You must also collect appropriate data, and you must calculate the pollutant emission rate for each hour of shutdown for those pollutants for which a CMS is used.<br>While firing coal, residual oil, or solid oil-derived fuel during shutdown, you must vent emissions to the main stack(s) and operate all applicable control devices and continue to operate those control devices after the cessation of coal, residual oil, or solid oil-derived fuel being fed into the EGU and for as long as possible thereafter considering operational and safety concerns. In any case, you must operate your controls when necessary to comply with other standards made applicable to the EGU by a permit limit or a rule other than this Subpart and that require operation of the control devices.<br>If, in addition to the fuel used prior to initiation of shutdown, another fuel must be used to support the shutdown process, that additional fuel must be one or a combination of the clean fuels defined in § 63.10042 and must be used to the maximum extent possible, taking into account considerations such as not compromising boiler or control device integrity.<br>Relative to the syngas not fired in the combustion turbine of an IGCC EGU during shutdown, you must either: (1) Flare the syngas, or (2) route the syngas to duct burners, which may need to be installed, and route the flue gas from the duct burners to the heat recovery steam generator.<br>You must comply with all applicable emission limits at all times except during startup periods and shutdown periods at which time you must meet this work practice. You must collect monitoring data during shutdown periods, as specified in § 63.10020(a). You must keep records during shutdown periods, as provided in §§ 63.10032 and 63.10021(h). Any fraction of an hour in which shutdown occurs constitutes a full hour of shutdown. You must provide reports concerning activities and shutdown periods, as specified in §§ 63.10011(g), 63.10021(i), and 63.10031. |

■ 24. Revise Table 4 to subpart UUUUU of part 63 to read as follows:

TABLE 4 TO SUBPART UUUUU OF PART 63 — OPERATING LIMITS FOR EGUs

[As stated in § 63.9991, you must comply with the applicable operating limits:]

| If you demonstrate compliance using . . . | You must meet these operating limits . . . |
|---|---|
| PM CPMS .................... | Maintain the 30-boiler operating day rolling average PM CPMS output determined in accordance with the requirements of § 63.10023(b)(2) and obtained during the most recent performance test run demonstrating compliance with the filterable PM, total non-mercury HAP metals (total HAP metals, for liquid oil-fired units), or individual non-mercury HAP metals (individual HAP metals including Hg, for liquid oil-fired units) emissions limitation(s). |

■ 25. Revise Table 5 to subpart UUUUU of part 63 to read as follows:

TABLE 5 TO SUBPART UUUUU OF PART 63—PERFORMANCE TESTING REQUIREMENTS

[As stated in § 63.10007, you must comply with the following requirements for performance testing for existing, new or reconstructed affected sources: [1]]

| To conduct a performance test for the following pollutant . . . | Using . . . | You must perform the following activities, as applicable to your input- or output-based emission limit . . . | Using . . .[2] |
|---|---|---|---|
| 1. Filterable Particulate matter (PM). | Emissions Testing .................. | a. Select sampling ports location and the number of traverse points. | Method 1 at appendix A–1 to part 60 of this chapter. |
| | | b. Determine velocity and volumetric flow-rate of the stack gas. | Method 2, 2A, 2C, 2F, 2G or 2H at appendix A–1 or A–2 to part 60 of this chapter. |

TABLE 5 TO SUBPART UUUUU OF PART 63—PERFORMANCE TESTING REQUIREMENTS—Continued

[As stated in § 63.10007, you must comply with the following requirements for performance testing for existing, new or reconstructed affected sources: [1]]

| To conduct a performance test for the following pollutant . . . | Using . . . | You must perform the following activities, as applicable to your input- or output-based emission limit . . . | Using . . . [2] |
|---|---|---|---|
| | | c. Determine oxygen and carbon dioxide concentrations of the stack gas. | Method 3A or 3B at appendix A–2 to part 60 of this chapter, or ANSI/ASME PTC 19.10–1981.[3] |
| | | d. Measure the moisture content of the stack gas. | Method 4 at appendix A–3 to part 60 of this chapter. |
| | | e. Measure the filterable PM concentration. | Method 5 at appendix A–3 to part 60 of this chapter.<br>For positive pressure fabric filters, Method 5D at appendix A–3 to part 60 of this chapter for filterable PM emissions.<br>Note that the Method 5 front half temperature shall be 160° ± 14° C (320° ± 25° F). |
| | | f. Convert emissions concentration to lb/MMBtu or lb/MWh emissions rates. | Method 19 F-factor methodology at appendix A–7 to part 60 of this chapter, or calculate using mass emissions rate and gross output data (see § 63.10007(e)). |
| | OR<br>PM CEMS | OR.<br>a. Install, certify, operate, and maintain the PM CEMS. | Performance Specification 11 at appendix B to part 60 of this chapter and Procedure 2 at appendix F to part 60 of this chapter. |
| | | b. Install, certify, operate, and maintain the diluent gas, flow rate, and/or moisture monitoring systems. | Part 75 of this chapter and § 63.10010(a), (b), (c), and (d). |
| | | c. Convert hourly emissions concentrations to 30 boiler operating day rolling average lb/MMBtu or lb/MWh emissions rates. | Method 19 F-factor methodology at appendix A–7 to part 60 of this chapter, or calculate using mass emissions rate and gross output data (see § 63.10007(e)). |
| 2. Total or individual non-Hg HAP metals. | Emissions Testing | a. Select sampling ports location and the number of traverse points.. | Method 1 at appendix A–1 to part 60 of this chapter. |
| | | b. Determine velocity and volumetric flow-rate of the stack gas. | Method 2, 2A, 2C, 2F, 2G or 2H at appendix A–1 or A–2 to part 60 of this chapter. |
| | | c. Determine oxygen and carbon dioxide concentrations of the stack gas. | Method 3A or 3B at appendix A–2 to part 60 of this chapter, or ANSI/ASME PTC 19.10–1981.[3] |
| | | d. Measure the moisture content of the stack gas. | Method 4 at appendix A–3 to part 60 of this chapter. |
| | | e. Measure the HAP metals emissions concentrations and determine each individual HAP metals emissions concentration, as well as the total filterable HAP metals emissions concentration and total HAP metals emissions concentration. | Method 29 at appendix A–8 to part 60 of this chapter. For liquid oil-fired units, Hg is included in HAP metals and you may use Method 29, Method 30B at appendix A–8 to part 60 of this chapter; for Method 29, you must report the front half and back half results separately. When using Method 29, report metals matrix spike and recovery levels. |
| | | f. Convert emissions concentrations (individual HAP metals, total filterable HAP metals, and total HAP metals) to lb/MMBtu or lb/MWh emissions rates. | Method 19 F-factor methodology at appendix A–7 to part 60 of this chapter, or calculate using mass emissions rate and gross output data (see § 63.10007(e)). |
| 3. Hydrogen chloride (HCl) and hydrogen fluoride (HF). | Emissions Testing | a. Select sampling ports location and the number of traverse points.. | Method 1 at appendix A–1 to part 60 of this chapter. |
| | | b. Determine velocity and volumetric flow-rate of the stack gas. | Method 2, 2A, 2C, 2F, 2G or 2H at appendix A–1 or A–2 to part 60 of this chapter. |
| | | c. Determine oxygen and carbon dioxide concentrations of the stack gas. | Method 3A or 3B at appendix A–2 to part 60 of this chapter, or ANSI/ASME PTC 19.10–1981.[3] |
| | | d. Measure the moisture content of the stack gas. | Method 4 at appendix A–3 to part 60 of this chapter. |

TABLE 5 TO SUBPART UUUUU OF PART 63—PERFORMANCE TESTING REQUIREMENTS—Continued

[As stated in § 63.10007, you must comply with the following requirements for performance testing for existing, new or reconstructed affected sources: [1]]

| To conduct a performance test for the following pollutant . . . | Using . . . | You must perform the following activities, as applicable to your input- or output-based emission limit . . . | Using . . .[2] |
|---|---|---|---|
| | | e. Measure the HCl and HF emissions concentrations. | Method 26 or Method 26A at appendix A–8 to part 60 of this chapter or Method 320 at appendix A to part 63 of this chapter or ASTM 6348–03[3] with<br>(1) the following conditions when using ASTM D6348–03:<br>(A) The test plan preparation and implementation in the Annexes to ASTM D6348–03, Sections A1 through A8 are mandatory;<br>(B) For ASTM D6348–03 Annex A5 (Analyte Spiking Technique), the percent (%) R must be determined for each target analyte (see Equation A5.5);<br>(C) For the ASTM D6348–03 test data to be acceptable for a target analyte, %R must be 70% ≥ R ≤ 130%; and |

3.e.1(D) The %R value for each compound must be reported in the test report and all field measurements corrected with the calculated %R value for that compound using the following equation:

$$\text{Reported Result} = \frac{(\text{Measured Concentration in Stack})}{\%R} x\ 100$$

and

| To conduct a performance test for the following pollutant . . . (cont'd) | Using . . . (cont'd) | You must perform the following activities, as applicable to your input- or output-based emission limit . . . (cont'd) | Using . . .[2] (cont'd) |
|---|---|---|---|
| | ........ | ........ | (2) spiking levels nominally no greater than two times the level corresponding to the applicable emission limit.<br>Method 26A must be used if there are entrained water droplets in the exhaust stream. |
| | ........ | f. Convert emissions concentration to lb/MMBtu or lb/MWh emissions rates. | Method 19 F-factor methodology at appendix A–7 to part 60 of this chapter, or calculate using mass emissions rate and gross output data (see § 63.10007(e)). |
| | OR ........ | OR. | |
| | HCl and/or HF CEMS ........ | a. Install, certify, operate, and maintain the HCl or HF CEMS. | Appendix B of this subpart. |
| | ........ | b. Install, certify, operate, and maintain the diluent gas, flow rate, and/or moisture monitoring systems. | Part 75 of this chapter and § 63.10010(a), (b), (c), and (d). |
| | ........ | c. Convert hourly emissions concentrations to 30 boiler operating day rolling average lb/MMBtu or lb/MWh emissions rates. | Method 19 F-factor methodology at appendix A–7 to part 60 of this chapter, or calculate using mass emissions rate and gross output data (see § 63.10007(e)). |
| 4. Mercury (Hg) ........ | Emissions Testing ........ | a. Select sampling ports location and the number of traverse points. | Method 1 at appendix A–1 to part 60 of this chapter or Method 30B at Appendix A–8 for Method 30B point selection. |
| | ........ | b. Determine velocity and volumetric flow-rate of the stack gas. | Method 2, 2A, 2C, 2F, 2G or 2H at appendix A–1 or A–2 to part 60 of this chapter. |
| | ........ | c. Determine oxygen and carbon dioxide concentrations of the stack gas. | Method 3A or 3B at appendix A–1 to part 60 of this chapter, or ANSI/ASME PTC 19.10–1981.[3] |

| To conduct a performance test for the following pollutant . . . (cont'd) | Using . . . (cont'd) | You must perform the following activities, as applicable to your input- or output-based emission limit . . . (cont'd) | Using . . .[2] (cont'd) |
|---|---|---|---|
| | ............ | d. Measure the moisture content of the stack gas. | Method 4 at appendix A–3 to part 60 of this chapter. |
| | ............ | e. Measure the Hg emission concentration. | Method 30B at appendix A–8 to part 60 of this chapter, ASTM D6784,[3] or Method 29 at appendix A–8 to part 60 of this chapter; for Method 29, you must report the front half and back half results separately. |
| | ............ | f. Convert emissions concentration to lb/TBtu or lb/GWh emission rates. | Method 19 F-factor methodology at appendix A–7 to part 60 of this chapter, or calculate using mass emissions rate and gross output data [see § 63.10007(e)]. |
| | OR ............ | OR. | |
| | Hg CEMS ............ | a. Install, certify, operate, and maintain the CEMS. | Sections 3.2.1 and 5.1 of appendix A of this subpart. |
| | ............ | b. Install, certify, operate, and maintain the diluent gas, flow rate, and/or moisture monitoring systems. | Part 75 of this chapter and § 63.10010(a), (b), (c), and (d). |
| | ............ | c. Convert hourly emissions concentrations to 30 boiler operating day rolling average lb/TBtu or lb/GWh emissions rates. | Section 6 of appendix A to this subpart. |
| | OR ............ | OR. | |
| | Sorbent trap monitoring system. | a. Install, certify, operate, and maintain the sorbent trap monitoring system. | Sections 3.2.2 and 5.2 of appendix A to this subpart. |
| | ............ | b. Install, operate, and maintain the diluent gas, flow rate, and/or moisture monitoring systems. | Part 75 of this chapter and § 63.10010(a), (b), (c), and (d). |
| | ............ | c. Convert emissions concentrations to 30 boiler operating day rolling average lb/TBtu or lb/GWh emissions rates. | Section 6 of appendix A to this subpart. |
| | OR ............ | OR. | |
| | LEE testing ............ | a. Select sampling ports location and the number of traverse points. | Single point located at the 10% centroidal area of the duct at a port location per Method 1 at appendix A–1 to part 60 of this chapter or Method 30B at Appendix A–8 for Method 30B point selection. |
| | ............ | b. Determine velocity and volumetric flow-rate of the stack gas. | Method 2, 2A, 2C, 2F, 2G, or 2H at appendix A–1 or A–2 to part 60 of this chapter or flow monitoring system certified per appendix A of this subpart. |
| | ............ | c. Determine oxygen and carbon dioxide concentrations of the stack gas. | Method 3A or 3B at appendix A–1 to part 60 of this chapter, or ANSI/ASME PTC 19.10–1981,[3] or diluent gas monitoring systems certified according to part 75 of this chapter. |
| | ............ | d. Measure the moisture content of the stack gas. | Method 4 at appendix A–3 to part 60 of this chapter, or moisture monitoring systems certified according to part 75 of this chapter. |
| | ............ | e. Measure the Hg emission concentration. | Method 30B at appendix A–8 to part 60 of this chapter; perform a 30 operating day test, with a maximum of 10 operating days per run (*i.e.*, per pair of sorbent traps) or sorbent trap monitoring system or Hg CEMS certified per appendix A of this subpart. |
| | ............ | f. Convert emissions concentrations from the LEE test to lb/TBtu or lb/GWh emissions rates. | Method 19 F-factor methodology at appendix A–7 to part 60 of this chapter, or calculate using mass emissions rate and gross output data (see § 63.10007(e)). |
| | ............ | g. Convert average lb/TBtu or lb/GWh Hg emission rate to lb/year, if you are attempting to meet the 29.0 lb/year threshold. | Potential maximum annual heat input in TBtu or potential maximum electricity generated in GWh. |

| To conduct a performance test for the following pollutant . . . (cont'd) | Using . . . (cont'd) | You must perform the following activities, as applicable to your input- or output-based emission limit . . . (cont'd) | Using . . .[2] (cont'd) |
|---|---|---|---|
| 5. Sulfur dioxide ($SO_2$) ........... | $SO_2$ CEMS ............................. | a. Install, certify, operate, and maintain the CEMS. | Part 75 of this chapter and § 63.10010(a) and (f). |
| | ............................................... | b. Install, operate, and maintain the diluent gas, flow rate, and/or moisture monitoring systems. | Part 75 of this chapter and § 63.10010(a), (b), (c), and (d). |
| | ............................................... | c. Convert hourly emissions concentrations to 30 boiler operating day rolling average lb/MMBtu or lb/MWh emissions rates. | Method 19 F-factor methodology at appendix A–7 to part 60 of this chapter, or calculate using mass emissions rate and gross output data [see § 63.10007(e)]. |

[1] Regarding emissions data collected during periods of startup or shutdown, see §§ 63.10020(b) and (c) and 63.10021(h).
[2] See Tables 1 and 2 to this subpart for required sample volumes and/or sampling run times.
[3] Incorporated by reference, see § 63.14.

■ 26. Revise Table 6 to subpart UUUUU of part 63 to read as follows:

### TABLE 6 TO SUBPART UUUUU OF PART 63—ESTABLISHING PM CPMS OPERATING LIMITS

[As stated in § 63.10007, you must comply with the following requirements for establishing operating limits:]

| If you have an applicable emission limit for . . . | And you choose to establish PM CPMS operating limits, you must . . . | And . . . | Using . . . | According to the following procedures . . . |
|---|---|---|---|---|
| Filterable Particulate matter (PM), total non-mercury HAP metals, individual non-mercury HAP metals, total HAP metals, or individual HAP metals for an EGU. | Install, certify, maintain, and operate a PM CPMS for monitoring emissions discharged to the atmosphere according to § 63.10010(h)(1). | Establish a site-specific operating limit in units of PM CPMS output signal (*e.g.*, milliamps, mg/acm, or other raw signal). | Data from the PM CPMS and the PM or HAP metals performance tests. | 1. Collect PM CPMS output data during the entire period of the performance tests.<br>2. Record the average hourly PM CPMS output for each test run in the performance test.<br>3. Determine the PM CPMS operating limit in accordance with the requirements of § 63.10023(b)(2) from data obtained during the performance test demonstrating compliance with the filterable PM or HAP metals emissions limitations. |

■ 27. Revise Table 8 to subpart UUUUU of part 63 to read as follows:

### TABLE 8 TO SUBPART UUUUU OF PART 63—REPORTING REQUIREMENTS

[As stated in § 63.10031, you must comply with the following requirements:]

| You must submit a | The report must contain . . . | You must submit the report . . . |
|---|---|---|
| 1. Compliance report. | a. Information required in § 63.10031(c)(1) through (9); and ...................................<br>b. If there are no deviations from any emission limitation (emission limit and operating limit) that applies to you and there are no deviations from the requirements for work practice standards in Table 3 to this subpart that apply to you, a statement that there were no deviations from the emission limitations and work practice standards during the reporting period. If there were no periods during which the CMSs, including continuous emissions monitoring system, and operating parameter monitoring systems, were out-of-control as specified in § 63.8(c)(7), a statement that there were no periods during which the CMSs were out-of-control during the reporting period; and.<br>c. If you have a deviation from any emission limitation (emission limit and operating limit) or work practice standard during the reporting period, the report must contain the information in § 63.10031(d). If there were periods during which the CMSs, including continuous emissions monitoring systems and continuous parameter monitoring systems, were out-of-control, as specified in § 63.8(c)(7), the report must contain the information in § 63.10031(e).. | Semiannually according to the requirements in § 63.10031(b). |

■ 28. Revise Table 9 to subpart UUUUU of part 63 to read as follows:

TABLE 9 TO SUBPART UUUUU OF PART 63—APPLICABILITY OF GENERAL PROVISIONS TO SUBPART UUUUU

[As stated in § 63.10040, you must comply with the applicable General Provisions according to the following:]

| Citation | Subject | Applies to subpart UUUUU |
|---|---|---|
| § 63.1 | Applicability | Yes. |
| § 63.2 | Definitions | Yes. Additional terms defined in § 63.10042. |
| § 63.3 | Units and Abbreviations | Yes. |
| § 63.4 | Prohibited Activities and Circumvention | Yes. |
| § 63.5 | Preconstruction Review and Notification Requirements. | Yes. |
| § 63.6(a), (b)(1) through (5), (b)(7), (c), (f)(2) and (3), (h)(2) through (9), (i), (j). | Compliance with Standards and Maintenance Requirements. | Yes. |
| § 63.6(e)(1)(i) | General Duty to minimize emissions | No. See § 63.10000(b) for general duty requirement. |
| § 63.6(e)(1)(ii) | Requirement to correct malfunctions ASAP | No. |
| § 63.6(e)(3) | SSM Plan requirements | No. |
| § 63.6(f)(1) | SSM exemption | No. |
| § 63.6(h)(1) | SSM exemption | No. |
| § 63.6(g) | Compliance with Standards and Maintenance Requirements, Use of an alternative non-opacity emission standard. | Yes. See §§ 63.10011(g)(4) and 63.10021(h)(4) for additional requirements. |
| § 63.7(e)(1) | Performance testing | No. See § 63.10007. |
| § 63.8 | Monitoring Requirements | Yes. |
| § 63.8(c)(1)(i) | General duty to minimize emissions and CMS operation. | No. See § 63.10000(b) for general duty requirement. |
| § 63.8(c)(1)(iii) | Requirement to develop SSM Plan for CMS | No. |
| § 63.8(d)(3) | Written procedures for CMS | Yes, except for last sentence, which refers to an SSM plan. SSM plans are not required. |
| § 63.9 | Notification Requirements | Yes, except (1) for the 60-day notification prior to conducting a performance test in § 63.9(e); instead use a 30-day notification period per § 63.10030(d), (2) the notification of the CMS performance evaluation in § 63.9(g)(1) is limited to RATAs, and (3) the information required per § 63.9(h)(2)(i); instead provide the information required per § 63.10030(e)(1) through (e)(6) and (e)(8). |
| § 63.10(a), (b)(1), (c), (d)(1) and (2), (e), and (f) | Recordkeeping and Reporting Requirements | Yes, except for the requirements to submit written reports under § 63.10(e)(3)(v). |
| § 63.10(b)(2)(i) | Recordkeeping of occurrence and duration of startups and shutdowns. | No. |
| § 63.10(b)(2)(ii) | Recordkeeping of malfunctions | No. See § 63.10001 for recordkeeping of (1) occurrence and duration and (2) actions taken during malfunction. |
| § 63.10(b)(2)(iii) | Maintenance records | Yes. |
| § 63.10(b)(2)(iv) | Actions taken to minimize emissions during SSM. | No. |
| § 63.10(b)(2)(v) | Actions taken to minimize emissions during SSM. | No. |
| § 63.10(b)(2)(vi) | Recordkeeping for CMS malfunctions | Yes. |
| § 63.10(b)(2)(vii) through (ix) | Other CMS requirements | Yes. |
| § 63.10(b)(3) and (d)(3) through (5) | | No. |
| § 63.10(c)(7) | Additional recordkeeping requirements for CMS—identifying exceedances and excess emissions. | Yes. |
| § 63.10(c)(8) | Additional recordkeeping requirements for CMS—identifying exceedances and excess emissions. | Yes. |
| § 63.10(c)(10) | Recording nature and cause of malfunctions | No. See § 63.10032(g) and (h) for malfunctions recordkeeping requirements. |
| § 63.10(c)(11) | Recording corrective actions | No. See § 63.10032(g) and (h) for malfunctions recordkeeping requirements. |
| § 63.10(c)(15) | Use of SSM Plan | No. |
| § 63.10(d)(5) | SSM reports | No. See § 63.10021(h) and (i) for malfunction reporting requirements. |
| § 63.11 | Control Device Requirements | No. |
| § 63.12 | State Authority and Delegation | Yes. |
| §§ 63.13 through 63.16 | Addresses, Incorporation by Reference, Availability of Information, Performance Track Provisions. | Yes. |

TABLE 9 TO SUBPART UUUUU OF PART 63—APPLICABILITY OF GENERAL PROVISIONS TO SUBPART UUUUU—Continued

[As stated in § 63.10040, you must comply with the applicable General Provisions according to the following:]

| Citation | Subject | Applies to subpart UUUUU |
|---|---|---|
| §§ 63.1(a)(5),(a)(7) through (9), (b)(2), (c)(3) and (4), (d), 63.6(b)(6), (c)(3) and (4), (d), (e)(2), (e)(3)(ii), (h)(3), (h)(5)(iv), 63.8(a)(3), 63.9(b)(3), (h)(4), 63.10(c)(2) through (4), (c)(9).. | Reserved | No. |

■ 29. Appendix A to subpart UUUUU of part 63 is amended by revising paragraphs 3.2.1.2.1, 4.1.1.1, and 4.1.1.3, table A–1, paragraphs 4.1.1.5, 4.1.1.5.2, 5.1.2.1, and 5.1.2.3, table A–2, and paragraphs 5.2.1, 6.2.2.3, and 7.1.8.5 and adding paragraph 7.1.2.6 to read as follows:

**Appendix A to Subpart UUUUU of Part 63—Hg Monitoring Provisions**

* * * * *

**3. Mercury Emissions Measurement Methods**

* * * * *

3.2.1.2.1 *NIST Traceability.* Only NIST-certified or NIST-traceable calibration gas standards and reagents (as defined in paragraphs 3.1.4 and 3.1.5 of this appendix), and including, but not limited to, Hg gas generators and Hg gas cylinders, shall be used for the tests and procedures required under this subpart. Calibration gases with known concentrations of $Hg^0$ and $HgCl_2$ are required. Special reagents and equipment may be needed to prepare the $Hg^0$ and $HgCl_2$ gas standards (*e.g.,* NIST-traceable solutions of $HgCl_2$ and gas generators equipped with mass flow controllers).

* * * * *

**4. Certification and Recertification Requirements**

* * * * *

4.1.1.1 *7-Day Calibration Error Test.* Perform the 7-day calibration error test on 7 consecutive source operating days, using a zero-level gas and either a high-level or a mid-level calibration gas standard (as defined in paragraphs 3.1.8, 3.1.10, and 3.1.11 of this appendix). Use a NIST-traceable elemental Hg gas standard (as defined in paragraphs 3.1.4 of this appendix) for the test. If your Hg CEMS lacks an integrated elemental Hg gas generator, you may continue to use NIST-traceable oxidized Hg gases for the 7-day calibration error test (or the daily calibration error check) until such time as NIST-traceable compressed elemental Hg gas standards, at appropriate concentration levels, are available from gas vendors. If moisture is added to the calibration gas, the dilution effect of the moisture and/or chlorine addition on the calibration gas concentration must be accounted for in an appropriate manner. Operate the Hg CEMS in its normal sampling mode during the test. The calibrations should be approximately 24 hours apart, unless the 7-day test is performed over non-consecutive calendar days. On each day of the test, inject the zero-level and upscale gases in sequence and record the analyzer responses. Pass the calibration gas through all filters, scrubbers, conditioners, and other monitor components used during normal sampling, and through as much of the sampling probe as is practical. Do not make any manual adjustments to the monitor (*i.e.,* resetting the calibration) until after taking measurements at both the zero and upscale concentration levels. If automatic adjustments are made following both injections, conduct the calibration error test such that the magnitude of the adjustments can be determined, and use only the unadjusted analyzer responses in the calculations. Calculate the calibration error (CE) on each day of the test, as described in Table A–1 of this appendix. The CE on each day of the test must either meet the main performance specification or the alternative specification in Table A–1 of this appendix.

* * * * *

4.1.1.3 *Three-Level System Integrity Check.* Perform the 3-level system integrity check using low, mid, and high-level calibration gas concentrations generated by a NIST-traceable source of oxidized Hg. If your Hg CEMS lacks an integrated elemental Hg gas generator, you may continue to use NIST-traceable oxidized Hg gases for the 7-day calibration error test (or the daily calibration error check) until such time as NIST-traceable compressed elemental Hg gas standards, at appropriate concentration levels, are available from gas vendors. Follow the same basic procedure as for the linearity check. If moisture and/or chlorine is added to the calibration gas, the dilution effect of the moisture and/or chlorine addition on the calibration gas concentration must be accounted for in an appropriate manner. Calculate the system integrity error (SIE), as described in Table A–1 of this appendix. The SIE must either meet the main performance specification or the alternative specification in Table A–1 of this appendix.

TABLE A–1—REQUIRED CERTIFICATION TESTS AND PERFORMANCE SPECIFICATIONS FOR $H_g$ CEMS

| For this required certification test . . . | The main performance specification [1] is . . . | The alternate performance specification [1] is . . . | And the conditions of the alternate specification are . . . |
|---|---|---|---|
| 7-day calibration error test [2,6] | $\|R - A\| \leq 5.0\%$ of span value, for both the zero and upscale gases, on each of the 7 days.. | $\|R - A\| \leq 1.0$ µg/scm | The alternate specification may be used on any day of the test. |
| Linearity check [3,6] | $\|R - A_{avg}\| \leq 10.0\%$ of the reference gas concentration at each calibration gas level (low, mid, or high).. | $\|R - A_{avg}\| \leq 0.8$ µg/scm | The alternate specification may be used at any gas level. |
| 3-level system integrity check [4] | $\|R - A_{avg}\| \leq 10.0\%$ of the reference gas concentration at each calibration gas level.. | $\|R - A_{avg}\| \leq 0.8$ µg/scm | The alternate specification may be used at any gas level. |

TABLE A-1—REQUIRED CERTIFICATION TESTS AND PERFORMANCE SPECIFICATIONS FOR $H_g$ CEMS—Continued

| For this required certification test . . . | The main performance specification [1] is . . . | The alternate performance specification [1] is . . . | And the conditions of the alternate specification are . . . |
|---|---|---|---|
| RATA | 20.0% RA | $\lvert RM_{avg} - C_{avg}\rvert + \lvert CC\rvert \leq 0.5$ μg/scm [7]. | $RM_{avg} < 2.5$μg/scm |
| Cycle time test [5] | 15 minutes where the stability criteria are readings change by < 2.0% of span *or* by ≤ 0.5 μg/scm, for 2 minutes.. | | |

[1] Note that |R − A| is the absolute value of the difference between the reference gas value and the analyzer reading. $\lvert R - A_{avg}\rvert$ is the absolute value of the difference between the reference gas concentration and the average of the analyzer responses, at a particular gas level.
[2] Use elemental Hg standards; a mid-level or high-level upscale gas may be used.
[3] Use elemental Hg standards.
[4] Use oxidized Hg standards.
[5] Use elemental Hg standards; a high-level upscale gas must be used. The cycle time test is not required for Hg CEMS that use integrated batch sampling; however, those monitoring systems must be capable of recording at least one Hg concentration reading every 15 minutes.
[6] If your Hg CEMS lacks an integrated elemental Hg gas generator, you may continue to use NIST-traceable oxidized Hg gases until such time as NIST-traceable compressed elemental Hg gas standards, at appropriate concentration levels, are available from gas vendors.
[7] Note that $\lvert RM_{avg} - C_{avg}\rvert$ is the absolute difference between the mean reference method value and the mean CEMS value from the RATA; CC is the confidence coefficient from Equation 2-5 of Performance Specification 2 in appendix B to part 60 of this chapter.

* * * * *

4.1.1.5 *Relative Accuracy Test Audit (RATA)*. Perform the RATA of the Hg CEMS at normal load. Acceptable Hg reference methods for the RATA include ASTM D6784–02 (Reapproved 2008), "Standard Test Method for Elemental, Oxidized, Particle-Bound and Total Mercury in Flue Gas Generated from Coal-Fired Stationary Sources (Ontario Hydro Method)" (incorporated by reference, see § 63.14) and Methods 29, 30A, and 30B in appendix A–8 to part 60 of this chapter. When Method 29 or ASTM D6784–02 is used, paired sampling trains are required and the filterable portion of the sample need not be included when making comparisons to the Hg CEMS results for purposes of a RATA. To validate a Method 29 or ASTM D6784–02 test run, calculate the relative deviation (RD) using Equation A–1 of this section, and assess the results as follows to validate the run. The RD must not exceed 10 percent, when the average Hg concentration is greater than 1.0 μg/dscm. If the RD specification is met, the results of the two samples shall be averaged arithmetically.

$$RD = \frac{|C_a - C_b|}{C_a + C_b} \times 100 \quad (Eq.\ A-1)$$

Where:

RD = Relative Deviation between the Hg concentrations of samples "a" and "b" (percent),
$C_a$ = Hg concentration of Hg sample "a" (μg/dscm), and
$C_b$ = Hg concentration of Hg sample "b" (μg/dscm).

* * * * *

4.1.1.5.2 *Calculation of RATA Results*. Calculate the relative accuracy (RA) of the monitoring system, on a μg/scm basis, as described in section 12 of Performance Specification (PS) 2 in appendix B to part 60 of this chapter (see Equations 2–3 through 2–6 of PS2) including the option to substitute the emission limit value (in this case the equivalent concentration) in the denominator of Equation 2–6 in place of the average RM value when the average emissions for the test are less than 50 percent of the applicable emissions limit. For purposes of calculating the relative accuracy, ensure that the reference method and monitoring system data are on a consistent basis, either wet or dry. The CEMS must either meet the main performance specification or the alternative specification in Table A–1 of this appendix.

* * * * *

**5. Ongoing Quality Assurance (QA) and Data Validation**

* * * * *

5.1.2.1 Calibration error tests of the Hg CEMS are required daily, except during unit outages. Use a NIST-traceable elemental Hg gas standard for these calibrations. If your Hg CEMS lacks an integrated elemental Hg gas generator, you may continue to use NIST-traceable oxidized Hg gases for the 7-day calibration error test (or the daily calibration error check) until such time as NIST-traceable compressed elemental Hg gas standards, at appropriate concentration levels, are available from gas vendors. Both a zero-level gas and either a mid-level or high-level gas are required for these calibrations.

* * * * *

5.1.2.3 Perform a single-level system integrity check weekly, *i.e.*, once every 7 operating days (see the third column in Table A–2 of this appendix).

* * * * *

TABLE A-2—ON-GOING QA TEST REQUIREMENTS FOR $H_g$ CEMS

| Perform this type of QA test . . . | At this frequency . . . | With these qualifications and exceptions . . . | Acceptance criteria . . . |
|---|---|---|---|
| Calibration error test[5] | Daily | • Use either a mid- or high-level gas.<br>• Use elemental Hg<br>• Calibrations are not required when the unit is not in operation.. | $\|R - A\| \leq 5.0\%$ of span<br>*or*<br>$\|R - \text{value } A\| \leq 1.0$ µg/scm. |
| Single-level system integrity check. | Weekly[1] | • Use oxidized Hg—either mid- or high-level. | $\|R - A_{avg}\| \leq 10.0\%$ of the reference gas value<br>*or*<br>$\|R - A_{avg}\| \leq 0.8$ µg/scm. |
| Linearity check *or* 3-level system integrity check. | Quarterly[3] | • Required in each "QA operating quarter"[2] and no less than once every 4 calendar quarters.<br>• 168 operating hour grace period available.<br>• Use elemental Hg for linearity check.<br>• Use oxidized Hg for system integrity check. | $\|R - A_{avg}\| \leq 10.0\%$ of the reference gas value, at each calibration gas level<br>*or*<br>$\|R - A_{avg}\| \leq 0.8$ µg/scm. |
| RATA | Annual[4] | • Test deadline may be extended for "non-QA operating quarters," up to a maximum of 8 quarters from the quarter of the previous test..<br>• 720 operating hour grace period available. | $\leq 20.0\%$ RA when $C_{avg} \geq 2.5$ µg/scm *or*<br>$\|RM_{avg} - C_{avg}\| + \|CC\| \leq 0.5$ µgµ/scm, if $RM_{avg} < 2.5$ µg/scm. |

[1] "Weekly" means once every 7 operating days.
[2] A "QA operating quarter" is a calendar quarter with at least 168 unit or stack operating hours.
[3] "Quarterly" means once every QA operating quarter.
[4] "Annual" means once every four QA operating quarters.
[5] If your Hg CEMS lacks an integrated elemental Hg gas generator, you may continue to use NIST-traceable oxidized Hg gases until such time as NIST-traceable compressed elemental Hg gas standards, at appropriate concentration levels, are available from gas vendors.

* * * * *

5.2.1 Each sorbent trap monitoring system shall be continuously operated and maintained in accordance with Performance Specification (PS) 12B in appendix B to part 60 of this chapter. The QA/QC criteria for routine operation of the system are summarized in Table 12B–1 of PS 12B. Each pair of sorbent traps may be used to sample the stack gas for up to 15 operating days.

* * * * *

**6. Data Reductions and Calculations**

* * * * *

6.2.2.3 The applicable gross output-based Hg emission rate limit in Table 1 or 2 to this subpart must be met on a 30- (or 90-) boiler operating day rolling average basis, except as otherwise provided in § 63.10009(a)(2). Use Equation A–5 of this appendix to calculate the Hg emission rate for each averaging period.

$$\bar{E}_o = \frac{\sum_{h=1}^{n} E_{ho}}{n} \qquad (Eq.A-5)$$

Where:

$\bar{E}_o$ = Hg emission rate for the averaging period (lb/GWh),

$E_{ho}$ = Gross output-based hourly Hg emission rate for unit or stack sampling hour "h" in the averaging period, from Equation A–4 of this appendix (lb/GWh), and

n = Number of unit or stack operating hours in the averaging period in which valid data were obtained for all parameters. **(Note: Do *not* include non-operating hours with zero emission rates in the average).**

* * * * *

**7. Recordkeeping and Reporting**

* * * * *

7.1.2.6 The EGUs that constitute an emissions averaging group.

* * * * *

7.1.8.5 If applicable, a code to indicate that the default gross output (as defined in § 63.10042) was used to calculate the Hg emission rate.

* * * * *

■ 30. Appendix B to subpart UUUUU of part 63 is amended by:
■ a. Revising paragraphs 2.1 and 2.3;
■ b. Adding paragraphs 2.3.1 and 2.3.2;
■ c. Revising paragraphs 3.1 and 3.2 and adding paragraph 3.3;
■ d. Adding introductory text to section 5;
■ e. Revising paragraphs 5.1, 5.1.2, 5.2, and 5.3;
■ f. Adding paragraphs 5.4, 5.4.1, 5.4.2, 5.4.2.1, 5.4.2.2, 5.4.2.2.1, 5.4.2.2.2, 5.4.2.3, 5.4.2.3.1, 5.4.2.3.2, 5.4.2.3.3, and 5.4.3; and
■ g. Revising section 8 introductory text and paragraph 9.3.2.

The revisions and additions read as follows:

**Appendix B to Subpart UUUUU of Part 63—HCl and HF Monitoring Provisions**

* * * * *

**2. Monitoring of HCl and/or HF Emissions**

2.1 *Monitoring System Installation Requirements.* Install HCl and/or HF CEMS and any additional monitoring systems needed to convert pollutant concentrations to units of the applicable emissions limit in accordance with § 63.10010(a) and either Performance Specification 15 (PS 15) of appendix B to part 60 of this chapter for extractive Fourier Transform Infrared Spectroscopy (FTIR) continuous emissions monitoring systems or Performance Specification 18 (PS 18) of appendix B to part 60 of this chapter for HCl CEMS.

* * * * *

2.3 *FTIR Monitoring System Equipment, Supplies, Definitions, and General Operation.* The following provisions apply:

2.3.1 PS 15, Sections 2.0, 3.0, 4.0, 5.0, 6.0, and 10.0 of appendix B to part 60 of this chapter; or

2.3.2 PS 18, Sections 3.0, 6.0, and 11.0 of appendix B to part 60 of this chapter.

**3. Initial Certification Procedures**

* * * * *

3.1 If you choose to follow PS 15 of appendix B to part 60 of this chapter, then your HCl and/or HF CEMS must be certified according to PS 15 using the procedures for gas auditing and comparison to a reference method (RM) as specified in sections 3.1.1 and 3.1.2 below.

* * * * *

3.2 If you choose to follow PS 18 of appendix B to part 60 of this chapter, then your HCl CEMS must be certified according to PS 18, sections 7.0, 8.0, 11.0, 12.0, and 13.0.

3.3 Any additional stack gas flow rate, diluent gas, and moisture monitoring system(s) needed to express pollutant concentrations in units of the applicable emissions limit must be certified according to part 75 of this chapter.

* * * * *

**5. On-Going Quality Assurance Requirements**

On-going QA test requirements for HCl and HF CEMS must be implemented as follows:

5.1 If you choose to follow Performance Specification 15 (PS 15) of appendix B to part 60 of this chapter, then the quality assurance/quality control procedures of PS 15 shall apply as set forth in sections 5.1.1 through 5.1.3 and 5.4.2 of this appendix.

* * * * *

5.1.2 On a quarterly basis, you must conduct a gas audit of the HCl and/or HF CEMS as described in section 3.1.1 of this appendix. For the purposes of this appendix, "quarterly" means once every "QA operating quarter" (as defined in section 3.1.20 of appendix A to this subpart). You have the option to use HCl gas in lieu of HF gas for conducting this audit on an HF CEMS. To the extent practicable, perform consecutive quarterly gas audits at least 30 days apart. The initial quarterly audit is due in the first QA operating quarter following the calendar quarter in which certification testing of the CEMS is successfully completed. Up to three consecutive exemptions from the quarterly audit requirement are allowed for "non-QA operating quarters" (*i.e.*, calendar quarters in which there are less than 168 unit or stack operating hours). However, no more than four consecutive calendar quarters may elapse without performing a gas audit, except as otherwise provided in section 5.4.2.2.1 of this appendix.

* * * * *

5.2 If you choose to follow Performance Specification PS 18 of appendix B to part 60 of this chapter, then the quality assurance/quality control procedures in Procedure 6 of appendix F to part 60 of this chapter shall apply. The quarterly and annual QA tests required under Procedure 6 shall be performed, respectively, at the frequencies specified in sections 5.1.2 and 5.1.3 of this appendix.

5.3 Stack gas flow rate, diluent gas, and moisture monitoring systems must meet the applicable on-going QA test requirements of part 75 of this chapter.

* * * * *

5.4 *Data Validation.*

5.4.1 *Out-of-Control Periods.* An HCl or HF CEMS that is used to provide data under this appendix is considered to be out-of-control, and data from the CEMS may not be reported as quality-assured, when any acceptance criteria for a required QA test is not met. The HCl or HF CEMS is also considered to be out-of-control when a required QA test is not performed on schedule or within an allotted grace period. To end an out-of-control period, the QA test that was either failed or not done on time must be performed and passed. Out-of-control periods are counted as hours of monitoring system downtime.

5.4.2 *Grace Periods.* For the purposes of this appendix, a "grace period" is defined as a specified number of unit or stack operating hours after the deadline for a required quality-assurance test of a continuous monitor has passed, in which the test may be performed and passed without loss of data.

5.4.2.1 For the monitoring systems described in section 5.3 of this appendix, a 168 unit or stack operating hour grace period is available for quarterly linearity checks, and a 720 unit or stack operating hour grace period is available for RATAs, as provided, respectively, in sections 2.2.4 and 2.3.3 of appendix B to part 75 of this chapter.

5.4.2.2 For the purposes of this appendix, if the deadline for a required gas audit/data accuracy assessment or RATA of an HCl CEMS cannot be met due to circumstances beyond the control of the owner or operator:

5.4.2.2.1 A 168 unit or stack operating hour grace period is available in which to perform the gas audit or other quarterly data accuracy assessment; or

5.4.2.2.2 A 720 unit or stack operating hour grace period is available in which to perform the RATA.

5.4.2.3 If a required QA test is performed during a grace period, the deadline for the next test shall be determined as follows:

5.4.2.3.1 For a gas audit or RATA of the monitoring systems described in sections 5.1 and 5.2 of this appendix, determine the deadline for the next gas audit or RATA (as applicable) in accordance with section 2.2.4(b) or 2.3.3(d) of appendix B to part 75 of this chapter; treat a gas audit in the same manner as a linearity check.

5.4.2.3.2 For the gas audit or other quarterly data accuracy assessment of an HCl or HF CEMS, the grace period test only satisfies the audit requirement for the calendar quarter in which the test was originally due. If the calendar quarter in which the grace period audit is performed is a QA operating quarter, an additional gas audit/data accuracy assessment is required for that quarter.

5.4.2.3.3 For the RATA of an HCl or HF CEMS, the next RATA is due within three QA operating quarters after the calendar quarter in which the grace period test is performed.

5.4.3 *Conditional Data Validation.* For recertification and diagnostic testing of the monitoring systems that are used to provide data under this appendix, the conditional data validation provisions in § 75.20(b)(3)(ii) through (ix) of this chapter may be used to avoid or minimize data loss. The allotted window of time to complete calibration tests and RATAs shall be as specified in § 75.20(b)(3)(iv) of this chapter; the allotted window of time to complete a quarterly gas audit or data accuracy assessment shall be the same as for a linearity check (*i.e.*, 168 unit or stack operating hours).

* * * * *

**8. QA/QC Program Requirements**

The owner or operator shall develop and implement a quality assurance/quality control (QA/QC) program for the HCl and/or HF CEMS that are used to provide data under this subpart. At a minimum, the program shall include a written plan that describes in detail (or that refers to separate documents containing) complete, step-by-step procedures and operations for the most important QA/QC activities. Electronic storage of the QA/QC plan is permissible, provided that the information can be made available in hard copy to auditors and inspectors. The QA/QC program requirements for the other monitoring systems described in section 5.3 of this appendix are specified in section 1 of appendix B to part 75 of this chapter.

* * * * *

**9. Data Reduction and Calculations**

* * * * *

9.3.2 For gross output-based emission rates, first calculate the HCl or HF mass emission rate (lb/h), using an equation that has the general form of Equation A–2 or A–3 in appendix A to this subpart (as applicable), replacing the value of K with $9.43 \times 10^{-8}$ lb/scf-ppm (for HCl) or $5.18 \times 10^{-8}$ (for HF) and defining $C_h$ as the hourly average HCl or HF concentration in ppm. Then, divide the result by the hourly gross output (megawatts) to convert it to units of lb/MWh. If the gross output is zero during a startup or shutdown hour, use the default gross output (as defined in § 63.10042) to calculate the HCl or HF emission rate. The default gross output is not considered to be a substitute data value.

* * * * *

[FR Doc. 2016–06563 Filed 4–5–16; 8:45 am]

BILLING CODE 6560–50–P

# 致 谢

感谢国家重点研发计划“燃煤过程中砷、硒、铅等重金属的控制技术”项目的支持。感谢华中科技大学姚洪、赵永椿、胡红云、罗光前，清华大学宋蔷，东南大学段钰锋，华北电力大学苑春刚，中国环境科学研究院胡京南、高健、张文杰等专家和领导对本书提供的指导和帮助。

本书在成稿期间，除了项目组自身积累，还与本领域华中科技大学、东南大学、中国矿业大学（北京）的其他研究团队进行了深入讨论与数据共享，在此一并表示感谢！还要感谢中国环境科学研究院大气污染控制技术研究室的黄家玉、石应杰、王凡、朱金伟、王洪昌、谭玉玲、张元元、陈宇等同事的大力支持！

由于编者学识有限，书中难免有不足之处，敬请各位读者多提宝贵意见。

编委会

2021 年 12 月 16 日